Ludwig Narziß und Werner Back
Die Bierbrauerei

*Beachten Sie bitte auch
weitere interessante Titel
zu diesem Thema*

Narziss, L.

**Die Bierbrauerei
Band 1: Die Technologie der Malzbereitung**
8. Auflage

2010
ISBN: 978-3-527-32532-8
Set: ISBN 978-3-527-31776-9 (2 Bände)

Narziss, L.

Abriss der Brauerei
7. Auflage

2004
ISBN: 978-3-527-31035-5

Eßlinger, H. M. (ed.)

Handbook of Brewing
Processes, Technology, Markets

2009
ISBN: 978-3-527-31674-8

Ziegler, H. (ed.)

Flavourings
Production, Composition, Applications, Regulations

2007
ISBN: 978-3-527-31406-5

Schuchmann, H. P., Schuchmann, H.

Lebensmittelverfahrentechnik
Rohstoffe, Prozesse, Produkte

2005
ISBN: 978-3-527-31230-6

Ludwig Narziß und Werner Back

Die Bierbrauerei

Band 2: Die Technologie der Würzebereitung

Achte, überarbeitete und ergänzte Auflage

unter Mitarbeit von

Felix Burberg, Martina Gastl, Klaus Hartmann, Mathias Keßler,
Stefan Kreisz, Martin Krottenthaler, Elmar Spieleder, Martin Zarnkow

WILEY-VCH Verlag GmbH & Co. KGaA

Autoren

Prof. Dr. Ludwig Narziß
Liebigstr. 28a
85354 Freising

Prof. Dr. Werner Back
Technologie der Brauerei I
der TU München-Weihenstephan
Weihenstephaner Steig 20
85354 Freising

Dipl.-Braumeister Felix Burberg

Dr. Martina Gastl*

Dr. Klaus Hartmann

Dr. Mathias Keßler

Dr. Stefan Kreisz

PD Dr. Martin Krottenthaler*

Dr. Elmar Spieleder

Dipl.-Ing. (FH) Martin Zarnkow*

---

* Lehrstuhl für Brau- und Getränketechnologie
der TU-München-Weihenstephan

Coverbild
Das Hintergrundfoto auf dem Coverbild wurde zur Verfügung gestellt mit freundlicher Genehmigung der Badischen Staatsbrauerei Rothaus. Die Zeichnung im Vordergrund zeigt eine Whirlpoolpfanne der 1980er Jahre; das Hintergrundfoto ein modernes Sudwerk für 12 Sude à 8,5 t Schüttung pro Tag. Modernste Technik im traditionellen Gewand.

8., überarbeitete und ergänzte Auflage 2009

Alle Bücher von Wiley-VCH werden sorgfältig erarbeitet. Dennoch übernehmen Autoren, Herausgeber und Verlag in keinem Fall, einschließlich des vorliegenden Werkes, für die Richtigkeit von Angaben, Hinweisen und Ratschlägen sowie für eventuelle Druckfehler irgendeine Haftung

**Bibliografische Information
der Deutschen Nationalbibliothek**
Die Deutsche Nationalbibliothek verzeichnet diese Publikation in der Deutschen Nationalbibliografie; detaillierte bibliografische Daten sind im Internet über http://dnb.d-nb.de abrufbar.

© 2009 WILEY-VCH Verlag GmbH & Co. KGaA, Weinheim

Alle Rechte, insbesondere die der Übersetzung in andere Sprachen, vorbehalten. Kein Teil dieses Buches darf ohne schriftliche Genehmigung des Verlages in irgendeiner Form – durch Photokopie, Mikroverfilmung oder irgendein anderes Verfahren – reproduziert oder in eine von Maschinen, insbesondere von Datenverarbeitungsmaschinen, verwendbare Sprache übertragen oder übersetzt werden. Die Wiedergabe von Warenbezeichnungen, Handelsnamen oder sonstigen Kennzeichen in diesem Buch berechtigt nicht zu der Annahme, dass diese von jedermann frei benutzt werden dürfen. Vielmehr kann es sich auch dann um eingetragene Warenzeichen oder sonstige gesetzlich geschützte Kennzeichen handeln, wenn sie nicht eigens als solche markiert sind.

Satz K+V Fotosatz GmbH, Beerfelden
Druck Strauss GmbH, Mörlenbach
Bindung Litges & Dopf GmbH, Heppenheim
Cover Design Formgeber, Eppelheim

Printed in the Federal Republic of Germany

Gedruckt auf säurefreiem Papier

ISBN 978-3-527-32533-7

Inhaltsverzeichnis

Vorwort zur 6. Auflage   *XXIII*

Vorwort zur 7. Auflage   *XXV*

Vorwort zur 8. Auflage   *XXVII*

1	**Die Rohmaterialien** *1*	
1.1	Das Malz *1*	
1.1.1	Gerstenmalz *2*	
1.1.2	Malze der Formengruppe Weizen (Triticum L.) *5*	
1.1.2.1	Weizenmalz *5*	
1.1.2.2	Dinkel-, Spelzmalz *6*	
1.1.2.3	Einkornmalz *7*	
1.1.2.4	Emmermalz *7*	
1.1.2.5	Tetraploides Nacktweizenmalz, z.B. Hartweizen- und Kamutmalz *8*	
1.1.2.6	Triticalemalz *8*	
1.1.3	Roggenmalz *9*	
1.1.4	Hafermalz *10*	
1.1.5	Spezialmalze *11*	
1.1.5.1	Röstmalz *11*	
1.1.5.2	Das Röstmalzbier *14*	
1.1.5.3	Karamellmalze *15*	
1.1.5.4	Brüh- oder Melanoidinmalze *16*	
1.1.5.5	Spitz- und Kurzmalze *16*	
1.1.5.6	Sauermalze *17*	
1.1.5.7	Glutenfreie Malze *18*	
1.1.6	Die Annahme des Malzes *21*	
1.2	Ersatzstoffe des Malzes *21*	
1.2.1	Maischbottichrohfrucht *23*	
1.2.1.1	Ungemälzte Gerste *23*	
1.2.1.2	Ungemälzter Weizen *25*	

1.2.1.3	Ungemälzter Roggen, Triticale, Hafer 26
1.2.1.4	Mais 26
1.2.1.5	Reis 30
1.2.1.6	Hirse (speziell Sorghum) 32
1.2.1.7	Eiweißreiche Hülsenfrüchte 35
1.2.2	Würzepfannenrohfrucht 35
1.2.2.1	Sirupe 35
1.2.2.2	Zucker (allgemein) 38
1.2.3	Industrielle Enzympräparate 40
1.2.3.1	α-Amylasen 42
1.2.3.2	β-Amylasen 44
1.2.3.3	Isoamylase, Pullulanase 44
1.2.3.4	Amyloglucosidase 45
1.2.3.5	β-Glucanasen 45
1.2.3.6	Cellulasen 45
1.2.3.7	Pentosanasen 45
1.2.3.8	Proteasen 46
1.2.3.9	Schlussfolgerung 46
1.3	Das Brauwasser 47
1.3.1	Allgemeines 47
1.3.2	Die Härte des Wassers 48
1.3.3	Allgemeine Gesichtspunkte zur Wirkung der Wasser-Ionen 50
1.3.4	Wasser-Ionen und Acidität 51
1.3.5	Berechnung der Alkalität eines Brauwassers 54
1.3.6	Die Auswirkungen einer Aciditätsverminderung 56
1.3.6.1	Enzyme 56
1.3.6.2	Ausbeute 57
1.3.6.3	Beschaffenheit der Würze 57
1.3.6.4	Ausnutzung der Hopfenbitterstoffe 57
1.3.6.5	Gärung 57
1.3.6.6	Dunkle Malze 57
1.3.7	Einflüsse verschiedener Ionen und sonstiger Bestandteile des Wassers 58
1.3.8	Aufbereitung des Brauwassers 62
1.3.8.1	Kochen 62
1.3.8.2	Entcarbonisierung mit gesättigtem Kalkwasser 64
1.3.8.3	Kontinuierlich arbeitende Enthärtungsanlagen 67
1.3.8.4	Ionenaustauscher 70
1.3.8.5	Das Elektro-Osmoseverfahren 80
1.3.8.6	Die umgekehrte Osmose 81
1.3.8.7	Die Elektrodiarese 87
1.3.8.8	Kosten 87
1.3.8.9	Zusatz von Calciumsulfat oder Calciumchlorid 88
1.3.8.10	Neutralisation von Hydrogencarbonaten 89

3.2.4.3	Das Zweimaischverfahren	341
3.2.4.4	Das Einmaischverfahren	346
3.2.4.5	Das Hochkurzmaischverfahren	349
3.2.4.6	Springmaischverfahren	352
3.2.4.7	Schrotmaischverfahren	352
3.2.4.8	Spelzentrennung bei Dekoktionsverfahren	354
3.2.4.9	Druckmaischverfahren	355
3.2.4.10	Mengenmäßige Ermittlung der Kochmaischen	356
3.2.4.11	Ergänzende Bemerkungen zu den Dekoktionsverfahren	356
3.2.4.12	Die Infusionsverfahren	357
3.2.4.13	Infusionsverfahren mit fallender oder konstanter Temperatur	361
3.2.4.14	Abschließende Bemerkungen zu Infusionsverfahren	361
3.2.5	Die Verarbeitung von Rohfrucht	363
3.2.5.1	Allgemeine Gesichtspunkte	363
3.2.5.2	Maischverfahren mit Reisrohfrucht	368
3.2.5.3	Maischverfahren mit Maisrohfrucht	371
3.2.5.4	Maischverfahren mit Gerstenrohfrucht	374
3.2.5.5	Maischverfahren mit Sorghumrohfrucht	376
3.2.5.6	Menge der Rohfruchtzugabe	377
3.2.6	Spezielle Probleme beim Maischen	377
3.2.6.1	Nassschrotung	377
3.2.6.2	Gewinnung und Zusatz eines Malzauszuges	378
3.2.6.3	Maischverfahren zur Erhöhung des Glucosegehaltes	378
3.2.7	Kontrolle des Maischprozesses	380
3.2.7.1	Die Temperaturkontrolle	381
3.2.7.2	Mengenkontrolle	381
3.2.7.3	pH-Kontrolle	381
3.2.7.4	Die Kontrolle der Stoffumwandlungen	381
3.2.7.5	Der Eiweißabbau	382
3.2.7.6	Der Stärkeabbau	382
3.2.7.7	Die Kontrolle des β-Glucanabbaus	384
3.2.8	Wahl des Maischverfahrens	385
3.2.8.1	Anpassung an den Rohstoff Malz	385
3.2.8.2	Anpassung an moderne Sudwerke	386
3.2.8.3	Anpassung an bestimmte Charaktereigenschaften der Biere	387
3.2.8.4	Beispiele für die Entwicklung verschiedener Biertypen	389
4	**Die Gewinnung der Würze – das Abläutern**	**397**
4.1	Das Abläutern mit dem Läuterbottich	397
4.1.1	Prinzip der Würzegewinnung mit dem Läuterbottich	398
4.1.2	Läuterbottich	399
4.1.2.1	Ausführung des Bottichs	399
4.1.2.2	Fassungsvermögen	400
4.1.2.3	Läuterbottichgröße	401

4.1.2.4	Der Senkboden	*401*
4.1.2.5	Abstand des Senkbodens vom Läuterbottichboden	*403*
4.1.2.6	Läuterrohre	*404*
4.1.2.7	Quellgebiet der Läuterrohre	*404*
4.1.2.8	Der klassische Läuterhahn	*405*
4.1.2.9	Moderne Läutersysteme	*406*
4.1.2.10	Sonstige Ausrüstung	*412*
4.1.3	Läutervorgang mit dem Läuterbottich	*412*
4.1.3.1	Vorbereitung des Läuterbottichs	*412*
4.1.3.2	Das Einlagern der Maische	*412*
4.1.3.3	Die Filterschicht	*413*
4.1.3.4	Vorschießen und Trübwürzepumpen	*413*
4.1.3.5	Das Abläutern der Vorderwürze	*414*
4.1.3.6	Die Vorderwürze	*420*
4.1.3.7	Das Abläutern der Nachgüsse	*421*
4.1.3.8	Aufhack- und Schneidmaschinen	*427*
4.1.3.9	Die Arbeitsweise eines klassischen Läuterbottichs (185 kg/m², Zentralabläuterung)	*430*
4.1.3.10	Optimierte klassische Abläuterung	*432*
4.1.3.11	Die Arbeitsweise moderner Läuterbottiche nach dem derzeitigen Stand (12 Sude/Tag)	*434*
4.1.4	Qualität der Abläuterung	*438*
4.1.4.1	Die Zusammensetzung der Würze	*438*
4.1.4.2	Die Oxidation der Würze	*438*
4.1.4.3	Klarheit der Würze	*439*
4.1.4.4	Gehalte an höheren freien Fettsäuren	*441*
4.1.4.5	Die Jodreaktion der Würze	*443*
4.1.4.6	Sonstige Themen in Verbindung mit dem Trubstoffgehalt der Läuterwürze	*443*
4.1.5	Entfernung der Treber und Abwasseranfall	*444*
4.1.5.1	Entfernung der Treber	*444*
4.1.5.2	Abwassermenge	*444*
4.1.6	Kontrolle der Anschwänz- und Aufschneidearbeit	*445*
4.1.6.1	Überprüfung während des Abläuterns	*445*
4.1.6.2	Untersuchung der Treber	*445*
4.1.7	Leistung und Wirtschaftlichkeit des Läuterbottichs	*447*
4.1.7.1	Sudzahl	*447*
4.1.7.2	Sudhausausbeute	*448*
4.1.7.3	Anpassung an Variationen der Schüttung	*449*
4.2	Das Abläutern mit dem Maischefilter	*449*
4.2.1	Prinzip der Würzegewinnung mit dem Maischefilter	*449*
4.2.2	Maischefilter (konventionell bis 1990)	*450*
4.2.2.1	Das Traggestell	*450*
4.2.2.2	Rahmen oder Kammern	*451*

4.2.2.3	Platten oder Roste	452
4.2.2.4	Filtertücher	454
4.2.2.5	Weitere Hilfseinrichtungen des Filters	456
4.2.3	Läutervorgang im Maischefilter (konventionell bis 1990)	457
4.2.3.1	Vorbereitende Arbeiten	457
4.2.3.2	Füllen des Filters	457
4.2.3.3	Die Abläuterung der Nachgüsse	461
4.2.4	Qualität der Abläuterung beim Maischefilter	466
4.2.4.1	Die Zusammensetzung der Würze	466
4.2.4.2	Die Oxidation der Würze	467
4.2.4.3	Die Klärung der Würze	467
4.2.5	Entfernung der Treber und Abwasseranfall	470
4.2.5.1	Öffnen des Filters und Austrebern	470
4.2.5.2	Die Abwassermenge	470
4.2.6	Kontrolle der Maischefilterarbeit	471
4.2.6.1	Kontrolle während des Abläuterns	471
4.2.6.2	Austrebern des Filters	471
4.2.6.3	Die Untersuchung der Treber	471
4.2.7	Leistung des Maischefilters	472
4.2.7.1	Sudhausausbeute	472
4.2.7.2	Tägliche Sudzahl	472
4.2.8	Vergleich der konventionellen Maischefilter mit den seinerzeitigen Läuterbottichen	473
4.2.8.1	Vorteile	473
4.2.8.2	Nachteile	473
4.3	Die Maischefilter der neuen Generation	474
4.3.1	Die Hochdruck-Filterpresse	474
4.3.2	Dünnschicht-Maischefilter mit Membranen	474
4.3.2.1	Aufbau des Maischefilters	475
4.3.2.2	Die Arbeitsweise des Maischefilters	477
4.3.2.3	Voraussetzungen für den Betrieb des Dünnschicht-Maischefilters	481
4.3.2.4	Die Leistung des Dünnschichtfilters	482
4.3.3	Dünnschicht-Kammerfilter	483
4.3.3.1	Der Aufbau des Dünnschicht-Kammerfilters	483
4.3.3.2	Die Arbeitsweise des Dünnschicht-Kammerfilters	485
4.3.3.3	Voraussetzungen für den Betrieb des Dünnschicht-Kammerfilters	488
4.3.3.4	Die Leistung des Dünnschicht-Kammerfilters (am Beispiel eines Filters mit 60 Kammern)	489
4.3.3.5	Qualität der Abläuterung	489
4.3.4	Schlussfolgerungen zu den beiden Systemen an Dünnschicht-Maischefiltern und Vergleich zu den modernen Läuterbottichen	490

4.4 Der Strainmaster *491*
4.4.1 Elemente des Strainmasters *491*
4.4.2 Abläutervorgang mit dem Strainmaster *492*
4.4.2.1 Das Prinzip *492*
4.4.2.2 Abmaischen *493*
4.4.2.3 Abläutern der Vorderwürze *493*
4.4.2.4 Abläutern der Nachgüsse *493*
4.4.2.5 Austrebern *495*
4.4.3 Leistung des Strainmasters *495*
4.4.3.1 Sudzahl *495*
4.4.3.2 Ausbeute *495*
4.4.4 Qualität der Abläuterung beim Strainmaster *496*
4.4.4.1 Würzezusammensetzung *496*
4.4.4.2 Die Oxidation der Würze *496*
4.4.4.3 Die Trübung der Strainmasterwürzen *496*
4.4.5 Vor- und Nachteile des Strainmasters *497*
4.4.6 Kontinuierliche Läutermethoden *497*

4.5 Wirtschaftlicher Vergleich der gängigen Systeme *499*

4.6 Das Vorlaufgefäß *500*

5 Das Kochen und Hopfen der Würze *503*

5.1 Bedeutung des Würzekochens *503*

5.2 Würzekochsysteme *505*
5.2.1 Würzepfannen *505*
5.2.1.1 Fassungsvermögen *505*
5.2.1.2 Material *505*
5.2.1.3 Grundfläche der Pfannen *506*
5.2.1.4 Verhältnis der Flüssigkeitshöhe zum Durchmesser *506*
5.2.1.5 Feuerpfannen *506*
5.2.1.6 Öl- oder gasbeheizte Pfannen *507*
5.2.1.7 Dampfbeheizte Pfannen *507*
5.2.1.8 Pfannen für Druckkochung *518*
5.2.1.9 Außenkocher mit Entspannungsverdampfung *520*
5.2.1.10 Abzug *521*
5.2.1.11 Rührwerke *521*
5.2.2 Anlagen zur kontinuierlichen Würzekochung *521*
5.2.2.1 Anlage mit 120–122°C Kochtemperatur und anschließender Mehrfachentspannung *522*
5.2.2.2 Anlage mit 125–140°C Kochtemperatur und zweistufiger Entspannung *522*
5.2.3 Würzekochung – Zusatzsysteme *523*
5.2.3.1 Das Aufheizen der Würze von der Abläutertemperatur (70–72°C) auf die Kochtemperatur *523*

5.2.3.2	Nachbehandlung der Würze nach dem eigentlichen Kochprozess 524	
5.2.3.3	Verfahren mit Nachverdampfung im Vakuum – zwischen Whirlpool und Plattenkühler 526	
5.3	Physikalische Vorgänge bei der Würzekochung 529	
5.3.1	Verdampfung des überschüssigen Wassers 529	
5.3.2	Zerstörung der Enzyme des Malzes 529	
5.3.3	Sterilisierung der Würze 530	
5.3.4	Erhöhung der Acidität der Würze beim Kochen 530	
5.4	Die Koagulation des Eiweißes 531	
5.4.1	Allgemeine Gesichtspunkte 531	
5.4.2	Beurteilung der Eiweißkoagulation 535	
5.4.3	Physikalische Faktoren der Eiweißkoagulation 536	
5.4.3.1	Kochdauer 536	
5.4.3.2	Art und Weise des Kochens 536	
5.4.3.3	Form der Pfanne 538	
5.4.3.4	Kochung der Würze mittels verschiedener Außenkochsysteme 538	
5.4.3.5	Kochung bei überbarometrischem Druck 539	
5.4.3.6	Hochtemperatur-Würzekochsysteme 540	
5.4.3.7	Moderne Kochverfahren 540	
5.4.4	Einfluss der Würzezusammensetzung auf die Eiweißkoagulation 540	
5.4.4.1	Malzauflösung 541	
5.4.4.2	Abdarrtemperatur 542	
5.4.4.3	Luftfrei arbeitende Sudwerke 542	
5.4.4.4	Sonstige Faktoren 542	
5.4.5	Beginn des Würzekochens 543	
5.4.6	Zusätze zur Unterstützung der Eiweißfällung 543	
5.4.6.1	Bentonite und Kieselgele 543	
5.4.6.2	Polyvinylpolypyrrolidon (PVPP) 543	
5.4.6.3	Tannin 543	
5.4.6.4	Karaghen-Moos 544	
5.5	Die Hopfung der Würze 544	
5.5.1	Lösung und Umwandlung der Bittersäuren 544	
5.5.1.1	α-Säure 544	
5.5.1.2	β-Säure 547	
5.5.1.3	Die Weich- und Hartharze des Hopfens 547	
5.5.1.4	Faktoren, die die Isomerisierung der α-Säuren beeinflussen 547	
5.5.1.5	Ausnutzung der Bitterstoffe 554	
5.5.2	Wirkung der Hopfenpolyphenole 555	
5.5.3	Die Hopfenöle beim Würzekochen 560	
5.5.4	Die Fettsäuren des Hopfens beim Würzekochen und ihr Verbleib 567	

5.5.5	Eiweißstoffe des Hopfens 568
5.5.6	Höhe der Hopfengabe 569
5.5.6.1	Angabe 569
5.5.6.2	Bitterstoffgehalt 569
5.5.6.3	Bemessung der Bitterstoffgabe 570
5.5.6.4	Ausnutzung des Hopfens 570
5.5.7	Dosierung des Hopfens 571
5.5.7.1	Doldenhopfen 571
5.5.7.2	Zerkleinerung 571
5.5.7.3	Andere Vorschläge zur Hopfeneinsparung 573
5.5.7.4	Der Hopfenentlauger 573
5.5.7.5	Hopfenpulver 574
5.5.7.6	Hopfenextrakte 575
5.5.7.7	Ethanolextrakt 576
5.5.7.8	CO_2-Extrakte 576
5.5.7.9	Isomerisierte Hopfenextrakte 577
5.5.7.10	Zeitpunkt und die Aufteilung der Hopfengabe 578
5.5.7.11	Die automatische Dosierung des Hopfens 580
5.6	Das Verhalten von Aromastoffen der Würze 581
5.6.1	Thermisch oxidative Veränderungen von Produkten des Lipidabbaus 582
5.6.2	Veränderung von Phenolcarbonsäuren 584
5.6.3	Bildung von Maillard-Produkten 584
5.6.3.1	Die Maillard-Reaktion 584
5.6.3.2	Strecker-Abbau von Aminosäuren 585
5.6.3.3	Pyrazine 585
5.6.3.4	Pyrrole 586
5.6.3.5	γ-Pyrone 587
5.6.3.6	Sonstige Verbindungen 587
5.6.3.7	Das Verhalten von Maillard- und Strecker-Abbauprodukten 588
5.6.3.8	Maillard-Produkte und Würze- bzw. Biereigenschaften 591
5.6.4	Veränderung von Schwefelverbindungen beim Würzekochen 596
5.6.4.1	Strecker-Abbau 596
5.6.4.2	Maillard-Reaktionen 596
5.6.4.3	Dimethylsulfid (DMS) 596
5.7	Energieverbrauch beim Würzekochen 599
5.7.1	Pfannendunstkondensator 599
5.7.2	Verringerung der Verdampfung 600
5.7.3	Brüdenverdichtung 601
5.7.3.1	Mechanische Brüdenverdichtung 601
5.7.3.2	Thermische Brüdenverdichtung 602
5.7.4	Kochung bei höheren Temperaturen 603
5.7.4.1	Innen- und Außenkocher 603
5.7.4.2	Überbarometrische Kochung 603

5.7.4.3 Hochtemperaturwürzekochung *604*
5.7.4.4 Verringerte Verdampfung oder nur Heißhalten der Würze mit anschließender Vakuumbehandlung *604*
5.7.4.5 Schlussfolgerung *606*

5.8 Arbeitsweise und Ergebnisse von modernen Würzekochsystemen *607*
5.8.1 Verringerung der Verdampfung bestehender Würzepfannenanlagen *607*
5.8.2 Optimierung der Arbeitsweise des Außenkochers (einschließlich mechanischer Brüdenverdichtung) *609*
5.8.3 Innenkocher *610*
5.8.3.1 Niederdruckkochung (NDK) *611*
5.8.3.2 Dynamische Niederdruckkochung *612*
5.8.3.3 Innenkocher mit Zwangsanströmung *613*
5.8.3.4 Innenkocher mit Zwangsanströmung und Strahlpumpe *613*
5.8.3.5 Der Dünnfilmverdampfer *614*
5.8.4 Hochtemperaturkochung bei 120°C *616*
5.8.5 Die Hochtemperaturkochung bei 130–140°C *617*
5.8.6 Getrennte Kochung von Vorderwürze und Nachgüssen *618*
5.8.7 Vorkühlung der Würze *620*
5.8.8 Verfahren der Nachverdampfung im Vakuum nach dem Whirlpool *622*

5.9 Das Ausschlagen der Würze *624*
5.9.1 Hopfenseiher *624*
5.9.2 Die Hopfentreber *626*
5.9.3 Treber aus Hopfenpulvern bzw. gemahlenem Hopfen *626*
5.9.4 Die Ausschlagwürze *627*
5.9.4.1 Der vergärbare Extrakt *628*
5.9.4.2 Die Menge der β-Glucane *628*
5.9.4.3 Das Niveau des Gesamtstickstoffs *628*
5.9.4.4 Die Stickstoff-Fraktionen *628*
5.9.4.5 Die Polyphenolgehalte *628*
5.9.4.6 Die Bitterstoffgehalte *628*
5.9.4.7 Die Mineralstoffgehalte *629*
5.9.4.8 Der Würze-pH *629*
5.9.4.9 Die Viskosität der Würze *629*
5.9.4.10 Die Aromastoffe der Ausschlagwürze *629*
5.9.5 Die Treber *629*
5.9.5.1 Treber-Menge *630*
5.9.5.2 Treber-Zusammensetzung *630*
5.9.5.3 Treberförderung *630*
5.9.5.4 Trebersilos *631*
5.9.5.5 Treber-Verwertung *631*
5.9.6 Die Reinigung der Sudwerksanlage *632*

5.9.6.1	Das Würzekochsystem 632
5.9.6.2	Nassschrotmühle 633
5.9.6.3	Die Maischgefäße 633
5.9.6.4	Sammelgefäße für Würze 633
5.9.6.5	Der Läuterbottich 633
5.9.6.6	Maischefilter 634
5.9.6.7	Würzekühlanlage 634
5.9.7	Die Automatisierung des Würzekochprozesses 635

6 Möglichkeiten des Einsatzes von Extraktresten und Prozessbieren im Bereich der Würzebereitung 637

6.1	Die Verwendung von Extraktresten der Würzebereitung 638
6.1.1	Glattwasser/Treberpresswasser 638
6.1.2	Hopfenglattwasser, Hopfentreber und Trub 639
6.1.3	Brüdenkondensat 640
6.2	Die Verwendung von Prozessbieren und Überschusshefe 641
6.2.1	„Weglaufbier" 641
6.2.2	Bier aus Überschusshefe 641
6.2.3	Überschusshefe 643
6.2.4	Sonstige Prozessbiere 643
6.3	Schlussfolgerungen 643

7 Die Sudhausausbeute 645

7.1	Berechnung der Sudhausausbeute 646
7.1.1	Messwerte 646
7.1.1.1	Schüttung 646
7.1.1.2	Würzemenge 646
7.1.1.3	Bestimmung des Extraktgehalts 647
7.1.2	Berechnung der Sudhausausbeute 648
7.1.2.1	Korrektur der Würzemenge 649
7.1.2.2	Korrektur des Extraktwerts 650
7.1.2.3	Die amtliche Formel 650
7.2	Beurteilung der Sudhausausbeute 650
7.2.1	Vergleich Laboratoriums-/Sudhausausbeute 650
7.2.2	Ausbeutebilanz 652
7.2.3	Beurteilung der Extraktgewinnung nach DIN 8777 bzw. MEBAK 654
7.2.4	Ursachen unbefriedigender Sudhausausbeuten bzw. zu hoher Treberverluste 655
7.2.4.1	Der aufschließbare Extrakt 655
7.2.4.2	Der auswaschbare Extrak 656
7.2.5	Schlussfolgerungen zum Thema Ausbeute 657

8	Die Würzebehandlung zwischen Sudhaus und Gärkeller 659
8.1	Allgemeines 659
8.1.1	Abkühlung der Würze 660
8.1.2	Sauerstoffaufnahme der Würze 660
8.1.2.1	Chemische Bindung des Luftsauerstoffs 660
8.1.2.2	Physikalische oder mechanische Bindung des Sauerstoffs 661
8.1.3	Ausscheidung des Heißtrubs 662
8.1.3.1	Beschaffenheit und Menge des Heißtrubs 662
8.1.3.2	Abhängigkeit des Heißtrubanfalls 663
8.1.4	Der Kühltrub 664
8.1.4.1	Beschaffenheit und Menge des Kühltrubs 664
8.1.4.2	Abhängigkeit des Kühltrubanfalls 665
8.1.4.3	Notwendigkeit der Kühltrubentfernung 666
8.1.5	Sonstige Vorgänge bei der Würzebehandlung 667
8.1.5.1	Die Zufärbung der Würze 668
8.1.5.2	Das Verhalten der Bitterstoffe 668
8.1.5.3	Flüchtige Substanzen 668
8.2	Verfahren der Würzebehandlung 669
8.2.1	Betrieb mit Kühlschiff, Berieselungskühler oder geschlossenem Kühler 669
8.2.1.1	Das Kühlschiff 669
8.2.1.2	Der Berieselungskühler 670
8.2.1.3	Geschlossene Kühler 671
8.2.1.4	Plattenkühler 671
8.2.1.5	Gewinnung der Trubwürze 672
8.2.1.6	Die Trubpresse 672
8.2.1.7	Zentrifugen 673
8.2.1.8	Beurteilung der Arbeitsweise mit dem Kühlschiff 673
8.2.2	Geschlossene Systeme 674
8.2.3	Abtrennung des Heißtrubs 675
8.2.3.1	Der Setzbottich 675
8.2.3.2	Moderne Setzbottiche 675
8.2.3.3	Der Heißtrubabsatz in der Sudpfanne 676
8.2.3.4	Der Whirlpooltank 677
8.2.3.5	Zentrifugen 690
8.2.3.6	Hopfentrubfilter 695
8.2.3.7	Die Kieselgurfiltration der heißen Würze 695
8.2.3.8	Abschließende Bemerkungen 697
8.2.4	Zusätzliche Behandlung der Würze zwischen Whirlpool und Platten-Plattenkühler 698
8.2.4.1	Die Abkühlung der Würze zwischen Pfanne und Heißwürzetank/Whirlpool 698
8.2.4.2	Der Entspannungskühler 698
8.2.4.3	Die Nachverdampfung im Vakuum nach dem Whirlpool 699

8.2.4.4	Die Nachverdampfung bei Kochtemperatur	699
8.2.4.5	Zusammenfassung	700
8.2.5	Abtrennung des Kühltrubs	700
8.2.5.1	Der Anstellbottich	701
8.2.5.2	Kaltsedimentation	701
8.2.5.3	Die Kaltseparierung	703
8.2.5.4	Die Kaltwürzefiltration	704
8.2.5.5	Flotation	706
8.2.6	Vorrichtungen zum Belüften der Würze	710
8.2.6.1	Die benötigten Luftmengen	710
8.2.6.2	Belüftungskerzen und Metallplättchen	711
8.2.6.3	Die Schälscheibe des Heißwürzeseparators	711
8.2.6.4	Der Zentrifugalmischer	711
8.2.6.5	Das Venturi-Rohr oder der Strahlmischer	712
8.2.6.6	Der statische Mischer	713
8.2.6.7	Kombinierte Heiß- und Kaltbelüftung	713
8.2.6.8	Zweitbelüftung	714
8.2.6.9	Nach der Flotation	714
8.2.7	Der Dekanter	714
8.2.8	Automation der Würzekühlung	715

8.3	Kaltwürze-Ausbeute	716
8.3.1	Messwerte	716
8.3.1.1	Menge der kalten Würze	716
8.3.1.2	Extraktgehalt der Würze	718
8.3.2	Berechnung der Kaltwürzeausbeute	719
8.3.3	Unterschiede zwischen Sudhaus- und Kaltwürzeausbeute	719
8.3.3.1	Die Volumenminderung	719
8.3.3.2	Der Extraktschwand	720
8.3.4	Die Gesamtausbeute bei der Würzebereitung (Overall Brewhouse Yield – OBY)	721

9 Das Brauen mit hoher Stammwürze

9.1	Das Abläutern	723
9.2	Das Maischen	725
9.3	Das Würzekochen	725
9.4	Verwendung von Sirup oder Zucker	726
9.5	Würzebehandlung	726
9.6	Die weitere Behandlung der höherprozentigen Würze	726
9.6.1	Verdünnung im Kühlhaus	726
9.6.2	Verdünnung des Bieres vor oder nach der Filtration	727

9.6.3	Bierbeschaffenheit bei Vergärung von Würzen höheren Extraktgehalts *727*
9.7	Einsparungen durch das Brauen mit hoher Stammwürze *728*
9.7.1	Kapazität *728*
9.7.2	Energieersparnis *729*

10	**Die Anordnung von Sudhaus und Würzebehandlung** *731*
10.1	Lage und Anordnung des Bereiches Würzebereitung *731*
10.2	Die Einrichtung *733*
10.2.1	„Einfache" Sudwerke *733*
10.2.2	Das „doppelte" Sudwerk *733*
10.3	Leistung des Sudwerks *734*

11	**Brauereianalytik – Probenahme, Behandlung und Versendung** *737*
11.1	Allgemeines *737*
11.2	Wasser *738*
11.3	Schüttgut *740*
11.3.1	Statische Schüttgüter *740*
11.3.2	Fließende Schüttgüter *741*
11.4	Schrot *743*
11.5	Treber *744*
11.6	Hopfen *745*
11.7	Maische und Würze *746*

Literaturverzeichnis *749*

Sachregister *775*

Vorwort zur 6. Auflage

Es ist 17 Jahre her, seit das Manuskript der 5. umgearbeiteten Auflage des Bandes Technologie der Würzebereitung von Prof. Dr. K. Schuster vollendet wurde. Eine Neubearbeitung des ursprünglich von Professor Leberle als „Technologie der Brauerei" (also Würzebereitung, Gärung, Lagerung und Abfüllung) begründeten Buches war nach dieser langen Zeitspanne erforderlich. Diese verzögerte sich, weil die Ergebnisse einer Reihe von Neuentwicklungen, gerade auf dem Gebiet des Würzekochens, aber auch einige relevante Dissertationen abgewartet werden sollten, um den Stand der Technologie 1983/84 wiedergeben zu können.

Das Kapitel Rohstoffe knüpft an das Buch „Technologie der Malzbereitung" an, vor allem auch im Hinblick auf die Bewertung der Malzqualität. Den anderen stärkehaltigen Rohstoffen wird ebenfalls mehr Raum gewidmet als früher. Der Hopfen findet nicht nur eingehende Besprechung nach seinen Inhaltsstoffen und den heute gängigen, zum Teil neuen Hopfenprodukten, sondern auch nach den Gesichtspunkten der Züchtung und des Anbaus. Hierüber will der Brauer Bescheid wissen.

Die biochemischen Vorgänge beim Maischen werden nach den einzelnen Stoffgruppen und hier wiederum nach den möglichen Beeinflussungsfaktoren systematisch behandelt. Bei den Themen „Schroten", „Abläutern" und „Würzebehandlung" sind viele eigene Versuche eingebracht worden, ebenso bei den durch die Energieverteuerung ausgelösten Systemen des Würzekochens.

Dies ist auch der Grund, warum zahlreiche Literaturzitate auf Arbeiten des Instituts hinweisen. Es soll dies auf keinen Fall eine Überbewertung der eigenen Untersuchungen bedeuten.

Das Buch soll dem Studierenden eine über den Vorlesungsstoff hinausgehende Grundlage an die Hand geben; es soll dem im Betrieb Stehenden einen Überblick über den Stand der wissenschaftlichen Erkenntnisse und der heutigen technisch-technologischen Entwicklung vermitteln. Hierbei wurde naturgemäß die Darstellung herkömmlicher, in der Praxis bewährter Verfahren nicht geschmälert, so dass das Buch einen gegenüber früher größeren Umfang hat.

Ich danke meinen Mitarbeitern, allen voran Frau Akademischer Direktorin Dr. E. Reicheneder und Herrn Oberingenieur Dr.-Ing. habil H. Miedaner für

Die Bierbrauerei: Band 2: Die Technologie der Würzebereitung. 8. Auflage
Ludwig Narziß und Werner Back
Copyright © 2009 WILEY-VCH Verlag GmbH & Co. KGaA, Weinheim
ISBN: 978-3-527-32533-7

wertvolle Ratschläge und Beiträge sowie den Herren Dipl.-Ing. R. Michel und M. Esslinger für die Bearbeitung verfahrenstechnischer Fragen.

Auch bei diesem Band stammen zahlreiche Bildbeiträge von der Zulieferindustrie. Ebenso haben die „Brauwelt" und die „Monatsschrift für Brauerei" in zuvorkommender Weise Bilder aus zahlreichen Veröffentlichungen beigesteuert, ebenso ausländische Autoren Skizzen und Tabellen. Auch hierfür sei herzlich Dank gesagt.

Dem Verlag danke ich für die gute Zusammenarbeit und für die tadellose Ausstattung des Buches. Alle damit befassten Herren waren mir eine große Hilfe.

Die im Buch gebrachten Einheiten sind nur z. T. Si-Einheiten und dann zusammen mit den in der Brauindustrie bisher üblichen angegeben. Ich bin mir klar darüber, dass auch bei einer weiteren Auflage ein nochmaliger Übergang auf dem diesmal beschrittenen Weg notwendig werden wird, bis dann endgültig auf die neuen Bezeichnungen umgestellt werden kann.

Das Bildmaterial stammt zum Teil von den Firmen
Alfa-Laval, Hamburg-Bergedorf
BTE, Essen
Bühler-Miag, Braunschweig
Diessel, Hildesheim
Eumann, Gärtringen
Filtrox, St. Gallen
Hager & Elsässer, Stuttgart-Vaihingen
Hilge, Bodenheim-Mainz
Huppmann, Kitzingen
Mayer, Ulm
Meura, Tournai
Seeger, Stuttgart-Feuerbach
Steinecker, Freising
Westfalia, Oelde
Ziemann, Ludwigsburg

Freising-Weihenstephan, Februar 1985	Ludwig Narziß

Vorwort zur 7. Auflage

Nachdem die 6. Auflage innerhalb eines Zeitraumes von 7 Jahren vergriffen ist, wurde ein „Vorziehen" der Auflage erforderlich. Dabei wurden die wichtigsten Neuerungen in den verschiedenen Bereichen berücksichtigt und im „Nachtrag" aufgeführt. Die einzelnen Punkte sind sowohl im Inhalts- als auch im Stichwortverzeichnis erwähnt, so dass ein Auffinden derselben leicht möglich sein dürfte.

Ich bitte hierfür um Verständnis, doch hätte ein völliger Neudruck eine ungleich längere Bearbeitungszeit erfordert. So hoffe ich, trotz dieses Kompromisses, um eine günstige Aufnahme dieser Auflage durch die Fachwelt.

Weihenstephan, im Juli 1992   Ludwig Narziß

Vorwort zur 8. Auflage

Nach 24 bzw. 17 Jahren bedurfte das Buch „Technologie der Würzebereitung" einer Ergänzung, in etlichen Kapiteln einer Neubearbeitung, um den neusten Stand von Biochemie und Technologie des Brauens darzustellen.

Wiederum sind in die einzelnen Kapitel Ergebnisse eigener Forschungen und Versuche eingegangen, ohne dabei auf die früheren grundlegenden Erkenntnisse zu verzichten. Dies äußert sich auch im Literaturverzeichnis.

Neu ist die Erweiterung des Kapitels „Malz" auf andere Malze als aus Gerste oder Weizen, um dem breiten Interesse nach „neuen" (obergärigen) Bieren zu dienen. Das Kapitel „Ersatzstoffe des Malzes" wird über die bisher geschilderten Arten Mais, Reis und Rohgerste hinaus erweitert. Weiterhin werden die Verarbeitung hoher und höchster Rohfruchtanteile sowie die hierfür erforderlichen industriellen Enzyme behandelt, um weltweiten Trends der Bierproduktion zu entsprechen (Dipl.-Ing Martin Zarnkow). Ferner wird das Thema „Brauerei-Analytik – Probennahmen – Behandlung und Versendung" aus gegebenen Anlässen aufgenommen (Dipl.-Braumeister Felix Burberg).

Wir danken den Mitarbeitern an diesem Buch, die zum Teil noch am Lehrstuhl für Brau- und Getränketechnologie, zum Teil aber schon in der Industrie tätig sind, für ihr großes Engagement: Dr. Martina Gastl, Dr. Klaus Hartmann, Dr. Mathias Kessler, Dr. Stefan Kreisz, Privatdozent Dr. Martin Krottenthaler, Dr. Elmar Spieleder sowie den beiden oben genannten Herren.

Für tatkräftige Unterstützung von „außerhalb" danken wir besonders Herrn Dr. Stefan Schildbach (Fa. Euwa Gärtringen), für die profunde Hilfe bei den Themen „Umkehrosmose" und „Ultrafiltration", ebenso Frau Dr. Christina Schönberger (Barth-&Haas-Group) für wertvolle Unterlagen über Hopfenextrakte und „Downstream-Produkte", Herrn Dr. Klaus Kammhuber (LFL, Institut für Hopfenforschung Hüll) für die eigens erstellten großen Übersichtstabellen, den Herren Dr. Martin Biendl, Dr. Dietmar Kaltner (Hopsteiner) sowie Dr. Ralf Mezger (NATECO$_2$) für viele Informationen sowie Herrn Dipl.-Ing. Hans-Peter Schropp für energiewirtschaftliche Daten. Die Herren Dr. Oliver Franz, Dr. Markus Herrmann und Dr. Florian Kühbeck stellten Material aus ihren Dissertationen in dankenswerter Weise zur Verfügung. Drei Brauereien lieferten uns Messwerte und Betriebsergebnisse von ihren neuen Sudwerken: Dafür bedan-

Die Bierbrauerei: Band 2: Die Technologie der Würzebereitung. 8. Auflage
Ludwig Narziß und Werner Back
Copyright © 2009 WILEY-VCH Verlag GmbH & Co. KGaA, Weinheim
ISBN: 978-3-527-32533-7

ken wir uns bei den Technologen und Technikern der Augustiner Bräu München, der Badischen Staatsbrauerei Rothaus und der Kulmbacher Brauerei.

Darüber hinaus danken wir der Industrie für die Bereitstellung von Bildmaterial zur Ergänzung bzw. Erneuerung des vorhandenen, so Alfa-Laval, Bühler Braunschweig, Eumann Gärtringen, Huppmann AG Kitzingen, Krones AG (Werk Steinecker Freising), Künzel Kulmbach, Meura Tournai, Nerb Freising, Schulz Bamberg, Sudhaus-Technik GmbH Essen und Ziemann Ludwigsburg.

Dem Verlag Wiley-VCH danken wir für die gute und konstruktive Zusammenarbeit.

Wir hoffen, dass das Buch eine ähnlich gute Aufnahme finden möge wie die vorhergehenden Auflagen.

Freising-Weihenstephan, im Mai 2009   Ludwig Narziß und Werner Back

1
Die Rohmaterialien

1.1
Das Malz

Malz ist Getreide, das durch technologische Maßnahmen zum Keimen gebracht und anschließend einem Trocknungs- und Darrprozess unterworfen wird.

Der Zweck der technologisch gesteuerten Keimung für die Bierbereitung ist:
a) die Bildung bzw. Aktivierung einer Reihe von Enzymen;
b) die Einwirkung dieser Enzyme auf die verschiedenen Stoffgruppen des Getreidekorns.

Beide Erscheinungen hängen zwangsläufig zusammen. Mit fortschreitender *Enzymbildung* wird auch die Enzymwirkung auf die einzelnen Stoffgruppen stärker und weitgehender. Diese Vorgänge werden von den vier Faktoren der Keimung beeinflusst: Keimgutfeuchte, Temperatur, Luftzusammensetzung und Zeit (s. Bd. I).

Die *Enzymwirkung* während der Keimung äußert sich einmal durch den Abbau der Zellwände in einer zunehmenden Zerreiblichkeit (Mürbigkeit) des Mehlkörpers, zum anderen durch den Abbau von hochmolekularen Stoffgruppen.

Die Produkte dieses Abbaus dienen entweder dem Aufbau neuer Zellen in Blatt- und Wurzelkeim oder der Atmung zur Gewinnung der hierfür erforderlichen Energie sowie einer Anreicherung von löslichen Substanzen im Mehlkörper. Das durch die Keimung erhaltene Produkt heißt *Grünmalz;* das getrocknete und gedarrte Gut *Darrmalz.*

Je nach Art des vermälzten Getreides ist zu unterscheiden in Gersten- und Weizenmalz sowie Malzen aus anderen Getreidearten, die in letzter Zeit gerade für die Herstellung von Spezialbieren oder Getränken mit besonderen diätetischen Eigenschaften Verwendung finden.

Diese können, je nach der Führung der Keimung, vor allem aber des Schwelk- und Darrprozesses als helle, dunkle oder mittel farbige Malze zum Einsatz kommen. Zur Verstärkung gewünschter Charaktereigenschaften des Bieres finden auch bestimmte Spezialmalze Verwendung.

1.1.1
Gerstenmalz

Es wird bevorzugt aus hochwertiger zweizeiliger Sommerbraugerste hergestellt, die voll keimfähig sein und die nach Eiweißgehalt, Vollbauchigkeit und Spelzenfeinheit gewissen Ansprüchen entsprechen muss. Wintergersten vermögen durch erfolgreiche Züchtungsergebnisse sehr gute Malzqualitäten zu liefern [1, 2]. Durch die Witterungsbedingungen während der Vegetationsperiode können allerdings die Analysendaten Schwankungen unterworfen sein. Dies ist jedoch in zunehmendem Maße auch bei Sommergersten der Fall, wie die Erntejahre 2003–2007 zeigen [3].

Helles Malz stammt aus einem gleichmäßig gewachsenen, gut gelösten Grünmalz, das unter raschem Wasserentzug getrocknet und bei Temperaturen zwischen 80° und 85 °C gedarrt wird. Der Mehlkörper dieses, durch den Darr-Prozess nur verhältnismäßig wenig veränderten Malzes ist weiß und mürb. Die Farbe der Kongresswürze ist je nach dem Verwendungszweck für hellste Pilsener oder goldgelbe Lager- bzw. Exportbiere in jeweils genau festgelegten Bereichen. Um bei guter Ausdarrung besonders helle Malze zu erzeugen, müssen die oben genannten Voraussetzungen erfüllt sein; kräftiger gefärbte Malze vertragen auch etwas höhere Eiweißgehalte – eine Trennung, die gerade in Jahren ungünstigerer Witterung unbedingt getätigt werden sollte (Tab. 1.1).

Dunkles Malz wird mit Vorteil aus etwas eiweißreicheren Gersten hergestellt und unter voller Ausnutzung der Keimungsfaktoren weitgehend gelöst. Durch langsameren Wasserentzug bei höheren Temperaturen laufen die Abbauvorgänge beim Schwelken eine bestimmte Zeit weiter; die gebildeten niedermolekularen Abbauprodukte wie Zucker und Aminosäuren reagieren dann beim Darren, bei 100–105 °C, zu färbenden und aromatischen Substanzen, den Melanoidinen. Ein Teil der reichlich vorhandenen Enzyme wird inaktiviert, wie auch ein Teil des hochmolekularen Eiweißes koaguliert. Der Mehlkörper des Korns ist gelb oder leicht braun gefärbt. Mittelfarbige, sog. „Wiener Malze" haben Eigenschaften die sich zwischen diesen beiden Typen bewegen. Ihre Farbe (5–8 EBC) und ihr Aroma sind im Wesentlichen durch die Höhe und Dauer der Ausdarrung bestimmt (90–95 °C).

Die in Tab. 1.1 aufgeführten Analysendaten typischer Malze mit der heute üblicherweise verlangten guten und gleichmäßigen Auflösung stellen naturgemäß nur Mittelwerte dar. Sie sind abhängig von Gerstensorte, Jahrgang, Anbauort, Eiweißgehalt, Mälzungsweise und Ausdarrung (s. Bd. I).

Von der Seite der analytischen Beurteilung haben sich einige Änderungen ergeben: Die Mehlschrotdifferenz diente bisher zur Beurteilung der cytolytischen Lösung des Malzes. Aufgrund der schlechten Wiederholbarkeit und Vergleichbarkeit ist sie in den Analysenvorschriften von MEBAK und EBC gestrichen worden. Die Cytolyse eines Malzes kann durch die in Tab. 1.1 aufgeführten Analysen aussagekräftiger beschrieben werden.

Ebenso ist die Vz 45 °C nach mehrjährigen Untersuchungen in ihrer Aussagekraft umstritten. Sie sagt wenig über die Proteolyse und die Mürbigkeit des

Tab. 1.1 Analytische Merkmale typischer Braumalze

Analysenmerkmal	Gerstenmalz			Weizenmalz
	Variables Maischverfahren	Hoch-Kurz-Maischverfahren	Dunkel	
Extrakt % wfr.	>81	>81	>80	>83
Friabilimeter %	>80	>85	>80	–
Ganzglasigkeit %	<2	<2	<2	–
Modifikation %	>85	>90	–	–
Homogenität %	>75	>75	–	–
Viskosität mPas (8,6% GG)	1,54	1,52	1,56	<1,8
Viskosität Vz 45 °C mPas (8,6% GG)	1,62	1,60	1,62	–
β-Glucan mg/l	220	200	220	–
β-Glucan Vz 65 °C mg/l	300	270	270	–
Eiweißgehalt % wfr.	9–11	9–11	11–11,5	11,5–12,5
lösl. Stickstoff mg/100 g Malz-TrS	550–700	600–720	650–700	700–750
Eiweißlösungsgrad %	38–40	39–41	38	38
freier Amino-Stickstoff mg/100 g Malz-TrS	120–150	125–150	100–125	120–130
Endvergärungsgrad %	81–82	81–84	75	81
α-Amylase ASBC wfr.	>40	>40	35	>30
Diastatische Kraft WK	230	250	150	>250
Verzuckerungszeit min	10–15	10–15	15–20	10
Farbe EBC	3,7	3,2	15–18	4,0
Kochfarbe EBC	5,8	5,4	21–24	6,0
TBZ (Kongresswürze)	14	13	–	–
DMS-P ppm lftr.	<7	<7	–	–
DON µg/kg	<500	<500	<500	<500
NDMA µg/kg	<2,5	<2,5	<2,5	<2,5

Die Mehlschrotdifferenz wurde in dieser Aufstellung, ebenso wie die Vz 45°C außer Acht gelassen.

Mehlkörpers aus; es ergibt sich weder zur Verarbeitungsfähigkeit des Malzes noch zu den späteren Eigenschaften des Bieres ein gesicherter Hinweis (s. auch Bd. I). Sie hat im Gegenteil die Zulassung von sehr guten, neuen Sorten erschwert, wenn nicht sogar in einigen Fällen verhindert [4]. An ihrer Stelle könnte die Verkleisterungstemperatur der Malzstärke herangezogen werden, die jahrgangs- (witterungsbedingt) Schwankungen unterliegen kann, die die Verzuckerung der Maische und den Endvergärungsgrad der Würze deutlich beeinflussen können (s. Abschnitt 3.1.1.2) [4].

Um einen reibungslosen Ablauf des Brauprozesses zu gewährleisten sollen die hellen Malze den in Tab. 1.1 genannten Ansprüchen entsprechen. Malze aus ungenügend keimfähigen oder ungleich keimenden Gersten sowie aus „Kompromiss"-, Futter- oder Wintergersten lassen die notwendige Auflösung der Zellwände des Mehlkörpers vermissen, die Eiweißlösung kann zu niedrig ausfallen und der Stärkeabbau zögernd und nicht ergiebig genug verlaufen. Diese Mängel machen eine Verlängerung der Maische- oder Läuterzeiten erforderlich, bei älteren Pfannen eine intensivere und damit energieaufwändigere Würzekochung, sie verlängern die Gär- und Reifungszeiten, wie auch die Filterleistung (s. Bd. I) geringer sein wird [5–8].

Bei modernen Sudwerken dürfte der Restgehalt an koagulierbarem Stickstoff eine weitaus geringere Rolle spielen, da ohnedies Maßnahmen ergriffen werden müssen, um seine zu weitgehende Ausscheidung zu verhindern (s. Abschnitt 5.4).

Eine um 1% niedrigere Sudhausausbeute ruft an reinen Rohstoffkosten bei einem Malzpreis von 300 €/t 3,50 €/t, bei 25% Rohfrucht von 2,60 € Mehrkosten hervor. Bei schlechter Malzauflösung, wie sie durch eine höhere Viskosität (um 0,1 mPas) gegeben sein kann, treten durch schlechteres Aufschließen des Mehlkörpers und schlechteres Auswaschen des Treberkuchens zusätzliche Ausbeuteverluste von 0,5% (oder mehr) ein, entsprechend 1,70 bzw. 1,30 €/t Malz. Ähnliche Verluste von 0,5–1% zieht ein schlechterer Trubabsatz im Whirlpool nach sich, doch wird der Trub häufig wieder zu einem geeigneten Zeitpunkt beim Abläutern zugegeben.

Ein niedriger Endvergärungsgrad des Malzes, sei es durch eine höhere Verkleisterungstemperatur der Stärke oder durch eine niedrigere α-Amylase-Aktivität kann eine zusätzliche oder eine verlängerte Rast bei 62–66 °C oder zur Erzielung der Jodnormalität bei 70–72 °C erfordern. Liegt der Anteil des FAN am löslichen Stickstoff des Malzes statt bei 21 nur bei 19%, also um 2% niedriger, so kann eine längere Eiweißrast oder generell eine niedrigere Einmaischtemperatur notwendig sein. Auch eine um 0,1 mPas höhere Viskosität lässt, um einen weitergehenden β-Glucan-Abbau zu erzielen, eine Rast im Bereich von 45–50 °C geraten erscheinen. Es führen also diese Mängel zu einer Verlängerung des Maischverfahrens um ca. 20 Minuten. Damit könnten dann z. B. statt 12 Sude pro Tag nur mehr 10 gemaischt werden. In diese Spanne wurde dann auch eine Verlängerung der Läuterzeit eingehen, so dass der Verlust an Kapazität nur einmal zu Buch schlägt. Bei Rohfruchtsuden sind dies 1,50 €/t Malz, bei reinen Malzsuden 1,10 €/t.

Die Gär- und Reifungsdauer wird vom Eiweißlösungsgrad und vom Anteil des FAN am löslichen Stickstoff beeinflusst. Bei einem um ca. 10% zu niedrigen FAN kann die meist als eine Einheit gesehene Gär- und Reifungsphase z. B. statt 7 Tage um einen Tag, d. h. um 14% mehr betragen. Dieses Defizit lässt sich nicht nachhaltig durch höhere Gär- und Reifungstemperaturen aussteuern, ohne dass Veränderungen im Spektrum der Gärungsnebenprodukte eintreten. Diese Verlängerung kann mit 9 €/t Malz zu Buch schlagen. Ganz besonders kritisch sind die Filter-Leistungen, die bei einer um 0,1 bzw. 0,15 mPas höheren Viskosität eine Verringerung der üblichen Filterkapazität auf 53 bzw. 36% erfahren können, was bis zu 10 €/t an Kieselgur-/Wasser- und Abwasserkosten ausmacht. Dabei stellt sich die Frage der Lieferfähigkeit der Brauerei. Weiterhin erfordert ein um 0,7% höherer Eiweißgehalt um 30–50 g/hl mehr Kieselgel, entsprechend im Durchschnitt um 2,50 €/t Malz. Bei Betrieben, die mit (regenerierbarem) PVPP stabilisieren, fallen Stabilisierungskosten weniger stark ins Gewicht, wenn nicht zusätzlich unterstützend Kieselgel (nach dem Alkohol-Kältetest) eingesetzt werden muss. Diese Beispiele, die in Klein- und Großversuchen sowie anhand von Betriebsaufzeichnungen ermittelt wurden, zeigen, dass bei Brauereien, die 100% Malz verarbeiten, schlechteres Malz aus „Kompromiss"- oder „Misch"-Gersten Mehrkosten von bis zu 27,50 €/t Malz oder 0,5 €/hl Bier bewirken kann. Es dürften also gute Malze um diesen Betrag teurer sein, um kalkulatorisch gleiche Werte zu erzielen. Leider sind die qualitativen Vorteile eines Bieres nicht in ähnlicher Weise zu ermessen [9], (s. auch Bd. I).

1.1.2
Malze der Formengruppe Weizen (*Triticum* L.)

Heutzutage wird davon ausgegangen, dass die Evolution der Weizenarten kein kontinuierlicher und gerichteter Prozess war, sondern dass sie an verschiedenen Orten, zu unterschiedlichen Zeiten auf ähnliche Art und Weise (spontane Kreuzungen, Mutationen) stattgefunden hat. Die Kultivierung begann in der Jungsteinzeit. Im Verlaufe des etwa 10 000jährigen Anpassungsprozesses – der Domestikation – hat der Mensch aus den vielfältigen Wildformen durch Auslese unsere Kulturpflanzen entwickelt. In Abb. 1.1 sind die Zusammenhänge mit den künstlichen Hybriden aufgeführt.

1.1.2.1 Weizenmalz
Der Schüttungsanteil für Weizenbiere beträgt 50% und darüber; es findet aber auch für Kölsch und Altbier in Mengen bis zu 20% Verwendung [11, 12]. Die neuerdings in Bayern gebrauten dunklen Weizenbiere enthalten verschiedentlich auch dunkles Weizenmalz [13].

Die Herstellung des Weizenmalzes erfolgt aus Weizen, die nach Möglichkeit einen Eiweißgehalt von unter 12,5% aufweisen sollen. Nachdem ein eigener Brauweizenanbau nicht besteht, werden jene Weizen verwendet, die für Mahlweizen infolge zu niedrigen Eiweißgehalts bzw. Kleberanteils nicht in Frage kommen [14, 15]. Dennoch ist der Eiweißgehalt oftmals zu hoch, was sich in niedrigeren Extraktwerten äußert.

Weizenmalz wird in ähnlicher Weise gemälzt wie das Gerstenmalz; es genügen in der Regel etwas niedrigere Keimgutfeuchten um die gewünschte Auflösung zu erreichen. Das Schwelken wird beim hellen Malz noch vorsichtiger geführt; die Abdarrtemperatur liegt bei 75–80 °C. Die Entwässerung bereitet infolge des knappen Wurzelkeims und des dicht liegenden Gutes etwas Schwierigkeiten (s. Bd. I). Durch die Entfernung des Blattkeims fallen die Eiweißlösungsgrade niedriger aus als bei Gerstenmalz (Tab. 1.1).

6 | *1 Die Rohmaterialien*

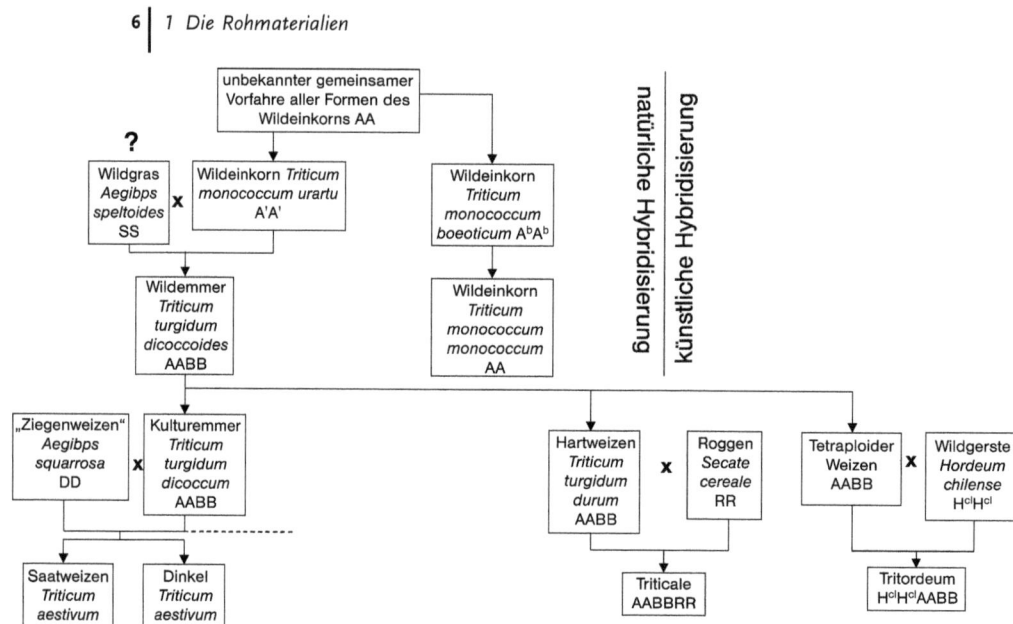

Abb. 1.1 Die Abstammung von Weizen [10]

Dunkles Weizenmalz wird nach denselben Prinzipien hergestellt wie der entsprechende Gerstenmalztyp.

1.1.2.2 Dinkel-, Spelzmalz

Der Dinkel (*Triticum aestivum* ssp. *spelta* Thell. = *Triticum spelta* L.) ist als hexaploider Spelzweizen der nächste Verwandte zu unserem Saatweizen (Abb 1.1) [16]. Unterschiede zum Weizen bestehen beim Anbau darin, dass Dinkel anspruchsloser, standfester und wetterhärter ist und zudem noch in Höhenlagen wächst, in denen der Weizen nicht mehr gedeihen kann. Ursprünglich stammt der Dinkel aus Asien, wo er schon vor über 3000 Jahren kultiviert worden ist. Im Mittelalter wurde er in weiten Teilen der Schweiz, in Tirol, Baden-Württemberg und Mittelfranken angebaut, wobei er in den deutschsprachigen Anbaugebieten den Beinamen „Schwabenkorn" bekam.

Dinkelmalz ist durchaus vergleichbar mit Weizenmalz. Vermälzt werden jedoch nur behutsam entspelzte Körner. Günstige Mälzungsbedingen wurden mit 7 Tagen Vegetationszeit bei nur 13 °C und 47% Keimgutfeuchte ermittelt. Daraus resultiert ein Malz, das erwartungsgemäß hohen Extrakt, günstige Enzymausstattung, niedrige Verkleisterungstemperatur, aber immer noch höhere Viskositäten in der Kongresswürze aufweist. Interessanterweise steigt diese auch noch deutlich an, wenn sie aus der isothermen 65 °C-Würze gemessen wird. Obwohl Pentosane und nicht β-Glucan die viskositätsbestimmenden Substanzen beim Dinkel sind und 65 °C vorrangig als Wirkungstemperatur für die β-Glucansolubilase gilt. Entsprechend der höheren Viskosität und der fehlenden Spelzen sollten Anteile bis zu 70% zur Schüttung nicht überschritten werden. Die weitere Würzebehandlung erfolgt wie beim Weizen, wobei Biere aus Dinkelmalz angenehme, charaktervolle obergärige Biere ergeben [17], die auch eine Tendenz zu einer stabilen Dauertrübung haben [18].

Als Röstmalz ist Dinkel für die Farb- und Aromagebung nicht so farbintensiv (450–650 EBC) wie die sonst gebräuchlichen Röstmalze oder Röstmalzbiere. Durch das Entspelzen des Korns vor der Röstung entsteht ein milder Geschmackseindruck im Bier. Die Zugabe (max. 5%) sollte beim Abmaischen erfolgen, um jede weitere thermische Belastung zu vermeiden.

1.1.2.3 Einkornmalz

Einkorn (*Triticum monococcum* L.) ist eine zierliche Getreideart mit nur einem Korn beiderseits der Ährenspindel. Dieses diploide Spelzgetreide ist ein Verwandter des Saatweizens und Emmers und gehört somit in die Gattung Triticum. Die ältesten Funde von Einkorn stammen aus dem präkeramischen Neolithikum aus Nordsyrien [19]. Einkorn wurde neben Emmer als eine der Getreidearten der Ackerbaukultur in Mitteleuropa (Bandkeramik) nach und nach im Jungneolithikum von Gerste und Nacktweizen verdrängt. Diese Verdrängung hielt bis in die heutige Zeit an, wobei es sich eine Nische erhalten hat, z. B. in Südwest-Deutschland und der benachbarten Schweiz [20].

Für die Vermälzbarkeit ist der agronomische Hinweis wichtig, dass nur die Vesen (also das nicht entspelzte Dreschgut) gesät werden, weil der Embryo beim Entspelzen zu leicht verletzt wird. Trotzdem wurden alle Versuche mit vorsichtig entspelztem Einkorn durchgeführt. Auch Einkorn ist dem Weizen in seinem Mälzungsverhalten sehr ähnlich und kommt mit etwas weniger Keimgutfeuchte aus als Gerste. Hierbei ist auffällig, dass die Eiweißlösung sowie der freie Aminostickstoff unterdurchschnittlich sind, trotz ausreichender Ausstattung mit Rohprotein. Der Endvergärungsgrad fällt im Vergleich zum Extrakt sehr niedrig aus, was auch die etwas schwächerere amylolytische Enzymausstattung vermuten lässt. Diese Mängel können etwas mit höherer Keimungstemperatur bei isothermer Führung korrigiert werden. Aus solchem Einkornmalz wurden Würzen mit normaler Zusammensetzung hergestellt. Die Biere zeigten eine ausgezeichnete Schaumstabilität und eine auffallend angenehme Rezenz [17].

1.1.2.4 Emmermalz

Älteste Funde von Emmer (*Triticum dicoccum* Schübl.) kommen aus dem Vorderen Orient um etwa 8000 v. Chr. Sein allmählicher Rückgang in Europa setzte schon im Laufe der Bronzezeit ein. Emmer hat sich noch bis in die Zeit vor 50 Jahren in Südwestdeutschland gehalten, wobei er heute wieder stärker nachgefragt wird [21]. Emmer ist eine tetraploide Spelzweizenart mit schlanken, aber dichten Ähren. Unterschieden werden verschiedene Landsorten nach ihrer unterschiedlichen Färbung (weiß, rot und schwarz). Auch hier werden die Vesen gesät. Die Keimenergie nach Schönfeld zeigte jedoch auch mit dem entspelzten Gut durchaus befriedigende Werte, so dass auch der Emmer nur entspelzt vermälzt wird.

Die Vermälzung von Emmer erfolgt nach standardisierter Weiche bei 19 °C Weich- und Keimguttemperatur, 47% Keimgutfeuchte während 7 Tagen Vegetation. Emmermalz zeichnet sich durch sehr hohen Extrakt aus, zügige Verzuckerungszeiten, jedoch schwache Endvergärungsgrade, die auf die schwächere amylolytische Enzymausstattung zurückzuführen sind. Die proteinischen Merkmale bewegen sich im üblichen Rahmen. Die Würze- und Bierbereitung zeigte einen normalen Verlauf. In der sensorischen Beurteilung wurde die leicht säuerliche, spritzige Note dieses angenehmen obergärigen Biertyps gelobt [17].

1.1.2.5 Tetraploides Nacktweizenmalz, z. B. Hartweizen- und Kamutmalz

Die tetraploiden Weizen der Emmer-Reihe (z. B. Hartweizen *Triticum durum* L., Rauweizen *T. turgidum* L. und Kamut vermutlich *T. t.* ssp. *polonicum* (L.) Thell. oder ssp. *turanicum* (Jakubz.) A. Löve und D. Löve) besitzen schon 14 Chromosomenpaare und ein alloploides Genom, was sie als Hybriden ausweist. Von den Kulturarten bleiben nur beim Emmer die reifen Körner bespelzt. Die Übrigen hingegen sind Nacktweizen. Weizenfunde sind vereinzelt in Ausgrabungen von steinzeitlichen Schichten im Vorderen Orient und Mittelasien gemacht worden, wobei nicht vollständig geklärt ist, ob sie *T. durum* oder *T. aestivum* zuzuordnen sind. Die heutigen Anbaugebiete umfassen das gesamte Mittelmeergebiet über den Vorderen Orient und Mittelasien bis nach Indien sowie die Vereinigten Staaten [22].

In den Versuchsreihen wurde der ursprünglich aus dem unteren Nilgebiet stammende tetraploide Nacktweizen Kamut verwendet. Kamut besitzt bemerkenswert lange Körner, die in der Mälzung eine ungleichmäßige Lösung zeigen. Dies ist aber eine Eigenschaft, die alle Hartweizen aufzeigen, indem sie verlangsamt Wasser aufnehmen, obwohl sie unbespelzt sind. Infolgedessen war der Extraktwert der „Hartweizenmalze" niedrig, ebenso die Kolbachzahl, die Farbe und der α-Amino-Stickstoff. Die Vermälzung erfolgte nach standardisierter Weiche bei 13 °C Weich- und Keimguttemperatur, 47% Keimgutfeuchte während 7 Tagen Vegetation. Die Diastatische Kraft war ungewöhnlich hoch. Die Biere hatten einen eigenen obergärigen Charakter [17, 23].

1.1.2.6 Triticalemalz

Triticale (*xTriticosecale* Wittmack) ist eine neue Getreideart, die im Verlauf der letzten hundert Jahre entwickelt wurde. Es handelt sich um einen Gattungsbastard aus tetra- bzw. hexaploiden Weizen als weiblichen und diploiden Roggen als männlichen Kreuzungspartner. Da die Kreuzungsnachkommen hochgradig steril sind, müssen die Chromosomensätze der Pflänzchen durch Behandlung mit Colchizin, dem Alkaloid der Herbstzeitlosen, künstlich verdoppelt werden, um fertile Pflanzen zu erhalten. Triticale verbindet die Ertragsfähigkeit und Kornqualität des Weizens mit der Winterhärte, Anspruchslosigkeit und Krankheitsresistenz des Roggens. In den gemäßigten Zonen werden fast ausschließlich Winterformen, in den Tropen und Subtropen Sommerformen angebaut. Die wichtigsten Anbauländer sind Polen, Frankreich, Staaten der ehemaligen UDSSR, Australien, Portugal, USA, Brasilien und Deutschland [24].

Die Mälzungseigenschaften von Triticale, das hauptsächlich als Futtergetreide verwendet wird, wurden schon von verschiedenen Arbeitsgruppen erforscht [25, 26]. So beschrieben Creydt et al. [26] die Sorten und Technologien sowie spezielle Merkmale, wie den Pentosangehalt, der sich bezüglich der Viskosität ungünstig auswirkt. Eigene Versuche ergaben ähnlich Resultate wie beim Roggen. Das spelzlose Getreide nahm sehr schnell Wasser auf und begann früh zu spitzen. Die Keimungsparameter mit 5 Tagen Vegetationsdauer, 45% Weichgrad und 15 °C Weich- und Keimtemperatur ergaben die günstigsten Triticalemalze. Die grundsätzlich erhöhte, pentosanbedingte Viskosität, das mit wichtigste Kennzeichen der Triticale, zeigte eine starke Keimtemperaturabhängigkeit und ein der Gerste gegensätzliches Verhalten, d.h. eine Zähigkeitszunahme mit steigender Kornlösung. Die meisten anderen Merkmale verhielten sich jedoch tendenziell wie bei der Weizen- bzw. Gerstenvermälzung. Das Malz hat, wie Roggen, eine hohe Farbe [27]. Wie beim Roggenmalz führt auch das Triticalemalz zu einer anhaltenden Trübung im fertigen Bier [18]. Die Biere wurden als deutlich obergärig, aber mit eigenständigem Aroma beschrieben [17].

1.1.3
Roggenmalz

Roggen (*Secale cereale* L.) ist eine sehr anspruchslose Getreideart der nördlichen Hemisphäre und kulturhistorisch gesehen eine junge Körnerfrucht. Roggen war in Deutschland fast tausend Jahre ununterbrochen das am häufigsten angebaute Getreide, bevor er im letzten Jahrhundert zuerst vom Weizen und dann von der Gerste verdrängt wurde. Die ältesten Roggenfunde, jedoch noch nicht kultiviert, stammen wiederum vom fruchtbaren Halbmond aus steinzeitlichen Siedlungen in Nordsyrien und der Türkei (etwa 6600 v. Chr.) [28].

Roggen als spelzloses Getreide nimmt Wasser während der ersten Weiche sehr schnell auf und beginnt schon vor der zweiten Nassweiche zu keimen. Eine steigende Mälzung erzielte bei verschiedenen Versuchen gute Ergebnisse, wobei die Temperatur von 13 °C auf 19 °C angehoben wurde, bei gleichzeitiger Absenkung der Keimgutfeuchte von 43 auf 40% [29]. Auffälligste Eigenschaft von Roggenmalz ist die enorm hohe Viskosität, die auf den hohen Gehalt an Pentosanen zurückzuführen ist. Über höhere Darrtemperaturen (95 °C) kann jedoch die Viskosität der Roggenwürzen kleiner gehalten werden [30]. Während des Maischprozesses ist ein Sauerstoffeintrag unbedingt zu vermeiden, da sonst die Viskosität so stark zunimmt, dass zumindest eine Läuterung unmöglich wird [30]. Möglicherweise ist dies auf eine Vernetzung von Proteinmolekülen durch Disulfidbrücken zurückzuführen. Zusätzlich ist die Schüttung von Roggenmalz durch die fehlenden Spelzen begrenzt, wobei über 50% in Deutschland verpflichtend sind, um das Bier als Roggenbier auszuloben. Abgesehen davon ist es ohne exogene Enzyme extrem schwierig, ein Roggenbier glanzfein zu filtrieren. Einher geht auch die typische dunkle Farbe, die sich bis in das fertige Produkt durchzieht. Hierdurch ist der Biertyp vorgegeben, wobei aber durchaus ein ansprechendes, naturtrübes, dunkles obergäriges Spezialbier entstehen kann [17].

Inzwischen sind auch Roggenröstmalze auf dem Markt erhältlich, die mit etwas erhöhten Farben (500–800 EBC) ähnlich eingesetzt werden wie Dinkel- und Gerstenröstmalze.

1.1.4
Hafermalz

Hafer (*Avena sativa* L.) entstand wahrscheinlich aus der Wildform *A. fatua* [31]. Erste Funde in Mitteleuropa lassen sich auf die Bronzezeit zurückdatieren. Die Pflanze gehört zu den sekundären Kulturpflanzen, da sie zuerst als Unkraut in den primären Kulturpflanzen auftauchte [32]. Während Hafer im Mittelalter noch eine der wichtigsten Cerealien darstellte, steht er heute nur noch an sechster Stelle der Weltgetreideproduktion. Hafer unterscheidet sich als Rispengetreide bereits phänotypisch von den anderen Hauptgetreidearten. In Gebieten, in denen ein feuchtes, nicht zu warmes Klima mit früher Möglichkeit zur Feldbestellung und nicht zu frühen Herbstfrösten herrscht, ist ein Anbau möglich [31].

Im Mittelalter fand Hafer vielfach bei der Malz- und Bierbereitung Verwendung [33]. Später galt Hafer als minderwertig und wurde nur noch für billigere Biere eingesetzt [34].

Das schlanke Haferkorn nimmt während des Weichens und der Keimung sehr schnell Wasser auf [35], so dass eine kurze Weiche und anschließendes Aufspritzen im Keimkasten genügt, um den gewünschten Weichgrad zu erreichen [36]. Die Haufenführung ist ähnlich wie bei Gerste, jedoch ist das Keimgut wegen der üppigen Spelzen lockerer.

Hafer ist bekannt für seine hohen Protein-, Fett- und β-Glucangehalte [37]. Die Malze sind daher für die Bierherstellung nur bedingt geeignet. Spezielle Hafersorten mit geringen β-Glucangehalten, z. B. Duffy, stellen aber durchaus einen guten Rohstoff dar [38]. Weiterhin hat Hafer ein geringeres enzymatisches Potenzial als Gerste.

Würzen aus 100% Hafermalz sind vergleichbar mit Gerstenmalzwürzen. Durch den hohen Spelzengehalt muss aufgrund der hohen Verdrängung der Schüttungsanteil verringert werden. Vorteilhaft ist aber dadurch eine äußerst schnelle Abläuterung, so dass Anteile an Hafermalz, bezüglich der Spelzenanteile, durchaus als Läuterhilfe eingesetzt werden können [18]. Die Würzen unterschieden sich hauptsächlich durch erhöhte Gehalte an Zink (bis 0,6 mg/l), β-Glucan und Tryptophan [39, 40]. Die Biere weisen einen hafertypischen Geschmack auf und zeigen ein gutes Reduktionsvermögen.

Biere mit einem hohen Haferanteil neigen zu ausgeprägten stabilen Trübungen. Es ist daher nicht ohne Weiteres möglich, ein glanzfeines Haferbier herzustellen. Andererseits ist die Verwendung von Hafermalz zur Verbesserung der Trübungsstabilität trüber obergäriger Biere auch innerhalb des Reinheitsgebotes denkbar [18].

1.1.5
Spezialmalze

Sie dienen dazu einzelne Charaktereigenschaften des Bieres stärker zu betonen als diese durch den jeweiligen Malztyp selbst dargestellt werden können. Es handelt sich dabei um Malze die die Farbe korrigieren wie z. B. Röstmalz, dunkles Karamellmalz, Brühmalz, die den Geschmack vollmundiger gestalten wie z. B. Karamellmalze, die den Schaum verbessern sollen wie z. B. Spitz- und Kurzmalze sowie um Typen, die das pH der Maische beeinflussen können wie die Sauermalze. Es verdient jedoch Berücksichtigung, dass diese Spezialmalze meist einen breiteren Wirkungsbereich haben, so beeinflussen Karamellmalze auch das pH und in geringfügiger, jedoch positiver Weise den Schaum und die Stabilität. Diese Möglichkeiten sollen jedoch bei den einzelnen Malzen erwähnt werden.

1.1.5.1 **Röstmalz**
Es dient der Farbkorrektur bei den verschiedensten Biertypen. Als Gerstenröstmalz wird es zur Erteilung der typischen Farbe des Münchener Bieres eingesetzt.

Weizenröstmalz kann zur Färbung von obergärigen Bieren (Altbier, dunkle Weizenbiere) Verwendung finden.

Grundlage der Röstmalzherstellung ist gut gelöstes, helles Darrmalz, das befeuchtet und in einem Röstapparat auf 60–80°C und schließlich auf 180–220°C erhitzt wird, wo es bis zur Erzielung der gewünschten Farbe einer Rast von 30–40 Minuten ausgesetzt bleibt. Hierbei bilden sich nicht nur Melanoidine, was auch in einem starken Anstieg von heterocyclischen Substanzen zum Ausdruck kommt (s. Abschnitt 5.6.3), sondern auch eine Fülle von brenzlig bitteren Röstprodukten. Der Wassergehalt fällt auf 1–2%, Eiweißkörper erfahren z. T. eine Koagulation, z. T. eine Zersetzung zu mehr niedermolekularen Verbindungen. Fette werden teilweise angegriffen und Fettsäuren freigesetzt. Die Stärke wird durch die hohen Temperaturen zu Dextrinen depolymerisiert, Hemicellulosen gehen in das teilweise flüchtige Furfural über. Die Enzyme werden vernichtet (s. Bd. I).

Der Röstvorgang bewirkt auch eine Veränderung der physiologischen und diätetischen Eigenschaften des Malzes. Es entstehen vegetabilische Röstprodukte, die wie z. B. als Histamine oder Histobasen eine physiologisch einwandfrei feststellbare Wirkung auf Magen und Darm ausüben können [41]. Darüber hinaus besitzen die wasserlöslichen Röststoffe kolloide Eigenschaften, wodurch sie als Schutzkolloide die Stabilität dunkler Biere zu heben vermögen [42]. Es ist bemerkenswert, dass manche der Eigenschaften des dunklen Bieres – z. B. die oben genannten physiologischen Wirkungen – mehr der Röstmalzkomponente zuzuschreiben sind als dem eigentlichen dunklen Malz.

Um den z. T. unangenehmen Brenz- oder Bittergeschmack des Röstmalzes zu verringern, werden diese wasserflüchtigen Substanzen durch Einwirkung von Vakuum oder durch Zugabe von Wasser gegen Ende des Röstprozesses ausgetrieben [43].

Die Verluste beim Röstmalzbrennen sind hoch. Aus diesem Grund liegt der Extraktgehalt bei nur 70%, die Menge des löslichen Stickstoffs liegt um 120–150 mg/100 g TrS niedriger als bei vergleichbaren Darrmalzen. Das Hektolitergewicht bewegt sich um 45 kg. Der pH fällt durch die große Menge an Röstprodukten auf 5,0–5,1. Die Färbekraft ist die wichtigste Eigenschaft des Röstmalzes. Sie liegt je nach der Variation der Prozessschritte zwischen 800 und 1600 EBC-Einheiten, wobei im Handel jeweils drei Farbstufen verfügbar sind: 800–900 EBC, 1000–1300 EBC und 1300–1600 EBC.

Geschältes Röstmalz: Hier wird dem Darrmalz vor dem Röstvorgang mittels einer Gerstenschälmaschine ein Großteil der Spelze sowie der Samenschale entfernt. Bei etwa gleicher Farbeinteilung soll eine geringere Röstbittere im Bier erzielt werden.

Der Mehlkörper des Röstmalzes soll einen gleichmäßig mürben, kaffeebraunen Schnitt zeigen, der matt, nicht aber glänzend sein darf. Die Spelzen dagegen zeigen bei geeigneter Brenntechnik einen gewissen Glanz. Aufgetriebene, geplatzte oder miteinander verklebte Körner deuten auf Fehler beim Brennen hin. Der Geschmack der Röstmalzmaische oder eines Röstmalzauszuges soll rein, kaffeeartig, nicht aber brenzlig-bitter sein.

Die Gefahr eines brenzligen Geschmacks im fertigen Bier lässt die Frage zu, ob es nicht günstiger sei eine größere Menge (1,5%) eines etwas helleren Röstmalzes von ca. 1000 EBC-Einheiten anstelle von 1% mit 1500 EBC-Einheiten zu verwenden. Unter der Voraussetzung einwandfreier Herstellung beider Malze hat sich jedoch die kleinere Röstmalzmenge als geschmacksneutraler erwiesen.

Weizenröstmalz hat, da die Spelzen fehlen, einen weicheren, weit weniger brenzlig bitteren Geschmack als das Gerstenröstmalz. Seine Farbe ist in zwei Kategorien verfügbar: zwischen 800–900 EBC sowie zwischen 1300 und 1500 EBC. Der Extraktgehalt liegt etwas höher als bei Gerstenröstmalz, zwischen 72 und 74% wfr.

Nacktgersten könnten sich gut zur Röstmalzgewinnung eignen.

Die *Aufbewahrung des Röstmalzes* erbringt wohl eine gewisse Abmilderung des Geschmacks, sie muss aber einen stärkeren Wasseranzug (z. B. über 6–7%) vermeiden. Eine eigene kleine Silozelle, die in kontrollierten Abständen entleert und gereinigt wird oder in kleinen Betrieben ein dichtschließender Holzkasten können diesen Anforderungen entsprechen. Die Einführung von Jutesäcken mit Kunststoffeinlage erbrachte ebenfalls eine Verbesserung der Lagerfähigkeit.

Die *Menge der Röstmalzgabe* hängt ab von der Farbentiefe des verwendeten Braumalzes und vom gewünschten Farbton des Bieres. Bei dunkleren Bieren werden 0,8–1,5% im Interesse des Biergeschmacks nicht überschritten. Zu große Röstmalzgaben machen sich geschmacklich – meist ungünstig – bemerkbar. Aus diesem Grunde soll die Farbentiefe für dunkles Bier zu ca. 50% durch das dunkle Malz abgedeckt sein. Sollte dies nicht ausreichen, so kann dunkles Karamellmalz oder Brühmalz von Nutzen sein (s. Bd. I). Bei den Dünnbieren der Kriegs- und Nachkriegsjahre wurde eine Röstmalzmenge von 8–10% gegeben.

Es können wohl helle oder nicht genügend dunkle Biere mit Röstmalz „künstlich" so gefärbt werden, dass sie das Aussehen dunkler Biere erhalten. Sie lassen aber die Vollmundigkeit und das typische Aroma dunkler Biere vermissen, abgesehen davon, dass sie einen mehr oder weniger starken Röstmalzgeschmack aufweisen. Dieser äußert sich in gleicher Weise störend im Antrunk und in der Bittere der Biere; oftmals leidet auch durch den Röstmalzcharakter deren Vollmundigkeit. Zur Farbkorrektur heller Biere, z. B. um die Bierfarbe von 8 auf 11 EBC-Einheiten zu erhöhen ist es günstiger 0,5 bis 0,7% dunkles Karamellmalz mit zu verarbeiten.

Soll ein Markenbier in verschiedenen Ländern (u. U. Kontinenten) hergestellt werden, dann ist eine Farbkorrektur mit Röstmalz oft besser zu definieren als mit Karamell- oder dunklen Malzen.

Etwas andere Gesichtspunkte gelten bei den sog. „Schwarzbieren", die bewusst eine „Röstmalz-Note", verbunden mit einer höheren Bitterstoffgabe des Bieres aufweisen sollen. Hier, wie auch bei tiefdunklen „Portern" kann die Röstmalzgabe bis zu 3% betragen. Der Anteil des dunklen Malzes ist wesentlich geringer – wenn überhaupt – als bei den dunklen „bayrischen" Bieren.

Die *Zugabe des Röstmalzes* kann auf verschiedene Art erfolgen: Häufig wird das Röstmalz mit dem Darrmalz geschrotet, was zweckmäßig bei der ersten Hälfte der Schüttung geschieht, um eine Verschleppung von Röstmalz in den nächsten Sud zu vermeiden. In diesem Falle macht das Röstmalz den gesamten Maischprozess mit, was sich bei höheren Röstmalzgaben als 1% geschmacklich bemerkbar machen kann. Bei automatisierten Sudwerken bleibt jedoch meist keine andere Wahl.

Weit verbreitet war die Handhabung, das Röstmalz für sich in einen eigenen kleinen Rumpf zu schroten und die Zugabe nach dem Ziehen der letzten Kochmaische in den Maischbottich oder aber heim Abmaischen zu tätigen.

Röstmalzauszüge bringen eine weitere Verbesserung: Das geschrotete Röstmalz wird bei 50 °C mit der 4- bis 5fachen Menge Wasser eingemaischt und der nach entsprechender Klärung vorliegende „Auszug" in ein eigenes Gefäß gegeben. Dieser Auszug wird beim Abläutern der Vorderwürze in die Würzepfanne gegeben, der Röstmalzrückstand kommt nach Ablauf der Vorderwürze auf die Treber.

Es hat sich heutzutage als günstig erwiesen, das Röstmalz mit der übrigen Schüttung zu schroten und gewisse Farbdifferenzen durch Einsatz von Röstmalzbier am Ende des Würzekochens, beim Anstellen im Gärkeller oder bei der Filtration des fertigen Bieres auszugleichen.

1.1.5.2 Das Röstmalzbier

Hier soll das Röstmalzbier besprochen werden: Es muss dem Reinheitsgebot entsprechen und darf folglich nur aus Malz, Wasser, Hopfen und Hefe hergestellt werden. Unvergorene Röstmalzbiere sind also verboten. Ebenso unzulässig ist die Verwendung von Röstmalzbieren, denen Zucker oder zuckerhaltige Färbemittel zugesetzt wurden.

Die *Herstellung des Röstmalzbieres* erfolgt gewöhnlich aus einer Schüttung von 60% hellem Darr- und 40% Röstmalz unter Anwendung eines Infusionsmaischverfahrens. Bei der Verzuckerungstemperatur, die meist etwa eine Stunde lang eingehalten wird, erfolgt verschiedentlich eine Aktivkohlegabe von 5–10% der Schüttung, die den Zweck hat, den brenzbitteren Geschmack des Röstmalzbieres zu verringern. Nach dem Aufheizen auf 75 °C wird abgemaischt und abgeläutert; die Würze wird unter Zugabe von 2,5–3 kg Hopfen pro 100 kg Malzschüttung intensiv gekocht und bis auf einen Extraktgehalt von 16–20% eingedampft. Unter Anwendung von Vakuum kann die Würze weiter eingeengt werden, z. B. auf 30–35% Extrakt.

Nach der Abkühlung erfolgt die Zugabe der Hefe (2–3 l/hl); die anschließende Gärung verläuft bei 10–15 °C bis keine merkliche Extraktabnahme mehr gegeben ist. Das Bier bleibt einige Wochen in gekühlten Lagertanks und wird in Fässer oder Flaschen abgefüllt.

Die *Färbekraft* des Röstmalzbieres ist seine wichtigste Eigenschaft; sie beträgt je nach dem Stammwürzegehalt (z. B. 32%) bis ca. 8000 EBC-Einheiten (Tab. 1.10). Die Glanzfeinheit, die bei geringen Dosagen, z. B. zum Nachfärben von mittelfarbigen Bieren eine Rolle spielt wird bei etwa fünffacher Verdünnung ermittelt [44].

Der *Zusatz des Röstmalzbieres* kann zur Pfannenwürze kurz vor dem Ausschlagen erfolgen.

Hier sind aber Farbkorrekturen um mehr als 20% geschmacklich bedenklich. Besser ist es, das Röstmalzbier – vor allem bei größeren Gaben (Dünnbiere!) – nach Ermittlung der Farbe der Ausschlagwürze und sorgfältiger Berechnung beim Anstellen im Gärkeller zuzugeben. Bei Nährbieren und Malzgetränken wird das Röstmalzbier während der Filtration oder im Drucktank dosiert. Die Zugabe von Röstmalzbier zu filtriertem hellen oder dunklen Bier kann u. U. zu einer Trübung führen, die durch die Ausfällung von hochmolekularen Dextrinen (α-Glucanen) des Röstmalzbieres sowie durch den Alkoholgehalt des zu färbenden Gebräus bedingt ist. Sehr günstig ist eine Kombination von Röstmalz und Röstmalzbier bei dunklen Bieren (Münchener, Kulmbacher). Wird helles Bier mit Röstmalzbier in dunkles umgefärbt, dann muss auf dem Flaschenetikett vermerkt werden: „aus hellem Malz hergestellt". Dies ist auch gut so, weil durch diese „dunklen" Biere bekannte Biertypen, wie z. B. das vorerwähnte Münchener oder das Kulmbacher dunkle Bier in Misskredit gebracht werden.

1.1.5.3 Karamellmalze

Karamellmalze werden in unterschiedlichen Farbentiefen hergestellt. Sie dienen wohl auch einer gewissen Farbkorrektur, sie sollen aber vornehmlich eine erhöhte Vollmundigkeit und einen mehr oder weniger betonten malzigen Charakter erbringen. Unter „Karamell" sind dunkelgefärbte Substanzen zu verstehen, die durch starkes Erhitzen von Zuckerarten in Gegenwart von Eiweiß gebildet werden.

Der hierfür erforderliche Wassergehalt wird durch eine Weiche des Darrmalzes erreicht; bei 60–75 °C erfolgt im Röstapparat ein kräftiger Abbau der Korninhaltssubstanzen, eine Verkleisterung, Verflüssigung und Verzuckerung der Stärke, deren Abbauprodukte mit ebenfalls gebildeten Aminosäuren und Zuckern bei 150–180°C zunächst Melanoidine, dann aber Karamellsubstanzen erzeugen. Die Dauer des Einhaltens dieser Temperaturen richtet sich nach der gewünschten Farbe des Malzes. Es treten wiederum Koagulationen von Eiweiß und anderen hochmolekularen Substanzen ein, die Enzyme werden denaturiert. Nach dem Abkühlen zeigt das Karamellmalz einen dunkel glänzenden Kornschnitt, doch füllt diese Masse das Kornvolumen nicht mehr voll aus. Ihr Geschmack ist süßlich, malzig, mehr oder weniger röstaromatisch, manchmal honigartig.

Die Verluste sind bei der Karamellmalzherstellung verhältnismäßig gering. Der Extraktgehalt liegt bei hellem Karamellmalz bei 77–78%, bei dunklem um ca. 1% niedriger. Die Menge an löslichem Stickstoff fällt gegenüber vergleichbaren Darrmalzen um 100–70 mg pro 100 g TrS, der pH fällt vom hellen zum dunklen Karamellmalz von 5,5 auf 5,3, die Farbe steigt von ca. 25 auf 130 EBC-Einheiten.

Für Pilsener Biere ist selbst das helle Karamellmalz noch zu kräftig. Es wird daher geweichtes Darrmalz nur bei 60–80 °C verflüssigt bzw. verzuckert und bei Temperaturen von 50–65 °C auf der Darre getrocknet. Derartige Malze haben noch 78–79,5% Extraktausbeute, die Farbe beträgt 4–5 EBC-Einheiten, der Geschmack ist voll, süßlich aber neutral.

Die *Zugabe* des Karamellmalzes erfolgt mit der übrigen Malzschüttung. Auch hier empfiehlt es sich, das Spezialmalz zu Beginn zu schroten.

Die *Höhe der Karamellmalzzugabe* ist abhängig vom Biertyp und von den angestrebten Veränderungen [45]:

- zur Erhöhung der Farbe von hellem Lagerbier z. B. von 8 auf 11 EBC-Einheiten 0,5–0,7% dunkles oder 3–4% helles Karamellmalz;
- zur Erhöhung der Farbe von hellen (meist auch von Pilsener) Bieren bei modernen Sudwerken, die eine geringe Luftaufnahme vermitteln (s. Abschnitt 3.2.8.2); bei modernen Würzekochsystemen (s. Abschnitt 5.8) werden ebenfalls helle oder adäquate Mengen dunkler Karamellmalze verwendet;
- zur Intensivierung des Malzaromas bei dunklem Bier, vor allem wenn das dunkle Malz infolge längerer Lagerung an Aroma verloren hat, 5–10% dunkles oder helles Karamellmalz. Die Biere bekommen hierdurch einen angenehm-süßlichen Charakter;
- bei Dünnbieren oder alkoholarmen Bieren bis zu 40% helles Karamellmalz;

- bei Festbieren die einen besonderen Malzcharakter haben sollen, bis zu 10% helles Karamellmalz, bei Nährbieren bis zu 15%;
- bei hellen Pilsener Bieren finden 2–3% hellstes Karamellmalz, ebenfalls zur Hebung der Vollmundigkeit Verwendung.

1.1.5.4 Brüh- oder Melanoidinmalze

Diese dienen zur Darstellung einer tieferen Würze- bzw. Bierfarbe; sie sind geeignet das Malzaroma zu verstärken. Durch den hohen Gehalt an Melanoidinen und an Vorläufern von Maillard-Produkten haben diese Malze auch ein ausgeprägtes Reduktionsvermögen.

Die Herstellung derartiger Malze zielt auf sehr hohe Gehalte an Aminosäuren und Zuckern am Ende der Keimung ab. Die Grünmalzhaufen werden hier 30–40 Stunden sich selbst überlassen, d.h. die Temperaturen im Gut steigen auf 40–50 °C. Durch die Hemmung des Keimlings bei dieser Temperatur und unter dem Einfluss der sich anstauenden Kohlensäure erhöht sich die Menge der niedermolekularen Substanzen im Korn. Nach vorsichtigem Schwelken und Trocknen genügt meist eine Abdarrtemperatur von 80–90 °C um Malzfarben von 15–40 EBC-Einheiten zu erreichen (s. Bd. I).

Der Anteil derartiger Malze an der Malzschüttung liegt bei 10–20%, bei Spezialbieren, wie auch bei Altbier bis zu 40% [46]. Diese Menge ließ sich steigern, da die Stoffwechselvorgänge im Keimkasten unter Abfluss der Kohlensäure doch besser zu regulieren sind als dies z.B. auf Tennen oder in „Kropffkästen" der Fall war.

Die ähnlich hergestellten rH-Malze werden bei Temperaturen von nur 65–70 °C abgedarrt, um nicht zu viel Farbe in den späteren Bierbereitungsprozess einzubringen. Sie erzielen Farben die bei „nur" 10–18 EBC-Einheiten liegen.

1.1.5.5 Spitz- und Kurzmalze

Spitz- und Kurzmalze sollen keine Erhöhung der Bierfarben vermitteln, wohl aber durch ihren größeren Anteil an hochmolekularen Substanzen die Vollmundigkeit und die Schaumeigenschaften der Biere verbessern. Diese Malze, deren Keimung 48–72 Stunden bzw. 96–120 Stunden nach Beginn des Einweichens abgebrochen wurde, haben den Charakter der Rohfrucht mehr oder weniger deutlich behalten. Während es u.U. nicht unlogisch erscheint, ein sehr stark gelöstes Braumalz mit 10–20% eines definierten Spitzmalzes zu einer Malzschüttung zu kombinieren, deren analytische Merkmale in Hinblick auf Cytolyse und Proteolyse stets gleichmäßig beschaffen sind, so ist es doch eine Frage, ob sich derartige Malzmischungen in Sudhaus (Abläuterung) und Keller (Filtration) einwandfrei verarbeiten lassen. Es bedarf dann u.U. wieder eines intensiveren Maischverfahrens um den weiteren Brauprozess störungsfrei zu gestalten [47]. Damit geht ein Teil der ursprünglich erwarteten Vorteile verloren. Der Vorteil besserer Schaumhaltigkeit der Biere nimmt meist nach mehreren Hefeflührungen im gleichen Milieu ab [48]. Die Biere befriedigen oftmals geschmacklich nicht [49], bzw. sie erleiden nach anfänglich guter Vollmundigkeit und Abrundung eine eindeutige Verschlechterung durch Transport und ungünstige Lagerbedingungen [50].

Kurzmalze erlauben wohl größere Schüttungsanteile, doch spielt auch hier die Annahme des Substrats durch die Hefe im Laufe mehrerer Führungen eine große Rolle, ebenso, ob der Biergeschmack dann noch zu entsprechen vermag.

Gute Erfahrungen wurden mit „Spitzgrünmalz" gemacht (10–20% der Schüttung), auch ließen sich die in einer Nassschrotmühle zerkleinerten Schrotpartikel einwandfrei zu gut schaumhaltigen und geschmacklich ansprechenden Bieren verarbeiten [51].

Das Verfahren, einen Teil des Mälzungsprozesses in Abhängigkeit vom Sudablauf zu steuern, ist etwas unhandlich.

Gerstenmalzschrotflocken beruhen auf demselben Grundgedanken. Das schwach gekeimte Malz wird über dampfbeheizte Walzen geführt. Die hierbei anfallenden Flocken weisen partiell verkleisterte Anteile auf. Sie lassen sich besser verarbeiten als Spitzmalze, doch ist, wie bei diesen, der Erfolg in Hinblick auf Biergeschmack und Bierschaum nicht immer gesichert.

1.1.5.6 Sauermalze

Sie dienen in einer Menge von 2–10% zur Korrektur des Maische-pH, wodurch eine Verbesserung der Wirkung einer Reihe von hydrolytischen Enzymen erreicht wird (s. Abschnitt 1.3.6.1). Der wirksame Bestandteil dieser Spezialmalze ist Milchsäure, die biologisch gewonnen (s. Abschnitt 1.3.10), auf das Grünmalz aufgesprengt wird. Es kann aber auch Darrmalz (einer nicht geschwefelten Partie) bei 47 °C in einem thermostatisch beheizten Behälter geweicht, einer Gärung durch die auf dem Malz vorkommenden Milchsäurebakterien unterworfen werden. Nach entsprechender Säuerung auf 0,7 bis 1,2% Milchsäurekonzentration wird die „Mutterlösung" abgelassen. Sie kann dann wieder zum direkten Säuern weiterer Partien verwendet werden. Das Malz, das vorsichtig getrocknet und anschließend bei Temperaturen von 60–65 °C gedarrt wird, erreicht einen Wassergehalt von ca. 5,5%. Auch hier liegt der Milchsäuregehalt des Malzes bei 3–4%; ein aus diesem Malz hergestellter Grünmalzauszug hat einen pH von 3,8–4,2, die Farbe beträgt 3–6 EBC-Einheiten. Dunklere Farben resultieren, wenn die „Mutterlösung" öfter wiederverwendet wird. Es tritt dann u. U. auch ein zu starker „Besatz" an Milchsäurebakterien auf, die zwar spätestens beim Würzekochen mit Sicherheit abgetötet werden, die aber das mikroskopische Bild bei der biologischen Betriebskontrolle verfälschen können.

Um die Handhabung im Sudhaus zu vereinfachen, kann Sauermalz auch in Form von Schrot geliefert werden.

Sauermalz war ursprünglich gedacht, um bei harten, carbonathaltigen Wässern eine Neutralisation der aciditätsvernichtenden Bicarbonat-Ionen zu erreichen (s. Abschnitt 1.3.9). Hierfür reichen bei einer Restalkalität von 10 °dH 4–5% Sauermalz aus. Um jedoch einen wünschenswerten, niedrigeren pH von

5,5 bis 5,6 zu ermöglichen sind 6–8% Sauermalz erforderlich [52]. Auch bei weichen Wässern kann zur Einstellung dieses pH-Wertes eine Sauermalzgabe von ca. 3% günstig sein [53]. Es erfahren bei der Annäherung an diesen pH-Bereich alle Enzymgruppen eine Förderung ihrer Wirkung, besonders die Peptidasen und Phosphatasen. Erstere bewirken neben der vermehrten Freisetzung von Stickstoff vor allem auch eine Mehrung des assimilierbaren Anteils, letztere verursachen durch den stärkeren Abbau von Phosphaten eine deutliche Erhöhung der Pufferung der Maische und Würze, so dass u. U. der pH-Abfall bei der Gärung eine Abschwächung erfährt und die Biere einen höheren pH aufweisen als ursprünglich erwartet. Um trotzdem den gewünschten niedrigen Bier-pH zu erreichen, ist es zweckmäßig aus dem Sauermalz einen Auszug herzustellen, der beim Abläutern der Vorderwürze zum Zusatz gelangt. Die Sauermalztreber werden zum Einmaischen des nächsten Sudes beigegeben. Es ist durch die Bemessung der Sauermalzgabe und deren Aufteilung zur Maischesäuerung („Treber") und zur Würzesäuerung („Auszug") möglich, ideale pH-Verhältnisse anzustreben (s. Abschnitt 1.3.9).

Biere, die aus Schüttungen mit Sauermalz stammen, haben eine etwas hellere Farbe, einen etwas höheren Stickstoffgehalt, eine sehr günstige Zusammensetzung der Polyphenole, die gemeinsam mit einem höheren Gehalt an Reduktonen eine etwas bessere Sauerstoffstabilität verleihen [53]. Der Bierschaum wird bei nicht zu hoher Sauermalzdosage mit Sicherheit nicht beeinträchtigt. Geschmacklich gewinnen die Biere Weichheit und Rezens; dies ist besonders bei der Verwendung von harten Brauwässern und hohen Sauermalzgaben (6–10%) zu erkennen.

1.1.5.7 Glutenfreie Malze

Relativ viele Menschen können kein normales Bier trinken, aufgrund einer Eiweißfraktion. Diese Menschen haben Zöliakie oder einheimische Sprue (so wird die Krankheit im Erwachsenenalter bezeichnet) und leiden an einer Unverträglichkeit gegenüber dem Klebereiweiß Gluten, das in Getreidesorten wie Weizen und allen Vertretern der Triticum-Formengruppe, Roggen und Gerste vorkommt [54]. Interessant bleibt Hafer, der für einen Großteil der Zöliakiekranken verträgliches Eiweiß enthält. Hingegen sind andere pflanzliche und tierische Proteine bedenkenlos konsumierbar. Die Häufigkeit der einheimischen Sprue schwankt stark in Abhängigkeit von der jeweiligen Bevölkerung. So beträgt sie in Irland etwa 1:300, in Berlin jedoch nur 1:2700. Die Dunkelziffer der Betroffenen ist sehr hoch. Viele haben unspezifische, subjektiv leichte Symptome und werden nie als Zöliakiekranke diagnostiziert [55]. Die Aufnahme von glutenhaltigen Nahrungsmitteln führt zu einer Entzündungsreaktion der Dünndarmschleimhaut, so dass Nahrungsbestandteile nicht resorbiert werden können. Dies kann zu gravierenden Mangelerscheinungen führen oder auch zu psychischen Störungen. Die häufigsten Beschwerden bei mehr als der Hälfte aller Betroffenen sind Durchfall, Müdigkeit und Antriebsschwäche, Gewichtsverlust und Flatulenz. Weitere wichtige Symptome sind Bauchschmerzen, Übelkeit und Erbrechen sowie Knochen- und Muskelschmerzen. Im Kindes- bzw. Säuglingsalter kommt es durch die krankheitsbedingte Mangelernährung zu Wachstumsverzögerungen, Vitaminmangelerscheinungen, Blutarmut bis hin zu geistigen Fehlentwicklungen [56]. Zusätzlich gibt es die auf Glutenempfindlichkeit beruhende Hautkrankheit *Dermatitis herpetiformis* (Duhring, auch Morbus Duhring), die durch eine glutenfreie Ernährung (in Kombination mit einem Medikament) behandelt werden kann. In Großbritannien kommt diese seltene Krankheit im Verhältnis von ca. 1:15 000 vor. Die Zöliakie- und/oder Duhring-Betroffenen müssen lebenslang eine strikte Diät einhalten, die keine Produkte aus Weizen, Roggen, Gerste und Hafer enthalten darf, davon ausgenommen ist lediglich deren reine Stärke. Dies ist oft schwierig, da sehr viele Produkte unserer Nahrung aus diesen Körnerfrüchten hergestellt werden, wie z. B. Nudeln, Brot- und Teigwaren. Noch viel gefährlicher sind die Produkte mit „verstecktem" Gluten, wie Schokolade und Fleischkonserven, wobei glutenhaltige Zusätze in sonst harmlosen Produkten eingesetzt werden [57].

Um glutenfreie Biere herzustellen, eignen sich verschiedene Strategien, wie z. B. das Gluten durch Transglutaminasen „unschädlich" zu machen oder gentechnisch veränderte Gerste oder Weizen zu verwenden, die kein Gluten enthalten. Günstig zeigte sich aber, von vornherein Extraktlieferanten einzusetzen, die glutenfrei sind. Hierbei eignete sich am besten Malz aus glutenfreien Cerealien (kleinkörnige Hirsen, Mais, Sorghum und Reis) und Pseudocerealien (Amarant, Buchweizen und Quinoa); ganz nach der Philosophie des deutschen Reinheitsgebotes.

Umfangreiche Versuche in letzter Zeit haben ergeben, dass mit Variation der bekannten Keimungsparameter: Vegetationstemperatur, Vegetationszeit und Keimgutfeuchte, passable Malze und daraus resultierend ansprechende Biere hergestellt werden konnten [58]. Diese Mälzungsparameter, die nur die Keimung betreffen während Weich- und Darrarbeit standardisiert blieben, sind in Tab. 1.2 aufgeführt, ebenso die daraus entstandenen Malzmerkmale.

Sicherlich liegen noch immer einige Merkmale außerhalb der geforderten Werte für Gerstenmalz. Jedoch zeigt sich schon klar der Erfolg der Optimierung der Mälzung, wobei nach diesen Versuchen weitere Optimierungen [59–63] auch bezüglich der Weich- und Darrarbeit erfolgten, so dass insgesamt sehr passable Malze für die Herstellung von glutenfreien Bieren vorliegen.

Zu beachten ist bei der Herstellung, dass jegliche weitere Kontamination durch glutenreiches Getreide vermieden wird. So kann schon auf dem Feld ein Eintrag von anderen Getreiden erfolgen. Daraus empfiehlt sich, wenn diese primäre Verunreinigung kaum zu vermeiden ist, kleinkörnige Getreide und Pseudogetreide (Tausendkorngewichte deutlich unter 10 g) zu nehmen, um diese nach der Ernte klar von den größeren Getreiden zu separieren [64] Weiterhin kritische Stellen sind die Förderwege, die noch Reste von glutenreichen Getreiden enthalten können, und die Trockenschrotmühle in der Brauerei. Ein wichtiger Punkt ist auch die Hefe, die in glutenfreien Medien hochgezogen werden muss, da sie sonst Gluten aus der Reinzucht in glutenreichen Würzen mit einträgt.

Tab. 1.2 Optimale Mälzungsbedingungen glutenfreier Getreide und Pseudogetreide mit den Merkmalen der resultierenden jeweiligen Malze (n.g. = nicht gemessen) [58]

	Einheit	Amarant	Buchweizen	Quinoa	Rispenhirse	Mais	Schwarzer Reis	Sorghum
Weich- und Keimtemperatur	°C	8	19	8	19	27	30	27
Vegetationszeit	d	7	5	6	6	5	5	5
Keimgutfeuchte	%	54	47	54	51	41	44	61
Extrakt, wfr.	%	74,3	72,9	80,1	55,3	75,4	86,6	60,7
Viskosität (8,6%)	mPa×s	4,577	3,974	1,738	1,352	5,409	1,497	9,502
Kochfarbe	EBC	4,1	5,1	10	6,8	3,4	3,8	5,2
pH		6,34	5,76	6,85	5,82	5,58	5,49	5,64
Rohprotein, wfr.	%	13,2	15,5	13,4	11,0	8,3	9,4	12,2
löslicher N	mg/100 g	722	722	945	697	353	396	640
Kolbach-Index	%	34,2	29,1	44,3	39,5	26,6	26,4	32,9
FAN	mg/100 g	99	148	204	211	n.g.	90	n.g.
Endvergärung, scheinbar	%	22,1	62,9	65,6	74,3	47,3	56,0	61,8
α-Amylasenaktivität	U/g	<1	47	3	85	13	134	85
β-Amylasenaktivität	U/g	17	30	73	72	5	80	50
Grenzdextrinasenaktivität	U/kg	233	>576	>576	>576	259	>576	98
DMS-P	µg/kg	10	1	28	19	9	4	22

1.1.6
Die Annahme des Malzes

Vor der Malzannahme sollte neben den heute üblichen analytischen Schnellmethoden für Wasser, Eiweiß, Sortierung und dem Friabilimeterwert bei jeder Lieferung eine Handbonitierung durchgeführt werden. Durch geschultes Personal können so Geruchs- und Geschmacksfehler, Kornanomalien, Schädlings- oder Fusarienbefall bereits vor der nasschemischen Analyse erkannt werden. Das Malz sollte auf die Merkmale Geruch, Geschmack und Aroma, Farbe, Glanz, Spelzenbeschaffenheit, tierische Schädlinge und Fusarienbefall überprüft werden. Der gewünschte Zustand sollte rein und frisch im Geruch und Geschmack und je nach Malzsorte mehr oder weniger aromatisch sein [65].

Fehlerhafter Geschmack kann durch Prüfen der unzerkauten Körner am besten erkannt werden wie z. B. grablige, schimmlige, brenzlige oder rauchige Geschmacksnoten. Werden die Malze gekaut, dann übertönt der volle, mehr oder weniger aromatische Geschmack diese Nuancen. Sie haben aber einen sehr großen Einfluss auf die Geschmacksreinheit der Biere. So lässt sich z. B. ein unerwünschter rauchiger Geschmack im Bier kaum mehr beseitigen.

Auch Spezialmalze sind auf diese Weise unter Berücksichtigung ihres besonderen Charakters zu prüfen.

1.2
Ersatzstoffe des Malzes

Je nach Ort der Gabe und Konsistenz der Stärkesubstituenten wird nach Maischebottich- und Würzepfannenersatzstoffen unterschieden. Die ersteren werden noch in drei weitere Kategorien eingeteilt, die sich durch das Verkleisterungsverhalten unterscheiden. Erstens die Malzersatzstoffe wie z. B. Weizenmehl, die ohne weitere Behandlung der Schüttung zugegeben werden können, weil deren Verkleisterungstemperatur dem Optimum der malzeigenen Amylasen nahe kommt. Zweitens solche, die vorher verkleistert wurden, wie z. B. Maisflocken und hitzebehandelte Getreide und somit dann auch ohne weitere Behandlung zur Schüttung beigemengt werden können. Zur dritten Kategorie gehören die Malzersatzstoffe, wie z. B. Mais-, Reis- und Sorghumrohfrucht, deren Verkleisterungstemperatur über den Wirkungsbereichen der malzeigenen Amylasen ist und die während des Maischprozesses durch Kochen aufbereitet werden müssen. Die Würzepfannenersatzstoffe werden noch dahingehend unterteilt, ob sie Würze austauschen oder allein Extrakt einbringen.

Bei der Herstellung des Malzes geht eine bestimmte Menge an wertvoller Stärke durch die Atmung des Korns, aber auch durch den Aufbau zu Wurzelkeimen verloren. Zu diesem Verlust von 7–10% der Stärke müssen noch die Kosten des Mälzungsprozesses, wie der Wasser-, Kraft- und Wärmeverbrauch sowie der Bedarf an Arbeitskraft hinzugezählt werden.

Nachdem es nun die wesentliche Aufgabe der Würzebereitung ist, Stärke in vergärbare Zukker überzuführen, können zur Vermeidung der genannten Verluste auch andere stärkereiche Materialien verwendet werden. Es muss jedoch durch die Enzyme des Malzanteils ein genügender Abbau der verschiedenen Substanzgruppen dieser „Rohfrucht" sichergestellt werden, vor allem eine wünschenswerte Umwandlung der Stärke in Zucker und Dextrine. Der Eiweißabbau ist dagegen nur gering, da die Malzpeptidasen das Eiweiß von z. B. Mais oder Reis nicht oder nur wenig angreifen. Es wird sich daher das Verhältnis Vergärbare Zucker: Aminostickstoff mit steigender Rohfruchtzugabe verschieben.

Abgesehen von Grenzen durch die Gesetzgebung der einzelnen Länder könnte der Rohfruchtanteil so hoch gewählt werden, als es
a) der gewünschte Biercharakter erfordert oder zulässt;
b) eine Verarbeitung im Sudhaus, z. B. beim Maischen oder bei der Würzetrennung keine Schwierigkeiten bereitet;
c) die Gärung infolge Verarmung an assimilierbaren Stickstoffsubstanzen der Würze noch zu befriedigen vermag und normale Gärungsnebenprodukte liefert.

Als Rohfrucht können alle stärkereichen Materialien in Frage kommen, wenn sie frei sind von Bestandteilen, die Schwierigkeiten bei der Bierbereitung verursachen können: ungemälzte Gerste und Weizen, Roggen, Triticale, Mais, Reis, kleinkörnige Hirsen (Sorghum). Ihre Verwendung erfolgt dabei in Form von Grießen, Flocken oder z. T. reiner Stärke wie auch in flüssiger Form als Sirup [66].

Zucker wird ebenfalls in seinen verschiedenen Verarbeitungsformen eingesetzt. Während in der Bundesrepublik und Griechenland ausschließlich Malz zum Brauen verwendet werden darf, setzen alle anderen Länder Malzersatzstoffe in Mengen von 10–50% ein. Zur Herstellung von Ausfuhrbieren sind in der Bundesrepublik, mit Ausnahme Bayerns und Baden-Württembergs, Reis, Mais und Zucker zugelassen.

Die Brauer, die Rohfrucht verarbeiten, schreiben derselben eine Reihe von Vorteilen zu:
a) geringere Kosten pro kg Extrakt, damit geringere Rohstoffkosten pro hl;
b) gleichmäßigere Würzen und Biere durch Variation des Verhältnisses Malz: Rohfrucht. Dies ist von Bedeutung für große Brauereigruppen, die in jeder ihrer Brauereien das gleiche Bier erzielen müssen;
c) die Biere lassen sich durch die geringere Stickstoffbelastung leichter stabilisieren;
d) aus demselben Grund ist die Geschmacksstabilität der Biere besser;
e) Ausbildung eines anderen Biertyps.

Der Brauer, der gewöhnt ist, mit 100% Malz zu arbeiten, befürchtet:
a) eine geringere Vollmundigkeit der Biere durch die niedrigeren Mengen an Stickstoff und Polyphenolen;
b) u. U. schwächere Schaumeigenschaften;

c) die Notwendigkeit einer Verringerung des Bitterstoffeinsatzes, was wiederum auf Kosten der Vollmundigkeit und des Biercharakters geht [67];
d) eine langsamere Gärung durch die Reduzierung des assimilierbaren Stickstoffs und u. U. eine Veränderung des Spektrums der Gärungsnebenprodukte.

Sicher ist auf jeden Fall, dass die gewachsenen Biertypen wie das Pilsener, das Münchener und das Dortmunder ihren Charakter zu einem guten Teil der verwendeten Malzschüttung verdanken. Eine Veränderung dieses Charakters würde sicher beim Konsumenten auf Schwierigkeiten stoßen.

1.2.1
Maischbottichrohfrucht

Surrogate, die eine Maischarbeit benötigen, um ihre Inhaltstoffe in Lösung zu bringen sind unter diesem Kapitel zusammengefasst. Hierunter sind vor allem die unvermälzten Getreide in nicht oder vorbehandelter Form zu sehen. In der Tab. 1.3 sind diese mit ihren Merkmalen aufgeführt.

Eine kleine Besonderheit stellen die eiweißreichen Hülsenfrüchte, wie z. B. die Leguminosen dar, die im Gegensatz zu den Getreiden nicht nur Stärke, sondern auch bedeutende Mengen an Eiweiß mit einbringen. Diese sind in der Tab. 1.4 mit den anderen möglichen Extraktlieferanten nach ihren Nährwerten und Verkleisterungstemperaturbereichen aufgelistet.

1.2.1.1 Ungemälzte Gerste
Sie bietet sich naturgemäß als Rohfrucht an, da ihre verschiedenen Stoffgruppen wie z. B. Eiweiß oder Hemicellulosen von den Enzymen der Malzschüttung angegriffen und bis zu einem gewissen Grad abgebaut werden können. Auch liegt die Verkleisterungstemperatur (Tab. 1.4) der Gerstenstärke noch im Be-

Tab. 1.3 Nährwerttabellen verschiedener Maischbottichrohfruchtarten a.Trs. [68, 69]

	Wassergehalt [%]	Extrakt [%]	Protein [%]	Fett [%]	Ballaststoffe [%]	Mineralien [%]
Maisgrieß	9,1–12,5	78–83,2	8,5/9,5	0,1–1,1	0,7	
Maisflocken	4,7–11,3	82,1–88,2		0,31–0,54		
Bruchreis	9,5–13,4	80,5–83,8	5,4/7,5	0,2–1,1	0,3–0,6	0,5–0,8
Sorghumgrieß	10,8/11,7	81,7/81,3	8,7/10,4	0,5/0,65	0,8	0,3–0,4
Weizenmehl	11,5	80,1	11,4	0,7		0,8
Weizenstärke	11,1/11,4	86,5/95,2	0,2	0,4		
Gerste	12,0	78.1	11,0	2,0	10,0	2,0
vorerhitzter Weizen	4,9	78,2	12,2	1,0		
vorerhitzte Gerste	6,0	72,2	13,5	1,5		

Tab. 1.4 Nährwerttabelle mit Verkleisterungstemperatur verschiedener Cerealien und Pseudocerealien (g/100 g a. Trs. als Durchschnittswerte) [68, 70, 71]

	Wasser	Eiweiß N×6,25	Fett	verfügbare Kohlenhydrate	Ballaststoffe	Mineralien	Verkleisterungstemperatur [°C]
Amarant	11,1	15,8	8,81	56,8		3,25	64
Buchweizen	12,8	9,78	1,73	71	3,7	1,72	70
Gerste – entspelzt	12,7	10,6	2,1	63,3	9,8	2,25	60–69
Hafer – entspelzt	13	12,6	7,09	55,7	9,67	2,85	52–64
Hirse (Panicum miliaceum L.)	12,1	10,6	3,9	68,8	3,8	1,6	54–80
Mais	12,5	9,2	3,8	64,2	9,71	1,3	60–79
Quinoa	12,7	14,8	5,04	58,5	6,64	3,33	64
Reis – unpoliert	13,1	7,78	2,2	74,1	2,22	1,2	61–91
Reis – poliert	12,9	7,36	0,62	77,7	1,39	0,53	61–91
Roggen	13,7	9,51	1,7	60,7	13,2	1,9	49–61
Sorghum	11,4	11,1	3,2	69,7	3,7	1,75	67–79 (95)
Triticale	12,3	13,9	2,48	63,7	6,74	1,87	56–64
Weizen	12,8	11,7	1,83	59,6	13,3	1,67	52–66
Linsen	11,5	23,4	1,53	40,6	17	2,67	
Bohnen	10,3	21,1	1,6	34,7	23,3	3,85	67
Mongobohne	9,06	23,1	1,2	41,5	17,3	3,5	70

reich der Wirkung der α-Amylase, so dass besondere Maßnahmen hierfür nicht erforderlich sind. Nachdem jedoch der Abbau von Hemicellulosen bzw. ihrem Hauptanteil, dem hochviskosen β-Glucan, bei den üblichen Maischtemperaturen nur unvollständig ist (s. Abschnitt 3.1.3), darf im Interesse einer guten Abläuterung der Würze, mehr noch der Filtrierbarkeit des Bieres ein Rohgerstenanteil von 15–20% (ohne exogene β-Glucanasen) keinesfalls überschritten werden.

Als Gerstenrohfrucht kann Gerste verwendet werden, die nach Geruch, Besatz mit Schimmelpilzen oder Bakterien sowie Fremdsamen als gesund und rein anzusehen ist. Es spielt dabei weder die Gerstenart (zwei- oder mehrzellig, Sommer-/Wintergerste) noch die Höhe des Eiweißgehalts eine Rolle. Letzterer wirkt sich lediglich auf die erzielbare Ausbeute aus. Diese ist durch den Wassergehalt von z. B. 14% mit 67–69% deutlich niedriger als bei Malz, wobei auch Berücksichtigung verdient, dass die fehlende „Auflösung" des Korns die wasserfreie Extraktausbeute des Malzes nicht zu erreichen gestattet [22].

Rohgerste ist sehr hart und abreibend und nutzt die Walzen der Schrotmühle schnell ab.

Die Extraktausbeute kann bei geschälter Gerstenrohfrucht 72–74% umfassen, wobei natürlich der Grad der Entspelzung maßgeblich ist. Selbst wenn enzymstarkes Malz mitvermaischt wird gelingt es nicht, den β-Glucangehalt der Gerste soweit abzusenken, dass die üblichen Werte vorliegen. Nachdem in der Gerste nur 7–10% des Stickstoffs in löslicher Form vorliegen [47, 73] und der Abbau der genuinen Eiweißkörper der Gerste auch durch das Vorhandensein von Proteinaseninhibitoren [74] weniger effizient ist als der Abbau von Malzeiweiß, so liegt die Menge des löslichen Stickstoffs bei Würzen aus 10 und 20% Gerstenrohfrucht um 6 bzw. 11%, die Menge des freien Aminostickstoffs sogar um 14 bzw. 19% unter denen der Vollmalzsude [47]. Doch bringt die Gerste mehr hochmolekularen Stickstoff in die Würze bzw. Biere ein, so dass im Verein mit den höheren β-Glucangehalten bessere Schaumeigenschaften, aber eine schlechtere Filtrierbarkeit vorliegen. Die Bierstabilität ist – z.T. sogar wegen der geringeren Polyphenolgehalte – nicht ungünstig [75]. Geschmacklich fallen die Biere aus 10–20% Gerstenrohfrucht etwas härter aus; dies lässt sich durch bestimmte technologische Maßnahmen verbessern (s. Abschnitt 3.2.5.4). Die Geschmacksstabilität dieser Biere wurde bisher nicht einhellig beurteilt [76, 77].

Um die geschilderten Schwierigkeiten zu vermeiden und höhere Rohgerstenanteile von 30–40% zu erreichen, werden in manchen Ländern Enzymkombinationen aus Amylasen, Peptidasen und β-Glucanasen eingesetzt (s. Abschnitt 1.2.3).

Rohgerste wird auch in vorverkleistertem Zustand als Gerstenflocken gegeben, welche sogar lagerfähig sind. Die Herstellung erfolgt durch das Pressen von nasser und heißer (z.B. Dampf) Gerste zwischen zwei Walzen, ähnlich wie bei der Nassschrotung. Spelzen und Endosperm werden durch diese Hitzebehandlung nicht zerstört. Erst bei der anschließenden Schrotung wird der Mehlkörper aufgebrochen. Zu beachten ist jedoch, dass durch diese Behandlung der β-Glucangehalt nochmals ansteigt.

Nachfolgend werden zwei weitere thermische Behandlungsprozesse aufgezeigt, die keinen Anstieg an β-Glucan verzeichnen. Zum einen ist es ein Dörrprozess (torrefication), der als milde Pyrolyse bezeichnet werden kann, wo mit heißem Sand oder Luft (bis zu 260°C) die Gerste verkleistert und gepoppt wird. Zum anderen werden die Körner mit Infrarot (wie in einer Mikrowelle) erhitzt, wobei 140°C entstehen können.

1.2.1.2 Ungemälzter Weizen

Er kommt vereinzelt in seiner ursprünglichen Form zur Verarbeitung, die wie auch die Gerstenrohfrucht einer sorgfältigen Vermahlung bedarf. Das Endosperm enthält weit weniger β-Glucan und somit können bis zu 40% – wie bei belgischen Weizenbieren – zur Schüttung gegeben werden. Hammermühlenschrot ist günstig, wie auch die Verwendung in Pelletform (aufgrund der Verkleisterungsneigung) häufig anzutreffen ist. Die Pellets haben meist weniger Proteine, da diese für die Verwendung in der Backindustrie abgetrennt werden.

Daneben werden Weizenflocken (angefeuchtet und in dampfbeheizten Walzen verkleistert) ebenso verwendet wie Weizenmehl [78, 79] und Weizenstärke [80]. Nachdem von der Weizenrohfrucht 15–20% des Gesamtstickstoffs, meist in höhermolekularer Form, in Lösung geht und diese Fraktionen durch Eiweißstabilisatoren nicht so weitgehend abgebaut bzw. entfernt werden wie die des Gersteneiweißes, können Stabilisierungsschwierigkeiten entstehen [81].

Eine besondere Zubereitung stellt Weizen dar, der mittels Infrarotbestrahlung geröstet wurde. Er lässt sich beim Maischen hierdurch leichter aufschließen und bringt ein gewisses Röstaroma ein sowie etwas mehr Extrakt. Ein Zusatz von 15% zur Malzmaische ist möglich.

Die Verkleisterungstemperatur von Weizen (Tab. 1.3) ist der der Gerste vergleichbar und liegt somit noch im Bereich der α-Amylase. Probleme bereiten können die Pentosane von Weizen, da sie Trübungsbildner sind.

1.2.1.3 Ungemälzter Roggen, Triticale, Hafer

Teilweise aus Tradition, wie beispielsweise beim Hafer für das „Oatmealstout", oder aus modernen wirtschaftlichen Aspekten werden diese extraktreichen Getreide als Rohfrucht für die Bierbereitung verwendet.

Triticale stellt eine neue Getreideart dar, die im Verlauf der letzten hundert Jahre entwickelt wurde. Es handelt sich um einen Gattungsbastard aus tetra- bzw. hexaploidem Weizen als weiblichen und diploiden Roggen als männlichen Kreuzungspartner (s. Abschnitt 1.1.3).

Bemerkenswert ist der hohe Anteil an nativer β-Amylase bei Triticale [82], die in Verbindung mit einer möglichen niedrigen Verkleisterungstemperatur (Tab. 1.3) eine ausreichende Enzymkraft darstellt. Triticale ist stark mit dem Roggen verwandt. Beide besitzen sehr hohe Anteile an Pentosanen und können somit mit erhöhten Viskositäten Läuter-, Filtrations- und Trübungsschwierigkeiten bereiten.

1.2.1.4 Mais

Der Mais ist weltweit ein wichtiges Nahrungs-und Futtermittel. Er dient außerdem der Stärkefabrikation und Spirituserzeugung. Das bei der Maismehl- und Stärkefabrikation als Nebenprodukt anfallende Maiskeimöl stellt ein hochwertiges Pflanzenfett dar.

Der Mais stammt aus Amerika. Er wird dort, wie auch auf der ganzen Welt in großen Mengen angebaut. Mais verlangt trockenes, heißes Klima; in Deutschland wurde er selten reif und fand deshalb als Grün- oder Silofutter Verwendung. Heute gibt es Körnermaissorten, die südlich des Mains reif werden.

Die verschiedenen Maissorten unterscheiden sich in Form, Größe und Farbe der Körner. Die heute bestehende Vielzahl an Varietäten wird je nach Stärkeeigenschaft in folgende Gruppen eingeteilt: Zahn-, Hart-, Zucker-, Puff-, Wachs-, Stärke- und Spelzmais [83].

In Amerika wurde früher weißer oder gelber Mais angebaut, doch hat letzterer aus landwirtschaftlichen Erwägungen die Oberhand gewonnen. Es ließ sich allerdings kein entscheidender Unterschied zwischen beiden Arten in ihrem Verhalten bei der Bierbereitung ableiten.

Zusammensetzung Mais setzt sich aus 9–16% Wasser und 84–91% Trockensubstanz zusammen. Die Verteilung der wichtigsten Inhaltsbestandteile auf die einzelnen Kornfraktionen zeigt Tab. 1.5.

Den wichtigsten Bestandteil machen, wie auch sonst bei den Gramineen, die Kohlenhydrate, in erster Linie die Maisstärke aus. Sie ist auch der wesentliche Extraktbildner, neben dem die übrigen wasserlöslichen Stoffe wie Hexosen und Pentosen kaum ins Gewicht fallen.

Die *Maisstärke* besteht aus polyedrischen und runden Stärkekörnern deren Größe im Durchmesser zwischen 8 und 35 m schwankt. Ihre Eigenschaften entsprechen etwa denen der Gerstenstärke, sie verkleistert je nach Sorte und klimatischen Gegebenheiten bei 60–79 °C; bei heißer trockener Witterung liegt die Verkleisterungstemperatur im höheren Bereich. Diese Stärke wird beim Maischen durch die Amylasen der Malzschüttung oder exogene Gaben in vergärbare Zucker und Dextrine abgebaut.

Der Extraktgehalt des Maises umfasst alle am Ende des Maischprozesses vorliegenden löslichen Bestandteile. Der Unterschied zwischen Stärke- und Extraktgehalt ist hier geringer als bei Gerste bzw. Malz. Der wasserfreie Extrakt, nach den einschlägigen Analysenmethoden bestimmt [85–87], liegt bei 88–93%, bei 9–13% Wassergehalt entspricht dies 78–83% lufttrocken und somit etwa der lufttrockenen Extraktausbeute guter Braumalze.

Der *Eiweißgehalt* liegt zwischen 9 und 13%; er ist jedoch bei den in der Brauerei verarbeiteten Maisprodukten z. B. bei Maisgrieß mit 7–9% wesentlich geringer. Auch beim Mais fällt der Extraktgehalt mit steigendem Eiweißgehalt; diese Beziehung ist bei Mais noch mehr ausgeprägt als bei Gerste, da das Maiseiweiß sich beim Maischen kaum löst bzw. beim Kochen zum größeren Teil wieder koaguliert.

Die genuinen Eiweißstoffe des Maises sind Albumine und Globuline; eine alkohollösliche Komponente (Prolamin) ist das Zein. Diese Maisproteinfraktion löst jedoch nicht Zöliakie aus, wie bei Weizen, Gerste, Roggen, Triticale und eventuell auch bei Hafer. Mais ist wie Reis, Hirse, Amarant, Quinoa und Buchweizen ein glutenfreier Stärkelieferant im Brauprozess.

Wenn auch nur eine kleine Menge der wasser- bzw. salzlöslichen Fraktionen gelöst und abgebaut wird, so sind doch im Bier diese Spuren immunologisch

Tab. 1.5 Zusammensetzung der Maisfraktionen (a.Trs.) [84]

Fraktion [%]	Ganzes Korn	Schale	Keim	Mehlkörper
Anteil am Korn	100	6	10	84
Rohprotein	12,6	6,6	21,7	12,4
Fett	4,3	1,6	29,6	1,3
Kohlenhydrate	79,4	74,1	34,7	85,0
Rohfaser	2,0	16,4	2,9	0,6
Mineralstoffe	1,7	1,3	11,1	0,7

feststellbar. Diese Analyse dient dem Nachweis selbst geringer Rohfruchtmengen [88].

Das Maiseiweiß trägt aus diesen Gründen nicht oder nur wenig zur Stickstoffausstattung der Würze bei. (Diese Eiweißfraktionen liegen vorwiegend in gebundener Form als Lipo- und Glycoproteide vor und sind somit von Enzymen schwer abbaubar.)

Tatsächlich bedingt eine Maisgabe von 20% auch einen um 20% niedrigeren Gehalt an löslichem und freiem Aminostickstoff. Es muss also die Malzschüttung einen gewissen Ausgleich erbringen.

Der *Ölgehalt des Maises* liegt bei 4–5%; es wurde bisher als wichtig erachtet, dass der zum Brauen verwendete Mais einen niedrigen Fettgehalt von 0,8–1,3% a.Trs. nicht überschritt. Demnach stand zu befürchten, dass das Maisöl das Schaumbildungsvermögen und die Schaumhaltigkeit der hieraus hergestellten Biere beeinträchtige, wie auch ungesättigte Fettsäuren als Vorläufer von jenen Aldehyden betrachtet wurden, die die Geschmacksinstabilität bedingen [89]. Weitere Untersuchungen zeigten aber, dass der Fettsäuregehalt von Würzen aus 20% Mais wesentlich niedriger war als bei Würzen aus 100% Malz (Tab. 1.4). Selbst nicht entkeimter Mais brachte noch um 30% weniger Fettsäuren in die (ungekochte) Würze ein. Es besteht demnach kein Zusammenhang zwischen dem Fettgehalt der verwendeten Cerealien und dem Gehalt an freien Fettsäuren in den Pfannevollwürzen [90, 91]. Es übt also vielmehr die Qualität der Läuterarbeit – und wahrscheinlich auch der Trubabtrennung – eine dominierende Wirkung aus. Offenbar haben diese Gegebenheiten das Resultat jener Arbeiten beeinflusst, die schaumnegative Effekte bzw. Nachteile für die Geschmacksstabilität ableiten konnten [92, 93].

Die Gefahren eines höheren Ölgehaltes dürften u. U. darin liegen, dass das Öl beim Lagern oxidiert, ranzig wird und damit einen unangenehmen Geruch und Geschmack annimmt. Hier können u. U. Schädigungen der Schaumqualität, des Geschmacks und der Geschmacksstabilität eintreten. Die Veränderung des Maisöls wird durch den Wassergehalt von 12–14% gefördert, vor allem durch die große Oberfläche, die Maismahlprodukte wie gröbere oder feinere Grieße einer Oxidation bieten. Hier kommt sicher den Lagerbedingungen eine große Rolle zu.

In Amerika, wo immer noch große Mengen an Maisgrieß verarbeitet werden, wird nach wie vor großer Wert auf einen niedrigen Ölgehalt gelegt. So gilt Mais mit einem Ölgehalt bis zu 0,5% als vorzüglich, 0,5–1,0% als sehr gut, 1,0–1,5% noch als gut. Es wird also an der Forderung eines geringen Ölgehaltes (von ca. 1%) festgehalten. Diese Werte sind durch die bewährten Technologien der Maisentkeimung ohne Weiteres gewährleistet (s. Abschnitt „Aufbereitung"). Während das Maisöl auf der einen Seite ein hochwertiges Pflanzenfett darstellt, würde es, im Korn belassen, den Extraktgehalt des Maises empfindlich drücken.

Der *Wassergehalt des Maises* wird von 25–30% im Erntegut durch Trocknen und sachgemäße Lagerung auf ca. 12% verringert. Maisgrieß soll nicht mehr als 12–14% Wasser aufweisen, da die oben genannten Vorgänge der Oxidation, gerade bei den verschiedenen Grießqualitäten schädlich sein können. Maisgrieß ist kein in sich geschlossener Körper wie das Gerstenkorn, sondern ein Mahlprodukt, das leicht verdirbt. Feuchter Maisgrieß bildet Klumpen, er schimmelt und erhält schwere Geruchsfehler. Es geht auch hier die Oxidation und das Ranzigwerden des Maisöls rascher und weitgehender vor sich als bei trockener Ware. Ein weiterer Aspekt ist die Gefahr der Mykotoxinbildung.

Mineralstoffe sind im Mais nur in geringer Menge enthalten. Der durchschnittliche Aschegehalt von 1,5% verteilt sich wie folgt: K_2O ca. 28%, MgO ca. 15%, P_2O_5 ca. 45%; aus diesem Grund nimmt auch der Mineralstoffgehalt von Rohfruchtwürzen ab. Dies betrifft vor allem die Phosphate.

Die *Bitterstoffe* des Maises befinden sich hauptsächlich in der Schale. Da diese beim Entkeimen vom Korn gelöst wird, bringt die Entkeimung neben einer fast vollkommenen Entölung auch eine entsprechende Entbitterung mit sich.

Die *Hektolitergewichte des* Rohmaises schwanken zwischen 70–73 kg bei großkörnigen und 75–80 kg bei kleinkörnigen Sorten. Die Tausendkorngewichte sind bei großkörnigem Mais 270 g, bei mittelkörnigem um 100 g, bei kleinkörnigem um 70 g.

Die *Keimfähigkeit* von Mais kann unter günstigen Bedingungen für eine Vermälzung genügen. Da aber für eine optimale Weich- und Keimungsführung grundsätzlich höhere Temperaturen (20–30 °C) benötigt werden, läuft diesem Mälzungsregime eine höhere Gefahr der Verkeimung durch Lagerpilze entgegen [94]. Trotzdem hat sich vermälzter Mais in Mittel- und Südamerika und nach seiner Einführung in Afrika, seit dem 17. Jahrhundert für die Bereitung von ursprünglichen Bieren entwickelt.

Aufbereitung Die Aufbereitung des Maises sieht zunächst eine *Entkeimung* vor. Diese kann je nach den angestrebten Produkten trocken oder nass geschehen.

Die *Trockenentkeimung* erfolgt nach einer sorgfältigen Reinigung über Siebe, Magnetapparate und Luftsichter. Das Gut wird vor der weiteren Bearbeitung mit Dampf oder Wasser benetzt und nach dem Einziehen der Feuchtigkeit in die Schale mittels Walzenstühlen gemahlen, wobei die Schalen und Keimprodukte über Plansichter und Rundaspiratoren abgezogen werden. Die hier anfallenden „Grits" werden dann in einem dritten Verfahrensschritt in Walzenstühlen zu *Grieß* zerkleinert. Der Grieß wird anschließend auf einen Feuchtigkeitsgehalt von 12–14% getrocknet [95].

Die *Nassentkeimung* ist der Ausgangsprozess zur Herstellung raffinierter Grieße, d. h. reiner Stärke. Das gereinigte Gut wird 30–40 Stunden in warmem Wasser (50 °C) geweicht, wobei das Wasser mit etwas Schwefeldioxid versetzt wird, um das Aufkommen von Mikroorganismen zu verhindern. Verunreinigungen kommen durch Gegenstromspülung zur Abscheidung. In entsprechenden Mühlen erfolgt dann ein Aufbrechen der Körner, um die Keime freizusetzen und über Trennvorrichtungen abzuscheiden. In einem weiteren Schritt wird die Stärke von der Umhüllung befreit. Die Stärke erfährt nun eine Trennung vom Eiweiß in Zentrifugen. Die gewonnene Rohstärke wird mehrmals gewaschen, dann entwässert und getrocknet [96].

Tab. 1.6 Analytische Daten typischer Rohfruchtarten

	Reis	Maisgrieß	Maisstärke
Wassergehalt %	12,8	13,3	12,0
Extrakt lfttr. %	82,8	76,9	88,9
Extrakt wfr. %	95,0	88,7	101,0
Eiweiß wfr. %	7,9	9,3	0,04
Fett wfr. %	0,3	1,0	0,05
Mineralstoffe wfr. %	0,9	0,7	0,08
pH	6,3	5,8	5,2
Verkleisterungstemperatur °C	65–90	60–75	62–70

Produkte *Maisgrieß* der noch eine relativ grobe Körnung aufweist (0,2–1,4 mm), ohne dass sich deshalb beim Aufschluss während des Maischens Schwierigkeiten ergeben würden. Gröbere Grieße wurden früher den feineren vorgezogen, da diese letzteren noch vielfach Splitter der Schalen und der Keimlinge und damit einen höheren Ölgehalt aufwiesen. Feingrieße waren nur dann akzeptabel, wenn sie durch weitere Vermahlung gröberer Grieße gewonnen wurden. Die wichtigsten analytischen Daten zeigt Tab. 1.6.

Maisflocken werden aus sehr groben Maisteilchen gewonnen. Die leicht befeuchteten Grieße werden von dampfbeheizten Walzen zu Blättchen gepresst und dabei verkleistert. Dieses Material kann ohne besonderen Aufschluss im Maischbottich zugegeben werden.

Raffinierte Grieße oder *Maisstärke* werden hergestellt wie oben beschrieben. Letztere ist sehr fein (96% unter 200 μm); sie muss mit Spezialfahrzeugen transportiert und unter Vorsichtsmaßnahmen gefördert werden (Mehlstaubexplosion!). Wenn auch die Maisstärke bei niedrigeren Temperaturen verkleistert und verflüssigt als Maisgrieß, so muss doch diesen Verfahrensschritten Aufmerksamkeit geschenkt werden. Auch ist die Maisstärke nicht mit allen anderen Rohfruchtarten beliebig mischbar. Sie neigt beim Maischen zur Klumpenbildung.

Die Ausbeute kann im Sudhaus etwas erhöht werden, es treten keine Abläuterstörungen auf, die Gärungen verlaufen rascher und die Bierstabilität ist unbeeinflusst [96]. Die Biere schmecken u. U. etwas leichter, was auf die höhere Vergärung zurückzuführen ist, u. U. aber auch auf das Fehlen von Eiweiß. Die Daten zeigt Tab. 1.6.

Es handelt sich also bei Maisstärke um ein sehr reines Material.

Das Aussehen der Stärkekörner verschiedener Cerealien ist wie bereits beschrieben, sehr unterschiedlich (Abb. 1.2).

1.2.1.5 Reis

Er findet immer noch weitverbreitete Anwendung als Brauerei-Rohfrucht. Während Mais einen leicht süßlich-vollmundigen Trunk vermittelt, führt der Reis zu einem mehr „trockenen" Charakter des Bieres. Wenn auch in der Praxis beide Rohfruchtarten – je nach den herrschenden Preisen – ausgetauscht werden,

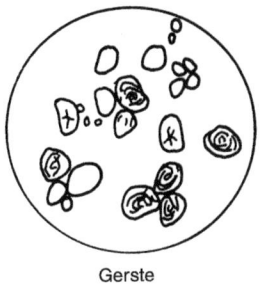 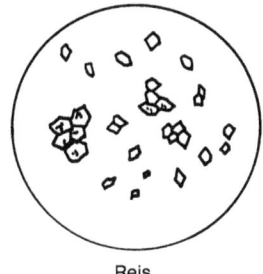 

Gerste　　　　　　　　Reis　　　　　　　　Mais

Abb. 1.2 Formen von Stärkekörnern aus verschiedenen Getreidearten

so sollten doch hochqualifizierte, charaktervolle Biere stets mit derselben Art von Rohfrucht – und Malzschüttung – zur Herstellung gelangen, wie dies einige große Brauereigruppen seit Jahrzehnten ausführen [97]. Würzen, die unter Zusatz von Reis hergestellt wurden, zeigen allgemein nicht die lebhafte Gärung, wie sie z. B. bei Würzen aus Maisgrieß gegeben ist. Dies ist vor allem bei höheren Rohfruchtgaben der Fall. Der Grund für diese Erscheinung dürfte in den geringeren Mengen an Mineralstoffen und eventuell auch an löslichem Stickstoff liegen [81].

Es könnte aber auch der meist geringere Fettgehalt des Reises eine Rolle spielen [90].

Reis ist ebenfalls eine sehr wichtige Nutzpflanze; sie stammt aus Asien, wo sie heute noch in großen Mengen angebaut wird; andere bedeutende Anbaugebiete befinden sich in Europa – Italien, Spanien, Portugal, Frankreich – sowie in Amerika und Afrika. Außer zur menschlichen Ernährung dient der Reis auch zur Herstellung von alkoholischen Getränken (Sake, Arrak).

Je nach der Kornform kann unterschieden werden in Kurz-, Mittel- und Langkorntypen; letztere eignen sich wegen ihrer Verkleisterungseigenschaften und ihrer hohen Viskosität nicht für Brauzwecke.

In der Brauerei wird meist Bruchreis verwendet, der beim Schälen und Polieren des „Speise-Reises" anfällt. Es handelt sich hier um einen Bruch von ca. 30%, der ebenso rein ist wie letzterer, der lediglich an Aussehen verloren hat.

Zusammensetzung Die Zusammensetzung des Reises geht schon aus Tab. 1.6 hervor. Der *Stärkegehalt* liegt bei ca. 85% in der Trockensubstanz. Auch hier ist die Differenz zum Extraktgehalt von 92–95% relativ gering. Die Reisstärke besteht aus kleinen einfachen oder zusammengesetzten Körnern. Während erstere eine polyedrische Form besitzen, sind die zusammengesetzten Körner gleichförmig und bestehen manchmal aus bis zu 200 Teilkörnern. Die Verkleisterungstemperatur liegt bei Reissorten aus Gegenden mit ausgeglichenem Klima niedriger (61–77 °C) als bei heißer und trockener Witterung (80–85 °C). Es ist auch ein deutlicher Sorteneinfluss erkennbar [98, 99].

Der *Eiweißgehalt* ist mit 5–8% deutlich unter den Werten des Maises; es gehen unter den Abbaubedingungen der Malzenzyme nur geringe Mengen an wasser- und salzlöslichen Proteinen und Abbauprodukten in Lösung, die im Bier jedoch ebenfalls immunologisch nachweisbar sind. Die Abbauprodukte der Reiseiweißkörper tragen nicht oder nur wenig zum assimilierbaren Stickstoff der Würze bei.

Der *Ölgehalt* ist mit 0,2–0,4% niedrig, doch sollte der Lagerung des Reises Aufmerksamkeit geschenkt werden, um ein Ranzigwerden selbst dieser kleinen Fettmengen zu vermeiden. Dies scheint jedoch bei modernen Getreidelagermethoden keine Gefahr mehr zu sein.

Die *Mineralbestandteile* liegen bei 0,7–1,0% der Trockensubstanz. Sie setzen sich aus folgenden Hauptmengen zusammen: K_2O 18%, P_2O_5 ca. 40%, MgO ca. 11%, der Rest von 30% beinhaltet auch geringe Mengen von SiO_2; und CaO. Der Mineralstoffgehalt wird durch das Schälen von ca. 3,5% auf das genannte Niveau verringert.

Der Wassergehalt von 11–13% ist wegen der Lagerfähigkeit des Produkts, aber auch wegen der erzielbaren Sudhausausbeute bedeutsam.

Bewertung Die Bewertung des Reises erfolgt nach Maßgabe der in Tab. 1.6 genannten Daten. Darüber hinaus soll der Reis rein weiß aussehen, keine Verunreinigungen wie Schalenreste und Fremdgetreide oder gar Organismenbefall aufweisen.

Eine frühe Einflussnahme auf die Qualitätsbeurteilung von Reis ist durch die Bestimmung von γ-Nonalacton in vergorener Reismaische gegeben. Diese Substanz dient als Indikatorsubstanz für ungeeignete Reissorten und Verunreinigungen. Sie ist möglicherweise in Verbund mit γ-Heptalacton und Dodecansäuremethylester verantwortlich für einen rauchig, phenolischen Charakter, der in Reisrohfruchtbieren öfter anzutreffen ist [100, 101].

Produkte Der *Bruchreis* muss in der Brauerei unbedingt zu Grießen (unter 2 mm) vermahlen werden; eine feinere Körnung erbringt noch eine bessere Verarbeitung beim Maischen [97].

Reisflocken werden wie die entsprechenden Produkte des Maises hergestellt. Sie sind bereits teilweise verkleistert und lassen sich deshalb ohne zusätzliches Kochen in einer Rohfruchtmaische verarbeiten.

1.2.1.6 Hirse (speziell Sorghum)

Die Hirsen gehören zur Familie der Süßgräser (Poaceae). Die hauptsächlich zur Malz- und (Lager-) Bierherstellung verwendeten Arten Sorghum und kleinkörnige Hirsen wie Rispenhirse (*Panicum miliaceum*), Perlhirse (*Pennisetum glaucum*), Kolbenhirse (*Setaria italica*), Finger Millet *(Eleusine coracana)* und Teff *(Eragrostis tef)* sind den Unterfamilien Andropogonoideae bzw. Panicoideae zuzuordnen [102]. Bei den Sorghumhirsen werden wiederum mehrere Unterarten unterschieden, von denen bisher vor allem *Sorghum bicolor*, aber auch *Sorghum vulgare* und *Sorghum guineensis* untersucht wurden. Einzelne Arten werden auch Mohrenhirse, Kaffernkorn, Sorgho (rote Hirse), Sudangras, Durra, Milo oder Jowar genannt.

Die oben genannten Hirsen stammen ursprünglich aus Afrika bzw. Asien und sind hervorragend an die Vegetationsbedingungen in ariden und semiariden Klimazonen angepasst. Sie sind relativ unempfindlich gegenüber längeren Trockenperioden und stellen nur geringe Bodenansprüche. Eine sehr ursprüngliche Anbautechnik wird noch in Afrika angewandt, da die Pflanzen mehrjährig sind und über mehrere Jahre hinweg Erträge liefern können. Bei der Ernte werden die Stiele mitsamt den Ähren abgeschnitten und der zurückbleibende untere Teil der Pflanzen entwickelt in der nächsten Vegetationsperiode neue Triebe [103].

Es existieren derzeit über 10 000 Varietäten bei steigender Tendenz. Besonders unter den Neuzüchtungen sind auch einige Sorten zu finden, deren Malze günstige Eigenschaften zur Bierherstellung mitbringen, wie z. B. hohe diastatische Kraft, hohe α- und β-Amylaseaktivität und hoher Extraktgehalt. Bei den Forschungsarbeiten [104] hinsichtlich der Eigenschaften zur Bierproduktion wurden zwar in letzter Zeit große Fortschritte gemacht, da aber die Züchtungsbemühungen erst seit relativ kurzer Zeit in Richtung brautechnischer Relevanz gehen, ist im Vergleich zur Braugerste noch großer Nachholbedarf. Zudem unterscheiden sich die meisten der bisher überprüften Sorten in ihren morphologischen und physiologischen Eigenschaften sehr deutlich, so dass die jeweiligen Untersuchungsergebnisse nicht ohne Weiteres auf die anderen Sorten übertragbar und mit anderen Forschungsergebnissen vergleichbar sind. Sorghumkörner sind zwar je nach Sorte von stark unterschiedlicher Größe, aber verglichen mit den kleinkörnigen Hirsen sind sie voluminöser und von rundlicher Form. Ihre Farbe kann von rot bzw. purpur-schwarz und von braun bis beige, gelb, weiß oder cremefarben variieren. Das geerntete Sorghumkorn besitzt weder eine Spelze noch sind seine Frucht- und Samenschale zu unterscheiden, da sie zu einer Schicht verwachsen sind. Die meisten Sorten sind durch sehr hohe Gehalte an Anthocyanogenen und polyphenolischen Substanzen gekennzeichnet. Erkennbar ist dies an den bräunlichen und rötlichen Pigmenten, die während des Darrens auf der Samenschale gebildet werden [103]. Der Polyphenolgehalt und die Dicke dieser Schicht sind von Sorte zu Sorte sehr unterschiedlich, was aber deren Verarbeitbarkeit ganz entscheidend beeinflusst. Gerade die phenolischen Bestandteile sind hier zu beachten, da sie imstande sind, Enzyme zu hemmen und im Produkt eine teilweise unerwünschte Zufärbung zu verursachen. Des weiteren können diese Substanzen auch zu einem unangenehmen adstringierenden Geschmack im Bier beitragen.

Bei der bisher gebräuchlichen Bierbereitung mit Hirse müssen zwei sehr unterschiedliche Verwendungszwecke unterschieden werden. Zum einen werden lokale Sorten aller Hirsearten für sehr ursprüngliche afrikanische Biere, teilweise auch *opaque beers* genannt, vermälzt oder unvermälzt mit sehr unterschiedlichen Technologien eingebraut. Diese Biere können auch klar sein, sind ungehopft, haben ein breites Spektrum an Farbe, Aroma und Schaumeigenschaften und besitzen nur eine sehr geringe Haltbarkeit (ein bis fünf Tage). Hierfür werden üblicherweise polyphenolreiche Sorghumsorten bevorzugt. Zum anderen finden Hirsen, und hier besonders Sorghum, immer mehr Anwendung im industriellen

Maßstab, hauptsächlich als Grieß, obwohl erfolgreiche Versuche mit extrudierter und entspelzter Sorghumrohfrucht erarbeitet wurden [105]. Diese Grieße werden durch die trockene Vermahlung von enthüllsten Körnern gewonnen [105].

Zusammensetzung Die Konsistenz des Mehlkörpers variiert von mehlig im Inneren bis hart (hornartig) in den Außenbereichen. In den mehligen Bereichen liegen die Stärkekörner lose aufeinander, wohingegen die harten Bereiche durch eng gepackte Stärkekörner gekennzeichnet sind. Die Proteindepots im mehligen Teil des Mehlkörpers sind in einer Art Matrixform gelagert, wohingegen vergleichbare Depots in den harten Bereichen kleine Einkerbungen in den Stärkekörnern verursachen. Dieser Zweiteilung des Mehlkörpers muss vor allem während des Keimvorganges besondere Aufmerksamkeit geschenkt werden, da sonst keine gleichmäßige Auflösung erreicht werden kann. Die Stärkekörner von Sorghum haben eine Größe von ca. 10 μm im Durchmesser und bestehen durchschnittlich zu 75% aus Amylopektin und zu 25% aus Amylose [106]. Die Verkleisterungstemperatur von Sorghumstärke liegt durchschnittlich bei 75–80 °C, bei manchen Sorten sind sogar bis zu 95 °C notwendig [107]. Die Zellwände von Sorghum bestehen aus 28% β-Glucan, 4% Pentosan und 62% zugehörigem Eiweiß. Im ganzen Korn macht das β-Glucan dagegen nur 0,1% aus (vgl. Tab. 1.7) [106]. Der Proteingehalt kann je nach Anbaugebiet von 8–12% schwanken, wobei Sorghum verglichen mit Gerste, einen höheren Anteil an Prolaminen, aber einen niedrigeren an Albuminen und Globulinen besitzt. Des weiteren ist Sorghum arm an der Aminosäure Lysin [106]. Die Aminosäure Tryptophan scheint in Rohsorghum zu fehlen, in den aus Sorghummalz hergestellten Würzen ist sie dagegen nachweisbar [104].

Bewertung Im Gegensatz zu anderen Cerealien sind bei Sorghum in der Fruchtschale gut erkennbare Depots von kleinen Stärkekörnern eingelagert, welche sich später beim Maischen als schlecht abbaubar erweisen. Bei der Auswahl von Sorghumsorten für brautechnische Zwecke sollte deshalb u.a. auf dieses Merkmal geachtet werden, da sich Sorten mit zuviel Stärkeeinlagerungen in der Fruchtschale als problematisch im Brauprozess herausstellten [106].

Tab. 1.7 Durchschnittliche Zusammensetzung unvermälzter Sorghumhirse

Kornbestandteil	%-Anteil an der Trockensubstanz
Mehlkörper	86,0
Frucht-, Samenschale und Aleuronschicht	6,0
Stärke	65,0
Eiweiß	10,0
Lipide	3,5
β-D-Glucane	0,1
Pentosane	2,5
Asche	1,6

Besondere Aufmerksamkeit bei der Lagerung von Sorghum verlangt die Schimmelpilzproblematik, die bei Sorghum umso stärker zum Tragen kommt, da sie durch die hohen Temperaturen und Luftfeuchtigkeiten, wie sie an den meist tropischen Produktions- und Verarbeitungsorten herrschen, zusätzlich gefördert wird. Unter den vielen Mikroorganismen, die auf dem Korn zu finden sind, ist vor allem *Aspergillus flavus* zu nennen, der das hochtoxische Aflatoxin B_1 bildet.

Der Embryo von Sorghum ist größer als der von Gerste, außerdem bildet das Sorghumkorn bei der Keimung nur eine einzige Hauptwurzel. Hinsichtlich Geschmack und Geschmacksstabilität ist zu beachten, dass Sorghum – verglichen mit Gerste, Weizen oder auch kleinkörnigen Hirsen – höhere Werte an freien Fettsäuren (v. a. Linoleinsäure) aufweist [104].

1.2.1.7 Eiweißreiche Hülsenfrüchte

Bedingt durch die japanische Alkoholbesteuerung, die eine der höchsten auf der Welt ist, wurden in Japan Technologien entwickelt, um den Malzanteil entscheidend bis vollständig zu ersetzen. Dies ist darin begründet, dass die Steuer vom Malzanteil abhängt. Bis 25% Malzanteil müssen diese Biere dann auch den Namen Happoshu und bei 0% Malz den Namen Zasshu tragen [108]. Besonders das letztere Produkt hatte zur Folge, dass der Eintrag an erwünschten Proteinen wie löslichem höher-, mittel-, und niedermolekularem Stickstoff sowie freien Aminosäuren überdacht werden musste. Diese Stickstoffquellen sind vor allem Erbsen, Bohnen, Mungobohnen und Soja. Neben Stickstoff haben diese Früchte auch ausreichend Stärke vorliegen (Tab. 1.4). Meistens werden sie unvermälzt eingesetzt, so dass einerseits exogene Enzyme gegeben werden müssen. Andererseits kommt ein Großteil des Extraktes bei solchen Prozessen aus vorbehandelten Pfannevollrohfruchtarten, wie Zucker und Sirup.

1.2.2 Würzepfannenrohfrucht

Malzersatzstoffe, die in die Würzepfanne gegeben werden können, sind wiederum in drei Kategorien einteilbar. Zuerst in die veredelten Maisstärkehydrolysate, dann in die Zuckerprodukte und abschließend in Produkte, die auch nichtvergärbaren Extrakt beinhalten, wie z. B. der Malzextrakt. Jedoch liefern alle Varianten einen deutlichen Unterschied zu Allmalzwürzen. In Tab. 1.8 sind Beispiele dieser Varianten und auch zwei Karamellprodukte mit ihren Extraktgehalten und Farbausbildungen aufgelistet.

1.2.2.1 Sirupe

Sirup (von arabisch *šarab* über lateinisch *siropus*) ist eine dickflüssige, konzentrierte Lösung, die durch Kochen oder andere Techniken aus zuckerhaltigen Flüssigkeiten wie Zuckerwasser, Zuckerrübensaft, Fruchtsäften oder Pflanzen-

Tab. 1.8 Extrakt- und Stickstoffgehalte sowie Farbe verschiedener Sirupe, Zucker, Malzextrakt und Karamell [109]

	Extrakt %	Gesamtstickstoff %	Farbe 10% G/V Lösung EBC
Brausirup	80,3	0,02	
Konfektionsglucose	82,4	<0,01	
fester Brauzucker	80,3	0,02	
Glucosechips	82,4	0,01	20–50
Rohrzuckersirup	66,8	0,01	3
Invertzucker	82,4	0,01	3–12
Grundzucker	80,3	0,01	3–12
Getreidesirup	78,2	0,4–0,8	4
Malzextrakt	78,2	0,65–1,3	4
Karamell, 46000 flüssig	62,7		4600
Karamell, 32000 flüssig	73,6		3200

extrakten gewonnen wird. Durch seinen hohen Zuckergehalt ist Sirup unter Luftabschluss auch ohne Kühlung lange haltbar. Sirup wird für Getränke und Süßspeisen verwendet, aber auch – besonders der Zuckerrübensirup – als Brotaufstrich sowie als Teigzusatz zum Süßen und Färben beim Kochen oder Backen.

Sie werden überwiegend aus Mais hergestellt, wobei dieselben Vorgänge der Reinigung, der Nassentkeimung und schließlich der Nassschrotung mit nachfolgender Trennung von Eiweiß und Stärke ablaufen wie bei der Herstellung von raffinierten Grießen oder Maisstärke.

Es sind drei Verfahren möglich, um die Hydrolyse durchzuführen: eine einfache Säurehydrolyse, eine kombinierte Säure- und enzymatische Hydrolyse sowie eine rein enzymatische Hydrolyse.

Bei der *Säurehydrolyse* wird die gewaschene Maisstärke mit verdünnter Salzsäure (0,12%) in der Hitze (eventuell unter Druck) in Zucker und Dextrine hydrolysiert. Wenn die Umsetzung nicht ganz zu Ende geführt, sondern vorher durch Neutralisierung mit Soda auf pH 4–5 unterbrochen wird, dann lässt sich ein nicht-kristallisierender Maissirup erzielen [96]. Restliche Fettsubstanzen werden durch Zentrifugieren entfernt. Das Filtrat wird auf ca. 60% eingedickt.

Die *kombinierte Hydrolyse* sieht zunächst eine Säurehydrolyse vor, die dann nach einer Korrektur des pH durch Zusatz eines reinen Diastasepräparates weitergeführt wird. Es lässt sich hierbei das Verhältnis von Glucose zu Maltose beliebig variieren. Die Parameter hierzu sind der Typ des verwendeten Enzyms und das Ausmaß der vorausgegangenen Säurehydrolyse. Neben der „Diastase", die bekanntlich α- und β-Amylase enthält, können auch Amyloglucosidasen und Maltase eingesetzt werden, um Sirupe mit einem höheren Gehalt an Monosacchariden zu erhalten.

Auch diese Sirupe werden von Fettsubstanzen gereinigt und auf die gewünschte Konzentration eingedampft.

Die *weitere Behandlung* der Sirupe schließt eine Filtration über Aktivkohle zur Klärung und Entfärbung sowie eine weitere Einstellung auf die gewünschte Konzentration ein. Um die bei der Hydrolyse bzw. Neutralisation der Säuren entstehenden Salze zu entfernen, werden die Sirupe über Ionenaustauscher geleitet. Diese Maßnahme wird jedoch meist nicht als notwendig erachtet.

Die *Zusammensetzung* der Maissirupe kann sich je nach der Art ihrer Herstellung in weiten Bereichen bewegen. Sie werden in den USA nach „Dextrose Äquivalenten" (D. E.) definiert, wobei dieser Begriff den Gehalt an reduzierenden Zuckern, ausgedrückt als Dextrose (Glucose) umfasst. Bei z. B. 42 D. E. beträgt der Glucosegehalt nur 19–20%.

Je nach der Wahl der Hydrolyse und deren Ausmaß können Sirupe 36–71 D. E. aufweisen; besonders weit, mittels Säure und Enzym „verzuckerte" Sirupe haben 95 D. E., sie liegen also nahe an der totalen Hydrolyse [96].

Einen Überblick über die Zusammensetzung verschiedener Sirupe gibt Tab. 1.9.

Der Feststoffgehalt liegt meist bei 80–82%, der Wassergehalt folglich bei 18–20%. Der vergärbare Extrakt kann sich bei verschiedenen Extrakttypen, die von 36–71 D. E. reichen, von 35–82% bewegen. Dies ist eine sehr weite Spanne, die eine Anpassung an die besonderen Bedürfnisse des Verarbeiters gestattet. Die Viskosität dieser Produkte, die mit steigenden Dextrose-Äquivalenten abnimmt, ist zu beachten. Der Stickstoffgehalt ist sehr niedrig (s. Abschnitt 1.2.1.4 Maisstärke).

Die leicht mit Wasser oder Würze mischbaren Stärkesirupe sind farblos, nicht kristallisierend und geschmacksneutral. Sie werden selten beim Maischen (bei niedrigem Vergärungsgrad), häufiger im Läutergrant oder in der Würzepfanne zugesetzt. Meist erfolgt die Zugabe erst kurz vor dem Ausschlagen. Diese Art der Anwendung ermöglicht es, das Maischen und das Abläutern mit 100% Malz zu tätigen und dabei die maximale Ausbeute anzustreben. Es ist so ohne Verluste möglich, den Extrakt der Ausschlagwürze auf 15–18% anzuheben und diese hochprozentige Würze vor oder nach der Gärung oder sogar kurz vor dem Ausstoß auf den üblichen Stammwürzegehalt zu verdünnen („Brauen mit hoher Stammwürze" – s. Abschn. 9.4). Die einfachere Handhabung der „flüssigen Rohfrucht" gegenüber Reis oder Maisgrieß liegt auf der Hand.

Tab. 1.9 Zusammensetzung verschiedener Sirupe*

Bezeichnung Hydrolyse	Normal-Glucose Säure	Mais-Sirup Säure/Enzym	Getreide-Extrakt Enzyme
Extrakt %	ca. 65	ca. 65	ca. 65
pH	4,9–5,0	4,9–5,5	5,2–5,5
Farbe EBC	2–4	2–6	3–5
Lösl. Sitckstoff wfr. %	0,005	0,015	0,6–0,8
Vergärbarer Extrakt %	30–50	55–70	60–70

* je nach Herstellung und Spezifikation

Bei den hier besprochenen Sirupen handelt es sich um solche, die aus Maisstärke gewonnen wurden. Während der letzten 10 Jahre fanden auch Gerstensirupe Eingang in die Brauindustrie.

Gerstensirupe werden nicht nur von entsprechenden Fabriken, sondern auch von Brauereien selbst hergestellt. Sie werden von den Verarbeitern nicht als „Rohfrucht" sondern als „Malzersatz" betrachtet, da durch die Art ihrer Herstellung nicht nur Stärke abgebaut und in Zucker umgewandelt wird, sondern auch ein Abbau von Hemicellulosen und Eiweißkörpern stattfindet, so dass etwa dieselbe Zusammensetzung erreicht wird wie diese in einer Malzwürze vorliegt (Tab. 1.9).

Zur Herstellung dieser Sirupe wird die Gerste trocken oder nass gemahlen, unter Einstellung des pH und Zugabe von Enzymen (Amylasen, β-Glucanasen, Peptidasen) auf verschiedene Rasten (s. Abschnitt 3.2.4.12) aufgeheizt und nach Eintritt der Verzuckerung einem Trennprozess zugeführt. Verschiedentlich werden auch geringe Mengen Malz (ca. 5%) mit eingemaischt. Die Würze erfährt bei der Herstellung von Handelssirup eine Einengung auf Sirupkonzentration; in der Brauerei kann dieser Prozessschritt entfallen, die Würze des Gerstensubstrats wird mit der des Malzes verschnitten und dem Würzekochprozess unterworfen.

Diese Würzen unterscheiden sich praktisch nicht von den vergleichbaren Würzen der konventionellen Herstellung: die Endvergärungsgrade, das Zuckerspektrum und die Mengen an freiem Aminostickstoff sind gleich, die Polyphenolgehalte jedoch niedriger [110, 111].

1.2.2.2 Zucker (allgemein)

Die Verwendung von Zucker ist in Deutschland bei obergärigen Bieren sowie für Ausfuhrbiere zugelassen. Diese Regelung gilt aber nicht für Bayern und Baden-Württemberg (s. Abschnitt 1.2).

Der Zuckerzusatz erfolgt bei hellen Lagerbieren in der Würzepfanne; auf diese Weise lässt sich der Gehalt an vergärbaren Zuckern erhöhen und der Stickstoffgehalt gleichzeitig verdünnen. Es resultieren sehr helle, hochvergorene Biere, die aufgrund des niedrigen Stickstoffgehalts relativ leicht in einen chemisch-physikalisch stabilen und geschmacksstabilen Zustand überzuführen sind. Bei „Malz"- oder „Süßbieren", die einen bestimmten Alkoholgehalt nicht überschreiten dürfen, wird der Zucker – unter gleichzeitiger Anpassung des Stammwürzegehalts an das gewünschte Niveau – nach der Filtration im Drucktank zugesetzt.

Die gebräuchlichen Zuckerarten sind: Saccharose, Invertzucker, Glucose und karamellisierte Färbemittel auf Zuckerbasis, die Couleure [112].

Saccharose Saccharose wird aus Zuckerrohr oder Rüben gewonnen, kommt als Kristallzucker (99% Extrakt d. h. Saccharose) oder in flüssiger Form als Sirup (ca. 65% Extrakt) zur Verwendung. Der Kristallzucker sollte nicht „geblaut" sein, um einen eigenartigen, etwas faden Nachtrunk zu vermeiden.

Glucose Glucose wird durch Säurehydrolyse von Stärke gewonnen (s. Abschnitt 1.2.2.1). Sie kommt in verschiedenen Formen in den Handel:
a) mit rund 65% Extrakt als Sirup, wie beschrieben;
b) mit ca. 80–85% Extrakt als „massierte" Glucose;
c) kristallisiert.

Technische Glucose enthält gewöhnlich einen gewissen Anteil an Dextrinen (Tab. 1.9), doch kann dieser durch bestimmte Maßnahmen bis auf eine fast 100%ige Vergärbarkeit reduziert werden.

Invertzucker Invertzucker wird aus Saccharose durch Enzyme oder durch eine milde Säurehydrolyse gewonnen. Er besteht aus einem Gemisch aus Fructose, Glucose und nicht invertierter Saccharose. Handelsüblich sind Sirupe und massierte Invertzucker.

Zuckercouleur Zuckercouleur findet zur Färbung von obergärigen Bieren (Altbier) und obergärig hergestelltem Malz- oder Nährbier Verwendung.
Nach den Richtlinien der EU werden die Zuckercouleure (im englischsprachigen Raum auch Karamell genannt) in vier Kategorieren unterteilt: von Klasse I oder E150a bis Klasse IV oder E150d. Für den Brauprozess kommt hauptsächlich E150c in Frage.
Durch Erhitzen von Zuckern (Stärke-, Invert-, Rohr- oder Rübenzucker) entstehen dunkelgefärbte, wasserlösliche Zersetzungsprodukte von hoher Färbekraft, die aus Karamell und Assamar bestehen und die in Wasser und Alkohol löslich sind. Nach entsprechender Verdünnung wird hieraus Zuckercouleur erhalten.
Zuckercouleur muss sich in Bier klar lösen. Es wird wohl zum Teil der kochenden Würze, zum Teil aber auch dem kalten Bier zugegeben. Er muss deshalb biologisch einwandfrei sein. Dextrinarme Stärkezucker und Sirupe eignen sich zur Couleurherstellung besser als dextrinreiche, da Dextrine u. U. beim Vermischen mit Bier durch den Alkoholgehalt desselben unlöslich werden und Trübungen verursachen können.
Eine Analyse eines handelsüblichen Couleurs im Vergleich zu Röstmalzbier zeigt Tab. 1.10.

Tab. 1.10 Kennzahlen von Röstmalzbier und Zuckercouleur

	Röstmalzbier	Zuckercouleur
Farbe EBC	Ca. 5800	17 500
pH-Wert	3,65	4,10
Extrakt (g/100 g)	35,5	50,2

1.2.3
Industrielle Enzympräparate

Abhängig von der Art und Menge der eingesetzten Rohfrucht müssen exogene, technische Enzyme gegeben werden, um die nötigen Lösungs- und Abbauvorgänge bei der Würze- und Bierbereitung sicherzustellen. Diese Enzyme stammen aus anderen Quellen als Malz und können zu allen Prozessschritten der Bierherstellung eingesetzt werden. Ebenso finden sie Einsatz bei der Herstellung von Malzersatzstoffen wie Sirup. Dies alles ist in breiter und unterschiedlicher Anwendung geregelt nach den jeweiligen Lebensmittelgesetzen der Länder [113, 114]. In Deutschland ist für die Bierherstellung jeglicher Einsatz von exogenen Enzymen untersagt. Größtenteils sind diese Enzyme in flüssigen Suspensionen erhältlich, die in Glycerin oder Maissirup stabilisiert sind. Hochfructose-Maissirup und Glycerin schützen durch ihre sehr niedrige Wasseraktivität vor Hitzeeinwirkung. Konzentrierte Puder hingegen sind mit unspezifischer Stärke und Laktose als Trägermaterial vermischt. Gebildet werden sie durch verschiedene Mikroorganismen (Bakterien und Pilze), einige Pflanzen und sogar aus einer tierischen Quelle. Die üblichen eingesetzten Enzyme sind rein im Sinne für Lebensmittel, jedoch nicht rein im Sinne von Vermengungen mit weiteren Enzymen, Substratresten, Konservierungsstoffen und Lösungsmitteln. Sie beinhalten aber keine lebenden Mikroorganismen mehr. Die angebotenen Enzympräparate sind schwierig untereinander zu vergleichen, da ein jedes für sich eine andere Wirkcharakteristik zeigt. Zusätzlich ist jedes Enzym bezüglich seines pH- und Temperaturoptimums stark abhängig von der Matrix. Entsprechend muss jeder Anwender selbst den günstigsten Zeitpunkt, die optimale Temperatur und den optimalen pH-Wert bei geringster Menge ermitteln (Tab. 1.11). Es existieren auch zu wenig standardisierte Analysenmethoden, um hier Vorhersagen über die Wirksamkeit zu bekommen. Enzympräparate sind selten frei von Nebenaktivitäten. Ein Präparat aus α-Amylase weist meist Aktivitäten von Protease und β-Glucanase auf. Derartige Fremdaktivitäten sind bei der Rohfruchtverarbeitung jedoch häufig erwünscht, da so teure Zudosierungen anderer Enzyme erspart werden können. Weiterhin kann eine unkontrollierte Gabe an Protease auch ungewollte Auswirkungen auf den FAN-Gehalt, den Schaum oder die kolloidale Stabilität haben. Technisch reine Enzympräparate sind zwar erheblich teurer, lassen sich aber leichter den spezifischen Rohfruchtanteilen anpassen. Dadurch reduziert sich wieder die aufzuwendende Enzymmenge. Allgemein setzt die Wahl eines geeigneten Systems viele Praxisversuche voraus, da sich Labormethoden zur Ermittlung der spezifischen Aktivität nicht zwangsläufig auf die Praxis übertragen lassen [115]. Die technologischen Möglichkeiten und Vorteile, die sich aus dem Einsatz von üblichen industriellen Enzymen ergeben, sind in Tab. 1.11 zusammengefasst.

Ein wichtiger Aspekt beim Einsatz von exogenen Enzymen liegt in der Handhabung und Lagerung. Enzyme sollten selbstverständlich nicht über das angegebene Haltbarkeitsdatum hinaus verwendet werden. Eine chargenweise Bevorratung wäre empfehlenswert, sie ist jedoch nicht immer praktikabel. Die Enzy-

Tab. 1.11 Einsatzmöglichkeiten von üblichen Enzymen für die Bierherstellung

Prozess		Enzyme	Funktion	technologische Vorteile
Würzebereitung	mit Rohfruchtanteil (Gerste, Mais, Reis usw.) bis annähernd 100% der Schüttung	thermostabile α-Amylasen	vollständiger Stärkeaufschluss	Erreichen der Jodnormalität
		Hemicellulasen	verbesserter Aufschluss der Rohstoffe	bessere Ausbeute im Sudhaus
		Proteinasen und Peptidasen	Erhöhung des Gesamtstickstoffgehaltes, des Aminosäurenanteils und Verminderung der hochmolekularen Eiweißstoffe	ungestörter Ablauf der Gärung, verbesserte kolloidale Stabilität der Biere
		β-Glucanasen	Verminderung der Viskosität	schnelleres Abläutern, bessere Bierfiltrierbarkeit
		Amyloglucosidasen	Abbau zu vergärbaren Zuckern	Erhöhung des Endvergärungsgrades
	mit schlecht gelöstem Malz	Hemicellulasen, besonders β-Glucanase	Abbau der β-Glucane, Verminderung der Viskosität	schnelleres Abläutern, bessere Bierfiltrierbarkeit, verbesserte Ausbeute und Filtration
	mit Rohfruchtaufschluss	bakterielle α-Amylasen	Verflüssigung während des Verkleisterns bei hoher Temperatur (85 °C)	weitgehender Stärkeaufschluss in der Rohfruchtpfanne, kein Anbrennen an den Heizflächen
Gärung		Amyloglucosidasen	Abbau von Dextrinen u. a. zu vergärbaren Zuckern	Steuerung des Vergärungsgrades
		α-Acetolactatdecarboxylase	Abbau von Acetolactat zu Acetoin ohne Zwischenschritt über Diacetyl	Reduzierung der Reifungsdauer, Vermeidung der Diacetylbildung
Bier		Proteasen	Abbau hochmolekularer Eiweißstoffe	verbesserte kolloidale Stabilität des Bieres
		Transglutaminasen	enzymatische Modifikation der Glutenfraktion	möglicherweise ein glutenfreies Bier

me sollten nur auch geringen Temperaturschwankungen ausgesetzt sein, so dass die Temperaturdifferenz zwischen der Lagerstätte und dem Nutzbereich klein bleibt. Die Enzyme dürfen höchstens acht Stunden vor Einsatz in der Wärme verbleiben. Bei der Gabe sind die Enzyme weitgehend getrennt von anderen Zutaten, wie z. B. Milchsäure zu geben, da sonst nicht regulierbare Nebeneffekte, wie z. B. eine Denaturierung auftreten können. Enzyme sollten auch nicht zusammen dosiert werden, da sie sich gegenseitig hydrolysieren können [116].

1.2.3.1 α-Amylasen

Sie sind aus verschiedenen Quellen und unterscheiden sich aufgrund ihrer Eigenschaften in ihren Anwendungsbereichen. Gemein haben sie jedoch, dass sie durch hohe Calciumgehalte sowie Stärke und Dextrine stabilisiert sind. Ebenfalls gemein ist, dass es sich hier um Endoenzyme handelt, die α-(1,4)-Bindungen spalten. Hauptunterschied ist die thermische Stabilität der verschiedenen Produkte. α-Amylasen von Schimmelpilzenzymen (vornehmlich von *Aspergillus* spp.) haben ein pH Optimum zwischen 5,0 und 6,5 und ein Temperaturoptimum von etwa 55–65 °C. Normalerweise enthalten Präparate mit diesem Enzym auch Hemicellulasen und Proteasen, die bei diesen niederen Temperaturen wirksam sind. Bei normalem Einsatz sind dies „niedrige" Optimaltemperaturen, die Substrate erfordern, die vorverkleistert sind oder deren Verkleisterungstemperatur unter diesen optimalen Temperaturen liegt. Es werden auch verschiedene bakterielle α-Amylasen eingesetzt, wie z. B. von *Bacillus subtilis*, welche ihr pH-Optimum zwischen 6 und 7,5 haben (sie sind jedoch auch bei üblichen Maische pH-Werten wirksam). Ihr Temperaturoptimum ist stark abhängig von der anwesenden stabilisierenden Stärke, bei 65–70 (80) °C. Häufig sind mit den bakteriellen Amylasenpräparaten auch β-Glucanase und Proteasen vergesellschaftet, wobei nur die neutralen, nicht die basischen Proteasen während des Maischens wirksam sein können. Ein weiteres Enzympräparat, gewonnen aus *B. subtilis var. amyloliquefaciens*, hat ebenfalls sein Temperaturoptimum bei 70 °C, jedoch noch ausreichend Aktivität, um auch bei 80–90 °C verkleisternde Stärke noch zu einem Drittel zu hydrolysieren. Dieses Enzym eignet sich für die Verflüssigung von Rohfruchtkochmaischen. Weitaus hitzestabiler (90 °C bei pH 6) sind α-Amylasen, gewonnen von *Bacillus licheniformis*, welche bei ausreichendem Calcium- und Stärkegehalt auch 120 °C noch kurz überstehen können. Dadurch schränkt sich ihr Einsatzfeld ein, da diese Enzyme auch durch eine Pasteurisation nicht vollständig inaktiviert werden. Neben der Temperatur wird auch über die Absenkung des pH-Wertes auf 5,2 am Ende der Kochung die Aktivität dieser α-Amylasen stark vermindert. Somit werden sie für den Brauereibereich vorrangig für die Zucker- und Sirupherstellung verwendet. Die Tab. 1.12 verdeutlicht den Einfluss verschiedener technischer, hitzestabiler α-Amylasen (überdosiert) auf die Merkmale Extraktausbeute, Endvergärungsgrad und Zuckerzusammensetzung. Erwartungsgemäß zeigen alle Präparate ein sehr ähnliches Grundverhalten bezüglich der cytolytischen Ausstattung der Würzen. Die amylolytischen Merkmale vermitteln jedoch bemerkenswerte Unterschiede. Dies

Tab. 1.12 Amylolytische und cytolytische Merkmale von Würzen mit sehr hohem Rohfruchtanteil gewonnen mit verschiedenen exogenen α-Amylasen Präparaten [10]

Exogene α-Amylasen verschiedener Hersteller	Empfohlene Dosierung kg/t Rohfrucht	Optimaler pH-Bereich	Optimale Temperatur °C	Extrakt %	EVG %	Maltose g/l	Maltotriose g/l	gesamtvergärbare Zucker g/l
1	0,4–0,5	5,5–7,0	95–110	94,3	84,6	43,9	20,4	67,5
2	0,25–0,3	5,0–7,0	85–95	93,5	82,4	49,1	22,3	75,5
3	0,2–0,4	6,0–7,0	70–90	91,5	79,2	47,0	12,5	62,9
4	0,2–0,25 (0,3)	–6,5	76–100	94,1	84,7	43,7	22,4	69,7
5	0,2–0,4	5,5–6,0	75–105	94,2	83,2	47,6	18,9	70,3
6	0,15–0,35	5,8–6,0	70–80	92,8	81,3	47,0	13,4	63,7
7	0,08–0,24	6,5	90–95	93,9	83,2	46,7	19,3	69,9
8	0,45–0,6	5,5–7,0	108 (60–110)	94,8	83,2	46,3	20,5	70,8
9	0,8	5,5–6,5	95 (–120)	95,2	83,5	45,4	20,5	69,4
10	0,5	5,0–6,5	95 (–120)	94,5	83,6	45,7	22,1	71,5
				95,2	84,7	43,7	13,4	62,9
				91,5	79,2	49,1	22,4	75,5

gibt dem Brauer ein Instrument an die Hand, diese Merkmale gezielt durch die verschiedenen Präparate zu beeinflussen.

Die Extraktwerte zeigen unter diesen Versuchsbedingungen eine Spanne von etwa 4 Prozentpunkten. Es können auf alle Fälle mit einigen Präparaten sehr hohe Ausbeuten erzielt werden. Diese können sicherlich noch gesteigert werden, wenn die Parameter Dosage, Dosagezeitpunkt, Einwirkzeit, pH-Wert, Calciumgehalt, Schüttungsverhältnis weiter auf das jeweilige Präparat abgestimmt werden. Auch der Endvergärungsgrad kann durch diese Präparate deutlich beeinflusst werden, wie die 5,5 Prozentpunkte (79,2–84,7%) Unterschied zeigen. In der Glucose- und Maltosebildung gab es keine nennenswerten Unterschiede. Eine Spanne von 29,6–77,8 g/l in den Maltotriosegehalten ist jedoch sehr bemerkenswert. Da untergärige Hefen, je nach Rasse Maltotriose vergären können, sollte hier unbedingt eine Abstimmung im Hinblick auf die Gäreigenschaften der jeweils eigenen Hefe erfolgen. Ein zusätzlicher negativer Effekt könnte auftreten, wenn die Adaption von Glucose und Maltose auf Maltotriose zu lange braucht. Dies könnte nämlich zur Folge haben, dass die noch gärwillige Hefe zu schnell sedimentiert und somit in den Lagertanks zu wenig Hefen in Schwebe sind, um den noch hohen Anteil an Maltotriose zu vergären. Dadurch zeigt sich im Gärdiagramm ein Plateaueffekt, wobei die Annäherung an den Endvergärungsgrad über geraume Zeit stagniert.

Das Getreide selbst, Sojabohnen und Süßkartoffeln sind weitere Quelle für α-Amylasen. Deren pH-Optimum liegt bei 4,5–7,0 und sie werden größtenteils ab 55 °C denaturiert. Diese Enzyme werden verwendet, um die Filtrierbarkeit von Maische und Bier etwas zu verbessern und den unvergärbaren Restextrakt zu vermindern. Die Präparate enthalten neben α-Glucosidasen auch Lipoxygenasen, wobei Letztere nicht im Bierbereitungsprozess erwünscht sind.

1.2.3.2 β-Amylasen

Bisher existiert kein kostengünstiges β-Amylasen-Präparat, weshalb es auch nur mit einem sehr hohen Anteil an Zucker oder Sirup möglich ist, „Rohfrucht" zu 100% zu verarbeiten (s Abschnitt 3.2.5.2).

1.2.3.3 Isoamylase, Pullulanase

Für die Herstellung von Sirupen werden diese Enzyme verwendet. Als Zugabe zur Maische wurden bisher zwei Varianten untersucht. Die Isoamylase und die Pullulanase, die beide α-(1,6)-Bindungen spalten, wobei die Pullulanase dies auch noch an Dextrinen vermag. Letzteres Enzym wird durch das Bakterium *Klebsiella pneumoniae* (*Aerobacter aerogenes*) gebildet, ist thermolabil und wird bei 45–55 °C zur Sirupbereitung eingesetzt. Das pH-Optimum variiert weit zwischen 4 und 6, somit kann das Enzym auch in der kalten Würze, zum Abbau von noch vorhandenem Restextrakt eingesetzt werden. Die Inaktivierung muss durch eine Pasteurisation erfolgen.

1.2.3.4 Amyloglucosidase

Amyloglucosidasen werden aus verschiedenen Schimmelpilzen, wie z. B. *Aspergillus* spp. und *Rhizopus* spp. gewonnen. Manche Präparate enthalten neben α-Amylasen auch noch Transglucosidasen, die meistens unerwünscht sind, da sie nicht vergärbare Oligosaccharide bilden können. Teilweise sind jedoch solche Glycosyltransferasen hilfreich, indem sie nicht vergärbare Oligosaccharide aufbauen, um alkoholschwächeren Bieren Vollmundigkeit zu geben [117, 118]. Amyloglucosidasen spalten α-(1,6)-Bindungen langsamer als α-(1,4)-Bindungen und können somit sinnvoll von Pullulanase unterstützt werden. Ihre optimale Wirktemperatur liegt bei 60–65 °C bei einem pH von 4,0–5,5. Sie wurden häufig bei Maischen mit hohen Rohfruchtanteilen gegeben, sie werden jedoch heute von thermostabileren Enzymen ersetzt.

1.2.3.5 β-Glucanasen

Wenn schlecht gelöstes oder inhomogenes Malz, Gersten- oder Haferrohfrucht verwendet werden, können Probleme durch β-Glucane entstehen, indem Läuter- und/oder Filtrationsverzögerungen auftreten. Manchmal entstehen auch Trübungen, die auf β-Glucane zurückzuführen sind [119, 120]. Präparate mit β-Glucanasen von *Bacillus subtilis* sind oftmals vergesellschaftet mit α-Amylase und Proteasen. Der Wirkungsbereich liegt zwischen 5,3 und 7,0 pH und 50 bis etwa 70 °C. Diese β-Glucanase ist sehr spezifisch, indem sie nur gemischt verzweigte β-(1,3; 1,4)-Glucane angreift. Diese Eigenschaften prädestiniert das Präparat für Maischen mit Gerstenrohfrucht. β-Glucanasen-Präparate aus Schimmelpilzen, wie z. B. *Aspergillus* spp. besitzen oft eine größere Ansammlung an anderen Hydrolasen und sind den Cellulasen in ihrer Wirkung ähnlich. Der optimale pH ist günstiger für Maischen mit 3,5 bis 6,0. Die Wirkungstemperatur ist jedoch bei diesem Präparat mit 45–60 °C etwas ungünstig. Ein β-Glucanasen-Präparat von *Humicola insolens* ist sogar bis 75 °C aktiv.

1.2.3.6 Cellulasen

Solche Präparate sind teilweise mit Amylasen und Pentosanasen angereichert. In den Brauereien häufig verwendete Präparate kommen von *Trichoderma* spp., wie z. B. *T. reesei* und *viride*, deren Temperaturoptimum bei 50–55 °C und pH-Optimum zwischen 3,5 und 5,5 liegt. Weitere Präparate stammen von *Penicillium funiculosum* (pH-Bereich 4,3–5,0; Temperatur etwa 65 °C) und *P. emersonii* (pH-Bereich 3,7–5,0; Temperaturoptimum bis 80 °C).

1.2.3.7 Pentosanasen

Diese Präparate kommen zum Einsatz, wenn Weizen, Roggen und Triticale als Malz und besonders, wenn diese als Rohfrucht geschüttet werden. Die Mikroorganismen heißen *Disporotrichum*, *Trichoderma* und *Aspergillus* spp., deren Präparate mit einer Vielzahl an weiteren Enzymen, die Stärke und Zellwand abbauen, vernetzt sind. Exogene Pentosanasen sind bei etwa 50 °C aktiv.

1.2.3.8 Proteasen

Proteasen können zur Maische wie auch zum fertigen Bier gegeben werden. Im Sudhaus sollen die Enzyme für einen Anstieg der Stickstofffraktionen in der Maische bzw. Würze, allen voran des FAN, sorgen. Hauptsächlich *Bacillus subtilis* produziert solche basischen wie neutralen Proteasen, deren Präparate bei Maische-pH und Temperaturen von 45–50 °C arbeiten. Probleme können hier jedoch auftreten, wenn viel Gerstenrohfrucht zur Schüttung gegeben wurde, da Gerste diese bakteriellen Enzyme inhibiert. Nur eine ausgedehnte Rast bei 50 °C kann hier annähernd ausreichend lösliche Stickstoffwerte sichern. Dadurch werden jedoch wiederum schaumfördernde Polypeptide abgebaut. Dieses Problem entsteht grundsätzlich beim Einsatz von bakteriellen Proteasen, die in vielen anderen Enzympräparaten mit enthalten sind. Weiterhin sind diese Präparate bisher nicht in der Lage Proteine aus Reis- und Sorghumrohfrucht merklich zu lösen [121]. Wenn Proteasen nach ihrem Proteineintrag beurteilt werden, so ist auch zu berücksichtigen, dass Enzympräparate selbst aus einem sehr hohen Anteil an Proteinen bestehen. Bei der Stickstoffbilanzierung sind nicht nur die Proteine aus der proteolytischen Wirkung der Präparate, sondern auch jene über den Eiweißgehalt der Enzyme mit zu beachten.

Der zweite Einsatzbereich für Proteasen ist die Zugabe zum fertigen Bier, um die Menge der Trübungsbildner herabzusetzen. Bisher wurde das aus tierischem Ursprung abgeleitete Pepsin verwendet, doch wurde dieses Präparat von pflanzlichen Enzymen wie Papain (*Carcia papaya*), Bromelin (*Ananas* spp.) und Ficin (*Ficus* spp.) abgelöst. Heutzutage kommt noch ein weiteres Enzympräparat hinzu, mit einer prolinspezifischen Endoprotease, welches im fertigen Bier die kolloidale Trübungsbildung vermeiden soll [114]. Obwohl sich diese Enzyme untereinander unterscheiden, so bauen sie doch nach Herstellerangaben keine schaumfördernden Polypeptide ab, wie es bei den bakteriellen Proteasen der Fall ist. Diese Enzyme können spätestens durch eine Pasteurisation inaktiviert werden.

1.2.3.9 Schlussfolgerung

In einem Punkt stehen exogene Enzyme bei Konsument wie Anwender in der Kritik, dass sie von GVOs, also gentechnisch veränderter Organismen (engl. GMO *genetically modified organism*), gewonnen sein können. GVO sind Organismen, deren Erbanlagen mittels gentechnischer Methoden gezielt verändert wurden. Insbesondere werden Gene zwischen verschiedenen Arten übertragen, um so Tieren oder Pflanzen bestimmte Eigenschaften zu vermitteln, die sie aus wirtschaftlicher oder naturwissenschaftlicher Sicht im Wert steigern (zum Beispiel Krankheitsresistenz, Ertrag, Fruchtbarkeit, Robustheit). Eine solche Technik wird bei der Herstellung der meisten Enzympräparate nicht angewendet. Wenn aber doch, dann mittels verschiedener Rekombinationsverfahren. Die homologe Rekombination wird angewandt, wenn z. B. das gewünschte Enzym nicht in ausreichendem Maße von dem Mikroorganismus produziert wird. Dann wird das Gen, welches für dieses Enzym verantwortlich ist, identifiziert, vervielfältigt und wieder in den Mikroorganismus eingebaut. Die heterologe Rekombination wird angewendet, wenn von dem enzymproduzierenden Mikroorganismus wenig in seinem Verhalten bekannt ist. Dann wird dieses Gen in einen bekannten Organismus eingebaut. In beiden Fällen sind die Enzyme selbst aber nicht gentechnisch verändert – nur der produzierende Mikroorganismus. Das Enzymprotein ist identisch, unabhängig davon, ob es aus einem gentechnisch modifizierten Mikroorganismus produziert wurde oder nicht [122].

1.3
Das Brauwasser

1.3.1
Allgemeines

Sämtliche Betriebswässer enthalten geringere oder größere Mengen an Wassersalzen. Diese Tatsache erklärt sich aus dem natürlichen Kreislauf des Wassers in der Natur (s. Bd. I).

Die Art und Menge der Salze hängt hauptsächlich von der geologischen bzw. von der chemischen Beschaffenheit des vom Wasser durchsickerten Bodens ab. Es können jedoch auch nachträglich noch andere Stoffe oder Mikroorganismen in das Wasser gelangen.

In Gesteinsschichten, die nur geringe Mengen an wasserlöslichen Salzen enthalten, wie z. B. Urgestein, nimmt das Wasser naturgemäß nur wenig auf. Es ist jedoch meist reich an freier Kohlensäure, die aggressiv wirken kann. In Sedimentgesteinen (Kalkstein, Dolomit) reichert es sich, besonders unter dem Einfluss von Kohlensäure, mit nicht unbeträchtlichen Salzmengen an.

Die Wassersalze setzen sich zum Teil mit den Stoffen des Malzes und der Würze um; sie beeinflussen dabei vor allem die enzymatischen Reaktionen, aber auch Lösungsvorgänge anderer Art.

Diese Reaktionen hängen ab:
a) von der Art und Konzentration der Salze;
b) von der Zusammensetzung des Malzes, das seinerseits eine große Menge an Mineralstoffen enthält;
c) von den verschiedenartigen Faktoren, unter denen die Wassersalze zur Wirkung gelangen.

Die in einem Betriebswasser enthaltenen Salze sind verhältnismäßig stark verdünnt, so dass sie fast immer ionisiert bzw. weitgehend dissoziiert sind. Es ist daher zweckmäßig, stets den Einfluss der Ionen (Kationen und Anionen) auf den Brauprozess zu betrachten.

Die wichtigsten, in natürlichen Wässern vorkommenden Ionen zeigt Tab. 1.13.

Der Gehalt eines Wassers an diesen verschiedenen Ionen wird durch den Abdampfrückstand dargestellt. Er liegt durchschnittlich bei ca. 500 mg/l. Er kann von ca. 30 bis zu 2000 mg/l betragen.

Außerdem sind noch organische Substanzen sowie Kolloide organischer und anorganischer Natur (z. B. Silikate) und Gase wie N_2, O_2, CO_2 usw. gelöst.

Tab. 1.13 Ionen in natürlichen Wässern

Kationen	Anionen
(H^+)	(OH^-)
Na^+	Cl^-
K^+	HCO_3^-
NH_4^+	CO_3^{2-}
Ca^{2+}	NO_3^-
Mg^{2+}	NO_2^-
Mn^{2+}	SO_4^{2-}
Fe^{2+} und Fe^{3+}	PO_4^{3-}
Al^{3+}	SiO_3^{2-}

Ein Brauwasser soll – ebenso wie Trinkwasser – selbst in unbehandeltem Zustand frei von mechanischen und möglichst von organischen Verunreinigungen sein; es muss geruchs- und geschmacksneutral sowie farblos sein. Diese Voraussetzungen sind allerdings heutzutage häufig nicht mehr gegeben, so dass eine gründliche Reinigung des Wassers notwendig wird (s. Abschnitt 1.3.8.11).

1.3.2
Die Härte des Wassers

Die chemische Analyse sagt wohl über die Art und Menge der einzelnen Ionen eines Wassers aus. Es ist jedoch für die Brauereitechnologie von Bedeutung, einen zahlenmäßigen Ausdruck über die chemisch wirksamen „Salze" eines Wassers zu gewinnen. Dies sind nur die Calcium- und Magnesiumsalze (s. Abschnitt 1.3.8), die nun in den einzelnen Ländern je nach der Definition als Calciumoxid oder als Calciumcarbonat zu unterschiedlichen Einheiten führen:

1 deutscher Härtegrad °dH	10 mg CaO/l = 0,3566 mval/l = 0,179 mmol/l*
1 französischer Härtegrad °fH	10 mg $CaCO_3$/l = 0,200 mval/l = 100 mmol/l
1 englischer Härtegrad °eH	1 Grain (0,065 g) $CaCO_3$/Gallon (4,544 l) = 14,3 mg $CaCO_3$/l = 0,285 mval/l = 0,146 mmol/l
1 amerikanischer Härtegrad	1 ppm $CaCO_3$ = 1 mg $CaCO_3$/l

* nach den SI-Einheiten sollen °dH künftig in mmol/l ausgedrückt werden.

Die Umrechnung der einzelnen Härtegrade zeigt Tab. 1.14.

Tab. 1.14 Umrechnungsfaktoren

	°dH	°fH	°eH	ppm
1°dH	1,0	1,79	1,25	17,90
1°fH	0,56	1,00	0,70	10,00
1°eH	0,80	1,43	1,00	14,30
1° am H.ppm	0,056	0,1	0,07	1,00

Die *Gesamthärte* eines Wassers umfasst alle Caicium- und Magnesiumsalze, die der Kohlensäure, der Schwefelsäure oder einem anderen Säurerest zugehören. Die Salze der anderen Erdalkali-Ionen Barium und Strontium können dabei vernachlässigt werden. Die Gesamthärte kann zwischen 1 und 30 °dH liegen, gelegentlich sogar darüber. Ein Wasser kann damit folgende Einteilung erfahren:

0–4 °dH	sehr weich
4–8 °dH	weich
8–12 °dH	mittelhart
12–30 °dH	hart
über 30 °dH	sehr hart

Es genügt aber die Gesamthärte allein zur technologischen Kennzeichnung eines Wassers nicht. Es wird daher weiter unterschieden in:
- Die *Carbonathärte*, die durch die Bicarbonate – oder nach neuerer Nomenklatur die Hydrogencarbonate – des Calciums und Magnesiums bedingt ist. Sie wurde früher auch als vorübergehende Härte bezeichnet, da beim Kochen des Wassers lösliche Erdalkali-Hydrogencarbonate unter Abspaltung von CO_2 in mehr oder weniger lösliche Carbonate umgewandelt werden, das Wasser also „weicher" wird. Das entstehende Magnesiumcarbonat kann auch durch längeres Kochen kaum ausgeschieden werden (s. Abschnitt 1.3.8).
- Die *Nichtcarbonathärte* wird durch die Calcium- und Magnesiumverbindungen der Schwefelsäure, der Salzsäure und der Salpetersäure dargestellt; sie verändert sich z. B. unter den Bedingungen des Kochens nicht, was auch zu der Bezeichnung „bleibende Härte" führte.

Die Brauwasser verschiedener Gegenden unterscheiden sich im Allgemeinen sowohl in der Gesamthärte wie auch im Verhältnis der Carbonat- zur Nichtcarbonathärte sehr wesentlich. Aber auch der Beitrag der „Calcium-" und „Magnesiumhärte" an der Gesamthärte kann sehr stark wechseln. Einen Einblick in die Wasseranalysen der vier „klassischen" Hauptbiertypen gibt Tab. 1.15.

Tab. 1.15 Chemische Zusammensetzung typischer Brauwasser

		München	Pilsen	Dortmund	Wien
Gesamthärte	°dH	14,8	1,6	41,3	38,6
Carbonathärte	°dH	14,2	1,3	16,8	30,9
Nichtcarbonathärte	°dH	0,6	0,3	24,5	7,7
Calciumhärte	°dH	10,6	1,0	36,7	22,8
Magnesiumhärte	°dH	4,2	0,6	4,6	15,8
Restalkalität	°dH	10,6	0,9	5,7	22,1
SO_4^{2-}	mg/l	9,0	5,2	290	216
Cl^-	mg/l	1,6	5,0	107	39
NO_3^-	mg/l	Sp.	Sp.	Sp.	Sp.
Abdampfrückstand	mg/l	284	51	1110	948

Die Daten der Wasseranalysen wurden früher in g/hl angegeben; sie findet heute ihre Definition in mg/l. Sie wird manchmal auch auf das Äquivalentgewicht bezogen, wobei als Maßeinheit Millival (mval/l) gewählt wird. Ebenso ist bei älteren Analysen oftmals die Angabe der Kationen als Oxide, die der Anionen als Anhydride zu finden. Infolge der weitgehenden Dissoziation dieser Salze ist die Angabe der *Ionen* sachlich richtig.

Der oben angeführte Begriff Restalkalität wird in Abschnitt 1.3.5 erläutert.

Die Beurteilung der aufgeführten Wassertypen ergibt:

München hat ein mäßig hartes Wasser, dessen Härte aber durch Hydrogencarbonate bedingt ist; dieses Wasser ist charakteristisch für den Typ des dunklen Münchener Bieres.

Pilsen: die geringe Härte dieses salzarmen Wassers ist fast ausschließlich durch Hydrogencarbonate bedingt. Das sehr weiche Wasser ist der Prototyp für sehr helle und hopfenstarke Biere.

Dortmund: das sehr harte Wasser hat eine Nichtcarbonathärte, die die Carbonathärte überwiegt. Dieses Wasser der einzelnen Brauereibrunnen war bestimmend für die Eigenart des Dortmunder Exportbiertyps.

Wien: hier herrscht bei dem sehr harten Wasser die Carbonathärte vor; sie begünstigte den zwischen hell und dunkel liegenden Charakter des ursprünglichen „Wiener" Bieres.

1.3.3
Allgemeine Gesichtspunkte zur Wirkung der Wasser-Ionen

Es gibt keinen Abschnitt der Würze- und Bierherstellung, der nicht vom Gehalt des Betriebswassers an den verschiedenen Ionen beeinflusst würde. So sind beim Brauprozess nachstehende Reaktionen zu unterscheiden:
a) Umsetzungen der Wasser-Ionen mit den löslichen Stoffen des Malzes;
b) Beeinflussung der Enzyme;
c) Einfluss der Wasser-Ionen auf technologisch wichtige Bestandteile des Hopfens;
d) Veränderung der Wasser-Ionen bei wechselnden Temperaturen;
e) Gegenseitige Beeinflussung der Ionen.

Die oben genannten Ionen können nun eine Wirkung zeitigen, die den pH-Wert der Maische und Würze beeinflusst; die Acidität der Maische und Würze wird entweder verringert oder erhöht. Hierfür sind nur die Calcium-, Magnesium- und Hydrogencarbonat-Ionen verantwortlich.

Eine Wirkung auf das Enzymgeschehen sowie auf anorganische und organische Salze des Malzes kann auch von den bisher als „unwirksam" angesehenen Ionen wie Na^+, K^+, SiO_3^{2-}, PO_4^{3-} ausgehen (s. Abschnitt 1.3.6.1).

Neben den hier angesprochenen, mehr indirekten Wirkungen kommt auch der direkten Einwirkung z. B. auf bestimmte Eigenschaften des Bieres – wie etwa den Geschmack – Bedeutung zu (s. Abschnitt 1.3.8.9).

Die Umsetzungen der Calcium-, Magnesium- und Hydrogencarbonat-Ionen erfolgen mit den Phosphaten des Malzes; mit den Salzen verschiedener organischer Säuren, die wegen des starken Überwiegens der Milchsäure bzw. deren Salze summarisch als Laktate [123] zusammengefasst werden; mit anderen Kationen und Anionen des Malzes sowie mit Eiweißkörpern und Bitterstoffen, deren Dissoziation bzw. Lösungszustand hiervon beeinflusst wird.

Dabei ist zu berücksichtigen, dass die Ionen eines Brauwassers in einem bestimmten chemischen Gleichgewicht stehen, das solange erhalten bleibt, als die physikalischen und chemischen Verhältnisse des Brauwassers konstant sind. Bei Veränderung der Konzentrationsverhältnisse oder der Temperaturen bildet sich ein neues Gleichgewicht aus. Dabei können auch Löslichkeitsschwellen überschritten werden und in deren Gefolge Ausfällungen auftreten.

Bereits nach dem Einmaischen kommen zu den Ionen des Wassers die sich mehr oder weniger rasch lösenden Mineralstoffe des Malzes hinzu; es tritt damit eine gewaltige Steigerung der Mengen der einzelnen Ionen ein, die beim Erwärmen und Abkühlen der Maischen sowie bei den steigenden oder fallenden Konzentrationen der Würze eine weitere Beeinflussung erfahren. Außerdem treten Adsorptionsvorgänge ein, die Enzyme verändern das Substrat, es können sich in den „Restmaischen" Bodensätze ausbilden etc. Damit ist es außerordentlich schwer für jede Phase der Bierherstellung über diese Salz- oder Ionengleichgewichte etwas auszusagen oder gar Gesetzmäßigkeiten abzuleiten.

Im Folgenden werden daher nur die wichtigsten Umsetzungen, soweit sie eine Veränderung der Acidität mit sich bringen, in großen Zügen aufgezeigt. Es ist auch verständlich, dass die gebrachten Gleichungen nur als schematisch für wesentlich kompliziertere Vorgänge, unter keinen Umständen als quantitativ und nur in einer Richtung verlaufend betrachtet werden dürfen.

1.3.4
Wasser-Ionen und Acidität

Die Schule von Windisch konnte schon 1914 zeigen, dass die Wasser-Ionen zumeist mittelbar wirken, indem sie Einfluss auf den pH, auf die Acidität von Maische und Würze nehmen [124].

Unter „aktueller Acidität", dem Säuregrad oder eindeutiger ausgedrückt der Wasserstoff-Ionenkonzentration ist im Gegensatz zur titrierbaren Säure die Menge der aktuellen freien Wasserstoff-Ionen in einem Volumen Flüssigkeit zu verstehen. Alle Vorgänge beim Bierbereitungsprozess werden durch die Wasserstoff-Ionenkonzentration, den pH, teils direkt, teils indirekt beeinflusst.

Neben chemisch neutralen Ionen sind aciditätsfördernde und aciditätsvernichtende Ionen zu unterscheiden.

Aciditätsvernichtend sind ausschließlich die Hydrogencarbonat-Ionen, da diese – z. B. beim Erhitzen oder bei chemischen Reaktionen – H$^+$-Ionen verbrauchen, während gleichzeitig CO$_2$ frei wird:

$$HCO_3^- + H^+ \Rightarrow H_2O + CO_2\uparrow \qquad (1.1)$$

Acidität sfördernd sind Ca^{2+} und Mg^{2+}, wobei aber das Letztere nur die halbe Wirksamkeit hat wie das Calcium-Ion:

$$3\,Ca^{2+} + 2\,HPO_4^{2-} \Leftrightarrow Ca_3(PO_4)_2\downarrow + 2\,H^+ \tag{1.2}$$

Die *aciditätsmindernden Reaktionen* lassen sich am besten durch die Umsetzungen zwischen den Hydrogencarbonaten des Calciums, Magnesiums und Natriums und den Phosphaten der Maische erklären.

Es muss aber betont werden, dass die Menge der chemisch wirksamen Ionen, die der „Hauptguss" enthält unter normalen Bedingungen wesentlich geringer ist als die Menge der von der Schüttung eingebrachten Mineralstoffe des Malzes. Es werden daher die Maischen oder Würzen stets einen pH aufweisen, der im sauren Bereich liegt. Das Calciumhydrogencarbonat zeigt mit den sauren, primären Phosphaten des Malzes (KH_2PO_4) folgende Reaktion:

$$2\,KH_2PO_4 + Ca(HCO_3)_2 \Leftrightarrow CaHPO_4\downarrow + K_2HPO_4 + 2\,H_2O + 2\,CO_2\uparrow \tag{1.3}$$

Bei geringeren bis mittleren Gehalten an Hydrogencarbonaten geht die Reaktion mehr oder weniger vollständig bis zu den sekundären Phosphaten.

Ist das Wasser reich an Calciumhydrogencarbonat, so bildet sich aus dem primären Phosphat nicht nur sekundäres ($CaHPO_4$), sondern in geringen Mengen auch tertiäres Calciumphosphat nach folgender Gleichung:

$$4\,KH_2PO_4 + 3\,Ca(HCO_3)_2 \Leftrightarrow Ca_3(PO_4)_2\downarrow + 2\,K_2HPO_4 + 6\,H_2O + 6\,CO_2\uparrow \tag{1.4}$$

Hierbei werden auch die schon vorhandenen sekundären Phosphate der Maische oder Würze in tertiäre umgewandelt. Da sowohl das tertiäre wie auch das sekundäre Calciumphosphat unlöslich ist, werden sie ausgeschieden. Ferner wird je nach der Menge des vorhandenen Calciumhydrogencarbonats mehr oder weniger des primären, sauer reagierenden Phosphats in das alkalisch reagierende, sekundäre Kaliumphosphat (K_2PO_4) umgewandelt. Es tritt also eine Verringerung der Acidität und somit eine Erhöhung des pH-Werts von Maische und Würze ein.

Die Umsetzungen des Magnesiumhydrogencarbonats mit den Phosphaten des Malzes erfolgen in ähnlicher Weise.

$$2\,KH_2PO_4 + Mg(HCO_3)_2 \Leftrightarrow MgHPO_4 + K_2HPO_4 + 2\,H_2O + 2\,CO_2\uparrow \tag{1.5}$$

Da Magnesium meist nur in geringeren Mengen in Brauereiwässern vorhanden ist, gehen die Umsetzungen gewöhnlich nicht bis zum tertiären, sondern nur bis zum sekundären Magnesiumphosphat. Dieses ist alkalisch, bleibt aber in Lösung und setzt zusammen mit dem ebenfalls vorhandenen, alkalischen sekundären Kaliumphosphat die Acidität herab.

Das Magnesiumhydrogencarbonat ist also stärker aciditätsmindernd als das des Calciums. Das sekundäre Magnesiumphosphat ist jedoch in der Siedehitze nicht beständig. Es spaltet sich in primäres und tertiäres Phosphat wie die nachstehende Gleichung zeigt:

$$4\,MgHPO_4 \Leftrightarrow Mg(H_2PO_4)_2 + Mg_3(PO_4)_2\downarrow \qquad (1.6)$$

Nachdem das tertiäre Magnesiumphosphat unlöslich ist, bewirkt das saure Phosphat, dass die Würze in heißem Zustand mehr sauer ist als in kaltem. Die Reaktion ist beim Kühlen rückläufig.

Das Natriumhydrogencarbonat wirkt in noch stärkerem Maße säurezerstörend. Dies ist darin begründet, dass bei der Umsetzung desselben mit den Würzephosphaten nur lösliche Umwandlungsprodukte entstehen, die in der Würze verbleiben.

$$2\,KH_2PO_4 + 2\,NaHCO_3 \Leftrightarrow K_2HPO_4 + Na_2HPO_4 + 2\,H_2O + 2\,CO_2\uparrow \qquad (1.7)$$

Somit bilden aus zwei Molekülen primären Phosphats:
- ein Molekül Calciumhydrogencarbonat ein Molekül sekundäres Phosphat;
- ein Molekül Magnesiumhydrogencarbonat mehr als ein Molekül sekundäres Phosphat und
- ein Molekül Natriumhydrogencarbonat zwei Moleküle sekundäres Phosphat.

Calciumhydrogencarbonat hat also die geringste, Magnesiumhydrogencarbonat eine mittlere und Natriumhydrogencarbonat die höchste aciditätsvernichtende Wirkung.

Dasselbe ist bei Soda (Na_2CO_3) der Fall.

Die *aciditätsfördernde Wirkung* von Calcium-und Magnesium-Ionen lässt sich anhand der Reaktion ihrer Sulfate (oder Chloride) mit sekundärem, alkalischem Phosphat wie folgt darstellen:

$$4\,K_2HPO_4 + 3\,CaSO_4 \Leftrightarrow Ca_3(PO_4)_2\downarrow + 2\,KH_2PO_4 + 3\,K_2SO_4 \qquad (1.8)$$

Es entstehen somit aus drei Molekülen (oder 6 Äquivalenten) Calciumsulfat zwei Moleküle primäres Phosphat. Da das gleichzeitig entstehende tertiäre Phosphat unlöslich ist, wird die Maische bzw. Würze saurer. Die Reaktion verläuft aber nicht vollständig.

Bei Magnesiumsulfat ergibt sich wohl derselbe Ablauf, doch ist das entstehende tertiäre Magnesiumphosphat nur in der Hitze unlöslich, so dass die saure Wirkung des primären Phosphats teilweise kompensiert wird. Die Magnesiumphosphate behindern bei den üblichen Maischtemperaturen auch die Fällung des tertiären Calciumphosphats, nicht dagegen beim Kochen.

$$4\,K_2HPO_4 + 3\,MgSO_4 \Leftrightarrow Mg_3(PO_4)_2\downarrow + 2\,KH_2PO_4 + 3\,K_2SO_4 \qquad (1.9)$$

Natriumsulfat würde praktisch überhaupt keine acidiätsfördernde Wirkung zeigen, da das entstehende tertiäre Natriumphosphat nicht nur stark alkalisch, sondern auch stets löslich ist.

$$4\ K_2HPO_4 + 3\ Na_2SO_4 \Leftrightarrow 2\ Na_3PO_4 + 2\ KH_2PO_4 + 3\ K_2SO_4 \qquad (1.10)$$

Folglich lässt sich die acidiätsfördernde Wirkung dieser Ionen wie folgt einstufen:
3 Äquivalente Calcium   ergeben ein Wasserstoff-Ion
3 Äquivalente Magnesium   ergeben weniger als ein Wasserstoff-Ion
3 Äquivalente Natrium   ergeben kein Wasserstoff-Ion.

Ein Teil des Calciums und Magnesiums liegt allerdings hauptsächlich in undissoziierter Form als „Proteinat" vor, das H-Ionen auf Kosten der sauren Eiweißstoffe der Würze freisetzt [125].

$$2\ \text{Protein-H} + Ca^{2+} \Leftrightarrow \text{Ca-Proteinat} + 2\ H^+ \qquad (1.11)$$

Magnesium liefert wohl eine ähnliche Reaktion, doch ist das entstehende Magnesiumproteinat stärker dissoziiert als das des Calciums, so dass weniger Säure durch die Reaktion mit den Proteinen gebildet wird.

Natrium und Kalium bilden nur stark dissoziierte Proteinate, so dass die Wirkung der Wasserstoff-Ionen kompensiert wird.

Anhand dieser Erkenntnisse ist es von Bedeutung, die aciditätsbeeinflussenden Faktoren eines Brauwassers rechnerisch zu ermitteln.

1.3.5
Berechnung der Alkalität eines Brauwassers

Die Alkalität eines Brauwassers ist allgemein gleichbedeutend mit der Konzentration der darin enthaltenen Hydrogencarbonat-Ionen; da diese meist an Calcium und Magnesium gebunden sind, ist die *Gesamtalkalität* ein Gradmesser für die Carbonathärte eines Wassers. Dies ist aber nur dann zutreffend, wenn nicht gleichzeitig auch größere Mengen von Alkalicarbonaten (Soda) bzw. Hydrogencarbonaten vorhanden sind. Die Gesamtalkalität eines Wassers wird durch Titration mit 0,1 n HCl gegen Methylorange (Säurekapazität $K_{s4.3}$ bzw. m-Wert) und Multiplikation der verbrauchten ml mit dem Faktor 2,8 (m-Wert) bestimmt. Dieser Wert ist dann normalerweise (beim Fehlen von Alkalicarbonaten) gleichbedeutend mit der Carbonathärte eines Wassers in deutschen Härtegraden.

Die Wirkung der Hydrogencarbonate wird von den Calcium- und Magnesium-Ionen des Wassers mehr oder weniger weit ausgeglichen.

Um nun einen Einblick in die unter Berücksichtigung der aciditätsmindernden und der aciditätsfördernden Ionen zu gewinnen, wird die *Restalkalität* nach Kolbach [126, 127] berechnet. Es wurde oben abgeleitet, dass drei Äquivalente Calcium in der Lage sind ein Wasserstoff-Ion freizusetzen. Um den nicht ganz quantitativen Ablauf der Reaktion z. B. auch die Wirkung der Proteinate zu berücksichtigen, werden 3,5 Äquivalente Calcium benötigt, um die Alkalität eines Äquivalents Hydrogencarbonat zu neutralisieren. Magnesium hat nur eine etwa halb so große aciditätserhöhende Wirkung wie das Calcium; es werden deshalb 7 Äquivalente zur Freisetzung eines H-Ions erforderlich.

Die durch Calcium und Magnesium *ausgeglichene Alkalität* errechnet sich deshalb aus dem „Kalkwert" (KW) = Calciumhärte + 1/2 Magnesiumhärte dividiert durch 3,5.

Somit ergibt sich in deutschen Härtegraden:

Restalkalität = Gesamtalkalität (GA) − (RA)

Ausgeglichene Alkalität (AA)

oder

RA = GA−AA bzw. RA = GA−KW/3,5

Ein Wasser, das eine Restalkalität von 0 hat, vermittelt dieselben Aciditätsverhältnisse, also denselben Maische- oder Würze-pH wie destilliertes Wasser. Eine Restalkalität von 10 °dH bewirkt einen Anstieg des Maische- und Würze-pH um 0,3; eine negative Restalkalität von 10 °dH senkt den pH gegenüber der Verwendung von destilliertem Wasser um 0,3 ab.

Kolbach [126] führte aus, dass ein Wasser mit einer Restalkalität von 5 °dH für die Herstellung heller Biere eine Enthärtung nicht erforderlich macht. Seitdem haben sich jedoch die Ansprüche, besonders an Pilsener Biere gesteigert; es wird für diese eine Restalkalität von höchstens 2 °dH gefordert, verschiedentlich erfahren sogar Wässer mit negativer Restalkalität eine Bevorzugung.

Diese Überlegungen werden unterstützt durch die Erkenntnis, dass sich auch die in Maische und Würze vorkommenden organischen Säuren bzw. deren Salze mit den Hydrogencarbonaten aber auch mit den Calcium- und Magnesium-Ionen umsetzen. Durch Wechselwirkung mit Phosphaten wird Calciumphosphat ausgeschieden, während Magnesiumphosphat in Lösung bleibt.

Außerdem ist zu bedenken, dass sowohl Hydrogencarbonate als auch Calcium- und Magnesium-Ionen eine Ausfällung von Phosphaten hervorrufen und somit eine Veränderung an Pufferstoffen.

Die *Berechnung der Restalkalität* ergibt im Falle des Dortmunder Wassers folgendes Ergebnis:

GA °dH	16,8
Ca-Härte °dH	36,7
Mg-Härte °dH	4,6
KW °dH 36,7 + 2,3	39,0
AA °dH 39,0 : 3,5	11,1
RA °dH 16,8−11,1	5,7

Damit liegen die pH-Werte in Maische und Würze über den mit destilliertem Wasser erzielbaren.

In Tab. 1.15 sind unter den Härteklassen der Brauwässer auch jeweils die Werte der Restalkalität aufgeführt. Es zeigt sich, dass das mittelharte Münchener Wasser durch eine überwiegende Hydrogencarbonathärte eine weit höhere Restalkalität hat als das sehr harte Dortmunder Wasser. Sehr ungünstig ist dagegen das Wiener Brauwasser mit einer Restalkalität von 22 °dH.

Es muss aber nochmals betont werden, dass die Restalkalität wohl Auskunft über den zu erwartenden pH in Maische und Würze gibt, nicht dagegen über die Ausscheidung von Phosphaten und die hierdurch bedingten Pufferverhältnisse, die den pH-Abfall bei der Gärung und damit letzlich den pH des Bieres beeinflussen. Auch spielt der „Gesamtsalzgehalt" eine nicht zu unterschätzende Rolle auf den Biergeschmack, da einzelne Ionen eine spezifische Verhaltensweise zeigen.

1.3.6
Die Auswirkungen einer Aciditätsverminderung

Eine hohe Restalkalität vermag sehr bedeutsame Veränderung zu verursachen. Unter der Annahme, dass ein normal hergestelltes und normal gedarrtes Malz einen Maische-pH von 5,8 und einen Würze-pH von 5,65 liefert, so vermag eine Restalkalität von 10 °dH diese Werte um 0,3 zu erhöhen. Die Auswirkungen lassen sich wie in den folgenden Abschnitten gezeigt differenzieren.

1.3.6.1 Enzyme
Die Enzyme des Malzes, die – bis auf die α-Amylase (pH 5,4–5,8) und einige Exopeptidasen (s. Abschnitt 3.1) – umso besser wirken, je niedriger der pH im Bereich bis zu 5,2–5,3 ist, erfahren eine empfindliche Beeinträchtigung ihrer Wirkung. Die Verzuckerung dauert als Effekt einer Behinderung der vorausgehenden Tätigkeit cytolytischer und proteolytischer Enzyme länger, wodurch die α-Amylase schlechter angreifen kann; der Endvergärungsgrad wird durch die Hemmung der α-Amylase niedriger. Auch die β-Glucanasen zeigen eine schwächere Abbautätigkeit, was zu einer Erhöhung der Viskosität führt. Die Endopeptidasen liefern weniger löslichen Stickstoff, wodurch der weitere Abbau desselben zu Aminosäuren verlangsamt wird. Erst bei höheren pH-Werten über 6–6,2 vermögen die Aminopeptidasen (und Dipeptidasen) etwas auszugleichen. Die Phosphatasen leiden ebenfalls, wodurch weniger anorganische Phosphate aus den organischen, z. B. aus dem Phytin freigesetzt werden. Im Verein mit der Fällung von Phosphaten z. B. durch die Hydrogencarbonate ergibt sich eine deutliche Verringerung von Phosphaten in der Würze. Die Pufferung leidet.

1.3.6.2 Ausbeute
Als Auswirkung der gehemmten Tätigkeit der Enzyme erfährt die Ausbeute einen Abfall um 2–3%; zum Teil ist diese Erscheinung auch auf die höhere Viskosität der Würze zurückzuführen, die eine schwerfällige Abläuterung und eine Behinderung des Auslaugens der Treber zur Folge hat.

1.3.6.3 Beschaffenheit der Würze
Der höhere pH der Maische, der Vorderwürze und Nachgüsse bedingt eine verstärkte Auslaugung von unedlen Bestandteilen der Spelzen, z. B. Polyphenole eines ungünstigeren Polymerisationsindexes (s. Abschnitt 3.1.6.5). Hierdurch wird die Farbe des späteren Bieres negativ beeinflusst; der Geschmack erfährt eine Veränderung in Hinblick auf eine breite, derbe Note.

Auch die Eiweißkoagulation, die bekanntlich von der Acidität abhängig ist, leidet und mit ihr die Trubabscheidung.

1.3.6.4 Ausnutzung der Hopfenbitterstoffe
Die Ausnutzung der Hopfenbitterstoffe ist wohl bei höherem Würze-pH besser, doch liegen diese in einer intensiver bitternden, mehr molekularen Lösung oder in Form von Humulaten vor. Sie können eine mitunter derbe, kratzige Bittere hervorrufen. Eine geringere Bitterstoffdosierung wie sie bei Würzen aus Wässern hoher Restalkalität empfohlen wird, vermag wohl quantitativen, nicht aber qualitativen Vorstellungen zu entsprechen.

1.3.6.5 Gärung
Die Gärung kann infolge der Unterbilanz an freiem Aminostickstoff langsamer verlaufen; die viskoseren Würzen, die auch einen höheren Anteil an hochmolekularem Stickstoff enthalten, bewirken ein Verschmieren der Hefe, eine früher einsetzende Bruchbildung und damit höhere Differenzen zum Endvergärungsgrad. Auch die Entharzung der Biere ist weniger ergiebig, so dass sich auch von dieser Seite eine Verschlechterung in der Zusammensetzung der Biere ergibt. Häufig sind schlechtere Schaum- und Stabilitätseigenschaften die Folge.

1.3.6.6 Dunkle Malze
Dunkle Malze sind weitgehender gelöst als helle, wodurch sich von Haus aus ein niedrigerer pH ergibt (s. Bd. I). Die sauer reagierenden Melanoidine vermögen durchaus eine Restalkalität von ca. 10 °dH – wie sie das Münchener Wasser aufweist – zu kompensieren. Es wurde ein hartes Brauwasser zur Herstellung dunkler Biere als wünschenswert erachtet [128], da diese hierdurch ein stärkeres Malzaroma und durch die vermehrte Auslaugung von phenolischen Substanzen einen kräftigen Gesamtcharakter erhielten. Durch eine Anpassung der Malzschüttung an die Wasserqualität lassen sich jedoch auch mit Wässern niedriger Restalkalität charaktervolle dunkle Biere erzeugen.

1.3.7
Einflüsse verschiedener Ionen und sonstiger Bestandteile des Wassers

Wie schon erwähnt, üben die einzelnen Kationen und Anionen eine mehr oder weniger spezifische Wirkung auf die Umsetzungen beim Maischen, auf die Zusammensetzung der Würze, den Ablauf der Gärung und somit auf die Beschaffenheit des Bieres aus.

Calcium Calcium ist häufig, z. T. in großen Mengen anzutreffen. Es ist durch seine Wirkung mit Proteinat [125, 129] vor allem mit Phosphaten aciditätsfördernd; durch die Fällung von Phosphaten wird die Pufferung verringert, wodurch sich in gewissen Grenzen der Bier-pH beeinflussen lässt [130]. Calciumsalze als Gips oder Calciumchlorid dosiert (s. Abschnitt 1.3.8.9) dämpfen die Farbebildung beim Maischen, die Auslaugung von Kieselsäure, Farbstoffen und Polyphenolen beim Auswaschen der Treber [131, 132] und damit die Zufärbung beim Würzekochen. Die Eiweißkoagulation wird gefördert [133]. Beim Maischen schützen sie die α-Amylase vor Hitzedenaturierung; sie begünstigen auch die Aktivität von Endopeptidasen [134]. Die Bildung von Calciumoxalaten und deren negativer Effekt auf die Bierqualität (Überschäumen, Oxalattrübung) lässt es geraten erscheinen ein Verhältnis von Ca^{2+} zu Oxalat wie 4,5:1 einzustellen [135, 136]. Während eine stimulierende Wirkung von Calcium-Ionen auf den Hefestoffwechsel nicht eindeutig feststellbar ist, verlangsamt es die Hefedegeneration und kompensiert den Nachteil eines zu hohen Magnesiumgehalts [137]. Calcium fördert die Flockulation der Hefe [138].

Magnesium Nachdem das Malz ca. 130 mg/l in die Würze einbringt, werden 50 mg/l Wasser noch als zulässig betrachtet [130]. Es muss aber der Magnesiumgehalt im Verhältnis zum Niveau des Calciums gesehen werden [139]. Während Magnesiumchlorid eine geringere Wirkung hat, zeigte Magnesiumsulfat (Bittersalz), entsprechend einer Härte von 20°dH gegeben, ein Bier das geschmacklich, vor allem hinsichtlich der Bittere etwas abfiel [140]. Kleinere Mengen können sich geschmacklich günstig auswirken. Die sekundären Phosphate des Magnesiums sind löslich, die tertiären fallen nur in der Siedehitze aus; deshalb ist auch die aciditätsfördernde Wirkung von Magnesium geringer als bei Calcium (s. Abschnitt 1.3.5). Es behindert die Fällung des Calciumphosphats. Magnesium fördert die Wirkung von Malzenzymen z. B. Peptidasen [134] und ist ein Co-Faktor für verschiedene Enzyme bei der Gärung [137].

Natrium Natrium ist als Hydrogencarbonat und Carbonat (Soda) ungünstig für den pH der Maische und Würze, da die entstehenden alkalischen Phosphate löslich sind; die resultierenden Biere sind derb [141]. Das Wasser bedarf einer eingehenden Aufbereitung (s. Abschnitt 1.3.8). Zusammen mit Chloriden führt Natrium in Mengen von 150 mg/l zu einem salzigen, breiten Geschmack; Natriumsulfat ist etwas günstiger [135]. Dennoch wird verschiedentlich Natriumchlorid in einer Menge von 75–150 mg/l zur Hebung der Vollmundigkeit dosiert

[142]. Physiologisch spielt das Natrium beim Metabolismus der Hefezelle zur Aufrechterhaltung des Kalium-Transports eine Rolle [137].

Kalium Kalium gibt ebenfalls einen salzigen Geschmack [143]. Obgleich das Malz große Mengen von ca. 500 mg/l in die Maische einbringt, soll das Brauwasser nicht mehr als 10 mg/l enthalten; es hat einen inhibierenden Einfluss auf manche Enzyme bei der Würzebereitung; es ist aber für die Gärung von großer physiologischer Bedeutung [137].

Eisen Eisen bereitet bereits in geringen Mengen von 0,2 mg/l Schwierigkeiten: es behindert die Verzuckerung [135] gibt zu Verfärbungen der Würzen und Nachgüsse Anlass, mindert die Vollmundigkeit des Bieres und vermittelt eine harte Bittere [141]. Der Schaum erhält ein braunes Aussehen, obgleich seine Haftfähigkeit und Haltbarkeit verbessert wird. Bei der Gärung kann ein Mangel (unter 0,1 mg/l) die Synthese von Enzymen des Atmungsstoffwechsels einschränken, über 1 mg/l begünstigt die Degeneration der Hefe [144]. Eisen fördert ferner die Oxidation des Bieres, das Entstehen von Trübungen [145] und das Überschäumen. Das Eisen des Brauwassers wird zum Großteil in den Trebern und im Trub zurückgehalten, doch sind die Veränderungen der Würze nur schwer zu korrigieren.

Mangan Mangan aktiviert zahlreiche Enzyme des Hefestoffwechsels und fördert die Zellvermehrung. Es hat eine positive Wirkung auf den Eiweißabbau [146]. Zu hohe Werte rufen dieselben Nachteile hervor wie Eisen-Ionen.

Andere Metalle Kupfer, Zink, Blei und Zinn sind in höheren Konzentrationen toxisch für die Hefe, sie fördern Oxidationen und damit das Auftreten von Biertrübungen [135]. Zink hat in Mengen von über 0,15 mg/l (in der Anstellwürze) einen positiven Einfluss auf Gärung und Hefevermehrung [144].

Ammoniak Ammoniak ist nicht gerade schädlich, es gibt aber einen Hinweis auf das Vorhandensein von faulenden organischen Substanzen. Von den Anionen sind folgende Wirkungen bekannt:

Hydrogen-Carbonat-Ion Seine Wirkung wurde in den Abschnitten 1.3.4–1.3.6 ausführlich besprochen.

Sulfate Die Sulfate des Calciums und Magnesiums sind aciditätsfördernd; sie fördern direkt die Wirkung von Carboxy- und Aminopeptidasen [147], indirekt über den pH die enzymatischen Abbauvorgänge beim Maischen (s. Abschnitt 3.1). Obgleich Malz und Hopfen ebenfalls Sulfate in die Maische einbringen, so bestimmt doch der Sulfatgehalt des Wassers das Niveau dieser Ionen in Würze und Bier [148]. Selbst hohe Sulfatgehalte bewirken keine stärkere Entwicklung von SO_2 in Bier [148], sie vermögen jedoch die Ausbildung einer „Hopfenblume" zu begünstigen [149], was aber neuerdings nicht bestätigt wird. Sie erteilen dem Bier einen trockeneren, bittereren Geschmack [141]. Als Magnesiumsulfat kann es einen „kalten", harten Trunk vermitteln.

Chlorid-Ion Das Chlorid-Ion fördert die Wirkung der α-Amylase, die Peptidasen werden nicht einhellig beeinflusst [147]. Als Calciumchlorid vorliegend gibt es einen vollen, weichen Biergeschmack; das Magnesiumchlorid hat nicht den negativen Effekt des Sulfats; Natriumchlorid erhöht wohl die Vollmundigkeit, führt aber über 400 mg/l zu einem salzigen, derben Geschmack. In Mengen über 100 mg/l fördern Cl-Ionen die Korrosion von Stahl, auch von Chrom-Nickelstahl. Als Calcium- und Magnesiumchlorid beeinflussen sie den pH von Maische, Würze und Bier wie oben erwähnt.

Nitrate Sie weisen auf die letzte Oxidationsstufe organischer Verunreinigung oder auf den Einfluss von Mineraldünger hin [150]. Eine Hemmung des Hefewachstums bzw. der Gärung konnte bei NO_2-Mengen zwischen 50 und 100 mg/l in zunehmendem Maße beobachtet werden, doch spielt hierbei auch der Gesamtsalzgehalt des Wassers eine Rolle [151–153]. Es kann demnach ein Wasser von 100 mg/l Gesamtsalzgehalt schon bei 20 mg/l NO_2 Schwierigkeiten verursachen, während eines von 1000 mg/l bei 50 mg/l NO_2 noch normale Gärungserscheinungen liefert. Höhere Nitratgehalte (über 100 mg/l) können auch einen grabligen, unangenehmen Geschmack im Bier verursachen [149].

Nitrite Nitrite sind ebenfalls auf Verunreinigungen zurückzuführen. Sie stellen ein Hefegift dar.

Silikat-Ion Es kommt selten in größeren Mengen als 15–30 mg/l vor, mit Ausnahme von alt- und neuvulkanischen Gebieten, wo es Werte von 50–100 mg/l erreichen kann. Silikate des Calciums und Magnesiums bilden über 30 mg/l SiO_3^{2-}-Kesselstein, sie stören die Entcarbonisierung mittels Kalk (s. Abschnitt 1.3.8.2) und behindern die Eiweißausfällung.

Eine negative Wirkung auf die Gärung kann in Anbetracht der großen Kieselsäuremengen des Malzes nicht abgeleitet werden. Kieselsäurereiche Wässer führen jedoch zu eiweißinstabilen Bieren [154].

Hohe SiO_3^{2-}-Gehalte sind oftmals in der Natur mit dem Vorkommen von Soda verbunden. Hierdurch wird eine stärkere Löslichkeit der Kieselsäure bedingt.

Silikate werden auch zur „Abstumpfung" aggressiver Kohlensäure verwendet.

Phosphat-Ion Es deutet auf das Vorhandensein organischer Verunreinigungen hin. Phosphate werden aber auch von Wasserwerken zur Stabilisierung der Härtebildner verwendet. Sie können hier den Effekt einer Kalkentcarbonisierung beeinträchtigen.

Fluoride Sie werden ebenfalls von Wasserwerken zugesetzt um die Bildung von Karies an Zähnen [155] zu verringern. Mengen von 10 mg/l haben keinen negativen Einfluss auf die Gärung [156], die Biere werden aber etwas dunkler und verzeichnen einen breiten Geschmack, vor allem bei der Verwendung weicher Brauwässer [157].

Neben den aufgeführten Kationen und Anionen kann das Brauwässer noch eine Reihe anderer Substanzen enthalten, die ab einer bestimmten Schwelle Schwierigkeiten erbringen. Es handelt sich dabei um freie (aggressive) Kohlensäure, um freies Chlor, um organische Substanzen und Kolloide.

Freie Kohlensäure Sie ist in natürlichen Wässern in unterschiedlichen Mengen vorhanden. Ein Teil der freien Kohlensäure wird benötigt, um Hydrogencarbonate dauernd in Lösung zu halten (zugehörige Kohlensäure); befindet sich darüberhinaus noch freie CO_2 im Wasser, so ist diese aggressiv, d. h. sie greift Kalk oder Eisen in Leitungen und Behältern an. Dieses übt dann wiederum die oben geschilderten Wirkungen aus.

Sauerstoff Auch Sauerstoff kann korrodierend wirken. Der Sauerstoffgehalt von Betriebswässern liegt zwischen 3 und 8 mg/l; er kann sich bei geschlossenen, unter Druck stehenden Wassersystemen nicht entbinden und gelangt beim Maischen und Überschwänzen in die Würze. Am Bierfilter tritt eine Sauerstoffkontamination des Bieres durch den O_2-Gehalt des Spül- und Anschwemmwassers ein (s. Bd. III).

Chlorgas Freies Chlorgas kann durch die Trink- oder Betriebswasserentkeimung in Mengen von 0,05–0,3 mg/l vorkommen. Bei Vorhandensein von Phenol kann der ebenso unangenehme wie gefährliche Chlorphenolgeschmack hervorgerufen werden; wenn das Wasser andere organische Substanzen enthält, ergibt sich ein dumpfer, „grabliger" Geschmack. Chlor kann u. U. auch Ionenaustauschermaterialien angreifen und so zu Geschmacksveränderungen führen. Es muss daher vor der Enthärtungsanlage entfernt werden (s. Abschnitt 1.3.8.4).

Organische Substanzen Sie werden mit Hilfe des Permanganatverbrauchs ermittelt [158, 159]. Die Angabe erfolgt als „mg $KMnO_4$/l"; teilweise wird auf „mg O_2/l oder „mg organische Substanz/l" umgerechnet. Der Sauerstoffverbrauch entspricht dem 4. Teil, die Menge der organischen Substanz dem 5,25fachen Wert des Permanganatverbrauchs.

In der Bundesrepublik gilt als tolerierbarer Grenzwert 5 mg $KMnO_4$/l. Das Ergebnis ist bei nicht verunreinigten Wässern von der Bodenzusammensetzung abhängig. Wässer aus Urgesteins- oder Kalksteingebieten zeigen niedrigere Werte. Oberflächenwässer weisen in der Regel 10–30 mg/l auf, die höchsten Werte liegen bodenbedingt mit bis zu 300 mg/l bei Moorwässern vor. Hier sind es die Huminstoffe, die den $KMnO_4$-Verbrauch erhöhen, obwohl sie damit nicht voll erfasst werden.

Huminstoffe sind zwar gesundheitlich unbedenklich, doch erteilen sie dem Wasser je nach Konzentration eine gelbliche bis braune Farbe und können einen unangenehmen Geschmack verursachen.

Durch Verunreinigungen fäkaler Art wird der $KMnO_4$-Verbrauch erhöht, mehr noch die sog. „Chlorzahl".

In Flusswässern wird die KMnO$_4$-Zahl durch Ligninstoffe angehoben, in Industriegegenden durch organisch-chemische Abfallstoffe, von denen besonders Phenole wegen unangenehmer Geruchs- und Geschmacksnoten gefürchtet sind.

Die Trinkwasserverordnung Die Grenzwerte für bestimmte chemische Stoffe sind in der Trinkwasserverordnung niedergelegt. Es handelt sich hierbei um Schadstoffe, die aus Abwässern, Umweltkontaminanten oder Rückständen von Dünge- und Pflanzenschutzmitteln stammen können. So ist der Nitratgehalt in den meisten Ländern auf 50 mg/l begrenzt. Eine Aufstellung der Grenzwerte nach den Verordnungen der Europäischen Union, Österreichs, der Schweiz, der Tschechischen Republik, der Bundesrepublik Deutschland und Italiens ist in [160] zu finden.

1.3.8
Aufbereitung des Brauwassers

Um auch harte Wässer zum Brauen von hellen Qualitätsbieren verwenden zu können, werden diese entweder entcarbonisiert oder bei Bedarf mehr oder weniger weitgehend entsalzt. Hierzu stehen folgende Methoden zur Verfügung:
a) Kochen des Betriebswassers bei gewöhnlichem oder Überdruck;
b) Zusatz von gesättigtem Kalkwasser in einer genau festgelegten Menge;
c) Entcarbonisieren oder Vollentsalzung mit Hilfe von Ionenaustauschern;
d) Entsalzung nach dem Elektro-Osmoseverfahren;
e) Entsalzung mit Hilfe der umgekehrten Osmose.

Darüber hinaus ist es möglich den aciditätsvernichtenden Einfluss der Hydrogencarbonat-Ionen durch Zusatz von Calcium-Ionen in Form von Gips oder Calciumchlorid zu kompensieren.

Ebenso gelingt es mit Hilfe von Sauermalz oder Sauergut die ungünstige Wirkung von Hydrogencarbonaten aufzuheben.

1.3.8.1 Kochen
Das Kochen des Wassers bewirkt, dass ein Teil der löslichen Hydrogencarbonate in unlösliche Carbonate und Kohlendioxid zerfällt.

$$Ca(HCO_3)_2 > \Leftrightarrow CaCO_3 \downarrow + CO_2 \uparrow + H_2O \tag{1.12}$$

$$Mg(HCO_3)_2 \Leftrightarrow MgCO_3 + CO_2 \uparrow + H_2O \tag{1.13}$$

Es verhalten sich die Hydrogencarbonate der beiden Erdalkalien Calcium und Magnesium beim Kochen des Wassers unterschiedlich. Das Calciumcarbonat scheidet sich meist fast völlig aus. Nur ein kleiner Rest, ca. 0,8 °dH oder rund 14 mg Calciumcarbonat pro Liter Wasser, bleibt dauernd gelöst. Das ausgeschiedene Calciumcarbonat (CaCO$_3$) ist auch in kaltem Wasser unlöslich.

Das Magnesiumcarbonat scheidet sich schwer, langsam und unvollkommen aus und geht beim Erkalten des Wassers wieder in Lösung. Seine Abscheidung könnte durch Filtration des heißen Wassers erreicht werden.

Natriumhydrogencarbonat und Soda können durch Kochen keine Verringerung erfahren.

Der Entcarbonisierungseffekt durch Kochen ist folglich bei den einzelnen Brauwassertypen sehr verschieden; er schwankt selbst bei ein und demselben Wasser je nach den Bedingungen des Kochens und der Zusammensetzung des jeweiligen Brauwassers.

Mit zunehmender Kochdauer wird gewöhnlich die Ausscheidung der Carbonate verbessert. Die Umwandlung des Calciumhydrogencarbonats in Calciumcarbonat und Kohlendioxid ist reversibel, d.h. sie kann auch in umgekehrter Form vor sich gehen, wenn nicht das durch den Zerfall der Hydrogencarbonate freiwerdende Kohlendioxid aus dem Wasser ausgetrieben wird

$$Ca(HCO_3)_2 \Leftrightarrow CaCO_3 + CO_2 + H_2O \qquad (1.14)$$

Die Reaktion ist in diesem Falle rückläufig, der Zerfall der Hydrogencarbonate wird behindert.

Der Entcarbonisierungseffekt hängt offenbar davon ab, dass nicht nur die zur Zersetzung des Hydrogencarbonats erforderliche Temperatur von 75 °C erreicht, sondern die freiwerdende Kohlensäure durch kräftiges Rühren oder Einblasen von Druckluft sofort entfernt wird. Beim Aufkochen des Wassers ist eine intensive Kochbewegung wünschenswert.

Aus diesem Grunde liefert meist eine im Laboratorium durchgeführte Enthärtung des Betriebswassers durch Kochen bessere Ergebnisse als in der Praxis.

Die Zusammensetzung des Wassers ist von entscheidendem Einfluss auf den Entcarbonisierungseffekt. Während sich das Calciumcarbonat leicht ausscheidet, wird die Entfernung des Magnesiumcarbonats vom Kalkgehalt dahingehend beeinflusst, dass er einen Teil des Magnesiumcarbonats auf rein physikalischem Wege zur Sedimentation bringt.

Bei der Ausscheidung des Magnesiumcarbonats ist auch der Gehalt an Calciumsulfat oder Calciumchlorid zu berücksichtigen, die sich nach der Gleichung wie folgt umsetzen:

$$MgCO_3 + CaSO_4 \Leftrightarrow MgSO_4 + CaCO_3 \downarrow \qquad (1.15)$$

Das Calciumcarbonat scheidet sich aus, das Magnesiumsulfat oder -chlorid bleibt in Lösung; die Reaktion ist allerdings nicht quantitativ. Das $MgSO_4$ („Bittersalz") kann in größeren Mengen ungünstig sein, $MgCl_2$ übt dagegen keine merkliche Nebenwirkung aus; die alkalische Reaktion des Carbonats ist eliminiert. Die Umsetzung wird mit steigender Konzentration günstiger, am günstigsten ist ein hoher Überschuss an diesen Nichtcarbonaten.

Die technische Durchführung in der Praxis sieht vor, die Menge des Einmaischwassers oder des gesamten zu einem Sud benötigten Wassers in einer der Braupfannen 20–30 Minuten unter kräftiger Verdampfung, evtl. bei laufendem Rührwerk zu kochen. Anschließend wird das heiße Wasser in eine Wasserreserve zur Sedimentation des Calciumcarbonats gepumpt oder aber diese in der Pfanne selbst abgewartet. Zur Verbesserung des Enthärtungseffekts wird verschiedentlich Gips oder Calciumchlorid zugesetzt (s. Abschnitt 1.3.8.9).

Da das Kochen den hauptsachlichen Zweck hat, das Kohlendioxid aus dem Wasser zu entfernen, werden Betriebswässer gelegentlich in einem (offenen) Vorwärmer auf ca. 80 °C erhitzt; die Austreibung der freiwerdenden Kohlensäure erfolgt durch Einleiten von Luft, durch Rührwerke oder durch Umpumpen. Die Ausscheidungsprodukte setzen sich als Schlamm am Boden des Gefäßes ab; Eisen wird gleichzeitig mit ausgeschieden.

Kochen unter Druck erreicht gewöhnlich eine etwas weitergehende Entcarbonisierung, doch hat das Verfahren keinen Eingang in die Praxis gefunden.

Die Entcarbonisierung auf diesen Wegen – ohne oder mit Druck – hat eine Reihe von Nachteilen zu verzeichnen: Sie ist kostspielig, das entcarbonisierte Wasser ist zu heiß zur unmittelbaren Verwendung; es wird eine Braupfanne belegt, was nur bei einem Sud pro Tag keine Blockierung des Sudwerks bedeutet; die Ausscheidung des Calciumcarbonats ist oft unvollkommen und der Enthärtungseffekt schwankend.

1.3.8.2 Entcarbonisierung mit gesättigtem Kalkwasser

Sie erfolgt meist bei kaltem oder nur schwach erwärmtem Wasser. Sie beruht auf folgenden Reaktionen:

$$CO_2 + Ca(OH)_2 \Rightarrow CaCO_3\downarrow + H_2O \tag{1.16}$$

$$Ca(HCO_3)_2 + Ca(OH)_{2_2} \Rightarrow CaCO_3\downarrow + 2\,H_2O \tag{1.17}$$

$$Mg(HCO_3)_2 + Ca(OH)_2 \Rightarrow CaCO_3\downarrow + MgCO_3 + 2\,H_2O \tag{1.18}$$

$$MgCO_3 + Ca(OH)_{2_2} \Rightarrow CaCO_3\downarrow + Mg(OH)_2\downarrow \tag{1.19}$$

Der als Kalkwasser zugesetzte Kalk bindet zunächst das freie, dann das halbgebundene Kohlendioxid und bewirkt dadurch die Ausscheidung des Calciumhydrogencarbonats in Form von Calciumcarbonat. Dann folgt die Umsetzung des Magnesiumhydrogencarbonats, die in zwei Stufen vor sich geht. Neben $CaCO_3$, das wiederum ausfällt, entsteht $MgCO_3$, welches in Lösung bleibt und erst durch ein weiteres Molekül Calciumhydroxid in unlösliches Magnesiumhydroxid umgewandelt wird. Der zugesetzte Kalk gelangt also wieder quantitativ zur Ausscheidung; das Verfahren entspricht somit den Bedingungen des Biersteuergesetzes. Sämtliche Umsetzungen treten bereits in kaltem Wasser ein, doch empfiehlt es sich eine Temperatur von 12 °C nicht zu unterschreiten.

Eine erwünschte, grobflockige Ausfällung tritt allerdings in vielen Fällen, namentlich bei geringen Salzmengen, nicht ein. Die Ausscheidung erfolgt in kolloider Form, die sich zu einer Art von schleiriger Trübung verdichtet. Die grobflockige Ausscheidung wird erst durch höhere Temperatur, kräftige Rühr-

Tab. 1.18 Aussage verschiedener p- und m-Werte [160] in entcarbonisierten Wässern

Titrationsergebnis	Hydroxide	Carbonate	Hydrogencarbonate
p = 0	0	0	m
p unter 0,5 m	0	2 p	m-2p
p = 0,5 m	0	2 p	0
p über 0,5 m	2p-m	2(m-p)	0
p = m	m	0	0

zu klären. Dies vermag auch den sonst recht langwierigen Enthärtungs- bzw. Sedimentationsprozess zu beschleunigen.

Die Kontrolle des enthärteten Wassers geschieht mit 0,1 n HCl gegen Phenolphthalein (Säurekapazität $K_{s8,2}$ = p-Wert) und Methylorange (m-Wert). Jedes enthärtete Wasser zeigt normalerweise eine mehr oder weniger schwache alkalische Reaktion gegen Phenolphthalein, da der Rest des dauernd löslichen $CaCO_3$ hydrolytisch gespalten ist nach der Gleichung:

$$CaCO_3 + H_2O \Leftrightarrow Ca(OH)_2 + CO_2 \tag{1.20}$$

Es ist damit klar ersichtlich, dass der p-Wert möglichst 0 bzw. deutlich unter 0,5 m sein soll. Die noch vorhandene leichte Phenolphthalein-Alkalität soll nach Zugabe von 0,10–0,15 ml 0,1 n HCl verschwinden. Keinesfalls darf der p-Wert größer sein als 1/2 m-Wert, da sonst das Wasser als „überkalkt" zu behandeln ist. Aber auch bei einem entsprechend hohen m-Wert von z. B. 1,5 (4,2 °dH) soll der p-Wert im Interesse des pH des Wassers 0,3 ml 0,1 n HCl nicht übersteigen. Eine Übersicht über die Aussage verschiedener p- und m-Werte gibt Tab. 1.18. Der Enthärtungseffekt hängt bei diesem Verfahren – unter der Voraussetzung der Dosierung der korrekten Kalkwassermenge – von folgenden Faktoren ab: Kristallisationskeime (Kontaktschlamm, Sand), Reaktionszeit, Reaktionstemperatur, Intensität der Vermischung, Einsatz eines Filters.

Das Splitverfahren wird in ähnlicher Weise durchgeführt, nur dass zunächst 60% der zu entcarbonisierenden Rohwassermenge mit dem vollen Kalkwasserquantum versetzt wird. Nach Absetzen von $CaCO_3$ und $Mg(OH)_2$ wird das stark alkalische Wasser mit der restlichen Rohwassermenge „abgestumpft".

1.3.8.3 Kontinuierlich arbeitende Enthärtungsanlagen

Diese Enthärtungsanlagen setzen Rohwasserverhältnisse voraus, die keinen größeren Schwankungen der Härtegegebenheiten unterworfen sind.

Sie bestehen aus zylindrischen Behältern mit konischem Unterteil, um eine einfache Abschlämmung der Fällungsprodukte zu ermöglichen. Einstufige Anlagen, die bei günstig zusammengesetzen Wässern eingesetzt werden können (Tab. 1.16), bestehen aus einem „Kalksättiger", zur Herstellung des gesättigten Kalkwassers, einem entsprechend groß bemessenen „Reaktor", in dem der Enthärtungsvorgang abläuft und einem Kies- bzw. Sandfilter zur vollständigen Klärung.

Der Kalksättiger ist meist ein geschlossenes Gefäß, in das eine bestimmte Menge Calciumhydroxid, meist in Form von reinem Kalkhydrat als Kalkmilch „vorgelegt" wird. Ein berechneter Teilstrom an Wasser durchströmt das Gefäß von unten nach oben, sättigt sich und erfährt bis zum Übertritt in den Reaktor eine selbsttätige Klärung. Beim Einlauf in den Reaktor wird er mit dem Rohwasser – z. B. mit Hilfe einer kaskadenförmig gestalteten Mischrinne – intensiv vermengt. In einem offenen Reaktor läuft das Reaktionsgemisch in einer Mittelsäule nach unten, wobei das $CaCO_3$ ausfällt. Es reichert sich im Konus des Reaktionsbehälters an und bietet dem dann aufwärtsströmenden Wasser eine große Oberfläche, so dass die Vorgänge entsprechend rasch und weitgehend ablaufen. Durch die langsame Aufwärtsströmung klärt sich das Wasser bis zum Eintritt in den Filter.

Die Verweilzeit im Reaktor beträgt 60–90 Minuten.

Bei einstufiger Enthärtung haben sich Druck-Schnellentcarbonisierungsanlagen (Abb 1.3) bewährt, die zur Intensivierung des Reaktionsablaufes eine Kontaktmasse aus feinkörnigem $CaCO_3$ oder Quarzsand (0,2–0,5 mm Körnung) haben, an die sich das langsam ausflockende Calciumcarbonat anlagert. Diese Körnchen belegen sich mit ausgefällten Härtebildnern, sie wachsen und müssen von Zeit zu Zeit abgeschlämmt bzw. ausgewechselt werden. Die spitzkonisch geformten Schnellreaktoren bewirken durch tangentialen Einlauf von Kalkwasser und Rohwasser eine starke Turbulenz, die im Verein mit der Masse eine rasche Umsetzung sichert. Die sich im oberen Teil erniedrigende Strömungsgeschwindigkeit ermöglicht die Klärung des entcarbonisierten Wassers, das noch eine weitere Schönung in einem Kiesfilter erfährt.

Die Verweilzeit des Wassers im Reaktor ist nur 10–15 Minuten. Das Wasser der geschlossenen, unter einem Überdruck von 1–3 bar stehenden Anlage kann ohne Zwischenschalten von Pumpen auf höhergelegene Reserven oder unmittelbar in das Sudhaus gefördert werden. Diese Schnellentcarbonisierung erlaubt keine stufenweise Enthärtung, z. B. mittels der beschriebenen „Überkalkung"

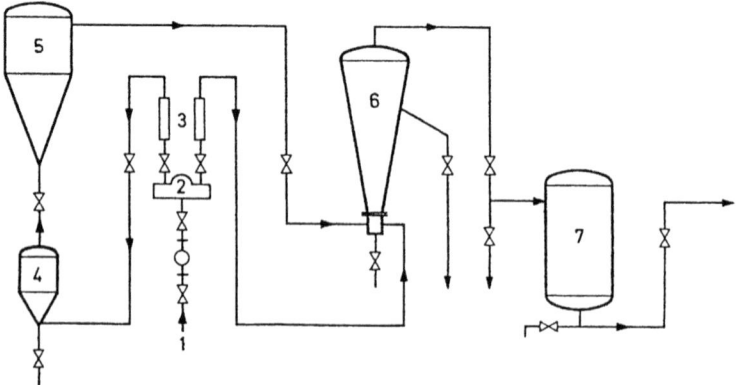

Abb. 1.3 Druck-Schnellentcarbonisierungsanlage (*1* Rohwasserzulauf, *2* Wasserverteiler, *3* Durchflussmengenmesser, *4* Kalkvorlage, *5* Kalksättiger, *6* Schnellreaktor, *7* Kiesfilter)

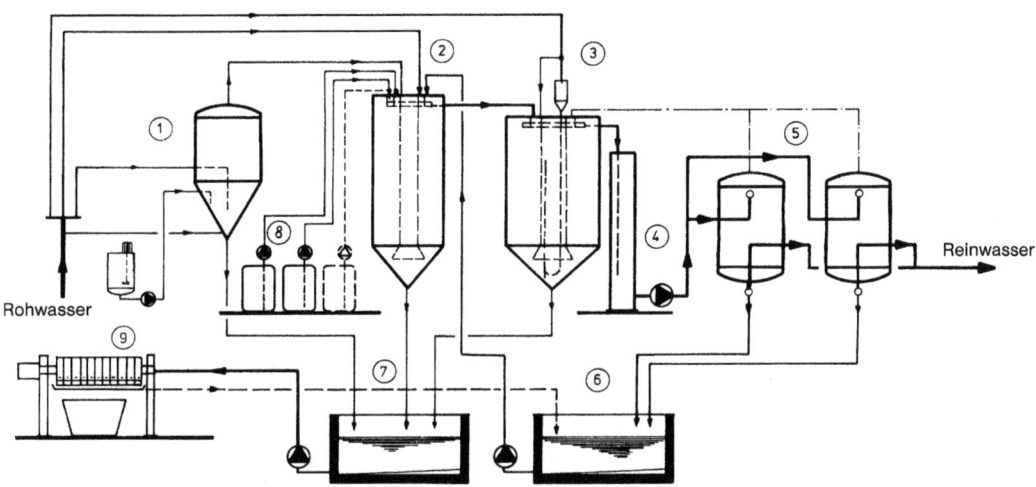

Abb. 1.4 Zweistufen-Entcarbonisierung (*1* Kalksättiger, *2* Reaktor, *3* Veredeler, *4* Druckerhöhung, *5* Kiesfilter, *6* Spülwassersammelbecken, *7* Schlammbecken, *8* Dosierungen, *9* Kammerfilterpresse)

zur Abscheidung des Magnesiumhydroxids. Es würde die Kontaktmasse durch das ausfallende $Mg(OH)_2$ verschleimen, was eine wesentliche Verschlechterung des Enthärtungseffekts erbrächte.

Das *Splitverfahren* erfordert zwei Reaktorbehälter: im ersten wird durch Überdosierung von Kalkwasser eine Ausfällung von $Mg(OH)_2$ bewirkt, in der zweiten der „Veredelungsstufe" erfolgt die Abstumpfung des alkalischen Wassers durch Rohwasser. Je nach Wasserbeschaffenheit, Reaktionszeit und Turbulenz der Wassermischung ist der Enthärtungseffekt bis an das mögliche Optimum heranzuführen (Abb 1.4). Bei entsprechender Gestaltung der Einbauten können beide Reaktionsstufen auch in einem Behälter Aufnahme finden.

Die geschilderten Anlagen der Durchlaufentcarbonisierung sind empfindlich gegen Schwankungen der Rohwasserqualität. Sie haben – gerade bei den mehrstufigen Anlagen – recht beträchtliche Abmessungen und Gewichte. Es fällt Schlamm an, der das Abwasser belastet. Dennoch haben sich diese Anlagen nach wie vor in Brauereien weithin behauptet.

Bei höheren Anteilen an Magnesiumhydrogencarbonat, das den Enthärtungseffekt verschlechtern könnte, wird der zweistufigen Enthärtungsanlage ein schwachsaurer Austauscher (s. Abschnitt 1.3.8.4) im Nebenstrom zugeordnet. Er erlaubt die Anwendung einer höheren Alkalität der Kalkentcarbonisierung, die er durch die freiwerdende Kohlensäure des Ionentauschers neutralisiert. Es kann daher eine derartige Kombination zur Erhöhung bzw. Ergänzung oder Verbesserung der Leistung einer Kalkentcarbonisierung gewählt werden.

Die reinen Chemikalienkosten der Kalkentcarbonisierung liegen unter Zugrundelegung der gängigen Preise für Kalkhydrat [$Ca(OH)_2$] bei Entfernung einer Hydrogencarbonathärte von $10\,°dH$ bei $0{,}03\,€/m^3$ Reinwasser. Hierbei sind die

Kapitalkosten, die Bedienungskosten sowie die Kosten für Entsorgung und Abwasser nicht berücksichtigt. Eine Voraussetzung für die einwandfreie Funktion von Kalkentcarbonisierungsanlagen sind ausreichend bemessene Wasserreserven im Zu- und Ablauf, die einen möglichst kontinuierlichen Lauf gewährleisten.

1.3.8.4 Ionenaustauscher

Lange Zeit stellte der Einsatz von Ionenaustauschern die einzige Möglichkeit dar, schwierige Wässer zu Brauwasser aufzubereiten, so für die Entcarbonisierung magnesiareicher Wässer, die Entsalzung mineralreicher Rohwässer oder auch für die gezielte Entfernung von Anionen wie Nitrat, Chlorid oder Sulfat. Erst mit dem Aufkommen der Umkehrosmose ergab sich eine günstigere Alternative, die zu einem Rückgang der Ionenaustauscher für die Brauwasseraufbereitung führte. Dennoch können Ionenaustauscher weiterhin von Fall zu Fall ihre Berechtigung haben. Im Vergleich zu Kalkentcarbonisierungsanlagen sind Ionenaustauscher von wesentlich kleinerer Abmessung und damit in Investition und Raumbedarf entsprechend günstiger als Kalkentcarbonisierungsanlagen; sie werden deshalb auch zur Enthärtung von Wässern herangezogen, die mit der Kalkfällung in befriedigendem Ausmaß aufzubereiten wären. Die Umkehrosmose dagegen ist noch kompakter und kommt mit geringerem Einsatz von Chemikalien aus; sie hat allerdings die Nachteile einer geringeren Wasserausbeute und eines höheren Energiebedarfs. Somit sind von Fall zu Fall die Vor- und Nachteile der einzelnen Anlagen abzuwägen.

Ionen-Austauscher sind Stoffe, die aus einer Elektrolytlösung positive oder negative Ionen aufnehmen und im Austausch dafür eine äquivalente Menge anderer Ionen gleicher Ladung an sie abgeben.

Natürliche Ionenaustauscher sind die „Zeolithe", die als Silikate Alkali-Ionen gegen Erdalkali-Ionen austauschen, sie sättigen sich dabei allmählich, sie können aber mit einer Lösung, die Alkali-Ionen enthält, regeneriert werden. „Permutite" sind synthetische, anorganische Austauscher, die aus amorphen Aluminiumsilikaten bestehen. Sie spielen bei der Enthärtung von Kesselspeisewasser eine Rolle.

Die heute allgemein verwendeten Austauscher werden aus Kunstharzen – so genannten Gelharzen – erzeugt, deren Matrix, ein durch Valenz- und Gitterkräfte zusammengehaltenes Gerüst aus regellosen, hochpolymeren, räumlich vernetzten Kohlenwasserstoffketten besteht. Diese Matrix ist in Wasser unlöslich; an sie angelagert sind funktionelle Gruppen z. B. für

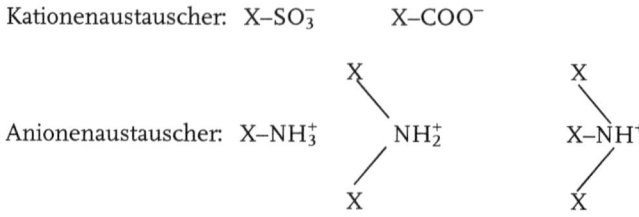

Je nach der Größe dieser Moleküle, ihrem Vernetzungsgrad und durch die Anzahl und Art der funktionellen Gruppen ergeben sich die Eigenschaften eines Ionentauschers.

Die funktionellen Gruppen können nun eine positive oder negative Überschussladung enthalten, die durch Ionen entgegengesetzten Vorzeichens ausgeglichen wird. Diese Ionen können durch andere, gleichsinnig geladene Ionen einer Lösung ausgetauscht werden, wobei das elektrische Gleichgewicht erhalten bleiben muss, d.h. also, dass immer nur ein Ionenäquivalent durch ein anderes ersetzt wird.

Je nach ihrer Wirkungsweise, ob sie Kationen oder Anionen auszutauschen vermögen, lassen sich „saure" (Kationen-) oder „basische" (Anionen-)Austauscher unterscheiden.

Kationen-Austauscher weisen eine Matrix aus Polymerisationsharzen auf Styrol- oder Acrylbasis auf. Sie sind je nach der Dissoziation der funktionellen Gruppen „starksauer" wie z.B. SO_3^- oder schwachsauer wie z.B. COO^-. Schwachsaure Austauscher sind befähigt bevorzugt die Calcium- und Magnesium-Ionen der Hydrogencarbonate gegen Wasserstoff-Ionen auszutauschen. Sie eignen sich damit zur einfachen Entcarbonisierung eines Wassers. Starksaure Austauscher dagegen tauschen die Ca^{2+}-, Mg^{2+}- und Na^+-Ionen der Hydrogencarbonate, aber auch der Sulfate, Chloride und Nitrate, also der Salze starker Säuren gegen H^+-Ionen aus.

Anionentauscher haben ebenfalls eine Matrix aus Styrol- und Acrylharzen. Je nachdem ob die ladungstragenden Gruppen sekundäre ($-NH_3^+$), tertiäre ($>NH_2$) oder quarternäre ($\ni N^+$) Amine sind, bewirkt die Dissoziation derselben eine schwach-, mittel- oder starkbasische Funktion. Erstere tauschen die Anionen starker Säuren (SO_4^{2-}, Cl^-, NO_3^-) gegen Hydroxyl- oder Chlorid-Ionen aus. Starkbasische Austauscher vermögen dagegen auch die Anionen sehr schwacher Säuren wie z.B. Kohlensäure und Kieselsäure zu binden. Derartige Austauschreaktionen sind für Brauwasser in der Regel nicht erforderlich. Bei der Kesselspeisewasseraufbereitung kann die Entfernung von Kieselsäure jedoch notwendig sein, wenn eine Dampfturbine eingesetzt wird.

Es sind aber auch quarternäre Ammoniumverbindungen wesentlich anfälliger gegen organische Verschmutzungen und oxidative Einflüsse, die die Kapazität beeinträchtigen.

Die Austauscher müssen praktisch unlöslich sein; sie dürfen sich auch unter den Bedingungen der Regeneration – selbst bei unzweckmäßiger Bedienung – nicht verändern bzw. keine Geruchs- oder Geschmacksstoffe abgeben. Diese Anforderung auf „Lebensmittelqualität" wird durch die weitgehende Vernetzung der Matrix sowohl bei Kationen- als auch bei Anionentauschern erreicht. Dennoch ist speziell bei Anionenaustauschern auf ihre Lebensmittelechtheit zu achten, da diese, bedingt durch ihre funktionellen Gruppen zu Beginn des Einsatzes Amine an das Wasser abgeben können.

Der Austauschvorgang ist reversibel, ein erschöpfter Ionaustauscher kann mit einer Lösung, die die entsprechenden Ionen enthält, wieder regeneriert werden; so Kationenaustauscher mittels Salzsäure, Anionenaustauscher je nach Art der ausgetauschten Ionen (OH⁻, Cl⁻) mit Natronlauge oder Kochsalz. Bei der Wahl der Regenerierchemikalien ist darauf zu achten, dass diese für die Trinkwasseraufbereitung zugelassen sind.

Diese Reagenzien werden allerdings in verdünnter Form zur Regenerierung verwendet.

Die Kapazität eines Austauschers wird üblicherweise in mval pro Liter Austauschermasse angegeben [8, 9]. Hierbei muss zwischen Gesamtkapazität und der nutzbaren Kapazität unterschieden werden, welche niedriger liegt und von einer Reihe von Faktoren abhängt (Regeneriermittelüberschuss, Temperatur und Art der Regeneration). Nach ihr und der angestrebten Laufzeit berechnet sich die Größe der Austauschercharge für ein „Filterspiel" und damit die Größe des Reaktors.

Der Reaktionsablauf in den Austauschern ist anhand einiger Beispiele folgender:

a) *schwachsaurer Austauscher*

$$A{\Big\langle}_H^H + Ca(HCO_3)_2 \rightarrow A = Ca + 2\,CO_2\uparrow + 2\,H_2O \tag{1.21}$$

$$A{\Big\langle}_H^H + Mg(HCO_3)_2 \rightarrow A = Mg + 2\,CO_2\uparrow + 2\,H_2O \tag{1.22}$$

Es werden somit die Calcium- und Magnesium-Ionen der Hydrogencarbonate fast vollständig gegen Wasserstoff-Ionen ausgetauscht. Die Entfernung von Natrium-Ionen gelingt nur – allerdings nicht quantitativ – beim frisch regenerierten Austauscher. Sie kann praktisch vernachlässigt werden. Die Kationen der Nichtcarbonathärte bleiben erhalten. Hierdurch dürfte sich auch die Grenze der Verwendbarkeit des schwachsauren Austauschers ergeben: sie ist u. U. dann erreicht, wenn die verbleibende Magnesiumhärte der Nichtcarbonate über 5°dH liegt (Tab. 1.19).

Schwach saure Austauscher zeigen, wenn sie erschöpft sind, eine zunehmend schlechtere Enthärtung („Drift"). Um rechtzeitig zu regenerieren, kann mittels Leitfähigkeitsmessung im enthärteten Wasser der Ionengehalt automatisch kontrolliert werden.

Das Rohwasser II lässt sich weitgehend entsalzen, da die Nichtcarbonathärte sehr niedrig liegt. Das aus Rohwasser III resultierende Reinwasser hat wohl eine sehr niedrige Carbonathärte, doch ist das Verhältnis von Ca^{2+} zu Mg^{2+} ungünstig.

Beim Austausch der Kationen der Hydrogencarbonate entstehen adäquate Mengen an *freier Kohlensäure*. Diese ist gegenüber Rohrleitungen, Armaturen

1.3 Das Brauwasser

Tab. 1.19 Erfolg einer Entcarbonisierung mittels schwachsaurem Austauscher

		Roh-wasser II	Rein-wasser	Roh-wasser III	Rein-wasser
Gesamthärte	°dH	15	2	20	7
Carbonathärte	°dH	14	1	14	1
Nichtcarbonathärte	°dH	1	1	6	6
Calciumhärte	°dH	9	1	11	1
Magnesiumhärte	°dH	6	1	9	6
Restalkalität	°dH	10,5	0,6	9,6	0
p-Wert*		–	0	–	0
m-Wert		5,0	0,4	5,0	0,4

* im Wasser nach dem Austauscher

und Behältern aus Schwarzstahl aggressiv, da sie die Ausbildung einer Kalkrostschutzschicht verhindert bzw. eine vorhandene Schicht abbauen kann. Als Folge kommt das blanke Eisen direkt mit dem Wasser in Kontakt, was zu Korrosionen führt (s. auch Abschnitt 1.3.8.11). Sie muss unter diesen Bedingungen möglichst weitgehend entfernt werden.

Dies geschieht durch Verrieselung und Belüftung des Wassers in Rieseltürmen mit großer innerer Oberfläche. Das Wasser wird durch Verdüsen auf ein entsprechend bemessenes Bett von Raschigringen aufgebracht. Beim Rieseln über deren Oberfläche wird es mit – ebenfalls feinverteilter – Luft im Gegenstrom vermischt und die Kohlensäure bis auf einen Restgehalt von 6–10 mg/l ausgetrieben. Nachdem auch dieser Rest bei sehr weitgehender Entfernung der Hydrogencarbonate noch aggressiv wirkt, wird er durch Abstumpfen mit gesättigtem Kalkwasser entfernt. Dabei entsteht Calciumhydrogencarbonat; es wird also pro 10 mg/l CO_2; wieder ein Anstieg der Härte um 0,6 °dH eintreten.

$$2\,CO_2 + Ca(OH)_2 \rightarrow Ca(HCO_3)_2 \qquad (1.23)$$

Es ist aber auch möglich, diese Neutralisation durch einen Marmorfilter zu erreichen.

$$CO_2 + CaCO_3 + H_2O \rightarrow Ca(HCO_3)_2 \qquad (1.24)$$

Da hier pro Molekül Kohlensäure ein Molekül Hydrogencarbonat entsteht, steigt die Härte pro 10 mg/l CO_2 um 1,3 °dH an. Derartige Filter müssen jedoch genügend groß bemessen sein und immer wieder ergänzt werden, um diesen Effekt zu gewährleisten. Nachdem das Wasser nach dem Ionenaustausch meist etwas zu weitgehend enthärtet wurde, kann durch einen Verschnitt mit Rohwasser nicht nur die erwünschte Restcarbonathärte dargestellt, sondern auch die geringe, nach dem Riesler vorliegende CO_2-Menge innerhalb des Spielraums der „zugehörigen" Kohlensäure des Mischwassers aufgenommen werden. Hier ist es allerdings notwendig, die CO_2-Verhältnisse des Rohwassers zu kennen bzw. die des Mischwassers laufend zu überprüfen, um Korrosionen in Schwarzstahlleitungen zu vermeiden.

Es kann eine gewisse Calciumcarbonathärte auch dadurch aufgebaut werden, indem kohlensäurehaltiges Wasser vom Austauscher mit gesättigtem Kalkwasser verschnitten wird.

Dieses Wasser wird also am Riesler vorbeigeführt.

Im Falle der Abstumpfung mit gesättigtem Kalkwasser ist es ratenswert, einen geringen p-Wert von 0,1–0,2 ml 0,1 n HCl aufzubauen, der dann bis zur Verwendung des Kalt- oder Heißwassers ohnedies wieder auf nahe null nachreagiert. Das Korrosionsproblem darf bei dieser Art der Enthärtung nicht übersehen werden.

Die Entfernung bzw. Abstumpfung der freien Kohlensäure kann entfallen, wenn das gesamte Kalt- und Heißwassernetz einschließlich Pumpen, Rohrschaltern und Behältern aus Edelstahl besteht. Es kann dann die ungünstige Sauerstoffaufnahme durch Riesler vermieden werden, wie auch der CO_2-Überschuss eine Sauerstoffaufnahme, z.B. bei Behälterwechsel gering hält.

b) *starksaurer Austausch*
Ca^{2+} und Mg^{2+} der Hydrogencarbonate werden wie bei den Gl. (1.21) und (1.22) entfernt.

$$A–H + NaHCO_3 \rightarrow A–Na + CO_2 \uparrow + H_2O \tag{1.25}$$

$$A\genfrac{}{}{0pt}{}{\diagup H}{\diagdown H} + CaSO_4 \rightarrow A=Ca + H_2SO_4 \tag{1.26}$$

$$A\genfrac{}{}{0pt}{}{\diagup H}{\diagdown H} + MgCl_2 \rightarrow A=Mg + 2\,HCl \tag{1.27}$$

$$A - H + NaNO_3 \rightarrow A–Na + HNO_3 \tag{1.28}$$

Ebenso reagieren $CaCl_2$, $MgSO_4$, $Ca(NO_3)_2$, $NaCl$ usw. Es entstehen jedoch als Produkte des Austauschs freie Mineralsäuren, die unbedingt neutralisiert werden müssen. Dies kann geschehen:

Durch Verschnitt mit Rohwasser, wobei sich die Mineralsäuren mit den Hydrogencarbonaten des Verschnittwassers umsetzen, wobei wiederum CO_2 frei wird:

$$Ca(HCO_3)_2 + H_2SO_4 \rightarrow CaSO_4 + 2\,H_2O + 2\,CO_2 \uparrow \tag{1.29}$$

$$Mg(HCO_3)_2 + 2\,HCl \rightarrow MgCl_2 + 2\,H_2O + 2\,CO_2 \uparrow \tag{1.30}$$

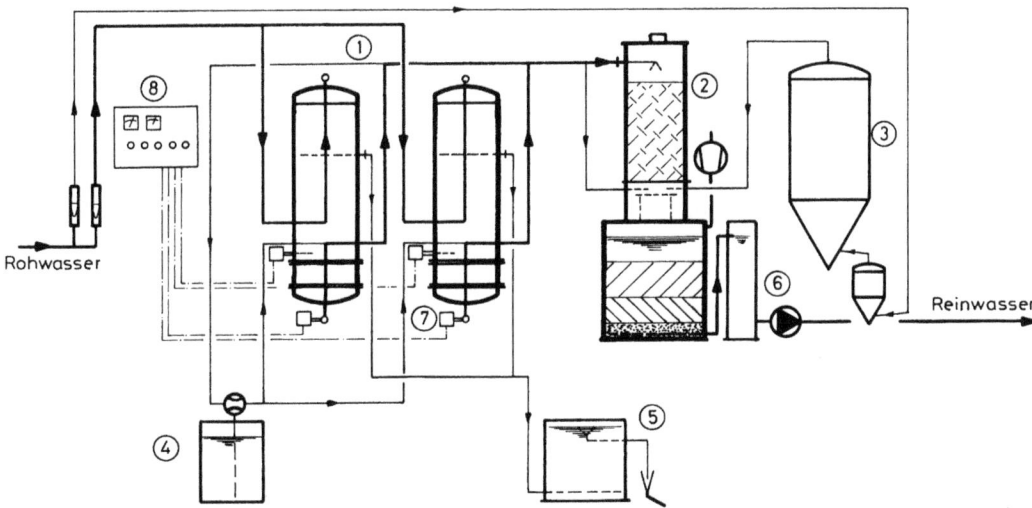

Abb. 1.5 Brauwasseraufbereitung mit starksaurem Kationenaustauscher
(*1* Kationenaustauscher, *2* Rieseler, *3* Kalksättiger, *4* Regeneriereinrichtung,
5 Neutralisation, *6* Druckerhöhung, *7* Messzelle für Differenzleitfähigkeitsmessung, *8* Schaltschrank)

In Abhängigkeit vom Gehalt an Magnesiumhydrogencarbonat bringt der Verschnitt wieder Mg-Ionen und zwar diesmal als Nichtcarbonathärte wie bei Gl. (1.15) ein. Damit dürfte die Grenze dieser Handhabung bei einer Nichtcarbonathärte von ca. 5°dH liegen, um die Magnesiahärte des Reinwassers niedrig zu halten. Die entstehende Kohlensäure muss wie oben entfernt werden, der Verschnitt erfolgt also vor dem Riesler.

Durch *Neutralisation mit gesättigtem Kalkwasser:*

$$H_2SO_4 + Ca(OH)_2 \rightarrow CaSO_4 + 2\,H_2O \qquad (1.31)$$

Entsprechend reagieren die anderen freien Mineralsäuren. Es liegen also alle Mineralsäuren in Form ihrer Calciumsalze vor. Auf diese Weise können Wässer entcarbonisiert bzw. behandelt werden, deren Nichtcarbonathärte in der Regel nicht über 12–15 °dH liegt (Abb 1.5).

Einen Überblick über die Einsatzmöglichkeiten von starksauren Austauschern gibt Tab. 1.20.

Das Wasser IV gibt natürlich eine relativ hohe negative Restalkalität, die sich aber nach einer Reihe von Untersuchungen [161–163] nicht negativ auswirkt, sondern vielmehr sehr günstige pH-Verhältnisse in Maische, Würze und Bier erzielt.

Stark saure Kationenaustauscherharze finden auch bei der Enthärtung ohne Entcarbonisierung Verwendung. Hierbei werden die härtebildenden Ca- und Mg-Ionen durch Na-Ionen ausgetauscht. Die Regeneration des Harzes erfolgt hier mit einer NaCl-Sole. Diese Enthärter finden bei der Betriebswasseraufberei-

Tab. 1.20 Erfolg einer Entcarbonisierung mittels starksaurem Austauscher

		Roh-wasser III	Rein-wasser*	Roh-wasser IV	Rein-wasser
Gesamthärte	°dH	20	7	40	27
Carbonathärte	°dH	14	1	14	1
Nichtcarbonathärte	°dH	6	6	26	26
Calciumhärte	°dH	11	6,5	22	26,5
Magnesiumhärte	°dH	9	0,5	18	0,5
Restalkalität	°dH	9,6	−0,9	5,2	−6,6
p-Wert		−	0,1	−	0,1
m-Wert		5,0	0,4	5,0	0,4

* Mineralsäuren mit $Ca(OH)_2$ neutralisiert

tung und bei spezieller Enthärtung für die Flaschenreinigungsmaschine Verwendung. Da das Hydrogencarbonat erhalten bleibt, ist ein derartiges Wasser für Brauzwecke nicht geeignet.

Der *Anionen-Austausch* ist die dritte Möglichkeit der Neutralisation von Mineralsäuren. Er findet bei hoher Nichtcarbonathärte Anwendung oder eben dann, wenn es notwendig ist, gewisse Anionen, wie z. B. SO_4^{2-}, Cl^- oder vor allem NO_3^- in ihrer Menge zu reduzieren. Hierfür sind meist schwach basische Austauscher üblich.

$$A\begin{matrix}\nearrow OH \\ \searrow OH\end{matrix} + H_2SO_4 \rightarrow A=SO_4 + H_2O \tag{1.32}$$

$$A - OH + HCl \rightarrow A-Cl + H_2O \tag{1.33}$$

$$A - OH + HNO_3 \rightarrow A-NO_3 + H_2O \tag{1.34}$$

Diese Kombination von starksaurem und schwachbasischem Austauscher ermöglicht eine Vollentsalzung des Wassers, die aber in der Praxis für ein Brauwasser weder erforderlich noch wünschenswert ist. Die angestrebte Härte kann durch Rohwasserverschnitt beliebig eingestellt werden.

Um Nitrat-Ionen unter eine mögliche Gefahrenschwelle zu reduzieren ist es ausreichend den Anionentausch nach Gl. (1.34) im Nebenstrom vorzunehmen. Es müssen aber die hierdurch nicht neutralisierten Mineralsäuren durch gesättigtes Kalkwasser (s. oben) abgestumpft werden.

Für die Aufgabe der Entfernung von Nitrat-Ionen eignet sich auch ein so genannter Chlorid-Austauscher, der sogar einen vorausgehenden Kationenaustausch entbehrlich macht.

$$A-Cl + NaNO_3 \rightarrow A-NO_3 + NaCl \tag{1.35}$$

Nachdem dieser aber auch alle anderen Anionen so z. B. Sulfate gegen Chloride austauscht, liegt die gesamte Nichtcarbonathärte in Form von Chloriden vor, was u. U. geschmacklich unbefriedigend sein kann, bei Chloridmengen über 100 mg/l zu Korrosionen in Leitungen, Behältern, Austauschern, ja sogar auf der Würzeseite von Plattenkühlern führt. Es darf daher ein derartiger Chlorid-Austauscher nur nach vorheriger sorgfältiger Prüfung der möglichen Korrosionsgefahren angewendet werden. Eine weitere Variante ergibt sich aus der Regeneration des nitratselektiven Anionenaustauscherharzes mit Salzsäure (z. B. aus dem Überschuss der Regeneration eines vorgeschalteten starksauren Kationenaustauschers als sog. Verbundregeneration) in der Kombination mit Schwefelsäure.

Die durch Kationen- und Anionenaustauscher gebotenen Möglichkeiten erlauben es Wässer aufzubereiten, die ursprünglich nicht als Brauwasser geeignet gewesen wären.

Bei einer dem Verhältnis Chlorid-:Sulfat-Ionen des Wassers angepassten Regenerierung werden die Nitrat-Ionen gegen Cl^- und SO_4^{2-} ausgetauscht. Die entstehenden freien Mineralsäuren erfahren dann eine Neutralisation durch gesättigtes Kalkwasser (Gl. 1.31), so dass die Nichtcarbonathärte in Form ihrer Calciumsalze vorliegt. Die Reaktionen zeigen die folgenden Gleichungen:

$$A=SO_4 + H_2SO_4 \quad \rightarrow \quad A=SO_4 + H_2SO_4 \tag{1.36}$$

$$A-Cl + HCl \quad \rightarrow \quad ACl + HCl \tag{1.37}$$

$$A=SO_4 + 2HNO_3 \quad \rightarrow \quad A\begin{matrix}NO_3\\ \\NO_3\end{matrix} + H_2SO_4 \tag{1.38}$$

$$A-Cl + HNO_3 \quad \rightarrow \quad A-HNO_3 + HCl \tag{1.39}$$

Der Nitratgehalt eines Wassers lässt sich bis auf 3–5 mg/l (je nach erforderlicher Kalkwassermenge, die wiederum Nitrat einbringt) absenken. Das Wasser behält seine ursprüngliche Nichtcarbonathärte, die um den Anteil des Nitrats erhöht wird. Es kann damit die bei Vollentsalzung erforderliche Dosierung von Calciumchlorid (teuer) oder Calciumsulfat ganz oder teilweise je nach gewünschter Nichtcarbonathärte entfallen [164]. Bei Überschreiten einer Nichtcarbonathärte von 12–20 °dH oder bei hohen Chloridgehalten kann eine Parallelschaltung von schwach-/mittelbasischem OH-Ionen-Austauscher und nitratspezifischem Austauscher eine günstige Lösung darstellen. Über den biologischen Weg der Nitratentfernung s. Abschnitt 1.3.8.11.

Die verschiedenen Austauschverfahren können nun miteinander kombiniert werden:
a) starksaure Austauscher und Anionen-Austauscher im Voll- oder Nebenstrom;

b) zur Regeneriermittelersparnis wird ein schwachsaurer Austauscher dem starksauren Austauscher vorgeschaltet. Der Chemikalienüberschuss des letzteren erlaubt eine Regenerierung des schwachsauren Austauschers.

c) Eine Kalkentcarbonisierung mit einem schwachsauren Austauscher zur Erhöhung der Kapazität der einen oder der anderen Anlage, bzw. zur Verbesserung der Enthärtungswirkung der ersteren (s. Abschnitt 1.3.8.3). Es kann dabei die zweistufige Kalkentcarbonisierung mit einem größeren Rohwasseranteil arbeiten, da die freie $Ca(OH)_2$-Alkalität mit der beim Kationenaustausch entstehende freie Kohlensäure bis zum Calciumcarbonat reagieren kann.

Um nun eine gleichmäßige und einwandfreie Leistung zu erzielen, sind beim Austauschverfahren gewisse Voraussetzungen unerlässlich: das zu behandelnde Wasser muss klar d.h. von anorganischen und organischen Trübungsstoffen frei sein, was durch vorgeschaltete Filter, u.U. in Kombination mit Flockungsmitteln erreicht wird. Auch Eisensalze können eine Verschmutzung der Austauscherharze bewirken, sie sind ebenfalls abzuscheiden (s. Abschnitt 1.3.7).

Chlor, Chlordioxid oder andere oxidierende Stoffe müssen vor Eintritt in den Austauscher eliminiert oder abgebaut werden, da jede Form von Oxidation dem Harz schadet und seine Lebensdauer herabsetzt. Üblicherweise dient ein vorgeschalteter Aktivkohlefilter der Entfernung des Chlors.

Aus Sicherheitsgründen kann bei Anlagen, die einen mit Säure regenerierten Austauscher beinhalten, dem Riesler ein Marmorkiesfilter nachgeschaltet werden, welcher bei Betriebsstörung z.B. ungenügendem Auswaschen der Säurereste nach erfolgter Regeneration, bei Absinken des Kalkwasserteilstroms oder bei Nachlassen dessen Sättigungsgrades überschüssige Kohlensäure oder Mineralsäure abzubinden vermag.

Ein Aktivkohlefilter diente einer Schönung des Wassers und der Entfernung von Verfärbungen die u.U. aus dem Regeneriermittel oder aus der Atmosphäre (Belüftung!) herrühren können. Er war aber keinesfalls dazu gedacht, Geschmacksstoffe aus mangelhaften Austauschermassen zu adsorbieren. Das Wasser muss *vor* dem Aktivkohlefilter bereits geschmacklich einwandfrei sein. Verschiedentlich wurden sogar zwei Aktivkohlefilter empfohlen; der zweite frisch gedämpfte diente dabei als Nachfilter [165].

Der früher empfohlene Aktivkohlefilter zur „Schönung" des aufbereiteten Wassers hat sich jedoch aus Gründen der mikrobiologischen Anfälligkeit nicht bewährt.

Die *Regeneration* des Austauschers wird erforderlich, wenn die ladungstragenden Gruppen mit den betreffenden Ionen belegt sind, der Austauscher also erschöpft ist. Bei schwachsauren Austauschern äußert sich dies durch einen Anstieg des m-Werts, der während des gesamten Ladungspiels bei 0,2–0,3 war, auf 0,6–0,7, wo dann der Durchlauf abgebrochen und mit dem Regenerieren begonnen wird. Dies ist je nach Auslegung des Austauschers nach 6–10 oder nach 22 Stunden der Fall. Die Regenerierung erfolgt beim Kationenaustauscher durch verdünnte Säure (2–5%), gewöhnlich Salzsäure, seltener durch Schwefelsäure. Bei Verwendung letzterer kann es zu Gipsausfällungen bei der Regeneration kommen, was zu einem Verkleben und zur Bildung von so genannten Gipsnestern führen kann. Die Folgen sind Kanalbildung, unvollständige Regeneration und damit verringerte Laufzeit bei unbefriedigender Enthärtungsleistung. Es muss demnach mit Vorsicht eine Regeneration mit Schwefelsäure erfolgen.

Bei Anionenaustauschern wird entweder verdünnte Natronlauge oder bei Chloridaustauschern Kochsalz verwendet. Die in entsprechend ausgelegten Tanks in einem eigenen Raum aufbewahrten Regenerier-Chemikalien werden genau bemessen, mit Hilfe von Wasserstrahlpumpen in den Austauscher eingebracht. Bei der Regenerierung laufen die umgekehrten Vorgänge wie beim Austausch ab.

Bei Kationen-Austauschern:

$$A=Ca + 2\,HCl \rightarrow A\begin{matrix}H\\ \\H\end{matrix} + CaCl_2 \qquad (1.40)$$

bei Anionen-Austauschern:

$$A=SO_4 + 2\,NaOH \rightarrow A\begin{matrix}OH\\ \\OH\end{matrix} + Na_2SO_4 \qquad (1.41)$$

$$A-NO_3 + NaCl \rightarrow A-Cl + NaNO_3 \qquad (1.42)$$

Die dabei anfallenden löslichen Salze werden durch Spülen des Austauschers entfernt. Der Aufwand an Regeneriermittel hängt nun von der Dissoziation der Austauscher ab. Bei der bislang üblichen Regenerierung im Gleichstrom, d.h. in der Laufrichtung des zu enthärtenden Wassers benötigt ein schwachsaurer Austauscher 105% des theoretischen Wertes, ein starksaurer Austauscher 250%. Bei der neuen, wirkungsvolleren Gegenstromregenerierung lässt sich der Verbrauch auf 140% verringern, da das Regeneriermittel eine bessere Ausnützung erfährt. Es tritt auch eine Verringerung der Abwassermengen auf etwa die Hälfte ein. Eine Kombination von schwach- und starksauren Austauschern benötigt 110% des theoretischen Chemikalienverbrauchs. Anionen-Austauscher erfordern einen ähnlichen, ihrer Dissoziation entsprechenden Regeneriermittelaufwand.

Im Anschluss an die Regenerierung muss solange mit Reinwasser gespült werden, bis z. B. die Kationenaustauscher keinen negativen m-Wert mehr aufweisen. Der Wasserverbrauch hierfür liegt bei 3–5% der Reinwassermenge.

Dieses Wasser kann zwischengestapelt und vor der nächsten Regeneration eingesetzt werden, um die darin enthaltenen Reste des Regeneriermittels zu nutzen.

Die anfallenden sauren oder alkalischen Abwässer müssen vor dem Eintritt in das Abwassernetz eigens neutralisiert werden. Bei sauren Abwässern werden

Kalk- oder Dolomitfilter verwendet; wenn es die räumliche Lage der einzelnen Betriebsteile zulässt, dann könnten diese Abwässer auch zur Neutralisation von Flaschenkellerlaugen herangezogen werden. Bei Kationen- und Anionentauschern ist es möglich, die sauren und alkalischen Abwässer miteinander zu verschneiden.

Ionenaustauscheranlagen können automatisch betrieben und regeneriert werden.

Bei der Regenerierung der Austauscher mit Salzsäure, die eine Lösung von Chlorwasserstoffgas in Wasser darstellt, können auch halogenierte Kohlenwasserstoffe eingebracht werden oder entstehen. Wird anstelle von Salzsäure mit Schwefelsäure regeneriert, so besteht die Gefahr nicht, jedoch wird hierdurch nur die Hälfte der Harzkapazität erzielt. Für die Regenerierung vermag die Salzsäure nach DIN 19610 nicht zu genügen, da sie Trichlormethan (Chloroform) und Tetrachlorkohlenstoff (CCl_4) in nicht zu vernachlässigenden Mengen enthalten kann [166]. Dies kann in den ersten 5–10 Minuten der Anlaufphase des Kationenaustauschers zu erhöhten Werten der HKW führen. Dieses Problem kann durch chemisch reine Salzsäuren, deren HKW-Gehalt vermindert ist, gelöst werden. Weiterhin spricht für diesen Vorschlag, dass sich Trichlormethan aus der Anlaufphase des Kationenaustauschers im stark basischen Anionenaustauscher anreichert und nur langsam wieder ausgespült wird.

Die Reinsalzsäure ist um 20–40% teurer als die DIN-Salzsäure, doch liegt sie in einer höheren Konzentration vor und ist damit ergiebiger, so dass die entstehenden Kosten kaum zu Buch schlagen.

Halogenierte Kohlenwasserstoffe im Wasser lassen sich im Riesler (zur Austreibung des aggressiven CO_2) – je nach Substanz um 30–90% verringern. Heutzutage werden aber diese Wässer bei „inertem" Behälter- und Leitungssystem nicht mehr über den Riesler entgast.

Die Kosten für die Enthärtung eines Brauwassers durch Ionenaustausch liegen bei einer Entfernung von 10°dH an Hydrogencarbonathärte bei schwachsauren Austauschern bei 0,21 €/m^3, bei starksauren Austauschern (mit Gegenstromregenerierung) bei 0,21 €/m^3 Reinwasser; bei zusätzlichem Anionenaustausch von 10°dH sind selbst unter der Berücksichtigung der Gegenstromregenerierung weitere 0,15 €/m^3 erforderlich. Hierzu kommt bei Kationenaustauschern stets ein Betrag für Kalkhydrat des nach dem Riesler verbliebenen Kohlendioxids (0,004 €/m^3). Neutralisations-, Entsorgungs- und Kapitalkosten sind hierbei nicht berücksichtigt.

1.3.8.5 Das Elektro-Osmoseverfahren

Dieses Verfahren beruht im Prinzip darauf, dass das zu reinigende Wasser in einem Dreizellenapparat durch die Wirkung von Gleichstrom von Ionen befreit wird [167, 168]. Die Apparatur ist durch ionendurchlässige Diaphragmen in einen Anoden-, einen Mittel- und einen Kathodenraum unterteilt. Durch den elektrischen Strom wandern die Anionen über die Diaphragmen zum Anodenraum, die Kationen zum Kathodenraum und werden dort jeweils entladen.

Spülung mit Rohwasser entfernt die entstehenden Basen und Säuren. Das zwischen den Diaphragmen im Mittelraum befindliche Wasser wird umso salzärmer, je länger der elektrische Strom einwirkt. Alle Elektrolyte mit Ausnahme der Kieselsäure können hierdurch völlig aus dem Wasser entfernt werden.

In der Praxis werden mehrere Elemente hintereinander geschaltet, so dass das Wasser von Kammer zu Kammer immer ärmer an Ionen wird. Sie sind nach Art der Filterpressen aufgebaut.

Für die Spülung der Elektrodenräume dient Rohwasser bzw. gereinigtes Wasser. Das Spülwasser wird in einer offenen, zweiteiligen Rinne abgeleitet, es kann für besondere Aufgaben im Betrieb (z. B. Flaschenkellerlauge) verwendet werden. Das Material der Anoden ist Magnetit, das der Kathoden aus Eisen (auch Edelstahl), Zink und Zinn. Die Diaphragmen bestehen aus Vulcanfiber oder Chromgelatine; sie haben jedoch eine unterschiedliche Durchlässigkeit für Anionen und Kationen.

Der Stromverbrauch bestimmt die laufenden Kosten der Anlage, er liegt zwischen 15 und 45 kWh/m^3 Wasser, im Regelfall bei etwa 20 kWh.

Eine Entlastung der teueren Elektro-Osmose-Anlagen kann durch eine vorgeschaltete Entcarbonisierung (Kalkenthärtung, schwachsaurer Ionenaustauscher) erreicht werden.

1.3.8.6 Die umgekehrte Osmose

Sie ermöglicht ebenfalls eine weitgehende Entsalzung des Wassers [169, 170]. Zur Erklärung des Verfahrens sei Folgendes ausgeführt:

Bei der *Osmose* haben zwei Lösungen unterschiedlicher Konzentration, die durch eine halbdurchlässige Membran getrennt sind, das Bestreben, sich in ihrer Konzentration auszugleichen. Dabei tritt Lösungsmittel aus der verdünnten Lösung über. Dieser Übergang führt schließlich zu einer Volumenvergrößerung bzw. zur Ausbildung einer Druckerhöhung auf der „Lösungsseite" der semipermeablen Membran. Nach einer Zeitspanne, die von der Konzentration und der Zusammensetzung der Lösung sowie der Art der Membran abhängt, erreicht die Druckerhöhung auf der Lösungsseite einen Gleichgewichtswert, bei dem die Diffusion des Lösungsmittels in die Lösung zum Stillstand kommt. Der osmotische Druck hängt ausschließlich von der Anzahl gelöster Teilchen und nicht von deren Molekülgröße ab. Die folgende Tab. 1.21 gibt einen Überblick über die osmotischen Drücke in Abhängigkei verschiedener Salzkonzentrationen.

Bei der *umgekehrten* Osmose dient ebenfalls eine semipermeable Membran zur Trennung der beiden Phasen: es wird auf die Seite der konzentrierteren Lösung (Konzentrat) ein Druck gesetzt, der den osmotischen Druck überwindet und der reines Wasser (Permeat) durch die halbdurchlässige Membran diffundieren lässt. Druck ist die einzige Energie die zum Ablauf dieses Prozesses erforderlich ist. Die üblichen Drücke liegen bei etwa 28 bar Überdruck.

Die *Umkehrosmose* ist innerhalb der druckbetriebenen Membranverfahren dasjenige mit der feinsten Trennung. Sie kann selbst einwertige Ionen zurückhalten sowie auch organische Substanzen, Bakterien, Viren u. a.

Tab. 1.21 Verschiedene osmotische Drücke bei unterschiedlichen Salzkonzentrationen

Salz	Konzentration	Osmotischer Druck (bar)	Bemerkungen
$Ca(HCO_3)_2$	500 mg/l 17°dH	ca. 0,2	Brunnenwasser mit ausschließlich Carbonathärte
$Ca(HCO_3)_2$	2500 mg/l 86°dH	ca. 1,1	Konzentrat aus Brunnenwasser, 80% Ausbeute
NaCl	0,9%-m/v	ca. 7,5	Physiologische Kochsalzlösung
NaCl	3,5%-m/v	ca. 29	Meerwasser

Die *Nanofiltration* als nächst gröberes Membranverfahren kann mehrwertige Ionen abtrennen, während einwertige Ionen mehr oder weniger stark die Membran zu passieren vermögen. Der Übergang von Umkehrosmose zu Nanofiltration ist fließend.

Die *Ultrafiltration* trennt je nach Membran gelöste Makromoleküle wie Proteine und Mikroorganismen ab. Sie wird zur Entkeimung von Wasser eingesetzt (s. Abschnitt 1.3.8.12).

Die *Mikrofiltration* entfernt partikuläre Verunreinigungen.

Wirkung der Umkehrosmose Die treibende Kraft für den Durchtritt des Wassers ist die effektive Druckdifferenz zwischen Permeat- und Konzentratseite der Membran. Tab. 1.21 zeigt, dass der osmotische Druck im Bereich der normalen Süßwasseraufbereitung gering ist: z. B. bei einem Brunnenwasser von 17° dH ausschließlicher Carbonathärte beträgt er nur 0,2 bar. Hier werden Salzrückhalteraten von ca. 99,5%, bestimmt mit NaCl, erreicht. Es ist also der Ionenschlupf sehr gering. Im Konzentrat ergeben sich bei einer Permeatausbeute von 80% Drücke von ca. 1,1 bar. Für einen ausreichenden Durchfluss durch die Membranen resultieren bei der Anwendung in der Brauerei übliche Druckbereiche von 8–15 bar. Je geringer der Druckbereich der Anlage, umso einfacher ist die Anlagentechnik und umso geringer sind die Energiekosten für die Pumpen.

Bei der Entsalzung von Meerwasser wird dagegen ein Großteil des Drucks zur Überwindung des osmotischen Drucks benötigt. Nachdem sich mit steigender Ausbeute die Konzentration auf der Konzentratseite erhöht, sind die Ausbeuten von Meerwasserentsalzungsanlagen begrenzt.

Der Durchschnitt des gelösten Stoffes von der Konzentrat- zur Permeatseite („Schlupf") ist abhängig vom Diffusionswiderstand der Membran sowie vom Konzentrationsgradienten. Mit steigender Konzentration auf der Konzentratseite wird der Schlupf eines Stoffes durch die Membran größer. Somit wird die Permeatqualität bei den hinteren Modulen eines Druckrohres schlechter. Wird möglichst salzarmes Kesselspeisewasser benötigt, so wird dieses von den vorderen Modulen entnommen. Bei der Meerwasserentsalzung sind hohe Drücke von bis zu 30 bar erforderlich (s. Tab. 1.21); die Ausbeute wird umso schlechter, je höher die Ansprüche an die Reinwasserqualität sind.

Das *Material der Membranen* ist für die Trinkwasseraufbereitung zumeist Polyamid. Dies ist bis zu einer Temperatur von 40 °C und innerhalb eines pH-Bereichs von 2–11 (für die Reinigung sogar 1–12) beständig. Hohe Drücke von 25–30 bar werden nur für Meerwasserentsalzung benötigt, für Trink- bzw. Brauwasser genügen Drücke von weniger als 13 bar, z. T. sogar unter 10 bar. Die Standzeiten der Membranen erreichen 5–8 Jahre, bei geringerer Belastung auch noch mehr.

Um dauerhaft stabile Ablaufwerte zu erreichen, müssen die von der Membran zurückgehaltenen Ionen im Konzentratstrom abtransportiert werden. Dies geht nur durch entsprechende Überströmung (Crossflow). Sie verringert die sich ausbildende Grenzschicht und verhindert einen Durchtritt von Ionen (Scaling). Bei verbesserter Permeatqualität wird der sich ausbildende Druck geringer und damit der Durchfluss höher.

Eine *Vorbehandlung des Wassers* ist wichtig für einen störungsfreien Betrieb und für die Lebensdauer der Membranen. Suspendierte, kolloidal gelöste Stoffe, Mikroorganismen sowie Barium, Eisen und Mangan müssen vor der Umkehrosmoseanlage entfernt werden.

Weiterhin vertragen die Membranen aufgrund ihrer organischen Polymerstruktur Oxidationsmittel wie ClO_2 oder O_3 nicht. Sie würden dadurch zerstört werden. Damit ist das Wasser vor der Anlage über Kiesfilter, Aktivkohlefilter oder auch über Ultrafilter zu reinigen. Diese Verfahren reduzieren die Verblockungsneigung („Fouling") des Rohwassers [159], die durch den sog. „Silk Density Index" (SDI) ausgedrückt wird. Dieser wird durch eine Filtration über einen Membranfilter mit 0,45 m Porenweite ermittelt. Geringe Membranbelegungen lassen sich durch Spülung in Abständen von mehreren Wochen entfernen, doch ist dies nur bei einem geringen SDI möglich.

Um das Ablagern von Ausfällungen („Scaling") im Konzentratbereich zu verhindern, wird das Wasser mit CO_2 oder Schwefelsäure versetzt. Hierdurch wird ein Teil der Hydrogencarbonate in Sulfate überführt. Die hierbei freiwerdende Kohlensäure kann normalerweise im Wasser verbleiben; es kann lediglich bei Brauereien, die ihren Kalt- und Heißwasserbereich (Behälter, Leitungen, Rohrschalter, Pumpen) noch nicht auf Edelstahl umgestellt haben, notwendig sein, die freie Kohlensäure über einen Riesler zu entfernen. Zur Stabilisierung von anderen Härtebildnern werden Spezialphosphate oder niedermolekulare Polymere eingesetzt. Silikate können besonders störend sein; sie werden durch eine Mischung von organischen Polymeren stabilisiert. Bei diesen „Antiscaling"-Zusätzen sind die Vorgaben der Membranhersteller maßgebend, um einen störungsfreien Betrieb zu gewährleisten.

Die *Temperatur* hat einen erheblichen Einfluss auf die Viskosität des Wassers und damit auf den Permeatfluss pro Membranfläche. Die übliche Auslegungstemperatur für Brunnenwasser liegt bei 15 °C; sie muss bei Bedarf angepasst werden.

Die *Reinigung der Membranen*, die heute ausschließlich aus Polyamiden bestehen, ist mit Säuren und Laugen üblich. Bei Auftreten von Fouling wird alkalisch gereinigt (Basis Natronlauge). Bei Verlegung durch Scaling werden in der

Regel saure Reiniger eingesetzt. Im Falle von schwierigen Reinigungsaufgaben, wie auch bei Verwendung von vorkonfektionierten Reinigern, sind die Vorschriften der Lieferfirmen zu beachten. Ist eine Reinigung nicht mehr möglich, bleibt nur mehr der Austausch von Membranen.

Die *Umkehrosmoseanlagen* bestehen aus *Modulen*; üblich sind Spiralwickelmodule. Eine beidseitig verklebte Membrantasche ist am offenen Ende mit dem Permeatsammelrohr verbunden und um das Rohr aufgewickelt. Abstandshaltermatten sowohl innerhalb der jeweiligen Membrantasche als auch zwischen den aufgewickelten Lagen ermöglichen auf der Permeat- wie auch auf der Konzentratseite eine Zu- und Abführung des Wassers. Diese Bauform ist sehr kompakt: So hat ein übliches 8-Zoll-Modul bei einer Länge von 1 m eine Fläche von 40 m². Abbildung 1.6 zeigt den Aufbau eines Moduls. Die einzelnen Module werden in sog. Druckrohre eingebracht, wobei je nach Druckrohrlänge 2–8 Module hintereinander verbunden werden. Je nach Größe der Anlage werden mehrere Druckrohre parallel geschaltet (modularer Aufbau). Die parallelen Druckrohre bilden dann eine „Bank". Werden höhere Ausbeuten bzw. eine Einengung des Konzentrats angestrebt, dann kommen mehrstufige Anlagen zum Einsatz. Hier wird das Konzentrat der vorderen Bank in einer folgenden Bank weiter aufkonzentriert. Um eine ausreichende Überströmung zu haben, weisen die jeweils anschließenden Bänke meist weniger parallele Druckrohre, die sog. „Tannenbaumstruktur" auf. Um diese hinteren Bänke ausreichend zu überströmen, kann ein Teil des Konzentrats in den Zufluss der Anlage zurückgeführt werden. Diese Maßnahme verschlechtert zwar die Permeatqualität etwas, sichert aber eine bessere Überströmung und damit ein gleichmäßigeres Ergebnis (Abb. 1.7). Die Ansicht einer Umkehrosmose-Anlage zeigt Abb. 1.8.

Im Vergleich zu anderen Systemen der Wasserenthärtung wirkt die Umkehrosmose wenig selektiv, da alle Ionen – Kationen und Anionen – gleichmäßig aus dem Wasser entfernt werden. Dies ist sonst nur mit mehrstufigen Aufbereitungsverfahren möglich. Im Gegensatz zu früheren Anlagen werden auch nun

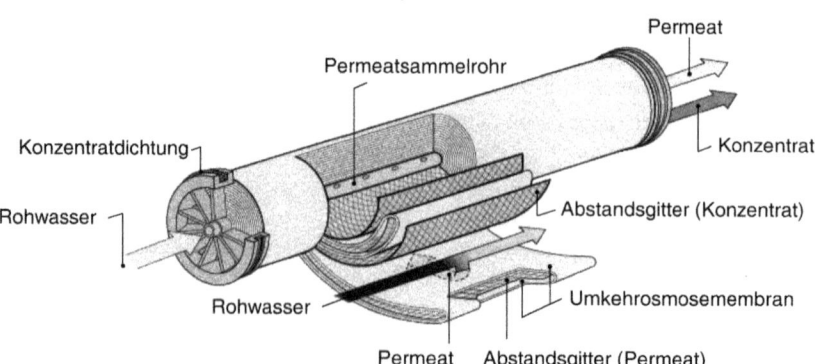

Abb. 1.6 Verfahrensschema der Umkehrosmose im Kompaktmodul

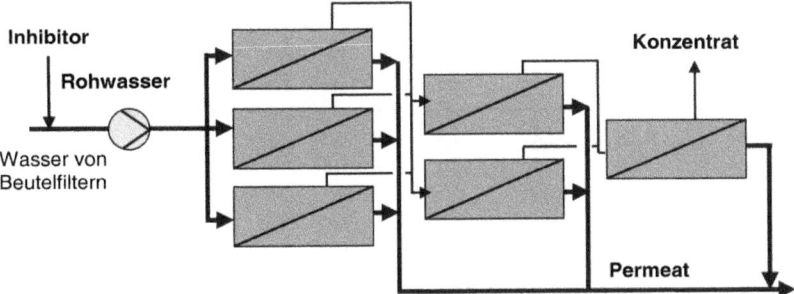

Abb. 1.7 Aufbau von Modulen in einer mehrstufigen Anlage

Abb. 1.8 Umkehrosmose-Anlage

die einwertigen Ionen wie Natrium, Chlorid und Nitrat sehr weitgehend eliminiert.

Für Brauwasser kann eine Aufhärtung wünschenswert sein: so mit Rohwasser, das dann allerdings auch wieder den Nitratgehalt leicht erhöhen kann. Mittels der im Wasser befindlichen freien Kohlensäure könnte mit gesättigtem Kalkwasser eine gewisse Carbonathärte aufgebaut werden. Meist wird jedoch ein Zusatz von Calciumchlorid oder Calciumsulfat getätigt, um die Nichtcarbonathärte und mit ihr den Calciumgehalt eines Wassers aufzubauen.

Das Enthärtungsergebnis eines sehr harten Wassers zeigt Tab. 1.22.

Die Anlage wurde mit einer Ausbeute von 80% gefahren. Die beiden Permeatstufen zeigen die Unterschiede zwischen dem ersten und dem zweiten Modul auf. Das letztlich angestrebte günstige Brauwasser wurde durch einen

Tab. 1.22 Ergebnis der Umkehrosmose

		Rohwasser	Permeat-stufe 1	Permeat-stufe 2	Konzentrat	Brauwasser
Gesamthärte	°dH	32,8	0,3	0,5	50,7	4,5
Carbonathärte	°dH	16,8	0,3	0,5	31,8	2,2
Nichtcarbonathärte	°dH	16,0	0	0	18,9	2,3
Calciumhärte	°dH	28,3	0,13	0,42	42,8	3,8
Magnesiumhärte	°dH	4,5	0,02	0,07	7,9	0,7
Restalkalität	°dH	8,1	0,26 (?)	0,17	18,5	1,0
Natrium	mg/l	4,3	0,8	2,2	12,5	2,0
Chlorid	mg/l	28,4	0,4	1,1	44,8	5,0
Sulfat	mg/l	221,3	0,2	1,9	303,7	30,0
Nitrat	mg/l	30,3	2,2	4,6	57,2	6,0

Verschnitt mit 12% Rohwasser erzielt. Früher war, bedingt durch den stärkeren Schlupf der einwertigen Ionen das Verhältnis von Natrium-Ionen zu den Erdalkali-Ionen so gestaltet, dass Natriumhydrogencarbonat entstand, d. h. die Hydrogencarbonathärte war höher als die Gesamthärte [171]. Dies konnte durch Zugabe von Calciumchlorid oder Calciumsulfat korrigiert werden.

Grenzen der Umkehrosmose ergeben sich bei den Anionen schwacher Säuren wie z. B. Silikat und Borat. Arsen wird in fünfwertiger Form besser zurückgehalten als in dreiwertiger. Hier ist eine Differenzierung nach der Wertigkeit der Arsen-Ionen im Rohwasser vorzunehmen.

Eine Verkeimung der Umkehrosmose-Module kann bei Stillstand der Anlage eintreten. Bei einem Stillstand von unter 48 Stunden sollte ein regelmäßiger Zwangsbetrieb stattfinden. Bei längerem Stillstand werden die Module mit Natriumbisulfit konserviert. Es sind die Richtlinien des Membranherstellers zu beachten.

Die laufenden Aufwendungen setzen sich aus Kosten für Chemikalien (Antiscaling) sowie für elektrische Energie zusammen. Bei einem Betrieb mit 10 bar Druckdifferenz und 80% Ausbeute benötigt die Umkehrosmoseanlage ca. 0,6 kWh/m^3 Permeat und für Antiscalant bei ca. 4 g/m^3 Permeat. Der Säurebedarf liegt, abhängig von der Rohwasserhärte, im Mittel bei 0,5 mval/l, entsprechend 10 l CO_2 = 17 g/m^3 Permeat. Die Gesamtkosten liegen bei 0,22 €/m^3.

Die *Wiederverwendung von Konzentrat*: Der gegenüber anderen Verfahren erhöhte Abwasseranfall hat zu Überlegungen geführt, das Konzentrat wiederzuverwenden. Für Spülzwecke ist möglicherweise der Salzgehalt zu hoch, vor allem wenn in einer mehrstufigen Anlage mit hoher Ausbeute gefahren wird. Es könnte jedoch in bestimmten Fällen ein Mittelweg zwischen Permeatausbeute und Konzentratwiederverwendung möglich sein. Für Tafelwasser mit hohem Mineralstoffgehalt kann das Konzentrat wegen der Zusätze gegen Scaling ebenfalls nicht genutzt werden.

Recycling von Abwasser: Abwasser kann nach der biologischen Klärung über eine Ultrafiltration mittels einer Umkehrosmoseanlage soweit aufbereitet werden, dass es wieder zu verwenden ist. Es sind allerdings weitere Aufbereitungsschritte zur Entfernung leicht flüchtiger Substanzen wie Aktivkohlefilter oder Stripping-Einrichtungen erforderlich [172, 173].

Das Wasser muss über einen Riesler zum Entfernen von ca. 60 mg/l CO_2 sowie durch gesättigtes Kalkwasser „abgestumpft" werden [87].

1.3.8.7 Die Elektrodiarese

Die Elektrodiarese ist ein Entsalzungs-Verfahren, dem das Prinzip der Dialyse zugrundeliegt, d.h. es findet eine Wanderung von Ionen im elektrischen Feld durch zwischengeschaltete jeweils anionen- und kationensperrende Membranen statt [174]. Bei der Ionenwanderung vollzieht sich zusätzlich das Prinzip der chemischen Tauschadsorption des Ionentauschers an speziellen starksauren und starkbasischen Harzen mit geringerem inneren Widerstand.

Während beim in Abschnitt 1.3.8.4 geschilderten Ionenaustausch die Sulfonsäuregruppen bzw. Aminogruppen nach ihrer Beladung mit Gegenionen durch Regeneration wieder von der Salzform in die Säure- bzw. Basenform übergeführt werden, erfolgt bei der Elektrodiarese ein Verdrängen der angelagerten Gegenionen durch nachfolgende, von den Elektrodenzellen freigesetzten H^+- und OH^--Ionen. Die abgeschiedenen Ionen wandern, ebenfalls unter dem Einfluss des elektrischen Feldes in eine eigene Kammer, aus der sie erneut chemisch gebunden als Neutralsalze abgeführt werden.

Nachdem diese Anlage nur sehr selten zur Brauwasseraufbereitung verwendet wurde und auch heute durch die einfachere Umkehrosmose kaum mehr benötigt wird, sei auf die Beschreibung in der 6. und 7. Auflage dieses Buches verwiesen.

1.3.8.8 Kosten

Die Kosten der beschriebenen Enthärtungsverfahren werden natürlich je nach Anschaffungspreis und Lebensdauer, aber auch nach den Abwasserkosten in weiten Grenzen schwanken. Nachdem jedoch letztere sehr betriebsspezifisch sind (z.B. Neutralisation von sauren Abwässern mit Flaschenkellereilaugen etc.) sollen nur die Chemikalien- oder Stromkosten aufgeführt werden für eine Entcarbonisierung um ca. 10° Restalkalität. Sie liegen bei Kalkentcarbonisierung bei 0,03 €/m³ Reinwasser, bei schwachsauren Austauschern bei 0,21 bei starksauren bei 0,28 € (bei Gegenstromregenerierung ca. 0,21 €), bei Vollentsalzung um 20°dH bei 0,36/m³. Die Elektro-Osmose kostet aufgrund der hohen Stromkosten 1,5–3 €/m³, je nach Strompreis bei einer Vorreinigung des Wassers entsprechend weniger. Die Umkehr-Osmose erfordert für Strom- und Chemikalienkosten einen Aufwand von ca. 0,22 €/m³. Hierin ist auch ein bescheidener Ansatz für einen Modulaustausch enthalten.

1.3.8.9 Zusatz von Calciumsulfat oder Calciumchlorid

Dies ist eine Möglichkeit, die aciditätsmindernden Eigenschaften der Bicarbonate zu kompensieren wie eine nochmalige Darstellung der Gl. (1.3) und (1.8) aus Abschnitt 1.3.4 zeigt:

$$2\ KH_2PO_4 + Ca(HCO_3)_2 \Leftrightarrow CaHPO_4 \downarrow + K_2HPO_4 + 2\ H_2O + 2\ CO_2 \uparrow$$

$$4\ K_2HPO_4 + 3\ CaSO_4 \Leftrightarrow Ca_3(PO_4)_2 \downarrow + 2\ KH_2PO_4 + 3\ K_2SO_4.$$

Die Hydrogencarbonate des Calciums und Magnesiums führen bekanntlich die (sauren) primären Phosphate in die alkalischen (sekundären) über. Der Gips setzt nun die gebildeten sekundären Phosphate in der Wärme unter Bildung von löslichem, primären Phosphat und unlöslichem tertiären Calciumphosphat um. Dadurch hebt der Gips bis zu einem gewissen Grad die alkalische Wirkung der Hydrogencarbonate wieder auf. Es entsteht pro Molekül Gips jeweils ein Molekül Kaliumsulfat, das für die Bierbereitung nicht günstig ist. Außerdem fallen bei diesen beiden Reaktionen Phosphate aus, die dann für die Hefe, aber auch als Puffersubstanzen verloren gehen. Gips kann sich aber auch mit sekundärem Magnesiumphosphat umsetzen, wobei wiederum das sekundäre Calciumphosphat entsteht, das unlöslich ist und ausfällt. Es entsteht wiederum Magnesiumsulfat.

$$MgHPO_4 + CaSO_4 \Leftrightarrow CaHPO_4 \downarrow + MgSO_4 \qquad (1.43)$$

Auch mit organischen Salzen z. B. den „Laktaten", die in Maische und Würze vorkommen, bildet Gips in Verbindung mit sauren (primären) Phosphaten sekundäres Phosphat und Kaliumsulfat.

$$KH_2PO_4 + C_2H_4OHCOOK + CaSO_4 \Leftrightarrow CaHPO_4 \downarrow + K_2SO_4 + C_2H_4OHCOOH$$
$$(1.44)$$

Es fällt wiederum sekundäres Calciumphosphat aus.

Aus diesem Grunde wird immer wieder geraten, die Dosierung von Gips mit Vorsicht zu handhaben; auch wird verschiedentlich Calciumchlorid gegeben, das einen weicheren, volleren Geschmack vermittelt, in größeren Gaben auch zu einem „salzigen" Beigeschmack führt, was in Anbetracht der entstehenden Mengen an KCl verständlich ist. Gips gibt dabei einen etwas „trockenen" Charakter, die Biere tendieren u. U. zu einer „Hopfenblume" [175]. Die erforderlichen Gips- oder Calciumchloridgaben lassen sich errechnen (s. Abschnitt 1.3.9). Es werden 3,5 Äquivalente Calcium benötigt um 1 Äquivalent Hydrogencarbonat auszugleichen. Es bedarf bei einem Wasser mit einer Restalkalität von 10 °dH der Zufuhr einer Gips- oder Calciumchloridhärte von 25 °dH, um eine Restalkalität von 3 °dH zu erhalten. Dies erfordert eine Gipsgabe von 75 g/hl, bei Calciumchlorid liegen die Mengen je nach Kristallwasseranteil entsprechend höher. Hierdurch wird der pH beim Maischen etwa auf den Wert, wie er mit

Tab. 1.23 Auswirkung von $CaSO_4$ und $CaCl_2$ auf einige Biereigenschaften [177]

		$CaSO_4$			$CaCl_2$		
Gesamthärte	°dH	0	15	27	0	15	27
Restalkalität	°dH	0	−4,3	−7,4	0	−4,3	−7,4
Anstellwürze-pH		5,41	5,27	5,17	5,39	5,21	5,10
Bier-pH		4,44	4,42	4,37	4,41	4,38	4,33
Anstellwürze	P_2O_5 mg/l	821	710	649	808	701	635
Bier	P_2O_5 mg/l	709	613	559	705	608	547
Anstellwürze	Farbe	14,4	10,4	10,4	14,1	10,1	9,8
Bier	Farbe	9,6	8,5	8,5	9,5	8,9	7,8

destilliertem Wasser erreicht werden kann, abgesenkt. Der pH-Wert der abgeläuterten Gesamtwürze liegt zwar beim „kompensierten" Sud etwas höher, doch fällt er beim Würzekochen um den gleichen Betrag wie bei destilliertem Wasser. Bei der Gärung ist dagegen ein pH-Abfall zugunsten des „kompensierten" Wassers gegeben. Diese Erscheinung lässt sich unschwer auf die Phosphatfällungen und damit auf die geringere Pufferung zurückführen [176].

Bei enthärteten Wässern kann es durchaus empfehlenswert sein, durch Zusatz von Calcium-Ionen die stärkere Pufferung, die durch den günstigeren Maische-pH und die „Schonung" der Phosphate erreicht wurde, etwas zu vermindern. Die pH-Werte und die Phosphatgehalte bei Gips- oder Calciumchloridgaben zeigt Tab. 1.23.

Hiernach scheint das Calciumchlorid eher noch wirksamer zu sein als der Gips, doch wurden die „Gips-Biere" bis auf eine Nichtcarbonathärte von 34 °dH z. T. hochsignifikant bevorzugt, während bei Calciumchloriddosierung die Ergebnisse unentschieden waren. Es konnte also keine Geschmacksverschlechterung abgeleitet werden, ebenso wenig litt die Stabilität der Biere. Gerade bei Bieren Pilsener Typs kann eine Gipsdosierung bzw. eine an die Wasserverhältnisse angepasste $CaSO_4/CaCl_2$-Gabe z. B. bei enthärteten Wässern bis auf eine Restalkalität von −2° dH [178] eine bessere Farbstabilität während des Brauprozesses – z. B. beim Würzekochen und während der Behandlung im Whirlpool – erbringen. Auch zeichnen sich derartige Biere durch einen weichen Trunk und eine gute Bittere aus. Bei den höheren Aciditätswerten derartiger Würzen und Biere sind jedoch die Bitterstoffverhältnisse zu beachten, da die Lösung der Hopfenbitterstoffe, insbesondere der α-Säure bei niedrigerem pH schlechter ist (s. Abschnitt 1.4.7.2).

Es ist auf jeden Fall anzuraten, bei einer Korrektur des Wassers mit $CaCl_2$ oder $CaSO_4$ den Ausfall von Probesuden zu überprüfen.

1.3.8.10 Neutralisation von Hydrogencarbonaten
Die Neutralisation von Hydrogencarbonaten mit Hilfe von Mineralsäuren wird im Ausland mit Salzsäure, Schwefelsäure, Phosphorsäure oder Milchsäure getä-

tigt. Dabei ändert sich die Gesamthärte des Wassers nicht, sondern es verschiebt sich lediglich die Carbonathärte auf die Nichtcarbonathärte. Nach den früheren Ergebnissen, dass sich ein Verhältnis Carbonat- zu Nichtcarbonathärte von 1:2–2,5 geschmacklich und hinsichtlich der Biereigenschaften günstig auswirkt [161] wird soviel Mineralsäure (H_2SO_4, HCl) zugegeben, dass sich eine Verschiebung zu diesem Verhältnis hin ergibt. Die Reaktion von Hydrogencarbonaten und Säuren läuft nach den schon erwähnten Gl. (1.29) und (1.30) ab:

$$Ca(HCO_3)_2 + H_2SO_4 \rightarrow CaSO_4 + 2\,H_2O + 2\,CO_2 \uparrow$$

$$Mg(HCO_3)_2 + 2\,HCl \rightarrow MgCl_2 + 2\,H_2O + 2\,CO_2 \uparrow$$

Hierbei wird wiederum CO_2 frei, die über einen Rieselturm entfernt werden muss, andernfalls tritt eine Korrosion von Leitungen und Behältern ein. Wenn das Kalt- und Heißwassernetz in Edelstahl ausgeführt ist, kann auf die Entfernung der freien Kohlensäure verzichtet werden.

Die Ergebnisse der Wasseraufbereitung mit Säuren zeigt Tab. 1.24.

Es ergibt sich also hier die wünschenswerte Beeinflussung des Wassers. Nach den in Tab. 1.24 geschilderten Ergebnissen sind hier keine Nachteile zu erwarten, wenn es gelingt, Korrosionen zu vermeiden. Die heutige Apparatetechnik bietet Mischgarnituren an, die eine automatische Säuredosierung z. B. beim Einmaischen und Überschwänzen direkt vollziehen. Der Einsatz von Salz- und Schwefelsäure liefert die bei $CaSO_4$ und $CaCl_2$ beschriebenen Charakteristika, Phosphorsäure vermittelt – vor allem bei Rohfruchtsuden – eine bessere Phosphatausstattung der Würze, was der Gärung zustatten kommt.

$$Ca(HCO_3)_2 + 2\,H_3PO_4 \rightarrow Ca(H_2PO_4)_2 + 2\,H_2O + 2\,CO_2 \uparrow \tag{1.45}$$

Tab. 1.24 Wasseraufbereitung mittels Mineralsäuren

Angestrebes Verhältnis KH:NKH		Rohwasser	Säureenthärtung			
			1:2		1:14	
Säure			H_2SO_4	HCl	H_2SO_4	HCl
Gesamthärte	°dH	15	15		15	
Carbonathärte	°dH	14	5		1	
Nichtcarbonathärte	°dH	1	10		14	
Calciumhärte	°dH	9	9		9	
Magnesiumhärte	°dH	6	6		6	
Restalkalität	°dH	10,5	1,5		−2,5	
SO_4^{2-}	mg/l	11	165	11	234	11
Cl^-	mg/l	5	5	119	5	169
CO_2 frei	mg/l	17,1	158		221	

Milchsäure wird gegenüber diesen Mineralsäuren in größeren Mengen benötigt. Sie wird meist direkt zum Säuern der Maischen und Würzen eingesetzt, um den pH zu korrigieren (s. Abschnitt 1.3.9).

Selbst für Brauereien, die innerbetrieblich ihr Kalt- und Heißwassersystem in Edelstahl ausgeführt haben, ist Vorsicht geboten, da meist die kommunalen Wasserversorgungssysteme nicht über ein „inertes" Leitungsnetz verfügen und somit gewisse Eisen- und (Mangan)gehalte aufweisen können.

1.3.8.11 Sonstige Methoden zur Aufbereitung des Brauwassers

Neben den geschilderten Verfahren zur *Enthärtung* des Brauwassers kann das Wasser – je nach Herkunft – eine andere Behandlung erforderlich machen:

Die Entfernung von freier bzw. aggressiver Kohlensäure, von Eisen, Mangan und Kieselsäure.

Des Weiteren kann eine Klärung des Wassers, sei es zur Entfernung von suspendierten, kolloiden oder gar flüchtigen, geschmacksschädigenden Stoffen notwendig sein.

Auch eine biologische Verbesserung ist in vielen Fällen notwendig.

Die *Entfernung von aggressiver Kohlensäure* geschieht wie im Abschnitt 1.3.8.4 beschrieben. Für die in der Natur – bei Urgesteinswässern – vorkommenden Mengen von 25–35 mg/l bietet sich ein Marmorfilter an, der allerdings pro 10 mg/l CO_2 eine Erhöhung der Härte um 1,3 °dH erbringt. So erreicht ein derart aufbereitetes Wasser eine Hydrogencarbonathärte von ca. 5 °dH. Es ist auch möglich mit einer Verrieselungsanlage und einem nachgeschalteten Marmorfilter zu arbeiten, ebenso mit einer „Kalkenthärtung", die allerdings die Kohlensäure in Calciumcarbonat überführt und somit nur einen kleinen Restgehalt von ca. 1° dH an Calciumhydrogencarbonat belässt.

Wässer, die aggressive Kohlensäure enthalten, führen – wahrscheinlich über die Menge des hierdurch gelösten Eisens – zu breiteren und hinsichtlich ihrer Bittere nicht entsprechenden Bieren.

Eisen und Mangan erfordern beide eine kräftige Oxidation durch Intensivbelüftung und anschließende Filtration der ausgeflockten Oxide durch Kies- und Sandfilter.

Die Oxidation des Eisens stellt eine mehrstufige Reaktion dar:
a) eine Oxidation des gelösten zweiwertigen Eisens durch Luftsauerstoff zu dreiwertigem;
b) eine kolloidale Umwandlung und Ausflockung des gebildeten Eisen-(III)-Oxihydrates;
c) die Abtrennung desselben durch Filtration oder andere Klärmethoden.

Mangan kommt im Wasser in zweiwertiger Form vor, wo es sehr beständig ist. Um eine Oxidation zu vierwertigem Mangan zu erreichen ist ein pH über 7,8 erforderlich. Günstig ist die katalytische Entmanganung durch vierwertiges Manganoxid (Braunstein) [179]. Auch starke Oxidantien wie Ozon, Chlordioxid oder Kaliumpermanganat in etwa 2%iger Lösung sind geeignet [180]. Die Belüftung und Filtration entfernt nicht nur die entsprechenden Eisen- und Mangansalze sondern darüberhinaus geruchsintensive Substanzen wie Schwefelwasserstoff. Im Filterbett kann auch eine biochemische Oxidation durch Manganbakterien erfolgen.

Eisen wird bei der Kalkentcarbonisierung mit den ausgefällten Härtebildern zusammen niedergeschlagen; Ionen-Austauscher dagegen erfordern eine weitergehende Enteisenung des Wassers.

Kieselsäure in kolloider Form vermag eine Entcarbonisierung des Wassers, selbst mit Kalkenthärtung als auch mit Ionenaustauschern zu behindern. Hierzu eignen sich Flockungsmittel wie $Al_2(SO_4)_3$, $Fe_2(SO_4)_3$ oder $FeCl_3$ deren Präcipitate über entsprechende Filter entfernt werden.

Es ist möglich, auch überschüssiges Kalkwasser mittels $Al_2(SO_4)_3$ oder $FeCl_3$ zu entziehen.

Die Reaktionen zeigen die Gl. (1.46) und (1.47):

$$Al_2(SO_4)_3 + 3\ Ca(OH)_2 \rightarrow 2\ Al(OH)_3 + 3\ CaSO_4 \tag{1.46}$$

$$2\ FeCl_3 + 3\ Ca(OH)_2 \rightarrow 2\ Fe(OH)_3 + 3\ CaCl_2 \tag{1.47}$$

Die Entfernung von SiO_3^{2-}-Ionen mittels stark basischer Austauscher ist teuer und unvollständig.

Kolloide können durch Flockungsmittel ausgeschieden und durch anschließende Filter entfernt werden. Über ihre Wirkung auf den Brauprozess ist noch wenig bekannt. Zumindesten wirken sie sich negativ auf die Leistung von Ionenaustauschern und Umkehr-Osmoseanlagen aus. Negativ kann auch die Wirkung von organischer Substanz zusammen mit Chlor sein. Dies hat u. U. geruchliche und geschmackliche Schäden zur Folge.

Organische Substanzen die sich im Wasser finden, sind pflanzlichen oder tierischen Ursprungs. Ihre Menge wird nach der Sauerstoffmenge beurteilt, die sie zu ihrer Oxidation verbrauchen. Sie hat normalerweise keinen Einfluss auf die Bierbereitung, doch deutet ein hoher Kaliumpermanganatverbrauch auf Verunreinigungen, vor allem auch durch Mikroorganismen hin. Es ist aber bei der Beurteilung eines Wassers die Herkunft desselben zu berücksichtigen. So enthalten z. B. Moorwässer reichlich organische Substanzen, sie können aber biologisch durchaus in Ordnung sein, während ein Wasser mit geringem Sauerstoffverbrauch u. U. Infektionen aufweist. Die Verringerung der organischen Substanz geschieht durch Filtration über Quarzkies.

Zur *biologischen Nitrat-Reduzierung* kommen Bakterien der Gattung Pseudomonas zur Anwendung, die auf ein Trägermaterial (Polystyrolkugeln, Aktivkohle) aufgebracht werden. Es ist bei derartigen Verfahren allerdings notwendig, dem Rohwasserstrom organische Substanzen als Kohlenstoffquelle (z. B. Ethanol, Methanol, Essigsäure, Glucose, Natriumacetat) sowie Phosphate und Spurenelemente zuzusetzen. Dies ist aber nach der Trinkwasseraufbereitungs-Verordnung nicht zulässig.

Ein umweltfreundliches Verfahren sieht dagegen vor, das aufzubereitende Wasser über Fichtenrindenmulch zu leiten, das den denitrifizierenden Bakterien sowohl als Trägermaterial als auch als Kohlenstoffquelle dient. Der Nitratabbau in diesen Bioreaktoren geschieht anaerob, das Wasser wird anschließend über Kies- und Sandfilter gereinigt [181].

Die Reduzierung soll bei derartigen Verfahren bis zum flüchtigen Stickstoff geführt werden [182].

1.3.8.12 Die Sterilisierung von Wasser

Sie kann durch eine Reihe von Verfahren erfolgen: UV-Bestrahlung, Chlorierung, Ozonisierung, Silberung und Entkeimungsfiltration.

Die *UV-Bestrahlung* entwickelt im Strahlungsspektrum von 250–280 nm, besonders bei 254 nm eine Denaturierung der Eiweißmoleküle und damit eine Schädigung der Zellproteine von Mikroorganismen. Die Absorptionsmaxima der DNS und des Keimtötungswirkungsspektrums liegen bei 254 nm. Hier benötigen Hefen eine Bestrahlungsdosis von 3000–6000 W s/cm^2, Bakterien und Viren eine solche von 3000–20 000.

Als Strahlenquelle dienen Brennerröhren, die von einem Schutzrohr aus Quarz umgeben sind, der eine besonders hohe Durchlässigkeit für UV-Strahlen hat. Als Bauarten kommen neben konzentrisch angeordneten internen Strahlern auch externe konzentrisch angeordnete Strahlerbauarten zur Anwendung.

Dabei haben sich für die Wasserentkeimung Quecksilber-Niederdruckbrenner als günstig erwiesen.

Um nun die Wirksamkeit der Anlage voll ausnützen zu können, muss das Wasser klar, frei von Eisen- und Manganverbindungen sowie anderen Trübungsstoffen sein. Huminsäuren sind hier besonders nachteilig.

Eine Vorfiltration, z. B. über Aktivkohle ist günstig. Die Brennerröhren befinden sich in einem Stahlrohr, das von dem zu entkeimenden Wasser durchflossen wird. Eine Einbrenneranlage leistet bis zu 6 m^3/h; bei höherem Durchsatz oder auch bei verunreinigten Wässern werden entsprechend mehr Brennerrohre benötigt.

Die Anlagen haben normal eine Schichtdicke von 5–10 cm, die Lebensdauer der geschilderten Brenner beträgt 4000–6000 Stunden bei ununterbrochenem Betrieb. Bei intermittierendem Betrieb sinkt sie je nach der Zahl der Schaltspiele.

Als Vorteile der UV-Anlagen sind anzuführen: keine Chemikalienzugabe, keine Geschmacksverschlechterung, keine Korrosionsgefahr durch Überdosierung, keine Gefahr von Reaktionen bei Herstellung von Getränken, Essenzen etc., keine Filter, keine gesonderten Aufstellungs- oder Lagerräume. Die laufenden Kosten liegen bei 0,01 €/m^3.

Die Nachteile sind: keine Depotwirkung; eine sorgfältige Wartung ist notwendig: Emission der UV-Strahler bzw. Strahleralterung, Transmission des Wassers, Verunreinigung der Reaktorkammer und Durchflussmenge ständig kontrollieren. Das Wasser muss klar, frei von Eisen und Mangan sowie Huminsäuren sein (s. Abschnitt 1.3.8.11).

Das UV-Verfahren ist nicht bzw. weniger geeignet bei Wässern die periodisch mineralische Trübungen aufweisen [183, 184].

Die *Chlorierung* geschieht durch Chlorgas oder Chlordioxid. Die Entkeimungswirkung beruht dabei auf den toxischen Eigenschaften und der Oxidationsfähigkeit des Chlors.

$$Cl_2 + H_2O \rightarrow HCl + HOCl \tag{1.48}$$

Die Reaktion erfolgt mit elementarem Chlor, wobei die entstehende unterchlorige Säure desinfizierend wirkt; die Salzsäure begünstigt dies durch die Absenkung des pH. Es findet aber neben der Entkeimung auch noch durch eine Umsetzung mit anderen, z. B. organischen Substanzen ein Verbrauch von Chlor statt (Chlorzehrung), der bei der Dosierung des Chlors berücksichtigt werden muss. Bei Gegenwart von Ammoniak oder einiger seiner Derivate kommt es zur Bildung von Chloraminen, die weit weniger wirksam sind.

Die oxidative Zerstörung von Keimen benötigt eine gewisse Reaktionszeit, die ihrerseits wieder von der Konzentration des Chlors, vom pH-Wert und von der Temperatur abhängig ist. Bei einem Chlorüberschuss von 0,3 g/m^3 wird mit einer Einwirkungszeit von 20 Minuten gerechnet.

Dieses Chlorierungsverfahren hat den Nachteil, dass das so desinfizierte Wasser einen Chlorgeruch aufweist. Bei Vorhandensein von Phenolen kommt es zur Bildung von Chlorphenolen, die im Bier im Vergleich zu wasserdampfflüchtigem Phenol (10 µg/l) einen sehr niedrigen Geschmacksschwellenwert (0,015 µg/l) haben. Das Wasser muss deshalb zur Bierbereitung z. B. mittels Aktivkohlefilter entchlort werden.

Zur Chlorierung können Chlorgas, Calciumhypochlorit – $Ca(OCl)_2$ – oder Natriumhypochlorit – $NaOCl$ –, Letzteres in 15%iger Lösung zum Einsatz kommen. Chlorgas ist einfach zu dosieren, die „Bleichlaugen" benötigen Dosierpumpen, wobei auch noch Berücksichtigung verdient, dass diese sowie Chlorkalk, den pH des behandelten Wassers etwas erhöhen.

Chlordioxid reagiert mit Wasser zu chloriger Säure ($HClO_2$) und Chlorsäure ($HClO_3$):

$$2\ ClO_2 + H_2O \rightarrow HClO_2 + HClO_3 \tag{1.49}$$

Eine keimtötende Wirkung wird bereits bei einer Konzentration von 0,05 mg/l erreicht; die zulässige Dosierung liegt bei 0,4 mg ClO_2; nach Abschluss der Aufbereitung liegt der Konzentrationsbereich zwischen min. 0,05 mg/l und max. 0,2 mg/l. Beide Säuren sind oxidativ wirksam, wobei ein Höchstwert für Chlorit von 0,2 mg/l nicht überschritten werden darf. Dieses ist das hauptsächliche Nebenprodukt einer Desinfektion mit Chlordioxid, das je nach den Gegebenheiten (Wasserbeschaffenheit, Oxidation, Anwesenheit zehrender Stoffe wie organisches Material, Eisen- und Mangan-Ionen) in Anteilen von 30–75% vom eingesetzten ClO_2 gebildet wird. Es ist für die Nachhaltigkeit der Desinfektion mit verantwortlich und schützt auch das Wasser vor einer Rekontamination [185]. Eine Überschreitung des Grenzwertes für Chlorit könnte eintreten, wenn das Wasser sowohl von der kommunalen Wasserversorgung als auch erneut von der

Brauerei mittels Chlordioxid behandelt wird. Hier kann eine Restentfernung des Chlorids mittels UV-Bestrahlung (Zerfall zu Chlorat und Chlorid) oder Aktivkohlefiltration (Verringerung von Chlordioxid, Chlorit und Chlorat) geschehen [186].

Es findet nur eine geringe Geruchsentwicklung statt, ebenso wird die Bildung von Chlorphenolen vermieden.

Die Kosten der „Chlorierung" sind gering, wenngleich die Dosierung von Chlorgas ein genau arbeitendes Gerät und zusätzliche Sicherheitsmaßnahmen erfordert.

Die *Ozonisierung*: Als starkes Oxidationsmittel hat Ozon eine vielseitigere Wirkung als Chlor. Es hinterlässt keine Rückstände. Durch sein hohes Redoxpotenzial werden nicht nur Zellzentren geschädigt, sondern die Zellen völlig zerstört. Die Abtötungszeit ist deshalb abhängig von der Dicke der schützenden Zellmembranen.

Es werden durch die starke Oxidationswirkung des Ozons nicht nur Keime, sondern auch andere organische Substanzen bis zu ihren flüchtigen Säuren abgebaut, sowie anorganische Radikale (z. B. Eisen- und Manganverbindungen) angegriffen. Als weiterer Vorteil ist die Entfärbung von Huminwässern zu erwähnen.

Die Erzeugung des Ozons erfolgt in entsprechenden Röhren; aus dem Sauerstoff der Luft werden bei 6000–15 000 Volt aus drei Molekülen Sauerstoff (O_2) zwei Moleküle Ozon (O_3) gebildet. Bei reinem Sauerstoff entsteht aus 3 g Sauerstoff 1 g Ozon, aus 1 m^3 Luft 3–4 g Ozon. Um dies wirtschaftlich zu erreichen, muss die Luft rein und trocken sein. Die Lufttrocknung ist auch deshalb erforderlich, da im Ozonisator aus dem Stickstoff Stickoxide (nitrose Gase) gebildet werden, die dann zur Bildung von salpetriger Säure (korrodierend) führen würden. Die Bildung nitroser Gase wird auch bei niedrigeren Spannungen von 4000–9000 Volt verringert.

Die Vermischung des Ozons mit dem Wasser kann mittels Vollstrom- oder Teilstromsystemen über Venturi-Düsen erfolgen. In einem anschließenden Ausgasbehälter werden überschüssige Ozonmengen wieder als Gas abgezogen. Ausgefallene Eisensalze werden mittels Kiesfilter, Manganverbindungen in einem nachgeschalteten Aktivkohlefilter entfernt.

Eine günstige Methode ist auch die Radial-Begasung des Wassers.

Für normale Wässer ist eine Ozonmenge von 0,2–0,5 g/m^3 bei einer Kontaktzeit von 5–10 Minuten in der Regel ausreichend. Nachdem das Ozon nach seinem Zerfall keine Nachwirkung mehr zeigt, ist zur Sicherheit ein Überschuss von ca. 20% bei einer Reaktionszeit von 10 Minuten wünschenswert.

Die Betriebskosten sind gering (0,0010–0,0015 €/m^3). Trotz der hohen Anschaffungskosten lassen die Vorteile eine Wasserentkeimung mit Ozon interessant sein: So die Möglichkeit zusammen mit der Entkeimung Fällungs- und Oxidationsprozesse durchzuführen, es tritt keine Fremdstoffbildung auf (z. B. Chlorphenol), außerdem ein rascher Zerfall des Ozons zu reinem Sauerstoff [184]. Nachteile der Ozonbehandlung sind: geringe Beständigkeit (Herstellung am Verwendungsort), längere Einwirkungszeit (ca. 10 Minuten), die Anlagen sind relativ kompliziert und haben einen hohen Stromverbrauch. Eine sorgfältige Überwachung ist notwendig. Das Wasser muss eisen- und manganfrei sein, anderenfalls bewirkt die Oxidation der Metalle Fällungen, die abfiltriert werden müssen. Die Entfernung von Eisen und Mangan kann aber – je nach Situation – als Vorteil angeführt werden.

Es können allerdings Korrosionsprobleme auftreten [183].

Die *Silberung* (Silber, Silberjodid) beruht auf der oligodynamischen Wirkung auf vorhandene Keime. Das Wasser wird in einem Apparat zwischen Silberelektroden besonderer Bauart durch Gleichstrom mit Silber-Ionen beladen. Das Wasser wird durch diese Behandlung keimfrei, außerdem hält diese Entkeimungswirkung über eine längere Zeit nach. Da die Silberelektroden beschlagen können, darf das Wasser nicht mehr Chloride als 30 mg/l, keine Sulfide und Jodide enthalten; der $KMnO_4$-Verbrauch darf nicht höher als 10 mg/l sein. Außerdem ist eine Kontaktzeit von einer Stunde einzuhalten. Der erlaubte Zusatz an Silber wurde von 1 mg/l auf 0,1 mg/l beschränkt.

Die Vorteile sind: sehr gute Depotwirkung, keine Geschmacksbeeinflussung; der natürliche Mineraliengehalt des Wassers bleibt unverändert. Gute Wirkung gegenüber *Escherichia coli* und andere Fäkalindikatoren. An Nachteilen sind zu nennen: Die Einwirkungszeiten betragen mehrere Stunden (es sind Reservebehälter erforderlich); das Rohwasser muss klar sein; die Keimzahl soll nicht über 1000/ml liegen; das Silber fördert Oxidationsprozesse, was für Getränke nachteilig ist.

Die Kosten sind bei Anlagen von 7 m^3/h maximal 0,001 €/m^3.

Die *Entkeimungsfiltration* kann durch sogenannte Entkeimungsschichten oder durch feinporige, gebrannte Filterkerzen definierter Porengröße erfolgen. In die letzteren wird, um ein Durchwachsen von Keimen zu verhindern, oligodynamisches Silber eingearbeitet.

Ferner kommen Membranfilter zum Einsatz, die eine Porenweite von 0,2 µm aufweisen. Sie können mit Vorfiltern oder Partikelfiltern kombiniert sein. Bei Druckstößen oder bei allmählichem Durchwandern von vor allem kleinen, rundlichen Zellen nach zu langen Sterilisationsintervallen kann es zu einem Durchtritt von Keimen kommen. Keime mit größerem Durchmesser als die Porenweite werden sicher zurückgehalten. Durch eine „Integritätsprüfung" (Druckhaltetest zur Kontrolle der Unversehrtheit des Filtermaterials, Bestimmung des „Bubble Point") wird die Betriebssicherheit gewährleistet.

Die Ultrafiltration mit einer noch kleineren Porenweite von 0,01 µm gestattet es, Bakterien und sogar Viren aus dem Wasser zu entfernen. Sie ist gegen eine organische Belastung des Wassers empfindlich, die durch Flockungsmittel verringert werden kann. Es genügt hierbei bereits die Bildung von Mikroflocken, im Gegensatz zur Zusammenlagerung zu größeren Einheiten (Makroflocken), wie sie herkömmlich z. B. für Sandfilter erforderlich ist.

Ultrafilter können auch für die Aufbereitung von Oberflächenwässern herangezogen werden. Selbst bei schwankenden Rohwasserqualitäten ist das Filtrat gleichmäßig partikel- und damit trübungs- sowie keimfrei. Sie werden auch als Vorbehandlung vor einer Umkehrosmose eingesetzt, um deren Verblockungsneigung zu verringern (s. Abschnitt 1.3.8.6).

Ultrafilter bestehen aus Hohlfasermembranen, da sie gegenüber transmembranen Druckdifferenzen (auch entgegen der Filtrationsrichtung) unempfindlich sind. Sie sind rückspülbar, was bei den Spiralwickelmodulen der Umkehrosmose nicht der Fall ist. Die Wasserausbeute kann im „Dead-End-Modus" mit regelmäßiger Rückspülung 95–98% betragen. Der Druckverlust über die Membran liegt unter 1 bar. Die Polyethersulfonmembranen erlauben eine Reinigung mit Laugen, Säuren und Oxidationsmitteln wie z. B. Chlor.

Die Vorteile des Verfahrens sind: keine Geruchs- und Geschmacksbeeinträchtigung, eine unmittelbare Entkeimungswirkung und damit unmittelbare Verwendung des Wassers. Hohe Betriebssicherheit.

Die Nachteile sind: keine Depotwirkung, höhere Anschaffungskosten, sorgfältige Kontrolle der Anlagen nötig.

Die Entkeimungsfiltration wird hauptsächlich im Kellerbereich, an Ort und Stelle (Hefekeller, Filterkeller, Füllerei) angewandt. Eine optimale Reinigung und Sterilisation der Filter sind sicherzustellen.

Ultrafiltration und Umkehrosmose können in der Kombination Sterilfiltration mit Enthärtung gerade im Filterkeller, z. B. für Verschnittwasser zum Einstellen der gewünschten Stammwürze bei stärker eingebrauten Bieren (s. Abschnitt 9.6.2) sinnvoll eingesetzt werden.

Die *anodische Oxidation* [187, 188] als elektrolytische Wasserdesinfektion ist noch verhältnismäßig wenig bekannt. Voraussetzung für dieses Verfahren ist das Vorhandensein von genügend Chlorid-Ionen im Wasser. Es werden zwei oder mehr Elektroden in dem zu desinfizierenden Wasser mit einer Gleichspannung beaufschlagt. Hierdurch kommt es zu einer elektrolytischen Zersetzung des Wassers: an der Anode entsteht Sauerstoff, an der Kathode Wasserstoff. Bei Anwesenheit von Chlorid-Ionen wird an der Anode außerdem Chlor (Cl_2) erzeugt, das sich in unterchlorige Säure und Salzsäure umsetzt. Die an der Kathode entstehenden OH-Ionen bilden mit Natrium-Ionen Natronlauge, wodurch der pH des Wassers ansteigt.

Die verwendeten Elektroden sind beschichtete Titanelektroden, die in Elektrodenpaketen angeordnet sind.

Die desinfizierende Wirkung der anodischen Oxidation beruht nach heutiger Erkenntnis zum größten Teil auf oxidierend wirkenden Stoffen, die an der Anode gebildet werden. Sie entstehen aus Chlorid-Ionen, die sich im Wasser befinden, wie z. B. unterchlorige Säure und Hypochlorit-Ionen.

Einflussparameter auf das Gesamt-System sind: der Chloridgehalt des zu behandelnden Wassers, die Spannung bzw. Stromstärke an den Elektroden, die Wassertemperatur im System und die Verweildauer. Die Vorteile sind: keine Chemikalienzugabe, keine Geschmacksbeeinträchtigung, doch eine gewisse Depotwirkung. Als Nachteile sind hohe Investitionskosten und eine sorgfältige Überwachung und Wartung zu nennen.

Die Betriebskosten liegen, je nach den Betriebsbedingungen zwischen 0,0015 und 0,008 €/m^3.

Die *Erhitzung des Wassers*, meist in Plattenapparaten oder anderen Durchflusserhitzern erreicht bei 62–95 °C in 15–90 s eine hohe Abtötungssicherheit. Die

Entkeimungswirkung ist unmittelbar und damit ist auch eine unmittelbare Verwendung möglich. Als weitere Vorteile sind zu nennen: keine Zusätze und daher keine unerwünschten Reaktionen mit Wasserinhaltsstoffen. Die Nachteile sind: keine Depotwirkung, hohe Anschaffungs- und Betriebskosten.

1.3.8.13 Klärung des Wassers

Die Klärung des Wassers geschieht im Bedarfsfalle mit Hilfe von *Kiesfiltern*. Diese werden als Flachfilter mit Fließgeschwindigkeiten von 3,5–5 m/h beaufschlagt, als Hochschichtfilter mit 10–15 m/h.

Quarzkies wird in drei Körnungen von 3–5 mm, 2–3 mm und 1–2 mm verwendet. Bedeutsam ist die periodische Reinigung dieser Filter mit Hilfe von Druckluft und Reinwasser.

Aktivkohlefilter finden zur Entchlorung, zur Entfernung von Geruchs- und Geschmacksstoffen (z. B. von Phenolen) aber auch zur Verringerung von organischer Substanz und Kolloiden Anwendung. Die verwendete Aktivkohle hat eine Oberfläche von 600–1200 m^2/g, das innere Porenvolumen beträgt 0,6–1 cm^3/g [189]. Diese Aktivkohlefilter werden mit Dampf, Heißwasser oder heißer Lauge in periodischen Abständen sterilisiert; hierdurch soll ein „Verkeimen" verhindert werden.

Eine Kontrolle des Aktivkohlefilters sollte in den verschiedenen Höhen des Filterbettes erfolgen. Aus den gemessenen Werten kann dann auf den Beladungszustand desselben geschlossen werden. Dies geschieht durch Messung der UV-Extinktion, des Gesamtkohlenstoffgehaltes oder des $KMnO_4$-Gehalts. Eine Geschmacksprüfung des Wassers ist darüberhinaus empfehlenswert [165].

1.3.8.14 Die Entgasung/Entlüftung des Wassers

Für das Brauwasser, sei es zum Maischen oder zum Auslaugen der Treber, wird in Hinblick auf eine sauerstofffreie Würzebereitung eine Entgasung des Wassers erforderlich. Ganz besonders ist dies im Filtrations- und Abfüllbereich geboten. Das heute im Ausland überwiegend praktizierte „Brauen mit hoher Stammwürze" benötigt zur Einstellung des Stammwürzegehalts der Verkaufsbiere praktisch sauerstofffreies Wasser von unter 0,01 ppm an O_2.

Die Wasserentgasung kann unter Normaldruck, unter Überdruck oder im Vakuum geschehen.

Eine unter normalem Druck arbeitende Anlage besteht aus einer mit speziellen Füllkörpern und großer Oberfläche versehenen Säule. Das Wasser wird von oben über einen Verteiler aufgebracht und Kohlensäure von unten im Gegenstrom eingeleitet. Der Sauerstoffgehalt des Wassers wird so bei geringem Gasverbrauch reduziert. Der überwiegende Teil des dosierten CO_2 löst sich dabei im Wasser.

Das Wasser fließt in einen Puffertank, der unter CO_2-Atmosphäre steht. Von hier aus kann es den einzelnen Verbrauchern zugeleitet werden. So z. B. zur Abkühlung des Wassers über einen Plattenwärmeübertrager auf eine gewünschte niedrige Temperatur. Um das Wasser zu sterilisieren, kann dem Plattenküh-

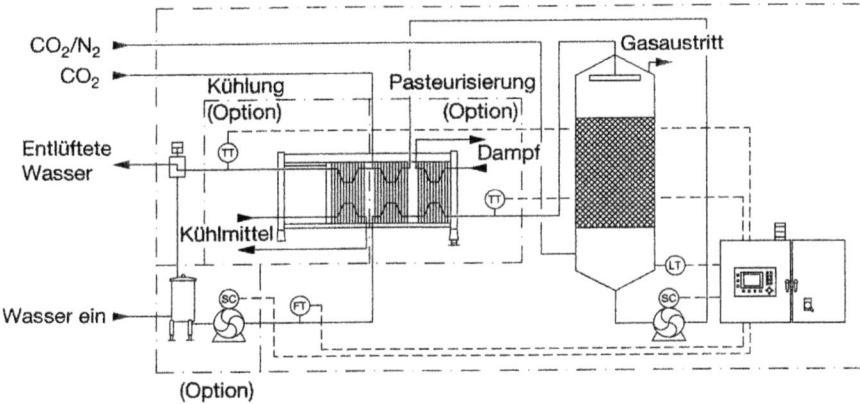

Abb. 1.9 Anlage zur Entgasung/Entlüftung des Wassers

ler auch eine Erhitzer- und Austauscherabteilung vorgeschaltet werden. Mit deren Hilfe kann die Wärme zu rund 95% zum Aufheizen des Wassers zurückgewonnen werden. Es ist aber auch möglich, das erhitzte Wasser zu entgasen und den Inhalt der Anlage als „Heißhalter" zu verwenden.

Die Anlagen werden mit Leistungen bis zu 1000 hl/h geliefert. Der Restsauerstoffgehalt, der am besten mittels eines in die Leitung eingesetzten Sauerstoffmessgerätes überprüft wird, liegt je nach den Verfahrensparametern bei 0,01–0,02 mg/l.

Die Anlage wird zweckmäßig mit einer Carbonisierungsanlage kombiniert (Abb. 1.9).

Bei der Druckentgasung wird das Wasser in der Leitung mit Kohlensäure, die unter hohem Druck steht, versetzt und über Düsen im Entgasungsbehälter versprüht. Dabei überlagert der CO_2-Anteil die Partialdrücke von Sauerstoff und Stickstoff und entfernt beide Gase aus dem Wasser. Das Wasser reichert sich mit CO_2 an.

Die Vakuumentgasung beruht darauf, dass das zu entgasende Wasser einem Unterdruck ausgesetzt wird. Es wird über Düsen in einen Entgasungstank versprüht. Durch das Vakuum und die große Oberfläche wird der Sauerstoff, aber auch der Stickstoff aus dem Wasser entfernt. Um eine bestmögliche Entgasung zu erreichen, können zwei Vakuumstufen hintereinander geschaltet werden. Eine Zugabe von CO_2 verstärkt den Effekt des Verfahrens und erbringt folglich auch niedrigere Sauerstoffgehalte.

Bei den Methoden der Kaltentgasung ist es notwendig, dem System eine Sterilisation oder eine Entkeimung nachzuschalten. Eine Sauerstoffaufnahme dieses entgasten Wassers bis zum jeweiligen Verbraucher ist zu vermeiden, eine laufende Kontrolle des O_2-Gehaltes ist ratsam.

Je nach Ausmaß der Verwendung dieses Wassers – beim Verdünnen stärker eingebrauter Biere bis zu 25% – ist ein Sauerstoffgehalt des Verschnittwassers von unter 0,01 ppm zu fordern.

1.3.9
Auswirkung der Wasseraufbereitung

Die Wasseraufbereitung durch Entcarbonisierung oder Entsalzung ist laufend und gewissenhaft zu überwachen; dasselbe gilt für die eigentliche „Brauwasserqualität", d. h. wie sie als Ergebnis von Roh-Reinwasserverschnitten und der üblichen „Nachreaktion" im Einmaisch- und Überschwänzwasser vorliegt.

Hierfür genügt die Kontrolle des p-Wertes (Säurekapazität $K_{S8.2}$) und m-Wertes (Säurekapazität $K_{S4.3}$); zur Überprüfung der Enthärtungsanlage muss auch die Gesamthärte Berücksichtigung finden.

Betriebswässer, deren Zusammensetzung stärkeren Schwankungen unterworfen ist, bedürfen einer besonders eingehenden Kontrolle des Rohwassers und des enthärteten Wassers. Bei Kalkentcarbonisierungsanlagen ist es schwierig, sich schwankenden Härtegegebenheiten anzupassen; bei Ionenaustauschern übt die CO_2-Verrieselung einen nivellierenden Einfluss aus.

Beim Übergang von einem harten Brauwasser, z. B. mit einer Restalkalität von 10 °dH auf ein entcarbonisiertes Wasser mit einer Restalkalität von 1–2 °dH können sich einige Veränderungen der Bierqualität ergeben, die u. U. vom Publikum, als etwas anders oder zumindest ungewohnt, beanstandet werden.

Entcarbonisierte Wässer geben hellere, weicher aber u. U. etwas leerer schmeckende Biere, deren Hopfenbittere infolge der geringeren Löslichkeit der a-Säuren bei niedrigerem Würze-pH (s. Abschnitt 5.5.1) etwas schwächer zum Ausdruck kommt. Es ist deshalb zweckmäßig, Sudversuche mit dem enthärteten Wasser anzusetzen. Sie sind mehrere Male in Folge mit stets derselben Hefe, die aus diesen Suden geerntet wurde, durchzuführen. Bei diesen sollten bereits die Bitterstoffgehalte der Jungbiere im Vergleich zur normalen Herstellung überprüft werden. Diese liefern erfahrungsgemäß eine gute Information über die Werte des Ausstoßbieres.

Meist wird eine etwas höhere Hopfengabe (im obigen Beispiel um 10%) erforderlich; bei hellen Lagerbieren oder „malzigen" Exportbieren können etwas charaktervollere Malze (Farbe 3,5 EBC-Einheiten statt 3,0) wünschenswert sein. Alle anderen Faktoren sind sehr günstig: höherer Endvergärungsgrad, besserer Eiweißabbau, raschere Abläuterung, höhere Ausbeute und – infolge des günstigeren Würze-pH – eine bessere Eiweißausscheidung beim Würzekochen. Die helleren Würzefarben – die sich bis zum Bier fortsetzen – sind auf eine günstigere Zusammensetzung der Polyphenole infolge geringerer Spelzenauslaugung zurückzuführen. Dies äußert sich besonders bei der empfindlichen Fraktion der „Tannoide" wie Tab. 1.25 zeigt.

Tab. 1.25 Wasserqualität und Tannoide [190]

Wasser – Restalkalität – °dH	+10	0	–10
Tannoide im Bier mg PVP/l	24	36	54

Tab. 1.26 Der Einfluss der Enthärtung auf den pH von Würze und Bier [176]

Wasser	10° CaCO$_3$-Härte	Dest. Wasser
pH Vorderwürze	5,90	5,75
pH Pfannenvollwürze	6,17	5,84
pH Ausschlagwürze	5,85	5,58
pH Bier	4,51	4,56
pH Abnahme	1,34	1,02
Pufferung	12,7	14,4

Tab. 1.27 Der Einfluss einer Maischesäuerung auf den pH von Würze und Bier

	ohne Säure	mit Säure
pH Würze	5,56	5,32
pH Bier	4,46	4,44
pH Abnahme	1,10	0,88
Pufferung	18,0	21,3

Auffallend ist aber, dass der Bier-pH bei einer Veränderung der Restalkalität von 10 °dH auf 0–2 °dH sich nicht so weit verändert, wie dies aufgrund der wesentlich verbesserten pH-Verhältnisse in Maische und Würze zu erwarten war (Tab. 1.26).

Durch die verbesserte Wirkung der Phosphatasen in Verbindung mit einer verringerten Ausfällung von Phosphaten weist die Würze eine erhöhte Pufferung auf, die dem pH-Abfall bei der Gärung einen verstärkten Widerstand entgegensetzt. Diese Pufferung kann durch Zugabe von Calcium-Ionen in Form von Gips oder Calciumchlorid etwas eingeschränkt werden (s. Abschnitt 1.3.8.9).

Eine *Säuerung der Maische* erbringt zwar eine Erniedrigung des pH der Vorderwürze und der Ausschlagwürze, nicht dagegen einen tieferen pH des Bieres (Tab. 1.27).

Bei einer *Säuerung während des Würzekochens* wird lediglich der pH der Würze fixiert, aber keine zusätzliche Pufferkapazität geschaffen. Es werden hier also geringere Säuremengen benötigt, um dieselben oder niedrigere pH-Werte im Bier zu erreichen.

Um den pH der Vorderwürze um 0,1 abzusenken, müssen der Maische 0,64 Äquivalente Säure pro 100 kg Malz zugegeben werden; um den pH der Ausschlagwürze um 0,1 zu verschieben, müssen der Pfannenwürze nur 0,32 Äquivalente Säure/100 kg Malz zugesetzt werden.

Dies ergibt die in Tab. 1.28 dargestellten Säuremengen.

Sauermalz, welches 2% Milchsäure enthält, muss zur Absenkung des pH um 0,1 in einer Menge von 2,9 kg/100 kg Malz zur Maische gegeben werden. Doch erbringt der Zusatz des Sauermalzes nur die in Tab. 1.27 aufgeführten Veränderungen.

Tab. 1.28 Säuregaben pro 100 kg Malz [191]

Säure	Zusatz zur Maische	Zusatz zur Würze
100%ige Milchsäure	58 g	29 g
80%ige Milchsäure	72 g = 60 ml	36 g = 30 ml
37%ige Salzsäure	63 g = 53 ml	32 g = 27 ml
98%ige Schwefelsäure	32 g = 17 ml	16 g = 9 ml

Nachdem in Deutschland nur biologisch gewonnene Milchsäure verwendet werden darf, soll im nachfolgenden Kapitel die biologische Säuerung besprochen werden.

1.3.10
Die biologische Säuerung

Nach den Durchführungsbestimmungen des Biersteuergesetzes „darf zur Herstellung heller Biere Maische oder Würze mit den ohnedies auf dem Malz vorkommenden Milchsäurebakterien, die nach besonders genehmigten Verfahren vermehrt wurden, angereichert werden".

Die auf dem Malz – selbst nach Abdarren bei 80–85 °C – noch vorhandenen Milchsäurebakterien *(Lactobacillus amylolyticus)* sind Langstäbchen, die abgeimpft und in einer ungehopften Würze von 10% Extrakt bei 48 °C ± 1 °C hergeführt werden. Nach etwa 24 Stunden Gärung ergibt sich ein Milchsäuregehalt von ca. 0,8%, nach weiteren 8–12 Stunden der Grenzwert von ca. 1,0%. Es ist aber in Hinblick auf die Vermehrungsfähigkeit der Milchsäurestäbchen günstig, nach der Entnahme der Sauerwürze und erfolgtem Wiederauffüllen eine Säurekonzentration von 0,4% zu unterschreiten. Dies entspricht bei ca. 0,8%iger Milchsäure einer etwa 50%igen Entnahme. Die Stäbchen zeigen nämlich bei Konzentrationen über 0,5% eine nur sehr langsame Vermehrung, so dass die Säurebildung verzögert oder verringert wird. Herrscht dagegen nach der Zugabe von 50% frischer Würze wieder eine Milchsäurekonzentration von unter 0,4%, so geht die Säuerung flott voran, so dass bereits nach 3–4 Stundenn wieder ein Milchsäuregehalt von ca. 0,8% erreicht ist [192]. Es kann also aus einem Behälter bis zu sechsmal täglich Sauergut entnommen werden.

Die benötigte Sauergutmenge leitet sich nach Tab. 1.27 wie folgt ab:
Um den *Würze-pH* von 5,50 auf 5,20 zu senken werden an 0,8%iger Sauerwürze pro 10 dt Malz benötigt:
Sauerwürze l = 3 (3 × 0,1 pH) × 3000 (ml Milchsäure) × 10 (dt)
  = 90 l für ca. 65 hl mit 11,5% Extrakt.

Das entspricht etwa 0,5% der Ausschlagmenge pro 0,1 pH-Einheit.

Bei 50%iger Entnahme wird also ein Propagator von 180 l Netto- = 200 l Bruttoinhalt benötigt. Nachdem täglich zweimal Sauerwürze entnommen werden kann, reicht ein derartiger Behälter für 6 Sude pro Tag; bei mehr Suden pro

Tag ist die Zahl der Gärbehälter entsprechend zu vergrößern. Bei den erwähnten größeren Sudzahlen ist es aber auch möglich, mit wenigen, aber entsprechend größeren Behältern auszukommen, wenn dazu ein Milchsäurestapeltank beschafft wird, der die Säuremenge für etwa 2–3 Sude aufnehmen kann [193].

Nachdem von der berechneten Menge meist 25–50% zur Maische und der Rest zur Würze gegeben werden, gleicht der Stapeltank die Entnahmen aus, wie auch die Würze bei Anfall direkt in die Propagatoren gegeben werden kann.

Es konnte sich eine kontinuierliche Kultur einführen, so z. B. bei 8 Suden/Tag mit einer Reaktorgröße für 25 hl/t Schüttung für Maische und Würzesäuerung bzw. 17 hl/t Schüttung bei ausschließlicher Säuerung der Würze. Es ist allerdings noch ein Milchsäure-Vorratstank etwa derselben Größe erforderlich, in den die milchsaure Würze nach Erreichen einer Milchsäurekonzentration von 0,8–1% abgezogen wird. Die Menge im Reaktor wird dann wieder mit Würze aus einem laufenden Sud aufgefüllt, wobei ein deutlicher pH-Sprung auf größer 4,0 zu erreichen ist. Im Vorratstank geht die Säurebildung weiter; sie erreicht 1,3–1,5%, je nach dem Extraktgehalt des (ungehopften) Gärsubstrats. Der Rhythmus im Reaktor (ca. 0,3%/1,0%) muss im Hinblick auf die Milchsäurekonzentrationen bzw. die Sauergutdosagen im Sudhaus abgestimmt sein.

Bei einem ungünstigen Mischungsverhältnis von weniger als 50% Zudosierung frischer Würze gelangt die Kultur relativ rasch an ihr pH-Minimum, wodurch keine Zellneubildung stattfinden kann.

Die Milchsäurekonzentration fällt dann im Laufe der Woche und erholt sich erst dann, wenn die erforderlich werdenden größeren Entnahmen auch eine größere Würze-Dosierung ermöglichen.

Es hat sich als sehr praktikabel erwiesen, wenn bei jedem Sud eine bestimmte Menge Vorderwürze entnommen und zu dem jeweiligen Reaktor gegeben wird. Es gibt also jeder Sud jene Vorderwürzemenge ab, die er als Sauergut – sei es zur Maische oder Würze – wieder erhält. Diese Handhabung erleichtert die Mengeneinstellung von Sud zu Sud und führt zu annähernd gleichen Extraktwerten. So sind also bei einem dichten Sudrhythmus 3–4 Reaktorgefäße sowie ein Stapeltank angemessen. Bei einer Sudfolge von über 5 Stunden kann auch ein Reaktorgefäß ausreichen, doch ist ein Stapeltank als „Manipulationsgefäß" immer von Vorteil [194].

Ein zu langes Verweilen der Sauergutkultur bei hohen Temperaturen und hohen Milchsäurekonzentrationen (>1%) kann zu einer schnellen Schwächung oder sogar Inaktivierung der Kultur führen. Bei längeren Standzeiten, wie z. B. Sudpausen, muss deshalb die Kultur frühzeitig mit Würze verdünnt und auf unter 20 °C abgekühlt werden.

Um Kontaminationen mit Candida-Arten und anderen Würzeschädlingen zu vermeiden, ist unbedingt eine Begasung mit Kohlensäure zu empfehlen. Die CO_2-Atmosphäre ist während der gesamten biologischen Sauergutgewinnung aufrecht zu erhalten, da diese Milchsäurebakterien in Gegenwart von Luft weniger gut wachsen als unter CO_2-Atmosphäre [195]. Es wird auch einer unnötigen Oxidation der warmen Vorderwürze vorgebeugt.

Die Auswirkungen der biologischen Säuerung.
Bei einer Maischesäuerung von 5,73 auf 5,25 wird nach Tab. 1.29 eine entsprechende Absenkung des Würze-pH erreicht, wenngleich infolge der sich aufbauenden Pufferkapazität die pH-Erniedrigung bis zur Ausschlagwürze zunehmend geringer wird. Dasselbe gilt auch für den pH-Abfall bei der Gärung (s. Abschnitt 1.3.9). Die pH-Absenkung der Maische auf unter 5,5 bewirkt eine etwas langsamere Verzuckerung, die durch das pH-Optimum der α-Amylase erklärbar ist, während die bessere Wirkung der β-Amylase einen etwas höheren Endvergärungsgrad vermittelt. Bei einer pH-Erniedrigung auf 5,40 werden die Endopeptidasen und auch Carboxypeptidasen deutlich gefördert, was sich in einer kräftigen Steigerung des Gesamtstickstoffs äußert. Der hochmolekulare Anteil nimmt relativ gesehen etwas ab, der freie Amino-N dagegen absolut und relativ zu. Die Polyphenole erfahren eine leichte, die Anthocyanogene eine deutliche Mehrung. Die β-Glucangehalte nehmen etwas ab (Tab. 1.29).

Tab. 1.29 Der Einfluss der Maischesäuerung

Maische-pH nach Einmaischen	5,73	5,59	5,40	5,20
pH Abmaischen	5,67	5,55	5,39	5,26
Pfanne voll	5,76	5,64	5,48	5,32
Ausschlagen	5,58	5,51	5,36	5,20
Bier	4,57	4,53	4,48	4,42
Verzuckerung min	8	8	12	18
Endvergärung %	83,7	84,2	84,4	84,2
Gesamt-N mg/100 ml*	101,1	102,5	111,1	119,2
Hochmol.-N mg/100 ml*	23,8	23,1	24,7	25,2
	(23,5%)	(22,5%)	(22,2%)	(21,1%)
FAN mg/100 ml*	21,5	22,1	24,8	26,5
	(21,2%)	(21,6%)	(22,3%)	(22,3%)
Polyphenole mg/l*	192	195	199	203
Anthocyanogene mg/l*	79	83	86	92
Viscosität mPas*	1,83	1,82	1,81	1,80
β-Glucan mg/l*	253	249	242	230
Bitterstoffe EBC	48	47	46	45
Biere Δ VS %	1,9	2,5	0,3	0
Farbe	7,8	7,5	7,2	6,9
Gesamt-N mg/100 ml*	72,0	73,1	78,4	83,8
Hochmol.-N mg/100 ml	18,0	18,0	19,2	20,1
Polyphenole mg/l*	152	158	163	167
Anthocyanogene mg/l*	51	52	55	58
EBC-BE	31	30	28	27
Schaum R & C	130	131	131	132
Geschmack Ø DLG**	4,0	4,2	4,4	4,3
Bittere	3,8	4,0	4,4	4,0

* Auf 12% Extrakt berechnet
** 5 = am besten

Die Gärung verläuft rascher, die Nachgärung intensiver, was sich in einer geringeren Differenz End-Ausstoßvergärungsgrad äußert. Dies ist auf den höheren Gehalt der Würze an wichtigen Spurensubstanzen für die Hefe wie Zink, Biotin und Pantothensäure zurückzuführen [194].

Die Bitterstoffausnutzung ist beim Würzekochen etwas geringer, ein Ergebnis, das sich auch bis zum Bier nicht ändert. Bemerkenswert ist bei dieser Versuchsreihe, dass trotz der wesentlich intensiveren Abbauvorgänge die Schaumeigenschaften der Biere keine Verschlechterung erfahren. Geschmacklich erwies sich der Versuch mit pH 5,40 als am besten.

Außerdem waren die Biere von besserer Geschmacksstabilität, was auf eine Unterdrückung von Oxidationsvorgängen zurückzuführen ist (s. Abschnitt 3.1).

Eine ausschließliche Würzesäuerung erbringt nach Tab. 1.30 hellere Würze- und Bierfarben, die Gärung war von allen Versuchen am raschesten. Die Bitterstoffausbeute fällt naturgemäß schwächer aus, was bis zum fertigen Bier ver-

Tab. 1.30 Maische-Würze-kombinierte Säuerung

Säuerung	O	Maische	Würze	kombiniert
Maische-pH	5,75	5,52	5,74	5,52
Würze-pH	5,65	5,47	5,20	5,20
Bier-pH	4,61	4,55	4,36	4,43
Würze Farbe EBC	9,8	9,2	8,8	8,6
Gesamt-N mg/100 ml*	103,2	105,4	101,3	104,3
Hochmol.-N mg/100 ml*	23,4	24,1	22,5	24,0
FAN mg/100 ml*	23,1	24,0	23,3	23,8
Polyphenole mg/l*	218	212	209	205
Anthoyanogene mg/l	81	85	77	81
Bitterstoffe EBC	48	45	43	45
Biere				
Endvergärung %	81,9	82,4	81,9	82,2
Δ VS %	4,5	0,2	1,7	0,3
Farbe EBC	7,5	7,3	6,8	6,5
Gesamt-N mg/100 ml*	71,6	74,2	70,0	73,3
Hochmol.-N mg/100 ml*	17,2	16,2	15,8	16,2
Polyphenole mg/l*	158	162	153	158
Anthoyanogene mg/l*	57	61	59	61
Bitterstoffe EBC	31	30	28	29
Schaum R&C	127	127	126	128
Stabilität WT (0/40/0°C)	1,7	2,0	2,7	2,2
Geschmack DLG Ø frisch	4,0	4,2	4,3	4,4
Bittere	3,7	4,0	4,0	4,3
Geschmack DLG Ø alt**	3,6	4,0	4,2	4,3
Bittere	3,2	4,0	4,2	4,1

* Auf 12% Extrakt berechnet
** 5 = am besten

folgbar ist. Durch die stärkere Eiweißausscheidung beim Würzekochen haben Würzen und Biere die niedrigsten Stickstoffgehalte, jedoch einen günstigeren Anteil des FAN. Die Spaltung des DMS-Vorläufers erfolgt bei niedrigem Würze-pH langsamer, weswegen die Sauergutgabe geteilt (Kochbeginn und 10 Minuten vor Kochende) oder generell später während des Kochprozesses gegeben wird (s. Abschnitt 5.6.4.3).

Die kolloidale Stabilität war am besten, der Schaum geringfügig schlechter. Geschmacklich schnitten die frischen Biere gleichgut ab wie die mit Maischesäuerung hergestellten. Die Geschmacksstabilität war sogar noch besser als beim Versuch mit Maischesäuerung, wobei das Bier ohne Maische- und Würzesäuerung deutlich schlechter abschnitt [52, 190, 196].

Die kombinierte Säuerung (Maische auf pH 5,5 und Würze auf pH 5,2) führt naturgemäß zu den Effekten beider Schritte: etwas höhere Stickstoffgehalte, höhere FAN-Werte, eine günstige Polyphenolzusammensetzung. Bei etwas schlechterer Stabilität als bei ausschließlicher Würzesäuerung resultierten die besten Schaumwerte sowie eine Bevorzugung bei der Geschmacksprobe. Die Geschmacksstabilität entsprach der der beiden anderen Versuchsanstellungen [197]. Die Erkenntnis, dass die kombinierte Säuerung zu günstigen Schaumwerten führt, wurde in einer späteren Arbeit bestätigt [198].

Tabelle 1.31 zeigt einen Vergleich zwischen Würzen und Bieren, die mit salzfreiem Wasser, mit Wasser von –5 °dH Restalkalität (17,5 °dH Calcium-Nichtcarbonathärte) sowie mit biologischer Säuerung der Maische bzw. der Maische und Würze hergestellt wurden. Wenn auch die errechneten pH-Werte der Würzen erreicht werden konnten, so erzielte doch nur die kombinierte Säuerung den wünschenswerten, niedrigen pH-Wert des Bieres. Die hohe Calciumgabe verringerte den Phosphatgehalt entsprechend. Die günstigsten Polyphenolverhältnisse – wenngleich die niedrigsten Bitterstoffgehalte – resultierten bei den Bieren aus den gesäuerten Maischen bzw. Würzen, die mindestens gleiche Schaumwerte und eine bessere geschmackliche Bewertung erfuhren. Besonders die Geschmacksstabilität war bei den Bieren, die mit Sauergut hergestellt worden waren, erheblich besser.

Brauer außerhalb Deutschlands, wo die Verwendung technischer Milchsäure gestattet ist, stellen immer wieder die Frage, ob die biologische Säuerung über die Maßnahme der reinen pH-Absenkung bei Maische und Würze noch weitere Vorteile zu erzielen vermag. Zunächst ist zu sagen, dass „technische Milchsäure" wegen der hohen Anforderungen an Genussmilchsäure nach lebensmittelchemischen Standards entsprechend teuer ist. Abgesehen von den Anschaffungs- und (geringen) Betriebskosten ist die biologisch erzeugte Milchsäure wesentlich billiger, da bei richtiger Führung des Prozesses kein Extraktverlust auftritt. Das Sauergut bringt in Maische und Würze deutlich mehr Wuchsstoffe ein; das Redoxpotenzial ist wesentlich günstiger und folglich auch die Geschmacksstabilität der erzielten Biere [199, 200].

Die Edelstahlbehälter zur Herführung der Milchsäure werden am besten in einem eigenen, isolierten Raum angeordnet. Sie haben die oben errechnete Größe + 10–15% Steigraum für die Bewegung des Substrats. Sie sind isoliert,

Tab. 1.31 Vergleich Brauwasser-Aufbereitung – biologische Säuerung

Wasser Säuerung		Dest. –	–5° RA –	Dest. M 5.4	M 5.4 W 5.1
Würze	pH	5,68	5,53	5,47	5,12
	Farbe EBC	10,4	9,7	9,0	8,6
	Gesamt-N mg/100 ml*	104	103	106	105
	FAN mg/100 ml*	22	22	24	24
	Polyphenole mg/l*	295	271	260	258
	Anthoyanogene mg/l*	94	102	104	109
	Tannoide mg PVP/l*	147	149	152	156
	EBC-BE	48	45	45	42
	Phosphate mg/l*	828	740	852	846
	Viscosität mPas*	1,82	1,81	1,80	1,78
	β-Glucan mg/l*	242	233	218	210
Bier	E. Vergärung %	81,4	81,8	82,2	82,2
	pH	4,62	4,55	4,58	4,40
	Farbe EBC	8,0	7,7	7,5	7,0
	Gesamt-N mg/100 ml*	75	73	77	74
	Polyphenole mg/l*	204	193	200	192
	Anthoyanogene mg/l*	76	80	84	86
	Tannoide mg PVP/l*	33	42	46	46
	EBC-B.E.	29	28	27	26
	Schaum R&C	128	130	130	131
	Geschmack DLG ⌀ frisch	4,0	4,2	4,3	4,4
	Bittere	4,0	4,0	4,0	4,3
	Geschmack DLG ⌀ alt	3,7	3,8	4,0	4,1
	Bittere	3,5	3,6	4,0	4,2

* Auf 12% Extrakt berechnet
** 5 = am besten

mit einem thermostatisch gesteuerten Heizstab versehen und abgedeckt. Das Rührwerk muss so konstruiert sein, dass es einen Lufteinzug verhindert, der sonst ein unangenehmes Hefewachstum (Kahmhefen) zur Folge hat. Alle Behälter können mit Vorderwürze und Wasser beschickt werden, die bei einer Mischung von 60–65% Vorderwürze und dem Rest Kaltwasser gerade die gewünschte Temperatur von 48 °C ergeben, der Mischungsextrakt liegt dann bei 10–12%. Im Sammeltank, der ebenfalls bei 47–50 °C gehalten wird, ergibt sich noch eine weitere Säuerung, deren Ausmaß aber bekannt sein muss; es ist also die Säuremenge von hier aus zu berechnen und zu bemessen. Verschiedentlich wird der Inhalt dieses Tanks aufgekocht, um die Säuerung zu einem Stillstand zu bringen (Abb. 1.10).

Die Arbeitsweise der biologischen Säuerung ist, wenn einmal eingeführt, ohne Probleme. Die Milchsäurestäbchen überleben das Würzekochen nicht; sie sind auch überaus empfindlich gegenüber Hopfenbitterstoffen.

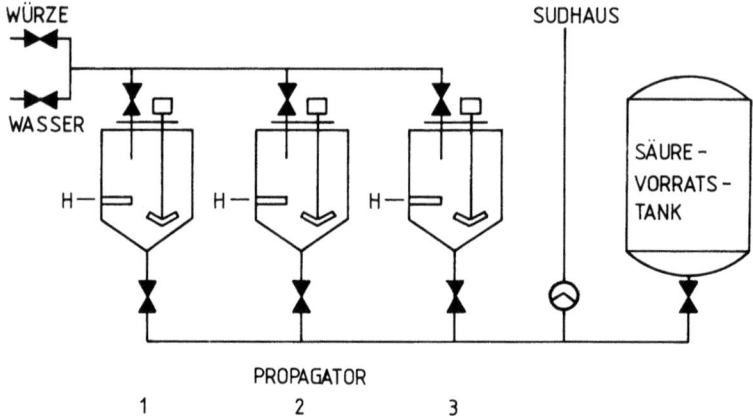

Abb. 1.10 Anlage zur biologischen Säuerung (H: thermostatische gesteuerte Heizstäbe)

1.3.11
Abschließende Bemerkungen zum Thema „Brauwasser"

Der Einfluss des Brauwassers auf den gesamten Herstellungsprozess und vor allem auf den Charakter des Bieres macht es verständlich, dass der Wasserfrage in der Brauerei bei der allgemeinen Problematik des Wasserhaushalts eine immer größere Bedeutung zukommt. Das Wasser ist – im Gegensatz zu früher – ein bedeutender Kostenfaktor geworden. Als qualitativ und quantitativ wertvoller Rohstoff bedarf es derselben Sorgfalt, Aufmerksamkeit und rationellen Handhabung wie alle anderen Ausgangsprodukte bei der Bierherstellung.

Außer seiner Hauptrolle als Brauwasser dient das Wasser in der Brauerei noch zu verschiedenen anderen Zwecken: so zum Weichen der Gerste, zum Waschen und Wässern der Hefe, zum Reinigen der Gefäße und Systeme, als Kesselspeisewasser, Kühlwasser und zur Kälteerzeugung.

Die Beschaffung einer ausreichenden Menge von Brau- und Betriebswasser ist demnach zu einer wichtigen Frage geworden. Sie hängt daher häufig eng zusammen mit der öffentlichen Bewirtschaftung des Wassers, mit Reinigungs- und Veredelungsanlagen sowie einer ausreichenden Wasserspeicherung [201].

Diese umfasst nicht nur genügend große Reserven für das „Rohwasser", es müssen vielmehr auch für aufbereitetes oder enthärtetes Wasser genügende Lagerkapazitäten vorhanden sein, um einen möglichst ungehinderten konstanten Lauf der Enthärtungsanlagen zu gewährleisten. Heißwasser-Reserven entsprechenden Inhalts sichern die Gewinnung von Abwärmequellen in Form von Heißwasser.

Ein Gebiet, das im Rahmen dieses Buches nur vereinzelt angesprochen wird ist das Abwasser.

1.4 Der Hopfen

1.4.1 Allgemeines

Der Hopfen ist in verschiedener Hinsicht ein unentbehrliches Zusatzmittel zur Würze. Er verleiht ihr einen bitteren Geschmack, ein bestimmtes Aroma und fördert durch die Fällung von Eiweißstoffen die Klärung der Würze bzw. des Bieres. Darüber hinaus hat der Hopfen schaumpositive Eigenschaften; neben Alkohol und Kohlensäure gilt er als natürliches Konservierungsmittel des Bieres.

1.4.2 Botanik der Hopfenpflanze

Der Kulturhopfen *(Humulus lupulus* L.) zählt zur Familie der Hanfgewächse *(Cannabinaceae)* und der Ordnung der Nesselgewächse *(Urticaceae)*. Der Hopfen ist eine zweihäusige Pflanze, d.h. weibliche und männliche Blüten befinden sich nicht auf ein und derselben Pflanze. Nur die weiblichen Pflanzen bilden Dolden. Während seines Wachstums vermag sich der Hopfen an einer geeigneten Stütze emporzuwinden.

Der Hopfen ist eine ausdauernde Pflanze, die normal etwa 20 Jahre voll ertragfähig bleibt. Die oberirdischen Teile der Pflanze werden alle Jahre abgeschnitten; es bleibt nur der Wurzelstock erhalten, aus dem jährlich der junge Austrieb erfolgt.

Das *Wurzelwerk* besteht aus dem *Wurzelstock* (Abb. 1.11) sowie Haupt- und Triebwurzeln. Der Wurzelstock ist etwa 30–40 cm lang und 10–15 cm dick. Er

Abb. 1.11 Wurzelwerk des Hopfens

dient als Nährstoffspeicher, der die Pflanze bis zu 75 cm Wuchshöhe versorgt. Der Wurzelstock bildet sich aus dem Fechser, der in die Erde eingelegt wurde. Die *Fechser* ihrerseits werden beim Schneiden des Hopfens gewonnen. Sie sind die unterirdischen Teile der im Vorjahr aufgeleiteten Reben.

Die *Haupt- und Triebwurzeln* (6–10 Stück) werden bis zu 2 m lang, sie nehmen Nährstoffe und Wasser aus dem Boden auf.

Die *Sommerwurzeln* dienen derselben Aufgabe. Sie wachsen aus dem unterirdischen Teil der Reben, ihre Entwicklung ist von Witterung, Boden und Düngung abhängig.

Die *Triebe* wachsen im Frühjahr vor und nach dem Schneiden aus dem Wurzelstock. Je nach Aufleitart werden davon 2–6 genutzt, die restlichen werden abgeschnitten. Die Haupttriebe (Stängel, Reben) haben einen sechseckigen Querschnitt und sind mit Klimmhaaren besetzt, mit deren Hilfe sich der Hopfen am Aufleitungsmaterial festhakt. Die Reben sind durch Knoten untergliedert; ihre Zahl ist je nach Sorte und Jahrgang bei der üblichen Aufleitungshöhe des Hopfens von 7 m zwischen 25 und 35 m. Die Zwischenknotenglieder (Internodien) sind hohl, die Knoten (Nodi) sind mit Mark gefüllt. Das Wachstum der Reben ist täglich im Durchschnitt 10–15 cm, je nach Witterung zwischen 5 und 40 cm. Im Wachstum befinden sich immer nur die obersten zwei bis drei Internodien. Die Hopfenreben sind rechtswindend.

Blätter und Seitentriebe: Die Blätter entspringen den Stengelknoten. Zuerst kommen zwei kleine, schmale, spitzzulaufende gegenständige *Nebenblätter* zum Vorschein, aus deren Achsel je eines der langgestielten Laubblätter wächst. Diese sind im unteren Teil der Pflanze meist fünflappig, in der Mitte dreilappig und die oberen, jungen Blätter einlappig. Alle drei Arten sind an den Rändern gezahnt, an der Unterseite glatt und an der Oberseite stark behaart. Die Blattflächen betragen bei dreiebiger Aufleitung je nach Sorte und Entwicklung 7 bis 22 m^2/Pflanze. Dies entspricht bei durchschnittlich 4000 Stöcken pro ha einer mittleren Blattfläche von 58 000 m^2.

Mitte Juni, wenn der Hopfen halbe Gerüsthöhe erreicht hat, bildet er *Seitentriebe* aus den Achseln der Laubblätter. Sie sind so aufgebaut wie die Haupttriebe und erreichen eine Länge von 1,5 m. Nach oben sind sie kürzer. Ihre Zahl und Ausbildung ist bedeutsam für den Ertrag.

Blüte und Dolde: Ende Juni, Anfang Juli, mit dem Erreichen der Gerüsthöhe beginnt der Hopfen zu blühen. Die Blütezeit dauert je nach Sorte und Wachstumsgegebenheiten 15–30 Tage. Der Übergang vom „Anflug" zur Dolde vollzieht sich allmählich.

Die weiblichen Blüten entwickeln sich aus den Achseln der gegenständigen Blätter der Seitentriebe, aber auch der Hauptreben. Die kätzchenartigen Blütenstände setzen sich aus 20 bis 60 Einzelblütchen zusammen. Sie sind klein, unauffällig und bestehen nur aus Fruchtknoten mit Narbe sowie einem Schüppchen. Je vier Einzelblütchen sitzen in den Achseln von zwei Nebenblättern an den Kniestellen der Blütenstandsachse (Abb. 1.12). Der Hopfen ist ein Windbefruchter. Die *Dolden* entwickeln sich aus den Blütenständen. Die Achse bildet die Spindel, aus den Nebenblättern entwickeln sich die Deckblätter, aus

Abb. 1.12 Blüten der weiblichen Hopfenpflanze Übergang zur Doldenbildung

den Hochblättern die Vorblätter. Der Fruchtknoten verkümmert bei Nichtbefruchtung; bei Befruchtung entsteht daraus der Samen.

Der Stiel der Dolde ist glatt und bei guter Pflücke nur ca. 1 cm lang. Seine Fortsetzung, die Spindel ist gewellt. Feine Hopfen haben eine dünne Spindel mit feiner Wellung. An den 10–12 Kniestellen sitzen die Deckblätter und Vorblätter, deren Zahlenverhältnis 2:4 beträgt. Die Deckblätter (Schutzorgane) haben je nach Hopfensorte eine typische, oben zugespitzte Form; die Vorblätter sind abgerundet. Sie stellen die Flugorgane für den Samen dar. Während die Deckblätter arm an Lupulindrüsen sind, enthalten die Vorblätter reichlich Lupulin, vor allem am unteren Ende, wo sich eine taschenartige Falte befindet. Diese beinhaltet auch die vertrockneten Fruchtknoten oder bei befruchteten Hopfen die Samen.

Die *Rebengewichte* sind nach Sorte und Jahrgang verschieden. Sie betragen pro Stock zwischen 5 kg (Hallertauer Mittelfrüher) und 8,5 kg (Hersbrucker Spät). Die neueren Sorten haben folgende Werte: Hallertauer Tradition 7,2 kg; Saphir 7,9 kg; Taurus 8,5 kg; Magnum 8,6 kg und Herkules 11,2 kg [202].

Hiervon entfallen auf die Hauptrebe 10–20 % des Gewichts, auf die Seitenarme 10–15 %, auf die Blätter 20–35 % und auf die Dolden 35–45 %.

Die *männliche Hopfenpflanze* wird für die Züchtung benötigt. Sie lässt sich vom weiblichen Hopfen nur zur Zeit der Blüte unterscheiden; hier ist dann nicht der bekannte Anflug gegeben, sondern eine große Anzahl von Rispen, die sich aus vielen kleinen Blüten zusammensetzt (Abb. 1.13).

1 Die Rohmaterialien

Abb. 1.13 Blüten der männlichen Hopfenpflanze

Da die Befruchtung weiblicher Blüten zu größeren, gröberen Dolden führt, steigt der Ertrag. Die Qualität des Hopfens wird jedoch herabgesetzt und der Lupulingehalt nimmt ab. Aus diesem Grunde müssen in der Bundesrepublik männliche Hopfenpflanzen vernichtet werden. Vor allem sind auch wilde Hopfenpflanzen im Bereich von hopfenbauenden Gemeinden zu roden.

Zwerghopfen für Niedrig-Gerüstanlagen wurden seit den 1980er Jahren in Anbauversuchen geprüft. Sie versprechen niedrigere Produktionskosten, seien es Kosten für die laufende Pflege beim Aufwuchs der Pflanzen oder für Düngung und Pflanzenschutz. Letzterer kann durch Tunnel-Sprühanlagen wirkungsvoller und durch Rückführung der Mittel umweltverträglicher gehandhabt werden.

Es bedarf aber der Züchtung eigener Sorten, die für die unterschiedlichen Belichtungsgegebenheiten geeignet sind.

1.4.3
Wachstumsverlauf, Pflege und Anbaugegebenheiten

1.4.3.1 Wachstumsverlauf und Pflege

Der Hopfen wird in der Regel aus Fechsern (Setzlingen), selten aus Samen gezogen (Abb. 1.14). Letzteres ist in der Praxis unmöglich, da sowohl männliche als auch weibliche Pflanzen entstehen könnten, die auch in ihren Eigenschaften völlig von den Eltern abweichen.

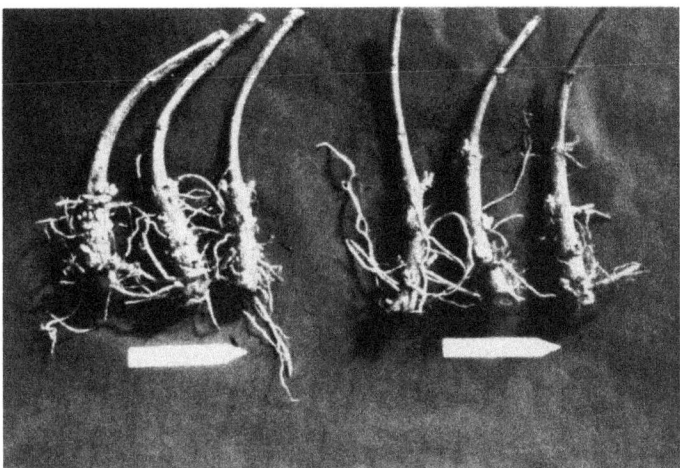

Abb. 1.14 Fechser

Eingesetzte *Fechser* treiben von der unteren Schnittfläche Wurzeln aus, die bereits im ersten Jahr 1–1,5 m Tiefe erreichen. Die an den Setzlingen befindlichen „Augen" treiben aus, die Reben können angeleitet bis auf volle Gerüsthöhe wachsen. Es wird bereits ein Ertrag von 25–30% des normalen erzielt, doch dauert es zwei bis drei Jahre bis eine neue Hopfenpflanze voll ertragsfähig ist. Im folgenden Jahr treibt der Hopfen aus dem *Wurzelstock* aus. Die oberirdischen Teile oberhalb des Wurzelstocks werden im Herbst 30 cm hoch über dem Erdboden abgeschnitten.

Im Frühjahr werden die Hopfenstöcke für das Schneiden freigelegt (Aufdecken); der Schnitt erfolgt je nach Witterung zwischen Ende März und Mitte April. Es werden hier überflüssige Knospen und Triebe des Wurzelstocks entfernt, außerdem wird hierdurch ein zu frühes Austreiben (Frostgefahr) verhindert. Der Schnitt kann dabei in unterschiedlicher Tiefe erfolgen:

Beim *glatten Schnitt* werden alle Triebe über dem Wurzelstock entfernt. Der Hopfen muss aus „schlafenden" Knospen austreiben. Diese Schnittart wird gewählt, wenn der Hopfen-Stock zu weit an die Oberfläche gekommen ist.

Beim *Zapfen- oder gewöhnlichen Schnitt* werden dem Wurzelstock die unteren Knospen der Setzlinge belassen. Er entwickelt so 10–12 Frühjahrstriebe.

Aufsatzschnitt: es verbleiben mehr oder minder lange Zapfen am Wurzelstock. Er findet Anwendung bei Junghopfen oder bei geschädigten Anlagen. Mitte April bis Mitte Mai – je nach Zeitpunkt und Art des Frühjahrsschnitts entwickelt der Hopfenstock zahlreiche Triebe. Die Zahl hängt von der Lage des Hopfengartens und vom Ernährungszustand der Pflanze ab. Es werden aber nur zwei bis drei davon angeleitet, ein bis zwei bleiben als Reservetriebe am Boden liegen, alle anderen werden abgeschnitten. Sobald die angeleiteten Reben gut entwickelt sind, sind die Reservetriebe entbehrlich.

Mit dem Erreichen der halben Gerüsthöhe (Mitte bis Ende Juni) bildet der Hopfen Seitenäste.

Ende Juni bis Mitte Juli überschreitet die Pflanze die Gerüsthöhe, die Spitze wächst über den Laufdraht hinaus und fällt von oben wieder herunter. Es bilden sich sogenannte „Hauben".

Die Blüte, der „Anflug", tritt zu diesem Zeitpunkt ein. Der Übergang von der Blüte zur Dolde beträgt 3–4 Wochen, bei Späthopfen bis zu 6 Wochen.

Die technische Reife ist daran zu erkennen, dass sich die Dolde an der Spitze schließt (Doldenschluss). Von der Zeit der Ausdoldung bis zur Pflückreife vergehen in der Regel 2–3 Wochen.

Das Ausputzen des Hopfens, das Ausblättern auf eine Höhe von ca. 1 m, das Entfernen von Nachschossern und die Bekämpfung von Unkraut wurde früher von Hand getätigt; um Arbeitskraft zu sparen, wird das „Hopfenputzen" mit chemischen Mitteln durchgeführt.

Das oben erwähnte Ausblättern geschieht zur besseren Schädlingsbekämpfung; der Verlust an Assimilationsfläche wird in Kauf genommen.

Die Seitentriebe werden in einer Höhe von 1,5–2 m beseitigt oder stark gekürzt (Ausgeizen), um die Bodenbearbeitung und Spritzarbeit zu erleichtern.

Gegen die verschiedenen Krankheiten des Hopfens muss mit chemischen Mitteln vorbeugend oder bei Befall gespritzt werden (s. Abschnitt 1.4.6).

1.4.3.2 Standortansprüche

Der Hopfen stellt besondere Ansprüche an Klima, Witterung und Boden.

Wärme: Der Wärmebedarf des Hopfens ist ziemlich hoch; er liegt zwischen dem Weizen und dem Wein. Die Durchschnittstemperatur während der Vegetationszeit lag in Hüll (Hallertau) im 35-jährigen Mittel bei 11,8 °C; das 50-jährige Jahresmittel (1927–1976) betrug 7,4 °C. Die Klimaerwärmung spiegelt sich in den 10-jährigen Mittelwerten (1997–2007) von 8,7 °C und im Jahresmittel 2007 von 9,5 °C wieder [203]. Im Winter ist der Hopfen unempfindlich gegen Frost, dagegen sehr empfindlich, wenn er bereits Triebe hat. Günstig ist: trockenes warmes Wetter von Ende März bis Mitte April, ein kühler und regenreicher Mai, eine gewisse Wärme in der zweiten Junihälfte (Entwicklung der Seitentriebe); ein großer Wärmebedarf besteht zur Zeit der Blüte und der Ausdoldung.

Niederschläge: Kühle, niederschlagsreiche Sommer erbringen bessere Erträge als heiße und trockene. Die Taubildung kann sehr wohl zum Wasserhaushalt der Pflanze beitragen (pro Nacht 2 l Niederschlage pro Pflanze). Nebel ist nicht nachteilig (Hopfenbau in England und Flandern), doch fördert er das Aufkommen von *Peronospora*. Hopfen ist sehr empfindlich gegen Hagel. Später Hagelschlag kann oft eine Ernte bis zu 90 oder 100% vernichten. Erfolgt er dagegen früh, dann kann durch sorgfältige Arbeit noch ein Ertrag von ca. 70% erreicht werden.

Licht: Der Hopfen braucht Licht. Dem wird durch hohe Anlagen, besonders durch das schräge Aufleiten und genügende Entfernung der Reihen Rechnung getragen. Gerade bei der Doldenausbildung braucht der Hopfen Licht.

Luftbewegung: Eine schwache Luftbewegung ist für das Wachstum der Pflanze wichtig. Stärkere Winde verlangen oftmals ein nochmaliges Anleiten, sie beschädigen die Seitentriebe sowie die Dolden (Windschlag). Sturm und Niederschlag gefährden die Hopfenanlagen, weswegen Hopfengärten möglichst in windgeschützten Lagen angeordnet werden sollen.

Boden: Tiefgründige Böden, die bis zu 2 m wurzeldurchlässig sind, eignen sich am besten. Es sind schwere Tonböden ebenso zu finden wie leichte Sandböden. Am günstigsten ist sandiger Lehm oder lehmiger Sand.

1.4.3.3 Aufleitungsarten

Früher wurden die Hopfen an Stangen aufgeleitet; dann entwickelten sich Gerüstanlagen, die für die jeweiligen Anbaugebiete typisch waren. Die Drahtgerüstanlagen nehmen Rücksicht auf die Pflanzabstände der einzelnen Hopfensorten, die bei 1,4–1,6 m liegen. Grossraumanlagen mit Weitspanngerüsten haben sich in den letzten Jahren wegen der zunehmenden Mechanisierung der Hopfengärten mehr und mehr eingeführt.

1.4.3.4 Düngung

Sie richtet sich nach dem Nährstoffbedarf des Hopfens. Bei einem Ertrag von 1,8 t/ha beträgt der Nährstoffentzug 120 kg N, 40 kg P_2O_5, 110 kg K_2O, 150 kg CaO und 25 kg MgO. Diese Mengen berücksichtigen auch die unterbundene Nährstoffrückwanderung durch das Abschneiden der Reben für die Maschinenpflücke. Nachdem aber nicht alle mit der Düngung gegebenen Nährstoffe auch wirklich in die Pflanze gelangen, ergibt sich unter Berücksichtigung des Ausnutzungsgrades der einzelnen Substanzen ein Bedarf an Reinnährstoff/ha: 224 kg N, 225 kg P_2O_5, 270 kg K_2O, 675 kg CaO.

1.4.3.5 Erträge

Je 1000 Stöcke erzielen in der Hallertau 0,3–0,4 t; bei 4.500 Stöcken/ha liegt somit der Hektarertrag bei 1,6–2,0 t. Eine Übersicht nach Hopfenanbaugebieten und Hopfensorten gibt Tab. 1.32.

1.4.3.6 Ernte

Mit Erreichen der „technischen" Reife schließt sich die Dolde; sie nimmt damit eine feste Beschaffenheit an. Das Lupulin wird goldgelb. Die beiden unteren, an der Doldenbasis sitzenden Deckblätter zeigen eine violette Färbung. Es ist wichtig, dass der Hopfen die völlige Pflückreife erreicht.

Zu früh gepflückter Hopfen hat ein schwaches Aroma, wird beim Trocknen unansehnlich und erbringt einen Minderertrag von bis zu 15%. Zu spät gepflückter Hopfen kann durch Krankheiten verschlechtert werden; das ursprünglich feine Aroma wird andersartig, u. U. zwiebelig.

Tab. 1.32 Durchschnittserträge 2005, nach Anbaugebieten und Sorten [204]

Anbaugebiet	t/ha	Sorten	t/ha
Hallertau Aromahopfen	1,95	Hallertau: Perle	2,04
Hallertau Bitterhopfen	2,05	Tradition	2,00
		Hallertauer	1,59
Hallertau Hochalpha-H.	2,30	Hersbrucker	1,91
		Select	2,26
Elbe-Saale	1,96	Saphir	2,35
Tettnang Aromahopfen	1,42	Northern Brewer	2,02
		Magnum	2,32
Spalt Aromahopfen	1,51	Taurus	2,33
		Nugget	2,20
Rheinpfalz	1,82	Merkur	2,12

Es wurde das Jahr 2005 gewählt, da es nach Schwankungen bei den Ernten 2003–2007 als „normal" einzustufen war.

Der Erntebeginn ist in Jahren normaler Witterung etwa in Tettnang (Frühhopfen) am 10. 8., in der Halltertau am 25. 8. „Mittelfrühe" Sorten sind: Hallertauer mfr., Spalter, Northern Brewer; mittelspäte Sorten sind: Hallertauer Gold, Record, Hüller Bitterer und Hersbrucker. Spät reift der Brewers Gold.

Die Handpflücke erforderte noch 1954 bei einer Fläche von 5345 ha 70 000 Pflücker. Pflückmaschinen haben diese Arbeit übernommen. Diese bestehen aus Vorpflücker, Hauptpflücker, Nachpflücker und Reiniger. Letzterer arbeitet in einer Stufe mit einem regulierbaren Luftstrom um Blätter abzuscheiden, in der anderen Stufe werden in einem Bandreiniger Stengel und Rebenteile entfernt.

1.4.3.7 Trocknung

Sie bewirkt eine Erniedrigung des Wassergehalts von ca. 80% auf 10–11%. Dies muss sofort nach der Pflücke geschehen, um eine Qualitätsverschlechterung des Hopfens zu vermeiden. Die Leistung von Pflückmaschine und Hopfendarre müssen deshalb aufeinander abgestimmt sein.

Die Trocknung der einzelnen Hopfenbestandteile geht unterschiedlich schnell vor sich, die Doldenblätter und Stiele lassen sich rascher entwässern als die Stengel. Erschwerend ist, dass die Trocknungstemperaturen von 60 °C nicht überschritten werden, um eine Veränderung von Bitterstoffen, Hopfenölen und Polyphenolen zu vermeiden; hohe Luftgeschwindigkeiten sind erwünscht, der trockene Hopfen erreicht die Flattergrenze jedoch schon bei 0,4 m/s.

Hopfendarren können als Einhorden- oder Mehrhordendarren [7–9] ausgebildet sein. Bei letzteren wandert der Hopfen über Kipphorden mit fortschreitender Trocknung von oben nach unten. Die unterste Horde wird zum Entladen aus der Darre gezogen (Auszughorde). Die Beheizung der Darren erfolgt über Lufterhitzer. Der Trocknungsvorgang z. B. bei einer Vierhordendarre dauert 6 Stunden, entsprechend 90 Minuten pro Horde.

Beim Trocknen tritt, bedingt durch die freiwerdenden großen Wasserdampfmengen speziell in den oberen Horden ein hoher Verlust an Hopfenölen ein (um 30–40%) [205]. Diese Erkenntnis führte zur Entwicklung einer *Vortrockenstufe* in einer eigenen Horde, um in 45 Minuten bei 62 °C Lufttemperatur (unter der Horde gemessen) eine rasche Entwässerung zu bewirken. Anschließend wird der Hopfen auf eine normale Vierhordendarre verbracht und dort wie üblich behandelt. Bei dieser Verfahrensweise war nur ein Ölverlust von 12% gegeben [206]. Eine Übertrocknung des Hopfens z. B. auf Wassergehalte von unter 8% erbrachte Verluste an α-Säure und Hopfenölen; Biere die aus diesem Hopfen hergestellt worden waren, zeigten eine breite Bittere [207].

Bandtrockner bestehen aus drei übereinanderliegenden Bändern, die jeweils bestimmte Trocknungsparameter aufweisen. Auf dem obersten Band wird der feuchte Hopfen mit einer Luftgeschwindigkeit von 0,8 m/s (95 °C), auf dem mittleren Band mit 0,55 m/s und 75 °C und auf dem unteren Band mit 0,3 m/s und 60 °C getrocknet. Die Verweilzeit ist insgesamt zwei Stunden. Diese Anpassung an den Trocknungsfortschritt erbrachte keine Nachteile für die Hopfenqualität [208].

Es war früher üblich, beim Trocknen, häufiger jedoch bei der „Präparierung" den Hopfen zu schwefeln. Dabei wurden pro 50 kg Hopfen 0,25–0,60 kg Schwefel verbrannt. Diese Maßnahme sollte einer besseren Konservierung des Hopfens dienen. Bei der Lagerung ging das SO_2 in Schwefelsäure bzw. in Sulfate über, die den Brauprozess nicht störten [209]. Es wurde die Alterung des Hopfens bei Kaltlagerung (0 °C) verlangsamt [210]. Bei einer Lagerung ohne künstliche Kühlung, aber jahreszeitlich bedingt zwischen 5 und 25 °C ergaben sich nach 8 Monaten keine Unterschiede zwischen geschwefelten und ungeschwefelten Hopfen, nach 25 Monaten war eine um ca. 10% geringere Alterung bei den geschwefelten Proben gegeben [211].

Das Schwefeln wurde manchmal auch angewendet, um eine durch unsachgemäße Behandlung beeinträchtigte Farbe des Hopfens zu verbessern und seinen Glanz zu erhöhen. Dies gelingt aber mit überreifen oder gealtertem Hopfen nicht.

Durch die heute wesentlich verbesserte Hopfenlagerung in Kühlhallen (s. Abschnitt 1.4.3.9) ist eine Schwefelung des Hopfens nicht mehr üblich.

1.4.3.8 Verpackung

Der Hopfen wird *gereutert*, um Zweige, Stiele und andere artfremde Beimengungen zu entfernen. Dies geschieht über grobe Siebe; bei sehr trockenen Hopfen besteht die Gefahr des Lupulinverlusts. Der Hopfen wird entweder in *Ballen* von je 100 kg lose gepresst verpackt, oder in Ballots von 100 oder 150 kg. Letztere können auch in Büchsen aus verzinktem Stahlblech eingebracht und in feuchteren Räumen, z. B. in Lagerkellerabteilungen gelagert werden.

Der Ballen ermöglicht bei kalter Lagerung (ca. 0 °C) eine gute Erhaltung der Werteigenschaften des Hopfens (Bitterwert, Aroma) über 12–18 Monate hinweg. Er hat jedoch mit 1142 l/100 kg ein großes Volumen und bedarf großer Lagerräume.

Ballots sind platzsparend, da sie stets in die gleiche Form gepresst werden, erfordern sie für 100 oder 150 kg jeweils nur 362 l [212]. Durch die starke Pressung platzen jedoch die Lupulindrüsen; das Sekret tritt aus und verteilt sich auf den Hopfenblättern. Durch diese große Oberfläche kann eine raschere Oxidation – vor allem der Hopfenöle – erfolgen [213].

Der Hopfen wird bis zur Verarbeitung zu Hopfenprodukten in rechteckigen Ballen zu 60 kg auf ein Maß von 60 × 60 × 120 cm (432 l) mit Polypropylenfolie gepresst und in dieser in den Kühlhallen gelagert.

1.4.3.9 Lagerung

Der Hopfen lässt sich nur unter bestimmten Voraussetzungen so aufbewahren, dass seine weitgehenden Bestandteile über einen bestimmten Zeitraum erhalten bleiben. Eine Reihe von Umweltbedingungen wirkt schädlich auf ihn ein, so vor allem die Tätigkeit von Mikroorganismen, der umgebende Luftsauerstoff und die nach der Trocknung allmählich wieder einsetzende Wirkung von Enzymen. Luft, Wärme und Feuchtigkeit begünstigen diese Zersetzungs- und Oxidationserscheinungen. Auch das Licht übt einen schädigenden Einfluss aus, es bleicht die Dolden aus. Die Voraussetzungen für eine einwandfreie Lagerung sind deshalb:

Der Hopfen muss beim Einlagern trocken und möglichst frei von zersetzenden Mikroorganismen sein. Die Lagerung hat kalt und dunkel zu erfolgen. Eine Entfernung des Luftsauerstoffs ist wünschenswert.

Während Hopfenballots in Büchsen verpackt auch in leeren Lagerkellerabteilungen aufbewahrt werden können, sind für Ballen und ungeschützte Ballots besondere Hopfenkühlräume zweckmäßig. Diese sind gut isoliert und mit Kühlsystemen an Decken und Wänden versehen. Es ist dabei für einen einwandfreien Ablauf des beim Abtauen der Kühlsysteme anfallenden Kondenswassers zu sorgen. Die Hopfenballen – bzw. Ballons liegen auf Holz – oder Metallgitterrosten. Um die Temperatur von 0 °C möglichst gleichmäßig beibehalten zu können, wird vor dem eigentlichen Kühlraum ein Vorraum angeordnet, in dem die Tages- oder Wochenchargen an Hopfen gelagert und für die einzelnen Sude entnommen werden.

Ruhende Kühlung wird gegenüber Luftumlaufkühlung bevorzugt.

Eine weitgehende Ausschaltung des Luftsauerstoffs lässt sich durch eine Vakuumbehandlung von Ballothopfen erreichen; das durch einen leistungsfähigen Kompressor in einem Zylinder auf den Hopfen ausgeübte, fast absolute Vakuum wird durch Stickstoff wieder aufgehoben. Hierdurch gelingt es, die Verluste an α-Säuren während der Kaltlagerung um 70% gegenüber unbehandelten Hopfen zu verringern [214]. Es ließ sich jedoch durch dieses Verfahren das Hopfenölbild, z. B. von gröberen oder gealterten Hopfen nicht im erwarteten Maße korrigieren [215].

Eine deutlich bessere Erhaltung ihres Brauwertes erfahren die Hopfen in Form der Hopfenprodukte (s. Abschnitt 1.4.9).

Ein Problem ergab sich jedoch bei der Verarbeitung von Doldenhopfen zu Hopfenpellets oder Hopfenextrakt: Der Rohhopfen musste so lange gelagert werden, bis die jeweilige Charge dem Verarbeitungsprozess zugeführt werden konnte. Diese Lagerung erfolgte in Hallen, die im Winter naturgemäß kalt waren, sich aber von den Temperaturen im Spätsommer/Herbst erst abkühlen mussten, um dann im Frühjahr wieder eine Temperaturerhöhung zu erfahren. Es konnte also durchaus der Fall sein, dass bei frühzeitiger Erwärmung schon leicht gealterte Partien zur Verarbeitung kamen. Diese hatten bereits Verluste an α-Säuren und Hopfenaromastoffen erfahren.

Aus diesem Grund waren auch die Kapazitäten zur Verarbeitung zu Pellets oder Extrakt so groß ausgelegt, dass die jeweilige Erntemenge bis zum Eintritt der wärmeren Jahreszeit verarbeitet war.

Um diesem Problem zu begegnen, haben die großen Firmen eine Kaltlagerung des Hopfens eingeführt. Nach Ernte, Trocknung und Abwaage bzw. Siegelung werden die Hopfen in Rechteckballen verpackt (s. Abschnitt 1.4.3.8), die mit Polypropylenfolien geschützt werden. Die Kühlluft für eine Lagertemperatur von 2–3 °C wird durch die Temperaturabsenkung entfeuchtet und mittels Membranen in ihrem Sauerstoffgehalt von 20 auf ca. 14% reduziert.

Es werden heute 95% der zur Verarbeitung gelangenden Hopfen auf diese Art gelagert.

1.4.4
Hopfensorten

Die Züchtung neuer Sorten muss den Anforderungen der Brauwirtschaft und der Landwirtschaft, d.h. der Hopfenpflanzer genügen. Die Züchtungsziele sind: feines Aroma (nicht nur bei Aromahopfen); hoher Bitterstoffgehalt (besonders bei Bitterhopfen); Toleranz bzw. Resistenz gegen Krankheiten und tierische Schädlinge; gute agrotechnische Eigenschaften (z. B. Reifetermin: früh-, mittel- oder spätreifend); gute pflücktechnische Eigenschaften (Zerblätterung, Anleiten); hoher Ertrag.

Die klassische Züchtung erfolgt durch Auslese und durch vegetative Fortpflanzung. Nur letztere führt über Kreuzungszüchtung zu neuen Sorten. Diese Methode erfordert eine Zeitspanne von 3–4 Jahren, um die verschiedenen Züchtungsziele in eine neue Sorte einzubringen und verwertbare Ergebnisse zu erhalten. Bis zur Marktreife vergehen 8–12 Jahre.

Als zweihäusige Pflanze besitzt der Hopfen männliche und weibliche Pflanzen. Nur weibliche Pflanzen mit ihren Dolden werden systematisch angebaut. Männliche Pflanzen werden in getrennten Gärten außerhalb eines Hopfenanbaugebietes angebaut, um eben eine Befruchtung der weiblichen Blüten und damit die unerwünschte Bildung von Samen zu vermeiden. Eine Unterscheidung in männliche und weibliche Pflanzen ist aber, wie schon unter Abschnitt 1.4.2 erwähnt, nur zur Zeit der Blüte möglich. Wenn sich diese verspätet oder wenn sie ganz ausbleibt, so können männliche und weibliche Sämlinge nicht unterschieden werden. Aufgrund dieser Problematik wurden DNS-Marker entwickelt, von denen schon vor der Blüte eine sichere Aussage über das Geschlecht des Sämlings getroffen werden kann.

Durch Kreuzungszüchtung bestehender Sorten z. B. mit Wildhopfen können bestimmte Eigenschaften in eine neue Sorte, z. B. die Resistenz gegen Echten Mehltau, eingebracht werden. Anhand einer DNS-Analyse lassen sich entsprechende Mehltau-Resistenzmarker über DNS-Bereiche in der Nähe von Resistenzgenen rasch feststellen und sicher Aussagen über das Vorhandensein oder Fehlen von Resistenzen treffen, d.h. ob eine Einkreuzung Erfolg hatte oder nicht [216].

Die neuen Zuchtsorten aus dem Hopfenforschungszentrum Hüll weisen Resistenzen gegen die drei hauptsächlichen Krankheiten auf: Welke, Peronospora und echten Mehltau.

Die Sorte kann bestimmt werden an der Form der Fechser, der Länge der Triebe, an der Farbe der Reben (Rot- oder Grünhopfen), an der Form der Blätter, der Blütenstände und schließlich an den Dolden, an der Form der Deckblätter und Spindeln. Bei verpackten Hopfen oder gar bei Hopfenprodukten erfolgt die Sortenbestimmung auf analytischem Wege über die Zusammensetzung der Bitterstoffe, wie α-Säuren, β-Säuren, Verhältnis der β-:α-Säuren, Anteil des Cohumulons und des Colupulons (Tab. 1.34, 1.36) und der Hopfenöle (Tab. 1.38). Auf diesem Wege können nicht alle Sorten identifiziert werden, es lassen sich jedoch hiermit ca. 8 verschiedene Sorten bzw. Sortengruppen unterscheiden. Schwierigkeiten ergeben sich bei Mischungen, vor allem bei geringen Beimengungen.

Eine sehr spezifische Analytik ist die Sortenbestimmung mittels Polymerase-Ketten-Reaktion (PCR). Der genetische Fingerabdruck ermöglicht es, ausgehend von Blättern, Dolden und Pellets, eine Sorte zu charakterisieren [217]. Diese Techniken können vor allem bei Sämlingen und Fechsern, also sehr frühzeitig zur Sortenidentifizierung eingesetzt werden. Die genetischen Daten werden nach Cluster- und Hauptkomponentenanalyse für alle möglichen Studien eingesetzt.

Der *Hallertauer Mittelfrühe* hat einen α-Säure-Gehalt im 5-/10-jährigen Mittel von 3,8/4,1%), das Aroma ist fein; er ist der typische „Aromahopfen". Er liefert einen durchschnittlichen Ertrag von 1250 kg/ha. Er ist gegen Peronospora anfällig, ebenso gegen Welke. Dies führte dazu, dass er praktisch 25 Jahre lang nicht mehr angebaut wurde. Nunmehr ist wieder eine gewisse Menge im Anbau.

Der *Hersbrucker Späthopfen* ist Elsäßer Ursprungs. Da er gegen Welke widerstandsfähiger ist als der Hallertauer, fand er in zunehmendem Maße in der Hallertau als Aromahopfen Eingang, doch zeigt er eine große Anfälligkeit gegen Mehltau. Sein α-Säuregehalt liegt im 5-/10-jährigen Mittel bei 2,8/3,2%; das Aroma ist harmonisch und mild. Der Ertrag liegt in der Hallertau bei 1700 kg/ha. Brauversuche lieferten sehr günstige Ergebnisse [218, 219].

Der *Spalter* ist ebenfalls mittelfrüh, von mittelstarkem, doch feinem Aroma und liefert bei Erträgen von 1200 kg/ha α-Säuregehalte im 5-/10-jährigen Mittel von 3,8/4,1%. Er ist ziemlich widerstandsfähig gegen die Welke. Er gehört mit dem Tettnanger und dem Saazer zum sog. „Saazer Formenkreis".

Die Sorten *„Schwetzinger"* und *„Tettnanger"* werden als *„Deutsche Frühhopfen"* bezeichnet. Sie gehören ebenfalls dem Saazer Formenkreis an; das Aroma ist mittelstark und sehr fein. Der α-Säuregehalt liegt im 5-/10-jährigen Mittel bei 3,7/4,1%, der Ertrag in Tettnang bei 1,4 t/ha.

Die *Perle*, eine Züchtung aus Hüll (Zulassung 1976), vereinte ursprünglich einen hohen α-Säuregehalt von 8–8,5% mit einem kräftig-feinen Aroma. Bei guter Welketoleranz gibt der Hopfen hohe Erträge von 1800 kg/ha. Versuchssude über mehrere Jahre hinweg zeigten die Eignung zur Verwendung als Aromahopfen und damit als Ersatz des Hallertauer Mittelfrühen auf [220, 221]. Sie folgte aber– wie auch die anderen Aromasorten – dem Trend der abnehmenden Bitterwerte, wodurch auch die α-Säure-Gehalte im 5-/10-jährigen Mittel bei 6,6/7,1% liegen. Die Resistenzeigenschaften der mittelspäten Sorte gegen Welke und Peronospora sind gut, gegen Echten Mehltau jedoch gering.

Die Hüller Zuchtsorte *Hallertauer Tradition* (Zulassung 1993) als Ersatz des Hallertauer Mittelfrühen zeichnet sich durch ein deutliches, sehr gutes Aroma aus. Die mittelfrühe Sorte hat α-Säure-Werte im 5-/10-jährigen Mittel von 5,7–6,1%, einen Ertrag von 1850 kg/ha und hat, wie alle Neuzüchtungen gute Resistenzeigenschaften [222, 223].

Die mittelspäte Hüller Sorte *Spalter Select* wurde ebenfalls 1993 zugelassen. Sie sollte die Sorte „Spalt" ablösen bzw. ergänzen. Sie weist ein sehr gutes Aroma auf, hat einen α-Säuregehalt im 5-/10-jährigen Durchschnitt von 4,7/5,2%. Der Ertrag liegt bei 1900 kg/ha [222, 223].

Die Sorte *Saphir* (2002) ist mittelfrüh und entspricht in ihren α-Säurewerten eher der Sorte „Hallertauer Mittelfrüher" von 3,2–4,1%. Sie weist ein sehr feines, blumiges Aroma auf und lieferte bei Probesuden sehr gute Ergebnisse, auch bezüglich der Abrundung der Bittere [224]. Der Ertrag liegt bei 1750 kg/ha. Die Widerstandsfähigkeit gegen die wichtigsten Krankheiten ist gut.

Die Hüller Sorte *Smaragd* (2005) ist mittelspät und verzeichnet α-Säurewerte von 4–6%. Das Aroma ist mehr fruchtig/würzig; auch hier waren die Ergebnisse der Probesude gut [225]. Der Ertrag liegt bei 1850 kg/ha. Die Sorte ist gegen Echten Mehltau empfindlich.

Die Hüller Sorte *Opal* (Zulassung 2001, Vertrieb seit 2004) soll höhere Bitterwerte vermitteln, was sich auch in α-Säuregehalten von 5–8% niederschlägt. Das Aroma ist gut, wie auch die Probesude bestätigten [225]. Der Ertrag der mittelfrühen Sorte liegt bei 1850 kg/ha. Die Krankheitsresistenz ist allgemein gut.

Die Bitterhopfen wurden erst Anfang der 1960er Jahre in Deutschland eingeführt. Von diesen ersten Sorten konnten sich „Northern Brewer" und „Brewers Gold" behaupten.

Northern Brewer ist ein früher Hopfen mit einem Durchschnittsertrag von 1600 kg/ha. Die α-Säurewerte sind gegenüber früher etwas rückläufig, doch erreichen sie im 5-/10-jährigen Mittel 8,4/9,1%. Das früher kräftige und derbe Aroma hat sich – standortbedingt – verbessert. Durch seine Widerstandsfähigkeit gegen Welke führte er sich in den kritischen 1970er Jahren auf breiter Basis ein; gegen Peronospora und Echten Mehltau ist die Widerstandsfähigkeit jedoch gering.

Brewers Gold als spätreife Sorte erreichte hohe Erträge von über 2000 kg/ha, die α-Säuregehalte haben sich bei 4,5–6% eingependelt. Das Aroma ist nicht einheitlich; es ist meist sehr kräftig und grob. Die Sorte ist weniger welketolerant als Northern Brewer und ist sehr anfällig gegen Peronospora.

Von den Hochalphasorten wurde die Hüller Zuchtsorte *Magnum* 1993 zugelassen. Sie vermittelt als mittelspäte bis späte Sorte durch ihre sehr hohen α-Säurewerte (bis 16%) sehr hohe Bitterwerte. Die 5-/10-jährigen Mittelwerte an α-Säure liegen bei 13,5–14,0%. Bei mittlerem Aroma hat die Sorte eine gute Lagerstabilität. Sie zeigt eine gute/sehr gute Widerstandsfähigkeit gegen Welke, eine gute gegen Peronospora; sie ist jedoch anfälliger gegen Echten Mehltau. Der Durchschnittsertrag liegt bei 2000 kg/ha.

Die Sorte *Taurus* (ebenfalls aus Hüll) wurde 1995 zugelassen. Sie hat sehr hohe α-Säurewerte (bis 17%), die sich jedoch im 5-/10-jährigen Mittel auf 15,3/15,4% eingespielt haben. Das Aroma wird als mittel bewertet, die Lagerstabilität ist sehr gut. Die Widerstandsfähigkeit gegen Welke und Peronospora ist gut, gegen Echten Mehltau gering. Der Durchschnittsertrag beziffert sich auf 1850 kg/ha.

Zwei weitere Züchtungen sind die Sorten *Merkur* (zugelassen 2001) und *Herkules* (2005), beide von sehr hohen α-Säuregehalten, mittlerem Aroma, guter Lagerstabilität, guter Widerstandsfähigkeit gegen die drei hauptsächlichen Krankheiten und gutem Ertrag (2000–2300 kg/ha) [226].

Nugget ist eine der frühen Hochalphasorten, die 1982 in den USA zugelassen wurde. Sie fand in der Hallertau wegen ihres Ertrages (2200 kg/ha) Eingang; durch ihre hohe Krankheitsanfälligkeit und abnehmenden α-Säuregehalte von ursprünglich bis 13% auf nunmehr im 5-/10-jährigen Mittel 10,6–11,3% verliert die Sorte zunehmend an Bedeutung [227].

Die Eigenschaften einer Hopfensorte wie α-Säuregehalt, Zusammensetzung der Bittersäuren, Hopfenöle und der Polyphenole sowie die Resistenz bzw. Toleranz gegen pflanzliche und tierische Schädlinge sind genetisch festgelegt (s. auch oben). Es sind aber auch die Gegebenheiten eines Anbaugebietes von Bedeutung, die über Klima und Bodenbeschaffenheit einen sehr starken Einfluss auf die Beschaffenheit der Hopfen und die Ausprägung der Sortenmerkmale ausüben. Es können sich auch Sorten in einem Anbaugebiet anpassen, wie in der Vergangenheit der ursprüngliche Elsässer Hopfen in Hersbruck und in den 1970er Jahren der Hersbrucker Hopfen in der Hallertau, wo er den von der Welke befallenen Hallertauer Mittelfrühen ersetzte. Der Anbau der US-Sorte Nugget in der Hallertau oder der Hüller Sorte Perle in den USA zeigte, dass die Sorten wohl ihre Charakteristik behielten, aber doch das Anbaugebiet in einigen analytischen Daten niveaubestimmend war (s. auch Abschnitt 1.4.7.7).

1.4.5
Die Hopfenanbaugebiete

Die Welthopfenernte lag im Jahr 2005 bei 94.115 t, davon wurden in Deutschland 34 466 t geerntet.

1.4.5.1 Die deutschen Anbaugebiete

Die *Hallertau* hat einer Anbaufläche von 17160 ha und eine Ernte von 28240 t, entsprechend rd. 3000 t α-Säure. Der Anteil der Aromahopfen lag dabei bei 55%, die mengenmäßig sich in folgender Reihe gruppierten: Perle, Tradition, Hallertauer mfr., Hersbrucker, Select und Saphir (als neue Sorte). Bei den „normalen" Bitterhopfen dominiert Northern Brewer, bei den Hochalphasorten Magnum, im Abstand gefolgt von Taurus. Nugget macht nur mehr gut 5% dieser Kategorie aus, während die neuen Sorten Merkur und Herkules versprechende Zuwächse zeigen.

Das zweitgrößte Anbaugebiet stellt *Elbe/Saale* mit 1330 ha und knapp 2500 t Erntemenge dar. Es werden allerdings 90% Hochalpha- (hauptsächlich Magnum) und Bittersorten (Northern Brewer) angebaut.

Den dritten Platz nimmt *Tettnang* ein mit 1190 ha und 1700 t Aromahopfen, davon 60% der Sorte Tettnanger und 35% der Sorte Hallertauer.

Spalt ist auf 395 ha und knapp 600 t Erntemenge abgefallen. Der fast reine Aromahopfenanbau verteilt sich auf Select, Hallertauer und Spalter sowie kleinere Mengen der anderen gängigen Aromasorten.

Weiterhin werden in der *Rheinpfalz* kleine Mengen an Aromahopfen, in *Hochdorf* an Hochalphasorten gewonnen.

Die früheren Anbaugebiete Rottenburg/Herrenberg/Weilderstadt („RHW", Württemberg) sowie Schwetzingen/Sandhausen (Baden) haben den Hopfenanbau eingestellt. Die früher doch bemerkenswerten Gebiete Hersbruck und Jura (einschließlich Kinding) werden der Hallertau zugeordnet.

Noch in den 1990er Jahren wurden die Sorte *Record* als Bitterhopfen sowie die Hüller Zuchtsorte *Hallertauer Gold* angebaut, die jedoch durch die Hoch-α-Sorten eine allmähliche Verdrängung erfuhren, so dass sie heute nicht mehr auf dem Markt sind [204].

1.4.5.2 Die Zertifizierung des Hopfens

Früher war für jedes Anbaugebiet eine bestimmte Sorte typisch. Wirtschaftliche und anbautechnische Überlegungen bewirkten die Einführung einer zweiten Sorte in Hersbruck, Spalt und Tettnang. Dies waren aber stets Aromahopfen. Mit dem Anbau von Bitterhopfen sagt das Anbaugebiet nicht mehr viel aus; es muss daher bei der Kennzeichnung nicht nur nach diesem, sondern auch nach der Sorte unterschieden werden. Diese Verordnung trat 1980 auf der Ebene der Europäischen Gemeinschaft in Kraft.

Dieses Hopfengesetz beinhaltet Folgendes: Die Anbaugebiete in der EU sind gesetzlich bestimmt. Nur der Hopfen, der dort erzeugt wird, kann amtlich gesiegelt werden. Jeder Sack bzw. Rechteckballen erhält eine 2. Bezeichnung „Deutscher Siegelhopfen". Außerdem sind das Herkunftsland, das Anbaugebiet, der Jahrgang und die Sorte vermerkt. Gleichzeitig mit der Zertifizierung erfolgt eine Bemusterung der Hopfenpartien für die neutrale Qualitätsfeststellung. Weiterhin müssen die in der EU erzeugten Hopfen und die daraus hergestellten Hopfenprodukte sowie die aus Drittlandshopfen produzierten einem strengen und lückenlosen Bezeichnungs- und Zertifizierungsverfahren unterworfen werden. Hopfenprodukte können auch Mischungen aus verschiedenen Sorten bzw. Anbaugebieten sein, wenn eine exakte Deklaration der Prozentanteile gegeben ist. Ferner müssen Chargen-Nummer, Verarbeitungsstätte sowie das Nettogewicht vermerkt sein. Damit ergibt sich ein Schutz gegen Qualitäts- und Sortenverfälschungen, wie auch eine vollständige Rückverfolgbarkeit der Hopfenprodukte bis zum Pflanzer.

1.4.5.3 Anbaugebiete weltweit

Tschechien baut 7830 t Hopfen an; 70% davon kommen aus Saaz, der Rest aus Auscha und Tirschitz. Die Saazer Hopfen haben niedrige α-Säuregehalte von 2,5–4%, wie auch die vergleichbaren deutschen Sorten. Neuere bzw. neue Sorten in Tschechien sind die Aromahopfen Sládek (6,8% α-Säure), Premiant (8,5% α-Säure) und Bor (6,8% α-Säure) sowie die Hochalphasorten Agnus (9,6% α-Säure) und ein kleine Menge Magnum.

Polen hat in der EU die drittgrößte Anbaufläche mit knapp 2300 ha und einer Erntemenge von 3413 t, die sich zu 36% auf Aromahopfen (Hauptsorte Lubelski, 3,9% α-Säure), zu 49% auf Bitterhopfen (Hauptsorte Marynka, 7,4% α-Säure) und zu 15% auf die Hochalphasorte Magnum verteilt.

Slowenien baut auf 1500 ha 2540 t Hopfen an, davon fast nur Aromahopfen, lediglich zu 3% die Hochalphasorte Magnum. Die Aromahopfen verteilen sich zu 2/3 auf die Sorte Aurora (8,5% α-Säure), 15% Steirer Golding (4% α-Säure) und Celeia sowie Bobek.

England hat seine Anbauflächen in den letzten 20 Jahren deutlich verringert; so sank die Erntemenge von 10 000 t auf nur mehr knapp 1600 t. Sie verteilt sich auf 65% Aromahopfen und 35% Hochalphasorten. Erstere umfassen hauptsächlich Golding (5,6% α-Säure) und Fuggles (5,1% α-Säure), gefolgt von First Gold (8,5% α-Säure); von den letzteren ist Target (11,0% α-Säure) die Hauptsorte.

Frankreich hat im Anbaugebiet Elsass fast ausschließlich Aromahopfen zu verzeichnen. Hier wird die alte Sorte Strisselspalter (2,0–2,5% α-Säure) langsam und in geringem Umfang durch Hallertauer Tradition ersetzt. Die Provenienz „Nord", die nur ca. 3% der Fläche ausmacht, hat wohl etwas mehr Hochalphasorten, spielt aber nur eine geringe Rolle.

Spanien hat eine Anbaufläche von 685 ha, auf der fast ausschließlich die Hochalphasorte Nugget (11% α-Säure) und kleine Mengen an Magnum und Columbus angebaut wird.

Die *Slowakei* trägt zum Hopfenanbau in der EU 420 t bei, wobei die Hauptmenge Saazer ist sowie 15% Premiant.

Die Ukraine baute 2005 auf 1460 ha 1470 t Hopfen an, von denen 60% Aroma- und 40% Bitterhopfen sind.

In *Russland* werden auf 420 ha 260 t Hopfen, je zur Hälfte Aroma- und Bittersorten angebaut.

Die *USA* bauen in den drei Anbaugebieten insgesamt 25 000 t an. Am bedeutendsten ist Washington (Yakima), im weiten Abstand gefolgt von Oregon (Willamette) und Idaho (Boise). Der Anteil der Aromahopfen macht dabei rund 30% aus, wobei die Sorte Willamette (4,3% a-Säure) dominiert, gefolgt von Cascade (5,6% a-Säure), während die Sorten Sterling, Mount Hood, Golding und Perle weniger stark in Erscheinung treten. Von den Bitterhopfen konnte sich die Sorte Cluster (6,5% a-Säuregehalt) mit knapp 400 t jährlich behaupten. Die Hochalphasorten „CTZ" (Columbus/Tomahawk/Zeus) machen dabei den Löwenanteil aus, gefolgt von Galena und Nugget, wobei alle diese Sorten bei ca. 12% a-Säure liegen.

China baute 2005 auf 1656 ha 4272 t Hopfen an. In den beiden Anbaugebieten Xinjiang und Gansu machten Aromahopfen ca. 11%, Bitterhopfen 11% und Hochalphasorten ca. 78% aus.

Südafrika verzeichnete 2005 eine Erntemenge von 937 t, doch wurde wegen Vermarktungsproblemen anschließend rund 15% der Fläche stillgelegt. Die Hauptsorte ist die Superalphasorte Southern Star (14,5% a-Säure), gefolgt von Southern Promise (11,5% a-Säure) und Outeniqua (13,7% a-Säure).

Australien betreibt Hopfenanbau in Tasmanien und Victoria. In den letzten 20 Jahren wurde die Anbaufläche zurückgenommen, die Hopfenmenge hat sich so auf rd. 1000 t halbiert. Es werden nur Bitter- (1/3) und Hochalphasorten (2/3) angebaut. Während die bekannte Sorte Pride of Ringwood (8,8% a-Säure) in Tasmanien noch stark vertreten ist, dominieren Super Pride (12,7% a-Säure) und Topaz (16,7% a-Säure) in Victoria.

Neuseeland baute 2006 auf 350 ha knapp 700 t Hopfen an, davon 63% Aromahopfen (bedeutendste Sorte Hallertauer Aroma ca. 7% a-Säure) und 37% Hochalphasorten (Pacific Gem 13–14% a-Säure).

Die Hopfen aus Australien und Neuseeland waren früher im angelsächsischen Raum gern akzeptiert, da sie jeweils in der Hälfte eines „Hopfenjahres" (Lagerfähigkeit) wieder zur Verfügung standen. Heute hat sich diese Auffassung durch die haltbaren Hopfenprodukte abgeschwächt.

Die Anbauflächen und folglich die Erntemengen sind als Folge von Nachfrageschwankungen, aber auch durch den Witterungsverlauf während der Wachstumsperiode größeren Bewegungen unterworfen. Wohl steigt der Welt-Bierausstoß jährlich weiter an, doch sind die a-Säuregaben vor allem in den Wachstumsländern gefallen.

In etlichen klassischen Hopfenanbauländern – mit Ausnahme Deutschlands und der USA – ist die Anbaufläche stark zurückgenommen worden. Dafür sind in Russland, der Ukraine und vor allem in China steigende Anbauflächen gegeben.

Neue Hopfensorten werden eingeführt und ältere zurückgedrängt, so dass es sich bei den Angaben in diesem Buch nur um eine, d.h. für die Jahre 2004–2006 gültige Angabe handeln kann. Hier wird der Brauer immer wieder auf die Hopfenberichte der großen Firmen angewiesen sein, um den jeweils gültigen Stand zu erfahren.

1.4.6
Krankheiten des Hopfens

Der Hopfen kann während seines Wachstums von pflanzlichen und tierischen Schädlingen befallen werden, die die Ernte eines Hopfengartens und benachbarter Gebiete ganz oder teilweise vernichten oder unbrauchbar machen können [228].

1.4.6.1 Peronospora

Die Peronospora, auch als Rotrost oder falscher Mehltau bezeichnet, wird durch einen Schimmelpilz *(Pseudoperonospora humuli)* hervorgerufen, der sich in den Bodentrieben, in den Blättern, den Seitentrieben und an den Dolden entwickelt. Der Pilzüberzug bewirkt ein Absterben der Triebe und Blätter, ein Verkümmern der Blütenstände, die damit nicht zur Ausbildung kommen und abfallen. Bei Spätbefall sind die Dolden rotbraun gescheckt oder ganz rotbraun gefärbt.

Die Bekämpfung dieses Pilzes geschieht am wirksamsten durch die Züchtung und den Anbau toleranter Sorten, wie beispielsweise die Hüller Züchtungen. Befallene Pflanzenteile müssen entfernt werden. Die chemische Bekämpfung sieht vor, der Infektion beim Auftreten der ersten kranken Triebe, dann in wöchentlichem Abstand durch Spritzungen zu begegnen, ebenso beim beginnenden Anflug bei der Vollblüte und bei der Ausdoldung. Hierfür finden Kupferspritzmittel (Wirkungssubstanz Kupferhydroxid), schwefelhaltige Kupferspritzmittel und organische Wirkstoffe Verwendung. Besondere Vorsicht ist bei feuchter Witterung geboten, da sich die Nässe zwischen den Adern der Blätter sammelt und damit das Pilzwachstum fördert.

Frühbefallene Pflanzen erbringen keine braufähige Ware, Spätbefall bewirkt eine Qualitätsminderung des Hopfens, die bis zum fertigen Bier z. B. durch einen kratzigen Geschmack feststellbar ist.

1.4.6.2 Echter Mehltau

Der echte Mehltau wird durch einen kryptogamen Parasiten *(Spacrotheca humuli Burr)* hervorgerufen. Die Oberfläche der Blätter wird von einem weißen Pilzbelag überzogen, ebenso werden Seitentriebe und Blüte befallen. Letztere sind völlig zerstört, es ist keine Ausdoldung mehr möglich. Ein Spätbefall zur Zeit der Ausdoldung führt zu Missbildungen an den Dolden, die sich rötlichbraun verfärben.

Der Erreger, der am besten bei feuchter Witterung gedeiht (England, Belgien) wird chemisch mit schwefelhaltigen Mitteln, aber auch mit kupfer-schwefelhaltigen Produkten, wie z. B. für Peronospora üblich, bekämpft.

1.4.6.3 Botrytis

Botrytis cinerea Pers tritt teilweise zusammen mit der Gallmücke auf; sie befällt die Dolden mit Pilzfäden, die dann eine rotbraune Färbung hervorrufen. Die

Doldenspitzen werden auch bei Gallmückenbefall rot und sterben ab; vielfach siedelt sich anschließend Botrytis an.

Die Bekämpfung erfolgt vorbeugend zum Zeitpunkt der Blüte mit wirksamen Fungiziden.

1.4.6.4 Die Welke

Sie wird durch die Pilze *Verticillium alboatrum* und *Verticillium dahliae* hervorgerufen. Die Pilze dringen in die basalen Teile der Pflanze, besonders in die Sommerwurzeln ein und unterbinden durch Verstopfung der Gefäße die Wasserzufuhr, so dass die befallenen Pflanzen verwelken. Auch die vom Pilz abgeschiedenen Toxine spielen eine Rolle.

Die welkebefallenen Pflanzen werden meist erst Mitte Juni bemerkt; bis zur Ernte erkranken noch laufend weitere Pflanzen. Sie sterben meist völlig ab.

Mit Pflanzenresten wird der Pilz in den Boden zurückgebracht, wo er ein überwinterungsfähiges Dauermycel bildet.

Das Auftreten der Welke ist von der Bodenbeschaffenheit abhängig; Böden die ein gutes Wasserhaltevermögen haben sind anfälliger als sandige Böden; hohe Bodentemperaturen im April bis Juni bedingen einen geringeren Befall.

Die Bekämpfung ist mehr auf indirekte Mittel angewiesen: den Anbau von welketoleranten Sorten, eine sachgemäße Düngung (Überdüngung mit Stickstoff ist zu vermeiden, ebenso späte Salpetergaben oder Mineralstoffdüngung direkt auf den Stock), Bodenbearbeitung und Unkrautbekämpfung (Unkräuter können die Krankheit übertragen), keine Kompostierung welkekranker Reben, Verwendung gesunden Fechsermaterials.

1.4.6.5 Die Fusariumwelke

Sie zeigt ein ähnliches Krankheitsbild wie die Welke. Sie wird durch Bodenverdichtung und stauende Nässe gefördert.

1.4.6.6 Die Hopfenblattlaus

Die Hopfenblattlaus ist sehr weit verbreiteter tierischer Schädling. Triebe und Blätter verkümmern durch die Saugtätigkeit der nur an der Unterseite befindlichen Läuse. Die Pflanzen bleiben in der Entwicklung zurück und bringen nur einen spärlichen Doldenertrag. Im Gefolge der Hopfenblattlaus treten die Rußtaupilze auf, die sich von den zuckerhaltigen Ausscheidungsprodukten der Läuse ernähren.

Die Pilze rufen die „Schwärze" an Blättern, Trieben, Blüten und Dolden hervor. Es sind große Ertragseinbußen (bis 75%) und qualitative Nachteile bei den Dolden zu beobachten. Die Bekämpfung der Blattlaus erfolgt mit chemischen Mitteln (organische Phosphorverbindungen, Insektizide, Carbamate und chlorierte Kohlenwasserstoffe).

1.4.6.7 Die Hopfenspinnmilbe

Die auch Rote Spinne genannte Hopfenspinnmilbe tritt schon ca. Mitte Mai auf; auch in der Folgezeit begünstigt eine warme, trockene Witterung ihr Auftreten. Leichte bis mittelschwere Böden sind anfällig. Der entstehende Schaden wird als Kupferbrand bezeichnet: Die Blätter vertrocknen durch die Saugtätigkeit der Milben und verfärben sich kupferbraun. Die Dolden schließen sich nicht mehr, sie verfärben sich kupferrot. Der Schaden schreitet so rasch voran, dass eine vorzeitige Ernte erforderlich wird. Der Befall äußert sich in einem Ertragsrückgang und in einer deutlichen Qualitätsverschlechterung der Hopfen.

Die Bekämpfung der gegen Mittel auf Phosphorsäureesterbasis resistent gewordenen Schädlinge erfordert Kontaktpräparate, deren Wirkung genau zu kontrollieren ist.

Weitere Schädlinge sind der Liebstöckelrüssler, der Hopfen-, Mais- und Hirsezünsler, der Hopfenwurzelspinner, der Erdfloh, die Gallmücke, die Engerlinge und Larven des Maikäfers, der Drahtwurm, der Kartoffelbohrer, der Schattenwickler, die Erdraupe u.a.m. Die Bekämpfung erfolgt z. T. mit den bekannten Insektiziden, die teilweise auch systemisch wirken, d. h. sie dringen in die Pflanzengefäße ein und werden von dort von den Insekten aufgenommen.

1.4.6.8 Die Kräuselkrankheit

Sie wird durch Zinkmangel hervorgerufen: Die Blätter sind gelblich verfärbt, verformt und werden brüchig. Mit Hilfe von zinkhaltigen, organischen Peronosporabekämpfungsmitteln können die Auswirkungen der Krankheit abgeschwächt werden.

1.4.6.9 Doldensterben

Das Doldensterben, bei dem die Dolden kurz vor der Reife rotbraun und flattrig werden, stellt eine physiologische Störung dar. Sie ist auf ungünstige Wachstumsgegebenheiten zurückzuführen; es kommt dann als Zeichen der Schwäche zu einer *Cladosporium*-Infektion.

Die Betrachtung der geschilderten Bekämpfungsmaßnahmen macht deutlich, welches Maß an Fleiß, Sachkenntnis und Kosten erforderlich ist, um eine gesunde Hopfenpflanze bis zur Ernte zu führen.

Die angegebenen Mittel zur Bekämpfung von Hopfenkrankheiten oder Schädlingsbefall können nur einer groben Orientierung dienen. Sie müssen in den Hopfen bauenden Ländern sowie in den Ländern, in welchen der Hopfen bzw. das Hopfenprodukt eingesetzt werden soll, zugelassen sein. Bei der Zulassung wird die Wirksamkeit und Unbedenklichkeit für das Erntegut überprüft.

Der ordnungsgemäße Pflanzenschutz muss aus ökologischen und ökonomischen Gründen jeweils nach Bedarf erfolgen. Die richtigen Präparate und der optimale Einsatzzeitpunkt werden von den Beratungsstellen ermittelt. Für jedes Produkt gibt es Angaben, welche Zeitspanne wischen der letzten Spritzung und der Hopfenernte mindestens eingehalten werden muss. Ein „Frühwarndienst" ermittelt z. B. das Auftreten von Pollenflug und empfiehlt dann die Spritzung. Zusätzlich zum „chemischen" Pflanzenschutz kann die „biologische" Schädlingsbekämpfung durch Ansiedlung von tierischen Nützlingen getätigt werden. Ein entscheidender Faktor ist die Resistenz oder (mindestens) die Toleranz der Hopfensorten gegen die geschilderten Krankheiten. Naturgemäß spielen auch Klima, Bodenbeschaffenheit und Düngung eine Rolle.

Neben den Pestizidrückständen in Hopfen interessiert der Verbleib von Pestiziden in Hopfenprodukten. Untersuchungen an deutschen Hopfen haben gezeigt, dass die in der Höchstmengen-Verordnung festgelegten Toleranzwerte bei Kupfer nicht erreicht werden, bei allen anderen Mitteln weit darunter liegen, z. T. nicht mehr nachweisbar sind [202].

1.4.7
Chemische Zusammensetzung des Hopfens

Die grobe Zusammensetzung des Hopfens ist durchschnittlich die in Tab. 1.33 gezeigte.

Tab. 1.33 Zusammensetzung des Hopfens

Wassergehalt	10–11%
Gesamtharze	10–25%
Hopfenöle	0,4–2,0%
Lipide und Wachse	3%
Eiweiß	12–22%
Polyphenole	4–14%
Kohlenhydrate	2–44%
Mineralstoffe	7–10%
Cellulose	10–17%

Diese Werte weichen je nach Hopfensorte, Anbaugebiet, Erntezeitpunkt, Trocknung und Lagerung des Hopfens mehr oder weniger stark ab.

1.4.7.1 Wassergehalt

Der Wassergehalt des verpackten Hopfens soll, um der guten Lagerfähigkeit willen, bei 10–11% liegen. Zu niedrige Wassergehalte fördern ein Zerblättern der Hopfen; es treten Lupulinverluste auf. Eine Feuchtigkeit über 12% beschränkt die Lagerfähigkeit des Hopfens; er wird leicht warm und verliert an Qualität wegen des vermehrten Wachstums von Mikroorganismen und der Gefahr der Oxidation und Polymerisation der Bitterharze und des Hopfenöls.

Der frisch gedarrte Hopfen hat einen sehr ungleichen Wassergehalt innerhalb ein und derselben Dolde. Die Blätter außen und der Stiel sind sehr trocken, die Blätter innen und vor allem die Spindel ist feuchter. Dies kann bei einem durchschnittlich zu hohen Wassergehalt Mikroorganismenwachstum begünstigen.

Hopfenpulver haben verschiedentlich sehr niedrige Wassergehalte von 3–7%.

1.4.7.2 Hopfenbitterstoffe

Diese sind in einer Menge von 10–30% vornehmlich in den Lupulindrüsen enthalten. Sie wurden früher nach Wöllmer fraktioniert bestimmt. Ihre Gesamtmenge, die sog. „*Gesamtharze*" sind extrahierbar mit Äther und löslich in kaltem Methanol. Sie bestehen aus einer Vielzahl von Produkten. Ihre weitere Fraktionierung mittels Hexan-Extraktion umfasst die „Gesamtweichharze"; der unlösliche Rückstand sind die Hartharze [229, 230]. Durch Fällung als Bleisalz in Methanol werden die α-Säuren (Humulone) erhalten. Der Rest sind β-Säuren (Lupulone) und unspezifische Weichharze. Diese lassen sich bestimmen nach der Analyse der β-Säuren durch den Differenzwert.

(1) Humulon (α-Säure)

(2) Lupulon (β-Säure)

Die Analyse wird heutzutage in dieser Form nicht mehr durchgeführt. Aus Gründen, die später (Abschnitt 1.4.7.3) dargelegt werden, interessieren nur mehr die α-Säuren, die nach der konduktometrischen Methode mittels Bleiacetat (KW) ermittelt werden [231]. Mittels HPLC lassen sich α-Säuren und β-Säuren exakt bestimmen.

Die α-Säuren [232–234] bestehen aus fünf Homologen, die sich in ihren Seitenketten (R) am C-2-Atom unterscheiden [235, 236].

Das Humulon ist kristallisierbar; sein Schmelzpunkt liegt bei rund 65 °C. Nach den pK-Werten von 5,5 (Humulon), 4,7 (Cohumulon) [237] und 5,7 (Adhumulon) sind die α-Säuren nur schwach dissoziiert. Demzufolge ist die Löslichkeit in Wasser oder Würze nur gering: bei Kochtemperatur lösen sich bei pH 5,9 nur 480 mg/l, bei pH 5,2 nur 84 mg/l [232]. Der pH-Abfall während der Gärung bewirkt unter pH 4,8–5,0 ein Unlöslichwerden der α-Säuren, wodurch diese an den sich bildenden Oberflächen der Kohlensäure und der Hefe abgeschieden werden. Wenngleich das Cohumulon eine bessere Löslichkeit aufweist als die beiden anderen Homologen, so wirkt sich doch ein niederer oder höherer Gehalt desselben nicht auf die Bitterstoffausbeute eines Hopfens aus. Die α-Säuren werden während des Würzekochens in ihre Isomerisierungsprodukte, die Iso-α-Säuren übergeführt, die in Bier beständig sind und die die Bittere des Bieres zum überwiegenden Teil bestimmen. Diese Isohumulone haben einen pK-Wert von ca. 3,4; ihre Löslichkeit beträgt bei pH 5,0 rund 2000 mg/l [238].

Die Menge der α-Säuren ist abhängig von Sorte, Provenienz, Jahrgang, vom Zeitpunkt der Ernte, von der Behandlungsweise und vom Alter des Hopfens. Sie schwankt mit Werten von 2–18% in weiten Grenzen. Auch der Anteil der einzelnen Humulon-Analoga variiert. Er ist ein genetisches Merkmal der einzelnen Hopfensorten, wird aber auch von anderen Faktoren beeinflusst (s. Abschnitt 1.4.7.5).

Durch Oxidation gehen die α-Säuren über in ihre Weichharze, die nicht definiert sind und die einen geringeren Bitterwert haben.

Die β-Säuren [232, 233, 239, 240] bestehen ebenfalls aus 5 Homologen. Im Gegensatz zu den α-Säuren sind sie nicht löslich. Sie haben damit keinen Bitterwert. Erst ihre Oxidationsprodukte sind in Würze und Bier beständig. β-Säuren sind kristallisierbar; ihr Schmelzpunkt liegt bei ca. 92 °C.

Der Gehalt an β-Säuren der verschiedenen Hopfensorten und Provenienzen liegt, in Abhängigkeit von den oben genannten Faktoren bei 3–5%; die Verteilung der Homologen ist dadurch gekennzeichnet, dass das Colupulon einen um 50–70% höheren Anteil aufweist als das Cohumulon des entsprechenden Hopfens [241].

Mittels hochauflösender HPLC und DAD (Dioden Array Detector) gelang es neben den bekannten Homologen der α-Säure noch fünf weitere Humulone und neben den β-Säuren zwei weitere Lupulone zu erfassen. Diese „Nebenbittersäuren", die bei den α-Säuren 3–5% deren Menge ausmachen, waren dazu gedacht, mit zur verfeinerten Sortenabstimmung herangezogen zu werden. Manche Sorten wie z.B. Perle und Northern Brewer, Nugget und Magnum, aber auch Select und Tradition unterschieden sich bei den „Neben-α-Säuren" stärker als z.B. nur bei Cohumulon [242].

Die *Weichharze* umfassen sowohl die Oxidationsprodukte der β- als auch der α-Säuren. Ihre Menge liegt im frischen Hopfen bei 4–6%. Sie werden meist nicht für sich ermittelt, sondern bilden zusammen mit den β-Säuren den β-Anteil. Dieser beträgt 8–10%.

Die Weichharze frischen Hopfens beinhalten geringe Mengen an 6-Deoxy-Humulonen [243, 244], die Zwischenprodukte der Biosynthese der α- und β-Säuren darstellen.

Es ist noch nicht ganz geklärt, ob bei der Biogenese der Bitterstoffe zunächst die β-Säuren gebildet werden und aus diesen über das Desoxyhumulon die

α-Säuren entstehen oder ob der Biosyntheseweg über das Desoxyhumulon als gemeinsamer Vorstufe der α- und β-Säuren verläuft. Da der Quotient β-Säuren : α-Säuren während der Reifungsphase abnimmt, ist zu vermuten, dass zuerst die β-Säuren gebildet werden und dann erst die α-Säuren. Untersuchungen über die Lupulindrüsen von Hopfenblättern bestätigten diese Annahme [282].

Die Abnahme des Quotienten $\beta:\alpha$ lässt sich anhand der mittelspäten Sorte „Smaragd" im Jahr 2006 sehr gut darstellen [245]:

Datum	16.8.	22.8.	29.8.	5.9.
Verhältnis $\beta:\alpha$-Säure	2,57	1,52	1,20	0,85

Ein Oxidationsprodukt der α-Säuren ist das *Humulinon* (3), das allerdings nur durch starke Oxidationsmittel im alkalischen Milieu gebildet wird [246, 247].

(3) Humulinon

Andere Oxidationsprodukte sind Strukturen, von denen einige in den Formeln (3–6) dargestellt sind; sie haben weniger Bittere als Isohumulon, zeigen aber eine gute Löslichkeit in Wasser [248]. Die Bittere ist etwa 1/3 derjenigen der Isohumulone.

(4)   (5)

(6)

(4–6) Oxidationsprodukte der α-Säuren (Abeo-Isohumulone), s. auch (7) und (8)

(7) Abeo-Isohumulon I

(8) Abeo-Isohumulon II

In stark oxidierten Hopfen kommen die nicht bitteren *Humulinsäuren* (9) vor, die aber im Bier nur in Spuren nachzuweisen sind [249].

(9) Humulinsäuren

Bei der Oxidation der α-Säuren, z. B. während der Lagerung oder während des Würzekochens treten eine Reihe von Spaltprodukten auf [250, 251], die für sich keinen typischen Hopfengeruch entwickeln, die aber alle zusammen das Bieraroma beeinflussen können. Einige dieser Substanzen kommen auch im Hopfenöl vor [252].

Die Oxidationsprodukte der β-Säuren sind weitergehend definiert als die der α-Säuren. Das *Hulupon* (10) ist auch als δ-Säure bekannt [253]. Es hat einen pK-Wert von 2,5 [254] und ist gut in Würze und Bier löslich, dem es einen kräftig bitteren Geschmack verleiht. Es kommt im frischen Hopfen nur in einer Menge von 0,5% vor; im gealterten Hopfen erreicht es 3–4% [255].

(10) Hulupon

Andere Produkte der Oxidation der β-Säuren sind die *Lupdeps* (11), *Lupdole* (12), *Lupoxe* (13) und *Lupdoxe* (14) [256–258]. Sie haben eine gute Löslichkeit in Würze und Bier und erreichen etwa 1/3–1/2 der Bittere der Iso-α-Säuren.

(11) Lupdep

(12) Lupdol

(13) Lupox

(14) Lupdox

Die *Hartharze* (γ-Harze) die bei der Hexanextraktion als unlöslich anfallen, lassen sich weiter unterscheiden in die von der α-Säure abstammenden δ-Harze, die eine Bittere von 12–22% der Iso-α-Säure haben [259], in die Hulupinsäure, die praktisch keinen Bitterwert verzeichnet sowie in die Abeo-Isohumulone. Diese letzteren haben nur eine schwache Bitterkraft; sie kommen im Hopfen in Mengen von 0,5–1,15% [260], im Bier höchstens von 6 mg/l vor. Es werden ihnen schaumpositive Eigenschaften zugeschrieben [261].

Das ε-Harz, das sich von den β-Säuren ableitet ist wasserunlöslich [262].

1.4.7.3 Der Bitterwert des Hopfens

Er errechnet sich nach Wöllmer aus der α-Säure und den anderen bitternden Bestandteilen. Wöllmer hat aufgrund von Kochversuchen mit den einzelnen Fraktionen deren Bittergeschmack bestimmt [263]. Er fand, dass die α-Säure etwa neunmal so bitter war wie der β-Anteil (also β-Säure und Weichharze) und dass die Hartharze fast keine Bitterkraft entwickelten. Aufgrund dieser Beobachtung führte er die folgende Formel ein:

Bitterwert = $a + \beta/9$.

Die voraufgegangene Beschreibung der einzelnen Bittersäuren und der Weichharze bestätigt die Richtigkeit der seinerzeitigen Beobachtungen: Wenn die a-Säure (als Iso-a-Säure) einen Bitterindex von 100% ergibt, die β-Säure aufgrund ihrer Unlöslichkeit den Wert 0, so haben die a- und β-Weichharze im Durchschnitt 33% des Bitterwerts der a-Säure.

Unter der Annahme, dass im frischen Hopfen der β-Anteil nur 1/3 Weichharz enthält, lässt sich die Formel auch rechnerisch erklären [264, 265].

Bitterwert = $a + \beta/3 \times 3 = a + \beta/9$.

Die Formel hat aber nur bei frischem Hopfen Geltung, wenn der Hartharzgehalt nicht über 15% des Gesamtharzes ausmacht [207]. Bei der Alterung des Hopfens nimmt der a-Säuregehalt ab. Dies ist analytisch leicht bestimmbar. Es nimmt aber auch der β-Säuregehalt ab, der im Volumen des β-Anteils nicht eigens für sich ermittelt wird. So verschiebt sich also das Verhältnis von der β-Säure zu den Weichharzen, wodurch der bitternde Anteil zunimmt. Dies lässt sich aber schlecht berechnen, da die entstehenden Oxidationsprodukte einen niedrigeren pK-Wert, d.h. eine bessere Löslichkeit in Würze und Bier haben.

Wie die Tab. 1.34 zeigt, liegt der β-Anteil der meisten kontinentalen Aroma- und Bitterhopfen bei 7,2–8,6%. Es macht also der Wert $\beta/9$ etwa 0,9–1,0% aus; die Differenz ist wohl vernachlässigbar. Infolge der relativen Konstanz des β-Anteils kann bei der Bitterwertermittlung und der Bestimmung der Hopfengabe mit dem a-Säuregehalt des frischen Hopfens allein gerechnet werden.

Wenn auch diese Analyse heutzutage nicht mehr durchgeführt wird, so sind doch beispielhaft die Daten nach der Wöllmer Analyse von Hallertauer Mittelfrühem, Hallertauer Northern Brewer und Perle in Tab. 1.34 dargestellt.

Nachdem nun die bei der Alterung entstehenden Produkte durch den Übergang der nichtbitternden β-Säuren zu den bitternden Weichharzen einen Ausgleich des Verlusts an Bitterwirkung der a-Säure ergeben und die Produkte zu-

Tab. 1.34 Bitterstoffgehalte (nach Wöllmer) einiger Hopfensorten [220, 267]

Sorte	Hallertauer Mf.	Northern Brewer	Perle
Gesamtharz %	17,4	21,3	20,6
a-Säure %	5,6	10,6	8,2
β-Anteil %	9,4	8,2	9,1
Hartharz %	2,4	2,5	3,3
in % des Gesamtharzes			
a-Säure	32,2	49,8	39,8
β-Anteil	54,0	38,5	44,2
Hartharz	13,8	11,7	16,0
a-Säure : β-Anteil	1 : 1,68	1 : 0,77	1 : 1,12

nehmend „bierlöslicher" werden [268], ist es gerechtfertigt mit dem α-Säuregehalt des frischen Hopfens so lange zu rechnen, bis dieser um ca. 25% abgenommen hat. Erst dann sind Korrekturen anzubringen [269].

In diesem Falle, bzw. wenn eine Brauerei gezwungen ist bereits gealterten Hopfen aufzukaufen, empfiehlt sich die Bestimmung des Universellen Bitterwertes [270].

Die vorstehend geschilderte Vereinfachung, den Hopfen allein nach dem α-Säuregehalt zu bewerten, hat die Wöllmer-Analyse entbehrlich werden lassen. Es fehlen aber Daten über den β-Anteil bzw. die Weichharze und die Hartharze. In Forschungslaboratorien könnte aber bei Kenntnis der mittels HPLC bestimmten α- und β-Säuren die Wöllmer-Analyse in Weich- und Hartharze weiter unterscheiden.

Einen Hinweis auf Weichharze gibt bereits der Faktor „α-Säuren nach Konduktometer : α-Säuren nach HPLC". Er ist bei Aromahopfen höher als bei Bittersorten wie Tab. 1.35 zeigt.

Tab. 1.35 Verhältnis α-Säure nach Konduktometer und nach HPLC [271]

Sorte:	Haller-tauer	Hers-brucker	Tradition	Select	Saphir	Smaragd	Perle
α-KW : α-HPLC	1,16	1,18	1,12	1,18	1,30	1,17	1,17
Sorte:	Tett-nanger	Northern Brewer	Magnum	Taurus	Merkur	Herkules	Nugget
α-KW : α-HPLC	1,15	1,15	1,09	1,08	1,06	1,09	1,09

Es wurde bei den Sorten mit höherem Faktor eine bessere Geschmacksqualität gefunden. Hiermit wird die Bedeutung der Weichharze wieder bestätigt (s. auch Abschnitt 1.4.9.6).

1.4.7.4 Die bakteriostatische Wirkung der Hopfenbitterstoffe

Die Bittersäuren und Weichharze haben auch eine technologische Bedeutung wegen ihrer hemmenden Wirkung auf verschiedene Mikroorganismen. Die Hopfenbitterstoffe sind ganz allgemein toxisch gegen grampositive Bakterien und zwar umso mehr, je tiefer Würze- und Bier-pH sind [272]. Auch die zur Biologischen Säuerung verwendeten Milchsäurebakterien des Malzes sind empfindlich gegen Hopfenbitterstoffe (s. Abschnitt 1.3.10).

Untersuchungen zeigten, dass α-Säuren um den Faktor 3–4 antimikrobiell wirksamer sind als Iso-α-Säuren [273].

Auch gewisse pathogene Keime unterliegen der bakteriostatischen Kraft des Hopfens wie z.B. die Erreger der Tuberkulose [274].

Der Versuch, die bakteriostatische Kraft der Hopfenbitterstoffe in einer Formel auszudrücken hat kaum eine praktische Bedeutung erlangt [275]. Sie hängt logischerweise vom pH des Milieus, von der Art der Organismen und vom Grad ihrer Entwicklung ab.

1.4.7.5 Die Bitterstoffgehalte verschiedener Hopfen

Wie schon erwähnt hängen die Bitterstoffgehalte von Hopfen von einer Reihe von Gegebenheiten ab: Genetische Einflüsse bestimmen die Höhe des α-Säuregehalts, der β-Fraktion, den Quotienten zwischen beiden (β-Anteil: α-Säure) sowie das Verhältnis der Homologen der α-Säure und als Folge auch der Homologen der β-Säure [267, 276, 277].

Je nach der absoluten Höhe des α-Säuregehalts oder seinem Anteil am Gesamtharz wird unterschieden zwischen Bitterhopfen und Aromasorten. Einen Überblick gibt Tab. 1.34 für Sortimente aus den frühen 1980er Jahren. Tabelle 1.36 gibt

Tab. 1.36 Bitterstoffgehalte verschiedener Hopfensorten*

Sorte	α-Säuren	β-Säuren	β/α	Cohumulon	Adhumulon	n-Humulon	Colupulon	Adlupulon	n-Lupulon	Xanthohumol
Aromahopfen										
Hallertauer Mittelfrüher	4,3	3,9	0,91	19,9	12,7	67,4	39,4	12,2	48,4	0,30
Hallertauer Tradition	6,1	5,2	0,86	25,9	15,4	58,7	45,9	13,4	40,7	0,40
Hersbrucker Spät	3,2	4,8	1,50	20,7	18,2	61,1	36,6	16,0	47,4	0,20
Opal	6,5	4,5	0,69	13,3	13,8	72,4	29,6	10,4	63,0	0,40
Perle	7,1	3,6	0,50	32,8	15,6	51,6	51,4	13,8	34,8	0,45
Saphir	3,6	5,6	1,55	11,8	9,1	79,1	42,7	12,2	45,1	0,35
Smaragd	5,0	4,6	0,92	14,0	11,5	74,5	29,8	13,1	57,1	0,25
Spalter	4,1	3,7	0,91	24,8	13,0	62,2	42,6	12,2	45,2	0,30
Spalter Select	5,2	4,0	0,77	22,1	14,1	63,8	41,5	13,5	45,0	0,40
Tettnanger	4,1	3,7	0,91	26,0	14,0	60,0	44,0	13,1	42,9	0,35
Bitterhopfen										
Halltauer Magnum	14,0	6,1	0,44	19,9	12,0	68,1	38,2	10,1	51,7	0,45
Hallertauer Merkur	12,4	6,2	0,50	15,7	10,7	73,6	39,2	11,6	49,2	0,30
Hallertauer Taurus	15,4	5,4	0,35	19,2	13,4	67,4	40,5	12,8	46,7	0,95
Herkules	14,5	4,7	0,32	30,4	13,2	56,4	51,6	12,4	36,0	0,70
Northern Brewer	9,1	4,6	0,50	27,4	10,5	62,1	48,1	12,1	39,8	0,60
Nugget	11,3	4,3	0,38	24,3	15,3	60,4	48,8	16,6	34,6	0,60

α-, β-Säuren; Xanthohumol in % lftr.; Analoga in % der α- bzw. β-Säuren
* Mitteilung LFL Institut für Hopfenforschung Hüll 2007

dagegen einen Überblick über die heute verfügbaren Aroma-, Bitter- und Hoch-α-Sorten [202].

Es zeigt sich aus Tab. 1.34, dass die Bitterhopfen einen etwas höheren Gesamtharzanteil haben, vor allem einen höheren α-Säuregehalt, der bei den „Hoch-α-Sorten" mehr als das Dreifache der Aromahopfen erreicht. Das Verhältnis von α-Säuren:β-Anteil liegt bei Aromahopfen bei 1:1.6, bei Bitterhopfen bei 1:1 und darunter. Die Aromasorte Perle reiht sich von diesem Merkmal (aber auch hinsichtlich des Cohumulonanteils von 30%) nicht in die „Aromagruppe" ein.

Die moderne Analytik (mit der aufwändigeren HPLC) gibt die Menge der α-Säuren und ihrer Homologen an. In die Bewertung von Hopfensorten geht nunmehr das Verhältnis von β:α-Säuren ein, das bei Aromahopfen zwischen 0,8–1,5 und bei Bittersorten zwischen 0,35 und 0,5 liegt.

Die Gehalte an Humulon, Cohumulon und Adhumulon sind ebenfalls sortentypisch (Tab. 1.36), aber auch die Anteile der entsprechenden Homologen des Lupulons.

Die herkömmlichen Aromasorten wie Hallertauer, Hersbrucker, Spalter und Tettnanger liegen bei Anteilen von Cohumulon von 20–26% [278], die Sorten Select und Tradition bei 22–26% und die Neuzüchtungen Saphir, Opal und Smaragd bei 12–14%. Bei den Bitterhopfen war Brewers Gold mit 47% klassisch am höchsten [281], während Northern Brewer mit 27% im Mittelfeld liegt und die Neuzüchtungen Merkur, Taurus und Magnum mit 16–20% so niedrig sind wie Aromahopfen. Der Colupulonanteil ist schwieriger zuzuordnen; er liegt grob bei Bittersorten etwas höher als bei Aromahopfen.

Dies wurde durch Versuche mit Hopfen unterschiedlichen Cohumulon-Anteils bestätigt. Biere aus Hopfen mit 45% Cohumulon hatten eine höhere Bittere als solche mit Hopfen mit nur 20%. Es zeigten aber letztere Biere bessere Schaumeigenschaften [280].

Die Bitterstoffmenge aber auch der α-Säuregehalt hängen vom *Reifestadium* des Hopfens ab. Eine zu frühe Pflücke kann Verluste an beiden Merkmalen von bis zu 20% erbringen; eine verspätete Ernte über den Normalzeitpunkt hinaus verringerte die α-Säure um ca. 10%. Der Cohumulonanteil, der zum günstigsten Zeitpunkt einen Maximalwert von fast 25% erreichte, fiel nach beiden Seiten auf unter 20% ab [281].

Bei Jahrgängen mit ungünstiger Witterung, wie z. B. 2006 nahm der α-Säuregehalt aller Sorten tendenziell mit späterem Erntezeitpunkt zu [282].

Es waren aber insgesamt die Cohumulonwerte sortentypisch sehr stabil [281, 204].

Während der Vegetationszeit spielen viele Momente eine Rolle für die Ausbildung der Bittersubstanzen: die Düngung, die Niederschläge, die Sonnenscheindauer. Gerade während der letzten Jahre waren erhebliche Schwankungen der α-Säuregehalte zu beobachten (Tab. 1.37) [245].

Die Witterungsverhältnisse wirken sich in Europa etwa im gleichen Sinne aus; 2003 und 2006 zeigten deutliche Einbrüche der α-Säuregehalte.

Die Trocknung des Hopfens übt über die Parameter Temperatur, Luftgeschwindigkeit und Trocknungszeit bzw. Ausmaß des Trocknens einen Einfluss

Tab. 1.37 α-Säurewerte in verschiedenen Jahren [245]

Jahrgang	2004	2005	2006
Aromasorten			
Ha Hallertauer	4,3	4,4	2,4
Ha Hersbrucker	3,0	3,5	2,2
Ha Saphir	3,4	4,1	3,2
Ha Perle	6,4	7,8	6,2
Ha Select	4,9	5,2	4,3
Ha Tradtion	6,3	6,3	4,8
Tettnanger Tettnanger	4,7	4,5	2,2
Tettnanger Hallertauer	5,0	4,8	2,6
Spalter Spalter	4,4	4,3	2,8
Bitterhopfen			
Ha Northern Brewer	9,8	9,8	6,4
Ha Magnum	14,8	13,8	12,8
Ha Nugget	10,6	11,3	10,2
Ha Taurus	16,5	16,2	15,1
Ha Merkur	13,5	13,3	10,3
Elbe-Saale Magnum	14,0	14,4	12,4

aus. Es zeigte sich, dass bei Trocknungstemperaturen von 60 °C Luftgeschwindigkeit und Verweildauer praktisch keine Rolle spielten, während bei 75 °C und niedrigem Luftdurchsatz (0,12 statt 0,25 m/s) eine deutliche Verringerung des α-Säuregehalts und ein Anstieg des Hartharzanteils eintrat [283]. Kontinuierliche Trockner hatten bei angepasster Temperaturführung und hoher Luftgeschwindigkeit keinen Einfluss auf den α-Säuregehalt [284, 285]. Es stieg lediglich der Hartharzgehalt etwas an [286].

Das *Schwefeln* des Hopfens ruft keine Erniedrigung des α-Säuregehalts hervor, wie eine frühere Arbeit vermittelte [287]. Es hat aber einen eindeutig positiven Einfluss auf eine 22-monatige Lagerung, was sich besonders in einer geringeren Zunahme der Hartharze äußerte [288].

Während der *Lagerung* des Hopfens, die durch Zeit, Temperatur, Feuchtigkeit, Atmosphäre, Schwefeln und Art der Verpackung definiert ist, oxidieren die Bittersäuren zu Weich- und Hartharzen. Der Gesamtharzgehalt bleibt dagegen über einen längeren Zeitraum unbeeinflusst. Die Veränderungen des α-Säuregehalts während der Lagerung des Hopfens zeigt Abb. 1.15 [289].

Mit diesen Daten wird die allgemeine Auffassung bestätigt [290], dass der α-Säuregehalt während einer einjährigen Lagerung bei 0 °C um etwa 15 % abnimmt. Eine Verringerung dieses Verlusts wird durch die Evakuierung des Hopfens und seine Imprägnierung mit Stickstoff erreicht. Dies geht ebenfalls aus Abb. 1.15 hervor [291].

Diese Ergebnisse wurden durch ausgedehnte Lagerversuche bestätigt, die bei einer 9-monatigen Lagerung den stärksten Einfluss der Atmosphäre (N_2 gegen Luft) auf den Verlust an α-Säuren fanden, gefolgt von der Temperatur (0 °C/

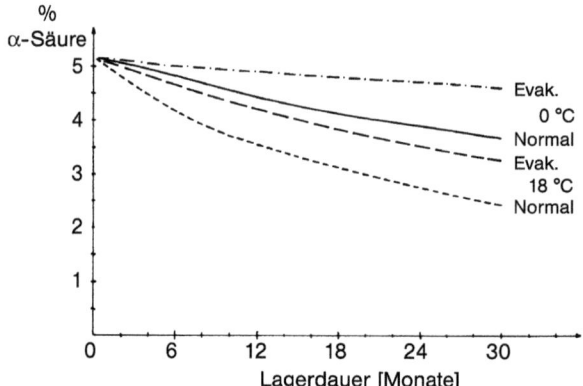

Abb. 1.15 Abnahme der α-Säuren während der Lagerzeit von Hopfen bei 0° und 18 °C mit und ohne Evakuierung

20 °C), dem Wassergehalt und schließlich der Schwefelung. Die Doldenhopfen waren dabei in laminierte Plastikfolien verpackt, die zum Schutz gegen eine Beschädigung in Plastikbehälter eingebracht wurden [292].

Die Erkenntnis, dass α- und β-Säuren während der Lagerung im selben Ausmaß abnehmen [293], bewirkte die Einführung eines „Hopfen-Lager-Index".

Der Hopfen-Lager-Index, häufig auch als „Hop Storage Index" (HSI) bezeichnet, ist der Absorptionsquotient einer alkalischen Methanollösung bei 275 und 325 nm. Oxidationsprodukte haben ihr Absorptionsmaximum im Bereich von 255–280 nm. Während Humulone und Lupulone bei 325 bzw. 355 nm ihr Maximum und bei 275 nm ihr Absorptionsmaximum aufweisen. Aus dem HSI lässt sich somit der α-Säureverlust ablesen [294]:

$HSI = A275/A325 \quad 0{,}2\text{--}2{,}0$

Die Einteilung ist wie folgt:
<0,35 frischer Hopfen
<0,40 Durchschnittswert für Hopfenprodukte, normal gelagert
<0,50 etwas gealtert, Brauwert bereits gemindert
<0,60 stärker gealtert, Verwendung zur 1. Gabe, aber erst nach Kochbeginn
>0,60 für Brauzwecke nicht mehr zu empfehlen.

Die Alterung des Hopfens ist auch eine Funktion der Sorte: Von den älteren deutschen Hopfen alterte Brewers Gold rascher als Hersbrucker [294], während die neuen Hoch-α-Sorten Magnum, Taurus, Herkules eine bessere Lagerstabilität zeigen als die feinen Aromahopfen Saphir, Smaragd und Opal, die wiederum von Hallertauer und Perle übertroffen werden. Eine geringere Lagerstabilität verzeichnen Hersbrucker und Select [295].

1.4.7.6 Die Hopfenöle

Sie werden hauptsächlich während der späten Stadien der Reife gebildet, wenn die Hauptmenge der Bittersubstanzen synthetisiert ist. Hopfen enthält 0,4–2,0% Hopfenöl, das zum überwiegenden Teil in den Lupulindrüsen zu finden ist. Sie lassen sich unterteilen in 75% Terpenkohlenwasserstoffe und etwa 25% Oxyverbindungen. Es sind derzeit die Formeln von dreihundert derartigen Verbindungen bekannt [296].

Hopfenöle sind in Wasser und Bierwürze schwer löslich. Sie sind jedoch wasserdampfflüchtig und gehen zum Großteil beim Koch-Prozess und mit der Entfernung der Ausscheidungsprodukte Heiß- und Kühltrub verloren. Auch bei der Gärung treten Verluste ein [297, 298].

Weiterhin liegen die Geschmacksschwellenwerte der bekanntesten Hopfenölkomponenten sehr niedrig [299], deren Ermittlung aber durch die weitaus größeren Mengen an geschmacksintensiven Produkten des Hefestoffwechsels und der Maillard-Reaktion erschwert wird. Da die hauptsächlich vorhandenen Hopfenöle wie Myrcen, Caryophyllen und Humulen früher nicht im Bier nachzuweisen waren, wurde angenommen, dass diese während des Würzekochens entweichen oder durch Oxidation und Polymerisation in schwererflüchtige höhermolekulare, polare Verbindungen überführt werden. Es werden gerade die Kohlenwasserstoffe, aber auch Ester und längerkettige Fettsäuren von der Hefe absorbiert; sie sind im Hefeöl nachweisbar. Die Hefe scheidet bei der Gärung polare Terpen- und Sesquiterpenalkohole, Ketone und Epoxide aus, die dann im Bier nachweisbar sind [300]. Damit ist die Bedeutung der Hopfenöle für den Biergeschmack erneut angesprochen.

Von den *Terpenkohlenwasserstoffen* sind eine Reihe von Monoterpenen und Sesquiterpenen bekannt.

Zu den Monoterpenen gehören als wichtigste Verbindungen Myrcen (**15**) sowie α- (**16**) und β-Pinen (**17**).

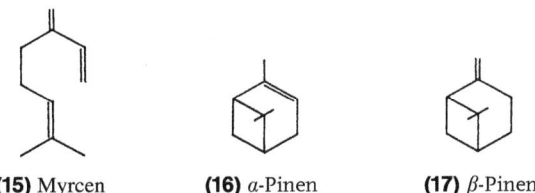

(**15**) Myrcen   (**16**) α-Pinen   (**17**) β-Pinen

Sie sind trotz eines Siedepunktes von über 100 °C (wasserdampf-)flüchtig und leicht oxidierbar, sie werden als die Urheber eines scharfen, stechenden Hopfenaromas betrachtet.

Durch Oxidation werden sie in ihre Epoxide übergeführt, die durch ihre Polarität wasserlöslich sind und so in die Würze bzw. ins Bier gelangen.

Sesquiterpene sind α-*Humulen* (**18**), β-*Caryophyllen* (**19**), β-*Farnesen* (**20**) und eine Gruppe von weiteren, die als „Posthumulene" bezeichnet werden. Mit Hilfe der Kombination Kapillargaschromatographie/Massenspektrometrie konnten in jüngster Zeit die als „Posthumulene" bezeichneten Substanzen weiter qualitativ differenziert werden. Es handelt sich hierbei vor allem um Muurolene, Selinene, Germacrene, Cadinene.

(18) α-Humulen **(19)** β-Caryophyllen **(20)** β-Farnesen

Auch die Sesquiterpene gehen bei der Oxidation in Expoxide und Alkohole über. Einige der identifizierten sauerstoffhaltigen Verbindungen, die sich vom Humulen ableiten zeigen die folgenden Formeln [301]:

(21) Humulenepoxid I **(22)** Humulol

(23) Humulenepoxid II **(24)** Humulenol II

Sie konnten unter anderem in teilweise beträchtlichen Mengen in hopfenaromatischen Bieren nachgewiesen werden. Es handelt sich aber hier um Umwandlungsprodukte, die im frischen Hopfen teilweise nur in Spuren vorliegen; sie werden während der Trocknung, der Lagerung und beim Würzekochen gebildet [301]. Während die Hefe das unveränderte lipophile Terpen aufnimmt, gelangen die entsprechenden Alkohole und die Epoxide ins Bier [301–304].

Die Hopfenaromastoffe lassen sich wie folgt einteilen:

Terpenkohlenwasserstoffe
- Monoterpene: Myrcen, β-Oximen, Limonen, β-Cymen, α-Pinen, β-Pinen, Sabinen
- Sesquiterpene: Farnesen, Hermaesen, α-Humulen, β-Selinen, β-Caryophyllen, Aromadendren

Sauerstoff-Fraktion
- Alkohole: Terpenalkohole: Geraniol, Linalool (geruchsaktive (R)-Form), Nerol, α-Terpineol; Sesquiterpenalkohole: Humulenol, Eudesmol, Neurolidol, Ladionol; aliphatische und aromatische Alkohole: 2-Methyl-3-Buten-2-ol, Benzylalkohol
- Aldehyde: Isobutyraldehyd, Isovaleraldehyd
- Ketone: Humuladienon [305], 2-Decanon
- Ester: 4-Decensäure-Methylester [53], Isobutylisobutyrat, 2-Methyl-butylisobutyrat
- Ether: Hopfenether, Karahanaether [301]
- Säuren: Methylbuttersäure
- Epoxide: Humulenepoxide I und II

Schwefelkomponenten
- Methanthiol, Dimethylsulfid, Dimethyltrisulfid, Methional, S-Methylhexanthioat [306], 4,5-Epithiocaryphyllen, 1,2- sowie 4,5-Epithiohumulen [307]

Oxidationsprodukte der Hopfenbittersäuren
- 4,4-Dimethyl-2-buten-1,4-olid

Es zeigte sich aber, dass diese Substanzen aufgrund ihrer hohen Geschmacksschwellenwerte nicht am Hopfenaroma teilhaben [308]. Sie können als Indikatorsubstanzen bei der Bewertung technologischer Verfahren gelten.

Mittels Aromaextraktverdünnungsanalyse wurde Linalool in der (R)-Form als Leitsubstanz für das Aroma im Bier gefunden [309]. Die Formeln (25) und (26) zeigen (R)-Form und (S)-Form des Linalools. Die Geschmacksschwelle liegt bei 15 ppb, wobei aber auch die Biermatrix eine Rolle spielt.

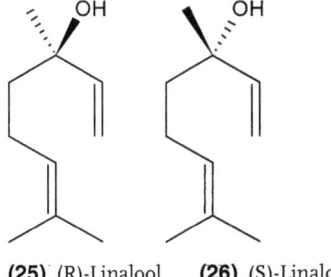

(25) (R)-Linalool   (26) (S)-Linalool

Wenn auch die in [309, 310] gewonnenen Ergebnisse eindeutig sind, so erklären sie die unterschiedliche Ausprägung bzw. die Charakteristik des Hopfenaromas der verschiedenen Sorten nicht ganz. Hier scheinen noch Hopfenölkomponenten, die wohl unter der Geschmacksschwelle liegen, aber durch additive Effekte beitragen, einen Einfluss auszuüben.

Die Aroma-Eindrücke („blumig", „fruchtig") nach Intensität und Charakteristik sind in Abb. 5.30 dargestellt. Sie zeigen das starke Aroma der Sorten Saphir, Select und Smaragd auf sowie die mehr „blumige" Richtung der Sorten Tradition, Saazer und Steirer Golding, während Hersbrucker, Tettnanger und Kent Golding mehr auf der „fruchtigen" Seite liegen [311].

Alle diese Substanzen zeigen eine deutliche Abhängigkeit von Sorte und Anbaugebiet, erfahren aber bei der Trocknung und Lagerung eine deutliche Veränderung, ebenso weiter beim Brauprozess [307, 312]. Zu den flüchtigen Aromakomponenten des Hopfens zählen auch Substanzen, die die Oxidationsprodukte der Bittersäuren darstellen [313, 314]. Sie wurden auch im Bier nachgewiesen [251]. Es ist jedoch nicht erwiesen, ob und wie sie zum Hopfencharakter des Bieres beitragen. Ein typisches Zerfallsprodukt des Isohumulons stellt z. B. das 4,4-Dimethyl-2-buten-4-olid dar. Einen Überblick über Spaltprodukte der Iso-α-Säuren und Humulinsäuren geben die folgenden Formeln (27–30) [252].

(27)   (28)   (29)

(30)

Diese chirale Verbindung liegt überwiegend in der geruchsaktiven (R)-Form vor (92–94%).

Die *Menge* und *Zusammensetzung* der Hopfenöle hängt von der Hopfensorte ab; letztere ist genetisch verankert. Darüber hinaus beeinflussen die Anbaugegebenheiten, das Klima, der Reifezustand und die Behandlung des Hopfens Ölgehalt und Ölzusammensetzung.

Die Untersuchung der Hopfenöle zum Zweck der Sortenidentifizierung bedient sich nun nicht des gesamten Spektrums der erwähnten Verbindungen, sondern einiger weniger typischer Terpene, Sesquiterpene z. B. β-Farnesen und Oxidationsprodukte. Einen Überblick über Hopfen, die in Deutschland angebaut werden, gibt Tab. 1.38.

Die Aromahopfen lassen sich durch ihren Gehalt an Farnesen (Saazer Formenkreis) α- und β-Selinen gut unterscheiden. Allen ist ein relativ niedriger Anteil an Myrcen eigen.

Im Vergleich hierzu zeigen die Bitterhopfen wesentlich höhere Myrcengehalte von über 30% sowie viel 2-Methylbutylisobutyrat (Tab. 1.38).

Hierdurch wird nach Tab. 1.39 eine Einteilung der Hopfensorten in Gruppen [315] möglich.

Tab. 1.38 Durchschnittliche Hopfenölzusammensetzung [202]

Sorte	Gesamt-öl	Myrcen	2-Methyl-isobutyrat	Decanon	Linalool	β-Caryophyllen	Aromadendren	Humulen	Farnesen	β-Selinen	α-Selinen	Cadinen	Selinadien
Aromahopfen													
Hallertauer Mittelfrüher	0,9	23,5	0,48	0,22	0,80	12,8	<0,2	47,9	<1	1,10	1,20	2,14	<0,2
Hallertauer Tradition	0,7	26,4	0,93	0,29	0,90	13,2	<0,2	42,8	<1	0,85	0,93	1,64	<0,2
Hersbrucker Spät	0,7	23,2	0,12	0,13	0,70	10,5	3,03	24,8	<1	5,27	5,28	1,64	6,40
Opal	1,0	29,8	0,57	0,39	1,20	12,9	<0,2	39,8	<1	0,53	0,57	2,07	2,10
Perle	0,8	29,6	1,11	0,24	0,40	14,8	<0,2	42,1	<1	0,41	0,47	3,89	<0,2
Saphir	1,1	28,7	0,61	0,55	1,00	12,5	0,73	27,4	<1	3,42	3,31	1,27	2,44
Smaragd	0,6	27,6	0,11	0,28	1,20	11,5	<0,2	39,5	<1	0,54	0,63	1,75	2,39
Spalter	0,7	28,9	0,06	0,45	0,70	11,6	<0,2	25,9	15,0	0,69	0,73	1,04	<0,2
Spalter Select	0,7	29,7	0,04	0,48	1,20	9,51	1,23	15,8	19,5	3,23	3,35	0,95	2,67
Tettnanger	0,7	26,6	0,02	0,38	0,60	9,23	<0,2	23,5	17,8	0,74	0,78	1,34	<0,2
Bitterhopfen													
Hallertauer Magnum	2,0	36,8	1,74	0,20	0,40	10,7	<0,2	36,7	<1	0,53	0,47	2,59	<0,2
Hallertauer Merkur	1,6	30,6	1,76	0,21	0,80	12,9	<0,2	42,5	<1	0,52	0,60	3,51	<0,2
Hallertauer Taurus	1,2	38,4	1,88	0,22	1,20	8,54	<0,2	27,5	<1	6,78	6,84	2,24	<0,2
Herkules	1,9	40,4	3,37	0,38	0,50	9,23	<0,2	36,9	<1	0,52	0,46	2,21	<0,2
Northern Brewer	1,2	35,9	2,06	0,36	0,50	15,0	<0,2	42,4	<1	0,53	0,56	3,01	<0,2
Nugget	1,1	34,9	1,23	0,20	0,70	16,3	<0,2	33,7	<1	1,48	1,54	3,65	<0,2

Gesamtöl in ml/100 g Hopfen lftr., Einzelkomponenten in % des Gesamtöls

Tab. 1.39 Charakterisierung von Sorten des Welthopfensortiments anhand der wichtigsten Ölkomponenten [202]

Hopfentypen	Hopfensorten	Myrcen	2-Methylbutylisobutyrat	β-Caryophyllen	Humulen	Farnesen	α-Selinen	β-Selinen
A	Hall. Mittelfrüher Hall. Tradition Opal Perle Smaragd	25	0,65	13	42	<1	0,70	0,75
B	Saazer Formenkreis Saazer Spalter Tettnanger	25	0,04	10	25	15	0,70	0,80
C	Spalter Select	30	0,04	10	16	20	3,20	3,30
D	Aurora Cascade Fuggle Golding	30	1,20	10	22	5	0,50	0,50
E	Hersbrucker Spät Hüller Bitterer Saphir Strisselspalter	25	0,37	12	26	<1	4,40	4,30
F	Brewers Gold Hall. Magnum Hall. Merkur Herkules Northern Brewer Nugget Wye Target	35	2,00	12	38	<1	0,70	0,70
G	Hall. Taurus	38	1,90	9	28	<1	6,78	6,84
H	Australische Hopfen Comet Pride of Ringwood	35	0,40	10	2	<1	6,00	6,00

Ölkomponenten in % des Gesamtöls

Interessant ist auch die Verwandtschaft zwischen Fuggles, Golding und Cascade, ebenso von Hersbrucker Spät, Strisselspalter und Saphir. Nachdem der Hersbrucker Spät vom Elsässer Strisselspalter abstammt, ist es bedeutsam zu sehen, dass selbst der jahrzehntelange Anbau eines Hopfens in einem anderen Gebiet keine bedeutenden Veränderungen des Hopfenölspektrums erbringt. Wenn auch Schwankungen je nach Bodenbeschaffenheit [316] und Witterung [317] immer wieder feststellbar sind, so spielt doch der Zeitpunkt der Ernte

Tab. 1.40 Ölgehalte grüner Hopfen und prozentuale Verluste während der Trocknung (Hallertauer Mittelfrüher) [205]

	Grüner Hopfen	Verluste bei °C			
	mg/100 g TrS	55	70	85	Praxisdarre
Myrcen	1151	42	54	64	40
β-Cryophyllen	207	16	52	61	26
Humulen	519	21	49	56	25
Posthumulen 1	4	40	64	64	51
Posthumulen 2	11	23	42	45	30
Posthumulen 3	14	18	47	52	28
Posthumulen 4	7	8	34	36	22
2-Undecanon	19	28	39	51	32
4-Decensäure-Methylester	5	30	41	53	30
4,8-Dodecadiensäure-Methylester	10	31	42	56	31
Linalool	24	17	45	56	25
Gesamtöl	1800	39	44	50	39

bzw. das dort vorliegende Reifestadium eine dominierende Rolle [318]. Der Gesamtölgehalt nimmt vom Stadium des Doldenschlusses zur Vollreife deutlich zu. Es dauert also die Synthese der Hopfenöle länger als die der Bitterstoffe. Doch auch bei Abwarten einer extremen Überreife tritt noch bei einigen Sorten ein Anstieg des Ölgehalts ein, der durch Myrcen bedingt ist, während die Sesquiterpene (mit Ausnahme von Farnesen) deutlich abnehmen. Eine Mehrung zeigen auch Linalool und 2-Methylbutylisobutyrat. Es kann also das geschilderte typische Verhältnis der Hopfenöle verschiedener Sorten durch den Reifezustand erheblich verschoben werden.

Das Hopfentrocknen hat einen starken Einfluss auf den Gehalt an Hopfenölen: Es treten Verluste ein, die einmal auf die Wasserdampfflüchtigkeit der Hopfenöle, zum anderen auf deren Oxidation zurückzuführen sind. Die Veränderungen während des Trocknens zeigt Tab. 1.40.

Die bei einer Luftgeschwindigkeit von 0,35 m/s getrockneten Hopfen zeigten große Verluste an Myrcen und mit höheren Trocknungstemperaturen z. B. ab 70 °C auch an Sesquiterpenen. Auch die sauerstoffhaltigen Verbindungen nahmen beträchtlich ab. Wie Tab. 1.41 vermittelt, nimmt Isopren praktisch um die Hälfte ab; die Ergebnisse bei höheren Trocknungstemperaturen deuten auf eine Neubildung hin [205]. Die beiden Ester verhalten sich ähnlich; die Abnahme wird mit höheren Trocknungstemperaturen geringer. Auch hier dürfte eine Nachbildung eintreten. Aceton, 2-Methyl-3-buten-2-ol, Isobutyr- und Isovaleraldehyd nahmen bei 55 °C und bei der Praxisdarre ab, ab 70 °C überwog jedoch die Neubildung durch den thermischen Abbau der Hopfenbitterstoffe [319].

Tab. 1.41 Prozentuale Veränderung leichtflüchtiger Substanzen (Hallertauer Mittelfrüher)

Darren bei °C	55	70	85	56 Praxis
Iospren	−59	−36	+14	−48
Aceton	−76	+110	+170	−65
Isobutyraldehyd	>	≫	≫	>
Isovaleraldehyd	−42	+125	+150	−51
2-Methyl-3-buten-2-ol	−75	+275	+425	−35
α-Pinen	−40	−50	−47	−21
Isobutylisobutyrat	−44	−25	−22	−20
β-Pinen	−45	−50	−56	−42
2-Methylbutylisobutyrat	−50	−	−41	−39

> Anstieg, ≫ starker Anstieg

Diese Veränderungen haben sicher einen Einfluss auf die Bierqualität. Diese flüchtigen Substanzen wurden auch in der Würze gefunden [320]. Aus derart getrockneten Hopfen hergestellte Biere zeigten einen „Zerfall" der Bittere bei höheren Trocknungstemperaturen als 55 °C [318, 321]. In ähnlicher Weise wirkten sich niedrige Luftgeschwindigkeiten aus [321].

Die einzelnen Hopfensorten verhalten sich bei der Trocknung unterschiedlich. Die myrcenreichen Hopfen wie Northem Brewer und Brewers Gold haben höhere Einbußen, vor allem an Myrcen, zu verzeichnen [319, 286]. Eine kontinuierliche Trocknung unter den in Abschnitt 1.4.3.7 geschilderten Bedingungen ergab trotz der hohen Anfangstemperaturen keine Nachteile bei Hallertauer und Hersbrucker, wohl aber bei Northem Brewer und Brewers Gold [286]. Eine Übertrocknung des Hopfens wirkte sich dergestalt aus, dass die in Tab. 1.41 dargestellten Bewegungen noch ausgeprägter verliefen: Abnahmen der Terpenkohlenwasserstoffe, selbst der Sesquiterpene um 60% und deutliche Zunahme der leichtflüchtigen Substanzen, vor allem der Spaltprodukte der Hopfenbittersäuren. Dieses Beispiel zeigt, dass die Trocknung ein „forcierter" Lagerprozess ist, d.h. die dort zu beschreibenden Veränderungen vollziehen sich in der kurzen Trocknungszeit von 50–180 Minuten [207].

Bei der *Lagerung* des Hopfens treten Veränderungen auf in Abhängigkeit von der Lagerzeit, der Temperatur und der umgebenden Atmosphäre. Einen Überblick über das Verhalten von Pulverhopfen während einer Lagerung von 120 Tagen bei verschiedenen Temperaturen gibt Tab. 1.42.

Die Terpene nahmen umso stärker ab je höher die Lagertemperatur war, wobei die Sesquiterpene weniger verloren als die Monoterpene (Myrcen, α- und β-Pinen). Auffallend ist, dass bei diesen Substanzen die Evakuierung über die Temperatur dominierte. Dies bestätigt andere Untersuchungen über α-Säureverluste bei unterschiedlichen Bedingungen. Die leichtflüchtigen Substanzen erfuhren folgende Veränderungen: Isopren und Aceton, die durch Spaltung von Bitterstoffen und Terpenen entstehen, nahmen stets zu und zwar in Abhängigkeit von der

Tab. 1.42 Die Veränderung von flüchtigen Substanzen während der Lagerung des Hopfens (Prozentuale Restmengen) [215]

Temperatur	−18 °C		+6 °C		20–24 °C	
	evakuiert	unbehand.	evakuiert	unbehand.	evakuiert	unbehand.
α-Säure	100	90	100	82	92	66
Myrcen	92	69	64	36	58	4
Farnesen	87	58	66	25	39	–
β-Caryophyllen	99	77	89	70	76	35
Humulen	100	78	95	72	78	38
Isopren	382	1950	662	436	717	211
Aceton	153	855	280	711	821	181
Isopropylmethylketon	94	147	148	310	219	59
2-Methyl-3-buten-2-ol	110	452	123	392	167	183
α-Pinen	97	79	99	55	49	–
Isobutylmethylketon	82	253	122	564	240	502
Isobutylisobutyrat	85	75	83	69	59	15
β-Pinen	95	87	82	52	58	4
Methylbutylisobutyrat	115	101	100	103	102	41

Temperatur. Bei den nichtevakuierten Proben dominierten Verdunstungsvorgänge, bei Isopren auch Oxidations- und Polymerisationserscheinungen.

2-Methyl-3-buten-2-ol ist ebenfalls ein Abbauprodukt der Hopfenbitterstoffe. Es ist schwer flüchtig; seine Abnahme im nichtevakuierten Zustand dürfte auf Oxidationen zurückzuführen sein. Die beiden Ketone nahmen als Zersetzungsprodukte der Bittersäuren zu. Die Ester verhielten sich gegensätzlich. Isobutylisobutyrat nahm ab, ähnlich wie die Monoterpene; das 2-Methylbutylisobutyrat erwies sich als relativ stabil. Einen Einblick vermittelt nochmals die Abb. 1.16.

Es zeigen die in Tab. 1.42 zitierten Ergebnisse, dass selbst evakuierte Hopfenpulver einer kalten Lagerung von deutlich unter 6 °C bedürfen.

Die Alterung der Hopfen ist auch von der Seite der Hopfenöle aus sortenbedingt [322]. Dies zeigten Vergleiche zwischen Saazer und Steiermärker Golding, wobei ersterer weit geringere Veränderungen zeigte als der oben zitierte steirische Hopfen.

Schwefeln übt keinen eindeutig positiven Effekt auf die Erhaltung der Hopfenöle während der Lagerung aus [323]. Die Veränderung einiger vom Humulen abstammender sauerstoffhaltiger Sesquiterpene während der Lagerung von Spalter Hopfen zeigt Tab. 1.43.

Im frischen Hopfen kommen auch freie Fettsäuren in einer Menge von 0,8–3,3% der Hopfenöle vor. Ihr Anteil steigt während einer dreijährigen Lagerung bis auf 20% an. Die entstehenden 2-Methylpropionsäure und die Isovaleriansäuren vermitteln einen intensiv käsigen Geruch. Nachdem diese Säuren Spalt-produkte der Acryl-Seitenketten der Hopfenbitterstoffe darstellen, die ihrerseits wiederum für das bittere Prinzip von Isohumulon und Isocohumulon verantwortlich sind, geht mit der Bildung von Fettsäuren auch ein Verlust an Bittere einher. Das Ver-

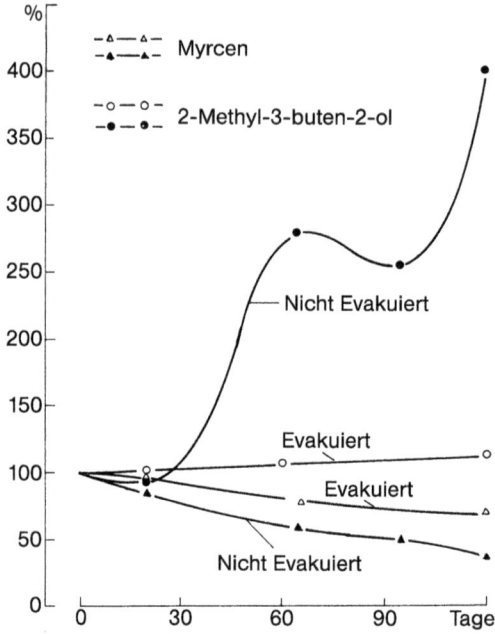

Abb. 1.16 Die Veränderung von Myrcen und 2-Methyl-3-buten-2-ol während der Lagerung von Hopfen

Tab. 1.43 Veränderung von Humulen und einiger seiner Oxidationsprodukte (ppm) [301]

	1974	1977
Humulen	6520	185
Humulenepoxide	56	330
Humulol	10	90
Humulenol II	5	290

hältnis von Isovalerian – zu Isobuttersäure ermöglicht eine Differenzierung von Aroma- und Bitterhopfen. Der Quotient ist bei Bittersorten wie Northern Brewer und Brewers Gold 0,7 bzw. 1,3, bei Aromasorten wie Spalter 10,4. Eine Erklärung ist aus der Biosynthese von Humulon und Cohumulon abzuleiten [324].

1.4.7.7 Polyphenole

Sie machen 4–14% der Hopfentrockensubstanz aus. Sie kommen hauptsächlich in den Deck- und Vorblättern sowie im Lupulin vor, doch nur wenig in den Spindeln und Stengeln [325]. Den Polyphenolen des Hopfens wurden eiweißfällende Eigenschaften zugeschrieben wobei die des Hopfens eine stärkere Wirkung entfalten sollten als die des Malzes [326]. Neuere Forschungsergebnisse weisen noch auf eine andersartige Funktion der Polyphenole hin (s. Abschnitt 5.4) [327]. Sie be-

1.4 Der Hopfen

einflussen ferner den Biergeschmack indem sie die Vollmundigkeit erhöhen und den Bieren einen gewissen „Kern" verleihen; sie tragen auch zu einer Verstärkung der Bittere bei, was bei niedermolekularen Polyphenolen positiv sein kann [328–330]. Oxidierte, höhermolekulare Gruppen rufen jedoch einen breiten, harten Biergeschmack hervor; sie vermögen auch die Farbe der Würze und des Bieres zu beeinträchtigen [329, 330]. Aufgrund ihrer Fähigkeit selbst Sauerstoff aufzunehmen und damit von anderen Bierinhaltsstoffen fernzuhalten, werden ihnen auch reduzierende Eigenschaften zugeschrieben. Im oxidierten Zustand können sie die Oxidation von Fettsäuren und Alkoholen zu Aldehyden katalysieren; sie fördern damit direkt und indirekt das Aufkommen eines Alterungsgeschmacks im Bier [331, 332]. Die Eiweißfällung, d.h. die Reaktion zwischen „Gerbstoffen" und Eiweiß lässt sich durch die reduzierenden Eigenschaften der Polyphenole erklären [327] sie ist mit dem Ende des Würzekochens nicht abgeschlossen: die Fällungen laufen weiter, sie werden durch alle Veränderungen des Zustandes der Flüssigkeit begünstigt: Abkühlung, Oxidation, pH-Abfall und die Bildung von Oberflächen. So findet eine stete, weitere Ausscheidung von Verbindungen aus Eiweiß und Gerbstoff statt; selbst im filtrierten Bier führt sie nach kürzerer oder längerer Zeit zum Auftreten von Trübungen [333].

Hopfenpolyphenole bestehen zu etwa 20% aus hydrolysierbaren und zu 80% aus kondensierbaren Verbindungen. Zu den ersteren zählen die Glycoside von monomeren Phenolen wie Gallussäure, p-Hydroxybenzoesäure, Vanillinsäure, p-Cumarsäure und Ferulasäure. Protocatechusäure ist ebenso vertreten wie Kaffeesäure. Diese sind auch in freier Form anzutreffen [334].

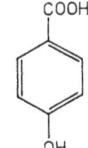

(31) Gallussäure

(32) p-Hydroxybenzoesäure

(33) Kaffeesäure

(34) Flavon

(35) Flavan-3-ol (D-(+)-Catechin)

Zur Gruppe der kondensierbaren Gerbstoffe gehören die monomeren Polyphenole wie Flavone (1.34), die Catechine (1.35) und Anthocyanogene (1.36), die ebenfalls frei oder als Glycoside vorkommen [335]. Der Zucker ist hier am 3. C-Atom des zentralen γ-Pyronrings gebunden. Die Anthocyanogene werden auch bzw. richtiger als Flavan-3,4-diole bezeichnet. Sie reagieren mit einem anderen Flavan-3,4-diol oder mit Catechin zu einem Biflavan [155, 156].

(36) Flavan-3,4-diol Leucocyanidin

(37) Biflavan mit einer aktiven OH-Gruppe

(38) Biflavan ohne aktive OH-Gruppe

Diese Verbindung kann an verschiedenen Stellen des Moleküls stattfinden. Es sind auch Triflavane und höhere Polymerisationsprodukte im Hopfen feststell-

1.4 Der Hopfen

bar [336, 337]. Diese polymeren Polyphenole sollen ein stärkeres Gerbvermögen als Mono- und Biflavane haben [338]. Durch weitere Oxidation und Polymerisation können die dunkelgefärbten, adstringierend schmeckenden „Phlobaphene" entstehen, die mit steigendem Polymerisationsgrad immer weniger löslich werden.

Im Gegensatz zu Gerste und Malz enthalten die Polyphenole des Hopfens einen weit größeren Anteil an Anthocyanogenen. Auch die Gruppe der Tannoide, „aktive" Polyphenole mittleren Molekulargewichts (600–3000 Dalton), ist stärker vertreten [339].

Zu den Hopfenpolyphenolen zählt auch eine weitere Substanz, das Prenyl-Flavonoid Xanthohumol, das in einer Menge von 0,2–1,1% vorkommt. Es ist in den Lupulindrüsen, zusammen mit den a-Säuren, den Hopfenölen und anderen unspezifischen Harzen zu finden.

Xanthohumol   Iso - Xanthohumol

(39)

Es weist ein beachtliches pharmakologisches Potenzial auf, z. B. eine krebsvorbeugende Aktivität, die von verschiedenen Forschergruppen aus dem medizinischen Bereich untersucht und bestätigt wurde [340]. Es ist jedoch schwierig, das Xanthohumol beim Würzekochprozess zu erhalten, wobei es aufgrund seines hydrophoben Charakters schlecht löslich ist, leicht mit dem Trub ausfällt und zudem wie die a-Säure einer Isomerisierung unterliegt. Das beim Kochen gebildete Iso-Xanthohumol ist zwar besser löslich, hat aber geringere biologische Effekte zu verzeichnen [341]. Möglichkeiten Xanthohumol anzureichern bzw. seine Fällung einzuschränken werden später aufgeführt.

Bitterhopfen enthalten mehr Xanthohumol als Aromahopfen, doch bewirkt die notwendige höhere Gabe der letzteren einen gewissen Ausgleich (Tab. 1.36, 1.46). Das Verhältnis Xanthohumol a-Säuren liegt sogar bei den Hochalpha-Sorten Magnum, Taurus und Herkules ungünstiger [282].

Die *Menge und Zusammensetzung* der Polyphenole hängt von der Hopfensorte und ihrer Herkunft, vor allem aber auch vom Lagerzustand des Hopfens ab. Der sich aus dem Quotienten Gesamtpolyphenole: Anthocyanogene errechnende Polymerisationsindex (P.I.) kann einen gewissen Anhaltspunkt über die Ver-

Tab. 1.44 Durchschnittlicher Polyphenolgehalt und Polymerisationsindex von Hopfen verschiedener Jahrgänge (a. TrS)

Jahrgang	1972	1973	1974
Hallertauer Mittelfrüher			
Polyphenole %	7,4	7,0	7,2
Anthocyanogene %	5,4	5,6	4,9
P.I.	1,37	1,25	1,47
Hallertauer Nordbrauer			
Polyphenole %	6,7	6,3	6,2
Anthocyanoene %	4,7	4,7	4,0
P.I.	1,43	1,34	1,55
Tettnanger			
Polyphenole %	7,5	7,6	7,5
Anthocyanogene %	5,9	6,1	5,6
P.I.	1,27	1,25	1,34

änderungen bei der Aufbereitung und Lagerung des Hopfens geben [342]. Einen Überblick über die Polyphenol- und Anthocyanogengehalte verschiedener Sorten und Jahrgänge gibt Tab. 1.44.

Postive Eigenschaften in gesundheitlicher Hinsicht vermitteln auch die Flavonoide Quercetin und Kämpferol, [siehe (34)], die im Hopfen in Form von Glycosiden vorkommen. Quercetin hat dabei eines der stärksten antioxidativen Potenziale. Es kommt in höheren Mengen im Hopfen vor als Kämpferol, wobei letzteres größere Streubreiten aufweist. Das Verhältnis Quercetin zu Kämpferol ist sortenabhängig genetisch festgelegt [343].

Es haben, wie auch weiterführende Untersuchungen zeigten, die Aromahopfen nicht nur einen höheren Polyphenolgehalt, sondern auch einen niedrigeren, d.h. günstigeren Polymerisationsindex [342, 344]. Es spielt aber auch der Jahrgang eine Rolle, der z.B. 1974 in der Hallertau ungünstigere Werte lieferte als in anderen Jahren [345]. Der Saazer Hopfen zeichnet sich durch die höchsten Polyphenolgehalte aus, dies wurde auch bei der Bestimmung der Tannoide erhärtet [339, 346].

Die Tannoid- und Xanthomulolgehalte einer Reihe von Hopfen-Sorten zeigen Tab. 1.45 und 1.46.

Untersuchungen von sieben Substanzgruppen aus Aroma- und Bitterhopfen – auch aus unterschiedlichen Anbauorten – zeigten deutliche Einflüsse, wobei sich der Jahrgang hinsichtlich des Niveaus auswirkte. Es handelte sich bei den phenolischen Substanzen um:

Hydroxybenzoesäuren, Hydroxyzimtsäuren, Flavanole, Procyanidine, Quercetinflavonoide, Kämpferolflavonoide und sonstige Flavonoide. Es wurden 40 Einzelkomponenten zugeordnet. Die Summe der niedermolekularen Polyphenole zeigte für die Erntejahre 1996, 1997 und 1998: Alle Sorten hatten 1998 nur 65–85% der Mengen wie 1997, bei gleicher Reihenfolge; Saazer Hopfen hatte

Tab. 1.45 Tannoidegehalte verschiedener Hopfen [339]

Sorte/Herkunft	Tannoidegehalt %
Hallertauer Mittelfrüher	5,1
Spalter	5,5
Tettnanger	5,6
Saazer	6,7
Northern Brewer	5,0
Brewers Gold	4,3

Tab. 1.46 Xanthomulolgehalte verschiedener Sorten (Ernte 2006)

	Hall. mfr.	Tradition	Saphir	Opal	Perle	Select	Smaragd	Hersbr. spät
Xanthohumol %	0,22	0,35	0,25	0,32	0,38	0,25	0,35	0,20
α-Säuren %	3,0	4,2	2,5	4,0	5,3	3,8	5,7	2,2
Verhältnis X/α-Säuren	0,073	0,083	0,10	0,08	0,072	0,066	0,061	0,091

	Northern Brewer	Merkur	Magnum	Taurus	Herkules	Nugget	Zeus
Xanthohumol %	0,50	0,36	0,43	0,70	0,67	0,80	1,0
α-Säuren %	6,0	8,3	14,5	15,2	14,6	10,4	12,0
Verhältnis X/α-Säuren	0,083	0,043	0,030	0,046	0,046	0,076	0,083

Tab. 1.47 Summe der quantifizierten niedermolekularen Polyphenole (mg/100 g lftr.)

	USA				Hallertau			
Jahrgang	1996	1997	1998	⌀	1996	1997	1998	⌀
Perle	835	860	735	810	954	960	974	973
Nugget	555	561	530	549	872	702	651	742

dabei den ca. 1,5fachen Gehalt wie Hallertauer Hersbrucker; die neueren Sorten wie Hallertauer Select und Hallertauer Tradition lagen dabei im mittleren Bereich wie die klassischen Aromahopfen. Bitterhopfen waren dagegen im Gehalt an niedermolekularen Polyphenolen deutlich niedriger.

Eine Untersuchung von zwei Anbauorten (USA und Hallertau) ergab anhand der Sorten Perle und Nugget über drei Erntejahre folgende Durchschnittswerte (Tab. 1.47).

Tab. 1.48 Einfluss der Hopfenlagerung (TrS)

	Polyphenole %		Anthocyan. %		P.I.	
	Anfang	Ende	Anfang	Ende	Anfang	Ende
Lagerung 15 Monate bei 0 °C						
Hall. Hersbrucker	6,8	6,4	5,2	4,4	1,31	1,45
Hall. Mittelfrüher	7,0	6,5	5,6	4,6	1,25	1,41
Hall. Mittelfrüher	6,2	6,0	5,1	4,2	1,22	1,43
Tettnanger	7,6	7,2	6,1	5,2	1,25	1,38
Lagerung 15 Monate bei 37 °C						
Tettnanger	7,2	3,0	5,8	1,3	1,24	2,31

Es hatten demnach beide Sorten in allen drei Erntejahren im Anbaugebiet Hallertau ein höheres Niveau an niedermolekularen Polyphenolen als im Anbaugebiet der USA. Naturgemäß unterschieden sich auch die beiden Sorten in Menge und Zusammensetzung der Polyphenole [347].

Die *Lagerung* hat naturgemäß einen Einfluss nicht nur auf die Veränderung der Bitterstoffe und Hopfenöle sondern auch der Polyphenole (Tab. 1.48) [345].

Es nehmen bei der Lagerung die Polyphenole ab, mehr noch aber die Anthocyanogene. Dies wird besonders bei der warmen Lagerung deutlich. Hier kann eine Inertgas-Atmosphäre sehr positive Auswirkungen zeigen. Dies ist bei den Hopfenpulvern und Hopfenextrakten verwirklicht (s. Abschnitt 1.4.9.2).

Die Oxidation der Hopfenpolyphenole kann enzymatisch bedingt sein. Hopfen enthält Oxidasensysteme, die unter Sauerstoffeinfluss ihre Wirkung entfalten können. Weiterhin kann eine Autoxidation stattfinden, die z. B. bei der Herstellung von Gerbstoffauszügen bei der Hopfenextraktion eintritt. Hier nimmt vor allem der Tannoidegehalt ab [348].

Es ist eine Frage, ob nun oxidierte bzw. höher polymerisierte Polyphenole eine bessere Eiweißfällung ermöglichen als niedermolekulare. Die ältere Literatur bejahte dies, indem sie den oxidierten Polyphenolen, vor allem deren letzter Polymerisationsstufe den „Phlobaphenen" eine besonders starke Wirkung zuschrieb [349]. Neuere Untersuchungen zeigten jedoch, dass nur ein bestimmter Grad der Oxidation bzw. Polymerisation der Polyphenole die Eiweißausscheidung fördert; dies ist z. B. bei den sogenannten Tannoiden der Fall. Höhermolekulare Polyphenole als diese sind weniger reaktionsfreudig, die Eiweißfällung wird geringer und es bleiben mehr dieser färbenden, breit bitter schmeckenden Substanzen in der Würze und im Bier, dessen Stabilität sie beeinträchtigen (s. Abschnitt 5.5.2). Es verzeichnen somit Biere, die mit alten Hopfen hergestellt wurden eine dunklere, meist ins Rötliche spielende Farbe [350]. Dieselbe Erscheinung resultiert bei der Verwendung von Hydrogencarbonatwässern. Diese geben im Gegensatz zu Wässern mit negativer Restalkalität eine dunklere Farbe, die hier gelösten oder in ihrer Polymerisation begünstigten Polyphenole führen auch zu einem derben, breiten Geschmack. Bei niedrigem Würze-pH bewirken die Indikatoreigenschaften der Gerbstoffe eine hellere Farbe, die beim pH-Sturz während der Gärung besonders deutlich zum Ausdruck kommt.

1.4.7.8 Eiweißgehalt

Der Eiweißgehalt des Hopfens liegt im Mittel bei 18%. In Salzlösungen wie auch in Würze ist davon etwa die Hälfte löslich. Umgerechnet auf Stickstoff enthält der Hopfen ca. 2,8%, wovon ca. 1,4% in die Würze übergeführt werden.

Einen Einblick in die Mengen an löslichem Stickstoff und die Aufteilung auf die einzelnen Fraktionen gibt Tab. 1.49. Nach diesen Ergebnissen bringt eine Hopfengabe von z.B. 200 g/hl rund 3,0 mg salzlöslichen Stickstoff in 100 ml Würze ein.

Es ist also die beim Würzekochen festgestellte Bewegung der Stickstoffsubstanzen (etwa durch Eiweißkoagulation) um diesen Betrag größer (s. Abschnitt 5.4.1). Doch haben diese, mit dem Hopfen zugesetzten Eiweißkörper ein niedrigeres Molekulargewicht als die beim Kochen ausgeschiedenen. Der hochmolekulare Anteil des Hopfeneiweißes beträgt nur 2% und fällt damit nicht ins Gewicht. Der freie Aminostickstoff erhöht den Gehalt der Würze um 0,7 mg/100 ml [351].

Tab. 1.49 Stickstoffzusammensetzung einiger Doldenhopfen (mg/100 g TrS)

Sorte	Brewers Gold	Hall. mfr.	Steirer
Gesamt-N	3200	2800	3100
lösl. N mg (in 0,5% NaCl)	1650	1100	1500
FAN (n. TNBS-Meth.)	–	267	360
F 2600–12 000	9,7	8,9	8,5
12000–60 000	6,0	5,2	5,2
F über 60 000	13,3	7,9	10,2
hochmol. N üb. 2600	29,0	21,0	26,9

1.4.7.9 Sonstige Inhaltsstoffe

Neben den erwähnten Inhaltssubstanzen enthält der Hopfen 10–17% *Cellulose*, die kaum eine technologische Wirkung ausübt.

Der Gehalt an *Hopfenwachsen* und *Lipiden* liegt bei etwa 3%. Die Wachse sind ein Gemisch aus langkettigen Alkoholen, Säuren, Estern und Kohlenwasserstoffen. Auch mittelkettige und höhere freie Fettsäuren sind im Hopfen feststellbar, deren Menge während der Lagerung zunimmt (s. Abschnitt 1.4.7.6). Die Bedeutung der Wachse für den Brauprozess ist gering; die Fettsäuren aus gealtertem Hopfen können negative Wirkungen in Hinblick auf die Geschmacksstabilität des Bieres entwickeln (s. Bd. III).

Selbst der frische Hopfen enthält eine nicht zu vernachlässigende Menge an höheren Fettsäuren wie Tab. 1.50 zeigt [352].

Tab. 1.50 Höhere Fettsäuren in Hopfen mg/g α-Säure [352]

	C_{16}	C_{18}	$C_{18:1}$	$C_{18:2}$	$C_{18:3}$
Fettsäuren	4,0	1,5	1,5	3,5	2,5

Diese Mengen gehen beim Hopfenkochen in die Würze über, sie werden nur zum Teil wieder ausgeschieden (s. Abschnitt 5.6.1).

Zu den Kohlenhydraten zählt das Pectin, das in einer Menge von 12–14% vorkommen kann. Es handelt sich um Kolloide, die aus Galacturonsäureketten bestehen, deren Carboxylgruppen teilweise mit Methanol verestert sind. Sie wirken als Schutzkolloide, indem sie die Eiweißfällung erschweren können [353]. Durch ihr Molekulargewicht und ihre Viskosität tragen sie sicher auch zur Vollmundigkeit des Bieres bei.

Des Weiteren sind 2–4% Hexosen und kleine Mengen an Di-, Tri- und Oligosacchariden vorhanden.

Der *Mineralstoffgehalt des Hopfens* [354] umfasst je nach Düngung, Klima und Bodenbeschaffenheit:

Kalium 12–44%
Calcium 13–24%
Magnesium 4,7–7,0%
Phosphate 10–21%
Sulfate 3,0–5,5%
Silikate 11–25%
Nitrate 0,5–1,2% [355]

Außerdem kommen noch wechselnde Mengen an Schwermetallen vor, die entweder aus dem Boden stammen oder die als Rückstände oder Umsetzungsprodukte von Spritzmitteln zu betrachten sind. Der Nitratgehalt des Hopfens ist insofern bedeutungsvoll, als 200 g Hopfen pro hl etwa 20 mg NO_3, in die Würze einbringen können [355]. Ein Teil des Sulfatgehalts stammt vom Schwefeln des Hopfens (s. Abschnitt 1.4.3.7). Die Menge des freien SO_2 beträgt 0,1–0,2% [356].

Von den Spritzmittelrückständen erfahren derzeit die Dithiocarbarnate (EBDC) besondere Beachtung insofern, als ihr Restgehalt entweder gesetzlich geregelt ist (z.B. in den USA 60 ppm Zineb) oder sich aufgrund von Einkaufsverträgen auf einem möglichst niedrigen Niveau (derzeit bei 25 ppm Zineb) einspielte.

Die Bezeichnung „Zineb" gibt dabei eines der möglichen Dithiocarbonat-Präparate (z.B. Zineb, Maneb, Propineb) wieder, die Wirkstoffwerte werden auf dieses umgerechnet [357].

1.4.8
Beurteilung des Hopfens

Zur Bewertung von Handelsmustern aber auch von Zuchststämmen wird der Hopfen – trotz aller Fortschritte der einschlägigen Analytik – einer Handbonitierung unterzogen. Es geben die äußeren Merkmale, wie Aussehen, Farbe, Doldenwuchs, Lupulingehalt und Aroma einen sehr guten Anhaltspunkt über die Beschaffenheit eines Hopfens, wenngleich hier noch keine sichere Aussage über den Bitterstoffgehalt getätigt werden kann. Es werden die wertgebenden und die wertmindernden Eigenschaften jeweils nach Punkten dargestellt.

1.4.8.1 Wertgebende Eigenschaften

Die *Pflücke* soll gut und gleichmäßig sein: Die Dolden sollen einzeln sein und Stiele von 1–2 cm Länge aufweisen. Zerblätterte Dolden, Sträußchen etc. sind unerwünscht (1–5 Punkte).

Die *Trockenheit* ist von Bedeutung: Zu trockener Hopfen zerblättert leicht, die Spindel bricht. Zu feuchter Hopfen hat eine feuchte, zähe Spindel, „sackreife" Ware hat nicht mehr als 12% Wassergehalt (1–5 Punkte).

Farbe und Glanz: Die Farbe soll gelblichgrün sein, eine zu grüne Farbe deutet auf zu frühe Pflücke hin; sachgemäß getrocknete und behandelte Hopfen weisen einen seidigen Glanz auf. Fehlt dieser, so kann der Hopfen vor oder bei der Trocknung gelitten haben oder er wurde zu feucht gesackt. Hiermit geht dann auch eine Verfärbung des Hopfens einher. Roter oder brauner Hopfen deutet auf Schädlingsbefall hin. Hier sind häufig auch Missbildungen der Dolden gegeben. Windschlag hat nur braune Blattspitzen (s. Abschnitt 1.4.3.2). Fehlfarben durch Behandlungsfehler lassen sich durch Schwefeln etwas aufbessern (1–15 Punkte).

Zapfenwuchs: Die Dolden sollen von gleichmäßiger Größe und Form sowie geschlossen sein: Kleine oder große brausche Dolden sind unerwünscht. Die verschiedenen Krankheiten können sich in verkümmerten oder verformten Dolden äußern (1–15 Punkte).

Das *Lupulin* wird zunächst nach der Menge beurteilt, die durch Aufbrechen einer Reihe von Dolden ermittelt wird. Es ist hierbei nach den einzelnen Hopfensorten zu unterscheiden, Aromahopfen haben naturgemäß weniger Lupulin als Bitterhopfen (1–15 Punkte). Die Beschaffenheit des Lupulins berücksichtigt die Farbe desselben: sie soll je nach Sorte zitronengelb (Hallertauer Mittelfrüher) bis goldgelb (Northern Brewer) sein. Unsachgemäße Behandlung, zu starke Trocknung verfärben das Lupulin, ebenso die Alterung (1–15 Punkte).

Das *Aroma* ist charakteristisch für die einzelnen Sorten. Es soll typisch, kräftig doch nicht stechend und aufdringlich sein. Zu frühe Pflücke gibt nur schwaches, zu späte Pflücke oftmals ein fremdartiges Aroma. Manche Hopfen weisen ein apfelartiges, zwiebeliges oder ein Aroma nach schwarzen Johannisbeeren auf. Alter oder unsachgemäß gelagerter Hopfen kann ein mehr oder weniger käsiges Aroma entwickeln (1–30 Punkte). Ein Beispiel gibt die in Tab. 1.51 angeführte Aromabewertung.

Tab. 1.51 Aromabeurteilung verschiedener Sorten [227]

Sorte	Hall. mfr.	Tradition	Select	Perle	Saphir	Smaragd	Opal
Aromapunkte	26	26	26	24	27	26	26

Sorte	Magnum	Taurus	Merkur	Hersbrucker
Aromapunkte	22	23	22	23

Tab. 1.52 Bonitierung des Hopfens

Positive Eigenschaften	Punkte	Negative Eigenschaften	Punkte
Pflücke	1–5	Befall durch Schädlinge	0–15
Trockenheitszustand	1–5	Mängel durch fehlerhafte	
Farbe und Glanz	1–15	Behandlung	0–15
Zapfenwuchs	1–15		
Lupulinmenge	1–15		
Farbe und Beschaffenheit	1–15		
Aroma	1–30		

1.4.8.2 Wertmindernde Eigenschaften

Befall durch Krankheiten und Schädlinge: Hier werden die in Abschnitt 1.4.6 geschilderten Erscheinungen gewertet, nicht dagegen die durch Windschlag eingetretene Verfärbung der Dolden (0–15 Punkte).

Mangel durch *fehlerhafte Behandlung*: wie verfärbtes Lupulin durch zu hohe Trocknungstemperaturen. Fehlfarben durch Warmwerden des Hopfens, zu starke Zerblätterung, Spritz-flecken und Fremdgeruch (0–15 Punkte).

1.4.8.3 Bonitierung nach Punkten

Es ergibt sich die in Tab. 1.52 dargestellte Aufstellung.

Die endgültige Punktzahl wird erreicht, indem die negativen von den positiven Punkten abgezogen werden.

Es ist zweckmäßig, den Wassergehalt analytisch zu ermitteln, ebenso den a-Säuregehalt, die beide als objektive Größen in die Bewertung des Hopfens mit eingehen.

1.4.9
Hopfenprodukte

Mehr als 95% der Hopfen werden heutzutage in Form von Hopfenprodukten verwendet. Die Gründe, die zu dieser Entwicklung führten, sind bessere Ausnutzung der Bitterstoffe bzw. der dosierten α-Säuren, bessere Lagerstabilität, bessere Homogenität und leichtere Handhabung. Die Hopfenprodukte umfassen: Hopfenpulver/-pellets, Hopfenextrakte, isomerisierte Produkte, sonstige Hopfenprodukte.

1.4.9.1 „Normale" Hopfenpellets

Die „normalen" Hopfenpellets weisen mit Ausnahme einer zusätzlichen Reinigung (Reutern, Entfernung von Metallteilen) und einem zweiten Trocknungsprozess die Zusammensetzung des ursprünglichen Doldenhopfens auf. Im Gegensatz zu früher zielt die Trocknung nur mehr auf einen Wassergehalt von 8–10% hin, was in Hopfendarren oder in Bandtrocknern bei Temperaturen von 50–60 °C und entsprechend hohen Luftgeschwindigkeiten (s. Abschnitt 1.4.3.7) abläuft. Die frühere Auffassung, dass der Hopfen für die damaligen „Hopfenpulver" auf ca. 4% getrocknet werden solle [289], um die Lagerfähigkeit zu verbessern und die Vermahlung einfacher zu gestalten, hat sich in Hinblick auf die allgemein übliche Pelletisierung als entbehrlich erwiesen. Wassergehalte unter 8% rufen dort nämlich durch die verstärkte Reibung einen Temperaturanstieg hervor. Die Stabilität der Pellets leidet selbst bei Wassergehalten von 10% nicht. Die Vermahlung erfolgt in Hammermühlen. Der durch Schläger zerkleinerte Hopfen wird durch ein Sieb bestimmter Kalibrierung (1–5 mm) passiert, je nach der gewünschten Teilchengröße. Anschließend ist eine Homogenisierung des Pulvers erforderlich: einmal um die Entmischung während des Mahlvorgangs auszugleichen, zum anderen um die Hopfenpartien selbst möglichst gleichmäßig zu vermengen. Da die Größe eines Mischbehälters auf ca. 20 m^3 beschränkt ist, werden mehrere in Form eines Karussells angeordnet.

Das homogenisierte Pulver wird nun der Pelletierung zugeführt.

Beim Pelletieren wird das Pulver in der Pelletiermaschine mittels Druckrollen durch Lochmatrizen gepresst, wobei entsprechend hohe Drücke entstehen. Diese führen ihrerseits in Verbindung mit der auftretenden Reibungsenergie, besonders aber durch die Kompression des eingeschlossenen Gases (Luft, Luft + CO_2 oder N_2) zu einer Erwärmung des Mahlgutes auf bis zu 65 °C, die aber nur von außen bzw. an der Oberfläche der Pellets gemessen wurden, die aber in Wirklichkeit überschritten werden dürften [358].

Die Temperaturerhöhung ist abhängig von Durchmesser und Länge des Presskanals, wobei sich Pelletdurchmesser von 5–6 mm als günstig erwiesen haben, vom Material der Matrize (polierte Presskanäle) und von der Harzmenge des Hopfens. Bitterstoffreiche Hopfen liefern niedrigere Temperaturen als bitterstoffärmere; ein höherer Hartharzgehalt wirkt sich ebenfalls temperaturerhöhend aus [359]. Eine Kühlung ist möglich durch kühlbare Matrizen mit Doppelmantel oder durch Zugabe von 2–10 Gew.% an Kohlensäureschnee oder flüssigem Stickstoff.

In der Praxis wird die Pellet-Temperatur dadurch auf 55 °C beschränkt, dass die Pressung nur bis zu einem Raumgewicht von 550 kg/m^3 erfolgt. Hier können auch Verluste an α-Säuren und einigen typischen Hopfenölkomponenten gering gehalten werden [359, 360]. Anschließend werden die Pellets auf Raumtemperatur abgekühlt.

Umfangreiche Untersuchungen haben ergeben, dass die α-Säure und einige typische Hopfenölkomponenten bei Temperaturen bis 65 °C nur geringfügig verändert werden, bei 45–50 °C war jedoch eine bessere Produktschonung möglich [359].

Die Pellets werden nun in Beutel abgefüllt. Hierbei handelt es sich um Aluminium-Polyethylen-Folien mit Sauerstoffbarriere. Am Ende des Füllvorgangs erfolgt die Anwendung eines Vakuums, um den umgebenden Sauerstoff zu entfernen. Je nach Verpackungsart bleibt das Vakuum bestehen oder es wird mit Stickstoff, seltener CO_2, wieder aufgehoben, z.B. bei Büchsen (für 90er Pellets selten) oder Beuteln. Es finden auch größere Behälter, sog. „Zewathener" und andere Anwendung. Die „harten" Packungen werden in Kartons verpackt und zum Schutz gegen Beschädigung der Folie durch mechanische Beanspruchung auch durch Gefache abgesichert.

1.4.9.2 Angereicherte Hopfenpellets

Diese erfordern einige zusätzliche Verfahrensschritte: Nach dem Trocknen wird der Hopfen auf −30° bis −40 °C abgekühlt. Die Lupulindrüsen werden hierdurch hart und beim Mahlen nicht zerstört. Dies erleichtert die Trennung von Lupulin und Blättern. Der Mahlvorgang erfolgt in Schneidemühlen. Das Pulver wird nun mit Hilfe von Plansichtern, Vibrationssieben oder Trommelsieben in eine feine und eine grobe Fraktion unterteilt. Die erstere enthält das Lupulin. Die weiteren Vorgänge entsprechen den vorgeschilderten. Die Abb. 1.17 zeigt die Siebanalysen von normalen und angereicherten Pulvern. Hier wird der Effekt der Tiefkühlung ersichtlich. Durch das anschließende Sieben steht dann ein Hopfenpulver mit einer größten Korngröße von 250 µm zur Verfügung, die durch die Größe der Lupulindrüsen bedingt ist. Die grobe Fraktion enthält lupulinfreie Blattreste und zerkleinerte Stiele. Um zu große Verluste zu vermeiden, hat sich eine Trennung in ca. 50% feines und ca. 50% grobes Material

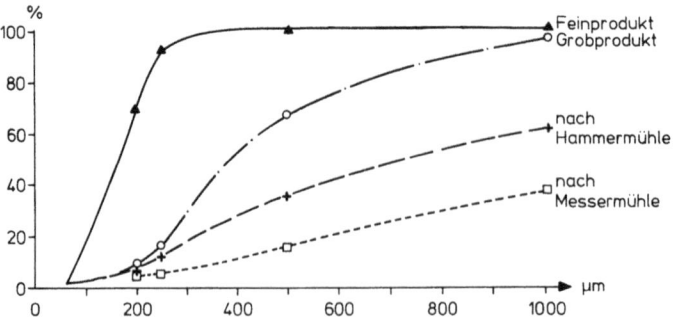

Abb. 1.17 Siebanalysen von Hopfenpulvern (nach Hammermühle: „normales" Pulver; Feinprodukt: angereichertes Pulver nach Messermühle und Sichtung; Grobprodukt: Abfall nach Sichtung)

durchgesetzt. Entsprechend der „Ausbeute" werden die Pellets im Handel unterschieden in Typ 45, 75 und 90; Letztere sind lediglich gereinigt, getrocknet und von gröberen Teilen wie Stengeln etc. befreit [361–366].

Meist dient das Mischungsverhältnis dazu, Produkte mit einem bestimmten Gehalt an α-Säuren darzustellen. Die sehr niedrigen α-Säuregehalte mancher Erntejahre haben bei Aromahopfen (Hersbrucker, Hallertauer mfr. Spalter) eine noch weitere Konzentrierung des Hopfenpulvers bzw. der Pellets initiiert. Dies gelang bei Aromahopfen bis zu einem „Typ 25", bei Bitterhopfen (z. B. Northern Brewer) bis zu einem Typ 35. Es treten hierbei jedoch größere α-Säureverluste ein [367].

Die Pellets Typ 75 sind nicht länger von Interesse.

1.4.9.3 Bentonitpellets

Sie stellen eine weitere Entwicklung dar: Normales Hopfenpulver wird mit ca. 20% Bentonit, einem Natriumsilikat, das zur Würze- und Bierstabilisierung zugelassen ist, vermengt, homogenisiert und zu Pellets gepresst. Durch den oben geschilderten Vorgang des Fressens werden die Hopfenharze auf eine gegenüber dem üblichen Hopfenpulver noch wesentlich vergrößerte Oberfläche aufgebracht. Dieser „Löschblatteffekt" begünstigt die rasche Lösung der Hopfenbitterstoffe in der Würze und damit auch das rasche Einsetzen der Isomerisierung. Außerdem übt der Bentonit eine die Eiweißfällung beim Würzekochen verstärkende Wirkung aus [368]. Durch die Konzentrierung der Hopfenpellets z. B. von P 90 auf P 45 ergibt sich logischerweise eine Verdoppelung des Bitterstoff- und Hopfenölgehalts, eine Verringerung der Polyphenole um 40–50% [369], des Nitratgehalts um 40% [370], der Schwermetalle um ca. 50% und der Reste von Pflanzenschutzmitteln um 50% [371].

Die Bentonitpellets stellten wohl eine interessante Entwicklung dar, sie wurden jedoch kaum verwendet. Eine gewisse Weiterentwicklung, die aber vom Biersteuergesetz nicht akzeptiert ist, sind die „stabilisierten Pellets" (s. Abschnitt 1.4.9.8).

Die **Zusammensetzung von Hopfenpellets** zeigt Tab. 1.53.

Die *einzelnen Verfahrensschritte* wie Nachtrocknung, Vermahlung oder „Konzentrierung" erbringen keine Veränderung der Harzzusammensetzung. Die angereicherten Pellets enthalten die doppelte α-Säuremenge sowie die doppelte

Tab. 1.53 Zusammensetzung von Hopfenpellets im Vergleich zu Originalhopfen

		Dolden	Normale Hopfenpellets	Bentonitpellets	Dolden	Angereicherte Hopfenpellets
Wassergehalt	%	11,5	9,6	8,9	11,9	6,3
Gesamtharz	%	13,3	13,5	11,5	14,7	29,3
α-Säure	%	7,1	7,1	6,1	7,8	15,9
β-Anteil	%	4,6	4,7	3,9	5,1	10,2
Hartharz	%	1,6	1,7	1,5	1,8	3,2

Menge an Gesamtharz. Dementsprechend können die klassischen Bitterhopfen α-Säuregehalte von ca. 15% erreichen. Bei geringeren α-Säuregehalten der Ursprungshopfen, z. B. bei Saazer oder schwachen Jahrgängen anderer Anbaugebiete ist es mit vertretbaren Verlusten an Lupulin nicht möglich die oftmals geforderten „10% α-Säure" zu erreichen. Hier müssten dann α-Säurewerte akzeptiert werden, die eben das Doppelte des Ursprungshopfens betragen. Die Bentonitpellets haben um den Silikatanteil (20%) niedrigere α-Säuregehalte. Dennoch sind die resultierenden Bierbitterwerte gleich [372].

Bei der Herstellung von Pulver/Pellets treten, wie Tab. 1.53 erkennen lässt, keine Veränderungen der Bitterstoffe ein. Nur bei unsachgemäßer Trocknung oder unzulässig hohen Temperaturen beim Pellettieren sind α-Säureverluste feststellbar [359].

Die Hopfenöle zeigen nur geringe Abweichungen durch das Mahlen. Die erwünschten Verluste durch Evakuieren halten sich – entgegen der Erwartung – ebenfalls in engen Grenzen. Damit kann von einer „Qualitätsverbesserung" eines Bitterhopfens eigentlich nicht die Rede sein (Tab. 1.54).

Durch mehrfaches langandauerndes (30, 15, 5 Minuten) Evakuieren und „Spülen" gelang es allerdings bis zu 67% des Myrcens und 44% des Isoprens sowie adäquate Mengen anderer leichtflüchtiger Substanzen aus amerikanischen Hopfen zu entfernen [215]. Doch ist diese Handhabung sicher für den

Tab. 1.54 Verluste an Hopfenölen durch Mahlen und Evakuieren (%) [215]

	Mahlen	Evakuieren	Insgesamt
Isopren	8	11	19
Aceton	5	8	13
2-Methyl-3-buten-2-ol	0	4	4
α-Pinen	1	9	10
Isobutylisobutyrat	5	9	14
β-Pinen	3	7	10
Myrcen	3	7	10
2-Methylbutylisobutyrat	4	15	19

Tab. 1.55 Veränderung der Polyphenole bei der Herstellung von Pellets Typ 75 (Hall. mfr. Ernte 1972)

	%-Polyphenole	% Anthocyanog.	P.I.
Doldenhopfen			
vor Trochnen	6,3	5,3	1,21
nach Trocknen	6,5	5,1	1,27
Pulver Typ 75	7,0	5,7	1,22
Pellets Typ 75	7,3	5,8	1,26
Treber	6,3	5,0	1,26

Praxisbetrieb zu umständlich. Es kommt also dem Evakuieren vornehmlich die Schaffung einer Inertgasatmosphäre durch Entfernung des Sauerstoffs bis auf ca. 1 Volumen-% zu.

Die *Polyphenole* verändern sich bei der Herstellung von Pellets Typ 75 wie in Tab. 1.55 angegeben.

Die Zunahme der phenolischen Verbindungen durch das Mahlen mag durch die leichtere Extrahierbarkeit des Pulvers erklärbar sein.

Beim Trocknen und beim Pellettieren tritt eine geringfügige Erhöhung ein. Diese Bewegung ist jedoch zu vernachlässigen. Auffallend ist, dass die „Konzentrierung" keinen Verlust an Polyphenolen bewirkt [344, 345].

Die *Stickstoffsubstanzen* erfahren durch das Mahlen praktisch keine Veränderung, wohl aber die Zusammensetzung derselben durch die Abscheidung des gröberen Materials (Tab. 1.56).

Es bleiben somit im konzentrierten Pulver im Verhältnis zur a-Säure weniger lösliche Stickstoffsubstanzen.

Die *Ausnützung* der a-Säuren oder Bitterstoffe ist bei Pulvern durch die raschere Extraktion der Bittersubstanzen um 10–15% höher als bei Doldenhopfen [373]. Bei Bentonitpellets ergaben sich über diese Ersparnis hieraus weitere 20%, die durch die zusätzlichen Oberflächen des Silikats gefördert werden. Bei den üblichen Würzetrennverfahren, die eine Aufbewahrung der heißen Würze bei ca. 95°C nach Kochende vorsehen, treten noch weitere, thermisch bedingte Ersparnisse ein (s. Abschnitte 5.5.1 und 8.1.5).

Die *Lagerfähigkeit der Hopfenpellets* ist unter der Voraussetzung einwandfreier Abfüllung und Verpackung z. B. in Inertgasatmosphäre nach voraufgegangener

Tab. 1.56 Stickstoffsubstanzen in gemahlenen und konzentrierten Hopfen in mg/100 g Trs [351]

	Normalpellets	Pellets Typ 45
Gesamt-N	3100	2300
lösl. N	1400	800
FAN (TNBS-Methode)	400	270

Tab. 1.57 Abnahme von a-Säure und Bitterwert in % der Ausgangsgehalte [374]

Lagerzeit in Monaten bei 40°C	a-Säureverlust % Doldenhopfen-Pellets		Bitterwertverlust % Doldenhopfen-Pellets	
1	42	4	36	3
2	49	6,5	41	5,5
3	52	8	44,5	7
4	53	9	46	8
5	55	11	47	10
6	59	15	48,5	14

Evakuierung, wesentlich besser als bei den entsprechenden Doldenhopfen. Dies zeigt Tab. 1.57.

Die Pellets waren auf einen Wassergehalt von 8–9% getrocknet auf Dosen abgefüllt, evakuiert und mit Stickstoff begast worden. Die Doldenhopfen waren portionsweise in Folien gepresst, doch nicht evakuiert.

Das *Verpackungsmaterial* übt einen großen Einfluss aus, doch sind Mehrschichtfolien, wenn unverletzt, durchaus der teureren und platzaufwändigeren Dosenverpackung gleichwertig. Es zeigt jedoch Tab. 1.58, dass die Lagertemperatur möglichst bei 0 °C gehalten werden soll, vor allem, wenn eine mehrjährige Lagerung angestrebt wird.

Auch eine weitergehende Zerkleinerung des Hopfens, insbesondere die Zertrümmerung der Lupulindrüsen begünstigt die Alterung eines Pulvers bzw. der Pellets [359].

Die mit Verpackung in Folien wie in Dosen gewonnenen Ergebnisse zeigen, dass bei 20 °C jährlich etwa 7% an α-Säure verloren gehen. Bei defekten Verpackungen liegt der Verlust wesentlich höher. Nicht selten sind deshalb in der Praxis Hopfenpulver mit einem α-Säurewert von 0 anzutreffen.

Die *Hopfenöle* (Mono- und Sesquiterpene) erfahren bei der Lagerung eine Abnahme, die primär vom Grad der Evakuierung bzw. von der Inertgasatmosphäre, sekundär von der Lagertemperatur abhängt. Die leichtflüchtigen Substanzen,

Tab. 1.58 Lagerversuche mit angereichertem Hopfenpulver [359]

Temperatur	0 °C		10 °C		20 °C	
	α-Säure	HH in % GH	α-Säure	HH* in % GH**	α-Säure	HH in % GH
Ausgangswerte %	9,6	13,1	9,6	13,1	9,6	13,1
12 Monate	9,6	13,1	9,2	14,0	9,0	15,2
24 Monate	9,3	13,5	9,0	14,5	8,4	17,5
36 Monate	9,5	12,7	8,6	14,5	7,6	17,9

* Hartharz, ** Gesamtharz

Tab. 1.59 Veränderung der Polyphenole und des Polymerisationsindex bei der Lagerung von Hopfenpulver [344, 345]

	% Polyphenole		% Anthocyanogene		P.I.	
	Beginn	Ende	Beginn	Ende	Beginn	Ende
Ernte 1971 Lagerung 3 Jahre 0 °C	7,4	7,0	5,2	4,6	1,42	1,52
Ernte 1973 Lagerung 6 Mon. 25 °C	6,7	6,5	4,6	4,4	1,46	1,48

wie Spaltprodukte der Bittersäuren nehmen zu, ab einer bestimmten Temperatur bzw. im nicht evakuierten Zustand treten Verdunstungseffekte auf. Wie Tab. 1.42 zeigt, sollte die Lagertemperatur selbst von evakuierten Produkten unter 7 °C liegen [215].

Die *Polyphenole* erfahren bei Lagerung unter Inertgas nur eine geringfügige Veränderung (Tab. 1.59).

Schlussfolgerung Hopfenpellets müssen kalt, d. h. bei 1–5 °C gelagert werden, wobei eine längere Bevorratung die niedrigere Temperatur erfordert. Bei unkontrollierten Temperaturen, z. B. bei Transporten in wärmere, überseeische Länder können Veränderungen eintreten. Selbst in inerter Atmosphäre können bei höheren Temperaturen leichtflüchtige Substanzen mit hohem Partialdruck entstehen. Sie bewirken einen Druckanstieg, der sogar zur Zerstörung einer Folie führen kann. Pellets werden aufgrund der größeren Oberfläche des Pulvers rascher oxidiert als Doldenhopfen [375].

1.4.9.4 Hopfenextrakte

Das Ziel der Hopfenextraktion ist, die Wertbestandteile des Hopfens wie Bitterstoffe und Aromasubstanzen mit bestimmten Lösungsmitteln zu extrahieren und von cellulosehaltigem Material zu trennen. In der Vergangenheit wurden hierfür verschiedene Lösungsmittel verwendet, über die in den letzten beiden Ausgaben dieses Buches ausführlich berichtet wurde. Heutzutage finden fast ausschließlich die „biereigenen" Lösungsmittel Kohlendioxid und Ethanol Verwendung. Beide unterscheiden sich insofern, als Ethanol mit Wasser mischbar ist und damit einen polaren Charakter aufweist, während die Polarität von Kohlendioxid je nach seinen Anwendungszuständen nach Druck und Temperatur variiert.

Ethanolextrakt Doldenhopfen werden mit einer 90%igen Ethanol-Wassermischung in einer Nassschrotmühle zerkleinert. Das Gemisch wird dann in einen kontinuierlichen Gegenstrom-Extrakteur gepumpt. Im Gegenstrom wird das Ethanol durch die Hopfenschicht geführt, wodurch es sich mit den Hopfeninhaltsstoffen anreichert. Die so gewonnene „Miscella" enthält Bitterstoffe, Hopfenöle sowie polare Bestandteile. Durch den Wassergehalt des Hopfens wird der verwendete 90%ige Alkohol etwas verdünnt. Die Hopfenrückstände (Hopfentreber) enthalten noch Ethanol, das zurückgewonnen werden muss. Die Miscella wird nun in einem mehrstufigen Vakuum-Fallstromverdampfer vom Lösungsmittel getrennt. Die Fallstromverdampfer ermöglichen niedrige Verdampfungstemperaturen bei gleichzeitiger Energieersparnis. Der Rohextrakt enthält die Bittersäuren, die Hopfenöle sowie Harze und wasserlösliche Komponenten wie Polyphenole, Salze, Eiweißstoffe und Kohlenhydrate. Durch eine Separierung wird in Reinharz- und Heißwasserextrakt getrennt. Das abgedampfte Ethanol erfährt in einer anschließenden Rektifizierkolonne eine Verringerung seines Wassergehaltes, so dass es wieder zur Extraktionsanlage zurückgeführt werden kann. Auch der Alkoholgehalt der Hopfentreber wird zurückgewonnen, einmal durch Abdampfen, dann aber durch Anreicherung in der Rektifizierkolonne.

Der Extrakt wird mittels einer Dampfbehandlung von Ethanolresten befreit; dabei werden auch Myrcen und leichtflüchtige Hopfenölkomponenten entfernt.

Nachdem der Ethanolauszug neben den Bitterstoffen auch Polyphenole enthält, verändert sich durch die Reduzierung des Alkoholgehalts das Lösungsverhalten von Bitterstoffen und Gerbstoffen; letztere können durch einen weiteren Schritt zur Abtrennung gelangen. Hierdurch entsteht entweder ein „gerbstoffarmes" Produkt, das aber auch durch Zumischung der Polyphenolkomponente „standardisiert" werden kann [406].

Wie die Analysen in Tab. 1.61 zeigen, enthält der Ethanolextrakt – wohl durch eine gewisse thermische Belastung – schon einen Iso-α-Säuregehalt von 0,8–1,5%, der durch die globalen Bitterstoffanalysen, so z.B. auch durch die konduktometrische α-Säurebestimmung nur zur Hälfte erfasst wird. Es bedarf also der übliche „Konduktometerwert" (KW) einer Korrektur um die Hälfte des mittels Hochdruckflüssigkeitschromatographie (HPLC) ermittelten Iso-α-Säuregehalts. Diese als „Konduktometerbitterwert" (KBW) bezeichnete Größe errechnet sich also wie folgt:

$$\text{KBW} = \text{KW} + \frac{\text{Iso-}\alpha\text{-Säure}}{2}$$

Sie hat in der Praxis bei der Dosierung dieses Extrakts Eingang gefunden.

Bei der Herstellung des Ethanolextrakts werden mit Hilfe der verbesserten Technologie (Abdampfen des Extraktionsmittels im Vakuum) deutlich höhere Wiederfindungsraten des Hopfenöls erzielt, als dies ursprünglich der Fall [303] war. Dies zeigen die Werte in Tab. 1.60.

Die Extraktion von Pflanzenschutzmittelresten ist gering, ebenso von Nitrat wie die spätere Tab. 1.65 zeigt.

Eine Bitterstoff-Bilanzierung von 10 Verarbeitungen ist in Tab. 1.61 aufgeführt.

Ethanolextrakte zeigen kaum eine Verschiebung der einzelnen Harzfraktionen. Es werden aber 1–3% (vol.) der α-Säuren zu unbekannten Komponenten umgewandelt [377].

Ein Polyphenolgehalt ist hier durch den Wassereinschluss bei Ethanolextraktion gegeben; er kann aber durch besondere Maßnahmen verringert werden.

Tab. 1.60 Durchschnittliche Wiederfindungsrate von Hopfenölen in Reinharz-Extrakt [376]

	Wiederfindung in % des Rohhopfens
Gesamtöl	79
Myrcen	48
Humulen	90
Caryophyllen	90

Tab. 1.61 Bitterstoffbilanz von Rohhopfen zu Ethanolextrakt [376]

	Rohhopfen	Reinharzextrakt
Gesamtharz %	17,0	90,9
KW/KBW %	6,8	35,8
a-+ Iso-a-Säure %	6,2	32,6
Iso-a-Säure %	–	0,8
Anteil Cohumulon %	32,2	29,8
β-Säure %	4,2	23,7
Anteil Colupulon %	50,0	48,9
Gesamtweichharz %	14,7	79,2
Hartharz %	2,3	11,2

Die Polyphenole weisen jedoch eine günstigere Zusammensetzung auf als die in Tab. 1.67 dargestellten. Sie tragen zum antiradikalischen Potenzial bei [378, 379].

Kohlensäureextrakt Kohlensäure wird in anderen Bereichen zur Extraktion von flüchtigen Substanzen aus Naturprodukten verwendet. Kohlensäure ist nach Abb. 1.18 bei den verschiedenen Temperaturen und Drücken entweder gasförmig (unterhalb der Linie, die durch den Tripel-Punkt zum Kritischen Punkt führt) oder flüssig (oberhalb der Linie, jedoch erst jenseits des Tripel-Punkts).

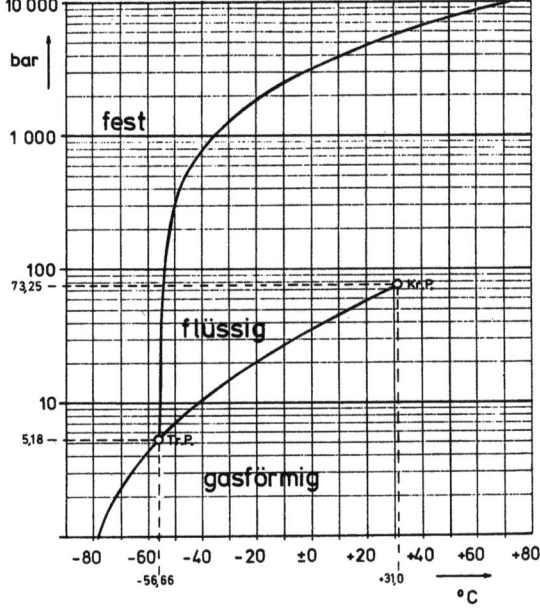

Abb. 1.18 Druck- und Temperaturdiagramm für CO_2 [380]

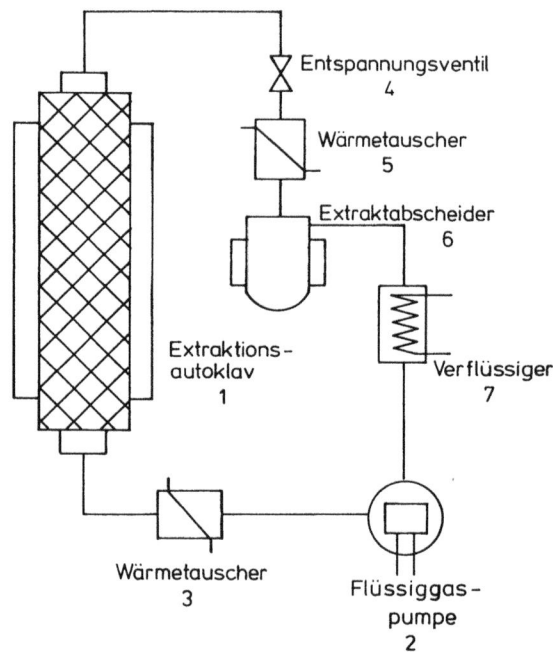

Abb. 1.19 Schema einer Anlage zur CO_2-Extraktion [380]

Oberhalb des Kritischen Punkts sind „überkritische" Verhältnisse gegeben; die Kohlensäure liegt dort in einem fluiden (flüssig-gasförmigen) Zustand vor. Die Extraktion kann nun entweder mit flüssigem Kohlendioxid unterkritisch oder mit fluidem CO_2 überkritisch erfolgen [380].

Bei der Flüssig-Extraktion wird z.B. bei Raumtemperatur (20 °C) und einem Druck von ca. 70 bar gearbeitet. Die flüssige Kohlensäure nimmt aus einer Schicht Pellethopfen die Bitterstoffe und Hopfenöle auf. In einem Verdampfer wird bei 40–50 °C die Kohlensäure entfernt und der Extrakt abgeschieden. Das abgedampfte CO_2 wird anschließend wieder verflüssigt und kann dann zu weiterer Extraktion Verwendung finden (Abb. 1.19).

Dieser Prozess kann chargenweise geführt werden oder durch die Anwendung mehrerer Extraktoren, die nacheinander mit Hopfen beschickt werden.

Bei der CO_2-Extraktion im unterkritischen Bereich, die 2–5 Stunden dauert, fallen verschiedene Fraktionen an: Zuerst wird das Hopfenöl extrahiert, dann die β-Säuren und schließlich die α-Säuren. Demnach unterscheiden sich die einzelnen Extrakte in ihrer Zusammensetzung wie in Tab. 1.62 wiedergegeben.

Es gelingt damit eine ausgesprochene „Aromafraktion" zu gewinnen und diese u.U. als letzte Hopfengabe oder zur Aromatisierung des Lagerkellerbieres zuzugeben. Auch die zweite Fraktion enthält noch Hopfenöle, doch macht hier bereits der Anteil der α-Säuren rund 50% aus. Die dritte Fraktion besteht zu 85% aus α-Säuren. Nach dieser Aufstellung können rund 95% der α-Säuren

Tab. 1.62 Fraktionierung der Hopfenkomponenten während der CO_2-Extraktion

Fraktion gewonnene Menge (g)	„Öle" 3,0	„beta" 6,7	„alpha" 8,3	„Gesamt"
Zeit Stunden	0–1	1–2,5	2,5–5,5	
Ölgehalt %	16,6	4,1	–	20,7
β-Säuren %	52,0	34,4	9,3	95,7
α-Säuren %	10,1	38,1	56,8	94,9

Tab. 1.63 Analyse von CO_2-Extrakt und Pellets aus ein- und demselben Ursprungshopfen [382]

	Hallertauer Pellets	Northern Brewer CO_2-Extrakt	Hallertauer Pellets	Mittelfrüher CO_2-Extrakt
Analysen nach MEBAK				
Gesamtharz lfttr. %	19,4	90,0	14,9	90,6
α-Säuren %	8,6	44,8	4,4	30,6
β-Anteil %	8,5	44,4	8,8	57,6
Hartharze %	2,3	0,8	1,7	2,4
in % des Gesamtharzes				
α-Säuren	44,3	49,8	29,5	33,8
β-Anteil	43,8	49,3	59,1	63,6
Hartharze	11,9	0,9	11,4	2,6
Analysen nach HPLC				
α-Spuren lfttr. %	7,9	44,2	3,9	30,4
davon → Cohumulon %	29,4	26,0	20,9	20,3
n-Humulon %	53,5	54,7	57,6	58,3
Adhumulon %	17,1	19,3	21,5	21,4
β-Säuren lfttr. %	4,2	24,8	6,1	40,1
davon → Colupulon %	48,1	45,9	38,3	39,8
n-Lupulon % Adlupulon % }	51,9	54,1	61,7	60,2

gewonnen werden. Die α-Säureausbeute der verschiedenen Hopfen ist jedoch nicht gleich; so schwankte die α-Säureausbeute bei englischen Hopfen zwischen 81 und 100%, Es mussten demnach die Extraktionszeiten variiert werden [381].

Die CO_2-Extrakte sind sehr rein. Sie enthalten keinen oder nur einen sehr geringen Hartharzanteil und praktisch keine Polyphenole. Bei Abkühlung auf 4 °C fallen die α- und β-Säuren in Kristallform aus.

Die sehr lange Extraktionszeit im unterkritischen Bereich kann durch Anwendung höherer Drücke in entscheidender Weise verkürzt werden, da die Löslichkeit der Hopfenextraktbestandteile zunimmt. Es ist möglich im überkritischen Bereich mit 150 Minuten Extraktionszeit auszukommen [383].

Die fluide Extraktion im überkritischen Bereich erfolgt nach demselben Grundsatz bei Temperaturen von 40–60 °C. Flüssiges Kohlendioxid von 60–70 bar wird von einem Puffertank mittels Pumpe auf den Extraktionsdruck von 200–300 bar gebracht. Wie auch beim flüssigen CO_2-Extrakt wird der Hopfen in Form von Pellets verwendet. Die Kohlensäure löst Bitter- und Aromasubstanzen. Das Gemisch wird durch Absenken des Druckes auf 60–80 bar entspannt. Im Separationstank erfolgt dann die Trennung der beiden Phasen: des Hopfenextrakts und des Kohlendioxids, das über einen Kondensator wieder verflüssigt und dem Prozess erneut zugeführt wird.

Vergleichende Analysen zwischen Pellets und dem hieraus gewonnen überkritischen CO_2-Extrakt zeigt Tab. 1.63 [382].

Diese Ergebnisse geben die unter ganz bestimmten Temperaturen und Drücken im überkritischen Bereich vorliegenden Werte wieder.

Andere Untersuchungen haben gezeigt, dass bei höheren Temperaturen und Drücken ein etwas höherer Gehalt an nicht bitternden Substanzen und Hartharzen gelöst wird. Dies äußert sich auch in einem Wechsel der Farbe des CO_2-Extrakts von goldgelb zu grünlichen Tönen und schließlich bei stärkerer Lösung von Chlorophyll zu einer intensiv grünen Färbung [380].

Die Hopfenöle werden, entsprechend dem Aromaspektrum des Ausgangshopfens zu 90% gewonnen. Hierbei haben sich Temperaturen von ca. 40 °C und Drücke von über 150 bar als am günstigsten erwiesen [303, 383]. Polyphenole werden nicht extrahiert.

Derartige überkritische Extrakte können vom flüssigen CO_2-Extrakt kaum unterschieden werden. Einen Vergleich der beiden Extraktformen zeigt Tab. 1.64.

Es sind keine Polyphenole nachweisbar, auch Nitrat ist im CO_2-Extrakt nicht zu finden [384].

Ein Vergleich zwischen CO_2-Extrakt und Ethanol-Extrakt ist in Tab. 1.65 dargestellt:

Der Wassergehalt des Ethanol-Extrakts bewirkt die Lösung von (Hart-)Harzen, einer geringen Menge an Polyphenolen sowie etwas Nitrat, was sich aber auf den Nitratgehalt des späteren Bieres kaum auswirken dürfte. Während auch etwa 10% der polaren Pflanzenschutzmittel nur im Ethanol-Extrakt zu finden sind, werden die apolaren von beiden Extraktionsmitteln vollständig in das Produkt überführt.

Die Lagerfähigkeit des CO_2-Extrakts ist sehr gut [386]. Einen Vergleich zu Pellets und CO_2-Extrakt zeigt Tab. 1.66.

Tab. 1.64 Vergleich von überkritischem und flüssigem CO_2-Extrakt (Hersbrucker) [385]

	Überkritischer Extrakt	Flüssig-Extrakt
Gesamtharz %	95,8	96,1
Hartharzgehalt %	3,1	2,4
Hopfen Lager-Index	0,28	0,27
Polare Bittersubstanzen (HPLC)	4,2	3,9

Tab. 1.65 Vergleich von überkritischem CO_2-Extrakt und Ethanol-Extrakt [385]

	CO_2	Ethanol
Gesamtharz %	94	92
a-Säuren HPLC %	50	42
Iso-a-Säuren HPLC %	0	1
Hartharze anteilig %	2	10
Hopfenöl ml/100 g	7	5
Polyphenole %	0	0,5
NO_3 mg/100 g	0	50–60
Pflanzenschutzmittel in % d. Ausgangshopfens		
polar %	0	10
apolar %	−100	−100

Tab. 1.66 Lagerversuche mit Pellets und CO_2-Extrakt; Dauer 1 Jahr, Hallertauer Northern Brewer [382]

Prozentuale Veränderung von 0° zu 40°C-Lagerung

	Pellets*	CO_2-Extrakt
Analysen nach MEBAK:		
Gesamtharz	−3,2	0
a-Säure	−49	0
β-Anteil	+47	0
Hartharze	+12	0
Analysen nach HPLC:		
a-Säure	−82	0

* unter Vakuum verpackt

Die Lagerfähigkeit der CO_2-Extrakte ist sehr gut [385, 387, 388].

Einen Vergleich zu Pellets zeigt Tab. 1.66. Im Vergleich dazu sind Ethanol-Extrakte nur wenig empfindlicher, vorausgesetzt die Abtrennung der wasserlöslichen polaren Substanzen wurde sachgemäß durchgeführt.

Dabei spielt keine Rolle, aus welchen Hopfensorten und -provenienzen die Extrakte gewonnen wurden. Ein gewisser Wassergehalt des Harzextraktes von z. B. 10% übt keinen Einfluss auf dieses Ergebnis aus. Diese Aussage betrifft nicht nur die Bitterstoffe, sondern auch die Hopfenaromasubstanzen [388].

Dagegen bewirkt ein Zusatz von Heißwasserextrakt (s. Abschnitt 1.4.9.5) als standardisierende Maßnahme eine deutliche Abnahme der a-Säure [389] und eine Veränderung der Polyphenole, wie auch wieder die Zuführung von Schwermetallen, Nitraten und unvermeidlichen Resten von Pflanzenschutzmitteln. Dies würde einen der großen Vorteile der Hopfenextraktion abschwächen.

1.4.9.5 Heißwasserextrakt

Die Heißwasserextraktion bewirkt die Auslaugung der Hopfentreber aus der CO_2-oder Ethanolextraktion bei Temperaturen um 80 °C. Anschließend wird das Wasser in mehreren Verdampfungsstufen ausgetrieben. Der Wasserextrakt enthält alle wesentlichen Substanzen wie Polyphenole, Stickstoffverbindungen, Mineralstoffe und Kohlenhydrate, aber auch bei der CO_2-Extraktion nicht gelöste Bitterstoffe sowie Reste von Pflanzenschutzmitteln und Nitrat. Diese Gewinnungsmethode ist also kein Vorteil für ein schadstofffreies Hopfenprodukt, wie es heute allgemein verlangt wird.

Der Polphenolgehalt löst sich bei höheren Extraktionstemperaturen völlig, der Anthocyanogengehalt steigt mit höheren Extraktionstemperaturen, offenbar durch die Schwächung von Oxidasensystemen. Durch diese Behandlung verschiebt sich der Polymerisationsindex (Tab. 1.67).

Der Eiweißgehalt des Wasserextrakts beinhaltet praktisch nur lösliche Stickstoffsubstanzen. Ihre Menge liegt um 50–100% über der des Ausgangshopfens (bezogen auf 100 g TrS); die einzelnen Fraktionen verschieben sich entsprechend [351].

Der Heißwasserextrakt wurde dem Reinharzextrakt zugemischt, um eine „Standardisierung", meist nach dem α-Säuregehalt zu bewirken. Während der reine Harzextrakt sehr gut lagerfähig ist, so beschleunigte doch die Wasserextraktkomponente die Alterung, wie vorstehend schon erwähnt. Der konduktometrische α-Säuregehalt nahm bei einer forcierten Alterung von 17 Wochen bei 40 °C um 20% ab [389]. Die Hopfenöle veränderten sich bei einer Lagerung von 8 Wochen bei 40 °C nicht; es erfuhren jedoch die leichtflüchtigen Substanzen wie Isopren, Aceton und 2-Methyl-3-buten-2-ol eine Mehrung [390].

Die Polyphenole von Standardextrakten nahmen bei einer Lagerung von 30 bzw. 18 Monaten bei 8 °C sowie von 12 Monaten bei 25 °C nach Tab. 1.68 wie folgt ab.

Die Polyphenole geben also einen wesentlich stärkeren Ausschlag als andere Bestandteile des Hopfens. Dies geht aber parallel zu den Veränderungen der Bitterstoffe in den Standardextrakten.

Standardextrakte entmischen sich bei der Lagerung. Wenn der Heißwasseranteil mit verwendet werden soll, dann ist es geraten, beide Komponenten ge-

Tab. 1.67 Veränderung der Polyphenolgehalte bei der Hopfenextraktion [238]

Probe	Polyphenole %	Anthocyanogene %	P.I.
Doldenhopfen	6,2	4,6	1,35
Treber nach Bitterstoff-Extraktion	7,5	5,6	1,34
Auszug			
vor 1. Eindampfung	6,6	3,8	1,74
nach 2. Eindampfung	6,8	3,2	2,13
fertiger Wasserextrakt	6,5	2,0	2,24
Standard-Extrakt	3,0	1,3	2,40

Tab. 1.68 Polyphenole und Lagerbedingungen [345]

	Polyphenole %		Anthocyanogene %		P.I.	
	Beginn	Ende	Beginn	Ende	Beginn	Ende
Northern Brewer 1972 30 Mon., 8 °C	3,0	2,7	1,3	1,0	2,31	2,70
Northern Brewer 1973 18 Mon., 8 °C	4,1	3,9	2,0	1,7	2,07	2,29
Northern Brewer 1971 12 Mon., 25 °C	3,0	2,7	1,1	0,3	2,73	8,15
Yakima 1971 12 Mon., 25 °C	3,8	3,2	1,3	0,3	2,92	10,1

trennt zu lagern und auch möglicherweise differenziert einzusetzen bzw. ganz auf den Wasserextraktanteil zu verzichten. Eine aus verschiedenen Gründen als notwendig erachtete Polyphenolkomponente könnte durch eine gezielte Zugabe von Hopfenpulver eingebracht werden.

1.4.9.6 Xanthohumol-Extrakt

Der Xanthohumol-Extrakt findet Verwendung zur Herstellung xanthohumolangereicherter Biere. Seine Herstellung erfolgt nach verschiedenen Methoden: Es werden die Hopfentreber einer CO_2-Extraktion einer weiteren Extraktion unterworfen, z. B. mit Ethanol, um so die vom CO_2 nicht erfassten Harze und auch Xanthohumol zu gewinnen. Eine andere Möglichkeit ist es, die Rückstände der Ethanol-Extraktion mit CO_2 zu extrahieren. Auch eine doppelte CO_2-Extraktion wird durchgeführt. Die Eigenschaften der hier erzielten Produkte sind in Tab. 1.69 aufgeführt.

Der Extrakt mit 2% XN enthält 20% Gesamtharz. Bei den bestehenden α- und Iso-α-Säuregehalten sind hier überwiegend Weich- und Hartharze gegeben.

Tab. 1.69 XN-reiche Hopfenprodukte [387]

Produkt	XN-Gehalt %	IX-Gehalt %	α-Säuren %	Iso-α-Säuren %	Extraktionsmethode
2% XN Extrakt	2	0,3	0,8	1,4	Ethanol + CO_2*
30% XN Extrakt	30	1,8	3,76	1,84	CO_2/CO_2
80% XN Extrakt	80	<0,1	0,3	0,29	Ethanol + CO_2-Extraktion, Fällung in Ethanol/Wasser

* Trägermaterial Kieselgur

Diese können bei Mitverwendung eines derartigen Extrakts zu einer weichen und milden Bierbittere führen (s. Abschnitt 1.4.7.9).

Die Verpackung der Hopfenextrakte erfolgt in Büchsen von 0,5–5 l (kg) Inhalt mit lebensmittelechter Auskleidung, die gegen die doch aggressive Natur der Hopfenkomponenten unempfindlich ist. Wenn die Dose einem bestimmten Gewicht an α-Säuren entsprechen soll, dann wird die Dose ohne weitere Zusätze verschlossen (früher war Glucosesirup üblich, wenn der Extrakt nicht mit der Wasserextraktkomponente „standardisiert" wurde). Ein Luftraum über dem Extrakt, der eine feste Konsistenz hat, schadet nicht. Größere Behälter von z. B. 200 l Inhalt dienen der automatischen Dosierung. Die früher üblichen Standard-Extrakte entmischten sich in Großbehältern, sie durften nur in Verpackungen verwendet werden, die der erforderlichen Gabe zu jeweils einem Sud- bzw. einem Dosageanteil entsprachen.

1.4.9.7 Hopfenextraktpulver

Das Hopfenextraktpulver ist Harzextrakt, der auf ein Kieselgel aufgespritzt wurde. Kieselgele sind ebenfalls zur Würze- und Bierstabilisierung zugelassen. Sie bieten den Hopfenextraktbestandteilen eine größere Oberfläche, die dann wiederum zu einer raschen Lösung und Isomerisierung der Bitterstoffe führt. Außerdem erhält der Hopfenextrakt eine rieselfähige Form. Die Kieselgelmenge wird so hoch angesetzt, dass der Hopfenextrakt die gewünschte Bitterstoff- bzw. α-Säuremenge enthält; in der Regel sind dies 30–40% Kieselgel im Extraktpulver.

Als Hopfenextraktpulver oder Pulverextrakte werden auch jene bezeichnet, die durch Mischung aus „normalem" Hopfenpulver und Harzextrakt entstehen. Nachdem die Hopfenpulver eine kleinere Oberfläche als die Kieselsäure haben, sind höhere Pulveranteile notwendig, um eine rieselfähige, nicht mehr klebrige Substanz zu erhalten. Aus diesem Grunde sind auch hier nur niedrigere Gesamtharz- bzw. α-Säuregehalte erreichbar. Einen Überblick über diese Produkte gibt Tab. 1.70.

Die Ausnützung der α-Säuren, die mit dem Hopfenextrakt in die Würze eingebracht werden, ist um 15–20% besser als die des ursprünglichen Doldenhop-

Tab. 1.70 Hopfenpulver-Extrakte und ähnliche [391]

	Hopfenextraktpulver (SiO$_2$)		Pulver-Extrakte	
	Aromahopfen	Bitterhopfen	Aromahopfen	Bitterhopfen
Wassergehalt %	5,0	5,0	9,0	9,0
Gesamtharze %	57,1	55,5	29,0	34,0
α-Säure %	20,0	25,0	10,0	15,0
β-Anteil %	28,6	23,8	14,7	14,6
Hartharze %	8,5	6,7	4,3	4,4

fens [373]. Die früher genannten überaus hohen Einsparungsquoten waren auf Extrakte zurückzuführen, die beim Herstellungsprozess eine Veränderung erfahren hatten oder die aus alten Hopfen stammten. Das Hopfenextraktpulver ergibt dagegen durch die geschilderten Einflüsse eine annähernd höhere Ausnützungsrate von ca. 25–30 % [392].

1.4.9.8 Stabilisierte/isomerisierte Pellets

Stabilisierte/isomerisierte Pellets stellen eine Weiterentwicklung der üblichen Hopfenpellets dar. Der Zweck ihrer Entwicklung ist eine bessere Ausbeute der eingesetzten α-Säuren, die auch eine Verkürzung der Hopfenkochzeit erlaubt. Sie sind in der Bundesrepublik Deutschland nicht zugelassen.

Stabilisierte Pellets Hier wird Magnesiumoxid mit dem Hopfenpulver vor dem Pelletisieren gemischt. Während dieses Vorgangs, der auch mit Wärmebildung einhergeht, reagieren die α-Säuren mit Magnesiumoxid und bilden Magnesiumsalze. Diese sollen eine bessere Lagerstabilität haben als die unveränderten α-Säuren der Pellets 90 oder 45. Die Isomerisierung dieses Produkts beim Würzekochen verläuft etwas rascher und ergibt eine um ca. 10 % bessere Iso-α-Säure-Ausbeute als normale Hopfenpulver. Während der Lagerung der stabilisierten Pellets ergibt sich eine langsame Isomerisierung der α-Säuren zu Iso-α-Säuren, wodurch der Isomerisierungsgrad bei gleicher Kochzeit ansteigt. Diese Wahrnehmung wurde bei der Herstellung der isomerisierten Pellets verwertet.

Isomerisierte Pellets Die stabilisierten Pellets werden einer Wärmebehandlung unterworfen, um die Isomerisierung der α-Säuren zu bewirken. Der Zusatz an Magnesiumoxid darf nicht zu hoch sein (1,2–1,7, maximal 2 %, abhängig vom α-Säuregehalt der Pellets), um beim Pelletieren eine Temperatur von 60 °C nicht zu überschreiten. Es sollen damit unerwünschte und unkontrollierbare Abbaureaktionen vermieden werden. Die Pellets werden anschließend abgekühlt und unter inerten Bedingungen (Vorevakuierung und Stickstoffspülung) in 20 kg Einheiten verpackt, die in etwas größere Umkartons gegeben werden. Hierdurch wird einer Ausdehnung der Pakete während der 10–14 Tage dauernden Lagerung bei 45–55 °C Rechnung getragen. Während dieser Zeit wird der Fortgang der Isomerisierung bis ca. 95 °C analytisch verfolgt. Anschließend werden die Pellets aus dem Wärmeraum entfernt und der Abkühlung überlassen. Im gekühlten Zustand wird die Intaktheit der Verpackung überprüft. Die isomerisierten Pellets ergeben nach nur 10 Minuten Kochzeit ein Maximum an Iso-α-Säuren, das bei ca. 45 % liegt [388]. Ihr Einfluss in Hinblick auf Aroma und Bierbittere ist aber bei späten Gaben sorgfältig zu prüfen [393].

1.4.9.9 Isomerisierte Extrakte

Sie wurden entwickelt, um eine bestmögliche Ausbeute der mit dem Hopfen eingesetzten Hopfenbitterstoffe bzw. der α-Säuren zu erreichen [394]. Nachdem diese, wie schon die Bezeichnung aussagt, in isomerisierter Form vorliegen, ist ein Zusatz derselben nach dem Würzekochen, logischerweise sogar nach der Gärung oder Lagerung möglich. Es werden also die Verluste während dieser Prozessabschnitte vermieden. Nun besteht Hopfen nicht nur aus α-Säure, obgleich diese zur Definition der bitternden Wirkung herangezogen wird; es sind vielmehr eine Reihe von Substanzen gegeben, die in der Lage sind zum Biergeschmack beizutragen, wie Weichharze, Hopfenöle. Polyphenole, Eiweiß und andere. Außerdem haben die Hopfenbitterstoffe eine bakteriostatische Wirkung, d.h. sie unterdrücken oder beschränken das Wachstum einer Vielzahl von Mikroorganismen (s. Abschnitt 1.4.7.4).

Aus diesen Gründen wird die Hopfung der Biere in zwei Stufen vorgenommen. Zum Würzekochen kommt ein sogenannter „Basis-Extrakt" zum Zusatz der die Bestandteile des Hopfens mit Ausnahme der α-Säuren enthält, während der Iso-α-Extrakt erst nach der Gärung oder am Ende der Lagerzeit Anwendung findet.

Die Verwendung von isomerisierten Extrakten ist in der Bundesrepublik Deutschland nicht zugelassen.

Die *Herstellung* umfasst als ersten Schritt die Extraktion der Gesamtweichharze mittels eines geeigneten, meist organischen Lösungsmittels. Es erfolgt dann die Trennung der α-Säuren in milder, alkalischer, wässriger Lösung. Bei bestimmten Temperaturen und pH-Werten wird schließlich isomerisiert. Hier muss verhindert werden, dass nicht bitternde Humulinsäuren entstehen. Verschiedentlich wird ein Katalysator verwendet. Die Iso-α-Säuren werden anschließend aus der angesäuerten Lösung mit einem organischen Lösungsmittel gewonnen, ausgesalzen, konzentriert und mit einem Emulgator versetzt.

Tab. 1.71 Analyse isomerisierter Extrakte [396]

Produkt	I	II	III
Wassergehalt %	56,2	44,6	68,5
Iso-α-Säure % lftr.	23,5	38,3	18,5
α-Säuren	2,5	2,8	1,1
Humulinsäuren	1,7	1,8	1,3
Hulupone	2,8	5,3	2,3
Wasserdampfflüchtige Substanzen % lftr.	0,21	0,41	0,25
Fettsäuren % lftr.	0,31	0,34	0,43
pH (unverdünntes Produkt)	8,0	8,9	9,8
Mineralstoffe % lftr.	3,87	10,76	6,43
davon Kalium % lftr.	2,34	4,29	2,06
Natrium % lftr.	0,03	0,06	0,04
Calcium % lftr.	0,02	0,07	0,04

Die *Zusammensetzung der Iso-α-Extrakte:* Die Gehalte an Iso-α-Säuren reichen von 10–50%; durchschnittliche Werte liegen bei etwa 20% [395]. Die Analyse von handelsüblichen Extrakten zeigt Tab. 1.71.

Meist sind auch geringe Mengen an α-Säure, Hulaponen und Humulinsäuren enthalten. Außerdem kommen nicht unbedeutende Mengen von ungesättigten Fettsäuren im Iso-α-Extrakt oder im Basis-Extrakt vor [397].

Je nach ihrem beabsichtigten Zusatzzeitpunkt werden sie auch in „Isomerisierte Kesselextrakte (IKE)" und in sog. „Down Stream Produkte" unterteilt.

Die isomerisierten Kesselextrakte werden beim Würzekochen zugegeben, wobei sie nur eine kurze Kochzeit benötigen, um eine maximale Iso-α-Säureausbeute von bis zu 60% zu erbringen. Sie werden meist aus CO_2-Harz-Extrakt gewonnen. Hierfür gibt es drei Möglichkeiten:

a) die Umwandlung der schwer wasserlöslichen α-Säuren in ein Kalium- oder Magnesiumsalz,
b) ein alkalisches Milieu von pH 8–11 gegenüber 5,2–5,6 in der Würze und
c) eine erhöhte Temperatur.

Der am meisten verbreitete isomerisierte Kesselextrakt wird durch Erhitzen von Reinharzextrakt mit wässriger Kaliumcarbonat-Lösung (K_2CO_3) gewonnen. Er ist international unter der Bezeichnung „PIKE" (Potassium-Isomerized Kettle Extract) bekannt. Die Iso-α-Säuren liegen als Kaliumsalze vor.

Eine zweite Möglichkeit ist es, Reinharz mit Magnesiumoxid (3–6%) zu mischen und zu erhitzen. Der IKE ist dann als Magnesiumsalz der Iso-α-Säuren (wie auch in den „isomerisierten Pellets", s. Abschnitt 1.4.9.8) verfügbar. Nachdem aber dieses Produkt sehr viskos und somit schwer zu dosieren ist, wird das Magnesium durch eine Behandlung mit einer starken Säure entfernt, so dass die Iso-α-Säuren in freier Form vorliegen und wie normaler Reinharz-Extrakt dosiert werden.

Die Isomerisierungsrate für alle diese Produkte liegt bei 90–95%, der Iso-α-Säuregehalt zwischen 30 und 55%, der β-Säuregehalt zwischen 15 und 35% und der Ölgehalt zwischen 5 und 10%. Diese Zusammensetzung hängt von der Hopfensorte und den Herstellungsbedingungen des Ursprungsextrakts ab.

Normalerweise erfordern die Iso-Extrakte nur eine Kochzeit von ca. 10 Minuten, um die volle Iso-α-Säure-Ausbeute zu erreichen. Es kann aber notwendig sein, zur Ausdampfung von Hopfenaromastoffen länger zu kochen. Es werden auch Lichtstabile Kesselextrakte (LIKE) verwendet, die aus reduzierten Iso-α-Säuren und den anderen Komponenten des Reinharzextrakts wie β-Säuren und Hopfenöle bestehen. Sie sind für Biere bestimmt, die in farblose Flaschen abgefüllt werden sollen. Wenn auch die reduzierten Extrakte normalerweise erst dem Bier als sog. „Down Stream Produkte" zugesetzt werden, so kann doch auch ihre Anwendung beim Würzekochen wichtig sein, um ein Überschäumen beim Kochen zu vermeiden und um der Würze eine bessere mikrobiologische Stabilität zu verleihen.

Isomerisierte Hopfenextrakte der oben genannten Qualitäten werden auch in späteren Produktionsstadien eingesetzt, einmal um einen Teil der Hopfengabe

Tab. 1.72 Ausnutzung der Iso-α-Säuren [398]

Zugabezeitpunkt	nach Hauptgärung	nach Reifung	direkt vor Filtration
Ausbeute an Iso-α-Säuren %	72	76	90–95

mit geringsten Iso-α-Säureverlusten zu tätigen, um aus einem neutralen „Basis-Biertyp" Biere mit jeweils verschiedenen Bitterstoffgehalten darzustellen und letztlich, um durch eine letzte Korrektur immer dieselbe Bierbittere zu gewährleisten.

Die Ausnutzung der eingesetzten Iso-α-Säuren ist natürlich umso höher, je später der Iso-Extrakt beim Brauprozess zum Zusatz kommt (Tab. 1.72).

Bei diesen Versuchen wurde eine Menge an Iso-α-Säure-Extrakt dosiert, die einen Bitterstoffgehalt von ca. 20 EBC-Bittereinheiten gewährleistete. Bei höheren Werten von z. B. 30 EBC-Bittereinheiten waren bei einer Zugabe vor dem Filtrieren nur mehr Ausbeuten von ca. 80% erreichbar.

Eine noch spätere Gabe, z. B. nach der Filtration ist mit Vorsicht zu handhaben. Hier können schwer kontrollierbare Fällungen bzw. Trübungen auftreten. Hier verhalten sich die einzelnen Iso-Extrakttypen unterschiedlich (s. Abschnitt 5.5.7.9).

Biere, die ausschließlich mit Iso-α-Säure-Extrakt gebittert wurden, weisen eine kräftige Bittere auf, die jedoch relativ kurz anhält; das Profil der Bittere ist verhältnismäßig schmal [399]. Dies ist umso deutlicher, je später die Gabe erfolgte. Im Extremfall sind die Biere relativ leer und von einer eher „kalten" oder gar leicht „metallischen" Note. Diese Erscheinung kann durch die Verwendung von Basis-Extrakt oder partieller Verwendung der Iso-Extrakte im Sudhaus kompensiert werden.

Der späte Zusatz der Iso-Extrakte erfordert weitere Reinigungsschritte, um unlösliche Bitterstoffe wie z. B. β-Säuren und Harze zu entfernen. Die Abtrennung der β-Säuren ist dadurch möglich, dass diese weniger sauer sind als α- und Iso-α-Säuren. Durch eine gezielte Einstellung der Acidität lassen sich die β-Säuren von den α- und Iso-α-Säuren trennen. Normal enthält dieser „Basis-Extrakt" 35–45% β-Säuren, 5–10% Hopfenöle sowie ca. 50% Weichharze, aber auch noch 0,5–1% α- und Iso-α-Säuren.

Für den Fall, dass der Iso-α–Extrakt nur dem Bier nach der Gärung, Reifung oder auf dem Weg zum Filter zugesetzt wird, ist es von Vorteil, zum Würzekochen den Basis-Extrakt zuzusetzen, um das Schäumen beim Würzekochen zu vermeiden und der Würze eine bestimmte bakteriostatische Kraft zu verleihen. Außerdem kann dieser Extrakt eine gewisse Abrundung des Bittergeschmacks und bei später Gabe sogar ein Hopfenaroma vermitteln. Soll ein lichtstabiles Bier erzeugt werden, so kann auch ein spezieller Basis-Extrakt zur Verwendung kommen. Hier sind die restlichen α- und Iso-α-Säuren durch Waschen mittels einer wässrigen Alkalilösung zu entfernen [400].

Reduzierte Iso-α-Säure-Extrakte Ein Extrakt dieses Typs wurde schon in den 1970er Jahren verwendet, um die Bildung des sog. „Lichtgeschmacks" in farblosen, klaren Glasflaschen zu vermeiden. Der Lichtgeschmack des Bieres entsteht durch Abspaltung der Seitenkette am 4. C-Atom der Iso-α-Säure durch die UV-Strahlen und deren Reaktion mit schwefelhaltigen Gärungsnebenprodukten zum sog. „Lichtmerkaptan" 3-Methyl-2-Buten-1-Thiol (MBT), dessen Geschmacksschwellenwert weit unter 1 µg/l liegt. Braune Flaschen halten die UV-Strahlen fast vollständig ab, grüne nur teilweise und weiße Flaschen gar nicht [401].

Um die genannte Reaktion zu vermeiden, muss das Molekül der Iso-α-Säure reduziert werden. Als Produkte stehen dem Brauer Rho-Iso-α-, Tetra-Iso-α- und Hexahydro-Iso-α-Säuren zur Verfügung.

Rho-Iso-α-Extrakt (Dihydro-Iso-α-Extrakt) Die chemische Reduktion der Iso-α-Säure wird mittels Natrium-Borhydrid ($NaBH_4$) in wässriger Lösung bei pH 10 erzielt. Nach der Reduktion werden die Bor-Rückstände vollständig entfernt. Die freien Rho-Iso-α-Säuren werden dann in wässriger Lösung mit Hilfe von Kalilauge gelöst. Das Handelsprodukt enthält 10–30% reine Rho-Iso-α-Säuren. Die Bittere ist weicher als die der üblichen Iso-α-Säure-Extrakte, erreicht aber nur 70% der Bitterintensität derselben (Tab. 1.73).

Tetra-Extrakt (Tetrahydro-Iso-α-Säuren) Es gibt zwei grundsätzlich verschiedene Möglichkeiten für die Herstellung von Tetra-Extrakt, da er sowohl von den α-Säuren wie auch von den β-Säuren abgeleitet werden kann. Erstere Methode ist die weitaus gebräuchlichere. Sie besteht aus dem Isomerisierungsschritt von α- zu Iso-α-Säuren, der von einer Wasserstoff-Anlagerung gefolgt wird. Diese erfordert gasförmigen Wasserstoff, entsprechenden Druck und einen Katalysator, üblicherweise Palladium, das auf Kohlenstoff aufgetragen ist. Die Bittersäuren sind während dieses Vorgangs in wässriger Lösung.

Die Herstellung des Tetra-Extrakts aus α-Säuren benötigt eine zusätzliche Oxidation vor der Isomerisierung und Wasserstoffanlagerung. Dieser Weg wird aber seltener beschritten, da β-Säuren wegen ihrer antimikrobiellen Eigenschaften bevorzugt für andere Produkte mit wirtschaftlichen Vorteilen eingesetzt werden können. Der Bittergeschmack der Tetrahydro-Iso-α-Säuren unterscheidet sich deutlich von dem der „normalen" Iso-α-Säuren. Er wird in seiner Intensität

Tab. 1.73 Eigenschaften von isomerisierten/reduzierten Extrakten [401]

Extrakt	Konzentration in Handelsprodukten %	Lichtschutz	Schaumverbesserung	Relative Bittere (Iso-α-Säuren=1)
Iso-Extrakt	20–30	nein	nein	1
Rho-Extrakt	10–35	ja	nein	0,6–0,7
Tetra-Extrakt	9–10	ja	sehr gut	1,0–1,7
Hexa-Extrakt	10	ja	gut	1,3

je nach Biermatrix mit 100–170%, verglichen mit Iso-α-Säuren beziffert. Es wird aber auch die Bittere verschiedentlich als „metallisch" oder „hart" bezeichnet [402]. Neben seiner Lichtstabilität ist der Tetra-Extrakt vor allem für seine schaumverbessernden Eigenschaften bekannt. Hierfür wird eine Gabe von 3–5 ppm Tetra-Iso-α-Säuren dosiert. In seiner Handelsform enthält Tetra-Extrakt eine wässrige Lösung mit ca. 10% reiner Tetrahydro-Iso-α-Säure.

Hexa-Extrakt (Hexahydro-Iso-α-Säure) Seine Herstellung umfasst eine Kombination der Methoden der Rho-Iso-α-Säure und der Tetrahydro-Iso-α-Säure, nämlich eine katalytische Reduktion mittels Wasserstoff über einen Palladium-Katalysator und eine chemische Reduktion mittels Natrium-Bor-Hydrid ($NaBH_4$). Hexa-Extrakt ist im Handel als wässrige Lösung, die eine 10%ige Mischung von Hexahydro-Iso-α-Säuren und Tetrahydro-Iso-α-Säuren im Verhältnis 50:50–60:40 darstellt. Die sensorische Bittere von Hexa-Extrakt ist ca. 110%, das Gemisch liegt bei 130% im Vergleich zu Iso-α-Säuren. Die Charakteristik der Bittere wird jedoch als etwas härter bezeichnet als die der normalen Iso-α-Säure. Auch der Hexa-Extrakt hat schaumpositive Eigenschaften, wenn auch nicht so ausgeprägt wie der Tetra-Extrakt.

Einen Überblick über die Eigenschaften von isomerisierten/reduzierten Extrakten gibt Tab. 1.73.

Um den Lichtschutz bei Verwendung von reduzierten Extrakten nicht zu gefährden, dürfen die zum Kochen zugesetzten Basis-Extrakte keinerlei α- oder Iso-α-Säuren enthalten. Auch sind Reste von vorherigen Hopfengaben in den Dosiereinrichtungen zu entfernen, wie auch die Wiederverwendung des Hopfentrubs oder der Hefe eines konventionell gehopften Sudes zu vermeiden ist.

1.4.9.10 Sonstige Extrakte

Hopfenöl-Präparate Sie können bei der fraktionierten CO_2-Extraktion im unterkritischen Bereich gewonnen werden; so enthält die erste Fraktion (Ölfraktion) rund 1/5 Öle, während die Hauptmenge auf die β-Säuren entfällt. Auch die zweite Fraktion weist noch ca. 5% Öle auf, die Bitterstoffe sind etwa je zur Hälfte α- und β-Säuren.

Bei der überkritischen CO_2-Extraktion werden im Bereich von 100–130 bar Hopfenharze abgeschieden, während das Hopfenöl noch weitgehend in Lösung bleibt. Dieses wird in einer zweiten Stufe bei 65–75 bar vom CO_2 getrennt. Die Trennung von Öl und Harzen ist nicht vollständig, doch genügt sie einer Differenzierung wie folgt: Der ölarme Harzextrakt kann zu Beginn der Kochung zugegeben werden, der ölreiche dagegen am oder nach Ende der Kochung. Für diese Verfahrensweise eignen sich nur feine Aromahopfen.

Eine neue Technik ist die Gegenstrom-Extraktion mit CO_2. Die gewonnenen Produkte unterscheiden sich in ihrem Aromaeindruck sehr deutlich und müssen für ihren Verwendungszweck bzw. die jeweilige Biersorte getestet werden. Aufgrund ihres hohen Preises werden sie kaum beim Kochen eingesetzt (benötigte Gabe 1–5 g/hl); eine Gabe vor der Gärung erfordert 0,5–2 g/hl, eine Gabe vor dem Filter 0,05–0,3 g/hl. Für die späte Zugabe müssen sie entweder in Ethanol oder lebensmittelechten Emulgatoren (z. B. Propylenglycol) dispergiert werden.

Hopfenessenzen Hopfenessenzen werden für die späte Zugabe, d.h. vor der Filtration in einer Zusammenstellung geliefert, die mit Hilfe von spezifischen chromatographischen Fraktionierungs-Techniken einem jeweils standardisierten Aroma entspricht wie z. B. würzig, blumig oder zitrusähnlich.

Hulupon-Extrakte Hulupon-Extrakte wurden früher aus dem Basis-Extrakt gewonnen, der 15–35% β-Säuren aufwies. Die β-Säuren wurden in alkalischer Lösung unter geeigneten Bedingungen (s. Seite 180) abgetrennt und anschließend oxidiert. Sie bedurften dann noch einiger Verfahrensschritte, um in eine stabile Lösung überführt zu werden [403, 404]. Die Hulupone vermittelten eine starke Bittere, ähnlich der der Isohumulone, die jedoch früher auftrat und länger anhielt. Sie ergänzte die Bittere der Iso-α-Säuren in positiver Weise [399].

Seit β-Säuren auch anderweitig Interesse finden, sind Hulupon-Extrakte in der Brauerei nicht mehr in Verwendung.

Synthetische Hopfenbitterstoffe Sie werden aus Phloroglucin durch Acylierung hergestellt. Durch Einbringung entsprechender Fettsäuren werden schon die entsprechenden Homologen (n-Co-Ad-usw.) festgelegt. Der Weg führt über Acylphloroglucin zu Deoxyhumulon und dieses wiederum zu α-Säure, wobei aber sehr leicht auch andere Produkte entstehen können. Es ist die Weiterführung des Prozesses zu Iso-α-Säure möglich [405].

2
Das Schroten des Malzes

2.1
Allgemeines

Dem Lösungsprozess des Braumaterials geht die Zerkleinerung des Malzes, das Schroten voraus. Es ist zwar an sich ein rein mechanischer Vorgang, doch kommt ihm für die chemisch-biologischen Umsetzungen beim späteren Maischprozess für die qualitative Zusammensetzung der Würze und ihre Gewinnung sowie für die Höhe der Ausbeute eine grundlegende Bedeutung zu.

Es ist nahe liegend, das Malz möglichst fein zu mahlen, um eine rasche und vollkommene Lösung seiner Inhaltsbestandteile zu erreichen. Damit würden auch die chemischen und enzymatischen Umsetzungen leichter ablaufen und eine optimale Ausbeute erreicht. Dies ist heute Stand der Technik bei den modernen Maischefiltern, wie auch Feinstschrot häufig bei Versuchsanlagen zur kontinuierlichen Maischetrennung Verwendung fand.

Bei den zumeist verbreiteten Läuterbottichen darf jedoch die weitestgehende Zerkleinerung des Kornes nicht angestrebt werden, da Spelzen und Mehlkörper desselben unterschiedliche Aufgaben haben und damit eine hierauf abgestimmte Aufbereitung verlangen.

Die *Spelzen* sollen vom qualitativen Standpunkt aus möglichst wenig zerkleinert werden. Wenn auch ihr Hauptbestandteil, die Cellulose, in Wasser unlöslich ist und während des Maischprozesses durch Enzyme kaum verändert wird, so enthalten sie doch eine Reihe von Substanzen, die löslich sind und so in die Maische übergehen können. Es handelt sich dabei um Spelzenpolyphenole, Bitterstoffe (Lipoide), Silikate und Eiweiß, die bei längeren Kontaktzeiten (z. B. bei herkömmlichen Maischverfahren und Läuterbottichen) eine zu starke Auslaugung erfahren. Diese kann sich nachteilig auf Farbe, Wohlgeschmack und Stabilität des Bieres auswirken.

Überdies lassen sich die Spelzen wegen ihrer Elastizität schwieriger zerkleinern; sie geben dem Druck der Schrotmühlenwalzen nach, insbesondere wenn feuchte Malze vorliegen. Auf der anderen Seite dürfen die Spelzen beim Abläutern mit dem Läuterbottich nicht zu weit zerkleinert werden, da sie eine natürliche Filterschicht darstellen. Bei einer zu starken Vermahlung würde die Filtrierfähigkeit sinken, was zu Verzögerungen beim Abläutern führen kann. Das

Volumen des Schrotes würde verringert werden: Die Schrotbestandteile liegen dichter beisammen und erschweren so den Abfluss der Würze, wie auch das Aussüßen der Treber (s. Abschnitt 4.1.3). Bei den älteren Maischefiltern (bis ca. 1990) werden die Spelzen im Interesse einer Homogenität der Maische stärker, aber keinesfalls zu weitgehend zerkleinert (s. Abschnitt 4.2.1). Bei den vorerwähnten „Feinschroten" erfolgt die Vermahlung der Spelzen so, dass sie nicht mehr als eigene Fraktion bestimmt werden können. Sie erfordern eigene Abläutervorrichtungen.

Der Zustand der Spelzen nach Größe, Form und Ausmahlungsgrad ist bei Schroten für Läuterbottiche und ältere Maischefilter ein Maßstab für deren Eignung, aber auch für die Funktion der Schrotmühle.

Der Mehlkörper enthält die Hauptmenge der Extraktbildner; er besteht im Wesentlichen aus Stärke, aus sonstigen Kohlenhydraten und Eiweißstoffen, die alle möglichst vollständig in Lösung gebracht werden müssen, wenn das Malz vollständig ausgenützt werden soll. Aus diesem Grunde soll der Mehlkörper fein vermahlen werden, wenngleich sich eine sehr weitgehende Zerkleinerung – etwa eine Pulverisierung – wiederum wegen der schlechten Durchlässigkeit des Treberkuchens verbietet. Nun ist aber der Mehlkörper nicht gleichmäßig zusammengesetzt: Die verschiedenen Teile des Malzkornes sind von ungleicher Härte; sie leisten beim Mahlen einen ungleichen Widerstand und geben deshalb auch keine gleichen Mahlprodukte. Dabei spielt auch die Größe der Körner eine Rolle.

2.2
Die Mahlprodukte, ihre Löslichkeit und Ergiebigkeit

Die Mahlprodukte des Mehlkörpers unterscheiden sich in Größe, Extraktergiebigkeit und Aufschließbarkeit, da die chemisch-biologische Auflösung der einzelnen Körner oder Kornpartien nicht gleichmäßig ist (s. Bd. I).

Einzelne Kornanteile haben – besonders bei etwas knapper oder ungleichmäßig gelösten Malzen – noch kaum eine Veränderung erfahren; die cytolytischen und anderen Enzyme konnten dort ihre Wirkung noch nicht voll entfalten: Der Mehlkörper ist daher stellenweise noch zäh und hart. Dies trifft vor allem für die Spitzen der Körner zu, die entsprechend der fortschreitenden Auflösung vom Keimling zur Spitze noch nicht gelöst wurden. Diese harten Kornpartien sind schwierig zu zerkleinern; das daraus entstehende Mahlprodukt wird gröber sein als das der gut gelösten Partien, es bildet die Hauptmenge der Grobgrieße.

Die unteren Kornbereiche sind durch die Enzyme bei der Keimung meist weitgehend durchdrungen worden, die Zellwände sind abgebaut. wodurch der Mehlkörper hier mürb ist. Sie setzen auch dem Mahlen keinen großen Widerstand entgegen und werden zu Mehl oder feinen Grießen zerkleinert.

Diese einzelnen Mahlprodukte unterscheiden sich aber nicht nur äußerlich, sondern auch in ihrer Struktur hinsichtlich Extraktergiebigkeit und Aufschließbarkeit beim Maischen.

Die aus den gut gelösten Kornpartien stammenden feinen Grieße und Mehle sind zum Teil schon wasserlöslich oder durch enzymatische Einwirkung beim Maischen leicht angreifbar. Sie sind reich an Enzymen, sie sind von diesen durchsetzt und lösen sich demnach leicht und weitgehend auf.

Die Grobgrieße dagegen, die aus härteren, schlecht gelösten Kornpartien herrühren, sind auch hinsichtlich der inneren Umwandlungen zurückgeblieben. Sie sind enzymarm, daher schwer aufschließbar und bedürfen noch einer starken enzymatischen Einwirkung, um in Lösung zu gehen. Trotzdem lassen sie sich nur schwer und unvollkommen extrahieren, was zu höheren Treberverlusten führt.

Einen Überblick über die Beteiligung der einzelnen Schrotbestandteile eines gut gelösten Malzes (MS-Diff.: 1,8%, Visc.: 1,47 mPas, ELG: 40,5%) an der Extraktbildung gibt Tab. 2.1 [407].

Bemerkenswert an dieser Aufstellung ist die sehr große Steigerung der Extraktergiebigkeit von den Fraktionen der Spelzen über die Grobgrieße bis zu Feingrießen und Mehl. Nachdem der Grobgrießanteil in einem gewissen Maße auch von der Auflösung des Malzes mitbestimmt wird – je knapper die Lösung, umso gröber ist gewöhnlich das Schrot – ist die Abhängigkeit der Ausbeute vom Zustand und von der Zusammensetzung des Trockenschrotes klar ersichtlich. Außerdem zeigt sich, dass Feingrieße und Mehle wesentlich leichter extrahierbar sind als Grobgrieße: sie enthalten mehr Enzyme als diese, was sich di-

Tab. 2.1 Zusammensetzung der einzelnen Schrotfraktionen [407]

		Gesamt-schrot	Spelzen	Grob-grieß	Fein-grieß I	Fein-grieß II	Grieß-mehl	Puder-mehl
Anteil %		100	27,6	15,3	22,9	13,2	6,6	14,4
Extraktgehalt	wfr. %	80,2	64,4	79,5	87,9	84,2	83,3	96,8
Verzuckerungs-zeit	min	9	8	9	8	9	10	12
Endvergärungs-grad	s. %	80,9	77,3	78,0	82,0	82,5	80,9	83,2
Jodreaktion	ΔE	0,12	0,05	0,14	0,17	0,10	0,12	0,02
Eiweißgehalt	wfr. %	11,1	12,4	11,9	10,6	11,4	13,4	7,6
lösl. N	mg/100 g TrS	711	584	681	705	847	854	526
ELG	%	39,9	29,5	35,7	41,7	46,3	39,7	43,1
freier Amino-N	mg/100 g TrS	166	155	136	154	173	191	118
Viscosität	mPa s 8,6%	1,515	1,534	1,463	1,481	1,443	1,467	1,407
Diastatische Kraft	°WK wfr.	302	225	323	361	347	327	250
α-Amylase	ASBC wfr.	40	32	44	51	48	47	36
Tannoide	mg PVP/100 g TrS	22	12	32	20	21	24	12
Farbe	EBC	3,3	4,7	2,8	2,5	2,8	2,8	1,3

Tab. 2.2 Optimierung einzelner Schrotfraktionen (gut gelöstes Malz)

Nachmahlen der		Spelzen			Grobgrieße				Feingrieße	
Spaltweite 1. Stufe mm		0,75	0,75	0,75	0,75	0,75	0,75	0,75	0,75	0,75
2. Stufe mm		–	0,75	0,45	–	0,45	0,30	0,20	–	Schm.*
Anteil am Gesamtschrot %		27,2	16,9	12,1	15,3	–	–	–	22,9	–
					=100%	26,0	21,9	15,2	=100%	4,9
Extraktgehalt	wfr. %	63,3	57,7	47,6	79,5	79,4	80,1	81,7	87,9	87,9
Verzuckerungszeit	min	8	10	10	9	9	9	8	8	6
Endvergärungsgrad	%	77,3	73,5	73,5	78,0	80,0	80,5	80,5	84,3	77,9
Jodreaktion	ΔE	0,05	0,05	0,02	0,14	0,04	0,04	0,03	0,04	0,12
Eiweißgehalt	wfr. %	12,3	12,3	10,8						
lösl. N	mg/100 g TrS	582	629	630	681	668	691	702	704	573
Eiweißlösungsgrad	%	29,5	31,9	36,6						
FAN	mg/100 g TrS	155	180	163	136	166	171	159	154	160
Viscosität	mPa·s 8,6%	1,534	1,539	1,539	1,463	1,535	1,515	1,530	1,478	1,494
Diastatische Kraft	°WK wfr.	224	200	150	323	319	323	312	361	348
α-Amylase	ASBC wfr.	32	30	25	44	51	54	49	51	56
Tannoide	mg PVP/100 g Trs	12	33	1	32	21	20	21	20	18
Farbe	EBC	4,7	3,4	3,4	2,8	3,1	3,0	3,1	2,5	2,8

* Scheibenmühle

rekt bei der α-Amylaseaktivität und der Diastatischen Kraft äußert, indirekt aber auch in den Zahlen, die die Eiweiß- und Zellwandlösung wiedergeben.

Ein Nachschroten der Grobgrieße erbringt beim Maischen wohl eine geringfügige Ausbeuteerhöhung, doch liegt die Ausbeute infolge der geringeren biochemischen Umsetzungen beim Mälzen und wegen des geringeren Enzymgehaltes dieser Fraktion deutlich unter den Werten der Feingrieße.

Die Spelzenfraktion enthält umso weniger Extrakt, je besser sie ausgemahlen wurde. Wenn infolge unzulänglicher Schrotung in den Spelzen noch Grießreste verbleiben, so handelt es sich hier größtenteils um harte Spitzen, die zudem noch an einer oder mehreren Seiten von Spelzen umgeben und somit vor einem enzymatischen Angriff geschützt sind. Ein Nachschroten der Spelzen und der Grobgrieße ermöglicht die in Tab. 2.2 dargestellten Verbesserungen.

Durch die nochmalige, feinere Schrotung der groben, harten und ungelösten Schrotbestandteile findet also eine Erhöhung der Ausbeute um 1,5–2,4% statt, ein Betrag der beim schlechter gelösten Malz sogar noch überschritten wird [407].

Es kann damit durch die Wahl einer bestimmten Schrotfeinheit auch die chemische Zusammensetzung der Würze beeinflusst werden. So werden die Inhaltsbestandteile des Mehlkörpers bei feinem Schrot rascher gelöst, die Enzyme werden rascher freigesetzt und sie können beim Eintritt in die jeweilige Optimaltemperaturen besser wirken. Dies führt zu einer Verbesserung der Eiweißlösung, des Hemicellulosenabbaus und zu einer Mehrung der vergärbaren Zucker bzw. durch frühes Erreichen der „Jodnormalität" zu einer Verkürzung der Verzuckerungszeit (s. Abschnitt 3.1.1.5).

Das oben angeführte Zahlenbeispiel zeigt aber auch, dass die Sudhausausbeute eines Malzes mit steigendem Grobgrießanteil des Schrotes sinken wird, wenn im Sudhaus nicht besondere Maßnahmen zur Anwendung kommen. Auf der anderen Seite muss eine mangelnde chemisch-biologische Auflösung schlecht gelöster Malze, die von sich aus zu einem höheren Grobgrießanteil führt, durch die sorgfältige mechanische Zerkleinerung des Kornes, also durch das Schroten, ausgeglichen werden. Je schlechter die Auflösung eines Malzes ist, umso wichtiger wird die Beschaffenheit des Schrotes.

Das Schroten ist demnach neben dem Kochen der Maischen ein wirksames Mittel, um die Wirkung der Enzyme auf die Inhaltsstoffe des Malzes zu erleichtern.

Bei der *Nassschrotung* werden wohl die Spelzen besser erhalten als bei der Trockenvermahlung, doch ist die Freilegung der schlechter gelösten Kornpartien schwieriger. Gegenüber der ursprünglichen „Vollweiche", die je nach Kontaktzeit unterschiedliche Bedingungen für die Zerkleinerung vermittelte, ist die „kontinuierliche Weiche" wesentlich günstiger, um ein besseres Mahlprodukt zu erzielen (s. Abschnitt 2.5.8.1).

2.3
Schrotzusammensetzung, Volumenverhältnisse und Abläuterung

Das Schroten ist aber auch die Grundlage für die Gewinnung der Würze, da das Schrotvolumen das Trebervolumen und bei gegebener Grundfläche des Läutergeräts die Stärke des Treberkuchens bestimmt. Das Schrotvolumen steht aber wiederum in enger Beziehung zum Verhältnis der einzelnen Schrotanteile untereinander. Dies zeigt Abb. 2.1.

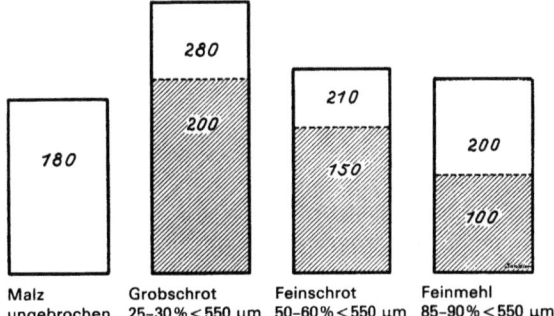

Abb. 2.1 Volumina von gleichen Gewichtsteilen Malz bei verschiedener Schrotung mit den zugehörigen Rückständen (Treber)

100 g ungeschrotetes Malz nehmen einen Raum von ungefähr 180 ml ein. Werden sie verschieden fein geschrotet, so sind die Volumina der erhaltenen Schrote:
a) bei Grobschrot: ca. 280 ml Schrotvolumen
b) bei Feinschrot: ca. 210 ml Schrotvolumen
c) bei Feinmehl: ca. 200 ml Schrotvolumen

Es sinkt also der Raumbedarf eines Schrotes mit der Zunahme des Feinheitsgrades. Das ist beim Abläutern insofern von Bedeutung, als die erhaltenen Schrotvolumina die Trebervolumina bestimmen. Aus den 100 g Malz, die ungeschrotet 180 ml einnehmen, werden erhalten:
a) bei Grobschrot: rund 250 ml Trebervolumen
b) bei Feinschrot: rund 150 ml Trebervolumen
c) bei Feinmehl: rund 100 ml Trebervolumen

Je feiner geschrotet wird, umso geringer wird der Raumbedarf der daraus erhaltenen Treber, umso geringer wird auch die Treberhöhe im Läuterbottich (Abb. 2.1).

Nun kann in der Praxis im Läuterbottich kein „Feinschrot" geschweige denn ein „Feinstschrot" verarbeitet werden. Für die Würzetrennung bei diesen Schroten dienen die modernen Dünnschicht-Maischefilter bzw. Vakuumfilter (s. Abschnitt 4.3). Es sind aber diese Zahlen ein Beispiel dafür, welche Veränderungen der Treberkuchen erfahren kann, wenn die Spelzen zu stark zerkleinert und die Grieße sehr weitgehend vermahlen werden.

Moderne Schrotverfahren wie z. B. die Konditionierung des Malzes vor der Trockenschrotung (s. Abschnitt 2.5.5.1) bzw. die Nassschrotung vergrößern das Schrot- bzw. Trebervolumen (Tab. 2.3).

Bereits eine Konditionierung des Malzes vor dem Schroten bewirkt eine Zunahme des Trebervolumens um 10%, die Nasskonditionierung um 25% und die Gesamtkornkonditionierung sogar um 44%.

Die Würze fließt erfahrungsgemäß umso leichter ab, je voluminöser der Treberkuchen ist. Oder, anders ausgedrückt, die Treberschicht im Läuterbottich kann umso höher sein, je gröber das Schrot ist.

Unter sonst gleichen Umständen dürften daher die Treber aus Feinmehl nur halb so hoch sein wie die aus Grobschrot, wenn man in beiden Fällen die gleiche

Tab. 2.3 Schrot- und Trebervolumina bei konditonierten und Nassschroten

	Trocken-Schrot	kond. Schrot	konv. Nassschrot	Nass-konditionierung	Gesamtkorn-konditionierung
Schrotvolumen mg/100 g	260	320	–	–	–
Trebervolumen mg/100 g	208	230	320	260	300

„Senkbodenbelastung" (s. Abschnitt 4.1.3.5) oder die gleiche Abflussgeschwindigkeit haben will. Da aber die Durchlässigkeit der Treber nicht proportional der Volumenverminderung abnimmt, sondern viel schneller. ergibt sich für das Feinmehl eine weit größere Läuterfläche als für das Grobschrot. Es muss also die spezifische Schüttung, die Senkbodenbelastung, verringert werden [408]. Bei Maischefiltern erfordert das Feinstschrot gegenüber dem herkömmlichen Feinschrot eine dünnere Schicht, d. h. eine größere Filterfläche. Umgekehrt erlaubt das konditionierte oder gar das Nassschrot durch die hohen Volumina und den hierdurch begünstigten Würzeablauf eine höhere Schüttung pro m^2 Läuterfläche.

Es spielt also beim Abläutern mit dem Läuterbottich die Treberhöhe eine besondere Rolle. Wichtig sind die Volumenverhältnisse auch beim Abläutern mit dem Maischefilter, weil hier den Trebern ein bestimmter Raum zur Verfügung steht, der genau ausgefüllt sein muss (s. Abschnitt 4.2.3.2).

Beim Läuterbottich ergeben sich die beiden Richtungen:
a) das Schrot ist feiner als das in Abb. 2.1 beschriebene „Grobschrot";
b) das Schrot ist voluminöser als das „Grobschrot" bzw. das „Trockenschrot" in Tab. 2.3.

Das Schrot ist nicht nur für die biochemischen Umsetzungen beim Maischen von großer Bedeutung, es ist generell die Grundlage der Treberbeschaffenheit. Es beeinflusst damit die Technik des Anschwänzens und Aufhackens. Bekanntlich halten die Treber nach dem Ablauf der Vorderwürze noch bestimmte Extraktmengen zurück, die durch die Beschaffenheit des Malzes und des Schrotes bedingt sind. Die Oberfläche der Schrotteilchen wird nämlich umso größer, je feiner geschrotet das Malz ist. Mit der Oberflächenvergrößerung halten die Treber auch mehr Flüssigkeit zurück. Ein weiterer Faktor der Gesamtflüssigkeitsaufnahme ist die durch die Quellung bedingte Wasseraufnahme, die bei den verschiedenen Anteilen der Treber sehr verschieden sein kann. Mit zunehmender Schrotfeinheit (Fall a) steigert sich also die Fähigkeit Flüssigkeit, d. h. Extraktlösung aufzunehmen. Diese Extraktmenge muss beim folgenden Auswaschvorgang gewonnen werden, ein fein strukturierter Treberkuchen liegt auch dichter zusammen als ein grober, die Flüssigkeit läuft hierdurch zögernder ab und es wird zunehmend schwieriger, das Waschwasser in die feinen Poren zu führen, um den Extrakt zu gewinnen.

Je mehr Extraktlösung in den Trebern aus irgendwelchen Gründen festgehalten wird, umso mehr muss mit den Nachgüssen ausgelaugt werden (s. Abschnitt 4.1.3.7). Treber, die die Spelzen in geeigneter Form enthalten, die auch noch durch einen bestimmten Prozentsatz an Grießen „Distanz-Stücke" aufweisen, werden die Flüssigkeit leichter hergeben und leichter auszuwaschen sein als teigige Feinmehltreber.

Um nun diese optimalen Gegebenheiten zu erreichen, soll nicht nur das gewichtsorientierte Sortierungsergebnis des Schrotes Berücksichtigung finden, sondern auch ein volumenorientiertes. Das Hektolitergewicht des Schrotes, besser noch das Hektolitergewicht der Spelzen und des Siebanteils über 1,0 mm gibt einen guten Hinweis auf die Beschaffenheit *und* den Ausmahlungsgrad der

Tab. 2.4 Schrottyp, Malzqualität und Vorderwürzeausbeute [409]

Schrottyp	Vorderwürzeausbeute		
	Trockenschrot [%]	kond. Schrot [%]	Naßschrot [%]
Gut gelöstes Malz	46,9	45,8	40,7
Schlecht gelöstes Malz	46,5	45,5	39,3

Spelzen. Dann ist auch die Aussage Jakobs [408] nach wie vor relevant, dass jenes Schrot das beste Läuterbottichschrot ist, das bei niedrigstem Hektolitergewicht optimale Ausbeuten liefert.

Demnach müssten konditionierte oder gar Nassschrote am problemlosesten sein. Doch verleitet bei ersteren das gute Aussehen der elastischen Spelzen dazu, die notwendige schärfere Ausmahlung derselben zu vernachlässigen. Die Spelzen sind häufig sehr grob und enthalten noch viele Grobgrieße (Fall b).

Beim ursprünglichen Nassschrot-Verfahren mit Vollweiche kann je nach Temperatur und Zeit eine „Überweiche" beim späteren Teil des Schrotens eintreten (s. Abschnitt 2.5.7.1). Sie führt wohl zu einem Ausquetschen des flüssigen, gut gelösten Teils des Mehlkörpers aus den nassen, zähen Spelzen. Diese werden unter diesen Bedingungen bei nur einem Mahlgang zerkleinert. Die sehr voluminösen Spelzen halten viel Flüssigkeit zurück, so dass im weiteren Fortgang des Abläuterns ebenfalls viel Extrakt ausgewaschen werden muss.

Es sind also ähnliche Auswirkungen gegeben wie bei sehr feinem Schrot. Auch schließen die intakten Spelzen noch schlecht gelöste Partien des Mehlkörpers ein, die beim Maischen nur allmählich angegriffen werden und deren Extrakt beim Abläutern nur unvollkommen gewonnen werden kann. Sie geben auch häufig Anlass zu einem nachträglichen Auftreten einer Jodreaktion bei der Vorderwürze oder den Nachgüssen. Einen Überblick über die Abhängigkeit der Vorderwürzeausbeute vom Typ des Schrotes und von der Qualität des Malzes zeigt Tab. 2.4.

Es kommt also sehr darauf an, nicht nur die Spelzen gut zu erhalten, sondern die anhaftenden Grieße harter Mehlkörperpartien auszumahlen. Bei der oben geschilderten Nassschrotung hat dies die Einführung einer nach Wasseraufnahme und Einwirkungszeit genau festgelegten „Weiche" bewirkt (s. Abschnitt 2.5.8.1).

2.4
Beurteilung des Schrotes

Sie kann einmal *empirisch,* zum anderen durch exakte *Siebanalysen* vorgenommen werden. Darüber hinaus ist eine Feststellung des *Spelzenvolumens* möglich. Nassschrote machen eine eigene Analytik erforderlich.

2.4.1
Empirische Prüfung des Schrotes

Die empirische Prüfung des Schrotes erstreckt sich sowohl auf die einzelnen Mahlgänge als auch auf das Gesamtschrot. Sie sollte tägliche Routine sein. Es werden überprüft: Zustand und Ausmahlungsgrad der Spelzen, Beschaffenheit der Grieße, Anteil an Mehl. Proben von verschiedenen Stellen unter den Walzen erlauben einen Rückschluss auf die Gleichmäßigkeit der Einstellung. Bei Kontrolle der einzelnen Mahlgänge verdient besonders der „Vorbruch" Aufmerksamkeit, da er die Güte der Ausmahlung der Spelzen und der Zerkleinerung der Grieße bestimmt. Er sollte keine ungebrochenen Körner enthalten, er sollte aber auch nicht zu fein sein, um die Spelzen nicht zu zertrümmern bzw. zu viel Mehl zu erhalten.

Bei Nassschroten ist die empirische Prüfung meist die einzig praktikable. Es interessiert hier der Grad der Zerkleinerung des Malzes ebenso wie die gleichmäßige Arbeit der Walzen.

Die empirische Prüfung gibt naturgemäß nur ein annäherndes Bild über das Schrot. Eine objektive Beurteilung ist nur mit Hilfe von Siebsätzen möglich.

2.4.2
Schrotsortierung

Die angewandten Siebe unterscheiden sich hinsichtlich der Drahtstärke, der Maschenweite und der einzelnen Fraktionen, in die sie das Schrot zerlegen. Die Definition von Spelzen, Grobgrießen, Feingrießen und Mehl weicht bei den in der Praxis üblichen Sieben stark voneinander ab.

Das von der MEBAK [410] nach DIN 4188 vorgeschriebene Sieb (Laboratoriums-Plansichter) zeigt im Vergleich zum Pfungstädter Plansichter folgende Bespannung (Tab. 2.5).

Tab. 2.5 Siebsätze nach DIN 4188 und des Pfungstädter Plansichters

Fraktion	DIN 4188			Pfungstädter		
	Sieb Nr.	Drahtstärke [mm]	Maschenweite [mm]	Sieb Nr.	Drahtstärke [mm]	Maschenweite [mm]
Spelzen	1	0,800	1,250	16	0,310	1,270
Grobgrieß	2	0,630	1,000	20	0,260	1,010
Feingrieß I	3	0,315	0,500	36	0,150	0,547
Feingrieß II	4	0,160	0,250	85	0,070	0,253
Mehl	5	0,080	0,125	140	0,040	0,153
Pudermehl	Boden	–	–	Boden	–	–

Tab. 2.6 Zusammensetzung von Läuterbottich- und Maischefilterschrot – Pfungstädter Sieb [411]

Fraktion	Läuterbottichschrot [%]	Maischefilterschrot [%]
Spelzen	18	11
Grobgrieß	8	4
Feingrieß I	35	16
Feingrieß II	21	43
Mehl	7	10
Pudermehl	11	16

Normwerte für gute Läuterbottich- und Maischfilterschrote sind in Tab. 2.6 festgehalten.

Diese Zusammensetzung kann in Abhängigkeit von der Malzauflösung – unter sonst gleichen Bedingungen – gewisse Schwankungen zeigen. Der in Tab. 2.6 aufgeführte abgegebene Spelzenanteil ist niedriger als früher empfohlen wurde [412]. Doch ist zu berücksichtigen, dass der Spelzengehalt eines Malzes bei nur rund 10% liegt, so dass sich auf dem ersten Sieb des Plansichters noch Grobgrieße befinden, die das Bild etwas verfälschen.

Zur Ermittlung des „Mehlgehaltes" bei Laboratoriumsschroten werden nur die Siebe 16, 20 und 36 (Pfungstädter Sieb) oder die Siebe 1, 2 und 3 (DIN 4188) verwendet, d. h. es wird auf eine Korngröße unter 0,547 mm bzw. unter 0,500 mm sortiert.

Das in der Praxis da und dort noch anzutreffende Bühler-Sieb hat für die Spelzen einen Siebsatz mit einer Maschenweite von 2,26 mm, wodurch sich ein geringerer „Spelzenanteil" ergibt. Die weitergehende Unterteilung der Grieße wird von manchen Praktikern als günstig angesehen, da sich hier das Verhältnis zwischen Grob- und Feingrießen errechnen lässt [413, 414]. Über die Bespannung dieses Siebes sowie die hier vorliegenden Schrotanteile sei auf frühere Ausgaben dieses Buches verwiesen [415].

Ein Grobschrot wie das für Läuterbottiche bietet nur dann Gewähr für ein rasches und störungsfreies Abläutern, wenn die Spelzen wohl gut erhalten, auf der anderen Seite auch gut ausgemahlen sind. Um dies zu überprüfen, wird das Volumen der Spelzen in einem Mess-Zylinder erfasst und auf 100 g berechnet [416]. Ein optimaler Wert ist dann erreicht, wenn das Spelzenvolumen über 750 ml/100 g liegt, was einem Hektolitergewicht von ca. 13 kg entspricht.

Das Schütteln der Siebsätze muss auf mechanischem Wege bei einer Tourenzahl von 300 U/min und einer Schütteldauer von 5 Minuten erfolgen.

2.4.3
Probenahme

Die Untersuchung des Schrotes setzt einwandfreie Durchschnittsproben voraus, die während des Schrotens gezogen sein müssen; sie dürfen unter keinen Umständen erst anschließend aus dem Schrotkasten entnommen werden, da sich das Gut sofort entmischt, entsprechend der unterschiedlichen Schwere seiner Bestandteile. Das Ziehen von mehreren Parallelproben ist zweckmäßig; diese sollten nicht größer als 100–200 g sein, um ein sicheres Ergebnis zu erhalten. Die meisten Mühlen enthalten Probenehmer unter den einzelnen Mahlgängen sowie für das Gesamtschrot. Bei der Entnahme der Proben ist darauf zu achten, dass die Probenehmer nicht überfüllt werden, was zu einer Verfälschung des Sortierungsergebnisses führt.

2.5 Schrotmühlen

Die Zerkleinerung des Malzes erfolgt mit Hilfe von glatten oder geriffelten Hartgusswalzen, die sich mit gleicher oder unterschiedlicher Geschwindigkeit gegeneinander drehen. Unter dem Einfluss von Druck und Reibung werden die Körner gebrochen und der Mehlkörper aus den Hülsen herausgewälzt. Geriffelte Walzen öffnen Getreidekörner durch Einschneiden [417]; eine Differentialgeschwindigkeit der Walzen begünstigt durch die verstärkte Reibung die Freilegung des Mehlkörpers.

Der Mahlvorgang kann auf einmal oder aber in mehreren Stufen vorgenommen werden. Häufig erfahren bestimmte Anteile des Schrotes eine wiederholte Vermahlung. Demgemäß schwankt die Zahl der Walzen zwischen 2 und 6, die der Mahldurchgänge zwischen 1 und 3.

Die Zuführung des Mahlgutes erfolgt durch eine Speisewalze mit Reguliervorrichtung.

2.5.1 Zweiwalzenmühle

Sie ist die einfachste Mahlvorrichtung. Es drehen sich hier zwei gleichgroße glatte Walzen von meist 250 mm Durchmesser mit gleicher Geschwindigkeit gegeneinander. Eine Walze ist feststehend, die andere verstellbar.

Das erzielbare Grobschrot (Tab. 2.7) ist selbst bei sehr sorgfältiger Einstellung in seiner Zusammensetzung von der Qualität des Malzes abhängig. Nur ein gut

Tab. 2.7 Sortierungsergebnisse von Schroten von Zweiwalzen- und Vierwalzenmühlen (Pfungstädter Plansichter)

Mühle	Zweiwalzen* [%]	Vierwalzen-Vorbruch [%]	Gesamtschrot [%]
Spelzen	28–35	62	28
Grobgrieß	10–22	10	14
Feingrieß I	18–32	10	29
Feingrieß II	8–12	6	10
Mehl	4–6	4	6
Pudermehl	20–24	8	13

* in Abhängigkeit von der Malzqualität

gelöstes Malz wird ein Ergebnis liefern, das hinsichtlich Läutergeschwindigkeit und Ausbeute befriedigt. Um dieses zu erreichen, müssen folgende Voraussetzungen erfüllt werden:

a) eine gleichmäßige Zuführung des Malzes über die gesamte Walzenbreite hin;
b) eine nur geringe Beschickung der Mühle, die bei 15–20 kg Malz pro Zentimeter Walzenbreite und Stunde liegt;
c) bei schlecht gelösten Malzen ist der untere Grenzwert anzustreben;
d) eine geringe Umdrehungszahl der Walzen von 160–180 U/min.

Auch bei der Nassschrotung ist normalerweise nur eine Zweiwalzenmühle vorhanden, die aber unter anderen technologischen Voraussetzungen arbeitet (s. Abschnitt 2.5.7).

Bei höheren Ansprüchen an das Schrot oder bei schlechter gelösten Malzen ist eine leistungsfähigere Mühle erforderlich. Es ist naheliegend, diesen Mahlvorgang zu wiederholen und hierzu zwei Walzenpaare übereinander anzuordnen.

2.5.2
Vierwalzenmühlen

Der Mahlvorgang ist insofern unterteilt, als das obere Walzenpaar den Vorbruch des Malzes vornimmt (Abb. 2.2). Hierbei wird das Korn nur aufgebrochen, der Mehlkörper verbleibt aber zum Teil noch in den Spelzen, er soll aber bei geringer mechanischer Erschütterung aus diesen herausfallen. Es dürfen keine ganzen, ungebrochenen Körner mehr vorliegen.

Das Schrot des Vorbruchs ist daher grob wie Tab. 2.7 zeigt.

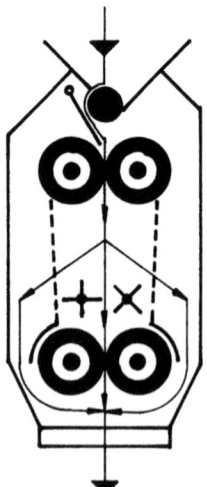

Abb. 2.2 Vierwalzenmühle ohne Siebsätze

Voraussetzung für einen guten Vorbruch ist:
a) eine gleichmäßige, geringe Beschickung der Mühle mit ca. 20 kg/cm WB und h und
b) eine Umdrehungszahl von 160–180 U/min.

Das zweite, untere Walzenpaar muss eine engere Einstellung haben als das obere, um eine weitere Zerkleinerung des Schrotes durchführen zu können. Nachdem sich das Volumen vom ersten zum zweiten Walzenpaar um rund 50% vergrößert hat, muss das letztere um diesen Betrag rascher laufen (240–260 U/min). Eine gute Ausmahlung der Spelzen wird aber nur dann erreicht, wenn das Malz gut gelöst und der Vorbruch richtig eingestellt ist. Ist das Schrot der oberen Walzen zu grob, so wird das untere Walzenpaar zu stark belastet.

Ist der Vorbruch zu fein, so wird der Mehlgehalt des Gesamtschrotes zu hoch. Die Sortierung des Schrotes einer Vierwalzenmühle ist ebenfalls in Tab. 2.7 dargestellt. Eine Entlastung der unteren Walzen durch Abtrennung eines Teils der feineren Bestandteile wurde durch Kreuzschläger erreicht, die sich nach auswärts drehen und das vorgebrochene Malz an eine geschlitzte Kammerwand werfen. Diese Schlitze verlegen sich jedoch sehr rasch und erfüllen dann ihren Zweck nicht mehr.

Mühlen größerer Leistung haben eine höhere Tourenzahl der ebenfalls glatten Walzen: Vorbruchwalzen 200 U/min, untere Walzen 300 U/min.

Technologisch vorteilhaft ist es jedoch, nicht das gesamte Schrot zweimal zu mahlen, sondern nur jene Teile, die einer Nachbehandlung bedürfen. Die Schrotbestandteile werden deshalb nach dem Vorbruch getrennt. Dies geschieht mit Hilfe von Schüttelsieben, die in die Mühle eingehängt sind und die zur Siebung des Schrotes in kräftiger, rüttelnder Bewegung gehalten werden. Eine zu starke Beschickung, eine zu starke oder zu schwache Neigung oder eine zu geringe Schüttelbewegung muss vermieden werden. Zur Freihaltung der Siebflächen sind die Siebsätze gefeldert und mit Gummikugeln ausgestattet, die den Mehlstaub von den Sieben abklopfen.

Bei Vierwalzenmühlen sind unterschiedliche Arten der Siebanordnung möglich.

Im einen Falle (Typ A; Abb. 2.3) werden nach dem Vorbruch Feingrieße und Mehl ausgesiebt, während die Spelzen und Grobgrieße zur Nachschrotung durch das zweite Walzenpaar gelangen. Diese Mühle leistet ca. 25 kg/cm und h; das Vorbruchwalzenpaar hat 180 bis 200 U/min, das zweite nur 200–220 U/min, um die Spelzen nicht zu zertrümmern. Aus diesem Grunde sind auch beide Walzenpaare glatt. Die Sortierungsergebnisse des Vorbruch- und des Gesamtschrotes zeigt Tab. 2.8.

Bei der zweiten Art der Siebanordnung (Typ B; Abb. 2.4) bewirkt ein Doppelsieb das Aussortieren von Feingrießen und Mehl; es werden aber auch die Spelzen, die auf dem oberen Sieb liegen bleiben, aus der Mühle abgeführt. Nur die gröberen Grieße werden am zweiten Walzenpaar nachgemahlen. Die Tatsache, dass die Spelzen nach nur einem Mahlgang, wenn auch nach intensiver Bewegung und Siebung weiter unbearbeitet bleiben, setzt eine enge und sehr sorgfäl-

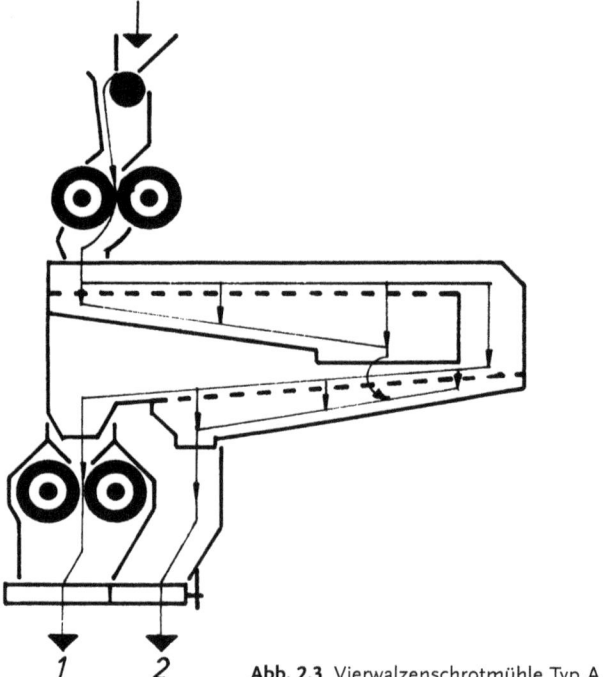

Abb. 2.3 Vierwalzenschrotmühle Typ A (*1* Spelzen, *2* Mehl + Grieß)

Tab. 2.8 Sortierungsergebnisse von Vierwalzenmühlen mit Schüttelsieben (Pfungstädter Sieb)

Mühlentyp: Nachmahlen von	A Spelzen + Grobgrieß		B gröberen Grießen	
	Vorbruch – Gesamtschrot [%]		Vorbruch – Gesamtschrot [%]	
Spelzen	64	25	33	27
Grobgrieß	9	10	15	12
Feingrieß I	9	32	24	26
Feingrieß II	6	15	10	11
Mehl	3	5	6	8
Pudermehl	9	13	12	16

tige Einstellung des Vorbruchwalzenpaares (160–180 U/min) voraus. Das zweite Walzenpaar kann zur weitgehenden Zerkleinerung der Grieße eine hohe Geschwindigkeit bzw. eine Differentialgeschwindigkeit (330/165 U/min) haben. Auch eine Riffelung ist zweckmäßig. Die Leistung der Mühle entspricht nur der Leistungsfähigkeit der Vorbruchwalzen und liegt bei 20–25 kg/cm und h.

Das erforderliche Vorbruchschrot und das hiermit erzielbare Gesamtschrot zeigt Tab. 2.8. Das Vorbruchschrot des Mühlentyps B muss also schon so weit-

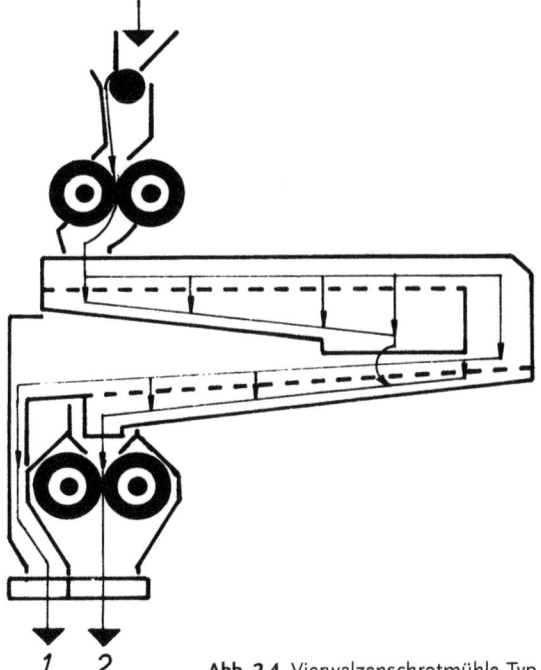

Abb. 2.4 Vierwalzenschrotmühle Typ B (*1* Spelzen, *2* Grieße)

gehend vermahlen sein wie das Schrot der Zweiwalzenmühle. Dies zeigt die Notwendigkeit einer eingehenden Kontrolle der Mühle auf.

Eine bestmögliche Anpassung an die verschiedensten Malzqualitäten und Anforderungen der Schrote gestattet eine Mühle mit drei Mahlgängen. Bei kleineren Leistungen kann hier eine besonders konstruierte Vierwalzenmühle entsprechen. Bei größeren Leistungen und weitergehender Differenzierung der Schrote finden jedoch ausschließlich Sechs- und Fünfwalzenmühlen Anwendung.

2.5.3
Sechswalzenmühlen

Sechswalzenmühlen haben drei Mahlgänge und bei der Regelkonstruktion zwei getrennt angeordnete Siebsätze. Ältere und ganz neue Konstruktionen verfügen über nur ein Schüttelsieb.

Bei der gängigen Sechswalzenmühle erfolgt die gleichmäßige Zuführung des Malzes durch eine tiefgeriffelte Verteilerwalze, die entweder über eine einstellbare Zuteilklappe oder durch eine Pendelschütte beschickt wird. Im letzteren Falle ist die Umdrehungszahl der Speisewalze variabel (Abb. 2.5).

Der Vorbruch wird nun durch den ersten Siebsatz in drei Fraktionen zerlegt. Das Mehl, auch „Edelmehl" genannt, da es aus den bestgelösten Partien des Malzkorns stammt, bedarf keiner weiteren Bearbeitung mehr; es wird aus der

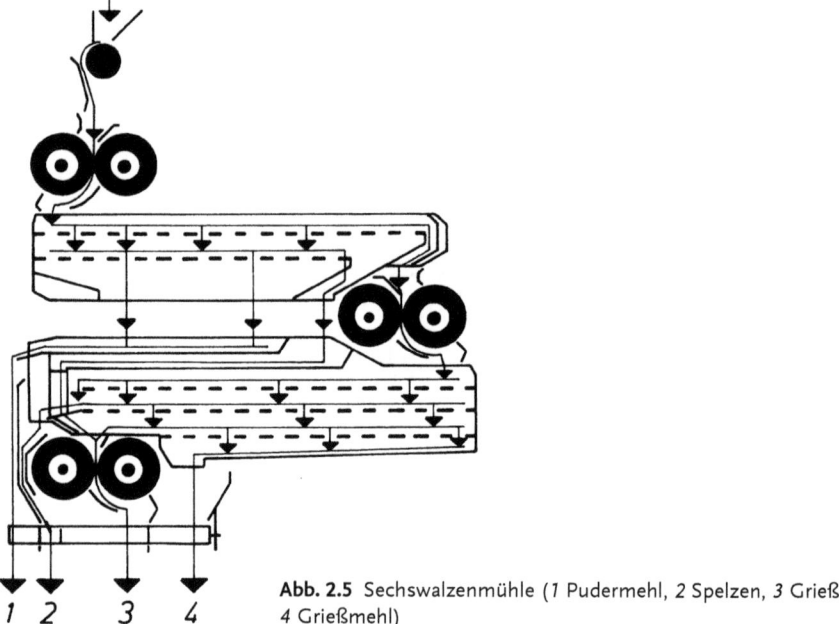

Abb. 2.5 Sechswalzenmühle (*1* Pudermehl, *2* Spelzen, *3* Grieße, *4* Grießmehl)

Mühle abgeführt. Die Spelzen und die ihnen anhaftenden Grieße bleiben auf dem obersten Sieb liegen und laufen in das zweite Walzenpaar, die „Spelzenwalzen" ein. Sie werden hier nicht wesentlich weiter zerkleinert sondern von anhängenden Mehlkörperteilen, meist Grobgrießen, getrennt. Das nun folgende Schüttelsieb trennt wiederum Feingrieße und Mehl ab. Die Spelzen bleiben auf dem oberen Sieb und werden aus der Mühle abgeleitet. Sowohl die nach dem ersten als auch nach dem zweiten Walzenpaar angefallenen Grobgrieße werden nun dem dritten (Grieß-)Walzenpaar zur intensiven Vermahlung zugeführt.

Die Siebflächen sind reichlich bemessen, sie sind steigend angeordnet, um eine möglichst gleichmäßige Siebwirkung zu erzielen. Die getrennt angeordneten Schüttelkästen werden von einer gemeinschaftlichen Welle mit versetzten Exzentern angetrieben, wodurch ein guter Massenausgleich und ein ruhiger Lauf der Mühle erreicht wird.

Eine neuere Konstruktion einer Sechswalzenmühle sieht nur einen, allerdings sehr groß dimensionierten Siebkasten vor. Das Malz passiert nacheinander zwei Walzenpaare, die dieselbe Funktion haben, wie bei der einfachen Vierwalzenmühle (s. Abb. 2.2). Das so erhaltene Schrot wird in Spelzen, Grobgrieße und feinere Bestandteile getrennt, wobei nur die Grobgrieße eine Nachmahlung erfahren. Die Mühle leistet bei 700 mm Walzenlänge bis 4 t/h, was einer spezifischen Leistung von 55 kg/cm und h entspricht (Abb. 2.6).

Eine Schrotsortierung der verschiedenen Mahlgänge und des Gesamtschrotes einer optimal eingestellten Sechswalzenmühle mit Konditionierung des Malzes zeigt Tab. 2.9.

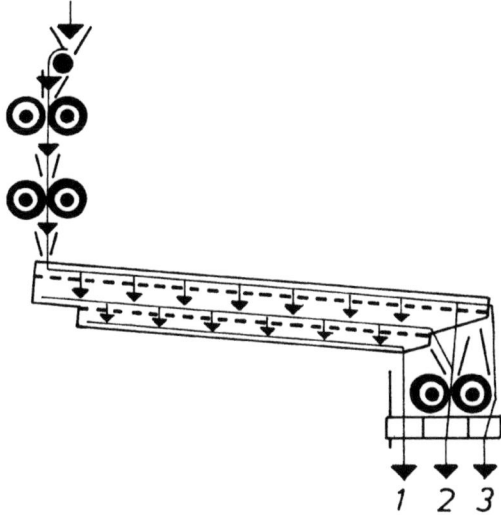

Abb. 2.6 Sechswalzenmühle mit einem Siebsatz (*1* Mehl, *2* Grieß, *3* Spelzen)

Tab. 2.9 Schrotsortierung der Mahlgänge einer Sechswalzenmühle (Pfungstädter Sieb)

	Vorbruch- [%]	Spelzen- [%]	Grießwalzen [%]	Gesamtschrot [%]
Spelzen	60	55	0	18
Grobgrieß	9	11	10	8
Feingrieß I	12	16	46	38
Feingrieß II	8	8	22	17
Mehl	1	1	5	5
Pudermehl	10	9	17	14

Die einzelnen Proben wurden jeweils *vor* dem nachfolgenden Sortiersieb entnommen.

Mühlen höherer Leistung zeichnen sich bei gleichem Walzendurchmesser und Walzenlängen (z. B. 1500 mm) durch wesentlich größere Siebflächen aus. So hat die in Abb. 2.7 dargestellte Mühle bei 12 t Stundenleistung zwei Mehrfachsiebsätze unterhalb der Spelzenwalzen, wodurch sich einschließlich des Siebsatzes nach dem Vorbruch eine Siebfläche von 20 m^2 (spez. Siebbeladung 16 kg/dm^2) ergibt.

Das Mahlgut wird nach dem Spelzenwalzenpaar zwei Siebwerken zugeführt, wobei der Strom eine Zweiteilung erfährt. Von hier aus wird das Sortiergut den Grießwalzen zugeführt. Wenn erforderlich, kann auch das Schrot nach den Spelzenwalzen mittels Druckluftgebläse auf die zweifachen Siebe übergehoben werden. Unter diesem befinden sich die Grießwalzen.

Eine auf die Mühle in Abb. 2.6 aufbauende Konstruktion, wiederum mit zwei großen Siebsätzen, stellt die in Abb. 2.8 gezeigte Anlage dar:

202 | 2 Das Schroten des Malzes

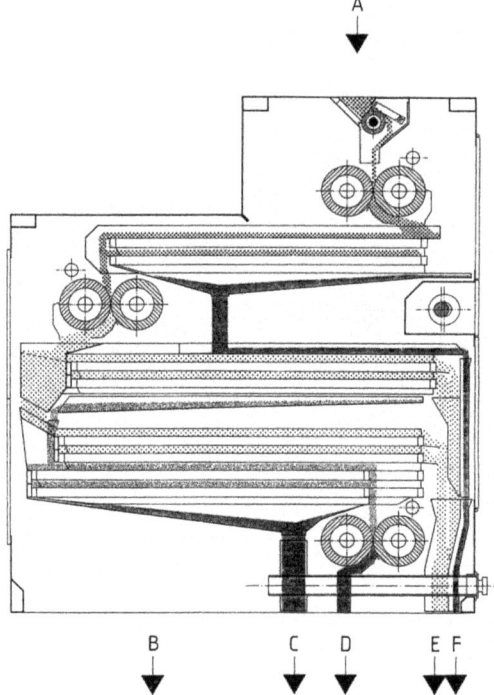

Abb. 2.7 Sechswalzenmühle mit Siebung jeweils nach Vorbruch- und Spelzenwalzen (doppelter Siebsatz nach 2. Mahlgang; A Einlauf, B Flugmehl, C Grieß von der Spelzenwalze, D Grieß von der Grießwalze, E Spelzen, F Grieß von der Vorbruchwalze) [418]

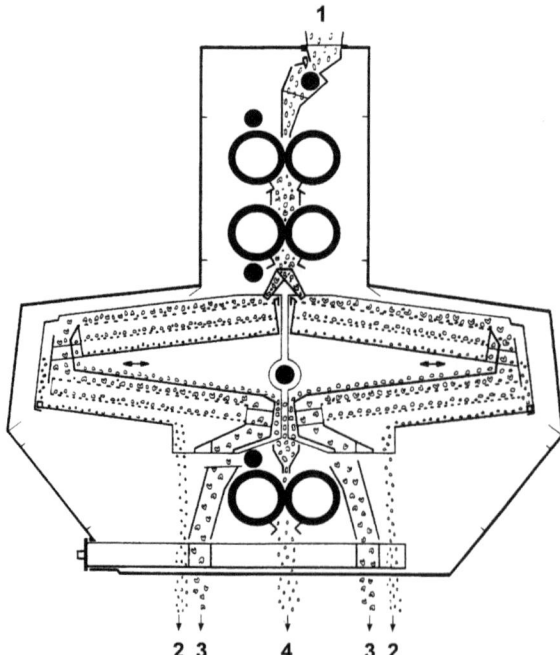

Abb. 2.8 Sechswalzenmühle mit Siebung jeweils nach Vorbruch- und Spelzenwalzen (*1* Malz, *2* Mehl, *3* Spelzen, *4* Feingrieß)

Diese bis zu einer Leistung von 15 t/h gebaute Mühle führt das Schrot von den Vorbruch- und Spelzenwalzen auf jeweils zwei symmetrisch angeordnete, dreiteilige Siebsätze, die nach dem bekannten Schema in Mehl, Spelzen und nachzumahlende Grieße trennt. Letztere werden im dritten (Grieß-)Walzenpaar auf einen gewünschten Feinheitsgrad vermahlen.

2.5.4
Fünfwalzenmühle

Sie arbeitet nach demselben Prinzip wie eine Sechswalzenmühle. Der erste und der zweite Mahlgang sind derart zusammengefasst, dass die zweite Walze sowohl zum Vorbruch als auch zum Ausmahlen der Spelzen dient. Eine Besonderheit der ursprünglichen Konstruktion war eine „Körnerleitvorrichtung", ein parallel zu den Walzen geriffeltes Blech, das die Malzkörner so in die Vorbruchwalzen einbringt, dass dieselben der Länge nach aufgebrochen werden sollten, um die Spelzen zu schonen (Abb. 2.9).

Das vorgebrochene Schrot gelangt vom ersten Walzenpaar in einen Leitkanal, der zunächst den Zweck hat, einen Schrotstau zu erzeugen, der möglichen Mehlstaubexplosionen entgegenwirken soll. Auch war gedacht, den Vorbruch in diesem Kanal durch Abrieb weiter aufzutrennen, bevor er über ein Blech auf den doppelten ersten Siebsatz geleitet und in Spelzen, Grobgrieße und Mehl

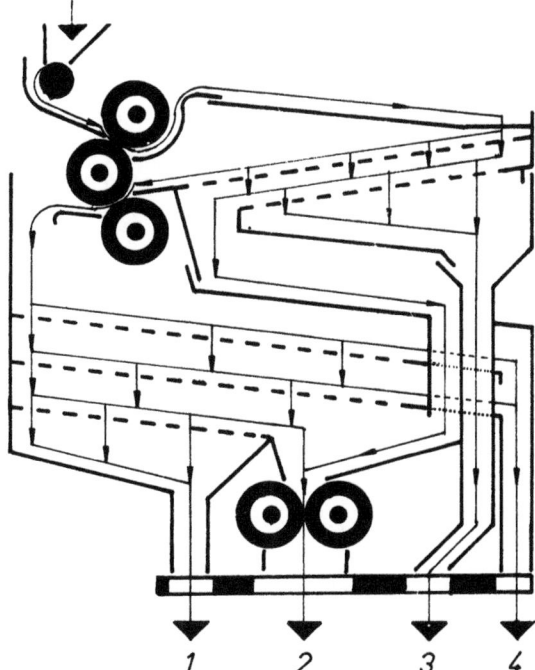

Abb. 2.9 Fünfwalzenmühle
(*1* Mehl, *2* Grieße, *3* Mehl,
4 Spelzen)

aufgetrennt wird. Der weitere Ablauf in den Mahlpassagen 2 und 3 ist wie bei der Sechswalzenmühle beschrieben.

2.5.5
Zusätzliche Einrichtungen

2.5.5.1 Konditionierung des Malzes
Sie dient einer Befeuchtung desselben unmittelbar vor der Schrotung.

Die Konditionierung erfolgt in einer Konditionierungsschnecke durch Niederdruckdampf (0,5 bar Überdruck) oder durch Wasser von 30 °C. Die Schnecke ist zwischen der Malzwaage und der Schrotmühle angeordnet. Es handelt sich hier meist um eine Paddelschnecke die eine intensive Mischung des Gutes bewirken soll. Die Schnecke ist so bemessen, dass im Durchlauf eine ausreichende Kontaktzeit erreicht wird. Deswegen kommen auch mehrere Paddelschnecken parallel zur Anwendung oder bei mangelnder Länge zusätzliche „Kontaktschnecken". Auch ein kleiner Malzrumpf mit Niveauschalter kann eine definierte Zeit für den Wassereinzug in die Spelzenoberfläche bewirken (Abb. 2.10).

Bei Anwendung von Sattdampf genügt eine Anhebung des Wassergehalts um 0,5%, während die Spelzen eine Zunahme um ca. 1,2% erfahren [419]. Um jedoch zu vermeiden, dass Kondenswasser in die Mühle gelangt, muss dieses zu Beginn des Schrotens über den Doppelmantel der Schnecke abgeleitet werden,

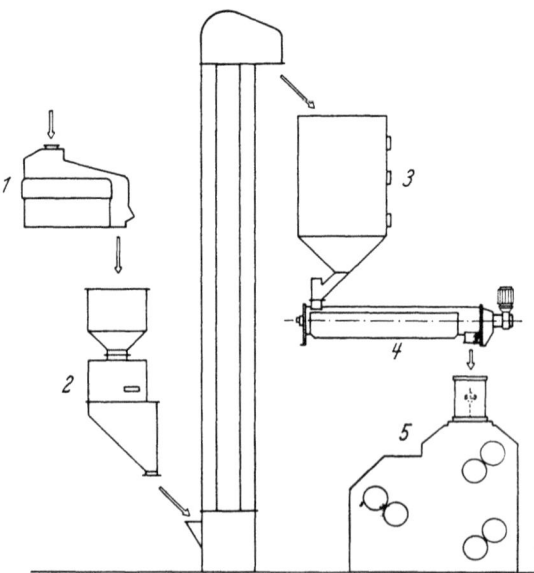

Abb. 2.10 Malzkonditionierung (*1* Poliermaschine, *2* Waage, *3* Ausgleichsbehälter mit Höhenschaltern zur Bemessung des Konditionierungsdampfes, *4* Konditionierungsschnecke, *5* Schrotmühle)

wie auch derselbe durch eine entsprechende Temperierung das Ausfallen von Kondensat verhindert. Es darf aber das Malz durch diese Konditionierung nicht wärmer werden als höchstens 40 °C, da sonst eine Schädigung empfindlicher Malzenzyme (z. B. der Endo-β-Glucanasen) eintritt [420]. Diese Erwärmung ist der begrenzende Faktor der Malzbefeuchtung mittels Dampf.

Die Zugabe von temperiertem Wasser (40–45 °C) setzt gleichfalls eine sehr genaue Dosierung voraus, wenn auch die hier erreichbaren Wassergehalte bei durchschnittlich 1–1,5%, bei den Spelzen bei 2–3% liegen dürfen. Die Zugabe des Wassers erfolgt durch eine Dosierpumpe mit verstellbarem Hub oder vom Leitungsnetz direkt über einen Strömungsmesser. Hierbei ist aber für einen konstanten Wasserdruck zu sorgen. Die Mischung bewirken Paddelschnecken oder sog. „Intensivnetzgeräte", die eine auf einen Rotorgrundkörper aufgezogene Schnecke haben. Diese Konstruktion sorgt auch für ein Leerlaufen und eine Selbstreinigung des Gerätes. Eine Ausführung in Edelstahl ist selbstverständlich.

Der anhaftende Malzstaub, der Abrieb über das Transportsystem und das zudosierte Wasser bilden den Nährboden für mikrobielles Wachstum. In den Ecken des Schneckentroges, auf den Schattenseiten der Paddelschnecke und am Deckel des Behälters kommt es zu Ablagerungen, die in der Feuchtatmosphäre der Konditionierung verkrusten. Bei kleineren Anlagen ist der Schneckenkörper auszubauen und damit die Anlage leicht, wenn auch personalintensiv zu reinigen. Bei größeren Einheiten wird die Malzbefeuchtung mit einem CIP-Anschluss ausgestattet.

Unter der Konditionierungsstrecke ist ein Klappkasten angeordnet, der für den Reinigungsprozess in Richtung Gully gestellt wird (Abb. 2.11). Alle sonstigen Ventile sind geschlossen. Die Schnecke dreht sich ca. 12 Minuten lang, wobei in regelmäßigen Intervallen die Drehrichtung verändert wird. Ist die Schnecke zu 90% mit Wasser gefüllt, öffnet ein pneumatisches Klappenventil

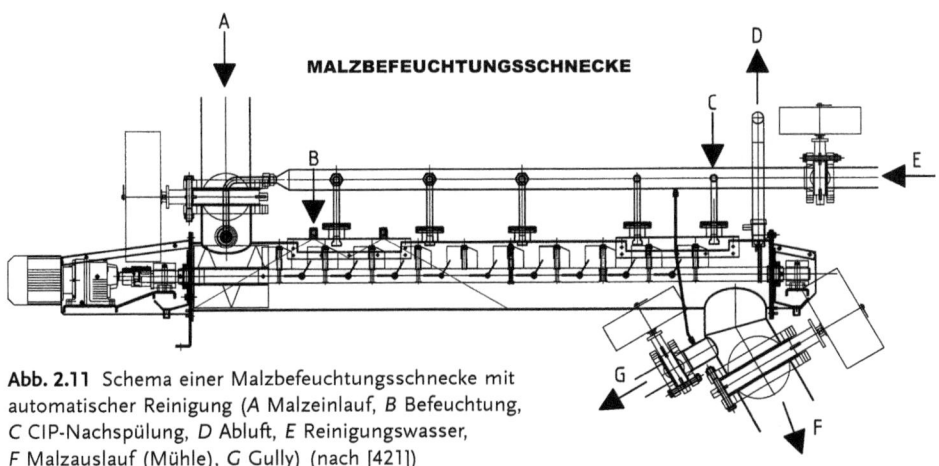

Abb. 2.11 Schema einer Malzbefeuchtungsschnecke mit automatischer Reinigung (A Malzeinlauf, B Befeuchtung, C CIP-Nachspülung, D Abluft, E Reinigungswasser, F Malzauslauf (Mühle), G Gully) (nach [421])

und das Wasser läuft ab. Anschließend wird mit der vierfachen Füllmenge der Konditionierungsschnecke an Brauwasser von 80 °C gespült. Dann folgt ein letzter Spülvorgang, um sicher zu sein, dass alle Malzreste entfernt sind. Nach der vollständigen Entleerung der Anlage schaltet der Klappkasten unter der Schnecke den Weg zur Mühle frei. Ein wöchentlicher Reinigungszyklus ist ausreichend. Eine moderne Konditionierungsschnecke zeigt Abb. 2.11.

Die *Lagerung des Schrotes im Schrotkasten* soll vor allem bei konditioniertem Schrot, das durch Dampf oder durch Warmwasserzusatz etwas höhere Temperaturen aufweist als „klassisches" Trockenschrot, so kurz wie möglich sein. Das Schroten soll zeitlich so erfolgen, dass es ca. 30 Minuten vor dem Einmaischen beendet ist. Eine längere Lagerzeit des Schrotes, etwa über Nacht oder gar über das Wochenende, ist zu vermeiden. Es finden sonst Oxidationsvorgänge statt, wie etwa eine Lipidoxidation, die zu Vorläufern von Alterungssubstanzen des Bieres führt.

Bei beiden Arten der Konditionierung – Dampf und Wasser – ist es wichtig, dass die Mühle, deren Walzen und Siebsätze häufig kontrolliert werden, um so Betriebsstörungen zu vermeiden. Generell sollen die Siebe wöchentlich gereinigt werden, um die Sortierwirkung zu erhalten.

Der Vorteil der Benetzung des Malzes ist darin zu sehen, dass die zähen Spelzen intensiv ausgemahlen werden können, ohne dass sie zertrümmert werden. Es fällt nur wenig Spelzenmehl an, was im Hinblick auf Biergeschmack und Bierfarbe ein Vorteil ist. Das Spelzenvolumen steigt um 10–20%; durch die lockeren Spelzen kann das Verhältnis der Grobgrieße zu den Feingrießen zu den letzteren hin verschoben werden, ohne dass deshalb der Mehlgehalt ansteigt. Weiterhin ergeben sich Vorteile beim Abläutern (Geschwindigkeit, Ausbeute).

Als Nachteil ist die verstärkte Wartung und Reinigung der Schrotmühle und der Konditionierung zu vermerken. Auch bedarf die Mühle einer schärferen Einstellung, meist sogar des Riffelns der Walzen, um die Grieße mit Sicherheit aus den Spelzen zu entfernen. Bei sehr groben Schroten halten die Treber mehr Vorderwürzeextrakt zurück, der mit den Nachgüssen wohl gewonnen werden kann, aber doch eine verstärkte Kontrolle notwendig macht (s. Abschnitt 2.3).

Eine neue Art der Konditionierung mit Wasser ist die so genannte „Ganzkornkonditionierung".

Der Wassergehalt des Malzes wird von 4 auf 12% erhöht. Hierdurch wird die Spelzenelastizität erhöht, was zu gröberen Spelzen und zu einer Schonung des Blattkeims führt. Hierdurch werden beim Maischen weniger Lipide und Polyphenole extrahiert. Eine weitere Steigerung der Läutergeschwindigkeit (s. Abschnitt 4.1.3.5) ist möglich.

Die Technik dieser gegenüber der herkömmlichen wesentlich intensiveren Konditionierung sieht vor, das Wasser durch zwei oder drei nacheinander angeordnete Konditionierungsschnecken zuzuführen sowie an einer weiteren Kontaktschnecke und an einem Abstehbehälter für ca. 15 Minuten Rastzeit zu stabilisieren. Dieser muss so konstruiert sein, dass keine Entmischung des Gutes und keine Voreilung von unter Umständen weniger stark durchfeuchteten Partien eintritt.

Tab. 2.10 Schrotsortierungen und Befeuchtungsraten

Wasserzunahme in %	Normal	+11,5 *	+7,9 **	+3,1 *
Spelzen	18	50,9	55,3	38,5
Grobgrieße	7	4,4	3,8	5,1
Feingrieße I	35	21,9	18,1	26,6
Feingrieße II	21	7,8	7,3	10,9
Mehl	7	3,6	3,3	3,9
Pudermehl	12	11,4	12,2	15,0

* nur eine Befeuchtung, Rast 30 bzw. 15 min, ** zweimal Befeuchtung 3,1+4,8%, 2×15 min Rast

Zur Schrotung genügt eine 4-Walzenmühle ohne Siebe, da der konditionierte Vorbruch sehr grob ist und sich damit nur ein geringer Anteil desselben abtrennen lässt. Auch kann eine Verlegung der Siebe eintreten. Die Schrotsortierung bei unterschiedlichen Befeuchtungsraten zeigt Tab. 2.10.

2.5.5.2 Spelzentrennung

Eine Spelzentrennung ist bei Mühlen mit mehreren Mahlgängen und Sortierungsstufen möglich. Die Spelzen werden dabei getrennt aus der Mühle in einen eigenen Spelzenbehälter abgeführt und beim Maischprozess erst zu einem späteren Zeitpunkt zugesetzt. Durch diese Maßnahme werden die Spelzen weniger stark ausgelaugt als z. B. bei einer Zugabe mit dem Gesamtschrot. Es ergeben sich gerbstoffärmere Biere, die eine hellere Farbe haben und milder schmecken. Doch muss für eine sehr gute Ausmahlung der Spelzen Sorge getragen werden, da sonst eventuell anhaftende Grieße nicht mehr voll erschlossen werden und so nicht nur eine schlechtere Ausbeute, sondern ein niedriger Endvergärungsgrad, eine schlechtere Vergärbarkeit des Extraktes und bei unvollständiger Jodreaktion ein unbefriedigender Biergeschmack resultieren (s. Abschnitt 3.2.4.8).

Es werden also hier an die Arbeit der Schrotmühle noch größere Anforderungen gestellt als bei Normalbetrieb. Auch ist darauf zu achten, ob die Siebe auch wirklich eine vollständige Trennung der Spelzen von den anderen Schrotanteilen erreichen.

2.5.5.3 Malzreinigung

Vor der Schrotung muss das Malz unbedingt einer Reinigung unterzogen werden. Hierzu dient eine Malzpoliermaschine mit vorgeschaltetem Magnetapparat. Eisenteile im Malz können durch eine Funkenbildung zu Mehlstaubexplosionen in der Schrotmühle führen, mindestens jedoch die Walzen und hier wiederum die Riffel derselben beschädigen. Zur Reinigung des Malzes kann auch ein Schwingsieb mit Steigsichter dienen. Ein Steinausleser ist zum Schutz der Walzen ebenfalls von großer Wichtigkeit. Alle diese Apparate sind in Bd. I be-

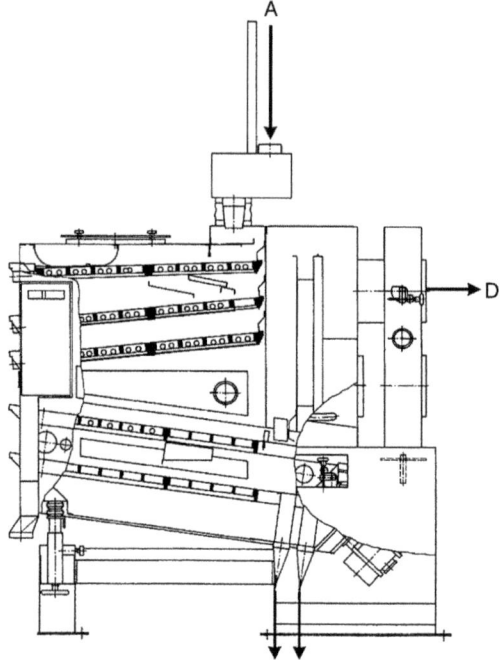

Abb. 2.12 Kombimaschine (A Einlauf, B Schwerprodukt, C Mischprodukt, D Aspirationsanschluss (Leichtprodukt))

schrieben. Diese Aufgaben können auch von einer kombinierten Reinigungsmaschine erfüllt werden. Diese erlaubt es, durch Siebe größere und kleinere Verunreinigungen als Malz zu entfernen, das Gut durch Siebe und einen starken Luftstrom zu klassieren sowie Steine über einen Auslesetisch zu entfernen (Abb. 2.12).

Gerade bei Malzkonditionierung und Nassschrotung kommt der Reinigung und Entstaubung des Malzes besondere Bedeutung zu, da diese Verunreinigungen die Mühlen im feuchten Zustand erheblich zu belasten vermögen.

2.5.5.4 Malzwaage

Die Malzwaage ist vor der Schrotmühle bzw. vor der Konditionierung oder vor dem Weichbehälter der Nassschrotung angeordnet. Bei Einsatz von Dampf zur Malzkonditionierung ist dafür Sorge zu tragen, dass durch Pufferbehälter mit eingebauten Niveauschaltern ein Eindringen von Dampf in die Waage ausgeschlossen wird.

2.5.5.5 Der Schrotkasten

Er dient der Aufnahme des Schrotes. Überschlägig berechnet benötigt 1 t Malzschrot etwa 3 m^3 Raum. Dieser Wert schwankt nach der Feinheit des Schrotes

Tab. 2.11 Raumgewichte von Malzschrot (kg/m³)

	Läuterbottich		Maischefilter	
	trocken	konditioniert	trocken	konditioniert
Gesamtschrot	380	330	430	400
Mehl und Grieß	540	560	580	600
Spelzen	150	120	110	105

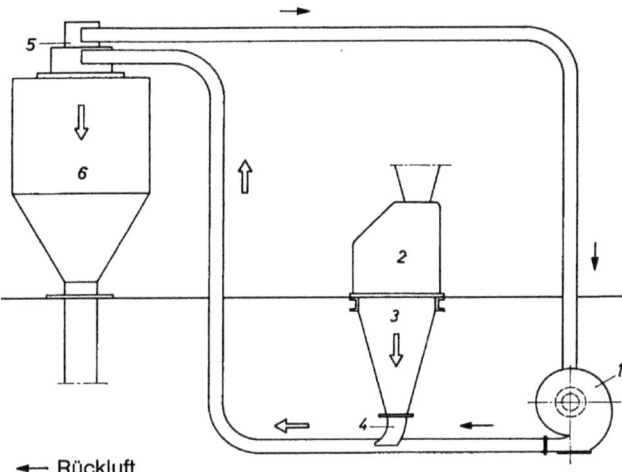

← Rückluft
⇐ Luftstrom mit Fördergut

Abb. 2.13 Pneumatische Umluftanlage zur Schrotförderung (*1* Gebläse, *2* Schrotmühle, *3* Auffangbehälter, *4* Zulaufrohr, *5* Abwerfer, *6* Schrotrumpf; ← Rückluft, ⇐ Luftstrom mit Fördergut)

und nach seinem „Typ" in bestimmten Grenzen. Auch spielt eine Rolle, ob die Spelzen getrennt aufgefangen werden sollen oder nicht. Als Basis der benötigten Volumina dienen die in Tab. 2.11 aufgeführten Schüttgewichte von Gesamtschrot, Spelzen und Grießen.

Bei einem konditionierten Läuterbottichschrot werden pro t 1000/330 = 3,0 m³ benötigt. Bei eigener Lagerung der Spelzen (18%) 1,5 m³ für die Grieße 1,5 m³. Dabei sind jedoch die sich ausbildenden Böschungswinkel (bei Schrot 45°, bei Spelzen 55°) mit zu berücksichtigen. Um das Schrot einwandfrei zum Vormaischer zu bringen, ist ein Auslaufwinkel von 65° erforderlich. Dies macht relativ große Raumhöhen oder eine entsprechend flächige Ausdehnung des Schrotkastens erforderlich. Hier hat sich eine rechteckige Form mit Verteiler-Schnecke oben und einer Auslaufschnecke im Konus bewährt.

Findet der Schrotkasten aus Gründen der Bauhöhe nicht unter, sondern neben der Schrotmühle Aufstellung, dann wird das Schrot – oder bei Aufteilung in Spelzen und Grieße getrennt – mittels einer pneumatischen Anlage in den bzw. die Schrotkasten gefördert. Die in Abb. 2.13 dargestellte Anlage arbeitet mit Umluft.

2.5.6
Betrieb und Kontrolle von Schrotmühlen
(Trockenschrotung bzw. mit Konditionierung)

2.5.6.1 Aufstellung
Die Mühle muss erschütterungsfrei stehen und in der Waage sein. Der Auslauf der Mühle muss durch genügend Freiraum über dem Schrotkasten so angeordnet sein, dass kein Schrotstau auftritt, der den Lauf der Mühle beeinträchtigt.

2.5.6.2 Leistung
Die Leistung einer Schrotmühle muss so bemessen sein, dass das Malz für einen Sud in 1½–2 Stunden geschrotet werden kann. Sie ist durch die Walzenlänge (300–1500 mm), durch die Umdrehungszahl der Walzen, die Riffelung und eventuell auch durch die Differentialgeschwindigkeit der Walzen bestimmt (Tab. 2.12). Bei Spelzentrennung ist um der besseren Ausmahlung der Spelzen willen die Leistung der Mühle um ca. 20% zu verringern.

2.5.6.3 Drehzahlen
Die Drehzahlen der Walzen sind auf die Konstruktion der Mühle, deren Leistung sowie auf den Schrottyp abgestellt. Die bei den alten Mühlen (s. Abschnitt 2.5.2) genannten Tourenzahlen wurden mit der erforderlichen Leistungssteigerung angehoben wie Tab. 2.12 zeigt. Die Schüttelsiebe machen ca. 450 Bewegungen pro Minute.

2.5.6.4 Einstellung des Walzenabstandes
Die Einstellung des Walzenabstandes geschieht nach den Erkenntnissen der Schrot-Sortierung. Zunächst ist Voraussetzung, dass die Walzen parallel stehen,

Tab. 2.12 Leistung der Schrotmühlen – Umdrehungszahlen der Walzen*

Schrottyp		Läuterbottichschrot			Maischefilterschrot	
Leistung/cm u. h		25	45	80	35	64
Vorbruchwalzen	U/min	200/190	260/225	450/370	325/255	470/400
Spelzenwalzen	U/min	200/220	355/365	550/450	255/325	400/490
Grießwalzen	U/min	165/330	455/198	450/395	455/198	480/390

* Mühlen verschiedener Hersteller

Tab. 2.13 Walzenabstände bei verschiedenen Schrotaufgaben (mm)

Spelzentrennung	Läuterbottichschrot				Maischefilterschrot	
	trocken		konditioniert		trocken	
	ohne	mit	ohne	mit	ohne	mit
Vorbruchwalzen	1,6	1,3	1,4	1,1	0,9	
Spelzenwalzen	0,8	0,5	0,6	0,4	0,4	
Grießwalzen	0,4	0,4	0,4	0,4	0,2	

was mit Hilfe von Fühlerlehren (Spion), Papier- oder Bleistreifen kontrolliert werden kann.

Die Vorbruchwalzen sind so einzustellen, dass alle Körner angebrochen sind und der Mehlkörper aus den Spelzen herausfallen kann. Die Grießwalzen (unteres Walzenpaar) sollen so arbeiten, dass möglichst viele Feingrieße entstehen. Die Spelzenwalzen müssen die den Spelzen anhaftenden Grieße ausmahlen, damit diese durch das folgende Sieb abgetrennt werden können. Maßgebend für die Beurteilung, ob ein Schrot befriedigt oder nicht, ist die Höhe der Ausbeute und die Abläuterzeit, aber auch die Jodnormalität der Vorderwürze und der Nachgüsse. Die Einstellung der Walzenabstände geht aus Tab. 2.13 hervor.

2.5.6.5 Durchmesser und Riffelung der Walzen

Sie sind je nach Mahlgang und Schrottyp unterschiedlich. Vorbruch- und Spelzenwalzen haben stets einen Durchmesser von 250 mm, sie waren bei den älteren Mühlen für Läuterbottichschrot glatt, wobei aber erstere flache Einzugsriefen aufwiesen. Die Grießwalzen hatten einen Durchmesser von 220 mm, bei neueren Mühlen weisen sie ebenfalls 250 mm auf. Sie sind geriffelt (Schneide gegen Schneide). Für Feinschrot (Maischefilter) waren die Walzen stets geriffelt und zwar bei allen Mahlgängen Schneide gegen Schneide. Hochleistungsmühlen für Grobschrot erfordern ebenfalls eine Riffelung der Walzen: sie sind bei Vorbruch- und Spelzenwalzen Rücken gegen Rücken, bei den Grießwalzen wiederum Schneide gegen Schneide.

Die Zahl der Riffel, ihr Schneide- oder Rückenwinkel, ihre Abrundung und ihr Drall hängt wiederum von der Aufgabe und Leistung der Mühle ab; ähnlich wie bei den Walzendrehzahlen kommen hier immer wieder neue Vorschläge, um die Schrotung noch günstiger zu gestalten.

2.5.6.6 Siebe

Die Siebe machen – wie schon erwähnt – ca. 450 Bewegungen pro Minute. Der Hub beträgt dabei je nach Mühlenkonstruktion 15–25 mm. Die Siebbespannung richtet sich wie der nach der Sortierungsaufgabe. Sie ist – ohne Anspruch auf Vollständigkeit zu erheben – in Tab. 2.14 aufgeführt.

Tab. 2.14 Siebbespannung bei verschiedenen Schrotmühlen (Sieb Nr.)

	Läuterbottich	Maischefilter
Sieb zwischen Vorbruch u. Spelzenwalzen		
obere Lage Nr.	10 oder 12	14
		14
untere Lage Nr.	20 oder 22	32
		32
Sieb zwischen Spelzen u. Grießwalzen		
obere Lage Nr.	10 oder 12	10
		10
untere Lage Nr.	20, 22 oder 24	32
		32

Der Zustand der Siebe muss einwandfrei sein. Sie dürfen nicht verlegt sein, was besonders bei feuchten bzw. konditionierten Malzen eintreten kann.

2.5.6.7 Probenehmer

Nach jedem Mahlgang sowie zur Erfassung des Gesamtschrotes müssen Probenehmer vorhanden sein. Eine Unterteilung in zwei oder drei Walzenabschnitte ist wertvoll, um anhand des Schrotes die gleichmäßige Einstellung zu überprüfen.

2.5.6.8 Spezifischer Kraftbedarf

Bei einer modernen Sechswalzenmühle liegt der spezifische Kraftbedarf bei Läuterbottichschrot bei 1,4 kWh/t, wovon 0,25 kWh/t auf den Leerlauf entfallen. Ältere Mühlen bzw. solche für Maischefilterschrot erfordern höhere Werte von 2,0 bzw. 2,5 kWh/t.

2.5.7
Nassschrotung

2.5.7.1 Das Prinzip der Nassschrotung

Die Nassschrotung beruht auf dem Prinzip, dass das Malz vor dem eigentlichen Schroten in Wasser von 10–50 °C so lange geweicht wird, bis ein Wassergehalt von 28–30% erreicht ist. Hierfür werden zwischen 30 Minuten (bei kaltem) und 10 Minuten bei warmem Wasser (ca. 50 °C) benötigt. Das Weichwasser wird nun entweder verworfen oder zum Einmaischen herangezogen. Dem durch das Verwerfen des Weichwassers entstehenden Extraktverlust von ca. 3,5 kg/t Malz und den hieraus resultierenden Abwasserlasten sind keine wesentlichen Vorteile entgegenzusetzen. Der Ablauf des Weichwassers in den Maischbottich nimmt etwa 10 Minuten in Anspruch; da in dieser Zeit das am Korn haftende Wasser weiter aufgenommen wird, ergibt sich eine weitere Intensivierung der Weiche [422].

Beim anschließenden Schroten, das 30–40 Minuten lang dauert, wird das Malz gequetscht; die Spelzen bleiben aber bis zu einem gewissen Grade erhalten und zwar umso mehr, je stärker sie und der Mehlkörper bei der Gesamtkontaktzeit des Malzes mit dem Weichwasser durchweicht wurden. Dies kann so weit gehen, dass der gut gelöste Teil des Mehlkörpers aus dem Korn herausgequetscht wird, die harten Partien aber in der Hülse verbleiben [420, 423]. Dies führt zu einem mangelhaften Abbau derselben während des Maischens, was nicht nur eine deutliche Jodreaktion sondern auch schlechtere Ausbeuten verursacht [424]. Aus diesen Gründen hat sich eine niedrige Weichtemperatur besser bewährt.

2.5.7.2 Nassschrot-Mühlen

Die Nassschrot-Mühlen sind infolge der einfacheren Mahlaufgabe meist Zweiwalzenmühlen. Die Walzen von 300, 400 oder 500 mm Durchmesser haben gleiche Drehzahlen von 400 U/min. Differentialgeschwindigkeiten oder eine konische Ausführung der Walzen erbrachten keine Vorteile. Die Walzen aus Chromnickelstahl verfügen über eine spezielle Riffelung, die einen sicheren Einzug des Malzes in den Mahlspalt ermöglicht. Der Walzenabstand beträgt dabei 0,35 bis maximal 0,40 mm, andernfalls ist eine gleichmäßige Zerkleinerung auch von kleinen Körnern nicht gesichert. Nachdem die Zeit des Schrotens auf ca. 30 Minuten beschränkt ist, da sie mit der Einmaischzeit zusammenfällt, ist eine hohe Leistung der Mühle erforderlich. Sie beträgt somit die jeweils doppelte Schüttung pro Stunde, wobei – wie noch zu besprechen ist (s. Abschnitt 3.2.2.5) – die Leistungen heutzutage noch viel höher gefordert werden (Tab. 2.16). Das Einmaischen kann bei beliebigen Temperaturen getätigt werden. Der Hauptguss läuft dabei über die Mühle und nimmt das Schrot mit.

2.5.7.3 Der Vorgang der Nassschrotung

Er nimmt folgende Zeit in Anspruch:

- Weichen   10–30 Minuten
- Weichwasserablauf   5–10 Minuten
- Schroten   25–35 Minuten
- Spülen   5–10 Minuten

Insgesamt sind hierfür 60–70 Minuten zu veranschlagen. Bei Dekoktionsmaischverfahren ist es üblich auf Maischpfanne und -bottich nacheinander zu schroten, um so Zeit zu sparen (s. Abschnitt 3.2.6.1).

2.5.7.4 Der Kraftbedarf

Der Kraftbedarf beim Mahlen liegt bei 2 kWh/t Schüttung; unter Einsatz der oben erwähnten Pumpe bei 2,5 kWh/t. Heutzutage wird danach getrachtet, einen Sud in 15, maximal 20 Minuten zu schroten. Damit ergibt sich ein wesentlich höherer Leistungsbedarf, z. B. bei 5 t Schüttung von 50 kW innerhalb einer Viertelstunde.

2.5.7.5 Zusatzapparate

Die Funktion der Schrotmühle wie auch die Unterhaltskosten hängen von der Qualität der Vorreinigung ab, die aus Poliermaschine mit Magnetapparat, sowie Steinausleser und Entstaubung bestehen muss.

Auf der Nassschrotmühle ist ein Weichbehälter zu installieren, der die gesamte Schüttung nebst Weichwasser aufnehmen muss.

Bei Aufstellung der Mühle neben dem Maischbottich ist eine Pumpe zur Förderung der Maische erforderlich. Dies muss mit einem sorgfältig justierten Niveauschalter so gesteuert sein, dass ein Lufteinzug in die Maische völlig vermieden wird.

2.5.7.6 Die Beurteilung des Nassschrotes

Wie schon erwähnt, ist diese praktisch nur empirisch möglich. Es wird überprüft, ob alle Körner aufgebrochen und entsprechend weit zerkleinert sind. Dies ist vor allem gegen Ende des Schrotvorganges (Überweiche) wichtig. Ein guter Hinweis ist beim Abläutern aus der Zahl der schwimmenden Körner abzuleiten. Sie sollte möglichst niedrig sein.

Die analytische Beurteilung der Nassschrotung setzt eine korrekte Probenahme und eine genaue Probenteilung voraus. Um eine Nasssiebung zu ermöglichen, wird das Maischwasser mittels einer Laborzentrifuge (Mettler), die mit einem Nylonfilterbeutel von 25 µm Porenweite versehen ist, abgeschleudert. Die Feststoffteile werden nun in einem Dispersionsmittel (Isobutanol) gleichmäßig suspendiert und einer Nasssiebung zugeführt. Hierzu dient eine Vibrationsmaschine (Retac-3) mit Prüfsieben nach DIN 4188. Die von den jeweiligen Sieben zurückgehaltenen Fraktionen werden (mit dem betreffenden Siebsatz zusammen) 8 Stunden bei 90 °C und einem Druck von 10 Torr getrocknet [425].

2.5.8
Die optimierte Nassschrotung

Die Probleme, die sich speziell durch eine „Überweiche" beim Nassschroten ergeben, sind in Tab. 2.15 dargestellt.

Außerdem hatten die Würzen allgemein während der zweiten Hälfte der Vorderwürzelaufzeit eine Erhöhung der Jodreaktion zu verzeichnen, die sich anschließend bei den Nachgüssen fortsetzte [420].

Tab. 2.15 Versuche mit steigender Weichzeit – Analyse der Biere

Weichtemperatur °C	50 °C				
Zeit min	10	20	30	40	60
Polyphenole mg/l	202	206	202	200	215
Anthocyanogene mg/l	71	69	62	61	60
Polymerisationsindex	2,85	2,99	3,25	3,28	3,58
Viscosität mPa s	1,70	1,71	1,71	1,72	1,75
Biergeschmack Reihenfolge	3	2	1	4	5

2.5.8.1 Die Verbesserung der Weiche

Sie wurde dadurch erreicht, dass der Weichvorgang kontinuierlich in einem Schacht zwischen Malzrumpf und Mühlenoberteil erfolgte (Abb. 2.14). Dieser Schacht ist so bemessen, dass Verweilzeiten des Malzes von 30–90 Sekunden erreicht werden können.

Das Malz wird hier nur kurz mit Wasser von definierter Temperatur benetzt, wodurch die Spelze bereits elastisch wird, das Korninnere jedoch trocken bleibt. Der Ablauf des Schrotens ist dabei wie folgt:

Die Malzschüttung für einen Sud wird normal in den Malzrumpf eingewogen. Es kann aber der Rumpf auch kleiner gehalten werden, d.h. das Malz wird während des Schrotens in diesen transportiert. Diese Lösung ist jedoch bei den kurzen Zeiten des Schrotens (15–20 min) unbefriedigend. Nach dem Anlauf der Mahlwalzen und der Maischepumpe wird das trockene Malz aus dem Malzrumpf mittels der oberen Speisewalze in die Schachtweiche gefördert. Dabei erfolgt in der Speisewalzenkammer eine gleichmäßige Benetzung des Malzes mit Wasser von 50–75 °C. Der Wassergehalt des Malzes steigt hierbei auf 18–22 %, wobei sich – wie schon erwähnt – das Weichwasser fast ausschließlich in den Spelzen befindet und der Mehlkörper trocken bleibt. Der Wasserverbrauch beträgt 0,7–1,0 m^3/t Malz, wobei nur ein Teil für die Befeuchtung verbraucht wird. Das „Nassschrot" wird durch eine Dickstoffpumpe abgefördert; es ist hierdurch die Herstellung sehr konzentrierter Maischen möglich [426]. Die untere Speisewalze fördert das geweichte Malz über Leitbleche als konstanten Malzstrom den Quetschwalzen zu. Deren frei wählbarer Mahlspalt beträgt zwischen 0,2 und 1 mm. Die Walzen von 300–500 mm Durchmesser weisen eine spezielle Riffelung auf, die nicht parallel zur Walzenachse verläuft. Durch diesen Drall wird die Stoßbelastung reduziert, die sich sonst durch abrupte, lokale Mahlspaltänderungen ergibt. Bei fehlendem Walzendrall können diese Mahlspaltänderungen fast doppelt so groß werden wie bei gedrallten Walzen.

Das vermahlene Gut wird unmittelbar unter den Mahlwalzen mit der genau temperierten Maischwassermenge zu einer pumpfähigen Maische vermengt und mittels der integrierten Maischepumpe schonend in den Maischbottich verbracht (Abb. 2.14).

2 Das Schroten des Malzes

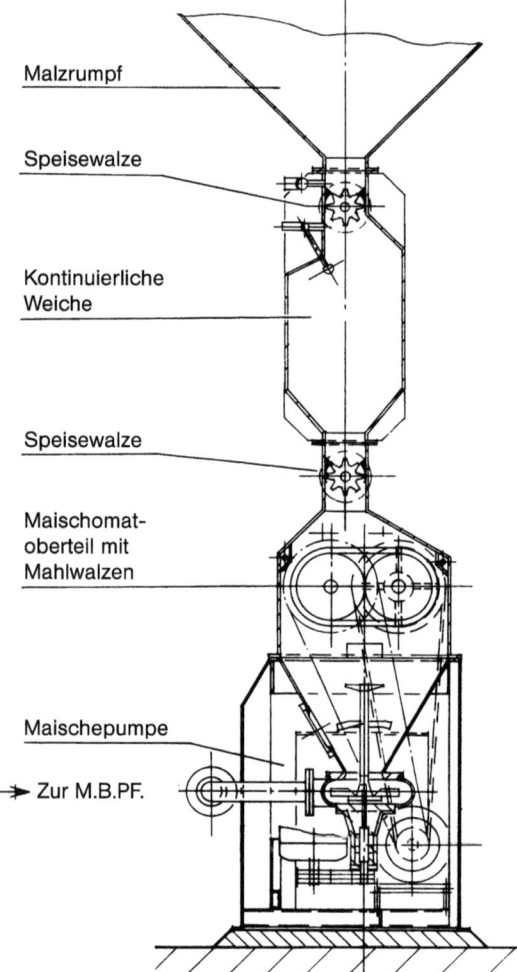

Abb. 2.14 Nassschrotmühle mit Weichkonditionierung

Für eine einwandfreie Funktion der Konditionierungsstrecke ist wichtig:
a) Eine gleichmäßige Zufuhr des trockenen Malzes über die obere Speisewalze.
b) Eine Geometrie des Weichschachtes, die für das feuchte Schüttgut einen gleichmäßigen (Massen-)Fluss ermöglicht, d. h. Totzonen, die zum Überweichen führen, vermeidet.
c) Eine Einstellung der unteren Speisewalze, die unabhängig von der Schrotmühlenleistung eine bestimmte „Weichzeit" ergibt. Dies wird durch eine kontinuierliche Niveausteuerung bewirkt.
d) Die Schrot-/Wasser-Suspension muss aus dem Raum unterhalb der Walzen so abgeführt werden, dass kein Stau entsteht, der seinerseits wieder zu Abschaltvorgängen der Mühlenautomatik führt.

Tab. 2.16 Technische Daten von Nassschrotmühlen

Leistung t/h	5	10	16	25	40	25
Zahl der Walzen	2	2	2	2	2	4
Walzendurchmesser mm	300	300	400	400	500	400
Walzenlänge mm	600	1000	1200	1200	2000	1200
Installierte Leistung der Anlage* kW	21	26	58	74	115	74

* Die Gesamtleistung teilt sich bei den 25-t-Zwei- oder Vierwalzenmühlen wie folgt auf: Mahlwalzen 2×30 kW, Speisewalzen 2×1,5 kW, Maischpumpe 11 kW

Eine ungleichmäßige Beschickung der Mahlwalzen bewirkt z. B. bei nur pulsierender Zuführung eine „Schwellbeanspruchung", die die Walzen um bis zu 0,05 mm auseinander drücken kann. Es ist dann der Mahlspalt oszillierend statt z. B. 0,35 mm bis zu 0,40 mm weit, was eine schlechtere Zerkleinerung und höhere Verluste in den Trebern zur Folge hat [427].

Die Mühle nach Abb. 2.14 entspricht dem im Abschnitt 2.5.7.2 geschilderten Prinzip. Sie wird bis zu Leistungen von 40 t/h als Zweiwalzenmühle gebaut, wobei nach Tab. 2.16 Walzenlänge und Walzendurchmesser bestimmend sind. Diese Leistungen, die bei dem befeuchteten Gut bei einen Mahlspalt von 0,25–0,35 mm die Walzen stark beanspruchen, würden eigentlich eine Vierwalzenmühle logisch erscheinen lassen: Bei der Vierwalzenmühle liegt die Drehzahl des oberen Walzenpaares bei 400 U/min, die des unteren bei 480 U/min. Die Walzenabstände betragen 0,8 bzw. 0,4–0,5 mm. Die Vierwalzenmühlen haben sich wohl sehr gut bewährt, sind jedoch in der Anschaffung wesentlich teurer, doch bezüglich Kraftbedarf gleich und infolge längerer Standzeit der Walzen (aufgrund der größeren Mahlspalten) im Unterhalt günstiger.

Die Schrotzeit, die der Einmaischzeit entspricht, ist seit der Einführung der Nassschrotung 1960 wesentlich verkürzt worden. Dies liegt einmal an der Forcierung der Maischverfahren, um der besseren Auflösung und der höheren Enzymkapazität der Malze Rechnung zu tragen und so die Inhomogenität der Maische zu vermeiden. Zum anderen erfordert die Vermeidung von Oxidationsvorgängen, z. B. von Polyphenolen, vor allem aber von Lipidabbauprodukten durch Lipoxygenasen kürzere Kontaktzeiten. Hierzu kann die Mühle auf einfache Weise mit Inertgas (N_2, CO_2) beschickt werden. Auch der Einlauf der Maische in das Maischgefäß von unten trägt zu der inerten Arbeitsweise bei.

Es ist allerdings zu berücksichtigen, dass die hohe Leistung der Schrotmühle – z. B. für eine Schüttung von 10 t und 40 t/h eine hohe Stromspitze von bis zu 100 kW zur Folge hat.

Tab. 2.17 Vergleich von herkömmlicher und definierter Weiche [420]

		Nassschrot	Definierte Weiche
Laborausbeute des Malzes	%	76,6	76,6
Sudhausausbeute	%	76,1	76,4
Auswaschbarer Extrakt der Treber	%	0,5	0,4
Aufschließbarer Extrakt der Treber	%	1,2	0,9
Polyphenole	mg/l	207	195
Anthocyanogene	mg/l	74	82
Polymerisationsindex		2,80	2,38
Endvergärungsgrad	%	81,7	83,3
Jodreaktion	ΔE	0,48	0,15
Farbe	EBC	10,2	9,5
Läuterzeit	min	165	168

2.5.8.2 Das Schroten des definiert geweichten Malzes

Dies ist mit denselben Mühlen möglich wie bei der Nassschrotung beschrieben. Es sind vorhandene Nassschrotmühlen durch Einsetzen der „Konditionierungsstrecke" umzubauen, jedoch auch die Walzen bezüglich der Riffelung entsprechend anzupassen.

2.5.8.3 Der Effekt der definierten Weiche

Er äußert sich darin, dass die Spelzen weitergehend zerkleinert sind als bei der herkömmlichen Nassschrotung. Der Mehlkörper ist praktisch vollständig freigelegt. Die Ergebnisse der Würzen von Vergleichssuden zeigt Tab. 2.17.

Es lässt sich durch die bessere Aufbereitung des Schrotes nicht nur eine höhere Sudhausausbeute, sondern auch eine günstigere Zusammensetzung der Würze erzielen; dies wird besonders deutlich bei den Polyphenolen, beim Endvergärungsgrad und bei der Jodreaktion, die durch eine weitere Optimierung der Mühle zum Verschwinden gebracht wird. Die Läuterzeit verlängerte sich trotz der stärkeren Vermahlung der Spelzen nicht.

2.5.9
Dispergiertechnik

Bei diesem Verfahren werden mittels kinetischer Energie vom Dispergiergerät große Scher- und Schubspannungen sowie Turbulenzströmungen erzeugt, welche zu einer Verkleinerung der Teilchen- oder Tröpfchengröße führen. Es wird damit gleichzeitig ein Zerkleinern und Dispergieren erzielt und damit die Herstellung einer homogenen Maische.

Hierfür können so genannte Stiftmühlen verwendet werden. Diese zerkleinern das Mahlgut zwischen konzentrisch angeordneten Stiftreihen einer rotierenden und feststehenden Scheibe.

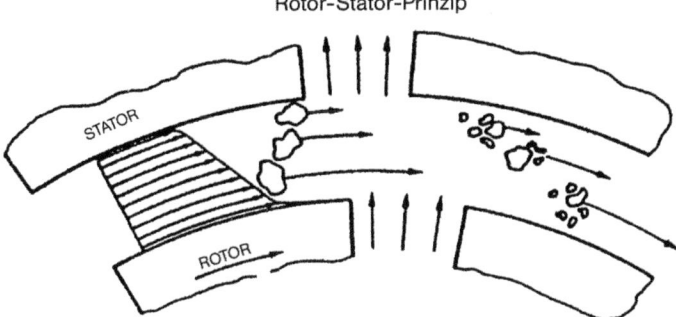

Abb. 2.15 Schematische Darstellung der Wirkungsweise am Scherspalt [426]

Eine andere Ausführung besteht aus zwei gegenläufig rotierenden Scheiben. Die Rotorachse liegt dabei meist horizontal. Das Gut wird zentrisch aufgegeben und von außen radial entnommen. Die Feinheit des Mahlgutes wird durch die Anzahl der eingesetzten Rotor-/Stator-Einheiten, die Art der Bestiftung/Anzahl der Stiftreihen, Rotordrehzahl und Volumendurchsatz bestimmt.

Eingeführt haben sich in der Sudhaustechnologie Mehrkammer-Dispergiermaschinen mit einem jeweils radial und tangential geschlitzten Rotor hoher Umfangsgeschwindigkeit in einem konzentrischen, ebensolchen Stator (Abb. 2.15).

Die Wirkungsweise derselben ist folgende:
- Eintritt von Maischwasser und Malz axial auf die erste Dispergierkammer,
- Beschleunigung der Mischung auf die Rotor-Umfangsgeschwindigkeit (> 21 m/s),
- Eintritt der Korn/Wasser-Mischung in den ersten Scherspalt zwischen Rotor und Stator,
- Einwirken von hochturbulenten Verwirbelungen an den Kanten jedes Rotorzahns (Turbulenzfelder) auf die Mischung,
- Austritt aus dem Scherspalt,
- Eintritt in die nachfolgende Dispergierkammer (Abb. 2.16),
- Austritt der Maische in das Maischgefäß.

Das sehr komplexe Geschehen im Rotor-/Statorsystem lässt sich vereinfacht so darstellen, dass sich an den Kanten eines jedes Rotorzahns hochturbulente Verwirbelungen (Turbulenzfelder) bilden. Sie wirken auf die sich beim Eintritt in die Dispergierkammer vereinigenden Stoffströme (Hauptguss und Malz) in den Scherspalten zwischen den Zahnkränzen von Rotor und Stator [428]. Durch Verringerung der Grenzflächenspannungen der Teilchen kommt es zu einer Reduzierung der Teilchengrößen. Hierdurch werden neue, zusätzliche Oberflächen geschaffen, die die Umsetzungen beim Maischen begünstigen.

Nachdem der Mahlvorgang vom Eintritt in das Gerät an unter Wasser stattfindet, wird eine unerwünschte Sauerstoffaufnahme vermieden. Die Maische als

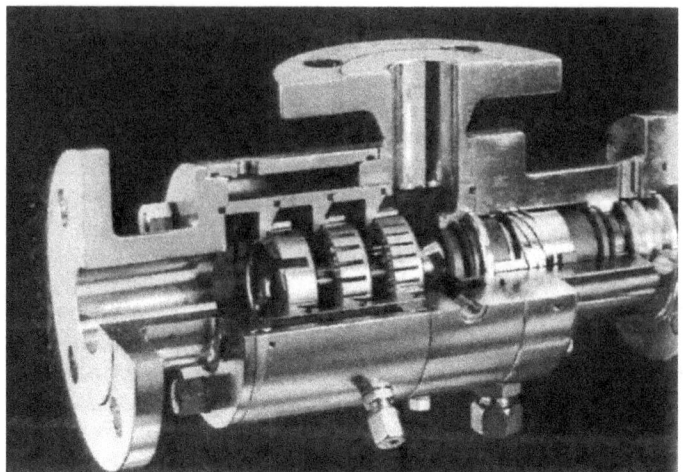

Abb. 2.16 Querschnitt durch eine Dispergierkammer [427]

sehr homogene Suspension wird von der Dispergiermaschine direkt (ohne weitere Pumpe) in das Maischgefäß befördert.

Die Aufbereitung der Mehlkörperpartikel, insbesondere der Stärkekörner ist intensiver als bei Trockenschrot, konditioniertem Trockenschrot und Nassschrot. Im Vergleich zu Feinstschrot ist die Extraktbildung nach 10 Minuten noch etwas schlechter (14,3% statt 15,1% P), erreicht jedoch denselben Endwert nach 60 Minuten. Die Verläufe von β-Glucan und damit der Viskosität sind sich ähnlich, wobei aber die Viskosität etwas höher ausfällt als bei Pulverschrot. Es ist aber so, dass die Dispergierung bei schlechter gelöstem Malz mehr β-Glucane in Lösung bringt, die aber von den (noch) vorhandenen β-Glucanasen nicht mehr (oder nur beschränkt) abgebaut werden. Die Extraktgehalte nähern sich im Laufe des Maischprozesses einander an [429].

Das Dispergierverfahren kann bei den modernen Maischfiltern zu 100% umgesetzt werden, auch bei der Verarbeitung von Rohfrucht. Bei Läuterbottichen ist der Anteil dispergierten Schrotes auf 30% beschränkt.

Das Verfahren spart Platz; es kann auf aufwändigen Explosionsschutz verzichtet werden. Inwieweit eine Entstaubung entbehrlich ist, wird jeder Betrieb für sich entscheiden. Eine Entsteinungsanlage (s. Abschnitt 2.5.5.3) ist jedoch erforderlich.

Das Verhältnis von Schüttung zu Hauptguss kann bis zu Maischekonzentrationen von 1:2,5 eingestellt werden. Das Spülwasser am Ende des Dispergiervorganges kann der Leitungsreinigung zum Maischbottich dienen. Die Anlage ist CIP-fähig.

Der Kraftbedarf beträgt 5 kWh/t Malz. Soll eine Schüttung von 10 t in 15–20 min dispergiert und eingemaischt werden, sind 150 kWh für diese Einmaischzeit erforderlich [428].

2.5.10
Herstellung von Pulverschrot

Im Gegensatz zu den bisher besprochenen Schroten sollen hier die Spelzen vollkommen gemahlen werden, da sie bei den in Frage kommenden Würzetrennvorrichtungen stören würden. Dies ist jedoch nicht einfach durchzuführen.

2.5.10.1 Schlag- oder Prallmühlen

Die Mühlen sind Schlag- oder Prallmühlen, deren Schlägerwerk das Malz bricht und dabei durch Siebeinlagen passiert. Meist werden sogenannte Hammermühlen verwendet. Auf einem Rotor sind auswechselbare Stahlschläger angeordnet. Bei einer Umfangsgeschwindigkeit von 70–120 m/s wird das Malz so weit zerkleinert, bis die Partikel durch die Lochung des Siebes von 2–3 mm lichter Weite hindurch fallen. Auch die Spelzen werden hierbei auf diese Größe vermahlen. Die Zerkleinerungsarbeit kann über den Malzdurchsatz etwas gesteuert werden; wichtig ist hierbei auch die Malzzuführung bzw. die Verteilung, die über die gesamte Breite des Rotors erfolgen muss, um eine ungleichmäßige Abnützung der Stahlschläger wie auch der Siebe zu vermeiden. Aus diesem Grund wird auch die Drehrichtung des Rotors periodisch geändert. Die Schläger und die Siebe nützen sich durch die starke Beanspruchung entsprechend ab und müssen gewechselt werden, wenn die Schrotsortierung nicht mehr den Anforderungen entspricht. Eine Hammermühle mit horizontaler Rotorachse zeigen die Abb. 2.17 und 2.18.

Während des Mahlvorgangs ist eine kräftige Ventilation innerhalb des Mühlenraumes notwendig, die einen Temperaturanstieg begrenzen soll. Die die Mühle verlassende Luft wird über einen entsprechenden Feinfilter vom Malzstaub und -mehl befreit.

Um eine Oxidation des Schrotes zu verringern, kann die Mühle vom Schrotkasten her mit CO_2 (oder N_2) geflutet werden. Eine Mühle der obigen Konstruktion arbeitet durch die Verdrängung des Inertgases durch das Schrot während des gesamten Mahlvorganges inert. Das Gas entweicht aus dem Malzpufferbehälter über der Mühle. Der CO_2-Verbrauch beträgt 3–4 kg/t Malz. Durch die Inertgasatmosphäre ist die Anlage explosionsgeschützt. Die Anordnung einer derartigen „inerten" Mühle zeigt Abb. 2.19.

Eine Hammermühle mit vertikaler Rotorachse ist in Abb. 2.20 dargestellt. Sie ist für hohe Leistungen vorgesehen und benötigt keine Aspirationsluft für den Vermahlungsprozess; es wird lediglich die verdrängte Luft an einer rotierenden Schleuse abgelassen. Die beweglichen Hämmer [110] bewegen sich in der Horizontalen und treiben das zerkleinerte Gut durch das Hordensieb sowie den Siebkranz. Die Siebfläche beträgt 170 dm^2. Die Siebkammer kann abgesenkt werden, so dass die Hämmer und der Rotor für die Reinigung und Wartung leicht zugänglich sind (Abb. 2.21). Die Umfangsgeschwindigkeit beträgt 70–110 m/s. Die Leistung beträgt 15 bzw. 20 t/h, der Kraftbedarf ca. 7 kWh/t. Bei dieser Konstruktion haben Hämmer und Siebe eine längere Standzeit.

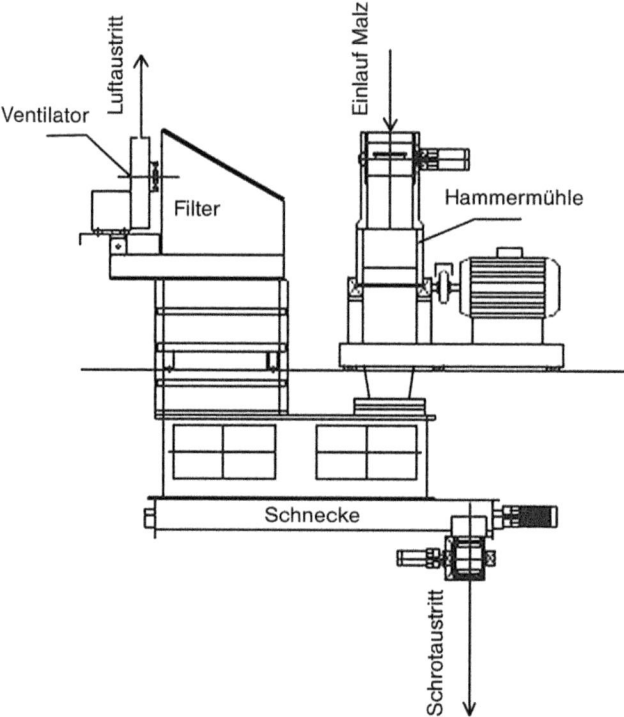

Abb. 2.17 Anordnung einer Hammermühle mit horizontaler Rotorachse und Belüftung

Abb. 2.18 Hammermühle mit horizontaler Rotorachse im aufgeklappten Zustand

2.5 Schrotmühlen

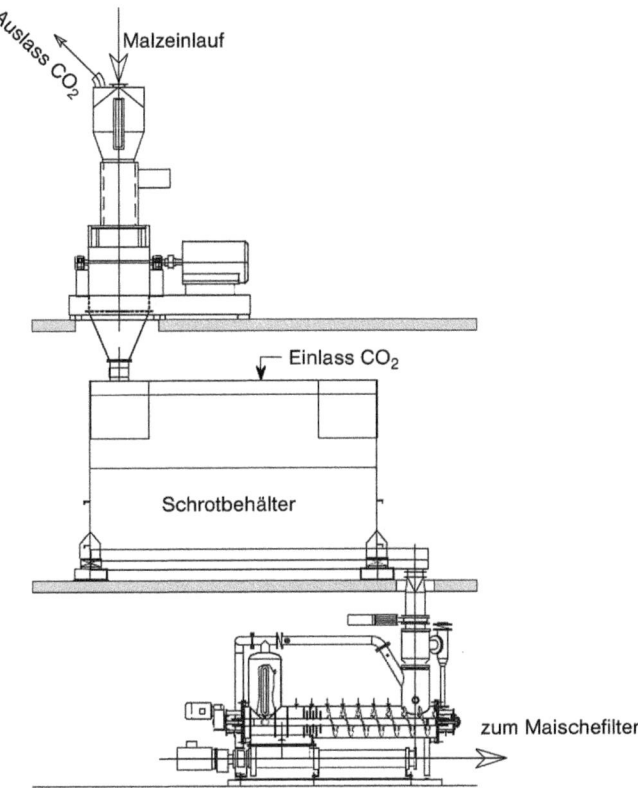

Abb. 2.19 Schema einer inert arbeitenden Hammermühle

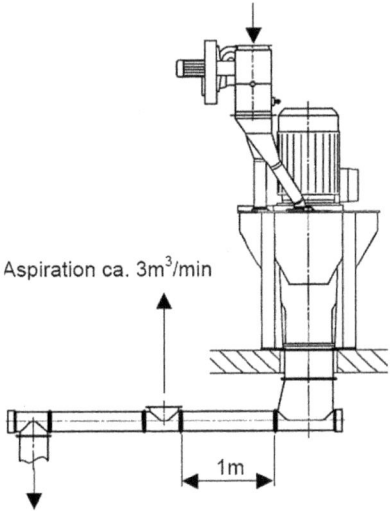

Abb. 2.20 Hammermühle mit vertikaler Rotorachse

Abb. 2.21 Absenkbare Siebkammer

2.5.10.2 Nassschrotmühlen für Feinschrot

Sie wurden entwickelt, um den bei den „Trockenmühlen" gegebenen Temperaturanstieg zu vermeiden und den beim Herstellen von Pulverschrot auftretenden Sauerstoff-Eintrag zu vermeiden. Damit können Maßnahmen zur Darstellung einer Inertatmosphäre umgangen werden [430].

Abb. 2.22 Nassschrotmühle für Feinschrot

Diese Nassschrotmühlen sind Scheibenmühlen, deren rotierende Scheibe 1275 Upm bei einer Umfangsgeschwindigkeit von 40 m/s aufweist. Ein festes Hammerpaar sorgt für die Verteilung des Malzes. Das Malz wird in der Folge von Messern in drei Zonen mit immer feiner werdenden Zähnen zerkleinert. Der Scheibenabstand liegt meist bei 0,35 mm, der Kraftbedarf ist bei einer Mühle von 15,5 t/h 97 kW (6,25 kWh/t Malz).

Das Malz wird über eine Dosierschleuse in einer unter einem bestimmten Wasserniveau stehenden Säule befeuchtet und über eine frequenzgeregelte Dosiertrommel in die Mühle geführt. Hier wird das restliche Einmaischwasser zugegeben. Durch eine N_2- oder CO_2-Atmosphäre wird ein Sauerstoffeintrag vermieden. Das geschrotete Malz gelangt in einen Puffertank und von hier in das Maischgefäß (Abb. 2.22).

Die Leistung der Mühle bestimmt die Länge des Einmaischprozesses, wie dies auch bei der Nassschrotung für Läuterbottiche oder beim Dispergiergerät der Fall ist. Für eine wünschenswerte Einmaischzeit von 20 Minuten wird eine Mühle von einer Leistung der dreifachen Schüttung benötigt. Dies erbringt für eine Schüttung von 10 t eine „Stromspitze" von rund 200 kWh über einen Zeitraum von 20 Minuten hinweg.

Das erzielte Feinschrot befriedigt bei den modernen Maischfiltern vollkommen. Eine leichte Trübung beim Anlaufen des Maischfilters wird meist ohne Probleme hingenommen.

2.5.10.3 Die Zusammensetzung der Pulverschrote

Die Zusammensetzung der Pulverschrote nach dem Pfungstädter Plansichter bzw. dem MEBAK-Sieb ist in Tab. 2.18 dargestellt, wobei zugegebenermaßen die Bestimmung der Partikelgrößenverteilung mittels Luftstrahlsiebung und Laserbeugungsspektrometer im Größenbereich <500 µm genauere Werte anzeigt.

Ein „Pulverschrot" soll etwa zu 70% Teilchen enthalten, die feiner als 150 µm sind, es ist jedoch nur ein kleiner Teil an Partikeln unter 50 µm wünschenswert, da diese zur Klumpenbildung beim Einmaischen beitragen [417].

Tab. 2.18 Analyse von Pulverschroten

	Maischefilter [%]	Pulverschrotbereiche [%]
Spelzen	8,6	0–1
Grobgrieß	4,0	0–3
Feingrieß	15,3	<0,7
Feingrieß	44,9	>30
Mehl	10,4	<25
Pudermehl	16,8	<35

2.5.10.4 Anwendung und weitere Entwicklungen

Die weitgehende Aufbereitung des Malzes ermöglicht es, ein Maischverfahren von nur 60 Minuten Dauer anzuwenden. Es sind also nur kurze Enzympausen erforderlich, um eine Würze von völlig normaler Zusammensetzung zu erzielen. Ein derartiges Maischverfahren kann auch kontinuierlich gestaltet werden. Es dient dann zusammen mit den entsprechenden Trennvorrichtungen (Vakuumfilter, Zentrifugensysteme) als Baustein zur kontinuierlichen Würzeherstellung (s. Abschnitt 4.4.6) [431–433].

Weitere Entwicklungen bei Feinstschrot zielen auf eine Trennung der Anteile in Endosperm- und Aleuronmehl hin [434]. Bei differenzierten Mahlschritten können auch die Spelzen eigens gewonnen werden. Durch die Variation des Prozentsatzes der verschiedenen Anteile kann ein tiefgreifender Einfluss auf die Würzezusammensetzung genommen werden.

Die technologische Bedeutung der Feinstschrote liegt darin begründet, dass sie wegen der größeren Oberfläche der Partikeln eine schnellere Verteilung derselben in der Maische bewirken, so dass die Enzyme das Substrat rascher angreifen können. Bei gut gelösten, homogenen Malzen sind die Unterschiede zwischen „Grob"- und „Feinst"schrot gering, bei der Verarbeitung schlecht gelöster Malze ergeben sich jedoch deutliche Vorteile des Hammermühlenschrotes: Die Maltosebildung erfolgt rascher, ebenso die Freisetzung des freien Aminostickstoffs [430]. Der β-Glucangehalt steigt beim Feinschrot stärker und nachhaltiger an, nachdem aber bei Temperaturen über 60–65 °C die Endo-β-Glucanase bereits deutlich geschwächt ist, findet kein Abbau des hochmolekularen Materials mehr statt, die Endwerte der Maische und Würze sind höher, was zu Filtrationsschwierigkeiten im Sudhaus und im Filterkeller führen kann [435].

Bei der Herstellung von Feinstschrot ergeben sich durch Reibung Metall/Mahlgut Temperaturen von ca. 40 °C, die in der heißen Jahreszeit bis auf 55 °C ansteigen können. Bei längerer Lagerung von z. B. 6 Stunden wirkt sich die Aktivität der Lipoxygenase deutlich aus. Die Menge an Oxidationsprodukten des Lipidabbaus steigt an, was am Anstieg der Hydroperoxide erkennbar ist. Es sollte also die Schrotzeit so gelegt werden, dass 5–15 Minuten nach Ende des Schrotens mit dem Einmaischen begonnen werden kann [436]. Bei einer Temperatur von 55 °C können aber auch andere empfindliche Enzyme leiden, wie z. B. die Endo–Glucanasen, bei längerer Einwirkungszeit selbst die β-Amylasen.

Feinstschrot muss klumpenfrei eingemaischt werden; hierfür eignen sich die modernen Einmaischvorrichtungen: die Einteigschnecke, besondere Mischapparaturen, wie auch eine auf Venturibasis beruhende (s. Abschnitt 3.2.3.1). Weiterhin ist es wichtig, dass das Rührwerk des Maischgefäßes die Erstellung einer homogenen Maische gewährleistet.

2.6
Einflüsse auf die Beschaffenheit und die Zusammensetzung des Schrotes

Bei den Eigenschaften des Malzes spielen Auflösung und Wassergehalt eine große Rolle [437].

2.6.1
Die Auflösung

Gut gelöstes Malz ist mürb und enthält nur wenig harte oder glasige Stellen. Es lässt sich leicht zerkleinern, aber auch weniger fein zerkleinerte Teile lösen sich ohne Schwierigkeiten, da das Malz enzymreich ist.

Den Einfluss der Malzauflösung auf das Ergebnis des Schrotens zeigt Tab. 2.19.

Bei gleicher Einstellung der Schrotmühle ergibt sich eine umso bessere Ausmahlung der Spelzen und eine umso weitgehendere Zerkleinerung des Mehlkörpers, je besser gelöst das Malz war.

Die Schrotfrage verliert also umso mehr an Bedeutung, je besser gelöst ein Malz ist. Es lässt sich hier auch mit einem gröberen Schrot eine einwandfreie Arbeitsweise und eine gute Ausbeute erzielen.

Je geringer die Lösung des Malzes, umso wichtiger wird die mechanische Aufbereitung, umso feiner und sorgfältiger muss es geschrotet werden, um die schwer aufschließbaren Teile in feine Partikelchen zu zerlegen. Diese können dann beim Maischen durch den Angriff der Enzyme besser aufgeschlossen und abgebaut werden. Für derartige Malze sind Sechswalzenmühlen, eventuell mit Konditionierung notwendig. Auch die Nassschrotung mit definierter Weiche hat sich hier bewährt.

Pulverschrote und dispergierte Maischen können hier einen gewissen, aber keinesfalls völligen Ausgleich erbringen.

Tab. 2.19 Schrotsortierung von Malzen unterschiedlicher Auflösung [438]

Malz Keimzeit Stunden	60	96	120
Mehl-Schrotdifferenz %	5,8	2,2	1,2
Spelzen	24	19	16
Grobgrieß	18	17	13
Feingrieß I	21	22	26
Feingrieß II	14	16	17
Mehl	5	6	7
Pudermehl	18	20	21

2.6.2
Der Wassergehalt des Malzes

Er beeinflusst die Feinheit des Schrotes. Je feuchter und elastischer ein Malz ist, umso gröber wird unter sonst gleichen Bedingungen das Schrot. Besonders bei glatten, ungeriffelten Walzen ergibt sich mit steigendem Wassergehalt des Malzes ein höherer Spelzenanteil, während der Mehlanteil sinkt. An den Spelzen haftende Grobgrieße können u. U. während des Maischprozesses nicht mehr vollständig aufgeschlossen und verzuckert werden. Das Abläutern geht wohl leichter vonstatten aber die Treberverluste steigen (s. Abschnitt 4.1.3.5).

Diese Aussagen beziehen sich jedoch nur auf Malz, das bei einer unsachgemäßen Lagerung einen zu hohen Wassergehalt von 6–8%, ja 10% aufgenommen hatte. Dieser verteilt sich in etwa gleichmäßig auf Spelzen und Mehlkörper. Bei der Konditionierung des Malzes wird im Wesentlichen nur der Wassergehalt der Spelzen erhöht, während der Mehlkörper trocken bleibt und normal zerkleinert werden kann. Es kommt aber auch hier der sorgfältigen Ausmahlung der Spelzen größte Bedeutung zu.

Bei wasserarmen Malzen kann ein zu weitgehendes Zerkleinern von Mehlkörper und Spelzen erfolgen. Der sinkende Spelzenanteil hat eine langsame Abläuterung zur Folge, das Auswaschen der Treber wird unergiebig, die Ausbeute fällt. Diese Erscheinung war früher beim Verbrauen sehr junger, meist dunkler Malze gegeben. Dieses Problem tritt bei Mühlen mit Konditionierung bzw. bei Nassschrotmühlen nicht mehr auf.

2.6.3
Die Sortierung des Malzes

Die Größe der Malzkörner bzw. die Verteilung unterschiedlicher Korngrößen in einer Malzmischung kann sich auf das Ausmaß der Zerkleinerung auswirken. Es müsste z. B. ein Malz aus II. Sorte getrennt für sich, mit eigener Einstellung der Mühle geschrotet werden [439]. Nachdem jedoch eine Trennung des Malzes nach Korngrößen in der Praxis kaum möglich ist, muss hier eine Mühleneinstellung gewählt werden, die auch die kleinen Körner noch auszumahlen gestat-

Tab. 2.20 Korngröße und Schrotsortierung

Korngröße mm	über 2,8 [%]	2,5–2,8 [%]	2,2–2,5 [%]
Spelzen	26,5	30,2	33,4
Grobgrieß	18,7	17,7	18,2
Feingrieß I	24,1	22,8	20,9
Feingrieß II	12,0	10,4	10,1
Mehl	5,9	5,8	5,6
Pudermehl	12,8	13,1	11,8

tet. Der Einfluss der Korngröße aus sortenreinen Malzpartien bei gleichbleibender Mühleneinstellung ist sehr ausgeprägt [440].

Nach Tab. 2.20 nahm die Spelzenfraktion mit fallender Korngröße zu, die Grieß- und Mehlanteile dagegen ab. Nachdem die Körner während des Mälzens an Volumen zunehmen (s. Bd. I), dürfte der Anteil 2,2–2,5 mm im Hinblick auf die Schrotbeschaffenheit mengenmäßig zu vernachlässigen sein, wenn alle Körner gebrochen werden.

2.6.4
Das angewandte Maischverfahren

Je langsamer und sorgfältiger der Lösungsprozess beim Maischen durchgeführt wird, je länger und je häufiger Enzympausen eingehalten werden, umso weniger wichtig ist die Zusammensetzung des Schrotes. Die chemisch-biologische Auflösung vermag die mechanische Auflösung zu ergänzen. Ein intensives Zweimaischverfahren wird ein gröberes Schrot vertragen als ein Infusions- oder gar ein Hochkurzmaischverfahren. Pulverschrot (s. Abschnitt 2.5.10.4) erlaubt es, innerhalb von netto 60 Minuten Maischzeit eine normal verarbeitungsfähige Maische zu erreichen, wobei aber Auflösung und Enzymkapazität des Malzes auch hier die Zusammensetzung der einzelnen Stoffgruppen dominieren [436] (s. auch Abschnitt 2.6.1).

Einen Einblick, ob die Schrotzusammensetzung dem jeweiligen Maischverfahren entspricht gibt der Stärkegehalt der Treber, die Abläuterzeit, die Jodreaktion der Würze und die Höhe der Ausbeute.

2.6.5
Die Art der Abläutervorrichtungen

Sie setzen jeweils ein bestimmtes Schrot voraus. Bei Verwendung eines *Läuterbottichs* darf der Feinheitsgrad des Schrotes im Interesse der Erhaltung der Spelzen als natürliche Filterschicht eine bestimmte Schwelle nicht überschreiten. Es ist jedoch noch nicht geklärt, wie weit die Vermahlung des Mehlkörpers getrieben werden darf bzw. wie viele Grieße als „Distanzstücke" im Sinne eines raschen Würzeablaufs erhalten bleiben sollen.

Beim Strainmaster (s. Abschnitt 4.4) darf infolge der größeren Läuterflächen das Schrot feiner sein als beim Läuterbottich, doch kommt auch hier den Spelzen noch die Aufgabe einer Filterschicht zu.

Beim herkömmlichen Maischefilter lassen die Filtertücher eine besondere Schonung der Spelzen als Filtermaterial weniger wichtig erscheinen. Doch darf auch hier nicht beliebig fein geschrotet werden, da das entstehende Spelzenmehl die Bierqualität herabsetzt und das Abläutern erschwert. Dem Schrot- und Trebervolumen kommt bei der gleichmäßigen Befüllung der Kammern eine große Bedeutung zu. Bei den modernen Maischefiltern wird Feinstschrot verwendet, das bei guter Ausstattung der Maisch- bzw. Maischbottichpfannen eine gute Homogenität der Maische und dabei eine Verkürzung des Maischverfah-

Tab. 2.21 Der Einfluss verbesserter Schrotqualität [420]

Spelzengehalt %	43	34	27	18
Verzuckerungszeit min	27	22	22	20
Endvergärungsgrad %	81,7	81,9	82,1	82,4
Jodreaktion ΔE	0,48	0,42	0,30	0,20
Treberverluste				
Auswaschbarer Extrakt %	0,67	0,58	0,55*	0,44*
Aufschließbarer Extrakt %	0,83	0,70	0,65	0,60
Gesamt %	1,50	1,28	1,20	1,04

* nach einigen Korrekturen der Läuterarbeit

rens erlaubt. Durch eine Kombination von Trockenschrotmühlen (mit Konditionierung) und Mühlen für Feinstschrot können Variationen getätigt werden.

2.6.6
Der Einfluss verbesserter Schrotqualität auf Würzezusammensetzung und Ausbeute

Wie schon im Kapitel „Nassschrot" bzw. „Optimierte Nassschrotung" angesprochen, kann ein zu grobes Schrot, bzw. eine mangelhafte Zerkleinerung oder Ausmahlung der Spelzen Ausbeuteverluste, aber auch eine nicht ganz befriedigende Würzequalität bedingen.

Dasselbe gilt auch für Trockenschrote bzw. für solche, die mit Konditionierung des Malzes hergestellt werden. Bei ungenügender Einstellung der Mühle ist der auf dem obersten Sieb des Pfungstädter Plansichters verbleibende Anteil zu groß. Er enthält neben den eigentlichen Spelzen grobe bzw. gröbste Grieße, die mangelhaft gelöst sind. Eine bessere Ausmahlung der Spelzen erbrachte den in Tab. 2.21 dargestellten Effekt.

Durch die Freilegung und Vermahlung der groben Grieße trat eine Verkürzung der Verzuckerungszeit, eine Verbesserung der Jodnormalität und eine Erhöhung des Endvergärungsgrades ein (s. Tab. 2.2). Es fiel nicht nur der aufschließbare Extrakt der Treber ab, sondern durch eine infolge besseren Abbaus ergiebigere Auslaugung auch der auswaschbare Extrakt der Treber.

2.7
Die Anordnung der Schroterei

In früheren Jahren befand sich die gesamte Schrotereianlage über dem eigentlichen Sudhaus. Sie erstreckte sich auf mindestens drei Stockwerke. Zum Beispiel von oben nach unten: Malzreinigung und Entstaubung, Waage und Schrotmühle, Schrotkasten. Der Einbau einer Konditionierung machte eine Trennung von Waage und Schrotmühle erforderlich. Bei ungenügender Raumhöhe oder zur Einsparung eines der ohnedies schlecht genützten Stockwerke wurden zusätzlich Fördersysteme erforderlich, z. B. Überheb-Becherwerke und Horizontalförderer. Verschiedentlich wurde auch das Schrot während des Schrotens mittels einer pneumatischen Anlage in den neben der Mühle oder in einem anderen Raum befindlichen Schrotkasten transportiert.

Bei einem derartigen Schritt ist es nicht mehr weit bis zur Aufstellung einer Sechswalzenmühle im eigentlichen Sudraum. Es muss das Schrot lediglich von dem tiefsitzenden Schrotkasten aus über ein spezielles Einmaisch- oder Vormaischgerät in den Maischbottich geleitet werden (s. Abschnitt 3.2.3.1).

Es war auch üblich bei entsprechender Kapazität an Schrotkasten im Vorrat zu schroten, z. B. mit billigerem Nachtstrom. Nachdem sich aber die Zahl der Sude pro Sudwerk gegenüber früher wesentlich erhöhte, würden zu viele Schrotbehälter, zu denen u. U. auch noch eigene Spelzenbehälter gehören, nötig, die auch ein zu kompliziertes Verteil- und Transportsystem zum Einmaischen erforderlich machten. Es kann gerade hier zu unkontrollierten Mischungen kommen.

Wenn auch vor den Schrotmühlen Magnetapparate zur Herausnahme von Eisenteilen angeordnet sind, um Funkenbildung in Reinigungsmaschinen und Mühlen zu vermeiden, so wird doch das Explosionsrisiko von den öffentlichen Überwachungsorganen als erheblich angesehen. Es wurden deshalb Sicherheitsanforderungen sowohl an den Betreiber als auch an den Hersteller der Anlagen gestellt. Als Grundlage dienen die VDI-Richtlinien 3673 und 2263 sowie weitere spezielle regional unterschiedliche Auflagen der Behörden.

Nassschrotmühlen bieten von jeher die Möglichkeit der Aufstellung im Sudraum, da das Gut mittels Pumpen zu den Maischgefäßen geleitet wird. Es war in den 1960er Jahren aber auch die Anordnung der Nassschrotmühle über dem Maischbottich anzutreffen.

Die Schroterei einschließlich der zugehörigen Apparate, Transportanlagen und Waagen kann vollautomatisiert durch Staffelschaltungen gesteuert werden.

3
Das Maischen

Das Maischen stellt die Weiterführung des Auflösungsprozesses des Gersten- bzw. des Malzkornes dar. Die während der Mälzung bewirkten Abbauvorgänge werden von denselben Enzymen bzw. Enzymgruppen fortgesetzt: Dem Malzschrot werden die löslichen und lösbaren Stoffe entzogen und in flüssige Form übergeführt. Die hieraus entstehende Lösung heißt Würze, die Summe der gelösten Bestandteile „Extrakt".

Das Ziel der Umsetzungen ist eine für den jeweiligen Biertyp spezifische Würze mit bestimmten Eigenschaften. Um sie zu erhalten, bedient sich der Brauer physikalischer (Schroten, Maischekochen) und chemisch-biologischer Mittel, um die Wirkung der Enzyme auf das Substrat zu beeinflussen.

3.1
Theorie des Maischens

Die Überführung der festen Malz- bzw. Schrotbestandteile in lösliche Form mit Hilfe des Wassers ist nur zum geringsten Teil ein reiner und leicht vor sich gehender Lösungsprozess. Zwar kommen bereits in der Gerste wasserlösliche Stoffe vor, die durch die Keimung eine wesentliche Erhöhung erfahren, doch ist der Anteil der wasserlöslichen Stoffe des Malzes noch gering. Es handelt sich hier im Wesentlichen um Zucker (Saccharose, kleine Mengen an Maltose, Glucose und Fructose), lösliche Gummistoffe und deren Abbauprodukte (β-Glucane, Pentosane), Eiweißabbauprodukte, Lipide, Polyphenole und bereits lösliche Enzyme. Von den anorganischen Bestandteilen löst sich der größte Teil.

Der seiner Menge und Bedeutung nach wichtigste Teil des Malzkornes, die Malzstärke ist noch unlöslich. Sie muss, ebenso wie die hochmolekularen Eiweißkörper und die noch verbliebenen Stütz- und Gerüstsubstanzen durch die Wirkung der Malzenzyme in lösliche Form übergeführt und bis zu einem wünschenswerten Ausmaß abgebaut werden.

Nachdem aber die Malze nach dem Ausmaß des beim Mälzen schon erfolgten Abbaus und in ihrem Gehalt an Enzymen sehr verschieden sein können, muss die Verfahrensweise beim Maischen entsprechend diesen Gegebenheiten und Bedürfnissen angepasst werden, um eine bestimmte Würze zu erzeugen.

Die Bierbrauerei: Band 2: Die Technologie der Würzebereitung. 8. Auflage
Ludwig Narziß und Werner Back
Copyright © 2009 WILEY-VCH Verlag GmbH & Co. KGaA, Weinheim
ISBN: 978-3-527-32533-7

3.1.1
Stärkeabbau

Er ist der wichtigste enzymatische Vorgang beim Maischen. Die der Gerstenstärke ähnliche Malzstärke ist in der Form von Stärkekörnern eingelagert, die sich ihrerseits in den stärkeführenden Zellen des Gerstenendosperms befinden. Die Wände dieser Zellen, aus Hemicellulosen und Proteinen bestehend, wurden beim Mälzen je nach dem Auflösungsgrad des Malzes mehr oder weniger stark abgebaut. Auch sind die in Keimlingsnähe vorliegenden Zellwände wesentlich stärker aufgelöst als die in der Kornspitze befindlichen (s. Bd. I).

Die Stärkekörner, aus denen die native Stärke besteht, setzen sich aus geschichteten Sphärokristallen zusammen. Die linearen Amylose- und die verzweigten Amylopectinmoleküle sind miteinander verschlungen und nach der Mitte zu orientiert. Die Bündel oder Mizellen sind aus linearen Segmenten dieser Moleküle gebildet und durch Wasserstoffbrücken verbunden. Einzelne Amylose- oder Amylopectinmoleküle können sich über mehrere micellare Bereiche erstrecken; sie halten die Stärkekörner zusammen [441].

3.1.1.1 Die Stärke

Sie liegt in der Gerste in Groß- und Kleinkörnern vor. Die ersteren mit einer Größe von 10–30 μm machen ca. 10–20% der Zahl, aber 80–90% des Gewichts aus; die Kleinkörner von 1–6 μm sind der Zahl nach hoch (80–90%), sie sind jedoch am Gewicht der Stärke nur zu 10–20% beteiligt [441]. Nachdem aber die Hauptmenge derselben beim Mälzen verschwindet [442], enthält das Malz nur mehr einen geringen Anteil. Auch die Proteinschicht der Stärkekörner wird bei der Keimung teilweise abgebaut [443]. Die Großkörner sind leichter angreifbar als die kleinen; dies dürfte mit dem geringeren Gehalt an „Haftproteinen", aber auch an Mineralstoffen zusammenhängen, die bei den Großkörnern mit durchschnittlich 0,13% niedriger ist als bei den Kleinkörnern (0,16%). Auch spielen Gerüstsubstanzen und Lipide eine Rolle. Gerade letztere können mit der Stärke Komplexe bilden und ihren Abbau behindern [444].

Die Stärke besteht zu 98% aus chemisch reiner Starke, der Rest setzt sich zusammen aus Proteinen, Lipiden, Gerüstsubstanzen und Mineralstoffen, vor allem Phosphaten, aber auch Caicium und Magnesium. Der Lipidanteil von Stärkekörnern normaler Stärke liegt bei 0,16–1,17%, der Anteil freier Fettsäuren bei 31–46 mg/100g [165, 445]. Die Stärke besteht bekanntlich zu 17–24%, bei Kleinkörnern zu 40% aus Amylose und zu 76–83%, bei Kleinkörnern zu 60% aus Amylopectin (s. Bd. I).

Mit einem erhöhten Anteil an Amylose liegt auch ein erhöhter Anteil an Lipiden vor [238, 446].

Die *Amylose* baut sich aus Glucoseeinheiten in α-1,4-Bindung auf, die aber eine Schraubenwindung von je 5–7 Glucosemolekülen bilden. Bei Glucoseresten liegt das Molekulargewicht zwischen 10 000 und 500 000. Sie enthält aber auch 0,1% α-1,6-Bindungen. Sie ist somit nur geringfügig verzweigt. Amylose besteht aus durchschnittlich 1800 Glucoseresten [91], das durchschnittliche Molekulargewicht liegt bei 190 000–260 000 Da [152]. Sie bildet in wässriger Lösung ein Stärkesol, das nicht verkleistert und sich bei längerem Stehen bei 50–60 °C wieder ausscheidet („Retrogradation"). In diesem Zustand ist sie von den Amylasen schwer angreifbar. Die Jodfärbung ist rein blau [447, 448].

Das *Amylopectin* verteilt sich beim Erhitzen in Wasser zu einer kolloid kleisterigen Masse, dem sog. Stärkegel, das in der Lösung stabilisiert ist und mit Jod eine violette bis rein rote Färbung gibt.

Amylopectin besteht aus Glucose-Einheiten in a-1,4- und a-1,6-Bindungen; letztere machen 4–5% der ersteren aus. Es verzweigt sich also die Amylopectinkette alle 7–8 Glucoseeinheiten, die Länge der äußeren Zweige umfasst 13–15 Glucosen. Das Riesenmolekül enthält nur eine reduzierende Endgruppe. Während der Aufbau des Amylopectins lange Zeit dem in Abb. 3.5 dargestellten Baummolekül entsprach, so wird heute unterschieden in die A-Ketten, die nur an ihrem reduzierenden Ende verknüpft sind und in die B-Ketten die einen Zweig oder mehrere derselben tragen. Ein derartiges „B-Molekül" ist in Abb. 3.1 dargestellt [449, 450]. Diese räumliche Struktur und ein Gehalt von 0,23% Phosphorsäure bedingt die Verkleisterungsfähigkeit des Amylopectins. Das Molekulargewicht liegt mit 6 000–40 000 Glucoseresten zwischen 1 und 6 Mio. Die Reaktion der Stärke mit Jod ist von der Kettenlänge des Moleküls abhängig [451] wie Tab. 3.1 zeigt.

Diese Aufstellung erklärt auch die Jodfärbung des Amylopectins, da dessen Ketten ebenfalls eine spiralige Struktur aufweisen [452].

Das Jod lagert sich in die Hohlräume langer Ketten ein. Es bildet sich eine Einschlussverbindung, die eine starke Lichtabsorption aufweist. Die Reaktion gelingt aber nur in der Kälte; sie verschwindet beim Erwärmen. Andere Sub-

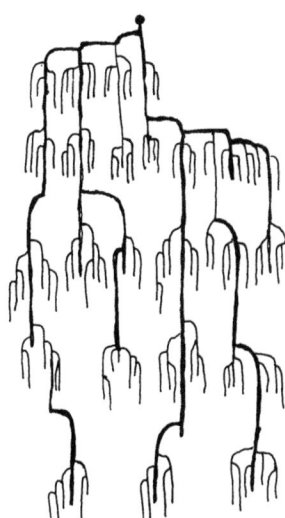

Abb. 3.1 Amylopectin

Tab. 3.1 Abhängigkeit der Jodfärbung von der Kettenlänge

Kettenlänge Glucoseeinheiten		Zahl der Helixglieder	Färbung mit Jodlösung
größer als	45	8	blau
	40	7	blau-purpur
	36	6	purpur
	31	5	rot
	12	2	schwach rot
kleiner als	9	1,5	keine

stanzen wie z. B. Polyphenole, Eiweiß, Alkalien und Formalin können die Schärfe der Jodreaktion beeinflussen.

3.1.1.2 Das Verhalten der Stärke

Das Verhalten der Stärke bei Suspension in Wasser ist für die Vorgänge beim Maischen wichtig. Der Lösungsvorgang der Stärkekörner ist keine einheitliche Erscheinung. Es sind hier folgende Teilvorgänge wirksam:
a) das Aufschlämmen und Quellen der Stärkekörner;
b) das Verkleistern der Stärke;
c) der eigentliche enzymatische Abbau.

In kaltem Wasser ist Stärke unlöslich. Die Stärkekörner nehmen nur etwas Wasser auf und quellen dabei. Mit Jod ergibt sich noch keine Färbung. Bei höheren Temperaturen tritt zunächst eine stärkere Quellung ein, die Körner werden ab 50 °C deutlich größer, bei 70 °C bekommen sie zunächst kleine, radial verlaufende Risse, die sich aber ständig vergrößern, bis das Stärkekorn in verschiedene Schichten zerfällt. Die nun austretende Inhaltssubstanz lässt sich mit Jod nachweisen. Nun setzt die Verkleisterung ein: Durch Wasseraufnahme entsteht eine milchig opalisierende, gallertige und stark viskose Masse, die eine Volumenzunahme um das rund Hundertfache erfährt. Dieser klebrige „Kleister" wird beim Entzug von Wasser immer zäher bis er schließlich zu einer hornartigen Masse erstarrt. Die Eigenschaft der Kleisterbildung wird dem Amylopectin zugeschrieben; der Stärkekleister besteht aber aus beiden Komponenten, der kolloidal gelösten, nicht verkleisternden Amylose und dem verkleisternden Amylopectin, das der Amylose gegenüber die Rolle des Schutzkolloids spielt. Doch kann sich bei längerem Stehen – vor allem in der Kälte – wieder Amylose ausscheiden.

Die Stärke verkleistert umso vollkommener, je langsamer die Temperaturerhöhung erfolgt. Bei Teilmaischverfahren fördert das Kochen bzw. eine Temperatur nahe dem Siedepunkt die Verkleisterung. Größere Stärkekörner verkleistern leichter als kleine. Dies dürfte auf die höheren Mineralstoff- und Eiweißgehalte der letzteren (u. a. auch aus der Prolaminfraktion der Gerste bzw. des Malzes) zurückzuführen sein (s. Abschnitt 3.1.2.2).

Tab. 3.2 Verkleisterungstemperaturen verschiedener Cerealien

Stärkeart	Verkleisterungstemperatur °C
Kartoffel	55–60
Weizen	60–85
Mais	65–75
Gerste	70–80
Reis	65–85

Tab. 3.3 Verkleisterungstemperatur von Malzen verschiedener Erntejahre [448, 454]

Jahrgang	2004	2005	2006	
			Sommergerste (SG)	Wintergerste (WG)
Verkleisterungstemperatur in °C (Rotationsviskosimeter) [453]	62,0	62,5	65,1	62,6

Die Stärkearten der verschiedenen Cerealien unterscheiden sich deutlich durch die Höhe der Verkleisterungstemperatur (Tab. 3.2).

Für die Brauerei ist es wichtig, dass die Verkleisterungstemperatur der Stärke bei Gegenwart von Enzymen herabgesetzt wird, im Falle der Gersten- bzw. Malzstärke um ca. 20 °C. Diese Enzyme bewirken aber auch gleichzeitig eine Verflüssigung des Stärkekleisters, so dass die vorstehend beschriebenen Veränderungen der Stärke bei der Verkleisterung in der Maische nicht beobachtet werden können. Es bereitet demnach auch die Verarbeitung der meisten Stärkearten keine Schwierigkeiten, nur bei Reis kann es erforderlich sein, besondere Verfahren anzuwenden (s. Abschnitt 1.2.1.5).

Es sind aber die Verkleisterungstemperaturen der Malzstärke nach neuen Untersuchungen z. T. beträchtlich höher als in der Literatur angegeben [453]. Sie schwanken je nach Amyloseanteil, der Stärkekorngröße, dem kristallinen Anteil und je nach Art der Kristallstruktur sowie generell nach der Struktur der Stärke in weiten Grenzen [448, 454]. Ein anschauliches Beispiel stellen die Unterschiede in der Verkleisterungstemperatur der Stärke von Malzen der Ernte 2005 und 2006 dar, wie Tab. 3.3 zeigt.

Die sehr hohe Verkleisterungstemperatur im Jahrgang 2006 ist auf eine sehr kurze und warme, trockene Vegetationszeit (verspätete Aussaat, vorzeitige Abreife) zurückzuführen. Bei Wintergerste wirkte sich die längere Vegetationszeit und die spätere Einwirkung der hohen Frühjahrs-/Sommertemperaturen mildernd auf diese Charakteristik aus [448, 453, 454].

3.1.1.3 Die stärkeabbauenden Enzyme

Der Stärkeabbau führt nun entweder direkt zu Maltose oder über Gruppen unterschiedlichen Molekulargewichts, die Dextrine. Bei diesem Abbau entstehen auch Monosaccharide und Trisaccharide sowie eine Vielzahl von unterschiedlichen Oligo- und Megalosacchariden. Wenn auch die Hydrolyse der Stärke mit Hilfe verdünnter Säuren möglich ist (s. Abschnitt 1.2.2.1), so wird doch der Stärkeabbau in der Brauerei durch die Wirkung von Enzymen vollzogen.

Die β-Amylase (a-1,4-Glucanmaltohydrolase) baut Amylose vom nichtreduzierenden Ende her ab und spaltet jeweils Maltoseeinheiten ab. Es entstehen hierdurch rasch reduzierende Zucker, doch nimmt die Jodreaktion nur langsam ab.

Amylopectin wird ebenfalls von den nicht reduzierenden Kettenenden her angegriffen. In der Nähe von a-1,6-Bindungen kommt der Abbau zum Stillstand. Der Rest des Amylopectins bleibt als sog. „β-Grenzdextrin" übrig, das mit Jod noch eine Rotfärbung ergibt. Es spaltet die β-Amylase das Amylopectin nur zu etwa 50%. Die hohe Viskosität desselben bleibt lang erhalten.

Die Wirkungsoptima der β-Amylase zeigt folgende Aufstellung (Tab. 3.4).

Wie Abb. 3.2 zeigt, ist die β-Amylase gegen Temperaturen über 60 °C sehr empfindlich und wird rasch geschädigt [455].

Nach Abb. 3.3 verliert sie bei 65 °C bereits nach 10 Minuten zwischen 50 und 90% ihrer Aktivität, wobei diese in konzentrierteren Maischen langsamer abnimmt. So sind in einer 1:2-Maische nach 40 Minuten immerhin noch ca. 30% der Aktivität der β-Amylaseaktivität nachweisbar (Abb. 3.3). Die β-Amylase verträgt einen tieferen pH verhältnismäßig gut.

Als Enzym, das Sulfhydrylgruppen enthält, ist es gegen Schwermetalle (Cu, Ag, Hg, Pb) empfindlich.

Die a-Amylase (a-1,4-Glucan-4-glucanohydrolase) greift die Amylose von „innen" heraus an; es wird auch ein Angriff an den a-1,4-Bindungen jeweils einer Helix angenommen. Hierdurch entstehen Oligosaccharide mit 6–7 Glucoseeinheiten, bei längerer Einwirkung auch Maltotriose, Maltose und Glucose. Durch die rasche Zerkleinerung des Moleküls kommt die Jodreaktion bald zum Verschwinden.

Amylopectin wird von der a-Amylase zwischen den Verzweigungsstellen durch Lösen von ausschließlich a-1,4-Bindungen angegriffen. Es entstehen rasch Dextrine, die keine Jodfärbung mehr zeigen, wenngleich der Abbau zu Oligosacchariden und von diesen weiter zu Maltose langsamer abläuft [456].

Die Viskosität des Stärkekleisters nimmt rasch ab.

Tab. 3.4 Wirkungsoptima der β-Amylase

	pH	Temperatur °C
in reiner Stärkelösung	4,6	40–60
in Maische (ungekocht)	5,4–5,6	60–65

Über 70 °C wird das Enzym rasch inaktiviert.

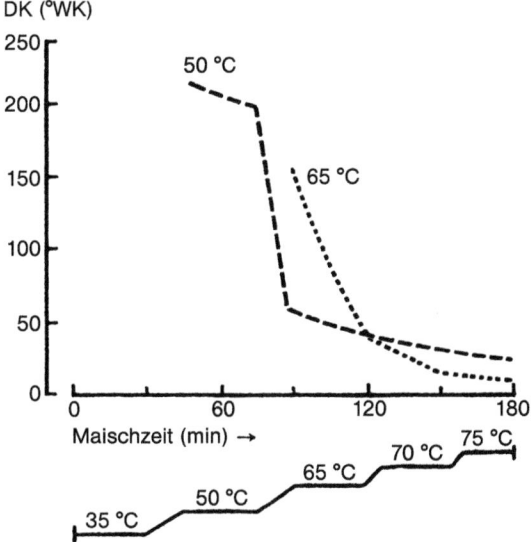

Abb. 3.2 β-Amylase während des Maischens

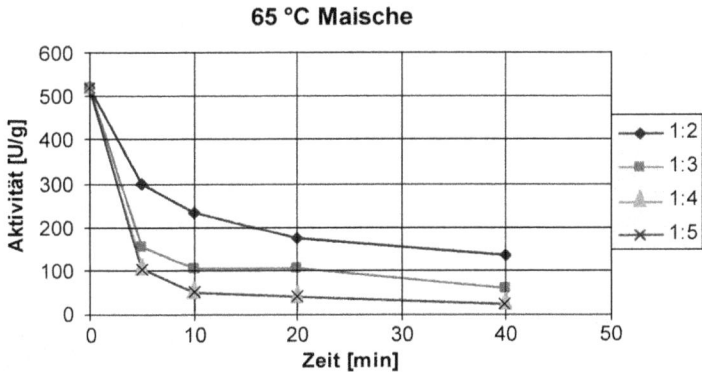

Abb. 3.3 Aktivität der β-Amylase bei 65 °C in Abhängigkeit der Maischekonzentration [453]

Die Wirkungsoptima der α-Amylase sind in Tab. 3.5 aufgeführt.

Die α-Amylase wird schon bei Temperaturen von 70 °C in relativ kurzer Zeit geschädigt wie Abb. 3.4 zeigt. Sie erfährt eine Förderung durch Ca^{2+}- und Cl^--Ionen.

Der Wirkungsmechanismus der beiden Amylasen lässt im Wesentlichen zwei Reaktionen unterscheiden: einmal die Bildung eines Enzym-Substratkomplexes mit der Geschwindigkeitskonstanten K_1 bzw. bei der Wiederholung K_{-1} und zum anderen mit der Geschwindig-keitskonstanten K_r. Bei den Reaktionsprodukten handelt es sich während des Stärkeabbaus – vor allem in der Anfangs-

Tab. 3.5 Wirkungsoptima der α-Amylase

	pH	Temperatur °C
in reiner Stärkelösung	5,6–5,8	60–65
in Maische (ungekocht)	5,6–5,8	70–75

Über 80 °C wird das Enzym rasch inaktiviert.

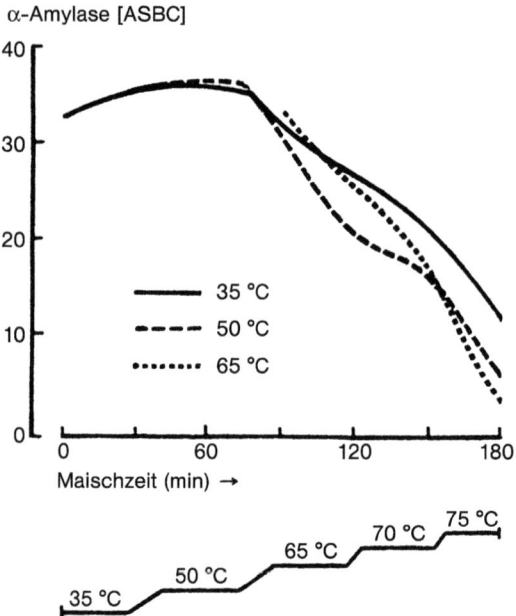

Abb. 3.4 α-Amylase während des Maischens

phase – um relativ große Moleküle, die erneut als Substrat dienen können. Ist die Konstante der Katalyse K_r im Vergleich zur Konstanten der Dissoziation K_{-1} sehr groß, so folgen nach Anlagerung des Enzyms an das Substrat und dem ersten Abbauschritt weitere Spaltungen, bis das Molekül völlig verbraucht ist. Erst dann verbindet sich das Enzym mit einem neuen Substratmolekül. Dieser Mechanismus wird als „Einkettenangriff" bezeichnet. Ist dagegen die Geschwindigkeitskonstante K_{-1} viel größer als K_r, so spaltet das Enzym nur eine Bindung, trennt sich von den Abbauprodukten und verbindet sich anschließend mit einem neuen Substratmolekül („Mehrkettenangriff"). Bei den Amylasen ist jedoch eine Zwischenform feststellbar: ein „Mehrfach-Angriff", bei dem auf die Bildung eines Enzym-Substratkomplexes mehrere katalytische Schritte folgen, bevor sich das Enzym vom Substratmolekül vor dessen vollständigem Abbau trennt, um ein anderes Substratmolekül zu binden. β-Amylase spaltet bei einer Enzym-Substratbegegnung im Mittel etwa 4,3 Maltoseeinheiten ab. Bei der Bildung des Enzym-Substratkomplexes lagern sich unterschiedlich große Maltosaccharide an das aktive Zentrum des Enzyms an: Zum Beispiel kann die α-Amylase unter bestimmten Bedingungen Einheiten mit maximal 8 Glucoseeinheiten anlagern, während der Mehrfach-Angriff der α-Amylase auf die Amylose offenbar vom reduzierenden zum nicht reduzierenden Ende hin erfolgt [452, 457]. Beim zweiten katalytischen Schritt sind stets ionisierende Gruppen des Enzymmoleküls beteiligt, weswegen die Reaktion pH-abhängig ist. Beim ersten Schritt, der zur Bildung des Enzym-Substratkomplexes führt, ist u. U. die Diffusion geschwindigkeitslimitierend, z. B. in der Anfangsphase, wenn noch hochmolekulare Produkte vorliegen. Hier spielen neben Temperatur, Mischintensität, Viskosität und Maischekonzentration eine Rolle.

Neben den beiden Amylasen sind noch einige andere Enzyme – teils mehr teils weniger – an den Reaktionen beteiligt:

Die Grenzdextrinase spaltet die α-(1 → 6) glykosidischen Bindungen von Amylopektin und Amylose (bzw. im Laufe des Stärkeabbaus anfallende Grenzdextrine. Diese können weder von der α-Amylase noch von der β-Amylase abgebaut werden können. Hierdurch entstehen kleinere Bruchstücke wie Maltose, Maltotriose, Maltotetraose wodurch insgesamt mehr vergärbare Zucker vorliegen.

Es ist aber die Grenzdextrinase für eine vollständige Hydrolyse der Stärke unabdingbar [458]. Sie kommt in Gerste in drei Formen vor, in freier, in einer latent gebundenen und in einer gebundenen Form. Das Molekulargewicht liegt bei ca. 105 000 Da und der isoelektrische Punkt bei 4,5 [459]. Grenzdextrinase spielt bereits bei der Biosynthese der Stärke beim Aufwuchs der Gerste eine Rolle. Bei der Keimung wird sie durch Proteolyse aktiviert. In der Maische wurde ihre Optimaltemperatur bei 55–60 °C angegeben; neue Untersuchungen lassen bei 62–62,5 °C ein Optimum erkennen [460, 461].

Das früher erwähnte R-Enzym gibt es nicht, es handelt sich stets um Grenzdextrinase.

Die Eigenschaften dieses Enzyms sind in Tab. 3.6 verzeichnet. Nach seinen Optimalwerten vermag dieses nur im Anfangsstadium des Stärkeabbaus zu wirken, d. h. bei 60–62,5 °C, wo die Verkleisterung der Stärke eben beginnt. Bei 65–70 °C dagegen, wenn ein weitgehend abgebautes Substrat vorliegt, ist das Enzym bereits inaktiviert [460, 462–464]. Damit ist der durch die Grenzdextrinase hervorgerufene Umsatz gering. Nur bei Zugabe eines Malzauszuges z. B.

Tab. 3.6 Eigenschaften einiger Enzyme des Stärkeabbaus

Enzym	Grenzdextrinase	Maltase	Saccharase
Temperatur-Optimum °C*	60–62,5	35–40	50
pH-Optimum*	5,1	6,0	5,5
Inaktivierungstemperatur °C	65	40	55

* in Maische

im Gärkeller kann der wirkliche Vergärungsgrad über 80–82% angehoben werden.

Die Maltase ist eine α-Glucosid-glucohydrolase (α-Glc) [465]. Sie hydrolysiert die α-(1 → 4), α-(1 → 3), α-(1 → 2), α-(1 → 6) und α-(1 → 1) glykosidischen Bindungen vom nicht reduzierenden Ende, dabei wird immer ein Glucosemolekül abgespalten [466]. Die Affinität gegenüber dem Substrat steigt mit abnehmendem Polymerisationsgrad und ist für Maltose am höchsten [467]. In Gerste ist es das einzige Enzym, das in der Lage ist, Maltose zu Glucose zu spalten [468]. Es kommen zwei Isoformen vor, die zum einen durch ihren isoelektrischen Punkt differenziert werden können und zum anderen durch ihre Substrataffinität. α-Glc I hat einen niedrigeren pI als α-Glc II [466]. Das Temperaturoptimum in der Maische liegt bei 30–40 °C. In neueren Untersuchungen von α-Glc II wurde eine sehr hohe Affinität gegenüber Maltose bei einer Temperatur von 45 °C und einem pH-Wert von 4,0–4,5 gemessen [467]. Oberhalb von pH 8,0 ist keine Aktivität mehr messbar [468, 469]. Dennoch sind die Umsetzungen insgesamt gesehen gering, da die Stärke noch nicht verkleistert ist und sonst kaum Abbauprodukte des Stärkeabbaus vorliegen (s. auch Tab. 3.6).

Um die Maltase beim Maischen gezielt zur Wirkung zu bringen, muss diese auf ein Substrat einwirken, das bereits einen hohen Anteil an Maltose aufweist. Hierfür ist ein spezielles Maischverfahren erforderlich [470].

Die *Saccharase* ist beim Maischen wirksam und ihre Abbauleistung an der Verringerung der vom Malz her gegebenen Saccharose zugunsten von Glucose und Fructose verfolgbar [471]. Die Optima in Tab. 3.6 liegen deutlich niedriger als der Verfolg des Stärkeabbaus zeigte (s. Abschnitt 3.1.1.5). Hiernach müsste das Enzym noch eine gewisse Wirkung bei 62–67 °C entfalten.

Es spielen die hier aufgeführten Enzyme – mit Ausnahme der Saccharase – infolge des noch nicht genügend aufbereiteten Substrats (Verkleisterung, Vorliegen von abbaufähigen Molekülen) unter normalen Bedingungen offenbar keine bzw. nur eine geringe Rolle, da die meisten der Enzyme bei Vorliegen einer „verzuckerten" Maische bereits inaktiviert sind.

3.1.1.4 Die kombinierte Wirkung der stärkeabbauenden Enzyme
Diese ergibt natürlich ein komplizierteres Bild des Abbaus als das bei Betrachtung der einzelnen Enzyme der Fall ist (Abb. 3.5).

Wie schon erwähnt, wird schon bei Temperaturen von 35–40 °C (wenn diese beim Maischen überhaupt berührt werden) ein gewisser Abbau bei den geringen Maltosemengen, die vom Malz her vorliegen, durch die Maltase erfolgen; hierbei entsteht Glucose. Bei 50–55 °C baut die Saccharase einen Teil der Saccharose, die ebenfalls in vergleichsweise geringen Mengen vorliegt, zu Glucose und Fructose ab. Bei diesen Temperaturen tritt auch schon eine bescheidene Mehrung der Maltose ein. Bei höheren Temperaturen, etwa ab 55 °C, kommt es zu einer Verkleisterung der Malzstärke, so dass der Enzymangriff im vorbeschriebenen Sinne möglich wird. Dabei greift die β-Amylase vom nichtaldehydischen Ende der Amyloseketten und des Amylopectinmoleküls her an und

3.1 Theorie des Maischens | 243

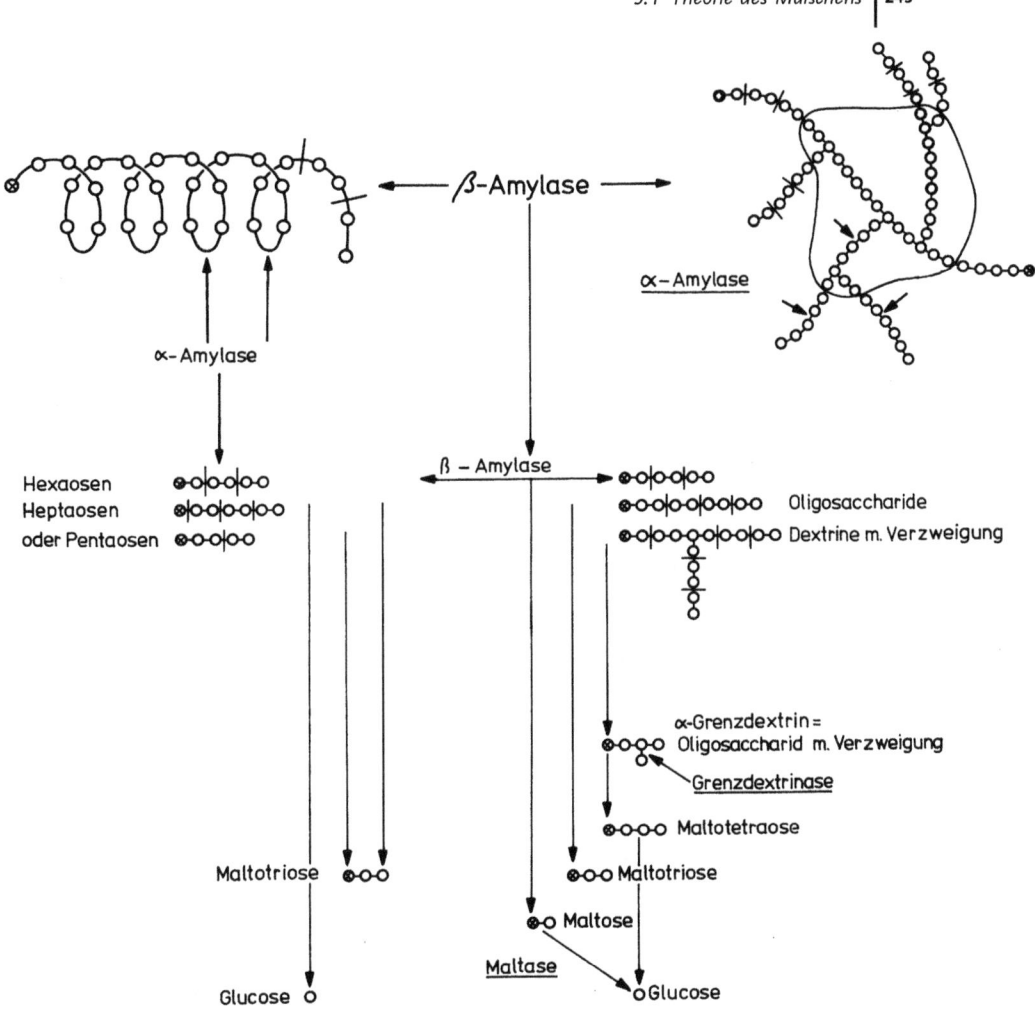

Abb. 3.5 Schema des Stärkeabbaus

baut Maltose ab. Der Abbau wird aber zusehends rascher, wenn die α-Amylase in Annäherurng an ihre Optimaltemperaturen die Moleküle von „innen" heraus angreift und durch die rasche Verminderung der Viskosität des Stärkekleisters eine „Verflüssigung" desselben bewirkt. Durch die Spaltung der Amylose und des Amylopectins in Dextrine werden für die β-Amylase neue Angriffsmöglichkeiten geschaffen, so dass die Maltosebildung solange ansteigt, bis die β-Amylase in Bereichen höherer Temperatur eine Abschwächung ihrer Wirkung oder gar eine Inaktivierung erfährt. Die α-Amylase baut die verbliebenen Dextrine weiter ab; mit zunehmender Rastdauer kommt es zu einer Verschiebung von Dextrinen höheren zu solchen niedrigeren Molekulargewichts [472, 473]. Doch wird auch dieser Abbau, teils wegen der geringeren Affinität der α-Amylase zu kleineren Molekülen, hauptsächlich auch wegen der Hitzeinaktivierung abgeschwächt, bis er bei 80 °C zum Erliegen kommt. Es ist aus dieser Schilderung klar ersichtlich, dass der Schwerpunkt des Abbaus zu mehr Zuckern oder zu mehr Dextrinen durch Wahl geeigneter Rasttemperaturen gut zu beeinflussen ist.

Gegenüber den dominierenden Abbauleistungen von α- und β-Amylase tritt die Wirkung der Grenzdextrinase naturgemäß in den Hintergrund. Es ist daher anzunehmen, dass kein nennenswerter Abbau von α-1,6- Bindungen bei der Amylolyse während des Maischens eintritt.

Die maximal erreichbare Menge an vergärbaren Zuckern liegt bei ca. 72%, normale Bedingungen vorausgesetzt bewegt sich dieser Wert bei 64–67%. Dies entspricht einem scheinbaren Endvergärungsgrad von 79–83% [472, 474].

Die beschriebene Wirkung der stärkeabbauenden Enzyme, vor allem der α- und β-Amylasen, führt Amylose und Amylopectin hauptsächlich in Maltose (2 G) über (40–45%). Dabei entstehen auch 5–7% Glucose (G), z.T. aus der Saccharose, z.T. bei niedrigen Maischtemperaturen aus der Maltose meist jedoch als „Zufallsprodukt" der gleichzeitigen Wirkung der beiden Amylasen (s. oben). Dasselbe gilt für die kleinen Mengen an Isomaltose, die aus zwei Glucose-Einheiten in α-1,6-Bindung bestehen. Maltotriose (G 3) in einer relativ konstanten Menge von 11 bis 13% kann als Produkt des Abbaus von Maltose aus Molekülen ungerader Kettenlänge oder aus der gemeinsamen Wirkung der beiden Amylasen resultieren.

Die geringe Affinität der β-Amylase, aber auch der α-Amylase gegenüber kurzen Ketten lässt niedere Dextrine von 4, 5, 6 und 7 Glucoseeinheiten (G4–G7) zurück. Diese Dextrine beinhalten auch die α-Grenzdextrine. Bis 9 Glucoseeinheiten nehmen die jeweiligen Anteile ab. Die Gesamtmenge von 4–9 Glucoseeinheiten liegt bei 6–12%, die höheren Dextrine (Megalodextrine) bei 19–24% [475, 476]. Erfassbar sind Dextrine bis 34 Glucoseeinheiten. Bei der Gruppe G 27–34 wird angenommen, dass diese bis zu 4 α-1,6-Bindungen, also entsprechende Verzweigungen haben können. Selbst jodnormale Würzen können bis zu 60 Glucoseeinheiten und sicher mehr als 5 Verzweigungen umfassen [477]. Dabei ist es eine allgemeine Erscheinung, dass z.B. Megalosaccharide von G 13, G 14 [478, 479] reichlicher vorhanden sind als solche mit mehr oder weniger Glucoseeinheiten.

Es scheint, als ob in Intervallen von jeweils 6 Glucoseeinheiten (G 6–9, 12–14, 19 und 25) größere Mengen an derartigen Dextrinen vorliegen, was auf die fehlende Affinität der beiden Amylasen auf eine ganz bestimmte Konfiguration zu deuten ist [478].

Durch das Kochen einer Teilmaische erfahren bei dieser hauptsächlich die linearen Dextrine G6–G9 eine Zunahme, während die verzweigten Dextrine G5–G10 praktisch unverändert bleiben. Unmittelbar nach dem Zubrühen auf 70 °C sind die linearen Dextrine kaum mehr feststellbar, die verzweigten Dextrine sind weiterhin unverändert. Die Maischekochung bewirkt demnach offenbar eine Freisetzung von linearen Dextrinen, die sofort nach dem Zubrühen auf 70 °C abgebaut werden. Bei den Pfannevollwürzen waren zwischen Infusions- und Dekoktionsverfahren die gleichen Peakhöhen zu verzeichnen [480].

Fructose (1–2%) und Saccharose (2,5–6%) stammen bereits von den Abbauvorgängen beim Mälzen her; wie schon erwähnt, kann durch die Saccharase eine Erhöhung des Fructose- (und Glucose) Gehalts auf Kosten der Saccharose erfolgen [479, 481].

3.1.1.5 Der Stärkeabbau in der Praxis der Bierbereitung
Er wird nach folgenden Gesichtspunkten geleitet:
a) Die Maische und später die Würze müssen jodnormal sein; der Stärkeabbau ist daher so weit zu treiben, dass keine mit Jod färbenden Abbauprodukte mehr vorliegen. Dies ist bei linearen Dextrinen unter G 9, bei verzweigten etwa unter G 60 der Fall.
b) Der Endvergärungsgrad der Würze soll dem gewünschten Biertyp entsprechen. So liegt der scheinbare Endvergärungsgrad bei hellen Bieren im Bereich von 78–85%, bei dunklen zwischen 68 und 75%. Es soll bewusst noch eine bestimmte Menge an Dextrinen in der Würze vorliegen, die später den Hauptbestandteil des Extrakts im vergorenen Bier darstellen. Sie tragen – wenn auch nicht sehr augenfällig – zum Charakter des Bieres bei.

Der Erfüllung dieser Forderung kommt entgegen, dass der Abbau des Stärkemoleküls auf enzymatischem Wege nicht zwangsläufig zu vergärbaren Zuckern führt, sondern zu jeder Zeit Stärkeabbauprodukte und Maltose nebeneinander bestehen. Es kann, wie aus den Mechanismen ersichtlich, schon zu Beginn des Bereichs des Stärkeabbaus Maltose gebildet werden, während die Hauptmenge noch in Form von höheren Dextrinen, die noch der Stärke nahestehen, besteht. Im Laufe der Abbauvorgänge wird dann immer mehr Maltose gebildet, die Dextrine erfahren einen Abbau, der zu niedermolekularen Gruppen führt und zwar um so mehr, je günstiger die Wirkungsbedingungen der Amylasen sind und je länger diese erhalten werden. Selbst nach dem Erreichen der „achroischen Grenze", nach Eintreten der Jodnormalität, geht der Abbau zu vergärbaren Zuckern und zu Dextrinen niedrigerer Molekulargewichts noch weiter.

Das Mengenverhältnis der vergärbaren zu den unvergärbaren Bestandteilen wird nun von einer Reihe von Faktoren bedingt:
a) von der Menge der amylolytischen Enzyme,
b) der Zugänglichkeit der Stärke
c) den Bedingungen beim Maischen wie Temperatur, Zeitdauer der Rasten, Acidität, Konzentration, Kontakt Enzym-Substrat.

Zu a) Je größer die Konzentration der Amylasen ist, umso rascher und weitgehender wird – innerhalb der vorgeschilderten Grenzen – der Abbau zur achroischen Grenze bzw. zu vergärbaren Zuckern sein.

Helle Malze sind gewöhnlich amylasereicher als dunkle (s. Abschnitt 1.1.1); sie werden Würzen mit mehr Zuckern und weniger Dextrinen liefern als dunkle. Letztere werden langsamer verzuckern und niedrigere Vergärungsgrade liefern.

Zu b) Je nach dem Auflösungsgrad des Malzes sind die Stärkekörner den Einflüssen der Lösung, Verkleisterung und des enzymatischen Angriffs mehr oder weniger gut zugänglich. In den wenig gelösten Partien des Mehlkörpers umgibt eine Matrix aus Hemicellulosen, Proteinen und Lipiden die Stärkekörner, die erst dann angegriffen werden können, wenn ein vorausgehender Abbau dieser Stoffe erfolgt ist. Einen Einblick über die Auswirkung der Malzauflösung auf das Merkmal Endvergärungsgrad gibt Tab. 3.7 [437].

Eine Verbesserung der Bedingungen des Stärkeabbaus kann ein *feineres Schrot* erbringen, doch sind dem durch das Läutersystem Grenzen gesetzt. Das Lösen der Extrakt-Stoffe wird mit zunehmender mechanischer Zerkleinerung des Malzes günstiger. Dies geht aus der wohlbekannten Differenz zwischen Fein- und Grobschrot bei der Malzanalyse hervor. Die Einwirkung der Wärme einerseits und der Stoffaustausch andererseits werden durch zunehmende Zerkleinerung der Partikel verstärkt. Doch geht hier nicht nur vermehrt Stärke in Lösung, sondern es werden auch Hemicellulosen, Lipide und Proteine freigesetzt, was wiederum den Angriff auf die Stärkekörner verbessert [482, 483].

Die einzelnen Fraktionen eines Schrotes, gewonnen auf den Sieben des Pfungstädter Plansichters, zeigen eindeutige Unterschiede zwischen dem Pudermehl, das den bestgelösten Partien des Mehlkörpers entspricht und den Grobgrießen, die aus den harten Spitzen stammten. Es nimmt auch der Maltosegehalt in dieser Reihenfolge zu [481]. Das nachträgliche Zerkleinern der Grobgrieße erbrachte einen Anstieg des Vergärungsgrades um ca. 2,5% [407].

Einen Vergleich zwischen Pulverschrot (80% unter 40 μm), Feinschrot (90% „Mehl") und Grobschrot zeigt Tab. 3.8 [481].

Es zeigte sich hierbei, dass das extrem feine Mahlgut gerade in der Anfangsphase des Maischens durch Verklumpen und Diffusionsbehinderung infolge der rasch einsetzenden Verkleisterung einen langsameren Abbau erfuhr. Die

Tab. 3.7 Endvergärungsgrad und Malzauflösung [437]

Extraktdifferenz EBC	%	5,8	2,2	1,2
Endvergärungsgrad	%	75,1	79,9	83,0

Tab. 3.8 Zuckerzusammensetzung von Würzen aus verschiedenen Schroten [481]

	Extrakt wfr. %	Endvergärungsgrad wirkl. %	Vergärbare Zucker	Fructose	Glucose	Saccharose GV-%	Maltose	Maltotriose
Pulverschrot	82,4	65,3	9,89	0,28	1,71	0,30	5,88	1,78
Feinschrot	80,7	65,1	9,67	0,27	1,54	0,34	5,87	1,65
Grobschrot	78,9	66,1	9,61	0,26	1,51	0,33	5,90	1,61

fertige Würze verzeichnete jedoch beim Pulverschrot die höchsten Zucker- und Extraktausbeuten.

Eine weitere, physikalische Einflussnahme ist auch durch das *Kochen* der Maischen gegeben. Obwohl hierbei ein Teil der Enzyme vernichtet wird, bewirkt das Sprengen der Zellwände und die erzielte verbesserte Freilegung und Verkleisterung der Stärke beim Kochen einen Ausgleich. Bei schlecht gelösten Malzen ist die Wirkung besonders augenfällig. Das Temperaturoptimum der Maltosebildung ist auch bei gekochten Maischen mit 55–60 °C deutlich niedriger als bei ungekochten mit 62–66 °C [484]. Die Unterschiede zwischen Dekoktions- und Infusionsmaischverfahren sind jedoch meist so gering, dass diese durch kleine Korrekturen beim letzteren ausgeglichen werden können [485, 486]. Die oben erwähnte Verringerung der Amylasenaktivität geht aus der folgenden Aufstellung eines Dreimaischverfahrens hervor (Tab. 3.9).

Die hier festgestellten Abnahmen sind aber nicht nur durch Verluste beim Kochen der Maischen sondern auch beim Zubrühen derselben auf die Restmaische bedingt. Außerdem tritt bei dem Verweilen derselben bei 62,5 °C ebenfalls eine Schwächung der β-Amylase ein (Tab. 3.9). Bemerkenswert ist die geringe Restmenge, die sicher noch zur Verzuckerung der beim Kochen der letzten Maische aufgeschlossenen Stärketeilchen ausreicht, die aber während des Abläuterns der Vorderwürze relativ rasch zum Erliegen kommt.

Zu c) Die *Maischbedingungen* üben nun über die Lösung der Stärke und über die Beeinflussung der Enzyme einen entscheidenden Einfluss auf den Stärkeabbau aus.

Die *Temperatur* beeinflusst die Lösung der Stärke und die Wirkung der stärkeabbauenden Enzyme mehr als die anderen Faktoren [487]. Doch kommt auch in diesem Zusammenhang der Zeit ihrer Einwirkung eine Bedeutung zu, die vor allem bei niedrigen Temperaturen ausgeprägter ist als bei höheren. Einen Überblick hierüber gibt Tab. 3.10 [479].

Diese Aufstellung zeigt, dass bei 50 °C der stärkste Abbau der Saccharose und auch ein deutlicher Zuwachs an Glucose (Maltasewirkung) erfolgt. Es ist aber auch schon ein Zuwachs an Maltose, Isomaltose und Maltotriose feststellbar. Dieser eigentliche Abbau der Stärke zu Zuckern erreicht Höchstwerte im Bereich 60–67 °C; das offenbar besonders günstige Nebeneinander von α- und β-Amylase schafft gerade bei 67 °C am meisten Zucker, die jedoch anhand des Endvergärungsgrades beurteilt, einen nicht ganz so hohen Anteil am Extrakt

Tab. 3.9 Verlauf der Amylasenaktivität bei einem Dreimaischverfahren

Zeitpunkt	Amylasenaktivität %	Verlust %
1. Maische bei 35,0 °C	100	–
2. Maische bei 52,5 °C	61,1	38,9
3. Maische bei 62,5 °C	26,8	73,2
Abläutern bei 75,0 °C	7,3	92,7

Tab. 3.10 Einfluss der Maischtemperatur auf die Zuckerzusammensetzung der Würze (Maischdauer isotherm 80 Minuten GV-%) [479]

Maisch-temp. °C	Endvergärungsgrad wirklich	Endvergärungsgrad scheinb.	Vergärbare Zucker*	Fructose	Glucose	Saccharose	Maltose	Iso-Maltose	Maltotriose
50	58,0	71,2	4,24	0,13	1,29	0,33	2,13	0,16	0,36
55	64,4	79,2	6,76	0,16	1,30	0,41	4,12	0,21	0,77
60	70.0	86,4	10,52	0,12	1,09	0,59	7,12	0,29	1,60
63	71,2	87,9	10,89	0,09	0,87	0,66	7,58	0,35	1,69
67	69,0	85,3	11,30	0,04	0,86	0,68	7,91	0,19	1,81
71	54,5	67,4	8,73	0,02	0,75	0,72	5,54	0,19	1,70
75	31,2	38,5	4,63	0,02	0,64	0,68	2,14	0,26	1,15
80	21,3	26,2	3,04	0,01	0,40	0,67	1,28	0,09	0,68

* ohne Isomaltose

Tab. 3.11 Einmaischtemperatur und Endvergärungsgrad (% scheinbar)

Einmaischtemperatur °C	58	62	65	50/62
Envergärungsgrad %	80,0	82,5	81,4	83,6

Tab. 3.12 Temperaturintervall vor/nach Zubrühen der Kochmaische und Endvergärungsgrad [489]

Einmaischtemperatur °C	50			62		
Temperatur nach dem Zubrühen der Kochmaische °C	60	65	70	68	70	72
Envergärungsgrad %	82,3	83,6	76,0	83,5	82,5	81,7

ausmachen wie bei 63 °C. Über 67 °C geht die Menge der Zucker laufend zurück, der Endvergärungsgrad nimmt ab.

Dasselbe Ergebnis lässt sich von standardisierten, praxisnahen Maischverfahren ableiten. Es zeigt sich hier auch der Einfluss einer, dem Stärkeabbau voraufgehenden niedrigen Temperatur von z. B. 50 °C (Tab. 3.11) [488].

Der Effekt der niedrigeren Einmaischtemperatur ist auf den Abbau von Stütz- und Gerüstsubstanzen, von Eiweiß der Zellwände und zwischen den Stärkekörnern sowie von Lipiden zu erklären, wodurch der Angriff der Amylasen erleichtert wird [483].

Von großer Bedeutung bei Dekoktionsmaischverfahren ist auch die Temperatur nach dem Zubrühen der Kochmaische (Tab. 3.12) [489].

Damit ergibt sich eine gute Möglichkeit einer Eingriffnahme.

Tab. 3.13 Einfluss von Maischtemperatur und Maischdauer auf den Endvergärungsgrad (% scheinbar) [479]

Temp. °C	Maischdauer min				
	5	20	40	80	100
50	53,5			71,2	75,9
55	67,6			79,2	86,7
60	83,3			86,4	89,5
63	83,9			87,9	89,7
67	83,8	85,2	84,8	85,3	85,7
71	69,8	68,5	67,8	67,4	67,8
75	39,1	39,0	38,1	38,5	37,6
80	28,3			26,2	25,0

Tab. 3.14 Rasttemperatur und Verzuckerungsdauer [490]

Temperatur °C	68	70	72	74	76
Verzuckerungszeit min	35	20	15	10	5

Die *Rastdauer* hat, wie schon erwähnt, einen umso größeren Einfluss, je niedriger die Temperaturen sind. Dies ist wahrscheinlich auf die Schonung der β-Amylase zurückzuführen (Tab. 3.13).

Während eine Rast bei 63 °C von 80 Minuten noch eine Steigerung des Endvergärungsgrades um 4 % erbringt, erhöht sich derselbe bei 67 °C von der 20. zur 80. Minute praktisch nicht mehr. Bei 71 °C ist demgegenüber eine Abnahme zu verzeichnen.

Die Dextrinzusammensetzung z. B. der Oligo- und Megalosaccharide (G4–G18) verändert sich dergestalt, dass die größeren zugunsten der kleineren (G4–G8) und der vergärbaren Zucker eine Abnahme erfahren.

Die Verzuckerungszeit, d.h. die Zeit die vergeht, bis die sog. „Jodnormalität" erreicht ist, ist bei höheren Temperaturen kürzer. Es wird hier der Abbau durch die α-Amylase gefördert, die durch den Angriff von innen heraus die größeren Stärke- oder Dextrinmoleküle zu Einheiten abbaut, die nicht mehr mit Jod reagieren (Tab. 3.14).

Bei diesen Versuchen wurde mit 45 °C eingemaischt und auf die jeweilige Rasttemperatur aufgeheizt. Bis diese bei 76 °C erreicht wurde, waren die Maischeteile schon so weit gelöst, dass nur mehr ein Zeitaufwand von 5 Minuten erforderlich war, um die Jodnormalität zu erzielen. Wurde dagegen bei einer hohen Temperatur eingemaischt, so besteht die Gefahr, dass die Enzyme rascher inaktiviert werden als die Lösung der Mehlkörperbestandteile geschieht. Die Maische wird dann nicht mehr jodnormal. Es ist demnach die Geschwindigkeit des Aufheizens von der Einmaisch- zur Verzuckerungstemperatur für beide Merkmale (Endvergärungsgrad und Verzuckerungszeit) von Bedeutung.

Praxismaischverfahren, vor allem solche mit einer oder zwei Kochmaischen, verzeichnen oftmals relativ lange Rasten der Restmaische bei 62–65 °C. Während dieser Zeit wird der Kochmaischeanteil der Verzuckerung unterworfen und anschließend gekocht. Trotz dieser langen Rasten steigt hier der Endvergärungsgrad nicht oder nur wenig an. Dasselbe ist bei den Versuchen in Tab. 3.13 der Fall. Sicher tritt hier neben einer temperaturbedingten Schwächung der beiden Amylasen auch eine gewisse Hemmung durch die verschiedenen Stärkeabbauprodukte ein, konnte doch mit Hilfe besonderer Techniken festgestellt werden, dass in der Malzmaische Glucosyl- und Maltosyltransferasen vorkommen, die Glucose oder Maltose wieder an andere Produkte des Stärkeabbaus anlagern, also wieder Einheiten mit mehr Glucoseeinheiten aufbauen. Dabei handelte es sich um Maltotriose, Isomaltotriose und zum kleinen Teil um höhere Maltosaccharide [491, 492]. Dagegen konnte eine Mehrung der Saccharose, bei längern Rasten bei 65–70 °C, wie anderwärts beobachtet [472], nicht festgestellt werden.

Die *Acidität der Maische* übt über die Angreifbarkeit der Stärke und ihre Verkleisterung, vor allem aber indirekt über die Änderung der ionisierbaren Gruppen der Enzyme wie auch der Proteinstruktur selbst, einen Einfluss auf die Amylolyse aus. Die pH-Optima der beiden Amylasen liegen in Maische bei pH 5,4–5,6 (β-Amylase) und 5,6–5,8 (α-Amylase). Wenn auch extreme pH-Bedingungen die Wirkungsmechanismen der Amylasen mehr vom „wiederholten Angriff" zum „Mehrkettenangriff" verschieben, so spielt doch die geringe Spanne einer Beeinflussung des pH beim Maischen sicher keine Rolle [493]. Außerdem bestimmt auch die Maischtemperatur das Niveau des optimalen pH dergestalt, dass mit einer Temperaturerhöhung von 40 auf 70 °C hier eine Verschiebung des pH von 4,5–4,8 nach 5,6–6,0 eintritt [494]. Nachdem das pH-Optimum der β-Amylase etwas niedriger liegt und diese auch generell gegen einen niedrigeren pH weniger empfindlich ist, ist die pH-Verträglichkeit der α-Amylase der begrenzende Faktor, der z. B. einer weitergehenden Maischesäuerung entgegensteht [495]. Dies geht auch aus der Verzögerung der Verzuckerungszeit unterhalb eines pH von 5,6 hervor, wie Tab. 3.15 zeigt.

Es ist also für die Praxis die Grenze bei einem Maische-pH von 5,4 zu sehen. Die Zuckerzusammensetzung verändert sich bei einer Absenkung des pH etwas zugunsten von Glucose und Maltotriose, die bekanntlich sonst nur schwer beeinflussbar ist [497]. Es zeigt sich aber auch, dass sich Wässer mit hoher Restalkalität (s. Abschnitt 1.3.6) auf den Stärkeabbau negativ auswirken.

Tab. 3.15 Einfluss des Maische-pH auf Verzuckerungszeit und scheinbaren Endvergärungsgrad [496]

pH	6,08	5,86	5,64	5,42	5,19
Endvergärungsgrad %	72,2	76,5	77,0	77,4	69,9
Verzuckerungszeit min	30	20–25	10–15	15–20	30

Tab. 3.16 Maischkonzentration und Stärkeabbau

Verhältnis Malz:Wasser	1:2	1:3	1:4	1:5	
Endvergärungsgrad % der Kongreßmaische	83,7	81,3	79,9	80,0	(361)
mit 30 min Rast bei 64 °C	82,8	82,8	84,0	84,8	(361)
Verzuckerungszeit bei 70 °C	30	20	12	10	(352)

Die *Maischekonzentration* spielt innerhalb des in der Praxis möglichen Spielraums von Malz zu Wasser = 1:3–5 insofern eine Rolle, als eine konzentrierte Maische durch die größere Menge an gelösten Substanzen eine Schutzwirkung (Schutzkolloide) ausübt, es kann aber im Fortgang des Abbaus auch ein nicht kompetitiver Hemmeffekt der α-Amylase durch Maltose eintreten (Tab. 3.16) [498].

Beim „Durchheizen" der Maische von 45 auf 70 °C und Rast bei dieser Temperatur ist bei konzentrierter Maische offenbar eine wirksamere Schonung der β-Amylase zu verzeichnen als bei dünnerer. Eine Rast bei 64 °C scheint gerade bei der konzentrierten Maische durch die oben angesprochene Endprodukthemmung oder aber durch die Wirkung von Transferasen (s. S. 250) einen gegenteiligen Effekt zu entwickeln. Die Verzuckerungszeit wird bei konzentrierten Maischen erheblich verlängert; dies ist bei enzymarmen Malzen und bei sehr dicken Maischen (z. B. für Strainmaster, s. Abschnitt 4.4) zu berücksichtigen.

Das Verhältnis der einzelnen Zucker innerhalb des vergärbaren Extrakts ist durch die erwähnten Faktoren gegeben, aber relativ konstant. So macht auch der Glucosegehalt nur etwa 7–10% des Maltosegehalts aus. Um dieses Verhältnis merklich zu ändern, muss die Maltase bei ihren Optimaltemperaturen zwischen 40 und 45 °C auf bereits verzuckerte Maischeanteile einwirken. Ein entsprechendes Verfahren ist unter Abschnitt 3.2.6.3 dargestellt.

3.1.2
Eiweißabbau

Er ist von ähnlicher Wichtigkeit wie der Stärkeabbau, wenn auch die hier umgesetzten Mengen geringer sind.

Die Eiweißstoffe tragen zum Biergeschmack im Hinblick auf Vollmundigkeit und Abrundung bei, sie sind von Bedeutung für den Bierschaum, sie wirken als Puffer- und als Farbkomponenten, sie dienen als Hefenahrung und können aber auch Anlass zu unangenehmen Trübungserscheinungen im Bier sein.

Die Menge des ursprünglich in der Gerste vorhandenen Eiweißes ist naturgemäß von wesentlichem Einfluss. Die Lösung der Stickstoffsubstanzen war bei der Keimung schon unverhältnismäßig stärker als der Abbau der Stärke. Das Verhältnis der Eiweißlösung zwischen Mälzen und Maischen liegt bei 1:0,6–1,0, selbst wenn nur der „dauernd lösliche" Stickstoff betrachtet wird. Beim Stärkeabbau war dagegen das Verhältnis 1:10–14. Es kommt daher für die Menge und Zusammensetzung der Stickstoffsubstanzen in der fertigen Maische bzw. in der Würze der beim Mälzen stattgehabten Proteolyse und den dort gebildeten Enzymen eine große Bedeutung zu.

Zwischen Stärke- und Eiweißabbau beim Maischen bestehen grundsätzliche Unterschiede. Während die Malzstärke als einheitliche, verhältnismäßig einfach gebaute Substanz in den Maischprozess eintritt, stellen die im Malzkorn vorhandenen Eiweißstoffe ein Gemisch aller möglicher stickstoffhaltigen Gruppen dar. Sie reichen vom genuinen, z.T. unlöslichen Roheiweiß der Gerste bis herunter zu den einfachsten Bausteinen des Eiweißmoleküls, den Aminosäuren. Dazu kommt, dass die eiweißabbauenden Enzyme nicht wie die Amylasen zwei wohl definierte Enzyme darstellen, sondern sich die Endo- und Exopeptidasen vielfältig unterscheiden können, die ihrerseits wieder unter den verschiedensten Bedingungen wirksam sind. Darüberhinaus fällt ein Teil der Eiweißkörper unter dem Einfluss der Temperatur oder des pH-Wertes der Maische wieder aus.

Während der Maischprozess in der Praxis qualitativ durch die „Jodreaktion" wenigstens annähernd auf seinen ordnungsgemäßen Ablauf überprüft werden kann und der Endvergärungsgrad sowie die Treberanalysen über die quantitative Seite Auskunft geben, liegen beim Eiweißabbau keine so verhältnismäßig einfachen Methoden vor, die eine übersichtliche Kontrolle zulassen würden.

3.1.2.1 Einteilung und Eigenschaften der Eiweißstoffe

Diese sind in Bd. I ausführlich dargestellt. Dennoch soll hier ein kurzer Überblick das Verständnis der Vorgänge beim Maischen erleichtern.

Die Proteine sind in pflanzlichen Geweben aus etwa 20 verschiedenen Aminosäuren aufgebaut, die durch die sog. Peptidbindung miteinander verknüpft sind. Die Reihenfolge der Aminosäuren ist dabei für die verschiedenen Proteine (und Enzyme) charakteristisch (Primärstruktur); die Anordnung der Peptidfäden in einer Schraubenform (Helix) aber auch deren Lage im Raum, die durch Wasserstoffbrücken fixiert ist, wird als Sekundärstruktur bezeichnet. In der Tertiärstruktur falten sich die Polypeptide zu Schleifen oder Knäueln, hieran sind wiederum Wasserstoffbindungen, aber auch Disulfidbrücken und andere Bindungsmechanismen beteiligt. Schließlich sind mehrere tertiär geordnete Gebilde zur Quartärstruktur ineinander gefügt.

Die Molekulargewichte der Proteine liegen zwischen 10 000 und mehreren Millionen. Infolge dieser Größe zeigen sie kolloide Eigenschaften, sie diffundieren nicht durch Membranen, sie sind quellbar und entquellbar; als oberflächenaktive Substanzen vermögen sie einen positiven Einfluss auf den Bierschaum auszuüben. Wie die sie aufbauenden Aminosäuren sind auch die Proteine amphoter. Im isoelektrischen Punkt (I.P.) sind sie elektrisch neutral. Der I.P. tritt bei jeder Eiweißart bei einem anderen pH auf; es ist hier auch die Hydratation des Proteinmoleküls am geringsten, wodurch sich die Löslichkeit desselben stark erniedrigt.

Durch Erhitzen von Proteinlösungen tritt eine Denaturierung bzw. Koagulation des Eiweißes ein. Dabei erfolgt ein Übergang vom hochgeordneten Zustand der Tertiär- und Quartärstrukturen in einen ungeordneten. Dabei verliert das Molekül sein, durch die hydrophilen Gruppen polar gebundenes Hydratationswasser, die Wasserstoffbrücken werden zerstört, auch Disulfidbrücken werden gesprengt und somit Thiole aus dem Inneren des Molekülknäuels freigesetzt. Diese können mit Thiolen anderer Moleküle unter Vergrößerung der Strukturen reagieren. Hierbei ist der Redoxzustand von großer Bedeutung. Die zweite Phase, die eigentliche Koagulation, stellt einen kolloidchemischen Vorgang dar. Durch Überschreiten einer bestimmten Konzentration, z. B. an Gas- oder Flüssigkeitsoberflächen lagern sich die denaturierten Teilchen zu makromolekularen Partikeln zusammen. Dies führt zunächst zu einer milchigen Trübung, schließlich aber bei Fortgang des Kochens zu Flocken, die sich zum Bruch zusammenballen (s. Abschnitt 5.4.1).

3.1.2.2 Die Eiweißstoffe der Gerste bzw. des Malzes

Die ursprünglich in der Gerste vorhandenen Proteine werden nach älterer Nomenklatur (s. Bd. I) eingeteilt in:

- *Albumine,* die in Wasser und verdünnten Salzlösungen löslich sind, wo sie ab 52 °C wieder ausfallen. Sie sind elektrophoretisch in eine Reihe von Komponenten trennbar. Der I.P. liegt bei den einzelnen Untergruppen bei 4,6–5,8. Zu den Albumosen zählt auch das Protein Z, das ein Molekulargewicht von 40 000 Da aufweist. Es übersteht den Mälzungs- und Brauprozess relativ unverändert. Es ist für den Bierschaum mitverantwortlich, aber auch für kolloidale Trübungen [120]. Weiterhin umfasst die Albuminfraktion die Lipidtransferproteine LTP1 und LTP2, die einen IP von 9 und Molekularmassen von 9700 bzw. 7000 Da aufweisen. Auch sie erfahren beim Mälzen und Brauen nur geringe Veränderungen und sie tragen wie Protein Z zu Schaum und Biertrübung bei [426].
- *Globuline,* die in verdünnten Salzlösungen löslich sind; sie koagulieren ab 90 °C; auch hier liegen nach elektrophoretischen und immunochemischen Untersuchungen eine Reihe von Komponenten vor, die Molekulargewichte zwischen 26 000 und 300 000 haben und deren I.P. bei pH 4,9–5,7 liegt.
- *Prolamine* (Hordeine), die nur in 50–90%igem Äthanol löslich sind. Sie liefern bei der Hydrolyse viel Prolin und Glutaminsäure, aber auch Cystein und Cystin. Sie lassen sich elektrophoretisch in eine Reihe von Komponenten auftrennen; sie dienen, da sie beim Mälzen als Reserveproteine z. T. nicht abgebaut werden und auch die hochmolekularen Gruppen beim Maischen keine Veränderung erfahren, zur elektrophoretischen Feststellung der Gerstensorte [118]. Durch eine Extraktion mit Mercaptoäthanol lässt sich noch eine zweite Hordeinfraktion gewinnen, die noch mehr Cystein und Cystin enthält als die oben genannte. Die Menge derselben bzw. ihr Verhältnis zum alkohollöslichen Hordein ist durch die Gerstensorte, durch die Umwelt sowie durch die Auflösung des Malzes bedingt [499].
- *Gluteline,* die als Protein u. a. in den Zellwänden enthalten sind und sich nur in Alkalien lösen lassen. Auch hier liegen mehrere definierbare Fraktionen

vor. Es handelt sich hier um hydrophobe Proteine, die Lipide zu adsorbieren vermögen [500].

Neben diesen Proteinen kommt auch noch eine Reihe von *Proteiden* vor, die Verbindungen zwischen Eiweiß und Gruppen anderer Substanzen darstellen, so z. B. Phosphoproteide, Lipoproteide, Nucleoproteide und die technologisch im Hinblick auf den Bierschaum bedeutsamen *Glykoproteide,* die Proteine mit einer primär kovalent gebundenen Kohlenhydratgruppe sind. Sie können entweder O-glykosidisch mit der Hydroxylgruppe des Serins und des Threonins oder N-glykosidisch verbunden sein [501].

Es wurden aber im Gerstenalbumin auch esterartige Bindungen mit Kohlenhydraten gefunden [502, 503]. Während der Proteinanteil sämtliche 20, in Pflanzen vorkommenden Aminosäuren beinhaltet, besteht die Kohlenhydratkomponente aus verschiedenen Monosacchariden wie z. B. Sialinsäure, Galaktosamin, Glucose, Glucosamin, Galactose, Mannose und deren Derivaten [499, 500]. Die Angaben über das Molekulargewicht der Glykoproteide liegen annähernd bei 10 000 [506]. Es liegen aber auch „Glykoproteide" niedrigerer Molekulargewichts vor, die beim Mälzen oder Maischen schon einen entsprechenden Abbau erfahren haben [507, 508]. Durch den Mälzungsprozess tritt ein Abbau dieser genuinen Eiweißkörper ein: Albumine und Globuline werden dabei teilweise wieder aufgebaut, ebenso die Gluteline, die Prolamine dagegen nicht mehr [509]. Das Ergebnis der sehr intensiven Abbauvorgänge sind die löslichen Abbauprodukte, die aus einem Gemisch aus Peptiden unterschiedlichen Molekulargewichts bestehen. Rund 27% davon sind assimilierbar, 19% ist freier Aminostickstoff [510]. Die löslichen Stickstoffsubstanzen lassen sich einteilen in Oligopeptide (bis zu 10 Aminosäuren), in Polypeptide (10–100 Aminosäuren) und Makropeptide mit mehr als 100 Aminosäuren, die in ihren Eigenschaften zum Teil schon den Proteinen nahestehen (s. Bd. I).

3.1.2.3 Die proteolytischen Enzyme

Bereits in ungekeimter Gerste ist eine bestimmte *Endopeptidasenaktivität* gegeben, die durch mindestens 5 verschiedene Enzyme bewirkt wird [511, 512]. 70% der Aktivität in Gerste und 90% in Malz werden durch Sulfhydryl-Enzyme hervorgerufen, die restlichen 30 bzw. 10% sind auf metallaktivierte Enzyme zurückzuführen. Die ersteren haben einen optimalen pH bei 3,9 und 5,5, die drei letzteren, die weniger von Bedeutung sind, haben pH-Optima bei 5,5, 6,9 und 8,5 [513]. Nach neueren Untersuchungen kommt jedoch den metallaktivierten Proteasen eine wesentlich größere Bedeutung zu [427]. Als Grund für diese Abweichungen zu früheren Aussagen sind Extraktions- und Reinigungsmethoden sowie der Einfluss von Inhibitoren zu sehen. Die optimalen Temperaturen liegen zwischen 40 und 55–50 °C mit einer Spitze bei 45–50 °C. Über 60 °C tritt ein rascher Abfall der Aktivität ein [514]. Die Endopeptidasen greifen Protein-, Polypeptid- und Oligopeptidmoleküle von innen heraus an und liefern Gruppen niedrigerer Molekulargewichts. Dabei werden je nach Enzym ganz bestimmte Aminosäuresequenzen bevorzugt.

Die Exopeptidasen lassen sich unterteilen in vier neutrale *Aminopeptidasen,* die alle pH-Optima im Bereich von 7,0 bis 7,2 haben [515, 516], eine alkalische

Leucinaminopeptidase (pH 8–10) [517], eine Dipeptidase (pH 8,8) [518] sowie vier Carboxypeptidasen (pH 4,8–5,6) [519]. Die Temperaturoptima liegen nach [514] wie folgt:

Carboxypeptidasen: 50 °C (40–60 °C),   Inakt. über 70 °C
Aminopeptidasen: 45 °C (40–50 °C),   Inakt. über 55 °C
Dipeptidasen: 45 °C (40–47 °C),   Inakt. über 50 °C

Die Carboxypeptidasen greifen die Proteine bzw. deren Abbauprodukte vom Carboxylende her an und spalten Aminosäuren ab. Da nur sie ein pH-Optimum haben, das etwa dem der Maische entspricht, sind sie für etwa 80 % der beim Maischen freigesetzten Aminosäuren verantwortlich [520]. Die Aminopeptidasen, die Aminosäuren vom Aminoende der Peptide abtrennen, treten wegen ihres höheren pH-Optimums erst bei ungünstigen pH-Verhältnissen von über 6,0 z. B. bei Maischen aus Wässern hoher Restalkalität stärker in Erscheinung. Dasselbe dürfte für die unspezifischen Dipeptidasen zutreffen.

Einen schematischen Überblick über den Eiweißabbau durch die verschiedenen Enzymgruppen gibt Abb. 3.6 (s. Bd. I).

Die Aktivität dieser vier Enzymgruppen bei verschiedenen intensiven Maischverfahren zeigen die Abb. 3.7–3.10 [514]. Auffallend ist die wesentlich höhere Endopeptidasenaktivität bei einer Einmaischtemperatur von 35 °C, die nicht nur bei 50 °C erhalten bleibt, sondern auch bei Temperaturen von 65 °C auf eine höhere Hitzestabilität der Enzyme hindeutet. Bei 50 oder 65 °C Einmaischtemperatur sind die Enzymmengen wesentlich geringer. Im Falle eines knapp ge-

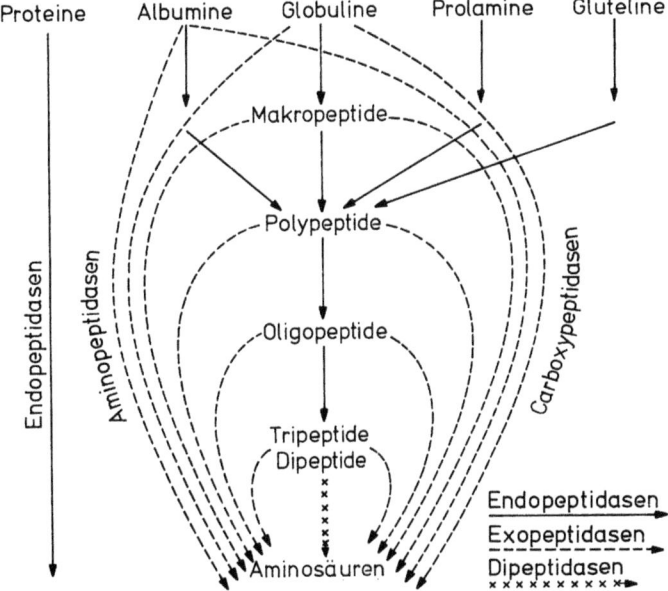

Abb. 3.6 Schema des Eiweißabbaus

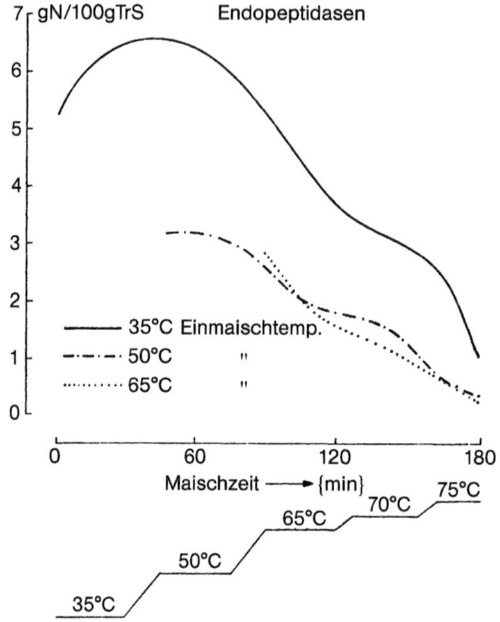

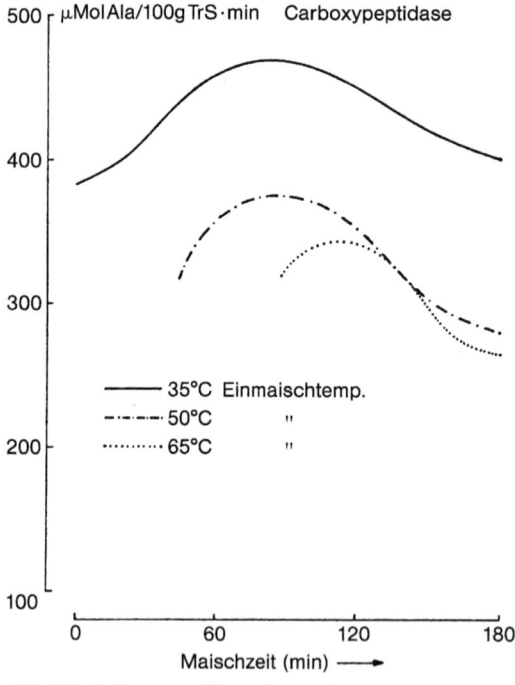

Abb. 3.7 Enzymaktivität beim Maischen: Endopeptidase-Aktivität [514]

Abb. 3.8 Carboxypeptidase-Aktivität beim Maischen [514]

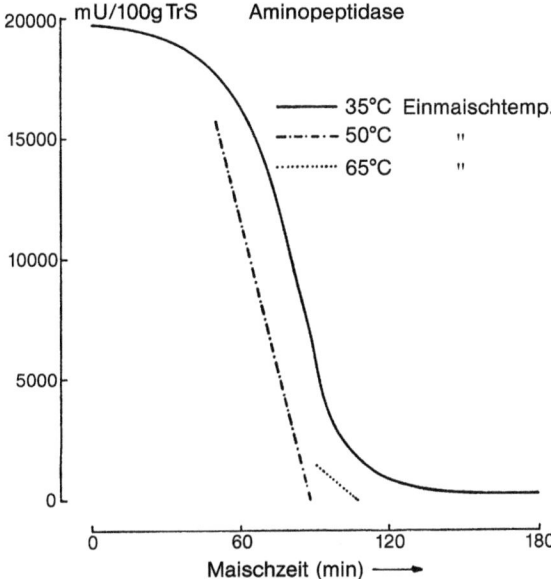

Abb. 3.9 Aminopeptidase-Aktivität beim Maischen [514]

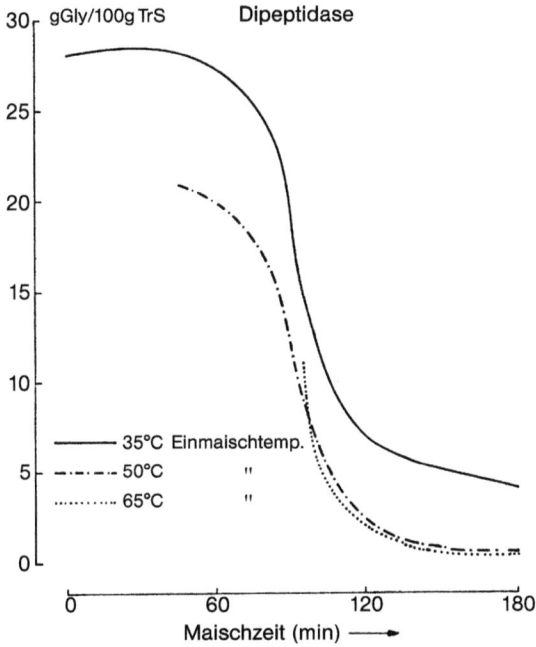

Abb. 3.10 Dipeptidase-Aktivität beim Maischen [514]

lösten Malzes ist ebenfalls eine geringere Hitzestabilität der Endopeptidasen zu verzeichnen.

Die Carboxypeptidasen lassen eine ähnliche Tendenz erkennen. Auffallend ist die hohe Resistenz des Enzyms gegen höhere Temperaturen. Demgegenüber fällt die Aminopeptidasenaktivität bei Beginn des Aufheizens auf 65 °C sehr rasch ab. Ebenso die der Dipeptidasen.

Der Verlauf der Carboxpeptidasen ließe vermuten, dass es nur des Einhaltens einer geeigneten Rast bei ca. 50 °C bedürfe, um auch bei schlecht gelösten Malzen eine für den jeweiligen Würzetyp befriedigende Aminosäureausstattung zu erzielen. Es besteht jedoch nur eine geringe positive Korrelation zwischen der Carboxypeptidasenaktivität des Malzes und dem Anstieg von Aminosäuren während des Maischens [521]. Dagegen zeigt die Endopeptidasenaktivität eine starke Korrelation zur Freisetzung von Aminosäuren. Es sind also die Endopeptidasen, deren Mangel eine Beschränkung des Abbaus zu Aminosäuren hervorruft.

3.1.2.4 Der Ablauf des Eiweißabbaus

Beim Einmaischen gehen zunächst die vom Mälzen her löslichen Stickstoffsubstanzen in die Maische über. Je nach der herrschenden Maischtemperatur tritt nun durch die proteolytischen Enzyme ein Abbau in niedrigermolekulare Gruppen ein, die Menge des Aminostickstoffs nimmt als Endprodukt dieses Abbaus zu. Auch ursprünglich unlösliche Eiweißstoffe aus dem Endosperm und aus

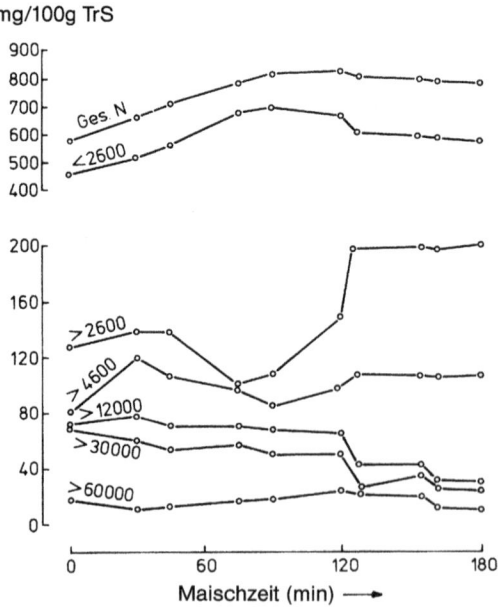

Abb. 3.11 Verlauf der Molekularfraktionen bei einem Infusionsverfahren [514]

dem Blattkeim werden angegriffen und in lösliche Form übergeführt. Ein großer Teil dieser Proteine bleibt allerdings unverändert in den Trebern.

Es erhöht sich durch die Wirkung der Endopeptidasen die Menge des löslichen Stickstoffs. Die hier zunächst anfallenden Polypeptide werden bei längerer Einwirkungszeit weiter zu niedermolekularen Verbindungen abgebaut, hauptsächlich die Carboxypeptidase setzt aus diesen Produkten Aminosäuren frei. Ein Beispiel über die Abbauvorgänge während eines Infusionsmaischverfahrens gibt die Abb. 3.11.

Sie zeigt sehr schön die Veränderungen der hoch- und mittelmolekularen Fraktionen. Die Letzteren erfahren gegen Ende des Maischens noch eine kräftige Zunahme. Doch ist, wie vorerwähnt, der Abbau zu assimilierbarem Stickstoff (Formol- und Aminostickstoff) relativ bescheiden; es tritt nach dem Erreichen der 70 °C-Rast keine Erhöhung desselben mehr ein. Die Amide zeigen von diesem Zeitpunkt an sogar eine Abnahme.

Eine Verarmung von hochmolekularem Stickstoff scheint auch bei Einhalten einer Eiweißrast nicht gegeben. Wenn auch der Aminostickstoff insgesamt einem Höchstwert zustrebt, so werden vom genuinen Eiweiß noch hochmolekulare Peptide abgebaut, doch scheinen mindestens diese Produkte nicht stabil zu sein, denn ein Teil fällt durch die Einwirkung von Hitze, aber auch durch Reaktion mit Polyphenolen des Malzes, besonders Tannoiden (s. Abschnitt 3.1.6.5) aus. Die Fraktionen geringeren Molekulargewichts bleiben dagegen in Lösung [496, 514].

Die in Abschnitt 3.1.2.2 erwähnten Komponenten der Prolaminfraktion des Malzes werden beim Maischen teilweise abgebaut und in Lösung übergeführt. Hochmolekulare Polypeptide aus Hordein bleiben dagegen unlöslich und gehen in die Treber. Hier sind vor allem jene enthalten, die höhere Cystein- und Cystinanteile aufweisen. Dies führt zu dem Schluss, dass sich unter den Bedingungen des Maischens, vor allem durch den hier umgesetzten Sauerstoff aus den Sulfhydrilgruppen von Cystein wieder Disulfidbrücken bilden, die zu einer Vergrößerung der Moleküle führen. Diese Aggregatbildung behindert nicht nur den Läuterprozess durch Verstopfen der Poren des Treberkuchens (s. Abschnitte 3.1.7.3 und 4.1.3.5, sondern es findet auch eine Inhibition des Angriffs der amylolytischen Enzyme auf die Stärkepartikel statt. Dies führt zu längeren Verzuckerungszeiten, um die Jodnormalität – wenn überhaupt – zu erreichen, auch treten Extraktverluste auf [499]. Wie schon erwähnt ist der Gehalt an Hordein, vor allem der mit Merkaptoäthanol extrahierbaren Fraktion, in hohem Maße von der Gerstensorte, den Aufwuchsbedingungen und der Malzauflösung abhängig. So verzeichnete z. B. Malz aus der Sorte Maris Otter nur einen Bruchteil dieser Fraktion wie z. B. die Sorte Porthos [494].

Eine weitere Gruppe von Proteinen, die ähnliches Verhalten zeigen, wurden als Gelproteine definiert. Sie erfahren einen Abbau beim Mälzen durch Reduktion von Disulfidbrücken. Beim Maischen werden sie enzymatisch abgebaut. Durch Oxidation beim Maischen (s. Abschnitt 3.1.7.3) werden aber diese Disulfidbrücken wieder gebildet, wodurch sich wiederum Gruppen höheren Molulargewichts ergeben, die auch Gluteline und Albumine einschließen. Infolge des hydrophoben Charakters der Gluteline werden auch Lipide adsorbiert. Kleine Stärkekörner, β-Glucane und Pentosane. die ihrerseits wieder mit Proteinen verbunden sind, nehmen ebenfalls an der Bildung von Komplexen teil die zu einer vermehrten Teigbildung führen. Auch sie tragen zu einer langsameren bzw. schwerfälligeren Abläuterung bei. Die Menge der Gelproteine hängt ebenfalls von der Gerstensorte und den Klimabedingungen ab, wie auch die Malzauflösung einen großen Einfluss ausübt [500].

3.1.2.5 Ziel des Eiweißabbaus

Das Ziel des Eiweißabbaus ist zunächst, jene Menge an freiem Aminostickstoff zu liefern, der für eine flotte Gärung, für eine gute Hefeernährung und damit für die Bildung eines normalen Spektrums an Gärungsnebenprodukten Gewähr bietet [522–524]. Darüber hinaus sollen jedoch noch ausreichende Mengen an hochmolekularem Stickstoff vorhanden sein, um genügend schaumpositive Substanzen, insbesondere des Molekulargewichtsbereichs von 10000–60000 in Würze und Bier zu verbringen [525, 526]. Schließlich ist es wichtig für einen Abbau von hochmolekularen, trübungsaktiven Eiweißkörpern zu sorgen bzw. deren Ausscheidung noch beim Maischen oder beim späteren Würzekochen einzuleiten. Es handelt sich hier um Abbauprodukte deren Molekulargewicht über 60000 oder höher liegt [527].

Ein zu weitgehender Eiweißabbau kann zu einer Verarmung an schaumpositiven Gruppen führen, die auch Vollmundigkeit und Rezens bedingen. Es hat also das Maischverfahren auf die vom Malz her vorgegebene Auflösung Rücksicht zu nehmen.

Die Nachteile eines zu knappen Eiweißabbaus sind zunächst in einer mangelhaften Versorgung der Hefe mit Aminosäuren zu sehen, die eine langsame Gärung, eine schleppende Nachgärung und die Bildung von unerwünschten Gärungsnebenprodukten zur Folge hat. Durch diese schwächere Gärung können u. U. die Vorteile eines knapp gelösten Malzes im Hinblick auf die Schaumeigenschaften nicht voll zur Auswirkung kommen [48, 528]. Bei zu geringer Eiweißlösung beim Maischen bleibt mehr hochmolekulares, trübungsaktives Eiweiß in der Maische und Würze erhalten, ein Teil desselben gelangt trotz der stärkeren Ausscheidungsvorgänge bis ins fertige Bier und begrenzt so dessen Stabilität [527, 529]. Es können sich aber auch schon beim Sudprozess technologische Nachteile ergeben, etwa ein trüber Ablauf von Vorderwürze und Nachgüssen, eine ungenügende Eiweißausscheidung beim Würzekochen (s. Abschnitt 5.3.1) und schließlich eine mangelhafte Abtrennung von Heiß- und Kühltrub (s. Abschnitt 8.1.3). Die resultierenden Biere sind oftmals breit und derb im Gesamtcharakter, sie weisen verschiedentlich eine „Eiweißbittere" auf [530].

In diesem Zusammenhang sind auch jene Effekte zu erwähnen, die sich durch eine übermäßige Belüftung der Maische ergeben, wodurch Gelproteine oder cystein- oder cystinreiche Prolamine über die Bildung von Disulfidbrücken eine Vergrößerung ihres Molekulargewichts erfahren können. Die so gebildeten groben Partikel, die auch α- und β-Glucane mit einschließen können, vermögen die Angreifbarkeit der Stärke zu verschlechtern oder durch Verstopfen der Poren der filternden Treberschicht beim Abläutern die Durchflussgeschwindigkeit und die Extraktgewinnung negativ zu beeinflussen [499, 531, 532].

Der Verfolg dieser Aufgaben ist jedoch nicht ganz einfach, da die Methoden einer Kontrolle des Eiweißabbaus entweder sehr kompliziert oder wenig aussagefähig sind.

3.1.2.6 Kontrolle des Eiweißabbaus

In der Routine der Brauereilaboratorien wird die Menge des löslichen Stickstoffs fraktioniert, wobei nach Abb. 3.12 etwa folgende Verteilung angestrebt werden soll: Der hochmolekulare mit Magnesiumsulfat fällbare Stickstoff ist analytisch wohl sehr gut reproduzierbar, doch hat er einen geringeren Aussagewert als der sog. tanninfällbare Stickstoff, der bessere Hinweise für schaumpositive Substanzen gibt [525]. Die Aussage der mittelmolekularen Fraktion ist umstritten. Von Bedeutung ist die Aufschlüsselung des niedermolekularen Stickstoffs in Formol- und freien Aminostickstoff. Die Differenz aus beiden kann als Anteil der assimilierbaren Peptide gewertet werden [524]. Der freie Aminostickstoff soll bei 22% des Gesamtstickstoffs liegen, wobei aber für sehr stickstoffreiche und für Rohfruchtwürzen gewisse Korrekturen angebracht werden müssen. Der Formolstickstoff ist bei 33–35% des Gesamtstickstoffs richtig angesiedelt [523].

Der Anteil des hochmolekularen, mit $MgSO_4$ fällbaren Stickstoffs soll in der Ausschlagwürze ca. 20% umfassen.

Auch die Färbemethode mittels Coomassie gibt einen Hinweis auf die Menge hochmolekularen Eiweißes über einem Molekulargewicht von ca. 5000 Da. Sie ist aber stark von der Herkunft des Farbstoffes abhängig und gibt nur bei ein- und demselben Labor aussagekräftige Resultate. Der durch die Coomassie-Blau-

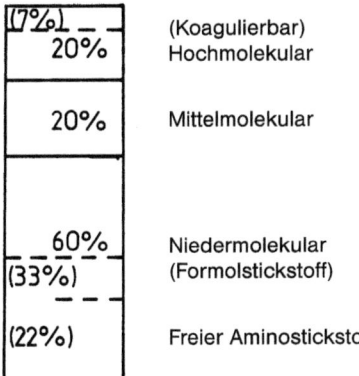

Abb. 3.12 Stickstoff-Fraktionen einer ungekochten Würze aus 100% Malz (ca. 100 mg/100 ml)

Färbung definierte Anteil des hochmolekularen Stickstoffs liegt um ca. 50% höher als der mittels MgSO$_4$ bestimmte [533, 534].

Die genauere aber zeitaufwändige Bestimmung der Molekularfraktionen mittels Gelchromatographie gibt Hinweise auf die Verteilung der Stickstoffsubstanzen im Hinblick auf Schaum und Stabilität [526, 527]. Doch kann die Analyse der Würze selbst nur grobe Anhaltspunkte liefern, da beim Würzekoch- und Gärprozess noch sehr starke Ausscheidungen vor sich gehen, so dass eigentlich nur die Analyse des fertigen Bieres eine Aussage treffen kann.

Mittels Flüssigkeitschromatographie lassen sich Würze- und Bierproteine nach ihrer Hydrophobizität trennen. Die hydrophoben Substanzen reichern sich im Schaum an; sie wurden von einigen Forschergruppen eingehend verfolgt [534–536] und bereits in Würze, aber auch in Bier mit dessen Schaumeigenschaften korreliert. Zur Beurteilung des Eiweißabbaus kann auch die Methode der SDS-Elektrophorese herangezogen werden, bei der zwei Hauptpeaks von 14000 und 40000 Da auftreten [537, 538]. Der erstere liefert eine gute Relation zum Bierschaum, vor allem zu dessen Haftvermögen [534].

Ein einfacher Maßstab zur Beurteilung des Eiweißabbaus, der ebenfalls Eingang in die Betriebs-Kontrolle fand, ist die Maischintensität nach Kolbach [539], die die Eiweißausbeute einer Ausschlagwürze zu der einer mit der betriebsüblichen Hopfengabe gekochten Kongress-würze in Beziehung setzt. Die Berechnung lautet:

ELG AW × 100/ELG KW
ELG AW = Eiweißlösungsgrad der Ausschlagwürze
ELG KW = Eiweißlösungsgrad der gekochten Kongresswürze

Die Intensitätszahl kann zwischen 85 und 120 schwanken. Das Mittel liegt bei 104%; dieses wird auch bei Sudhausabnahmen als Mindestwert zugrundegelegt.

3.1.2.7 Der Eiweißabbau in der Praxis der Bierbereitung

Ähnlich wie der Stärkeabbau hängt auch der Eiweißabbau beim Maischen von den Faktoren: Enzymgehalt des Malzes, Auflösung des Malzes und den Bedingungen des Maischens ab.

Der *Gehalt des Malzes an proteolytischen Enzymen* wird seltener bestimmt als z. B. die Diastatische Kraft oder die α-Amylaseaktivität. Doch spielt gerade der Gehalt an Endopeptidasen eine Schlüsselrolle für die Freisetzung von Aminosäuren (s. Abschnitt 3.1.2.3). Es wird also bei einer zu geringen Ausstattung mit diesen Endoenzymen trotz reichlichen Vorhandenseins von Carboxypeptidasen nicht der wünschenswerte Anteil des Aminostickstoffs am Gesamtstickstoff erreicht werden.

Die *Auflösung des Malzes*, insbesondere die Eiweißlösung spielt bei allen Überlegungen über die Gestaltung eines Maischverfahrens eine große Rolle. Dabei ist es nützlich, nicht nur das Ergebnis der Kongressmaische sondern schon die Eiweißlösung im Kaltwasserauszug zu betrachten (Tab. 3.17) [510].

Tab. 3.17 Eiweißlösung in Kongresswürze und Kaltwasserauszug bei Malzen unterschiedlicher Auflösung [510]

Malzauflösung	knapp	gut
Kongreßwürze		
Eiweißlösungsgrad %	33,8	40,8
lösl. N mg/100 g TrS	577	686
FAN mg/100 g TrS	114	138
Kaltwasserauszug		
lösl. N mg/100 g TrS	484	565
FAN mg/100 g TrS	88	109

Tab. 3.18 Lösung von Gesamt- und freiem Aminostickstoff (FAN) bei isothermen Maischen [523]

Temperatur °C	Rast 30 min bei einer Grobschrotmaische							
	40	45	50	52,5	55	60	65	70
Gesamt-N mg/100 ml	60,0	62,5	67,5	72,5	71,5	70,0	68,5	67,5
FAN mg/100 ml	13,7	14,0	15,2	15,5	16,3	13,8	12,4	11,6

Beide Malze nehmen vom Kaltwasserauszug zur Kongresswürze, also unter Einhalten einer „Eiweißrast" im Bereich des Gesamtstickstoffs um ca. 20%, im Bereich des freien Aminostickstoffs (FAN) um 29,5% beim knapp und um 26,5% beim gut gelösten Malz zu. Wollte man mit dem ersteren dasselbe Niveau an Aminostickstoff erreichen wie beim gut. gelösten Malz, so müssten rund 57% mehr gelöst werden als im Kaltwasserauszug vorhanden war. Ob dies gelingt, soll bei der Untersuchung der Maischbedingungen geklärt werden.

Von den *Maischbedingungen* ist die *Temperatur* bzw. die *Dauer* der Eiweißrast von größter Bedeutung.

Wie schon bei den einzelnen Enzymgruppen erwähnt, ist der Bereich des Eiweißabbaus von 40–60 °C zwar verhältnismäßig groß, es ergibt sich aber bei 50 °C doch eine deutliche Spitze. Unterhalb dieser Temperaturen ist die Proteolyse noch schwach, bei höheren Temperaturen nimmt sie immer mehr ab, bei etwa 80 °C hört sie völlig auf.

Die Eiweißlösung bei einer Eiweißrast selbst lässt sich aus der Tab. 3.18 ableiten [523].

Bemerkenswert ist in Tab. 3.18 der starke Anstieg des Gesamtstickstoffs von 50 auf 52,5 °C und sein nur langsamer Abfall nach 60–70 °C hin. Dies stützt die Annahme, dass der Eiweißabbau zwar zunächst von einer löslichen und sofort reaktionsfähigen Form, den Lyoenzymen, bewirkt wird, dass aber im Laufe der Proteolyse auch Enzyme in das Geschehen eingreifen, die zunächst unlöslich waren und die entweder aus einer protoplasmatischen Bindung gelöst oder durch Freisetzen von Sulfhydrylgruppen aktiviert wurden (Desmoenzyme). Der freie Aminostickstoff erfährt nach Tab. 3.18 eine zunehmende Mehrung von 40 auf 55 °C, dann aber fällt der Zuwachs sehr deutlich ab [523].

Untersuchungen an einem sehr gut gelösten, enzymstarken Ale-Malz ließen einen ähnlichen Temperatureinfluss erkennen. Bei 50 °C ergab sich die stärkste Mehrung der einzelnen Aminosäuren, wobei selbst bei extrem langen Rasten von der dritten zur fünften Stunde noch ein kräftiger Zuwachs zu verzeichnen war. Selbst eine Rast bei 65 °C zeigte einen Anstieg der Aminosäuren von der 20. zur 40. Minute, anschließend flachte die Bildung derselben ab [537, 540].

Dennoch ist die Einflussnahme auf die Eiweißlösung bzw. den Anteil der einzelnen Fraktionen geringer, als diese Zahlen erwarten lassen, denn bei den meisten technischen Maischverfahren folgen auf die eigentliche „Eiweißrast" höhere Temperaturen z. B. zur Betonung des Stärkeabbaus. Bei 65–70 °C ist ebenfalls noch eine deutliche Proteolyse zu verzeichnen, die umso intensiver verläuft, je mehr die Enzyme bei niedrigen Temperaturen geschont wurden. Auch dürfte gerade die Wirkung der oben erwähnten Desmo-Proteasen dafür mitverantwortlich sein, dass es selbst bei hohen Einmaischtemperaturen nicht gelingt, die Eiweißlösung unter einen Wert zu bringen, der durch die Malzqualität bereits vorgegeben war [541, 542]. Dies zeigen die Ergebnisse von Infusionsmaischverfahren, bei denen nach der als Eiweißrast dienenden Einmaischtemperatur jeweils Rasten bei 62, 70 und 75 °C eingehalten wurden (Tab. 3.19) [510].

Damit ergibt sich ein deutlicher Vorteil der niedrigen Einmaischtemperatur, der auch noch durch die entsprechend längere Aufheizzeit auf die folgende Rast unterstützt wurde.

Es ist also bei niedrigen Eiweißrasttemperaturen ein höherer Anteil des Aminostickstoffs am Gesamtstickstoff gegeben. Bei höheren Einmaisch- bzw. Rasttemperaturen tritt eine Verschiebung des Eiweißabbaus zugunsten des höhermolekularen Stickstoffs ein. Dies geht aus Tab. 3.20 hervor.

Es muss allerdings bei diesem Vergleich hinzugefügt werden, dass bei 35 °C Einmaischtemperatur eine Rast bei 50 °C und dann die üblichen Pausen bei 65, 70 und 75 °C nachfolgten. Mit höheren Einmaischtemperaturen kam jeweils die vorausgehende Rast bei der dazugehörigen Einmaischtemperatur in Wegfall [543].

Tab. 3.19 Gesamt- und freier Aminostickstoff

Einmaisch- = Rasttemperatur °C	45	50	55	60
Gesamt-N mg/100 g MTrS	713	691	686	652
Anteil des beim Maischen gewonnenen Gesamt-N %	26,2	22,3	21,4	15,4
FAN mg/100 g MTrS	164	150	150	131
Anteil des beim Maischen gewonnenen Gesamt-N %	50,5	37,5	37,6	20,2
FAN in % des Gesamt-N	23,0	21,7	21,8	20,1

Tab. 3.20 Gesamt- und hochmolekularer Stickstoff bei Maischverfahren unterschiedlicher Intensität (Ausschlagwürze)

Einmaischtemperatur °C		35	50	65
Gesamt-N	mg/100 ml	107,2	102,0	90,9
hochmolekularer N		22,3	22,2	21,2
(MgSO$_4$-N)	mg/100 ml			
in % des Gesamt-N		20,8	21,8	23,3

Tab. 3.21 Maischintensität und Aminostickstoff [522]

Maischverfahren Einmaischtemperatur °C		35	50	65
Gesamt-N mg/100 ml		108,5	102,4	90,3
FAN mg/100 ml		24,2	22,1	17,4
Valin in	% des Ges.-N	14,5	15,1	12,1
Leucin in	% des Ges.-N	17,2	18,6	16,5
Isoleucin in	% des Ges.-N	8,3	9,6	7,9

Tab. 3.22 Einfluss des Temperaturintervalls bei Dekoktionsmaischverfahren auf die Lösung der Stickstoffsubstanzen (Ausschlagwürzen) [489]

Temperatur				
1. Restmaische °C			47	
2. Restmaische °C		60	65	70
Gesamt-N	mg/100 ml	102,5	99,9	98,7
hochmol. N	mg/100 ml	21,5	21,7	22,1
Formol-N	mg/100 ml	29,3	27,8	27,1

Der Nutzen einer den eigentlichen Eiweißrasttemperaturen vorgeschalteten niedrigeren Einmaischtemperatur liegt auf der Hand. Es wird der Mehlkörper durchweicht, die Enzyme werden gelöst und es tritt dann in der Folge ein intensiverer Abbau ein, der sich auch aus den in Abb. 3.7–3.10 erkennbaren größeren Aktivitäten der Endopeptidasen und Carboxypeptidasen äußert. Es tritt keine Verarmung an hochmolekularem Stickstoff ein, es wird aber mehr Aminostickstoff freigesetzt (Tab. 3.21).

Es wird wohl durch die mit der tieferen Einmaischtemperatur verbundene Intensivierung mehr Aminostickstoff gelöst, doch nimmt der Anteil an Valin, Leucin und Isoleucin, die für den Stoffwechsel bei der Gärung bedeutungsvoll sind, wohl absolut, nicht aber prozentual zu [522].

Tab. 3.23 Einfluss der Rastdauer bei verschiedenen Temperaturen (Infusionsmaischverfahren) mg/100 g TrS [510]

Einmaisch- = Rasttemperatur °C		45	50	55
Gesamt-N	30 min	624	596	574
	60 min	645	620	600
FAN	30 min	119	114	103
	60 min	129	124	119
Zuwachs* an Gesamt-N %	30 min	29,5	23,1	18,6
	60 min	33,3	28,1	24,0
Zuwachs* an FAN %	30 min	35,2	29,5	17,0
	60 min	46,6	40,7	35,2
FAN in % des Ges.-N	30 min	19,1	19,1	17,9
	60 min	20,0	20,0	19,8

* Zuwachs im Vergleich zum Kaltauszug des Malzes

Tab. 3.24 Eiweißrast und hochmolekularer Stickstoff [496]

Rast bei 50 °C min		0	30	60	120
Gesamt-N	mg/100 ml	78,6	86,2	89,6	96,9
hochmol-N ($MgSO_4$-N)	mg/100 ml	17,9	19,0	19,2	19,6
koag.-N	mg/100 ml	1,7	2,1	2,2	2,3

Bei Dekoktionsmaischverfahren hat das Temperaturintervall zwischen der „Eiweißrast" und der folgenden Temperaturstufe ebenfalls einen Einfluss auf die Lösung der Stickstoff-Substanzen (Tab. 3.22) [489].

Je größer die Temperaturdifferenz zwischen der Temperatur der 1. und der 2. Restmaische, umso geringer ist die Stickstofflösung, wobei sich noch zusätzlich eine Verschiebung zugunsten des hochmolekularen Stickstoffs ergibt.

Die *Dauer der Eiweißrast* wirkt sich je nach der Höhe der angewandten Temperatur in unterschiedlichem Maße aus. Wenn auch die Enzymaktivitäten der wichtigsten Peptidasen sich in diesem Bereich nur wenig verändern, so werden doch die Umsetzungen bei höheren Maischtemperaturen nach Tab. 3.23 insgesamt geringer [510].

Wenn auch während der Eiweißrast bei einer konstanten Temperatur alle Fraktionen zunehmen, so ist doch der Zuwachs des Aminostickstoffs absolut und prozentual am stärksten. Er erfährt eine Bereicherung. Im Laufe der Rast überwiegt jedoch eine Inaktivierung der Enzyme deren Freisetzung. Auch könnte eine kompetitive Hemmung einer der Gründe für eine Abflachung der Enzymwirkung sein.

Tab. 3.25 Maischintensität und Zusammensetzung der Eiweißfraktionen der Biere (Infusionsmaischverfahren)

Rasttemperatur °C		50	50	50/55	65	70
Rastdauer min		30	90	45/45	90	90
Gesamt-N	mg/100 ml	68,9	78,2	79,5	71,3	70,9
tanninfällb. N	mg/100 ml	–	12,0	12,1	12,5	12,9
Fraktion 10 000–60 000		4,6	5,6	6,0	6,1	4,2
über 60 000	mg/100 ml	3,2	3,0	2,9	2,9	3,2

Tab. 3.26 pH-Korrektur und Eiweißabbau [196]

Maische-pH		5,73	5,59	5,40	5,20
Gesamt-N	mg/100 ml	101,0	102,5	111,1	119,2
hochmol-N	mg/100 ml	25,8	25,1	27,5	27,9
FAN	mg/100 ml	18,7	19,6	20,8	22,0

Aber auch bei einer Eiweißrast von extremer Dauer, wie sie z. B. bei der ersten Restmaische von Zweimaischverfahren gegeben ist, tritt keine Verarmung an hochmolekularem Stickstoff ein, wie die folgende Tab. 3.24 zeigt [496].

Es tritt demnach wohl eine absolute Zunahme ein, prozentual nimmt jedoch der hochmolekulare Stickstoff von 22,8 auf 20,2% ab.

Wie schon erwähnt, sind diese Globalanalysen zwar für eine Kontrolle der laufenden Produktion recht gut geeignet, doch sagen sie wenig über die Verteilung der Stickstoff-Fraktionen nach Molekulargewichten aus. Diese in den *Bieren* festgestellten Werte zeigen den Einfluss von Rasten bei verschiedenen Temperaturen (Tab. 3.25).

Es nimmt also auch die Fraktion 10 000–60 000 im Laufe dieser Rasten zu, die Fraktion über 60 000 erfährt im Bereich von 50 bis 65 °C einen, wenn auch nicht sehr starken Abbau [525].

Mittels SDS-Elektrophorese bestimmte Proteine des Molekulargewichtsbereichs von 20 000–36 000 Da erfahren nach einer Eiweißrast bei 50 °C vor allem beim Erwärmen auf 62 °C und der folgenden Rast einen starken Abbau; parallel zu diesen nehmen kleinere Proteine im Molekurlargewichtsbereich von 6500–20 000 Da zu [544].

Schaumpositive Proteine, mittels ELISA bestimmt, wurden während des Brauprozesses verfolgt und dabei z. B. während einer entsprechenden Rast bei 70–72 °C ein Anstieg der Fraktion 41 000 Da ermittelt. Dies geht einher mit der Entwicklung der Glycoproteine [545, 546].

Der *Einfluss des Maische-pH* wirkt sich sehr deutlich auf die wichtigsten Enzyme des Eiweißabbaus aus, da diese ein Optimum bei pH 5,0–5,2 haben. Je mehr sich also bei einer Korrektur des Brauwassers oder bei Zusatz von biolo-

Tab. 3.27 Einfluss verschiedener pH-Werte und Einmaischtemperaturen [510]

Einmaischtemperatur °C	50		60	
pH der Maische	5,72	5,48	5,69	5,42
Gesamt-N mg/100 g TrS	678	728	647	711
FAN mg/100 g TrS	148	159	131	141
FAN in % Gesamt-N	21,8	21,8	20,2	19,8

Tab. 3.28 Maischekonzentration, Rasttemperatur und Eiweißabbau [510]

Maischekonzentration	1:2,5		1:4	
Rasttemperatur °C	50	60	50	60
Gesamt-N mg/100 g TrS	709	652	678	647
FAN mg/100 g TrS	151	131	148	131
FAN in % Gesamt-N	21,3	20,1	21,8	20,2

gisch gewonnener Säure der pH dem Wert 5,0 nähert, umso mehr nimmt die Menge aller Fraktionen zu. Dies geht aus Tab. 3.26 hervor [196].

Die Säuerung erbringt im praktikablen Bereich von pH 5,7 auf 5,4 also etwa dieselben Bewegungen wie z. B. eine Verlängerung der Eiweißrast, wobei aber keine prozentuale Zunahme des FAN zu verzeichnen ist.

Eine Kombination der Säuerung in Verbindung mit einer Erhöhung der Einmaischtemperatur, dargestellt anhand eines Infusionsverfahrens, zeigt Tab. 3.27 [510].

Bei einer Veränderung des pH nehmen wiederum Gesamt-N und FAN im selben Verhältnis zu. Es ist aber auch verständlich, dass Wässer mit hoher Restalkalität die Proteolyse hemmen können [547].

Die *Konzentration der Maische* ist ebenfalls von Bedeutung, nachdem auch proteolytische Enzyme bei dickeren Maischen eine vermehrte Schonung durch Schutzkolloide erfahren.

Eine Übersicht ist in der Tab. 3.28 dargestellt [510].

Die Exopeptidasen werden offenbar durch die höhere Maischekonzentration, die bei einem Schüttung- zu Gussverhältnis von 1:2,5 vorliegt, praktisch nicht beeinflusst; bei 50 °C erfährt dagegen die Wirkung der Endopeptidasen eine Förderung. Die Variation der Maischekonzentration kann aber günstig sein, um z. B. den Gehalt an Zink zu stabilisieren (s. Abschnitt 3.1.7.2).

Eine weitere Fraktion verdient Beachtung: die *Glykoproteide* werden beim Mälzen zum Teil in lösliche Form übergeführt, wobei aber das Molekulargewicht derselben mit steigendem Lösungsgrad des Malzes fällt [546]. Sie erfahren bei längerer Einhaltung der Eiweißrast bei 50–55 °C, vor allem aber auch bei 65 °C einen weiteren Abbau. Bei 70 °C werden zusätzlich hochmolekulare Gruppen gelöst, die dann offenbar nur mehr einem geringen weiteren enzymatischen Angriff unterliegen, so dass sie bis ins fertige Bier gelangen können. Dies zeigt

Tab. 3.29 Lyophilisatmengen, die die Glykoproteidfraktion einschließen und ihre Abhängigkeit von Malzauflösung und Maischverfahren (g/100 ml Bier) [546]

Maischverfahren					
Rasttemperatur °C	50	50	50/55	65	70
Rastdauer	30	90	45/45	90	90
knapp gelöstes Malz	1,14	0,97	1,00	0,90	1,13
gut gelöstes Malz	0,55	0,51	0,48	0,49	0,64

Tab. 3.30 Einmaischtemperatur, N-Fraktionen und Bierschaum [534]

Einmaischtemperatur °C	35	50	60
Stickstoffgehalte in Bier			
Ges-N mg/100 ml	80,7	82,2	79,9
Hochmol (MgSO$_4$) in % Ges-N	19,7	19,2	23,2
Coomassie-N in % Ges-N	34,9	34,5	35,5
Hydrophobizität	19,3	18,9	19,3
Schaumwert SDS 14 kD %	64,3	60,6	63,0
Bierschaum R&C	138	135	141

Tab. 3.31 Luftfreies Maischen, Hydrophobizität der Proteine und Bierschaum

Versuch	normal	N$_2$
O$_2$-Aufnahme beim Maischen ppm	105	0
Einmaischtemperatur °C	50	50
pH	5,7	5,7
Hydrophobizität	20,8	19,3
Bierschaum R&C	136	130

Tab. 3.29 in der die Lyophilisatmengen der dritten Fraktion des Dichtegradienten aufgetragen sind, die die Glykoproteide enthalten [546].

Sowohl der Verfolg der Gruppe der Glykoproteide als auch der des hochmolekularen und assimilierbaren Stickstoffs zeigt, dass der Malzbeschaffenheit eine dominierende Rolle zukommt. Es ist beim Maischprozess wohl möglich, begrenzte Korrekturen anzubringen, das Niveau der Stickstofflösung und der einzelnen Fraktionen ist vom Malz her gegeben [510, 514, 542, 543, 558–550].

Einen Überblick über verschiedene Maischeparameter auf hochmolekularen Eiweiß-Fraktionen geben die Tab. 3.30 und 3.31.

Die höhere Einmaischtemperatur von 60 °C bewirkt eine geringere Lösung an Stickstoffsubstanzen, wobei der hochmolekulare Anteil prozentual zunimmt. Dies ist mit allen in Abschnitt 3.1.2.6 aufgeführten Methoden bewiesen. Der Bierschaum verhält sich entsprechend.

Bei luftfreiem Maischen in Stickstoffatmosphäre werden Eiweißlösung und Eiweißabbau gefördert. Alle Fraktionen nehmen prozentual ab. Der Bierschaum erfährt eine Verschlechterung. Die Tab. 3.31 zeigt dies anhand der Hydrophobizität.

Dem kann nur durch eine Begrenzung der Auflösung des Malzes, durch eine höhere Einmaischtemperatur und durch eine maßvolle biologische Säuerung auf Maische-/Würze-pH 5,6/5,25 begegnet werden [534].

3.1.3
Abbau der Hemicellulosen und Gummistoffe

Die Zellwände des Gerstenendosperms werden beim Mälzen, je nach dem angestrebten Lösungsgrad des Malzes mehr oder weniger weitgehend abgebaut. Aus Gründen, die oftmals aus der Furcht vor einer zu weitgehenden Auflösung mit ihren nachteiligen Folgen erwachsen (s. Abschnitt 3.1.2.5), wird die Keimung manchmal so geführt, dass ein Teil des Mehlkörpers nicht vollständig gelöst ist [551]. Daneben können ungleichmäßig keimende Gersten Malze mit einem gewissen Prozentsatz an nicht oder nur unvollständig gelösten Körnern ergeben [552], wie auch manche Gerstensorten ohnedies zu einem mangelhaften Abbau der Zellwände neigen [553, 554]. Diese Stütz-und Gerüstsubstanzen werden beim Maischen wohl zum Teil in Lösung übergeführt, aber meist nicht mehr weit genug abgebaut, so dass beim Abläutern mit dem Läuterbottich, vor allem aber bei der Filtration des Bieres große Schwierigkeiten auftreten können.

3.1.3.1 Die Stütz- und Gerüstsubstanzen
Sie bestehen aus Hemicellulosen und Gummistoffen; erstere sind in Wasser unlöslich, in verdünnten Alkalien dagegen löslich, letztere stellen wasserlösliche Abbauprodukte der ersteren dar. Sie haben etwa dieselbe Struktur, denn sie bestehen aus 80–90% Glucanen und 10–20% Pentosanen.

Die β-Glucane sind polymere Kohlenhydrate die aus β-D-Glucose-Einheiten bestehen, die durch 74% β-1,4- und 26% β-1,3-Bindungen miteinander verknüpft sind. Dabei ist die Reihenfolge, in der diese Bindungen vorkommen nicht regelmäßig [555]. Das Gersten-β-Glucan ist in den Zellwänden ursprünglich mit Proteinen vergesellschaftet. Die Esterbindung zwischen der Carboxylgruppe des Eiweißes und der Hydroxylgruppe des Kohlenhydrates muss hydrolysiert werden, um das letztere freizusetzen. Durch diesen Abbau beim Mälzen aber auch beim Maischen wird dieses hochviskose Material mit einem Molekulargewicht von rund 2 000 000 wasserlöslich [556]. Es ist dann ein weiterer Abbau vonnöten, wenn die oben geschilderten Schwierigkeiten vermieden werden sollen.

Die Stoffgruppe der Hemicellulosen spielt auch quantitativ eine Rolle, da sie etwa 10% des Gerstenkorns ausmacht. Nur ein Fünftel davon kommt in Form von wasserlöslichen Gummistoffen (Molekulargewicht ca. 400 000) in der Gerste vor, der Rest muss durch den beschriebenen Abbau gelöst werden [557].

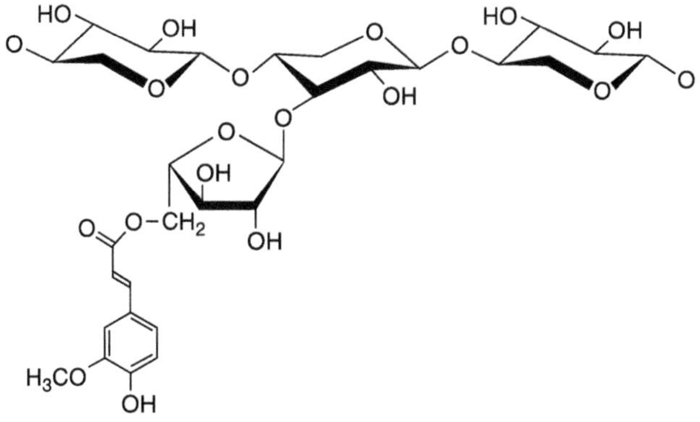

Abb. 3.13 Bildung von Ferulasäure an Arabinoxylan [558]

Das Pentosan des Mehlkörpers besteht aus Arabinoxylan, also Ketten, die aus Xylose-Einheiten in β-(1 → 4)-Bindungen sowie Arabinose-Seitenketten in β-(1 → 3)-Bindungen bestehen. Im Arabinoxylan befindet sich auch Ferulasäure, die über eine Esterbindung an Arabinose gebunden ist (Abb. 3.13). Sie liegt vor allem in den Spelzen und im Aleuron vor. Über die oxidative Verbindung zweier Ferulasäuremoleküle können sich sowohl Polysaccharid- als auch Proteinmoleküle vernetzen [557].

Der Ferulasäuregehalt des Weizens ist trotz des hohen Pentosan-Niveaus nicht immer höher als bei Gerste. Sorten und Anbaugebiete bzw. der jeweilige Jahrgang spielen hierbei eine Rolle. Roggen kann hohe Ferulasäuregehalte aufweisen [470, 559]. Ferulasäure wird bereits beim Mälzen mit zunehmender Keimdauer und mit steigender Keimgutfeuchte verstärkt freigesetzt; niedrige Keimtemperaturen von 12 °C sind hierfür ebenfalls günstiger als höhere (18 °C). Während das Schwelkverfahren nur geringe Unterschiede vermittelt, nimmt der Ferulasäuregehalt mit einer von 70 °C auf 100 °C ansteigenden Abdarrtemperatur ab (s. Bd. I).

Nachdem die Pentosane nur geringeren Veränderungen unterworfen sind und nur einen relativ bescheidenen Beitrag zur Würze- und Bierviskosität leisten, haben sich die Forschungsarbeiten der letzten 20 Jahre auf das β-Glucan konzentriert (s. Bd I).

Beim Mälzen werden die β-Glucane teilweise abgebaut. Die entstandenen Produkte (Glucandextrine) haben ein niedrigeres Molekulargewicht und eine entsprechend geringere Viskosität (s. Bd. I). Sie haben aber dennoch in einem gewissen Maße Einfluss auf die Viskosität des Bieres und damit auf die Geschmacks- und Schaumeigenschaften [496, 560].

Die β-Glucan-Abbauprodukte haben auch einen großen Einfluss auf die Filtrierbarkeit des Bieres. Dabei lässt aber weder der Gesamt-β-Glucangehalt noch der Anteil an hochmolekularem β-Glucan einen statistisch nachweisbaren Zusammenhang zur Filtrierbarkeit erkennen. β-Glucan liegt im Bier im Solzustand und im Gelzustand vor [561, 562]. Nur letzterer führt in Mengen von

20 mg/l zu Filtrationsstörungen. Für die Ausbildung von β-Glucangelen sind die Faktoren: hoher β-Glucangehalt, tiefe (Lagerkeller-) Temperaturen, lange Lagerzeit, höhere Alkoholgehalte und Scherbeanspruchung sowohl in der Würze als auch im Bier verantwortlich [563]. β-Glucane sind als Einzelmoleküle nur von geringem Einfluss auf die Filtrierbarkeit von Bier. Liegen sie als größere Einheiten („Fransenmicellen") vor, können sie Filtrationsstörungen hervorrufen [564].

Schereffekte beim Maischen verlängern die Läuterzeit und erhöhen die Viskosität der Würze. Die Verlängerung der Läuterzeit ist aber vor allem auf eine Zerkleinerung von Spelzenbestandteilen und auf die Ausbildung von feineren Partikeln zurückzuführen (s. auch Abschnitt 3.2.3.1) [565].

Dagegen können falsch dimensionierte Pumpen im Heißwürzebereich (Kavitationen), aber auch falsch eingesetzte Separatoren oder Belüftungseinrichtungen im Kaltwürzebereich zu Scherbeanspruchungen führen, die „β-Glucan-Cluster" bilden und durch Gele Filtrationsstörungen hervorrufen. Dies trat aber nur bei Würzen aus schlecht gelösten, inhomognen Malzen ein [566].

3.1.3.2 Die cytolytischen Enzyme

Sie beinhalten zwei Gruppen: die β-Glucanasen und jene, die Pentosane abbauen. Der Abbau der β-Glucane erfordert eine Reihe von Enzymen, die eine entsprechende Spezifität für β-1,3- und β-1,4-Bindungen aufweisen. Die Endo-β-1,4-Glucanase kommt bereits in ruhender Gerste vor [557], während die Endo-β-1,3-Glucanase [567] wie auch die unspezifisch wirkende Gersten-Endo-β-Glucanase [568] erst bei der Keimung gebildet werden. Dazu kommt noch die β-Glucan-Solubilase, eine Carboxypeptidase, die die Esterbindungen zwischen Protein und β-Glucan zu lösen imstande ist [569]. Sie lässt sich ebenfalls schon in ungekeimter Gerste nachweisen [570]. Die Exo-β-Glucanase, ebenso wie die Cellobiase und Laminaribiase (s. Bd. I) dürften keine wesentliche Rolle spielen. Die Aktivitäten der wichtigsten Glucanasen sind in Tab. 3.32 aufgeführt.

Wie schon erwähnt, ist die Endo-β-1,4-Glucanase wie auch die unspezifische β-Glucanase sehr temperaturempfindlich. Ihre Aktivitätskurven bei verschiedenen Temperaturen zeigen die Abb. 3.14 und 3.15 [569, 571, 572].

Tab. 3.32 Optimalbedingungen der β-Glucanasen

Enzyme	pH-Opt.	Temp. Opt. °C	Temp. Inakt. °C	
Endo-β-1,4-Glucanase	4,5–4,8	40–45	55	
Gersten-Endo-β-Glucanase	wahrscheinlich ähnliches Verhalten			
Endo-β-1,3-Glucanase	4,6/5,5*	60	70	(418)
β-Glucan-Solubilase	6,6–7,0**	62	73	(416)

* Entsprechend dem Substrat: Laminarin   pH 4,6
                               Carboxymethylcellulose   pH 5,5
** Esterase-Aktivität   pH 6,6–7,0
      Carboxypeptidase-Aktivität   pH 4,6–4,9

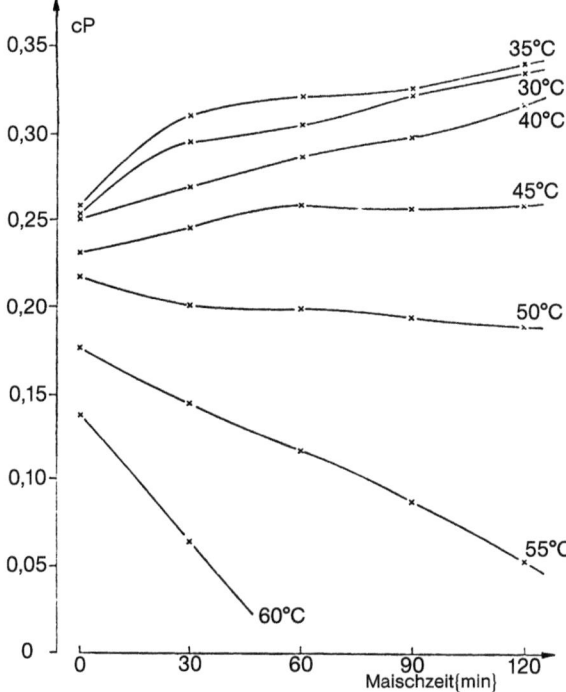

Abb. 3.14 Aktivität der Endo-β-Glucanasen bei isothermen Maischen [573]

Tab. 3.33 Optimalbedingungen der Pentosanasen

Enzym	pH-Opt.	Temp.-Opt. °C	Temp.-Inakt. °C	
Endo-Xylanase	5,0	45		(420)
Exo-Xylanase	5,0	45		(331)
Arabinosidase	4,6–4,7	40–50	60	(412, 421)

Hieraus werden auch die oben gemachten Feststellungen verständlich, dass es schwierig ist, die beim Maischen eines knapp gelösten Malzes freigesetzten β-Glucanmengen weiter abzubauen. Die Enzyme des Pentosan-Abbaus zeigt Tab. 3.33.

Hierzu kommen noch – ähnlich wie beim β-Glucanabbau – eine unspezifische Esterase, die „Pentosan-Solubilase" sowie eine Feruloyl-Esterase [575], die die Esterbindung zwischen Ferulasäure und Arabinose löst und so Ferulasäure freisetzt [576]. Sie hat ihr Optimum in Maische bei 44 °C und einem pH von über 5,9 [559].

274 | 3 Das Maischen

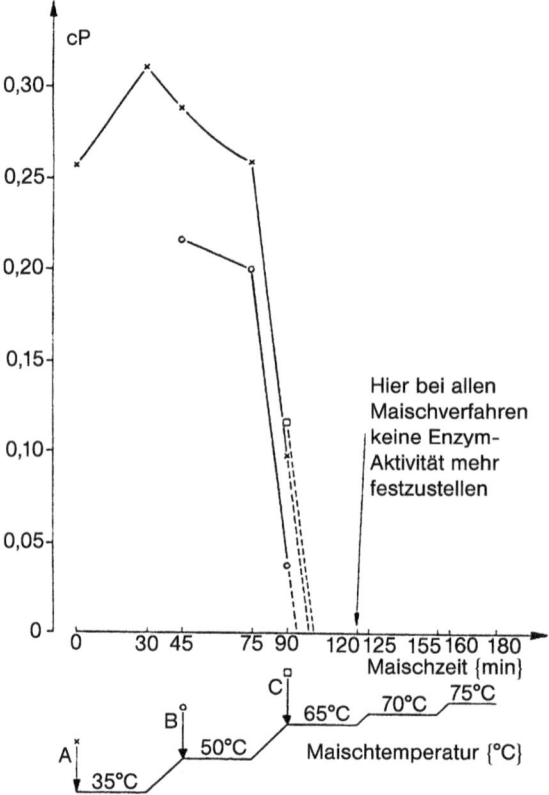

Abb. 3.15 Aktivität der Endo-β-Glucanasen bei Maischverfahren unterschiedlicher Intensität [574]

3.1.3.3 Abbau der Stütz- und Gerüstsubstanzen

Der Abbau der Stütz- und Gerüstsubstanzen während des Maischens vollzieht sich in Abhängigkeit von der Löslichkeit dieser Substanzen in mehreren Abschnitten (Abb. 3.16–3.18) [573]:

a) Zunächst gehen die im Malz vorgebildeten, freien Gummistoffe und ihre Abbauprodukte in Lösung. Sie erhöhen die Viskosität der Maische [577].

b) Im Temperaturbereich von 35–50 °C ist durch Endo-β-1,4-Glucanasen und unspezifisch wirkende Endo-β-Glucanasen ein Abbau dieser hochmolekularen Substanzen zu Glucandextrinen und niedrigermolekularen Gruppen gegeben (Abb. 3.19) [573]. Die Viskosität verringert sich.

c) Bei Temperaturen zwischen 45 und 55 °C schreitet die Lösung von Extrakt fort; hierbei werden, auch unter Mitwirkung der oben genannten Enzyme β-Glucane freigesetzt, die infolge der Schwächung der Enzyme nur langsam abgebaut werden. Eine Wirkung der Endo-β-1,3-Glucanase bei 50–55 °C ist möglich (Abb. 3.20).

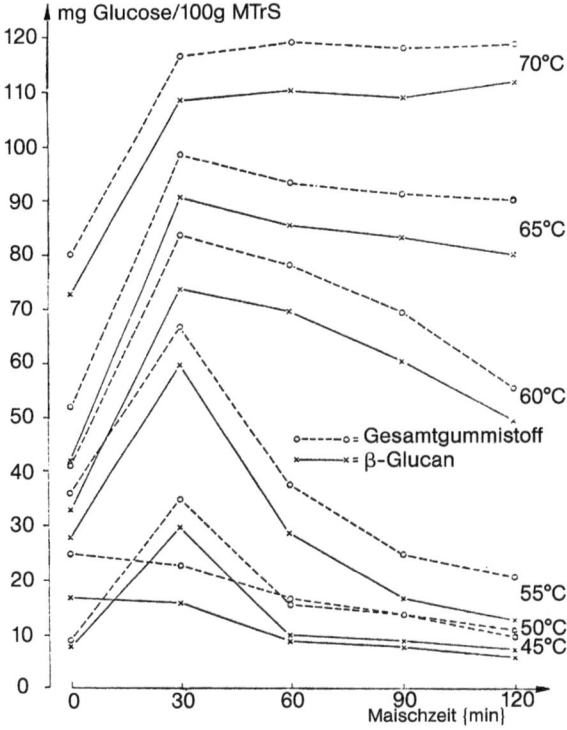

Abb. 3.16 Gummistoffe (---) und β-Glucan (——) bei isothermen Maischen (gut gelöstes Malz) [574]

d) Ab 60 °C bis zu 70 °C setzt die β-Glucan-Solubilase (Abb. 3.21) große Mengen an hochmolekularem β-Glucan aus der Bindung mit Protein frei [571]. Es kommt zu einem umso größeren Anstieg an β-Glucan, je höher die Temperatur im Bereich von 60–70 °C ist, denn bei 60 °C baut die Endo-β-1,3-Glucanase einen Teil dieser Substanzen ab, doch wird ihre Wirkung ab etwa 65 °C zunehmend inhibiert.

Tab. 3.34 Vergleich der Gummistoffgehalte aus Kaltwasserauszügen und Kongreßwürzen (mg/100 g TrS) [577]

	Kaltwasserauszug	Kongreßwürze
knapp gelöstes Malz		
Gesamtgummistoffe	475	1152
β-Glucan	295	878
Pentosan	180	274
gut gelöstes Malz		
Gesamtgummistoffe	210	404
β-Glucan	53	195
Pentosan	157	209

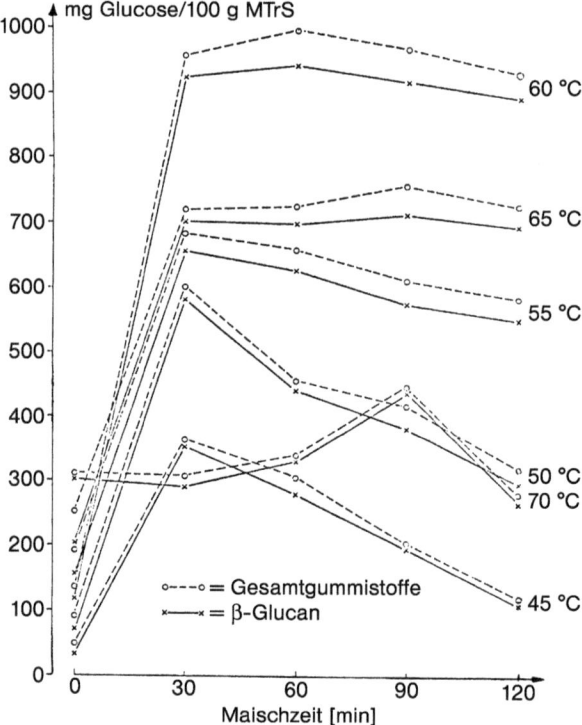

Abb. 3.17 Gummistoffe (---) und β-Glucan (——) bei isothermen Maischen (knapp gelöstes Malz) [573]

e) Das bei 70 °C gelöste β-Glucan scheint unverändert zu bleiben, es repräsentiert die durch die β-Glucan-Solubilase aus der proteinischen Bindung gelöste Menge. Das Niveau der beim Maischen freigesetzten β-Glucanmengen hängt eindeutig von der Malzqualität ab, wie ein Vergleich der Werte aus Kaltwasserauszug und Kongresswürze zeigt (Tab. 3.34).

3.1.3.4 Technologische Einflussnahme auf den Abbau der Stütz- und Gerüstsubstanzen

Eine technologische Einflussnahme ist möglich über die Malzqualität, wobei die Enzymmenge und Auflösung gleichermaßen von Bedeutung ist, über die mechanische Aufbereitung des Mehlkörpers und schließlich durch die Parameter des Maischprozesses.

Die *Malzqualität* in ihrer Bedeutung wurde bereits in Tab. 3.34 dargestellt. Es kommt der Wahl der Sorte, ihrem Gehalt an β-Glucan [578], an β-Glucansolubilase [569] und an Endo-β-Glucanase eine große Bedeutung zu. Die Enzymgehalte zeigen naturgemäß eine Abhängigkeit von den Bedingungen des Mälzens; die Unterschiede zwischen einem „normal" und einem „knapp" gelösten Malz waren 4:1; selbst ein sehr stark gelöstes Malz erreichte nur den Faktor 5 [577].

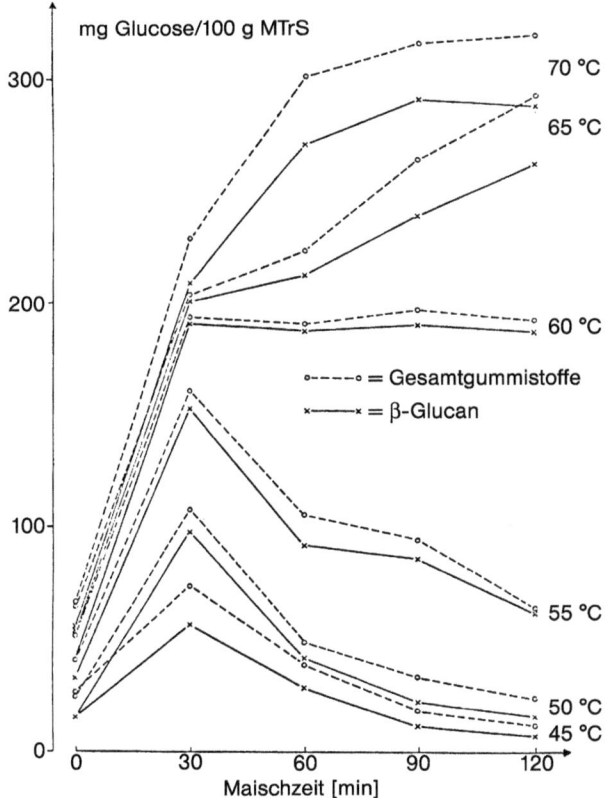

Abb. 3.18 Gummistoffe (---) und β-Glucan (——) bei isothermen Maischen (normal gelöstes Malz) [573]

Tab. 3.35 Schrotbeschaffenheit und Gummistoffgehalt [577]

Malzauflösung	knapp		gut	
Schrottyp	fein	grob	fein	grob
Gesamtgummistoffe mg/l	1693	1619	688	673
β-Glucan mg/l	1314	1249	372	361
Pentosan mg/l	379	370	316	312

Malze aus Wintergersten führen zu hohen β-Glucangehalten in Würze und Bier [554]. Besonders schwierig sind Malze zu verarbeiten, die aus Mischungen von Braugersten, Kompromiss- und Wintergersten bestehen.

Die Auflösung des Malzes wird bei der Besprechung der Maischbedingungen einer weiteren Betrachtung unterzogen.

Die mechanische Aufbereitung des Mehlkörpers, dargestellt anhand von knapp und gut gelösten Malzen, geht aus Tab. 3.35 hervor.

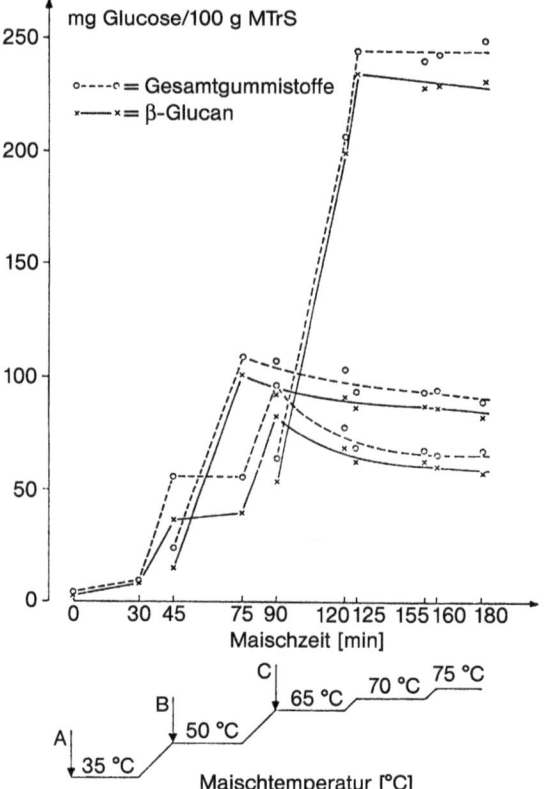

Abb. 3.19 Gummistoffe (---) und β-Glucan (―) bei Maischverfahren unterschiedlicher Intensität [573]

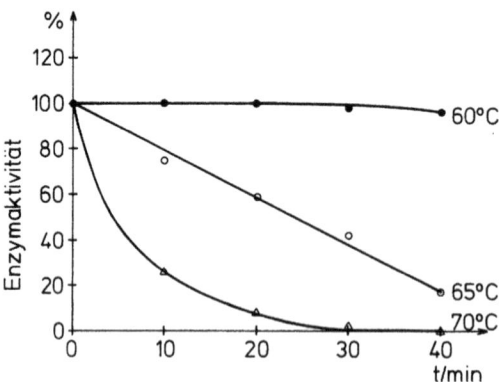

Abb. 3.20 Temperaturstabilität der Endo-β-1→3-Glucanase [571]

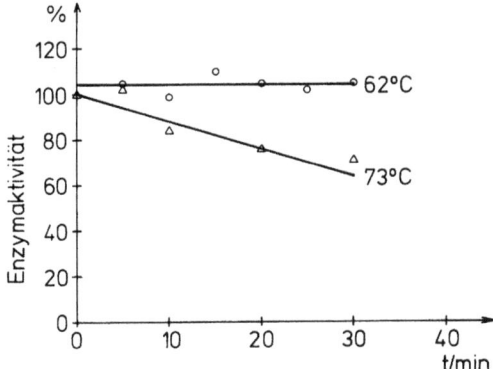

Abb. 3.21 Temperaturstabilität der β-Glucan-Solubilase [569]

Tab. 3.36 Vergleich von Nass- und Trocken-Schroten [47]

	Naßschrot	Trockenschrot
β-Glucan mg/l	447	245

Tab. 3.37 Gummistoffgehalt der Treber bei Dekoktions- und Infusionsverfahren

	Dreimaisch-		Infusionsverfahren	
Malzauflösung	knapp	gut	knapp	gut
Gummistoffe, berechnet auf mg/l Würze	28	6	152	54

Der Effekt ist anders als erwartet. Durch das feinere Schrot wird mehr β-Glucan extrahiert, das aber nicht mehr vollständig abgebaut werden konnte.

Der *Einfluss der Nassschrotung* in ihrer ursprünglichen Form lieferte ebenfalls höhere β-Glucanwerte, da durch die Überweiche eines Teils der Körner keine Ausmahlung harter Spitzen erfolgte, so dass diese zu spät während des Maischprozesses gelöst wurden (Tab. 3.36).

Der Aufschluss durch das Maischekochen äußert sich durch einen geringeren Gummistoffgehalt der Treber, die β-Glucan- und Gummistoffgehalte der entsprechenden Würzen unterscheiden sich dagegen nur wenig (Tab. 3.37) [577].

Die beim Kochen aufgeschlossenen Gummistoffe wurden beim Dreimaischverfahren offenbar noch einem nachfolgenden enzymatischen Abbau unterworfen.

Die Maischbedingungen und ihre Einflussmöglichkeiten sind in den Abb. 3.16–3.19 dargestellt [573, 574].

Es zeigen die drei Maischverfahren mit den Einmaischtemperaturen 35, 50 und 65 °C, dass im Bereich 35–50 °C ein deutlicher Abbau an β-Glucan zu verzeichnen

Tab. 3.38 β-Glucangehalte, Malzqualität und Maischtemperatur [579]

Einmaischtemperatur °C		35	50	65
β-Glucan mg/100 g TrS Malz: MS-Differenz EBC %	1,1	17	33	86
	2,0	58	87	230
	3,8	390	595	645
β-Glucanverhältnis der verschiedenen Malze Malz: MS-Differenz EBC %	1,1	1	1	1
	2,0	3,4	2,6	2,7
	3,8	23	18	7,5
β-Glucanverhältnis der verschiedenen Maischen Malz: MS-Differenz EBC %	1,1	1	1,9	5
	2,0	1	1,5	4
	3,8	1	1,5	1,7

ist, dass aber selbst ein sehr intensives Maischverfahren nicht ausreicht, um die hohen β-Glucangehalte eines schlecht gelösten Malzes auf ein Niveau abzusenken, das eine weitere, unproblematische Verarbeitung ermöglicht. Die Dominante für den β-Glucangehalt ist die Malzqualität: sie bestimmt den Bereich desselben, das Maischverfahren kann nur eine Korrektur bewirken.

Es zeigen aber diese Kurven auch, dass ein zu weitgehender Abbau dieser Substanzen durch hohe Einmaischtemperaturen zu vermeiden ist. Dies geht aus Tab. 3.38 hervor [579].

Es war also die Extraktion beim gut gelösten Malz eine wesentlich weitergehende; bei schlecht gelöstem Malz und hoher Einmaischtemperatur ließen sich die Partikel zum Teil nicht in gelöste Form überführen; diese blieben als Schwebstoffe in der Würze und bewirkten eine Verstopfung der Filterporen des Treberkuchens [579].

Es verdient aber Erwähnung, dass die bei höheren Einmaischtemperaturen erhalten gebliebenen β-Glucan- oder Gummistoffmengen bei den weiteren Prozessschritten des Würzekochens und der Gärung größere Verluste erleiden als z. B. solche aus Verfahren mit intensivem Abbau [580, 581].

Der Abbau der Pentosane zeigt wesentlich geringere Bewegungen (Tab. 3.39).

Tab. 3.39 Einmaischtemperatur, Malzauflösung und Pentosangehalte mg/l 12%ige Würze [577]

Einmaischtemperatur °C	35	50	62
knapp gelöstes Malz	369	378	381
gut gelöstes Malz	309	314	317

Tab. 3.40 pH-Korrektur und Gummistoffgehalte

Maische-pH		5,85	5,40
Gesamtgummistoffe	mg/l	765	703
β-Glucan	mg/l	435	385
Pentosan	mg/l	330	318

Tab. 3.41 Einfluss von 20% Spitzmalz oder 20% Rohgerste auf den β-Glucangehalt der Würzen [47]

		Normal	20% Spitzmalz	20% Rohgerste
β-Glucane	30% Fällung	223	263	578
β-Glucane	60%	324	421	893
Viscosität	mPa s	1,60	1,78	1,83

(die Fällung mit 30%igem Ammonsulfat erfaßt hochmolekulares β-Glucan, die Fällung mit 60%igem $(NH_4)_2SO_4$ zusätzlich auch einen mittleren Molekulargewichtsbereich) Werte in mg/l

Der *Einfluss der Rastdauer* bei verschiedenen Temperaturen geht aus Abb. 3.15 hervor. Es zeigt sich, dass gerade bei den Restmaischen von z. B. 2-Maischverfahren bei 50 °C eine nicht unbeträchtliche Abbauleistung gegeben ist [573, 574].

Die *Auswirkung einer pH-Korrektur* beim Maischen ist nicht ganz ohne Widersprüche, da wohl die Endo-β-Glucanasen gefördert werden, aber die β-Glucan-Solubilase in ihrer Esterasenaktivität leiden kann. Demgemäß sind auch die Auswirkungen bescheiden (Tab. 3.40).

Bei Malzen aus Wintergersten gelang es, durch eine intensive Säuerung der Maische einen weitergehenden β-Glucanabbau und damit eine bessere Filtrierbarkeit zu erreichen [554].

Das Mitvermaischen von ungemälzter Gerste oder Spitzmalz ruft trotz eines intensiven Maischverfahrens (nach Art eines Kesselmaischverfahrens in Abschnitt 3.2.4.4) einen überaus starken Anstieg der β-Glucane hervor, wie Tab. 3.41 zeigt.

Es ist klar ersichtlich, dass das genannte Maischverfahren bei Spitzmalz eine gewisse Verbesserung zu erzielen vermochte, nicht dagegen bei Rohgerste.

Beeinflussung des Ferulasäuregehalts beim Maischen [582] Zum Abbau der Pentosane gehört auch die Freisetzung der Ferulasäure aus ihrer esterartigen Bindung mit Arabinoxylan. Wenn diese Reaktion auch möglicherweise für den Abbau von höhermolekularen Pentosanen verantwortlich ist, so kann doch die Ferulasäure selbst einen direkten Einfluss auf den Geschmack bestimmter Biere ausüben.

Die Ferulasäure der Würze wird bei der Gärung durch bestimmte Heferassen (obergärige Hefen, davon Weizenbierhefen) zu 4-Vinylguajacol decarboxyliert.

Tab. 3.42 Maische-pH und Ferulasäuregehalt (Einheiten) (Rast bei 44–45 °C)

pH	4,7	5,3	5,5	5,7	6,0	6,3
Rast bei 15 min	50	180	198	245	380	390
Rast bei 60 min	170	595	680	920	960	980

Tab. 3.43 Maischverfahren und Ferulasäure-/4-Vinylguajacolgehalte (mg/l)

Einmaischtemperatur °C	62	35	35	35
Rast bei 44 °C min	–	0	15	60
Gesamtmaischzeit min	90	160	175	220
Ferulasäuregehalt	1,8	3,8	5,0	6,7
4-Vinylguajacolgehalt	0,4	1,0	1,4	1,9

Hierdurch entsteht ein typisches Aroma nach Gewürznelken, das für das bayrische Weizenbier gewünscht ist. Um dieses Aroma zu beeinflussen, kann beim Maischen durch Einhalten bestimmter Parameter verstärkend oder abschwächend eingegriffen werden [559, 583–585].

Den Einfluss des pH bei Rasten von 15 bzw. 60 Minuten und einer Temperatur von 44–45 °C zeigt Tab. 3.42.

Der optimale pH-Wert liegt hier bei 5,9, der selbst mit Weizenmalzmaischen nur schwer erreicht werden kann.

Den Einfluss verschieden hoher Einmaischtemperaturen und Rasten bei 44 °C zeigt Tab. 3.43.

Es ist folglich eine Rast bei 44 °C schon wirkungsvoll. Es muss allerdings auf den gleichzeitig ablaufenden Eiweißabbau Rücksicht genommen werden, um eine eiweißseitige Überlösung zu vermeiden. Nach den erzielten Werten an 4-Vinylguajacol dürfte jedoch eine Rast von 30 min bei 44 °C genügen.

3.1.3.5 Kontrolle des Abbaus der Stütz- und Gerüstsubstanzen

Die große Bedeutung dieser Vorgänge für den weiteren Brauprozess und für die Beschaffenheit des Bieres lässt eine Kontrolle geraten erscheinen. Die hier zitierten Gummistoff- und β-Glucanbestimmungen sind jedoch zeit- und arbeitsaufwändig. Bei laufender Betriebsüberwachung kann die Viskosität der Würze eine gewisse Aussage treffen. Wenn sie auch nicht ausschließlich durch den β-Glucangehalt bestimmt wird, so kann doch bei sonst normaler Würzezusammensetzung der Anteil der Gummistoffe aus der Viskosität errechnet werden [496, 586].

Demnach setzt sich die Viskosität der Würze zusammen aus:

Viskosität der gesamt gelösten Stoffe (Vg gesamt):
= Viskosität der Würze – Viskosität des Wassers (1005 mPas)

Viskosität der unbekannten Stoffe (Vg unbek):
= Viskosität der gesamt gelösten Stoffe (Vg ges)
−Viskosität der bekannten Stoffe (Vg bek)

Vg bek = Vg Dextrin + Vg Maltose

Bei Bier wird zudem noch die Viskosität des Alkohols berücksichtigt:

Vg bek = Vg Dextrin + Vg Maltose + Vg Alkohol.

Die Viskosität wässriger Lösungen dieser Bestandteile leitet sich nach Tab. 3.44 wie folgt ab.

Damit lässt sich für Würze und Biere die Viskosität der „unbekannten" Stoffe mit hinlänglicher Genauigkeit errechnen, wobei der noch vergärbare Extrakt als „Maltose" zugeordnet und der Dextringehalt unter der Annahme, dass 87% des Würzeextraktes aus Dextrin und vergärbaren Zuckern bestehen, wie folgt berechnet wird:

$$\text{Dextrin Gew. \%} = \frac{(87 - \text{wirkl. Endvergärungsgrad}) \text{ Extr. d. Stammwürze}}{100}$$

So wurde z. B. bei Würzen, die eine Viskosität von 1,805 und einen scheinbaren Endvergärungsgrad von rund 79% hatten, die Viskosität der „unbekannten" Stoffe wie folgt berechnet:

Vg (unbek) = Vg (gesamt − Vg (bekannt)
= 0,80 − (0,262 + 0,229)
= 0,80 − 0,49 = 0,31 mPas

Die hieraus stammenden Biere zeigten bei einer Viskosität von 1,585, einem Endvergärungsgrad von 79% und einem Ausstoßvergärungsgrad von 78,5% folgende Werte:

Vg (unbek) = 0,58−0,41 = 0,17 mPas.

Tab. 3.44 Viskositätserhöhung durch verschiedene Würze- und Bierbestandteile

Gew. %	Viscositätserhöhung in mPa s		
	Maltose	Ethylalkohol	Dextrin
2	0,059	0,091	0,157
4	0,125	0,186	0,335
6	0,195	0,287	0,595
8	0,275	0,396	0,873
10	0,371	0,512	1,197

Damit war der Viskositätsbeitrag der „unbekannten" Stoffe in Würze bzw. im Bier 0,31 bzw. 0,17 mPas.

Es ist demnach abzuleiten, dass z. B. eine Viskosität der 12%igen Ausschlagwürze von 1,85 mPas einen Anteil an „Gummistoffen" von 0,30–0,33 mPas ausweist. Dies entspricht nach einer Vielzahl von Analysen etwa einem β-Glucangehalt von 200 mg/l der noch als unproblematisch angesehen werden kann [580]. Es dürfte auf jeden Fall geraten sein mit der Kontrolle beim Malz anzusetzen, wo sich z. B. die Differenz der Viskositäten der 65 °C-Maische und Kongresswürze aber vor allem auch der einfachere Friabilimeterwert, der über 80% liegen soll, als bedeutsam für die Filtrierbarkeit des Bieres herausgestellt haben [587]. Insbesondere die Anzahl der ganzglasigen Körner übt einen ungünstigen Einfluss aus, wenn sie 5% überschreitet.

3.1.4
Veränderung der Phosphate

Die im Malz vorkommenden sauren Phosphatasen bauen die organischen Phosphate des Malzes ab, wobei Phosphorsäure freigesetzt wird, die weiter zu primären Phosphaten reagiert. Hierdurch ergibt sich eine Erhöhung der Acidität der Maische, was sich in einer Erniedrigung des pH und in einer Verstärkung der Pufferung der Maische äußert.

Die optimalen Wirkungsbedingungen der Phosphatasen liegen bei einem pH von 5,0 und einer Temperatur von 50–53 °C, über 60 °C verlieren sie rasch an Aktivität [588].

Wie oben angeführt, lässt sich der Abbau der Phosphate, der etwa den Umsetzungen der Proteolyse parallel läuft, am besten anhand der Pufferung der Würze verfolgen.

Das *Malz* übt natürlich über den Grad seiner Auflösung einen Einfluss aus: Je besser die Auflösung, umso stärker ist die Pufferung der Kongresswürze [524] (s. auch Bd. I).

Die Auswirkung der *Maischtemperatur* ist im Bereich von 50–53 °C am wirkungsvollsten wie Tab. 3.45 zeigt [489].

Bei 35 °C ist die Säurebildung noch relativ gering; wird jedoch diese Temperatur einer Rast von 50–53 °C vorgeschaltet, so kann durch die vorausgegangene Lösung des Extrakts, der organischen Phosphate und der Enzymsysteme eine Steigerung des Abbaus erzielt werden. Höhere Einmaischtemperaturen, besonders aber der Anstieg von 58 auf 62 °C beschränken die Säurebildung [489].

Tab. 3.45 Einmaischtemperatur und Acidität (ml 1 n NaOH/100 g TrS) [489]

Einmaischtemperatur °C	35	35/50	47	50	53	58	62	65
I. Stufe		9,6	9,6	9,9	9,8	9,9	9,8	9,1	8,6
II. Stufe		23,0	23,2	23,2	24,1	24,2	23,6	21,7	19,6

Tab. 3.46 Titrationsacidität und Rasttemperaturen bei Zweimaischverfahren (ml 1 n NaOH/100 g TrS)

Temperatur der 1. Restmaische		50	
Temperatur der 2. Restmaische	60	65	70
Säure I. Stufe	10,2	9,9	9,5
II. Stufe	24,6	24,1	22,7

Tab. 3.47 Titrationsacidität und Rastdauer (ml 1 n NaOH/100 g TrS)

Test bei °C	50		62		70	
Dauer min	15	60	15	60	15	60
Säure I. Stufe	9,9	10,5	9,2	9,8	9,2	9,4
II. Stufe	23,3	25,4	21,8	23,8	21,8	22,1

Tab. 3.48 Phosphatgehalt der Würze bei $CaSO_4$ und Sauergutdosierung [589]

Versuch	dest. Wasser	dest. Wasser + $CaSO_4$	dest. Wasser + SG, M	dest. Wasser + SG, M, W
Wasser-Restalkalität °dH	0	−10	M pH 5,4	M pH 5,4 W pH 5,0
Phosphatgehalt der Würze	806	545	1145	1232
Bier-pH	4,72	4,54	4,70	4,50

Bei Dekoktionsmaischverfahren spielt wiederum das Temperaturintervall zwischen erster und zweiter Restmaische eine Rolle (Tab. 3.46).

Es können die Phosphatasen – selbst bei langer Rast bei 50 °C – offenbar bei 60 °C noch eine deutliche Wirkung erzielen, die jedoch zwischen 65 und 70 °C eingeschränkt wird [496].

Die Dauer der Rast im Bereich von 50–62 °C hat nach Tab. 3.47 ebenfalls einen Einfluss:

Bei 70 °C ist trotz längerer Rast keine Veränderung der Pufferkapazität mehr gegeben.

Der Maische-pH wirkt sich bei einer Absenkung von 5,85 auf 5,40 ebenfalls deutlich aciditätserhöhend aus. Dabei bringt ein Zusatz von pH-Malz mehr Pufferstoffe in die Würze ein, als dies durch eine pH-Korrektur mit Milchsäure der Fall ist.

Der Zusatz biologisch gewonnener Milchsäure zur Maische verändert im Vergleich zu einer $CaSO_4$-Gabe von −10° Restalkalität nach Tab. 3.48 den Phosphatgehalt wie folgt:

Es ist aus dem Grund der verstärkten Pufferung neben der biologischen Säuerung der Maische auch eine solche der Würze anzustreben. Die Phophat-

Tab. 3.49 Maischintensität und pH-Verlauf [488, 489]

Einmaischtemperatur °C	62	50	50 + Rast
Pfannevollwürze	5,78	5,75	5,79
Ausschlagwürze	5,56	5,51	5,60
Bier	4,38	4,37	4,44

ausfällung durch die Calcium-Ionen verringert den Phosphatgehalt der Würze deutlich, der resultierende pH-Wert des Bieres ist günstig.

Die Erhöhung des Phosphatgehalts der Maische vermehrt wohl die Acidität der „Pfannevollwürze" doch kann die hierdurch vermittelte Pufferung den pH-Abfall beim Würzekochen oder gar bei der Gärung abschwächen. Es ist dabei zu erwarten, dass ein Maischverfahren mit hohen Einmaischtemperaturen, z. B. ein Hochkurzmaischverfahren niedrigere pH-Werte in der Ausschlagwürze oder besonders im Bier liefert als ein Zweimaischverfahren mit ausgedehnten Rasten im Bereich von 50–53 °C. Dies zeigt die folgende Tab. 3.49.

3.1.5
Abbau der Lipide

Die Lipide der Gersten werden während der Keimung zum Teil abgebaut; die Produkte werden veratmet oder im Keimling selbst zum Aufbau neuer Zellen verwertet [590]. Dabei sinkt der Rohfettgehalt der Gerste durch die Atmungsvorgänge und durch die Ausbildung von Blatt und Wurzelkeim um 20–27% [591]. Hierbei spielen naturgemäß die Faktoren Sorte, Jahrgang und Anbaugebiet eine Rolle.

3.1.5.1 **Die Enzyme des Fettabbaus und der Lipidoxidation**
Die Enzyme, die Lipide in Glyceride und Fettsäuren spalten, die Lipasen, werden bei der Keimung kräftig vermehrt (s. Bd. I). Sie finden sich auch nach Abschluss des Darrprozesses zu einem Gutteil im Malz. [592, 593].

Das Malz kann je nach Intensität der Mälzung und der Höhe der Abdarrung unterschiedliche Mengen Gesamtfettsäuren und höhere Fettsäuren enthalten [591, 594, 595].

Die *Lipasen* sind beim Maischen im Temperaturbereich um 50 °C stabil, bei 65 °C werden sie innerhalb von 30 Minuten inaktiviert [598]. Der Verfolg von verschieden intensiven Infusionsmaischverfahren zeigt, dass bei stufenweiser Temperaturerhöhung selbst am Ende einer Rast bei 65 °C noch etwa 25% der ursprünglichen Enzymaktivität vorhanden ist. Das pH-Optimum liegt im neutralen Bereich zwischen 6,8 und 7 [596, 597].

Es ist allerdings bei 70 °C keine Aktivität mehr feststellbar.

In einer anderen Arbeit wurden zwei Temperaturoptima, bei 35 und 70 °C gefunden [90], was einen Anstieg der freien Fettsäuren bis zu dieser Temperatur

3.1 Theorie des Maischens

erklärt. Phospholipasen, die ebenfalls beim Mälzen gebildet werden, spalten beim Maischen die Cholinphosphatide des Malzes zu wasserlöslichen Verbindungen. Ihre Optimaltemperatur liegt bei 25–35 °C [598], es werden aber auch bei 55–65 °C noch beträchtliche Mengen an Cholin erhalten [599].

Neben dem Abbau der Lipide beim Maischen ist, wie beim Mälzen, eine Oxidation von höheren ungesättigten Fettsäuren (besonders Linol- und Linolensäure) durch die Lipoxygenasen I und II zu Hydroperoxiden gegeben. Diese werden durch weitere Oxidasensysteme zu Di- und Trihydroxysäuren und weiter zu aromaintensiven Substanzen geführt, die Einfluss auf den Geschmack des späteren Bieres, vor allem auf dessen Geschmacksstabilität, nehmen.

LOX 1 liegt bereits in der ungekeimten Gerste vor, während LOX 2 als De-novo-Enzym während der Keimung gebildet wird.

Die LOX 1 hat eine optimale Wirkung in Temperaturbereichen von 35–50 °C, wobei sich die pH-Optima zwischen 6,3 und 7,5 bewegen [600]. Über 55 °C nimmt die Aktivität rasch ab. LOX 2 wirkt in ähnlichen Temperaturbereichen, der optimale pH liegt zwischen 6,5 und 8,0. Sie ist etwas thermostabiler und wird bei 65 °C innerhalb von 5 Minuten inaktiviert [601–604]. Die Wirkungsweise der Enzyme des Lipidabbaus und der Lipidoxidation zeigt Abb. 3.22.

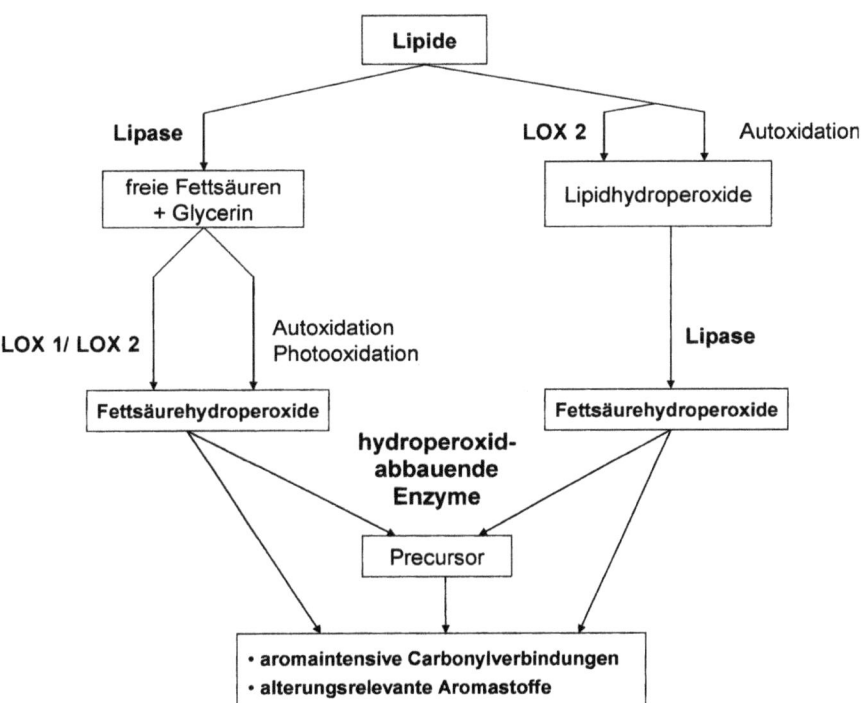

Abb. 3.22 Enzyme des Lipidabbaus und der Lipidoxidation

Tab. 3.50 Veränderung der Fettsäuren während des Maischens (mg/kg Malz)

Fett-säure	Malz	Einmai-schen 35 °C	30 min bei 35 °C	Beginn Rast bei 50 °C	30 min bei 50 °C	Beginn Rast bei 65 °C	30 min bei 65 °C	Beginn Rast bei 70 °C	30 min bei 70 °C	Abmai-schen bei 78 °C
C 16	361	386	487	459	458	443	1220	1310	1557	1563
C 18	63	79	80	73	61	54	84	99	102	107
C 18/R1	111	130	174	157	141	122	212	217	233	248
C 18/R2	675	349	282	297	337	397	1080	1130	1200	1211
C 18/R3	35	18	16	16	19	18	52	54	63	63
Lipoxidase-aktivität %		100	100	80	60	10	0	0	0	0

3.1.5.2 Der Abbau der Lipide beim Maischen

lässt sich nach Tab. 3.50 bei einem Infusionsverfahren mit Rasten bei 35, 50, 65, 70 und 78 °C darstellen [352].

Während die Palmitinsäure vom Einmaischen bei 35 °C bis zum Beginn der Rast bei 65 °C nur um 20% zunimmt, steigert sich ihre Menge bei dieser sowie bei der 70 °C Rast um 250% bzw. um 320%. Diese Bewegung bestätigt das zweite Aktivitätsmaximum der Lipase bei 65–70 °C. Die Ölsäure ($C_{18:1}$) erfährt eine Mehrung bei 35 °C, nimmt aber bei 50 °C bis zum Eintritt in die 65 °C-Rast wieder um 1/3 ab. Beim neuerlichen Anstieg bei 65 °C folgt dann nur noch eine leichte Zunahme. Besonders deutlich sind die Bewegungen der Linol- und Linolensäure, die vom Einmaischen an eine stete Abnahme der Gehalte vom Malz her erfahren, die erst bei der 50 °C-Rast durch den Zuwachs an $C_{18:2}$- und $C_{18:3}$-Fettsäuren überdeckt und von einem steilen Anstieg bei der 65 °C-Rast gefolgt wird. Hier und bei der 70 °C-Rast kommt die Wirkung der Lipase zur Geltung, während die Lipoxygenase eine Abschwächung erfährt. Dies beweist auch die damals mitbestimmte Lipoxygenasen-Aktivität.

Die Wirkung der Lipoxygenasen, anhand der $C_{18:2}$- und $C_{18:3}$-Hydroperoxidkonzentrationen, ist im Verlauf isothermer (40–80 °C) Maischen am stärksten bei 55–60 °C, gefolgt von einer deutlichen Abnahme bei 65–70 °C. Bei 75–80 °C dagegen ist wiederum ein starker Anstieg der Fettsäurehydroperoxide zu beobachten. Dies ist möglicherweise auf unspezifische Lipasen, die eine Freisetzung von Hydroperoxiden aus glyceridischen Bindungen katalysieren [605], auf thermische Einflüsse oder auf die fortschreitende Lösung und Freisetzung zahlreicher Malzinhaltsstoffe zurückzuführen.

Eine biologische Säuerung der Maische auf pH 5,40 vermag die Bildung der Fettsäurehydroperoxide vor allem bei höheren Temperaturen etwas zu dämpfen, doch verändern sich die Tendenzen nicht (Tab. 3.51).

Weitere Oxidationsprodukte der Fettsäuren bzw. deren Hydroperoxiden sind die Hydroxyfettsäuren (Mono-, Di- und Trihydroxyfettsäuren), die beim Maischen ab 55 °C kontinuierlich ansteigen und bei 65 °C die höchste Konzentration erreichen [606].

Tab. 3.51 Bildung von Fettsäurehydroperoxiden beim Maischen (isotherme Maischen, 100 Minuten), ungesäuert und gesäuert

Temperatur °C	40	45	50	55	60	65	70	75	80
ungesäuert	112,8	104,5	108,4	217,0	179,7	114,9	82,1	199,6	179,3
gesäuert pH 5,4	124,7	131,9	138,5	184,8	217,0	99,4	70,2	145,7	154,9

Tab. 3.52 Maischverfahren und Summe der Alterungssubstanzen von Würzen und Bieren

Einmaischtemperatur °C	35	50	62	67
Anstellwürze ppb	729	721	678	589
Bier frisch ppb	206	222	170	145
Bier gealtert ppb	336	314	270	237
Bewertung Bier gealtert (1 sehr gut, 4 schlecht)	2,1	2,2	1,8	1,8

Tab. 3.53 Maische-pH und Bieralterung

pH der Maische	5,8	5,5	5,2
Substanzen im gealterten Bier ppb			
2-Me-butanal	9,4	9,4	8,3
Benzaldehyd	1,8	1,1	1,1
Nicotinsäureethylester	33,4	33,9	25,0
Bewertung Bier gealtert (1 sehr gut, 4 schlecht)	2,0	1,9	1,4

Um den Lipidabbau und die Lipidoxidation im Hinblick auf eine gute Geschmacksstabilität des späteren Bieres zu beschränken, ist es günstig beim Maischen folgende Faktoren zu berücksichtigen:
- Bei einer hohen Einmaischtemperatur über 62 °C werden die Lipoxygenasen rasch inaktiviert. Es entstehen deutlich weniger Alterungscarbonyle [605, 607, 608]. Es muss allerdings die Malzqualität den Ansprüchen an die hohe Einmaischtemperatur hinsichtlich Auflösung und Homogenität genügen (Tab. 3.52).
- Ein niedriger Maische-pH verringert Lipidabbau und Lipidoxidation. Ideal wäre wohl ein pH von 5,2, doch kann dieser die α-Amylaseaktivität behindern, den Eiweißabbau fördern und zuviel FAN freisetzen, der seinerseits wieder Vorläufer für Alterungssubstanzen ist. Ein pH von 5,4 hat sich – auch im Hinblick auf den Bierschaum – als günstiger Kompromiss erwiesen (Tab. 3.53).
- Das Fernhalten von Sauerstoff, am besten schon beim Schroten (s. Abschnitt 3.1.7.3) ist der dritte Faktor. Er kann durch die Leitungsführung in die Gefäße

Tab. 3.54 Inertgasatmosphäre/gezielte Belüftung beim Maischen und Bieralterung

Begasungsmodus	N₂ dauernd	Luftbegasung bei 50 °C	Luftbegasung bei 65 °C	Luftbegasung bei 70 °C
mit Stickstoffkissen		30 min	30 min	30 min
Alterungssubstanzen im gealterten Bier ppb				
Phenylacetaldehyd	30,5	41,5	41,4	44,5
γ-Nonalacton	36,1	44,2	41,8	48,0
Bewertung Bier gealtert	1,8	1,8	2,2	2,0

Tab. 3.55 Einfluss von entfettetem Malz auf einige Bieranalysendaten [610]

	entfettet	normal
Endvergärungsgrad %	83,9	82,4
Gesamt-N mg/100 ml	90,7	82,8
FAN mg/100 ml	15,8	14,0
Polyphenole mg/l	195	170
Aromastoffe (gealtertes Bier) ppb		
3-Methylbutanal	20,1	14,4
2-Phenylethanal	60,0	47,9
γ-Nonalacton	48,9	74,7

von unten, einen angepassten Einsatz der Rührwerke, ggf. sogar durch Begasung oder „Kissen" mit Inertgas optimal gestaltet werden. Doch verlaufen hier die hydrolytischen Abbauvorgänge (s. Abschnitt 3.2.8.2) ebenfalls intensiver, so dass wiederum das Maischverfahren knapper zu gestalten ist (Tab. 3.54).

Lipide können u. U. durch Einschlussverbindungen, sog. Clathrate, den Stärke- und β-Glucan-Abbau behindern [609]. Einen Beweis hierfür stellen Versuche dar, Malz in einer CO_2-Extraktionsanlage z. B. von 1,18 auf 0,29% Rohfett zu verringern. Nach Tab. 3.55 erhöhten sich in der Würze aus entfettetem Malz: Endvergärungsgrad, Gesamt-N, FAN und Polyphenole. Die erwartete positive Auswirkung auf die Verminderung von Carbonylen in Würzen, frischen und forciert gealterten Bieren blieb jedoch aus. Lediglich das γ-Nonalacton zeigte einen Zusammenhang mit dem Fettgehalt der Malze [608].

Es kann also beim Maischen ein deutlicher Einfluss auf den Abbau von Lipiden und die Oxidation der ungesättigten C18-Fettsäuren genommen werden. Dies ist, wie schon angeführt, für den Geschmack und die Geschmacksstabilität der Biere von großer Bedeutung. Denn die in der Reaktionsfolge nach Abb. 3.22 gebildeten Carbonyle sind bereits in der ungekochten (Pfannevoll-)Würze, in der Anstellwürze, im frischen Bier und besonders im gealterten Bier gefunden worden. Sie werden deshalb auch als „Alterungscarbonyle" bezeichnet.

Besonders wichtig ist dabei, dass zwischen dem Gehalt an diesen Carbonylen in der Pfannevollwürze und im (forciert) gealterten Bier ein signifikanter Zusammenhang besteht [593, 605, 609]. Ähnliches gilt auch für die Substanzen aus der Maillard-Reaktion bzw. dem Strecker-Abbau. Die hieraus abgeleitete „Precursor-Theorie" sagt, dass die in der ungekochten (Pfannevoll)-Würze vorhandenen Substanzen, die aus dem Malz stammen und beim Maischen vermehrt werden, trotz Verdampfung beim Kochen und Reduktion bei der Gärung einen Hinweis auf den Gehalt im gealterten Bier und somit für dessen Geschmacksstabilität geben können.

Das als Produkt der Autoxidation ungesättigter Fettsäuren entstehende (E)-2-Nonenal wurde lange Zeit als Ursache der sog. Cardboard-Flavour angesehen. Es ist jedoch nicht beständig und zerfällt im Fortgang der Alterung bzw. reagiert zu anderen Verbindungen [607]. Dennoch wird in der Literatur oftmals das Nonenal-Potenzial in frischen Bier oder Würze herangezogen, um auf die spätere Geschmacksstabilität schließen zu können [607, 611–613].

Um Vorläufer der Bieralterung wirksam zu verringern, wird wieder auf eine Vorbehandlung des Malzes mittels einer Abschleif- oder Schälmaschine zurückgegriffen. Hierbei gelingt es, Spelzen, Frucht-/Samenschale, Aleuron und Blattkeim um 25–30% des Malzgewichts zu entfernen. Bei sehr sorgfältiger Arbeitsweise (Kontrolle des homogenen Malzes) gelingt es, 23% der Lipide und 32% von adstringierend schmeckenden Substanzen aus dem Malz zu entfernen. Dabei wird nicht mehr als 5% „Bruch" erzeugt. Es wird aber auch der Gehalt an freien Aminosäuren um bis zu 25% verringert, die Malzfarbe ist wesentlich (um ca. 35%) heller, verglichen zwischen „Normal-Malz" und geschältem Malz. Im Pilot-Maßstab zeigten sich wesentlich reinere Biere (weniger Spelzengeschmack, bessere Nachbittere) von besseren Schaumeigenschaften und weniger als die Hälfte des Nonenal-Potenzials des Normalbieres. Die Menge der Alterungssubstanzen (Aldehyde und Amino-Carbonyl-Verbindungen) sank signifikant, was sich auch erwartungsgemäß in einer Verringerung des Alterungsgeschmacks äußerte [614].

In der Praxis werden z.B. bei Läuterbottichen, aber auch je nach Verwertungsmöglichkeit der abgetrennten Fraktionen, 10–30% der so behandelten Malze sinnvoll einzusetzen sein.

Vergleiche zwischen Infusions- und Dekoktionsverfahren zeigten höhere Gehalte an freien Fettsäuren bei letzteren, wobei eine längere Maischekochung diesen Effekt verstärkte. Dies kann einmal auf einen Aufschluss von Maischepartikeln beim Kochen mit nachfolgendem erleichterten Abbau von Lipiden zurückzuführen sein oder aber auf die längere Rast des nicht gekochten Maischeanteils bei optimalen Temperaturen der Lipasen. Ein Hochkurzmaischverfahren (mit einer Kochmaische) lieferte die höchsten Fettsäuregehalte, die bei allen diesen Maischversuchen zu 82–85% aus Palmitin- und Linolsäure bestanden [615].

Es spielt aber die Ausscheidung der Lipide beim Würzekochen und bei der folgenden Abtrennung des Trubs eine große Rolle, denn in der Anstellwürze ließen sich bei den in den Tab. 4.16, 4.23 und 8.17 zitierten Versuchen nur

10–26% der Gesamtfettsäuren der Pfannevollwürze wiederfinden, von den freien höheren Fettsäuren 14–35%, von den Monoglyceriden jedoch 16–78%, von den Diglyceriden 10–38%. Die Ausscheidungsraten waren nicht vom ursprünglichen Lipidgehalt des Malzes abhängig; hier scheinen andere Faktoren wie z. B. die Fällung von Stickstoffsubstanzen, der pH-Abfall beim Würzekochen etc. eine Rolle zu spielen. Auch steht der Lipidgehalt der Würze in keiner Beziehung zum Lipidgehalt der Biere [616].

Zweifellos kommt den Malzlipiden ein Einfluss für die Schaumeigenschaften des späteren Bieres zu, aber wohl doch im Wesentlichen nur dann, wenn durch trübes Abläutern (s. Abschnitt 4.1.4.4) und schlechte Trubabscheidung (s. Abschnitt 8.1.3) größere Mengen davon in das Gärsubstrat gelangen [617, 618]. Auf der anderen Seite fördern gerade die ungesättigten Fettsäuren den Stoffwechsel der Hefe und nehmen Einfluss auf die Esterbildung (s. Bd. III). Als schaumnegativ erwiesen sich besonders die mittelkettigen Fettsäuren, die bei der Hauptgärung entstehen und die bei der Reifung bzw. Lagerung des Bieres von der Hefe exkretiert werden [619–621].

3.1.6
Das Verhalten der Polyphenole beim Maischen

3.1.6.1 Vorkommen und Bedeutung der Polyphenole
Die phenolischen Substanzen machen nur 0,3–0,4% der Gerstentrockensubstanz aus (s. Bd. I). Sie kommen in den Spelzen, im Mehlkörper, in der Aleuronschicht und in der reserveeiweißführenden Schicht vor. Während der Keimung werden umso mehr Polyphenole freigesetzt, je weiter die Auflösung des Malzes voranschreitet. Auch der Eiweißgehalt der Ursprungsgerste spielt eine Rolle. Malze mit niedrigem Eiweißgehalt, vor allem solche aus Gersten maritimer Herkunft haben höhere Polyphenolgehalte als solche mit höherem Niveau an proteinischen Substanzen. Schließlich kommt auch der Abdarrtemperatur eine Bedeutung zu: je höher diese zwischen 70–100 °C ist, umso polyphenolreicher sind die Malze (s. Bd. I).

Beim Maischen tritt, wiederum parallel zum Eiweißabbau und zur Lösung des Extrakts eine Freisetzung von Polyphenolen ein. Dieser Mehrung wirken jedoch zwei Erscheinungen entgegen:
a) eine Fällung zusammen mit hochmolekularem Eiweiß bei Temperaturen über 50–60 °C [622];
b) eine enzymkatalysierte Oxidation der Polyphenole, wodurch sich deren „Polymerisationsindex" erhöht und es infolge der Verringerung der reduzierenden Eigenschaften derselben zu einer Verbindung mit Proteinen kommt [622, 623]. Diese Komplexe werden erst bei Abkühlung unlöslich [624].

Zwischen Proteinen und Polyhenolen bildet sich z. B. in der kalten Würze, aber auch in den späteren Stadien der Bierherstellung und im fertigen Bier ein Protein-Tanningleichgewicht aus, wonach in einer Lösung nie gleichzeitig gerbkräftige Polyphenole und empfindliche Proteine vorhanden sein können, ohne dass es zu Fällungen kommt. Überwiegt einer der Partner oder fehlt der andere ganz, dann ist die Lösung stabil [625].

3.1.6.2 Analyse der phenolischen Substanzen

Sie erfolgt heute für Routineuntersuchungen nach wie vor mit Hilfe von „Globalmethoden" über die Bestimmung der Gesamtpolyphenole [626], der Anthocyanogene [627] und der Tannoide [628]. Der Quotient aus Polyphenolen und Anthocyanogenen wird als „Polymerisationsindex" (P.I.) bezeichnet, der beim Verfolg z. B. des Maischprozesses oder des Einflusses der Sauerstoffaufnahme beim Maischen gute Hinweise zu geben vermag. Die Tannoide sind Polyphenole die ein Molekulargewicht von 600–3000 aufweisen [629]. Sie haben durch ihre gerbenden Eigenschaften an den Fällungsreaktionen während der verschiedenen Stufen der Bierherstellung entscheidenden Anteil.

Eine Auftrennung in die einzelnen phenolischen Verbindungen erfolgt heute überwiegend mit Hilfe der Hochdruckflüssigkeitschromatographie. So gelang es, die „Anthocyanogene" z. B. des Malzes in Procyanidin und Prodelphinidin sowie in ihre Dimeren, Trimeren und Tetrameren aufzutrennen, ebenso wurden Catechin und Epicatechin bestimmt [630]. Ein Vergleich zwischen diesen Substanzen in Gerste, Malz und ungehopfter Würze zeigte, dass vom Catechin des Malzes nur 77% in die Würze übergingen, von Procyanidin B3 nur ca. 25%, von Prodelphinidin B3 nur ca. 33% [246]. Es handelt sich hier um die trübungsaktiven Dimeren des Malzes. Es zeigt sich z. T. auch ein Anstieg beim Abläutern durch das Auslaugen der Treber. Bei Procyanidin B3 ist diese Entwicklung aber nicht einhellig, was auf mögliche enzymatische oder nicht-enzymatische Oxidationsprozesse zurückzuführen ist. Prodelphinidin B3 ist das reaktivste nachgewiesene Flavan-3-ol, so dass es bei höheren Temperaturen und anderen Substanzen entsprechend rascher umgesetzt werden kann.

Es zeigte sich weiterhin, dass bei verschiedenen intensiven Maischverfahren mit Einmaischtemperaturen zwischen 37, 50 und 62 °C Catechine trotz unterschiedlicher Rasten in ähnlichem Ausmaß ansteigen und jeweils ähnliche Endwerte verzeichnen. Dabei erfolgt der stärkste Anstieg bis 65 °C, der dann abflacht und bei 72 °C stagniert. Nur beim Maischverfahren mit 62 °C Einmaischtemperatur ist eine kontinuierliche Lösung zu ebenfalls denselben Endwerten festzustellen. Das Dimer Procyanidin B3 löst sich unabhängig von der Einmaischtemperatur sehr rasch bis 62 °C und bleibt dann konstant bis zum Ende des Maischprozesses. Trotz teilweiser Abnahmen bei einigen der Maischverfahren wurden ähnliche Endwerte erreicht. Auch das Dimer Prodelphinidin B3 zeigt beim Maischen bei der 62 °C-Rast Maximalwerte, die – wiederum nach teilweise leichter Abnahme im Bereich von 72 °C – die erstgenannten Werte bis Maisch-Ende wieder erreichen [631]. Die Abnahme der beiden Dimeren könnte auch auf eine Depolymerisation zurückgeführt werden. Epicatechin lässt sich beim Maischen nicht nachweisen, erst beim Würzekochen [632].

Es ist demnach der Einfluss des Maischverfahrens nach Temperaturen und Rasten auf die Gehalte an diesen phenolischen Verbindungen gering, größere

Bedeutung könnte dem Einfluss des Maische-pH, vor allem aber den Sauerstoffgegebenheiten zukommen. Untersuchungen für diese spezifischen Substanzen stehen jedoch aus [633, 634].

3.1.6.3 Oxidasen

Die Oxidation der Polyphenole während des Maischens wird durch verschiedene Oxidasensysteme bewirkt. Während die Katalasen beim Darrprozess inaktiviert werden [635], überstehen Peroxidasen und Polyphenoloxidasen denselben mit zum Teil recht beachtlichen Aktivitäten. Sie sind beide beim Maischen noch wirksam.

Die Peroxidase entwickelt, besonders bei einer niedrigen Einmaischtemperatur von 35 °C im Bereich von 50–65 °C eine sehr kräftige Wirkung; sie wird bei 70–75 °C inaktiviert (Abb. 3.23) [636].

Die Polyphenoloxidase bleibt während einer Maischzeit von 180 Minuten weitgehend konstant [637]; es bedarf schon höherer Temperaturen z. B. von 85 °C, um sie zu schädigen [450]. Neuere Erkenntnisse schreiben diese Aktivitäten eher den Peroxidasen zu [643].

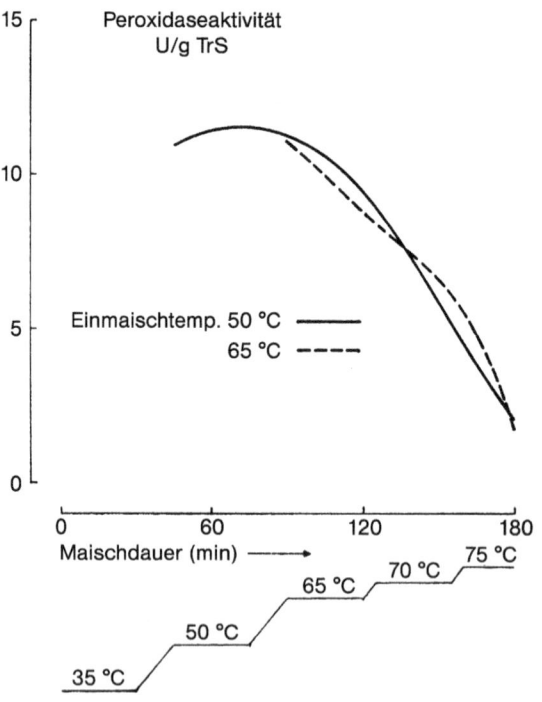

Abb. 3.23 Der Einfluss der verschiedenen Einmaischtemperaturen bei einem standardisierten Infusionsverfahren auf die Peroxidase-Aktivität [636]

3.1.6.4 Die Zusammensetzung der Polyphenole

Diese ist beim Maischen durch die einander entgegenwirkenden Vorgänge: Freisetzung, Fällung, Oxidation und Polymerisation gekennzeichnet. Einen Überblick über die Veränderungen bei isothermen Maischen gibt Tab. 3.56 [638].

Es zeigt sich, dass der Polyphenolgehalt mit steigender Maischtemperatur entsprechend der Lösung des Extrakts deutlich zunimmt. Der Anthocyanogengehalt verzeichnet jedoch im Temperaturbereich zwischen 20 und 45 °C nur einen geringen Anstieg, was auf die Wirkung der Oxidasen zurückzuführen ist. Die Differenz der Anthocyanogengehalte zwischen 80 °C und den anderen Maischen deutet auf die Aktivität von Peroxidasen (etwa bei 45 °C) und Polyphenoloxidasen (etwa bei 65 °C) hin. Versuche unter Sauerstoff- und Inertgasatmosphäre lassen erkennen, dass bei 45 °C rund 42% und bei 65 °C etwa 65% der Polyphenole durch Oxidation verloren gehen [623].

3.1.6.5 Technologische Einflussnahme auf die Polyphenole beim Maischen

Die Schrotfraktionen, die bei einer stufenweisen Aufbereitung und Auftrennung gewonnen werden, haben den in Tab. 3.57 genannten Einfluss auf die Polyphenolzusammensetzung der Würze [639].

Es bringt das Aleuronmehl den Hauptanteil der Polyphenole in die Maische ein. Das Spelzenmehl hat den höchsten Polymerisationsindex; es sollten daher, wie schon auf in Abschnitt 2.1 gefordert, die Spelzen beim Schroten möglichst gut erhalten bleiben. Die Variation Endospermmehl-Aleuronmehl könnte interessante Möglichkeiten der Eingriffnahme auf die Bierbeschaffenheit bieten [434].

Tab. 3.56 Maischtemperatur und Polyphenole (mg/l) [639]

Temperatur °C	20	45	65	80
Polyphenole	57,2	63,3	72,6	76,5
Anthocyanogene	23,8	25,8	26,6	33,3
Polymerisationsindex	2,40	2,47	2,74	2,30

Tab. 3.57 Schrotfraktionen und Polyphenole (mg/l) [639]

	Endosperm-Mehl	Aleuron-Mehl	Spelzen	Malz Gesamt
Anteil der Fraktion %	75,6	15,8	8,6	100,0
Polyphenole	46,0	58,0	30,4	76,2
Anthocyanogene	14,8	11,8	2,6	23,6
Polymerisationsindex	3,11	4,91	11,69	3,23

Tab. 3.58 Schrotverfahren und Polyphenole – Werte in den Ausschlagwürzen (mg/l) [640]

	Maischefilter	Läuterbottich		Naßschrot
		trocken	kondit.	
Gesamtpolyphenole	226	215	196	241
Anthocyanogene	66	62	57	79
Polymerisationsindex	3,42	3,47	3,43	3,05

Tab. 3.59 Brauwasserqualität, Maische-pH und Polyphenole (mg/l) [641]

Wasser	Destilliertes Wasser	Restalkalität +10°dH	Maische-pH 5,4
Gesamtpolyphenole	252	253	251
Anthocyanogene	80	64	97
Polymerisationsindex	3,15	3,95	2,59
Tannoide	118	91	122

Praxisübliche Schrotverfahren ermöglichen die in Tab. 3.58 aufgeführten Ergebnisse [640].

Je feiner das Schrot bzw. je stärker die Zertrümmerung der Spelzen, umso höher ist der Polyphenolgehalt. Es werden aber offenbar durch den stärkeren Aufschluss des Mehlkörpers beim Maischen vermehrt Anthocyanogene freigesetzt.

Bei der Nassschrotung werden – wohl infolge der längeren Kontaktzeiten beim Maischen – mehr Polyphenole und Anthocyanogene gelöst. Doch können die Bedingungen, je nach Weichzeit etc. in weiten Grenzen schwanken. Günstige Ergebnisse liefert die definierte Weiche (s. Abschnitt 2.5.8.3).

Der Einfluss des Brauwassers ist über den pH der Maische und über die damit verbundene Auslaugung der Spelzen, aber auch über die ablaufenden Abbau- und Ausscheidungsvorgänge bedeutend (Tab. 3.59).

Die hohe Restalkalität, durch eine Karbonathärte von 16,8° dH und eine Gesamthärte von 26° dH geprägt, hatte zwar ähnliche Polyphenolwerte, durch einen schwächeren Eiweißabbau jedoch niedrigere Anthocyanogen- und Tannoidgehalte und einen ungünstigeren Polymerisationsindex zur Folge.

Hier sind immer noch „Globalanalysen" nützlich, um Tendenzen aufzuzeigen oder Relationen aufzustellen. Neuerdings hat sogar der „Polymerisationsindex" wieder Beachtung erfahren, wobei auch der Quotient Gesamtpolyphenole/Tannoide, besonders zum Beweis der reduzierenden Eigenschaften der Polyphenole, genutzt wurde. Dies zeigt die Tab. 3.60 [378].

Das Maischverfahren übt aber auch nach der Temperaturführung einen Einfluss auf die Polyphenolverhältnisse der Würze aus. Diese sind anhand der Werte der Pfannevollwürzen aus Tab. 3.60 ersichtlich [641].

Tab. 3.60 Maischverfahren und Polyphenole (mg/l)

Einmaischtemperatur °C	Infusionsverfahren			Dekorationsverfahren
	37	50	60	50
Gesamtpolyphenole	175	179	166	177
Anthocyanogene	72	75	70	68
Polymerisationsindex	2,43	2,39	2,37	2,60
Tannoide	113	102	98	94

Tab. 3.61 Maischen in inerter Atmosphäre und unter Luftzutritt – Einfluss auf die Polyphenolgehalte (mg/l)

Begasung	Stickstoff	Vergleich (ohne)	Luft
Gesamtpolyphenole	356	190	168
Anthocyanogene	166	106	81
Polymerisationsindex	1,54	1,79	2,07
Tannoide	394	244	148

Daraus ist abzuleiten, dass mit steigender Einmaischtemperatur weniger Polyphenole gelöst werden und infolge der kürzeren Maischzeit auch ein günstigerer Polymerisationsindex resultiert. Die höheren Werte bei 50 °C sind durch die längere Rast bei dieser Temperatur bestimmt. Das Maischekochen und der damit verbundene Gefäßwechsel bewirken eine Oxidation und damit eine Ausscheidung an phenolischen Substanzen, was sich auch in einer Erhöhung des P.I. äußert.

Die eingangs dieses Kapitels erwähnten Einflüsse einer Sauerstoffeinwirkung können die geschilderten Effekte der Maischbedingungen auf die Polyphenole erheblich verschieben. Dies ist auch sicher der Grund, warum manche Forschungsergebnisse so stark voneinander abweichen und sich teilweise widersprechen. Tab. 3.61 zeigt den Einfluss von Maischbedingungen unter Stickstoff, unter normalen Bedingungen und unter Begasung mit Luft. Es tritt nicht nur eine Verminderung der empfindlichen Anthocyanogene und Tannoide ein, sondern auch der Gesamtpolyphenole [642].

Eine Kombination der Faktoren pH und Luftbegasung der Maische zeigt Tab. 3.62. Mit fallendem Maische-pH nehmen die Polyphenol- und vor allem Anthocyanogengehalte der Biere zu. Dies wirkt sich auch günstig auf das Reduktionsvermögen (ITT-Wert) der frischen Biere aus sowie auf die Noten der forciert gealterten Biere. Eine Begasung mit Luft während des Maischens verringerte die Polyphenolgehalte signifikant und verschlechterte mit diesen den ITT-Wert und das Alterungsverhalten des Bieres. Die Belüftung der Maische verbesserte zwar den Schaum des Bieres, die negativen Faktoren konnten aber auch durch den niedrigen pH-Wert der Maische nicht kompensiert werden [608].

Tab. 3.62 pH-Absenkung und Luftzusatz beim Maischen:
Polyphenole – Reduktionsvermögen und Bieralterung [610]

Maische-pH	5,8	5,5	5,2	5,2 + Belüftung
Bieranalysen				
Polyphenole mg/l	198	191	198	92
Anthocyanogene	82	95	107	37
ITT sec (frisch)	0,220	0,182	0,175	0,275
Alterungsnote des Bieres (1 sehr gut, 4 schlecht)	2,0	1,9	1,4	2,8

3.1.6.6 Die Bedeutung der Veränderungen der Polyphenole

Sie lässt sich im Hinblick auf deren geschmackliche Eigenschaften und ihre Auswirkungen auf den Schaum und die Stabilität des Bieres ermessen. Die Polyphenole tragen zum Biergeschmack bei, indem sie die Vollmundigkeit und die Bittere verstärken.

Es wird die Bittere allerdings dann breit und nachhängend sein, wenn die Polyphenole eine Oxidation erfahren bzw. einen ungünstigen Polymerisationsindex aufweisen. In diesen Fällen tritt auch eine Vertiefung der Würzefarbe ein, die bei der Gärung nicht vollständig eliminiert wird. Ein hoher Gehalt an Polyphenolen fördert die Fällungsreaktionen beim Maischen und beim Würzekochen, so dass die Biere eine bessere Stabilität gewinnen. Der Bierschaum wird u. U. durch den Verlust an höhermolekularem Stickstoff etwas schlechter, doch spielen hier eine Fülle an anderen Faktoren mit herein, die entweder verstärkend oder abschwächend wirken können. Niedermolekulare Polyphenole haben reduzierende Eigenschaften und leisten so einen Beitrag zur geschmacklichen Stabilität des Bieres. Nach neueren Erkenntnissen spielt das Reduktionsvermögen dieser Verbindungen eine Rolle bei der Denaturierung des Eiweißes (s. Abschnitt 5.4.2). Es sind also alle Maßnahmen positiv, die die Polyphenole in einer günstigen Zusammensetzung in die Würze überführen: die Verwendung von Brauwasser niedriger oder negativer Restalkalität, u. U. eine Säuerung der Maische auf pH 5.4 (Tab. 1.29) sowie der Würze auf pH 5,1 (Tab. 1.30, 1.31), bei guter Malzqualität hohe Einmaischtemperaturen und das Hintanhalten einer Belüftung beim Maischen z. B. beim Schroten, beim Einmaischen oder durch ungeeignete Rührwerke.

3.1.7
Sonstige Vorgänge beim Maischen – die Freisetzung von Zink

Bei einem komplexen Substrat wie es die Maische darstellt, spielt naturgemäß eine Vielzahl von Reaktionen eine Rolle: so die Veränderung von organischen Säuren und deren Salzen, von Mineralstoffen und Vitaminen. Diese Substanzen werden vom Malz, z. T. auch vom Brauwasser eingebracht. Sie unterliegen bei den langen Rasten der Wirkung von Enzymen oder Umsetzungen miteinander.

3.1.7.1 Die thermische Belastung der Maische

Sie tritt vor allem bei Zwei- und Dreimaischverfahren oder auch bei langem Einhalten von Verzuckerungstemperaturen ein. Sie kann eine Umsetzung der reichlich vorhandenen Aminosäuren und Zucker zu den Anfangsstufen der Melanoidine einleiten oder die weitere Reaktion von Primär- und Sekundärprodukten derselben (die vom Darren herrühren) bewirken. Es würde den Rahmen dieses Technologie-Werks sprengen, wenn auf diese Vorgänge ebenfalls eingegangen würde. Hier sei auf die einschlägigen Veröffentlichungen in der brauwissenschaftlichen Literatur sowie auf die Ausführungen in Abschnitt 5.6.3 verwiesen.

3.1.7.2 Das Spurenelement Zink

Zink ist einerseits von großer physiologischer Bedeutung für die Eiweißsynthese, die Zellvermehrung der Hefe und somit für die Gärung [644–656], da Zink ein Bestandteil der Alkoholdehydrogenase ist [647]. Ein Zinkmangel kann sich durch eine schlechte Hefevermehrung, eine schleppende Haupt- und Nachgärung sowie durch eine unvollständige Reduzierung des Diacetyls bzw. seines Vorläufers 2-Acetolactat äußern [648, 649]. Das Malz enthält 3–3,5 mg Zink pro 100 g Trockensubstanz, wobei die Zinkkonzentration in den äußeren Schichten des Korns (Spelzen, Aleuron) am höchsten ist [650]. Beim Maischen gehen hiervon nur etwa 20% – und zwar gleich beim Einmaischen – in Lösung. Anschließend tritt eine laufende Verringerung des Zinkgehalts bis auf Werte von 0,05–0,20 mg/l ein [651]. Ein Unterschreiten einer Schwelle von 0,15–0,18 mg/l kann die oben genannten Schwierigkeiten hervorrufen.

Bei isothermen Maischen bei 45 °C, bei Einstellen des pH auf 5,0–5,4 wurden günstigere Zinkwerte festgestellt [649]. Es geht also darum, das im Malz reichlich vorhandene Spurenmetall nicht nur zu lösen, sondern in dieser Lösung zu stabilisieren. Ein hoher Aminosäuregehalt scheint hierbei einen günstigen Einfluss auszuüben [652].

Die Abnahme des Zinkgehalts von standardisierten Maischen ist aus Abb. 3.24 zu ersehen.

Die Endwerte unterscheiden sich nur sehr wenig, obgleich bei 45 °C deutlich mehr Zink in Lösung geht als bei 50 und 55 °C.

Versuche mit verschiedenen Einmaischtemperaturen, Maische-pH, Eiweißrasten und Schüttung-Gussverhältnissen ergaben folgende Beeinflussung der Zinkgehalte [510]. Die höchsten Werte von 0,20–0,22 mg/l resultierten unter folgenden Bedingungen:

Einmaischtemperatur 45–50 °C
Rast 30–60 Minuten
pH 5,45
Schüttung : Guss 1 : 2,5

Bei 50 °C 30 Minuten und 60 °C 30 Minuten ebenfalls bei pH 5,45 und Schüttung : Guss = 1 : 2,5 ergaben sich Werte von 0,18 und 0,16 mg/l.

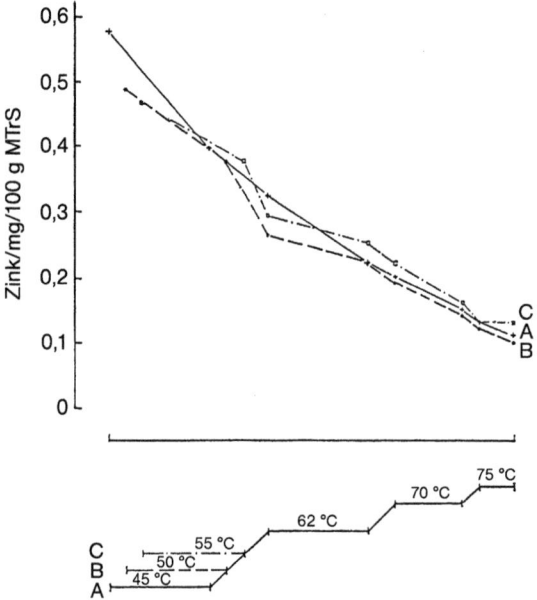

Abb. 3.24 Der Einfluss der Maischtemperatur auf den Zinkgehalt bei normal gelöstem Malz [510]

Ungünstig war der höhere pH von 5,75 und der Hauptguss 1:4. Es ist allerdings zu erwähnen, dass der erwähnte Hauptguss von 1:2,5 beim Eintritt in die Verzuckerungstemperatur von 70 °C auf 1:3,5 angehoben wurde, um die Wirkung der α-Amylase zu erleichtern (s. Abschnitt 3.1.1.5).

Die Ergebnisse zeigen, dass es mit Hilfe dieser Maischparameter möglich ist, den Zinkgehalt in einem gewissen Rahmen zu beeinflussen. Allerdings spielen dann noch Faktoren wie die Ausfällungen beim Würzekochen oder das Vorhandensein von Sequestierstoffen (Metallbindern) wie z. B. einiger Aminosäuren, bestimmter Gruppen von Polyphenolen, Phytinsäure und anderer eine nicht zu unterschätzende Rolle [653].

Es ist aber entscheidend, dass die Hauptmenge des Zinks in den Trebern verbleibt [651].

Um einen Zinkmangel der Würze z. B. für die Hefeherführung zu beheben, kann wie folgt, vorgegangen werden:

Nach dem Läutern des letzten Nachgusses werden aus einem Sauergut-Reaktor mindestens 1 hl/dt an 1–1,5%iger Milchsäure auf die Treber gegeben und noch etwa dieselbe Menge an heißem (75 °C) Überschwänzwasser zugefügt. Nach einstündigem Rühren im Austrebergang kann die Menge abgeläutert werden. Anschließend wird 20 Minuten gekocht und wie üblich gekühlt. Der Auszug, der einen Zinkgehalt von 1,8–2,0 mg/l hat, wird der zur Hefepropagation verwendeten Würze zugegeben [650]. Diese Maßnahme kann aus zeitlichen Gründen jeweils nur beim letzen Sud der Woche durchgeführt werden. Die

Milchsäure wird aus dem Stapeltank entnommen, über das Wochenende kann dann wieder die notwendige Sauerwürzemenge bereitgestellt werden (s. Abschnitt 1.3.10).

3.1.7.3 Die Veränderungen durch eine Oxidation der Maische
fanden schon bei der Besprechung der einzelnen Stoffgruppen Erwähnung. Die Sauerstoffaufnahme beim Maischen kann in weitesten Grenzen schwanken. Sie hängt ab von der Technik des Einmaischens (s. Abschnitt 3.2.3.1), der Einführung des Nassschrotes in den Maischbottich, der Intensität der Rührwirkung in Abhängigkeit von Gefäßform (rund, eckig), von der Gestaltung und Tourenzahl des Rührwerks, dem Befüllungsgrad der Gefäße, des Lufteinzugs beim Entleeren der Behälter sowie von der Art des Einlagerns von Maischeteilen beim Maischeziehen, Zubrühen oder Abmaischen.

Nachdem eine direkte Sauerstoffmessung in der Maische wegen der Temperaturempfindlichkeit der Elektroden bisher nicht möglich war, wurde der Maischprozess mit einer Natriumsulfitlösung simuliert und über die verbrauchte Menge dieses Reagens auf die Sauerstoffabsorption geschlossen [654].

In einer Reihe von Brauereien wurden Dekoktions- und Infusionsmaischverfahren überprüft und dabei eine Sauerstoffaufnahme beim Einmaischen von 20–50 mg/l und bei der folgenden Maischarbeit von 70–150 mg/l gefunden.

Die einzelnen Schritte ließen sich wie folgt aufteilen (Tab. 3.63) [531]:

Umgekehrt konnte bei gezielter Belüftung der Maische im Versuchsmaßstab eine erhebliche Verlangsamung der Abläuterung festgestellt werden, die entweder auf eine Vergrößerung der Moleküle von Gelproteinen oder von Prolaminen und die hierdurch bewirkte Vermehrung des Treberteigs zurückzuführen war [499, 500]. Auch die Ausbeute erfuhr eine Verringerung durch eine Verschlechterung der Treberauslaugung [655].

Die Oxidation beim Maischen bewirkt nicht nur eine Veränderung von Proteinen wie oben geschildert, sondern diese rufen infolge der größeren Molekülverbände, auch durch Verbindung mit Kohlenhydraten und Lipiden, eine Erschwerung des Stärkeabbaus hervor (s. Abschnitt 3.1.5.2). Die Polyphenolgehalte nehmen ab, vor allem aber die empfindlicheren Anthocyanogene und Tannoide. Je nach den zum jeweiligen Zeitpunkt wirksamen Enzymsystemen (Peroxidasen, Polyphenoloxidasen) nehmen diese Reaktionen ein unterschiedliches Ausmaß an, das bei 65 °C größer ist als bei 45 °C (s. Abschnitt 3.1.6.5).

Tab. 3.63 Oxidationswerte von Sulfitlösungen (mg O_2/l) [531]

Einmaischen	22	
Teilmaische	16,7	
Restmaische	8,6	
Zubrühen	22,3	63,9
Aufheizen auf 75 °C	5,6	
Abmaischen	10,4	

Tab. 3.64 Einfluss einer Oxidation der Maische auf Abläuterung und Analysendaten von Würzen und Bieren

Maischen		Normal „von oben"	„von unten"	Korrektur Maischverfahren
	Läuterzeit min	168	152	150
	Sudhausausbeute/ Differenz Labor %	1,1	0,8	0,8
Würze	Jodreaktion ΔE	0,35	0,20	0,23
	Envergärungsgrad %	81,3	82,4	81,8
	Gesamt-N mg/100 ml	105	112	102
	Hochmol. N mg/100 ml*	22	20	21,7
	FAN mg/100 ml*	22,0	24,3	22,0
	m % des Gesamt-N %	21,0	17,9	21,3
	Polyphenole mg/l*	187	210	200
	Anthocyanogene mg/l*	78	100	98
	Tannoide mg PVP/l*	75	90	90
	Viscosität mPa s*	1,84	1,78	1,83
	β-Glucane mg/l	185	132	158
	Farbe EBC	12,0	10,0	9,7
Bier	Farbe EBC	9,2	7,3	7,0
	Schaum R&C	128	124	128
	Stabilität AKT EBC	12	10	10
	WT 0/40/0 °C	2,2	1,8	2,0
	Geschmack Reihenfolge	3	2	1
	Geschmacksstabilität	(*)	**	**

* Auf 12% Extrakt berechnet, ** besser (s.a. Tab. 3.52, 3.53)

Im Temperaturbereich von 35–55 °C wird auch die Aktivität der Lipoxygenasen gefördert, was sich durch eine vermehrte Bildung von Carbonylen („Alterungssubstanzen") an Würzen und Bieren äußert (Tab. 3.52, 3.54).

Das Fernhalten von Luftsauerstoff beim Maischen bewirkt nach Tab. 3.64 eine intensivere Enzymwirkung, da die Substrate leichter angreifbar sind. Dies äußert sich beim Stärkeabbau in günstigeren Jodwerten und höheren Endvergärungsgraden, beim Eiweißabbau in einer größeren Menge an löslichem Stickstoff sowie einem absolut und relativ höheren Gehalt an FAN [656]. Da dies zum Teil auf Kosten des hochmolekularen Stickstoffs geht, dessen Menge mindestens anteilmäßig abnimmt, ist ein knapperer Eiweißabbau beim Maischen oder u. U. schon vom Malz her ratenswert. Auch der β-Glucanabbau wird unter diesen Bedingungen etwas gefördert, was sich auch in der Viskosität der Würzen bzw. Biere äußert. Die Polyphenole weisen eine günstigere Zusammensetzung (P.I.) auf, der Tannoidegehalt ist höher, was zu einer stärkeren Fällung von hochmolekularem (koagulierbarem) Stickstoff führt [197].

Es kann der Redoxzustand der Maische als eigener Parameter zur Regulierung der Abbauvorgänge betrachtet werden, etwa wie eine Rast bei bestimmten

Optimaltemperaturen, eine Variation der Maischekonzentration oder gar des Maische-pH.

3.2
Praxis des Maischens

3.2.1
Allgemeine Gesichtspunkte

Die Lösung der Malzbestandteile in Wasser muss so erfolgen, dass die erhaltene Würze hinsichtlich sämtlicher Stoffgruppen wie Kohlenhydrate, Eiweißabbauprodukte sowie aller anderen organischen und anorganischen Substanzen innerhalb gewisser Grenzen eine bestimmte Zusammensetzung hat. Diese wird zunächst von dem gewünschten Biertyp geprägt, in zweiter Linie auch durch eine problemlose Verarbeitung während der weiteren Schritte des Herstellungsprozesses.

Zur Erzielung einer optimalen Ausbeute muss ein qualitativ vertretbarer, möglichst hoher Anteil der extrahierbaren Malzinhaltsstoffe in lösliche Form übergeführt werden.

Der Lösungsvorgang soll möglichst einfach und wirtschaftlich sein, ohne dass der Charakter und die Qualität des Bieres darunter leiden.

Voraussetzung für eine einwandfreie Durchführung dieser Grundsätze ist ein Maisch- und Brauverfahren, das den Eigenschaften des Malzes und den technischen Möglichkeiten der Einrichtung Rechnung trägt.

Die qualitative Zusammensetzung der Würze hängt ab:
a) vom Braumaterial, d.h. von der Auflösung, vom Enzymgehalt und von den sonstigen Eigenschaften des Malzes. Bei Rohfruchtverwendung spielen naturgemäß auch deren Eigenschaften eine wichtige Rolle;
b) von der Zusammensetzung des Brauwassers bzw. der pH-Einstellung durch die biologische Säuerung;
c) vom Brauverfahren, das seinerseits wiederum auf die apparative Ausstattung des Sudwerks also auf die Betriebseinrichtung Rücksicht zu nehmen hat.

Als *Braumaterialien* kommen in Betracht:
a) helle oder dunkle Malze, die hinsichtlich ihrer Eigenschaften auf den gewünschten Biertyp abgestimmt sind. Zur Ergänzung des jeweiligen Charakters können auch Spezialmalze zum Einsatz kommen (s. Abschnitt 1.1.5)
b) Mischungen von Malzen mit Rohfruchtarten.

Zu a) Helle Malze sind je nach ihrer Herkunft (Sorte, Provenienz, Jahrgang) und dem angewandten Mälzungsverfahren wohl gut aber nicht zu stark gelöst. Die bei der Keimung gebildeten bzw. vermehrten Enzyme wurden beim Darren nur wenig geschädigt. Wenn auch der Stärkeabbau beim Mälzen noch nicht weit fortgeschritten ist, so sind doch reichlich Enzyme vorhanden, die die Umsetzungen bis zum gewünschten Zucker-Dextrin-Verhältnis führen. Abweichungen, die von Jahrgang zu Jahrgang immer wieder auftreten, können durch kürzere oder längere Rasten im Bereich von 60–65 °C korrigiert werden.

Dabei sind auch die schwankenden Verkleisterungstemperaturen der Malzstärke zu berücksichtigen (s. auch Abschnitt 3.1.1.2).

Der Eiweißabbau ist wohl bis zu einem gewissen Maße gediehen, doch kann es sein, dass der im Malz vorliegende Gehalt an freiem Aminostickstoff nicht für die Bedürfnisse der Hefevermehrung und Gärung ausreicht. In diesem Fall muss der Eiweißabbau beim Maischen noch weitergeführt werden, z. B. durch Rasten zwischen 50 und 55 °C. Bei den heutigen Malzen aus hochgezüchteten Braugersten, die eine starke Proteolyse aufweisen, reicht meist schon eine Einmaischtemperatur von 55–63 °C aus, um einerseits die wünschenswerten Mengen an assimilierbarem Stickstoff bereitzustellen und andererseits einen zu weitgehenden Abbau der hochmolekularen Fraktionen zu vermeiden.

Die Stütz- und Gerüstsubstanzen sollen dagegen so weit abgebaut sein, dass die Lösung der Inhaltsstoffe des Mehlkörpers besonders der Stärke leicht vor sich geht. Ungleich gewachsene Malze lassen diese Auflösung vermissen, es wird gerade bei Ausbleibem, bei harten Kornpartien oder bei Malzen mit geringer cytolytischer Enzymkraft schwierig, den beim Mälzen unterbliebenen Abbau beim Maischen nachzuholen.

Weisen derartige ungleich gelösten Malze gleichzeitig eine unbefriedigende Proteolyse auf, so kann ein intensiverer Maischprozess beide Abbauvorgänge gleichzeitig korrigieren. Ist jedoch – wie heutzutage üblich – die Eiweißlösung der Malze normal entwickelt, so kann der auf den unzureichenden Zellwandabbau ausgerichtete Maischprozess u. U. eine eiweißseitige Überlösung bewirken. Es sind dann als Folge eine Reihe von Nachteilen zu erwarten (s. Abschnitt 3.1.2.7).

Die anderen Stoffgruppen werden durch diese drei Hauptrichtungen des Abbaus mit beeinflusst: der Abbau der Phosphate, der Fettstoffe und die Veränderung der Polyphenole.

Durch eine luftfreie Führung der Maische werden die Abbauvorgänge unterstützt (s. Abschnitt 3.1.7.3), so dass u. U. die Rasten knapper zu bemessen oder höhere Einmaischtemperaturen zu wählen sind.

Bei sehr gut gelösten hellen Malzen, bei denen ein Gleichmaß an Proteolyse und Cytolyse gegeben ist, kann es zur Vermeidung einer nachträglichen Überlösung, zur Erhaltung jener mittel- bis hochmolekularen Gruppen, die für Schaumhaltigkeit und Vollmundigkeit erforderlich sind, günstig sein, ein knappes Maischverfahren zu wählen. Bei hohen Einmaischtemperaturen können zwar die Abbauvorgänge nicht voll unterdrückt werden; sie erlauben es jedoch den Abbau so zu leiten, dass etwas mehr höhermolekulare Produkte entstehen.

Der Abbau der Malzinhaltsstoffe beim Maischen kann einmal über Rasten bei den Optimaltemperaturen der einzelnen Enzyme gesteuert werden: Um das Enzympotenzial auszunützen, ist es günstig die Rasttemperaturen auszudehnen, u. U. zu staffeln. Um den Abbau zu beschränken, werden diese Rasten verkürzt oder ganz übergangen, wobei aber stets ein Augenmerk darauf zu richten ist, ob alle in Frage kommenden Abbauvorgänge Berücksichtigung finden.

Eine weitere Einwirkungsmöglichkeit bietet *der physikalische Aufschluss* z. B. durch sorgfältiges Schroten und durch Kochen von Teilmaischen.

Das *Schroten* stellt gerade bei schlecht bzw. ungleich gelösten Malzen eine wichtige Voraussetzung der Enzymwirkung dar. Die fehlende biologisch-chemische Auflösung des Kornes kann hierdurch etwas – aber nicht vollständig – ausgeglichen werden. Es ist wichtig, die Spelzen gut auszumahlen und den Grobgrießgehalt so weit abzusenken wie es die Abläuterung erlaubt. Bei der Nassschrotung kommt ebenfalls der Freilegung des Mehlkörperinhalts eine große Bedeutung zu.

Feinschrote, die für die modernen Maischefilter verwendet werden, machen knapp gelöste Kornpartien rascher dem enzymatischen Angriff zugänglich (s. Abschnitt 2.5.10), während sich bei gut gelösten Malzen nur geringe zeitliche und quantitative Vorteile ergeben. Eine sehr intensive Art der mechanischen Aufbereitung und damit der Einleitung der enzymatischen Reaktionen erlaubt die Dispergiertechnik (s. Abschnitt 2.5.9).

Das *Kochen der Teilmaischen* sprengt die Wände der stärkeführenden Zellen, die Stärkekörner werden freigelegt, aufgelöst und verkleistert, so dass die Wirkung der Amylasen anschließend eine wesentliche Unterstützung erfährt. Es werden allerdings die in der jeweiligen Teilmaische enthaltenen Enzyme inaktiviert, doch wird dieser Verlust durch die leichtere Angreifbarkeit der Maischebestandteile zum Teil wieder ausgeglichen. Es bedarf z. B. bei Zwei- oder Dreimaischverfahren nur mehr einer geringen amylolytischen Aktivität, um die bei der letzten Kochmaische verbliebenen verkleisterten Stärketeilchen zu verzuckern. Die Frage, ob die Betonung bei der Verarbeitung eines Malzes mehr auf längeren Enzympausen oder auf dem Kochen der Teilmaischen beruhen soll, hängt vom Malztyp und vom Endprodukt ab.

Bei den heute sehr weitgehend gelösten, enzymstarken Malzen genügt es – auch aus energiewirtschaftlichen Überlegungen und Gründen der Emissionen – die Maischen nur bis knapp an die Kochtemperatur zu erhitzen und eine „Rast" von 5–10 Minuten einzuhalten. Es ist auch möglich, die Teilmaische(n) nur bis auf 85–90 °C aufzuheizen, um die Stärkeverkleisterung zu verbessern und Enzyme zu inaktivieren.

Für *dunkle Malze* und dunkle Biere ist das Kochen der Maischen mit Sicherheit ein sehr wirksames Mittel um neben dem verbesserten Aufschluss der Stärke auch noch Gummistoffe und Spelzenbestandteile in das Bier zu verbringen, die den charakteristischen vollen Geschmack des dunklen Bieres mitbedingen. Bei hellen Bieren hat die Anwendung des Maischekochens insofern gewisse Grenzen, als bei längerem Kochen großer Maischeteile die Farbe des Bieres leidet; es ist hier zweckmäßiger durch ein sorgfältig eingestelltes Schrot und entsprechende Enzympausen einen Ausgleich zu suchen.

Für die Auswahl des Maischverfahrens sind natürlich hauptsächlich die gewünschten Eigenschaften der herzustellenden Würze maßgebend, vor allem hinsichtlich der vergärbaren und der unvergärbaren Substanzen, aber auch bezüglich der Farbe. Für ein sehr helles Bier Pilsener Typs soll der Vergärungsgrad hoch sein und der Malzcharakter in den Hintergrund treten. Es werden deshalb nur kleine Maischeteile kurze Zeit gekocht, der Schwerpunkt der Abbauvorgänge liegt auf den entsprechenden Enzympausen. Kräftiger gefärbte, etwas mehr malzbetonte Biere werden sowohl von der Temperaturfolge als auch von der Größe und Konsistenz der Kochmaischen und ihrer Koch- bzw. „Rast"zeit her intensiver geführt.

Es haben aber in den letzten Jahren Infusionsverfahren für die verschiedenen hellen Biertypen eine große Verbreitung gefunden. Um hier das Fehlen der Kochmaische in qualitativer und quantitativer Hinsicht auszugleichen, können niedrigere Einmaischtemperaturen **und** mehr abgestufte Rasten von Nutzen sein.

Zu b) Bei Verarbeitung von Rohfrucht wird – selbst bei weitgehend aufbereiteten Flocken oder bei reiner Stärke – nicht auf das Kochen bzw. Heißhalten einer „Rohfruchtmaische" zu verzichten sein.

Es muss aber bei allen Biertypen die Beschaffenheit des Rohstoffs Malz (und der Rohfrucht) bekannt sein, wenn das Maischverfahren einer Änderung unterworfen werden soll. Der Maischprozess ist hierbei von besonderer Wichtigkeit, weil er erlaubt, auf die qualitative Seite der Würze und des Bieres einzuwirken. Es ist aber heute eine weitverbreitete Handhabung, den Rohstoff Malz genau zu spezifizieren und am einmal bestehenden Maischverfahren nur kleinere Korrekturen vorzunehmen, um eben unvermeidliche jahrgangsbedingte Schwankungen auszugleichen. Denn aus dem Vorgeschilderten ist zu entnehmen, dass größere Veränderungen am Maischverfahren unweigerlich zu einer Änderung des Biercharakters führen können.

Die Wirkung der Enzyme und die Lösung der Malzinhaltsstoffe werden durch die Beschaffenheit des Brauwassers, seine Restalkalität und seinen Gehalt an Ionen hemmend oder fördernd beeinflusst (s. Abschnitt 1.3.6). Dies wirkt sich gleichermaßen auf die Zusammensetzung der Würze und des Bieres, wie auch auf die Ausbeute des Malzes aus.

Hydrogencarbonate wirken durch Neutralisation saurer Maischebestandteile pH-erhöhend und ab einer Restalkalität von 5°dH zunehmend ungünstig auf die Tätigkeit der meisten Enzyme. Hierdurch werden die Umsetzungen generell gedämpft, die Ausbeute sinkt. Ein höherer Maische-pH fördert die Auslaugung unedler Spelzenbestandteile. Auch die Farbe der Würzen und Biere wird dunkler, der Geschmack derber und breiter.

Diese Nachteile lassen sich durch eine entsprechende Korrektur des Brauwassers beheben, die u. U. weiter geht als bis zu einer Restalkalität von 1–2° dH. Eine negative Restalkalität oder gar eine biologische Säuerung der Maische können nicht nur die Wirkung der Enzyme verbessern, sondern auch – bei hellen Bieren – geschmacklich positive Effekte erzielen.

Neben der Qualität hat auch die Menge der hergestellten Würze eine große wirtschaftliche Bedeutung; es ist demnach erforderlich, den Maischvorgang so zu steuern, dass das verarbeitete Malz möglichst weitgehend ausgenützt wird.

Die einer optimalen Extraktgewinnung zugrundeliegende „Sudhausausbeute" ist daher die Grundlage für die wirtschaftliche Arbeitsweise eines Betriebes. Dabei sollen auch die Kosten des Maischprozesses nach Energie- und Arbeitsaufwand einen angemessenen Mindestbetrag nicht überschreiten.

3.2.2
Einleitung des Maischprozesses

Der Maischprozess beginnt mit der Zugabe von Wasser zum Malzschrot. Dabei ist von Bedeutung:
a) die Wassermenge, die zur Lösung des Malzes angewendet wird bzw. das Verhältnis von Malz- und Wassermenge;
b) die Temperatur, mit der das Brauwasser der einzumaischenden Malzmenge zugesetzt wird.

Die *Malzmenge*, die bei einem Sud verarbeitet werden soll, heißt *Schüttung*.
Die *Wassermenge*, die zur Lösung dieser Malzmenge dient, heißt *Guss*. Die Mischung von Malz und Wasser ist die *Maische*, die erhaltene Lösung der Malzbestandteile nennt man *Würze*, die unlöslichen Rückstände des Malzschrotes sind die *Treber*.
Die zur Würzeherstellung benötigte Gesamtwassermenge wird der Schüttung nicht auf einmal zugesetzt. Anfänglich wird nur die zur Lösung der Malzbestandteile und zur Durchführung der chemisch-biologischen Umsetzungen erforderliche Wassermenge, der *Hauptguss*, zugegeben. Die daraus gewonnene Extraktlösung heißt *Vorderwürze*. Sie wird nach der Filtration zum Teil in den Malztrebern zurückgehalten und muss mit Wasser ausgewaschen werden. Die hierzu benötigten Wassermengen, die lediglich dem Auswaschen der Treber dienen, sind die *Nachgüsse*. Sie werden meist in verschiedenen Teilmengen oder auch kontinuierlich auf die auszulaugenden Treber aufgebracht. Die zu einem Sud benötigte Gesamtwassermenge (Hauptguss und Nachgüsse) ist größer als die daraus erzeugte Menge an gekochter, fertiger, sog. *Ausschlagwürze*. Sie hängt von folgenden Faktoren ab:
a) von der Schüttung;
b) von der Menge und Stärke der Ausschlagwürze;
c) vom Maischverfahren (Infusions-, Dekoktionsverfahren);
d) von der Art und Weise des Anschwänzens;
e) von der Eindampfung beim Würzekochen.

Beim Kochen der Teilmaischen verdampft Wasser in Abhängigkeit von der Kochzeit, der Größe der Teilmaische, der Heizfläche der Pfanne und der Intensität der Kochung.
Wie vorher geschildert, wird auf das eigentliche Kochen der Teilmaische(n) verzichtet, so dass für die Kochmaischen keine Mengenkorrekturen anzubringen sind. Das Eindampfen beim Würzekochen wird – aus energiewirtschaftli-

chen Gründen, aber auch aus technologischen Beschränkungen – sehr viel geringer bemessen als früher.

3.2.2.1 Der Hauptguss

Er bestimmt durch das Mengenverhältnis der Malzschüttung und der hier eingesetzten Wassermenge die Konsistenz der Maische sowie die Konzentration der Vorderwürze.

Diese Konsistenz der Maische hat einen Einfluss auf die chemisch-biologischen Reaktionen während des Maischens, vor allem auf die Tätigkeit der Enzyme. Bei hoher Konzentration erfährt die Wirkung mancher Enzyme eine Verlangsamung, während einige Abbauvorgänge nachhaltiger und weitgehender verlaufen als bei dünnen Maischen. Hauptsächlich gilt dies für die Geschwindigkeit der Verzuckerung, die bei dickeren Maischen z. B. unterhalb eines Verhältnisses Schüttung : Hauptguss = 1 : 3,5 langsamer ist. Dagegen kann der Endvergärungsgrad durch die Schutzkolloidwirkung der Extraktstoffe auf die β-Amylase höher ausfallen.

Damit wirkt sich die Hauptgussmenge auf die Zusammensetzung der Würze aus.

Die Beziehung zwischen Maischekonzentration und Würzezusammensetzung ist bei Infusionsverfahren besser erkennbar als bei Dekoktionsverfahren. Im ersteren Falle wird eine Maische unter stets gleichen Bedingungen, d. h. gleichem Konzentrationsverhältnis bearbeitet. Bei den Dekoktionsverfahren handelt es sich um eine oder mehrere Kochmaischen und die entsprechenden Restmaischen. Während die Kochmaischen meist als „Dickmaischen" d. h. etwa mit einer Konsistenz 1 : 2–2,5 gezogen werden, haben die Restmaischen meist nur eine solche von 1 : 4–5. Damit gleichen sich die Gegebenheiten bei den jeweiligen Rasten der Gesamtmaischen von ca. 1 : 3,5–4 wieder aus. Auch ist zu berücksichtigen, dass eine Reihe von Enzymen auf gekochte Maischeanteile besser einwirken kann.

Es ist aber verschiedentlich bei Infusionsmaischen üblich mit einer höheren Maischekonzentration von z. B. 1 : 2,5 einzumaischen und diese erst bei Eintritt in die Verzuckerungsrast auf 1 : 3,5–5 auszuweiten, um den Erfordernissen der verschiedenen Reaktionsabläufe Rechnung zu tragen.

Es sind aber auch energiewirtschaftliche Aspekte des Heißwasserhaushalts maßgebend. Niedrigere Einmaischtemperaturen als z. B. 60–62 °C benötigen weniger heißes Wasser, da die Temperaturintervalle durch das Aufheizen der Maische abgedeckt werden. Es entsteht also ein Heißwasser-Überschuss. Es hat sich bewährt, bei niedrigen Temperaturen dicker einzumaischen und das „Aufheizen" durch Zugabe von heißem Wasser bis auf die gewünschte Temperatur bzw. die gewünschte Maischekonzentration einzustellen.

Der Hauptguss hat aber auch eine Bedeutung für die Gewinnung der Würze: Die nach dem Ablauf der Vorderwürze in den Trebern verbleibende Extraktmenge ist um so größer, je dicker die Maische, also je höher die Vorderwürzekonzentration ist. Es wird z. B. bei einer 20%igen Vorderwürze mehr Extrakt von den Trebern zurückgehalten als bei einer 15%igen Vorderwürze. Damit wird auch der Ausbeuteanteil der jeweils auf die Vorderwürze und die Nachgüsse fällt, verschoben. Das Verhältnis der Gesamtausbeute zu Vorderwürze- und Nachgussausbeute ist vom Hauptguss abhängig. Es wird damit auch eine Veränderung der Anschwänztechnik notwendig: Je mehr Vorderwürze in den Trebern zurückbleibt, umso stärker müssen sie ausgelaugt werden. Eine geringere Vorderwürzeausbeute bedingt eine größere Nachgussausbeute. Das hierdurch erforderlich werdende stärkere Auswaschen der Treber bewirkt eine stärkere Auslaugung zufärbender und unedler Substanzen, die der Qualität heller Biere nicht zuträglich sind.

Somit ist die Größe des Hauptgusses eine der Grundlagen eines Biertyps und seiner Qualität, da sich nach ihm eine Reihe von späteren Maßnahmen richtet.

Aus diesem Grunde soll der Hauptguss bekannt und von Sud zu Sud konstant sein. Nachdem aber nicht die gesamte, als Hauptguss dienende Wassermenge vor der Zugabe des Schrotes vorgelegt wird, muss auch die Gesamtmaischemenge bekannt sein, da sie am Ende des Einmaischvorganges vorliegt, gemessen wird und durch weitere Wasserzugabe korrigiert wird.

Der Berechnung von Vorderwürzekonzentration, Hauptguss und Gesamtmaische dienen folgende Formeln [657]:

a) Berechnung der Vorderwürze bei den bekannten Größen Hauptguss und Malzausbeute:
100 kg lufttrockenes Malz ergeben bei 75% Ausbeute = A 75 kg Extrakt,
bei Zugabe einer Wassermenge = W von 325 kg entsteht die
Extraktlösung $E = A + W$: 75 kg + 325 kg = 400 kg
Wenn 400 kg Extraktlösung 75 kg Extrakt enthalten,
so sind in 100 kg Extraktlösung: $\frac{100 \times 75}{400}$ = 18,75 kg Extrakt.
Die Vorderwürzekonzentration V ist dann 18,75%.
Allgemein ausgedrückt ergibt sich folgende Formel: $V = \frac{100 \times A}{A + W}$

b) Berechnung des Hauptgusses bei den bekannten Größen Vorderwürzekonzentration und Malzausbeute. Dies geschieht durch Umstellung der Formel: $W = \frac{100 \times A}{V} - A$
Nach dem obigen Zahlenbeispiel ergeben sich: $W = \frac{100 \times 75}{18,75} - 75 = 325$ kg.
Darüber hinaus ist eine andere Formel in Gebrauch:
$W = \frac{A(100 - V)}{V}$ bzw. mit Zahlenbeispiel:
$W = \frac{75(100 - 18,75)}{18,75} = 325$ kg

c) das Volumen der Gesamtmaische:
100 kg Malzschrot verdrängen 0,7 hl Wasser; somit errechnet sich die Gesamtmaische M/100 kg Schüttung: $M = W + 0,7$ (hl)

Für den Praxisgebrauch sind für einige Vorderwürzekonzentrationen die jeweiligen Hauptguss- und Gesamtmaischemengen in Tab. 3.65 aufgeführt:

Tab. 3.65 Vorderwürzekonzentration. Hauptguss und Gesamtmaische* (bei A = 75%)

Extraktgehalt Vorderwürze %	Hauptguß l/100 kg	Gesamtmaische l/100 kg
12	550	620
13	502	572
14	461	531
15	425	495
16	394	464
17	366	436
18	342	412
19	320	390
20	300	370
21	282	352
22	266	336

In der Praxis liegen die Wassermengen etwas höher, da einerseits beim Maischekochen Wasser verdampft, zum anderen aber verschiedentlich Wasser zum Entleeren der Gefäße und Leitungen nachgedrückt wird.

Die Vorderwürze soll immer gleich stark sein, um Schwankungen im Verhältnis der Vorderwürze zu den Nachgüssen zu vermeiden. Es ist daher zweckmäßig, Maisch- und Läuterbottich zu eichen und die Maischemengen von Sud zu Sud festzustellen.

Die moderne Maischautomatik stellt über Zähler die verwendeten Wassermengen fest, Gesamt- und Teilmaischen werden gravimetrisch durch Druckmessgeräte ermittelt.

Die oben genannten Zahlen beziehen sich auf eine lufttrockene Extraktausbeute von 75%. Es ist eine Frage, wie weit diese Werte abweichen bzw. dann einer Korrektur bedürfen, wenn die Ausbeute schwankt.

Wenn die Vorderwürzekonzentration bei einer Malzausbeute von 75% und einer Hauptgussmenge von 393 l/100 kg bei 16,0% liegt, so ergibt eine Malzausbeute von 77,5% eine Erhöhung auf:

$$V = \frac{A \times 100}{A + W} = \frac{77,5 \times 100}{77,5 + 393} = 16,47\%$$

bzw. um wieder dieselbe Vorderwürzekonzentration von 16,0% zu erhalten, muss die Wassermenge angepasst werden auf:

$$W = \frac{100 \times A}{V} - A = \frac{7750}{16} - 77,5 = 407 \text{ l/100 kg}$$

3.2.2.2 Gussführung

Die Gussführung war ursprünglich bei der Herstellung von hellen und dunklen Bieren grundsätzlich verschieden.

Bei *hellen Bieren* wird ein größerer Hauptguss gewählt, um dünnere Maischen zu erhalten und den Ablauf der Enzymreaktionen zu beschleunigen. Die Treber imbibieren bei einer dünneren Vorderwürze weniger Extrakt, so dass zum Auslaugen desselben geringere Wassermengen benötigt werden. Der Unterschied zwischen der Konzentration der Vorderwürze und jener der Ausschlagwürze ist daher geringer. Wie in Abschnitt 3.2.8.4 gezeigt wird, hat ein Bier Pilsener Typ eine Ausschlagwürzekonzentration von 12,0% und einen Extraktgehalt der Vorderwürze von 15,0%. Die Differenz zwischen beiden beträgt daher ca. 3%. Dasselbe gilt für sehr helle, hopfenbetonte Exportbiere, während bei hellen Lagerbieren und etwas „malziger" und kräftiger entwickelten Exportbieren die Differenz bei 5% liegen darf.

Eine dünnere Vorderwürze liefert eine größere Menge an „Edelextrakt", die Farbe wird heller, rein gelb sein und der Geschmack weich und mild. Allerdings wird es schwierig sein, infolge der geringeren Nachgussmengen eine normale Ausbeute zu erzielen. Das Prinzip der dünnen Vorderwürzen für helle Biere wird verschiedentlich durchbrochen, vor allem wenn dies die Läutervorrichtungen erfordern. So ist es bei der wenig steuerbaren Auslaugung der Treberkuchen in den zahlreichen Kammern der älteren Maischefiltergeneration notwendig, eine große Nachgussmenge zu haben, um die Ausbeute zu sichern. Wenn auch die Kontaktzeiten durch die raschere Abläuterung geringer sind, so sollten doch die Vorderwürzekonzentrationen bei Pilsener Würzen nicht über 18–18,5% liegen. Bei Strainmastern verlangt die besondere Art der Nachgussführung sogar noch eine stärkere Vorderwürze von ca. 22%. Es liegt auf der Hand, dass hier schon die Enzymreaktionen beim Maischen (s. Abschnitt 3.1) einen etwas anderen Verlauf nehmen.

Die heute – vor allem im Ausland – weit verbreitete Methode des „Brauens mit höherer Stammwürze" verlangt ebenfalls zum Einbringen der erforderlichen Nachgussmengen eine höhere Vorderwürzekonzentration, d.h. eine dickere Maische. Bei Läuterbottichen liegt die Vorderwürze bei 18–19%, bei den (neueren) Maischefiltern bei 21–23%.

Nachteile haben sich bei diesen Verfahren nicht ergeben, wenn die Malze homogen gelöst und enzymreich sind. Wo gestattet, kann auch in ausländischen Brauereien durch bestimmte Enzyme, wie z.B. hitzestabile Endo-β-Glucanasen oder durch eigens gewählte Enzymkombinationen der Nachteil höherer Maischenkonzentrationen ausgeglichen werden (s. Abschnitt 1.2.3), wodurch auch eine verstärkte Auslaugung der Spelzen vermieden wird. Es hat sich also die Gussführung von den früheren Vorstellungen gelöst, ohne dass qualitative Nachteile aufgetreten wären. Dazu tragen auch die kürzeren Läuterzeiten der Vorderwürze wie auch der Nachgüsse bei.

Bei *dunklen Bieren* war ein kleinerer Hauptguss gewählt worden, um dicke Maischen und höherprozentige Vorderwürzen zu erhalten. Die in den Trebern zurückbleibende, größere Menge an Extrakt machte naturgemäß eine größere Menge an Nachgusswasser erforderlich. Die Differenz zwischen der Ausschlagwürzekonzentration von z.B. 13,3% und der Vorderwürze von 19–20% lag bei etwa 6%.

Ganz allgemein wurde beim geringeren Hauptguss eine Zunahme des vollmundigen, kernigen Geschmacks erwartet. Bei den dicken Maischen wurde wenig Rücksicht auf die ohnedies beim Darren geschwächten Enzyme genommen, sondern versucht, den Aufschluss der Malzstärke mehr auf dem physikalischen Weg durch das Kochen der Teilmaischen herbeizuführen. Deshalb wird auch in Brauereien, die traditionsgemäß dunklere Biere herstellen, nach dem Dreimaisch- oder mindestens nach dem Zweimaischverfahren gearbeitet. Das z.T. lange Kochen der dicken Maischen begünstigte ein leichtes Karamellisieren und ein Auslaugen der Spelzenbestandteile, was für dunkle Biere von Vorteil war. Die gut aufbereiteten Kochmaischen wurden bei den folgenden Rasten der Gesamt- oder der Restmaischen selbst von den dezimierten Enzymmengen noch gut abgebaut. „Zufärbungen" waren und sind bei dunklen Maischen und Würzen günstig für den späteren Biergeschmack.

Die heutigen, meist auf den Einhorden-Hochleistungsdarren hergestellten dunklen Malze sind enzymreicher als früher, wozu auch die gut lösenden und enzymstarken Braugerstensorten beitragen. Wenn auch die Maischverfahren für helle und dunkle Biere unterschiedlich sind, so näherten sich doch die Gussführungen einander an (Tab. 3.66).

Im Übrigen spielen auch noch die Eigenschaften des Malzes und die Wasserbeschaffenheit bei der Bemessung des Hauptgusses eine Rolle.

Schlecht gelöste Malze, die aus Gründen der jeweiligen Gersten (Jahrgang!), einer mangelnden Keimenergie oder wegen unsachgemäßer Herstellung langsam verzuckern und zögernd abläutern, werden in der Regel dünner gemaischt um die Enzymwirkung, vor allem der α-Amylase, zu erleichtern. Die Vorderwürzekonzentration dürfte hier gleichmäßig im Bereich von 16–17,5% liegen. Bei Malzen aus *spelzenreichen, rauen Gersten* ist ebenfalls ein größerer Hauptguss günstiger, um in dem gegebenen Rahmen mehr Edelextrakt zu gewinnen.

Bei *hydrogencarbonatreichen Wässern* z.B. bei solchen mit einer höheren Restalkalität als 5–7°dH empfiehlt es sich ebenfalls dünner zu maischen, um bei hellen Bieren so viel Edelextrakt zu gewinnen, wie es die Ausbeute erlaubt, da die Nachgüsse nämlich mit Sicherheit durch ihren ungünstigeren pH-Wert mehr unedle Bestandteile enthalten. Dies gilt auch dann, wenn aus betrieblichen Gründen nur der Hauptguss enthärtet werden kann.

Nach allen diesen Erkenntnissen beträgt der Hauptguss bei hellen Bieren in der Regel 3,3–4,0 hl Wasser pro 100 kg Malz, bei dunklen Bieren rund 3,0–3,3 hl/100 kg.

Es ist aber auch möglich bei hellen Bieren zunächst dicker (1:2,5) einzumaischen, um die Wirkung z.B. der eiweißabbauenden Enzyme und auch die Freisetzung von Zink zu fördern. Erst im Bereich der Verzuckerungstemperaturen wird dann auf die volle Hauptgussmenge aufgefüllt. Auch bei Anwendung der Spelzentrennung ist eine Teilung des Hauptgusses erforderlich; ein Teil desselben wird zusammen mit den später zugegebenen Spelzen dosiert.

Tab. 3.66 Haupt-, Nachguss- und Gesamtgussmengen bei unterschiedlicher Vorderwürzekonzentration und Verdampfung

Verdampfung	Ausschlagmenge 315 hl 12,0 GG%			
	4%		8%	
Pfannevollmenge	327 hl	11,7 GG%	340 hl	11,18 GG%
Hauptgussmenge	200 hl = 4 hl/dt	163 hl = 3,26 hl/dt	200 hl = 4 hl/dt	163 hl = 3,26 hl/dt
Vorderwürze	143 hl 16,0 GG%	105 hl 20,0 GG%	134 hl 16,0 GG%	105 hl = 20,0 GG%
Nachgussmenge	184 hl = 3,68 hl/dt	222 hl = 4,44 hl/dt	197 hl = 3,94 hl/dt	235 hl = 4,70 hl/dt
Gesamtwassermenge	200 hl + 184 hl = 384 hl	163 hl + 222 hl = 385 hl	200 hl + 197 hl = 397 hl	163 hl + 235 hl = 398 hl
Hauptguss + Nachguss		7,68 hl/dt		7,94 hl/dt

3.2.2.3 Die Nachgüsse

Sie sind in ihrer Größe praktisch mit der Wahl des Hauptgusses festgelegt. Sie müssen auf jeden Fall so bemessen sein, dass der nach dem Ablauf der Vorderwürze in den Trebern verbliebene Extrakt möglichst weitgehend und in kurzer Zeit gewonnen werden kann. Gerade die Nachgüsse haben auf die quantitative Seite der Würzebereitung, auf die Ausbeute, großen Einfluss. Ihr Anteil ist ungefähr gegeben durch die Differenz zwischen der Menge der Würze vor Beginn des Hopfenkochens und der Vorderwürzemenge.

Sie beträgt unter der Voraussetzung normaler Gegebenheiten bei der Würzekochung (Kochzeit, Verdampfung) am Beispiel eines Sudwerks von 5 t Schüttung hellen Malzes bei 12% Extrakt und 76% Sudhausausbeute unter Berücksichtigung von Vorderwürzekonzentrationen von 16% und 20% sowie unterschiedlich hoher Verdampfung: Die beim Würzekochen verdampfte Wassermenge spielt naturgemäß eine wichtige Rolle für die Sudhausausbeute, doch ist bei den derzeitigen Energiepreisen eine geringere Verdampfungsziffer wirtschaftlicher, wenn diese technologisch vertretbar ist (s. Abschnitt 5.7).

Es wird die Nachgussmenge normalerweise bei 3,5–4,7 hl/100 kg liegen.

Die Wirkung der Nachgüsse wird im Sudhaus anhand des Glattwassers (0,5–1,2%), im Laboratorium durch den auswaschbaren Extrakt überprüft. Bei qualitativ besonders hervorragenden Bieren mit geringer Vorderwürzekonzentration, wie z.B. bei Pilsener oder sehr hellen Exportbieren, wird die Auslaugung geringer und die Glattwasserkonzentration höher.

Aus den erwähnten Überlegungen bezüglich der Energiekosten ist es nicht möglich, die Kochintensität zur Absenkung der Glattwasserkonzentration zu erhöhen. Es sprechen aber auch andere Gründe für geringere Kochzeiten, wie z.B. die „Schonung" hochmolekularer, schaumpositiver Eiweißsubstanzen (s. Abschnitt 5.4.3.7).

Zur Nutzung der Extraktmengen des Glattwassers wird versucht, diese beim folgenden Sud wieder zu verwerten, entweder zum Einmaischen oder beim ersten Nachguss. Der Zusatz zum Einmaischen ist qualitativ nicht unbedenklich (s. Abschnitt 6.1.1). Der Zusatz zum ersten Nachguss führt diesem Extrakt (meist auch vom Hopfentrub stammend) zu und engt damit den Spielraum der Auslaugung des Treberkuchens weiter ein.

3.2.2.4 Die Temperatur des Einmaischwassers

Sie ist von großer Bedeutung, da mit der Wahl der Einmaischtemperatur über die Intensität und Art des Maischverfahrens entschieden wird. Das Einmaischen kann im Bereich von 50 °C (Eiweiß-Gummistoff-Phosphatabbau) oder bei 62 °C (optimale Wirkung der β-Amylase) erfolgen. Niedrigere Einmaischtemperaturen von z.B. 35–40 °C haben keine spezielle Säurebildung zum Ziel, wie dies in der älteren Literatur behauptet wurde und in der Überlieferung immer noch fortlebt, sondern eine Erhöhung des Umsatzes der bei 50 °C ablaufenden Abbauvorgänge: Die Bestandteile des Mehlkörpers werden hier aufgeweicht, zum Teil gelöst, so dass die ebenfalls freigesetzten Lyo-Enzyme mit dem späteren Eintritt in die eigentlichen Optimaltemperaturen intensiver wirken können. So unterstützen diese der „Eiweißrast" voraufgehenden Temperaturen nicht nur die Proteolyse, sondern auch den Abbau der Stütz- und Gerüstsubstanzen, der Lipide und der Phosphate; eine dem Optimum der β-Amylase vorgeschaltete Rast z. B. bei 50 °C begünstigt durch den Abbau jener Substanzen, die die Stärkekörner umhüllen, auf indirekte Weise die Amylolyse, die intensiver und **vor** allem bei knapper gelösten Malzen ergiebiger wird.

Niedrigere Einmaischtemperaturen bieten aber auch Spielraum für Oxidationsvorgänge z. B. bei Polyphenolen und bei Lipidabbauprodukten. Sie können bei luftarmer Maischeführung, vor allem aber auch bei niedrigerem Maische-pH wohl eingeschränkt, aber nicht völlig ausgeschaltet werden. Dies ist erst bei höheren Einmaischtemperaturen von 60 °C und darüber der Fall.

Je besser ein Malz gelöst ist und je mehr Enzyme es enthält, umso kürzer kann das Maischverfahren sein. Je höher die Einmaischtemperatur, umso weniger Zeit wird naturgemäß das Maischverfahren in Anspruch nehmen.

Nachdem stets mit ca. 77 °C abgemaischt wird, steht bei einer Einmaischtemperatur von 35 °C eine Spanne von 40–42 °C, bei 50 °C Einmaischtemperatur eine solche von 25–27 °C und bei 62 °C Einmaischtemperatur ein Intervall von nur 13–15 °C zur Verfügung. Beim Dreimaischverfahren, das mit 35 °C beginnt, werden alle Temperaturstufen (35, 50, 62 und 75–77 °C) eingehalten. Bei einem Zweimaischverfahren, das mit 50 °C eingemaischt wird, wird die erste Maische eliminiert. Bei einer Einmaischtemperatur von 62 °C wird dagegen die Aktivität der bei 50 °C optimal wirkenden Enzyme eingeschränkt (Proteasen) oder sogar weitgehend unterbunden (Endo-β-Glucanasen). Hier kann sich nur mehr ein kurzes Maischverfahren mit Stufen bei 62, 70 und 75–77 °C anschließen.

Doch ist es jederzeit möglich – wie schon angeführt – bei niedrigerer Temperatur einzumaischen und dann erst auf jenes Niveau aufzuheizen, bei der die Maische getrennt werden soll. Zur Einstellung der gewünschten Wassertemperaturen dienen Wassermischer, die heute automatisch können. Hierbei wird nicht nur die Temperatur sondern auch die Wassermenge geregelt.

Wenn das Brauwasser entcarbonisiert zur Verwendung kommt, dann ist dafür Sorge zu tragen, dass nicht nur das heiße Wasser aus dem Vorwärmer, sondern auch das zuzumischende Kaltwasser enthärtet ist. Es würden sich sonst, je nach Einmaischtemperatur und der Temperatur des verfügbaren Heißwassers jeweils unterschiedliche Härteverhältnisse im Mischwasser ergeben, die auf die Vorgänge beim Maischen wiederum bestimmte Wirkungen ausüben würden.

Vereinzelt wird in kleineren Betrieben kalt, d. h. mit 10–12 °C Wassertemperatur eingemaischt und die gewünschten Reaktionstemperaturen durch Zubrühen von heißem Wasser und/oder durch Aufheizen eingestellt.

3.2.2.5 Die Dauer des Einmaischens

Sie ist je nach Betriebseinrichtung verschieden: Bei Trockenschrot (mit oder ohne Konditionierung) und einwandfreier Vermischung desselben dauert das Einmaischen 10–20 Minuten. Ein zu rascher Zulauf des Schrotes in die vorgelegte Wassermenge, die einen Teil des Hauptgusses ausmacht, kann eine Klumpenbildung zur Folge haben. Dies ist vor allem dann der Fall, wenn das Rührwerk nicht in der Lage ist, die Maische im Verlauf des Einmaischvorganges bzw. bei Erreichen der Gesamtmenge einwandfrei zu durchmischen.

Die herkömmlichen Vormaischapparate (Abb. 3.32, 3.33) bedingen je nach Konstruktion und Mischintensität eine Einmaischzeit von 10–30 Minuten. Im Interesse der Gleichmäßigkeit der Maische sind möglichst kurze Zeiten wünschenswert.

Der Maischprozess beginnt unmittelbar mit dem Ende der Schrotförderung. Ein eventuell noch erforderlicher, weiterer Zulauf von Wasser, um die gewünschte Gesamtmaischemenge zu erreichen, wird meist der ersten Rast zugerechnet. Es schließt sich also der Maischprozess unmittelbar an.

Bei Nassschrotung fällt die Schrotzeit mit dem Einmaischvorgang zusammen. Er dauert hier 30–40 Minuten, einschließlich der (Voll-)Weiche sogar über eine Stunde (s. Abschnitt 2.5.7.3).

Bei der Nasskonditionierung (kontinuierliche Weiche) ist der Weichvorgang wesentlich besser definiert. Die Nassschrotmühlen werden so groß ausgelegt, dass der Schrot-/Einmaischvorgang in 15–20 Minuten beendet ist.

Beim sog. *Vormaischen oder „Digerieren"* wird – heute jedoch nur sehr selten – zwischen dem Einmaischen und dem Fortgang des Maischens eine 8- bis 12-stündige Pause eingelegt. Diese Maßnahme strebt einen ähnlichen Effekt an wie Einmaischtemperaturen, die unterhalb der eigentlichen Enzymoptima liegen: das Schrot wird vom Wasser durchdrungen, der Mehlkörper quillt, die Enzyme gehen in Lösung und beginnen – trotz der niedrigen Temperaturen von 12–15 °C – abbauend auf bestimmte Stoffgruppen, z. B. β-Glucane, Pentosane, Phosphate, einzuwirken. Der Effekt ist abhängig von der Malzqualität, von der Schrotfeinheit, der Zeitdauer und der Temperatur. Bei knapper, ungleichmäßiger Auflösung des Malzes, z. B. bei Kurzmalz, ist die Wirkung eine größere, ebenso kann der Nachteil eines zu groben Schrotes ausgeglichen werden. Eine Temperatur über 18–20 °C ist auf jeden Fall zu vermeiden, weil somit die Gefahr einer Säuerung besteht, die die gesamte Maische unbrauchbar macht. Aus diesem Grunde darf das Digerieren nie in einer (feuerbeheizten) Pfanne geschehen, deren Mauerwerk u. U. die Hitze des voraufgegangenen Kochvorgangs speichert, sondern nur in einem unbeheizten Gefäß. Das Digerieren bringt eine gewisse Erhöhung der Ausbeute, die bei schlecht gelösten Malzen oder unzweckmäßigen Schroten 1–2 % ausmachen kann. Es ist jedoch hier wie auch bei gut gelösten Malzen nicht möglich, den Gewinn an löslichen Substanzen voll in der Sudhausausbeute wiederzufinden. Ein Teil des Extrakts besteht aus Mineralstoffen, Spelzenbestandteilen, die bei hellen Bieren eine Vertiefung der Farbe und einen breiten, derben, meist jedoch leeren Geschmack bewirken. Häufig kann die Schaumhaltigkeit negativ beeinflusst werden. Diese Wirkungen werden verstärkt bei harten, hydrogencarbonathaltigen Brauwässern und Malzen aus rauen Gersten.

3.2 Praxis des Maischens

3.2.3
Maischgefäße

Zur Durchführung der verschiedenen Maischverfahren werden bestimmte Gefäße benötigt: Bei Infusionsverfahren genügt ein beheizbarer Maischbottich (Maischbottichpfanne), bei Dekoktionsverfahren ist neben diesem auch eine (kleinere) Pfanne zur Behandlung der Teilmaischen erforderlich. Je nach Aufgabenstellung und Sudfolge werden die Gefäße unterschiedlich ausgerüstet.

3.2.3.1 Der Maischbottich
Er dient zum Einmaischen, zum Aufbewahren der Teilmaischen bei bestimmten Temperaturen sowie zum Abmaischen, d.h. zum Überpumpen der fertigen Gesamtmaische in die Läutervorrichtung. In alten Sudwerken war der Maischbottich nicht heizbar und aus diesem Grunde funktionsarm. In modernen Sudwerken erfüllt seine Aufgabe eine *Maischbottichpfanne*. Der Grundriss ist rund. In den 1950er bis zu den 1970er Jahren wurden auch rechteckige Gefäße mit trapez- oder muldenförmigem Querschnitt gebaut, doch kehrte man wieder zu

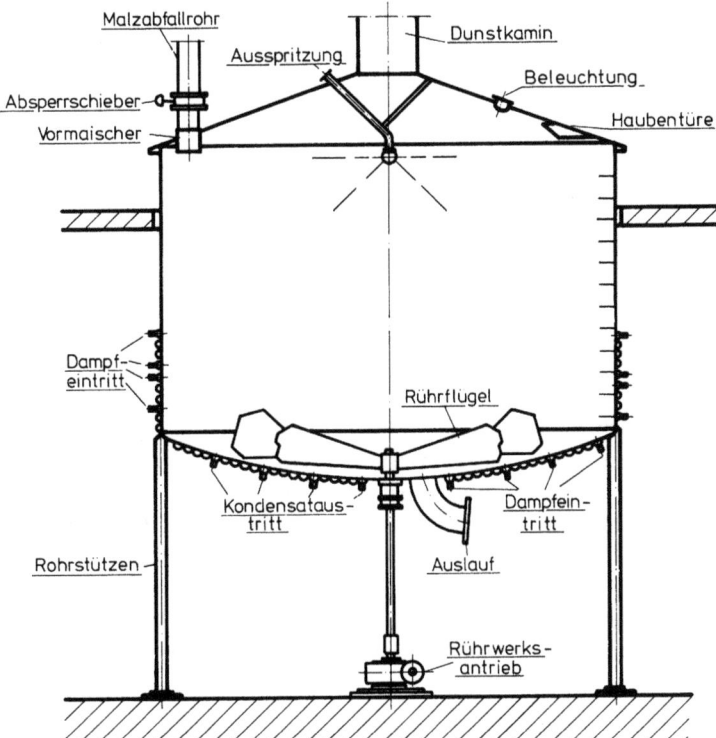

Abb. 3.25 Maischbottichpfanne (rund)

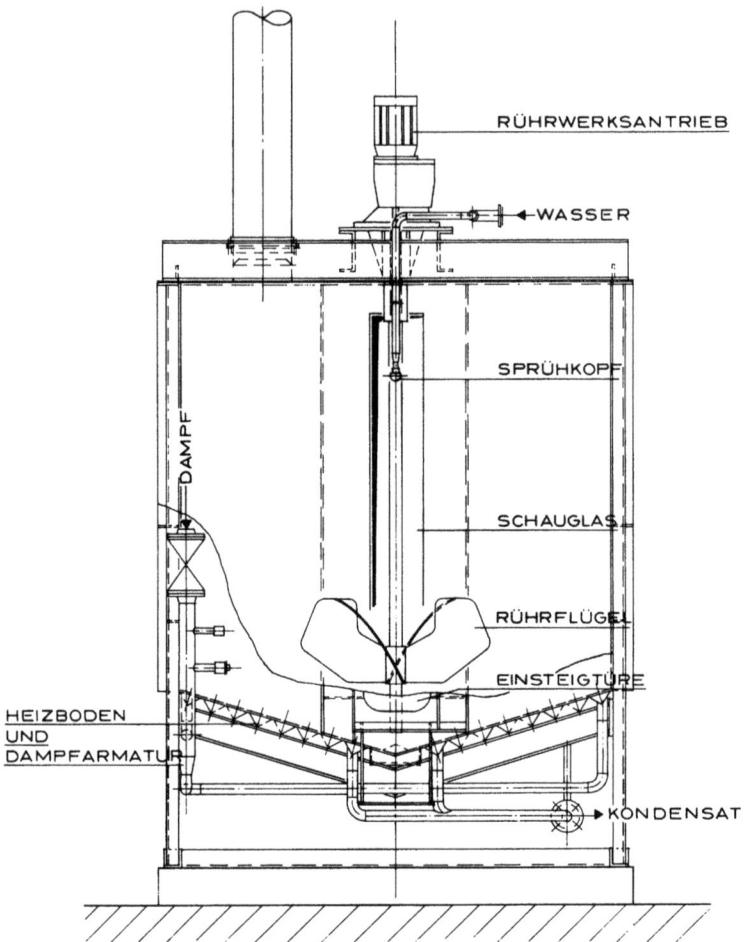

Abb. 3.26 Maischpfanne (rechteckig)

runden Gefäßen zurück. Das Material war früher Stahlblech oder Kupfer, heutzutage wird nur noch rostfreier Stahl verwendet (Abb. 3.25, 3.26).

Die Aufgabe des Gefäßes, die Maische bei ganz bestimmten Temperaturen zu lagern erfordert eine Isolierung an den Seitenwänden und am Boden. Sofern der Maischbottich oder die Maischbottichpfanne durch eine Haube aus demselben Material wie der Gefäßkörper abgedeckt ist, wird meist auf deren Isolierung verzichtet. Bei Behältern mit flacher Abdeckung, z. B. bei Aufstellung hinter einer Wand, ist auch diese isoliert. Sofern ein Dunstrohr vorhanden ist, muss dasselbe durch eine Klappe oder einen Schieber verschlossen werden können.

Die *Isolierung* kann aus Glas- oder Steinwolle oder organischen Isoliermassen (Kunststoffschaum) bestehen. Sie ist verkleidet, wobei auf eine einwandfreie Ab-

Abb. 3.27 Maischgefäß mit lasergeschweißten Heiztaschen

dichtung besonderer Wert zu legen ist, um ein Eindringen von Spritzwasser oder das Entstehen von Schwitzwasser zu verhindern.

Der *Boden* des Maischgefäßes ist bei runder Ausführung flachkonisch oder gewölbt, bei rechteckiger Anordnung entweder trapezförmig, konisch oder als Mulde ausgebildet. Der Maischeauslauf befindet sich an der tiefsten Stelle um ein einwandfreies Entleeren der Maischbottichpfanne zu ermöglichen. Zu diesem Zweck sind rechteckige Pfannen mit einer entsprechenden Neigung versehen.

Die *Beheizung* erfolgt überwiegend mit Dampf oder Heißwasser. Die Heizflächen sind in Form von Halbrohren, Profilstählen oder Doppelböden mit spezieller Führung des Heizmittels ausgebildet. Neuere Konstruktionen von Maischgefäßen weisen lasergeschweißte Heiztaschen auf, die durch einen dünnen Dampfraum eine hohe Dampfgeschwindigkeit und somit hohe Wärmeübergangswerte vermitteln (Abb. 3.27).

Im Gegensatz zu früher als man – mindesten bei Maischepfannen – mit einer Bodenheizung allein auskommen wollte, hat sich nunmehr bei Maischbottichpfannen die Beheizung der Seitenwände als einfacher erwiesen. Dies ist vor allem dann der Fall, wenn Infusionsmaischverfahren durchgeführt werden, d.h. die Gesamtmaische behandelt wird. Auch bei Hochkurzmaischverfahren verbleibt eine „Restmaische" von mindestens 75% in der Maischbottichpfanne, so dass bei entsprechender Rührwerkswirkung die Mantelheizung ausreichen dürfte, um auf erforderliche Temperaturstufen aufheizen zu können.

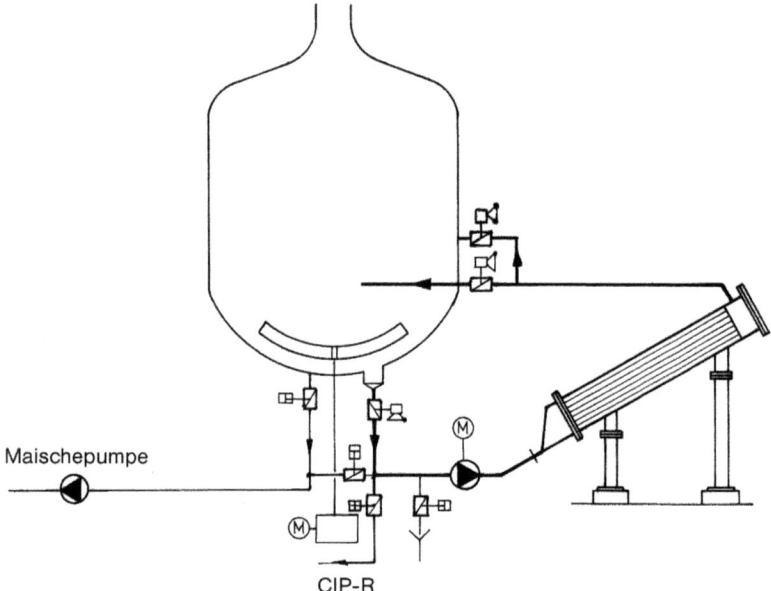

Abb. 3.28 Maischgefäß mit externem Röhrenheizsystem

Bei älteren Maischbottichpfannen war die Heizfläche so ausgelegt, dass die Gesamtmaische um 1–1,2 °C/Minute aufgeheizt werden konnte. Die oben beschriebenen Maischbottichpfannen haben höhere Heizleistungen von 1,5–2,0 °C. Dies kann im Hinblick auf die geforderten, kürzeren Aufheizzeiten sinnvoll sein.

In den 1970er Jahren führten sich auch interne Röhrenheizkörper ein, die nach Abb. 5.5 zwei Rührwerke aufweisen: Das untere, kleinere drückt, das obere, größere zieht die Maische durch den Kocher und sorgt für eine rasche Verteilung. Als alleinige Beheizung erlauben sie, das Maischgefäß ohne Heizflächen, nur mit entsprechender Isolierung zu gestalten. Es kann auch ein Gefäß mit verbrauchten, nicht mehr zugelassenen Heizflächen auf diese Weise nachgerüstet werden. Es sind hohe Aufheizleistungen bei niedrigen Grenzflächentemperaturen möglich, auch vermeidet der Heizkörper eine Trombenbildung und damit einen Lufteinzug.

Etwa ein Jahrzehnt später wurden Maischbottich- und Maischpfannen auch mit externen Heizsystemen ausgestattet. Die schräg liegenden Kocher können mit Dampf von 0,5 bar Ü bzw. Heißwasser-Vorlauftemperaturen von deutlich unter 120 °C (erreicht durch Mischen von Vor- und Rücklaufwasser) beheizt werden. Die frequenzgesteuerte Dickstoffpumpe vermittelt eine scherkraftarme Förderung durch ein Schraubenverdränger-Laufrad. Um die gewünschten Temperaturen zu erreichen, kann die Pumpenleistung (bis zur 9fachen Gesamtmaischemenge/h) und die Temperatur z. B. des Heißwassers variiert werden. Die Temperatursteigerung des Teilstromes ist im Bereich bis 75 °C 1,5 °C, bis zum Kochen 4 °C zwischen Maischeintritt- und austritt. Die Heißwasservorlauftem-

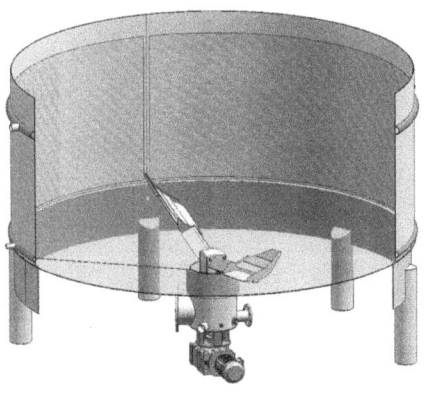

Abb. 3.29 Maischgefäß mit innen liegenden Heizflächen („DimplePlates")

peratur ist dabei 106–108 °C bzw. 112–114 °C. Die erhitzte Maische tritt unterhalb der Maischeoberfläche in das Maischgefäß ein, und zwar in einem Winkel, der eine rasche Vermischung mit dem Gefäßinhalt ermöglicht (ca. 23° zum Radius). Zu hohe Heizmitteltemperaturen rufen Enzymverluste hervor (Abb. 3.28).

Eine neuartige Konzeption einer Maischbottichpfanne ist mit innen liegenden Heizflächen ausgestattet. Diese sind sog. „Dimple Plates" oder „Dimple Jackets" mit einer vielfach gewölbten Oberfläche, die mit der eines Golfballes vergleichbar ist. Durch die vielen kleinen Wölbungen wird eine verstärkte Verwirbelung der Maische in Grenzflächennähe erreicht. Dies führt durch die so hervorgerufenen Turbulenzen zu einem besseren Wärmeübergang. Die vielfach gewölbte Oberfläche bewirkt als grundsätzlicher Effekt, dass niedrigere Dampftemperaturen und damit verbundene, niedrigere Grenzflächentemperaturen angewendet werden, die zu einer geringeren Verlegung der Heizflächen („Fouling") führen (Abb. 3.29).

Es wird aufgrund der Form dieser Platten ein besserer Wärmeübergang erreicht und damit ein erhöhter Wärmestrom vom Heizmedium auf das Produkt. Bei Dampfdrücken von 1,7–2,5 bar Ü wurden so Aufheizraten von 2–2,5 °C/min erreicht. Normal genügen 1–2 Zargenheizzonen, doch können bei Bedarf für kleinere Kochmaischeanteile auch Bodenheizzonen installiert werden (Abb. 3.29).

Die Rührer sind außen wie ein „Spoiler" geformt und können mit nicht beheizten „Dimple Plates" versehen werden. Durch die Gestaltung bewirkt das Rührwerk eine scherkraftarme und schonende Rührwirkung mit gutem Temperaturausgleich sowohl in horizontaler wie auch vertikaler Richtung.

Dies garantiert eine homogene Maische, die bei Umdrehungszahlen von 20 (Maischepfanne) bis 30 (Maischebottichpfanne) Umdrehungen/min eine Zeitersparnis für das Maischverfahren von ca. 25% erbringt, wobei Zwischenreinigungsintervalle ca. alle 60 Sude notwendig werden.

Dieses Maischgefäß kann auch mit einer zusätzlichen Vibrationsvorrichtung ausgestattet werden (Abb. 3.30). Diese arbeitet mit einer Wechselspannung von 42 V und kann verschiedene Frequenzen erzeugen. Die Vibration bewirkt ein schnelleres und intensiveres Durchfeuchten des Schrotes, es werden Luftblasen

Abb. 3.30 Vibrator für Maischgefäße

und Gaseinschlüsse aus den Malzpartikeln freigesetzt und aus der Maische ausgetrieben. Hierdurch wird eine geringere Oxidation von Malzinhaltsstoffen erreicht und der Kontakt Enzym-Substrat wird verbessert, wodurch es zu intensiveren Abbauvorgängen kommt. Bei gleichbleibender Maischintensität können die einzelnen Rasten verkürzt werden. Als Summe der Umsetzungen resultiert eine raschere Extraktion sowie letztlich eine um 0,2% höhere Extraktausbeute beim Maischen [658].

Der Vibrator läuft beim Aufheizen ständig, bei den Rasten nur in bestimmten Intervallen, wobei auch die Frequenzen variiert werden. Die verbesserte Enzymwirkung äußert sich in besseren Jodwerten, einer besseren Läuterfähigkeit der Würze und in einer deutlichen Verbesserung der Filtrierbarkeit der Biere [659]. Die Maischarbeit kann um 10–15 Minuten beim Heizprozess und um 20–25 Minuten bei den Rasten verkürzt werden [660].

Das Fassungsvermögen der Maischbottichpfanne bemisst sich wie folgt:

$S \times (HG + 0,7)$

(S = Schüttung in dt, HG = Hauptguss/dt, 0,7 = Verdrängung durch Malzschrot)

Bei einer geplanten 16%igen Vorderwürze ergibt sich für eine Schüttung von 50 dt (5 t):

HG 50 × 4,0	200 hl	(1:4)
Verdrängung 50 × 0,7	35 hl	
Gesamtmaische	235 hl	(1:4,7)
Steigraum 20%	47 hl	
Gefäßinhalt	282 hl	(1:5,7)

3.2 Praxis des Maischens

Für eine 20%ige Vorderwürze ergibt sich bei derselben Schüttung:

HG 50 × 3,0	150 hl	(1 : 3)
Verdrängung 50 × 0,7	35 hl	
Gesamtmaische	185 hl	(1 : 3,7)
Steigraum 20%	37 hl	
Gefäßinhalt	222 hl	(1 : 4,44)

Das auf 282 hl Inhalt ausgelegte Maischgefäß könnte im Bedarfsfall, z. B. beim Brauen mit erhöhter Stammwürze, auch eine entsprechend erhöhte Schüttung von 63–64 dt verarbeiten. Voraussetzung ist, dass die Rührwerksintensität geeignet ist, die konzentrierte Maische zu bearbeiten. Andernfalls besteht die Gefahr, dass die Maische nicht homogen ist, sich beim Aufheizen Temperaturdifferenzen einstellen und u. U. eine mangelhafte Jodreaktion und Läuterschwierigkeiten entstehen.

Das *Rührwerk* ist gerade beim Einmaischen, beim Zubrühen und beim Abmaischen von besonders großer Bedeutung. Von seiner Wirkung hängt die schnelle und gründliche Mischung des Schrotes mit Wasser sowie die richtige und rasche Verteilung der Wärme z. B. beim Aufheizen oder beim Zubrühen eines Kochmaischeanteils ab. Es muss aber so beschaffen sein, dass keine Strukturveränderung durch Scherkräfte der Maische eintritt, durch die das spätere Abläutern erschwert wird.

Mit zunehmender Rührerdrehzahl nimmt die Maische mehr Sauerstoff auf, weil sich bei intensivem Rühren die Phasengrenzfläche, in der der Stoffaustausch zwischen Luft und Maische erfolgt, gegenüber einer ebenen, ruhigen Oberfläche stark vergrößert. Dies liegt sowohl an der Geometrie der sich ausbildenden Trombe, als auch an den zahlreichen kleineren und größeren, teilweise sich überschlagenden Wellen. Es kann sogar die Luft in der Maische dispergiert werden, wenn die Trombe die Rührerblätter erreicht. Diese Trombenbegasung hängt somit nicht nur von der Rührwerksgeschwindigkeit sondern auch von der Schichthöhe der Flüssigkeit ab. Die Sauerstoffaufnahme ist bei kleineren Gefäßen relativ stärker, weil die Oberfläche quadratisch abnimmt, das Volumen jedoch in der dritten Potenz.

Zum Aufwirbeln des Malzschrotes ist eine Mindestdrehzahl erforderlich, damit keine Teilchen am Behälterboden liegen bleiben. In diesem Zustand steht außerdem die volle Austauschfläche für den Lösevorgang und den enzymatischen Angriff zur Verfügung.

Durch eine entsprechende Schrägstellung der Rührerblätter wird die gerührte Maische in der Behältermitte senkrecht nach unten gegen die Bodenheizfläche gefördert. Unterstützt durch die Rotation der Flüssigkeit ergibt sich eine Aufwärtsströmung an der Bottichperipherie. Der Rührvorgang unterstützt also sowohl den Wärme- wie auch den Stoffaustausch in der Maische.

Durch die Drehbewegung der Rührer wird in der Maische eine Scherströmung erzeugt. Die Scherkräfte unterstützen die Desagglomeration von Schrotklumpen bzw. helfen eine Klumpenbildung zu vermeiden. Die Größe der Scherbeanspruchung ist abhängig vom Verhältnis Drehzahl: Durchmesser und vom Rührertyp, d. h. vor allem in kleineren Gefäßen oder bei großflächigen Blattrührern, wie sie in eckigen Gefäßen verwendet werden, besteht die Gefahr einer nachteiligen Strukturveränderung von Maischeteilchen.

Die Bodenform hat auf den Suspendiervorgang ebenfalls einen großen Einfluss. Der Klöpperboden und der abgestumpfte Kegelboden sind am günstigsten. Wenig eignen sich in der Mitte hochgezogene Böden (wie bei manchen alten Maischpfannenkonstruktionen oder kombinierten Maische-Würzepfannen), da sie die Strömung im Bottich behindern. Auch flache Böden haben sich als ungünstig erwiesen, wie auch rechteckige Gefäße keine günstigen Voraussetzungen für das Suspendieren erbringen [661].

In der Praxis finden aus diesen Gründen verschiedene Rührwerksgeschwindigkeiten Anwendung: so z. B. bei runden Bottichen bzw. Maischbottichpfannen für 5 t Schüttung (230 hl Gesamtmaische) 35 U/min für den „Maischgang" und 10–12 U/min für den „langsamen Gang" zum Ziehen der Dickmaische bzw. zum Bewegen der Restmaische. Zur Behandlung der Kochmaischen kann eine zusätzliche, zwischen beiden liegende Umdrehungszahl von 20–25 U/min zum Aufheizen der Maische erforderlich sein. Ein Richtwert ist die Umfangsgeschwindigkeit, die bei 2,5–3 m/s liegen soll, wie das folgende Beispiel zeigt.

Es hatte sich bei Versuchen in einem Technikumssystem gezeigt, dass Rührwerksgeschwindigkeiten zwischen 60 und 200 Upm während eines Infusionsmaischverfahrens ohne Auswirkungen auf die Viskosität der Läuterwürze blieben, wie ein Umpumpen der Maische bei Geschwindigkeiten von 1–4,5 m/s. Auch hatte die Malzauflösung bei diesen Versuchen keine Auswirkung. Es ergab sich aber bei der Partikelgrößenverteilung eine Verschiebung zum Feinanteil hin. Dies zog eine Verzögerung der Abläuterung und eine Verschlechterung der Filtrierbarkeit des Bieres nach sich [561, 565].

Moderne Rührer sind nach der Abb. 3.29 und 3.31 auf diese schonende, aber effektive Rührwirkung ausgelegt. Hier haben sich sog. „Spoiler" oder „Doppeldecker" als sehr günstig erwiesen.

Von großer Wichtigkeit ist die Anpassung der Rührwerksgeschwindigkeit an die jeweiligen Aufgaben. Das Einmaischen (von unten) erfolgt zunächst bei stillgesetzem Rührer, bis die Rührflügel bedeckt sind. Beim Einmaischen von

Abb. 3.31 Doppeldecker-Rührwerk, asymmetrisch angeordnet

oben wird eine Wasservorlage von 0,5–0,7 hl/dt benötigt. Bei guter Funktion des Vormaischers kann ebenfalls bei bedecktem Rührflügel mit einer Anfangsgeschwindigkeit von 0,7 m/s begonnen und mit steigendem Flüssigkeitspegel auf 2,0 m/s gesteigert werden. Beim Aufheizen von Rast zu Rast werden 2,5 m/s benötigt, bei den Rasten selbst nur mehr 1,8 m/s. Beim Abmaischen werden die Umdrehungen von 2 m/s auf 0,7 m/s entsprechend der Entleerung des Behälters vermindert. Wenn das Rührwerk aus der Maische auftaucht, kann die Geschwindigkeit noch weiter abgesenkt werden, bis es zuletzt ganz stillgesetzt wird. Dieses Konzept erfordert ein stufenlos regulierbares Rührwerk.

Bei rechteckigen Maischgefäßen sind ebenfalls mindestens zwei Rührwerksgeschwindigkeiten vonnöten, um den geschilderten Anforderungen zu entsprechen. Häufig sind die Rührer in zwei Ebenen angeordnet, um die Bearbeitung einmal der Gesamtmaische und zum anderen der Restmaische zu ermöglichen.

Zur gleichmäßigen Vermischung von Schrot und Wasser mündet das Schrotfallrohr vom Schrotkasten vor dem Maischbottich in einen *Vormaischer* (Abb. 3.32). Er vermischt das Malzschrot vor seinem Eintritt in den Maischbottich mit Wasser und beugt so einer Verstaubung und Klumpenbildung vor. Auf sorfältige Reinigung des Vormaischers ist zu achten um eine Säuerung zu vermeiden. Eine sehr einfache Vorrichtung ist der „Kugelvormaischer": bei diesem wird der untere Teil des Schroteinlaufrohres von einem Wassermantel umspült und so das Schrot gleichmäßig benetzt (Abb. 3.33).

Das Einmaischen kann hier, bei entsprechender Wasservorlage sehr rasch geschehen, doch bedarf es während des Einmaischens einer u. U. frühzeitig erhöhten Rührwerksleistung, um eine Klumpenbildung zu vermeiden. Vor allem bei großen Schüttungen ist eine ungewollte Belüftung der Maische mit nachteiligen Scherkräften schwer auszuschließen.

Eine im Prinzip dem Vormaischer in Abb. 3.32 entsprechende Konstruktion führt dem fallenden Schrotstrom Wasser von außen und innen zu. Der nach oben durch einen pneumatischen Schieber abgeschlossene Vormaischer wird über einen Rohrkettenförderer mit Schrot beschickt. Dieses fällt auf einen Verteilerschirm, der von unten mit Wasser beaufschlagt wird. Von außen wird das Wasser so zugegeben, dass ein Wasservorhang entsteht, der das Schrot von oben benetzt. Das Gemisch wird an der Wandung des zylindrischen Teils nach unten geführt und mündet auf ein Mischgatter. Dieses verhindert Klumpenbildung und versetzt die Maische in eine Rotationsbewegung. Das homogene Schrot-/Wassergemisch macht eine Wasservorlage im Maischgefäß entbehrlich [662], auch ist eine geringe Rührwerksarbeit erforderlich, was sich positiv auf den späteren Läutervorgang auswirkt.

Bei einer ähnlichen Konstruktion (Abb. 3.34) läuft das Schrot über den Einlauf (1), der nach oben durch einen Schieber abgesperrt werden kann, auf einen zentralen, kegelförmigen Verdrängungskörper (5). Dieser teilt den Schrotstrom ringförmig auf und erzeugt so eine definierte Dicke des Schrotfilms. Der ringförmige Schrotstrom fällt nun in den ebenfalls kegelförmigen Wasserfilm, der von der Ringdüse (8) erzeugt wird.

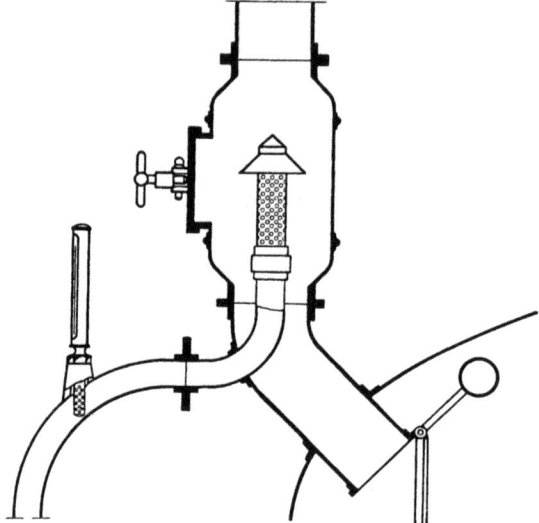

Abb. 3.32 „Klassischer Vormaischer"

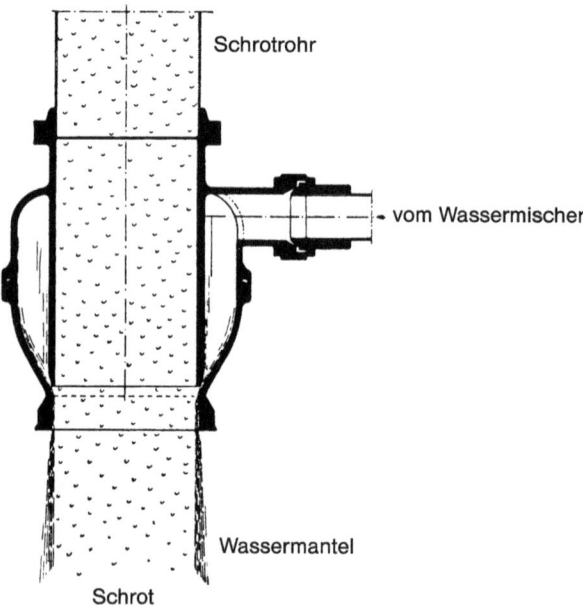

Abb. 3.33 Kugel-Vormaischer

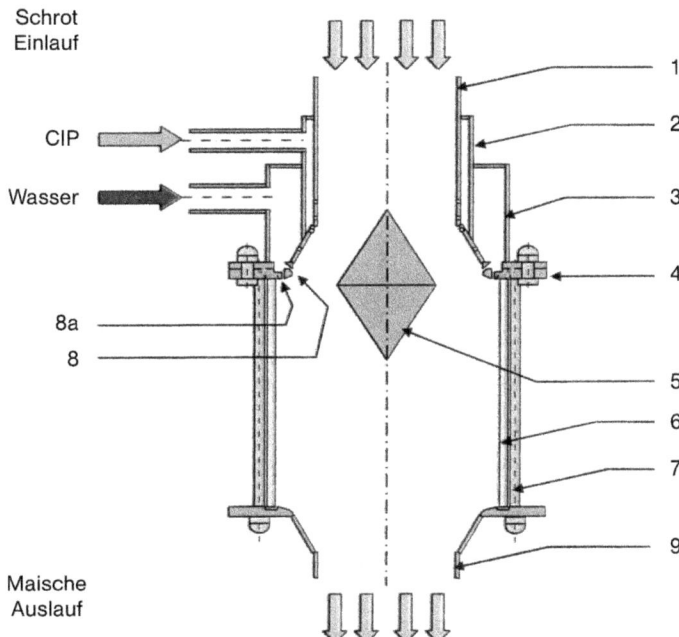

Abb. 3.34 Modernes Vormaischer-System (*1* Schroteinlaufrohr (vom Schrotfallrohr), *2* CIP-Gehäuse mit Verteilerbohrungen, *3* Maischwassergehäuse mit Spritzbohrungen und Verteilerflansch, *4* Maischwasserauslaufflansch, *5* Zentraler Verdrängungskörper, *6* Mischkammer/Schauglas (optional in Edelstahl), *7* Zuganker für Schauglas, *8* Ringdüse für Maischwassereinlauf, *8a* Sekundärwasserzuführungen (parallel zur Mischkammerwand), *9* Maischeauslauf (Anschluss an Maischgefäß))

Das Maischwasser wird im Maischwassergehäuse (3) gleichmäßig über den Umfang verteilt. Von dort läuft es so über den mit Öffnungen versehenen Auslaufflansch (4) in die Ringdüse (8), dass das Maischwasser einen nach unten gerichteten Hohlkegel ausbildet. Dieser trifft im Zentrum auf den unteren Konus des Verdrängungskörpers (5). Hier wird das Schrot-Wassergemisch intensiv vermischt und zu einem zentralen Strom zusammengeführt. Aus der Ringdüse wird ein kleiner Teilstrom des Maischwassers ringförmig an der Außenwand nach unten geführt. Dieser Wasserfilm verhindert auch bei sehr dicken Maischen eine Verstopfung im Vormaischer und weiterführende Verrohung (Abb. 3.34).

Die Ringdüse (8) kann ausgewechselt werden, um den Einlaufspalt und damit die zulaufende Wassermenge zu verändern. Bei Reinigung werden die Reinigungsmittel durch das Gehäuse (2) auf den Umfang verteilt und durch Verteilerbohrungen dem Vormaischer turbulent zugeführt. Außerdem wird Reinigungslösung in einem zweiten tangentialen Strom von oben, d.h. unmittelbar unter dem Absperrorgan über den Vormaischer geleitet.

Bei entsprechender Auslegung des Vormaischers kann das Einmaischen in 15 Minuten durchgeführt werden, wobei eine Maischekonzentration von 1:2 darstellbar ist.

Bei den geschilderten Vormaischern tritt die Maische von oben, meist an die Wand des Maischgefäßes ein. Bei Einlauf von unten wird die Maische mittels einer Dickstoffpumpe in das Gefäß geführt.

Im Falle, dass der Schrotkasten neben oder unter den Maischgefäßen Aufstellung findet, muss das Schrot mittels eines Transporteurs in einen Vormaischapparat gefördert werden.

Eine weitere Entwicklung des Vormaischers ist auf einem Injektorsystem aufgebaut, um so eine homogene Maische zu erzielen. Nach Abb. 3.35 wird das Malz erst von einem trichterförmigen Behälter über eine Strahldüse und ein nachgelagertes Venturi-Rohr angesaugt. Durch die Turbulenzen am Venturi-Rohr werden die Bestandteile des Schrotes gut benetzt und so eine Klumpenbildung vermieden. Anschließend wird die homogene Maische von unten in das Maischgefäß gebracht.

Ebenfalls dem Einmaischen von unten dient ein eigenes Einmaischgefäß. Es dient auch dazu, das Schrot von einem Schrotbehälter – oder bei mehreren Mühlen – von mehreren Schrotbehältern auf mehrere Sudwerke zu leiten. Das Gefäß ist zylindrokonisch konzipiert, es besitzt ein stufenlos regelbares Rührwerk, das eine gleichmäßige Vermischung von Schrot und Wasser ermöglicht. Ein Rührwerk ist günstiger als eine tangentiale Einleitung des Maischwassers, die ohne Rührwerk arbeitete und durch Trombenbildung Luft einmischte, was an einer Flotation der Spelzen im Maischgefäß erkennbar ist. Die weiterführende Dickstoffpumpe ist über einen Füllstandsmesser stufenlos regelbar.

Auch liegende Einmaischtanks mit Bandschnecken – oder in verbesserter Form Schrägscheiben-Rührwerke – dienen der Herstellung einer homogenen Maische. Die frequenzgeregelte Pumpe fördert die Maische von unten in das Maischgefäß. Die Anlage kann mit Inertgas beschickt werden. Besondere Sorgfalt ist beim Einmaischen von Feinstschroten (für Maischefilter) aufzuwenden.

Wie schon in Abschnitt 2.5.8.2 besprochen, soll das Einmaischen in längstens 15 Minuten abgeschlossen sein. Dabei muss die Maische im Bottich durch ein geeignetes, am besten stufenlos regelbares Rührwerk klumpenfrei, d.h. homogen vorliegen.

Völlig unproblematisch gestaltet sich das Einmaischen von einer Nassschrotmühle aus. Das Nassschrot wird dort von einer stufenlos geregelten Pumpe in das Maischgefäß von unten eingeführt, wobei durch eine entsprechende Leistung der Schrotmühle die Einmaischzeit ebenfalls auf 15 bis maximal 20 Minuten begrenzt sein soll. Dasselbe trifft für Dispergierschrote zu (s. Abschnitt 2.5.9).

Für (konditionierte) Trockenschrote sind „Einmaisch"- oder Anteigschnecken geeignet. Diese sind als Rohrschnecken ausgebildet, wobei der Schneckenkörper so ausgeführt ist, dass eine gleichmäßige Durchmischung erreicht wird. Das Schrot läuft in den Dom der Schnecke ein, das Maischwasser läuft hier tangential zu, so dass das Gemisch aus Schrot und Wasser in der langsam laufenden Schnecke klumpenfrei gemischt werden kann. Besondere Einbauten im Inneren der

3.2 Praxis des Maischens | 329

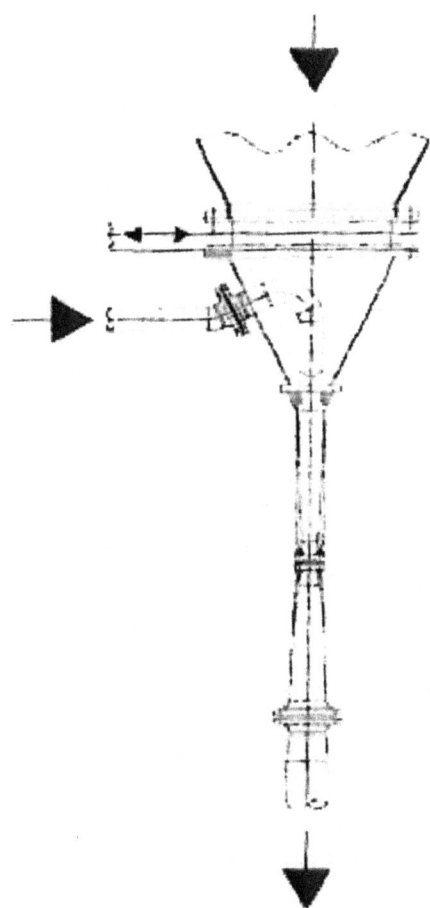

Abb. 3.35 Vormaischer mit Stahldüse und Venturi-Rohr

Schnecke verhindern ein schnelles und unkontrolliertes Auslaufen der Schnecke. Ein Entlüftungsventil führt die beim Mischvorgang freiwerdende Luft ab (Abb. 3.36). Das Anteigen kann unter CO_2-Atmosphäre geschehen, ebenso ist es möglich, biologisch gewonnene Milchsäure zuzugeben, um schon mit Einmaischbeginn einen niedrigen pH-Wert einzustellen (s. Abschnitt 3.1.5.2). Ursprünglich war das Gerät für das „Einmaischen von oben" vorgesehen, wobei das Maischgut an die Wand des Maischbottichs geführt wurde. Heutzutage wird durch Synchronschaltung mit einer Pumpe das „Einmaischen von unten" ermöglicht.

Die Anlage einer derartigen Anteigschnecke zeigt Abb. 3.36. Sie muss so ausgelegt sein, dass der Einmaischvorgang in nur 15 maximal 20 Minuten abgeschlossen ist. Ein nachfolgendes Spülen mit heißem Wasser von Einmaischtemperatur kann der ersten Maischerast zugerechnet werden.

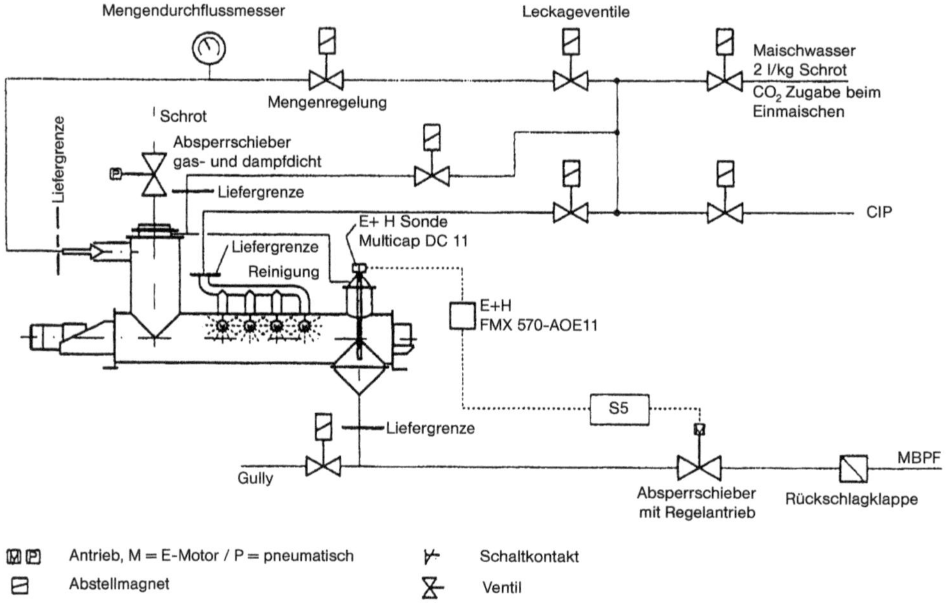

3 Das Maischen

Abb. 3.36 Funktionsschema einer Anteigschnecke

Es ist möglich, eine konzentrierte Maische von Malz: Wasser = 1 : <2,5 herzustellen. Das System ist zur periodischen Reinigung an die Sudhaus-CIP-Anlage angeschlossen [418].

Technikumsversuche mit Maische zeigten, dass ein Umpumpen der Maische im Kreislauf in einem Rohrsystem (DN 25, Länge 20 m) bei einer Geschwindigkeit von 2,5 m/s keine Veränderung der Viskosität der Läuterwürze bei einer zwischen 1 und 5 Minuten variierenden Umpumpzeit erbrachte, ebenso wenig eine unterschiedliche Strömungsgeschwindigkeit (1–4,5 m/s). Die Rührwerksgeschwindigkeit im Pilot-Maischgefäß zwischen 60 und 200 Upm während eines Infusionsmaischverfahrens blieb ebenfalls ohne Auswirkung. Malze guter und schlechter Auflösungen, also unterschiedlicher β-Glucangehalte lieferten Viskositätswerte in Abhängigkeit von Malzlösung und Temperatur der isothermen Maische. Eine Homogenisierung blieb ohne Einfluss auf das jeweilige Viskositätsniveau. Es ergab sich aber bei der Partikelgrößenverteilung eine Verschiebung hin zum Feinanteil. Diese zog eine Verzögerung der Abläuterung nach sich [561, 565].

Es konnte auch festgestellt werden, dass nicht nur die Viskositätswerte bei den verschiedenen Belastungsarten unbeeinflusst blieben, sondern auch weder ein Anstieg des β-Glucans noch eine Bildung von β-Glucangelen zu beobachten war.

3.2.3.2 Die Maischpfanne

Die Maischpfanne hat ein geringeres Fassungsvermögen als der Maischbottich, da hier gewöhnlich nur Teilmaischen behandelt werden. Um eine genügende Freizügigkeit zu haben wird der Inhalt der Maischpfanne auf zwei Drittel des Maischbottichs ausgelegt. Sie ist aus demselben Material gefertigt wie dieser. Die Form des Bodens ergibt sich wiederum aus der Grundfläche und der Art ihrer Beheizung: z. B. bei runden Pfannen Klöpperboden oder Kegelstümpfe. Die *Heizfläche* soll so groß bemessen sein, dass eine Teilmaische von einem Drittel der Gesamtmaische pro Minute um mindestens 2 °C aufgeheizt werden kann. Das Rührwerk hat bei der oben angegebenen Sudwerksgröße von 5 t eine Geschwindigkeit von 20–25 U/min. Für viereckige und ovale Pfannen gilt das bei der Maischbottichpfanne Gesagte.

Bei Sudwerken mit hoher Leistung/Tag werden beide Maischgefäße gleich groß und jeweils mit Vorrichtungen zum Ein- und Abmaischen ausgestattet. Es ist Sorge zu tragen, dass die Heizflächen beider Gefäße jeweils beide Funktionen ermöglichen. Die kleinste Teilmaische erfordert somit eine eigene Bodenheizung, da ausschließliche Zargenheizflächen diese nicht ohne Nachteile für geringe Heizleistung (durch ungenügende Beaufschlagung, „Anbrennen" der Maische) bestreichen können. Die Vorteile dieser Anordnung sind: Es kann bereits eingemaischt werden, während die Maische aus dem anderen Gefäß in die Läutervorrichtung gepumpt wird. Vor allem bei Maischefiltern schlägt dieser Zeitaufwand zu Buche.

Bei *einfachen Sudwerken* wird die Aufgabe des Maischbottichs vom Läuterbottich mit erfüllt. Dies erfordert, dass die Schneidmaschine eine entsprechende Geschwindigkeit und zum anderen durch Schrägstellen der Schneidmesser oder durch Einsetzen eines „Maischscheits" die geforderte Mischwirkung erbringt. Der Senkboden muss verriegelt sein, um ein Heben desselben bei den Beanspruchungen des Rührens der Maische zu verhindern.

Ursprünglich war es das Problem der „einfachen Sudwerke", dass durch die Vorgänge des Einmaischens und des Zubrühens von Teilmaischen Feststoffe wie Spelzenteile oder Grieße unter den Senkboden gelangten. Sie mussten bei jeder Teilmaische durch „Vorschießen" bestmöglich entfernt werden (s. Abschnitt 4.1.3.4). Durch die Maischeführung von unten konnte die Menge des „Bodenteiges" deutlich verringert werden.

Die Aufgabe der Maischpfanne wird von der Würzepfanne übernommen, die ebenfalls über ein leistungsfähiges Rührwerk und in Anpassung an die kleineren Mengen der Kochmaischen eine entsprechende Unterteilung der Heizflächen benötigt.

Maischbottichpfanne und Maischpfanne sind durch die *Maischeleitungen,* die ihrerseits durch geeignete *Rohrschalter* abgesperrt werden können, verbunden. Die Bewegung der Maische wird durch schonend arbeitende *Pumpen* getätigt. Zum Fördern der Teilmaischen wird jedoch eine geringere Leistung benötigt als zum Abmaischen in die Läutervorrichtung. Hierzu sind entweder zwei Pumpen unterschiedlicher Leistung angeordnet oder eine Pumpe, die über eine Drehzahlregelung verfügt.

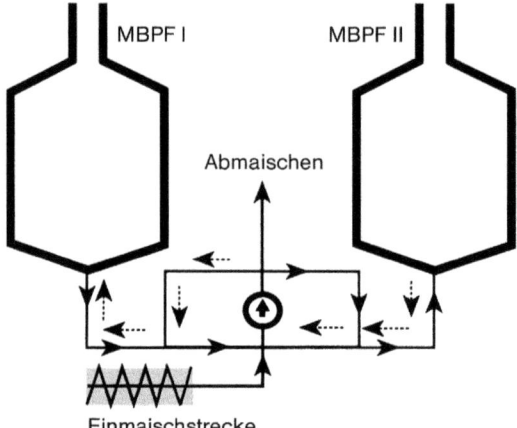

Abb. 3.37 Schaltung einer Maischanlage zur Maischebewegung von unten

Tab. 3.67 Pumpenleistung beim Maischen

Vorgang	Menge hl/dt	Zeit min	Pumpenleistung hl/dt
Einmaischen	4,7	15	18,8
Teilmaische ziehen	1,6	5	18,8
Teilmaische zubrühen	1,5	10	9,0
Abmaischen	4,7	7	40,0

Die Anordnung der Rohre bei der Maischanlage: Sie ist bei der Maischeführung „von unten" in Abb. 3.37 schematisch dargestellt. Dabei wird für die Vorgänge des Einmaischens (mittels Einteigschnecke), des Ziehens und Zubrühens von Kochmaischen und des Abmaischens in den Läuterbottich nur eine einzige Pumpe benötigt, die allerdings nach diesen Aufgaben in weiten Teilen regulierbar sein muss. So werden folgende Pumpenleistungen erforderlich (Tab. 3.67), die am besten stufenlos, z. B. durch einen frequenzgeregelten Motor dargestellt werden.

Wie schon erwähnt, sollten auch die Rührwerke der Maischgefäße vom Einmaischen bis zum Abmaischen stufenlos geregelt werden, z. B. eine steigende Geschwindigkeit mit der Zunahme der Maischemenge beim Einmaischen bzw. umgekehrt mit der Verringerung des Maischepegels beim Abmaischen. Damit kann das Einmischen von Luft oder das Aufkommen von Scherkräften vermieden werden.

3.2.3.3 Der Energiebedarf beim Maischen

Er hängt ab vom Volumen der Gesamtmaische, von der Einmaischtemperatur sowie von der Art des Maischverfahrens. Bei indirekter Beheizung (Dampf,

Heißwasser) werden bei einer Einmaischtemperatur von 52 °C etwa folgende Bruttowärmemengen benötigt [663]:

Zweimaischverfahren 6100 kcal/hl (25 500 kJ/hl VB)
Einmaischverfahren 5000 kcal/hl (20 900 kJ/hl VB)
Infusionsverfahren 3800 kcal/hl (15 900 kJ/hl VB)

Unter Berücksichtigung der zur Erwärmung des Einmaischwassers erforderlichen Energie (z. B. von 12 auf 52 °C) würden allerdings 4000 kcal/hl VB (16 700 kJ) mehr erforderlich sein, die für die drei verschiedenen Maischverfahren entsprechend höhere Wärmemengen von 10 100, 9000 und 7800 kcal/hl VB (bzw. 42 200, 37 600 und 32 600 kJ/hl) bedingen. Nachdem jedoch der Wärmeinhalt des Einmaischwassers durch Verwertung von Abwärme (Plattenkühler. Pfannendunstkondensator) gedeckt wird, kann diese Größe, mindestens bei täglicher Sudfolge oder bei mehreren Suden pro Tag, vernachlässigt werden.

Aus Gründen der Energieersparnis und der Verringerung von Emissionen werden heutzutage die Teilmaischen nicht mehr gekocht, sondern nur knapp unter die Kochtemperatur herangeführt und entsprechend den jeweiligen Vorgaben bei dieser gehalten. Es fallen keine Aufwendungen mehr für das Maischekochen an, höchstens etwas mehr Abstrahlungsverluste durch die höheren Teilmaischtemperaturen. Diese sind bei den heute geschlossenen Systemen gering. Es können somit auch für die 1- und 2-Maischverfahren die Wärmeverbrauchswerte des Infusionsverfahrens gelten. Verschiedentlich wird die „Kochmaische" nur auf 85–88 °C erhitzt, um eine bessere Freisetzung der Stärke und eine Inaktivierung der Enzyme zu erreichen.

Direkt beheizte Maischgefäße haben naturgemäß schlechtere Wirkungsgrade, die berücksichtigt werden müssen.

3.2.4
Maischverfahren

Die Zahl der in der Brauereitechnologie angewandten Maischverfahren ist groß. Eine Reihe von Maischverfahren ist durch die Tradition gewachsen, so z. B. das bayrische Dreimaischverfahren, das Pilsener Dreimaischverfahren oder das britische Infusionsverfahren mit fallenden Temperaturen. Sicher sind im Laufe der Jahre viele Vorschläge gemacht worden, um Verbesserungen im Hinblick auf die Beschaffenheit des Endproduktes Bier zu erzielen, oder um den besseren Rohstoffen Rechnung zu tragen, Ausbeuteerhöhungen zu bewirken oder Energie einzusparen.

Es können daher nur jene Maischverfahren behandelt werden, die auf wesentlichen Grundgedanken beruhen und die praktische Bedeutung gewonnen haben. Die heutigen Erkenntnisse über das Verhalten der einzelnen Stoffgruppen beim Maischen, der Einfluss von Temperatur und Zeit, von pH, der Maischekonzentration, der Wirkung der Wasser-Ionen und schließlich von Oxidationsvorgängen erlauben dem Brauer eine Optimierung des Maischprozesses, vor allem auch im Hinblick auf die sich immer weiter verbessernde Kenntnis der Eigenschaften des Malzes. Gerade bei sehr gut gelösten Malzen lassen sich doch recht beträchtliche Verkürzungen der Maischverfahren ermöglichen, die z. B. im sog. Hochkurzmaischverfahren oder bei den verschiedenen Typen der Infusionsverfahren ihren Ausdruck finden.

3.2.4.1 Der Grundgedanke des Maischprozesses

Gleichgültig welches Verfahren angewendet wird, besteht er darin, die Malz-Wassermischung auf direktem oder indirektem Wege auf die Abmaischtemperatur von 74–77 °C zu bringen. Innerhalb der bis dahin durchlaufenden Temperatur liegt die Wirkung sämtlicher Enzyme, die bei der Lösung des Braumaterials eine Rolle spielen.

Als Mittel zur Lösung derselben dienen die schon wiederholt Genannten:
a) chemisch-biologische, hervorgerufen durch das längere oder kürzere Einhalten bestimmter Temperaturen oder Temperaturintervalle, die für die Wirkung der Hauptenzymgruppen von Bedeutung sind, oder die Schaffung günstiger Bedingungen für die Wirkung der Enzyme wie Änderung des pH der Maische oder deren Konzentration;
b) physikalische: wie Vorbereitung des Malzes bzw. der Rohfrucht durch entsprechende Schrotung oder durch ein- oder mehrmaliges Kochen von Maischeteilen.

Die mehr oder weniger betonte Anwendung dieser Mittel oder ihre Kombination bedingt die unterschiedliche Zusammensetzung der Würzen und Biere, die bei letzteren die Geschmacksrichtung bestimmt.

Eine zweckmäßige Einteilung der Maischverfahren ist schwierig. Am besten ist nach wie vor die Einteilung in Verfahren, bei denen Maischeanteile gekocht oder bei Kochtemperatur gehalten werden – die Dekoktionsverfahren – und solche, bei denen das Malzschrot nur auf enzymatischem Wege verarbeitet wird – die Infusionsverfahren.

Die Schilderung der Maischverfahren nimmt auf die klassische Arbeitsweise Bezug, wobei auch die früher üblichen Rastzeiten und Maischekochzeiten angegeben sind. Wie schon erwähnt, erlauben hochgelöste, enzymstarke Malze höhere Einmaischtemperaturen, kürzere Rasten, kürzere Kochzeiten oder kürzeres Heißhalten der Maische. Verschiedentlich wird auch auf eine Kochmaische verzichtet oder auf ein Infusionsverfahren umgestellt.

3.2.4.2 Das Dreimaischverfahren

Das Dreimaischverfahren ist wohl das bekannteste, von dem sich die Mehrzahl der heute üblichen Maischverfahren ableiten lässt. Wenn es auch aus heutiger Sicht als zu zeitraubend und für die allgemein zur Verarbeitung kommenden hellen Malze als zu intensiv anzusehen ist, so enthält es doch alle Schwerpunkte der Enzymwirkung in günstiger Kombination mit einem physikalischen Aufschluss der einzelnen Kochmaischeanteile. Als „Sicherheitsverfahren" war es lange Zeit in Gebrauch; auch heute wird es noch zur Herstellung typischer dunkler Biere angewendet. Es soll daher in seiner ursprünglichen Form besprochen werden. Dies dient sicher dem Verständnis und der Kenntnis aller aus dem Dreimaischverfahren abgeleiteten Maischmethoden.

Die Arbeitsweise ist nach Abb. 3.38 folgende: Das *Einmaischen* erfolgt bei 35–37 °C mit dem gesamten Hauptguss (1:3–3,3). Die erste *Maische* wird als Dickmaische (1:2,2) gezogen.

Um eine Dickmaische zu gewinnen, ist es zweckmäßig das Rührwerk auszuschalten, absitzen zu lassen und nach 5 bis 10 Minuten das Rührwerk wieder langsam in Gang zu setzen, um möglichst viele feste Bestandteile der Maische in die Pfanne pumpen zu können.

Rund zwei Drittel bleiben im Maischbottich bei 35–37 °C stehen; ein Drittel wird in die Pfanne gepumpt und langsam, um etwa 1 °C/min, oder unter Einhalten von Eiweiß- und Verzuckerungspausen zum Kochen erhitzt.

Die Kochdauer beträgt 30–40 Minuten bei dunklen und 10 bis 20 Minuten bei hellen Bieren.

Anschließend erfolgt das Zurückpumpen der gekochten Maische in den Bottich. 10 Minuten vor Ende des Kochens wird dort das Rührwerk eingeschaltet (Vormaischen).

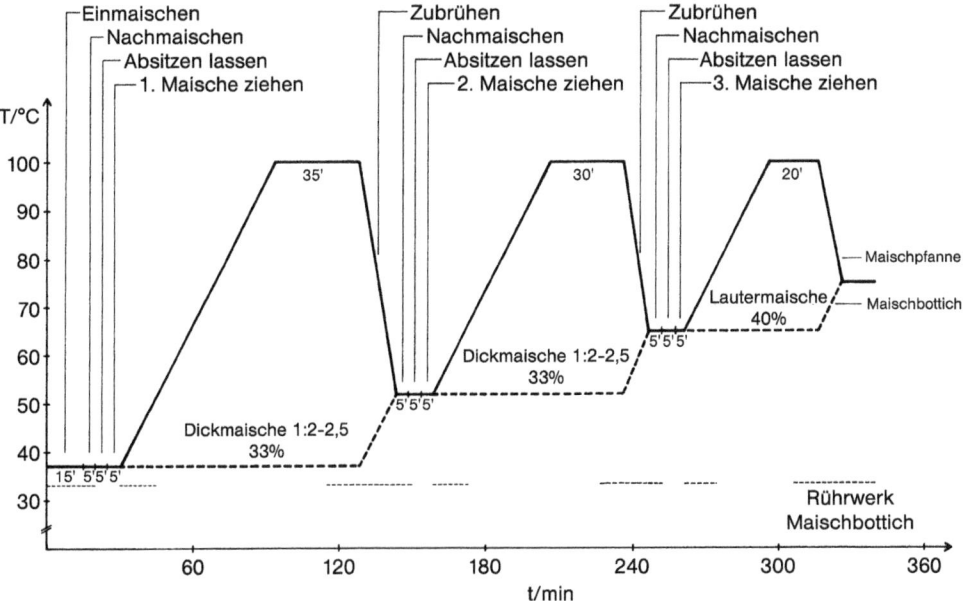

Abb. 3.38 Dreimaischverfahren – Dauer 340 Minuten

Das Zurückpumpen dauert 10–20 Minuten; die Maische soll in die Mitte des Bottichs einspringen, um eine gute und rasche Vermischung mit der Restmaische zu gewährleisten.

Es wird eine Temperatur von 50–53 °C erreicht. Nach einer gewissen Nachmaischzeit (ca. 10 Minuten) wird das Rührwerk stillgesetzt.

Die *zweite* Maische ist wiederum eine Dickmaische (1:2,2–2,5).

Sie wird wieder gezogen wie die erste; ihre Menge umfasst etwa ein Drittel, das langsam – 1 °C/min – oder unter Einhalten einer Verzuckerungspause zum Kochen gelangt. Die Kochdauer ist 25–30 bzw. 10–20 Minuten.

Die Restmaische (%) bleibt bei 50–53 °C stehen, das Rührwerk steht still. Erst 10 Minuten vor dem Zurückpumpen wird wieder vorgemaischt.

Das Zurückpumpen erfolgt in 10–20 Minuten auf eine Temperatur von 62–67 °C. Das Nachmaischen dauert ca. 10 Minuten, anschließend steht das Rührwerk still.

Die *dritte* Maische wird als Lautermaische gezogen (1:4,5–5).

Bei stillstehendem Rührwerk und einer Rast von 10–20 Minuten wird die über dem Bodensatz stehende dünne Maische in die Pfanne gepumpt.

Die Lautermaische macht 33–40% der Gesamtmaische aus; sie wird rascher, d. h. in 20–25 Minuten zum Kochen erhitzt und normal 20–25 bzw. 5–10 Minuten gekocht.

Die Restmaische verbleibt bei 62–67 °C. Vor dem Zubrühen wird wieder vorgemaischt.

Das Zurückpumpen der Kochmaische dauert 10–20 Minuten auf eine Temperatur von 75–77 °C.

Die Gesamtmaische rastet bei Abmaischtemperatur noch 5 bis 15 Minuten, anschließend wird in den Läuterbottich „abgemaischt".

Die Gesamtdauer des Verfahrens ist etwa 5½ Stunden bei dunklen und 3½–4 Stunden bei hellen Bieren.

Die bei diesem Verfahren ablaufenden Reaktionen lassen sich wie folgt darstellen: Beim *Einmaischen* lösen sich die vom Malz her löslichen Kohlenhydrate, wie Zucker, Gummistoffe, Aminosäuren, Peptide, Polyphenole, organische Säuren, Phosphate und andere Mineralstoffe. Der weitaus größere Teil bleibt aber zunächst noch ungelöst. Die wasserlöslichen Substanzen setzen sich nun miteinander und mit den Ionen des Wassers um (s. Abschnitt 1.3.3).

In der im Bottich bei 35–37 °C verbleibenden *Restmaische* schreiten diese Reaktionen fort; weitere Umsetzungen verursachen die vom Malz eingebrachten Organismen; dies äußert sich in einer (geringen) Bildung von organischen Säuren und deren Wirkung mit den anderen Malzinhaltsstoffen bzw. mit den Wasser-Ionen. Die Tätigkeit der Enzyme ist noch gering, lediglich die β-Glucanasen bauen die löslichen β-Glucane zu niedermolekularen Gruppen ab (s. Abschnitt 3.1.3.3). Die Malzbestandteile werden während der 2–2½-stündigen Einwirkungszeit durchweicht und so dem späteren enzymatischen Angriff leichter zugänglich gemacht.

Die erste *Pfannenmaische* ist dick: sie enthält folglich weniger flüssige Substanzen und Enzyme als die Bottichmaische. Sie ist dagegen reich an Bestandteilen die des Aufschlusses und Abbaues bedürfen. Dieser erfolgt nun weniger auf enzymatischem als auf physikalischem Wege. Bei der folgenden Erwärmung der Maische um ca. 1 °C/min wird der Enzymgehalt derselben bis zu einem gewissen Grad ausgenützt: so können z. B. die eiweißabbauenden Enzyme im Bereich von 40–60 °C rund 20 Minuten, die stärkeabbauenden von 58–78 °C ebenfalls 20 Minuten lang auf die entsprechenden Substrate einwirken. Verschiedentlich wird das Aufheizen in diesen Bereichen verlangsamt und erst jenseits der 78 °C wesentlich, z. B. auf 2 °C/min beschleunigt, verschiedentlich bringt das Einhalten von definierten Rasten eine Intensivierung der jeweiligen Abbauvorgänge. Es ist jedoch nicht notwendig, die völlige Verzuckerung der Maische abzuwarten, die auch bei der herrschenden Konzentration zu lange dauern würde. Es ist vielmehr die Hauptaufgabe der Enzyme, vor allem der Amylasen, durch ihre Aktivität die Verkleisterung und Verflüssigung zu erleichtern und diese bei niedrigeren Temperaturen zu bewirken, so dass die nachfolgende Kochung einen besseren Effekt zeigt. Dasselbe gilt für die Freisetzung von β-Glucan durch die β-Glucan-Solubilase, wodurch die stärkeführenden Zellen dem Angriff der Amylasen leichter zugänglich werden.

Beim folgenden Kochen der Maische werden die Zellen des Mehlkörpers gesprengt, die Stärke selbst verkleistert, hochmolekulare Eiweißkörper koagulieren, unterstützt von den bereits gelösten oder sich beim Kochen aus den Spelzen lösenden Polyphenolen. Damit werden aber auch die in diesem Maischeteil enthaltenen Enzyme inaktiviert. Dies ist auch der Grund, warum die Pfannenmaische so dick und flüssigkeitsarm sein muss, der Enzymverlust soll möglichst gering sein. Durch Belassen der flüssigen Bestandteile im Maischbottich wird die enzymatische Kraft wie bei einem „Enzymauszug" erhalten, wodurch die gekochten Teile nach Abkühlung auf die jeweilige Reaktionstemperatur leicht abgebaut werden können.

Die Kochdauer der ersten Dickmaische wird beim dunklen Malz 30–45 Minuten, beim hellen nur 10–20 Minuten gehalten. Dies hat neben dem erwünschten physikalischen Aufschluss der „dunklen" Maische auch den Grund, dass der typische Geschmack des dunklen Bieres sich nur durch kräftiges Kochen, durch Lösen von Spelzeninhaltsstoffen, durch Bildung von Maillardprodukten und an den Heizflächen (vor allem feuerbeheizter Pfannen) durch Karamellisierung ausbildet. Bei hellen Maischen ist die Kochdauer im Hinblick auf den Farbton einzuschränken. Die Dickmaische wird nunmehr wieder auf die Bottichmaische zurückgepumpt. Nachdem diese Maische sich während der 2 bis 2½-stündigen Pause weitgehend entmischt hat, muss sie vor Kochende, also vor dem Zurückpumpen der heißen Dickmaische mindestens 10 Minuten lang „vorgemaischt" werden. Auch muss das Rührwerk während des gesamten Überpumpens im Maischgang laufen, um ein Verbrühen der Enzyme beim Einspringen der Kochmaische hintanzuhalten. Das Zurückpumpen dauert je nach der Wirkung des Rührwerks (s. Abschnitt 3.2.3.1) und nach der Größe der Kochmaische 10–20 Minuten. Ist die Maische zu groß bemessen, so ist eine längere Zubrühzeit notwendig, um den gewünschten Temperaturbereich im Bottich nicht zu überschreiten.

Nach Beendigung des Zubrühens muss mindestens 10 Minuten lang nachgemaischt werden, um einen guten Kontakt der gekochten Maische mit den Enzymen der Restmaische darzustellen.

Die Gesamtmaische hat nunmehr eine Temperatur von 50–53 °C. Hier wirken die Enzyme bereits bedeutend stärker auf die noch ungelösten Bestandteile ein, besonders auf jene, die beim Kochen der Maische aufgeschlossen wurden. Besondere Bedeutung kommt bei dieser Temperaturstufe dem Eiweißabbau, aber auch der Veränderung der Gummistoffe und Phosphate zu. Der Stärkeabbau ist noch gering, doch vermag die β-Amylase schon die verkleisterten Stärketeilchen aus der gekochten Maische anzugreifen.

Die *Restmaische,* die während der Behandlung der zweiten Kochmaische im Bottich verbleibt, erfährt eine etwa zweistündige Eiweißrast. Dabei wird allerdings ein Teil der Peptidasen (Amino- und Dipeptidasen) inaktiviert, auch dürften die entstehenden Abbauprodukte eine hemmende Wirkung ausüben, so dass der Abbau nach 30–40 Minuten abflacht (s. Abschnitt 3.1.2.7). Eine gewisse Intensivierung des Eiweißabbaus ist durch zusätzliches Einhalten einer Eiweißrast, d. h. vor dem Ziehen der Kochmaische möglich. Der Abbau der Gummistoffe erfährt ebenfalls durch die Inaktivierung der Endo-β-Glucanasen innerhalb von 30 bis 40 Minuten eine erhebliche Abschwächung, doch zeitigt auch hier der Angriff auf die beim Maischekochen veränderten Glucane und Pentosane eine günstige Wirkung.

Es ist von Wichtigkeit, dass die Temperaturen auch wirklich im Bereich um 50 °C verbleiben; es kommt damit der Isolierung des Bottichs eine große Bedeutung zu.

Die *zweite Dickmaische,* die etwa dieselbe Konsistenz hat wie die erste, wird wiederum mit 1 °C/min zum Kochen erhitzt. Auch hier erfolgt eine Ausnutzung der proteolytischen und amylolytischen Enzyme, die infolge der guten physikalischen Vorbereitung der Maische (ein Drittel derselben war schon einmal gekocht worden) eine wesentlich bessere Wirkung entfalten können. Um diese besser zu steuern, geschieht das Aufheizen bis 78 °C langsamer und anschließend so rasch als möglich. Es ist auch da und dort üblich eine Verzuckerungsrast einzuhalten.

Beim Kochen der Maische werden – vor allem aus den bisher ungekochten Partien – stärkeführende Zellen gesprengt, die Stärkekörner freigesetzt und verkleistert.

Nach einer Kochzeit von ca 30 Minuten bei dunklen und 10–20 Minuten bei hellen Malzen wird auf die – wiederum intensiv durchgemischte – Restmaische zugebrüht und eine Temperatur zwischen 62 und 67 °C angestrebt.

Mit dem Erreichen der Verzuckerungstemperatur der Gesamtmaische steigt dort durch eine rasch einsetzende Verkleisterung und Verflüssigung der noch unveränderten Stärketeilchen der Extrakt- und Zuckergehalt sprunghaft an. Nachdem schon rund 50% der gesamten Maische, aber ein noch wesentlich höherer Prozentsatz der festen Bestandteile einmal, z. T. zweimal gekocht wurden, erfolgt eine rasche Verzuckerung.

Die *dritte Kochmaische* wird aus diesem Grund nicht mehr als Dickmaische, sondern als Lautermaische gezogen. Sie enthält hauptsächlich flüssige, also enzymreiche, treberarme Bestandteile, die keinen Abbau mehr benötigen. Es ist ihre Menge, im Verhältnis zum Enzymgehalt der Maische gering. Es werden deshalb keine Rasten mehr eingehalten und die Maische rasch, d. h. in 20–25 Minuten zum Kochen gebracht. Die Kochdauer beträgt in der Regel 20–25 Minuten bei dunklen und 10–20 Minuten bei hellen Bieren.

Die *Restmaische* unterliegt während dieser 30–60 Minuten einem intensiven Abbau der Stärke bzw. Dextrine; die sich nach Stillsetzen des Rührwerks ausbildende Entmischung verlangsamt infolge der hohen Konzentration an Feststoffen die Reaktionen, doch wird gerade die β-Amylase durch die Schutzkolloide geschont. Es bedarf aber des Anhebens der Temperatur auf 75–77 °C durch das Zubrühen der gekochten Lautermaische, um einen vollständigen Abbau zu jodnormalen Dextrinen zu bewirken. Dabei werden auch noch die beim Kochen der Lautermaische aufgeschlossenen Stärkereste verzuckert.

Der Hauptzweck der Behandlung der dritten Maische als Lautermaische ist jedoch, einen zu weitgehenden enzymatischen Abbau der Maische im Interesse gut schaumhaltiger und kernig schmeckender Biere zu vermeiden. Durch das mehrmalige Kochen ist der physikalische Aufschluss und der nachfolgende enzymatische Abbau so weit forgeschritten, dass eine weitere intensive Tätigkeit der Enzyme unnötig, ja sogar schädlich ist.

Die Abmaischtemperaturen dürfen 74–77 °C nicht überschreiten, da sonst die α-Amylase rascher inaktiviert wird als die Zunahme der Jodnormalität voranschreitet. Wie schon erwähnt (s. Abschnitt 3.1.1.3) beträgt die Amylasenaktivität der Maische bei 75 °C nur mehr ca. 8% des ursprünglichen Wertes.

Das Dreimaischverfahren nimmt für dunkle Malze etwa 5½ Stunden, für helle 3½–4 Stunden in Anspruch. Es erfordert viel Energie.

Bewertung des Dreimaischverfahrens Für dunkle, enzymarme Malze kann es, schon um der geschmacklichen Qualitäten des dunklen Bieres willen, durchaus gerechtfertigt sein.

Für gut gelöste helle Malze wird jedoch ein zu weitgehender Abbau der einzelnen Stoffgruppen eintreten, wodurch die Biere an Wohlgeschmack verlieren und die Schaumeigenschaften beeinträchtigt werden. Es ist jedoch durchaus denkbar, dass bei Malzen mit mangelhaftem Abbau der Hemicellulosen gerade das Dreimaischverfahren eine wesentliche Verbesserung von Filtrationsschwierigkeiten ergeben könnte. Es ist also dieses Verfahren gegenüber einer mäßigen Malzqualität weniger empfindlich; auch spielt der Feinheitsgrad des Schrotes, vor allem die Ausmahlung der Spelzen nur eine geringe Rolle, da mit Sicherheit ein guter Aufschluss der Grobgrieße erreicht wird. Die Ausbeuten sind – unter sonst gleichen Voraussetzungen – bei Dreimaischverfahren stets günstig, was sich besonders hinsichtlich des aufschließbaren Extrakts, aber auch in einer besseren Auslaugung der Treber äußert.

Anpassung des Dreimaischverfahrens an besondere Erfordernisse

a) Wahl einer anderen Temperaturfolge als 35/50/65/77 °C, z. B. um den Eiweißabbau abzuschwächen und mehr auf höhermolekulare Produkte zu verlagern, kann mit einer größeren ersten Maische auf 55–56 °C, mit der zweiten Maische auf 68–70 °C aufgebrüht werden. Es ist dann allerdings eine kleinere Lautermaische erforderlich, um 77 °C nicht zu überschreiten. Soll die Verzuckerungstemperatur auf 68–70 °C angehoben werden, so muss die zweite Maische größer sein etc.

b) Durch Maischereste, wie sie ursprünglich beim Pilsener Dreimaischverfahren üblich waren. Hier werden größere Kochmaischen gezogen als zum Erreichen der gewünschten Gesamtmaischtemperaturen erforderlich ist. Es bleibt ein Rest an Kochmaische in der Pfanne zurück, in den die Bottichmaische beim Ziehen der nächsten Kochmaische einspringt. Hierdurch wird ein Teil der Enzyme vernichtet und der Eiweißabbau beschränkt bzw. mehr unvergärbare Substanzen geschaffen. Die Wirkung hängt von der Größe der „Reste" ab, auch davon, von welcher Kochmaische ein Rest zurückbehalten wird. So beeinflusst ein Rest der ersten Kochmaische den Eiweißabbau bei der folgenden Teilmaische bzw. ein Rest der zweiten Kochmaische den Endvergärungsgrad der Lautermaische und damit der Gesamtmaische.

c) Eine Intensivierung des Abbaus kann erfolgen durch Rasten bei Eiweißabbau- oder Verzuckerungstemperaturen, durch längeres Vor- oder Nachmaischen oder durch ein längeres Kochen der Lautermaische, das ebenfalls eine längere Rast bei 62–67 °C beinhaltet.

Einen Einblick in derartige Möglichkeiten bei hellen Malzen gibt Tab. 3.68.

Tab. 3.68 Variation eines Dreimaischverfahrens – Analyse der Ausschlagwürzen [488, 663]

Verlängerung der Rast bei °C		–	50	65	50+65
Maischdauer min		218	263	263	308
Farbe	EBC	11,0	11,5	11,8	12,0
pH-Wert		5,59	5,55	5,55	5,58
EVG	%	82,6	82,1	85,2	85,7
Gesamt-N	mg/100 ml	97,2	99,8	98,6	100,2
hochmol. N	mg/100 ml	19,4	19,4	19,7	20,0
koag. N	mg/100 ml	2,5	3,0	3,0	3,0
Polyphenole	mg/l	307	303	311	323
Anthocyanogene	mg/l	93	88	98	109

Es ist hieraus abzuleiten, dass die Bewegungen der einzelnen Stoffgruppen relativ gering sind, was die vorstehend gemachten Ausführungen bestätigt. Die Menge des Gesamtstickstoffs wird um höchstens 3% verändert; der koagulierbare Stickstoff nimmt mit den einzelnen Eiweißrasten zu, der hochmolekulare Stickstoff zeigt ebenfalls eine Zunahme. Am stärksten ist die Reaktion der Polyphenole und Anthocyanogene, die bei zwei Rasten besonders kräftig zunehmen.

3.2.4.3 Das Zweimaischverfahren

Dieses Verfahren leitet sich vom Dreimaischverfahren durch Weglassen einer der drei Kochmaischen ab. Hierdurch ergibt sich eine größere Anpassungsfähigkeit an die Bedürfnisse verschiedener Malze und Biere.

Bei einer *Einmaischtemperatur von 50°C* wird je nach Auflösung des Malzes eine Eiweißrast von 10–20 Minuten gehalten. Das Verhältnis Schüttung zu Hauptguss beträgt etwa 1:4 (Abb. 3.39).

Die *erste Dickmaische* (1:2,2–2,5) wird gezogen wie beim Dreimaischverfahren beschrieben (s. Abschnitt 3.2.4.2). Sie umfasst etwa ein Drittel der Gesamtmaische. Sie wird in 15–20 Minuten auf 68–72°C (1–1,5°C/min) aufgeheizt, dort verzuckert, bis die Jodprobe keine Reaktion mehr zeigt und anschließend so rasch als möglich zum Kochen gebracht (ca. 2°C/min) und normalerweise 20 Minuten gekocht. Das Aufbrühen auf die gut aufgerührte Restmaische ergibt eine Temperatur von 65°C.

Die *zweite Maische* wird entweder unmittelbar nach dem Zubrühen als „Normalmaische" (1:4) oder erst nach Einhalten einer Rast von 5–15 Minuten gezogen. Ist wiederum eine Dickmaische beabsichtigt, so sitzt die Maische ca. 10 Minuten ab, bevor die Dickmaische (1:2,5) bei langsamerem Gang des Rührwerks in die Pfanne gezogen wird. Die Verzuckerung bei 70–71°C währt wiede-

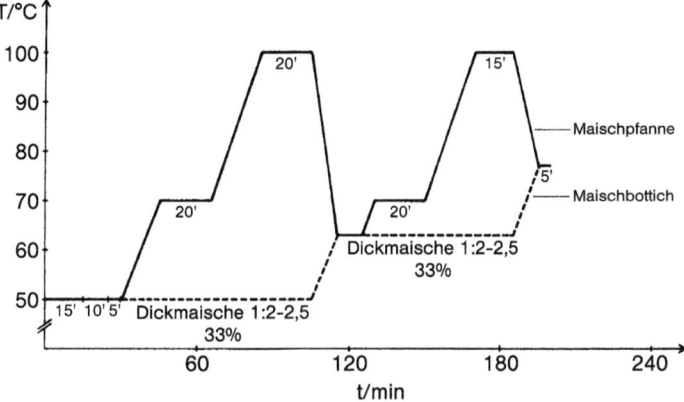

Abb. 3.39 Zweimaischverfahren – Dauer 200 Minuten Einmaischtemperatur 50°C (50/65/77°C)

rum so lange, bis keine mit Jod reagierenden Dextrine mehr gegeben sind. Nach einer Kochzeit von etwa 15 Minuten wird auf 76–77 °C aufgebrüht.

Die Dauer dieses Verfahrens beträgt in Abhängigkeit von den jeweiligen Rasten, von der Kochdauer und den Aufheizzeiten 3–4 Stunden.

Eine Einflussnahme auf eine Betonung des Abbaus bestimmter Stoffgruppen kann erfolgen:

a) Der Eiweißabbau wird durch die Wahl der Einmaischtemperatur zwischen 45 und 55 °C gesteuert. Bei ersterer Temperatur bilden sich etwas mehr niedermolekulare Produkte und Aminosäuren, bei 55 °C wird der Abbau mehr auf die Seite der höhermolekularen Substanzen verschoben.

b) Eine Eiweißrast im Bereich von 45–55 °C fördert ebenfalls und zusätzlich den Eiweißabbau (s. Abschnitt 3.1.2.7); es erfährt der Aminostickstoff eine Bereicherung.

c) Der β-Glucanabbau wird durch eine Rast bei 45–50 °C verstärkt. Hier wirken sich jedoch vor allem niedrigere Einmaischtemperaturen von z. B. 35 °C noch günstiger aus.

d) Der Endvergärungsgrad erfährt seine Fixierung durch die Höhe der Temperatur der Gesamtmaische zwischen 62 und 68 °C. Die höchsten Werte werden bei 62–65 °C erreicht. Er wird ferner durch eine Rast der Gesamtmaische bei diesen Temperaturen begünstigt. Eine Auswirkung zeigt auch die Höhe der Verzuckerungstemperatur der zweiten Maische, dagegen ist die Verzuckerungstemperatur der ersten Maische ohne Belang; es soll hier nur das Enzympotenzial ausgenützt werden.

e) Eine kleine Temperaturspanne zwischen erster und zweiter Maische von z. B. 10 °C begünstigt die Stickstofflösung, vor allem zu mehr niedermolekularen Anteilen und erhöht die Pufferung.

f) Das Maischekochen wird je nach Biertyp zwischen 10 und 30 Minuten dauern. Nachdem die zweite Maische schon wesentlich besser aufgeschlossen ist als die erste und ein Teil derselben bereits gekocht worden war, reicht für diese meist eine um 5–10 Minuten kürzere Kochzeit aus.

Die Biere, die sich mit Zweimaischverfahren erreichen lassen, sind unter der Voraussetzung normal d.h. gut gelöster Malze und hierauf abgestimmter Rasten vollmundig, von guter Abrundung und guten Schaumeigenschaften.

Eine wesentliche Intensivierung ist beim Zweimaischverfahren dann zu erreichen, wenn mit 35–37 °C eingemaischt und anschließend in 10–20 Minuten auf 50 °C aufgeheizt wird. Nach einer entsprechend gewählten Eiweißrast bei 50 °C erfolgt das Ziehen der ersten Dickmaische (Abb. 3.40). Der weitere Ablauf ist der oben besprochene.

Bei 35 °C findet ein Lösen der Mehlkörperbestandteile, vor allem auch eine Freisetzung der Enzyme statt, so dass diese bei späterem Erreichen ihrer Optimaltemperaturen stärker wirken können. Auch findet bei dieser Temperatur ein Abbau von Gummistoffen des Malzes durch die Endo-β-Glucanase statt, so dass die Abläuterung und die Bierfiltration eine Verbesserung erfahren. Der Eiweißabbau wird ebenfalls forciert, was sich besonders in einer Mehrung des Amino-

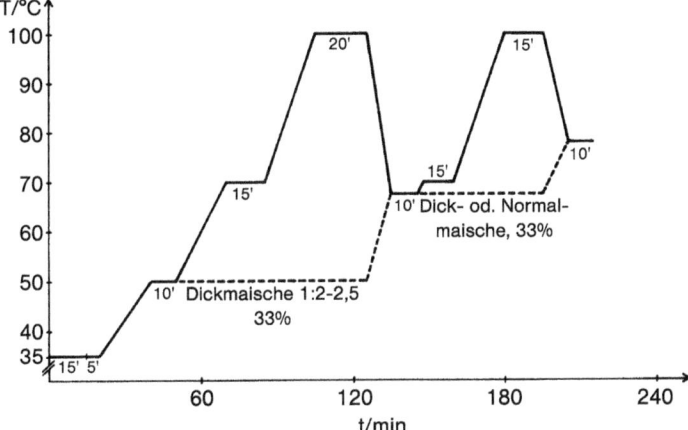

Abb. 3.40 Zweimaischverfahren – Dauer 215 Minuten vorgeschaltete Einmaischtemperatur 35 °C (35–50/65/77 °C)

stickstoffs äußert. Durch die bessere Freilegung der stärkeführenden Zellen (Abbau von Zellwandmaterial) wird die Verzuckerung beschleunigt und der Endvergärungsgrad erhöht.

Bei Weizenbieren, deren Weizenmalzschüttung einen besonders hohen Anteil an hochmolekularem Stickstoff aufweist (s. Abschnitt 1.1.2.1), ist es notwendig, zusätzlich zur niedrigen Einmaischtemperatur noch eine „gestaffelte" Eiweißrast von je 10 Minuten bei 47, 50 und 53 °C einzuhalten und dann erst die Maische zu trennen. Es gelingt hiermit den gewünschten Gehalt an freiem Aminostickstoff zu erreichen.

Das durch eine niedrigere Einmaischtemperatur von 35 °C intensivierte Verfahren verlängert den Prozess um 15–30 Minuten. Es eignet sich für die Verarbeitung von schlechter gelösten Malzen. Die so hergestellten Biere sind in ihrem Gesamtcharakter etwas breiter und „schärfer" als diejenigen mit einem normalen Zweimaischverfahren gewonnenen.

Eine weitere *Spielart des Zweimaischverfahrens* beruht ebenfalls auf einer Einmaischtemperatur von 35–37 °C (Abb. 3.41).

Hier erfolgt die Trennung der Maische, wobei die erste Maische 60–65% der Gesamtmenge und mit einer Konzentration von 1:2,5–2,7 den Hauptteil der Feststoffe enthält. Die Restmaische verbleibt bei 35 °C im Bottich.

Die erste Maische ist sehr groß; sie bedarf deshalb einer besseren Ausnutzung der Enzyme, weswegen eine Rast bei 50 °C von 10–20 Minuten dazu dient, den erforderlichen Eiweißabbau sicherzustellen. Nach weiteren Rasten bei 65 und 70 °C (bis jodnormal) wird zum Kochen erhitzt und 20–30 Minuten gekocht. Das Zurückpumpen der Kochmaische muss wegen der Mengenverhältnisse vorsichtig geschehen. Im Bedarfsfalle ist es möglich das Zubrühen bei einer Temperatur von 50–52 °C für 5–10 Minuten zu unterbrechen, um so die Bottichmaische und die Hälfte der aufgeschlossenen Kochmaische einer kurzen

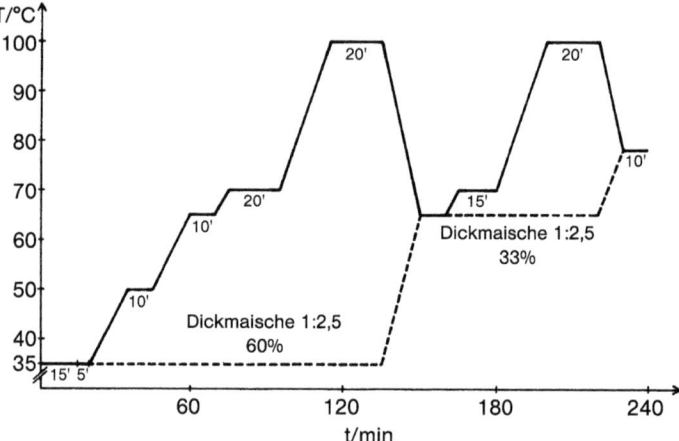

Abb. 3.41 Zweimaischverfahren (35/65/77 °C) – Dauer 240 Minuten

Eiweißrast zu unterziehen. Diese ist aufgrund der Gegebenheiten besonders wirkungsvoll. Wenn die gesamte Kochmaische übergepumpt ist, liegt – je nach dem gewünschten Endvergärungsgrad – eine Temperatur zwischen 62 und 68 °C vor.

Die zweite Maische wird dann wie üblich weiterbehandelt. Die Dauer des Maischprozesses ist hier ebenfalls 3–4 Stunden.

Bei diesem Maischverfahren ist durch die große Dickmaische ein guter Aufschluss der Malzinhaltsstoffe gegeben. Durch die Rasten derselben wird ein gezielter Abbau der β-Glucane und der Stickstoffsubstanzen gewährleistet. Beim Zubrühen ist eine nochmalige Korrektur möglich. Die geringe, doch enzymreiche Restmaische reicht aus, um einen definierten Stärkeabbau durchzuführen.

Das Maischverfahren liefert – gerade durch die große erste Maische – einen vollen, kernigen Trunk. Es findet bei satter gefärbten, malzigen Lager-, Export- und Märzenbieren Anwendung; letztere erfahren durch eine etwas längere Kochung der Dickmaische (25–30 Minuten) eine weitere Verstärkung dieser Note.

Der *dritte Typ des Zweimaischverfahrens* beruht darauf, dass die dritte Kochmaische des Dreimaischverfahrens in Fortfall kommt und die Temperaturspanne von ca. 65 °C bis zur Abmaischtemperatur durch Infusion überbrückt wird (Abb. 3.42).

Es wird bei 35–37 °C eingemaischt und eine erste Kochmaische (1:2,2–2,5, 33%) gezogen. Nach Verzuckerung und Kochen resultiert nach dem Zubrühen eine Temperatur von 50–52 °C. Die zweite Dickmaische (ca. 1:2,5, 33%) führt nach Verzuckerung, Kochen und Zubrühen auf 62–68 °C. Nach einer Rast zur Festlegung des Endvergärungsgrades wird die Gesamtmaische zur vollständigen Verzuckerung auf 70–72 °C und schließlich auf Abmaischtemperatur gebracht.

Bei dieser Art der Maischeführung werden Eiweiß- und β-Glucanabbau sehr stark betont: praktisch wie beim Dreimaischverfahren. Der Stärkeabbau erfordert bei der sehr guten Aufbereitung des Mehlkörpers (Aufschluss, Verkleiste-

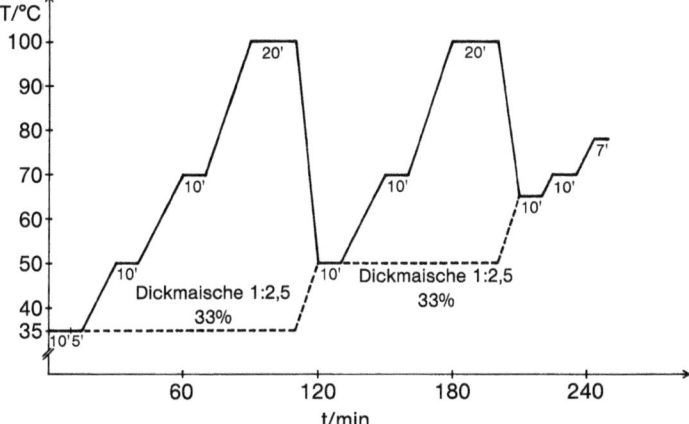

Abb. 3.42 Zweimaischverfahren (35/50/65–77 °C) – Dauer 250 Minuten

Tab. 3.69 Würzeanalysendaten verschiedener Zweimaischverfahren. Ausschlagwürzen, auf 12% Extrakt berechnet [489, 664]

Temperaturfolge Maischdauer min		50/65/77 175	35–50/65/77 200	35/65/77 185	35/50/65–77 215
Farbe	EBC	9,9	10,0	9,2	10,0
pH		5,52	5,54	5,52	5,55
EVG	%	83,3	84,5	82,8	82,1
Gesamt-N	mg/100 ml	100,3	104,5	96,6	101,7
hochmol. N	mg/100 ml	21,7	22,2	21,4	21,3
koag. N	mg/100 ml	3,4	3,4	3,0	3,3
Formol-N	mg/100 ml	29,2	36,3	33,4	34,9
Viscosität	mPa s	1,83	1,76	1,82	1,72

rung, Verflüssigung) nur relativ kurze Rasten um den Endvergärungsgrad auf die gewünschte Höhe zu bringen. Dennoch ist die Maischdauer um 15–30 Minuten länger als bei vergleichbaren Zweimaischverfahren.

Es findet Anwendung bei schlechter gelösten Malzen und bei kräftiger schmeckenden Bieren.

Ein Vergleich der verschiedenen Varianten des Zweimaischverfahrens ist in Tab. 3.69 dargestellt.

Es ist hieraus ersichtlich, dass alle Verfahren, bei denen mit 35 °C eingemaischt wurde, eine Erhöhung des Formolstickstoffs, also in etwa des assimilierbaren Stickstoffs erzielten. Da beim Verfahren 35/65/77 °C keine eigentliche Eiweißrast eingehalten wurde, lag die Menge des Gesamtstickstoffs niedriger als bei den anderen, ebenso der koagulierbare Stickstoff. Die Viskosität zeigt den Vorteil des starken Abbaus bei jenen Maischverfahren an, die nach dem

Einmaischen bei 35 °C eine definierte Eiweißrast hatten. Der Endvergärungsgrad war aus naheliegenden Gründen bei den ersten beiden Maischverfahren am höchsten.

Damit ist aufgezeigt, inwieweit mit derartigen Zweimaischverfahren durch die jeweilige Betonung bestimmter Abbauvorgänge eine Beeinflussung der Würzezusammensetzung und somit der Bierqualität möglich ist.

3.2.4.4 Das Einmaischverfahren

Das Einmaischverfahren lässt sich ebenfalls vom Dreimaischverfahren ableiten, doch ist hier stets eine Kombination von Dekoktions- und Infusionsverfahren notwendig um alle erforderlichen Temperaturen einhalten zu können (Abb. 3.43).

Eine Variante stellt die *Infusion vor dem Ziehen der Kochmaische* dar.

Es wird bei 35–37 °C eingemaischt, in 20 Minuten auf 50 °C aufgeheizt und je nach Malzauflösung 15–30 Minuten Rast eingehalten. Anschließend erfolgt eine Temperaturerhöhung auf 65 °C; bei dieser Temperatur ist eine Rast von ca. 30 Minuten günstig, bevor nach Absitzen der festen Bestandteile eine Dickmaische (1:2,5) von 33–40% gezogen wird. Muss die Restmaische abgepumpt werden, so ist der Maischbottich gut vorzuwärmen, um einen Temperaturabfall zu vermeiden. Ist dies nicht gewährleistet, so kühlt diese Restmaische auf 60–61 °C ab, so dass die Kochmaische entsprechend größer – etwa 50% – zu nehmen ist.

Die Dickmaische wird nach Verzuckerung im Bereich von 68–72 °C 15–30 Minuten gekocht und auf Abmaischtemperatur zugebrüht.

Es ist auch möglich, die Restmaische erst nach erfolgter Verzuckerung bei 70 °C abzuziehen, wobei aber die Gefahr besteht, dass die Aktivität der hier schon geschwächten Amylasen nicht mehr ausreicht, um eine vollständige Ver-

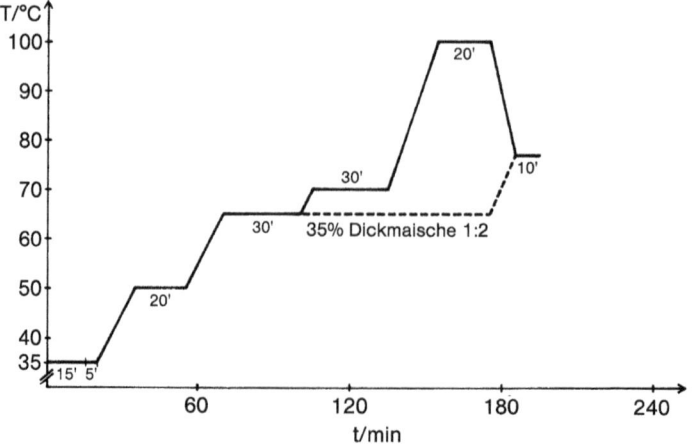

Abb. 3.43 Einmaischverfahren mit Infusion vor dem Abtrennen der Kochmaische – Dauer 195 Minuten

zuckerung der beim Kochen der reinen Dickmaische doch recht erheblichen, aufgeschlossenen Stärkemengen zu ermöglichen.

Die verschiedenen Hauptrasten bieten im Verein mit einer Variation der Kochzeit eine Anpassung an die verschiedenen Biertypen. Es wurde sogar vorgeschlagen dunkle Biere mit einem derartigen Verfahren herzustellen, wobei der Charakter derselben durch eine etwa einstündige Kochung der Dickmaische dargestellt werden sollte.

Die Maischdauer beträgt normal ca. 3 Stunden; bei sehr gut gelösten Malzen kann bei 50 °C eingemaischt und bei der geschilderten Verfahrensweise eine Verkürzung auf 2½ Stunden erzielt werden.

Die *zweite Variante* ist die *Infusion nach dem Zubrühen der Kochmaische* (Abb. 3.44).

Bei gut gelösten Malzen wird mit 50–55 °C eingemaischt, eine Eiweißrast von 10–15 Minuten gehalten und eine Kochmaische von 33–40% abgetrennt. Diese kann dick (1:2,5) oder von normaler Konsistenz (1:4) sein.

Die Kochmaische wird entweder gleich oder unter Einhalten einer Maltoserast (62–65 °C) auf 70 °C geheizt, bis zur Jodnormalität verzuckert und 15–20 Minuten lang gekocht. Nach dem Zubrühen liegt eine Temperatur der Gesamtmaische von 65–70 °C vor. Nach vollständiger Verzuckerung (bei 65 °C muss zunächst noch eine Maltoserast von 5–15 Minuten eingeschoben werden) wird auf die Abmaischtemperatur von 77 °C aufgeheizt.

Das Verfahren eignet sich für helle, elegante Biere, doch kann infolge der Spanne, die die allgemein eher etwas zu groß bemessene Kochmaische abdeckt, der Endvergärungsgrad etwas zu niedrig ausfallen. Auch bedarf die Ausbeute einer steten Kontrolle.

Die Maischdauer ist 2½–3½ Stunden. Bei schlechter gelösten Malzen kann noch eine tiefere Einmaischtemperatur vorgeschaltet werden.

Die *dritte Variante* ist das sogenannte *Kesselmaischverfahren* (Abb. 3.45): Es wird hier eine möglichst große Teilmaische, die praktisch die gesamten festen Bestandteile der Maische enthält, gekocht. Nachdem diese für den bei niedrigen Temperaturen gezogenen Enzymauszug („Satz") zu groß wäre, muss sie durch Abkühlen in die wünschenswerten Temperaturbereiche für die Abbauvorgänge gebracht werden. Der Ablauf ist wie folgt: Es wird bei 35 °C eingemaischt und nach anschließendem 10–30 Minuten langem Absitzen von den an der Maischeoberfläche befindlichen, flüssigen Anteilen ein Enzymauszug von ca. 10% der Gesamtmenge gezogen. Die Kochmaische, die ein Mischungsverhältnis Malz zu Wasser von 1:2,5 hat, wird den verschiedenen Enzympausen (50, 65, 70 °C) ausgesetzt und 20–40 Minuten gekocht. Anschließend erfolgt ein Abkühlen mit soviel kaltem Wasser, dass die Maische eine Konsistenz von 1:4,0 hat. Dies entspricht einer Temperatur von ca. 65 °C, zu der der kalte „Satz" gegeben wird. Nach Rasten bei 65 und 70 °C wird auf die Abmaischtemperatur aufgeheizt.

Das Verfahren dauert, je nach den einzuhaltenden Rasten 3½–4 Stunden. Es erlaubt einen völligen Aufschluss der Stärke, einen gut zu definierenden Abbau und eine gute Anpassung an den gewünschten Endvergärungsgrad. Die Ausbeuten sind in der Regel hoch. Dennoch ist als Nachteil zu werten, dass die bei

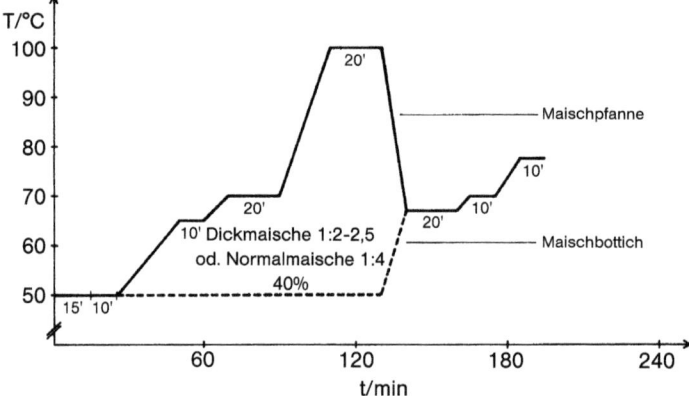

Abb. 3.44 Einmaischverfahren mit Infusion nach der Kochmaische – Dauer 195 Minuten

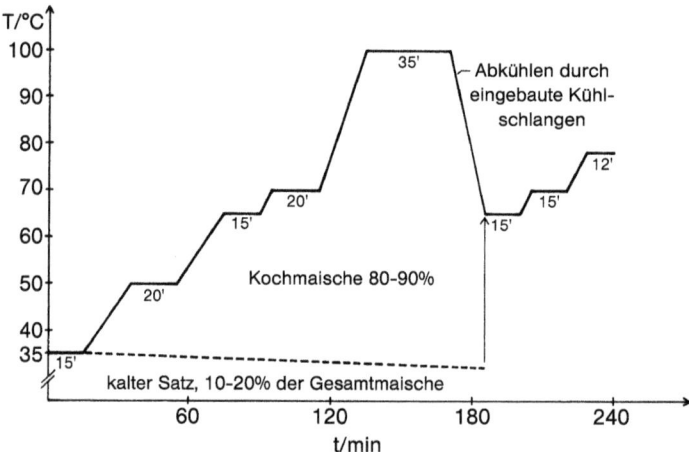

Abb. 3.45 Kesselmaischverfahren Dauer 240 Minuten

Temperaturen von 60–62 °C und durch die Sprengung der Zellverbände freigesetzten β-Glucane keinen genügend weitgehenden Abbau mehr erfahren können. Eine Abkühlung der Maische auf tiefere Temperaturen z. B. mit Hilfe einer wasserdurchflossenen Kühlschlange ist aus energiewirtschaftlichen Überlegungen nicht zu verwirklichen. Aus diesem Grund können schlecht gelöste Malze größere Probleme bereiten als z. B. bei den geschilderten Zweimaischverfahren mit denselben Einmaischtemperaturen und demselben Zeitaufwand.

Eine weitere Art des Kesselmaischverfahrens ist das *Schmitz*-Verfahren. Bei diesem wird die Gesamtmaische nach Einhalten von Rasten bei 50, 65 und 70–72 °C 30–40 Minuten gekocht, anschließend aber nicht mehr abgekühlt sondern kochend heiß abgeläutert und angeschwänzt. Die ablaufende Würze ist kleistertrüb; sie muss, ebenso wie die Nachgüsse beim Einlauf in die Würzepfanne durch einen Wärmetauscher abgekühlt werden. Je nach den wünschenswerten Abbauvorgängen werden dabei Temperaturen von 50–70 °C gewählt. Nachdem alle Enzyme der Maische inaktiviert wurden, muss ein „kalter Satz" diese Enzyme in die Würze einbringen. Dieser wurde beim Einmaischen bzw. nach Einhalten einer bestimmten Absetzzeit bei ca. 35 °C gewonnen. Die gesamte Würze muss solange bei Verzuckerungstemperaturen von 70–75 °C gehalten werden, bis der letzte Nachguss abgelaufen und die Pfannenwürze verzuckert ist. Dabei ist zu beachten, dass die Enzyme in Ermangelung der Schutzkolloide der Maische sehr empfindlich gegenüber höheren Temperaturen als 70 °C sind. Dieser Zeitaufwand, der noch das folgende Aufheizen der Gesamtwürze zum Kochen beinhaltet, macht den Zeitgewinn für das bei 90–95 °C rascher vor sich gehende Abläutern wieder illusorisch. Die Ausbeute liegt bei diesem Verfahren etwas höher, da auch das Schrot feiner gehalten werden kann. Es hat sich jedoch bei den modernen Läuterbottichen die Notwendigkeit einer derartigen Maßnahme mehr und mehr erübrigt. Das Verfahren ist energieaufwändig. Auch führt das lange Verweilen der Maische bei Kochtemperaturen zu mehr Maillardprodukten sowie durch die unvermeidliche Belüftung beim Abläutern – man denke an die „offene" Abläuterung früherer Zeiten – zu einer Oxidation der Polyphenole und somit zu einer kräftigen Zufärbung, die auch breiter schmeckende Biere zur Folge hat.

Ein ähnliches Verfahren der kochendheißen Abläuterung wurde Mitte der 1990er Jahre entwickelt, um rascher maischen und abläutern zu können. Dabei sollten sich auch günstigere Schaumwerte erzielen lassen. Durch Abkühlen der Treber und gestaffelte „Diastasegabe" gelang es, jodnormale Würzen und Biere zu erzielen, die geschmacklich gleichwertig, einen besseren Schaum aufwiesen, jedoch einer etwas stärkeren Stabilisierung bedurften [666].

3.2.4.5 Das Hochkurzmaischverfahren

Das Hochkurzmaischverfahren kann als Ein- oder Zweimaischverfahren angewendet werden (Abb. 3.46).

Es erfordert jedoch sehr gut und gleichmäßig gelöste Malze wenn Misserfolge vermieden werden sollen. Die ursprüngliche Form ist die des Zweimaischverfahrens. Die Einmaischtemperatur von 62 °C liegt oberhalb der Optimaltemperaturen des Eiweißabbaus. Wenn auch die Lyo-Enzyme relativ rasch inaktiviert werden, so vollziehen doch die Desmo-Proteasen in kurzer Zeit einen intensiven Abbau, der zusammen mit den löslichen Stickstoffsubstanzen des Malzes Werte an Gesamtstickstoff in der Würze erzielt, die nur 5–7% unter denen normaler Zweimaischverfahren liegen. Der Anteil des hochmolekularen Stickstoffs ist jedoch bei Würzen und Bieren aus Hochkurzmaischverfahren höher. Die Endo-β-Glucanasen entwickeln bei 62 °C nur mehr eine geringe Aktivität. Es wird daher der β-Glucangehalt des Malzes nur wenig verändert, so dass sich bei nicht ganz entsprechender Malzqualität Abläuter- und Filtrationsschwierigkeiten ergeben können. Auch der Abbau des Phytins ist schwächer, so dass die Mai-

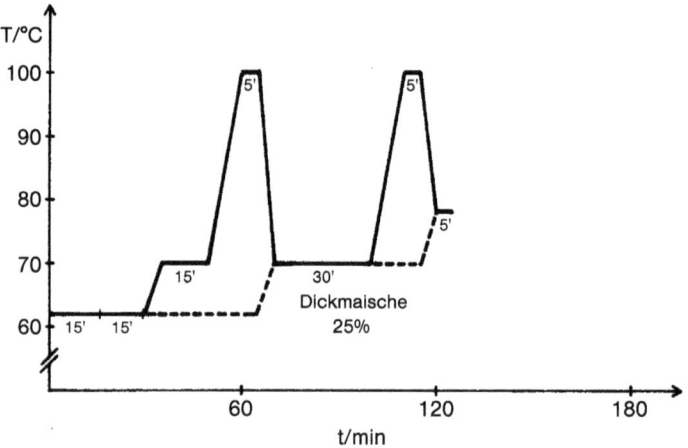

Abb. 3.46 Hochkurzmaischverfahren – Dauer 125 Minuten

schen eine geringere Puffferkapazität aufweisen und so zu einem niedrigeren Bier-pH führen. Die β-Amylase erfährt bei der 62 °C-Rast dieses Maischverfahrens eine Förderung, zudem die Kochmaische nur relativ klein ist (s. Abschnitt 3.1.1.3). Voraussetzung für eine optimale Entfaltung der β-Amylase ist jedoch, dass die Lösung der Malzbestandteile, vor allem die Verkleisterung der Malzstärke rascher vor sich geht als die Inaktivierung der β-Amylase. Die Rast bei 70–72 °C, der die Gesamtmaische und nach dem Ziehen der zweiten Teilmaische mindestens 75% ausgesetzt sind, hat weniger einen Einfluss auf die Wirkung der α-Amylase, für die meist ein kurzes Betonen der Optimaltemperaturen genügen würde, sondern mehr auf eine Freisetzung von Glykoproteiden, die aber bei 70 bis 72 °C nicht oder nur wenig weiter abgebaut werden. Diese fördern den Schaum und eventuell auch die Vollmundigkeit der Biere [525, 546].

Es ist noch hinzuzufügen, dass bei 62 °C Peroxidasen und Lipoxygenasen rasch inaktiviert werden. Es ergibt sich eine weniger starke Oxidation der Polyphenole und vor allem der Fettsäuren aus dem Lipidabbau (s. Abschnitt 3.1.5.2). Dies begünstig die Geschmacksstabilität der Biere.

Nach dem Einmaischen bei 62 °C und einer Rast, die den Endvergärungsgrad entsprechend einstellen soll (10–30 Minuten) wird eine Dickmaische (ca. 25%) gezogen und beim ursprünglichen Verfahren ohne Verzuckerungspause zum Kochen erhitzt, 5 Minuten gekocht und auf 70–72 °C – wiederum nach Maßgabe des Endvergärungsgrades – aufgebrüht. In der Praxis hat sich verschiedentlich bei der Kochmaische eine definierte „Verzuckerungsrast" bei 70–72 °C eingeführt, ebenso variiert die Kochzeit zwischen 5 und 15 Minuten.

Nach einer Rast der Gesamtmaische bei 70–72 °C erfolgt die Abtrennung der zweiten Kochmaische 1/5–1/4), die ohne weitere Zwischenstufen zum Kochen gebracht und nach 5–10 Minuten Kochzeit auf 76–78 °C aufgebrüht wird.

Das Maischverfahren dauert 2–2½ Stunden. Es liefert angenehm rezente, geschmackszarte Biere, wenn die verarbeiteten Malze mindestens den folgenden Anforderungen entsprechen:

Eiweißgehalt	unter 10,8%
Eiweißlösungsgrad	über 40%
Friabilimeter	> 85%, ganzglasig < 2%
Mehlschrotdifferenz	unter 1,8% EBC
Viskosität	unter 1,50 mPas

Bei etwas knapper gelösten Malzen kann entweder eine längere Rast bei 62 °C eingehalten oder bei 45–50 °C eingemaischt und auf 62 °C aufgeheizt, dann aber wie üblich weiter gearbeitet werden. Es sollte aber auch hier die Viskosität der Kongresswürze nicht über 1,55 mPas liegen bzw. die Werte für M/H nicht unter 87/75% (s. Abschnitt 1.1.1), sonst sind doch intensivere Abbauvorgänge bei niedrigeren Temperaturen erforderlich. Normalerweise lassen sich durch die geringfügigen Korrekturen, wie oben angeführt, die analytischen und geschmacklichen Eigenschaften der Biere verbessern. Bei schlechteren Malzen fallen jedoch die Ausbeuten ab, es ergibt sich eine schlechtere Bruchbildung und eine weniger vollständige Kühltrubausscheidung; die Biere klären im Keller langsam und unvollständig, sie behalten einen grauen „Schein". Oftmals zeigen sich harte Geschmacksspitzen (Eiweißbittere).

Sollte der Endvergärungsgrad beim Hochkurzmaischverfahren zu hoch ausfallen, so dient eine etwas höhere Temperatur nach dem Zubrühen der Kochmaische (z. B. 72 °C) einer gewissen Dämpfung. Eine weitere Steigerung dieser Temperatur ist deswegen nicht möglich, weil sonst die zweite Maische zu knapp ausfällt. Auch ein Absenken der Einmaischtemperatur z. B. auf 58 °C ist möglich, doch wird hierdurch wieder der Eiweißabbau etwas gefördert.

Ein Zweimaischverfahren wirkt sich bei diesen Hochkurzmaischverfahren stets günstiger aus als ein Einmaischverfahren, da die Maischintervalle bei ersterem kleiner und damit günstiger sind. Auch hat die 70 °C-Rast eine über den Stärkeabbau hinausgehende Bedeutung.

Es ist aber auch möglich, die zweite Kochmaische wegzulassen und dennoch den Temperaturbereich von 70–72 °C 40–60 Minuten lang einzuhalten.

Es ist jedoch eindeutig, dass ein derartiges Verfahren neben einer guten Malzqualität auch noch einer sorgfältigen Schrotung bedarf, da sich sonst Ausbeuteverluste ergeben.

Einen Überblick über die Variationsmöglichkeiten des Verfahrens gibt Tab. 3.70.

Während bei Einmaischtemperaturen von 58–62 C die Gehalte an Formolstickstoff und die Viskositäten nur eine geringe Veränderung zeigen, stellt die vorangestellte Eiweißrast bei 50 °C einen tieferen Eingriff dar. Die Endvergärungsgrade verhalten sich wie erwartet.

Tab. 3.70 Varianten von Hochkurz-Zweimaischverfahren – Ausschlagwürzen [489, 664]

Temperaturfolge °C		62/70/77	62/72/77	58/70/77	50–62/70/77
Farbe	EBC	9,2	9,5	9,0	9,6
pH-Wert		5,52	5,52	5,52	5,50
EVG	%	82,5	81,7	80,0	83,5
Gesamt-N	mg/100 ml	96,0	95,9	99,8	100,6
hochmol. N	mg/100 ml	21,5	21,5	22,6	22,9
koag. N	mg/100 ml	3,3	3,5	3,6	3,4
Formol-N	mg/100 ml	29,0	27,9	29,8	32,4
Viscosität	mPa s	2,01	2,05	2,00	1,81

3.2.4.6 Springmaischverfahren

Sie beruhen auf der Anwendung von Maischeresten. Sie können bei sämtlichen Maischverfahren zur Anwendung kommen, sogar bei Infusionsverfahren.

Das Ziel ist, die Maische durch Einspringenlassen z. B. in Wasser von 80–100 °C oder in Reste von Kochmaischen hinsichtlich der Aktivität von bestimmten Enzymgruppen zu schädigen. Im Wesentlichen soll jedoch ein Teil der amylolytischen Enzyme „verbrüht" werden, um niedrigere Endvergärungsgrade z. B. für Nährbiere oder gar alkoholfreie „Biere" zu erhalten (s. Abschnitt 3.2.8.4).

Im einfachsten Falle wird bei einem Zweimaischverfahren nach dem Kochen der größer bemessenen ersten Maische ein Teil, z. B. 1/3 in der Pfanne behalten. Nach dem Aufbrühen der Kochmaische auf 70 °C lässt man sofort in den Maischerest die zweite Teilmaische einspringen, die damit auf 78 °C gebracht wird. Nach kurzer „Verzuckerung" dieser Maische wird gekocht und auf die übliche Abmaischtemperatur aufgebrüht.

Das System von Springmaischverfahren ist immer wieder analytisch zu überprüfen (Jodnormalität, Endvergärungsgrad) um Abweichungen rasch erkennen zu können.

Beim Pilsener Dreimaischverfahren werden Maischereste angewendet, um den bekannten, niedrigen Endvergärungsgrad des Pilsener Bieres zu erreichen [667].

3.2.4.7 Schrotmaischverfahren

Nachdem die einzelnen Schrotfraktionen je nach ihrem Enzymgehalt und ihrer Härte und Aufschließbarkeit verschieden sind (s. Abschnitt 2.2), liegt es nahe, diese beim Maischen gesondert zu behandeln. Vor allem soll vermieden werden, die Spelzen mit der Maische zu kochen, um die Auslaugung unedler Bestandteile wie Gerbstoffe, Spelzenbitterstoffe und Kieselsäure hintanzuhalten. Die Mehle und feinen Grieße, welche den gut gelösten und enzymreichen Kornpartien entstammen, werden nur auf enzymatischem Wege extrahiert. Die Grobgrieße dagegen, die aus den härteren und schlechter gelösten Kornteilen stammen, werden ihrem mehr rohfruchtartigen Charakter entsprechend, einem besonderen physikalischen Aufschluss beim Kochen unterworfen (Abb. 3.47).

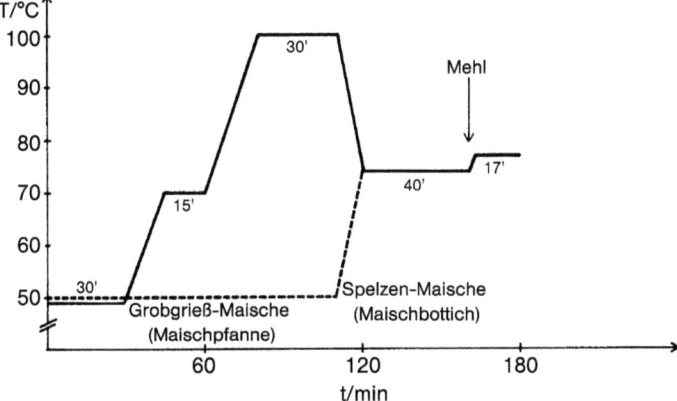

Abb. 3.47 Kubessa-Verfahren – Dauer 180 Minuten

Voraussetzung für dieses Verfahren ist eine Fünf- oder Sechswalzenmühle, deren einzelne Mahlprodukte getrennt abgeführt und in getrennten Abteilungen des Schrotkastens aufbewahrt werden können.

Das Verfahren sieht dann vor, die Grobgrieße allein mit 48–50 °C einzumaischen, mit oder ohne Eiweißrast auf Verzuckerungstemperatur (65–70 °C) zu bringen, bis zur Jodnormalität zu verzuckern und anschließend etwa 30 Minuten kräftig zu kochen.

Während dieser Zeit erfolgt das Einmaischen der Spelzen im Maischbottich. Diese Temperatur wird so gewählt, dass nach dem Zubrühen der gekochten Grießmaische eine Verzuckerungstemperatur von 70–75 °C vorliegt. Anschließend werden Mehl und feine Grieße zugegeben und die Gesamtmaische bei etwa 70–72 °C verzuckert. Danach erfolgt das Aufheizen auf Abmaischtemperatur.

Dieses an sich ideale Verfahren hängt in entscheidendem Maße von der Qualität des Schrotes ab. So müssen die Spelzen praktisch vollständig ausgemahlen sein, weil sonst die etwa anhaftenden Grobgrieße und harten Kornspitzen bei 70–75 °C nicht mehr genügend gelöst, verkleistert und verzuckert werden, so dass nicht nur die Jodnormalität der Würzen zu wünschen übrig lässt, sondern auch der Abbau der Gummistoffe. Außerdem bedarf die Fraktion „Feingrieß" einer Definition; es kann und darf sich praktisch nur um Feingrieß II handeln, dessen Korngröße unter 250 μm liegt. Dann erlaubt die individuelle Behandlung der Schrotanteile was ursprünglich gedacht war: Vermeiden der Spelzenauslaugung, gezielter Aufschluss der Grobgrieße und Regulierung des Zucker-Nichtzuckerverhältnisses durch die frühere oder spätere Zugabe des Mehls. Diese scheint gerade in einem späteren Stadium des Maischens einen günstigen Einfluss auf den Biergeschmack zu haben, der dadurch voller und runder wird. Die Befürchtung, dass durch das späte Einmaischen des Mehls Ausbeuteverluste eintreten würden, ist unzutreffend.

3.2.4.8 Spelzentrennung bei Dekoktionsverfahren

Die Spelzentrennung wird so durchgeführt, dass die beim Schroten gut ausgemahlenen, sorgfältig ausgesiebten und im Schrotkasten getrennt aufgefangenen Spelzen zu einem Zeitpunkt zur Maische gelangen, wo sie nicht mehr mitgekocht werden. Dies ist dann der Fall, wenn die (oder die letzte) Kochmaische in die Pfanne gezogen wurde. Der Zusatz der Spelzen geschieht dann zu der im Maischbottich befindlichen Restmaische. Nachdem hier zweckmäßig die anteilige Wassermenge mit zugegeben wird, muss diese beim Einmaischen der Hauptmaische berücksichtigt werden.

Am Beispiel der Daten von Abschnitt für ein Sudwerk mit 5 t Schüttung ergibt sich bei einem realen Spelzengehalt von 23% konditioniertem Trockenschrot folgende Gussverteilung:

Schüttung 4 hl/100 kg	5000 kg	200,00 hl
Schrot – Grieße + Mehl 77% × 3,5	3850 kg	134,75 hl
Spelzen 23% × 5,5	1150 kg	63,25 hl
		198,00 hl

Die Spelzen müssen mit einer größeren Wassermenge eingemaischt werden, wodurch auch die „Restmaische" nach Spelzenzusatz entsprechend größer wird. Die Kochmaische muss also relativ größer gezogen werden, um nach dem Zubrühen derselben die gewünschte Temperatur der Gesamtmaische zu erhalten.

Da der Spelzenzusatz bei Zweimaisch- und Hochkurzmaischverfahren erst bei 65–70 °C erfolgt, besteht die Gefahr, dass bei ungenügender Ausmahlung der Spelzen Ausbeuteverluste, eine Erniedrigung des Endvergärungsgrades und eine insgesamt schlechtere Vergärbarkeit der Würzen resultieren. Meist sind Vorderwürze und Nachgüsse nicht mehr jodnormal wie Tab. 3.71 zeigt.

Um der Sicherheit willen werden die Spelzen häufig zur ersten Restmaische gegeben oder in einem eigenen Behälter bei 50–60 °C eingemaischt, um dann zum geeigneten Zeitpunkt, d. h. nach Ziehen der zweiten Kochmaische, in den Maischbottich gepumpt zu werden. Auch hier ist der erforderliche Wasserzusatz bei der Bemessung des Hauptgusses zu berücksichtigen (s. oben).

Tab. 3.71 Schrotqualität und Spelzentrennung [420]

Spelzengehalt	%	37	30	23	17/2*	17/1**
Endvergärungsgrad	%	80,1	81,4	82,0	82,7	84,2
Ausstoßvergärungsgrad	%	74,7	76,4	79,3	80,9	83,0
Jodreaktion	ΔE	0,78	0,72	0,40	0,32	0,20
Treberverluste total	%	1,38	1,25	1,10	0,95	0,88

* bei der 2. Restmaische
** bei der 1. Restmaische zugegeben

Tab. 3.72 Spelzentrennung bei Zweimaischverfahren – Ausschlagwürzen

		Normal	Spelzentrennung
Farbe	EBC	10,5	9,0
Polyphenole	mg/l	243	225
Anthocyanogene	mg/l	73	72
Polymerisationsindex		3,22	3,12
Endvergärungsgrad	%	81,4	80,8

Bei Maischefilterschroten sind die Spelzen in der Regel so gut ausgemahlen, dass die Spelzentrennung keine Schwierigkeiten bereitet. Doch ist darauf zu achten, dass die Siebbespannung der Schrotmühle eine definierte Separierung von Spelzen und Grobgrießen bewirkt.

Eine gut funktionierende Spelzentrennung wirkt sich nach Tab. 3.72 aus.

Die Würzen zeigen eine Aufhellung um 1,0–1,5, die Biere um 0,5–0,8 EBC-Einheiten. Die Polyphenole sind niedriger, ihre Zusammensetzung günstiger. Der Biergeschmack ist weicher und runder.

Es ist noch anzufügen, dass von den besprochenen Einmaischverfahren das in Abschnitt 3.2.4.4 genannte sich besonders gut zur Spelzentrennung eignet. Bei allen Verfahren muss aber berücksichtigt werden, dass die Spelzen baldmöglichst nach dem Trennen der betreffenden Teilmaische zum Zusatz kommen (Abb. 3.43).

Die Spelzentrennung ist durch die Verwendung von konditioniertem Trockenschrot oder der kontinuierlichen Weiche bei Nassschrot – vor allem aber durch die Einführung des luftfreien Maischens weniger wichtig geworden als früher. Die Farben der Würzen und Biere sind durch diese Maßnahmen ohnedies heller.

3.2.4.9 Druckmaischverfahren

Sie stellen gerade das Gegenteil der vorbesprochenen Schrotmaisch- und Spelzentrennungsverfahren dar. Hier wird nicht auf die Qualität des Produkts sondern auf die Quantität d.h. die Ausbeute Wert gelegt. Die Kochmaischen werden unter Druck (1–2 bar Ü) behandelt, um einen noch besseren Aufschluss der Grobgrieße zu erreichen. Selbst wenn die Spelzen abgetrennt und von dieser Maßnahme ausgenommen werden, haben diese Biere doch einen harten und breiten, manchmal strohig anmutenden Trunk.

Ein anderes Verfahren sieht vor, die Treber nach Ablauf der Vorderwürze unter Druck aufzuschließen und nach erfolgter Verzuckerung weiter abzuläutern.

Es können auch die ausgelaugten Treber einem nochmaligen Aufschluss unterzogen werden; das Produkt dieser nochmaligen Behandlung kann beim nächsten Sud zum Einmaischen gelangen.

Diese Verfahren konnten sich nicht auf breiter Ebene einführen. Zum genaueren Studium derselben sei auf die früheren Ausgaben dieses Buches verwiesen.

3.2.4.10 Mengenmäßige Ermittlung der Kochmaischen

Die bei Aufstellung eines neuen Maischverfahrens erforderliche Bemessung der Kochmaischeanteile zur Erzielung gewünschter Temperatursteigerungen lässt sich durch die bekannte „Mischungsregel" oder durch die nachstehende Formel errechnen:

$$K = \frac{G(T_3 - T_1)}{T_2 - T_1}$$

K = erforderliche Kochmaischemenge in hl
G = Gesamtmaischemenge in hl
T_1 = Temperatur der ruhenden Teilmaische
T_2 = Temperatur der zurückgepumpten Kochmaische
T_3 = Solltemperatur nach dem Zubrühen

Bei dieser Formel ist zwar weder die spezifische Wärme der verschiedenen Maischeanteile, noch die Verdampfung beim Maischekochen, noch die Auskühlung der Restmaische berücksichtigt, sie ergibt aber durchaus brauchbare Werte [668].

Ebenfalls brauchbar ist die folgende Formel, die den Kochmaischeanteil errechnet:

$$K = \frac{G(T_3 - T_1)}{90 - T_1} \%$$

Um die Auskühlung der Maischen (Restmaische, Kochmaische etc.) zu berücksichtigen, wird die Temperatur der Kochmaische mit 90 °C angenommen [669].

3.2.4.11 Ergänzende Bemerkungen zu den Dekoktionsverfahren

Der physikalische Aufschluss des Mehlkörpers, besonders der harten, weniger gelösten Bestandteile ist sicher ein Vorteil dieser Verfahren, der auch den mit dem Kochen verbundenen Enzymverlust zum Teil mehr als aufwiegen kann. Beim Kochen entstehen – je länger je mehr – Maillard-Produkte, die zum Biergeschmack z. B. zum Aroma und zur Vollmundigkeit beitragen. Es wird aber auch ein bestimmter Anteil an aromatischen Substanzen wie z. B. Carbonyle oder Dimethylsulfid verdampft. Es ist eine Frage, welcher der Prozesse das stärkere Gewicht für das spätere Produkt „Bier" hat. Bei Übergang vom Dreimaisch- über Zweimaisch- und Einmaischverfahren zum Hochkurzmaischsystem wurden immer weniger oder auch immer kleinere Teilmaischen gekocht, im Interesse der Bierfarbe wurden die Kochzeiten verkürzt. Während der Behandlung der Kochmaische standen die „Restmaischen" verhältnismäßig lang bei bestimmten Temperaturen. Die Einführung der Maischbottichpfanne erlaubte es, die Restmaischen unabhängig von der Kochmaische zu führen. Damit wurde aber von zweien mit Sicherheit eine Kochmaische überflüssig oder die

Aufheizung der Restmaische erforderte kleinere Kochmaischeanteile. Die Möglichkeiten von „kombinierten" Infusions- und Dekoktionsverfahren sind naturgemäß mannigfaltig.

Als Folge der sich stets verbessernden Malzqualitäten und der verbesserten Maischevorrichtungen konnten sich Infusionsmaischverfahren immer mehr verbreiten. Sie sind auch einfacher zu automatisieren.

3.2.4.12 Die Infusionsverfahren

Sie bewirken die Lösung und den Abbau der Malzbestandteile – abgesehen vom Schroten – nur durch die Wirkung der im Malz vorhandenen Enzyme, da auf das zweite mechanische Hilfsmittel, das Kochen, verzichtet wird (Abb. 3.48).

Eine Infusionsmaische lässt sich z. B. aus einem Dekoktionsverfahren auf einfachste Weise durch Weglassen der Kochmaische entwickeln. Damit werden die einzelnen Rasten für die wichtigsten Abbauvorgänge in gleicher Weise eingehalten. Es ist allerdings zu berücksichtigen, dass die Maische unter anderem einer Rast zur optimalen Wirkung der α-Amylase ausgesetzt werden muss. Die Möglichkeiten des Übergangs von Dekoktionsverfahren auf Infusionsverfahren zeigen die Abb. 3.49 und 3.50.

Bei dem in Abb. 3.50 gezeigten Verfahren muss eine zusätzliche Rast bei 72 °C eingeschoben werden, um hier die „Endverzuckerung" zu erreichen.

Eine Frage ist naturgemäß die Länge der einzelnen Rasten: Nachdem bei 50 °C ohnedies relativ rasch ein Abfall der Tätigkeit der proteolytischen Enzyme, vor allem aber der Endo-β-Glucanasen eintritt, braucht diese nicht so lange betont zu werden, wie dies der Restmaische beim Zweimaischverfahren entspricht. 30 Minuten sind in der Regel ausreichend. Die „Maltoserast" kann u. U. unterteilt werden, um die Wirkung der β-Amylase besser auszunutzen. Der Wegfall der Kochmaische wirkt sich sonst in einer Erniedrigung des Endvergärungsgrades aus. Die Länge der beiden Rasten wird nach Maßgabe desselben bemessen. Die Rast bei 70–72 °C braucht theoretisch nur so lange eingehalten

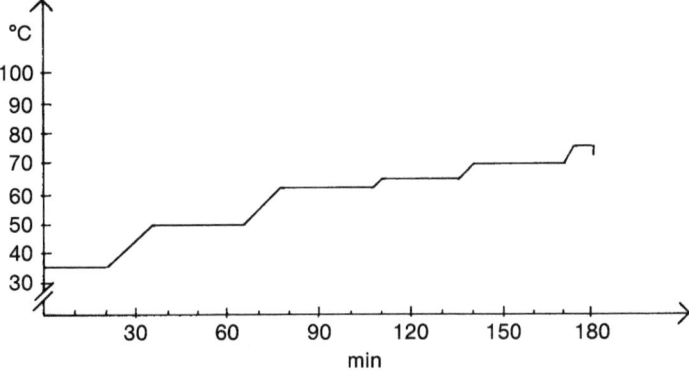

Abb. 3.48 Infusionsverfahren – Dauer 180 Minuten

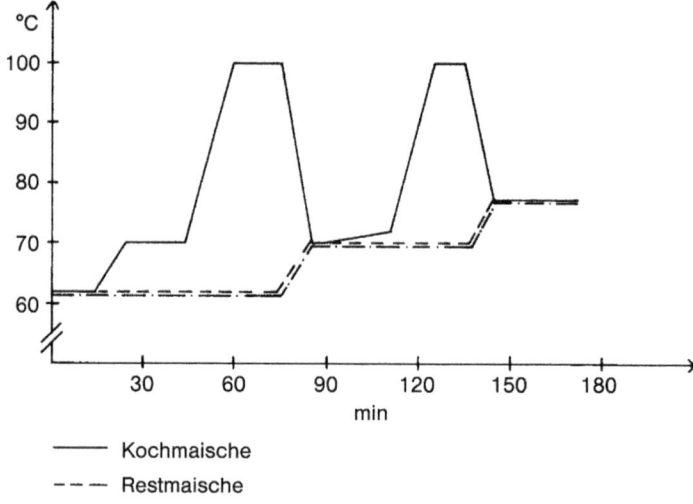

Abb. 3.49 Infusionsverfahren aus dem Zweimaisch-Hochkurzverfahren

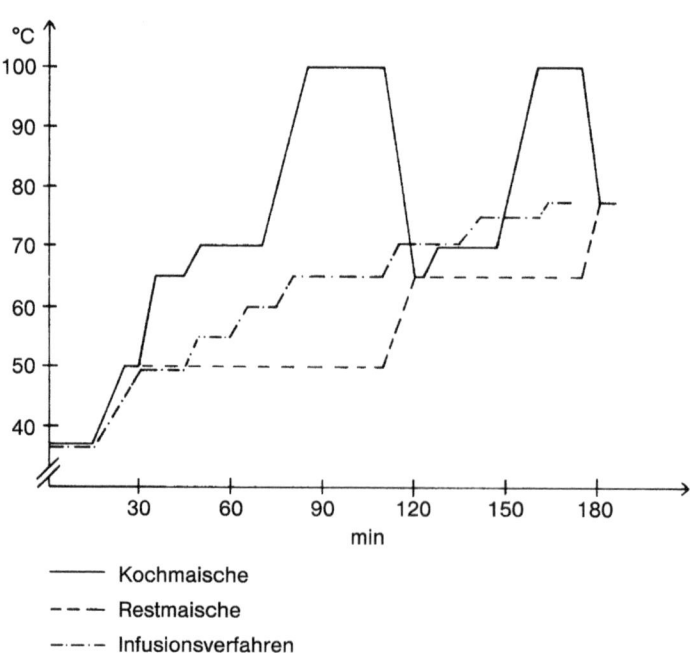

Abb. 3.50 Infusionsverfahren aus dem Dekoktionsverfahren

zu werden, bis die Maische keine Jodreaktion mehr zeigt. Doch hat es sich – ähnlich wie beim Hochkurzmaischverfahren – als günstig erwiesen, eine Pause von 45–60 Minuten vorzusehen. Es soll hierbei auch Rücksicht auf den weiteren Abbau der Megalodextrine (s. Abschnitt 3.1.1.5) und der Lösung der Glycoproteide (s. Abschnitt 3.1.2.7) genommen werden. Erst anschließend wird auf eine Abmaischtemperatur von 75 °C aufgeheizt. Es ist günstig, diese etwas niedriger als bei Dekoktionsverfahren anzusetzen, damit u. U. noch schlechter gelöste Partien an den Spelzen, v. a. der nasskonditionierten Schrote, der völligen Verzuckerung zugeführt werden können.

Ein derartiges Verfahren verleitet dazu – vor allem bei Verarbeitung eines sehr gut gelösten Malzes – das Ganze zu kurz zu bemessen. Die hieraus oder auch aus sehr kurzen Dekoktionsverfahren stammenden Biere zeigten oftmals einen etwas unfertigen „grünen" Charakter sowie eine nicht ganz befriedigende Bittere. Erst die Ausdehnung aller Rasten, vor allem auch bei 70 °C, führte zu vollen, weichen und sehr reinen Bieren.

Verschiedentlich wird vermutet, dass Infusionsbiere, eben durch den Wegfall der Kochmaische(n) etwas weniger vollmundig und kernig sind. Es wird ihnen auch ein „weiniger" Charakter nachgesagt. Es hat sich in diesen Fällen – meist aber nur bei Herstellung von „malzigen" hellen Lager- und Exportbieren – bewährt, um eine Stufe tiefer einzumaischen, um einen etwas kräftigeren Charakter zu gewinnen. Statt bei 62 °C wird mit 45–50 °C, statt bei 50 °C wird mit 35 °C eingemaischt und anschließend unverzüglich auf 62 °C bzw. 50 °C aufgeheizt.

Es wurde auch befürchtet, dass infolge der unterlassenen Enzymvernichtung beim Maischekochen die Enzyme während des Abläuterns weiterwirken, den Abbau hierdurch zu weit treiben und hieraus leerere, weniger gut schaumhaltige Biere resultierten.

Wie jedoch bei den einzelnen Enzymen und Abbauvorgängen gezeigt werden konnte, werden die meisten Enzyme schon bei ihren Optimaltemperaturen stark geschwächt. Auch bei Infusionsverfahren ist die α-Amylaseaktivität beim Abmaischen nur mehr 10–15% [455]. Bei einer Endtemperatur von 78 °C und einer guten Isolierung von Läuterbottich und Vorlaufgefäß treten sicher kaum mehr weitere Umsetzungen ein. Eine offene Frage ist jedoch: beim Maischekochen werden anteilig auch die Oxidasen, besonders Polyphenoloxidasen, vernichtet. Sie könnten bei Infusionsverfahren weiterwirken. Es ist als Gegenmaßnahme auf einen weitgehenden Ausschluss von Sauerstoff zu achten (s. Abschnitt 3.1.7.3). Durch den Wegfall des Maischekochens war früher den Infusionsmaischverfahren ein etwas höherer Gehalt an koagulierbarem Stickstoff eigen. Es musste daher beim Würzekochprozess mehr hochmolekularer Stickstoff ausgeschieden werden, was zu etwas höheren Bitterstoffverlusten führte [670, 671]. Nachdem bei hochgelösten Malzen und luftfrei geführten Maischen ohnedies weniger koagulierbarer Stickstoff vorliegt, tun die modernen Kochsysteme ein übriges, Unterschiede zu nivellieren.

Vergleiche zwischen den in den Abb. 3.49 und 3.50 dargestellten Infusions- und Dekoktionsverfahren sind in Tab. 3.73 aufgeführt.

Tab. 3.73 Vergleich von Ausschlagwürzeanalysen aus Dekoktions- und Infusionsverfahren

Verfahren Temperaturfolge		2-M-Dekok. 62/70/78	Infusion 62/70/78	Infusion 45/62/70/78	2-M-Dekok. 50/65/70/78	Infusion 50/62/65/70/78
Farbe	EBC	10,0	10,0	10,0	9,8	9,8
pH		5,69	5,71	5,76	5,69	5,71
Endvergärungsgrad	%	77,6	78,2	79,4	81,1	80,9
Gesamt-N	mg/100 ml*	82,9	87,0	91,0	88,7	93,7
hochmol. N	mg/100 ml*	21,0	20,4	21,6	19,7	22,1
koag. N	mg/100 ml*	3,0	2,9	2,9	2,7	4,1
Fr. a-Amino-N	mg/100 ml*	15,9	16,2	17,8	18,0	19,4
Viscosität	mPa s*	2,16	2,07	1,92	1,98	1,86
Bierbitterstoffe	EBC	23,5	25,4	22,7	28,1	29,0

* auf 12% Stammwürze berechnet

Tab. 3.74 Vergleich der Polyphenole von Ausschlagwürzen aus Dekoktions- und Infusionsverfahren [641] (mg/l)

Verfahren	Dekoktion	Infusion
Gesamtpolyphenole	292	291
Anthocyanogene	95	107
Polymerisationsindex	3,07	2,72
Tannoide	142	146

Es brachte also das Infusionsverfahren keine Aufhellung der Würze- und Bierfarben. Die Stickstoffmengen waren durch den Wegfall des Kochens, d.h. Schonung der Enzyme und geringere Ausfällungen etwas höher. Die Gehalte an freiem Aminostickstoff lagen höher, die Viskosität war etwas niedriger. Die Werte setzten sich bis zu den Bieren fort. Es konnten bei normaler Auslegung des Infusionsverfahrens keine Unterschiede hinsichtlich der hohen Qualität der zum Vergleich stehenden Dekoktionsbiere gefunden werden [670].

Es ist bemerkenswert, dass die Polyphenolgehalte von Dekoktions- und Infusionswürzen nur geringe Unterschiede zeigten (Tab. 3.74).

Die geringeren Werte der Anthocyanogene und der Tannoide beim Dekoktionsverfahren sind auf die Ausscheidung dieser reaktionsfreudigen Gruppen und auf Polymerisationen beim Kochen zurückzuführen. Es könnte auch die früher unvermeidliche, stärkere Belüftung bei Behandlung der kleinen Teilmaischen eine Rolle spielen.

Tab. 3.75 Würzen von Infusions- und Dekoktionsverfahren [674]

Malz	Ale			Lager		
Maischverfahren	65 °C	48/65 °C	Dekokt.	65 °C	48/65 °C	Dekokt.
Gesamtstickstoff*	75	85	83	90	97	96
Freier Amino-N*	18,5	22	21	26	30	30
Endvergärungsgrad %	78	78	76	85	86	85
Würze-Bitterstoffe EBC	33	37	36	40	45	42

* mg/100 ml

3.2.4.13 Infusionsverfahren mit fallender oder konstanter Temperatur

Die „abwärtsmaischende" Infusion besteht darin, dass Malzschrot, welches in einem intensiv arbeitenden Vormaischer mit kaltem oder lauwarmem Wasser vermischt wurde, in heißes Wasser von 75 °C einspringt. Im Laufe des Einmaischvorganges ergibt sich dann eine auf ca. 65 °C fallende Temperaturkurve. Der Eiweißabbau und die Verzuckerung werden somit von oben her begonnen und damit die Wirkung der β-Amylase und der Peptidasen abgeschwächt sowie die der Endo-β-Glucanasen praktisch ausgeschaltet, so dass im Wesentlichen die α-Amylase auf die verkleisterte Maische wirken kann.

Das Verfahren ist für sehr stark gelöste Malze und hier wiederum für bestimmte obergärige Biere geeignet. Außerdem wird für diese Art der Obergärung (Ale) nur ein geringerer Gehalt an freiem Aminostickstoff benötigt bzw. wegen der biologischen Stabilität der Biere gewünscht [673].

Es finden aber für derartige Malze und Biere auch Maischverfahren mit konstanten Temperaturen von 65 °C Anwendung. Einen Vergleich von Infusionsverfahren mit konstanter, mit steigender Temperaturführung (48–65 °C) und einem entsprechenden Dekoktionsverfahren gibt Tab. 3.75 [674].

Es zeigt sich hier, dass durch hohes Abdarren des Ale-Malzes, das nur 45% der Diastatischen Kraft des „Lager"-Malzes hatte, bei allen Verfahren niedrigere Werte erzielt wurden. Doch blieben die Unterschiede zwischen den einzelnen Verfahren etwa bestehen. Bei der konstanten höheren Temperatur von 65 °C war im Wesentlichen eine geringere Stickstofflösung erkennbar, auffallend war auch der geringere Bitterstoffgehalt der Würzen aus Ale-Malz, der wahrscheinlich auf eine wesentlich stärkere Eiweißfällung beim Würzekochen zurückzuführen ist.

3.2.4.14 Abschließende Bemerkungen zu Infusionsverfahren

Durch die Verkürzung der Läuterzeiten und folglich der Steigerung der Sudzahlen auf 12–14 pro Tag wird nun das Maischverfahren zum Engpass der täglichen Sudleistung. Dies ist weniger bei „schlanken" hellen Bieren und Pilsner Biertypen der Fall, wohl aber bei Spezialbieren mit größeren Anteilen an dunklen und Spezialmalzen sowie bei Weißbieren.

Bei Infusionsmaischverfahren ist generell zu berücksichtigen:
- Um die Wahlfreiheit des Maischverfahrens zu behalten, sollten zwei identische Maischbottichpfannen vorhanden sein. Jedes der Gefäße muss zum Ein- und Abmaischen geeignet sein.
- Das Einmaischen sollte in 15, längstens 20 Minuten geschehen. Bei Nassschroten, aber auch bei Nassvermahlung von Pulverschroten mit Hammermühlen oder mit Dispergiergeräten ist dieser Forderung durch ausreichende Bemessung der Leistung Rechnung zu tragen. Damit wird eine bessere Gleichmäßigkeit der Abbauvorgänge erreicht. Beim Einmaischen von Trockenschrot ist auf eine sofortige Vermischung desselben mit dem Wasser bzw. dem Inhalt des Maischgefäßes zu achten. Es besteht sonst die Gefahr, dass bestehende Klumpen während des Maischprozesses nicht mehr aufgelöst werden und unabgebaute Substanzgruppen in das Läutergefäß gelangen. Dies ist anhand der Jodprobe prüfbar. Trockenschrote, insbesondere auch Pulverschrote bedürfen einer Einteigschnecke (s. Abschnitt 3.2.3.1), moderner Vormaischerkonstruktionen oder eines eigenen Einmaischgefäßes mit effizientem Rührwerk. Hierdurch wird bereits eine „Maische", wie bei den Systemen der Nassvermahlung in die Maischebottichpfanne eingebracht.
- Das Rührwerk muss die Gesamtmaische homogen durch den Prozess führen. Beim Aufheizen – in der Regel 1 °C/min – muss rasch Temperaturgleichheit herrschen. Dies ist beim Einfahren der Anlage durch registrierende Thermometer in verschiedenen Maischeschichten zu überprüfen. Ein frequenzgeregeltes Rührwerk ist heutzutage Stand der Technik: Es schaltet beim Einmaischen mit der Befüllhöhe hoch, ebenso beim Aufheizen von einer Raststufe zur anderen, während beim Abmaischen mit der Entleerung des Gefäßes die Drehzahl verringert wird. Bei den verschiedenen Rasten wird die Drehzahl verringert, eine gewisse Rührwirkung muss jedoch gegeben sein, um den Kontakt Enzym–Substrat optimal zu gestalten. Ein neues Gerät mit speziell geformten Heizflächen erlaubt eine raschere Temperatursteigerung (bis zu 2,5 °C/min).
- Bei zu intensivem Rühren ist offenbar weniger ein Schereffekt zu befürchten als vielmehr die Bildung von Feinanteilen, die bei der Abläuterung Schwierigkeiten bereiten. Die Feinanteile passieren die Läuterschicht, sind auch im weiteren Produktionsprozess feststellbar und können den Effekt der Bierfiltration verschlechtern (s. Abschnitt 3.2.3.1).
- Die geringere Verdampfung beim Würzekochen, vor allem auch das Brauen mit hoher Stammwürze verringert die Menge an Überschwänzwasser. Aus diesem Grund werden, selbst bei Pilsener Bieren, stärkere Vorderwürzen von 18–19%, bei Maischefiltern von 22–24% gewählt. Nachdem trotz dieser Maßnahme das Glattwasser nicht weiter als 1–1,5% abgesenkt werden kann, haben sich keine qualitativen Nachteile ergeben (s. Abschnitt 3.2.2.2). Diese stärkeren Maischen müssen bei der Planung der Rührwerke ebenfalls berücksichtigt werden. Bei niedrigeren Einmaischtemperaturen als 60–62 °C wird meist zur Verwertung des Heißwassers noch dicker eingemaischt und auf Temperaturen von 62–65 °C „zugebrüht".

3.2.5
Die Verarbeitung von Rohfrucht

3.2.5.1 Allgemeine Gesichtspunkte

Rohfrucht wie Mais, Reis oder ungemälzte Gerste enthält alle Bestandteile des Mehlkörpers in ihrer genuinen Form. Sie wurden nicht durch einen Mälzungsprozess gelöst, es erfolgte keine Neubildung und Aktivierung von Enzymen.

Rohfruchtarten müssen daher, abgesehen davon, dass sie dem Malz nur in bestimmten Prozentsätzen beigemischt werden können, einer Vorbehandlung, einem Aufschließungsprozess unterworfen werden, wenn eine genügende Umwandlung der Stärkebestandteile und eine möglichst restlose Ausnutzung des Rohstoffs erreicht werden soll. Dies geschieht gewöhnlich durch Kochen der Rohfrucht ohne oder teilweise unter Druck. Dadurch wird die Stärke der Rohfrucht verkleistert und kann dann leichter verzuckert werden.

Um diesen Aufschluss sachgemäß durchführen zu können – ohne dass dabei zuviel Zeit aufgewendet werden muss – ist es notwendig das Rohmaterial hinreichend fein zu zerkleinern. Während Reis und Mais in Form von Flocken, Feingrieß oder Mehl bzw. Pulver keiner weiteren Aufbereitung mehr bedürfen, müssen doch die häufig angebotenen Grobgrieße oder Bruchreisarten weiter vermahlen werden.

Gerade bei groben Grießen besteht sonst die Gefahr, dass nur die jeweils äußersten Schichten des Grießkornes verkleistern, während die inneren Partien unverändert bleiben.

Die Sortierungsergebnisse (mit dem Pfungstädter Plansichter gewonnen) einiger Rohfruchtschrote zeigt Tab. 3.76.

Der „Grießgehalt" der Maisstärke ist durch die Herstellungsweise d.h. die Trocknung nach dem Trenn- und Auswaschprozess nur ein scheinbarer: die Stärke lässt sich in Wasser ebenso verteilen wie z.B. Mehl. Es ist zu beachten, dass kein Verklumpen eintritt.

Nachdem Bruchreis und Mais selbst keine Spelzen enthalten, muss bei höheren Rohfruchtgaben, etwa über 15%, ein gröberes Malzschrot erstellt werden, um eine flotte Abläuterung sicherzustellen. Malze aus mehrzelligen Gersten erhöhen den Spelzengehalt der Maische. Sie bringen auch einen höheren Enzymgehalt und mehr freien Aminostickstoff mit und bewirken so vor allem bei

Tab. 3.76 Sortierungsergebnisse von Rohfruchtschroten

	Maisgries [%]	Reis [%]	Maisstärke [%]
Spelzen	0,1	0,6	0,7
Grobgrieß	3,7	0	0,7
Feingrieß I	53,0	4,4	46,6
Feingrieß II	36,4	95,0	23,5
Mehl	5,7	0	12,0
Pudermehl	1,1	0	16,5

Rohfruchtmengen von 30–40% einen gewissen Ausgleich. Bei Maischefiltern ist die Rohlruchtverwendung ohne Probleme, sie vermittelt sogar eine etwas blankere Abläuterung. Bei Läuterbottichschrot hat sich die Anwendung der Konditionierung und der verschiedenen Arten der Nassschrotung als sehr günstig erwiesen.

Weiterhin ist es wichtig, den Aufschluss der Rohfrucht durch enzymatische Einflüsse zu unterstützen. Das durch die Verkleisterung bedingte Quellen der Stärke ermöglicht eine zügige Verflüssigung derselben durch die enzymatische Hydrolyse. Ohne diese würde es beim Kochen der Rohfrucht nur einen zähen Kleister ergeben, der enorme Schwierigkeiten im weiteren Prozess darstellen würde. Schon eine relative kleine Menge an Malz vermittelt eine flüssige Maische, die sich nicht an den Heizflächen anlegt.

Das wesentliche Merkmal der Stärke ist die Verkleisterungstemperatur. Je nachdem wie hoch diese liegt, können andere Maischverfahren verwendet werden. Liegt die Verkleisterungstemperatur auf Höhe des Temperaturoptimums der β-Amylase oder niedriger, so kann mit herkömmlichen Infusionsmaischverfahren gearbeitet werden. Liegt die Verkleisterungstemperatur höher, aber nicht über dem Temperaturoptimum der α-Amylase, so kann mit Dekoktionsverfahren gearbeitet werden. Liegt die Verkleisterungstemperatur über dem Temperaturoptimum der α-Amylase, so müssen exogene Enzyme eingesetzt werden.

Das Quellungsvermögen von Stärke unterschiedlicher Fruchtarten variiert sehr stark. Das hat zur Folge, dass je nach Fruchtart unterschiedliche Schüttungs-Gussverhältnisse im Rohfruchtkocher benötigt werden. Für Reis werden Verhältnisse von bis 1:5 benötigt. Dementsprechend muss die Malzmaische angepasst werden.

Eine alte, aber dennoch brauchbare Methode zur Überprüfung des Stärkeaufschlusses der Rohfrucht, ist die Jodprobe. Die Gesamtmaische soll nach dem Zubrühen der Rohfruchtmaische auf die Restmaische bei 68–72 °C rasch und vollständig verzuckern. Gegebenenfalls ist die Verzuckerungstemperatur auf 75 °C zu steigern und vor dem Abmaischen in den Läuterbottich so lange zu rasten bis die Jodnormalität sicher erreicht ist.

Über den Fortgang der Verkleisterung beim Aufheizen der Rohfruchtmaische über 65 °C gibt jedenfalls die Jodprobe Auskunft. Es tritt nämlich erst dann eine Jodfärbung ein, wenn die Stärke in Lösung geht und verkleistert. Je früher dies eintritt, umso günstiger. Bei Reis kann es sein, dass er bei den üblichen Verzuckerungstemperaturen des Malzes von 68–72 °C überhaupt keine Reaktion zeigt und erst über 80 °C eine langsam intensivierende Jodfärbung auf diesen Vorgang hinweist. Dies ist auf die zum Teil sehr hohe Verkleisterungstemperatur zurückzuführen. Wie in Abschnitt 1.2.1 bereits erwähnt wurde, sind Verkleisterungstemperaturen von über 90 °C nicht unüblich. Auch das Kochen der Rohfruchtmaische kann anhand der Intensität der Jodfärbung verfolgt werden.

Bei der Wahl des Verfahrens zum Aufschluss der Stärke der Rohfrucht sind die physikalischen Eigenschaften der Stärke, die Ausstattung des Sudhauses sowie rechtliche Grundlagen der Bierherstellung in Betracht zu ziehen. Der Anteil der Rohfrucht hat auch einen wesentlichen Einfluss auf die Wahl des Maischverfahrens. Die Menge der Rohfruchtzugabe ist kaum begrenzt. Selbst Anteile von 98% sind in der Industrie bereits etabliert [678]. Mit steigendem Anteil ist jedoch nicht nur das Verfahren anzupassen.

Solange nicht mehr als 40% (maximal 50%) Rohfruchtanteil an der Gesamtschüttung verwendet werden, ist in der Regel kein Enzymzusatz nötig, da die Enzyme des Malzes ausreichen, um die gewünschten Abbauvorgänge in der Maische vorzunehmen. Werden jedoch höhere Rohfruchtanteile verwendet, wird auf industrielle Enzympräparate zurückgegriffen. Zur Ergänzung des durch den eingebrachten Rohfruchtanteil verursachten Enzymdefizits, gibt es heute ein großes Angebot pflanzlicher, pilzlicher und bakterieller Enzyme. Zurzeit eignen sich besonders folgende Mikroorganismen für die Enzymherstellung: *Bacillus subtilis*, *Aspergillus niger* und *Aspergillus oryzae*. Enzym produzierende Bakterien oder Pilze werden in Oberflächenkultur oder submers gezüchtet. Extrazelluläre Enzyme werden durch Fällung, Adsorption oder durch Filtration gewonnen. Bei intrazellulären Enzymen müssen die Zellen erst mechanisch, chemisch oder enzymatisch aufgeschlossen werden, bevor eine Reinigung und Anreicherung möglich ist. Die fertigen Enzympräparate sind dann flüssig, pulverförmig oder granuliert erhältlich. Durch das Granulieren lassen sich staubende Pulver, speziell solche von Proteasen, die Haut, Augen und Atemwege reizen, für den Brauer unbedenklich verwenden. Gleichzeitig findet eine Standardisierung der Enzymaktivitäten statt. Zusätzlich ist wichtig, dass die Pilz- oder Bakterienenzyme keine Giftstoffe in den Prozess mit einbringen. Neben einer Garantie, die Enzymproduzenten über die toxikologische Unbedenklichkeit solcher Hilfsstoffe übernehmen müssen, sollten regelmäßig Überprüfungen vorgenommen werden [676, 677].

Weiter sind die Einrichtungen des Sudhauses zu berücksichtigen. Wird eine spelzenlose bzw. entspelzte Fruchtart wie z. B. Mais bzw. Reis verwendet, so wird das Läutern mit steigendem Anteil schwieriger bzw. unmöglich. Folglich ist der Einsatz eines Maischefilters ab einem gewissen Rohfruchtanteil zwingend erforderlich.

Der Aufschluss der Rohfrucht kann *ohne Druck* einfach dadurch geschehen, dass die Rohfrucht für sich, jedoch mit einer Malzgabe von 20–40% bei 35–50 °C eingemaischt und langsam (1 °C/min) oder unter Einhalten einer Rast bei 75–78 °C zum Kochen gebracht wird. Das Kochen dauert in Abhängigkeit von der Lösung der Rohfrucht 20–40 Minuten.

Kleinere Rohfruchtmengen (z. B. 15%) und hier vor allem Mais können nach dem Trennen der Malzmaische dem Kochmaischeanteil zugegeben werden. Dasselbe ist mit aufbereiteten Rohfruchtarten der Fall (Reis- oder Maisflocken, raffinierte Grieße, Maisstärke).

Beim Kochen der Rohfrucht *unter Druck* vollzieht sich der Aufschluss im Allgemeinen rascher und vollkommener. Das ist darauf zurückzuführen, dass die VKT durch Druck abgesenkt wird, da verkleisterte Stärke ein geringeres Volumen hat. Je gröber die Grieße umso höher sollte der Druck sein. In der Regel wird mit 1–2 bar Überdruck gekocht. Auch hier ist ein gewisser Malzanteil zur besseren Verkleisterung und zur Verflüssigung der Maische unerlässlich; er kann jedoch kleiner gehalten werden. Reis lässt sich unter Druck ebenfalls leichter aufschließen. Ein größerer Malzanteil (1 : 1) kann bei der Druckkochung eine geschmackliche Beeinträchtigung der Biere erbringen, ebenso die Verwendung von ölreichen Grießen, die infolge der Verseifung der Lipide Fettsäuren bilden, die den Bierschaum schädigen können.

Zu einer derartigen Rohfruchtbehandlung sind eigene Druckpfannen erforderlich. Eine Konstruktion zeigt Abb. 3.51.

Auch Henzedämpfer finden Verwendung.

Beim Zubrühen der unter Druck stehenden Maische muss deren höhere Temperatur (110–120 °C) bei der Temperaturführung der Gesamtmaische berücksichtigt werden.

Neuere Versuche, insbesondere mit hoher Reisrohfruchtgabe haben gezeigt, dass der Extraktverlust zwischen 90- und 100-gradiger Rohfruchtkochung sehr gering ist, solange die Dosagebedingungen der hitzestabilen α-Amylase optimal eingehalten werden. Der Endvergärungsgrad lag sogar ein wenig höher [678]. Hierbei wurde mit einem sehr niedrigen Schüttungs-Gussverhältnis von z. B. 1 : 2,4 gefahren, wobei darauf geachtet werden musste, dass knapp über der Verkleisterungstemperatur der Rohfrucht eingemaischt wird, um keinen zähflüssigen Kleister zu erhalten. Dies hätte zusätzlich zur Folge, dass schlecht aufgeheizt werden kann, da kaum Wärme übertragen wird. Feinschrot zeigte naturgemäß höhere Ausbeuten als Grobschrot. Die ungemahlenen Proben mit Bruchreis lagen um 10 Prozentpunkte unter den Vergleichswerten mit Feinschrot und scheiden als Empfehlung aus.

Aufgrund von Kornhärte und optimaler Extraktausbeute, muss Feinschrot mittels einer Hammer- oder Dispergiermühle hergestellt, werden. Die Rohfruchtmaischen (Schüttungsverhältnisse meist 1 : 4,5) werden zunächst bei Kochtemperaturen aufgeschlossen. Neuere Untersuchungen und Literaturhinweise [678] haben jedoch gezeigt, dass es wirtschaftlich (weniger Energieeinsatz und kürzere Maischzeiten) und qualitativ sinnvoll ist, die Verkleisterungstemperatur zu ermitteln [680]. Die bei allen Rohfruchtarten vorkommenden Sorten mit niedrigen Verkleisterungstemperaturen sollten bevorzugt werden, da hier mit einem verminderten Einsatz an malzeigenen oder exogenen Enzymen gearbeitet werden kann. Unterhalb von etwa 40 (max. 50%) Rohfruchteinsatz ist es noch möglich, die Extraktgewinnung und den Eiweißabbau mittels der malzeigenen Enzyme zu bewerkstelligen [681]. Ein typisches Maischdiagramm ist in Abb. 3.52 dargestellt. Oberhalb von 50% an Rohfrucht sind exogene amylolytische Enzyme sowie eine getrennte Maischeführung notwendig. Mit Anhebung der Gerstenrohfruchtgabe steigen der β-Glucangehalt linear und die Viskosität sogar exponentiell an [682], was wegen drohender Abläuter- und Filtrationsschwierigkeiten weitere Enzymzusätze (β-Glucanasen) erforderlich macht.

Gerste kann auch in vorverkleisterter Form der Schüttung beigemengt werden, indem die Rohfrucht vorab mit Infrarot oder Mikrowellen bestrahlt und anschließend vermahlen oder geflockt wird. Eine andere Behandlung ist die Extrusion (Fließpressen), wobei die Rohfrucht bei Drücken von 45–75 bar und Temperaturen von 120–160 °C verkleistert. Auf alle Fälle sollte auch Gerste mit Brauqualität verwendet werden [683]. Eine ausführliche Darstellung dieser diversen

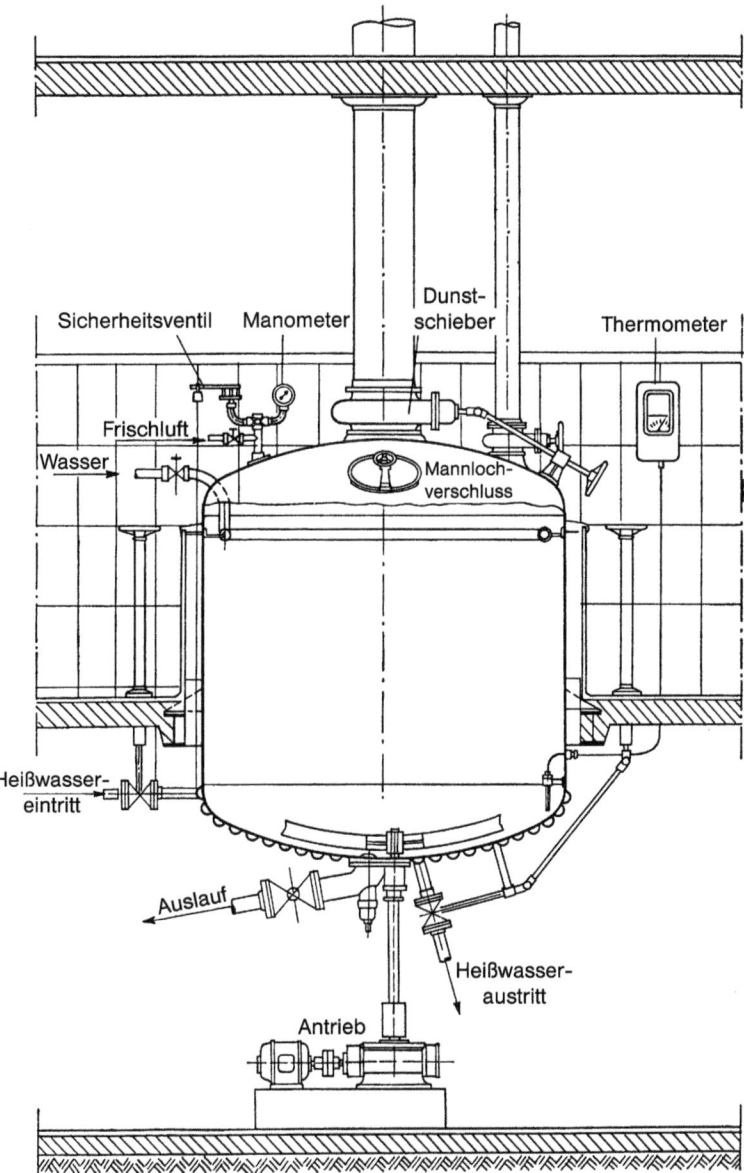

Abb. 3.51 Rohfruchtkocher

Gerstenrohfruchtvarianten mit ihren Merkmalen ist in Abschnitt 1.2.1.1 beschrieben. Gerstenflocken können bis zu 30% der Schüttung in Stoutbieren ausmachen, da im Pale-Ale-Malz ausreichend Amylasen vorhanden sein sollten, um deren Stärke zu verzuckern. Im praktischen Brauprozess sind 15% Gerstenflocken üblicher. Durch die Gerste werden β-Glucane in hohen Konzentrationen

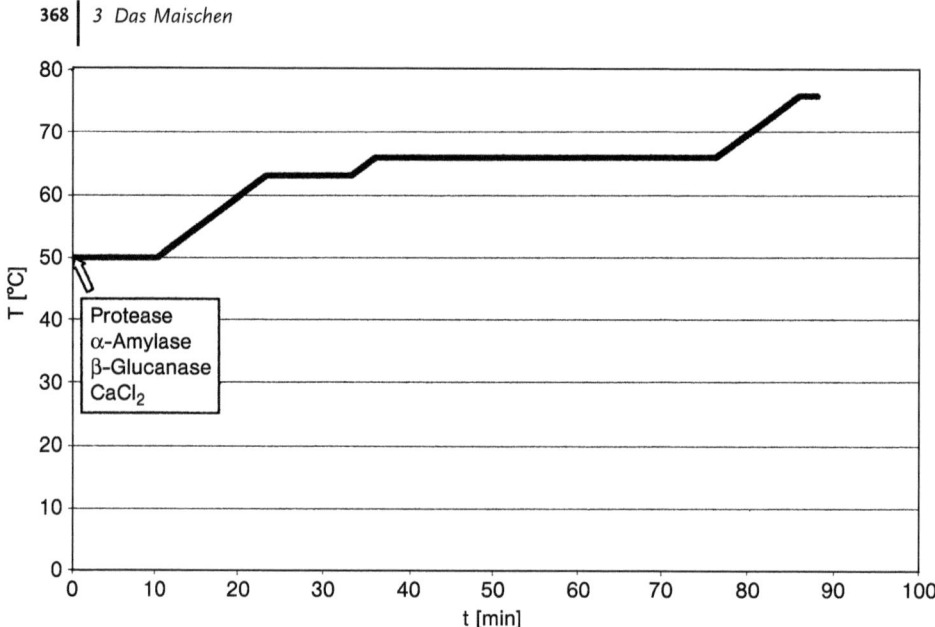

Abb. 3.52 Maischdiagramm mit bis zu 50% Gerstenrohfruchtschüttung

eingebracht. Diese wirken sich zwar positiv auf die Schaumstabilität aus [684] und verbessern das Mundgefühl, können aber bei zu vielen β-Glucanen zu Trübungen, gelartigen Ausfällungen und einer überhöhten Viskosität führen, wodurch Filtrationsprobleme entstehen. Dem kann einerseits durch Zugeben von β-Glucanasen oder andererseits durch den Einsatz von Zentrifugen anstelle von Filtern entgegengewirkt werden [685].

3.2.5.2 Maischverfahren mit Reisrohfrucht

Verfahren mit eigener Rohfruchtmaische, 20% Reis (Abb. 3.53) Bestimmte Reissorten verkleistern auch unter Malzzusatz bei 78°C nur unvollständig; um Schwierigkeiten zu vermeiden gestaltet sich die Behandlung der Rohfruchtmaische wie folgt [679]: Die Rohfrucht wird mit einem Malzzusatz von ca. 5% bei 70°C eingemaischt, auf 88–90°C erhitzt, hier 10–15 Minuten lang verkleistert und dann so viel Malzmaische von 30–40°C zugegeben bis eine Temperatur von 78°C resultiert. Das zugesetzte Malz verflüssigt den Kleister in 5–10 Minuten. Anschließend wird 20–30 Minuten gekocht und auf die inzwischen eingeteigte Malzmaische aufgebrüht. Auch hier kann ein Ein-, Zwei- oder Dreimaischverfahren Anwendung finden.

Verfahren mit hoher Rohfruchtgabe und sehr enzymstarken Malzen (z. B. ein Teil Malz aus mehrzelligen Gersten): bei 3000 kg sind 40% = 1200 kg Reis; die Malzschüttung besteht zu jeweils 50% aus zwei- und mehrzeiligem Malz.

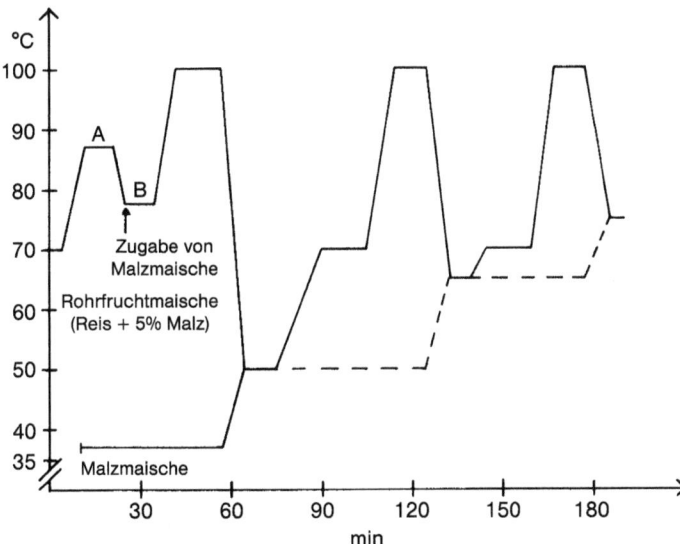

Abb. 3.53 Verfahren mit vorhergehender Verkleisterung der Rohfrucht (ca. 20% Reis; A: Verkleisterung der Rohfrucht, B: Verflüssigung der Rohfrucht)

Rohfruchtmaische: Einmaischen bei 35 °C: 1200 kg Reis und 400 kg Malz mit 72 hl Wasser = 85 hl Gesamtmenge. Aufheizen auf 50 °C, Rast 10 Minuten, aufheizen auf 75 °C in 20 Minuten. Rast 20 Minuten, Kochen 30 Minuten.

Malzmaische: Einmaischen mit 35 °C: 1400 kg Malz mit 42 hl Wasser = 51 hl Gesamtmenge. Zeitpunkt des Einmaischens z. B. am Ende der Eiweißrast der Kochmaische.

Kochmaische zubrühen auf 68 °C. Gesamtmaische 136 hl. Verzuckerung abwarten, anschließend aufheizen auf 74 °C, Rast 10 Minuten. Abmaischen. Ein ähnliches Verfahren zeigt Abb. 3.54.

Wie schon oben angeführt, lassen aufbereitete Rohfruchtarten wie Reis- und Maisflocken, raffinierte Grieße oder Maisstärke eine einfachere Verarbeitung zu. Sie gelangen bei der ersten Maische zum Zusatz, wobei aber das Verhältnis von Schüttungsanteil zu Guss etwa 1:4 sein sollte. Ein Problem der pulverförmigen Maisstärke kann die Klumpenbildung sein, die bei ungenügenden Rührwerken zu Störungen Anlass gibt. Eine Lösung ist es die Maisstärke in einem eigenen Behälter mit Turborührer zu einer Art Stärkemilch einzuteigen, die dann der Koch-maische vor dem Aufheizen zugesetzt wird.

Maischverfahren mit sehr hoher Reisrohfruchtgabe (bis 90%) Das Maischprogramm ist eine Art Dekoktionsverfahren. Die Reismaische wird gesondert behandelt. Eingemaischt wird das gesamte Hammermühlen- oder dispergierte Reisschrot in einem sogenannten Rohfruchtkocher knapp über der Verkleisterungstemperatur des Reises. Die Schrotsortierung für Hammermühlen sollte ei-

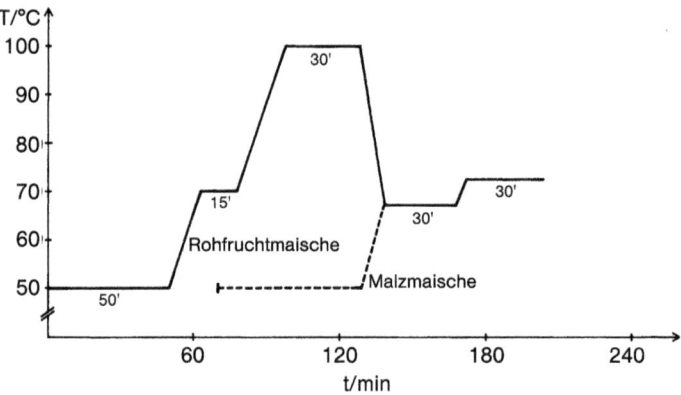

Abb. 3.54 Doppelmaischverfahren nach Hind

ne deutliche Betonung der Fraktionen Feingrieß I (27,2%), Feingrieß II (38,6%), Grießmehl (18,8%) und Pudermehl 10,5%) erhalten. Zu der Maische kommt unmittelbar eine Gabe an exogenen thermostabilen α-Amylasen und eine den Enzymherstellerangaben entsprechende Menge an Calcium-Ionen sowie die vorgeschriebene Adjustierung des pH mit technischer Milchsäure. Darauf wird die Temperatur auf 90 °C angehoben und 30 Minuten belassen. Nach eingetretener Jodnormalität wird mit der ersten Hälfte dieser Reismaische die Malzmaische von 29 °C auf 52 °C aufgebrüht. Kurz danach, um diese nicht vorzeitig zu inaktivieren, werden Proteasen den Herstellerangaben entsprechend gegeben, um zumindest aus dem Gerstenmalz noch weiteres Eiweiß zu lösen. Das Reiseiweiß, welches durchaus vorhanden ist (zwischen 6,2 und 10,9% [686], kann unabhängig ob die Proteasen vom Gerstenmalz oder von exogenen Enzymen stammen, nur sehr unzureichend in Lösung gebracht werden. Mit dem Rest der Reismaische wird nun auf 64 °C aufgemaischt, eine kurze Rast von 5 Minuten eingehalten, da der Endvergärungsgrad schon genügend hoch ausfällt, und dann auf 72 °C Verzuckerungstemperatur hochgefahren. Diese Rast wird 20 Minuten lang gehalten, darauf auf 78 °C hochgeheizt und auf einen Maischefilter abgemaischt (Abb. 3.55).

Maischen mit äußerst hoher Reisgabe (bis 98%) Bei einer derart hohen Schüttung von Rohfrucht ist es nicht mehr möglich, die Rohfruchtmaische zum Aufbrühen der Malzmaische zu verwenden. Hier muss ein Maischekühler (wie generell bei großen Rohfruchtmaischen nützlich, s. a. Abschnitt 3.2.5.5) die Reismaische auf 50 °C herunterkühlen. Darauf werden noch Proteasen gegeben und stufenweise über die β-Amylaserast bei 62 °C auf 72 °C Verzuckerungsrast gebracht. Mit 2% Schüttungsanteil ist das Malz nur noch als β-Amylasenlieferant von Bedeutung. Da nur noch die exogenen hitzestabilen α-Amylsasen wirken, kann die Läutertemperatur deutlich höher als 78 °C gewählt werden. Es kann ohnehin nur noch ein Maischefilter diese Maische filtrieren, so müssen auch die Filtertücher auf höhere Temperaturen ausgelegt werden. Der Farb- und Aro-

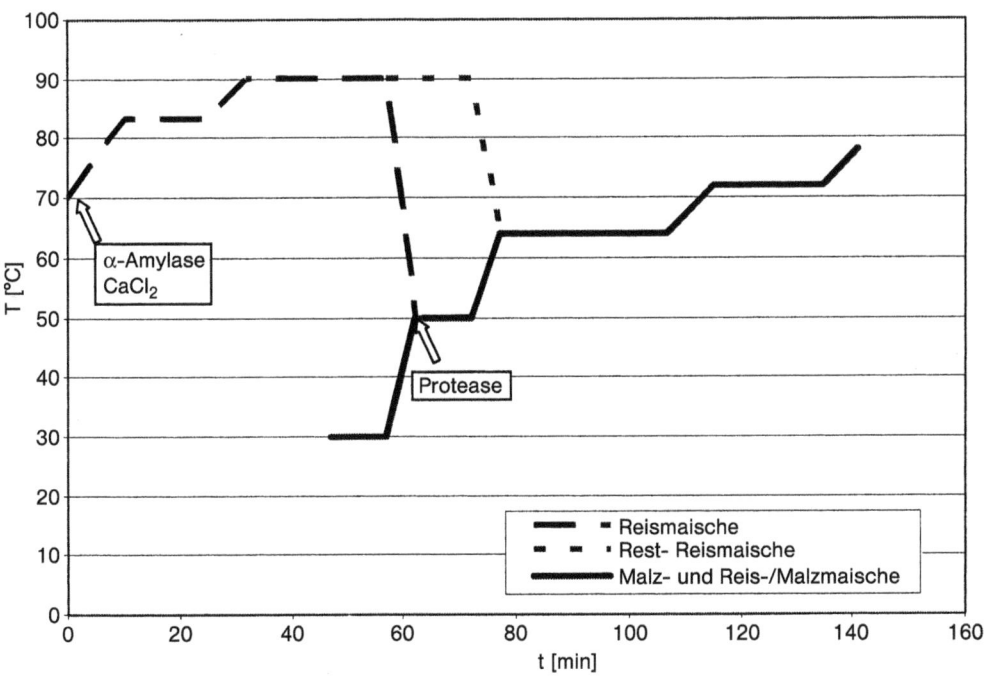

Abb. 3.55 Maischdiagramm mit sehr hoher Reisrohfruchtschüttung (bis zu 90%)

maeintrag ist nur noch über Röstmalzbier oder Karamellprodukte zu erbringen, die vornehmlich zur Würzekochung eingesetzt werden (Abb. 3.56).

3.2.5.3 Maischverfahren mit Maisrohfrucht

Maisrohfrucht wird weitläufig als Malzersatzstoff eingesetzt, wobei hier auf eine ausreichende Abtrennung des Keimlings geachtet werden muss, um so wenig Fett wie möglich in den Bierbereitungsprozess einzubringen. Der Keimling, der 5–14% des Maiskorngewichtes ausmacht [687], enthält etwa 85% des Öls [688]. Die Keimabtrennung erfolgt durch einen Mahlvorgang. Die anfallenden Maisgrits können dem Maischprozess auf ähnliche Weise zugegeben werden, wie bei der Reisrohfrucht beschrieben. Die Verkleisterung findet während der Maischarbeit statt. Durch Dämpfen, Rollen und Trocknen werden Maisflocken hergestellt, die vorverkleistert sind. Ein Verfahren, das ebenso bei Reis und Gerstenrohfrucht angewandt wird. Maisflocken sind nach wie vor ein kostengünstiger Rohstoff [681], der durch den Wegfall der Verkleisterung den Maischprozess entscheidend beschleunigen kann. Sie können in ähnlichen Anteilen wie beim Reis der Schüttung zugemischt werden. In einem Vergleich von Mais, Sorghum und Gerstenrohfrucht konnten keine Unterschiede zu Allmalzwürzen festgestellt werden, wenn nur 5% Rohfrucht beigegeben wurde. Mit höherer Gabe fielen die Eiweißfraktionen linear ab, wobei der Mais etwas besser abschnitt [689]. Prinzipiell

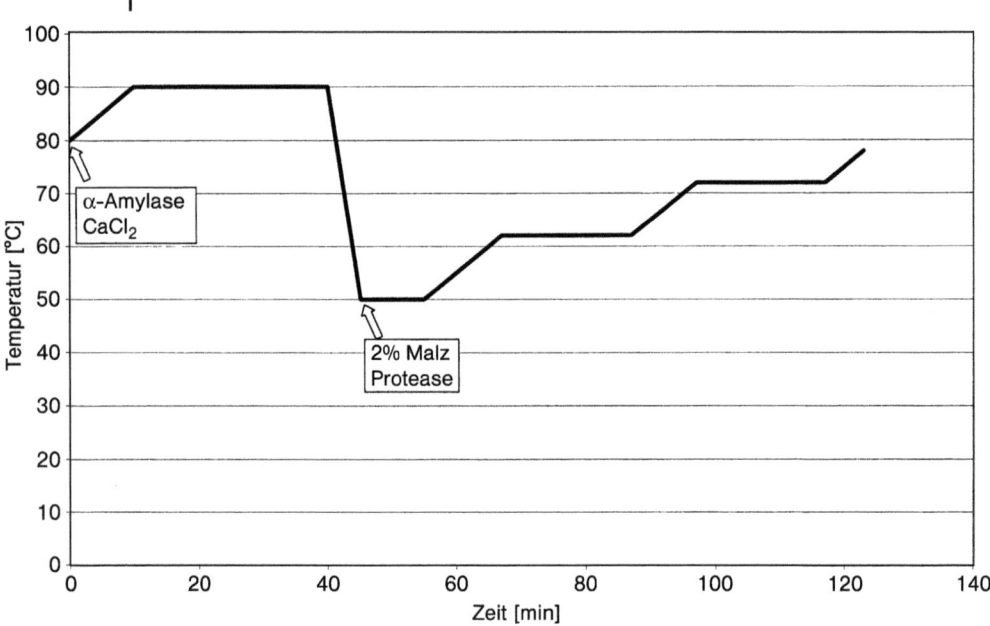

Abb. 3.56 Maischverfahren für äußerst hohe Reisgaben (bis 98%)

ist bei Rohfruchtwürzen zu beachten, dass der freie Aminostickstoff nicht unter 150 mg/l (bezogen auf 12 GG-%) fällt, da sonst zusätzliche Nährstoffe für die Hefe erforderlich werden oder die Hefegabe deutlich erhöht werden muss. Abbildung 3.57 zeigt, dass Maisrohfruchtmaischen bei 78 °C ausreichend durch 10% Malzzusatz verflüssigt werden. Wird stattdessen annähernd Kochtemperatur gewählt, werden die Enzyme zu früh inaktiviert und es findet nach der Verkleisterung und der unvollständigen Verflüssigung eine Retrogradation der Stärke statt. Diese ist im weiteren Maischverlauf enzymatisch ungenügend angreifbar [690]. Erwähnenswert ist, dass sich durch hohe Maisgaben der Biercharakter ändert [691]. Hierzu tragen wohl Aromen, die dem Popcornaroma nahe kommen, wie 2-Acetylpyrrolin und 2-Acetyltetrahydropyridin, bei.

Verfahren mit eigener Rohfruchtmaische mit 20% Mais (Abb. 3.58) Bei 3000 kg Schüttung werden 600 kg Mais gegeben. Für die Rohfruchtmaische werden in der Maischpfanne 600 kg Mais mit 600 kg Malzschrot und 50 hl Wasser zu 54 hl Gesamtmenge klumpenfrei bei 35 °C eingemaischt. Nach einer Rast und anschließenden Enzympausen bei 50 °C und 70–75 °C kocht die Maische 30 Minuten.

Die restliche Malzschüttung von 1800 kg wird mit 54 hl Wasser so rechtzeitig bei 50 °C eingemaischt, dass eine auf die Bedürfnisse des Malzes abgestimmte Eiweißrast resultiert. Die Gesamtmenge der Malzmaische beträgt 66 hl.

Die Kochmaische wird nun in den Maischbottich auf 65–70 °C zugebrüht. Die Gesamtmaische beläuft sich damit auf 120 hl, entsprechend einer Vor-

3.2 Praxis des Maischens | 373

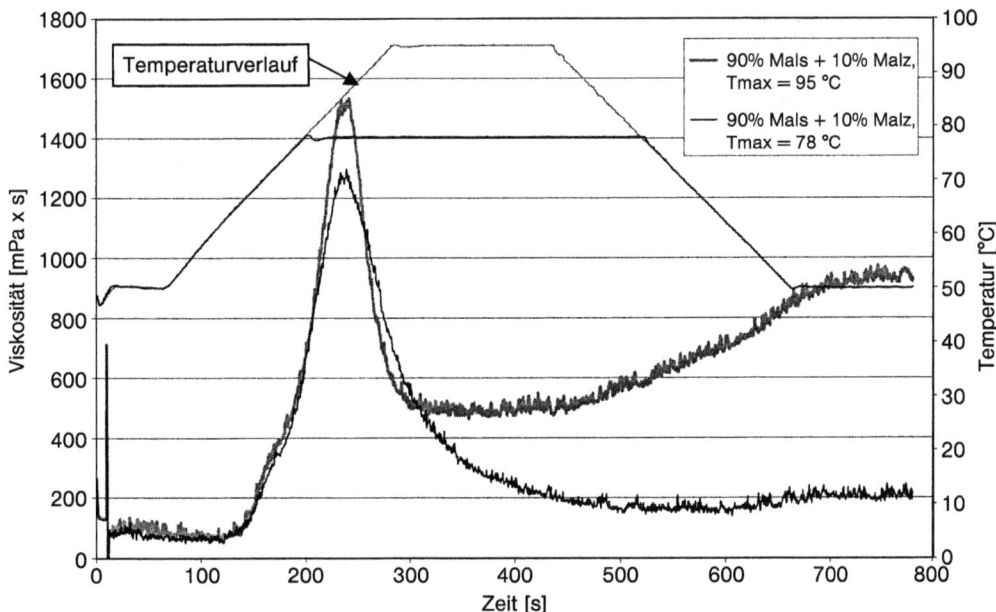

Abb. 3.57 Verkleisterungsverhalten von 90%igen Maismaischen bei unterschiedlichen maximalen Temperaturen (gemessen mit einem Rotationsviskosimeter der Fa. Newport Scientific/Australien)

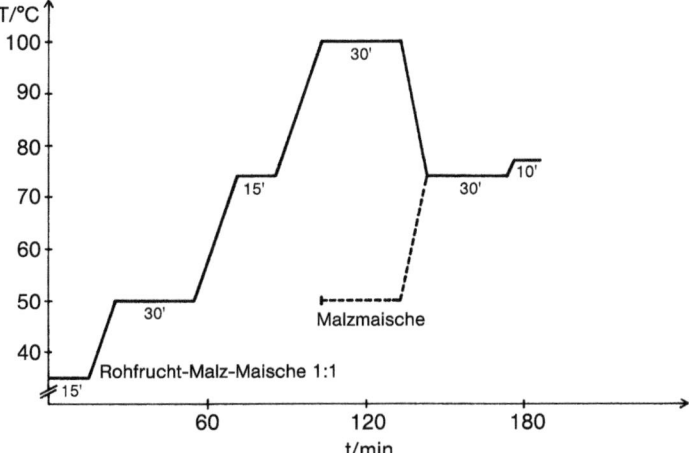

Abb. 3.58 Verfahren zur Verarbeitung von 20% Rohfrucht

Tab. 3.77 Korrektur des Aminostickstoffs bei Rohfruchtwürzen

Würzetyp Eiweißrast bei	100% Malz 50°C 20 min	30% Reis 50°C 20 min	30% Reis 45/48/52°C je 15 min
Gesamtstickstoff mg/100 ml	110,0	77,0	82,0
Freier Aminostickstoff mg/100 ml	24,0	16,8	19,0

derwürzekonzentration von 17–17,5%. Es wird nun entweder die Verzuckerung der Maische abgewartet und dann auf Abmaischtemperatur aufgeheizt oder es wird eine zweite Maische wie bei einem normalen Zweimaischverfahren durchgeführt.

Es kann auch ein Dreimaischverfahren zur Anwendung kommen, wenn die Malzmaische beim Einmaischen eine Temperatur von 35–37 °C hatte.

Die Qualität des zur Rohfruchtverarbeitung verwendeten Malzes spielt eine ebenso große, wenn nicht größere Rolle als bei reinen Malzsuden. Es gilt nicht nur die fehlende amylolytische Kraft, sondern auch die sehr geringe Löslichkeit des Eiweißgehaltes der Rohfrucht auszugleichen. Dies ist notwendig, um eine ausreichende Versorgung der Hefe mit assimilierbarem Stickstoff sicherzustellen. Es sind also enzymstarke Malze von hoher diastatischer Kraft und guter Auflösung erforderlich. So sind Malze mit höherem Eiweißgehalt (bis 12%) nicht nur wegen ihrer höheren diastatischen Kraft, sondern auch wegen der höheren Mengen an Aminostickstoff erwünscht. Dennoch kann es notwendig sein, mit der Malzmaische eine „gestaffelte" Eiweißrast einzuhalten, um den Gehalt an freiem Aminostickstoff über die Schwelle von 22% des Gesamtstickstoffs anzuheben, wie Tab. 3.77 zeigt.

3.2.5.4 Maischverfahren mit Gerstenrohfrucht

Die Verarbeitung von ungemälzter Gerste ist bis zu einer Menge von 10–15% möglich, wenn das Malz entsprechend enzymstark ist. Da die Gerste nur 10–15% an löslichem Stickstoff einbringt, werden längere Eiweißrasten benötigt, um die gewünschte Menge an freiem Aminostickstoff bereitzustellen. Dies ist auch im Hinblick auf die β-Glucane vonnöten, die bei Gerste einen zögernderen Abbau erfahren als z.B. bei Spitzmalz (Abschnitt 1.1.5.5). Es war erwartet worden, dass die löslichen β-Glucane der Gerste leichter abzubauen und das Hemicellulosen-β-Glucan im wesentlichen unangegriffen und somit in den Trebern bleibt, wodurch Maische, Würze und Bier nicht belastet werden [538, 555]. Die Verzuckerung erfolgt nach vorausgehender Verkleisterung einwandfrei, weswegen ein Zweimaischverfahren anzuwenden ist, bei dem die erste Maische der Aufnahme des Gerstenschrotes dient. Nach dem Zubrühen zur Restmaische ist eine ausreichende Verzuckerungszeit bei 70–72 °C einzuhalten. Es wäre hier u.U. auch möglich auf die zweite Maische zu verzichten und einfach auf die Abmaischtemperatur aufzuheizen.

Tab. 3.78 Vergleich von Suden mit 20% Spitzmalz und Rohgerste – Ausschlagwürzen [47]

		Normalmalz	20% Spitzmalz	20% Rohgerste
Viscosität	mPa s	1,65	1,78	1,83
β-Glucan	mg/l	227	263	572
Gesamtgummistoffe	mg/l	398	457	891
Jodreaktion	ΔE	0,18	0,35	0,39

Einen Vergleich eines Normalsudes mit jeweils 20% Spitzmalz und 20% Rohgerste zeigt Tab. 3.78 [47].

Es war wohl beim „Spitzmalz" gelungen, noch einigermaßen normale β-Glucan- und Gummistoffgehalte zu erzielen, doch entsprach die Jodreaktion nicht. Der Sud mit Rohgerste zeigte einen ungünstigen Abbau. Beide Materialien waren mit einem Kesselmaischverfahren mit besonders angepasster Temperaturführung nach dem Zubrühen der Kochmaische verarbeitet worden. Die Filtrierbarkeit des Spitzmalzsudes war 50%, die des Gerstensudes nur 40% des üblichen Wertes.

Damit ist augenscheinlich, dass höhere Mengen an Rohgerste nur mit mikrobiologisch gewonnenen Enzympräparaten aufgeschlossen werden können. Diese weisen neben definierten proteolytischen und amylolytischen Aktivitäten auch Endo-β-Glucanasen auf, die sogar bei 55 °C noch gut zu wirken vermögen und somit unempfindlicher sind als die des Malzes. So bereitet der Gummistoffgehalt kaum Schwierigkeiten bei der weiteren Verarbeitung von Würzen, die aus 30–50% Rohgerste hergestellt worden waren. Der Gehalt an freiem Aminostickstoff kann durch die Variation der Enzymgabe auf das gewünschte Niveau angehoben werden [695, 696].

Sogar Kombinationen mit 40% Gerste, 30% Mais und nur 30% Malz, zusammen mit einer Enzymmenge von 0,03–0,1% des Rohfruchtanteils, je nach Präparat werden empfohlen [538].

Bei Suden mit 20–30% Gerstenrohfrucht wird diese beim Einmaischen bei 50 °C nebst der erforderlichen Menge an Enzymen zugegeben. Es kann ein Ein- oder Zweimaischverfahren durchgeführt werden. Ein getrenntes Einmaischen der Gerstenrohfrucht bei 50 °C, ein Kochen derselben und ein Zusatz zu der inzwischen eingemaischten Malzmaische erbringt eine höhere Ausbeute, die allerdings mit dem erhöhten Energieaufwand des Zweimaischverfahrens erkauft werden muss. Die Enzyme werden beim Zubrühen der Kochmaische im Maischbottich zugegeben [683].

Die verschiedentlich harte Bittere von „Gerstenbieren" kann durch pH-Absenkung beim Würzekochen auf pH 4,9 eliminiert werden [695]. Auch der Einsatz von 3–5 g/hl Tannin zum Würzekochen erbringt eine Verbesserung [624].

3.2.5.5 Maischverfahren mit Sorghumrohfrucht

Sorghum ist das vierte hauptsächlich verwendete Malzsurrogat neben Gerste, Mais und Reis. Sorghumkörner können besonders bezüglich der sekundären Pflanzeninhaltstoffe sehr unterschiedlich zusammengesetzt sein. So wird von einer Seite berichtet, dass Tannin- und polyphenolreiche Sorten nicht für die Bierbereitung verwendet werden, andererseits werden gerade diese Sorten für die Herstellung von „opaque beers" kleinster und kleiner Hersteller in Afrika bevorzugt [692]. Hingegen werden die amylopektinreichen Sorten für die alkoholfreien Biere eingesetzt, da ihre Würzen einen höheren Anteil an nicht vergärbaren Dextrinen aufweisen [693]. Diese Sorten haben relativ hohe Verkleisterungstemperaturen, was den Einsatz von exogenen Enzymen unbedingt notwendig macht. Interessanterweise kann der mit Gerste vergleichbare Rohproteingehalt nur in geringem Maße in Lösung gebracht oder während des Maischens in entsprechend kleinere Fragmente abgebaut werden.

Bedingt durch einen Importstop von Malz nach Nigeria 1988 mussten sich die ansässigen Brauereien fast vollständig auf Sorghumrohfrucht umstellen. Einige Ergebnisse grundlegender Forschungsarbeiten stammen aus diesem „Zwang" [694]. Zusätzlich ist eine neue Biersorte entstanden, die heute noch Absatz findet, obwohl ein Import von Malz wieder möglich ist. In Abb. 3.59 ist ein solches Maischprogramm dargestellt, welches mit vielen Zusätzen arbeitet, sowie einen „Rohfruchtkocher" und einen Maischekühler erforderlich macht.

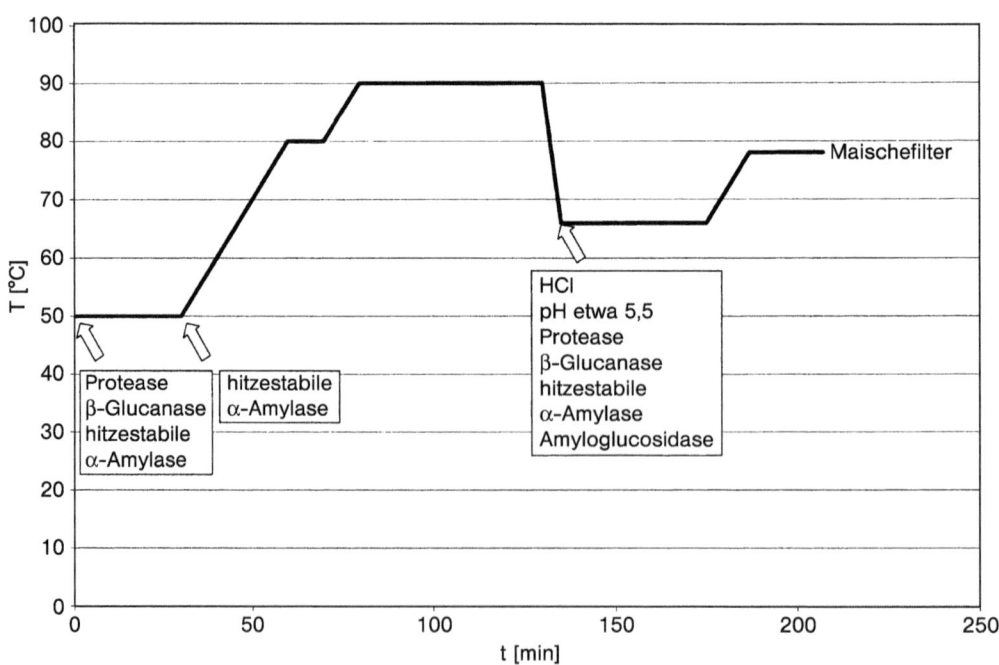

Abb. 3.59 Maischdiagramm mit sehr hohem Sorghumrohfruchtanteil (bis zu 100%)

Eingemaischt wird bei 50 °C mit einem „Enzymcocktail" aus Proteasen, β-Glucanasen und thermostabilen α-Amylasen, die nach Ende der Rast nochmals in einer eigenen Gabe zugemischt werden. Dies geschieht jeweils unter den optimalen Dosagebedingungen der Hersteller bezüglich des pH, den Ionenkonzentration und der Enzymmenge. Anschließend wird auf Verkleisterungstemperatur hochgeheizt, kurz gehalten und darauf folgend bei 90 °C für 50 Minuten gerastet. Nach Abkühlung der Maische auf 66 °C (Rastdauer 40 Minuten) durch einen Maischekühler wird der Maische-pH erneut mit Salzsäure auf 5,5 justiert. Zusätzlich wird ein neuer Enzymcocktail mit Proteasen, β-Glucanasen, Amylogucosidasen und thermostabilen α-Amylasen beigemengt. Aufgrund der fehlenden Spelzenanteile muss zwangsläufig die inzwischen auf 78 °C erhitzte Maische über einen Maischefilter abgeläutert werden. Bemerkenswert ist, dass die Würzefarben sehr hell ausfallen.

3.2.5.6 Menge der Rohfruchtzugabe

Die Rohfruchtzugabe ist nach diesen zitierten Arbeiten kaum begrenzt [695, 696], wenn Enzyme mit zum Einsatz kommen. Ein bestimmter Malzanteil wird als wünschenwert erachtet, um die Stärke besser verkleistern zu können und um einen Mangel an irgendwelchen Enzymen, die in den verwendeten Enzymkombinationen nicht enthalten sind, auszugleichen [695]. Der Gehalt des Malzes an proteolytischen Enzymen wird bei einem Malzanteil von ca. 25–30% nicht zum Tragen kommen, da diese durch Inhibitoren in der Gerste behindert werden [697, 698]. In einer Reihe von Ländern ist jedoch der Rohfruchtanteil gesetzlich begrenzt: in Europa je nach Land auf 20–30%, in den USA werden höhere Mengen von bis zu 40% verarbeitet. Wenn keine Enzyme zum Zusatz kommen, dann dürften 40–50% auch die Grenze sein, wo selbst sechszeilige Malze noch eine einwandfreie Verkleisterung, Verzuckerung und Aminosäureausstattung der Würze zu erbringen vermögen.

Die Verwendung von Rohfrucht ist in der Bundesrepublik nicht erlaubt. Eine Ausnahme bilden Biere, die zum Export bestimmt sind. Doch gilt diese nicht für Bayern und Baden-Württemberg.

3.2.6
Spezielle Probleme beim Maischen

3.2.6.1 Nassschrotung
Bei Anwendung der Nassschrotung (s. Abschnitt 2.5.7) verlängert sich die Einmaischzeit durch die längere Schrotzeit, die bekanntlich 30–40 Minuten beträgt. Bei Dekoktionsmaischverfahren ist es zweckmäßig, zunächst die Kochmaische in die Maischpfanne und anschließend die Restmaische in den Maischbottich zu schroten. Auch das Wasser zum Nachspülen der Mühle wird als Teil des Hauptgusses in den Maischbottich geleitet. Nachdem die Weichtemperatur meist niedriger ist als die Einmaischtemperatur, das Weichwasser aber nicht verworfen wird, ergibt sich in diesem Falle keine definierte Einmaischtempera-

tur von z. B. 62 °C, sondern es stellt sich ein allmählicher Temperaturanstieg während des Schrotens ein. Erst wenn die Heizflächen der Maischpfanne und der Maischbottichpfanne bedeckt, sind kann mit dem Aufheizen auf 62 °C begonnen werden.

Durch das getrennte Einmaischen wird nicht nur Zeit gespart, sondern auch eine bessere Einflussnahme auf die Enzymwirkung während der Anfangsphase des Maischprozesses ermöglicht.

3.2.6.2 Gewinnung und Zusatz eines Malzauszuges

Bei Einmaischverfahren, vor allem aber bei Anwendung der Spelzentrennung und einem relativ späten Zusatz der Spelzen ist die Anwendung eines „Malzauszuges" von Vorteil. Dasselbe kann auch bei der Verarbeitung von Spitzmalz (s. Abschnitt 3.1.3.4) oder ungleichmäßig gelösten Malzen der Fall sein.

Der Malzauszug wird üblicherweise zum Zeitpunkt des Kochens der (ersten) Pfannenmaische aus der im Maischbottich ruhenden, oben klar abgesetzten Restmaische bei Temperaturen von 50–60 °C entnommen und nach dem Zubrühen der (letzten) Kochmaische wieder zugesetzt. Die Menge beträgt nur 0,5 % der Gesamtmaische. Hierdurch wird mit Sicherheit eine jodnormale Maische erreicht und ein Abfall des Endvergärungsgrades vermieden.

Ein Zusatz zur abläuternden Würze ist weniger günstig, da infolge der hier etwas niedrigeren Temperaturen (Abkühlung des Systems) u. U. eine Verschlechterung des Schaumes zu befürchten ist.

Die ungleich größeren Mengen an Malzauszug für Diätbiere dürfen, um der Schonung der Grenzdextrinasenaktivität willen, nur bei maximal 50 °C entnommen werden. Unter Umständen sind niedrigere Temperaturen von z. B. 35 °C sogar noch wirksamer. Dieser Auszug muss, um Infektionen zu vermeiden, bis zu seiner Verwendung, d. h. seinem Zusatz bei der Gärung, gut gekühlt aufbewahrt werden. In diesem Falle ist es ratsam, auf die biologische Maischesäuerung zu verzichten.

Bei biologischer Säuerung dürfen Hopfenrückstände nicht zur Maische gegeben werden, da schon sehr niedrige Bitterstoffgehalte von unter 1 EBC-Bittereinheiten genügen, um die Vermehrung der Milchsäurekulturen zu inhibieren und die Säuerung zum Erliegen zu bringen.

3.2.6.3 Maischverfahren zur Erhöhung des Glucosegehaltes

Die Erhöhung des Glucosegehaltes bzw. eine Verschiebung des Verhältnisses von Glucose : Maltose vermag die Bildung von Estern bei der Gärung zu fördern. Sie kann durch eine besondere „Maltase-Rast" erreicht werden [470]. Nachdem dieses Glucose : Maltose-Verhältnis bei den üblichen hellen, mittelfarbigen und dunklen Malzen innerhalb des vergärbaren Extrakts relativ konstant ist, bedarf es bei der im niedrigen Temperaturbereich von 30–45 °C wirksamen Maltase besonderer Maßnahmen: Das Enzym muss bei z. B. 45 °C auf eine bereits verzuckerte (Teil-)Maische einwirken, um aus der vorliegenden Maltose Glucose liefern zu können.

Die Verfahrensweise zur Erhöhung des Verhältnisses Glucose:Maltose ist dann wie folgt (Abb. 3.60):

1. Teilmaische: 60% der Schüttung, S:HG = 1:3,
   bei 62 °C einmaischen
   Rast bei 62 °C   40 min
   Aufheizen auf 70 °C   8 min
   Rast bei 70 °C   12 min
2. Teilmaische: 40% der Schüttung, S:HG = 1:5,5 kalt,
   d. h. bei 11–12 °C einmaischen,
   Zubrühen der 1. Maische auf 45 °C, S:HG = 1:4
   Rast bei 45 °C   40 min
   Aufheizen auf 70 °C   25 min
   Rast bei 70 °C   15 min
   Aufheizen auf 77 °C   7 min
   Gesamtmaischdauer: 170 min

Die Temperatur von 45 °C ist für die Wirkung der Maltase eindeutig am günstigsten, wie Tab. 3.79 zeigt.

Wie Tab. 3.80 zeigt, liefert das geschilderte Maischverfahren im Vergleich zu einem Hochkurzmaischverfahren deutlich höhere Gehalte an 3-Methylbutylacetat.

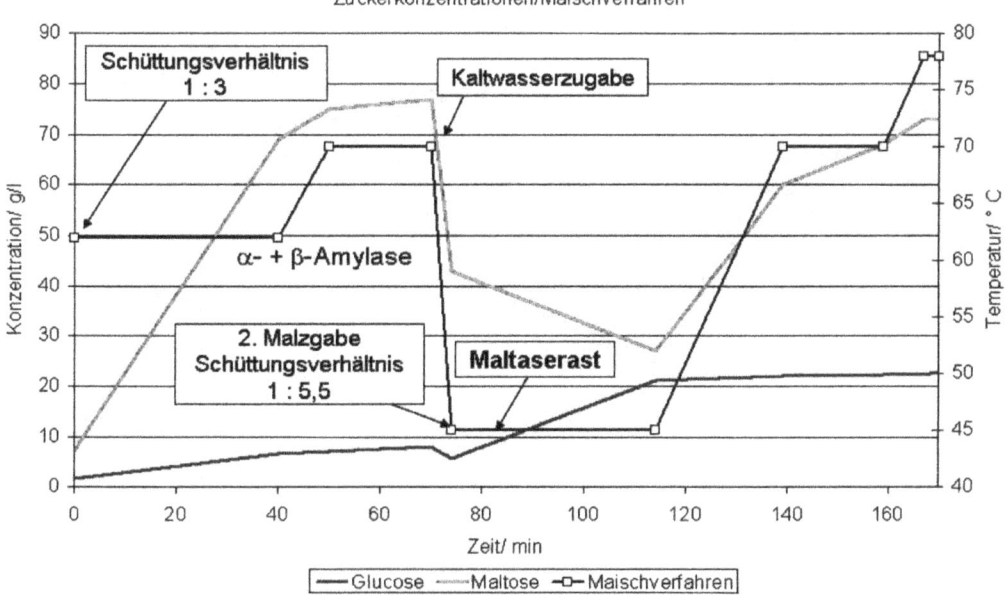

Abb. 3.60 Maltaseverfahren (nach [470], [699])

Tab. 3.79 Zuckerkonzentration bei Variationen der Mischtemperatur bezogen auf 12% Extrakt

Temperatur	Glucose g/l	Maltose g/l	Verhältnis Glucose:Maltose %
35 °C	10,1	60,6	16,7
40 °C	15,5	55,4	27,9
45 °C	18,3	52,9	34,7
50 °C	8,6	64,2	13,5

Tab. 3.80 Vergleich Hoch-Kurz-/Maltase-Maischverfahren (Schüttung: 70% Weizen, bis 30% Gerstenmalz)

Substanz	Glucose g/l	Maltose g/l	Verhältnis Glucose:Maltose %	3-Methyl-butylester µg/l
Hochkurz-MV	10,4	131,2	7,9	2756
Maltase-MV	23,2	126,1	18,4	7863

Dieses Ergebnis ist für die Herstellung von typischem bayrischem Weizenbier sehr bedeutsam. Hierdurch dürfte es auch in weniger günstig dimensionierten Gärgefäßen gelingen wünschenswerte Estergehalte zu erreichen. Es gibt aber auch die Möglichkeit bei untergärigen Biertypen besondere Geschmacksrichtungen anzustreben.

Das „Maltase-Maischverfahren" fördert auch den Abbau unerwünschter β-Glucane (s. Abschnitt 3.1.3.3), ebenso die Freisetzung von Ferulasäure aus Arabinoxylan (s. Abschnitt 3.1.3.4). Der Eiweißabbau wird ebenso forciert, was für Gersten-/Weizenmalzmaischen günstig ist. Bei Gerstenmalzen muss durch entsprechende Malzspezifikationen gegengesteuert werden. Es ist aber auch durchaus möglich, dass im Rahmen eines Dekoktionsverfahrens das Verhältnis Glucose:Maltose für eine vermehrte Esterbildung angepasst werden kann (s. Abschnitt 3.2.4.3).

3.2.7
Kontrolle des Maischprozesses

Der Maischprozess ist für die folgenden Schritte der Bierherstellung von entscheidender Bedeutung. Deshalb ist eine Kontrolle der einzelnen Verfahrensschritte unerlässlich, selbst dann, wenn der Maischprozess teilweise oder voll automatisiert ist. Eine ständige Überprüfung der Funktion der Geräte, der Anzeige der Kontrollinstrumente ist dabei ebenso wichtig wie die laufende analytische Kontrolle der Würzezusammensetzung.

Einem vollautomatischen Ablauf des Maischprozesses sind technisch keine Grenzen gesetzt [759], doch sollte auf eine periodische visuelle Kontrolle der einzelnen Vorgänge nicht verzichtet werden. Für einen automatisierten Betrieb ist eine gleichbleibende und zuverlässige Qualität der verwendeten Rohstoffe die wichtigste Voraussetzung. Sie ist nicht immer gegeben bzw. kann nicht immer gegeben sein, da das Naturprodukt „Malz" selbst bei Erfüllung bestimmter – oftmals sehr hoch angesetzter – Qualitätsnormen gewissen Schwankungen unterworfen ist.

3.2.7.1 Die Temperaturkontrolle

Sie erfolgt am besten durch Registrierthermometer, die die Temperaturen der Maischeteile in der Pfanne und im Maischbottich aufzeichnen. Dabei sollen die Diagramme der Pfannen- und Bottichmaischen täglich mit Hilfe von Schablonen überprüft werden.

Eine Kontrolle der Thermometer an Maischbottich und Maischpfanne, besonders deren Fernanzeige wie auch die Kontrolle der Temperaturschreiber und der Mischapparate mit Hilfe von geeichten Normalthermometern ist für die Funktion des Sudhauses und für die Zusammensetzung der Würze, also für die Betriebssicherheit erforderlich. Als Richtwert ist eine monatliche Überprüfung anzusehen, deren Ergebnis in einer Kladde festgehalten werden muss.

3.2.7.2 Mengenkontrolle

Die Mengenkontrolle der Gesamtmaische, der Teilmaischen sowie der fertigen Maische sollte ebenfalls von Zeit zu Zeit erfolgen, besonders bei automatisch arbeitenden Sudwerken. Es wird damit auch die Mengeneinstellung von Spül- und Reinigungsvorgängen geprüft. Die Menge und Konzentration der Vorderwürze pro Sud kann hier informativ sein.

3.2.7.3 pH-Kontrolle

Die Kontrolle des pH von Spülwasserresten z. B. vor dem Einmaischen oder vor einem Gefäßwechsel gibt einen Einblick in die Wirksamkeit des Nachspülens z. B. nach alkalischer Reinigung. Darüber hinaus ist von Zeit zu Zeit (z. B. alle vier Wochen) aber auch bei Wechsel der Malzqualität oder bei Versuchssuden der pH der Maische zu messen. Definierte Zeitpunkte sind die Verzuckerung der (oder einer Teil-) Maische sowie das Abmaischen.

3.2.7.4 Die Kontrolle der Stoffumwandlungen

Diese Kontrolle ist während des Maischen naturgemäß schwieriger durchzuführen. Hier ist eine visuelle Kontrolle des Prozesses oft sehr aufschlussreich. Leider verliert der Brauer bei automatisierten, hinter einer Wand oder erhöht angeordneten Gefäßen den Kontakt mit „seinem" Produkt mehr und mehr; günstig sind Fenster in Pfannen und Bottichen die die Veränderungen z. B. beim Verkleistern, bei der Verflüssigung, bei den Restmaischen usw. sichtbar machen.

3.2.7.5 Der Eiweißabbau

Dieser kann empirisch anhand einiger Merkmale abgeschätzt werden: So soll sich die Maische im Läuterbottich rasch absetzen und einen schwarzen Spiegel zeigen, die Ausschlagwürze soll bei grobflockigem Bruch feurig aussehen und die dem schlauchreifen Bier im Gärkeller entnommenen Proben sollen in der Kälte, d. h. bei 6–8 °C rasch und vollständig klären. An diesem Klärvermögen hat jedoch auch der β-Glucangehalt (s. Abschnitt 3.1.3.4) Anteil. Bei modernen Großgärgefäßen lässt sich dieser einfache Test leider nicht mehr nachvollziehen.

In der analytischen Routinekontrolle sollte der freie Aminostickstoff bei 23–24 mg/100 ml 12%iger Würze oder bei ca. 22% des Gesamtstickstoffs liegen; falls kein Photometer verfügbar ist, dient auch der Formolstickstoff des Gesamtstickstoffs als Anhaltspunkt. Eine der beiden Methoden sollten wöchentlich jeweils bei einigen Suden pro Hauptbiersorte, bei Wechsel der Malzmischung oder irgendwelcher Verfahrensschritte durchgeführt werden. Die Menge des Gesamtstickstoffs sollte ebenfalls, etwa 14-tägig bzw. bei den oben genannten Veränderungen Überprüfung finden. Sie sagt etwas über die „Stickstoff-Belastung" der Würzen und der späteren Biere aus. Der Restgehalt an koagulierbarem Stickstoff hängt zwar ursächlich von Intensität und Ausmaß des Würzekochens ab, doch spielt auch der Maischprozess eine wichtige Rolle. In die laufende Betriebsüberwachung kann auch die Ermittlung der einzelnen Eiweißfraktionen mit aufgenommen werden, hier ist der tanninfällbare Stickstoff als hochmolekularer Anteil von besonderem Interesse. Auch die Maischintensitätszahl nach Kolbach (über 105) gibt wertvolle Anhaltspunkte. Die Ermittlung dieser Daten nach einem bestimmten zeitlichen Schema gibt einen guten Überblick über mögliche Veränderungen, so dass diesen rechtzeitig begegnet werden kann.

3.2.7.6 Der Stärkeabbau

Im laufenden Betrieb ist der Stärkeabbau mit Hilfe der Jodprobe (s. Abschnitt 3.1.1.5) mit genügender Genauigkeit zu verfolgen. Die einzelnen Teilmaischen sollen, die fertige Maische, die Vorderwürze und die Nachgüsse *müssen* jodnormal sein. Die Schnelligkeit der Verzuckerung der einzelnen Teilmaischen, die Zunahme der Jodfärbung beim Maischekochen geben Hinweise auf die Lösung der Stärketeilchen und auf die amylolytische Kraft.

Die Ausschlagwürze ist mittels Jod (am besten spektralphotometrisch) und durch den Endvergärungsgrad zu überprüfen. Diese beiden Bestimmungen sind genügend genau und aussagefähig.

Eine nicht befriedigende Jodnormalität (analytisch ΔE über 0,25) kann zu einer langsamen, unvollständigen Klärung des Bieres führen (Kleistertrübung). Dieser graue Schleier wird jedoch nicht durch unverzuckerte Stärke, sondern durch mehr oder weniger große Mengen an Dextrinen hervorgerufen, die mit Jod eine rötliche bis rötlich-violette Färbung geben und deren Löslichkeit bei der Gärung durch den sich bildenden Alkohol eine Verringerung erfährt.

Die *Ursachen* einer unvollständigen Verzuckerung sind sofort festzustellen und sofort zu beseitigen. Sie können ihre Ursache haben im Braumaterial, in einer unkorrekten Arbeitsweise beim Maischen oder bei den folgenden Prozessschritten:

a) Das *Braumaterial* kann enzymarm sein, eine Erscheinung, die bei schlecht keimenden, ungleichmäßigen, gemischten Gersten, vielfach auch aus heißen Erntejahren mit Notreifeerscheinungen resultiert, ebenso bei einer zu wasserarmen, zu warm oder zu kurz geführten Keimung oder bei einer unsachgemäßen Darrführung gegeben ist. Auch eine zu warme Einlagerung des Malzes kann nachträglich die Verzuckerungsfähigkeit schädigen. Dasselbe ist auch bei der Dampfkonditionierung des Malzes vor dem Schroten (Temperaturen über 40 °C) der Fall. Beim Einziehen eines Silos können entmischte, härtere Partien anfallen. Alle diese defekten Malze sind kontrolliert mit normalen Partien zu verschneiden. Hohe Anteile an Spitzmalz können die Verarbeitungsfähigkeit der Schüttung beeinträchtigen. Charakteristischen dunklen Malzen wird oftmals ein gewisser Prozentsatz an hellem Malz (10–20%) zugefügt.

b) Das *Schrot* kann ebenfalls die Ursache von Verzuckerungsstörungen sein, wenn z. B. hohe Grobgrießanteile oder schlecht ausgemahlene Spelzen vorliegen. Bei konventioneller Nassschrotung fördert eine Überweiche einen mangelnden Zugang der Enzyme. Bei Spelzentrennung müssen diese sehr gut ausgemahlen und durch die Sortiersiebe in der Mühle völlig von Grießen befreit sein. Der Zusatz der Spelzen zur Maische soll so erfolgen, dass unvermeidliche Grießreste noch einen genügenden Abbau erfahren.

c) Beim *Maischen* waren häufig unrichtig oder zu langsam anzeigende Thermometer die Ursache unbefriedigenden Stärkeabbaus. Hieraus ergeben sich zu hohe Abmaischtemperaturen oder zu hohe Temperaturen beim Überschwänzen der Treber. Aber auch heutzutage können zu dicke Maischen, zu große Kochmaischen, zu große Maischereste, zu rasches Erhitzen oder Zubrühen der Maischen bereits eine Inaktivierung der Enzyme bewirken, bevor die Maischeanteile genügend gelöst sind. Auch unzweckmäßige, zu langsam laufende Rührer erbringen durch einen zu geringen Kontakt Enzym/Substrat Schwierigkeiten. Fehlerhaft enthärtete (alkalische) oder sehr harte Brauwässer von hoher Restalkalität vermögen die Amylasen zu schädigen, ebenso gefährlich ist eine zu starke Säuerung der Maische, entweder durch Betriebsstörungen (35–50 °C) oder durch zu reichliche Zugabe von Sauermalz oder Sauergut. Das Einmaischen von Glattwasser behindert ebenfalls die Verzuckerung. Bei Rohfruchtverwendung kann ein ungenügender Aufschluss derselben ebenso wie ein zu großer Anteil oder eine zu geringe amylolytische Kraft des Malzes einen unvollständigen Stärkeabbau zur Folge haben.

Bei den *nachfolgenden Prozessen* wirkt sich vor allem unsachgemäßes Überschwänzen bei zu hohen Temperaturen, etwa durch fehlerhafte und zu langsam anzeigende Thermometer, schlecht einstellbare Mischer und vor allem bei automatischer Regulierung derselben mangelnde Empfindlichkeit der Sensoren negativ aus. Es reicht die geringe Restaktivität an Amylasen nicht mehr aus, um eine „Nachverzuckerung" zu bewirken. Bei trüb abläuternden Würzen, die Maischeteilchen enthalten, kann sich ein nachträglicher, nicht unbeträchtlicher Aufschluss beim Würzekochen ergeben.

Der Effekt schlecht verzuckerter Würzen ist eine langsame Abläuterung und eine schlechte Klärung, die bei der Gärung parallel zum Abfall des pH und der Zunahme des Alkohols zu einer verstärkten Trübung führt. Die Nachgärung kommt vorzeitig zum Erliegen, die Biere neigen zu geschmacklichen Schäden wie Hefe-, Diacetyl- und in schweren Fällen Autolysegeschmack. Die Infektionsanfälligkeit derartiger Biere für bierschädliche Pediococcen (Sarcinen) ist beträchtlich. Durch die „Kleistertrübung" werden auch andere natürliche Ausscheidungsvorgänge behindert, etwa von Eiweiß oder von β-Glucanen. Die Biere filtrieren sich schwer; sie verzeichnen häufig eine rohe, breite Nachbittere.

Diese Faktoren beeinträchtigen naturgemäß den Endvergärungsgrad, aber auch die *Vergärbarkeit* der Würzen und Biere (s. Abschnitt 3.2.4.8).

Aber auch bei normalen Gegebenheiten ist zu bedenken, dass nicht nur eine ganz bestimmte Temperatur im Bereich von 62–65 °C für die Bildung von reichlich vergärbaren Zuckern verantwortlich ist, sondern auch die Art der Vorbehandlung bei niedrigen Temperaturen und die Tatsache, dass stets die Gesamtmaische einer derartigen Rast ausgesetzt werden muss, wenn der gewünschte Effekt erreicht werden soll. Es können auch die Verkleisterungstemperaturen der Malzstärke von Jahr zu Jahr deutlichen Schwankungen unterliegen.

Eine ungenügend verzuckerte oder ungünstig zusammengesetzte Würze soll auf jeden Fall durch Zugabe von Malzauszug nachbehandelt werden. Die darin enthaltenen Enzyme wirken auch bei den niedrigen Temperaturen der Haupt- und Nachgärung noch verzuckernd. Bei Zusatz im Gärkeller genügen 0,1% Malzauszug (s. Abschnitt 3.2.6.2). im Lagerkeller ist mit der doppelten Menge zu rechnen. Meist erbringt diese Maßnahme auch eine Steigerung des Endvergärungsgrades sowie einen Abbau von höhermolekularem Eiweiß und von β-Glucan.

3.2.7.7 Die Kontrolle des β-Glucanabbaus

Der β-Glucanabbau ist auf einfache Weise nur über die Würzeviskosität, entsprechend später durch einen Laborfiltertest des Jungbieres und des lagernden Bieres zu verfolgen. Die auf im Abschnitt 3.1.3 zitierten Gummistoff- oder β-Glucanbestimmungen sind für ein Betriebslabor zu zeitraubend bzw. zu teuer. Die Viskosität der „Gummistoffe" lässt sich mit hinlänglicher Genauigkeit aus der Würzeviskosität (nach Abzug von konstanten Werten) berechnen. Durch eine laufende Kontrolle können dann Abweichungen so frühzeitig erkannt werden, dass bei den folgenden Suden Veränderungen möglich sind.

Auch die automatisch arbeitenden Geräte zur Bestimmung des β-Glucans sind für Routinelabors zu teuer.

Die Ursachen eines ungenügenden β-Glucanabbaus sind dieselben wie oben beim Stärkeabbau beschrieben. Die Dominante ist hier jedoch eindeutig das Malz, da es trotz überlegter Anwendung aller möglichen Maischparameter nur gelingt, Korrekturen anzubringen, nicht dagegen einen aus der Malzqualität resultierenden eindeutig zu hohen β-Glucangehalt auf das *Normalmaß* zu bringen (s. Abschnitt 3.1.3).

Im Vergleich zur Malzqualität, die vor allem bei schlecht keimenden, ungleich gewachsenen, zu kurz gekeimten, auch aus Wintergersten stammenden Malzen Probleme bereiten kann, sind die angeführten Fehler beim Schroten, Maischen und Abläutern weniger gravierend. Zu Buch schlagen unzulängliches Schrot bei der Spelzentrennung und zu hohe Einmaischtemperaturen bei den geschilderten Malzen.

Ein ungenügender Abbau der β-Glucane führt zu Abläuter- und Filtrationsschwierigkeiten; diese hochmolekularen Substanzen können nicht nur die problematischen β-Glucan-Gele bilden, sondern sich auch zu Komplexen aus Proteinen, Polyphenolen und α-Glucanen vereinigen, die aufgrund ihrer Dispersität nicht nur über einen kleinen Viskositätsunterschied die Poren des Filters verstopfen [700].

Auch im Falle hartnäckiger Filtrationsschwierigkeiten kann die Dosierung von Malzauszügen günstig sein (s. Abschnitt 3.2.6.2).

3.2.8
Wahl des Maischverfahrens

Aus qualitativen Überlegungen wird ein Betrieb das Maischverfahren, auf dem „sein" Bier oder seine verschiedenen Typen aufgebaut sind nur ungern verändern. Er sucht sich vielmehr durch enge Garantiewerte für das zu verarbeitende Malz zu sichern. Bei besonderen Gegebenheiten wie z. B. ungünstigeren Jahrgängen oder wenn die üblichen Sorten und Provenienzen nicht verfügbar sind, kann jedoch ein tieferer Verfahrenseingriff erforderlich werden [488, 489, 664, 675, 701].

3.2.8.1 Anpassung an den Rohstoff Malz
Die üblichen Schwankungen zwischen Jahrgängen, Provenienzen und Braugerstensorten sind auszugleichen durch
a) kürzere oder längere Rasten im Bereich des Eiweiß- oder Stärkeabbaus nach Maßgabe von Amino- oder Formolstickstoff bzw. Endvergärungsgrad;
b) Korrektur der Einmaischtemperatur, z. B. statt 50 °C, 47 °C oder 55 °C; Korrektur der Temperatur nach Zubrühen der ersten Kochmaische, z. B. statt 65 °C, 62 oder 68 °C, Einmaischen bei 45–55 °C und Vorsetzen einer kurzen Eiweißrast;
c) Vorsetzen einer kurzen Eiweißrast bei Hochkurzmaischverfahren.

Größere Schwierigkeiten bei der Malzversorgung oder ein ausgesprochen ungünstiger Jahrgang verlangen stärkere Korrekturen:
a) tiefere Einmaischtemperaturen z. B. statt 50 °C, 35–37 °C mit nachfolgendem Aufheizen und entsprechenden Rasten;

b) gestaffelte Eiweißrasten;
c) die Wahl eines größeren Hauptgusses;
d) den Einsatz von Sauermalz oder Sauergut;
e) bei Spelzentrennung: Vorverlegen der Spelzenzugabe von der zweiten zur ersten Restmaische oder genereller Verzicht auf diese Verfahrensweise;
f) Zusatz eines Malzauszuges beim Abmaischen;
g) Wahl eines hinsichtlich der Rasten sorgfältig abgestimmten Infusionsverfahrens; es wird wohl auf den physikalischen Aufschluss durch das Kochen verzichtet, aber dieser kann durch einen verbesserten chemisch-enzymatischen Aufschluss ausgeglichen werden. Das Infusionsverfahren ist (bei gutem Schrot) u. U. anpassungsfähiger als ein Kochmaischeverfahren.

3.2.8.2 Anpassung an moderne Sudwerke
Diese sind je nach Baujahr und Entwicklungsstand gekennzeichnet durch:
a) Gefäße aus „inertem" Edelstahl statt Kupfer oder Stahl, folglich geringeres Ausmaß von Oxidationen.
b) Luftfreie Arbeitsweise, Beschleunigung bzw. Intensivierung der Abbauvorgänge (Tab. 3.63), der wiederum durch höhere Einmaischtemperaturen und Verkürzung der einzelnen Rasten begegnet wird, Verringerung der Oxidation von Polyphenolen – höhere Polyphenolgehalte, Verringerung der Oxidation von Lipidabbauprodukten, insbesondere von ungesättigten Fettsäuren, hieraus folgend kürzere Kontaktzeiten – auch beim Abläutern, dadurch hellere Würze- und Bierfarben, die wiederum einen neutraleren, oft weniger vollmundigen Biercharakter fördern und u. U. zu einer „grünlicheren" und „unfertigen" Note führen.
c) Die Reduzierung von Kochmaischeanteilen durch Unterlassen des Maischekochens und Ersatz desselben durch Heißhalten der „Kochmaischen".

Diese Erkenntnisse verlangen nach einer Korrektur der Malzschüttung, so z. B. sogar bei hellen Biersorten statt der sehr hellen Malze von 2,5–3,0 (Kochfarben 4,5–5,0) EBC intensiver ausgedarrte mit Malz-/Kochfarben von 3,7/6,0 EBC, die sich aber nie ganz gleichmäßig darstellen lassen. So ist es besser normal d. h. bei 80–83 °C gedarrte Malze mit Farben von 3,0–3,3/4,7–5,3 und eine „Basisbeimischung" von 0,5% dunklerem Karamellmalz (F = 100 EBC) oder 2,0% hellem Karamellmalz (F = 25 EBC) zu verwenden. Dieser Schüttungsanteil muss beim Einwiegen der Schüttung für jeweils einen Sud gleichmäßig beidosiert werden. Entsprechende Gemische ab Mälzerei zu verlangen, ist unzweckmäßig, da sich die Spezialmalze aufgrund ihrer anders gearteten Mehrkörperbeschaffenheit beim Transport und Einlagern in den Malzsilos entmischen können und damit die einzelnen Sude unterschiedliche Anteile enthalten.

3.2.8.3 Anpassung an bestimmte Charaktereigenschaften der Biere [702, 703]

Die einzelnen Biersorten einer Brauerei sollen sich deutlich voneinander unterscheiden; dies findet in den beiden, vielfach zitierten „gewachsenen" Biertypen, dem dunklen und dem hellen Lager- oder Exportbier seinen besonderen Ausdruck. Das dunkle Bier ist in seiner Bedeutung stark zurückgedrängt worden. Stattdessen haben sich verschiedene Sorten oder Typen heller Biere als Bestandteile des Sortiments einer Brauerei entwickelt, wie z. B. das helle Lagerbier, das Exportbier, helle Spezialbiere und das Pilsener. Verschiedentlich versucht man alte Typen aufs Neue aufleben zu lassen und diese besonders sorgfältig herauszuarbeiten.

So ist es als Zusammenfassung der bisher besprochenen Maßnahmen günstig, nochmals jene Punkte zu erwähnen, die bei der Wahl der „Linie" eines Biertyps berücksichtigt werden sollen.

Sehr helle Biere mit nur schwach malziger Note aber doch guter Vollmundigkeit lassen sich durch folgende Maßnahmen erzielen:

a) Das Malz muss wohl sehr gut gelöst sein, aber infolge entsprechender Gerstenauswahl selbst bei Abdarrtemperaturen von 80 °C helle Farben (2,5–3,0 EBC) liefern.

b) Malzkonditionierung und Spelzentrennung sind günstig. Die Vorbehalte aus Abschnitt 3.2.4.8 müssen aber berücksichtigt werden. Die Nasskonditionierung eignet sich infolge der definierten Einmaischtemperatur in ähnlicher Weise. Die besser erhaltenen Spelzen und vor allem das Fehlen von Spelzenmehl sowie die günstige Beschaffenheit der Polyphenole geben positive Effekte.

c) Das Brauwasser soll eine Restalkalität von weniger als 2 °dH haben; eine negative Restalkalität gibt noch günstigere pH-Werte und eine gute Farbstabilität. Eine biologische Säuerung der Maische (auf pH 5,5) fördert die Umsetzungen beim Maischen, erlaubt eine kürzere Maischarbeit und wirkt im Verein mit einer pH-Korrektur der Würze auf 5,1 noch weiter in diese Richtung.

d) Ein großer Hauptguss (1:4–4,5) fördert die Reaktionsabläufe beim Maischen und liefert mehr Edelextrakt.
Es wird aber dieses Prinzip früherer Jahre nicht mehr eingehalten, nachdem durch die geringeren Eindampfquoten auch die Nachgussmengen kleiner werden, beträgt das Verhältnis von Hauptguss zu Nachguss immer noch 1:1–1:1,1 (s. Abschnitt 3.2.2.2).

e) Das Maischverfahren kann in Anpassung an die Malzqualität und Sudhauseinrichtung ein Hochkurzmaischverfahren sein, das evtl. etwas durch eine niedrigere Einmaischtemperatur von 55–58 °C und rasches Aufheizen/Zubrühen ergänzt wird. Das ursprünglich ohnedies knappe Maischekochen wird heute vielfach durch Heißhalten der Kochmaische(n) ersetzt. Auch Infusionsmaischverfahren mit einer entsprechend angepassten Abstufung der Rasten (s. Abschnitt 3.2.4.12) sind verbreitet.

Kräftiger gefärbte, malziger schmeckende Biere, wie sie als Lager- und Export- oder Festbiere verbreitet Anklang finden, bedürfen anderer Rohstoffe und einer entsprechend angepassten Technologie:

a) Das Malz darf eine etwas kräftigere Farbe haben, wenn die zuvor geschilderten Unregelmäßigkeiten (s. Abschnitt 1.1.1) durch einen breiten Verschnitt mehrerer Provenienzen/Lieferanten eingeengt werden. Für die Einstellung der Farbe dienen 2–3% helles Karamellmalz (F = 25 EBC), eventuell zusätzlich bis zu 0,5% dunkleres Karamellmalz (F = 100 EBC) bzw. eine adäquate Menge an Melanoidinmalz (F = 60 EBC). Dunkles Münchner Malz (F = 15 EB) eignet sich in den relativ großen erforderlichen Mengen nicht, das Malzaroma kommt zu stark zum Ausdruck, wie auch die Abrundung und die Geschmacksstabilität der Biere oftmals zu wünschen übrig lässt.
b) Das Wasser soll bei einer Restalkalität von 2–3° dH liegen. Wenn der Gesamtsalzgehalt nicht zu hoch liegt, dann sind auch 4–5° dH noch vertretbar. Eine Säuerung von Maische (pH 5,5) und Würze (pH 5,2) ist für diesen Biertyp ebenfalls geeignet.
c) Ein kleinerer Hauptguss (1:3,3–3,5) gibt dickere Maischen, damit auch etwas mehr Maillard-Produkte, die stärkere Auslaugung bringt ebenfalls mehr geschmacksstarke Substanzen (z. B. Polyphenole) ein.
d) Das Maischverfahren sah früher etwas größere Kochmaischen mit längeren Kochzeiten (25 bzw. 20 Minuten) vor. Sinnvoll ist heute eine Einmaischtemperatur von 55 °C mit nachfolgendem raschen Aufheizen auf 62 °C zur Maischetrennung. Hiervon leiten sich dann zwei (Koch)-Maischen oder ein Infusionsverfahren ab.
e) Der Endvergärungsgrad darf ohne Weiteres 81% erreichen; ein niedrigerer Wert von z. B. 77% fördert die Vollmundigkeit nicht unbedingt. Es ist zu berücksichtigen, dass auch der Alkoholgehalt des Bieres vollmundigkeitserhöhend und abrundend zu wirken vermag.

Bei *Märzenbieren und dunklen Bieren* sind alle jene Maßnahmen angebracht, die bei den vorstehenden Schilderungen angeführt wurden.
a) Das dunkle Malz ist der dominierende Faktor. Wenn es eine kräftige Farbe (15 EBC) und ein kräftiges Aroma aufweist, dann ist eine wichtige Voraussetzung gegeben. Erwünscht wäre auch ein höherer Eiweißgehalt (von ca. 11,5%) der die Vollmundigkeit hebt. Es kann nützlich sein der Schüttung des dunklen Malzes in einer dunkleren Farbe zu wählen (25 EBC), um noch mehr aromatische Substanzen in die Maische einzubringen. Auch Karamellmalz (bis 5°%) unterstützt Farbe und Aroma. Um eine glatte Arbeit im Sudhaus zu erreichen werden bei dunklen Bieren 10–20% helles Malz mitverwendet; bei Märzen kann dieser Anteil – je nach Typ – größer sein. Die Röstmalzgabe sollte so niedrig wie möglich sein.
b) Das Brauwasser ist bei den klassischen Münchner Bieren hart (10 °dH Restalkalität), doch lassen sich auch weiche Wässer mit Vorteil für dunkle Biere einsetzen; im Gegenteil kommt der Malzcharakter eher deutlicher zum Ausdruck.
c) Der Hauptguss soll klein (1:3–3,2) gewählt werden; dieser und
d) ein intensives Maischverfahren (Dreimaisch- oder Zweimaischverfahren mit 35 °C Einmaischtemperatur) in Verbindung mit dicken Maischen und ent-

sprechender Koch- bzw. Heißhaltezeit derselben bringen den Charakter des dunklen Bieres günstig zum Ausdruck. Bei Märzen ist ein Zweimaischverfahren wegen des höheren Anteils an hellem Malz günstiger.

Die Endvergärungsgrade dieser Biere sollen nicht mehr so niedrig sein wie früher gefordert wurde [704]. Bei höherer Vergärung werden auch dunkle (und Märzen-)Biere eleganter und bekömmlicher.

3.2.8.4 Beispiele für die Entwicklung verschiedener Biertypen

Die Basis für die Entwicklung eines bestimmten Biertyps ist naturgemäß das Malz bzw. die Zusammensetzung der Malzmischung aus „Standard"- und Spezialmalzen. Das Brauwasser kann beim einen oder anderen Biertyp den Charakter unterstützen, meist wird jedoch mit weichem Brauwasser gearbeitet, das durch Calciumsalze eine niedrige, manchmal negative Restalkalität aufweist. Die biologische Säuerung der Maische und Würze ist weit verbereitet, um die pH-Verhältnisse wunschgemäß zu steuern.

Hell Lager Ursprünglich die bayrische Hauptbiersorte, hat es auch in Nord- und Westdeutschland als „Gold", „Extra Mild" etc. einen deutlichen Aufschwung genommen.

Es sind zwei grundsätzliche Typen zu unterscheiden: einmal ein sehr helles (5–7 EBC) hoch vergorenes Bier, dessen Bittere sich allerdings in weiten Bereichen zwischen 15–22 EBC bewegen kann. Zum anderen wie schon unter Abschnitt 3.2.8.3 geschildert, ein kräftiges, gefärbtes (9–10 EBC) und malziges Lagerbier.

Im ersten Falle wird das gut gelöste helle Malz (Farbe: 3–3,5 EBC) mit Brauwasser von 1–2° dH Restalkalität mit 60 °C ± 2 °C eingemaischt und ein Hochkurzmaischverfahren mit knappen Kochmaischen oder entsprechenden Rasten eines Infusionsverfahrens durchgeführt. Der Hauptguss ist 1:3,3, die Maischdauer 2–2½ Stunden, der Endvergärungsgrad je nach Führung der Verzuckerungstemperaturen 82–87%. Moderne Sudwerke (siehe Abschnitt 3.2.8.2) können eine Karamellmalzgabe von 1–2% (Farbe: 25 EBC) erforderlich machen, ebenso den Einsatz der biologischen Säuerung.

Der etwas dunklere Biertyp wird aus den vorstehenden Malzen oder aus dem gesicherten Verschnitt etwas kräftiger gedarrter Malze (Farbe: 3,4–3,8 EBC) sowie einem Zusatz von 2–3% hellem Karamellmalz (Farbe: 25 EBC) und/oder 0,5% bzw. 1% dunklem Karamellmalz Farbe (100 EBC) oder einer entsprechenden Menge an Melanoidinmalz (Farbe: 60 EBC) hergestellt. Das Wasser darf eine etwas höhere Restalkalität aufweisen (2–3° dH), bei Einsatz von Sauergut sogar bis 5° dH. Das Maischverfahren ist Dekoktion oder Infusion mit der Temperaturfolge 55–62–72–75–(77) °C und einer Maischdauer von bis zu 3 Stunden. Der Endvergärungsgrad liegt bei 79–81%.

Hell Export Hierbei handelt es sich entweder um Biere, die sich trotz der allgemeinen Abkehr der Konsumenten von diesem Typ behaupten konnten oder solchen, die wieder „neu" aufgenommen und in verschiedene Richtungen entwickelt wurden. Hierzu zählen auch Spezial- und Festbiere.

Das sehr helle Export hat bei einer Stammwürze von 12,5–12,9% eine Farbe von 6,5–7,5 EBC, der Bitterstoffgehalt variiert traditionsgemäß zwischen 18 und 25 (–28) EBC-Einheiten. Beim ehrgeizigen Ziel, die Farbe unter der des hellen Lagerbieres anzusiedeln, werden sehr helle Malze von ca. 3,0 EBC-Einheiten mit Wasser einer Restalkalität von ±1°dH, Maische- (pH 5,5) und Würzesäuerung (pH 5,1) bei einer Eimaischtemperatur von 60°C ± 2°C und folgender Dekoktion oder Infusion verarbeitet. Der Hauptguss war früher 1:4, heute liegt er aus den dargelegten Gründen (s. Abschnitt 3.2.2.2) bei 1:3,3, der Endvergärungsgrad liegt wieder je nach Typ zwischen 81 und 87%. Ein derartiges helles Bier kann sehr weich und dennoch spritzig sein. Früher war beim Dekoktionsverfahren eine Spelzentrennung beim Schroten und ein späterer Zusatz zur 1. oder 2. Restmaische eine häufig anzutreffende Maßnahme. Heute wird vereinzelt bis zum einem Drittel der Spelzen „verworfen", um ein besonders weiches Bier zu erzielen. Ein sinnvoller Einsatz dieser Menge könnte bei alkoholfreien (gestoppten) Bieren erfolgen, keinesfalls darf eine reguläre Biersorte damit belastet werden.

Das kräftigere im Typus vollere und mehr malzig-estrig schmeckende Exportbier von ebenfalls 12,5–13% hat eine Malzschüttung wie das entsprechende Lagerbier, mit einer durch mehr Karamellmalz betonten Malzschüttung. Der Bitterstoffgehalt liegt zwischen 18 und 22 EBC-Einheiten, der Endvergärungsgrad bei 79–82%.

Die sich von beiden Extremen ableitenden Spezial- oder Festbiere haben Stammwürzegehalte zwischen 13 und 14%. Gerade letztere werden da und dort von Jahr zu Jahr etwas modifiziert.

Pilsener Biere Die Pilsener Biere schwanken ebenfalls in weiten Grenzen, wobei die etwas bitteren Biere eher dem Norden, einige Biere mit etwas niedrigeren Bitterwerten Nordrhein-Westfalen zugeordnet werden können. In Süddeutschland weist das Pilsener zur Differenzierung vom hellen Lagerbier häufig hohe Bitterwerte von 30–35 EBC-Einheiten auf. Auf diese, sehr hellen Biere, die eine Weiterentwicklung der geschilderten Lager- und Exportbiere darstellen, soll hier eingegangen werden: Bei einer Farbe von 5,5–6,0 EBC-Einheiten und einem Stammwürzegehalt von 11,5–12,0% wird helles Pils Malz von 2,8–3,0 EBC-Einheiten von sehr guter Auflösung und Homogenität und Wasser von ±1°dH Restalkalität, meist mit biologischer Maische- oder Würzesäuerung nach einem Hochkurzmaischverfahren (Einmaischtemperatur 62–63°C Dekoktions-/Infusions-Verfahren, Endvergärungsgrad 82–84%) in 2–2¼ Stunden hergestellt. Der Hauptguss betrug früher 1:4-4,5, wird aber heute aus den angeführten Gründen auch mit 1:3,3 angewendet. Bei kleineren Ausstoßanteilen ist trotz konditionierten Trockenschrotes bei Dekotionsverfahren Spelzentrennung und bei Infusionsverfahren die Wegnahme eines Teils der Spelzen zur „Verfeinerung" des Bieres möglich. Bei modernen Sudhausgegebenheiten kann eine Gabe von 3% sehr hellen Karamellmalzes (Farbe: 5 EBC) die Vollmundigkeit erhöhen [705–707]. Sehr viel hängt hier von der Qualität der Hopfung ab.

Heller hopfenbetonter Bock Der helle hopfenbetonte Bock mit einer Stammwürze von 16,5%, einer Farbe von 7–8 EBC und einem Bitterstoffgehalt von 30–40 EBC-Einheiten wird nach den für das beschriebene Pilsener geltenden Prinzipien hergestellt. Der Hauptguss von 1:3–3,2 lässt bei der heutigen Technologie des Würzekochens nur eine beschränkte Nachgussmenge zu, so dass das Glattwasser mit 2,5–3% anfällt. Seine Weiterverwendung in einem folgenden Sud bedarf bei diesem einer Programmänderung der Abläuterung oder beim Zusatz zum Einmaischen einer Aufbereitung (s. Abschnitt 6.1.1).

Die kräftiger gefärbten hellen Bockbiere (Stammwürze: 16,5–17%, Farbe: 10–14 EBC; 22–25 EBC-Bittereinheiten) leiten sich von den geschilderten etwas „sattfarbigen" hellen Lager- und Exportbieren ab. Der Endvergärungsgrad wird sich je nach Typ bei 79–82% bewegen.

Märzenbier hat zwischen 13 und 14% Stammwürze; je nach Gegend wird es heller mit 9–12 EBC oder nach „bayrischer" Art halbdunkel mit 18–30 EBC-Einheiten eingebraut. Der Bitterstoffgehalt liegt zwischen 20 und 26 Einheiten. Während das erstere den Gegebenheiten der etwas satteren Exportbiere entspricht, soll das bayrische Märzen besprochen werden. Die Malzschüttung beträgt 50–80% dunkles Malz (ca. 15 EBC-Einheiten), der Rest ist normales, gut gelöstes helles Malz. Es kann auch helles Karamellmalz (3–6%) oder dunkles Karamellmalz (2–5%) Verwendung finden, dafür wird dann der Anteil des dunklen Malzes entsprechend verringert. Die Brauwasserbeschaffenheit schwankt in weiten Grenzen, zwischen 2° und 10°dH Restalkalität.

Auch eine Milchsäuregabe und ein Maische-pH von 5,6 kann für die Weichheit des Bieres günstig sein. Das Maischverfahren ist ein Zweimaischverfahren wie unter Abschnitt 3.2.4.3 erwähnt; bei der heute wesentlich besseren Auflösung und Enzymkraft des dunklen Schüttungsanteils kann eine Einmaischtemperatur von 35 °C mit nachfolgendem, raschem Aufheizen auf 55–57 °C bei anschließendem Zweimaischverfahren (35–55/68/77 °C) günstig sein. Bei einem geringeren Anteil dunklen Malzes von z. B. 33%, kompensiert mit Karamell- oder Melanoidinmalz ist sicher auch der „35 °C-Schritt" entbehrlich. Der Hauptguss ist 1:3, der Endvergärungsgrad soll, um der Bekömmlichkeit willen, nicht unter 78% liegen.

Dunkle Biere Bei den dunklen Bieren ist zwischen zwei Typen zu unterscheiden: dem malzig-vollmundigeren, weicheren und mild ausklingendem Dunklen bayrischer Prägung und den dunkler konzipierten „Schwarzbieren", die eine Röstmalznote mit einer stärkeren Hopfenbittere vereinen. Die ersteren werden stärker, als Exportbiere mit 12,8 bis sogar 13,8% Stammwürze oder als Starkbiere mit 18–20% Stammwürze eingebraut.

Die Farbe liegt je nach der Tradition – man denke an München und Kulmbach – bei 50–80 EBC-Einheiten. Die Bitterstoffgehalte sind bei Export bei 18–25 (!), bei Starkbier bei 22–30 EBC-Einheiten. Dabei wirkt der stärker gehopfte Typ nicht eigentlich „bitter", sondern es kommt die höhere Hopfengabe dem gesamten Körper des Bieres, auch dem Malzaroma und der Rezens zustatten.

Die Malzschüttung besteht zu 70–90% aus dunklem Malz (Farbe 15 EBC), manchmal werden im Rahmen der Dunkelmalzschüttung auch zwei Malze, z. B. 30% EBC 25 und 70% EBC 15 verwendet, oder auf Kosten des dunklen Malzes 3–5% dunkles Karamellmalz. Die Röstmalzgabe (die meist mitgemaischt wird s. Abschnitt 1.1.5.1) beläuft sich auf 1%, selten mehr. Ein höherer Eiweißgehalt der Malze ist vorteilhaft (ca. 11,5%), aber nicht immer zu verwirklichen. Auch hier schwanken die Wassergegebenheiten wie bei Märzenbier zwischen 2 und 10 °dH Restalkalität.

Der Hauptguss ist 1:2,7–3. Das Dreimaischverfahren ist traditionsgemäß immer noch in Verwendung sowie ein intensiveres 2-Maischverfahren (35–50/65/77 °C), wobei die früher üblichen Kochzeiten von 35 bzw. 30 Minuten oft einer „Heißhaltung" bei Kochtemperatur gewichen sind. Der Endvergärungsgrad dieser Biere liegt mit 75–78% ebenfalls höher als früher [708, 709].

Schwarzbiere Die so genannten „Schwarzbiere" haben ihre Tradition aus Nord- und Mitteldeutschland. Bei einem Stammwürzegehalt von 11,5–12% weisen sie eine Farbe von ca. 80 EBC auf, die hauptsächlich durch Röstmalz (2%) bestimmt wird. Ursprünglich wurde nur helles Malz verwendet, doch haben sich auch verschiedentlich bis zu 50% dunkles Malz, auch helles/dunkles Karamellmalz oder Melanoidinmalz durchgesetzt.

Die Biere sollen bewusst „schlanker" als die bayrischen sein. Der Bitterstoffgehalt liegt bei 23–27 EBC-Einheiten. Da die Haupt- oder Gesamtmenge der Schüttung helles Malz ist, finden die Maischverfahren für die eher etwas satterfarbigen hellen Lagerbiere Anwendung.

Einer besonderen Anpassung der Maischarbeit bedarf auch das Weizenbier, wobei hier zwischen dem (sehr) hellen, filtriertem („Kristall"-)Weizenbier und den zahlreichen Arten der „Hefeweizen" zu unterscheiden ist.

Kristall-Weizen Das Kristall-Weizen ist meist von Exportbierstärke (12,5–13%), es hat idealerweise eine sehr helle bis hellere Farbe zwischen 7–8 EBC-Einheiten und einen Bitterstoffgehalt zwischen 12 und 18 EBC. Die Malzschüttung weist 50–70% helles Weizenmalz (Farbe: 3,5–4,0, Kochfarbe: 4,8–5,5 EBC) auf, dazu kommt helles Gerstenmalz (Farbe: 3,0–3,5, Kochfarbe: 4,8–5,3 EBC), häufig 2–3% sehr helles Karamellmalz (Farbe: 5 EBC) oder 0,5–1% helles Karamellmalz (Farbe: 25 EBC). Das Brauwasser hat bedingt durch hohe Calciumgaben (10–15 g/hl $CaSO_4$ oder $CaCl_2$, s. Abschnitt 1.3.8.9) zur Vermeidung von Oxalatausfällungen eine Restalkalität von 0/–2 °dH.

Beim Schroten, besonders des Weizenmalzes, sind konditionierte Trockenschrotung oder Nasskonditionierung günstig. Das Maischverfahren ist ein Zweimaisch- oder Einmaischverfahren, wobei die Einmaischtemperatur von 35 °C, verstärkt durch eine Rast von ca. 10 Minuten bei 45–48 °C die Freisetzung der Ferulasäure aus der esterartigen Bindung mit Arabinoxylan fördert. Ferulasäure wird von der obergärigen Weizenbierhefe zu 4-Vinylguajacol umgesetzt, welches für das typische „Nelkenaroma" des Weizenbieres verantwortlich ist (s. Abschnitt 3.1.3.4). Die Rast bei 45–48 °C, gefolgt von weiteren Schritten z. B. bei 50 und 53 °C, dient der Darstellung des wünschenswerten Niveaus an freiem Aminostickstoff, da die Weizenmalze einen höheren Prozentsatz an hochmolekularem Stickstoff (s. Bd I) aufweisen. Neben den Dekoktionsverfahren sind auch Infusionsmaischen üblich, die aber bei Einhaltung der erforderlichen Rasten meist mehr als 3 Stunden Maischzeit in Anspruch nehmen. Der Hauptguss liegt bei 1:3–3,3, der Endvergärungsgrad kann zwischen 78 und 85% betragen. Soll der Ester-Charakter des Weizenbieres besonders betont werden, dann empfiehlt sich das unter Abschnitt 3.2.6.3 beschriebene Maischverfahren, das besonders die Wirkung der Maltase zur Erhöhung des Glucoseanteils am vergärbaren Extrakt fördert. Auch hier wird die Freisetzung der Ferulasäure begünstigt. Eine biologische Säuerung der Maische unter 5,7 ist infolge der hohen pH-Optima beider Reaktionen in der Regel nicht erforderlich.

Hefeweizen Das Hefeweizen unterliegt heute sehr großen Farbunterschieden. Es hat einen Stammwürzegehalt von 11–12% oder bei hervorhebender Bezeichnung von 12,5–13,3%. Die Farbe ist bei den hellen Typen 8–14 EBC, bei den dunkleren 25–60 EBC-Einheiten. Der Weizenmalzanteil liegt zwischen 50 und 100% [710], der bei konditioniertem Trocken- oder Nassschrot keine Abläuterschwierigkeiten hervorruft. Beim „helleren" Typ bestehen die beiden Mischungspartner aus hellem Malz; dazu kommt ein Anteil von 3–5% hellem oder 0,5–1% dunklem Karamellmalz, die eine Erhöhung der Vollmundigkeit erbringen sollen. Bei den „dunklen" Bieren wird meist der Gerstenmalzanteil, verschiedentlich auch ein Prozentsatz der Weizenmalzschüttung in Form von dunklem Malz (10–15 EBC) eingesetzt; manchmal findet auch nur dunkles Karamellmalz (5%) zur Darstellung der dunkleren Farbe und des Röstaromas Verwendung. Auch Weizenröstmalz (1%), das die endgültige Farbe darstellt, ist erlaubt. Das Brauwasser ist wie beim hefefreien Bier geschildert, doch stört bei den Aciditätsverhältnissen die sich im Laufe der Gärung einstellen auch ein härteres Wasser (5–10 °d H Restalkalität) nicht.

Das Maischverfahren entspricht – auch hinsichtlich der Gussführung – den beim Kristallweizen erwähnten Grundsätzen. Zur vermehrten Freisetzung von Ferulasäure werden nach dem Einmaischen bei 35 °C Eiweißrasten von 20–30 Minuten bei 45–48 °C eingehalten, eine „gestaffelte" Eiweißrast ist nur dann nötig, wenn der FAN unter 18% des löslichen Stickstoffs abfällt. Ansonsten wird der Eiweißabbau im Interesse der Erhaltung einer konstanten Trübung eher beschränkt [710, 711–713].

Soll in Hinblick auf ein höheres Niveau an Estern mehr Glucose aus Maltose gebildet werden, so empfiehlt es sich, bei 30 °C einzumaischen. eine Dickmaische von 60% zu ziehen und diese nach Rasten bei 50–52 °C, 62–65 °C und 72 °C auf Kochtemperatur zu erhitzen, 10–20 Minuten zu halten und zunächst auf 45 °C aufzubrühen, um bei diesen Chargen den Glucoseerhalt zu erhöhen [470]. Nach ca. 20 Minuten Rast wird die Zugabe dieser „Kochmaische" auf 62–64 °C Gesamtmaische-Temperatur fortgesetzt (Abb. 3.40 und 3.59).

Allgemein liegen die Endvergärungsgrade der Hefeweizenbiere zwischen 76 und 80% (dunkle Typen) und 80–83% (helle Hefeweizen). Die Bitterstoffgehalte sind bei 10–15 EBC-Einheiten. Eine biologische Säuerung wird kaum angewendet.

Altbiere Altbiere haben bei einem Stammwürzegehalt von 11,2–12% Farben von 25–38 EBC-Einheiten, die Bitterstoffgehalte schwanken zwischen 28 und 40, bei Festbieren bis zu 60 EBC-Einheiten. Die Malzschüttung unterliegt naturgemäß großen Unterschieden. Entweder werden helle bis mittelfarbige Malze verwendet (5–8 EBC) und die Korrektur der Farbe vor Ende des Würzekochens mit Zuckercouleur oder Röstmalzbier getätigt, oder es kommen 100% dunkles Malz (Farbe 10–12 EBC) oder 90% helles Malz und 10% dunkles Karamellmalz zum Einsatz. Eine Menge von 10–15% Weizenmalz dient der Erhöhung der Vollmundigkeit [710]. Farbebier oder Farbmalz können aus Weizenmalz gewonnen werden. Das Brauwasser kann weich sein oder auch ohne Nachteil hart, etwa bis zu 10°dH Restalkalität. Das Maischverfahren entspricht dem der hellen Lagerbiere (s. vorstehend), es finden aber auch Einmaisch- oder Infusionsverfahren Anwendung. Dunkles Malz lässt eine Einmaischtemperatur von 37°C geraten erscheinen. Die Endvergärungsgrade werden auf 71–85%, je nach Biertyp eingestellt.

Kölsch Das obergärige Kölsch bzw. die von diesem Typ abgeleiteten obergärigen Biere haben einen Stammwürzegehalt von 11,5–12,0%, die Farben liegen zwischen 6,5 und 10 EBC, die Bitterstoffgehalte zwischen 20 und 24 EBC-Einheiten. Die Restalkalität der Brauwässer liegt zwischen 2 und 7°dH, die Malzschüttung kann neben dem hellen Gerstenmalz auch bis zu 20% helles Weizenmalz sein. Daneben finden helle und dunkle Karamellmalze sowie Melanoidinmalz – je nach gewünschtem Geschmacksprofil – Verwendung. Das Maischverfahren entspricht dem der hellen Lagerbiere; Infusions- und Dekoktionsverfahren führen zu Endvergärungsgraden von 78–83%.

Diätbiere Diätbiere dürfen, um in der Bundesrepublik verkehrsfähig zu sein, nur einen Gehalt an belastenden Kohlenhydraten von weniger als 0,75 g/100 g Bier aufweisen. Dies wird durch eine sehr hohe Vergärung der Biere auf über 100% scheinbaren Vergärungsgrad dargestellt.

Wenn auch durch Zusatz von Malzauszug (2 × 3%) oder Malzmehl (2 × 300 g/hl) zu Beginn und Ende der Hauptgärung diese Werte erreichbar sind, so trachteten doch die Brauereien in der Vergangenheit danach, durch die Maischarbeit bereits einen scheinbaren Endvergärungsgrad von 90–92% zu erreichen. Dies setzte eine Rohstoffauswahl voraus wie bei Pilsener beschrieben (Malzqualität, Brauwasserbeschaffenheit, u. U. biologische Säuerung) sowie ein Maischverfahren, das z. B. als Infusionsverfahren folgenden Verlauf aufwies:

Einmaischen bei 50°C
Rast 30 min

Rast bei 62 °C und 65 °C je 45 min
Rast bei 68 °C und 70 °C je 30 min
Rast bei 72 °C 15 min
Abmaischen mit 73–74 °C
Gesamtmaischzeit 3½–4 h

Durch die Verwendung von Malzmehl anstelle von Malzauszug wurde dieses – vor allem bei Anwendung von Kochmaischen (die der Abkühlung bedurften wie in Abschnitt 3.2.4.4) – unhandliche Verfahren durch das normale Pils-Maischverfahren ersetzt, wobei hier lediglich eine Betonung der Optimaltemperaturen der β-Amylase (62–64 °C) zusätzlich zur Anwendung kam.

„Alkoholfreie" oder „alkoholarme" Biere erfordern gegenteilige Maßnahmen. Wenn auch die Alkoholbildung durch eine „gestoppte Gärung" weitgehend unterbunden wird, so hat es sich doch bewährt, gleichzeitig auch einen niedrigen Endvergärungsgrad anzustreben. Um diesen darzustellen, soll die Wirkung der β-Amylase unterbunden werden. Das Verfahren läuft dann wir folgt ab: Um einen weicheren Biercharakter zu erzielen, kann die Maische auf einen pH von 5,3–5,4 mittels biologischer Milchsäure eingestellt werden. Ein weiterer Säuerungsschritt ist dann beim Würzekochen bzw. nach Kochende, d.h. zwischen Whirlpool und Plattenkühler nötig, um einen wünschenswerten pH-Wert des Bieres von unter 4,4 zu erreichen [714].

Die Malzschüttung wird im Verhältnis S:HG = 1:2 (am besten mit Hilfe einer Vormaisch-Schnecke) bei 45–50 °C eingemaischt. Die Menge der Gesamtmaische beläuft sich dann auf 1:2,7. In der zweiten Maischbottichpfanne wird eine Menge von 2,5 hl Wasser/100 kg zum Kochen erhitzt. Die bei 45–50 °C 30–45 Minuten rastende Maische wird nun rasch in das kochende Wasser eingepumpt, wobei sich eine, von 100 °C auf ca. 73,5 °C fallende Temperaturkurve ergibt. Bei Erreichen einer Temperatur von unter 77 °C wird nachgeheizt, um die gewünschte Verzuckerungstemperatur von 73–73,5 °C nicht zu unterschreiten. Hier verbleibt die Maische 40–60 Minuten, wird auf 77 °C aufgewärmt und abgemaischt. Die Einmaisch- und Rasttemperatur bei 45–50 °C soll einen

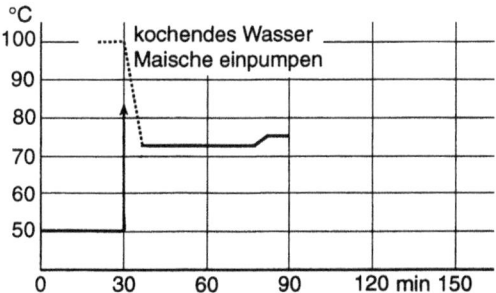

Abb. 3.61 Springmaischverfahren zur Erzielung niedriger Endvergärungsgrade

genügenden Abbau von Eiweiß (FAN) und von Stütz- und Gerüstsubstanzen bewirken, um einen einwandfreien, weiteren Prozessverlauf (Abläutern, Bierfiltration) zu ermöglichen (Abb. 3.61).

Würzen bzw. Biere, die mit diesem Maischverfahren hergestellt wurden, zeigten einen Endvergärungsgrad von 68–72% (scheinbar) bzw. 55–58% (wirklich), wobei allerdings die Jodreaktion nicht mehr die Indikation „normal" erreicht, sondern bei einem AE (578 nm) von 0,7–1,3 stehenbleibt. Die Viscosität von 1,78–1,85 mPas, gemessen in der Pfannevollwürze, sichert eine normale Abläuterung.

4
Die Gewinnung der Würze – das Abläutern

Nach Beendigung des Maischprozesses müssen die durch das Maischen in lösliche Form überführten Stoffe des Malzes von den unlöslichen getrennt und in möglichst kurzer Zeit gewonnen werden.

Die Würzegewinnung vollzieht sich in zwei Stufen:
a) das Abziehen der gewonnenen Würze durch einen Filtrationsprozess: das Abläutern der Vorderwürze;
b) das Auswaschen der nach dem Filtrationsprozess in den Trebern noch verbleibenden Würze durch heißes Wasser, das Aussüßen, Auslaugen oder Anschwänzen der Treber.

Beim Abläutern handelt es sich, im Gegensatz zum Maischen, hauptsächlich um physikalische Vorgänge.

Zur Durchführung des Läuterprozesses stehen folgende Einrichtungen zur Verfügung:
a) der Läuterbottich,
b) der Maischefilter,
c) der Strainmaster

sowie weiterführende Systeme, z. B. auch kontinuierlich arbeitende Trennvorrichtungen, die sich aber bisher noch nicht in der Praxis nachhaltig durchsetzen konnten.

4.1
Das Abläutern mit dem Läuterbottich

Konstruktion und Arbeitsweise des Läuterbottichs konnten in den letzten Jahrzehnten wesentlich verbessert werden. Neben einer Steigerung der Sudzahl auf über 12 pro Tag lassen sich die bisher garantierten Ausbeuten erzielen. Die Würzequalität wird nach Trübung, Feststoffgehalt, Sauerstoffaufnahme und analytischen Daten beschrieben. Somit können die verschiedenen Systeme nicht nur quantitativ, sondern auch qualitativ miteinander verglichen werden. Einen entscheidenden Beitrag zur modernen Läutertechnologie leistete die Steuerungstechnik, die über verschiedene Messgrößen (s. Abschnitt 4.1.2.10) den Würzelauf reguliert und Maßnahmen wie „Aufschneiden", „Tiefschnitt" und „Überschwänzen" einleiten oder variieren kann. Sicher hat auch der Wettbewerb mit der jeweiligen Maischefilter-Generation eine Rolle gespielt: Verbesserungen beim Maischefilter zogen immer wieder einen „Ideenschub" beim Läuterbottich nach sich. Bemerkenswert bei diesen Entwicklungen ist, dass neben vielen neuen Gedanken auch ältere Erkenntnisse und Erfahrungen in die modernen Läutertechnologien eingingen. Es werden deshalb in der Folge neben ganz neuen auch ältere Systeme zu besprechen sein, sofern diese für den Weg zum modernen Läuterbottich von Bedeutung sind.

4.1.1
Prinzip der Würzegewinnung mit dem Läuterbottich

Die verzuckerte Maische wird in den Läuterbottich verbracht. Die festen, also *ungelösten Bestandteile* der Maische setzen sich dabei auf einem perforierten Boden (Senkboden) ab. Dieser ist in einem gewissen Abstand über dem eigentlichen Boden des Läuterbottichs angeordnet. Die *Lösung* fließt durch die Öffnungen des eingelegten Bodens und anschließend durch das Läutersystem in die Pfanne.

Beim Abläutern im Läuterbottich überlagern sich die Filtrationsmechanismen der Sieb-, Kuchen- und Tiefenfiltration. Unklar ist bis jetzt noch, wann welcher Mechanismus im Einfluss auf das Läuterergebnis dominant ist.

Für einen porösen Kuchen lässt sich der Volumenstrom wie folgt darstellen [715].

$$\dot{V} = \frac{K \cdot A \cdot \Delta p}{\eta \cdot h} \qquad K = \frac{\varepsilon^3 \cdot d_e^2}{(1-\varepsilon)^2 \cdot 180}$$

Dabei stellt Δp den wirksamen Differenzdruck zwischen dem Würzespiegel und dem Senkboden, A die Oberfläche des Treberkuchens, η die dynamische Viskosität und h die Treberkuchenhöhe dar. ε ist das Verhältnis von Hohlraumvolumen zum Gesamtvolumen im Kuchen, d_e ist der Ersatzkorndurchmesser. Dieser berechnet sich zu

$$d_e = \frac{1}{\sum \left(\frac{x_i}{d_i}\right)}$$

x_i ist der Anteil der Fraktion mit dem Durchmesser d_i an der Gesamtmenge.

In einer anderen Modellvorstellung findet die Gleichung von Hagen-Poiseuille Anwendung [716]. Demnach ist der Volumenstrom durch eine Kapillare:

$$\dot{V} = \frac{r^4 \cdot \pi \cdot \Delta p}{8 \cdot \eta \cdot l}$$

Das in der Zeiteinheit durchströmende Würzevolumen ist also umgekehrt proportional der Viskosität der Würze und der Kapillarlänge l; das Würzevolumen ist direkt proportional der anliegenden Druckdifferenz Δp und der vierten Potenz des Radius r der wirksamen Poren.

Die angegebenen Formeln beschreiben ideale Zustände; sie stellen für die Praxis Näherungslösungen dar, da der Treberkuchen während der Abläuterung nicht konstant ist. Durch das Ablaufen der geklärten Würze ändert sich die anliegende Druckdifferenz und die Porosität des Kuchens. Feine Trübungsbestandteile verändern durch mechanisch-adsorptive oder echt-adsorptive Vorgänge den wirksamen Durchmesser der Kapillaren. Größere Partikeln können Kanäle verstopfen. Neben den aufgezählten Faktoren spielen noch die Größenverteilung der Maischeteilchen, die Beschaffenheit der Würze und die angewendete Läutertechnik eine große Rolle.

Wenn nun die Poren im Verlauf der Abläuterung eine Verringerung ihres wirksamen Querschnitts erfahren, wird der Volumen-Strom zum Erliegen kommen. Es ist dann notwendig durch rechtzeitiges Aufschneiden den Kuchen zu lockern und neue Durchlässe zu schaffen.

Nach dem Ablaufen der Vorderwürze muss der in den Trebern steckende Extrakt durch Auswaschen gewonnen werden. Hier sind Diffusions- und Verdrängungsvorgänge wirksam. Es kommt darauf an, die Nachgüsse so zu führen, dass das Auslaugen mit den geringstmöglichen Wassermengen geschieht und dabei die höchstmögliche Ausbeute erzielt wird. Hier spielt wiederum die Beschaffenheit des Treberkuchens eine große Rolle bzw. es ergibt sich die Notwendigkeit denselben durch eine durchdachte Auflockerungstechnik durchlässig zu halten und dabei den Kontakt zwischen den Treberteilchen und dem Anschwänzwasser im Sinne eines besseren Stoffaustauschs zu verstärken.

4.1.2
Läuterbottich

Von der Konstruktion des Läuterbottichs und seiner Elemente hängt die Geschwindigkeit des Abläuterns, die Klarheit der Würze und – mindestens zum Teil – auch die Ausbeute ab.

4.1.2.1 Ausführung des Bottichs
Die Ausführung des Bodens und der Zarge des Bottichs ist rund, die Seitenwände sind zylindrisch. Das Material ist heute stets Edelstahl. Eine Isolierung ist erforderlich, um eine Abkühlung der heißen Maische (ca. 76 °C) zu verhindern. Als Isoliermaterial finden Glaswolle- und Steinwolle-Matten Verwendung, die durch ein Edelstahlgewebe fixiert sind. Außerdem wird die Isolierung durch eine Blechverkleidung mit entsprechend wirksamer Abdichtung gegen Durchfeuchtung geschützt. Nach oben ist der Bottich mit einer Haube abgedeckt, die über einen (verschließbaren) Dunstabzug verfügt.

Die *Aufstellung* des Läuterbottichs muss erschütterungsfrei sein, da sich sonst der Treberkuchen verstärkt zusammensetzt. Er liegt meist auf einer Konstruktion aus Stahlträgern auf. Der Bottichboden wie der Senkboden müssen genau in der Waage liegen, um an jeder Stelle eine Treberschicht von gleicher Stärke zu haben und somit eine gleichmäßige Auslaugung zu ermöglichen.

4.1.2.2 Fassungsvermögen

Das Fassungsvermögen des Läuterbottichs ist durch die Schüttung bzw. durch die Menge der Gesamtmaische bestimmt. Es liegt bei bis zu 8 hl/100 kg Schüttung.

Die *Treberhöhe* beträgt bei konventionellen Läuterbottichen 30–40 cm, bei den früheren „Hochschichtbottichen" 50–60 cm.

Der Wunsch nach höheren Sudzahlen als 8 pro Tag führte zur Wahl geringerer Treberhöhen, z B für 12 Sude pro Tag zu 25–30 cm, bei konditioniertem Trockenschrot. Eine neue Läuterbottichkonstruktion (s. Abschnitt 4.1.2.9) mit zentralem Dom sieht wiederum Treberhöhen bis zu 35 cm vor, bei konditioniertem Nassschrot sogar 42 cm.

Sie wird durch die *spezifische Schüttung* festgelegt, d. h. durch jene Malzmenge, die auf 1 m² Läuterbottichfläche liegt. Unter der Annahme, dass 1 m³ Nasstreber einer Malzschüttung von 550 kg entspricht, ergeben sich bei verschiedenen spezifischen Schüttungen folgende Treberhöhen (Tab. 4.1).

Innerhalb dieser Werte ist auch noch der Feinheitsgrad des Schrotes von Bedeutung: je feiner dasselbe, umso geringer wird bei gleicher spezifischer Schüttung die Treberhöhe (s. Abschnitt 2.3). Der günstigste Fall wird erreicht, wenn die Treberhöhe bei geringer spezifischer Schüttung groß ist, das Trebervolumen also hoch und das Hektolitergewicht des verwendeten Schrotes niedrig ist [717].

Hier sind konventionelles Nassschrot (s. Abschnitt 2.5.7), konditioniertes Nassschrot (s. Abschnitt 2.5.5.1) und konditioniertes Trockenschrot positiv zu beurteilen; sie erhöhen das Trebervolumen um 35% bzw. 25 und 15% [409].

Tab. 4.1 Spezifische Schüttung und Treberhöhe (errechnet bei Trockenschrot)

Spezifische Schüttung kg/m²	Läuterfläche m²/100 kg	Treberhöhe cm
150	0,67	27
175	0,57	31,5
200	0,50	36
225	0,45	40,5
250	0,40	45
275	0,36	49,5
300	0,33	54
325	0,31	58,5

4.1.2.3 Läuterbottichgröße

Die Größe des Läuterbottich konnte in den letzten 10 bis 15 Jahren außerordentlich gesteigert werden. Nachdem die Prinzipien der Beschickung, des Würzeabflusses und der Aufschneidtechnik genau von kleine auf große Einheiten Übertragung fanden, sind auch Bottiche von über 30 t mit normaler Treberschicht ohne Schwierigkeiten zu beherrschen.

4.1.2.4 Der Senkboden

Er wird in einem bestimmten Abstand vom Läuterbottichboden eingelegt. Er ist in einzelne Segmente unterteilt, die eine Fläche von 1 m^2 besitzen. Das *Material* war früher Phosphorbronze oder Messing, ist aber heute fast ausschließlich Edelstahl, der sich wegen seiner Härte und seiner Stabilität auch gegen die üblichen Reinigungsmittel bewährt hat. Die früher verwendeten Materialien wie Bronze oder Messing sind auf Wunsch noch erhältlich. Die einzelnen Platten werden durch Randleisten und Füßchen getragen, bei einigen Bottichkonstruktionen auch auf ein Trägersystem aufgelegt. Die Auflagen müssen richtig verteilt sein, um ein Verbiegen der Segmente zu vermeiden. Die einzelnen Platten müssen so dicht aneinandergefügt und angepasst sein, dass an den Berührungsstellen keine Treber durchgespült werden. Außerdem ist für einen festen Sitz und eine horizontale Oberfläche des gesamten Senkbodens Sorge zu tragen, damit die Bleche nicht von der Schneidmaschine verschoben oder gar aufgerissen werden. Bei kombinierten Maisch- und Läuterbottichen, aber zunehmend auch generell bei Läuterbottichen wird der Senkboden an Nocken eigens verriegelt.

Von großem Einfluss auf den Läutervorgang sind die Durchgangsöffnungen des Senkbodens. Sie haben die Form von Schlitzen, die an ihrer Oberseite eine Weite von 0,7 mm aufweisen. Um die Flüssigkeitsreibung zu verringern, erweitern sie sich nach der Unterseite zu auf 1,5–2 mm. Bei einer Länge von 70 mm sowie Kopf- und Seitenstegen von jeweils 4 bzw. 14 mm errechnet sich die freie Durchgangsfläche auf 12,5% nach der Formel:

$$A_O = \frac{100 \times W \times L}{(W + t_S)(L + t_K)}$$

A_O = Freie Durchgangsfläche
W = Schlitzweite
L = Schlitzlänge
t_S = Seitensteg
t_K = Kopfsteg

Die Stärke des Senkbodenmaterials beträgt ca. 5 mm (Abb. 4.1).

Ebenfalls aus rostfreiem Stahl gefertigt sind die sog. Stab- oder Spaltsiebe (Abb. 4.2), die bei einer Spaltweite von 0,7 mm eine freie Durchgangsfläche von 20–25% erreichen. Größere Schlitzweiten erhöhen die Feststoffmenge im Filtrat beträchtlich [716, 409].

402 | 4 Die Gewinnung der Würze – das Abläutern

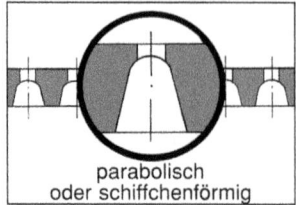

Abb. 4.1 Querschnitt durch einen Edelstahlsenkboden

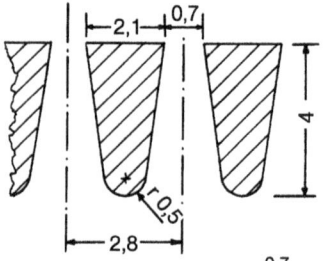

Freie Durchgangsfläche $= \dfrac{0{,}7}{2{,}8} = 25\%$

Abb. 4.2 Spaltsieb-Senkboden

Bei einer Läuterbottichausführung sind die Profile schräg angeordnet; sie liegen senkrecht zur Drehrichtung der Schneidmaschine. Diese arbeitet gegen die Schräge an. Der Gedanke hierbei ist, die Würze nach dem Passieren der Treberschicht möglichst direkt, d. h. ohne zusätzliche Widerstände abzuführen (Abb. 4.5). Auch können Spelzen, die sich im Spalt verhakt haben, entfernt werden.

Generell muss bei bei allen Senkbodenkonstruktionen darauf geachtet werden, dass jede Verminderung der freien Durchgangsfläche vermieden wird, etwa durch einen breiten Rand an den Blechen selbst oder zur Bottichwand bzw. dem Kronenstock. Auch die Trebenklappen sind mit einer Senkbodenabdeckung zu versehen.

Aus diesem Grunde ist darauf zu achten, dass die Durchgangsöffnungen frei und weder durch Luft noch durch Bierstein verlegt sind. Die Entfernung der Luft aus den engen Durchgangsöffnungen erfolgt durch Eindrücken von heißem Wasser von unten her bis über das Niveau des Senkbodens.

Eine große freie Durchgangsfläche des Senkbodens allein gibt jedoch noch keine Gewähr für ein rascheres Abläutern. Es ist nicht der Senkboden die Filterschicht, sondern er ist nur der Träger derselben. Doch kann er die Ablaufgeschwindigkeit der Würze insofern beeinflussen, als er bei geringerer freier Durchgangsfläche einen Druckverlust durch einen Staudruck verursacht, da der Flüssigkeitsstrom umgelenkt werden muss [409].

Dies ist besonders bei breiten ungeschlitzten Randleisten etc. der Fall. Sie sind zu vermeiden. Nachdem die Ableitung der Würze unter dem Senkboden strömungstechnisch möglichst günstig gestaltet wird (s. Abschnitt 4.1.2.9), sollen auch über dem Senkboden keine Hindernisse auftreten, die ein Aufkommem von Unregelmäßigkeiten begünstigen. Es ist immerhin zu berücksichtigen, dass sich die Läutergeschwindigkeiten gegenüber früher zum Teil mehr als verdoppelt haben (Tab. 4.6).

Es ist deshalb regelmäßig eine Reinigung mittels 3–5%iger Natronlauge im Rahmen der CIP erforderlich. Die Lauge wird nach der Wasserspülung mit 0,8–1%iger Schwefelsäure neutralisiert.

4.1.2.5 Abstand des Senkbodens vom Läuterbottichboden

Der Abstand des Senkbodens vom Läuterbottichboden ist ebenfalls von Bedeutung. Er soll der Würze einen ungehinderten Zulauf zum jeweiligen Anstich ermöglichen. Ansonsten werden die Flüssigkeitsreibungsverluste beim Richtungswechsel zu groß. Bei einem zu großen Abstand wurde früher eine vermehrte Bodenteigbildung befürchtet, die auch durch verstärktes Vorschießen nicht ganz eliminiert werden konnte. Die heute allgemein übliche Befüllung des Läuterbot-

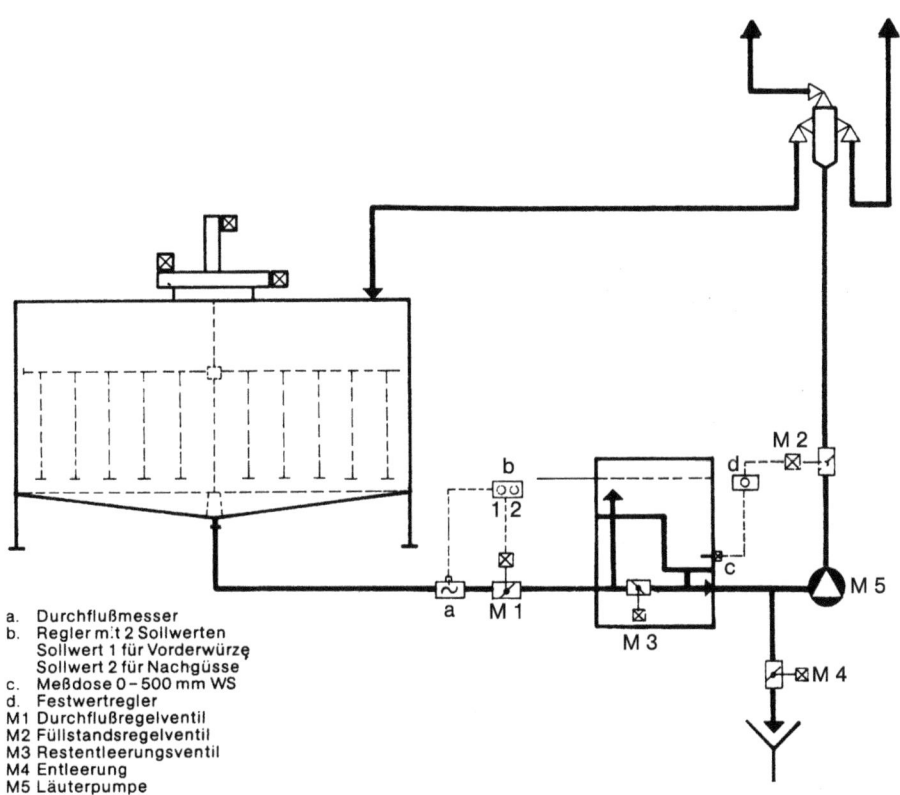

a. Durchflußmesser
b. Regler mit 2 Sollwerten
   Sollwert 1 für Vorderwürze
   Sollwert 2 für Nachgüsse
c. Meßdose 0–500 mm WS
d. Festwertregler
M1 Durchflußregelventil
M2 Füllstandsregelventil
M3 Restentleerungsventil
M4 Entleerung
M5 Läuterpumpe

Abb. 4.3 Läuterbottich mit flachkonischem Boden nebst einfacher Läuterautomatik

tichs von unten verringert bei korrekter Wasservorlage die Ansammlung von Feststoffen und Teigbestandteilen, so dass der Abstand zwischen diesem und dem Läuterbottichboden auf 15–25 mm angehoben werden kann.

Die früheren Hochschichtläuterbottiche hatten nur einen Anstich in dem schwach konisch ausgebildeten Läuterbottichboden. Hier war der Abstand in der Peripherie 10–12 mm, im Zentrum, entsprechend dem Gefälle von 2–3% mehr. Die größere Bodenteigmenge wurde hier in Kauf genommen, sie ließ sich durch die Form des Bottichbodens jedoch leichter entfernen (Abb. 4.3).

Seitensiebe wurden mitunter zur Erhöhung der Läutergeschwindigkeit bestehender Läuterbottiche eingebaut. Sie waren dieselben Siebkonstruktionen wie die Senkböden – meist aber Spaltsiebe. Sie reichten nur bis zu 2/3 der Treberhöhe, um noch eine gewisse Filterschicht für den Ablauf der Vorderwürze zu haben. Dennoch vermehrten sie den Feststoffgehalt der Würzen; der Würzeablauf war schwer einstellbar. In den USA wurden Siebelemente von dreieckigem Querschnitt ca. 10 cm über dem Senkboden eingesetzt. Im Gegensatz zu den oben genannten Seitensieben waren sie auch für die Abläuterung der Nachgüsse geeignet. Auf ähnlichen Elementen beruhte der „Strainmaster" (s. Abschnitt 4.4), der aber mit dem Aufkommen der modernen Läuterbottich- und Maischefilter-Entwicklungen nicht mehr gebaut wurde. Die heute hochentwickelten Läuterbottiche machen derartige „Hilfseinrichtungen" wie Seitensiebe oder Vorrichtungen, die dem Abzug der Vorderwürze von oben dienten, entbehrlich.

4.1.2.6 Läuterrohre

Die Läuterrohre dienen dem Würzeabfluss. Bei der früher üblichen „offenen" Abläuterung waren an ihren Enden Läuterhähne angebracht. Heute münden sie in Ringleitungen oder in zentral angeordnete Sammelbehälter. Die Läuterrohre haben lichte Durchmesser von 30–50 mm; sie müssen für jede der konzentrisch angeordneten Ringleitungen gleich lang sein und eine identische Geometrie haben, um völlig gleichmäßige Abflussbedingungen zu gewähren. Eine Läuterbottich-Konstruktion sieht sogar eine elektrochemische Politur der Läuterrohre vor, um die Rohrwiderstände gering zu halten.

4.1.2.7 Quellgebiet der Läuterrohre

Das Quellgebiet eines Läuterrohrs beträgt normal zwischen 0,8 und 1,2 m^2. Die Bottichfläche bestimmt also die Zahl der Rohre bzw. Anstiche. Diese müssen gleichmäßig über den gesamten Bottichboden verteilt sein, damit die Quellgebiete der einzelnen Anstiche gleich groß werden. Sie sollen sich weder überschneiden noch tote Zonen belassen. Sie sind konzentrisch in 1–4 Reihen angeordnet. Bei kleinen Bottichen ist nur eine Reihe von Anstichen erforderlich, die sich im äußeren Drittel der Bodenfläche befinden.

4.1.2.8 Der klassische Läuterhahn

Er schloss bei den älteren Systemen das jeweilige Läuterrohr ab. Ideal war, wenn jedes Quellgebiet bzw. Läuterrohr durch einen eigenen Läuterhahn reguliert werden konnte. Um der leichteren Bedienung willen wurden bei größeren Bottichen verschiedentlich zwei oder mehrere Quellgebiete bzw. Läuterrohre zu einem Läuterhahn zusammengeführt. Dies war nur dann ohne größeren Nachteil, wenn ausschließlich Quellgebiete des gleichen Radius vereinigt wurden und die Rohre vorher dieselbe Länge und Geometrie (Bögen etc.) aufwiesen.

Der Läuterhahn war so konstruiert, dass er sowohl das Vorschießen der Trübwürze im vollen Strom nach unten als auch beim Abläutern selbst einen gut regulierbaren Würzeabfluss nach oben durch den „Schwanenhals" gestattete. Dieser sollte beim Nachlassen des Volumenstromes durch den sich aufbauenden Widerstand der Treberschicht das Eintreten von Luft in das System vermeiden. Den in den 1930er bis 1950er Jahren weit verbreiteten „Emslanderhahn" [718] zeigt Abb. 4.4. Die Führung der Würze über den Schwanenhals sollte die Saugwirkung der ablaufenden Würze vermindern, weswegen der Scheitel 20–50 mm über Senkboden-Niveau liegen sollte. Die Würze lief in den Läutergrant, von dem einmal die Trübwürze in den Bottich zurückgepumpt wurde, zum anderen die Würze in den Vorlauftank bzw. in die Würzepfanne gelangte.

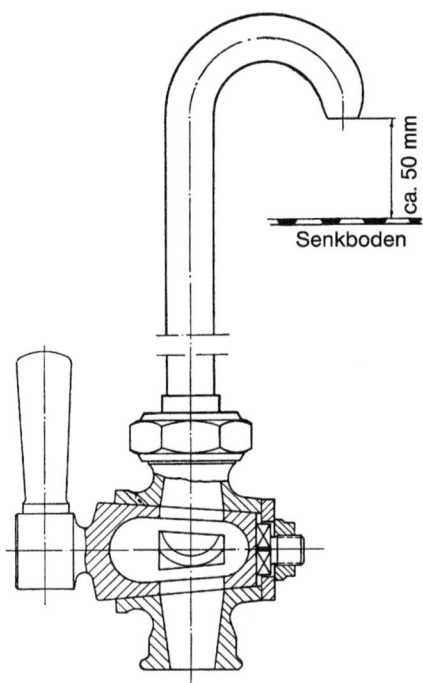

Abb. 4.4 Emslander-Abläuterhahn

Die Bedienung größerer Läuterbottiche mit z. B. über 20 Läuterhähnen war umständlich; deshalb wurden alle Läuterrohre in ein gemeinsames Sammelrohr geführt, das sich wiederum 20–50 mm über der Oberkante des Senkbodens befand. Die Regulierung des Abflusses erfolgte über einen einzigen am Ende des Sammelrohres befindlichen Hahn.

4.1.2.9 Moderne Läutersysteme

Moderne Läutersysteme beruhen in ihrem Aufbau auf denselben Prinzipien wie vorstehend geschildert. Die konzentrisch geordneten Läuterrohre münden in einen, unterhalb des Bottichbodens befindlichen, runden Sammelbehälter (Abb. 4.5), wobei die inneren Quellgebiete oben, die mittleren in der Mitte und die äußeren im unteren Bereich eingeleitet werden. Hierdurch sollen die unterschiedlich langen Wegstrecken ausgeglichen werden. Der Würzestrom wird anschließend durch eine stufenlos geregelte Pumpe gefördert. Es ist jedoch äußerst wichtig, dass der Ablauf aus dem Sammelbehälter völlig gleichmäßig ist, um eine Bevorzugung bestimmter Quellgebietsbereiche zu vermeiden. Hierfür sind Strömungsbrecher wie Siebe, kegelförmige Dächer etc. geeignet.

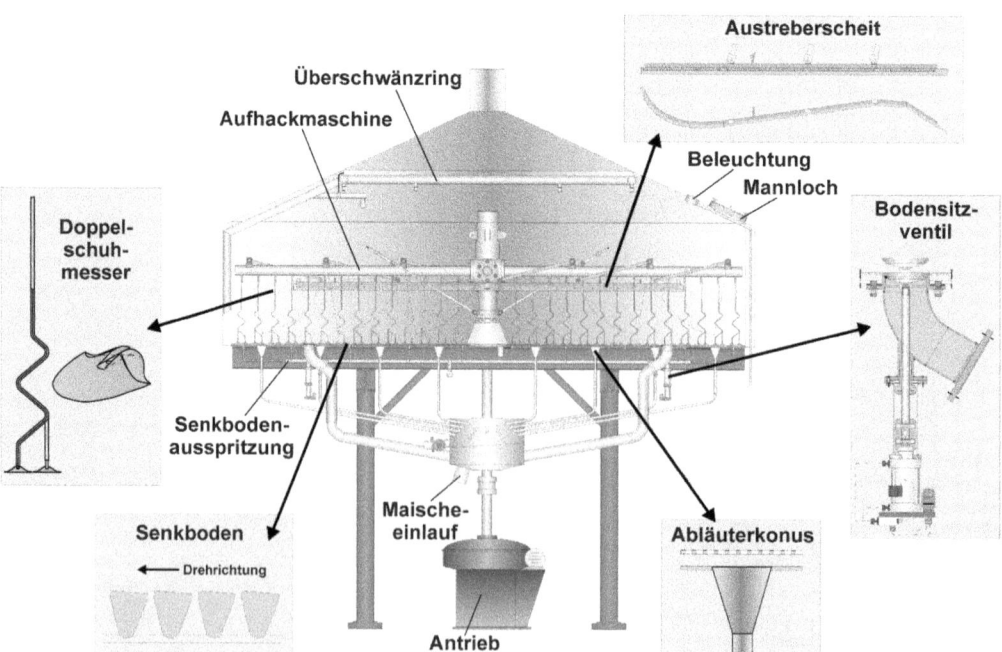

Abb. 4.5 Moderner Läuterbottich für 12 Sude/Tag

Die Läuterrohre können aber auch in zwei bis drei konzentrische Ringleitungen münden (Abb. 4.6), die ihrerseits je eine regulierbare Pumpe beschicken. Deren Leistungsbereich ist auf die jeweilige Anzahl der Quellgebiete abgestimmt. Auch hier ist es wichtig, eine Beeinflussung des Würzelaufs in die Ringleitung durch die Pumpe zu vermeiden.

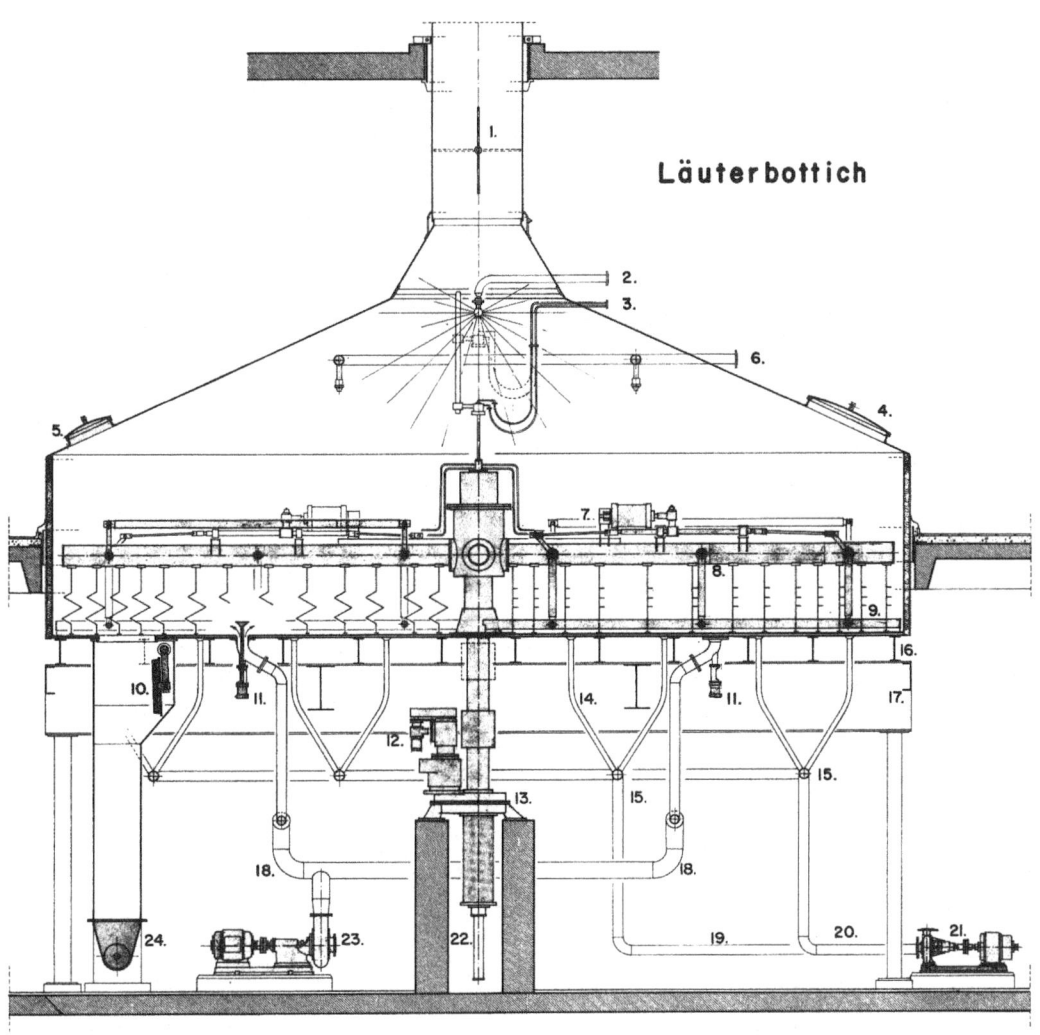

1. Dunstrohr - Drosselklappe
2. CIP- Reinigungsanschluss
3. Hydraulikanschluss
4. Einbringöffnung
5. Mannlochverschluss
6. Anschwänzwasseranschluss
7. Hydraulikzylinder
8. Messerbalken
9. Treberscheite
10. Treberklappe
11. Maische - Einlassventil
12. Elekromotoren
13. Getriebe
14. Läuterrohre
15. Ringrohre
16. Trägerrost
17. Trägerunterbau
18. Maischezuführung
19. Läutersystem 1
20. "   2
21. Trüb + Klarwürze - Pumpe
22. hydr. Hub- u. Senkvorrichtung
23. Maischepumpe
24. Treberförderer

Abb. 4.6 Läuterbottich mit konzentrisch angeordneten Würzesammelrohren

Ursprünglich mündeten die Anstiche der Läuterrohre „stumpf" mit ihrem Durchmesser am Bottichboden. Nachdem aber beim Vorschießen sowie beim Ablauf der Würze und der Nachgüsse ein Sog auf die Treberschicht direkt über dem Anstich ausgeübt wurde, sah ein bemerkenswerter Vorschlag vor, die Anstiche mit Deckeln oder Hütchen zu versehen. Da diese Konstruktion sehr schwierig zu handhaben war, wurde der Anstich im Läuterbottichboden konusförmig erweitert [673, 674]. Der Erfolg dieser Maßnahme äußerte sich in einem geringeren und gleichmäßigeren Treberwiderstand sowie in einer gleichmäßigeren Auslaugung des Treberkuchens über die gesamte Senkbodenfläche (vgl. Abschnitt 4.1.3.11). Sie ist Stand der Technik und wird bei allen modernen Läuterbottichen angewendet [719, 720].

Einer weiteren Verbesserung der homogenen Auslaugung diente eine Verlängerung der Läuterrohre, um so mindestens 3 m oder sogar noch mehr Fallhöhe zu gewinnen [721]. Bei unterschiedlicher Dichte der ablaufenden Nachgüsse sollte das Läuterrohr mit höherem Extraktgehalt einen rascheren Ablauf vermitteln als ein anderes mit bereits stärker verdünnter Flüssigkeit. Diese vielversprechende Einrichtung kann aber nur funktionieren, wenn alle Läuterrohre denselben Fließwiderstand nach Länge und Geometrie aufweisen. Um dies zu erfüllen, wurden sogar die Innenflächen der 50 mm weiten Rohre elektrochemisch poliert. Besonders wichtig ist aber, dass der Abfluss aus dem an der tiefsten Stelle angeordneten zentralen Sammelgefäß unter stets gleichen Bedingungen für alle Rohre erfolgt. Diese sog. „automatische Abläuterung" wurde Anfang der 1950er Jahre des öfteren eingebaut, doch blieb ihr der endgültige Erfolg wegen sekundärer, strömungstechnischer Unzulänglichkeiten versagt [722]. Erst ein erneuter Denkansatz brachte den gewünschten Erfolg, der bei Abnahmen eine überaus gleichmäßige Auslaugung der Treber erbrachte [723]. Aus Kostengründen, die vor allem bei großen Bottichen durch die entsprechend größeren Rohrlängen und Fallhöhen bedingt waren, erfolgte leider keine Neuauflage dieser erfolgreichen Anlage. Als Fazit werden die Läuterrohre bei neuen Bottichen nach Länge, Bogen und Gefälle völlig identisch in die Sammelleitungen oder den Sammelbehälter geführt (Abb. 4.8). Die heutige Version sieht vor, über eine Exaktmessung mittels Ultraschall (s. Abschnitt 5.9.7) und Pumpenregulierung eine homogene Auslaugung des Treberkuchens zu gewährleisten.

Alle diese Konstruktionen haben einen flachen Läuterbottichboden mit einer Vielzahl von Anstichen (Quellgebietsgröße ca. 1 m^2). Lediglich einige Bottiche der 1970er Jahre wiesen einen sogenannten „Shed-Boden" auf.

Ein Läuterbottich hat einen völlig anderen Aufbau. der schwach konische Boden führt nur zu einem Anstich, dessen Rohr ebenfalls über eine druckseitig regulierte Pumpe in den Vorlauftank oder in die Würzepfanne mündet (s. auch Abb. 4.3).

Einlagern der Maische Das Einlagern der Maische in den Läuterbottich („Abmaischen") geschah ursprünglich von oben, im einfachsten Falle auf die Traverse der Schneidmaschine, um die Geschwindigkeit des Maischestromes herabzusetzen und den Aufprall desselben auf den Senkboden zu mildern. Bei größeren Bottichen waren sog. „Abmaischspinnen" üblich. Die Maische wurde vom zentralen Abmaischrohr auf 3–4 symmetrisch angeordnete Rohre verteilt, deren Auslaufbogen auf einen kleinen, kegelförmigen Verteiler mündete. Die Zahl der Rohre entsprach der Zahl der Arme der Schneidmaschine. Beim Abmaischen wurde diese so positioniert, dass die Ausläufe der Abmaischspinne zwischen den Armen der Maschine lagen.

Eine andere Konstruktion war ein Maischeverteiler, der auf dem Kronenstock der Schneidmaschine angebracht war. Die zentral eingeleitete Maische wurde in diesem Behälter durch konzentrische Barrieren geführt. Hierdurch wurde ebenfalls die Geschwindigkeit der Maische herabgesetzt, um eine Entmischung bestmöglich zu vermeiden.

Heutzutage ist das „Abmaischen von unten" Stand der Technik. Es wurde schon in den 1930er Jahren durch eine Zuleitung rund um den Kronenstock angewendet [676]. Ein anderer Hersteller installierte bis Anfang der 1960er Jahre, vor allem bei kombinierten Maisch- und Läuterbottichen, ein Bodenventil auf Senkboden-Niveau. Wieder eingeführt wurde die Maische von unten durch ca. 4 seitliche periphere Eintritte in Senkbodenhöhe, die sogar im Laufe des Abmaischens auf eine Höhe von 200–250 mm umgestellt werden konnten.

Bei modernen Bottichen sind – je nach Größe – bis zu 6 Einlässe von unten üblich. Sie werden von einem Ringrohr aus beschickt, münden im äußeren Drittel des Durchmessers auf Senkboden-Niveau und werden durch kegelförmige Ventile verschlossen (Abb. 4.5). Die Leitungsführung hat bei beiden Varianten so zu geschehen, dass eine gleichmäßige Verteilung der Maische auf der Senkbodenoberfläche bzw. eine Entmischung der Maische vermieden wird. Um die Verteilung der Maische zu fördern, wird die Schneidmaschine bei niedrigster Geschwindigkeit während des Abmaischens bzw. bei der Anlaufphase herangezogen.

Das Abmaischen von unten ermöglichte ein rascheres Einpumpen der Maische in den Läuterbottich, eine geringere Bodenteigbildung und vor allem eine wesentliche Verringerung der Belüftung der Maischebestandteile (s. Abschnitt 3.1.7.3). Ohne diese Verfahrensweise wären die heutigen hohen Sudzahlen pro Tag nicht möglich.

Um diese zu erbringen, liegt jedoch die spezifische Schüttung niedriger als früher. Hierdurch wird der Treberwiderstand verringert bzw. leichter beherrschbar. Für 12 Sude resp. etwas mehr pro Tag ergeben sich nach Tab. 4.2 folgende Werte.

Tab. 4.2 Spezifische Schüttung bzw. erreichbare Treberhöhen bei Läuterbottichen für 12 Sude/Tag

	Trockenschrot	kond. Trockenschrot	kond. Nassschrot
kg/m^2	140–150	150–160	185–195
Treberhöhe cm	25–26	26–28	33–35

Läuterbottich mit zentralem Dom Die Erkenntnis, dass der Beitrag der zentralen Zonen um den Kronenstock einen relativ geringen Anteil an der Abläuterleistung eines Bottichs hat und sich dieser auch schlechter auslaugen lässt, führte dazu, auf die inneren Zonen zu verzichten. Dies geschieht durch die Anordnung eines Doms. Durch diesen wird die Welle der Schneidmaschine geführt, wobei die Abdichtung derselben wesentlich einfacher erfolgen kann als beim Antrieb der Welle von unten durch den Läuterbottichboden. Vom Dom aus wird auch die Maischeverteilung vorgenommen. Die symmetrisch angeordneten Abmaischrohre münden in Höhe der Senkbodenoberfläche und verteilen die Maische fächerförmig von innen nach außen. Der Bottich verfügt über jeweils einen konisch angesetzten Anstich pro 0,8 m². Die Läuterrohre werden symmetrisch (nach Länge und Geometrie) in ein Ring-Sammelrohr geführt. Von dort fördert die Läuterpumpe in Vorlaufgefäß oder Pfanne (Abb. 4.7). Auch hier ist es bedeutsam, dass die Pumpe die Würze völlig gleichmäßig ohne Bevorzugung bestimmter Zonen aufnimmt.

Die Trübwürze wird über die Überschwänzleitung und die entsprechenden Auslässe mit Verteilschirm auf die Würzeoberfläche schonend, d. h. ohne Störung der Sedimentationsvorgänge aufgebaut. Das Überschwänzen geschieht über dasselbe System (s. auch Abschnitt 4.1.3.7).

Die Schneidmaschine hat nur eine ringförmige Fläche des Treberkuchens zu bearbeiten; sie weist pro Balken versetzt gerade und gewellte Messer mit ent-

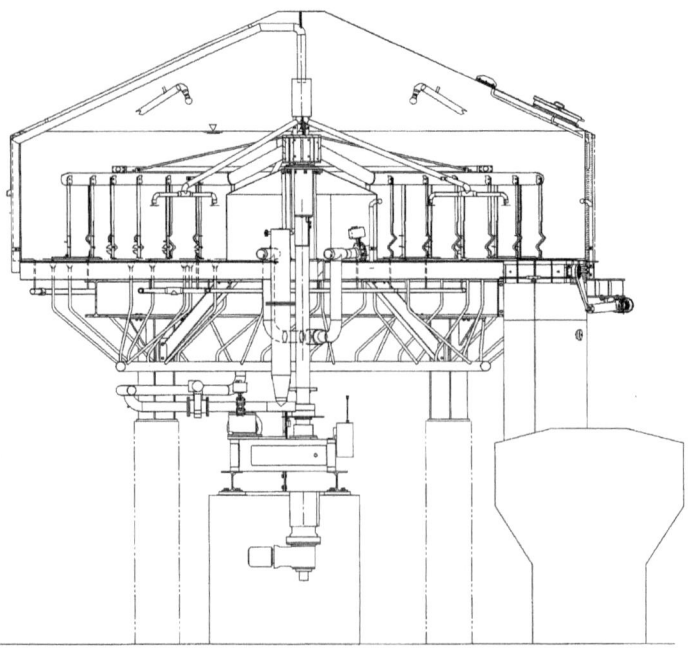

Abb. 4.7 Läuterbottich mit Dom

Abb. 4.8 Läuterbottich mit Dom, Ansicht von unten

sprechend gestalteten Pflugscharen in Senkbodennähe, aber auch Querschneider an den geraden Messern auf. Die unter Abschnitt 4.1.3.8 erwähnten Kupferscheite dienen der Vergrößerung der Schneidfläche, wie auch als zusätzliche Ausschubhilfe in entgegengesetzter Laufrichtung beim Austrebern. Einen guten Eindruck über die Leitungsführung vermittelt Abb. 4.8.

Der Gedanke einer ringförmigen Läuterfläche wurde schon früher bei Sudwerken mit ineinandergebauten Sudgefäßen angewendet [724]. Bei einem sog. „einfachen" Sudwerk war die Maische- und Würzepfanne zentral und der Maisch- und Läuterbottich peripher angeordnet. Auch drei Läuterbottiche für einen „halbkontinuierlichen" Sudbetrieb wurden konzentrisch ineinander geplant [725].

Der Läuterbottich mit Dom sieht Gesamtdurchmesser von 4–12,5 m vor, wobei der Durchmesser des Doms schrittweise von 2 auf 3 und 3,5 m erweitert wird. Damit ergeben sich Läuterflächen zwischen 9,4 m^2 und 113 m^2. Die spezifische Schüttung liegt je nach Sudzahl und Schrottyp wie folgt (Tab. 4.3).

Es erlaubt also der Wegfall der weniger ergiebigen inneren Läuterfläche eine höhere spezifische Schüttung und damit eine höhere spezifische Abläutergeschwindigkeit pro m^2.

Tab. 4.3 Spezifische Senkbodenbelastung des Läuterbottichs mit Dom

Sude/Tag	Trockenschrot	kond. Trockenschrot	kond. Nassschrot
8	220	250	280
10	196	226	256
12	167	197	227

4.1.2.10 Sonstige Ausrüstung

Neben der vorgeschilderten Vorrichtung zum Einleiten und zur Verteilung der Maische ist die unerlässliche Schneidmaschine, auch Auflocker- oder Aufhackmaschine genannt, bei dem betreffenden Prozessabschnitt zu beschreiben (s. Abschnitt 4.1.3.8), ebenso die Vorrichtung zum Zuführen des Wassers zum Auslaugen der Treber, dem „Überschwänzen" (s. Abschnitt 4.1.3.7). Die Ermittlung des Würzestandes war früher durch eine Messlatte auf einfachem Wege möglich. Heute ist der Läuterbottich geschlossen und nur über ein mit der Sudhausautomatik verriegeltes Mannloch zugänglich. Aus diesem Grunde dienen Druckmessdosen oder Niveausonden der Mengenermittlung; gleichzeitig liefern sie aber auch Messgrößen für die automatische Gestaltung des Läuterprozesses. Die Entfernung der Treber am Ende des Läuterprozesses erfolgt über eine oder mehrere Austreberöffnungen. Die Zahl derselben ist so zu wählen, dass jede Schüttung in 5–7 Minuten ausgetrebert werden kann. Die Treberklappen sind ebenfalls mit Senkbodenblechen abzudecken. Um die Treber in einem größeren Zeitraum (z. B. von Sud zu Sud) mittels einer entsprechenden Fördervorrichtung abführen zu können, sind unterhalb des Läuterbottichs Treberbunker angeordnet, die die Trebermenge eines Suds aufnehmen können. Eine leistungsfähige Treberförderung ist ebenfalls zu installieren (s. auch Abb. 4.5 und 4.6).

4.1.3
Läutervorgang mit dem Läuterbottich

Dem Abläutern geht eine Reihe von vorbereitenden Schritten voraus, die für den Verlauf des Läutervorgangs wichtig sind.

4.1.3.1 Vorbereitung des Läuterbottichs

Der Senkboden ist sorgfältig einzulegen und zu verriegeln. Vor dem Einpumpen der Maische wird der Raum zwischen Senkboden und Läuterbottichboden mit heißem Wasser von 78 °C zur Verdrängung der Luft von unten her gefüllt. Sobald der Senkboden mit Wasser bedeckt ist, kann das weitere Anwärmen des Bottichs über die Überschwänzvorrichtung geschehen. Die überschüssige Wassermenge ist anschließend abzulassen. Sie kann wiederverwendet werden.

4.1.3.2 Das Einlagern der Maische

Das Einlagern der Maische ist die Vorbedingung für ein einwandfreies Abläutern. Die homogene Maische wird aus dem Maischbottich unter dauerndem Gang des (möglichst stufenlos) regulierbaren Rührwerks in den Läuterbottich eingepumpt. Beim Einpumpen von oben nimmt dieser Vorgang 8–12 Minuten in Anspruch, beim Einlagern von unten nur 6–8 Minuten. Das Abmaischrohr ist so zu bemessen, dass die Geschwindigkeit der Maische nicht über 2–4 m/s steigt. Bei 600 hl Maische entspricht dies einem Durchmesser von 250 mm.

Das Einlagern von unten hat sich bewährt: Es wird die früher übliche starke Belüftung der Maische vermieden [531], und es gelangen weniger Feststoffe aus der Maische unter den Senkboden, was die Vorgänge des „Vorschießens" und „Trübwürzepumpens" wesentlich vereinfacht und verkürzt. Beim Abmaischen läuft die Schneidmaschine im langsamen Gang, um ein „Sortieren" der Maische zu verhindern und die Maischebestandteile möglichst gleichmäßig zu verteilen. Dies ist vor allem auch bei einem seitlichen Eintritt von Bedeutung.

Bei kleinen, kombinierten Maisch- und Läuterbottichen läuft die Schneidmaschine mit schräggestellten Messern oder eingefahrenem Maischescheit, da das Abmaischen z. B. bei Zweimaischverfahren meist mit dem Zubrühen der (letzten) Kochmaische zusammenfällt. Bei den hier gegebenen Durchmessern von maximal 4,5 m spielen die auftretenden Zentrifugalkräfte kaum eine Rolle.

4.1.3.3 Die Filterschicht

Sie bildet sich bereits während des Abmaischens durch Absetzen der spezifisch schweren Spelzen aus; auch die leichteren Hülsenteile und Spelzentrümmer sedimentieren rasch. Dann folgen die feinen und leichtesten Maischeteile, hauptsächlich ausgeschiedenes Eiweiß mit feinen Hülsensplittern vermischt, der so genannte Oberteig. Darüber befindet sich die gelöste Substanz, die Würze, die alle diese Partien durchtränkt und einen gewissen Auftrieb vermittelt. Diese Schichten werden auch durch sofortiges Anlaufenlassen nicht gestört. Es kann daher die früher als unbedingt notwendig erachtete Läuterruhe entfallen, wenn nicht wegen eines eindeutigen Mangels an Amylasen eine Rast zur „Nachverzuckerung" notwendig werden sollte. Eine merkliche Extraktneubildung oder Veränderung der Extraktzusammensetzung ist allerdings hier nicht mehr zu erwarten.

Die geschilderten Schichten liegen locker aufeinander, sie gehen ineinander über und schweben in der Flüssigkeit. Die Geschwindigkeit des Absetzens des Teiges hängt zunächst von der Würzekonzentration ab. Dünnere Maischen „brechen" rascher als konzentrierte. Die Temperatur hat über die Viskosität der Würze eine Auswirkung: Je heißer die Würze ist, umso lockerer liegen die Treber und umso leichter läuft die Würze ab. Weiterhin ist die Sedimentation und die Trennung der einzelnen Schichten umso besser, je besser der Abbau der Extraktbestandteile ist. Bei gut gelöstem Malz und richtig geführtem Maischprozess sieht die überstehende Würze dunkel aus, sie „steht schwarz". Eine fuchsige Tönung lässt folglich auf Fehler in der Herstellung oder in der Malzqualität schließen.

4.1.3.4 Vorschießen und Trübwürzepumpen

Nach dem Abmaischen befindet sich unter dem Senkboden ein trübes Gemisch aus Wasser, Würze und Bodenteig. Letzterer beinhaltet Spelzensplitter, vor allem aber auch Maischeteilchen kleiner Korngröße und Eiweiß. Durch das „Vorschießenlassen" oder „Anzapfen" der Würze, ein mehrmaliges, paarweises Aufreißen und Schließen von Läuterhähnen oder durch Öffnen und Schließen des einen Läuterhahns bzw. ein Ein- und Ausschalten der Pumpe wird im Umkreis des Quellgebietes eines Hahnes oder bei geschlossener Abläuterung im Umkreis aller Anstiche ein Sog und durch plötzliches Schließen ein Aufwirbeln dieser sedimentierten Teilchen bewirkt, die dann beim nächsten Öffnen des Systems mitgerissen werden. Die anfallende Trübwürze wird vorsichtig in den Läuterbottich zurückgepumpt, um die sich ausbildenden Schichten nicht zu stören. Es wird bei Bottichen mit Zentralabläuterung das Vorschießen nicht mit derselben Gründlichkeit stattfinden wie bei Einzelhähnen, da bei starkem Öffnen des Hahns ein zu großes Quellgebiet erfasst und damit ein zu starker Sog auf die gesamte Treberschicht ausgeübt wird. Hier wird die Technik des Anlaufens der Vorderwürze anders sein als bei den älteren Systemen. Es dauert in der Regel auch länger, bis die Würze klar läuft und das Trübwürzepumpen beendet werden kann.

Beim Abmaischen von unten befindet sich bei korrektem „Bedecken des Senkbodens" mit heißem Wasser bedeutend weniger Feststoff unter demselben, so dass die oben beschriebene Art des Vorschießens und Trübwürzepumpens durch ein einfaches Zirkulieren der Würze mit normaler Läutergeschwindigkeit zu einem raschen Klarlauf der Würze führt.

4.1.3.5 Das Abläutern der Vorderwürze

Das Abläutern der Vorderwürze wurde bei den alten Läuterbottichen durch die Bedienung der Läuterhähne geführt. Es soll möglichst gleichmäßig erfolgen, um die Treberschicht über jedem Quellgebiet in gleicher Weise zu beanspruchen. So wurden die Läuterhähne oder auch der zentrale Hahn zu Beginn der Abläuterung auch nur stufenweise – innerhalb von 15–20 Minuten – auf die optimale Läutergeschwindigkeit der Vorderwürze von 0,35–0,40 hl/Minute und Tonne Schüttung (0,10–0,13 $m^2 \cdot s$) gebracht. Ein zu rasches Anlaufen würde unter dem Einfluss der Flüssigkeitshöhe mehr Würze fördern, aber eine starke Flüssigkeitsreibung und einen kräftigen Sog auf das Schichtensystem des Treberkuchens ausüben. Der in und über den Trebern schwebende Teig wird in die Treber eingesaugt, diese selbst werden zusammengezogen und für den Durchlauf der Würze immer undurchlässiger. Die Würzezufuhr zum Läuterhahn wird geringer, als es dem Ablauf aufgrund der Einstellung des Hahnes entsprechen würde.

Die austretende Flüssigkeitsmenge ist nach den in Abschnitt 4.1.1 gebrachten Formeln u. a. abhängig von der Porengröße, die aber mit dem Zusammensetzen des Treberkuchens und dem Einziehen von Teig in die Abflusskanäle der Würze immer geringer wird.

Hierbei scheint die freie Durchgangsfläche des Senkbodens eine nur untergeordnete Rolle zu spielen, da doch die tatsächliche Leistung der Filterschicht bei freiem Ablauf, d.h. ohne Zuhilfenahme der Schneidmaschine selbst unter günstigen Verhältnissen nur bei rund 0,2 l/m^2 s liegt. Es ist daher wichtig, zunächst die Grundlagen des „natürlichen" Filtrationsvorganges zu kennen.

Die Würzemenge, die ein Anstich erbringt, liegt in der Regel bei 0,1–0,2 l/s oder bei 0,10–0,15 /s · m².

Diese als spezifische Leistung/m² bezeichnete Menge hängt ab:
a) von den Eigenschaften der Würze; in jeder der Formeln ist die Würzeviskosität enthalten, die ihrerseits von der Temperatur, von der Konzentration und von der Eigenviskosität der gelösten Substanzen z. B. der β-Glucane bestimmt wird. Einige Daten zeigt Tab. 4.4 [717].

Es läuft demnach eine 20%ige Würze um etwa 20% länger als eine mit 15% Extrakt. Dies entspricht den gewohnten Erfahrungswerten.

Die Temperatur hat dagegen in dem praktisch interessanten Bereich einer Abweichung um 5°C nur einen untergeordneten Einfluss [726].

Um hier deutliche Unterschiede zu finden, müssen schon höhere Temperaturen z. B. über 80°C zur Anwendung kommen. Versuche bis zu 99°C ergaben niedrige Würzeviskositäten und raschere Läuterzeiten [727]. Dieser Vorschlag erinnert an das „Schmitz-Verfahren" (s. Abschnitt 3.2.4.4), aber auch an eine neuere Technik.

Auf den Einfluss der β-Glucane wird weiter unten noch zurückzukommen sein. Günstig ist ein niedriger pH der Würze, da hierdurch nicht nur ein besserer Abbau einer Reihe von Substanzen gefördert wird, sondern weil auch höhermolekulare Eiweißkörper, die u. U. viskoser sind, gefällt werden. Es wird außerdem die Quellbarkeit von Kolloiden allgemein verringert.
b) Vom Treberwiderstand, der die Summe aller Widerstände umfasst, die sich dem Würzedurchfluss entgegensetzen. Er ist zu Beginn des Abläuterns am geringsten und steigt während des Läuterprozesses mehr und mehr an. Seine Zunahme soll naturgemäß gering sein.
c) Von der Technik des Abläuterns, die auf den Treberwiderstand abgestimmt sein muss.

Die Größe des Treberwiderstandes ist abhängig von der Konstruktion des Läuterbottichs, vor allem aber von folgenden Faktoren:
a) Malzqualität und Maischverfahren,
b) Schrotzusammensetzung,
c) Abläuterbeginn – „Anfahren" des Sudes,
d) Läuterbottichbelastung,
e) Senkbodenverlegung.

Tab. 4.4 Auslaufzeit und Viskosität einer Würze in Abhängigkeit vom Extrakt [717]

	Extrakt %	Auslaufzeit s	Viscosität mPa s
Wasser =	0	85	1
	10	108	1,27
	15	122	1,44
	20	147	1,73
	25	187	2,20

Tab. 4.5 Malzqualität, Maischverfahren, Abläutergeschwindigkeit [577]

	β-Glucan mg/l	Würzeviscosität mPa s	Aläutern l/kg in 30 min
Knapp gelöstes Malz			
Zweimaischverfahren	1290	2,60	2,5
Hochkurzmaischverfahren	1330	3,38	1,7
Gut gelöstes Malz			
Zweimaischverfahren	364	1,98	2,8
Hochkurzmaischverfahren	383	2,27	2,2

Zu a) Je besser gelöst das Malz, umso niedriger die Viskosität und umso lockerer liegen die Treber. Es ist weniger „Teig" vorhanden als bei knapp gelösten Malzen. Auch das Maischverfahren kann eine verstärkende oder abschwächende Rolle spielen (Tab. 4.5).

Eine besondere Rolle spielt eine sauerstoffarme Maischebehandlung (s. Abschnitt 3.1.7.3), da hierdurch geringere Teigmengen entstehen und die Treberschicht beim Abläutern durchlässiger verbleibt.

Nicht immer korreliert eine niedrige Würzeviskosität mit einer kurzen Abläuterzeit, z.B. wenn Sekundäreffekte durch zu starkes Rühren (Zerschlagen der Maische, Bildung von feinem Material, Sauerstoffeinzug) gegeben waren. Auch Rohfruchtzusatz in Form von Mais erbrachte eine niedrigere Viskosität, doch stieg die Läutzeit an [728].

Zu b) Die Zusammensetzung des Schrotes bestimmt die Treberhöhe, das Trebervolumen und die Treberbeschaffenheit. Die Spelzen sollen möglichst gut erhalten und nicht zertrümmert sein. Ein grobes Schrot mit zertrümmerten Spelzen kann schlechter abläutern als ein feineres Schrot mit gut erhaltenen Hülsen. Ein hoher Mehlgehalt führt jedoch zu reichlich Teig, der die Treber verdichtet.

Auch der Feingrießgehalt übt eine bedeutende Wirkung aus, die sich bei guten Malzen in einer geringeren Ober- und Unterteigmenge äußert. Wie Versuche mit Malzen unterschiedlicher Auflösung zeigten, spielt unter sonst gleichen Druckverhältnissen in der ersten Filtrationsphase der Unterteig mit der auf ihm lastenden Trebermasse, in der zweiten Filtrationsphase der Oberteig eine dominierende Rolle [729].

Des weiteren wird die Läutergeschwindigkeit durch feine, beim Maischen nicht gelöste Partikel beeinträchtigt. Es handelt sich hierbei um Proteine, Hemicellulosen, kleine Stärkegranulate und Lipide. Ihre Menge ist abhängig von der Malzauflösung sowie von der Art und Menge der zugesetzten Rohfrucht. Hierbei erwies sich ein Anteil von 20% an ungemälzter Gerste als besonders nachteilig. Der Zusatz von β-Glucanase beim Maischen veränderte wohl nicht die Gesamtmenge dieser Partikel, doch deren Struktur. Hierdurch wurde eine Verbesserung der Abläuterung erzielt [730].

Tab. 4.6 Schrottyp und Vorderwürzeablauf [409, 731]

Schrottyp	Vorderwürze g/min
Trockenschrot	66,5
Kond. Schrot	78,1
Weichkond. Schrot	99,0
Nassschrot	110,0
Ganzkornkond.	122,0

Der Unterschied zwischen Trockenschrot und Nassschrot wirkt sich in der Praxis in einer Steigerung der Treberhöhe von z. B. 34 auf 38 cm aus. Die Ablaufgeschwindigkeit bei verschiedenen Schrottypen zeigt Tab. 4.6.

Es ist die Läutergeschwindigkeit des Nassschrotes wesentlich höher als die der beiden anderen, doch kann sie wegen der stärkeren Trübung der Würze oftmals nicht voll ausgenützt werden.

Zu c) Durch die Art des „Anfahrens". So kann schon durch ein sehr intensives Vorschießen der Würze zu Abläuterbeginn ein gewisser Treberwiderstand gegeben sein, der sich dann beim eigentlichen Würzelauf rasch erhöht.

Ebenso wirkt ein zu rasches Abläutern der Vorderwürze, da Oberteig in die noch lockeren Schichten des Treberkuchens eindringt und so die Poren verlegt.

In diesem Falle muss der aufkommende Treberwiderstand durch Aufschneiden und Lockern des Kuchens wieder abgebaut werden (s. Abschnitt 4.1.3.10).

Zu d) Die Treberhöhe darf in Abhängigkeit von der gewünschten Läuterzeit bei Trockenschrot durchaus bei 30–35 cm, bei konditioniertem Schrot 35–40 cm und bei Nassschrot rund 45–50 cm betragen. Abgesehen davon, dass ein Schrot mit besser erhaltenen, voluminösen Spelzen bei gleicher spezifischer Schüttung eine größere Treberhöhe bildet, ist auch eine Erhöhung der spezifischen Schüttung von 200 auf 225 bzw. 250 kg/m^2 möglich, ohne dass Schwierigkeiten eintreten. Doch ist dann zu berücksichtigen, dass unter der Voraussetzung gleicher Läuterzeit eine Steigerung der Läutergeschwindigkeit von z. B. 0,12 auf 0,15 bzw. 0,19 l/s und m^2 erbracht werden muss. Dies ist ein erneuter Beweis für die Feststellung, dass dasjenige Schrot die besten Läutereigenschaften zeigt, das die größte Treberhöhe bildet (s. Abschnitt 2.3). Wird dagegen im Bottich bei ein und demselben Schrot „überschüttet", so steigt allein durch die Höhe der Schicht der Widerstand an; wird dann noch die Abläuterzeit konstant zu halten versucht, dann bringt die höhere Geschwindigkeit auch eine höhere Flüssigkeitsreibung mit sich. Tab. 4.7 gibt einige Läutergeschwindigkeiten bei verschiedenen Belastungen und Läuterzeiten an [732].

Zu e) Die *Senkbodenverlegung* steigt im Laufe der Abläuterung so weit an, dass die freie Durchgangsfläche des Senkbodens von z. B. 600 cm^2/m^2 auf einen Bruchteil von 2–3 cm^2 abnimmt, einen Wert, der der Öffnung des jeweiligen Quellgebietshahns und damit der Leistung von 1 m^2 Senkboden entspricht. Sie ist bedingt durch die Schwerkraft der Treber, durch die Reibung und den Saugzug der ablaufenden Flüssigkeit und die Abnahme des Drucks der Flüssigkeits-

4 Die Gewinnung der Würze – das Abläutern

Tab. 4.7 Läutergeschwindigkeit, Belastung, Läuterzeit [732]

spez. Schüttung kg/m²	150	175	225	250	300
Treberhöhe cm	27	31,5	40,5	45	54
Läuterzeit min	Läutergeschwindigkeit l/s u. m²				
180	0,11	0,13	0,16	0,18	0,21
150	0,13	0,15	0,19	0,21	0,25
120	0,16	0,19	0,24	0,26	0,32
90	0,22	0,26	0,32	0,30	0,42

säule (s. Formeln in Abschnitt 4.1.1). Der Auftrieb ist zu Beginn des Abläuterns voll gegeben; die Treber lasten hierdurch nur mit 20% ihres Gewichts auf dem Senkboden.

Ein Kilogramm Trebertrockensubstanz verdrängt etwa 0,8 l Würze. Bei einem Spelzenanteil von z. B. 20% ergeben sich bei einer Schüttung von 3000 kg rund 600 kg Trockentreber. In der Würze verlieren diese durch den Auftrieb 600×0,8 = 480 kg, so dass sie nur mit 120 kg auf dem Senkboden lasten.

Ein völliges Abziehen der Würze würde darüberhinaus bewirken, dass nicht nur das Gesamttrockensubstanzgewicht sondern auch noch die eingesaugte Flüssigkeit auf dem Senkboden lastet: Bei 80% Wassergehalt mit 600+2400 = 3000 kg! Es soll dabei der Flüssigkeitsspiegel im Läuterbottich niemals so weit absinken, dass die Wirkung des Auftriebs gänzlich zum Erliegen kommt. Wird dagegen rechtzeitig eine genügende Wassermenge zugegeben, so tritt die Wirkung des Auftriebs wieder ein und die Treber „heben" sich wieder.

Auch der *Saugzug* der abfließenden Würze bedingt eine Zunahme des Treberwiderstandes. Wie schon erwähnt, muss der Würzeabfluss am Hahn mit dem Würzezufluss durch die Treber in einem Gleichgewicht stehen. Bei zu rascher Abläuterung wird durch die Saugwirkung der abläutemden Würze das Schichten-System der Treber zusammengezogen und undurchlässig.

Ein weiterer Faktor spielt eine Rolle: die *Abkühlung* der Treber ergibt physikalisch eine Verringerung des Trebervolumens und damit ebenfalls eine Erschwerung des Abflusses der Würze. In ähnlicher Weise wirkt sich eine *Erschütterung* des Läuterbottichs aus, die ein Zusammensetzen des Treberkuchens begünstigt.

Die ursprüngliche Läutertechnik zielte darauf ab, die Vorderwürze ohne Einsatz der Schneidmaschine vollständig oder bis zur Oberfläche des Treberkuchens abzuläutern. Auch wenn alle aufgeführten Voraussetzungen erfüllt waren, dauerte dies 75–105 Minuten, manchmal länger. Durch eine geeignete Aufschneidtechnik (s. Abschnitt 4.1.3.10) konnte diese Zeit verkürzt und damit die gesamte Arbeitsweise sicherer gestaltet werden. Es vermögen aber auch unzulängliche Maschinen bei falscher Handhabung den Oberteig förmlich in die Treber hineinzuarbeiten (s. Abschnitt 4.1.3.8). Dies wirkt sich meist gegen Ende des Vorderwürzelaufs oder aber beim ersten Nachguss sehr ungünstig aus.

Die schon mehrfach erwähnte freie *Durchgangsfläche des Senkbodens* (s. Abschnitt 4.1.2.4) spielt nach diesen Ausführungen eine eher untergeordnete Rolle

Tab. 4.8 Vorderwürzeabläuterung in Abhängigkeit von Schrot und Senkbodentyp (ml/min)

Schrot	Trockenschrot	kondit. Schrot	Nass-Schrot
freie Durchgangsfläche			
10%	66,5	78,1	110,5
30%	74,4	87,2	122,9

(Tab. 4.8). Dennoch lief die Vorderwürze im reproduzierbaren Kleinversuch bei einer freien Durchgangsfläche von ca. 25% rascher ab als bei einer solchen von 6–10%. Wenn bei einem derartigen Spaltsiebboden eine Spaltweite von 0,7 mm gewählt wird, dann ist auch der Klarlauf der Würze einwandfrei. Hierauf wird noch zurückzukommen sein.

Der in Tab. 4.8 gezeigte Vorsprung blieb über die gesamte Abläuterung erhalten [409].

Aus allen diesen Faktoren geht hervor, dass die Abläuterung von vielen Einzelheiten – und Unwägbarkeiten – abhängig ist. Nachdem sich der Treberwiderstand bei jedem Malz, oftmals von Sud zu Sud, je nach der angewendeten Läutertechnik anders entwickelt, ist es wichtig, eine Vorrichtung zu haben, die es erlaubt, diese Größe zu messen und hiernach die Läutertechnik einzustellen. Hierfür hat sich das Läutermanometer von Jakob sehr bewährt (Abb. 4.9) [733].

Es besteht ursprünglich aus drei senkrechten Würzestandsrohren, doch genügen nach heutiger Praxis zwei (I und II):

Rohr I ist in direkter Verbindung mit dem Läuterbottich, etwa in der Mitte der Treberschicht. Es zeigt den Flüssigkeitsstand h_1 im Bottich an;

Rohr II ist verbunden mit dem Raum zwischen Senkboden und Läuterbottichboden (h_2).

Rohr III ist verbunden mit dem zentralen Läuterrohr (h_3).

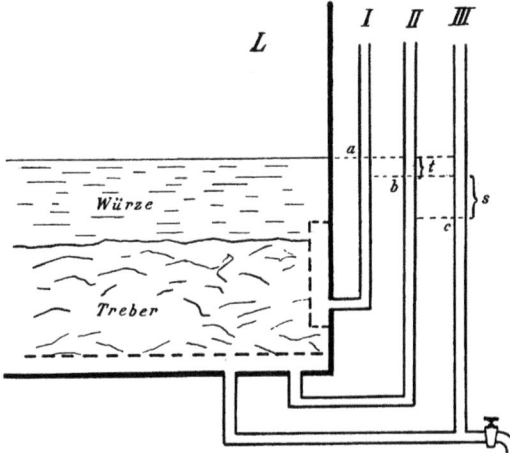

Abb. 4.9 Läutermanometer (**a** Flüssigkeitsstand Rohr; *l*=hydrostatischer Druck; **b** Flüssigkeit Rohr II; *t*: Treberwiderstand)

Aus dem Höhenunterschied h_1–h_2 lässt sich am laufenden System der Treberwiderstand ablesen; die Differenz h_2–h_3 zeigt ferner den Saugzug der ablaufenden Würze an.

Hierdurch kann die Läutergeschwindigkeit auf den Treberwiderstand bzw. seine Zunahme abgestellt werden. Heutzutage wird die Aufschneidetechnik (Schnitthöhe, Absenkung der Maschine, ggf. Tiefschnitt) nach dem Treberwiderstand gehandhabt. Dies ist mit den modernen automatischen Systemen einwandfrei möglich.

4.1.3.6 Die Vorderwürze

Die Abläuterzeit der Vorderwürze dauerte bei älteren Läuterbottichen zwischen 75 und 105 Minuten, manchmal auch über zwei Stunden. Bei neueren Systemen und gut abgestimmter Locker-/Schneidetechnik wird die Vorderwürze in 40–50 Minuten abgeläutert. Eine dünne Vorderwürze (14–15%) wird trotz etwas höherer Ablaufgeschwindigkeit (l/m^2·s) infolge der größeren Menge mehr Zeit in Anspruch nehmen als eine stärkere von 18–20% Extrakt.

Die Eigenschaften der Vorderwürze sind für den Brauer wichtig, denn ihr Charakter ist ein Ausdruck der Malzqualität und der Maischarbeit. So sind Farbe, Klarheit, Geruch und Geschmack sowie die Jodprobe leicht zu überprüfen.

Die *Farbe* der Vorderwürze soll von jedem Sud erfasst werden; bei Berechnung auf gleiche Konzentration gibt sie Anhaltspunkte über die Zufärbung zur Pfannevoll-, Ausschlag- und Anstellwürze.

Die *Klarheit* interessiert zu verschiedenen Zeitpunkten des Abläuterns, wobei der Klärungsgrad nach etwa 10 Minuten Läuterzeit unterhalb einer Trübung von 20 EBC-Einheiten sein soll. Mit einem dichter werdenden Filterkuchen verbessert sich die Glanzfeinheit der Würze auf unter 5 EBC-Einheiten. Würzen aus der „konventionellen" Nassschrotung (s. Abschnitt 2.5.7) benötigen meist länger, um auf diesen Klärungsgrad zu kommen. Sie sind auch gegen das Aufschneiden des Treberkuchens empfindlicher. Es sind aber die vielteiligen, sehr langsam laufenden Schneidmaschinen selbst bei relativ tiefer Stellung sehr schonend. Lediglich Tiefschnitte rufen eine stärkere Eintrübung hervor, weswegen hier die Abläuterung stillgesetzt wird. Trübungsmessgeräte haben einen Deduktionswinkel von $90°\pm2{,}5°$ und einen Aperturwinkel von $25°\pm10°$ [734]. Mit ihrer Hilfe kann auch die Automatik bei zu starkem Trübungsanstieg die Schneidetechnik, meist aber die Höhe der Schneidmaschine ändern.

Geruch und Geschmack der Vorderwürze sollen bei jedem Sud geprüft werden. Abweichungen lassen sich hier früh und infolge der hohen Konzentration der Würze sehr gut erkennen. Es ist dann möglich, Maßnahmen zur Beseitigung von Fehlern zu treffen.

Eine Kontrolle der *Jodnormalität* ist bedeutsam, weil sie Aufschlüsse über Malzqualität, Schrotbeschaffenheit und den korrekten Ablauf des Maischprozesses gibt. Wichtig ist auch eine Jodprobe am Ende des Vorderwürzelaufes, da hier durch das dichtere Zusammenliegen der Treber und die hier ausgeübte

Pressung mangelhaft abgebaute Dextrine aus weniger gut erschlossenen Schrotteilchen in die Würze überführt werden können.

Der pH sollte in die laufende Kontrolle mit aufgenommen werden.

Darüber hinaus interessieren bei jedem Sud nicht nur die Konzentration der Vorderwürze, sondern auch ihre Menge und schließlich die Vorderwürzeausbeute. Sie berechnet sich nach folgender Formel:

$$\text{Vorderwürzausbeute} = \frac{\text{Menge (hl)} \cdot 0{,}98 \cdot \text{Extrakt (Gew./Vol.\%)}}{\text{Schüttung (dt)}}$$

Bei der Vorderwürze wird im Vergleich zur Ausschlagwürze ein anderer Faktor angewendet: Da die Temperatur der Vorderwürze bei der Mengenermittlung nur ca. 70 °C ist und folglich die Kontraktion geringer ausfällt, liegt der Korrekturfaktor bei 0,98.

Die Vorderwürzeausbeute bewegt sich bei Läuterbottichen zwischen 40 und 50%. Sie ist bei schwächeren Vorderwürzen höher als bei stärkeren (s. Abschnitt 3.2.2.2), außerdem hängt sie vom Ausmaß des Abzugs der Vorderwürze ab. Auch Treber aus Nassschrot halten durch ihre grobe Beschaffenheit verhältnismäßig viel Vorderwürze zurück (s. Tab. 2.4).

Die Vorderwürzeausbeute eignet sich zum Vergleich von Suden derselben Sorte.

Die Differenz zwischen der Gesamtausbeute und der Vorderwürzeausbeute ist die Nachgussausbeute.

4.1.3.7 Das Abläutern der Nachgüsse

Die nach dem Abläutern der Vorderwürze in den Trebern verbliebenen Extraktmengen sollen möglichst vollständig gewonnen werden. Der Vorgang heißt „Anschwänzen" oder „Aussüßen" der Treber; die dazu benötigten Wassermengen heißen „Nachgüsse", das zuletzt ablaufende extrakthaltige Wasser ist das „Glattwasser".

Der Extrakt in den Trebern wird an der Oberfläche und im Innern der Partikeln festgehalten. Die spezifische Oberfläche der Treber kann aber, je nach Schrotfeinheit und Maischintensität erheblich schwanken. Die an diesen Oberflächen festgehaltenen Flüssigkeitsmengen sind aber nur ein kleiner Teil der Gesamtflüssigkeitsaufnahme der Treber. Der größere Teil ist durch Quellung und Porosität der Teilchen und die Zwickelflüssigkeit zwischen den Treberpartikeln bedingt. So nehmen z. B. 100 g fein gemahlene Treber rund 350 g, ungemahlene Treber dagegen nur 280 g Wasser auf.

Ein weiterer Faktor für die Flüssigkeitsaufnahme der Treber ist die Schüttdichte des Treberkuchens. Diese wird bestimmt von der Größenverteilung des Schrotes, der Maischintensität, den Verhältnissen bei der Einlagerung in den Läuterbottich und der Läutertechnik. Die einzelnen gequollenen Treberteilchen liegen nämlich nicht dichtgepackt aneinander, sondern sie lassen Hohlräume frei. Dieses Hohlraumvolumen ist umso größer, je besser erhalten die Spelzen sind.

Die Auslaugung der Treber ist in erster Linie auf Diffusionsvorgänge zurückzuführen. Die Transportrate vom Feststoff in die umgebende Flüssigkeit ist abhängig von der Austauschfläche, der Konzentrationsdifferenz zwischen dem Extrakt an den Partikeln und in dem Anschwänzwasser. Sie lässt sich mit dem 1. Fickschen Gesetz berechnen [735].

$$m = D \cdot A \cdot t \cdot \frac{dc}{dx}$$

D = Diffusionskonstante
A = Austauschfläche
$\frac{dc}{dx}$ = örtl. Konzentrationsgefälle
m = Extraktmasse
t = Kontaktzeit

Die Anzahl der gelösten Moleküle bedingt eine bestimmte Konzentration in der Flüssigkeit. Diese Konzentration ist nach dem van't Hoffschen Gesetz [729] von der absoluten Temperatur abhängig. Nachdem aber die Temperatur nur Schwankungen um etwa 5 °C unterworfen ist, kann dieser Einfluss praktisch vernachlässigt werden.

Eine weitere Einflussgröße für die Diffusion ist die Kontaktzeit des Nachgusswassers mit dem Treberkuchen. Die Extraktaufnahme an den Kontaktflächen wird umso größer sein, je länger die Verweilzeit ist. Dabei sinkt aber die Konzentrationsdifferenz und damit die ausgetauschte Masse. Der Konzentrationsunterschied kann durch das nachfließende Anschwänzwasser wieder vergrößert werden. Der beim Aufhacken auftretende Austausch der Flüssigkeit und die Schaffung neuer Kanäle wirken günstig auf den Stoffaustausch.

Das Auswaschen der Treber geschieht mit Wasser von 75–78 °C; es soll mit möglichst geringen Wassermengen erfolgen, da sonst in vermehrtem Maße Gerbstoffe, Spelzenbitterstoffe, Farbstoffe und Silikate aus den Spelzen herausgelöst werden und die Bierqualität leidet. Dies zeigt die Zusammensetzung von Vorderwürze und Nachgüssen in Tab. 4.9.

Es tritt demnach von Nachguss zu Nachguss eine deutliche Erhöhung **der** Farbe ein; sie ist – mindestens zum Teil – erklärbar durch den sehr starken Zuwachs der Polyphenole, vor allem beim 3. Nachguss. Auch der hochmolekulare Stickstoff reichert sich an.

Es ist also der letzte Nachguss wesentlich ungünstiger zusammengesetzt als der vorhergehende bzw. der Durchschnitt der Würze. Das Verhältnis der Polyphenole zu den Anthocyanogenen ist bei diesen Untersuchungen im halbtechnischen Maßstab außerordentlich günstig: dies dürfte auf die Verwendung von vollständig entlüftetem Wasser zurückzuführen sein. Ergebnisse von Betriebswürzen zeigten aber unter normalen Gegebenheiten eine Konstanz des Polymerisationsindex [639], bei sauerstoffreichen Wässern oder weitgehendem Abzug der Vorderwürze dagegen eine Zunahme (s. Tab. 4.11). Eine Untersuchung

Tab. 4.9 Zusammensetzung von Vorderwürze und Nachgüssen [409]

	Vorderwürze	1. Nachguß	2. Nachguß	3. Nachguß	Pfannen-vollwürze
Extrakt %	16,3	13,9	5,3	1,6	10,2
pH	5,69	5,74	5,99	6,35	5,81
Farbe EBC	7,8	5,6	3,2	2,2	5,0
EVG° %	82,4	83,6	86,0	83,4	81,8
Gesamt-N mg/100 ml	140,8	118,2	46,8	16,0	86,3
hochmol. N mg/100 ml	35,9	28,7	12,1	5,8	22,1
FAN mg/100 ml	26,0	22,6	9,8	3,4	17,1
Polyphenole mg/l	236	200	79	37	151
Anthocyanogene mg/l	110	91	50	28	61
Auf 12% berechnet:					
Farbe EBC	5,6	4,8	7,5	17,5	5,9
Gesamt-N mg/100 ml	113,0	111,6	109,3	127,2	102,7
hochmol. N mg/100 ml	26,0	24,6	28,2	46,1	26,1
FAN mg/100 ml	18,8	19,4	22,9	27,0	20,2
Polyphenole mg/l	171	172	184	294	179
Anthocyanogene mg/l	80	78	117	222	72

Tab. 4.10 Mineralbestandteile beim Abläutern auf 100 g Extrakt berechnet [736]

Extrakt %	16,59	7,95	3,82	1,62	0,74
Asche mg	1130	1420	1760	2610	4280
SiO_2 mg	103	142	195	550	1315
P_2O_5 mg	590	637	664	756	850

der Mineralbestandteile von Vorderwürze und Nachgüssen lieferte folgende Ergebnisse (Tab. 4.10).

Dieser Anstieg der „unedlen" Substanzen hat immer wieder zu Vorschlägen geführt, das Abläutern bei einer Konzentration von 2–2,5% abzubrechen, mindestens bei besonders hochwertigen Bieren [737, 738]. Doch ist dies wirtschaftlich kaum vertretbar; die Gewinnung des „Glattwassers" und seine Wiederverwendung beim Einmaischen des folgenden Sudes ruft dort Qualitätsprobleme hervor (s. Abschnitt 6.1.1).

Den schon früher als „Herbstoffe" bezeichneten Substanzen, die Lipide aber auch phenolische Verbindungen darstellen [737], wurde auch in den USA immer wieder Bedeutung zugemessen. Gerade die sehr weich und neutral schmeckenden Rohfruchtbiere sind gegen derartige Einflüsse sehr empfindlich [739]. Diese kommen von den Malzspelzen, vor allem bei spelzenreichem Malz, wobei der Zusatz von Reis oder weißen Mais-Grießen eine geringere „Spelzenbittere" aufwies als z. B. die Verwendung von gelben Grießen oder Maisflocken. Eine

Aktivkohlebehandlung (20 g/hl) der Nachgüsse erbrachte eine Verbesserung, die sogar eine höhere Hopfengabe zuließ [740].

Aus wirtschaftlichen Überlegungen wird danach getrachtet, das Glattwasser bis auf 0,5–1,0% je nach Biersorte und Abläutergegebenheiten abzusenken. Lediglich bei Spezialbieren werden Ausnahmen hingenommen.

Die *Dauer der Nachgussabläuterung* beläuft sich auf 90–120 Minuten. Sie kann bei modernen Bottichen mit gut arbeitenden Schneidmaschinen beschleunigt, ja sogar halbiert werden. Eine hohe Treberschicht bietet wohl den Vorteil einer größeren Strecke zur Aufnahme des Extrakts, doch muss diese vom Anschwänzwasser entsprechend rascher durchsickert werden. Immerhin ist es möglich, dass sich bei hoher Schicht kleinere Unregelmäßigkeiten des Treberkuchens weniger stark auswirken als bei flacher.

Vorrichtungen zum Aufbringen des Nachgusswassers Der klassische „Überschwänzer" besteht aus einem zentralen Behälter von dem 2, bei großen Bottichen 4 perforierte Rohre das Wasser über den Treberkuchen verteilen. Nach dem Prinzip des „Segner'schen Wasserrades" drehen sich die Rohre frei um die Mittelachse durch den Rückstoß des austretenden Wassers (Abb. 4.10). Eine andere Bauweise sieht eine Verbindung zur Traverse der Schneidmaschine vor. Die Anlage dreht sich also nur, wenn die Schneidmaschine im „Aufhackgang" läuft (Abb. 4.11). Wichtig ist, dass das Wasser rasch und gleichmäßig auf die Oberfläche der Treber verteilt wird, damit die einzelnen Bereiche gleichmäßig ausgelaugt werden können.

Aus diesem Grund darf die Umdrehungszahl nicht über 5–10/min liegen, bei größeren Bottichen eher weniger, weswegen ab 5–6 t Schüttung der Überschwänzer mit vier Rohren versehen werden soll. Bei zu rascher Umdrehung würde das Wasser an die Bottichwandung geschleudert. Um jedoch die größeren Außenflächen mit ausreichend Wasser beschicken zu können, nimmt die

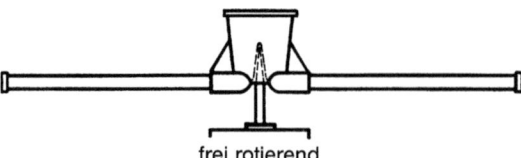

frei rotierend

Abb. 4.10 Anschwänzapparat

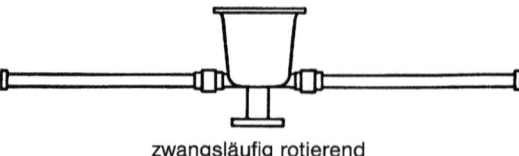

zwangsläufig rotierend

Abb. 4.11 Anschwänzapparat

Zahl der Bohrungen von innen nach außen zu, sie ist dort mehrreihig ausgeführt. Der Topf des Überschwänzers soll groß genug bemessen und der Wasserzulauf so abgestimmt sein, dass ein Überlaufen des Behälters und damit ein Ausschwemmen der Treberpartien um den Kronenstock vermieden wird. Wasserstein, der die Funktion des Systems beeinträchtigen kann, ist rechtzeitig zu entfernen.

Bei modernen Systemen, vor allem bei großen Bottichen, wird das Wasser mit Hilfe von Düsen auf die Treber aufgebracht. Diese befinden sich auf konzentrischen Ringleitungen, die eine gleichmäßige Verteilung des Wassers bewirken (Abb. 4.5 und 4.6).

Eine neue Konstruktion sieht vor, das Nachgusswasser über eine Rohrspinne oder ein Ringrohr über ein Rohrsystem, das mittels Prallteller eine Verteilung des Wassers 10–15 mm oberhalb des Würzespiegels vornimmt, zu leiten. Es soll hierdurch weniger Luft eingeschlossen und ein geringerer „Aufprall" auf der Treberoberfläche erreicht werden. Dieses System dient auch dem Auftragen der Trübwürze sowie der Zugabe von Glattwasser und Trub zum 1. Nachguss (Abb. 4.7).

Die Überschwänzvorrichtung muss, einschließlich der Wasserzuleitungen, so ausgelegt sein, dass bei einer Aufteilung auf drei Nachgüsse jeder einzelne in höchstens 10 Minuten aufgebracht werden kann.

Die Mehrzahl der Läuterbottiche sieht jedoch ein kontinuierliches Überschwänzen vor, d. h. nach der Zugabe von ca. 1/4 des Nachgusswassers wird nur soviel Wasser zugeleitet als auch durch den Treberkuchen abläuft.

Die Technik des Überschwänzens Das Auslaugen der Treber geht umso rascher und vollständiger vor sich, je höher die Temperatur des Wassers ist (s. Abschnitt 3.2.4.4). Diese muss jedoch noch im Bereich der Verzuckerungstemperaturen, d. h. am besten bei 75 °C liegen, da sonst wieder Stärke gelöst und verkleistert aber nicht mehr verzuckert wird.

Die Zugabe des Anschwänzwassers darf erst erfolgen, wenn die Vorderwürze in die Treberoberfläche „eingezogen" hat, um eine Anreicherung von Extrakt im Anschwänzwasser vor dem Eindringen desselben in die Treber zu vermeiden. Dennoch sollte der Würzespiegel nicht weiter abgesenkt werden als 1–2 cm unter die Treberoberfläche, da sonst Luft in die Treber eingezogen wird, was sich bei den noch intakten Oxidasensystemen in einer Oxidation und Polymerisation dieser Substanzen auswirkt (Tab. 4.11) [731].

Die hier dargestellte Bewegung setzte sich zu den Bieren verstärkt fort. Sie konnte dort geschmacklich im Sinne einer Verschlechterung der Bierbittere wahrgenommen werden.

Das Überschwänzen erfolgt in der Regel in zwei oder drei Partien, wiederum nachdem die Flüssigkeit kurzzeitig von der Treberoberfläche verschwunden war. Ein kontinuierliches Anschwänzen ist nur dann ergiebig, wenn rasch eine bestimmte Wasserschicht aufgebaut und das Niveau bis zu dem Zeitpunkt gehalten wird, bis die erforderliche Gesamtmenge aufgebracht ist. Die Mengeneinteilung bei mehreren Nachgüssen ist nicht einheitlich: Manchmal wird der erste

Tab. 4.11 Lufteinzug und Polyphenolgehalt der Würzen (mg/l) (Pfannevollwürzen)

Einzug der Würze bis	Treberoberfläche	halbe Höhe	ganze Höhe
		des Treberkuchens	
Gesamtpolyphenole	145	130	125
Anthocyanogene	110	97	94
Polymerisationsindex	1,32	1,34	1,34
Tannoide	88	84	70

Nachguss kleiner (20%) gewählt, um zunächst die Vorderwürze aus den Trebern zu verdrängen. Der zweite Nachguss von ca. 50% soll dann die zügige Absenkung des Extraktgehalts erbringen, der dritte Nachguss von ca. 30% noch einen Extraktausgleich vollziehen.

Die Temperatur des Anschwänzwassers soll zu Beginn des Überschwänzens etwa 75 °C betragen. Erst wenn sich eine Schicht von etwa 5 cm auf den Trebern befindet, darf dieselbe auf 77 °C angehoben werden. Zu kalte Wassertemperaturen rufen einen trüben Ablauf der Nachgüsse hervor. Nur bei kontinuierlichem Überschwänzen bzw. Aufbringen einer größeren Wassermenge kann ein Anheben der Wassertemperatur auf maximal 78 °C zweckmäßig sein, um eine Abkühlung auszugleichen.

Die *Menge des Nachgusswassers* hängt ab vom Volumen der Vorderwürze und der anzustrebenden Gesamtwürzemenge, die ihrerseits von der gewünschten Ausschlagkonzentration und von der Verdampfung beim Würzekochen abhängt. Bei einer 12%igen Würze liegt sie damit bei 3,5–5,0 hl/100 kg (s. Abschnitt 3.2.2.2). Aus Gründen der Energiekosten wird eine bestimmte Verdampfung von z. B. 6–8% nicht mehr überschritten, bei modernen Kochsystemen liegt dieser Wert bei 3,5–5% (s. Abschnitt 5.7.2). Aus technologischen Aspekten ist eine Ausdehnung der Kochzeit über eine vom System her vorgegebene Zeit ohnedies nicht ratsam. Nachdem die „Glattwasser-Nutzschwelle" bei 3% liegt, kann also eine kräftigere Verdampfung oder längere Kochung keine wirtschaftliche Rechtfertigung für eine weitergehende Absenkung der Glattwasserkonzentration sein [700].

Die *Wirkung des Anschwänzens* ist, wie schon erwähnt, von der Kontaktzeit des Wassers mit den Trebern abhängig. Durch die geringere Flüssigkeitsreibung der Nachgüsse sinkt der Treberwiderstand und die Durchflussmenge lässt sich leicht steigern. Dies verleitet oftmals zu einem zu raschen Abläutern – vor allem des 2. und 3. Nachgusses. Es sollte aber auch hier eine gewisse Geschwindigkeit nicht überschritten werden, außerdem muss der Kontakt der beiden Phasen durch eine intensive Schneidarbeit eine möglichst optimale Gestaltung erfahren (s. Abschnitt 4.1.3.11).

Es wurde von jeher als Nachteil der Überschwänzvorrichtungen angesehen, dass das Wasser aus 1–2 m Höhe auf die Treberschicht fällt. Es wirbelt den Oberteig und die Würze auf. Damit vermengt es sich schon vor dem Eintritt in die Treber mit Würze und wird in seinem Auslaugevermögen vermindert. Eine Vorrichtung, um diese Nachteile bei – allerdings kleinen – Bottichen zu vermeiden, war die Hoffmansche Schwimmkiste: eine leicht konische Blechscheibe, die von vier schwimmenden Hohlkugeln getragen wurde. Das in der Mitte zugeführte heiße Wasser lief über konzentrisch angeordnete Bördel mit einer sich bis zur Tellerbreite stark verringernden Geschwindigkeit über den Rand des Tellers und überschichtet so die Würze. Nachdem das Gerät etwa nach Ablauf von 1/3 der Vorderwürzemenge in den Bottich eingesetzt und der Wasserstrom an den Würzeabfluss angepasst wurde, kam es hier zu einem wirkungsvollen Verdrängen der Würze. Ein Problem war allerdings das Aufschneiden des Treberkuchens, um die Ausbildung von Extraktinseln zu vermeiden. Nachdem heute die modernen Schneidmaschinen nur mehr mit sehr niedrigen Geschwindigkeiten von 0,1–1,5 m/min laufen, ist eine Störung der Schichten und eine Vermischung kaum zu befürchten.

4.1.3.8 Aufhack- und Schneidmaschinen

Sie sind für einen sicheren, raschen und ergiebigen Läuterprozess von großer Bedeutung. Die Treber setzen sich meist schon während des Ablaufs der Vorderwürze so stark zusammen, dass der Durchfluss wegen des gestiegenen Treberwiderstandes entsprechend verlangsamt wird, unter Umständen sogar zum Erliegen kommt. Es muss daher eine Lockerung der Treber vorgenommen werden, um den Treberwiderstand zu verringern und den Würzeablauf wieder zu beschleunigen. Beim Auslaugevorgang soll dieses „Auflockern" durch Verbesserung des Kontakts des Wassers mit den Treberteilchen und durch das Bahnen neuer Wege die Auslaugung rasch und vollständig gestalten.

Für diese Aufgabe finden heute ausschließlich Maschinen Verwendung, die den Treberkuchen durchschneiden, ohne die gebildeten Schichten zu zerstören (Abb. 4.12).

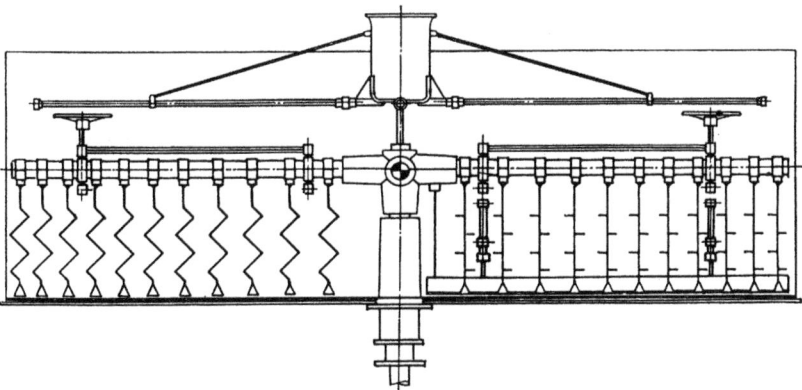

Abb. 4.12 Treber-Auslauge und Austreber-Maschine

An einem waagerechten Balken sind in einem Abstand von etwa 20 cm gerade oder zickzackförmige Messer angebracht, die am Fußende mit pflugscharähnlichen Elementen versehen sind. Die geraden Messer weisen kleine dreieckige Horizontalmesser auf, die in der Höhe versetzt, ebenfalls wie ein Pflug leicht nach oben gerichtet sind. Es sind diese Elemente so konzipiert, dass sie den Treberkuchen durchschneiden und lockern. An den Schnittlinien dringt das Überschwänzwasser in den Kuchen ein und laugt die benachbarten Partien aus. Das Durchschneiden der Treber kann in verschiedenen Höhen erfolgen. Um z. B. den Anstieg des Treberwiderstands während des Vorderwürzelaufs abzufangen oder zu verringern, wird die Maschine jeweils um 25 mm bis auf 30–40 mm abgesenkt. Wird der Treberwiderstand zu hoch, so dass der Würze-Ablauf sich verlangsamt, so ist es zweckmäßig, einen „Tiefschnitt" bei stillgesetzter Abläuterung in einer Höhe von 10–20 mm über dem Senkboden durchzuführen. Es muss ein einmaliger Durchgang der Maschine genügen, um den Treberwiderstand (s. Abschnitt 4.1.3.5) auf nahe null abzusenken. Um hierfür nicht zu lange „Stillstandszeiten" in Kauf nehmen zu müssen, ist die Aufschneidmaschine so zu unterteilen, dass in 3–4 Minuten jede Stelle des Treberkuchens einmal von den Messern bearbeitet wird.

Beim Abläutern der Nachgüsse geht es wohl auch darum, den Treberwiderstand in einem bestimmten Bereich zu halten, doch muss auch eine gleichmäßige Durchdringung des Treberkuchens mit Wasser sichergestellt werden. Die Stellung der Messer darf nicht zu eng sein; sie muss sich nach den Gegebenheiten des Schrotes richten: So sind deren Abstände bei Nassschroten wesentlich größer (um ca. 50%) als bei Trocken- oder konditioniertem Schrot. Die Abstände nehmen aber von außen nach innen um bis zu 50% zu, um etwa eine gleichgute Bearbeitung und damit Auslaugung der äußeren und inneren Treberpartien zu erreichen.

Die Messerabstände sollen bei Trockenschrot in der Außenzone etwa 20 cm sein. Hier oder bei noch engerer Anordnung sollen jeweils zwei benachbarte Messer „versetzt" sein, was eine Kröpfung der Messer nach vorne und nach hinten erfordert. Diese ist in der Peripherie stärker ausgeprägt als dem Zentrum zu; im inneren Drittel wird nur mehr eine Reihe von Messern benötigt. Diese Konstruktion erfordert für jeden Radius eine eigene Kröpfung. Die Messer können am Balken fest angeordnet sein; günstiger ist es, diese mit verschraubbaren Halbschalen oder an einer schwalbenschwanzförmigen Nut zu befestigen. Es ist hierdurch möglich, je nach Treberbeschaffenheit noch nachträgliche Korrekturen vorzunehmen.

Das Schnittbild wird vor allem durch Zickzackmesser wesentlich dichter gestaltet, besonders dann, wenn die Maschine in verschiedenen Höhen umläuft. Die Länge der schlanken und schmalen Messer muss so bemessen sein, dass auch bei höchster Schüttung in tiefster Stellung aufgehackt werden kann, ohne dass die Balken der Maschine in den Treberkuchen eingedrückt werden und diesen verschieben.

Die heb- und senkbare Maschine darf nur eine geringe Umfangsgeschwindigkeit haben (1,5–2,5 m/min), um die während des Abläuterns eintretende Schich-

Tab. 4.12 Bemessung der Schneidmaschine $V_u = \sim 2{,}0$ m/min, spez. Schüttung 175 kg/m² = 31,5 cm Treberhöhe

Schüttung (t)	Läuterfläche (m²)	Umfang (m)	Umlaufzeit (min/u)	Zahl der Arme
2	11,5	12	8 bei 1,7 m/min	3
4	22,8	17	9 bei 1,9 m/min	4
8	45,5	24	12 bei 2,1 m/min	6
16	91	34	15 bei 2,3 m/min	6–8*

* meist 4 „Nachlaufarme"

tenbildung nicht zu stören, die Treber nicht zu verschieben und den Klarlauf der Würze nicht zu stark zu beeinträchtigen. Nachdem aber ein „Tiefschnitt" bei stillgesetzter Abläuterung, z. B. zum Lockern des Treberkuchens während oder am Ende des Abläuterns der Vorderwürze nur 3–4 Minuten dauern darf und hiermit der Treberwiderstand auf nahe null abgebaut werden soll, so hat eine entsprechende Unterteilung der Maschine Platz zu greifen wie Tab. 4.12 zeigt. Auch wird hier die Umfangsgeschwindigkeit auf 3,5–5,0 m/min gesteigert.

Eine gute Orientierung stellt auch die Zahl der Messer pro m² (1–3) dar.

Dabei ist aber die Konstruktion der jeweiligen Messer zu berücksichtigen, z. B. die Breite und die Steigerung des Pflugelements am Fußende des Messers, die Anordnung von sog. „Kupferscheiten" in verschiedenen Höhen, die früher übliche, bei Bedarf einsetzbare Querschneidmesser ersetzen und beim Austrebern in Gegenrichtung auch eine Räumfunktion haben (Abb. 4.7). Doppelschuhe mit breiter ausladenden Pflugenden erhöhen (meist in den äußeren zwei Dritteln des Durchmessers) die wirksame Schneidfläche (Abb. 4.5–4.7).

Bei dem kleinen Bottich wird also in 8 Minuten die Maschine einmal gedreht, wodurch jede Stelle des Treberkuchens in 2,7 Minuten von einem Balken aufgeschnitten wird. Da die Messer jeder Balkenhälfte gegeneinander versetzt sind, befindet sich in den Außenzonen alle 10–12 cm ein Schnitt. Bei der größeren Schüttung von 4 t würde es aber schon fast 9 Minuten dauern, bis die Schneidmaschine ihren Umlauf beendet hat. Dieser Zeitaufwand ist zu groß. Um nun die Treber wiederum in 2,5–3 Minuten mit den Messern eines Balkens bearbeiten zu können, muss die Maschine vier, die eines 16-t-Bottichs 6–(8) Arme haben. Nur so kann sichergestellt werden, dass der Treberkuchen beim großen wie beim kleinen Bottich gleich intensiv bearbeitet und folglich auch die Auslaugung in ähnlicher Weise erreicht wird. Bei den Bottichgrößen dazwischen kann mit Vor- oder Nachlaufbalken eine Überbrückung geschaffen werden. Die höhere Umfangsgeschwindigkeit bei großen Bottichen wird durch stärkeres „Versetzen" der Messer ergänzt, um einem Trüblaufen der Würze zu begegnen (s. oben).

Bei kleineren Bottichen, die früher zum Maischen und Abläutern benutzt wurden, waren die Messer eines Armes oder beider Balkenseiten drehbar angeordnet, um sie zum Maischen und zum Austrebern schräg stellen zu können. Nachdem diese Messer aus Stabilitätsgründen stärker auszuführen sind, neigen sie zum Schieben. Oftmals war auch die Parallelstellung nicht genau gewährleistet oder die Endstellung nicht fixierbar, so dass der Treberkuchen „verzogen" wurde. Wenn dies von innen nach außen geschah, dann war mit Sicherheit eine schlechtere Auswaschung der äußeren Zonen, verbunden mit Ausbeuteverlusten, zu verzeichnen.

Heute geschieht das rasche, meist auf 5–7 Minuten begrenzte Austrebern durch eigene „Austreberscheite". Sie werden nach Ablauf des letzten Nachgusses in die erforderliche Stellung gebracht (Abb. 4.5–4.7). Es handelt sich meist um entsprechend geformte Leisten, die die Treber vom Kronenstock wie auch vom äußeren Bottichrand zur Austreberöffnung fördern. Es können aber auch unterteilte pflugscharähnliche Scheite eingesetzt werden. Bei mehrarmigen Maschinen ist meist die Hälfte der Balken derselben mit Treberschaufeln versehen. Zum Austrebern wird die Schneidmaschine von ihrer höchsten Stellung mit der Austreberschaufel gesenkt. Der „Austrebergang" läuft in Schneidrichtung, aber auch gegen diese mit einer Geschwindigkeit von 2–3 U/min. Im letzteren Falle können zusätzliche „Scheite" (s. Abschnitt 4.1.2.9), die ursächlich dem Auflockern dienen, zum Ausschieben der Treber mit herangezogen werden.

Moderne Läuterbottiche basieren auf der Wirkung einer gut funktionierenden Schneidmaschine: Sie muss bei den vorgegebenen kurzen Läuterzeiten bzw. hohen Fließgeschwindigkeiten in der Lage sein, den Anstieg des Treberwiderstandes aufzufangen und bei Tiefschnitten rasch abzubauen. Sie soll ferner eine gute und gleichmäßige Auslaugung der Treber erzielen, was durch kontinuierliche Schneidarbeit in unterschiedlichen Höhen gewährleistet wird, ohne dass deshalb eine Eintrübung der Würze erfolgt.

4.1.3.9 Die Arbeitsweise eines klassischen Läuterbottichs (185 kg/m^2, Zentralabläuterung)

Sie läuft etwa wie folgt ab: Ursprünglich wurde nach dem 20 Minuten währenden Abmaischen eine „Ruhe" von 30 Minuten gehalten (s. Abschnitt 4.1.3.3) und erst anschließend „angezapft". Dies entspricht der Darstellung in Abb. 4.13.

Meist erfolgt jedoch sofort nach Ende des Abmaischens und Nachspülens der Maischeleitung das Vorschießen mit dem zentralen Läuterhahn. Nach 5 Minuten wird derselbe auf eine Leistung von 0,1 l/m^2 s geöffnet und solange Trübwürze gepumpt, bis die Würze nur mehr leicht opalisierend, jedoch ohne Feststoffe läuft. Innerhalb der ersten 20 Minuten der Läuterzeit wird durch schrittweises Öffnen des Hahns ein Durchfluss von 0,13 l/m^2 s erreicht. Meist steigt bis zur Mitte der Vorderwürzelaufzeit der Treberwiderstand stark an. Es ist bereits hier (bei geschlossenem Hahn) die Schneidmaschine in tiefster Stellung so lang umlaufen zu lassen, bis der Treberwiderstand nahe Null ist. Dies wird innerhalb von 4–5 Minuten erreicht, mindestens nach dem langsamen Hochziehen der Maschine bis auf ca. 20 cm. Beim Wiederanlauf ist es notwendig, die trübe Würze wieder in den Bottich zurückzupumpen. Die Geschwindigkeit wird in 10 Minuten von 0,10 auf 0,13 l/s m^2 gesteigert. Bei normaler Malzqualität ist bis zum Einziehen der Vorderwürze in die Treberoberfläche ein nochmaliges

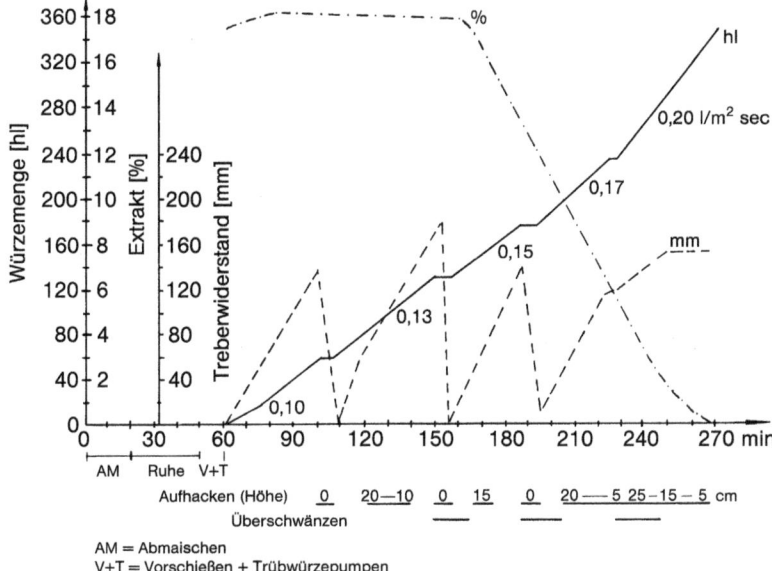

Abb. 4.13 Klassische Abläuterung

Aufschneiden nicht erforderlich. Sobald die Treberoberfläche keine Würzereste mehr zeigt, wird wiederum bei stillgesetzter Abläuterung in tiefster Stellung aufgeschnitten, bis der Treberwiderstand auf Null abgebaut ist. Gleichzeitig mit dem Auflockern beginnt das Überschwänzen. Der erste Nachguss von 25% wird in 5 Minuten aufgebracht, die Temperatur des Wassers steigt von 75 auf 78 °C. Nach vorsichtigem Heben und Stillsetzen der Maschine bei 25 cm läuft der erste Nachguss an; die ersten drei Minuten muss zurückgepumpt werden, anschließend erfolgt wiederum in zwei bis drei Schritten die Anhebung der Durchflussleistung auf 0,15–0,17 l/s. Diese Geschwindigkeit liegt nicht oder nur wenig über der der Vorderwürze. Nach Eintreten der Flüssigkeit in die Treberoberfläche erfolgt das Auftragen des 2. Nachgusses, zusammen mit einem Aufschneiden bei 5–7 cm (wiederum bei geschlossenem Hahn). Der Treberwiderstand lässt es zu, dass die untere Schicht „geschont" wird. Das Aufschneiden dauert bis zu einem Treberwiderstand von ca. 5 cm nur 4–5 Minuten, die Maschine wird auf 25 cm hochgezogen und abgeschaltet. Die Würze läuft schon an, während der 2. Nachguss (ca. 45% der Gesamtmenge) noch aufgebracht wird. Die Abläuterung kann hier schneller sein und eine Steigerung bis auf 0,16–0,18 l erfahren. Um die Bildung von Extraktinseln zu vermeiden wird etwa 10 Minuten nach Anlaufen dieses Nachgusses in verschiedenen Höhen aufgeschnitten: von 25 auf 20 und 15 cm. Mit dem Ende des 2. Nachgusses wird die Abläuterung für 2 Minuten gestoppt, um den dritten Nachguss (30%) aufzugeben. Sobald einige cm Wasser auf der Treberoberfläche stehen, beginnt das Abläutern mit 0,17–0,18 l und wird rasch bis auf 0,20 l/m² s gesteigert. Die Schneidmaschine wird auf 10 cm abgesenkt, nach Maßgabe des Treberwiderstandes unter Umständen auf 5 cm und nach 2 Umläufen wieder langsam gehoben. Dies kann nochmals wiederholt werden. Dieser letzte Nachguss ist so zu bemessen, dass die gesamte im Treberkuchen steckende Flüssigkeitsmenge abgeläutert werden muss, um die gewünschte Pfannevollwürze zu erreichen. Die Dauer dieses Läuterprozesses ist rund 3–3½ Stunden. Bei den Tiefschnitten bzw. beim Aufhacken in Höhen von 5–7 cm trübt sich die Würze naturgemäß etwas ein.

4.1.3.10 Optimierte klassische Abläuterung

Dieses Verfahren gründet sich auf konditioniertes Schrot oder Nassschrotung mit kontinuierlicher Weiche; die spezifische Schüttung des Bottichs ist 225 kg/m². Es steht eine Schneidmaschine verbesserter Konstruktion (4 Arme, z.T. Zickzackmesser, $V_u = 2{,}5$ m/min) zur Verfügung. Das Vorschießen beginnt bereits während des Abmaischens durch 5 Minuten langes wechselweises Öffnen und Schließen der drei Läuterhähne. Es ist zweckmäßig, die Würze mit hoher Geschwindigkeit von 0,22 l/m² s anlaufen zu lassen, um möglichst viele Trubbestandteile zu erfassen. Diese Geschwindigkeit würde aber nicht lange konstant bleiben, wenn nicht frühzeitig, etwa von einem Treberwiderstand von 80 mm an, die Schneidmaschine eingefahren würde, um dann in Abhängigkeit vom Treberwiderstand allmählich von 25 auf 5 cm über dem Senkboden abgesenkt zu werden (Abb. 4.14 und 4.15). Hierdurch gelingt es bei recht gutem Klarlauf die Vorderwürze in ca. 60 Minuten zu gewinnen. Der erste Nachguss wird während eines kurzen Stillsetzens der Abläuterung und unter Aufhacken bei 5 cm übergeschwänzt (ca. 30%). Das Unterbrechen des Würzelaufs beim Überschwänzen soll vermeiden, dass Oberteig in die Schnittfurchen der Auflockermaschine eingewaschen wird. Nach Abbau des Treberwiderstands, Hoch-

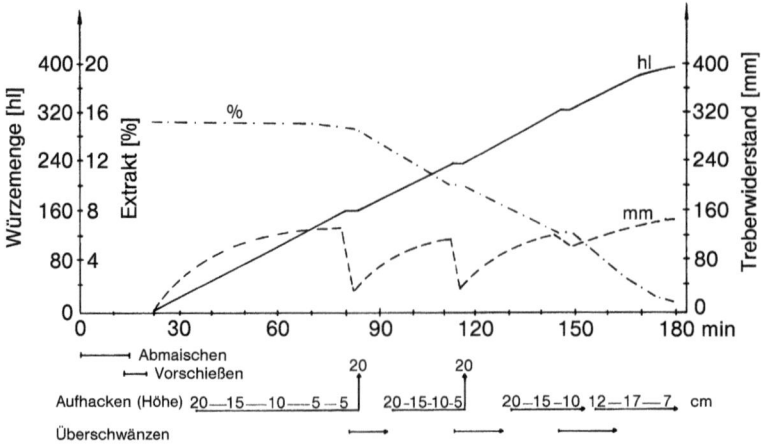

Abb. 4.14 Optimierte Abläuterung mit konditioniertem Schrot (225 kg/m³)

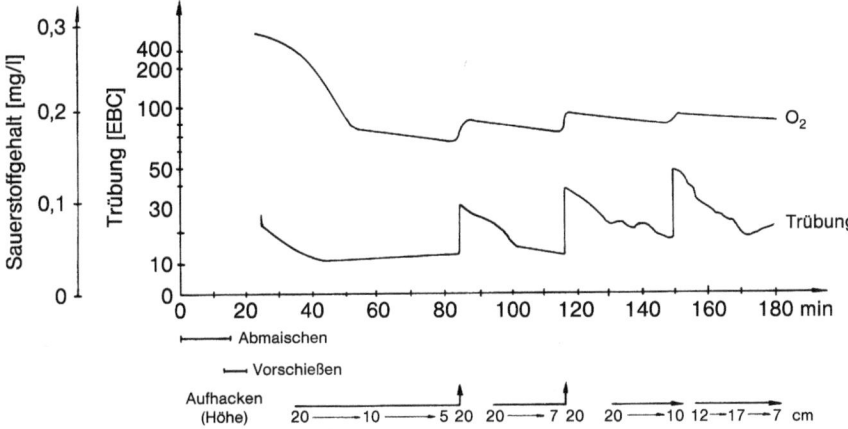

Abb. 4.15 Trübungswerte und Sauerstoffgehalte bei optimierter Abläuterung

ziehen der Maschine und Stillsetzen der Schneidmaschine bei 20 cm beginnt das Nachgussabläutern wieder mit 0,22 l/s m². Bei 80 mm Treberwiderstand wird die oben geschilderte Aufhacktechnik wiederholt. Der zweite Nachguss soll wieder bei kurz geschlossenem Hahn aufgetragen werden, wobei die Maschine bei 5–7 cm umläuft. Später aber reicht das Schneiden in verschiedenen Höhen, das Heben der Maschine etc. aus, um den Treberwiderstand im Bereich von 150 bis später 100 mm zu halten, wodurch die Würze nicht trüb läuft, andererseits ein guter Kontakt des Anschwänzwassers mit den Trebern gegeben ist. Die Läutergeschwindigkeit ist beim zweiten Nachguss 0,25–0,28, beim dritten bis 0,30 l/m² s. Die Abläuterzeit liegt bei guter Malzqualität, dem angesprochenen Schrot und der modernen Schneidmaschine bei 140–160 Minuten.

Die etwas längere Zeit ergibt sich durch das vorerwähnte vollständige Ablaufenlassen des letzten Nachgusses [741].

Um die *Vorderwürze rascher gewinnen zu können*, wurde häufig vorgeschlagen, diese zum Teil von oben abzuziehen. Diese Maßnahme hatte nur Erfolg bei dünneren Vorderwürzen (unter 16% Extrakt) bzw. bei höherer Schicht im Läuterbottich, wenn sich eine klare Trennung zwischen der überstehenden Würze und den Trebern ergab. Hier hatten sich Schwimmer eingeführt; Schleusen konnten sich weniger gut bewähren, da hier die Sicherheit der Bedienung oftmals zu wünschen übrig ließ. Als Vorteil wurde die geringere Beanspruchung der Treberschicht angesehen, was einen rascheren Ablauf der Nachgüsse zur Folge hatte. Der Zeitgewinn von 15–25 Minuten war jedoch insgesamt nicht sehr bedeutend, da erst eine weitgehende Klärung der Würze abgewartet werden musste, bevor mit dem Abzug „von oben" begonnen werden konnte. Sobald Oberteig mitgerissen wurde, war der Vorgang zu beenden. Diese unfiltrierte Würze wies einen bedeutend höheren Gehalt an Fettsäuren auf, ebenso mehr Schwebstoffe als eine durch die Treber abgezogene. Diese Substanzen beeinträchtigten die Sedimentation des Trubs im Whirlpool, es konnten auch

Schaumhaltigkeit und Geschmacksstabilität der späteren Biere eine Verschlechterung erfahren.

Die Verwendung von Seitensieben (s. Abschnitt 4.1.2.5) wurde als weniger nachteilig angesehen, da hier die Würze eine gewisse Treberhöhe (10–15 cm) durchströmen muss und dabei eine, wenn auch nicht vollwertige Filtration erfuhr. Doch verlegen diese Siebe sehr schnell und es bedurfte dann einer Anpassung der äußeren Messer der Schneidmaschine, um die Siebe wieder von den festgezogenen Trebern zu entlasten.

4.1.3.11 Die Arbeitsweise moderner Läuterbottiche nach dem derzeitigen Stand (12 Sude/Tag)

Die oben beschriebene optimierte Abläuterung wurde weiterentwickelt: Durch eine geringere Schüttung pro m^2, d.h. eine geringere spezifische Belastung wird der Treberwiderstand verringert bzw. leichter beherrschbar. Für 12 Sude resp. etwas mehr/Tag ergeben sich folgende Werte (Tab. 4.2).

Das Abmaischen geschieht entweder über eine genügende Zahl (3–6) an Bodenventilen über eine Ringleitung oder seitlich von Einlässen aus Peripherie oder Zentrum (s. Abschnitt 4.1.3.2) in Senkbodenhöhe. Es nimmt 5 bis maximal 8 Minuten in Anspruch, wobei die Schneidmaschine nach 2–3 Minuten bereits im langsamen Gang mit 0,5 m/min umläuft, um eine gleichmäßige Verteilung der sich rasch absetzenden Festbestandteile zu unterstützen. Während der Hälfte der Abmaischzeit wird durch mehrmaliges Ein- und Ausschalten der Pumpe zuerst der Schritt „Vorschießen" und nach 1–1½ Minuten das „Trübwürzepumpen" getätigt. Dieses nimmt den Rest der Abmaischzeit, ggf. 1–2 Minuten länger in Anspruch. Ab einer Trübung von ca. 50 EBC wird auf „Abläutern" umgestellt, z.B. auf eine Leistung von zunächst 0,15 $l/m^2 \cdot s$, dann auf 0,20 $l/m^2 \cdot s$; die Schneidmaschine wird nach ca. 5 Minuten Läuterzeit in 15 cm Höhe eingefahren. In Abhängigkeit vom ansteigenden Treberwiderstand oder von der eingestellten Durchflussgeschwindigkeit wird nun die Maschine langsam abgesenkt. Steigt der Treberwiderstand über einen bestimmten Wert an oder fällt die Läuterleistung unter einen Karenzwert ab, so wird ein „Tiefschnitt" durchgeführt, d.h. es wird in 1,5–2,0 cm Höhe bei stillgesetzter Abläuterung aufgelockert. Durch die vielteilige Schneidmaschine und die auf „Heben" oder „Lockern" angeordneten Elemente der Maschine (Bodenpflüge, Seitenmesser, evtl. sogar Anschliff der Zickzackmesser) sind nur ca. 3 Minuten erforderlich, um in Verbindung mit dem „Heben" auf ca. 15 cm den Treberwiderstand auf null abzusenken und wieder die volle Läuterleistung zu erzielen.

Am günstigsten ist es natürlich, wenn der Zeitpunkt des notwendigen Tiefschnitts mit dem Ende des Vorderwürzelaufs, d.h. dem ebenen Einziehen der Vorderwürze in die Treberoberfläche zusammenfällt. Es ist dann möglich, das Überschwänzen bei Stillstand der Abläuterung zu beginnen, wodurch der Anschluss des Wassers an den Vorderwürzespiegel in den Trebern ohne Einziehen von Oberteig geschieht. Der Wiederanlauf erfolgt mit ca. 0,18 $l/m^2 \cdot s$, zusammen mit dem langsamen Hochfahren der Schneidmaschine. Diese läuft zwischen

15 cm und 8 cm Höhe, in Abhängigkeit vom Treberwiderstand mit ca. 0,5 m/min um. Sie sollte ideal den Treberwiderstand im Bereich von 50–100 mm halten. Meist ist es so, dass zum Erreichen dieses Wertes eine Schnitthöhe von 12–15 cm genügen würde. Um jedoch den Kontakt Anschwänzwasser/Treber im Sinne der bestmöglichen Auslaugung zu gestalten, sollte die Maschine zeitweise durchaus bis auf 5–8 cm abgesenkt werden. Wenn die Trübung über einen zulässigen Wert von z.B. 30 EBC-Einheiten ansteigt, dann wird die Schneidmaschine wieder automatisch angehoben. Der Zufluss des Überschwänzwassers ist nach einer rascheren Zugabe der ersten 25% so eingestellt, dass das Niveau der Flüssigkeit etwa konstant bleibt. Gegen Ende des Abläuterns ist der Wasserzulauf so rechtzeitig abzubrechen, dass die Treber „trockengezogen" werden können. Ein ungenügender Ablauf bis zu diesem Zeitpunkt macht ein zeitaufwändiges Entleeren des Läuterbottichs erforderlich, vergrößert die Abwassermenge bzw. liefert eine erhöhte Glattwassermenge, die wieder irgendwie untergebracht werden muss. Eingeführt hat sich die Zugabe von Glattwasser und Hopfentrub zum ersten Nachguss über die Trübwürzeleitung. Die Geschwindigkeit des Abläuterns wird schrittweise bis auf $0{,}30\,l/m^2 \cdot s$ gesteigert, wie das Schema in Abb. 4.16 zeigt.

Die Arbeitsweise des Läuterbottichs mit Dom ist wie folgt:

Senkboden bedecken	$0.^{00}$–$0.^{02}$
Abmaischen	$0.^{02}$–$0.^{07}$
Vorschießen/Trübwürzepumpen	$0.^{05}$–$0.^{11}$
Vorderwürze-Abläutern	$0.^{11}$–$0.^{56}$
Nachguss-Abläutern	$0.^{56}$–$1.^{41}$
Entleeren	$1.^{41}$–$1.^{43}$
Austrebern	$1.^{43}$–$1.^{49}$
Senkboden-Spülung	$1.^{49}$–$1.^{53}$

Es können also (mit einer gewissen Reserve) 12 Sude/Tag abgeläutert werden. Spätere (2007) Abnahmen berichten sogar von 14 Suden/24 h.

Wie die Abb. 4.17 zeigt, fällt die Trübung während des Vorderwürzelaufs sehr rasch ab; sie liegt hier bei 5 EBC-Einheiten. Die Läutergeschwindigkeit errechnet sich zu $0{,}25\,l/m^2 \cdot s$. Die Schneidmaschine wird anhand der Durchflussleistung gesteuert. Nach der „Fuzzy Logic" wird die Schneidhöhe gesenkt, wenn die vorgegebene Geschwindigkeit auch nur minimal abfällt. Ein Tiefschnitt am Ende des Vorderwürzeablaufs ist meist entbehrlich; so setzt das Überschwänzen bei einer erreichten, vorgegebenen Vorderwürzemenge ein. Dies tritt ein – wie bereits im Abschnitt 4.1.3.7 geschildert – wenn die Vorderwürze gerade unter die (gleichmäßige) Treberoberfläche eingezogen hat. Wenn ca. 10% des Nachgusswassers aufgebracht sind, erfolgt die Zugabe von Hopfentrub und ggf. Glattwasser. Die Durchflussgeschwindigkeit wird von $0{,}25\,l/m^2 \cdot s$ schrittweise bis auf $0{,}38\,l/m^2 \cdot s$ gesteigert. Die Schneidmaschine läuft meist in einer Höhe von 15 cm um; ein weiteres Absenken wäre um des Durchflusses willen normal nicht notwendig, wohl aber empfiehlt die gleichmäßige Auslaugung zwischen 5 und 15 cm zu va-

4 Die Gewinnung der Würze – das Abläutern

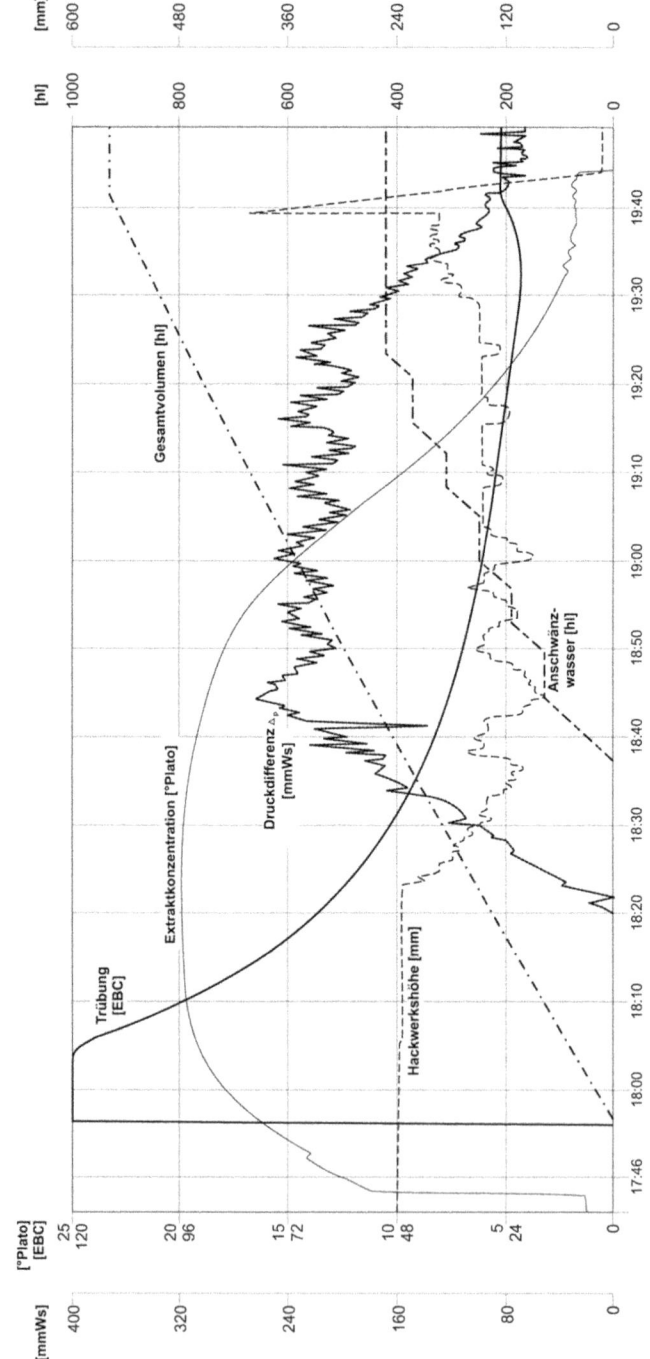

Abb. 4.16 Abläutern im 2-Stundentakt (kond. Nassschrot)

4.1 Das Abläutern mit dem Läuterbottich | **437**

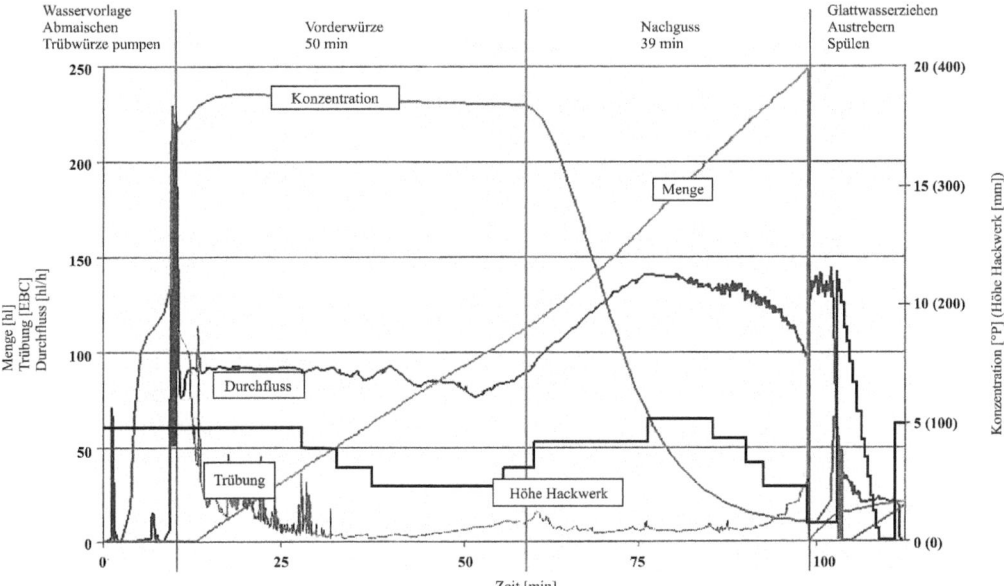

Abb. 4.17 Abläutern mit Läuterbottich mit Dom

riieren. Bei einem lockeren Treberkuchen ist es möglich, denselben „leerzuziehen", so dass ein zeitfordernder Restablauf weitgehend entfallen kann.

Die Auslaugung der Treber ist sehr gleichmäßig: So zeigen die Treber-Presssäfte relativ niedrige Werte von z. B. 0,7%, wobei das früher häufig anzutreffende Extraktgefälle von den inneren zu den äußeren Quellgebieten nicht mehr beobachtet werden kann. Die Presssaft-Differenzen liegen bei 0,2%. Dem kommt die höhere Treberschicht, die durch den Dom ermöglicht wird, entgegen. Wichtig ist, wie stets, die Gleichmäßigkeit der Einlagerung der Maische und die Aufschneidetechnik, die die Bildung von Extraktinseln und „Laufzonen" vermeidet [720, 742].

Bei Abnahmen wurden (für den 12-Sude-Rhythmus) Feststoffmengen in der Läuterwürze von 30 mg/l (konditioniertes Trockenschrot) und 50–60 mg/l (konditioniertes Nassschrot) ermittelt. Dies haben auch Partikelmessungen laut Abb. 4.20 bestätigt [748].

4.1.4
Qualität der Abläuterung

Sie spielt eine bedeutsame Rolle, denn sie kann, wie das vorhergehende Kapitel über den Abzug der Vorderwürze von oben zeigte, die Beschaffenheit der Würze und damit nicht nur spätere Prozess-Schritte sondern auch die Qualität des fertigen Bieres nachteilig beeinflussen.

4.1.4.1 Die Zusammensetzung der Würze

Sie hängt, wie schon erwähnt (s. Abschnitt 3.2.2.2), vom Verhältnis Hauptguss d. h. Vorderwürze zu Nachguss, sowie von der Qualität des zum Maischen und Überschwänzen verwendeten Brauwassers ab. Mit abnehmender Konzentration der Nachgüsse nimmt deren Farbe (auf 12% berechnet) und der Anteil an „unedlen" Substanzen zu (s. Abschnitt 4.1.3.7). Diese nachteiligen Erscheinungen können verringert werden bei luftfreiem Maischen, Verhinderung von Luftzutritt zum Treberkuchen, Anschwänzen „auf dem Spiegel", kurze Maisch- und Läuterzeiten, d. h. kurze Kontaktzeiten von Würzen und Nachgusswässern mit den Trebern. Somit kommt der früher sehr hoch bewerteten „dünnen" Maische mit Vorderwürzekonzentrationen von 15–16% keine große Rolle mehr zu, ebenso wenig einem Abbruch der Abläuterung bei einem Glattwasserextrakt von ca. 1,5%. Dieser wird bei den aus verschiedenen Gründen gegebenen, geringeren Überschwänzmengen ohnedies nicht mehr weit unterschritten (s. Abschnitt 3.2.2.3).

4.1.4.2 Die Oxidation der Würze

Die Oxidation der Würze kann durch die oben genannte Maßnahme, vor allem durch Vermeiden des Lufteinzugs beim Pumpen vom Läuterbottich zum Vorlaufgefäß oder zur Pfanne eingeschränkt werden. Auch sauerstoffhaltiges Überschwänzwasser z. B. aus Heißwasserspeichern, die unter Druck stehen, kann den Sauerstoffgehalt der Würze erhöhen. Die Einwirkung des Sauerstoffs auf Würze von 68–72 °C ist besonders gravierend, da bei diesen Temperaturen noch Oxidasen wirksam sind, die zu einer Veränderung des Polymerisationsindex und zu einer Verringerung des Tannoidgehalts führen. Die Eiweißausscheidung beim folgenden Würzekochprozess wird schlechter, auch haben diese Würzen eine dunklere Farbe, die daraus hergestellten Biere eine dunklere Farbe und einen breiten Geschmack (Tab. 4.13).

Nach diesen Ergebnissen muss der Sauerstoffgehalt während des Abläuterns möglichst gering sein; meist lässt sich bei den oben genannten Bedingungen

Tab. 4.13 Der Einfluss des Sauerstoffgehalts auf die Würzezusammensetzung (Ausschlagwürze) [743]

Sauerstoffgehalt mg/l beim Abläutern		0,2	1,0	3,0	10,0
Farbe	EBC	7,5	8,5	10,0	12,0
Polyphenole	mg/l*	262	258	259	256
Anthocyanogene	mg/l*	132	116	95	76
Polymerisationsindex		2,0	2,2	2,7	3,4
Tannoide	mg PVPP/l*	151	129	107	88
koag.-N	mg/100 ml*	3,0	3,0	3,3	3,3
Iso-α-Säuren	mg/l	34,5	35,6	33,6	33,6

* alle Werte auf 12% Extrakt berechnet

mit den gängigen Messgeräten bereits kurz nach dem Abmaischen bzw. nach dem Anlaufen der Würze kein Sauerstoff mehr nachweisen.

Bei ungünstigen Verhältnissen (z. B. auch durchaus bei offener Abläuterung) konnten Werte von 2–3, im Falle des Pumpens von einem sehr kleinen Läutergefäß mit barometrischem Druckausgleich sogar 6 mg/l [744] festgestellt werden.

In diesem Zusammenhang sind auch die früher schon aufgeführten Effekte einer Belüftung der Maische nochmals zu erwähnen (s. Abschnitt 3.1.7.3). Durch die Oxidation phenolischer Verbindungen von Abbauprodukten der Prolamine und von Gelproteinen wird die Filtrierbarkeit der Würzen, vor allem aber auch ihre Zusammensetzung verschlechtert [745].

4.1.4.3 Klarheit der Würze

Die Klarheit der Würze soll nach Möglichkeit während des gesamten Läutervorganges gewährleistet sein. Doch hat ein sehr grobes Schrot (z. B. konventionelles Nassschrot) eine lockere Treberschicht zur Folge, die erst nach einiger Läuterzeit jene Dichtheit gewinnt, dass die Trübung bzw. der Feststoffgehalt auf ein Durchschnittsmaß abfallen. Auch bewirkt jedes Aufschneiden einen deutlichen Anstieg der Trübungswerte, vor allem wenn noch beim Aufbringen des 2. und 3. Nachgusses bei stillgesetzter Abläuterung Tiefschnitte angebracht werden [746]. Höhere Läutergeschwindigkeiten bedingen ebenfalls eine Tendenz zu höheren Trübungswerten. Von großer Bedeutung ist die Wirksamkeit des Vorschießens und die Konstruktion der Schneidmaschine. Auch Senkböden mit größeren Schlitzweiten (über 0,8 mm) und höherer freier Durchgangsfläche (z. B. 25%) führen zu Würzen mit höheren Trubstoffgehalten.

Die Abb. 4.18 und 4.19 zeigen zwei günstige Läuterdiagramme, je eines für konditioniertes und für Nassschrot, wie sie bei den in Abschnitt 4.1.3.9 und 4.1.3.10 beschriebenen Läutervorgängen vorlagen.

Die aus verschiedenen Läutersystemen resultierenden Feststoffgehalte zeigen, dass z. T. wesentlich schlechtere Läuterbedingungen in den Brauereien anzutreffen sind (Tab. 4.14).

Der letzte Betrieb arbeitete mit einer sehr hohen Läutergeschwindigkeit; dabei befriedigte die Wirkungsweise der Schneidmaschine nicht, sie bewirkte eine Zerstörung des Schichtensystems des Treberkuchens [747].

Tab. 4.14 Feststoffgehalte von Läuterbottichen – Messungen 1980

Brauerei	A	B	C	D	E
Schrotung	TS kond.	TS kond.	TS kond.	Nass-	Nass-
Läutergeschwindigkeit l/m² u. s	0,16	0,15	0,16	0,21	0,33
Feststoffgehalt mg/l	120	84	155	188	677

440 | 4 Die Gewinnung der Würze – das Abläutern

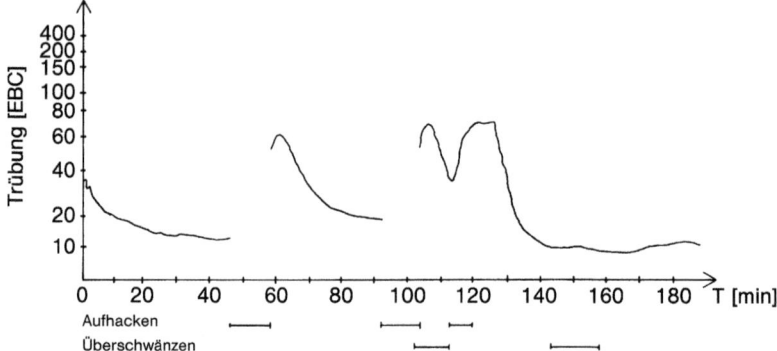

Abb. 4.18 Trübungskurve eines Läuterbottichs mit konditioniertem Schrot (218 kg/m², 0,015 l/m² s

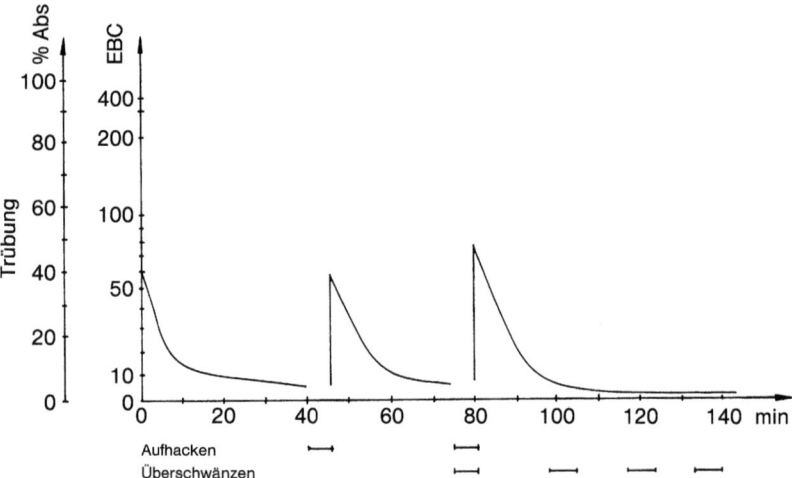

Abb. 4.19 Trübungskurve eines Läuterbottichs mit Nassschrot (kontinuierliche Weiche; 245 kg/m², 0,21 l/m² s

Der Trübungsgrad der Würze hat zwei offensichtliche Folgeerscheinungen, die die Qualität (bis zum Bier) verschlechtern können: sie haben erhöhte Feststoffgehalte und tendieren zu einer unbefriedigenden Jodnormalität.

Sudhausabnahmen aus 1998–2007 lassen trotz wesentlich kürzerer Läuterzeiten sehr viel niedrigere Feststoffgehalte erkennen. Dies ist durch das Abmaischen von unten, durch eine generell sauerstoffarm geführte Maische sowie durch die moderne Schneidmaschinenkonstruktion mit niedriger Umfangsgeschwindigkeit gegeben (Tab. 4.15).

Untersuchungen über die Partikelgrößenverteilung beim Abläutern mit modernen Läuterbottichen zeigten: Die Trends der Partikelgrößen 234, 23 und

Tab. 4.15 Feststoffgehalte von Läuterbottichwürzen (Messungen 1998–2007)

Brauerei	1	2	3	4	5
Schrotung	TS kond.	TS kond.	TS kond.	NS kond.	NS kond.
Schüttung kg/m²	157	157	162	165	185
Läutergeschwindigkeit l/m²·s	0,18	0,19	0,22	0,22	0,20
Sude/Tag	10	10	12	12	12
Feststoffgehalt mg/l	13	12	20	n.n.*	50

* Messung unmöglich, da bereits Hopfen dosiert wurde, Durchschnittstrübung < 10 EBC

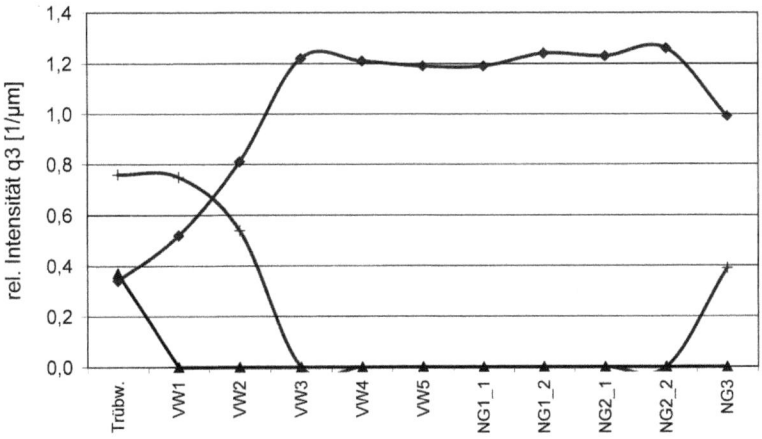

Abb. 4.20 Partikelgrößenverteilung beim Abläutern mit einem modernen Läuterbottich –◆– 5 µm; –×– 23 µm; –▲– 234 µm

5 µm ergaben bei einem modernen Läuterbottich folgendes: Die Würze wies bei einer sehr geringen Trübung eine rasche Abnahme der gröberen und der mittleren Partikel auf, während die feine Fraktion mit dem Fortgang der Klärung der Würze einem Maximum zustrebte. Erst beim Glattwasser steigt die mittlere Fraktion wieder etwas an, wie Abb. 4.20 zeigt [748].

4.1.4.4 Gehalte an höheren freien Fettsäuren

Sie stehen in direktem Zusammenhang mit der Würzetrübung. Dies ist daraus zu erklären, dass die Maische als Ergebnis des Abbaus von Lipiden durch die Lipasen (s. Abschnitt 3.1.5.2) freie Fettsäuren enthält, vor allem solche von größerer Kettenlänge. Beim Abläutern werden diese vom Filterbett der Treber zurückgehalten bis auf jene Mengen, die als Trübung oder gröbere Partikel in der Würze verbleiben. Den Trenneffekt des Abläuterns zeigt Tab. 4.16 [749].

Tab. 4.16 Freie Fettsäuren beim Abläutern (Trockenschrot) (Werte mg/l auf 12% Extrakt)

		Verzuckerte Maische	Vorderwürze	Gesamtwürze
Laurinsäure	C_{12}	0,8	0,1	0,1
Myristinsäure	C_{14}	5,4	2,2	3,4
Palmitinsäure	C_{16}	231,3	2,5	12,0
Stearinsäure	C_{18}	20,4	0,3	1,6
Ölsäure	$C_{18:1}$	94,5	0,7	5,7
Linolsäure	$C_{18:2}$	420,6	1,7	18,5
Linolensäure	$C_{18:3}$	46,9	0,4	1,7

Der Anstieg von der Vorderwürze zu den Werten der Pfannevollwürze ist durch das Mitreißen von Trübungsteilchen z. B. beim Aufschneiden des Treberkuchens bedingt.

Hier hat natürlich auch die Beschaffenheit des Treberkuchens einen Einfluss, wie der Zusammenhang zwischen den Gehalten an Linolensäure ($C_{18:2}$) und dem Schrottyp, wie Tab. 4.17 zeigt.

Tab. 4.17 Linolensäure ($C_{18:2}$) in Läuterwürzen in % der Maische [749]

	Vorderwürze	Gesamtwürze
Trockenschrot	0,4	4,4
Naßschrot	0,5	7,5

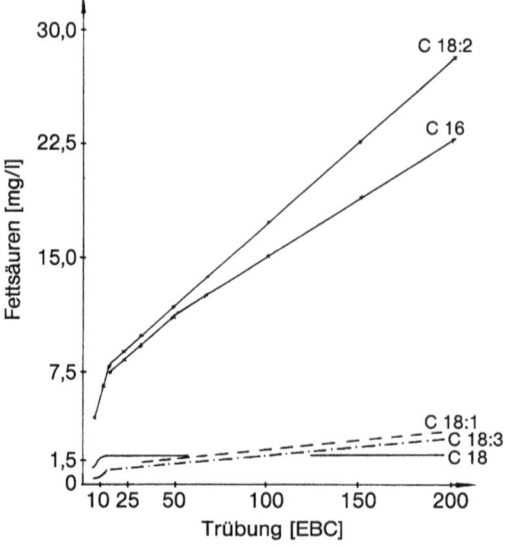

Abb. 4.21 Trübung nach EBC und gehalt der Läuterwürze an höheren Fettsäuren

Es ist natürlich klar, dass sich Trübungen der Läuterwürze gerade bei den meist vertretenen Fettsäuren am stärksten äußern: so nehmen Palmitinsäure und Linolsäure mit steigender Trübung mehr zu als z. B. Ölsäure und Linolensäure. Dies zeigt Abb. 4.21 [750].

Dies ist deshalb von Bedeutung, weil diese Fettsäuren durch den Einfluss von Oxidationen eine Veränderung zu Epoxysäuren und Trihydroxysäuren erfahren, die eine bessere Löslichkeit in Würze haben und bis ins Bier gelangen können [751]. Nachdem ein Zusammenhang zwischen dem Gehalt an ungesättigten Fettsäuren und der Geschmacksstabilität des Bieres erkannt wurde, kommt diesen Derivaten mit großer Wahrscheinlichkeit Bedeutung zu [752].

4.1.4.5 Die Jodreaktion der Würze

Sie kann natürlich durch zu hohe Abmaisch- oder Überschwänztemperaturen eine Färbung zeigen. Es tritt aber selbst in „jodnormalen" Würzen während des Kochens eine umso stärkere Erhöhung der Jodfärbung hervor, je höher der Feststoffgehalt der Würze war (Tab. 4.18).

Die oft mangelhafte Jodreaktion war auch Anlass, den Maischprozess mit einer Abmaischtemperatur von nur 70 °C zu beenden, um auf diese Weise mehr Amylasenaktivität in den Abläutervorgang „hinüberzuretten" [753]. Wenn auch diese Maßnahme nicht unbedingt die Ursache des Übels, d.h. den Aufschluss von Stärketeilchen beim Würzekochen beseitigt, so werden doch durch die noch vorhandenen Amylasen Abbauvorgänge bewirkt, die letztlich zu einer günstigeren Jodreaktion in der Ausschlagwürze führen.

4.1.4.6 Sonstige Themen in Verbindung mit dem Trubstoffgehalt der Läuterwürze

In der älteren Literatur wurde ein mit Membranfiltern ermittelter Trubgehalt der Würze von 500 mg/l noch nicht als kritisch im Hinblick auf Geschmack und Bitterstoffausbeute gesehen [754]. Es kann aber die Klärung der Würze bzw. die Stabilität des Trubkuchens im Whirlpool leiden [755]. Es wurde in diesen Fällen auch eine Verschlechterung der Geschmacksstabilität [754], der Schaumhaltigkeit und der Bitterstoffausnutzung festgestellt [756].

Es hatte sich jedoch mit der Inbetriebnahme neuer Sudwerke mit sauerstoffarmer Führung des Würzebereitungsprozesses gezeigt, dass die sehr weitgehende Klärung der Würze auch Nachteile hervorrufen kann, wie z. B. eine zu geringe Hefevermehrung, eine schleppende Gärung mit erhöhten 2-Acetolactat-Maxima und letztlich unbefriedigenden Eigenschaften im Hinblick auf Geschmack,

Tab. 4.18 Feststoffgehalte der Würze und Jodreaktion

Feststoffgehalt mg/l	120	84	155	680
vor dem Kochen	0,12	0,12	0,11	0,35
nach dem Kochen	0,21	0,18	0,45	0,80

Schaum und Geschmacksstabilität. Dieses Phänomen ist auf zu niedrige Gehalte besonders an ungesättigten freien Fettsäuren sowie am Spurenelement Zink zurückzuführen. So wird nach diesen Erkenntnissen eine gewisse Trübung der Läuterwürze bzw. der späteren Anstellwürze als günstig für Gärung und Bierqualität erachtet [757].

Es ist aber dennoch wichtig, dass ein Läuterbottich gestattet, als Standard klare Würzen zu erzielen, wobei es dann dem Technologen überlassen bleibt, den Feststoffgehalt durch kürzeres Trübwürzepumpen oder tieferes Aufschneiden einzustellen.

4.1.5
Entfernung der Treber und Abwasseranfall

4.1.5.1 Entfernung der Treber
Die Entfernung der Treber nach Beendigung des Abläuterns des letzten Nachgusses geschieht durch eine oder mehrere am Bottichboden angebrachte Austreberöffnungen mit Hilfe der Schneidmaschine. Zu diesem Zweck werden (bei kleineren Bottichen) die Messer schräg gestellt oder eigene Treberschaufeln oder Austreberscheite eingesetzt (s. Abschnitt 4.1.3.8). Letzteren ist gegenüber der Schrägstellung der Messer der Vorzug zu geben, da diese Messer aus statischen Gründen eine größere Materialstärke haben müssen und deswegen beim Aufschneiden leicht zum Schieben neigen. Durch eine besondere Formgebung des Austreberscheits kann ohne Eingriff von Hand eine fast hundertprozentige Entleerung des Bottichs erreicht werden (s. auch Abb. 4.5 und 4.6). Die verbleibende Restmenge an Nasstrebern darf $400 g/m^2$ nicht überschreiten (DIN 8777).

Der zum Austrebern erforderliche Schnellgang der Maschine hat eine Umfangsgeschwindigkeit von ca. 100 m/min; der Zeitaufwand für das Austrebern soll als „Totzeit" 8 Minuten nicht überschreiten. Um dies zu gewährleisten und um von der Treberförderanlage unabhängig zu sein, ist es zweckmäßig im Antriebsraum des Sudhauses einen Treberkasten anzuordnen, der die Treber eines Sudes aufnehmen kann. Er wird dann von der Treberförderanlage bis zum Anfall der Treber des nächsten Sudes entleert.

4.1.5.2 Abwassermenge
Nach Beendigung des Abläuterns kann die Abwassermenge in weiten Grenzen schwanken. Sie beträgt bei normalem Ablauf des letzten Nachgusses ca. 2 hl/t Schüttung, doch kann dieser Wert bei schlechter Entwässerung der Treber oder bei einem zu großen letzten Nachguss, der nicht mehr voll genützt wird, höher liegen. Bei sehr forcierter Abläuterung, vor allem, wenn durch unsachgemäßes Aufhacken der Oberteig in die Treber hineingearbeitet wird oder bei schlecht gelösten Malzen kann der letzte Nachguss nur unvollständig gewonnen werden, die Treber bleiben „nass". Dieses Wasser wird dann beim folgenden Transport zum Trebersilo ausgepresst und gelangt in die Kanalisation.

Wird jedoch die Abläuterung vorsichtig geführt und der letzte Nachguss nur so groß bemessen, dass er voll verwertet werden muss, um die gewünschte Menge an Gesamtwürze zu erhalten, dann lässt sich der oben genannte Wert um ca. 50% verringern. Es erfordert allerdings das Abläutern der letzten Hektoliter etwas mehr Zeit, da die Höhe der Flüssigkeitssäule sich dem Wert Null nähert. Bei derart „trocken" abgelaufenen Trebern ist es dann sogar möglich, die kleinen Wassermengen, die in der Press-Schnecke des Trebeförderers anfallen, dem Treberstrom wieder zuzusetzen.

4.1.6
Kontrolle der Anschwänz- und Aufschneidearbeit

4.1.6.1 Überprüfung während des Abläuterns
Die Überprüfung während des Abläuterns geschieht durch Erstellung einer Extraktkurve: Alle 10 Minuten werden Menge und Extrakt ermittelt. Dies kann mit Hilfe eines Heißsaccharometers oder aufwändiger durch einen Biegeschwinger erfolgen. Bei dem in Abb. 4.6 dargestellten Läuterbottich wird der Würzeabfluss aus den einzelnen Ringleitungen durch Extraktmessungen mittels Ultraschall (s. Abschnitt 4.1.2.9) geregelt.

Einen guten Anhaltspunkt gibt auch die Feststellung des Extrakts des Nachgusses vor und nach einem Tiefschnitt bei stillgelegter Abläuterung bei geschlossenen Läuterhähnen. Ergibt sich kurz nach dem Wiederanlaufen ein Extraktanstieg, so hatten sich Extraktinseln gebildet, die durch das Aufschneiden erschlossen wurden. Hier war entweder die Läutergeschwindigkeit zu hoch oder die Wirkung der Schneidmaschine nicht ausreichend. Nimmt dagegen der Extrakt weiter ab, dann war die vorausgegangene Abläuterung in Ordnung.

4.1.6.2 Untersuchung der Treber
Die Untersuchung der Treber kann schon im Sudhaus direkt durch Ermittlung des Presssaftextrakts erfolgen. Meist werden die Proben mit Hilfe eines Edelstahlrohres von 50–65 mm lichter Weite vor dem Austrebern entnommen. Hiermit können sämtliche Schichten des Treberkuchens erfasst werden. Die Überprüfung der Schichtung dieser „Bohrkerne" liefert noch zusätzliche Informationen (s. Abschnitt 4.1.3.5). Die Zahl der Proben hängt naturgemäß von der Größe eines Bottichs ab; bei größeren Durchmessern werden ein bis zwei Segmente mit jeweils 8–10 Entnahmestellen überprüft (Abb. 4.22, Tab. 4.19).

Beim langsamen Entleeren des Rohres kann auch ein Überblick über die Beschaffenheit der einzelnen Schichten erreicht werden. Solche mit Teigansammlungen zeigten im Vergleich zu lockeren Schichten im Laborversuch eine geringere Filtrationsleistung. Analytische Anhaltspunkte (β-Glucan-Proteingehalt etc.) für dieses Verhalten ergaben sich nicht [758]. Es zeigte sich, dass die mittlere Partikelgröße in der feinen Fraktion sowohl die Sedimentation der Maische als auch die Durchlässigkeit des Treberkuchens beeinflusste. Die mittlere Partikelgröße kann durch die Maischparameter oder das Rühren der Maische beein-

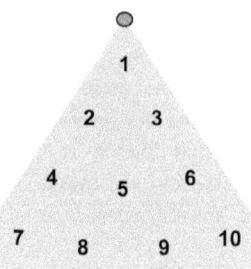

Abb. 4.22 Probenahmestellen für ein Segment

Tab. 4.19 Ergebnis der Treberpresssaftproben

Stelle	1	2	3	4	5
Extrakt %	0,9	0,8	0,8	0,8	0,8
Stelle	6	7	8	9	10
Extrakt %	0,8	0,7	0,8	0,7	0,7

flusst werden [759]. Vermutlich wurde auch durch unsachgemäßes Aufschneiden und Überschwänzen Oberteig in den Treberkuchen hineingearbeitet, der hierdurch in bestimmten Zonen eine Verdichtung erfuhr. Interessant ist, dass Nassschrote weniger zur Bildung von Sperrschichten neigten als Trockenschrote.

Die Proben werden mittels einer Treberpresse ausgepresst, der gewonnene Presssaft über ein Faltenfilter filtriert, abgekühlt und gespindelt. Die Auslaugung des Treberkuchens ist dann in Ordnung, wenn die Extraktwerte der aus einer Ebene entnommenen Proben um nicht mehr als 0,2–0,3% voneinander abweichen. Der Extrakt des Treberpresssaftes ist stets höher als der Glattwasserextrakt, da beim Auspressen auch Extrakt aus den Poren oder Kapillaren der Treberteilchen mit erfasst wird. Bezogen auf das folgende Beispiel wird er etwa 1% haben.

Um eine Treberdurchschnittsprobe zu gewinnen, sind während des gesamten Austrebervorgangs Proben aus dem Treberfallschacht mit Hilfe eines Halbrohres zu entnehmen, bestmöglich zu vermischen und – sofern nicht am gleichen Tag analysiert wird – in Einzelproben aufzuteilen und raschmöglich abzukühlen. So soll eine Veränderung des Probenmaterials vermieden werden. Der Versand an eine Untersuchungsstelle soll ebenfalls in einer Kühlpackung geschehen (s. auch Abschnitt 11).

Die *Treberanalyse im Laboratorium* erlaubt die Ermittlung des auswaschbaren Extrakts, der zur Konzentration des Glattwassers in einer bestimmten Beziehung steht: Wenn z. B. das Glattwasser noch 1% Extrakt aufweist, dann liegt der auswaschbare Extrakt der Durchschnittstreberprobe bei ca. 0,6–0,7%, da er den Mittelwert zwischen den verschiedenen Schichten erfasst. Liegt nun bei der angegebenen Glattwasserkonzentration der auswaschbare Extrakt höher, dann war die Auslaugung der Treber ungleichmäßig, es blieben Extraktinseln zurück mit z.T. wesentlich höheren Extraktgehalten, während andere Partien des Treberkuchens weitgehend ausgelaugt waren. Hier muss dann eine Ermittlung der Treberpresssaftextrakte einsetzen und Auskunft über die Zonen mangelhafter Auslaugung geben.

Derartige Erscheinungen treten auf bei unsachgemäßer Einlagerung, d.h. bei einer Entmischung der Maische, wodurch die lockeren spelzenreicheren Partien leichter auszulaugen sind als die dichteren, grieß- und teighaltigen. Ein Einziehen des Oberteiges durch einen zu raschen Ablauf der Vorderwürze oder ein Einschwemmen des Teiges durch eine unzweckmäßige Handhabung der Schneidmaschine und/oder des Überschwänzers können ebenso wie eine zu rasche Nachgussabläuterung bei zu sparsamem Einsatz des Aufhackers Extraktdifferenzen zur Folge haben.

Auch ein „Verziehen" oder Aufreißen des Treberkuchens beim Lockern der Treber, ein Stillsetzen der Maschine in tiefer Stellung (das Wasser läuft an den Messern entlang) sind ungünstig.

Der *aufschließbare Extrakt der Treber* sagt zwar ursächlich etwas aus über Malzqualität, Schrotbeschaffenheit und Maischintensität, doch kann er, an verschiedenen Stellen der Senkbodenoberfläche bestimmt, einen Hinweis auf eine ungleichmäßige Einlagerung geben. So werden grießreiche Partien mehr aufschließbaren Extrakt enthalten als spelzenreiche oder einwandfrei aufgebaute Schichten.

4.1.7
Leistung und Wirtschaftlichkeit des Läuterbottichs

Sie bezieht sich einmal auf die Mengenleistung, ausgedrückt durch die Sudzahl pro Tag, die die Kapazität eines Sudwerks bestimmt, zum anderen auf die mit dieser Einrichtung erreichbare Sudhausausbeute.

4.1.7.1 **Sudzahl**
Die Sudzahl lag noch 1970 unter normalen Bedingungen bei 6 pro Tag. Dies entsprach einer *Gesamtbelegungszeit* des Läuterbottichs vom Bedecken des Senkbodens vor Beginn des Abmaischens bis zum Ende des Austreberns und Spülen des Gefäßes von 4 Stunden. Es kommt jedoch generell nicht nur auf die Abläuterzeit der Vorderwürze und Nachgüsse an, sondern auch auf die so genannten „Rüstzeiten" wie Vorbereitung des Bottichs, Abmaischen, Trübwürzepumpen, Austrebern und Reinigen. Wird für diese zu viel Zeit aufgewendet, so muss die eigentliche Läuterzeit eine entsprechende Kürzung erfahren wie Tab. 4.20 zeigt.

Es ist demnach durch Kürzung der „Totzeiten" möglich, mit derselben Läuterzeit von 170 Minuten 7 Sude pro Tag herzustellen. Es wird hier allerdings notwendig, die Vorgänge des Abmaischens und des Vorschießens teilweise mit-

Tab. 4.20 Zeitablauf des Abläuterns (min)

Zahl der Sude	6	6	7	8	8	10	12
Decken des Senkbodens	5	5	3	3	2	2	2
Abmaischen	15	25					
Vorschießen			15	15	10	10	7
Trübwürzepumpen	10	10					
Abläutern der Vorderwürze	80	70	70	60	65	55	45
Abläutern der Nachgüsse	110	100	100	87	93	65	55
Austrebern	12	25	12	12	8	8	6
Spülen	3	5	3	3	2	2	3
Gesamtzeit min	235	240	203	180	180	142	118

einander zu kombinieren. Bei einer Steigerung auf 8 Sude pro Tag muss dann die Abläuterung selbst eine Beschleunigung erfahren.

Eine Steigerung der Sudzahl auf 10 und darüber erfordert es, die spezifische Schüttung entsprechend den Daten in Tab. 4.2 zu verringern, auch werden die Rüstzeiten noch minutenweise verkürzt. Das Spülen unter dem Senkboden wie auch das Bedecken desselben erfordern ein Düsensystem, das alle Bereiche mit seinen Reinigungsstrahlen erreicht, das aber andererseits ein luftfreies Befüllen des Raumes unter dem Senkboden erlaubt.

Nach den in den Abb. 4.16 und 4.17 gebrachten Beispielen dürften auch bei einer ungünstigeren Maischezusammensetzung 2 Tiefschnitte à 3–4 Minuten genügen, um den erforderlichen Würze- bzw. Nachgussablauf zu erbringen. Meist wird sogar die aufgewendete Zeit wieder „eingeholt".

Der vollautomatische Betrieb der Abläuterung über Treberwiderstand oder Fließgeschwindigkeit erlaubt einen sehr gleichmäßigen Betrieb selbst bei hohen Sudzahlen von 10–14/Tag. Im Falle von „Verspätungen" wie sie aus inhomogenen Malzpartien, z. B. auch beim Einziehen eines Silos resultieren können, muss der Einmaischbeginn folgender Sude etwas später angesetzt werden. Zu lange Verweilzeiten der Maische bei Abmaischtemperatur können die Abläuterung weiter verzögern. Hier ist es günstiger, die zwangsläufige Verlängerung des Maischens in den Bereich von 70–72 °C zu legen.

4.1.7.2 Sudhausausbeute

Die erzielbare Sudhausausbeute liegt bei etwa 1% unter der lufttrockenen Feinschrotausbeute der Kongressanalyse.

Heutzutage sind die Nachgussmengen durch eine geringere Eindampfung beim Würzekochen (s. Abschnitt 5.7.2) oder gar durch das Brauen mit erhöhter Stammwürze geringer. Mit höherer Glattwasserkonzentration fällt auch die Ausbeute entsprechend, vor allem wenn das Glattwasser aus Qualitätsgründen nicht wieder verwendet wird (s. Abschnitt 4.1.3.7). Hier sind dann Differenzen von 1,5% und mehr zu veranschlagen. Wenn auch der Wert von 1,0% bei ca.

12%igen Würzen da und dort etwas unterboten wird, so sind doch wesentlich häufiger ungünstigere Werte anzutreffen, die in unbefriedigender Rohstoffqualität, unzulänglichem Schrot sowie ungenügender Kontrolle der Maisch- und Läuterarbeit ihre Ursache haben können. Letztere Position schließt auch die Wartung der Anlage selbst ein, die mit Sicherheit nicht aufwändig ist, die aber doch von Zeit zu Zeit einen Ersatz der Verschleißteile (Senkboden, Aufhackmesser, Überschwänzerdüsen) erfordert, wenn der Läuterbottich – wie jedes andere Gerät – im Regelbetrieb die garantierten Werte erreichen soll.

4.1.7.3 Anpassung an Variationen der Schüttung

Der Läuterbottich ist überlastbar; Unterschiede im Stammwürzegehalt einzelner Biersorten können durchaus über eine Anpassung der Schüttung vorgenommen werden, um z. B. bei Lager oder Pils und Export gleiche Ausschlagmengen zu ermöglichen. In der Regel werden z. B. bei einer Treberschicht von normal 32 cm Steigerungen bis auf 38 cm (175 auf 210 kg/m^2) ohne Verlängerung der Läuterzeit und ohne Ausbeuteverluste vertragen. Es muss jedoch die Schneidmaschine angepasst sein (s. Abschnitt 4.1.3.8).

Auch Rohfrucht wird vom Läuterbottich bis zu den gängigen Höchstwerten von 40% ohne Weiteres verarbeitet. Hier helfen noch die Verbesserungen in der Schrotereitechnik zusätzlich, so dass die üblichen Leistungen und Ausbeuten erbracht werden.

Über einen *wirtschaftlichen Vergleich* der Läutersysteme wird später berichtet (s. Abschnitt 4.5).

4.2
Das Abläutern mit dem Maischefilter

Von allen Vorschlägen, die Würze auf andere Weise als im Läuterbottich zu gewinnen, hat einer in der Technologie der Würzetrennung eine besondere Bedeutung erlangt: der Maischefilter.

4.2.1
Prinzip der Würzegewinnung mit dem Maischefilter

Die Gesamtmaische wird nach Beendigung des Maischprozesses in schmale Kammern gepumpt, die beidseitig durch Platten mit aufliegenden Filtertüchern begrenzt und abgeschlossen sind. Während die festen Bestandteile der Maische in den Kammern verbleiben, fließt die Würze durch die Tücher ab. Sie wird von den zwischen den Tüchern und den Oberflächen der Roste oder Platten gebildeten Kanälen in einen seitlich angeordneten Würzekanal geleitet; die Durchflussmenge kann über einen zentralen Hahn reguliert werden. Die drei Elemente des Filters, Kammer, Platten bzw. Roste und Tücher werden zusammengepresst und abgedichtet.

Der Läutervorgang beim Maischefilter unterscheidet sich schon äußerlich durch drei Tatsachen von dem des Läuterbottichs.
a) Anstelle eines einzigen Läuterprozesses im Bottich tritt eine Reihe von Einzelabläuterungen in den Kammern. Der Treberkuchen der im Läuterbottich eine Stärke von 30–50 cm hat und der eine der Läuterbottichfläche entsprechende Fläche bedeckt, wird beim Maischefilter in kleinere Treberkuchen von 6–7 cm Dicke und einer der Rahmengröße entsprechenden Fläche zerlegt.
b) Während beim Läuterbottich durch die Spelzen ein natürlicher Filterkuchen gegeben ist, tritt beim Maischefilter (teilweise) ein künstlicher in Gestalt eines Tuches.
c) Die Strömungsrichtung der Würze und der Nachgüsse ist beim Läuterbottich senkrecht; beim Maischefilter – mindestens im Filterkuchen – waagrecht.

Hierdurch unterliegt der Maischefilter zum Teil anderen Gesetzmäßigkeiten als der Läuterbottich.

4.2.2
Maischefilter (konventionell bis 1990)

Diese Maischefilter werden seit den 1980er Jahren nicht mehr gebaut. Dennoch sind weltweit noch etliche in Betrieb. Da ihre Handhabung viel Sorgfalt sowie häufige Kontrolle erfordert und eine gewisse Optimierung möglich ist, wird dieses Kapitel beibehalten.

Die Elemente des Maischefilters sind:
a) Der Unterbau und das Traggestell;
b) die Rahmen oder Kammern, in die die Maische eingepumpt wird und in denen die Treber zurückgehalten werden;
c) die Platten oder Roste die zum Sammeln und zur Ableitung der Würze dienen;
d) die Tücher, die als künstliche Filter die Trennung der flüssigen von den festen Bestandteilen der Maische bewirken.

4.2.2.1 **Das Traggestell**
In das Traggestell werden die Platten und Kammern eingehängt. Es muss daher nicht nur selbst kräftig konstruiert sein, sondern auch einen stabilen Unterbau haben. Es muss nämlich neben dem Gewicht der einzelnen Elemente auch noch den Druck aushalten durch den die Elemente zusammengehalten werden. Bei einer Anpressung mit 2 bar Überdruck wird bei einem Filter mit einer Rahmenabmessung von $1{,}4 \times 1{,}4\,m = 2\,m^2$ ein Druck von rund 40 000 kg ausgeübt [760].

Das Traggestell besteht im Wesentlichen aus zwei durchlaufenden Stahlträgern, mit jeweils einer Schienenauflage, auf der die Filterelemente hin- und hergeschoben werden können. An den beiden Enden befinden sich Kopfstücke, deren Innenseiten als Platten ausgebildet sind. Das an der Eintrittsstelle für die Maische gelegene Kopfstück ist fest, das andere ist beweglich und gleich den Platten und Kammern verschiebbar. Es trägt die Anpressvorrichtung, durch die alle Teile des Filters bis zur vollkommenen Abdichtung zusammengepresst werden. Bei kleinen Filtern geschieht dies durch eine Spindel mit Zahnradvorgelege, bei größeren durch eine hydraulische oder elektromechanische. Eine Arretiervorrichtung verhindert das Zurückweichen des beweglichen Kopfstückes und damit ein Undichtwerden des Filters während des Betriebes. Die Anpressung muss wohl genügend stark sein um die Filterelemente abzudichten, sie darf aber auch nicht zu stark sein weil sonst die Tücher sowie die Gummidichtungen der Platten bzw. Kammern sowie der Kanäle leiden. Bei Doppelmaischefiltern ist das Mittelstück mit den Maischezuleitungen versehen, die beiden Kopfstücke sind beweglich.

4.2.2.2 Rahmen oder Kammern

Sie bestehen aus Gusseisen. Ihr Querschnitt ist quadratisch oder rechteckig, selten rund. Ihre Zahl schwankt je nach Schüttung des Filters und Größe der Kammern zwischen 10 und 60. Ihre Abmessungen sind in der folgenden Tab. 4.21 dargestellt. Das Fassungsvermögen bezieht sich auf eine Kammertiefe von 65–70 mm.

Das Fassungsvermögen der Kammern schwankt deshalb in den angeführten Bereichen, weil sich durch die Oberflächenform der Platten oder Roste durch das Ausbauchen des Filtertuches in diese Ausnehmungen ein größeres Volumen ergibt. Außerdem hängt die spezifische Schüttung vom Einpumpdruck und von der Zusammensetzung der Schüttung ab. Hier gehen z. B. Maisgrieße mit einem Malzäquivalent von 0,4 und Maisstärke mit 0 ein. Letztere wird also als Schüttungspartner überhaupt nicht berücksichtigt [761]. Es steigt also z. B. bei 33% Rohfrucht in Form von Maisgrieß die Kammerbelastung um ca. 20%. Aus diesen Daten lässt sich die benötigte Anzahl an Kammern einer bestimmten Größe für eine gegebene Schüttung berechnen.

Der freie Raum aller Kammern bildet das Gesamtfassungsvermögen des Filters, das von den Trebern der Schüttung gerade ausgefüllt werden muss. Ist das Trebervolumen zu groß, so ist beim Einpumpen der Maische ein zu hoher Druck anzuwenden und es können Schwierigkeiten bei der Abläuterung entste-

Tab. 4.21 Abmessungen, Inhalte und spez. Schüttung verschiedener Kammergrößen

Abmessungen	Fläche m^2	Inhalt l	spez. Schüttung kg/Kammer
1000×1000	1	65–70	55–62
1400×1400	1,96	130–150	110–125
1200×1500	1,80	120–140	100–115
1400×1650	2,31	155–175	125–140

Abb. 4.23 Maischefilterrahmen

hen. Ist das Trebervolumen zu klein, so werden die Kammern nicht völlig gefüllt und die Auslaugung der Treber wird ungleichmäßig (Abb. 4.23).

Die Füllung der Kammern erfolgt von oben durch einen zentral gelegenen Maischezuführungskanal, der dadurch gebildet wird, dass an der Oberseite einer jeden Kammer eine Öse angegossen ist, die durch eine entsprechend große, schlitzartige Öffnung die Verbindung mit dem Kammerinneren herstellt. Diese Maischeeintrittsköpfe sind gegeneinander durch Gummiringe abgedichtet; sie bilden einen über den gesamten Filter laufenden Kanal.

4.2.2.3 Platten oder Roste

Sie stellen jene Elemente dar, an denen sich die durch die Tücher filtrierte Würze sammelt und von hier aus durch die Läuterhähne oder durch einen zentralen Würzekanal abgeleitet wird. Die Platten sind nun entweder aus Gusseisen, voll und mit Rippen versehen (Abb. 4.24), die für den Abfluss der Würze an der Platte einen genügend großen Raum schaffen, oder sie sind als Roste mit freier Kammerbauart (Abb. 4.25) oder auch in Form von Faltenblechplatten ausgeführt.

Die letzteren Konstruktionen haben ein geringeres Gewicht und ermöglichen einen guten Würzeabfluss bzw. eine rasche Verteilung des Anschwänzwassers. Bei einer späteren Konstruktion sorgen auch Stützgitter für eine gleichmäßige Treberschicht. Sie sollen das Ausbauchen der Tücher verhindern und diese so vor einem vorzeitigen Verschleiß schützen. Von der Treberschicht aus besteht ein derartiges Element aus folgenden Teilen: Abdeckleiste, Stützgitter, Gitterrost. Sie sind so im Gitterrahmen eingepasst, dass dessen Oberfläche eben ist.

Jede Platte hat nun mehrere Ösen angegossen, die mit denen der nächsten Platte oder mit entsprechenden Ösen der Kammern zusammen Kanäle bilden: Wasserkanäle oben und unten sowie einen Würzesammelkanal unten auf der

4.2 Das Abläutern mit dem Maischefilter | 453

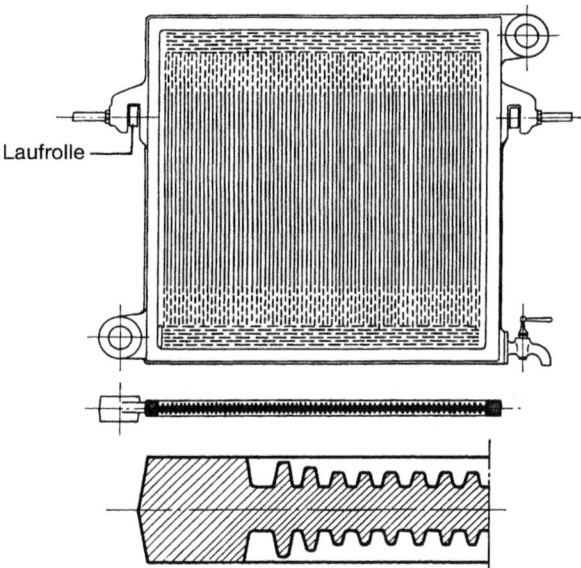

Abb. 4.24 Vollplatte

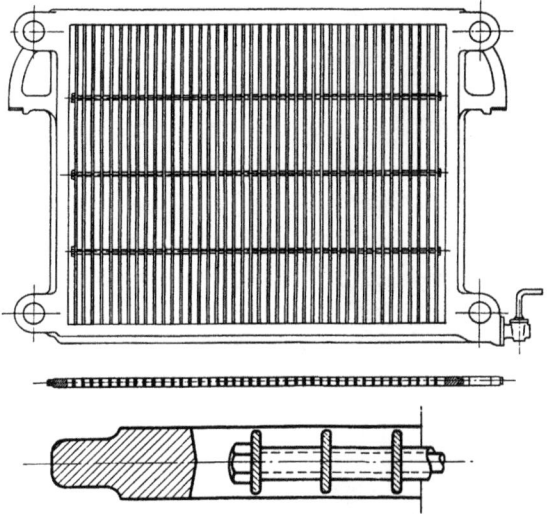

Abb. 4.25 Gitterplatte

gegenüberliegenden Seite und einen oder zwei Entlüftungskanäle oben. Die Ösen stehen durch Schlitze mit dem Innern der Platte bzw. des Rostes in Verbindung.

Bei alten Filterkonstruktionen hatte jede Platte unten einen Läuterhahn, er wurde später ersetzt durch einen zentralen Würzekanal, der nach dem Filter so weit hoch gezogen wird, dass der Filter stets ganz mit Würze oder Wasser gefüllt ist. Um nun aber den Würzeablauf zur Pfanne oder zum Vorlaufgefäß druckmäßig vom System zu trennen, befindet sich am Dom der Würzeleitung ein Ventil.

4.2.2.4 Filtertücher

Sie werden über die Platten bzw. Roste gehängt. Sie bilden den seitlichen Abschluss der Kammern gegenüber den Platten etc. Die Tücher sollen alle festen und trübenden Bestandteile zurückhalten; die Gewebe dürfen aber andererseits nicht zu dicht sein, weil hierdurch die Läuterzeit verlängert oder die Auslaugung erschwert wird. Die Filtertücher waren früher aus Baumwolle gefertigt, sie bestehen aber heute aus synthetischen Geweben, z. B. aus Polypropylen.

Das Baumwoll-Fasergarngewebe besitzt ein starkes Quellvermögen von ca. 45% und damit im gequollenen Zustand ein starkes Rückhaltevermögen für Trübungsstoffe. Die Polypropylentücher haben Gewebe, die einer speziellen Druckbehandlung unterworfen wurden, um die „Drähte" in eine etwas breitere Form zu pressen (Abb. 4.26 und 4.27). Diese Bearbeitungsweise wird als „Kalandern" bezeichnet. Diese monofilen Garne zeigen keine Quellung [762, 763]. Ihre

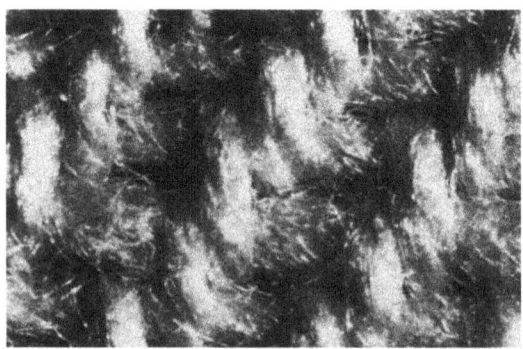

Abb. 4.26 Filtertuch aus Fasergarn

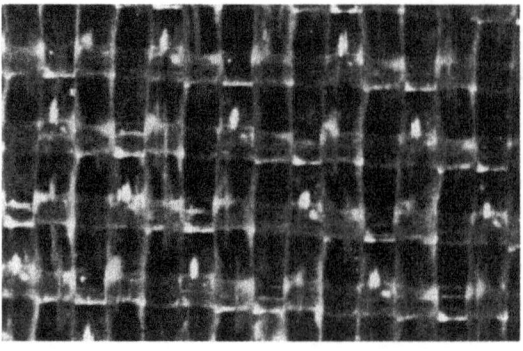

Abb. 4.27 FilterqualitätNr. 9527, Polypropylen

Filterleistung wird mit Hilfe der Luftdurchlässigkeit ausgedrückt: das ist jene Luftmenge in Litern pro Minute, die ein Tuch von 1 dm^2 bei einem Überdruck von 20 mm WS passiert. Sie liegt zwischen 400 und 800, wobei aber weniger dieser Durchschnittswert für die Durchlässigkeit und das Rückhaltevermögen für Trübungsteilchen verantwortlich ist sondern die Gleichmäßigkeit der Webart. Hier können sich pro Filtertuch, an mehreren Stellen gemessen, verschiedentlich Abweichungen um mehr als 100% ergeben [749].

Die Lebensdauer der Filtertücher ist in Abhängigkeit vom Gewebe sehr unterschiedlich: bei Baumwolltüchern ca. 150 Sude pro Satz, bei Polypropylentüchern dagegen 400–800. Diese Zahl hängt ab von der Härte des Brauwassers, vor allem aber, ob Hopfentrub beim Abmaischen zugegeben wurde oder nicht.

Die Reinigung der Baumwolltücher und einiger synthetischer Gewebe muss nach jedem Sud in einer besonderen Waschmaschine erfolgen, die zweckmäßig in nächster Nähe des Filters und in gleicher Höhe wie diese aufgestellt ist. Sie erfordert einen hohen Personal-, Wasser- und Energieaufwand.

Die Polypropylentücher halten normalerweise einen vollen Wochenzyklus ohne Reinigung durch (30–60 Sude). Sie werden nach dem Austrebern des letzten Sudes mit kaltem Wasser abgespritzt und nach Schließen des Filters mit einer 1,5–2%igen Natronlauge von 70–80 °C unter Zusatz von Phosphaten (150 g/hl) und sauerstoffabspaltenden Mitteln 3–4 Stunden lang durchgepumpt. Im Anschluss daran werden die Filter mit Luft leergedrückt, geöffnet und die Tücher anschließend mit kaltem Wasser abgespritzt. Dies muss sehr sorgfältig geschehen, da sich auf den Tüchern Reste aus der Maische, die von der Natronlauge und durch das Umpumpen freigelegt worden waren, absetzen. Im Abstand von jeweils einigen Wochen werden die Filtertücher nach dem Laugenpumpen aus dem Filter genommen und mit Hochdruckspritzen in besonderen Behältern von beiden Seiten intensiv abgespritzt [764].

Die Kunststofftücher haben den Nachteil, dass die Vorderwürze wesentlich trüber läuft als bei Baumwolltüchern. Dies zeigt Abb. 4.32. Erst während der Nachgüsse tritt eine Klärung ein, da das Wasser eine definierte Filterschicht, die Maischefiltertreber, durchströmt. Doch ist der Trübungsabbau je nach Beschaffenheit der Treber und der eingeschlagenen Arbeitsweise unterschiedlich.

Die Kunststofftücher haben es überhaupt ermöglicht, dass sich der Maischefilter gegenüber dem in den 1960er und 1970er Jahren wesentlich verbesserten Läuterbottich nicht nur behaupten konnte, sondern eine gewisse weitere Verbreitung fand. Sie erlaubten eine Automatisierung des früher sehr arbeitsaufwändigen Öffnens und Entleerens des Maischefilters. Dies geschieht durch einen mittels Kette oder Welle angetriebenen „Support", der an der Auflage einer Platte und Kammer angreift und diese zu der bereits geöffneten Kopfplatte befördert. Auf diesem Wege, meist schon beim Transport des vorhergehenden Elements fallen die Treber aus der Kammer. Es bedarf nur des gelegentlichen Abschüttelns der Filtertücher um Treberreste zu entfernen. Aus diesem Grunde ist auch die untere Rahmenseite der Kammern abgeschrägt. bzw. dreiecksförmig gestaltet (Abb. 4.28).

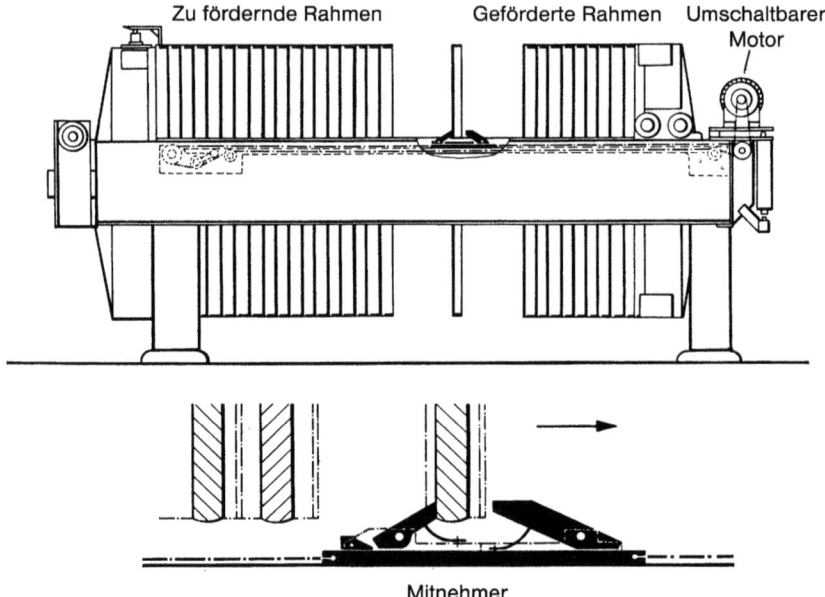

Abb. 4.28 Automatische Öffnungsvorrichtung für Maischefilter

4.2.2.5 Weitere Hilfseinrichtungen des Filters

Dies sind:

a) Das Einlaufrohr vom Maischbottich zum Maischefilter. Es wird meist aus einer um 1,5–2 cm größeren Höhe eingeführt, als dem Niveau des Maischeeintrittskanals entspricht. Dies soll eine Entmischung der Maische verhindern helfen. Bei Beschickung eines Doppelmaischefilters müssen die Leitungen nach der Verzweigung streng symmetrisch geführt werden, um eine gleichmäßige Beschickung der beiden Filter oder Filterhälften zu erreichen. Auch sind auf dem Wege vom Maischbottich zum Filter scharfe Krümmer zu vermeiden.

b Druckmesser zur Kontrolle der Drücke im Innern des Filters.

c) Eine Vorrichtung zum Entlüften der Kammerräume; sie wird entweder von Hand oder in gewissen, einstellbaren Zeitabständen automatisch betätigt.

d) Eine Wassermischgarnitur für das Überschwänzwasser mit Mengenmesser, um die Geschwindigkeit der einzelnen Nachgüsse sachgerecht einstellen zu können.

e) Ein Würzeablaufrohr, das etwas über den Maischefilter angehoben wird, um ihn immer voll gefüllt zu erhalten. Hier ist meist auch ein Schauglas zur Beobachtung der Würze angebracht. Um hier keine Luftaufnahme durch das dem Druckabbau dienende Schnüffelventil zu haben, ist es günstig das gesamte System unter einem leichten Überdruck von 0,05 bar zu halten.

f) Eine Vorrichtung zum Messen des Extraktgehalts der ablaufenden Würze. Dies ist im einfachsten Fall ein Überlaufzylinder mit Heißsaccharometer oder ein Dichtemessgerät. Es sollte bei der Rückführung des Probenstroms ebenfalls darauf geachtet werden, einen Lufteinzug zu verhindern.
g) Unterhalb des Filters befindet sich ein Treberauffanggefäß mit konischem Querschnitt, das die Treber eines Sudes aufnehmen kann. Von hier aus werden diese mittels einer Schnecke der eigentlichen Treberförderung zugeleitet.

4.2.3
Läutervorgang im Maischefilter (konventionell bis 1990)

4.2.3.1 Vorbereitende Arbeiten

Sie umfassen bei neuen Filtertüchern das Einlegen des Filters; die Tücher werden vom festen Kopfstück her eingelegt. Um sie straff zu halten, sind die Tücher meist mit Edelstahlstangen von etwa 10 mm Durchmesser beschwert oder an den offenen Seiten zugebunden. Beim Zusammenpressen der Platten und Kammern bilden sich die Kanäle für Maische, Wasser und Würze aus.

Beim ersten Sud pro Woche kann es empfehlenswert sein, den Filter mit heißem Wasser vorzuwärmen. Der Wasserbedarf beträgt 8 m^3 pro 5 t Filter. Es kann anschließend gesammelt und zum Einmaischen verwendet werden.

4.2.3.2 Füllen des Filters

Dies geschieht vom Maischbottich her über Abmaischpumpe und Abmaischleitung. Dabei ist die Maische mittels des Bottichrührwerks vollkommen homogen zu halten, um alle Kammern zu jeder Zeit während des Einpumpens mit dem gleichen Material zu beschicken. Dies ist, zusammen mit der Forderung, dass am Ende des Abmaischens jede Kammer vollständig mit Maische gefüllt ist, eine unabdingbare Voraussetzung für eine spätere gleichmäßige Auslaugung bei den einzelnen Teilabläutervorgängen. Ist dies nicht der Fall, dann wird das Wasser seinen Weg dort suchen, wo ein geringerer Widerstand vorhanden ist und die Treber lockerer liegen, z. B. in den oberen Partien eines Filterkuchens. Eine Kammer, die viel teigige Bestandteile enthält, wird langsamer abläutern und schwerer auszulaugen sein als eine solche mit gröberem Inhalt.

Um nun die Gleichmäßigkeit der Füllung des Maischefilters einigermaßen sicherzustellen sind folgende Maßnahmen notwendig:
a) Die Entfernung der Luft aus dem Filter während des Einpumpens der Maische. Sie tritt durch die obenliegenden Schlitze der Roste oder Platten in die betreffende Öse bzw. den durch sie geschaffenen Entlüftungskanal. Der Entlüftungshahn ist geöffnet. Es ist hierbei zu berücksichtigen, dass die Maische, die von oben in die Kammern eintritt, die Luft beim Befüllen von unten nach oben verdrängt, wobei es natürlich in der Kammer zu erheblichen Turbulenzen kommt. Auch nach dem Vollwerden der Kammern werden im-

mer wieder Luftblasen aufsteigen, die sich oben ansammeln und die durch stoßweises Entlüften entfernt werden müssen.

b) Die Maische muss dem Filter in vollkommen gleicher Beschaffenheit zufließen und darf während des Zulaufs keine Entmischung erfahren. Die Maische soll daher vom Bottich weg als homogenes, gleichartiges Gemisch von Würze und Trebern in die einzelnen Kammern einlaufen. Jede Entmischung verursacht eine ungleiche Füllung, die wiederum gleichbedeutend ist mit ungleichmäßigen Läutervorgängen und mit einer Herabsetzung der Leistungsfähigkeit. Das Bottichrührwerk muss daher die gesamte Abmaischzeit über laufen, vor allem auch bis zum Einziehen der Maische. Aus diesem Grunde soll das Gefäß einen konischen oder bombierten Boden besitzen, das Rührwerk muss so tief angeordnet sein, dass es die Maische bis zuletzt erfasst. Die Drehzahl ist mit sinkendem Maischespiegel schrittweise zu verringern.

Ferner darf das Maischezuführungsrohr nicht zu kurz sein, es soll weder scharfe Biegungen noch ein starkes Gefälle haben, um eine Entmischung der Maische durch den freien Fall zu verhindern. Zuführungsrohr und Maischekanal im Filter sind während des „Abmaischens" stets mit Maische gefüllt zu halten.

Der Maischestrom darf auf seinem Wege zum Filter keinen Widerstand finden: dies bedeutet keine Verengungen (und möglichst keine Rohrschalter). Die Verzweigung zur Beschickung von zwei Filterseiten oder mehreren parallel aufgestellten Filtern soll völlig symmetrisch und in einem Abstand von mindestens 5 Metern vor dem Filter liegen.

Die Geschwindigkeit des Maischestroms soll nicht zu gering sein, um eben wieder eine Entmischung zu verhindern. Sie beträgt normal 1,5–2 m/s. Es wurde jedoch in den letzten Jahren die Beschickungszeit der Maischefilter verringert, weil die Gefahr des Druckanstiegs bei großzügig ausgelegten Entlüftungsöffnungen geringer ist als die Gefahr der Entmischung.

Um einen Druckaufbau zu vermeiden wurde früher nach Vollwerden des Filters die überschüssige Maische wieder in den Abmaischbottich zurückgeleitet. Doch war auch hier darauf zu achten, dass keine Entmischung der Maische eintrat.

Es bestehen hier zwei voneinander unterschiedliche Verfahrensweisen die nachfolgend geschildert werden sollen:

Bei der älteren Methode wird die Pumpengeschwindigkeit so ausgelegt, dass der Vorgang des Abmaischens rund 28–30 Minuten dauert. Nachdem der Maischefilter zu Beginn des Einfüllens über die größte Aufnahmefähigkeit der Kammern verfügt, kann mit voller Leistung eingepumpt werden. Um nun die Maische möglichst günstig zu verteilen, wird bei Einzelhähnen das vorderste am Maischeeintritt liegende Drittel der Hähne gedrosselt, die anderen werden dagegen voll geöffnet. Es läuft also die Würze von Anfang an ab und macht damit Platz frei für die weiteren Maischechargen. Sobald die Maische den Filter ausfüllt, was daran zu erkennen ist, dass am Entlüftungsrohr des Maischekanals Maische ausgestoßen wird, dann erfolgt eine Reduzierung der Pumpendrehzahl um etwa 20%. Damit wird der Druckanstieg abgefangen und nur so viel Maische nachgepumpt, wie Raum durch die ablaufende Würze entsteht. Gegen Ende des Abmaischens, wenn etwa noch 20% der Maische im Bottich sind, wird die Pumpenleistung wieder gesteigert. Etwa nach halber Abmaischzeit sind alle Hähne voll geöffnet.

Die neuere Methode, die vor allem bei geschlossener Abläuterung Anwendung findet sieht vor, in das System in 17–18 Minuten einzupumpen. Die Würzeablaufleitung ist zwar geöffnet, doch kann die Würze erst dann über den Überlauf abläutern, wenn die Maische den gesamten Raum voll ausfüllt. Durch das rasche Einpumpen sucht man eine gleichmäßige Verteilung zu erzielen. Die Würze läuft dann mit der Geschwindigkeit ab wie die Maische zuströmt. Eine Reduzierung der Tourenzahl der Pumpe wird nicht vorgenommen.

Normal steigt der Druck nicht über 0,3 bar Überdruck an; sollte dies dennoch der Fall sein, so war die Schüttung zu groß, das Schrot zu grob oder die Durchlässigkeit der Filtertücher nicht mehr befriedigend. Es bedarf dann eines höheren Druckes und einer längeren Abmaischzeit um die Maische in den Filter zu pressen. Hierdurch liegen die Treber zu dicht und sie werden sich nicht gleichmäßig auslaugen lassen. Es besteht auch die Gefahr eines Durchreißens der Tücher.

Ist nur ein geringer Druckanstieg zu verzeichnen (unter 0,1) dann besteht die Gefahr, dass die Treber die Filterkammern nicht voll ausfüllen und damit später eine nur unvollständige Auslaugung der Treberkuchen gegeben ist. Es kommt damit der Schrotbeschaffenheit eine große Bedeutung zu: einmal soll das Volumen der Treber angemessen in den Filterkammern Platz finden, zum anderen hat ein zu grobes Schrot den Nachteil, dass die Spelzen und schweren Bestandteile, z. B. die Grobgrieße eine Entmischung der Maische fördern.

Ein zu feines Schrot hat den Nachteil, dass das entstehende Spelzenmehl nicht nur die Filtertücher verlegt sondern auch die Bierqualität nachteilig beeinflusst.

Ideal ist auch das in Abschnitt 2.4.2 dargestellte Schrot, das hier nochmals aufgeführt werden soll (Tab. 4.22).

Es ist also der größte Teil des Schrotes – fast 70% – kleiner als 540 µm. Ein Pudermehlgehalt von über 18–20% verspricht keinen Vorteil mehr.

Diese Erörterungen zeigen, dass der Maischefilter ohne Nachteile keine Volumensveränderung aufzunehmen vermag, weder durch eine Variation der Schüt-

Tab. 4.22 Optimales Maischefilterschrot

Spelzen	%	11
Grobgrieß	%	4
Feingrieß I	%	16
Feingrieß II	%	43
Mehl	%	10
Pudermehl	%	16

tung, z. B. bei stärkeren Bieren, noch durch Schwankungen in der Schrotbeschaffenheit. Es ist daher eine laufende Kontrolle der Schrotsortierung eine wichtige Voraussetzung für die Funktion des Filters.

Ist eine Anpassung an niedrigere Schüttungen notwendig, dann müssen Blindplatten eingeschoben werden.

Das Füllen des Filters dauert also je nach Verfahrensweise 25–30 oder nur 17–20 Minuten. Das Abläutern der Vorderwürze beginnt mit der Einzelhahnabläuterung sofort, bei der Zentralabläuterung mit dem Vollwerden des Filters. Es ist mit dem Ende des Abmaischens abgeschlossen.

Trübwürze wurde bisher nicht zum Maischbottich zurückgeleitet, um eine Verdünnung der dort noch befindlichen Maische und eine Änderung ihrer Konsistenz durch den höheren Anteil an feinen Trübwürzeteilchen zu vermeiden. Wie Abb. 4.33 zeigt, ist jedoch bei einer geschlossenen Abläuterung ein ganz kurzer Rücklauf von höchstens 2 Minuten schon recht wirksam, da die Filtertücher nach dem Auffüllen des Filters bis zum Überlauf schon mit Trebern belegt sind und der Würzeablauf eine Art „Anschwemmung" derselben an die Tücher erbringt. Wenn die Vorderwürze bei 5 t Schüttung rund 135 hl ausmacht und diese Menge etwa 15 Minuten läuft, dann werden in 2 Minuten 18 hl zurückgeleitet, die die Restmaische von 130 hl doch nur unwesentlich beeinflusst. Bei offener Abläuterung kann sich ein derartiger Effekt innerhalb von 2 Minuten nicht ergeben, da die Kammern zu diesem Zeitpunkt noch nicht gefüllt sind [741].

Die oben genannten Abmaisch- und Vorderwürzeläuterzeiten sind praktisch von Sud zu Sud gleich, sie werden auch durch eine schlechtere Malzqualität oder durch Rohfrucht nicht oder nur kaum erhöht. Die hohe Läutergeschwindigkeit ist durch die große Läuterfläche bedingt, die beim Maischefilter z. B. bei 5 t Schüttung 87 m^2, beim Läuterbottich nur 25 m^2 beträgt. Dadurch, dass die Vorgänge des Abmaischens und des Vorderwürzeabläuterns zusammenfallen, ist der gesamte Prozess in 20–30 Minuten beendet, bei Läuterbottichen dauert dies selbst bei günstigen Bedingungen 60–80 Minuten.

Nach Beendigung des Einpumpens werden Maischbottich und Leitungen durch Spülen und Nachpumpen von heißem Wasser von Trebern und Würzebestandteilen gesäubert. Hierbei ist vorsichtig vorzugehen, um unterhalb des Maischeeintrittskopfes in der Kammer keine Ausspülungen in den Treberkuchen zu verursachen. Diese „Tränensäcke" sind meist bei den vorderen Platten stärker ausgeprägt als bei den auf der dem Maischeeintritt abgewandten Seite. Die Verdrängung der Vorderwürze aus den Trebern kann nun wie folgt gehandhabt werden:

Bei Filtern mit offener Abläuterung bleiben sämtliche Hähne noch etwa 5 Minuten geöffnet. Hier besteht aber die Gefahr, dass sich der Treberkuchen „setzt" und somit vom obersten Rand des Filtertuches löst; die Auswaschung wird dann u. U. nicht mehr gleichmäßig.

Bei neueren Filterkonstruktionen wird die auf der Wassereintrittsseite der Platten bzw. Roste befindliche Vorderwürzemenge mit Wasser vom oberen Wasserkanal nach unten verdrängt. Damit wird von Anfang an Wasser, das praktisch keine nennenswerte Extraktanreicherung erfahren hatte, durch die Treber gedrückt. Sofort anschließend beginnt das eigentliche Auslaugen der Treber.

4.2.3.3 Die Abläuterung der Nachgüsse

Die Führung des Wassers im Maischefilter ist bei den einzelnen Konstruktionen verschieden: Die Wasserkanäle, die aus den Wassereintrittsköpfen der einzelnen Platten bzw. Roste gebildet werden, leiten das Wasser entweder von der dem Würzeablauf entgegengesetzten Seite auf die Fläche jeder zweiten Platte oder in jeden zweiten Rost ein. Durch den Widerstand der Treberschicht soll sich das Wasser gleichmäßig verteilen; es durchdringt zunächst das Filtertuch, dann die Treberschicht und laugt im Durchfluss die Würze aus den einzelnen Kuchen aus. Die Würze fließt durch das entgegengesetzte Tuch und sammelt sich in dem dahinter befindlichen Rost oder in den Riffeln der Platte. Sie fließt nach unten durch den geöffneten Läuterhahn oder durch den Würzesammelkanal ab. Beim offenen System ist dies leicht zu verfolgen. Die Würze läuft nur an jedem zweiten Hahn ab, die dazwischenliegenden Hähne sind geschlossen. Sie kennzeichnen die Platten, an denen das Überschwänzwasser zuläuft. Zur rascheren Handhabung wurde bei diesen Konstruktionen die Griffhöhen jedes zweiten Hahns unterschiedlich ausgeführt.

Die Einzelhahnabläuterung nach Abb. 4.29 hatte den Vorteil, dass die Fließgeschwindigkeit des Nachgusswassers in jeder einzelnen Kammer – unter Zuhilfenahme der Jakobschen Heißsaccarometer – dem Extraktabfall angepasst werden konnte: so wurde der Wasserzulauf von Kammern, die bereits einen niedrigeren Nachgussextrakt verzeichneten, gedrosselt und umgekehrt, es gelang so eine bestmögliche Auslaugung zu erzielen.

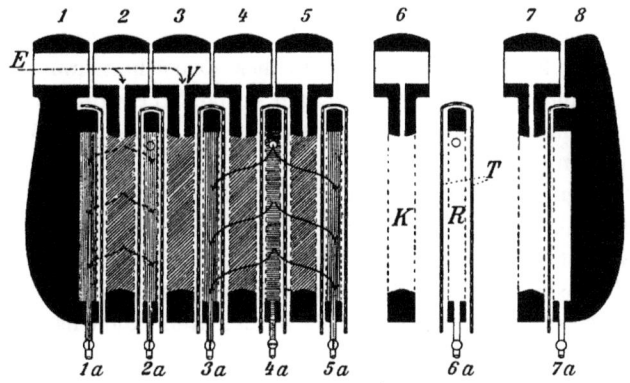

Abb. 4.29 Schema des Maischefilters (offene Abläuterung)

Die Anordnung der Wassereintrittskanäle ist meist an der unteren, dem Würzekanal entgegengesetzten Seite. Bei einigen (älteren) Konstruktionen war auch der Wasserzuführungskanal auf der Seite des Würzeablaufes. Es wurde hier, wie oben schon angeführt, vorausgesetzt, dass sich das Anschwänzwasser erst gleichmäßig vor dem Tuch und dem Treberkuchen verteilte, bevor es denselben durchdrang. Dies konnte offenbar bei offener Abläuterung besser gesteuert werden als bei geschlossener Würzeabführung im Sammelrohr. Es ist hierbei auch zu berücksichtigen, dass sich die Treberkuchen trotz vorsichtiger Einlagerung und Entlüftung sowie trotz vollständiger Befüllung der Kammern in ihrer Zusammensetzung ganz erheblich unterscheiden können, selbst innerhalb der Schichten ein und desselben Kuchens.

Aus diesem Grunde wurde der Wasserkanal an der entgegengesetzten Seite des Würzekanals angeordnet, was vor allem bei der größeren Breite rechteckiger Platten bzw. Kammern einen längeren Weg für die Auslaugeflüssigkeit ermöglichte. Bei einigen Konstruktionen sind auch an der dem Würzeablauf entgegengesetzten Seite oben Wasserzuführungskanäle, die z. B. das Verdrängen der Würze von der Seite der „Wasserplatte" ermöglichen, aber auch ein Überschwänzen von oben. Nachdem aber die Verteilung der Wasserströme nach oben und unten schwer zu beherrschen ist – man denke an die Automation der Maischefilter – wird heute in der Regel nach erfolgter Verdrängung das Wasser von unten in die Treberkuchen eingeführt (Abb. 4.30).

Bei einem neueren Filtersystem ist das Auswaschen der Treber nach jedem Sud in umgekehrter Richtung möglich, d. h. die Wasserkammern des einen Sudes werden zu Würzekammern beim folgenden Sud usw. Dies hat den Vorteil, dass die Polypropylentücher durch die auftretenden Drücke (bei den gegebenen Temperaturen von 75–78 °C) keine einseitige Verformung erfahren (Abb. 4.30).

Die Abläuterung der Nachgüsse erfolgt bei der heute fast ausschließlich angewendeten geschlossenen Abläuterung durch einen, am festen Kopfstück angebrachten Universalhahn oder über einen Dom, dessen Scheitel höher liegt als die innere Oberkante der Kammern. Auf diese Weise wird sichergestellt, dass der Maischefilter stets vollständig gefüllt ist. Um dies abzusichern muss auch während der Nachgussabläuterung in regelmäßigen Abständen entlüftet werden. Es kann das Überschwänzwasser durchaus Luft enthalten (s. Abschnitt 1.3.8.14), die abgelassen werden muss, bevor sich im Filter eine Luftblase ausbreitet.

Die Dauer der Nachgussabläuterung ist in der Regel 80–90 Minuten; sie ist damit kaum schneller als beim vergleichbaren Läuterbottich. Sie ist aber nicht durch den Treberwiderstand begrenzt, sondern durch die Notwendigkeit genügend Zeit für die Diffusion des Extrakts aus den Treberteilchen aufzuwenden und darüber hinaus diese über die gesamte Fläche des Treberkuchens hinweg möglichst gleichmäßig zu gestalten.

Aus diesem Grunde muss die *Fließgeschwindigkeit* des Wassers genau einstellbar sein, was mit Hilfe von Durchflussmengenmessern geschehen kann.

Bei einer Auslaugezeit von 90 Minuten beträgt in einem Filter von 5 t Schüttung (48 Kammern 1200×1500 mm) die gesamte Nachgussmenge z. B. 250 hl. Dies entspricht einem stündlichen Durchsatz von 167 hl oder 1,93 hl/m^2 und h.

1. Befüllen

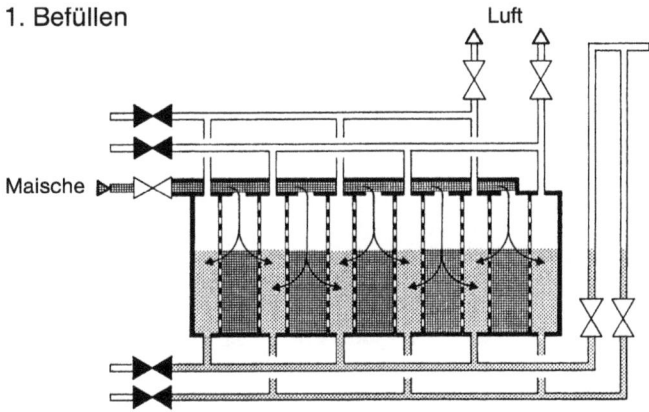

2. Abläutern der Vorderwürze

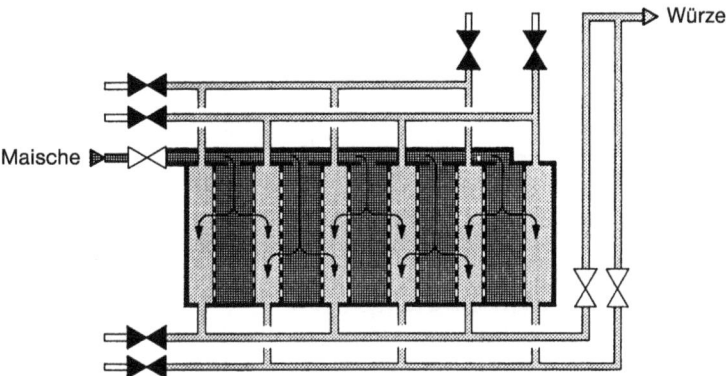

3. Verdrängen der Vorderwürze

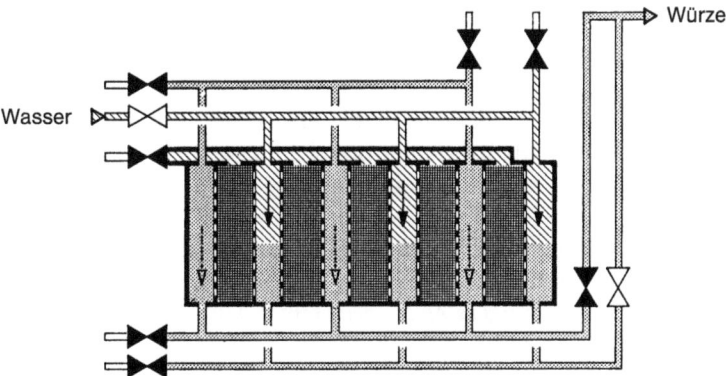

Abb. 4.30 (Teil 1) Schematische Darstellung der einzelnen Schritte des Abläuterns mit dem Maischefilter (geschlossene Abläuterung)

4. Anschwänzen

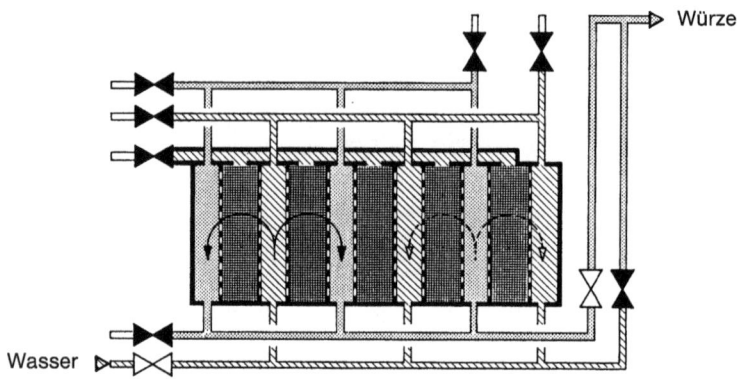

5. Leerdrücken

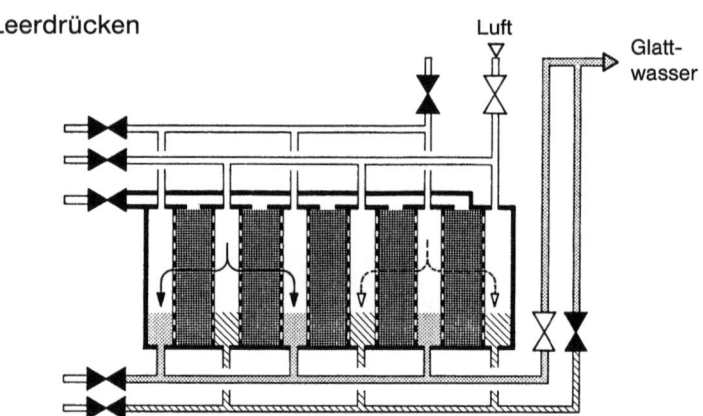

Abb. 4.30 (Teil 2)

Nun ist es günstig, auch beim Maischefilter die Nachgüsse zu unterteilen, aber nur im Hinblick auf die Geschwindigkeit des Wasserstromes. Bei drei Nachgüssen sollte der erste nur 80%, der zweite 100% und schließlich der dritte 120% des oben genannten Mittelwerts haben, entsprechend 1,54, 1,93 und 2,32 hl/m² und h. Dies gilt für Biere mit Stammwürzegehalten von 11,5–12%. Bei stärkeren Bieren von z. B. 13% ergibt sich eine geringere Abläutermenge, da die Schüttung nicht variiert werden kann (s. Abschnitt 9.1). Beim genannten Beispiel beläuft sich die Überschwänzwassermenge unter sonst gleichen Bedingungen auf nur 220 hl. Dieses geringere Auslaugequantum würde automatisch eine höhere Glattwasserkonzentration und damit höhere Ausbeuteverluste zur Folge haben. Diese lassen sich in gewissem Rahmen dadurch verringern, wenn die Abläuterzeit konstant gehalten und als Folge davon die spezifische Läutergeschwindigkeit auf 1,70 hl/m² und h abgesenkt wurde, entsprechend bei den einzelnen Nachgüssen 1,36, 1,70 und 2,04 hl/m² und h.

Ein angepasstes Abläuterschema zeigt Abb. 4.31.

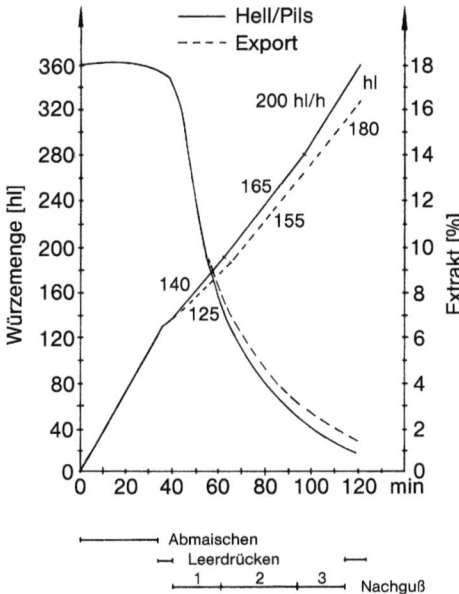

Abb. 4.31 Abläuterungsverlauf bei einem Maischefilter unter Anpassung an Würzen unterschiedlicher Konzentration und Menge

Ein weiteres Kriterium über einen günstigen Verlauf der Nachgussabläuterung ist der *Überdruck im Filter.* Er ist gegeben durch den Druck des Wassers z. B. aus einer höherstehenden Reserve oder durch den Druck der Förderpumpe. Durch Einstellen einer gewissen Durchflussmenge des Überschwänzwassers und bei freiem Abfluss der Würze baut sich dieser Druck nur vor dem Tuch bzw. vor der Treberschicht auf. Wie schon erwähnt beträgt der Druck im System beim Abmaischen, d. h. beim Vorderwürzelauf ca. 0,3 bar Überdruck; beim Abläutern der Nachgüsse sollte er zu Beginn des Überschwänzens nicht über 0,3–0,4 bar Überdruck liegen, da dies auf verbrauchte Tücher und eine zu dichte Einlagerung der Treberteilchen hindeutet. Es sollte auch um einer gleichmäßigen Auslaugung *aller* Treberkuchen willen nicht über 0,8–1,0 bar Überdruck ansteigen, da sonst leicht eine „Kanalbildung" erfolgt und die Ausbeute fällt. Tritt bei den Nachgüssen im ersten Drittel deren Abläuterung kein Druck auf, so besteht die Gefahr, dass nicht alle Kammern gleichmäßig befüllt sind und das Überschwänzwasser durch die Treberkuchen mit geringerem Widerstand bevorzugt abläuft.

Es ist also immer das Problem der Gleichbehandlung aller 30 bis 60 Filterkuchen eines Filters bzw. einer Filterhälfte gegeben. Hier hat sich der Aufbau eines geringen Gegendruckes im Filter, also vom Filterauslauf her bewährt. Das Ideal wäre ein konstanter Wasserdruck, etwa durch eine hochgelegene Reserve und die *auslaufseitige* Steuerung der Fließgeschwindigkeit des Überschwänzwassers. Im Zusammenwirken mit einem leichten Gegendruck bereits beim Abmaischen könnte das System nicht nur luftfrei, d. h. sauerstoffarm gehalten werden sondern darüber hinaus eine gleichmäßigere Verteilung der Maische und des durchströmenden Wassers zum Tragen kommen [741].

Der Verfolg der Auslaugung war naturgemäß bei offener Abläuterung mit einzelnen Hähnen einfach, besonders dann, wenn jeder dieser Hähne mit einer Messvorrichtung mit Heißsaccharometer verbunden war. Bei geschlossenen Systemen kann praktisch nur der Durchschnitt der Nachgusswürzen erfasst werden. Doch deutet auch hier ein sehr steiler Extraktabfall auf eine unergiebige Auslaugung hin, vor allem wenn anschließend die Extraktkurve bei Werten unter 3% sehr flach verläuft. In diesem Falle speisen die bisher schlecht ausgelaugten Zonen Extrakt zu denjenigen bei, die nur mehr wenig Extrakt haben. Die Anordnung von Probehähnen an jeder Kammer oder an einem Teil derselben gibt zu verschiedenen Zeiten einen Einblick in die Extraktverhältnisse der betreffenden Treberkuchen. Hierbei zeigt sich oftmals, dass diejenigen Kammern, die dem Maischeeinlauf entgegengesetzt liegen, höhere Glattwasserkonzentrationen ergeben. Dies rührt von einer ungleichmäßigen Befüllung der Kammern her. Eine ähnliche Erscheinung ist bei großen Maischefiltern mit zwei Maischeeintrittsanschlüssen der Fall: Hier sind meist die mittleren Zonen, wo die beiden Maischeströme aufeinandertreffen, schwerer auszulaugen.

Hier könnte für einen Überlauf der Maische zurück zum Abmaischbottich Sorge getragen werden, der den Druck dieser Kammern entlastet und so einen ähnlich locker gefügten Treberkuchen erzielt wie in den anderen Bereichen.

Die Glattwasserkonzentration ist beim Maischefilter meist etwas höher als beim Läuterbottich, da die beim letzteren so natürliche Gleichstromauslaugung beim Maischefilter wohl angestrebt, aber infolge der horizontalen Strömung und der vielen, dünnen Treberkuchen schwerer darstellbar ist. Das Glattwasser wird aber häufig vollständig gewonnen, was durch Aufsetzen von Druckluft auf den Filter geschieht. Es besteht aber die Gefahr, dass hiermit Luft in die Würze im Vorlaufgefäß oder in der Würzepfanne gelangt. Diese belüftete Würze sollte in ein eigenes Gefäß geleitet werden, von dem aus sie nach Aufsteigen der Luftblasen zur Gesamtwürze gelangt.

Die Gesamtläuterzeit beträgt insgesamt 25–40 Minuten für die Vorderwürze und ca. 90 Minuten für die Nachgüsse, somit also 120–130 Minuten.

4.2.4
Qualität der Abläuterung beim Maischefilter

4.2.4.1 Die Zusammensetzung der Würze
Sie kann durch zwei Faktoren etwas anders sein als bei Läuterbottichwürzen: Das feinere Schrot begünstigt durch seine größere Oberfläche eine verstärkte Auslaugung von Inhaltsbestandteilen der Spelzen, wie sich auch anhand der Polyphenolwerte verfolgen lässt. Des Weiteren wird um der Ausbeute, d. h. um einer größeren Anschwänzwassermenge willen ein kleinerer Hauptguss (Vor-

derwürzekonzentration 18–20%) gewählt, so dass sich das Verhältnis von Vorderwürze- zu Nachgussextrakt zu ungunsten des edleren verschiebt. Diese beiden Gegebenheiten schlagen aber wegen der allgemein kürzeren Gesamtkontaktzeit von nur 120–130 Minuten kaum zu Buch. Die gute Ausmahlung der Spelzen bei Maischefilterschroten erlaubt ohne Nachteile (s. Abschnitt 2.4.2) eine Abtrennung und einen späteren Zusatz derselben, z. B. zur zweiten Restmaische bzw. kurz vor dem Abmaischen.

4.2.4.2 Die Oxidation der Würze
Sie ist bei Maischefiltern oftmals besonders gravierend: bei offener Abläuterung zieht die Würze auf dem Weg zum Vorlaufgefäß Luft ein; diese kann jedoch relativ rasch entweichen, wenn die Würze nicht gepumpt und somit die Luft nicht eingemischt wird. Bei geschlossener Abläuterung mit drucklosem Auslauf befindet sich meist an der höchsten Stelle des Domes des Würzeableitungsrohres ein Rohr oder ein Schnüffelventil zur Vermeidung einer Sogwirkung auf das Filtersystem. Wie Untersuchungen zeigen, können hier erhebliche Sauerstoffmengen aufgenommen werden. Ebenso bewirken Heißwasserverdrängungsspeicher den Einschluss der sich beim Aufwärmen des Wassers entbindenden Sauerstoffmengen, so dass am Entnahmestutzen nicht selten Sauerstoffgehalte von 8–10 mg/l vorliegen, obgleich der Sättigungswert wesentlich niedriger liegt. Durch die geschlossene Leitungsführung gelangt dieses sauerstoffhaltige Wasser direkt in den Filter, wo es von Nachguss zu Nachguss eine Erhöhung des Sauerstoffgehalts erbringt. Eine Abhilfe ist nur dann zu schaffen, wenn die für einen Sud benötigte Heißwassermenge jeweils eigens in ein druckloses, isoliertes Gefäß – am besten über einen Schirm – eingepumpt wird, um so die Sauerstoffmengen entweichen zu lassen [741, 744, 747].

Das Arbeiten unter Gegendruck (s. Abschnitt 4.2.3.3) vermeidet schon beim Vorderwürzeabläutern eine Luftaufnahme. Durch die Kombination mit der Entgasung des Überschwänzwassers können Sauerstoffgehalte von 0,1–0,3 mg/l erreicht werden.

4.2.4.3 Die Klärung der Würze
Bei Baumwollfiltertüchern war die Klärung der Würze gut; mit der Einführung von Kunststofftüchern (Polypropylen) lief die Vorderwürze mit Trübungswerten von über 400 EBC-Einheiten ab. Dies ist besonders augenfällig, wenn der Läuterprozess sofort mit dem Einpumpen der Würze beginnt. Es ist günstiger, den Filter zuerst zu befüllen und die Würze über den Dom abströmen zu lassen: Hier stellt sich durch Anschwemmen von Maischeteilchen eine gewisse Filterschicht dar (s. Abschnitt 4.2.3.2). Dieser Effekt kann dann noch durch „Trübwürzepumpen" verbessert werden. Wenn dies auch nicht bis zum Klarlauf der Würze fortgesetzt werden kann (Entmischung der restlichen Maische, starker Druckanstieg) so ist doch eine merkliche Aufhellung der Würze, vor allem aber eine Verringerung des Feststoffgehalts derselben erkennbar.

Die Nachgüsse laufen dagegen verhältnismäßig rasch blank, da das Überschwänzwasser eine bereits definierte Filterschicht aus den Maischeteilchen bzw. Trebern durchdringt.

Dennoch können Druckschwankungen im System auch hier eine „Eintrübung" zur Folge haben.

Die Abbildungen 4.32 und 4.33 zeigen die Verlaufkurven der Trübungen ohne und mit Trübwürzepumpen.

Die geschilderten Trubstoffgehalte haben die schon beim Läuterbottich beschriebenen Nachteile: es treten immer mehr Fettsäuren in die Würze über, je höher die Trübung bzw. je höher der Feststoffgehalt war (Tab. 4.23).

Auf die Nachteile dieser langkettigen freien Fettsäuren wurde bereits in Abschnitt 4.1.4.4 hingewiesen.

Die die Filtertücher passierenden Trubstoffe werden beim Würzekochen aufgeschlossen. Hierdurch verzeichnet die ursprünglich jodnormale Würze wiederum eine Reaktion, die umso stärker ist, je größer die Partikeln waren. Wie Tab. 4.24 zeigt, erbringt das Trübwürzerückführen nicht nur weniger Feststoffe sondern offenbar geringere Partikelgrößen, die zu einer weniger starken Nachlösung beim Würzekochen neigen. Es kommt aber insgesamt auch der Schrotbeschaffenheit eine Bedeutung zu, da die Würzen mit 15% nachgemahlenem Reis ebenfalls sehr niedrige Trübungswerte aufwiesen.

Es werden aber trotz aller eingeführten Verbesserungen die Werte von normal abläuternden Läuterbottichen nicht erreicht. Dies ist einmal auf die Beschaffenheit, Webart und vor allem aber auf die Ungleichmäßigkeit der Maschenweite der Filtertücher zurückzuführen (s. Abschnitt 4.2.2.4).

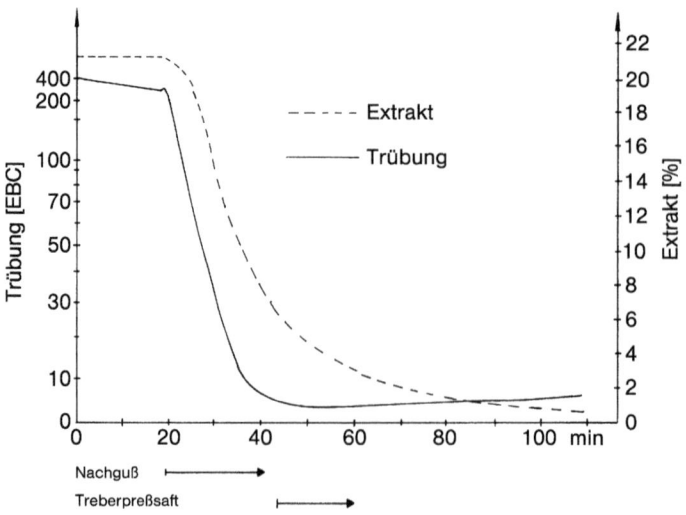

Abb. 4.32 Extrakt- und Trübungskurven eines Maischefilters

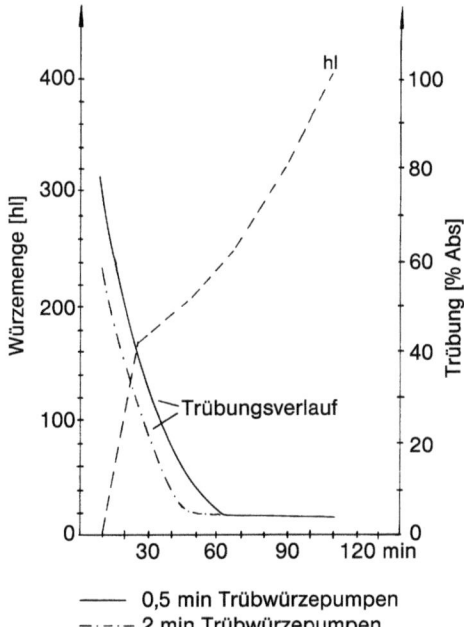

— 0,5 min Trübwürzepumpen
-·-·- 2 min Trübwürzepumpen

Abb. 4.33 Mengen- und Trübungsverlauf eines Maischefilters mit Trübwürzepumpen

Tab. 4.23 Feststoff- und Fettsäuregehalte von Maischefilterwürzen (Pfannevollwürzen mg/l) [750]

Brauerei		C	H
Feststoffe		966	560
Palmitinsäure	C16	12,8	6,3
Stearinsäure	C18	1,0	0,7
Ölsäure	C18:1	2,0	1,0
Linolsäure	C18:2	19,1	9,4
Linolensäure	C18:3	1,2	0,8

Tab. 4.24 Feststoffgehalte und Jodreaktion von Maischefiltern (vor 1990)

Brauerei	F	G	H	L*	M	N_1	N_2**
Feststoffe mg/l	811	468	558	320	460	520	400
Jodreaktion							
vor dem Kochen	0,10	0,10	0,42	0,11	0,10	0,12	0,10
nach dem Kochen	0,42	0,25	0,52	0,25	0,15	0,40	0,20

* 15% Reis zur Schüttung, ** 2 min lang zurückpumpen

4.2.5
Entfernung der Treber und Abwasseranfall

4.2.5.1 Öffnen des Filters und Austrebern

Nach dem Leerdrücken des Filters mit Luft wird das bewegliche Kopfstück mit Hilfe von motorgetriebenen Schraubenspindeln bis zum Ende des Traggestells ausgefahren. Das Verschieben der Platten und Kammern erfolgte früher von Hand. Durch die Vergrößerung des Abstandes zwischen zwei Platten fällt der sich in der Kammer befindende Treberkuchen in die Treberauffangmulde. Zusammen mit dem Auseinandernehmen der Pakete erfolgte das Entfernen der gebrauchten Baumwolltücher, die einer Tücherwaschmaschine zugeführt wurden. Um ein Festbrennen von Treberteilchen zu vermeiden erfolgte sofort ein Reinigen der Platten und Kammern durch einen scharfen Wasserstrahl. Nach dem Entleeren des Filters wurde ein Satz gereinigter Tücher eingelegt und der Filter durch Anpressen der Kopfplatte wieder geschlossen. Diese Arbeit war für die stets benötigten zwei Bedienungsleute schwer. Die Entleerung und das Wiedereinlegen der Tücher erforderte bei einem Filter von 20 Kammern = 2,0–2,2 t Schüttung rund 40 Minuten. Durch die in Abschnitt 4.2.2.4 geschilderte automatische Öffnungsvorrichtung werden die Platten und Kammern selbsttätig zu dem in äußerster Stellung befindlichen, beweglichen Kopfende transportiert. Es wurde hierdurch möglich, einen Filter von 5–6 t Schüttung mit zwei Personen in 40 Minuten auszutrebern und die Tücher zu wechseln. Kunststofftücher aus Polypropylen, die etwa eine Sudwoche lang im Filter verbleiben, erlauben die Bewältigung eines Doppelfilters von 10–13 t Schüttung durch eine Person in ca. 30 Minuten. Hierdurch konnte die Leistung der Maischefilter ohne Beschleunigung der Läuterzeit, nur durch Verkürzen der Manipulationszeiten gehoben werden. Es ist natürlich notwendig, eventuell noch am Filtertuch anhaftende Treberreste abzuschütteln und auf ein Entleeren der Kammern zu achten. Dies ist vor allem bei etwas höheren Drücken, wie sie sich durch Trubrückspeisen, durch Trübwürzepumpen und durch Gegendruckbetrieb ergeben, zu berücksichtigen. Hier kann es u.U. erforderlich werden, die Filtertücher nach ca. 10–15 Suden abzuspritzen.

Die Treberauffangmulde sollte so groß ausgelegt sein, dass die Treber eines Sudes Platz finden und während der Abläuterung des folgenden Sudes abtransportiert werden können.

4.2.5.2 Die Abwassermenge

Sie ist nach Leerdrücken des Filters mittels Pressluft gering. Sie liegt bei maximal 1 hl/t, vor allem dann, wenn das in der Pressschnecke des Treberförderers anfallende Wasser den Trebern wieder zugegeben wird. Natürlich sind bei mangelhafter Entleerung des Maischefilters, vor allem bei höheren Filterdrücken auch höhere Abwassermengen möglich. Es ist auf jeden Fall ratsam, den letzten Nachguss so zu bemessen, dass die gewünschte Pfannevollwürze nach Leerdrücken des Filters mit Luft erreicht wird.

4.2.6
Kontrolle der Maischefilterarbeit

Um stets gleiche Voraussetzungen für eine einwandfreie Arbeitsweise zu schaffen, müssen Schüttung und Gesamtmaischemenge immer konstant sein. Sie sollen stets in der gleichen Zeit in den Maischefilter eingepumpt werden.

4.2.6.1 Kontrolle während des Abläuterns
Beim Abmaischen sind die auftretenden Drücke, die Vorderwürzekonzentration und die Klärung zu überprüfen. Bei den Nachgüssen interessieren in gleicher Weise die Druckverhältnisse, die Durchflussmengen und die Extraktabnahme, die hei modernen Filtern im Vergleich zur offenen Einzelhahnabläuterung nur einen ungefähren Durchschnittswert vermittelt. Durch Aufstellen einer Kurve kann über die Stetigkeit der Extraktabnahme ein Rückschluss auf die Wirksamkeit der Auswaschung gezogen werden.

4.2.6.2 Austrebern des Filters
Hierbei ist es wichtig, die Beschaffenheit der einzelnen Treberkuchen zu überprüfen, um deren Konsistenz und den Befüllungsgrad der Kammern sowie u. U. Auswaschungen („Tränensäcke") ermitteln zu können.

4.2.6.3 Die Untersuchung der Treber
Sie ist zunächst durch Proben aus jeder Kammer und Auspressen derselben möglich. Dieser Treberpresssaft gibt aber deswegen kein genaues Bild, weil er mangels einer geeigneten Probenahmevorrichtung z. B. von einer besser oder schlechter ausgelaugten Partie dieser Kammer stammen kann. Am sichersten wäre es, den Inhalt von 2–3 Kammern durch Entnahme einer gesamten Elementgruppe bestehend aus Platte – Kammer – Platte zu überprüfen, um so die Extraktverteilung genau kennenzulernen. Zu diesem Zweck müssen diese Elemente mit Schraubenzwingen zusammengehalten und mittels eines Hebezeugs aus dem Filter gehoben werden. Die Treber werden dann von z. B. 9–12 verschiedenen Stellen entnommen und entweder ausgepresst oder als normale Treberanalyse auf auswaschbaren und aufschliessbaren Extrakt untersucht. Die Ergebnisse sind dann nicht zu beanstanden, wenn die Presssaftwerte sich nicht mehr als um 1% unterscheiden. Gelegentliche „Ausreißer" durch Teigansammlungen sind kaum zu vermeiden.

Die *Treberanalyse* im Laboratorium zeigt meist einen, gegenüber dem Läuterbottich niedrigeren aufschliessbaren Extrakt von 0,3–0,5% an, der durch das feinere Schrot bedingt ist. Der auswaschbare Extrakt ist, wie auch das Glattwasser, höher als beim Läuterbottich. So liegt der auswaschbare Extrakt selbst bei optimal arbeitenden Maischefiltern bei 0,7–1,0% [747].

4.2.7
Leistung des Maischefilters

4.2.7.1 Sudhausausbeute

Die erzielbare Sudhausausbeute kann bei 11,5–12%igen Würzen und jener Auslaugung, die sich aus der Spanne einer ca. 12%igen Verdampfung beim Würzekochen ergibt, im günstigsten Falle 0,4–0,5% unter der Laboratoriumsausbeute liegen. Bei stärkeren Würzen (Exportbier 12,8–13,0%) wird die Differenz durch die geringere Überschwänzwassermenge unweigerlich größer, wenn nicht durch besonders sorgfältige Nachgussführung ein gewisser Ausgleich geschaffen wird (s. Abschnitt 4.2.3.3). Die heutzutage geringeren Verdampfungswerte von 4–5% rufen genau dieselben Ausbeuteprobleme hervor wie die zuvor besprochene Steigerung der Stammwürze. In Verbindung mit dem Brauen mit höherer Stammwürze (s. Abschnitt 9.1) ergeben sich weitere Defizite.

In der Praxis sind aber verschiedentlich höhere Ausbeutedifferenzen anzutreffen, die ihren Grund in ungleichmäßiger Einlagerung, unvollständiger Entlüftung sowie unpassenden Volumensverhältnissen durch Schüttung oder Schrotzusammensetzung haben. Ein großer Hauptguss ist für den Maischefilter ungeeignet, normal sind Vorderwürzekonzentrationen von 17,5–19%. Zu dicke Maischen können aber ihre eigenen Probleme bewirken, z.B. eine langsame Verzuckerung oder das schon erwähnte ungünstige Verhältnis von Haupt- zu Nachguss.

Die oftmals als notwendig angesehene Wiederverwendung des Glattwassers kostet einmal Läuterzeit, zum anderen kann sie den Biercharakter negativ beeinflussen.

Auch die Beschaffenheit der Tücher, und der durch sie bedingte Druckanstieg spielt bei den Ausbeuteverhältnissen eine große Rolle.

In der Regel erbringt der automatische Betrieb keine schlechteren Ausbeuten, wenn der Maischefilter einwandfrei abgestimmt und eingefahren wurde.

4.2.7.2 Tägliche Sudzahl

Selbst bei großen Filtern, die naturgemäß eine bestimmte Zeit zur Entleerung und Kontrolle erfordern, wird die tägliche Sudzahl mit 8–9 beziffert (Tab. 4.25).

Es zeigt sich, dass die Zeiten des Einpumpens, des Vorderwürzeablaufs und des Verdrängens konstante Größen sind, die nicht ohne spätere Probleme verringert werden können. Die Manipulationszeit (Öffnen des Filters, Austrebern, Kontrollieren, Zusammenschieben) ist mit 32–33 Minuten noch realistisch. Bei Steigerung der Sudzahl von 9 auf 10/Tag ist jedoch eine Beschleunigung der Nachgussabläuterung vorzunehmen, die nur bei einwandfrei arbeitenden Maischefiltern zu keinen bzw. nur zu geringen Ausbeuteverlusten führt. Auch eine Beschleunigung des Vorderwürzeablaufs durch eine größere Leistung der Abmaischpumpe ist möglich.

Tab. 4.25 Zeitablauf beim Abläutern mit dem Maischefilter (min)

Sudzahl	8	9	10	10
Abmaischen	8	8	8	6
Füllen bis Vorderwürzeanlauf				
Trübwürze zurückleiten	2	2	2	2
Vorderwürze läuft	22	22	22	17
Verdrängen der Würze aus den Wasserplatten	5	5	5	5
Abläutern der Nachgüsse incl. Leerdrücken mit Luft	90	90	75	82
Gesamtläuterzeit	127	127	112	112
Abmaischintervall	180	160	144	144
Manipulationszeit	53	33	32	32

4.2.8
Vergleich der konventionellen Maischefilter mit den seinerzeitigen Läuterbottichen

4.2.8.1 Vorteile

Die Malzqualität spielt bezüglich der Sicherung der täglichen Sudzahl eine nicht ganz so große Rolle wie beim Läuterbottich. Es können höhere Rohfruchtgaben zur Verarbeitung gelangen.

Die Ausbeute kann bei Malzen guter Auflösung aufgrund des feineren Schrotes bestenfalls 0,5% unter der Laboratoriumsausbeute liegen. Bei optimaler Arbeitsweise kann sie also höher liegen als beim Läuterbottich.

Die tägliche Sudzahl kann 8–9, in besonders günstigen Fällen sogar 10 erreichen, wobei aber die Ausbeute zu beobachten ist.

Der Abwasseranfall ist geringer als beim Läuterbottich, die Treber fallen meist etwas weniger feucht an.

4.2.8.2 Nachteile

Die *Schüttung* einer Maischefiltereinheit kann 6–7 t betragen. Eine größere Schüttung setzt Doppel- oder Dreifachfilter voraus, wofür die Maischeverteilung zunehmend schwieriger wird.

Mögliche *Ausbeutedifferenzen* sind beim Maischefilter schwerer in den Griff zu bekommen als bei Läuterbottichen.

Im laufenden Betrieb und bei hohen Sudzahlen sind verschiedentlich größere Defizite zu beobachten.

Das Schrot *muss* fein sein und eine bestimmte, nur in engen Grenzen variable Zusammensetzung haben. Der Kraftaufwand der Mühle ist höher, der Unterhalt teurer als bei Läuterbottichen.

Die *Tücher* sind nach 400–800 Suden neu zu beschaffen. Sie erfordern eine gewisse Pflege.

Die *Würze ist* von stärkerer Trübung und höheren Feststoffgehalten, sie neigt zu einer stärkeren Nachreaktion der Jodfärbung.

Ein Ausgleich der Trübwerte wird erst bei der Würzeklärung nach dem Kochprozess erreicht. Der Trubanfall in Whirlpool oder Zentrifuge ist größer, die Wirkungsweise dieser Geräte anfälliger.

Die *Automatisierung* des Maischefilters hat besonders auf die Abmaisch- und Anlaufphase Rücksicht zu nehmen.

4.3
Die Maischefilter der neuen Generation

Mitte der 1980er Jahre kamen Vorschläge auf, um die kaum mehr entwicklungsfähigen herkömmlichen Maischefilter zu verlassen und sich grundlegend neuen Prinzipien zuzuwenden.

4.3.1
Die Hochdruck-Filterpresse

Die Hochdruck-Filterpresse (HD-Presse) beruhte auf der sog. Lambert-Filterpresse, die in der Fruchtsaftindustrie bekannt wurde. In der vorhergehenden Auflage dieses Buches wurde über Versuche im halbtechnischen Maßstab berichtet [532, 765–768]. Das Prinzip dieser Filterpresse sah vor, dass die Maische in Filtersäcke aus Polyester eingepumpt wurde, wobei sich eine Filterschicht aus Maische ausbildete, die eine gute Klärung der Würze bewirkte. Es konnte sowohl das typische Maischefilterschrot (s. Abschnitt 2.4.2) als auch Feinstschrot verarbeitet werden. Nach dem Ablauf der Vorderwürze wurde eine Menge von 0,5–1,0 hl Anschwänzwasser nachgedrückt und dann, im Verlauf von ca. 30 Minuten wurden die Filtersäcke von 80 auf 20 mm Schichtstärke zusammengepresst. Durch die geringe Überschwänzwassermenge steckte naturgemäß noch viel Extrakt in den Trebern. Dennoch blieben die Treberverluste durch den niedrigen Wassergehalt von 40–50% im Rahmen. Das Verfahren war für das Brauen mit höherer Stammwürze geeignet. Es konnten 12–14 Sude/Tag hergestellt werden, wobei aber auf eine luftfreie Maischeführung zu achten war, um vermehrte Teigbildung zu vermeiden, die die Filterporen verlegte. Hierdurch konnte der im Sack zwischen den Filterrahmen gelagerte Treberkuchen nur schwer, z. T. gar nicht abgepresst bzw. entwässert werden. Wenn sich auch das System nicht einführen konnte, so lieferte es doch viele wertvolle Erkenntnisse, die den folgenden Maischefilterkonstruktionen dienlich waren.

4.3.2
Dünnschicht-Maischefilter mit Membranen

Dieser Maischefilter basiert auf einer geringeren spezifischen Schüttung von 30 kg anstelle von 55 kg/m^2 bei den alten Konstruktionen. Die Dicke des Treberkuchens ist etwa 40 mm. Der Filtration dienen Polypropylentücher. Der Filterrahmen ist durch zwei elastische Membranen in zwei Teile geteilt. Die Membranen erlauben ein leichtes Pressen nach Ablauf der Vorderwürze (0,7 bar) und ein stärkeres Pressen (bis 1,5 bar) am Ende des Auslaugeprozesses. Der Filter arbeitet üblicherweise mit feinem Schrot – je nach Arbeitsweise der Mühle – welches eine (geringfügig) höhere Ausbeute erbringt als das Laboratoriumsfeinschrot.

4.3.2.1 Aufbau des Maischefilters

Der Maischefilter besteht wie der herkömmliche Maischefilter aus einer festen Endplatte und einer mobilen Kopfplatte, die auf den Schienen des Traggestells bewegt wird (Abb. 4.34).

Mittels Hydraulik wird das Rahmen-/Plattenpaket zusammengepresst. Dieses besteht aus Polypropylen-Platten mit Filtertüchern aus Polypropylen und Rahmen, die durch jeweils ein Paar Elastomer-Membranen geteilt sind (Abb. 4.35). Die Rahmen sind mit einer Druckluftleitung verbunden. Die Abmessungen der Platten-Rahmen sind mit 1,8 m Breite und 2,0 m Höhe entsprechend $2 \times 2,88 = 5,76$ m^2 pro Einheit. „Junior-Filter" haben Plattenabmessungen von $1,2 \times 1,2$ m. Die Platten und Rahmen aus Polypropylen haben nur geringe Abstrahlungsverluste.

Die Filtertücher liegen auf einer perforierten Platte auf und sind so gegen eine Verformung geschützt.

Mit der Würzeleitung (Abb. 4.36) ist ein Puffertank verbunden, in dem die Würze/Nachgüsse automatisch auf einem Niveau etwas über der Rahmen-/Plat-

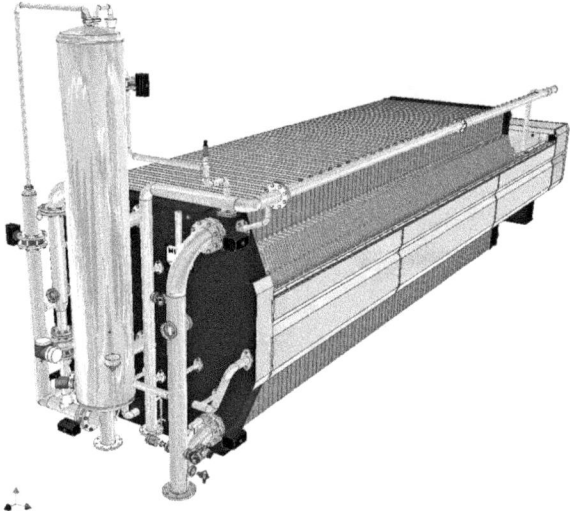

Abb. 4.34 Gesamtansicht Dünnschicht-Maischefilter mit Membranplatten

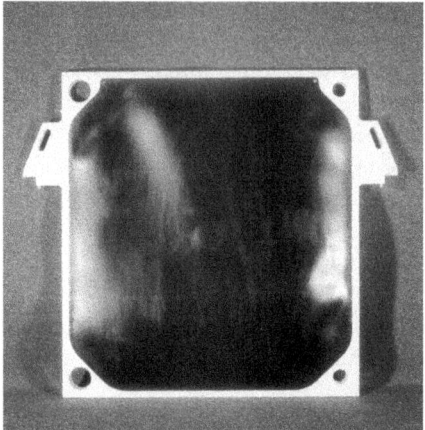

Abb. 4.35 Membranplatte

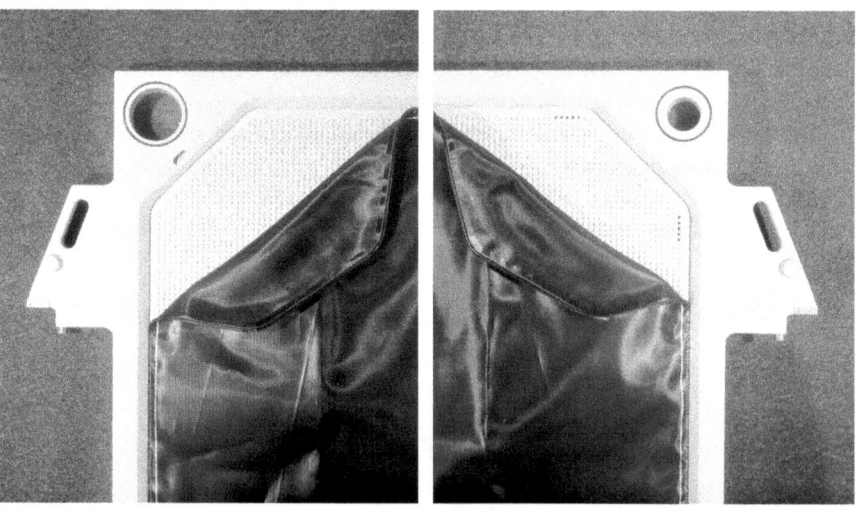

Maischeeinlauf Würzeauslauf

Abb. 4.36 Filterplatte mit Maischeeinlaufkanal und Würzeauslaufkanal

tenoberkante gehalten werden. Sie dient der laufenden Entlüftung des Systems und baut einen (geringen) Gegendruck auf. Außerdem ist eine Verbindung zwischen dem unteren und dem oberen Maischekanal, eine sog. „Schleife" angeordnet, die beim Filtrations- und Waschprozess einen Druckausgleich im Filter erzielen soll.

4.3.2.2 Die Arbeitsweise des Maischefilters

Der Filter (Abb. 4.37) wird über die Abmaischleitung mit CO_2 bis zu einem Drittel des Maischefilter-Volumens innerhalb von 1–2 Minuten vorgefüllt. Diese „Kohlensäure-Decke" soll die ankommende Maische vor Oxidation schützen. Hierdurch lassen sich nur während der ersten 30 Sekunden der Filtration maximal 1 mg/l Sauerstoff feststellen, nach 1 Minute ist kein Sauerstoffgehalt mehr nachweisbar.

Die verzuckerte Maische tritt in den Filter von unten ein und verteilt sich auf die verschiedenen Kammern. Wenn der Filter gefüllt ist und sich eine Maischeanschwemmung an den Filtertüchern bildet, dann beginnt sich die Würze zu klären (Abb. 4.38). Dieser Füllvorgang dauert nicht länger als 5–6 Minuten, die folgende Filtration durch Einbringen der gesamten Maische 20–25 Minuten. Der Fülldruck ist bestimmt durch die Höhe des Filters (0,2 bar) und den Widerstand der Filtertücher. Die Entlüftung der Kammern und Platten geschieht über die oberen Maischeeinlass- und Würzeauslasskanäle. Die Filtration erfolgt bei konstantem Druck, der durch eine Drehzahlregulierung der Pumpe bei 0,4–0,5 bar gehalten wird (Abb. 4.39).

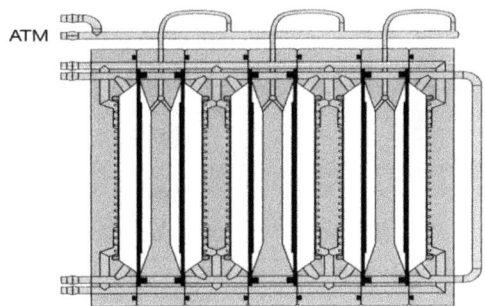

Abb. 4.37 (1) Filter leer

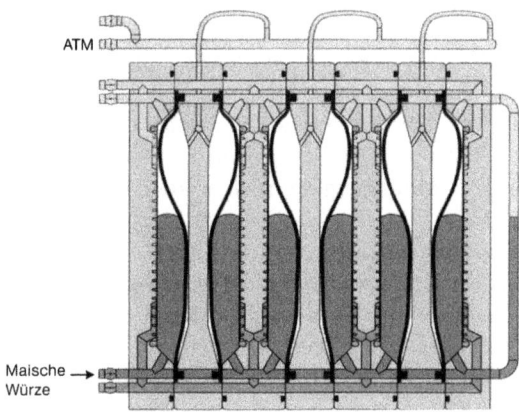

Abb. 4.38 Füllen des Filters

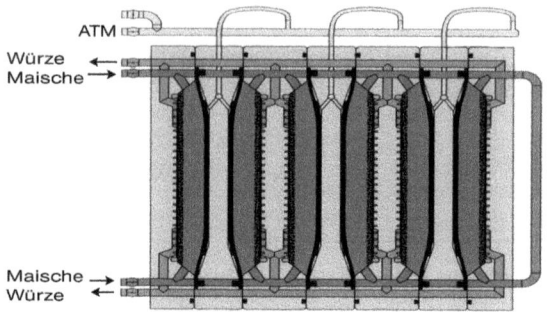

Abb. 4.39 Abläutern der Vorderwürze

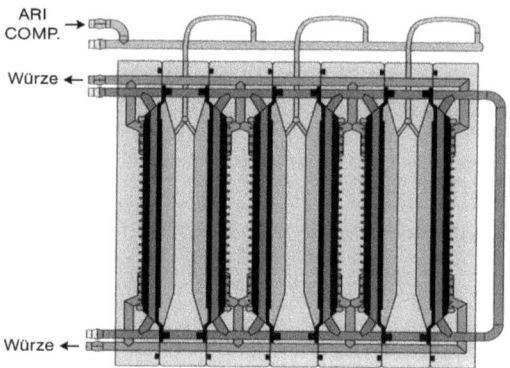

Abb. 4.40 Vor-Kompression

Wenn die Maische übergepumpt und die Maischeleitung mit Wasser gespült ist, wird eine Vorkompression getätigt (Abb. 4.40). Diese soll eine gute Homogenität der Treberkuchendicke und Porosität für eine gute Auslaugung erreichen. Das Einlaufventil wird geschlossen und Luft auf die Membranen geleitet. Diese werden hierdurch aufgeblasen und pressen den Kuchen leicht, um eine gleichmäßige Treberschicht zu erhalten. Der Druck liegt dabei wie beim Einpumpen der Maische zwischen 0,4 und 0,6 bar. Hierdurch wird die Kuchendicke von 40 auf 30 mm verringert. Bei einem Filter von 57 Kammern, d.h. 6–6,5 t Schüttung können noch 38 hl Würze in 5 Minuten gewonnen werden, was einem Durchfluss von 800 hl/h entspricht.

Das Überschwänzen geschieht in zwei Schritten:
1. Über das Einlaufventil wird das Nachgusswasser von der Maischpumpe bei konstantem Druck zugeführt. Nachdem die Luft aus den Membranen unter Gegendruck entweicht, kann der entstehende Leerraum zwischen Treberschicht und Membran mit Wasser gefüllt werden. Die Wassermenge für einen 6/6,5 t-Filter ist etwa 25 hl. Der Vorgang dauert etwa 5 Minuten (Abb. 4.41).

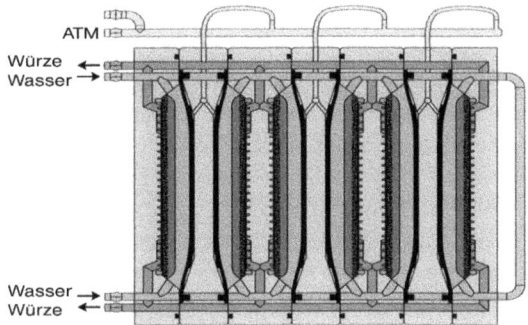

Abb. 4.41 Abläutern der Nachgüsse

2. Nach dem Auffüllen des Filters mit Wasser beginnt die 2. Phase des Auswaschvorgangs. Das Wasser läuft mit konstanter Durchflussgeschwindigkeit. Die immer extraktschwächer werdende Würze läuft über den unteren Würze-Kanal ab, bis die gewünschte Abläutermenge erreicht ist. Der Druck ist normal 0,6 bar, er kann bei höherem Treberwiderstand bis auf 0,8 bar ansteigen. Höhere Drücke würden eine ungleichmäßigere Auslaugung erbringen, da das Wasser durch leichter durchlässige Stellen vermehrt abläuft.

Die letzte Kompression (Abb. 4.42) ist genau wie die Vorpressung, wobei diese die Aufgabe hat, letzte Extraktreste zu gewinnen und die Treber zu entwässern. Dabei wird wiederum Luft in die Membranen gedrückt, die die Treber wiederum zusammenpressen. Normalerweise ist der hier gewonnene Nachguss nicht extraktstärker als jener vor dem Pressen.

Der Pressvorgang läuft in zwei Stufen ab: zuerst auf einen Druck von 0,6–0,8 bar, der ca. 5 Minuten eingehalten wird. Die zweite Stufe bedient sich eines etwas höheren Drucks von 0,8–1,0 bar, wiederum 5 Minuten. Die Trebertrockensubstanz beträgt dann 25–30%, je nach Druckhöhe und Dauer der zwei-

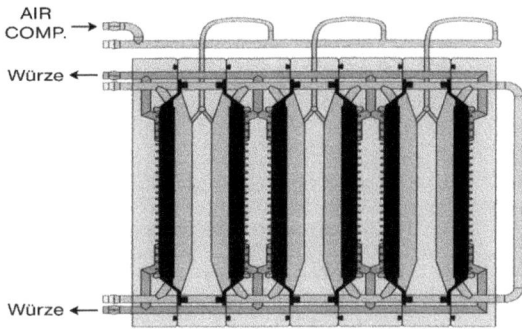

Abb. 4.42 End-Kompression

480 | 4 Die Gewinnung der Würze – das Abläutern

ten Pressung. Normal werden bei einem 6 t-Filter 30 hl Glattwasser gesammelt und gelangen noch zum jeweiligen Sud.

Die Nachgussmenge ist – bedingt durch die Vorkompression und die folgenden beiden Kompressionsvorgänge bei Läuterende nur 2,5 hl/100 kg.

Die Entleerung des Filters geht wie folgt vor sich: Zunächst wird die restliche Flüssigkeit aus dem Filter abgelassen. Vom Einlauf her wird der Filter gespült, um Treberreste von den kleinen Einlauföffnungen in die Kammern zu entfernen.

Das Austrebern geschieht wie bei einem konventionellen Filter (Abb. 4.43): Die Kopfplatte wird vom Plattenpaket zum Ende des Filtergestells abgezogen,

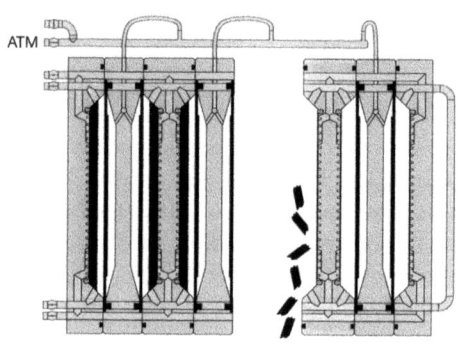

Abb. 4.43 Austrebern

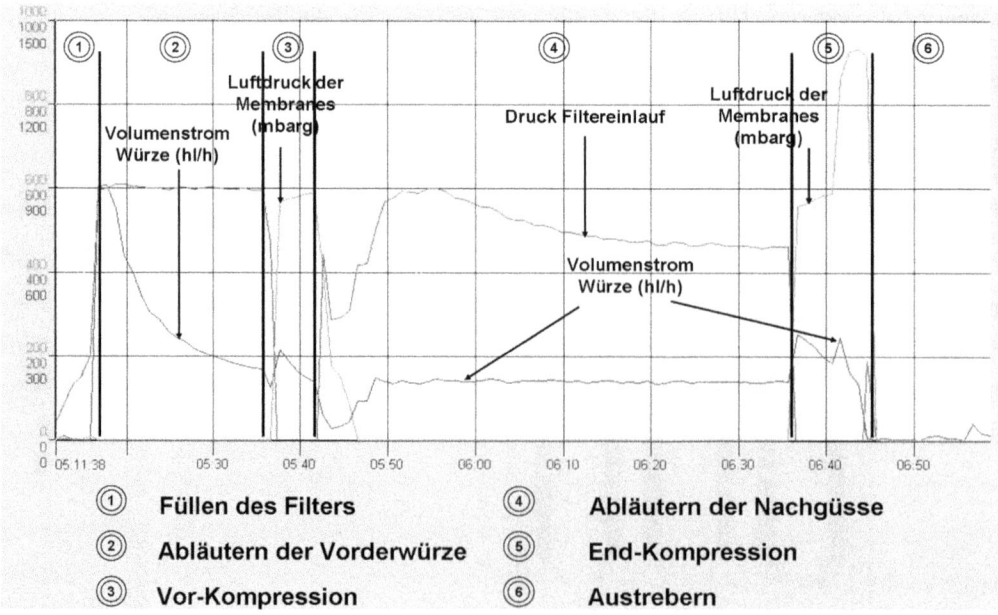

① Füllen des Filters
② Abläutern der Vorderwürze
③ Vor-Kompression
④ Abläutern der Nachgüsse
⑤ End-Kompression
⑥ Austrebern

Abb. 4.44 Typische Verfahrensweise einer Kammerfilter-Presse

wobei dann eine Platte nach der anderen folgt. Dabei fallen die Treber normalerweise automatisch ab, bei Trubwiederverwendung oder auch bei reichlich Teig z. B. aus Gelproteinen kann ein Eingriff von Hand nötig sein, um die Tücher klar zu bekommen. Das Austrebern dauert ca. 15 Minuten.

Anschließend wird der Filter automatisch geschlossen und ist für den nächsten Sud bereit (Abb. 4.37).

Die einzelnen Verfahrensschritte eines Filtrationszyklus mit den Würze- und Nachgussströmen sowie den Druckverhältnissen zeigt Abb. 4.44.

Die Reinigung: Die Filtertücher aus Polypropylen bleiben über die Zeit ihrer Verwendbarkeit im Filter; diese kann 2000–4000 Sude betragen (z. B. Hell Lager). Allerdings hängt die Lebensdauer von Malzqualität, Rohfruchtbeschaffenheit, Maischverfahren etc. ab, wie auch von der angewendeten CIP-Methode.

CIP wird wöchentlich durchgeführt: Die Filtertücher werden in alkalischer Lösung (2–3% NaOH) gegebenenfalls mit Additiven (Sequestiermittel und Emulgatoren) versetzt, um die Reinigungszeit zu verkürzen. Die Temperatur liegt zwischen 75 und 80 °C. Die Reinigungslösung kann für den nächsten Sud wiederverwendet werden.

4.3.2.3 Voraussetzungen für den Betrieb des Dünnschicht-Maischefilters

Der Filter ist für die verschiedenen Malztypen in gleicher Weise geeignet, doch ist zur Gewinnung einer optimalen Würzequalität nach Enzymgehalt und Auflösung eine bestimmte Mindestanforderung zu erfüllen. Immerhin ist das Feinstschrot (s. Abschnitt 2.5.10.3) geeignet, raschere Umsetzungen zu bewirken (s. Abschnitt 2.5.10.4). Karamell- und Röstmalze können die Abläuterung erschweren.

Der Anteil an Rohfrucht beeinflusst die Leistung des Maischefilters nicht, wenn die Maische eine normale Zusammensetzung hat (z. B. Jodnormalität, β-Glucangehalt), wobei im Bedarfsfall auch exogene Enzyme verwendet werden.

Für die Homogenität der Maische, z. B. beim Einlagern in den Filter, und der Filterkuchen dürfen keine Spelzen vorhanden sein; sie müssen bei Schroten aus Sechswalzenmühlen nochmals nachgemahlen werden.

Schrotsortierungen nach dem Pfungstädter Plansichter zeigt Tab. 4.26.

Es können aber für diesen Filter nicht nur die vorstehenden Schrote von Hammermühlen verwendet werden, sondern es haben sich auch „Nass-Fein-

Tab. 4.26 Feinschrote für Dünnschicht-Maischefilter %

	lt. Empfehlung d. Herstellers	
Sieb 1 (Spelzen)	0,2	0–1
Sieb 2 (Grobgrieß)	0,4	0–3
Sieb 3 (Feingrieß I)	7,0	<7
Sieb 4 (Feingrieß II)	9,8	<30
Sieb 5 (Mehl)	19,2	<25
Boden (Pudermehl)	63,6	<35

Schrote" (s. Abschnitt 2.5.10.2) eingeführt. Die Maischen können verhältnismäßig dick sein. Ein Verhältnis von Schüttung:Hauptguss von 1:2,5–2,8, entsprechend einer Vorderwürzekonzentration von 22–24% Extrakt wird als normal angesehen. Dünnere Maischen (z. B. 1:3,2) benötigen etwas längere Zeit, bis die Würze klar läuft, auch dauert das Abmaischen bzw. die Vorderwürzeabläuterung länger.

Die Maische soll luftfrei hergestellt sein. Dies betrifft sowohl die Leitungsführung (s. Abschnitt 3.2.3.2) als auch die Rührwerke, die keinen Sauerstoff einbringen dürfen. Die Umfangsgeschwindigkeit der Rührer soll nicht über 2 m/s liegen, auch darf die Zeit des Rührwerkbetriebs beim Maischen 40 Minuten nicht überschreiten.

Die Leitungen sollen eine schonende Maischebewegung gewährleisten. Um Scherkräfte zu vermeiden, sollen die Bogen einen größtmöglichen Radius haben. Die Pumpen sollen keine höheren Umdrehungszahlen als 900/Minute aufweisen. Sie bedürfen – wie auch die Rührwerke – einer Frequenzregelung.

Beim Einsatz von Rohfrucht müssen die Volumen im Vergleich zu Malz berücksichtigt werden, um eine Unterfüllung des Filters zu vermeiden. Bei Malz ist die Schüttung 30,3 kg/m^2 Filterfläche. Wenn das Malzvolumen =1 gesetzt wird, dann liegt Reis bei 0,35, Maisgrieß bei 0,5, Maisstärke bei 0,15 und Sorghum bei 0,9. Gerstenrohfrucht hat ebenfalls den Faktor 1. Der Filter arbeitet ohne Probleme zwischen 80 und 110% der Normschüttung (=100% Malz).

4.3.2.4 Die Leistung des Dünnschichtfilters

Der zeitliche Ablauf der Maischefiltration ist wie folgt:

Füllen	5 min
Filtration	25 min
Vor-Kompression	5 min
1. Überschwänzen	5 min
2. Überschwänzen	40 min
Kompression	8 min
Entleeren	2 min
Gesamtzeit	90 min

Durch das Abpressen der Treber auf einen Wassergehalt von 65–70%, wobei dieses Glattwasser noch zum jeweiligen Sud gelangt, fällt praktisch kaum Abwasser an. Die Ausbeute bei diesem Filter ist, selbst bei Suden mit hoher Stammwürze (14,5% Pfanne voll) und folglich relativ geringer Menge an Überschwänzwasser (2,5 hl/100 kg) nur um 0,5% unter der Laborausbeute des Malzes. Dies ist möglich, da die Vorderwürzekonzentration mit 22–24% (ohne Nachteile beim Maischen) relativ hoch gehalten werden und damit mit der oben genannten, relativ niedrigen Überschwänzwassermenge gearbeitet werden kann. Das Glattwasser hat nur mehr 1–1,5% Extrakt, der durch das Abpressen sehr gleichmäßig gewonnen wird. Da die Treber nur 65–70% Wassergehalt aufweisen, ergibt sich auf die üblichen 80% Wassergehalt umgerechnet, ein niedriger Wert des auswaschbaren Extrakts. Entnommene Presssaft-Proben zeigten gleichmäßige Werte in den einzelnen Kammern, selbst bei den Kopf- und Endkammern. Die gesamten Treberverluste belaufen sich auf 1,0%, wovon jeweils die Hälfte auf auswaschbaren und aufschließbaren Extrakt entfällt.

4.3.3
Dünnschicht-Kammerfilter

Er stellt eine weitere Art des Dünnschichtfilters dar. Er ist nicht mit Membranen zum Abpressen der Treberschicht nach Abläutern von Vorderwürze und Nachgüssen versehen und weist damit eine andere Arbeitsweise auf als der in Abschnitt 4.3.2 geschilderte Filter.

4.3.3.1 Der Aufbau des Dünnschicht-Kammerfilters

Die Abmessungen des Kammerfilters (Abb. 4.45) sind: 1,5×2,0 m, 2,1×2,1 m und 2,4×2,4 m, entsprechend 5,1 bzw. 7,2 und 9,2 m^2/Platte/Kammer, wobei die Kammertiefe 40 oder 45 mm beträgt, je nach Beschaffenheit der Maische bzw. des Schrotes. Das Material der Kammern und Platten ist Polypropylen, die Tücher – ebenfalls aus Polypropylen – liegen auf den Noppen der Platte auf (Abb. 4.46). Die Tücher können bei Bedarf (nach 1500–5500 Suden) ohne Ausbau der Platten gewechselt werden. Das Pressengestell ist mit einer Mechanik zum Öffnen, Austrebern und Schließen ausgerüstet. Die Aufhängung der Kammern und Platten oben ermöglicht sehr kurze Öffnungs- und Schließzeiten. Eine umlaufende Transportkette erlaubt einen schnellen Plattentransport. Der Maischefilter ist mit einer automatischen Tuchreinigung (Abb. 4.47) versehen, wobei eine Platte in jeweils 52 Sekunden gereinigt wird [769].

Abb. 4.45 Kammern/Platten, Filter insgesamt

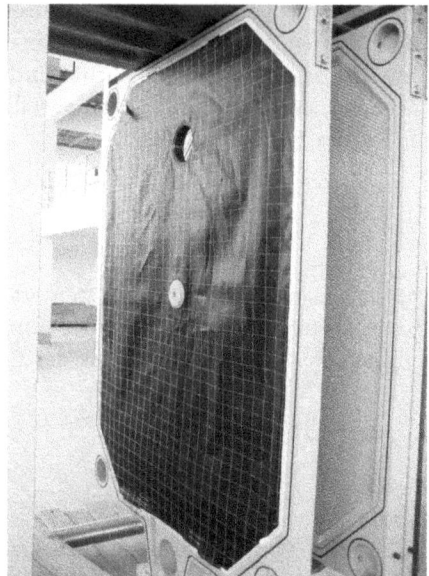

Abb. 4.46 Platte mit Filtertuch und Maischeumlaufkanal („Loop")

Abb. 4.47 Automatische Tuchreinigungsvorrichtung

4.3.3.2 Die Arbeitsweise des Dünnschicht-Kammerfilters

Der Maischefilter wird in 3–3½ Minuten mit hohem Volumenstrom (20–22 hl/dt h) über den unteren Maischekanal befüllt. Die verdrängte Luft geht über die oberen Kanäle der Kammern ab (Abb. 4.48). Die eigentliche Vorderwürzeabläuterung beginnt, wenn die Vorderwürze aus den oberen Eckkanälen in das Würzesammelgefäß gelangt. Dabei fällt die Leistung von 18 hl/dt·h auf 4 hl/dt·h ab (Abb. 4.49). Der Druck steigt – je nach Tücherbeschaffenheit auf 0,8–1,3 bar an. Zu diesem Zeitpunkt wird die Maischezufuhr über den oberen Maischekanal geöffnet und gleichzeitig der untere geschlossen. Falls nur von unten eingelagert wird, dient eine Schleife dem Druckausgleich.

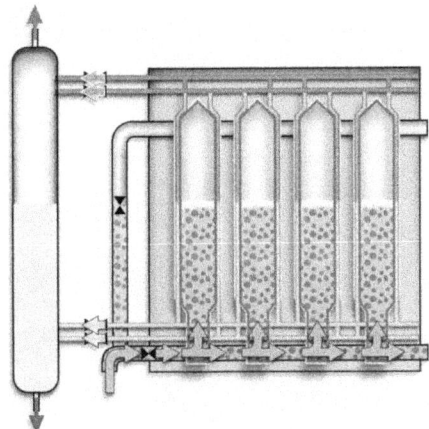

Abb. 4.48 Befüllung des Filters über den unteren Maischekanal

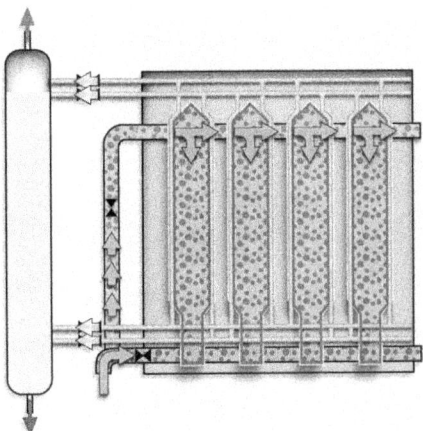

Abb. 4.49 Restabmaischen über den oberen Maischekanal

4 Die Gewinnung der Würze – das Abläutern

Die „Anfahrtechnik" kann verschieden gehandhabt werden: Bei einem System läuft die Vorderwürze über die unteren Eckkanäle in das Würzesammelgefäß (Abb. 4.48). Hier wird meist auf ein Trübwürzepumpen verzichtet. Bei einer anderen Arbeitsweise werden erst die Kammern befüllt und die Vorderwürze aus den oberen Eckkanälen in das Würzesammelgefäß geleitet. Es läuft die Vorderwürze dann über die unteren und oberen Eckkanäle jeweils einer Seite. Hier kann ein Trübwürzepumpen von ca. 2 Minuten folgen. Auch die Nachgüsse laufen später diesen Weg, wobei die Seite von Sud zu Sud gewechselt wird.

Nach dem Einpumpen der Maische erfolgt ca. 2 Minuten später das Überschwänzen mit 4,5–5 hl/dt·h. Der Wasserdruck liegt bei 1,9 bar, kann aber bei älteren Tüchern bis zu 2,8 bar betragen. Die Fließrichtung ändert sich von Sud

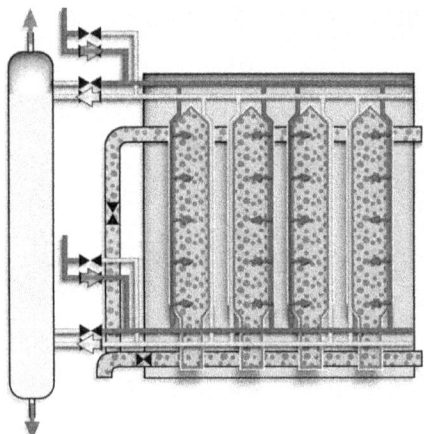

Abb. 4.50 Anschwänzen mit Fließrichtung I

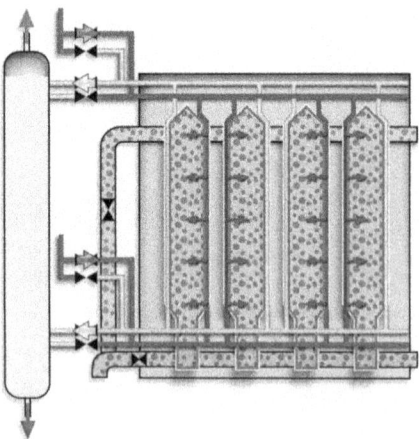

Abb. 4.51 Anschwänzen des Folgesuds in Fließrichtung II

4.3 Die Maischefilter der neuen Generation | 487

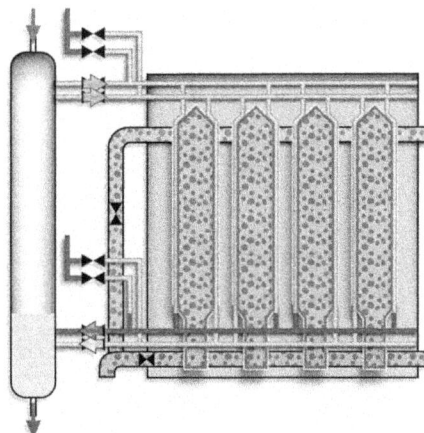

Abb. 4.52 Restentleeren des Filters

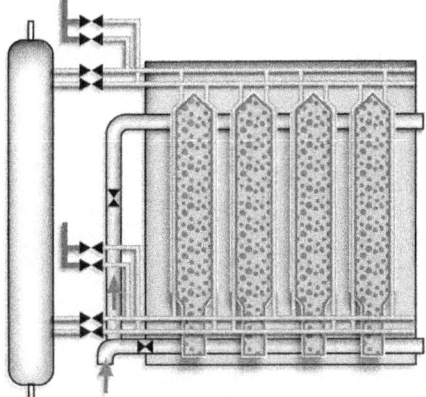

Abb. 4.53 Ausblasen des Maischekanals

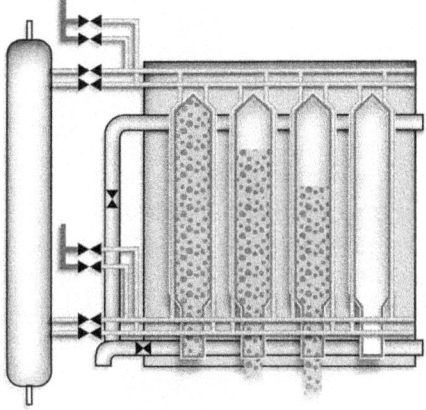

Abb. 4.54 Austrebern

488 | 4 Die Gewinnung der Würze – das Abläutern

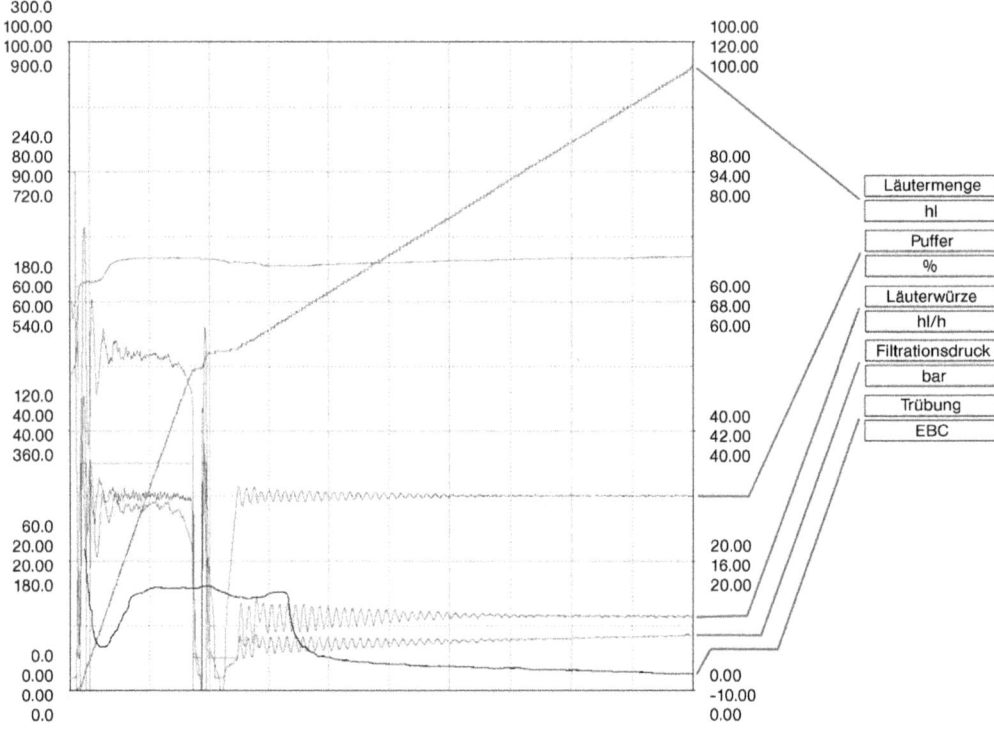

Abb. 4.55 Abläutern mit dem Dünnschicht-Kammerfilter

zu Sud (Abb. 4.50, 4.51), wodurch die Filtertücher rückgespült und somit geschont, d.h. durch die Drücke beim Nachgussabläutern nicht einseitig verformt werden. Der Enddruck von bis zu 3 bar presst das Glattwasser über alle Eckkanäle aus dem Filter (Abb. 4.52); der Treberkuchen wird hierdurch fester und ist beim folgenden Austrebern leicht abzulösen und zu entfernen. Danach wird der Maischekanal ausgeblasen (Abb. 4.53) und der Maischefilter entleert (Abb. 4.54).

Eine Abläuterkurve mit den Mengen-/Extrakt-/Druck-/und Trübungswerten zeigt Abb. 4.55.

4.3.3.3 Voraussetzungen für den Betrieb des Dünnschicht-Kammerfilters

Das Schrot für den Filter ist das übliche Feinstschrot (s. Abschnitt 2.5.10), doch kann auch die mittels Dispergiergerät erstellte Maische getrennt werden. In diesem Fall wird die Kammertiefe von 45 mm gewählt. Bezüglich Malzqualität, luftfrei hergestellter Maische und Vermeidung von Schereffekten und Homogenität der Maische sind dieselben Vorgaben zu erfüllen wie beim zuvor geschilderten Filter.

4.3.3.4 Die Leistung des Dünnschicht-Kammerfilters (am Beispiel eines Filters mit 60 Kammern)

Der zeitliche Ablauf der Maischefiltration ist bei dieser Konzeption ähnlich wie bei dem vorhergehenden System beschrieben:

Füllen	4 min	} 24 min
Vorderwürzelauf	20 min	
Abläutern der Nachgüsse	50 min	
Ausblasen der Maischeleitung	0,5 min	
Austrebern	4,5 min	
Zusammenschieben	2 min	
	81 min (je nach Alter der Tücher 90 min)	

Die Vorderwürzekonzentration kann bei der Dispergiermaische durchaus 25% betragen, sofern die Enzyme, insbesondere die α-Amylase dann noch einwandfrei zu arbeiten vermögen. Die Menge des Überschwänzwassers liegt dann bei unter 2,7 hl/100 kg Schüttung.

Nachdem die Treber nur dem Druck im Filter ausgesetzt sind, liegt der Wassergehalt bei ca. 78%; die Filterkuchen sind aber konsistent und fallen beim Austrebern ohne manuellen Eingriff selbsttätig und vollständig aus den Kammern. Damit dauert das Austrebern nur ca. 5 Minuten.

Die Ausbeuten liegen beim Dünnschicht-Kammerfilter bei rund 0,5–1% unter der Laboratoriums-Ausbeute, die Treberverluste sind bei Würzen normaler Konzentration (11–12% Stammwürze) mit 0,6% für den auswaschbaren und 0,6% für den aufschließbaren Extrakt ermittelt worden. Es werden aber auch stärkere Stammwürzen durch den hohen Filterdruck bei gleichzeitiger Verringerung der Durchflussleistung des Nachgusswassers mit nur geringer Erhöhung (auswaschbarer Extrakt 0,7–0,8%) der Treberverluste gewonnen. Wie auch die Abläuterkurve zeigt, verläuft die Extraktkurve im Bereich der letzten ca. 15% relativ flach. Die Treberverluste werden dabei von ca. 70% Wassergehalt der Treber auf 80% umgerechnet.

4.3.3.5 Qualität der Abläuterung

Die Qualität der Abläuterung ist nach Trübung und Feststoffgehalten wie folgt:

Beim Befüllen des Filters ist zunächst eine Trübung von ca. 120 EBC-Trübungseinheiten gegeben, die aber innerhalb von 2 Minuten (Trübwürzerückführung) auf unter 50 EBC abfällt und nach 10 Minuten ihren Tiefstwert von unter 5 EBC erreicht. Es tritt erst wieder eine Eintrübung beim 1. Nachguss ein, die aber wiederum rasch auf nahe 0 abgebaut wird. So liegen die Feststoffgehalte der Pfannevollwürze bei 10–20 mg/l [770].

Eine Partikel-Größen-Verteilung (Abb. 4.56) zeigte, dass gröbere Partikel von 234,5 µm bereits kurz nach Anlauf der Vorderwürze auf null abnahmen, während diejenigen mittlerer Größe bei der Vorderwürze einen leichten Anstieg bis zu einem Maximalwert verzeichneten, bei den Nachgüssen aber um 3/4 dieses

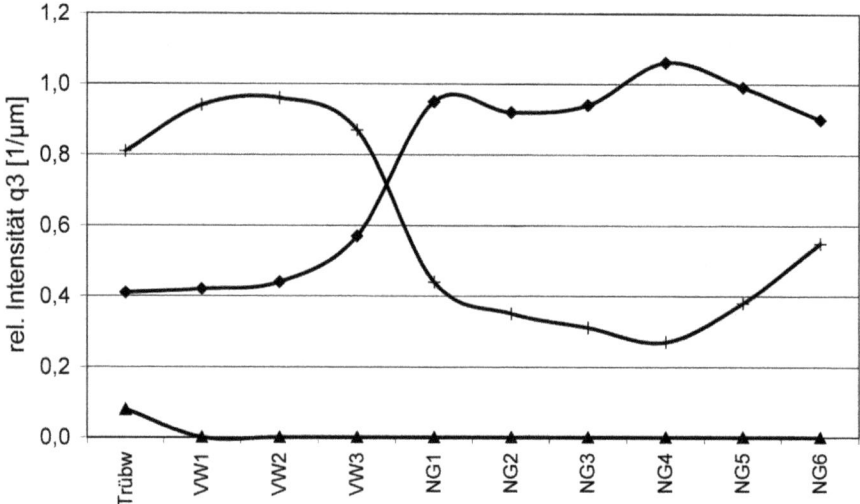

Abb. 4.56 Partikelgrößenverteilung beim Abläutern mit dem Dünnschicht-Kammerfilter
–♦– 5 µm; –×– 23 µm; –▲– 234 µm

Wertes abnahmen, um dann beim Glattwasser wieder anzusteigen. Die feinen Partikel (5 µm) verhielten sich zeitgleich gerade umgekehrt: mit einem mittleren Gehalt bei der Vorderwürze und einem Anstieg bei den Nachgüssen [748].

Das anschließende Austrebern geschieht durch Lösen des Pressdruckes auf dem Filter sowie einem Einzelplatten-/Kammer-Transport zum ausgefahrenen Kopfende hin. Die umlaufende Transportkette besorgt damit einen raschen Plattentransport. Das Austrebern dauert pro Kammer 5 Sekunden.

Der Filter wird als nächster Schritt geschlossen und steht für die nächste Abläuterung bereit. Alle 30 Sude wird eine CIP-Reinigung mittels Natronlauge und den unter Abschnitt 4.3.3.2 geschilderten Zusätzen getätigt. Die Reinigungszeit pro Tuch beträgt 52 Sekunden.

4.3.4
Schlussfolgerungen zu den beiden Systemen an Dünnschicht-Maischefiltern und Vergleich zu den modernen Läuterbottichen

Beide Konstruktionen erbringen mit Nass-Feinschrot, die zweite sogar mit dem gröberen Dispergierschrot bei nur 90–100 Minuten Belegzeit 14 (–15) Sude pro 24 Stunden. Die Arbeitsweise ist vollautomatisch und damit sehr gleichmäßig. Die Würzen weisen geringe Trübungswerte und Feststoffgehalte auf. Die Sauerstoffgehalte sind sehr gering; wenn gewünscht kann der Filter vor dem Abmaischen mit CO_2 vorgefüllt werden. Besonders wichtig ist aber der Sauerstoffgehalt des Überschwänzwassers (s. Abschnitt 4.2.4.2), der nahe 0 sein soll. Es wird also zweckmäßig mit entgastem Wasser gearbeitet. Das erstere System arbeitet mit einem Abpressen der Treberschicht jeweils nach Ablauf der Vorderwürze und der Nachgüsse, wodurch eine definierte Filterschicht geschaffen und auch der Glattwasserextrakt gleichmäßig gewonnen werden kann. Das zweite System vermeidet die ursprünglich empfindlichen, heutzutage aber verbesserten Membranen und strebt über einen entsprechend hohen Druck im Filter eine gleichmäßige Schicht und somit effiziente Auswaschung an. Beide Filter sind für das Brauen mit höheren Stammwürzegehalten geeignet.

Im Vergleich zu den modernen Läuterbottichen (s. Abschnitt 4.1.2.9) ergeben sich kaum Unterschiede in der Würzequalität, vor allem wenn das Pulverschrot unter inerten Bedingungen erstellt wird. Wohl könnte bei diesem durch etwas intensivere Umsetzungen eine kürzere Maischzeit erreicht werden, doch dauert das Abmaischen (= Vorderwürzeabläuterung) etwas länger, so dass bei einer Steigerung der Sudzahl über 12/Tag hinaus doch ein weiteres Maischgefäß selbst für Infusionsverfahren beschafft werden muss. Voraussetzung für eine Raffung des Maischverfahrens sind bestimmte Rasten, um den erforderlichen Abbau zu den bekannten bzw. brauereispezifischen Standardwerten des FAN, der Viskosität, der Jodreaktion und nicht zuletzt des Endvergärungsgrades zu gewährleisten [771]. Die Sudzahlen pro Tag können über 12 liegen, wobei der Maischefilter eher noch einen kleinen Vorsprung (Läuterbottich bis 14, Maischefilter bis 16/Tag) verzeichnet. Das Brauen mit höherer Stammwürze ist beim Maischefilter leichter möglich, wobei der Läuterbottich mit Dom einen gewissen Vorsprung gegenüber jenen mit flacherer Treberschicht verspricht. Vielfach wird die höhere Stammwürze ohnedies durch Sirupe in der Würzepfanne dargestellt (s. Abschnitt 9.4). Die Ausbeuten sind um 0,5–1,0% günstiger als beim Läuterbottich, der Klarlauf der Würzen bzw. deren Feststoffgehalte sind etwa gleich. Sauerstoff kann bei beiden Abläuterarten minimiert werden. Somit wird die Entscheidung zu Läuterbottich oder Maischefilter von den Anschaffungskosten sowie den zu verarbeitenden Rohstoffen beeinflusst.

4.4
Der Strainmaster

4.4.1
Elemente des Strainmasters

Dieses Abläutergerät besteht aus einem Behälter aus rostfreiem Stahl mit quadratischer oder rechteckiger Grundfläche. Die Höhe beträgt 4,35 m, bei 5 t Schüttung sind die Abmessungen: Länge = 4,83 m. Breite 3,56 m [772], bei 8 t Schüttung und gleicher Höhe 5,85 m bzw. 3,56 m. Die untere Hälfte des Gefäßes hat einen konischen Querschnitt; am Boden des Strainmasters ist über die gesamte Länge eine Treberluke angebracht, die in ein Trebergefäß mündet, das wiederum die Trebermenge eines Sudes aufnehmen kann.

In der unteren Hälfte des Strainmasters sind in 7 Ebenen Läuterrohre von dreieckigem Querschnitt angebracht. Diese Elemente sind mit Schlitzen von

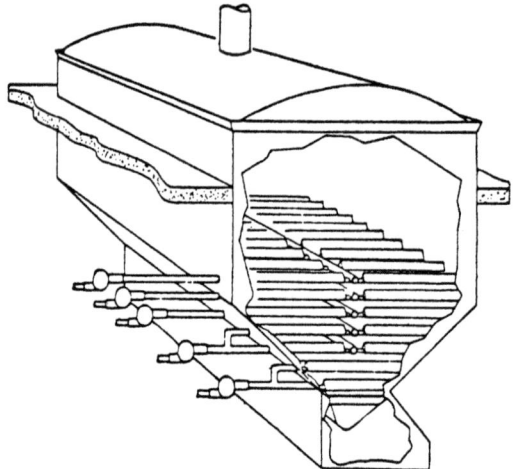

Abb. 4.57 Schnittbild durch einen Strainmaster (aus K.U. Heyse [Hrsg.] Handbuch der Brauereipraxis. Carl-Verlag, Nürnberg 1982)

1 mm lichter Weite und einer Länge von 13 mm versehen. Die Gesamtzahl aller Öffnungen ergibt eine freie Durchgangsfläche von 10%. Die Filterfläche von 8 t Schüttung beläuft sich auf 70 m^2 [773]. Damit ist die spezifische Schüttung nur 112 kg/m^2. Die Siebeelemente einer Ebene münden jeweils in ein Sammelrohr, dessen Auslaufquerschnitt durch einen Läuterhahn reguliert werden kann. Zur Erhöhung der Abläutergeschwindigkeit ist jedes Quellgebiet an eine eigene, in der Drehzahl regulierbare Pumpe angeschlossen. Im unteren Teil des konischen Bereiches führen jeweils zwei Läuterrohre zu einer Pumpe zusammen. Diese fünf Rohre werden über fünf Pumpen in den Läutergrant geleitet. Schaugläser in jedem Rohr dienen einer visuellen Kontrolle der Würze. Vom Grant aus gelangt die Würze entweder über eine Trübwürzepumpe wieder in den Strainmaster oder als Klarwürze in die Würzepfanne (Abb. 4.57).

Eine Aufschneidemaschine ist nicht vorhanden.

Das Überschwänzwasser wird über Düsensysteme von oben sowie über ein perforiertes, mit einem Dreiecksblech abgedecktes Rohr von unten zugeführt.

Zum rascheren Austrebern, vor allem aber um die Läuterelemente zu reinigen, sind an der Decke des Behälters Mitteldruckspritzdüsen angeordnet.

4.4.2
Abläutervorgang mit dem Strainmaster

4.4.2.1 **Das Prinzip**
Die Abläuterung mit dem Strainmaster basiert auf einer möglichst homogenen Maische, deren Festbestandteile keine zu rasche Sedimentation erfahren sollen. Dies wird zunächst erreicht durch ein etwas feineres Schrot, als dies normalerweise beim Läuterbottich zur Verwendung kam [747, 774]. Erhebungen in meh-

Tab. 4.27 Daten verschiedener Strainmasterschrote

Brauerei [%]	A	B	C
Spelzen	23	23	31
Grobgrieß	10	12	20
Feingrieß I	33	31	22
Feingrieß II	16	18	12
Mehl	5	6	4
Pudermehl	13	10	11

reren Betrieben zeigten folgende Werte für nicht konditioniertes Schrot (Tab. 4.27).

Das Schrot aus Brauerei C war mit Sicherheit zu grob, was später die Ausbeutewerte bestätigten.

Die zweite Voraussetzung einer entsprechenden Maischehomogenität ist eine hohe Vorderwürzekonzentration von 20–23%, die als weiteren Effekt einen größeren Spielraum zum Auswaschen der Treber bietet.

4.4.2.2 Abmaischen

Das Abmaischen, d.h. das Einpumpen der Maische in den Strainmaster geschieht von oben über mehrere Verteiler. Wenn etwa 60% der Maische übergepumpt und die obersten Läuterelemente ca. 10 cm überdeckt sind, was nach ca. 6 Minuten der Fall ist, beginnt das Vorschießen und Trübwürzepumpen. Nach weiteren 6 Minuten ist das Abmaischen beendet und die Würze läuft hinreichend blank.

4.4.2.3 Abläutern der Vorderwürze

Dieser Vorgang dauert nur ca. 8 Minuten, da im Interesse des lockeren Trebergefüges die Vorderwürze nicht bis zur Treberoberfläche oder gar weiter abgeläutert werden darf. Es wird daher mit Erreichen eines ganz bestimmten Würzestands (10 cm über dem obersten Siebelement) mit dem Überschwänzen begonnen.

Die Vorderwürze hat, wie schon erwähnt, eine Konzentration von 20–23%. Beim Umstellen von Trüb- auf Klarwürze ist wohl noch eine starke Trübung von 150–200 EBC-Einheiten gegeben, doch baut sich diese infolge des zunehmenden Verlegens der Filterelemente rasch bis auf 15 EBC Einheiten ab.

4.4.2.4 Abläutern der Nachgüsse

Das Abläutern der Nachgüsse erfolgt wie schon geschildert durch die Zugabe des Wassers von oben und unten. Die Einstellung des Verhältnisses der beiden Wasserströme geschieht durch eine Extraktermittlung an sämtlichen Läuterhäh-

494 | 4 Die Gewinnung der Würze – das Abläutern

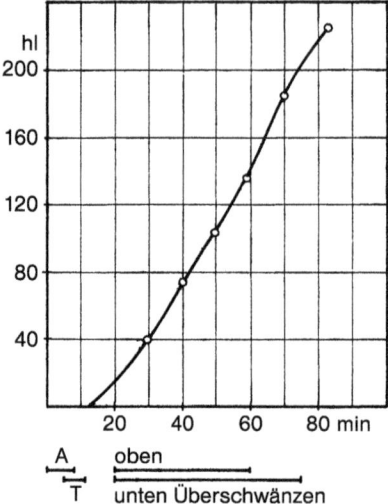

Abb. 4.58 Läutervorgang in einem Strainmaster, Schüttung 3500 kg. A: Abmaischen, T: Trübwürzepumpen [774]

nen mittels Refraktometer. Der Gesamtwasserzufluss ist während des Abläuterns so eingestellt, dass eine ganz bestimmte Höhe gehalten wird. Wenn die das oberste Quellgebiet verlassende Würze nur mehr 2% Extrakt aufweist, wird der Wasserzufluss von oben beendet und nur mehr von unten her aber mit voller Geschwindigkeit angeschwänzt. Sobald nun der Extraktgehalt der Würze des obersten Filterelements unter 1% sinkt, wird dieses abgeschaltet. Am Ende der Abläuterung bildet sich bei korrekter Nachgussführung in den Trebern eine Schichtung des Würzeextrakts von oben nach unten aus. In dieser Reihenfolge werden bei Unterschreiten der Schwelle von 1% Extrakt die einzelnen Systeme abgeschaltet, die Fördermengen der restlichen Pumpen jedoch erhöht, so dass die Durchflussmengen konstant bleiben.

Die gesamte Läuterzeit vom Beginn des Abmaischens an dauert 90 Minuten.

Diese optimale Abläuterung nach Abb. 4.58 [774] ist nicht bei allen untersuchten Strainmastern gegeben: Bei Malzen knapper Auflösung oder bei einer gewissen Schwäche der Endo-Enzyme, besonders der α-Amylase und der Endo-β-Glucanase werden die gewünschten Läutergeschwindigkeiten nicht erreicht, die Maische sedimentiert während des Vorderwürzeablaufs zu stark und verlegt die Filterelemente. Damit sind die Strömungsverhältnisse der Nachgüsse ungeordnet, wodurch die beschriebene Schichtung der Extraktgehalte nicht so eintritt, dass die einzelnen Quellgebiete in der geschilderten Reihenfolge abgeschaltet werden können. Hier wirkt sich das Fehlen einer äußeren Eingriffmöglichkeit z. B. mittels einer Aufschneidmaschine nachteilig aus.

4.4.2.5 Austrebern

Das Austrebern geschieht durch Öffnen des Treberschiebers. Es dauert dadurch, dass die Treber durch das nicht voll abgeläuterte Überschwänzwasser noch sehr nass sind, ja zum Zwecke der mühelosen Austragung sehr feucht sein müssen, nur einige wenige Minuten. Um nun die Läuterelemente von Trebern freizuhalten wird reichlich Wasser entweder über eine Mitteldruck-Reinigungsleitung oder durch gezieltes Abspritzen benötigt. Es fällt hier eine Abwassermenge von 10–15 hl/t Schüttung an. Dieses Abwasser enthält aber noch reichlich Treber (bei einer Schüttung von 8 t gehen 0,7–1,0 t verloren), die das Abwasser belasten bzw. dem Treberverkauf verloren gehen.

Aus diesem Grunde wird das an der Schnecke des Treberförderers anfallende Presswasser gesammelt, geklärt (mittels Dekanter und Zentrifugen) und nach Aufbereitung mit Aktivkohle entweder beim Einmaischen oder zum Überschwänzen des ersten Nachgusses wieder beigegeben. Diese Zusätze wie z. B. auch von Hopfentrub können den Trubstoffgehalt von Strainmasterwürzen negativ beeinflussen [739].

4.4.3 Leistung des Strainmasters

4.4.3.1 Sudzahl

Nach den erwähnten Zeitprogrammen kann der Strainmaster mit Sicherheit 12 Sude pro Tag abläutern: Es können also die Maischen von zwei Maischegarnituren verarbeitet und damit zwei Würzepfannen beschickt werden. Bei ungünstigen Gegebenheiten sind jedoch diese Sudfolgen nicht zu halten (s. oben).

4.4.3.2 Ausbeute

Nach den Ausbeutebilanzen verschiedener Betriebe verzeichneten die Strainmaster hohe Glattwasserkonzentrationen und bei den ersten Suden der Woche – ohne Extraktrückführung – Differenzen zwischen Labor- und Sudhausausbeute von 1,9–3,0%.

Diese Verluste sind auf den hohen Anteil des auswaschbaren Extrakts zurückzuführen, der sich auf 1,6–2,8% beläuft, während der aufschließbare Anteil nur 0,4–0,5% ausmacht. Bei einem größeren Nachguss kann – bei allerdings etwas verlängerter Läuterzeit – noch zusätzlich Glattwasserextrakt zum Einmaischen gewonnen werden, ebenso der Extrakt des Treberpresssafts der jedoch der besonderen Aufbereitung bedarf. In diesem Falle sieht die Ausbeutebilanz (s. Abschnitt 7.2.2) eines 8 t-Strainmasters wie folgt aus (Tab. 4.28): Es war hier trotz der weitgehenden Abläuterung noch ein Rest an auswaschbarem Extrakt von 1,6% in den Trebern enthalten.

Tab. 4.28 Ausbeutebilanz eines Strainmasters mit Rückführung von Glattwasser und Treberpresswasser [747]

	Laboratorium		Betrieb
Ausbeute lftr.	78,5%	Sudhausausbeute	75,2%
		+ Glattwasser	0,8%
		+ Treberpreßsaft	1,1%
		Gesamtausbeute	77,1%
		Auswaschbarer Extr.	1,6%
Aufschließbarer Extr.	0,5%	Aufschließb. Extr.	0,4%
Total	79%		79,1%

4.4.4
Qualität der Abläuterung beim Strainmaster

4.4.4.1 Würzezusammensetzung

Bezüglich der Würzezusammensetzung gilt das beim Maischefilter Gesagte: Die hohen Vorderwürzekonzentrationen machen sehr dicke Maischen erforderlich, die ihrerseits eine gewisse Verschiebung der Abbauverhältnisse der einzelnen Stoffgruppen bewirken können. Offensichtlich ist eine längere Verzuckerungszeit der Maischen bzw. deren Empfindlichkeit gegen niedrigere Gehalte an α-Amylase. Die sehr kurze Kontaktzeit von Würze und Trebern gleicht den Nachteil des ungünstigen Verhältnisses von Haupt- zu Nachguss aus, außerdem sind die Spelzen des Strainmasterschrotes in der Regel gut erhalten.

4.4.4.2 Die Oxidation der Würze

Sie rührt von denselben Ursachen her wie bei den anderen Systemen: sie ist gegeben im Läutergrant, wenn Luft über die Auslauföffnung in die Pfanne oder in das Vorlaufgefäß gezogen wird; besonders stark ist der Effekt dann, wenn eine Pumpe der Bewegung der Würze dient. Hier lassen sich Sauerstoffgehalte von 2–4 mg/l feststellen. Wird der Grant bis zu einem bestimmten Niveau gefüllt, das die Ausbildung von Luftschnüren verhindert, so lassen sich Werte von 0,3–0,8 mg/l erreichen.

4.4.4.3 Die Trübung der Strainmasterwürzen

Diese liegt, wie schon in Abschnitt bemerkt, bei Beendigung des Trubwürzepumpens noch bei 120–200 EBC-Einheiten; sie fällt aber durch das Belegen der Läuterrohre rasch auf ca. 15 EBC-Einheiten ab. Durch die Nachgussführung, vor allem durch die Zugabe von Presswasser und Trub über die Abmaischleitung tritt eine Störung der Schichtung der Treber im Bereich des obersten Läutersystems ein, wodurch der Trubstoffgehalt zeitweise deutlich ansteigt (Abb. 4.59).

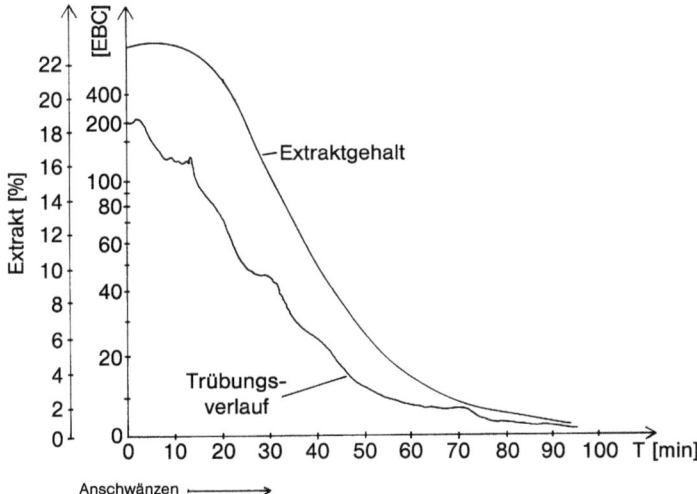

Abb. 4.59 Extrakt- und Trübungsverlauf beim Strainmaster (ohne Glattwasser- und Trubzugabe)

Die Feststoffgehalte liegen normal bei 200 mg/l, bei Trubzugabe sogar bei 330 mg/l. Dies zeigt auf, dass die Extraktrückführung unter besonderen Vorsichtsmaßnahmen erfolgen muss. Die Jodreaktion von Strainmasterwürzen erfährt beim Würzekochen in der Regel keine Verschlechterung.

4.4.5
Vor- und Nachteile des Strainmasters

Zu den Vorteilen zählte zweifellos die zu jener Zeit (1970–1980) hohe Leistung dieses Läutergeräts, die 12–13 Sude/Tag erlaubte. Die Trübung der Würze war dabei um ca. 50% über der der seinerzeitigen Läuterbottiche.

Nachteilig war die mangelhafte Eingriffsmöglichkeit bei schlecht filtrierbaren Maischen, die unvollständige Auslaugung, die Ausbeuteverluste erbrachte und die im Verein mit dem Wasserbedarf beim Austrebern große Mengen an extrakthaltiger Flüssigkeit lieferte, die rückgeführt werden mussten und weitere Behandlungsschritte erforderten. Dennoch lagen sowohl die Extraktverluste in den Trebern als auch die Abwassermengen hoch.

4.4.6
Kontinuierliche Läutermethoden

Sie konnten sich bisher wenig einführen, im Gegenteil ist die eine oder andere Anlage z. T. nach mehrjährigem Betrieb wieder verschwunden. Über halbtechnische Anlagen wie den APV-Drehfilter [775, 776], das Pablosystem [777] und Vakuumbandfilter [778] wurde verschiedentlich geschrieben. Es sei auf diese

Veröffentlichungen verwiesen, wovon eine auch über bisher weniger gebräuchliche Systeme, wie z. B. Hydrozyklone, berichtete [779, 780].

Der *Vakuumtrommelfilter* ist als einzige Alternative übriggeblieben, er arbeitet ca. 20 Jahre in einer mitteleuropäischen Brauerei. Er dient der Trennung von Maischen aus Pulverschroten. Die kontinuierlich oder in kleinen Chargen gewonnene Maische weist eine sehr kurze Behandlungszeit von 50–60 Minuten auf. Sie wird in den Maischesammelbehälter des Filters verbracht.

Der Filter besteht aus einer Trommel, deren Innenraum in einzelne Segmente eingeteilt ist. Auf die Trommel ist ein Filtertuch (Polypropylen) mit einer Maschenweite von 80 µm aufgezogen. Bei der Drehung der Trommel wird nun das Filtertuch in die Maische eingetaucht. Mit dem Eintauchen in den Maischespiegel wird auf das jeweilige Segment ein Vakuum gesetzt, das eine bestimmte Maischemenge anlagert und Würze in die Vakuumkammer saugt. Es bildet sich ein Treberkuchen von einigen Millimetern Stärke aus, der nach dem Austauchen der Trommel und weiter bestehendem Vakuum durch ein Düsensystem ausgelaugt werden kann. Die Entfernung der Treber geschieht durch Abschalten des Vakuums jenseits des Scheitels der Trommel und durch Abschaben der Treber vom abgehobenen Filtertuch, das anschließend über eine Waschstrecke geleitet wird. Der Trennvorgang dauert für eine Maischecharge 20–30 Minuten.

Die gewonnene Würze ist jedoch trüb (s. Maischefilter); sie muss über eine Zentrifuge nachgeklärt werden, wenn jene Nachteile vermieden werden sollen, wie sie in den voraufgehenden Kapiteln beschrieben wurden. Aber auch der hier anfallende Schlamm ist noch reich an Extrakt. Die in den Vakuumkammern befindliche Würze wird mit dem Austauchen aus der Maischeoberfläche stark belüftet. Sie fällt als Würze-Luftschaum in einem Abscheider an und gelangt von dort aus in eine Würzepfanne.

Die Klärwirkung des dünneren Filterbetts wird durch Zugabe von ca. 100 g Kieselgur/hl Maische verbessert. Es wurden sogar 2% Kieselgur zur Schüttung vorgeschlagen.

Die Ausbeute lag stets etwa 2% unter der Laborausbeute, der Kraftbedarf für die Vakuumpumpe (und die Pulvermühle) betrug rund 1,8 kWh/hl. Der Abwasseranfall ist für die Tuchwäsche mit Düsen sowie für die Vakuumpumpe beträchtlich [431, 432, 781].

Die erzielten Biere waren außerordentlich hell, die Geschmacksinstabilität derselben zeigte aber den Nachteil der starken Belüftung der Würze auf.

Dekanter In den 1990er Jahren gab es Versuche, die Maische von Pulverschrot mit Hilfe eines Dekanters (s. Abschnitt 8.2.7) zu klären. Durch die Parameter Trommeldrehzahl, Teichtiefe und Differenzdrehzahl lässt sich der Feststoffgehalt der geklärten Würze, d.h. deren Klärungsgrad beeinflussen. Günstig war die Hintereinanderschaltung zweier Dekanter, wobei die Treber aus dem ersten Gerät nochmals mit Wasser vermischt und im zweiten Dekanter eine (weitere) „Nachgussabläuterung" erfolgte.

Die Auslaugung der Treber war bis auf einen auswaschbaren Extrakt von 1,0% für kontinuierliche Anlagen akzeptabel; es lag der Feststoffgehalt der

Würze noch im Bereich zwischen 200 und 400 mg/l, doch war der Gehalt an Gesamtfettsäuren mit 75 mg/l vor dem Kochen hoch. Er konnte beim Kochen um 1/3 verringert werden, bis zur Anstellwürze sogar um 3/4 des ursprünglichen Wertes. Bei einer normalen Gärung, wobei hier eine gute Ausstattung der Würze mit höheren freien Fettsäuren und möglicherweise auch höhere Gehalte an Spurenelementen gegeben waren, wurden normale Biereigenschaften erzielt. Die Geschmacksstabilität der Biere befriedigte [782].

Membranläuterverfahren Läuterbottich und Maischefilter separieren, einer Tiefenfiltration vergleichbar, mit einer natürlichen Filterschicht aus Spelzen. Um die Möglichkeiten einer Oberflächenfiltration beim Läutern zu untersuchen, kamen Membranfilter zum Einsatz. Es wurde die Crossflow-Filtration [783–786], die Scherspaltfiltration [787, 798] sowie die Vibrations-Membran-Filtration untersucht [789–791].

Es hat sich gezeigt, dass sich eine Deckschicht auf der Membrane bildet. Hierdurch werden größere Moleküle zurückgehalten, was zu geringeren Gehalten an β-Glucan und Proteinen im Filtrat führt. Die Folge ist eine Reduzierung: einerseits der Filtrationsleistung bis hin zu einer Verblockung der Membrane und andererseits der Schaumstabilität der Biere. Durch die Abrasivität der Spelzen kann die Membrane verletzt werden.

Sicher zählen die Fortschritte des Läuterbottichs und die Optimierung des Maischefilters zu den Gründen, warum sich diese kontinuierlichen Läutersysteme nicht behaupten konnten. Es haben aber auch die Forschungsarbeiten auf den Gebieten der Trennwirkung von Läutersystemen, des Einflusses erhöhter Fettsäuregehalte in den Läuterwürzen sowie der Nachteile von Oxidationen der Würzen aufgezeigt, welche Anforderungen neue Systeme erfüllen müssen, wenn sie eine Verbreitung in der Brauindustrie finden sollen. Ein kontinuierliches Läutergerät wäre gerade im Hinblick auf die Entwicklungen auf dem Gebiet der kontinuierlichen Würzekochung von Interesse.

4.5
Wirtschaftlicher Vergleich der gängigen Systeme

Ein Vergleich zwischen 5 Läuterbottichen, 3 Maischefiltern und 2 Strainmastern mit Schüttungen zwischen 2,5 und 11,5 t sowie einer auf die volle, bei der angegebenen Gesamtbelegungszeit bezogenen „Normalkapazität" ergab, dass die *Systemkosten*
- bei Läuterbottichen und Strainmastern mit steigender Leistung abnahmen,
- bei Maischefiltern sich proportional zur Kapazität entwickelten.

Die Automatisierungskosten traten dabei nicht in Erscheinung.

Die *Wartungs- und Instandhaltungskosten* hingen bei allen Einrichtungen von der Größe ab, wobei Nassschrotmühlen etwas teurer waren, Strainmaster lagen deutlich unter den Läuterbottichen und den gleich teuren Maischefiltern.

Die *Personalkosten* waren stets vom Automatisierungsgrad und von der Kapazität beeinflusst.

Von den Kosten für *Energie, Wasser/Abwasser und Reinigung* waren die ersteren kapazitätsabhängig, der Strainmaster verursachte am meisten Abwasser, die Reinigung war bei den Maischefiltern (Tücher!) am teuersten, im übrigen aber betriebsabhängig.

Die *Ausbeuteverluste* schlugen bei allen Systemen am meisten zu Buche. Sie waren bei den untersuchten Strainmastern am höchsten, sie ließen sich aber dort zum Großteil durch die Wiederverwendung von Glatt- und Presswasser kompensieren. Wie die Untersuchungen aus dem laufenden Betrieb zeigten, waren die *Gesamtkosten* nach Abzug der Ausbeuteverluste von Strainmastern und Maischefiltern bei gleichem Automatisierungsgrad etwa gleich; die untersuchten Läuterbottiche waren hier bedingt durch die geringere Kapazität um 10–15% teurer [747].

Seit der Einführung der modernen Maischefilter (s. Abschnitt 4.3) und der Leistungssteigerung der Läuterbottiche auf 12 Sude/Tag und darüber dürften sich die laufenden Kosten für diese Systeme einander angenähert haben. Nach wie vor können Ausbeute-Unterschiede um bis zu 1% zwischen Maischefiltern und Läuterbottichen gegeben sein. Die Vollautomation hat den Bedienungsaufwand auch bei Maischefiltern verringert, so dass letztlich die Preise für die Geräte und die benötigte Peripherie bzw. deren Kapitaldienste für die Kalkulation bestimmend sind.

4.6
Das Vorlaufgefäß

Das Vorlaufgefäß hat als zusätzliches Gefäß die Aufgabe, die Läuterwürze solange aufzunehmen wie die Würzepfanne noch mit den Funktionen des Kochens, des Ausschlagens und einer, in bestimmten Zeitabständen erforderlichen Reinigung belegt ist. Nachdem aber heutzutage sowohl der Läuterprozess als auch das Würzekochen so weit verkürzt sind, dass sie Sudzahlen von 8–12/Tag erlauben, so ist ein Vorlaufgefäß grundsätzlich notwendig, um einen störungsfreien Betrieb zu ermöglichen.

Das Gefäß kann ein vertikal oder horizontal angeordneter Tank sein. Das Material ist Edelstahl. Um Wärmeverluste zu vermeiden, ist eine vollständige Isolierung, wie bei allen Sudgefäßen, notwendig. Einmal ist ein Abkühlen der Würze in Temperaturbereiche zu vermeiden, wo manche Enzyme (meist Phenoloxidasen oder Lipoxygenasen) wieder zu wirken beginnen, zum anderen um unnötige Energieverluste zu vermeiden.

Der Einlauf der Würze muss um einer geringstmöglichen Belüftung willen von unten, am besten über eine Prallplatte erfolgen. Diese kann dann auch bei einer Entleerung die Ausbildung von „Luftschnüren" vermeiden.

Die Aufstellung des Vorlaufgefäßes kann unter, auf oder über der Bedienungs- bzw. Kontrollebene des Sudhauses erfolgen.

Die Größe des Vorlaufgefäßes wird normalerweise auf die „Pfannevollmenge" ausgelegt, um die gesamte Läuterwürze über einen Wärmetauscher in die Würzepfanne umpumpen zu können. Dieses System, das von einem sog. Energiespeicher (s. Abschnitt 5.2.3) aus bedient wird, hat nicht nur den Vorteil der Energieersparnis, sondern auch den der raschen und gleichmäßigen Erwärmung (s. Abschnitt 5.2.3.1). Früher wurde die Würze durch Innenheizflächen oder auch durch Umpumpen über einen außerhalb des Gefäßes angebrachten Wärmetauscher auf eine Temperatur aufgeheizt, die dem Zeitintervall des Würzekochprozesses in der Pfanne entsprach. Hierbei waren aber oftmals Nachteile wie Inhomogenitäten durch einen „Kurzschluss" infolge unsachgemäßer Strömungsführung oder zu hohe Heizmitteltemperaturen sowie eine unerwünschte Sauerstoffaufnahme zu verzeichnen.

Oftmals wurden bei Sudhausneubauten anstelle von Vorlaufgefäß, Wärmetauscher, Förderpumpe und Pfanne zwei Würzepfannen angeordnet, die als neutrale Gefäße von einem Außenkocher beheizt werden konnten. Sollte auch noch die Funktion des Whirlpools übernommen werden, so waren drei Pfannenkörper erforderlich. Die komplizierte Leitungsführung, wie auch der Verzicht auf das Aufheizen der Würze durch regenerative Wärme haben wieder zurück zu drei Gefäßen mit getrennten Funktionen wie Vorlaufgefäß, Pfanne und Whirlpool geführt.

Das Vorlaufgefäß ist an die CIP-Anlage des Sudwerks anzuschließen.

Die Temperatur der im Vorlaufgefäß lagernden Würze soll 72–75 °C betragen. Eine höhere Temperatur von z. B. 90 °C wie sie u. U. zur Inaktivierung von Phenoloxidasen angewendet werden könnte, hat aber einen anderen, dominierenden Nachteil, wie Tab. 4.29 zeigt.

Es trat also über 80 °C eine vermehrte Zufärbung durch eine Mehrung von Maillardprodukten ein, die auch eine weitere Steigerung der Farbe beim Würzekochen begünstigte [792]. Es kommt also auch diesem, bisher wenig beachteten Verfahrensschritt Bedeutung zu.

Tab. 4.29 Einfluss der Rasttemperatur der Läuterwürze (120 min)

Temperatur °C	70	80	90
Farbe E 430×10	4,26	4,53	5,18
pH-Wert	5,38	5,37	5,33
Gesamtpolyphenole mg/l	195	194	198
Anthocyanogene mg/l	72	68	67
Polymerisationsindex	2,69	2,84	2,95
Farbanteil Polyphenole	1,60	1,71	1,92
Maillard-Produkte	2,66	2,82	3,26
TBSF-Wert	18,5	19,0	22,8

5
Das Kochen und Hopfen der Würze

5.1
Bedeutung des Würzekochens

Die durch den Läuterprozess gewonnene Würze wird gekocht und ihr dabei in irgendeiner Form Hopfen zugegeben. Diese Maßnahmen sollen bewirken:
a) Verdampfen einer bestimmten Wassermenge, um die gewünschte Würzekonzentration umzustellen;
b) die Zerstörung der Malzenzyme zur Fixierung der Würzezusammensetzung;
c) die Stabilisierung der Würze;
d) eine Verringerung des koagulierbaren Stickstoffs in Form des „Bruches";
e) die Lösung der Hopfenwertbestandteile – vor allem der Bitterstoffe in der Würze;
f) Ausdampfen von unerwünschten Aromastoffen des Malzes und des Hopfens.

Dabei treten eine Reihe von Nebenwirkungen auf, wie die Zunahme der Würzefarbe, die hauptsächlich durch die Mehrung von färbenden (und reduzierenden) Substanzen bedingt und von einer Zunahme der Acidität begleitet ist. Eine Reihe von Würzeinhaltsstoffen wird thermisch verändert, z.T. gespalten, wobei die entstehenden flüchtigen Komponenten ebenfalls ausgedampft werden sollen [793].

Obwohl das Kochen der Würze ein verhältnismäßig einfacher physikalischer Vorgang zu sein scheint, hat die Entwicklung der letzten 80–100 Jahre gezeigt, dass jede Veränderung dieses Prozesses, sei es durch neue Pfannenformen, durch andere Heizmittel oder Heizflächen sowie die Anwendung anderer physikalischer Parameter wie z.B. höhere Temperaturen und Druck eine Veränderung der späteren Bierqualität erbrachte, die von den Daten der konventionellen Würzeanalyse her nicht erkannt werden konnte. Lange Zeit waren die Kochzeit bei normalen Temperaturen von ca. 100°C, die Kochbewegung und die durch sie bewirkte „Verdampfungsziffer" die Beurteilungsmerkmale der Würzekochung: vermittelte doch eine stündliche Verdampfung von 8–10% der Ausschlagmenge eine günstige Konvektion, die die denaturierenden Eiweißteilchen miteinander in Kontakt brachte und so die Koagulation förderte, die großen

Mengen abströmenden Wasserdampfes bewirkten „automatisch" das Austreiben von unerwünschten (und erwünschten) Malz- bzw. Würze- und Hopfenaromastoffen. Die Isomerisierung der Bittersäuren des Hopfens erfolgte in der zur Verfügung stehenden Zeit ebenfalls in befriedigendem Maße bzw. sie war über die „mittlere Hopfenkochzeit" zu steuern.

So war anfangs der 1960er Jahre die Hochleistungswürzepfanne mit Mehrzonenheizung mittels Dampf oder Heißwasser der letzte Stand der Entwicklung; lediglich bei Steigerung der Pfanneninhalte über 600–700 hl hinaus ergaben sich Schwierigkeiten bei runden Pfannen die erforderlichen Heizflächen unterzubringen. Ein Missverhältnis zwischen Inhalt und Heizfläche wurde jedoch in der Folge durch den Einbau von Innenkochern vermieden, die nicht nur die wünschenswerte Kochbewegung vom Pfanneninnern zur Peripherie hin unterstützten, sondern so verstärkten, dass allmählich die bisherigen Bodenheizsysteme überflüssig schienen. Diese Entwicklung griff auch bei rechteckigen Pfannen mit Mulden- oder unsymmetrisch geneigten Heizböden Platz.

Die Energiekrisen der 1970er Jahre führten zu Überlegungen, die Würzekochung effizienter zu gestalten: Im Außenkocher wurde die Würze beim Durchlauf kurzzeitig höheren Temperaturen ausgesetzt, die die Reaktionen beschleunigen sollten. Dies gelang auch mit entsprechend konstruierten Innenkochern, bis als weiterer Schritt die gesamte Würze in der Pfanne unter Druck d.h. bei höheren Temperaturen gekocht wurde. Die kontinuierliche Würzekochung bei Temperaturen zwischen 120 und 140 °C und weitgehender Energierückgewinnung stellt den damaligen Endpunkt der Entwicklung dar. Hierbei zeigte sich aber schon relativ frühzeitig, dass die „Nebenwirkungen" wie Farbbildung, Notwendigkeit der Ausdampfung von Aromastoffen über die ursprünglichen und leicht zu erreichenden Ziele wie Eiweißkoagulation und Bitterstoffisomerisierung zu dominieren begannen, da sie die Beschaffenheit des späteren Bieres in weit stärkerem Maße beeinflussen als es empirische und einfache analytische Merkmale erwarten ließen.

Durch eine Verkürzung des Kochprozesses bei gleichzeitiger Rücknahme der Reaktionstemperaturen konnte z.B. eine zu weitgehende Eiweißkoagulation aufgefangen werden, wie auch bei besserer Homogenität der Kochung und großen Ausdampfoberflächen unerwünschte Aromastoffe eine Verminderung erfuhren. Doch war als Nachteil eine geringere Bitterstoffausbeute gegeben, die erst wieder in der folgenden Heißwürze-Phase, der Würzebehandlung, annähernd ausgeglichen werden konnte. Nachdem in diesem Verfahrensschritt – vor allem bei Temperaturen über 96 °C – eine Reihe von Reaktionen ablaufen, die zu berücksichtigen sind oder korrigiert werden müssen, so werden heute die Schritte des Würzekochens und der Würzebehandlung als zwei Phasen eines Prozesses betrachtet, die jeweils für sich beeinflusst werden können.

Energiewirtschaftlich ist diese Entwicklung von großer Bedeutung, da die ursprüngliche Verdampfung von 12–15% der Sudmenge bis auf 4–5% verringert werden konnte, wobei durch zusätzliche Energierückgewinnung weitere Ersparnisse an Primärenergie möglich sind.

5.2
Würzekochsysteme

Nach dem derzeitigen Stand der Technik lassen sie sich unterteilen in Würzepfannen herkömmlicher Bauart, Pfannen mit Innenkochern, Pfannen mit Außenkochern, Pfannen zur Druckkochung sowie kontinuierliche oder Durchlaufkochsysteme.

Darüber hinaus bieten sich nach dem Kochen – d.h. beim Übergang zur zweiten Phase des Würzekochprozesses folgende Möglichkeiten an: Vakuumbehandlung nach dem Kochen, wie „Ausschlagen" mit entsprechender Abkühlung auf ca. 80 °C oder einfache Vorkühlung der Würze beim Ausschlagen auf 88–90 °C, um weitere Reaktionen zu dämpfen sowie Vakuum- oder Dünnschichtverdampfung nach der Heißwürzerast.

5.2.1
Würzepfannen

5.2.1.1 Fassungsvermögen

Das Fassungsvermögen der Würzepfannen war früher bei 12%-igen Würzen und einer Gesamtverdampfung von 12–15% folglich eine Pfannevollmenge von 7,3 hl/100 kg und 9 hl/100 kg Malzschüttung. Es ist heutzutage geringer, da nur mehr 4–6% verdampft werden und sehr häufig mit höherer Stammwürze von 14–16% gebraut wird. So ergeben sich z. B. bei 14% Ausschlagwürzekonzentration und 5% Verdampfung nur mehr 5,7 hl Pfannevollwürze/100 kg. Dazu kommt der „Steigraum", der je nach Kochsystem bis zu 50% betragen kann. Zu klein bemessene Pfannen stellen den wünschenswerten Kocheffekt in Frage, da infolge der Gefahr des Überkochens die Heizflächenleistung nicht voll ausgereizt werden kann, folglich auch die notwendige Umwälzung (Homogenität) des Pfanneninhalts nicht gewährleistet ist und auch die Ausdampfung von Aromastoffen zu wünschen übrig lässt.

Während Pfannen, die ausschließlich der Würzekochung dienen, voll auf diese Aufgabe ausgelegt sind, müssen kombinierte Maische- und Würzepfannen auf beide Belange Rücksicht nehmen. Die (Boden-) Heizfläche muss so ausgelegt sein, dass sie sowohl eine Teilmaischemenge von 1–2 hl/100 kg) ohne „Anlegen" der Festbestandteile aufheizen und kochen kann als auch die gesamte Würzemenge der oben genannten Dimension. Meist wird das Würzekochen heutzutage von einem zusätzlichen Heizsystem (Innen-Außenkocher) übernommen.

5.2.1.2 Material

Das Material der Pfannen war früher Stahlblech, Kupfer, Edelstahl bzw. Edelstahl plattiert. Heute wird fast ausschließlich Edelstahl verwendet.

Kupfer hat zwar bei Dampf- und Heißwasserheizung eine wesentlich bessere Wärmeleitfähigkeit als Stahl, doch wird Kupfer wegen des bei der automatischen (chemischen) Pfannenreinigung unvermeidlich stärkeren Materialverschleißes, wie auch wegen eines möglichen nachteiligen Einflusses von Cu^{2}-Ionen auf die Würze- und Biereigenschaften [794, 795] immer seltener verwendet. Es wird jedoch der überwiegende Teil des Kupfers mit dem Trub wieder ausgeschieden [796], so dass keine Schädigung der Hefe zu befürchten ist.

5.2.1.3 Grundfläche der Pfannen
Sie kann rund, quadratisch oder rechteckig sein. Die *Pfannenwände* (Zargen) sind bei Pfannen aus Stahlblech gerade, sie waren bei Kupferpfannen meist bombiert.

5.2.1.4 Verhältnis der Flüssigkeitshöhe zum Durchmesser
Dieses Verhältnis betrug bei den feuerbeheizten Pfannen 1:2, um die gewünschte kräftige Kochbewegung von innen nach außen zu ermöglichen, damit die Kochfontäne bis zum Pfannenrand auslaufen konnte und nicht zum Übersteigen neigte. Auch war das Verhältnis von Heizfläche zum Pfanneninhalt günstiger, was wiederum die Verdampfungsziffer förderte. Es war auch eine überlieferte Erfahrung, dass tiefere Pfannen eine stärkere Zufärbung beim Würzekochen bewirkten, die sich vor allem beim Aufheizen, aber auch an den Randzonen u. U. durch Siedeverzug ergaben. Dieselbe Erscheinung zeigten auch die alten, tiefen Dampfpfannen. Erst nach Rückkehr zu dem obengenannten „klassischen" Verhältnis und des damit sich wieder einstellenden „Kochkreises" wurden die günstigen Ergebnisse der früheren feuerbeheizten Pfannen wieder erreicht. Wenn auch moderne Pfannen oftmals ein Verhältnis von Höhe zu Durchmesser des Flüssigkeitskörpers wie 1:1 aufweisen, so spielt doch für die Kochbewegung und die hiervon beeinflussten Vorgänge die Höhe der Flüssigkeitsschicht über dem hochgezogenen Heizboden bzw. dem Innenkocher eine bestimmende Rolle.

Die Beheizung der Pfannen erfolgt, wie schon erwähnt, mit den Feuergasen oder der Strahlungshitze von Kohlen-, Gas- oder Ölflammen oder mit Hilfe von Dampf oder Heißwasser. Auch elektrisch beheizte Pfannen sind anzutreffen.

5.2.1.5 Feuerpfannen
Feuerpfannen alter Art sind eingemauert. Das Brennmaterial wird auf einem entsprechend dimensionierten Rost verbrannt. Die Strahlungswärme wirkt hier auf die Mitte des leicht nach oben gewölbten Pfannenbodens. Die Heizgase werden durch ein System von (abschaltbaren) Zügen um die Pfannenwand und schließlich über Nachschaltheizflächen (Ekonomiser, Vorwärmer) zum „Fuchs" geführt. Die erwähnten Züge dürfen vor allem bei Maischepfannen nicht zu hoch liegen, um ein Anlegen der Maische bzw. ein Überhitzen der Seitenwände bei ungenügender Befüllung zu vermeiden. Bei dieser klassischen Feuerpfanne lag die höchste Temperatur im Zentrum des Pfannenbodens vor; hier war auch

durch die Wölbung desselben die Würzestandshöhe am geringsten, so dass sich hierdurch eine kräftige Kochbewegung von innen nach außen ergab.

5.2.1.6 Öl- oder gasbeheizte Pfannen

Bei öl- oder gasbeheizten Pfannen hat sich die sogenannte Stahlbaufeuerung gut eingeführt, die durch ihr geringes Mauerwerksvolumen beweglicher ist und die in ihrem Feuerungswirkungsgrad einschließlich von Nachschaltheizflächen recht nahe an die Gesamtwirkungsgrade indirekt beheizter Anlagen heranreicht (Abb. 5.1).

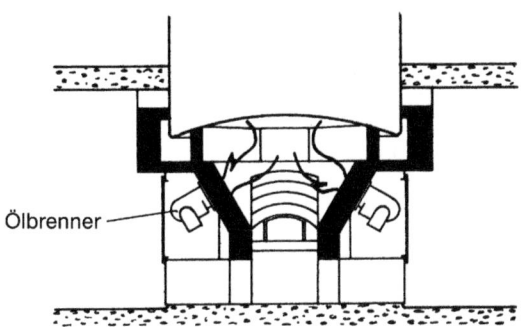

Abb. 5.1 Ölbeheizte Pfanne mit Stahlbaufeuerung

5.2.1.7 Dampfbeheizte Pfannen

Sie weisen entweder doppelte Böden oder Kanäle in Form von Halbrohren oder Profilen auf. Die Heizflächen sind entweder am Boden oder am Mantel oder in Form von speziellen Heizkörpern angebracht. Bei letzteren sind wiederum Innen- und Außenkocher zu unterscheiden.

Die *Boden- und Mantelbeheizung* ist gewöhnlich als Zweizonenheizung konstruiert, wobei in die Innenzone Dampf von höherem Druck eingeführt wird. Nachdem die Innenzone nach Abb. 5.2 hochgezogen ist, liegt auch hier, bei der geringsten Würzehöhe die höchste Temperatur vor, wodurch der Kochkreis von innen nach außen geführt wird. Die Innenzone wird meist mit Dampfdrücken bis zu 5 bar Überdruck beschickt, die Außenzone dagegen nur mit ca. 2 bar Überdruck. Es ist aber bei der abgebildeten Pfanne sogar möglich mit Turbinenabdampf von 2,0 bzw. 1,0 bar Überdruck zu heizen.

Das Verhältnis von Außen- zu Innenheizfläche verschiebt sich mit zunehmender Pfannengröße zuungunsten der letzteren. Während es normal 3 : 1 beträgt, kann es sich bei sehr großen Pfannen auf 5 : 1 verändern, weswegen bei den sog. Hochleistungspfannen die Böden kegelförmig so weit hochgezogen sind, dass bei den geringeren Mengen von stärker konzentrierten Würzen eine Unterteilung dieser Innenheizfläche erforderlich wird.

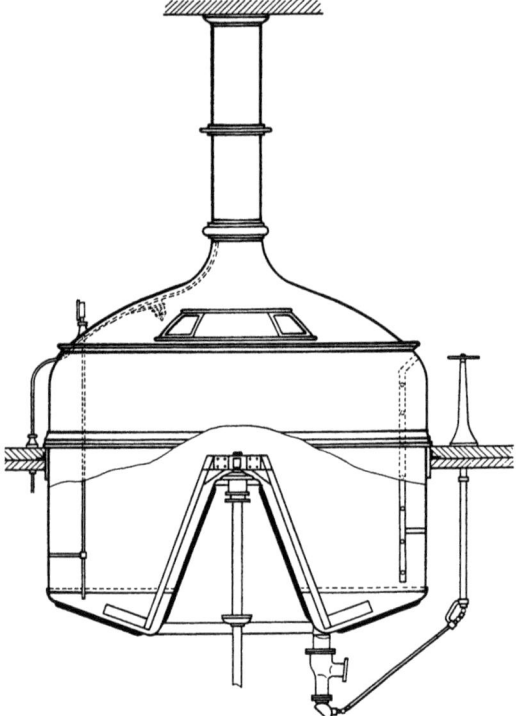

Abb. 5.2 Hochleistungspfanne

Wichtig für den Kocheffekt derartiger Pfannen ist eine wirksame Entlüftung der Heizflächen, vor allem der Doppelböden, bei denen die Dampfzuführung weniger kontrollierbar erfolgt als bei Profilelementen. Auch die Kondensatableitung muss richtig dimensioniert sein, wobei aus Gründen der Wärmerückgewinnung geschlossene Systeme zum Einsatz kommen.

Diese geschilderten Pfannen können auch über spiralig angeordnete, außen angeschweißte Halbrohre oder Profilelemente mit Heißwasser von 160–170 °C beschickt werden.

Das Problem der Verkleinerung der Anteile der höherwertigen „Innenheizfläche" stellt sich bei rechteckigen Pfannen mit ovalem oder trapezförmigem Querschnitt nicht. Die Pfannen gewinnen bei größeren Inhalten vor allem in der Länge, d.h. die Heizflächen höherer und niedrigerer Temperaturbereiche bleiben in ihrem Verhältnis konstant (Abb. 5.3).

Innenkocher sind in ihrer ältesten Form feste oder bewegliche Rohre, die meist aus Kupfer gefertigt, möglichst tief gelegt werden müssen, damit die Heizwirkung auch alle Maische-und Würzeanteile erfassen kann. Die Schlangen müssen stets mit Flüssigkeit bedeckt sein. Bewegliche Heizkörper sind gleichzeitig als Rührwerke ausgebildet; ihre Umdrehungszahl ist nur gering. Die neueren Innenheizsysteme wurden von den früheren Zusatzkochern abgeleitet.

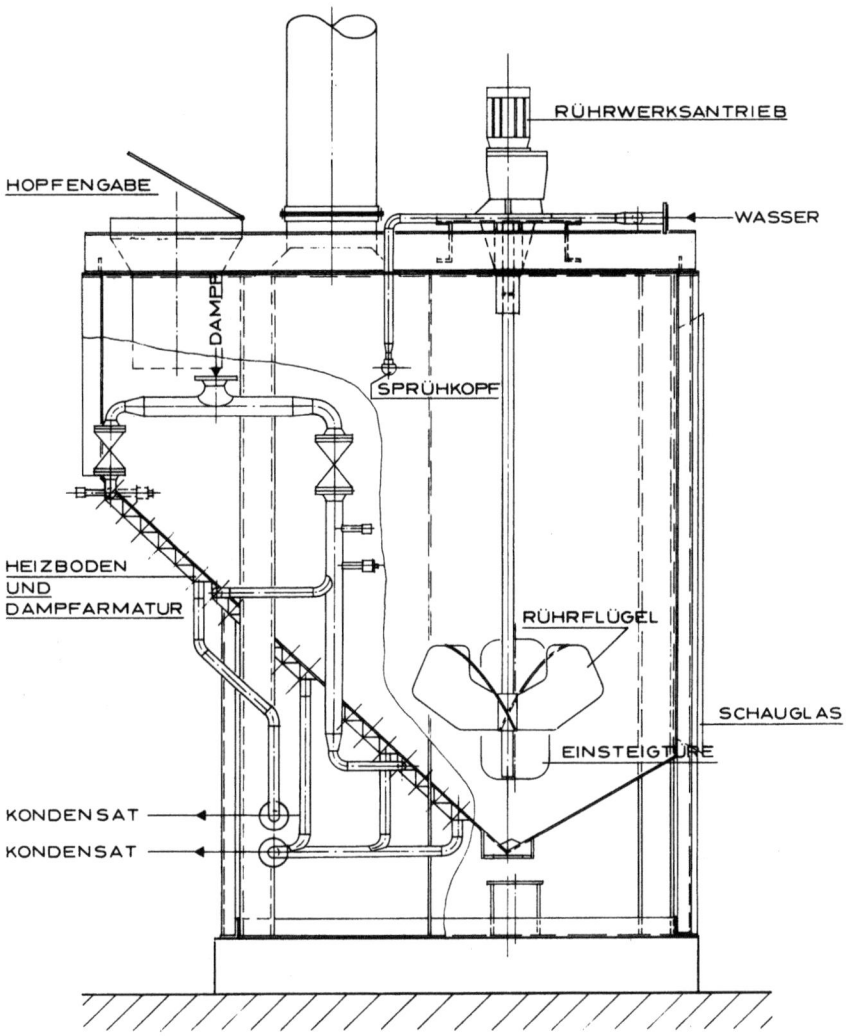

Abb. 5.3 Rechteckige Pfanne mit trapezförmigem Querschnitt

Diese hatten ursprünglich die Aufgabe, die unzulängliche Kochwirkung alter Dampfpfannen mit kugelförmigem Heizboden zu verbessern und vermöge ihrer Lage über der Oberkante der Pfannenheizfläche sowie des Heizdampfdruckes von 2–5 bar Überdruck den Kochkreis von innen nach außen zu leiten.

In der Folgezeit wurden die Innenkocher ausschließlich, d. h. ohne zusätzliche Heizflächen am Pfannenkörper zum Aufheizen und Kochen genutzt.

Die Kocher haben die Form von Zylindern, die einzeln oder in einem Viererpaket angeordnet sind, sie haben mit ihren Leitblechen die Form von Kaskaden

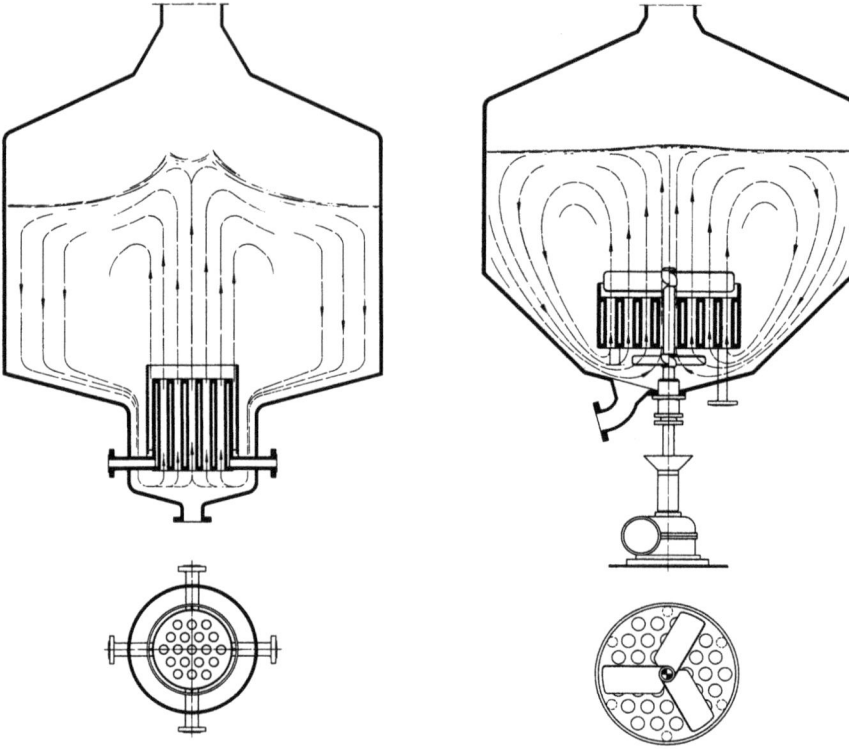

Abb. 5.4 Röhrenkocher in einer Tasse

Abb. 5.5 Röhrenkocher in der Pfanne (z. B. auch für Maischepfannen)

oder sie befinden sich zu halber Höhe in einer im Pfannenboden eingelassenen „Tasse" (Abb. 5.4).

Ein ähnliches Element das zum Beheizen einer Maischpfanne dient ist auch in Abb. 5.5 dargestellt. Die Maische bzw. Würze wird hierbei durch je ein über und unter dem Röhrensystem angeordnetes Rührwerk durch die Heizrohre geführt (s. Abschnitt 3.2.1.3).

Auch mehrteilige Platten, die sternförmig von einer Mittelsäule auseinandergehen („Sternkocher") bringen die erforderlichen großen Heizflächen ein.

Heutzutage sind Innenkocher meist senkrecht angeordnete Rohrbündelwärmetauscher, die nach dem Naturumlaufprinzip arbeiten. Die Würze wird in den Rohrbündeln mit Dampf oder Heißwasser erwärmt. Es tritt eine Temperaturdifferenz zwischen Kochereinlauf und Kocherauslauf ein. Durch Blasenbildung an den Rohren ergibt sich eine Verdampfung. Aus dem Dichteunterschied warmer Würze plus Würze-Dampfgemisch im Kocher ensteht ein Auftrieb, der den Naturumlauf gewährleistet. Um diesen zu steuern, wird auf dem eigentlichen Kocherteil ein Staukonus angeordnet, der die Würze über ein Rohr gegen den Verteilschirm führt. Der Konuswinkel und die Höhe zwischen Heizbündel-

Oberkante bis zum Austritt der Würze zum Verteilschirm übt einen Gegendruck im Anfahrstadium auf die Würze im System aus, der eine etwas höhere Temperatur von z. B. 101,5–102 °C hervorruft. Diese trägt zur Beschleunigung der beim Würzekochen ablaufenden Reaktionen bei (Abb. 5.6), [797].

Ein Problem des Innenkochers ist ein beim Aufheizen der Würze z. B. von 72 °C auf 100 °C auftretendes Pulsieren, das sich allerdings mit Annähern an die Kochtemperatur verringert. Das Pulsieren kann durch den Einsatz einer Umwälzpumpe vermieden werden, die ihrerseits auch ein gleichmäßiges Aufheizen des Pfanneninhalts, d. h. ohne Temperaturschichtung ermöglicht. Bedeutsam für die Funktion des Innenkochers ist sowohl die Form des Verteilschirms wie auch dessen Höhe über dem Würzeaustritt (Abb. 5.7).

Wird die Würze durch den Schirm zu weit in die Peripherie des Pfannenkörpers bzw. sogar an die Pfannenwandung geführt, so kann die Gefahr des Überkoches bestehen – es kann die Leistung der Heizfläche nicht voll ausgenutzt werden. Mündet die Kochfontäne zu nahe am Zentrum, besteht die Gefahr einer ungenügenden Erfassung der äußeren Zonen [798]. Es kann zu einer „Kurzschlussströmung" kommen. Bislang war der Verteilschirm so angeordnet, dass der Würzestrahl etwa im äußeren Drittel des Pfannendurchmessers auftrifft. Hier wurde der beste Effekt der „Kolbenströmung" und damit die größtmögliche Gleichmäßigkeit der Kochbewegung erwartet. Versuche haben gezeigt [799], dass eine Führung des Strahls unter den Spiegel eine bessere Durchmischung des Pfanneninhalts bewirkt.

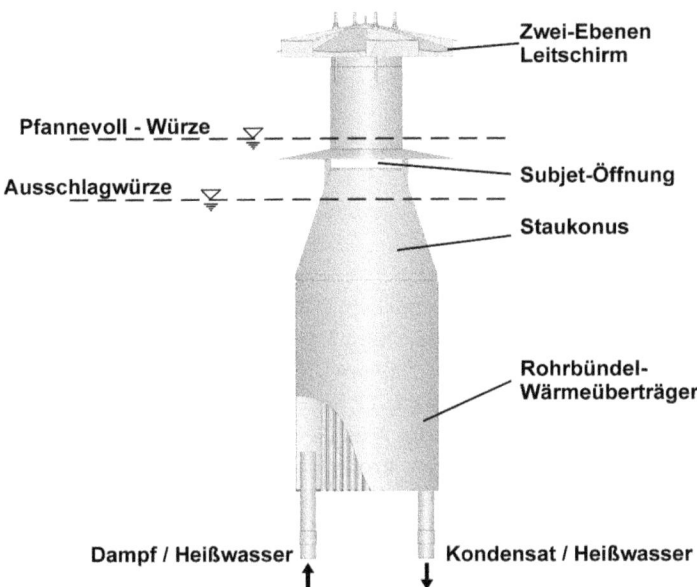

Abb. 5.6 Prinzipieller Aufbau eines Innenkochers

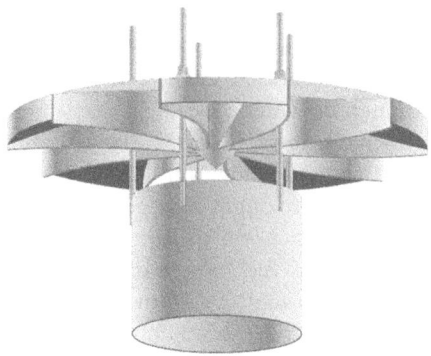

Abb. 5.7 Zwei-Ebenen-Verteilerschirm eines Innerkochers

Diese Erkenntnis führte zur Entwicklung eines „Sub-Jets" (Abb. 5.8 und 5.9), der es erlaubt, die Würzefontäne einmal unterhalb der Würzeoberfläche austreten zu lassen, zum anderen oberhalb gegen den zweiteiligen Schirm zu führen. Ersteres wird ermöglicht durch das Anheben des Konushalses, wodurch die Würze dann unterhalb der Oberfläche in einer Kolbenströmung wieder zum Kochereintritt geführt wird. In der zweiten Phase wird der Anschluss Konus/zylindrische Strecke hergestellt und der 2-Ebenen-Leitschirm angeströmt.

Eine weitere Innenkocher-Konstruktion basiert auf folgenden Grundsätzen, die einen „Naturumlauf" bewirken sollen (Abb. 5.10):
a) große Heizfläche, die auch für thermische Brüdenverdichtung geeignet ist und somit niedrige Heizmitteltemperaturen erlaubt;
b) das Verhältnis von Durchmesser des Kochers zum Durchmesser des Pfannenkörpers ist so gewählt, dass die „Kolbenströmung" effizient realisiert wird;
c) der Kocher sitzt im Pfannenkörper so weit unten, dass ein gleichmäßiger Zustrom der Würze von der gesamten Bodenfläche aus erfolgt;
d) der einstellbare Schirm vermag ein Würzevolumen von +5/–15% auszugleichen.

Um die oben genannten Vorgaben zu erreichen, hat der Kocher eine Heizfläche von 20 m^2/100 hl Pfannenvollmenge, bei einem Dampfdruck von 0,6 bar Ü und einer Sattdampftemperatur von 112 °C. Dabei wird das Würzevolumen 11-mal pro Stunde umgewälzt. Eine CIP wird nach 21 Suden erforderlich.

Der Verteilschirm hat aber nicht nur die Aufgabe den Würzeumlauf zu unterstützen, sondern durch Schaffung einer größtmöglichen Oberfläche für den vom Staukonus kommenden Würzestrom, die Ausdampfung von unerwünschten Aromastoffen zu fördern. Trifft die Würze zu „hart" auf den Schirm auf, dann kann der sich bildende „Bruch" zerschlagen werden, wodurch die Sedimentierfähigkeit der Teilchen, z. B. im Whirlpool eine Verschlechterung erfährt. Durch einen an der Schirmunterseite ausrundenden Gegenkonus kann dies ver-

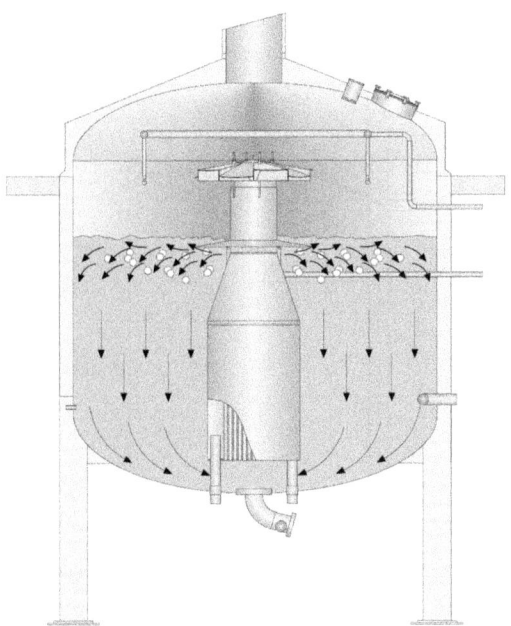

Abb. 5.8 Innenkocher mit Sub-Jet geöffnet

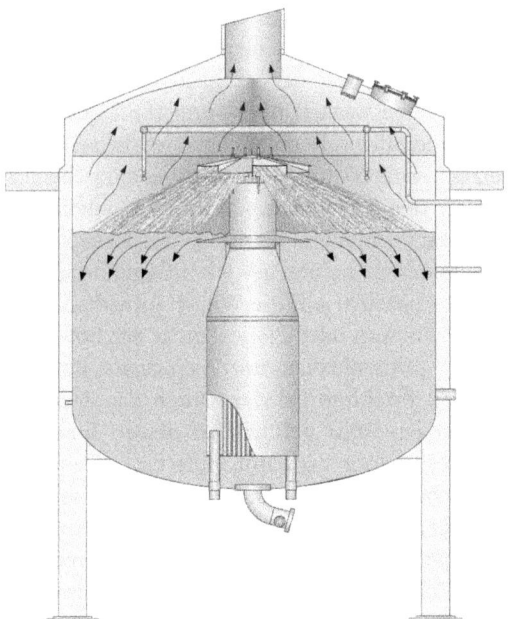

Abb. 5.9 Innenkocher mit Sub-Jet geschlossen

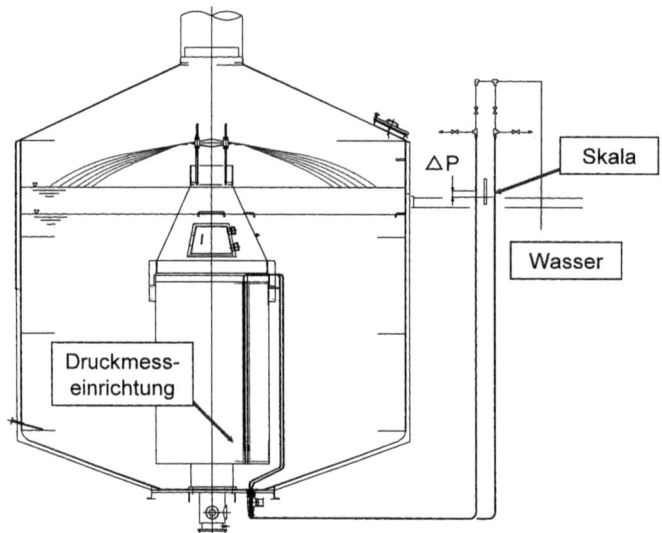

Abb. 5.10 Innenkocher mit Differenzdruckmessung zur Bestimmung der Umwälzhäufigkeit

hindert werden Es ist aber auch möglich, durch entsprechende Gestaltung von Leitblechen der Kochfontäne einen „Drall" zu vermitteln, um so die Ausdampfoberfläche zu vergrößern. Auch Doppelschirme schaffen eine große Oberfläche, doch muss der Auftrieb im Innern des Kochers so stark sein, dass der jeweils obere Schirm auch seine Funktion erfüllen kann. So ist die Kombination Pumpenanströmung/Doppelschirm entsprechend häufig anzutreffen.

Die Heizfläche eines Kochers ist abhängig von der Aufheiz- bzw. Verdampfungsleistung und der Art (Dampf, Heizheißwasser) und Temperatur des Heizmittels. Dabei gilt: Die Heizmitteltemperatur soll möglichst niedrig sein z. B. bei Sattdampf bei ca. 110 °C, Heizheißwasser durch Bypass-Regelung bei ca. 130 °C, um thermische Reaktionen an den Heizflächen gering zu halten und ein vorzeitiges Verlegen des Kochers zu vermeiden. Es ist zu berücksichtigen, dass die modernen Kocher durch den Staukonus einen gewissen Gegendruck aufbauen, der die Heizmitteltemperatur unmittelbar auf die Würze einwirken lässt, was bei den alten nach oben offenen Zylindern oder Platten nicht der Fall war.

Eine Weiterentwicklung des Systems „Innenkocher mit Zwangsanströmung" stellt die Anordnung einer zusätzlichen Strahlpumpe dar. Durch das Zentrum des Rohrbündels des Innenkochers ist ein Rohr geführt, an dessen Ende ein Würzeverteilschirm angebracht ist. Dieses Rohr wird mit Hilfe einer frequenzgeregelten Pumpe von der Würze durchströmt, wofür diese durch symmetrisch angeordnete Pfannenanstiche abgezogen wird. Direkt über dem Rohrbündel des Außenkochers ist eine Strahlpumpe eingebaut. Diese saugt die Würze mittels eines Venturi-Effekts durch die Rohre des Kochers an. Die Strahlpumpe erbringt etwa die doppelte Leistung einer frequenzgesteuerten Umwälzpumpe. Hierdurch wird eine Überhitzung der Würze nicht nur in der empfindlichen

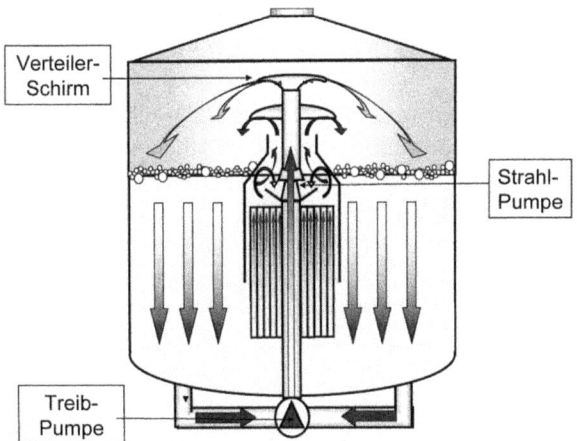

Abb. 5.11 Innenkocher mit Zwangsanströmung und Strahlpumpe

Aufheizphase vermieden, sondern auch beim Kochen selbst durch die intensivere Umwälzung des Pfanneninhalts. Dies bewirkt eine homogene Behandlung der Würze. Der Doppelschirm wird nicht von unten, sondern zwischen den beiden Flächen über das Zentralrohr direkt angeströmt. Der obere Schirm ist strömungsoptimiert. Die einstellbare Schlitzweite kann neben der Oberfläche des Würzestrahls auch die Umwälzrate beeinflussen (Abb. 5.11).

Der Kocher erlaubt durch die große Heizfläche die Anwendung niedriger Heizmitteltemperaturen und somit die unabhängige Einstellung der Kochintensität durch Variation der Pumpenleistung.

Das Aufheizen der Läuterwürze von 72 °C auf 99 °C sollte in ca. 20 Minuten möglich sein. Vorteilhaft ist jedoch das Aufheizen der Würze auf dem Weg vom Vorlaufgefäß zur Pfanne über einen Wärmetauscher, wobei das Heißwasser vom System Pfannendunstkondensator/Energiespeicher eine deutliche Energieersparnis einbringt. Die Heißwassertemperatur liegt hier systembedingt bei 95–98 °C, sie sollte jedoch 102–103 °C nicht überschreiten.

Die *Außenkocher* sind Bündelrohr- oder Plattenheizsysteme, deren Wärmeaustauschflächen aus Kupfer oder Edelstahl bestehen [800]. Sie sind seitwärts der Würzepfanne angebracht. Die Würze strömt entweder mit einer Geschwindigkeit von 0,5–1,0 m/s von unten nach oben durch den Kocher oder aber sie wechselt durch die Umkehr von Parallelströmen ihre Richtung einige Male. Hierdurch wird eine Geschwindigkeit von ca. 2,5 m/s erreicht. Zur Beschleunigung des Umlaufes der Würze befindet sich eine Pumpe zwischen Pfannenauslauf und Wärmetauscher; sie gestattet in der Regel eine 8–9-malige Umwälzung des Pfanneninhalts pro Stunde. Die Kochung kann mit atmosphärischem Druck oder auch mit einem Gegendruck von 0,1–0,3 bar Überdruck geschehen. Die Würze tritt nach dem Kocher über eine ausreichend dimensionierte Leitung, tangential oder zentral über eine Düse unterhalb eines Steigrohrs mit Schirm, unter der Würzeoberfläche ein. Eine Ventilklappe vor der Würzepfanne erlaubt die genaue Einstellung eines Gegendrucks, der meist so bemessen wird, dass eine Temperatur von 102–110 °C (bei Weizenbierwürzen 104 °C) resultiert [798].

Auch bei dieser beschriebenen Anordnung des Außenkochers ist es wichtig, dass möglichst alle Würzeteilchen erfasst und an den Heizflächen vorbeigeführt werden. Hier hat sich der seitliche Eintritt aus einem abgewinkelten Rohr (23° zum Radius) experimentell am günstigsten erwiesen [801].

Um eine gute Ausdampfung von Würzearomastoffen zu erreichen, ist der Würzeeintritt soweit unterhalb der Würzeoberfläche zu legen, dass gegen Kochende das Rohr gerade unterhalb derselben mündet. Diese Anordnung erbringt optimale Ergebnisse bezüglich der Homogenität der Würzekochung als auch im Hinblick auf die Beschaffenheit des Bruches („Whirlpoolfähigkeit").

Bei der Einführung der Würze über eine Düse und ins Steigrohr gegen einen, je nach Kochintensität und Pfanneninhalt justierbaren Schirm, ist das beim Innenkocher Gesagte ebenfalls gültig: Der Schirm muss so beschaffen sein, dass er den sich bildenden Bruch nicht zerschlägt: Die Würze muss „weich" auftreffen und etwa in das äußere Drittel des Pfannendurchmessers geleitet werden. Schirme, die der Kochfontäne einen Drall vermitteln, oder Doppelschirme vergrößern die Ausdampfoberfläche. Diesem kommt vor allem bei geringen Verdampfungswerten eine große Bedeutung zu. Deshalb wird auch beim Eintritt im Winkel von 23° zum Radius ein Teilstrom der Würze von oben auf einen Schirm geleitet (20–33%), wodurch auch ein Niederschlagen des sich bildenden Schaums erreicht wird.

Das System bietet eine Reihe von Möglichkeiten: es können zwei oder drei Pfannenkörper wechselweise von einem Außenkocher aus beheizt werden. Dem Gefäß kommt also nacheinander die Funktion des Vorlaufgefäßes der Pfanne und des Heißwürzetanks bzw. Whirlpools zu. Es werden damit die in Abschnitt 4.6 erwähnten Nachteile des Gefäßwechsels vermieden (Abb. 5.12).

Der Außenkocher muss zur Vermeidung von Wärmeverlusten isoliert sein. Dasselbe ist auch für die Würzepfannen zu fordern. Der Dampfdruck darf zur Vermeidung von Zufärbungen nicht über 3 bar Überdruck liegen. Es können sonst in dem geschlossenen System des Kochers Zufärbungen auftreten. Dies ist aber keine Eigenart des Außenkochers: auch die anderen „konventionellen" Würzekochsysteme wurden oder werden oft mit zu hohen Dampfdrücken, mit zu heißem Dampf (Entspannung und damit Überhitzung von Frischdampf) oder mit zu hohen Heißwassertemperaturen beschickt [802]. Die Heizfläche des Außenkochers beträgt 11 m^2/100 hl Ausschlagmenge bei einem Heizdampfdruck von 3 bar Ü.

Auf der anderen Seite kann ein Außenkocher auch so bemessen werden, dass er mit Dampf von niedrigerem Druck beheizt werden kann. Seine Kombination mit einem Brüdenverdichter bietet bei sonst gleichen Verhältnissen bezüglich der angewendeten Drücke und der hieraus resultierenden Würzetemperaturen eine beträchtliche Energieeinsparung (s. Abschnitt 5.7).

Bei einer Kochzeit von 60 Minuten kann ein Außenkocher, z. B. als zentrales Gerät für die Beheizung mit verdichtetem Brüden (s. Abschnitt 5.7.3) 24 Sude

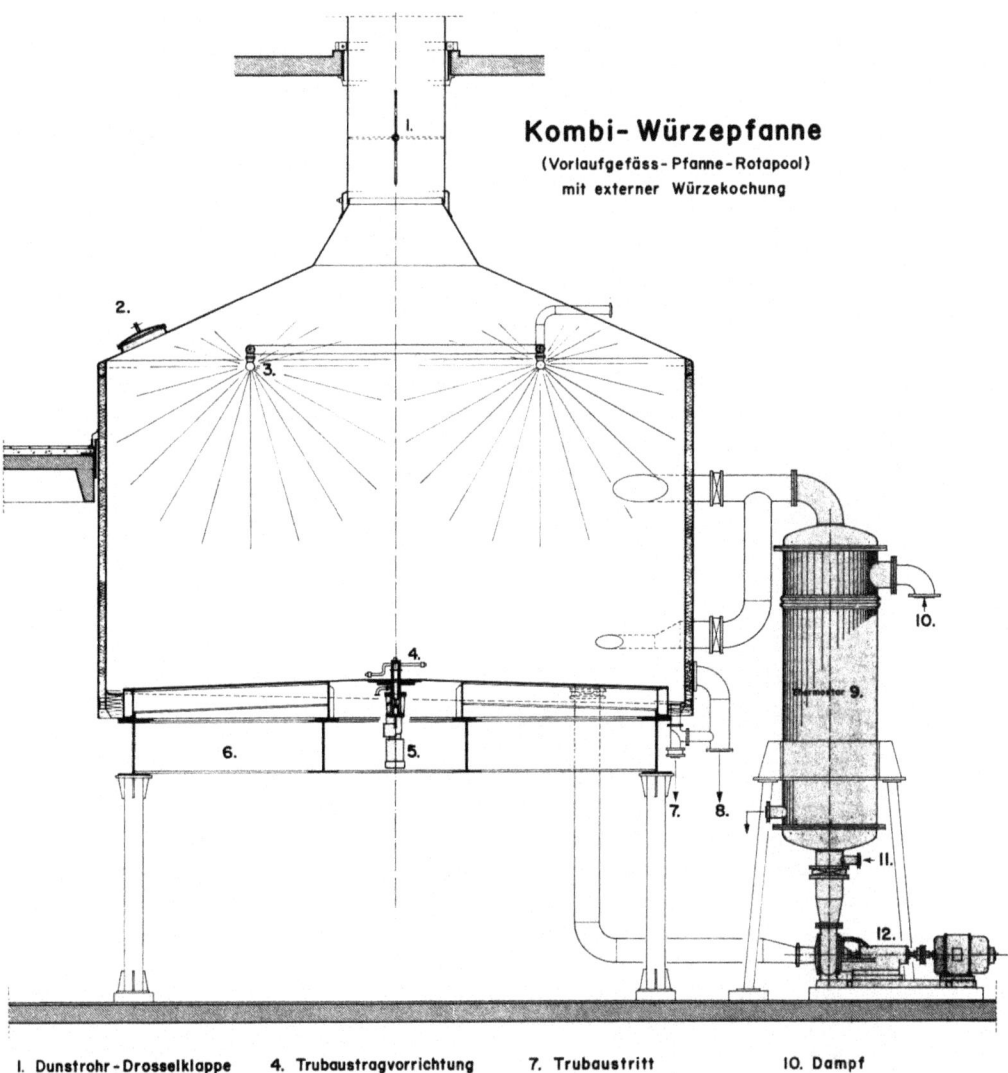

Abb. 5.12 Kombinierte Koch- und Whirlpoolpfanne mit Außenkocher

pro Tag kochen; er wird lediglich von einer jeweils anderen Pfanne aus mit entsprechend zur Kochtemperatur vorgeheizter Würze beschickt. Die sehr niedrige Heizmitteltemperatur des verdichteten Brüdens (von 108–115 °C) ergibt nur eine geringfügige Verlegung der Heizfläche, so dass der Kocher 80–90 Sude ohne Reinigung gefahren werden kann.

518 | 5 Das Kochen und Hopfen der Würze

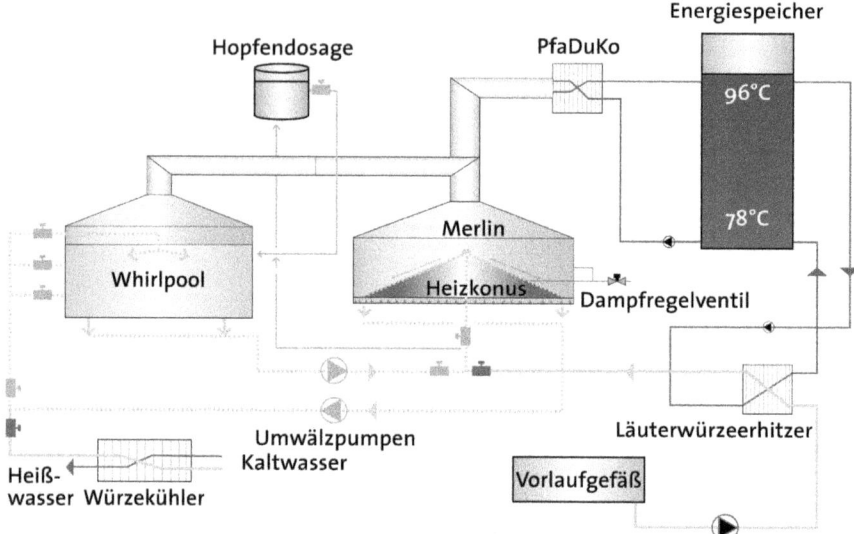

Abb. 5.13 Der Dünnfilmverdampfer

Der *Dünnfilmverdampfer* ist für kombiniertes Kochen und „Strippen" geeignet. Die Anlage besteht aus zwei Gefäßen, die vorzugsweise übereinander, wenn nötig aber auch nebeneinander, angeordnet sind. Das obere Gefäß beinhaltet den großflächigen, konischen Heizboden, der in zwei Heizzonen unterteilt ist und von oben beschickt wird. Er stellt eigentlich einen Außenkocher dar, der den zweiten Behälter (Heißwürzetank) beschickt. Die Würze läuft über einen Verteiler auf die Heizfläche und sammelt sich in dem umgebenden Ringbehälter. Sie läuft von dort aus in den darunter angeordneten, zweiten Behälter, der während des Kochens als Würzesammeltank, anschließend jedoch als Whirlpool dient (Abb. 5.13).

Die Heizfläche beträgt 7,5 qm/100 hl Pfanneninhalt, der Dampfdruck für die Beheizung liegt bei 0,6–1,5 bar Ü, entsprechend einer Sattdampftemperatur von 112–127 °C. Diese Bedingungen ergeben in Verbindung mit der großen Verdampfungsoberfläche eine schonende Kochung und eine sehr gute Ausdampfung von Aromastoffen. In der Regel genügt eine Kochzeit von 35–40 Minuten, wobei die Würze nach Klärung im Whirlpool (ca. 15 Minuten) erneut über die Heizfläche gepumpt wird, um nachgebildete Aromastoffe möglichst weitgehend zu entfernen (Strippen).

5.2.1.8 Pfannen für Druckkochung

Diese Pfannen sind für Behälterdrücke bis zu 1 bar Überdruck ausgelegt. Sie erlauben eine Kochung der Würze bei Temperaturen bis zu 120 °C (1 bar Überdruck); am gebräuchlichsten sind hier Temperaturen von 103–105 °C. Die Be-

5.2 Würzekochsysteme

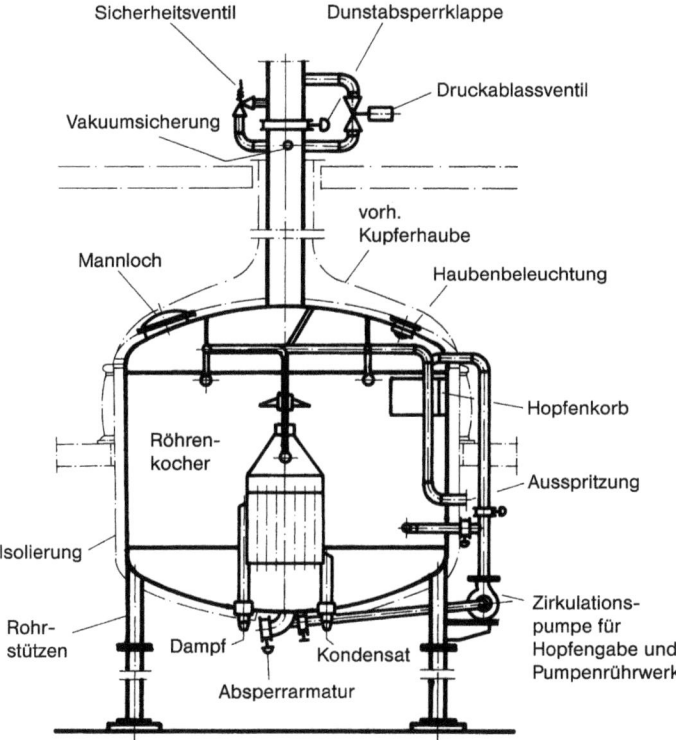

Abb. 5.14 Pfanne mit Innenkocher für Niederdruckkochung

heizung der mit druckdichten Schiebern, Mannlöchern und den entsprechenden Sicherheitsventilen versehenen Pfannen kann über Innen- und Außenkocher erfolgen. Bei Innenkochern, die meist ohne Zwangsausströmung arbeiten, ist beim Aufheizen sowie beim Druckaufbau und bei der eigentlichen „Druckphase" für eine stete Konvektionsströmung zu sorgen, um ein Pulsieren bzw. eine zu starke thermische Belastung von Inhaltsstoffen der Würzen zu vermeiden (Abb. 5.14) [802].

Die „Niederdruck-Kochung" wird eingesetzt, um bei moderaten Temperaturen von 103–105 °C eine Beschleunigung der Reaktionen beim Würzekochen und damit kürzere Kochzeiten bei gleichzeitig reduzierter Verdampfung zu erzielen. Ein Beschränkung der Verdampfung auf 4–6% hat in Verbindung mit Pfannendunstkondensator und Energiespeicher zu beträchtlichen Ersparnissen an Energie geführt.

Durch ein wechselweises Aufbauen und Entspannen des Drucks im Bereich von 101–105 °C wird eine stärkere Umwälzung und Turbulenz in der Pfanne erreicht, die eine weitere Verringerung der Kochzeit erlaubt („Dynamische Niederdruckkochung").

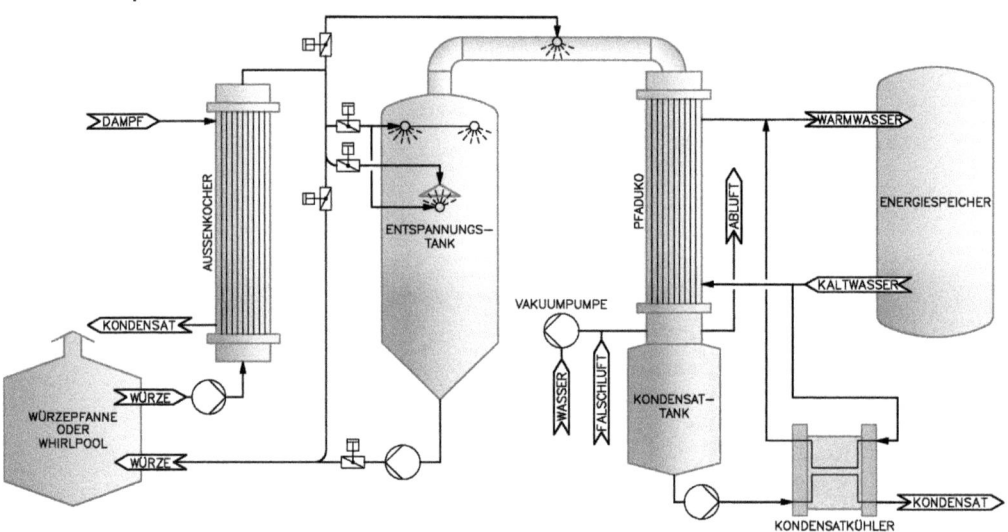

Abb. 5.15 Außenkocher mit Ausdampfgefäß und Entspannungsmöglichkeit

5.2.1.9 Außenkocher mit Entspannungsverdampfung

Bei diesem System erfolgt die Verdampfung nicht in der Würzepfanne, sondern in einem externen Entspannungsgefäß. Dieses ist einmal direkt mit der Würzepfanne verbunden, die eigentlich nur die Aufgabe eines Stapeltanks hat, zum anderen über einen Pfannendunstkondensator, der im Entspannungsgefäß ein Vakuum erzeugen kann (Abb. 5.15).

Die Arbeitsweise sieht vor, dass die Würze in der ersten Phase konventionell bei den üblichen Parametern des Außenkochers gekocht wird, wobei die eigentliche Verdampfung von Wasser und Aromastoffen im Entspannungsgefäß erfolgt. Die entstehenden Brüden werden über einen Entspannungsverdampfer unter Vakuum gesetzt, wobei sich die Verdampfung auf Temperaturen unter 100 °C einstellt und damit eine Abkühlung der Würze eintritt. Dieser Schritt kann auf dem Wege von der Pfanne zum Whirlpool getätigt werden, wobei die Abkühlung aber nur so weit erfolgen darf, als die Trubsedimentation bzw. die Festigkeit des Trubkegels nicht beeinträchtigt werden. Meist liegt diese Temperatur im Bereich zwischen 80 und 85 (88) °C. Es kann die Pfanne („Stapeltank") aber auch selbst als Whirlpool eingesetzt werden, wobei wiederum zwei verschiedene Einströmrichtungen gegeben sein müssen: Kochen in 23° zum Radius und „Whirlpoolen" tangential. Besser definierte Verhältnisse erlaubt aber die Trennung der Gefäße. Der Effekt der Anlage gleicht der des Systems „Entspannungskühlung beim Ausschlagen" (s. Abschnitt 8.2.4.2).

5.2.1.10 Abzug der Schwaden

Der Abzug der beim Würzekochen entstehenden Schwaden geschieht bei den strömungsgünstig ausgeführten Hauben runder Pfannen durch natürlichen Zug. Der Querschnitt der Dunstrohre beträgt 1/50–1/30 der Flüssigkeitsoberfläche. Ein Zurücklaufen von Dunstkondensat ist durch Auffangrinnen und entsprechende Ableitung zu vermeiden.

Bei rechteckigen Pfannen sind Ventilatoren angeordnet, um die Schwaden abführen zu können. Auch Pfannendunstkondensatoren (s. Abschnitt 5.7.1), die den Schwadenabzug erschweren würden, bedürfen einer gesteuerten Ventilation.

Es war früher eine weit verbreitete Auffassung, dass beim Würzekochen durch ein geringfügiges Öffnen der Pfannentüren für einen „Gegenzug" gesorgt werden müsse, um ein Überkochen der Würze zu vermeiden und die Eiweißausfällung zu begünstigen. Diese „Schleppluft" verschlechtert den Wirkungsgrad von Pfannendunstkondensatoren, sie ist aber auch nach neueren Untersuchungen entbehrlich [743]. Dies konnte vor allem mit Außenkocheranlagen bewiesen werden, die die Würze in einem geschlossenen System umwälzen [803].

5.2.1.11 Rührwerke

Sie sind bei Würzepfannen nicht unbedingt erforderlich. Bei Feuerkochung dagegen ist ihr Einsatz beim Aufheizen zum Würzekochen im Interesse eines guten Wärmeübergangs aber auch zur Vermeidung von örtlichen Überhitzungen und den damit verbundenen Zufärbungen wünschenswert. Auch beim Ausschlagen kann – vor allem bei Pfannen mit nur schwach gewölbtem Boden – ein Rührwerk zur gleichmäßigen Verteilung von Hopfentrebern und Trub z. B. zum Zwecke der gleichmäßigen Beschickung des Hopfenseihers günstig sein. Bei reinen Würzepfannen wird das Rührwerk nur eine Umfangsgeschwindigkeit von 1,5 m/s benötigen, bei kombinierten Maisch- und Würzepfannen sind zwei Gänge – 1,5 und 3 m/s – wünschenswert. Haben derartige Pfannen eine Feuerbeheizung, dann ist auch das Rührwerk mit einer Schleppkette zu versehen, um ein Anlegen der Maische bzw. eine Überhitzung der Würze an der Heizfläche zu verhindern.

5.2.2
Anlagen zur kontinuierlichen Würzekochung

Frühere Untersuchungen hatten bereits gezeigt, dass bei höheren Temperaturen die einzelnen Vorgänge bei der Würzekochung wesentlich rascher ablaufen als bei einer „Normalkochung" bei 100 °C. So fanden Temperaturen von 120, 140 und 160 °C Anwendung, wobei die Haltezeiten von 8 auf 5 Minuten verringert wurden [804]; bei späteren Versuchen erwiesen sich jedoch für eine analytisch einwandfreie Würzezusammensetzung 5 Minuten bei 120 °C bzw. 3 Minuten bei 133 °C als ausreichend [805], bei 150 °C wurde nunmehr eine Minute benötigt [806]. Die heute anzutreffenden Systeme können in der großen Linie in zwei Gruppen eingeteilt werden, die sich einmal in den Kochbedingungen, zum anderen in den Stufen der Entspannung und der Wärmerückgewinnung unterscheiden. Sie erreichen alle eine beträchtliche Energieersparnis (s. Abschnitt 5.7.4.3).

5.2.2.1 Anlage mit 120–122 °C Kochtemperatur und anschließender Mehrfachentspannung [807]

Die abgeläuterte Würze wird mit den Brüden der ersten Entspannungsstufe und schließlich mit Frischdampf auf eine Temperatur von 120 °C erhitzt. Die Heißhaltestrecke ermöglicht eine Verweilzeit von 10 Minuten, die aber durch Abschalten von Rohreinheiten bei Bedarf verkürzt werden kann. Der Hopfenzusatz ist sowohl im Vorlaufgefäß als auch an verschiedenen Stellen der Heißhaltestrecke und in den ersten beiden Entspannungsbehältern möglich. Die in der ersten Stufe entweichenden Schwaden dienen, wie schon erwähnt, der Erwärmung der Würze, die in den Stufen 2–4 anfallenden Schwaden der Erwärmung von Brauchwasser auf 75–80 °C. Mit Hilfe einer Vakuumpumpe ist eine Druckabsenkung bis auf 0,1 bar darstellbar. Das System erlaubt Verdampfungsziffern von 6–10%.

5.2.2.2 Anlage mit 125–140 °C Kochtemperatur und zweistufiger Entspannung [808, 809]

Die abgeläuterte Würze wird nach Abb. 5.16 mittels zweier Wärmetauscher – der erste von Verdampfungsstufe 2, der zweite von Verdampfungsstufe 1 – und in einer dritten Stufe durch Frischdampf auf eine Temperatur von 125–140 °C aufgeheizt an die sich eine Haltezeit von 2–3 Minuten anschließt. Daraufhin gelangt die Würze in zwei hintereinander geschaltete Ausdampfgefäße, die bei Temperaturen von 115–120 °C und 100 °C gehalten werden. Die weitere Würzebehandlung erfolgt wie gewöhnlich über Whirlpool und Würzekühler. Die Verdampfung errechnet sich wie folgt:

$$\text{Verdampfung \%} = \frac{\text{Temperatur über 100 °C}}{5}.$$

Das Beispiel für 130 °C ergibt also: $\frac{130 - 100}{5} = 6\%$ Verdampfung.

Während die in Abschnitt 5.2.2.1 vorgestellte Kochanlage mit Plattenwärmetauschern ausgestattet ist, arbeitet das in Abb. 5.16 dargestellte System mit Spiralwärmetauschern, die eine ähnliche Temperaturabstufung erlauben: Anwärmen der Würze auf regenerativem Weg von 70 °C auf 87 °C und 107 °C, anschließend mit Frischdampf von 6 bar Überdruck (156 °C) auf 130–133 °C, Heißhalten in einem Röhrensystem sowie Entspannen auf 120 °C und 100 °C. Es kann dem zweiten, als „Heißwürzetank" ausgebildeten Entspannungsgefäß ein Heißwürzeseparator nachgeschaltet werden [810, 811].

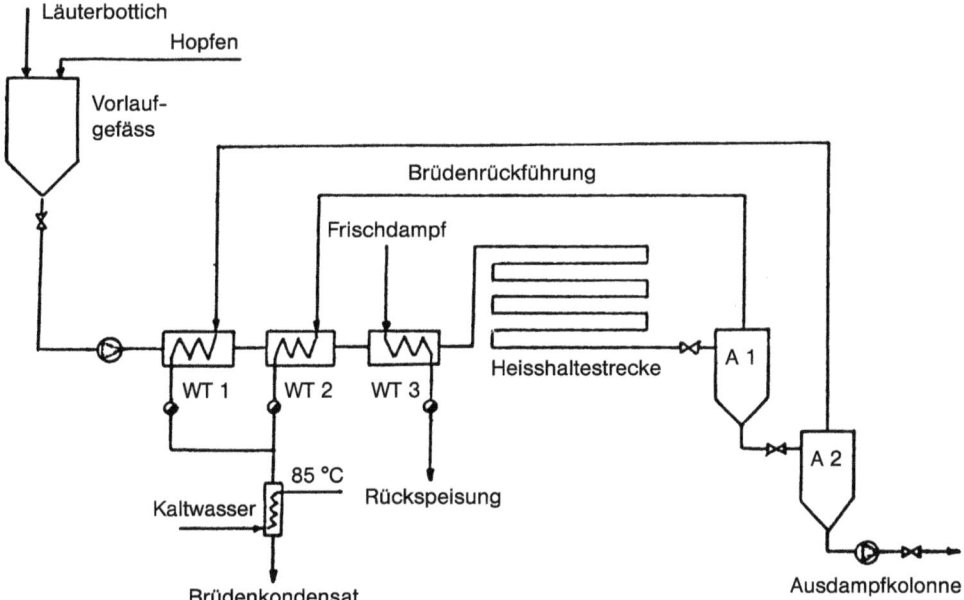

Abb. 5.16 Mehrstufen-Hochtemperaturwürzekochung

Große Bedeutung kommt der Reinigung der Erhitzerstufe 3 zu. Nachdem diese den Ablauf der Kochung empfindlich stören würde, ist der WT3 in zweifacher Ausfertigung zu beschaffen. Somit kann mit beginnender Verlegung der Heizflächen auf den zweiten, gereinigten Erhitzer umgestellt werden.

5.2.3
Würzekochung – Zusatzsysteme

Zwei Faktoren sind im Zusammenhang mit dem Verfahrensschritt „Würzebehandlung" von Bedeutung:

5.2.3.1 Das Aufheizen der Würze von der Abläutertemperatur (70–72 °C) auf die Kochtemperatur

Das Aufheizen der Würze geschieht meist in der Pfanne mit Innen- oder Außenkochern, wobei es vor allem bei der ersteren zu einer thermischen Belastung der Würze an den Heizflächen kommt, vor allem wenn die Erscheinung des „Pulsierens" auftritt. Bei Außenkochern können bei Aufheizen mit zu hohen Heizmitteltemperaturen bereits Fällungserscheinungen und Färbereaktionen auftreten. Die Würze wird durch den Verteilerschirm aufgeschichtet, so dass sich im Laufe des Aufheizvorganges beträchtliche Temperaturunterschiede von 20 °C und mehr ergeben (Abb. 5.17). Hierdurch bilden sich in den Partien, die längere Zeit bei 95 °C verweilen, Maillard-Produkte und Strecker-Aldehyde,

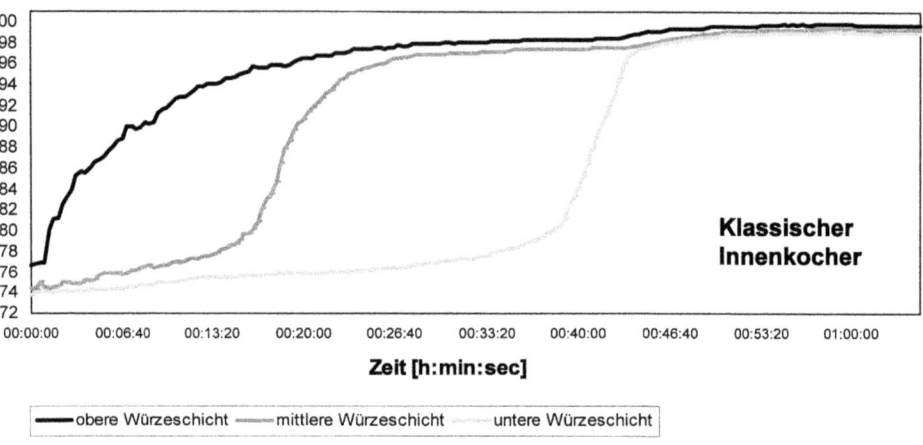

Abb. 5.17 Temperaturverlauf beim Aufheizen mittels Innenkocher

die die Farbe und die TBZ erhöhen, und es können Koagulationen auftreten. Bei Außenkochern kann dies durch eine seitliche tangentiale Einleitung der Würze jedoch in einem Winkel von 23° zum Radius vermieden werden, bei Innenkochern durch eine Zwangsanströmung mittels Pumpe (Leistung ca. 6faches Volumen/h) oder durch den sog. „Sub-Jet", der die Würze durch den Verteilerschirm unter die Würzeoberfläche schichtet und so für die wünschenswerten Turbulenzströmungen sorgt (s. Abschnitt 5.2.1.7).

Eine sehr gute, qualitätsschonende und sichere Lösung ist es, die Würze bei der Förderung vom Vorlaufgefäß an die Pfanne über einen Wärmetauscher auf 93–95 °C oder durch eine Zusatzheizung („Booster") gar bis nahe an die Kochtemperatur aufzuheizen. Dies wird durch Heißwasser vom Energiespeicher mit 95–98 °C bewirkt. Diese Heißwassertemperatur kann bei Bedarf noch mit Dampf oder anlagentechnisch auch durch die Abwärme eines Blockheizkraftwerks dargestellt werden. Es handelt sich hier um einen geschlossenen Kreislauf, weswegen hier voll enthärtetes, ggf. abgepuffertes Wasser als Wärmeträger verwendet werden soll. Das Beheizen des Wärmetauschers mit Dampf ist weniger günstig, da hier die Temperaturen des Heizmittels Dampf wegen möglicher Überhitzung schlechter einstellbar sind (Abb. 5.18).

5.2.3.2 Nachbehandlung der Würze nach dem eigentlichen Kochprozess

Die Nachbehandlung zielt einmal darauf ab, die Würze nach dem Kochen, etwa beim Ausschlagen in den Whirlpool oder Heißwürzetank auf einen Temperaturbereich abzukühlen, bei dem die thermischen Reaktionen abgeschwächt oder weitgehend unterbunden werden.

Dies kann geschehen durch eine *Würzevorkühlung* auf 85–90 °C, wobei ein Würzeteilstrom während des Ausschlagens über den Würzekühler läuft und beim Eintritt in den Whirlpool mit der heißen Pfannenwürze vermischt wird. Es kann auch ein eigener Wärmetauscher hierfür verwendet werden, doch muss

5.2 Würzekochsysteme | 525

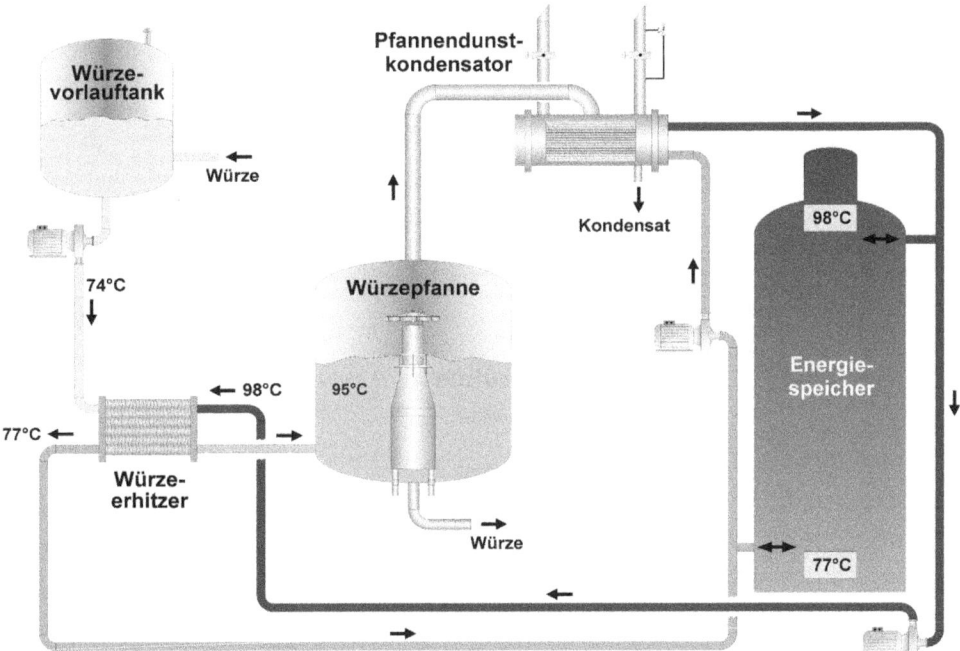

Abb. 5.18 Energiespeicher mit Läuterwürzeerhitzung

dieser ebenfalls in das System der Energierückgewinnung eingebunden sein (Abb. 5.19).

Das Verfahren erlaubt, den Kochprozess um ca. 20% zu verkürzen, da nur mehr eine geringe Nachbildung von Maillard-Produkten und Strecker-Aldehyden erfolgt, wie auch der Abbau des DMS-Vorläufers und dann der Anstieg der freien DMS reduziert werden (s. Abschnitt 5.8.7, 8.2.4.1).

Der sog. *Entspannungsverdampfer* ist in der Ausschlagleitung installiert: Es wird durch eine Vakuumpumpe ein Vakuum von 70–80% aufgebaut, das eine spontane Verdampfung und damit Temperatursenkung bewirkt. Diese erfolgt auf 75–80 °C, wobei grob jeweils 5 °C Temperaturabsenkung einer Verdampfung von ca. 1% entsprechen. Die Schwaden werden ebenfalls über einen Kondensator zur Energierückgewinnung genutzt, wobei hierdurch das Vakuum aufrechterhalten wird. Durch die Temperaturabsenkung werden wiederum Nachreaktionen unterbunden, durch die Nachverdampfung unerwünschte Würzearomastoffe deutlich, d. h. um bis zu 50% reduziert (s. Abschnitt 8.2.4.2)

Es genügt ein Heißhalten der Würze von 56–60 Minuten bei Kochtemperatur. Anschließend wird über den Entspannungskühler in ein Würzesammelgefäß ausgeschlagen. Der Trub wird hierbei „mazeriert", so dass im genannten Temperaturbereich kein „Whirlpooleffekt" erzielt werden kann. Das System hat sich wohl sehr bewährt, es konnte sich jedoch nicht auf breiterer Ebene einführen. Die Zeit war hierfür noch nicht reif.

526 | 5 Das Kochen und Hopfen der Würze

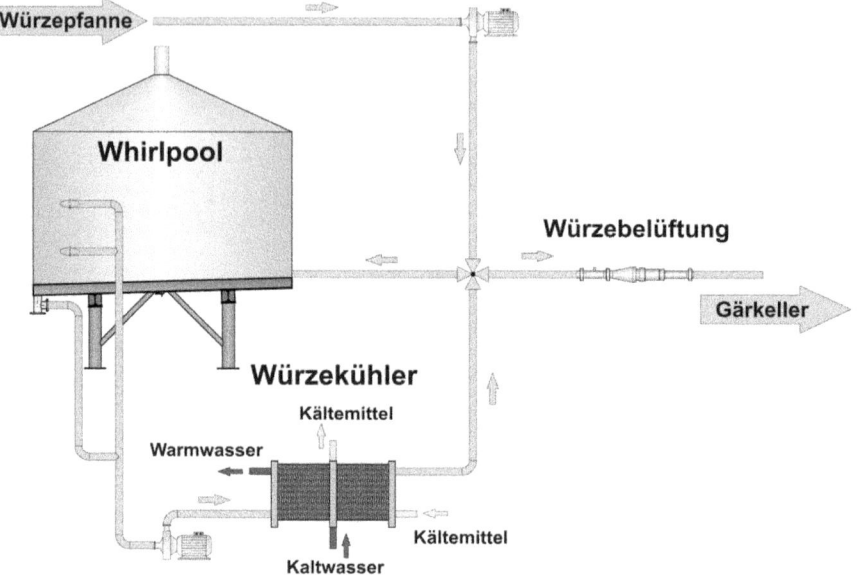

Abb. 5.19 Würzevorkühlung vor dem Whirlpool

5.2.3.3 Verfahren mit Nachverdampfung im Vakuum – zwischen Whirlpool und Plattenkühler

Bei dieser Arbeitsweise wird die Kochung entweder deutlich, d.h. bis auf ca. 40 Minuten verkürzt oder die Würze wird nur bei 97–99 °C ca. 60 Minuten lang heiß gehalten. Nach dieser ersten Phase und anschließender Whirlpoolrast wird die Würze vor dem Kühler über einen Expansionsverdampfer geleitet und bei einem Druck von ca. 300 mbar von 97 °C auf ca. 63 °C rund 7% verdampft. Der Verdampfer besteht aus einem Oberteil von ellipsoidem Querschnitt und aus einem zylindrischen Unterteil. Die Würze wird unter Vakuum tangential eingeleitet, wodurch eine Rotationsbewegung der Flüssigkeit und somit ein dünner Würzefilm an der Behälterwand resultieren. Hierdurch wird eine große Oberfläche zur Verdampfung von Wasser, aber auch zur Ausdampfung von Aromastoffen geschaffen. Die Würze wird beim Eintritt in den Verdampfer einem Vakuum (absoluter Druck 300 mbar) ausgesetzt. Dies wird durch eine Wasserring-Vakuumpumpe dargestellt. Der Dunstkondensator zum Niederschlagen der Brüden hält im laufenden Betrieb das einmal erreichte Vakuum aufrecht (Abb. 5.20).

Ein zweites System bedient sich eines zylindrokonischen Entspannungsverdampfers, der wiederum mit einer Vakuumpumpe und einem Dunstkondensator verbunden ist. Die Würze wird tangential in ca. 40% der Höhe des Gefäßes eingepumpt. Der Schwaden wird zentral oben vom Vakuumbehälter abgekühlt. Der absolute Druck beträgt 600 mbar, was einer Temperatur von 85 °C entspricht. Bei einer Anlage von 700 hl/h hat der Behälter 1,2 m Durchmesser bei

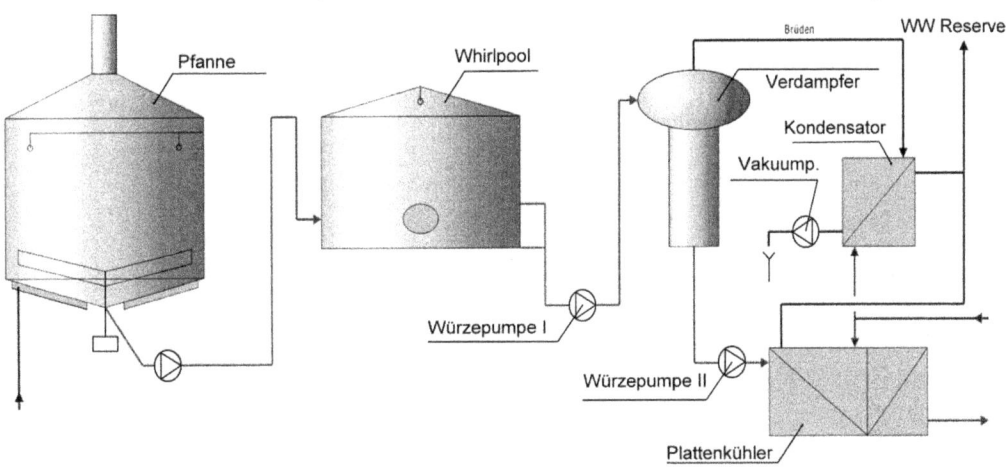

Abb. 5.20 Ausschließliche Nachverdampfung im Vakuum zwischen Whirlpool und Plattenkühler

einer Gesamthöhe von 2,8 m, wodurch sich sein Inhalt zu 30 hl berechnet. Wichtig ist, dass die Fallhöhe der Würze zur Pumpe hoch ist (im Beispiel 7 m), um Kavitationen zu vermeiden. Über eine Differenzdruckmessung wird der Würzestand im Entspannungsgefäß konstant gehalten. Diese Anlage wird zur Vakuumbehandlung von gezielt kürzer gekochten Würzen eingesetzt (Abb. 5.21). Beide Systeme sind jederzeit nachrüstbar.

Die Phasentrennung der Würzekochung und der Nachverdampfung wird ebenfalls beim sog. „Strippen" vollzogen.

Beim Dünnschichtverdampfer (Abb. 5.13) wird die Würze nach Whirlpoolrast und Trubsedimentation mit einer Geschwindigkeit der 1½fachen Sudmenge über den konischen Heizboden geführt, wobei der gleiche Dampfdruck wie beim Kochen zur Anwendung kommt. Auf der großen Oberfläche kommt es nochmals zu einer intensiven Ausdampfung von Würzearomastoffen, wobei neben Substanzen, die während der Heißwürzephase nachgebildet wurden, auch neugenerierte ausgetrieben werden.

Eine ebenfalls große Oberfläche bringt das „Würze-Stripping-System" ein, doch weniger über eine aktive Verdampfung als durch eine „Dampfwäsche" der Würze in einer Kolonne, die mit Ringen von ca. 1 cm Durchmesser gefüllt ist. Die Würze trifft nach Whirlpool oder Sedimentationstank von oben auf die Säule auf und rieselt nach unten. Sie wird im Gegenstrom von „Reindampf" durchströmt, der Aromastoffe, vor allem auch freies DMS entfernt. Damit ist es möglich, die Würzekochung durch eine einfache Heißhaltung (40–50 Minuten) in der Würzepfanne bei Kochtemperatur zu ersetzen. Ein Rühren der Würze empfiehlt sich, um die Homogenität zu gewährleisten. Die Verdampfung liegt dann insgesamt bei 2% (Abb. 5.22).

Die Stripping-Säule bedarf einmal der CIP-Reinigung/Woche.

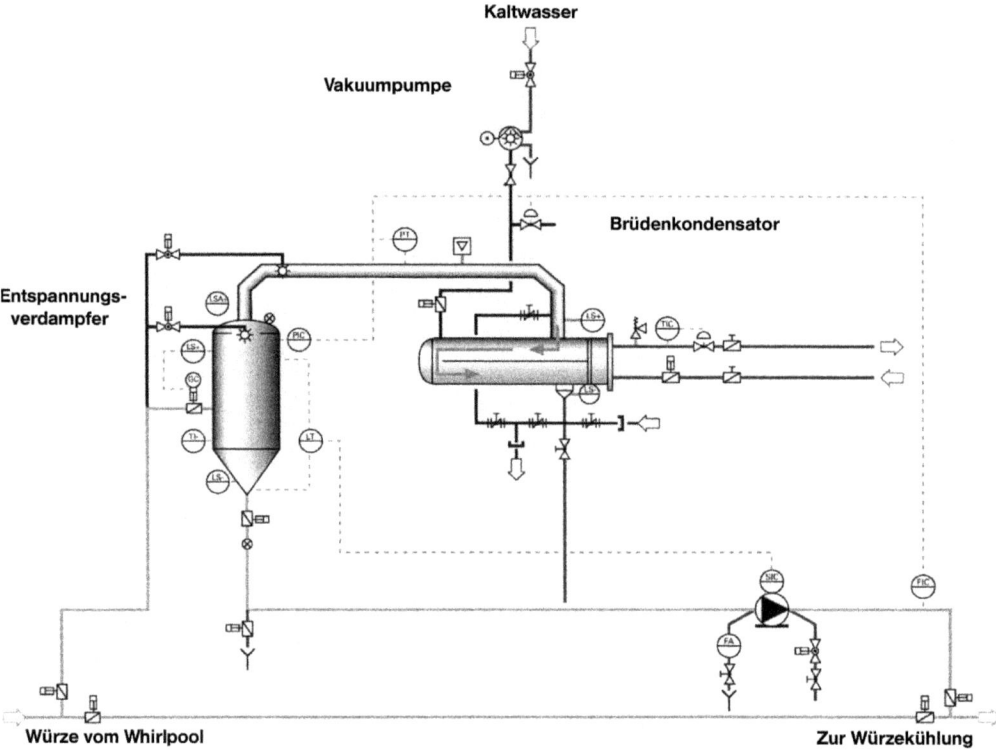

Abb. 5.21 Optionale Nachverdampfung im Vakuum zwischen Whirlpool und Plattenkühler

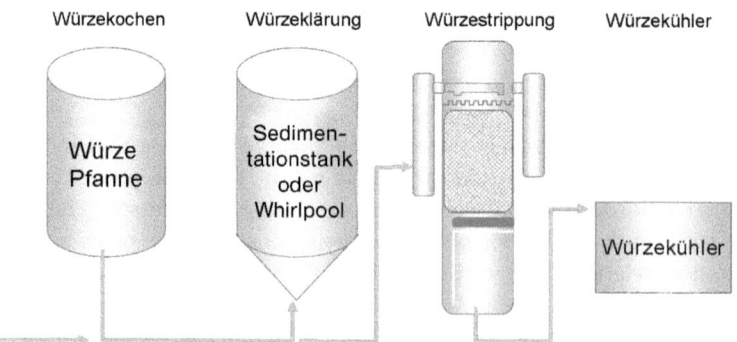

Abb. 5.22 Würzestripping mittels Dampfwäsche zwischen Heißtrubabtrennung (Dekantor) und Plattenkühler

5.3
Physikalische Vorgänge bei der Würzekochung

Es ist zweckmäßig in den folgenden Abschnitten den Einfluss der verschiedenen Parameter auf die einzelnen Reaktionen zu besprechen. In einem eigenen Abschnitt soll dann nochmals die Auswirkung neuer Systeme auf die Vorgänge beim Würzekochen, auf Würze- und Bierqualität zusammenfassend dargestellt werden.

5.3.1
Verdampfung des überschüssigen Wassers

Beim Abläutern wurde die Vorderwürze durch die zum möglichst vollständigen Auswaschen der Treber erforderlichen Nachgüsse zu stark verdünnt. Um nun die gewünschte, auf den jeweiligen Biertyp abgestimmte Endkonzentration in einer angemessenen Kochzeit zu erreichen, war bisher eine hohe stündliche Verdampfungsziffer von 8–10% der Ausschlagmenge erwünscht. Höhere Verdampfungsziffern haben nach heutigen Erkenntnissen keinen Wert, da bei normalen Temperaturen von 100 °C die zu schildernden Umsetzungen nur dann im gewünschten Maße ablaufen, wenn die Kochzeit nicht unter 90–100 Minuten beträgt. Ein Überschreiten der Kochzeit, um mehr Wasser verdampfen zu können, ist aus energiewirtschaftlichen Gründen nicht zu verantworten, auch wurde gezeigt, dass die Glattwasser-Nutzschwelle bei 2,5–3% liegt [700, 812], wodurch sich das früher empfohlene „stärkere Eindampfen" insbesondere auch bei Starkbieren erübrigt. Außerdem wird das Glattwasser ohnedies oftmals zum Einmaischen oder zum ersten Nachguss herangezogen. Aber auch aus technologischen Gründen ist eine längere Kochzeit nicht günstig; so nimmt die Farbe der Würze im Verlauf der Kochung um 1–2,5 EBC-Einheiten zu und zwar in der zweiten Hälfte mehr als in der ersten. Hiermit geht auch eine Veränderung des Charakters der Würze bzw. des späteren Bieres einher (s. Abschnitt 5.6.3).

Es ist natürlich eine Frage der Kochbedingungen nach den Gegebenheiten von Temperatur und Geschwindigkeit der Würze an den Heizflächen und den bereits vorhandenen oder beim Kochen entstehenden schwerer oder leichter flüchtigen Substanzen, wie weit die Gesamtverdampfung ohne Nachteil für die Bierqualität verringert werden kann. Es sind in den 1920er und 1930er Jahren mit Pfannen, die nur eine unzureichende Eindampfung lieferten, Würzen erzeugt worden, die tadellose Biere ergaben. Doch ist es sicher falsch, unbesehen für alle möglichen Konstruktionen Eindampfziffern von 2–4% zu übernehmen. Hierauf wird noch zurückzukommen sein (s. Abschnitt 5.7.2).

5.3.2
Zerstörung der Enzyme des Malzes

Sie ist notwendig, um die Stoffverhältnisse der Würze zu fixieren. Die am Ende der Abläuterung vorliegenden Gehalte an Hydrolasen sind naturgemäß gering

(s. Abschnitt 3.1.1.5), lediglich einige Oxidasen werden erst beim Aufheizen auf die Kochtemperatur vernichtet. Vom Standpunkt der Enzyminaktivierung aus könnte die Kochzeit kurz sein.

5.3.3
Sterilisierung der Würze

Die vom Malz und vom Brauwasser herrührenden Mikroorganismen, ebenso wie diejenigen die sich im Verlauf des Maischens oder Abläuterns in den Gefäßen, Leitungen und Pumpen etc. entwickelt haben, werden abgetötet. Ausnahme sind die hitzeresistenten Sporen von Bazillen und Chlostridien, die teilweise Temperaturen von über 110 °C tolerieren. Diese Keime haben aber für den weiteren Prozess keine Bedeutung, sofern nach dem Abkühlen der Würze unmittelbar mit Hefe angestellt wird und durch schnelle Angärung eine pH-Absenkung unter 5,0 erfolgt. Die über die biologische Säuerung oder über Sauermalz eingebrachten Mikroorganismen werden aber auf alle Fälle abgetötet. Die eingesetzten Milchsäurebakterien stellen ohnehin keine Gefahr für die biologische Stabilität dar, da sie äußerst hopfenempfindlich sind (s. Abschnitt 1.3.10).

Auch erlaubt die dichte Sudfolge nur eine Reinigung des gesamten Systems am Ende einer Sudwoche so dass sich hier, wie schon erwähnt, da und dort Organismenanreicherungen ergeben können. Die zur Sterilisation der Würze erforderliche Kochzeit ist aus den genannten Gründen ebenfalls nur kurz.

5.3.4
Erhöhung der Acidität der Würze beim Kochen

Der pH fällt im Laufe der Kochzeit um 0,1–0,2 Einheiten ab. Diese Erscheinung wird durch die zugesetzten Hopfenbittersäuren, durch die Bildung von sauer reagierenden Maillard-Produkten (s. Abschnitt 5.6.3.8), vor allem aber durch die aciditätsfördernde Wirkung von Calcium- und Magnesiumionen sowie durch die Ausscheidung von alkalischen Phosphaten bewirkt.

Demgemäß ist diese pH-Erniedrigung abhängig von der Auflösung des Malzes und vom Grad der Abdarrung desselben, da beim Würzekochen die Reaktionspartner der Maillard-Reaktion weiterzuwirken vermögen [813, 814]. Weiterhin ist die Restalkalität des Brauwassers von Bedeutung: je höher dieselbe, umso mehr Phosphate werden gefällt, bzw. umso geringer ist damit die Pufferung, die sich dieser pH-Bewegung entgegenstellt [140].

5.4
Die Koagulation des Eiweißes

5.4.1
Allgemeine Gesichtspunkte

Eine besonders wichtige Veränderung der Würze durch das Kochen bildet die Ausscheidung von Eiweißstoffen. Zu Beginn wird die ursprünglich klare Würze undurchsichtig und trüb. Im Laufe des Kochvorgangs treten die zuerst nur in sehr feiner Form ausfallenden Stoffe zu einer gröberen und voluminöseren Ausscheidung zusammen. Die ausgeflockten Substanzen sind zum Großteil koagulierbare Eiweißstoffe, die man auch als „Bruch" der Würze bezeichnet.

Alle bisherigen Verfahrensschritte beim Mälzen und Maischen strebten eine Lösung der Stoffe des Gersten- bzw. des Malzkorns an. Vom Darren ab, aber auch beim Maischen bzw. beim Würzekochen treten Ausscheidungen und Koagulationen ein, die letztlich zur Klärung der Würze oder des Bieres durch Erreichen eines gewissen Gleichgewichtszustandes in dem komplizierten Nebeneinander der einzelnen Bierinhaltsstoffe führen.

Diese Klärungsvorgänge sind allgemein von großer Bedeutung für die Zusammensetzung des Bieres und damit für Geschmack, Vollmundigkeit und Stabilität des Bieres. Eine ungenügende Eiweißkoagulation beeinträchtigt nicht nur diese Eigenschaften auf direktem Weg, sondern auch indirekt über ein Verschmieren der Hefe während der Haupt- und Nachgärung. Gerade eine Behinderung des pH-Sturzes bei der Gärung verringert die hiermit verbundene Eiweißausscheidung, die dann zu geringeren Vergärungsgraden, zu schlechter Klärung und schließlich zu einer „Eiweißbittere" der Biere führt.

Der Koagulationsvorgang beim Würzekochen verläuft in zwei Stufen, die ineinander übergehen:

Die erste Phase ist mehr chemischer Natur; sie wird Denaturierung genannt. Die zweite Phase ist eine kolloidchemisch-physikalische: die Koagulation des denaturierten Eiweißes [815, 816].

Die stickstoffhaltigen Kolloide sind in wässriger Lösung von einer Hydrathülle umgeben; sie haben einen emulsoiden Charakter und sind gleichsam vom Lösungsmittel durchtränkt. Diese „Hydratation" gibt dem Eiweißmolekül im Verein mit der elektrischen Ladung eine gewisse Stabilität. Bei der intramolekularen Umwandlung, die zur Denaturierung führt geht das Kolloid von einem geordneten in einen ungeordneten Zustand über, die Protein- bzw. Polypeptidketten entfalten sich, sie verlieren ihr Hydratationswasser und damit ihre Löslichkeit. Diese Dehydratisierung kann durch Erhitzen aber auch durch dehydratisierende Stoffe unterstützt werden.

Nach erfolgter Dehydratisierung werden die Eiweißmoleküle nur mehr durch ihre elektrische Ladung in einem labilen Kolloidzustand gehalten („Suspensoide"). Beim sog. „isoelektrischen Punkt" (I.P.), in dem sich die positiv und negativ geladenen Gruppen der amphoteren Eiweißstoffe gegenseitig neutralisieren, sind die denaturierten Proteine besonders instabil und fallen, zunächst in feinster, dann in immer gröberer Form aus. Da nun der I.P. der verschiedenen, in der Würze gelösten Proteine nie den gleichen Wert hat, wird auch die Ausflockung derselben weder gleichmäßig noch vollkommen sein.

Der optimale pH-Wert für eine günstige Eiweißausscheidung liegt bei 5,2; er wird unter normalen Verhältnissen praktisch nicht erreicht. Je mehr sich jedoch die Acidität der Würze diesem Wert nähert und je günstiger die sonstigen Voraussetzungen sind wie z. B. gut gelöste hoch abgedarrte Malze, eine negative Restalakität des Brauwassers (z. B. Verhältnis der Carbonathärte zu Nichtcarbonathärte wie 1:2–2,5) oder biologische Säuerung der Würze um so mehr wird im Verein mit einer intensiven Kochung die Eiweißausscheidung gefördert.

Das als Trübungsbildner gefundene β-Globulin [817] hat einen isoelektrischen Punkt von 4,9; hier wie bei den ebenfalls trübenden Komponenten des δ- und ε-Hordeins [818, 819] lässt sich wohl kaum eine vollständige Ausscheidung der Abbauprodukte dieser genuinen Proteine erreichen. Sie werden immer bei Veränderung ihrer Lösungsverhältnisse (fallendes pH, sinkende Temperatur, Oxidationseinflüsse) zu weiteren Ausfällungen, zuletzt im filtrierten, lagernden Bier neigen.

Die erste Stufe der Bruchbildung verläuft unter den Bedingungen des Würzekochens gewöhnlich vollkommen, die zweite Stufe dagegen nicht immer. Dies bedeutet: das Eiweiß scheidet sich zwar in feiner Form aus, es flockt aber nicht zusammen. Der Bruch wird nicht immer in gleicher Form grobdispers, sondern es bleibt ein leichter Schein zurück der noch verhältnismäßig viel koagulierfähiges Eiweiß enthält.

Partikelgrößen-Messungen zeigen bereits während des Aufheizens von 72 °C zum Kochen, dass mit zunehmender Temperatur ein Anstieg der mittleren Fraktion (23 µm) auf Kosten der feinen (5 µm) eintritt. Dies ist offenbar auf die Denaturierung und beginnende Koagulation von Stickstoffsubstanzen zurückzuführen, an die auch noch anderen Partikel (Lipide, Metall-Ionen) angelagert werden. Die Fraktion 234 µm zeigte eine Zunahme durch die Hopfengabe in Form von Pellets, während Hopfenextrakt keinen Anstieg der groben Fraktion bewirkte. Diese blieb während des Würzekochens in Bewegung, sie nahm also nur wenig ab, wahrscheinlich durch Vergrößerung der Partikel. Auch die mittlere Fraktion verringerte sich nach dem anfänglichen Spitzenwert nur um etwa 30%, die feine Fraktion nahm – wie schon erwähnt – laufend, bis zum Anstieg der mittleren ab, was auf das Zusammenlagern bzw. Denaturieren speziell proteinreicher Substanzen zurückzuführen war. Beim folgenden Klärungsprozess im Whirlpool nahm die grobe Fraktion deutlich ab, die mittlere ebenso, während die feine Fraktion durch die Kühltrübung anstieg (Abb. 5.23) [820].

Nach neueren Untersuchungen über die Denaturierung des Milcheiweißes (β-Lactoglobulin) erfolgt bei Erhitzung zunächst einmal eine Aufspaltung von Waserstoffbrücken. In der heißen Würze kommt es dann für die Eiweißmoleküle zu einer Quervernetzung oder zur Reaktion mit anderen niedermolekularen Substanzen [821]. Die größte Rolle spielt dabei die Auffaltung von Disulfidbrücken, wobei sich die hier freiwerdenden Sulfhydrylgruppen mit denen anderer

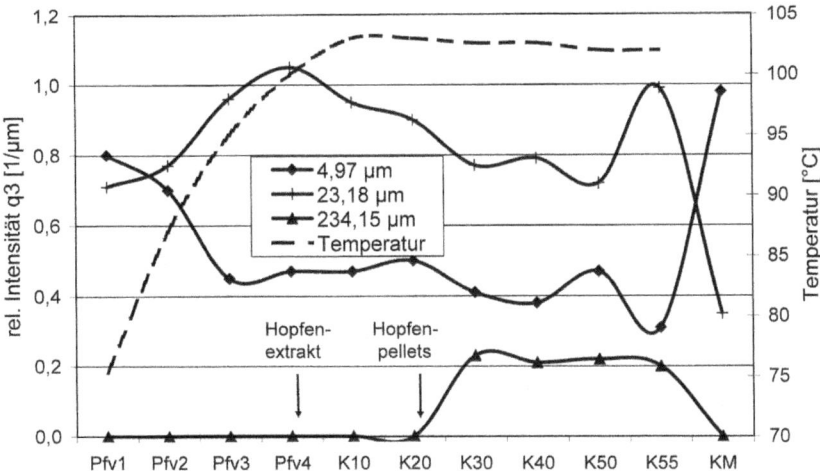

Abb. 5.23 Trends der Partikelgrößenverteilung beim Würzekochen und bei der Würzebehandlung (Außenkocher)

Peptide oder Proteine verbinden [822, 823]. Dieser Thiol-Disulfidaustausch kann im Labormaßstab durch Reduktionsmittel (wie z. B. β-Mercaptoäthanol) unterstützt oder durch Agentien, die eine Blockierung der SH-Gruppen bewirken (z. B. N-Äthylmaleinimid) inhibiert werden. Je nachdem ob nun reduzierende oder oxidative Einflüsse gegeben waren, koagulierte mehr oder weniger Eiweiß [824]. Von großer Bedeutung ist vermutlich auch die Ausbildung von ionischen Bindungen z. B. zwischen den ε-Aminogruppen des Lysins und den Bittersäuren [825], denn die Zugabe von Hopfenreinharzextrakt vermehrte die Trubbildung [327]. Es kann aber auch der Maillard-Reaktion eine Bedeutung von Koagulationen beim Würzekochen zukommen [826], was z. B. die niedrigen Restgehalte an koagulierbarem Stickstoff bei Würzen aus dunklen Malzen erklärt [813, 814]. Entgegen der bisher herrschenden Ansicht [827, 828] haben Polyphenole keinen direkten Einfluss auf die Eiweißausfällung, denn die Verbindung der Gerbstoffe mit den Eiweißmolekülen beruht auf Wasserstoffbrücken, die aber in der Hitze nicht stabil sind [829]. Die fällende Wirkung der Polyphenole dürfte erst unterhalb von 80 °C zur Wirkung kommen, d. h. zu dem Zeitpunkt zu dem eine blanke Ausschlagwürze bei Abkühlung trüb wird (s. Abschnitt 8.1.4). Die Ausbildung von Wasserstoffbrücken in der sich abkühlenden Würze würde aber auch erklären, warum die zur Analyse filtrierten oder zentrifugierten Würzeproben durch Entfernung der in der Kälte gefällten Eiweißgerbstoffverbindungen niedrigere Stickstoff- und Polyphenolwerte ergeben, die eine eiweißfällende Wirkung der Hopfenpolyphenole beim Kochen vortäuschen. Die Malzpolyphenole wurden u. U. schon vorher, beim Maischen, im Treberkuchen oder bei der Analyse der (vorher filtrierten) ungekochten Würze entfernt. Darum wurde ihnen stets eine geringere eiweißfällende Wirkung zugeschrieben [827, 828].

Die Bedeutung der Polyphenole dürfte in ihren reduzierenden Eigenschaften begründet sein, die die Oxidation von SH-Gruppen verhindert und so diese für den Thiol-Disulfidaustausch freihält. Daraus erklärt sich die günstigere Wirkung eines hohen Polyphenolgehalts der Rohstoffe, der bekanntlich mit einem stärkeren Reduktionsvermögen der Würze korreliert (s. Abschnitt 3.1.6.5). Auch Würzen, die aus luftfreien Maischen und Läuterwürzen stammen, weisen deutlich höhere Polyphenolgehalte auf (s. Abschnitt 3.1.7.3). Sie begünstigen die Eiweißfällung.

Ein Verfolg der Eiweißkoagulation mit Hilfe der Bestimmung der Molekularfraktionen zeigt einmal den die Fällung verstärkenden Einfluss der Hopfenbestandteile auf, wobei die Polyphenole des Hopfenpulvers indirekt eine stärkere Wirkung erkennen lassen, was mit deren höheren Reduktionsvermögen zusammenhängt (s. Abschnitt 1.4.7.7). Zum anderen bringt aber auch der Hopfen nicht unerhebliche Mengen an Stickstoff in die Würze ein, so z. B. das Hopfenpulver bei den folgenden Abb. 5.24 und 5.25 4,5 mg/100 ml und der Hopfenextrakt 2,5 mg/100 ml [351].

Der Gesamtstickstoff nimmt ohne Hopfen um 2,2 mg/100 ml ab, mit Hopfenpulver um 4,9 und mit Hopfenextrakt um 4,6 mg. Unter Berücksichtigung der Stickstoffgehalte der Hopfenpräparate sind dies jedoch 9,4 bzw. 7,1 mg/100 ml. Während nun beim Hopfenpulver aufgrund der Beschaffenheit der Polyphenole (s. Abschnitt 1.4.9.1) schon in den ersten 30 Minuten eine kräftige Absenkung des Stickstoffs eintritt, erfolgt diese beim Hopfenextrakt zögernder. Einen Einblick in die Bewegungen der Fraktionen über 12 000 und über 60 000 gibt die Abb. 5.25; hier ist sogar in den ersten 30 Minuten eine Zunahme zu erkennen, die auf eine Vergrößerung des Dispersitätsgrades der Eiweißkolloide hindeutet. Offenbar bleiben diese neugebildeten Komplexe bis zum Überschreiten einer gewissen Molekülgröße in Lösung und fallen dann anschließend aus.

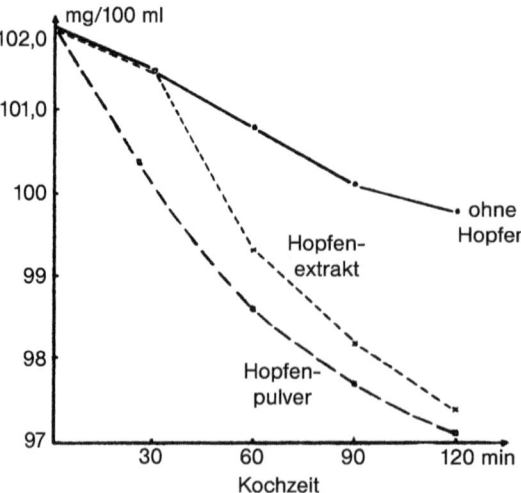

Abb. 5.24 Abnahme des Gesamt-Stickstoffs

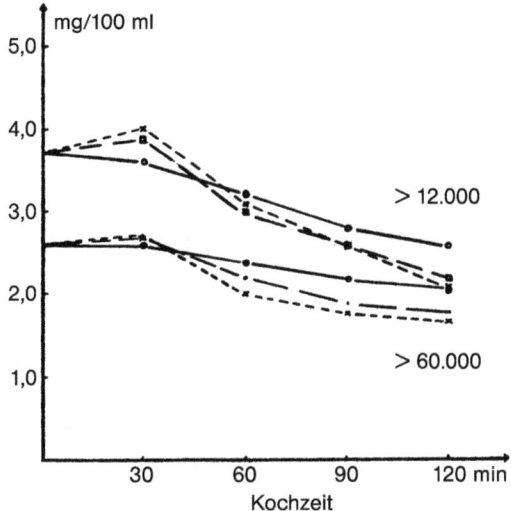

Abb. 5.25 Abnahme der Fraktionen mit einem Molekulargewicht > 12 000 und > 60 000 (——— ohne Hopfen; – – – Hopfenpulver, –·–·– Hopfenextrakt [351])

Wie die Abbildungen 5.24 und 5.25 ferner erkennen lassen, tritt vor allem eine Abnahme der Fraktionen über 2600 und über 4600 ein, wo doch eine prozentual stärkere Verringerung der hochmolekularen Stickstoffverbindungen zu erwarten gewesen wäre. Es ist aber anzunehmen, dass, wie Abb. 5.25 zeigt, zunächst eine Anreicherung des hochmolekularen Stickstoffs erfolgt und dann erst die Fällung einsetzt. Diese Erkenntnis entspricht auch den Ergebnissen früherer Untersuchungen [830].

So aufschlussreich diese oben genannten Daten sind, so ist doch die Methode der Gelfiltration zur Bestimmung der Molekularfraktionen für die Routinekontrolle zu aufwändig. Hier werden nach wie vor die bekannten Fällungsreaktionen, vor allem aber der hitzekoagulierbare Stickstoff bestimmt.

5.4.2
Beurteilung der Eiweißkoagulation

In der ungekochten Würze liegt dieser Wert in Abhängigkeit von den oben genannten Faktoren, aber auch von der Art des Maischverfahrens (Infusions- oder Dekoktionsverfahren) sowie einem mehr oder weniger weitgehenden Luftausschluss beim Maischen und Abläutern bei 3–7 mg/100 ml 12%-iger Würze. Er soll durch den Würzekochprozess auf 2–3 mg/100 ml abgesenkt werden. Eine weitergehende Ausfällung erbrachte keine Verbesserung der kolloidalen Stabilität, wohl aber Biere mit unbefriedigenden Schaumeigenschaften [831, 832]. So galten die Bemühungen, gerade bei modernen Sudwerken (und Kochsystemen) einen bestimmten Restgehalt an dieser Eiweißfraktion nicht zu unterschreiten. Ferner ist zu berücksichtigen, dass auch bei der nachfolgenden Würzebehandlung noch eine weitere Eiweißfällung stattfindet, die die Werte des koagulierbaren Stickstoffs weiter absenkt.

5.4.3
Physikalische Faktoren der Eiweißkoagulation

5.4.3.1 **Kochdauer**
Die Kochdauer spielt eine wichtige Rolle, die aber naturgemäß in Verbindung mit der Kochtemperatur gesehen werden muss.

Bei normaler Kochung mittels einer klassischen Pfanne (Abb. 5.2) ergab sich folgende Abhängigkeit (Tab. 5.1).

Tab. 5.1 Kochdauer und Eiweißkoagulation (Normalkochung)

Kochzeit min	0	30	60	90	120
koag.-N mg/100 ml (12%ige Würze)	5,5	4,0	3,4	2,7	2,2

Die Eiweißausscheidung setzt sich zwar bei weiterer Kochzeit noch fort, doch sind die Veränderungen hier nicht mehr nennenswert.

5.4.3.2 **Art und Weise des Kochens**
Sie übt einen mindestens so großen Einfluss auf die grobflockige Ausscheidung des Bruches aus. Die Merkmale einer intensiven Kochung liegen darin, dass die am Boden der Pfanne bzw. an der Heizfläche entstehenden Dampfblasen möglichst rasch von derselben weggeführt werden und an die Oberfläche steigen. Die denaturierten Eiweißkomplexe reichern sich als oberflächenaktive Stoffe an der Oberfläche der Dampfbläschen an, sie erfahren durch diesen Kontakt eine Vergröberung und ballen sich hierdurch zusammen. Je größer die Heizfläche, je stärker die Dampfentwicklung und je stärker die Kochbewegung umso kleiner sind die Dampfblasen und umso größer ist ihre Oberfläche. Damit wird die Anreicherung und das Aufeinanderwirken der Teilchen unterstützt.

Im ersten Stadium des Kochens neigt die Würze häufig zum Überschäumen, da die koagulierenden Eiweißkolloide eine erhebliche Verminderung der Oberflächenspannung herbeiführen (erst wenn die Denaturierung der koagulierfähigen Moleküle weit genug fortgeschritten ist). Bei Zusatz von Hopfen verliert sich diese Erscheinung.

Im Gegensatz zu den alten, tiefen Dampfpfannen mit kugelförmigem Heizboden, die nur eine schwache Kochbewegung und eine unbefriedigende Verdampfung ermöglichten, waren sowohl die ab den 1930er Jahren gebauten

Tab. 5.2 Verdampfung und Eiweißkoagulation (konventionelle Pfannen)

Stündliche Verdampfung %	4	6	8	10
koag.-N mg/100 ml 12% Extrakt	3,2	2,6	2,1	1,7

„Hochleistungspfannen" mit hochgezogener Innenheizfläche höheren Dampfdrucks als auch die in den 1960er Jahren entwickelten ölbeheizten Pfannen und Stahlbaufeuerung in ihrer Leistung voll befriedigend. Die Kochbewegung fand auch einen gewissen Ausdruck in der stündlichen Verdampfungsleistung (Verdampfungsziffer), bei der ein Wert von rund 8% angestrebt wurde. Einen Überblick über Verdampfungsleistung = Kochbewegung und Eiweißkoagulation gibt Tab. 5.2.

Um den Kocheffekt mangelhafter Pfannen zu verbessern, wurden vielfach „Zusatzkocher" eingebaut. Es gelang mit Ihnen nicht nur die Nachteile dieser Pfannen auszugleichen, vielmehr übertrafen sie unter sonst gleichen Bedingungen sogar Hochleistungspfannen. Dies zeigt Tab. 5.3.

Bei Innenkochern, die allein, ohne Bodenheizung der Pfanne eine gute Verdampfungsleistung erbringen, kann u. U. eine ungenügende Umwälzung der Würzemenge in den Außenzonen des Behälters gegeben sein (s. Abschnitt 5.2.1.7). Dies hat durch Kurzschluss-Strömungen der Würze in Heizkörpernähe nicht nur eine unvollkommene Eiweißausscheidung zur Folge, sondern auch eine ungenügende Verdampfung von flüchtigen Substanzen. Den Erfolg eines auf einen zu schlank ausgelegten Heizkörper aufgesetzten Schirms und die hierdurch erfolgende Verbreiterung der auf die Würzoberfläche prallenden Kochfontäne zeigt Tab. 5.4.

Parallel mit einer eher zu weitgehenden Verringerung des koagulierbaren Stickstoffs ging eine bessere Ausdampfung der Würze und damit ein reinerer Geschmack der Biere einher.

Tab. 5.3 Einfluss des Heizsystems bei gleichartigen Pfannen

System	Doppelboden	Innenkocher
koag.-N mg/100 ml 12% Extrakt	2,2	1,7

Tab. 5.4 Lenkung der Kochfontäne und Eiweißkoagulation

Rückfluss der Würze zur Periphrie	1/3	1/2	2/3	4/5
koag.-N mg/100 ml 12% Extrakt	2,3	1,9	1,6	1,8

5.4.3.3 Form der Pfanne

Wie schon bei der Beschreibung der Pfannenkonstruktion erwähnt, spielt für die Wirkung der Kochung die Form der Pfanne und damit die *Form des Flüssigkeitskörpers* sowie das Temperaturgefälle in den einzelnen Zonen der Heizflächen eine bedeutende Rolle. Die Erwärmung beim Kochen erfolgt im Wesentlichen durch Konvektion. Die Flüssigkeitsteile, die mit den Heizflächen unmittelbar in Berührung kommen werden erwärmt, dehnen sich aus und steigen nach oben. Ähnlich wirken auch die aufsteigenden Dampfblasen, welche die Flüssigkeit mit sich reißen. Die Würze setzt sich von der Stelle der stärksten Erwärmung aus in Bewegung und so entsteht eine Strömung von gewisser Stärke und Richtung. Dies ist sowohl bei den Feuerpfannen als auch bei den modernen Hochleistungspfannen mit hochgezogenen Innenheizflächen, die mit Dampf höheren Druckes beschickt werden der Fall (s. Abschnitt 5.2.1.7). Auch die rechteckigen Pfannen mit trapez- oder muldenförmigem Querschnitt entwickeln einen derartigen Kochkreis, der jedoch hier nur von der beheizten Seite der Pfanne auf die nur wenig oder unbeheizte führt. Es kann hier u. U. zu einem „Rollen" der Würze kommen, wodurch nicht mehr alle Würzeteilchen eine Berührung mit der Heizfläche erfahren. Dies dürfte auch der Grund für den verschiedentlich zu hohen Restgehalt an koagulierbarem Stickstoff sein. Zusätzliche Innenheizflächen in Form von Platten oder Rohren konnten hier Abhilfe schaffen.

5.4.3.4 Kochung der Würze mittels verschiedener Außenkochsysteme

Sie erlaubt durch die gesteuerte Umwälzung und Führung der Würze eine hohe Verdampfungsziffer sowie eine rasche und eher zu weitgehende Ausscheidung des koagulierbaren Stickstoffs (Tab. 5.5).

Tab. 5.5 Einfluss der Würzekochzeit bei Außenkocherpfannen (Temperatur 104–105 °C) [802]

Kochzeit min	30	45	60	75	90
koag.-N mg/100 ml 12% Extrakt	3,0	2,2	1,8	1,4	1,2

Es hätte also von der Warte des koagulierbaren Stickstoffs aus eine Kochzeit von 60–70 Minuten ausgereicht.

Wie schon erwähnt, kann auf die den Außenkocher verlassende Würze und damit auf den Wärmetauscher selbst ein Gegendruck ausgeübt werden, der im Kocher selbst eine höhere Temperatur zur Folge hat. Bei gleichbleibender Kochzeit von 70 Minuten war die Koagulation mit steigenden Temperaturen folgende (Tab. 5.6).

Tab. 5.6 Kochertemperatur und Eiweißkoagulation

Kochtemperatur °C	106	108	110	112
koag.-N mg/100 ml 12% Extrakt	1,6	1,3	1,1	0,9

Die Kochung von 70 Minuten bei 106 °C war nach diesen Daten zu intensiv. Demnach hat sich in der Folgezeit noch eine Ermäßigung der Kochtemperatur auf 103 °C als zweckmäßig erwiesen. Dabei ist zu berücksichtigen, dass einen Reihe von positiven, aber auch negativen Reaktionen bei der Heißwürzebehandlung weiter abläuft.

Der Effekt der höheren Temperatur könnte z. B. bei den schwerer zu behandelnden Würzen aus Weizenmalzen im Hinblick auf eine gleichbleibende Kochzeit genützt werden. Aus anderen Gründen, wie z. B. der Isomerisierung der Bitterstoffe aber auch der Austreibung von flüchtigen Substanzen dürfte bei derartigen Systemen ein Unterschreiten einer Kochzeit von 55–60 Minuten nicht ratsam sein [833]. Es ist auch darauf hinzuweisen, dass die Würze in der Pfanne selbst stets nur bei einer Temperatur verbleibt, die dem jeweiligen Barometerstand entspricht.

5.4.3.5 Kochung bei überbarometrischem Druck

Sie wurde schon in den 1930 Jahren empfohlen [834, 835], dann aber aus irgendwelchen Gründen verlassen und fand seit 1975 im Hinblick auf die durch geringere Verdampfung ermöglichten Energieersparnisse eine gewisse Verbreitung. Bei Kochzeiten von jeweils 15–20 Minuten bei den angegebenen Temperaturen und einer Gesamtzeit von 60–70 Minuten über 100 °C ergaben sich folgende Werte (Tab. 5.7).

Es zeigte sich hier, dass bei höheren Temperaturen als 105 °C – vor allem aus Gründen der Bildung von Maillard-Produkten – eine Verkürzung der Kochzeit erforderlich würde.

Tab. 5.7 Niederdruckkochung und Eiweißkoagulation [802]

Kochtemperatur °C	Normal 100	103	105	107
koag. N mg/100 ml 12% Extrakt	2,1	1,8	1,6	1,3

5.4.3.6 Hochtemperatur-Würzekochsysteme

Hier ergibt sich wiederum die Abhängigkeit von Temperatur und „Heißhaltezeit" (Tab. 5.8).

Es ist also der Restgehalt an koagulierbarem Stickstoff bei modernen Kochsystemen nicht mehr das Kriterium für eine optimale Würzekochung. Schon beim Außenkocher kann sich ein zu weitgehender Abfall ergeben, der eine Rücknahme der Temperaturen oder eine sonstgeartete Veränderung der Technologie verlangt.

Tab. 5.8 Die Auswirkung von höheren Temperaturen und entsprechenden Heißhaltezeiten auf die Eiweißkoagulation [836, 837]

Temperatur °C	Normale	140	135	135
Heißhaltezeit min	Kochung	3	3	2 1/2
koag. N mg/100 ml 12% Extrakt	1,8	1,2	1,4	1,5

5.4.3.7 Moderne Kochverfahren

Moderne Kochverfahren wie „Dynamische Niederdruckkochung", „Sub-Jet", Innenkocher mit Pumpenanströmung und Strahlmischer und Dünnschicht-Verdampfung zielen bewusst auf deutlich verkürzte Kochzeiten bei hoher Homogenität, geringerer thermischer Belastung (niedrigstmögliche Heizmitteltemperaturen) und großen Ausdampfoberflächen ab. Damit gelingt es, den Restgehalt an koagulierbarem Stickstoff in dem heute wünschenswerten Bereich von 2,2–2,7 mg/100 ml zu halten (Tab. 5.9).

Tab. 5.9 Moderne Kochsysteme und Eiweißkoagulation (s. auch Tab. 5.53)

Kochung	Normal	Sub-Jet	Normal	Innenkocher mit Strahlmischer und Pumpe	Normal	Dünnfilmverdampfer
Restgehalt an koag. N mg/100 ml	1,8	2,1	1,8	2,6	1,6	2,3

5.4.4
Einfluss der Würzezusammensetzung auf die Eiweißkoagulation

Die einzelnen Faktoren wurden schon kurz angedeutet: Malzauflösung, Ausdarrung, Brauwasserbeschaffenheit, Maische- und Würze-pH sowie Maischverfahren.

5.4.4.1 Malzauflösung

Je besser ein Malz gelöst ist, umso mehr lösliche Polyphenole, Anthocyanogene und Tannoide enthält es. Nachdem gerade die Tannoide über reduzierende Eigenschaften verfügen, unterstützen sie die Fällungen beim Maischprozess sowie bei der Würzekochung [813, 838]. Dies zeigt Tab. 5.10 anhand von Kochversuchen mit ungehopfter Würze. Die Stickstoffwerte sind hier, zum Vergleich mit den Anthocyanogenen in mg/l angegeben.

Die Abnahme des Gesamtstickstoffs geht sogar noch über die Menge des koagulierbaren Stickstoffs hinaus, ein Zeichen, dass während des Kochprozesses eine Vergrößerung von Kolloiden eintritt, die dann ebenfalls durch die oben geschilderten Reaktionen denaturieren und ausfallen.

Tab. 5.10 Eiweißlösung des Malzes und Abnahme von Anthocyanogenen sowie Stickstoff beim Würzekochen

Eiweißlösung des Malzes %		33	42	47
Abnahme der Anthocyanogene	mg/l	9	15	22
Abnahme des Gesamt-N	mg/l	39	60	70
Abnahme des koagulierb. N	mg/l	30	48	57

5.4.4.2 Abdarrtemperatur

Die Tab. 5.11 zeigt den Einfluss der Abdarrtemperatur auf die Ausscheidungsvorgänge – wiederum bei einer ungehopften Würze auf [814].

Durch die Koagulation beim Darren bzw. beim Maischprozess bringen die Malze mit höherer Abdarrung geringere Mengen an hochmolekularem Stickstoff in die abgeläuterte Würze ein. Trotz stärkerer Abnahme der Anthocyanogengehalte fällt die Stickstoffausscheidung schwächer aus. Die Endwerte liegen aber mit steigender Abdarrtemperatur niedriger.

Tab. 5.11 Abdarrtemperatur und Stickstoff-Fällung

Abdarrtemperatur °C			70	85	100
Anthocyanogene	vor dem Kochen	mg/l	63,0	82,5	110
Anthocyanogene	nach dem Kochen	mg/l	55,5	63,0	83,0
	Abnahme	mg/l	7,5	19,5	27,0
koag. N	vor dem Kochen	mg/l	58,8	46,5	37,5
koag. N	nach dem Kochen	mg/l	43,5	39,0	30,5
	Abnahme	mg/l	15,3	7,5	7,5

5.4.4.3 Luftfrei arbeitende Sudwerke

Luftfrei arbeitende Sudwerke (s. Abschnitt 3.1.7.3) liefern Würzen, die höhere Polyphenolgehalte aufweisen und schon beim Maischen eine etwas stärkere Eiweißfällung erfahren. So weisen die Würzen vor dem Kochen schon niedrigere Werte an koagulierbarem Stickstoff auf, beim Kochen selbst ist die Koagulation stärker, so dass die Gehalte der gekochten Würze niedriger ausfallen (Tab. 5.12).

Tab. 5.12 Würzebeschaffenheit und Eiweißfällung (bez. auf 12% Extrakt)

Arbeitsweise	konventionell	luftfrei
Würze vor dem Kochen koag. N mg/100 ml, 12% Extrakt	5,4	4,5
Würze nach dem Kochen koag. N mg/100 ml, 12% Extrakt	2,3	1,3
Würze-Abnahme koag. N mg/100 ml, 12% Extrakt	3,1	3,2

Es bedarf einer deutlichen Reduzierung der Würzekochintensität nach Zeit und Temperatur, wobei auch die Temperatur des Heizmittels eine große Rolle spielt (s. Seite 514 ff.). Um diesem zu hohen Verlust an geschmacklich wichtigen und schaumpositiven Fraktionen zu begegnen, wurden neue Kochsysteme entwickelt, die es ohne sonstige Nachteile vermeiden, den Abfall des koagulierbaren Stickstoffs zu weit zu treiben (s. Abschnitt 5.2.1.7).

5.4.4.4 Sonstige Faktoren

Einen sehr einschneidenden Einfluss auf den Restgehalt an koagulierbarem Stickstoff hat die Brauwasserbeschaffenheit: harte Wässer von z. B. 10° dH Restalkalität vermitteln durch die höheren pH-Werte in Maische und Würze eine schlechtere Eiweißfällung, eine pH-Korrektur der Maische und der Würze verstärken sie (Tab. 5.13). Besonders wirksam ist die letztere Maßnahme, da hier die Pufferung der Würze unbeeinflusst bleibt (s. Abschnitt 3.1.4).

Tab. 5.13 Würze-pH und Eiweißkoagulation (berechnet auf 12 Extrakt)

pH-Wert		4,75	5,03	5,28	5,52	5,85
Restgehalte an						
Gesamt-N	mg/100 ml	122,6	122,1	123,9	125,7	125,0
$MgSO_4$-N	mg/100 ml	21,4	23,1	23,3	24,8	24,8

5.4.5
Beginn des Würzekochens

Er darf bei herkömmlicher Kochung nicht zu früh gelegt werden. Bei einer Kochzeit von 90 Minuten muss unbedingt noch 70 Minuten nach „Pfanne voll" gekocht werden, um die mit den Nachgüssen eingebrachten Stickstoff-, Gerbstoff- und Kieselsäuremengen zur Reaktion und eventuell zur Ausscheidung zu bringen. Außerdem schwächt die zulaufende Würze die Kochbewegung ab, so dass das „Vorkochen" keinesfalls als vollwertige Kochzeit bewertet werden darf.

5.4.6
Zusätze zur Unterstützung der Eiweißfällung

Um bei ungenügend kochenden Pfannen die Eiweißausscheidung zu verbessern oder die Würzekochzeit verkürzen zu können, werden verschiedentlich Stabilisierungsmittel zugesetzt.

5.4.6.1 **Bentonite und Kieselgele**
Sie sind in Deutschland als Stabilisierungsmittel zugelassen. Sie fördern – meist als Beigabe zu Hopfenpulvern oder Hopfenextrakten – die Koagulation der Stickstoffsubstanzen und die Isomerisierung der α-Säuren. Vom Standpunkt der Bierstabilität aus ist bei den angewendeten Gaben von 20–50 g/hl eine Stabilisierung des reifen Bieres wirtschaftlicher [372, 392].

5.4.6.2 **Polyvinylpolypyrrolidon (PVPP)**
PVVP dient als Zusatz beim Würzekochen einer Verringerung der Polyphenole [839]. Wenn sie auch die spätere Bierstabilität durch Eliminierung eines Teils der Polyphenole zu verbessern vermag, so wird die Eiweißfällung in der Hitze hierdurch kaum positiv beeinflusst. Es fehlt dann auch die reduzierende Wirkung der Polyphenole, um die Eiweißkoagulation weit genug zu führen. Auch hier ist die Behandlung des filtrierten Bieres wirtschaftlicher und darüberhinaus die Regeneration des teuren PVPP möglich.

5.4.6.3 **Tannin**
Die Verwendung von Tannin in Mengen bis zu 8 g/hl verstärkt die Stickstoffausscheidung beim Würzekochen um 3 mg/100 ml. Wenn auch dieser Effekt rein zahlenmäßig gering ist, so wird doch die Klärung des Bieres ebenso verbessert wie dessen chemisch-physikalische Stabilität. Zur Verstärkung der beiden Merkmale werden dem Bier nochmals 3–5 g/hl Tannin – beim Schlauchen dosiert – zugegeben [840].

Dieses Mittel ist in Deutschland nicht erlaubt.

5.4.6.4 Karaghen-Moos

Im Ausland finden, wenn dort zugelassen – auch Karaghen-Moos oder Isländisches Moos Anwendung [841]. Diese hochpolymeren Kohlenhydrate fördern in Mengen von 4–8 g/hl die Eiweißfällung, was vor allem beim Würzekochen in geographisch hochgelegenen Brauereien von Bedeutung sein kann.

5.5 Die Hopfung der Würze

Beim Kochen der Würze wird Hopfen zugegeben, um folgende Wirkungen zu erzielen:
a) eine Lösung und Isomerisierung der Hopfenbitterstoffe, die damit der Würze bzw. dem späteren Bier einen bitteren Geschmack verleihen;
b) eine Lösung der Hopfenpolyphenole, die die Eiweißkoagulation beim Kochprozess fördern, die aber ebenfalls zum Charakter der Würze bzw. des Bieres beitragen;
c) die Hopfenöle sollen – mindestens bestimmten – Biertypen ein gewisses Hopfenaroma verleihen.

Die Hopfenbestandteile sind nur zu einem geringen Teil sofort löslich: so z. B. die Polyphenole, ein Teil der Eiweißkörper, die Kohlenhydrate und Mineralstoffe. Auch sie tragen alle zum Charakter des späteren Bieres bei. Die im frischen Hopfen fast ausschließlich vorhandenen Bittersäuren gehen erst allmählich in Lösung, bzw. sie bleiben unlöslich und werden zusammen mit dem koagulierenden Würzestickstoff gefällt. Weich- und Hartharze gehen leichter in Lösung als die α- und β-Säuren.

5.5.1 Lösung und Umwandlung der Bittersäuren

Die Bitterstoffe sind in den Lupulindrüsen der Hopfendolden enthalten; der zugegebene Hopfen muss zunächst in der Würze verteilt werden, die Würze muss die einzelnen Partien der Dolde bzw. des Pulvers durchdringen, damit die Bitterstoffe in die Würze diffundieren können. Auch bei Hopfenextrakten kommt einer gleichmäßigen Verteilung derselben in der Würze Bedeutung zu. Erst dann können die Lösungs- und Umwandlungsvorgänge einsetzen.

5.5.1.1 α-Säure

Die α-Säure löst sich in Abhängigkeit von pH und Temperatur der Würze: sie weist bei pH 5,9 eine Löslichkeit von 480 mg/l auf [232], sie erreicht aber bei einem pH von 5,0 schon bei mäßigen Hopfengaben ihre Löslichkeitsschwelle von 40 mg/l bei 25 °C und von 60 mg/l bei 100 °C [238]. Darüber hinaus wird den α-Säuren bei höherem pH eine mehr molekulardisperse, bei einem pH von 5,2 eine mehr kolloide Verteilung zugeschrieben. Beide Lösungszustände bestehen nebeneinander, wobei jedoch beim normalen Würze-pH von 5,4–5,6 die kolloide Lösung überwiegt.

Es sind also die α-Säuren bei niedrigen pH-Werten, wie sie z. B. durch den pH-Sturz bei der Gärung hervorgerufen werden, nicht bzw. nur in sehr geringen Mengen von 0,5–2 mg/l vorhanden. Sie müssen daher beim Würzekochprozess in eine Form überführt werden, die auch bei den pH-Werten des Bieres beständig ist: die Iso-Verbindungen der α-Säuren und ihrer Homologen. Diese stellen nach den heutigen Erkenntnissen den größten Anteil der bitternden Substanzen eines Bieres dar [842].

Beim Würzekochen werden nun die α-Säuren, d.h. das Humulon, das Co- und Adhumulon in ihre Isomeren umgewandelt [233, 843, 844], die unter dem Begriff „Isohumulone" zusammengefasst werden. Die Struktur des Sechsrings geht dabei in die eines Fünfrings über. Jede der Homologen der α-Säuren bildet dabei 4 Isomere [845–847]: Die cis- und trans-Isohumulone [157, 158] und die cis- und trans-Allo-Isohumulone [159, 848].

Die einzelnen Stereoisomerem – auch aus den verschiedenen Homologen – unterscheiden sich hinsichtlich ihrer Bitterwirkung nicht bzw. nur unwesentlich [849]. Lediglich die Allo-Isohumulone scheinen eine etwas stärkere Bittere zu haben. Die Hauptmenge der Isomerisationsprodukte machen die trans- und cis-Isohumulone aus, die Allo-Isohumulone belaufen sich auf ca. 5%; außerdem kommen kleine Mengen an Spiro-Isohumulonen [850, 851] und weniger als 10–15% an Abeo-Isohumulonen vor [852].

Die Abeoisohumulone stellen Oxidationsprodukte dar, die in geringen Mengen in Hopfen vorkommen (0,5–1,15%); sie werden aber überwiegend während des Würzekochens gebildet. Sie sind wenig bitter, haben aber schaumpositive Eigenschaften. Ihre Menge kann durch Belüften der Würze gesteigert werden. Da sie sich nicht mit Iso-Octan extrahieren lassen, scheinen sie für einen Teil der beim Würzekochen auftretenden Verluste an α-Säuren verantwortlich zu sein. Oxidationsprodukte der α-Säuren und Iso-α-Säuren sind Humulinone (s. Abschnitt 1.4.7.2) und Humulinsäuren. Die Humulinsäure leitet sich vom Allo-Isohumulon ab, wenn die Isohexenoyl-Seitenkette abgespalten wird. Sie hat keine bitternde Wirkung. Nachdem die Oxidation der α-Säuren nicht nur zu den entsprechenden Humulinonen führt, sondern weiterläuft, entsteht ein sehr komplexes Gemisch von Strukturen [248], die diejenigen von Abeo-Isohumulon 1 gleichen. Sie gehören zu der Gruppe der sich von der α-Säure ableitenden Weichharze, sie sind weniger bitter als trans-Isohumulon, aber sie haben eine gute bis sehr gute Löslichkeit in Wasser.

(40) cis-Isohumulon

(41) trans-Isohumulon

(42) cis-Alloisohumulon

(43) trans-Alloisohumulon

Beim Würzekochen lässt sich also analytisch nur die Isomerisierung der α-Säuren verfolgen. Nachdem sich die verschiedenen Stereoisomeren der Humulon-Homologen in ihren Bitterpotenzialen kaum unterscheiden und auch in ihren sonstigen positiven Eigenschaften wie Erniedrigung der Oberflächenspannung und Verbesserung des Bierschaums ähnlich verhalten, ist es für den Verfolg der technologischen Einflüsse auf die Isomerisierung der α-Säuren vertretbar, jeweils den Sammelbegriff „α-Säuren" bzw. „Isohumulone" anzuwenden.

Es ist für die Beurteilung der bitternden Wirkung der Isohumulone von Bedeutung, ob diese im Bier in freier Form vorliegen oder aber an hochmolekulare Stoffe gebunden sind. So zeigten Versuche an Lagerbieren, dass weniger als die Hälfte der Iso-α-Säuren in freier Form vorliegt [852]. Der überwiegende Teil ist dabei an Stoffe mit einer Molekularmasse von bis zu 3500 gebunden. In der Fraktion über 3500 fanden sich 11–17% der Iso-α-Säuren; bei höhermolekularen Gruppen über 7000 Dalton waren dagegen nur in einem Falle Bitterstoffe feststellbar. Dies schließt aber nicht aus, dass nicht beim Würzekochen Verbindungen von Bitterstoffen mit höhermolekularen Substanzen eintreten können, wie auch die Verluste, zusammen mit koagulierendem Eiweiß beweisen.

5.5.1.2 β-Säure

Die β-Säure ist in Wasser bzw. Würze nur wenig löslich. In den interessierenden pH-Bereichen zwischen 5 und 6 gehen bei 25 °C 1 mg/l und bei 100 °C 9 mg/l in Lösung. Erst bei pH-Werten von 10 und darüber lösen sich 100 mg/l [238]. Damit spielt die β-Säure selbst beim Würzekochprozess keine Rolle. Sie verbleibt zum Großteil in den Hopfentrebern; die geringen in Lösung gehenden Mengen werden durch das koagulierende Eiweiß gefällt bzw. durch den pH-Sturz bei der Gärung ausgeschieden. Im Bier finden sich nur Spuren von β-Säuren.

Ein Oxidationsprodukt der β-Säure ist das Hulupon, das bereits im Hopfen – je nach Alterungsgrad – in Mengen von 0,1–1% vorkommen kann (s. Abschnitt 1.4.7.2). Beim Würzekochen lässt sich eine Zunahme des Hulupon feststellen. Eine Oxidation von Hulupon unter Praxisverhältnissen führt zu einer Reihe von Verbindungen, die aber im Gegensatz zum Hulupon eine Sechsringstruktur aufweisen [853]. Diese Oxidationsprodukte sind weniger bitter als das Hulupon, das bei einem pK-Wert von 2,5 eine gute Dissoziation zeigt und eine kräftige Bittere vermittelt [854].

Auch andere Oxidationsprodukte der β-Säure, die unter den Sammelbegriff „β-Weichharze" fallen wie die Lupdeps, Lupdols, Lupoxes und Lupdoxes sind in Würze löslich und gehen bis ins fertige Bier über. Ihr Bitterpotenzial liegt bei 33–50% der Isohumulonbittere.

Ein weiteres Oxidationsprodukt der Hulupone und somit der β-Säuren stellt die Hulupinsäure dar, die aber keine bitternde Wirkung hat [854].

5.5.1.3 Die Weich- und Hartharze des Hopfens

Sie lösen sich ebenfalls beim Würzekochen. Die definierten Verbindungen, wie die Humulinone und ihre Oxidationsprodukte wurden bereits oben erwähnt, ebenso das Hulupon und die sich hieraus ableitenden Substanzen. Viele derselben weisen ein hohes Maß an „Bierlöslichkeit" auf, sie werden z. T. mit Iso-Octan erfasst, z. T. jedoch nur durch Chloroformextraktion [268, 270]. Ihre Löslichkeit und Beständigkeit im Bier ist auch eine Erklärung dafür, warum selbst Hopfen mit einem α-Säuregehalt von 0 verbraut, Bitterstoffe ergeben, die sich bei der Ermittlung der „EBC-Bittereinheiten" feststellen lassen und die bei gleichem Niveau derselben eine zwar voluminöse aber dennoch schwächere Bittere aufweisen als die aus den α-Säuren stammenden Isomeren [350, 855].

5.5.1.4 Faktoren, die die Isomerisierung der α-Säuren beeinflussen

Bei der *herkömmlichen Würzekochung* ist die Kochzeit von ausschlaggebender Bedeutung. Dies zeigt Abb. 5.26.

Bei einem α-Säureeinsatz von 80 mg/l erfolgt naturgemäß der höchste Zuwachs an Isohumulonen innerhalb der ersten Hälfte der Kochzeit; aber selbst von der 90. zur 120. Minute war noch eine deutliche Mehrung der Isohumulone feststellbar. Bei der heute kaum mehr angewendeten Kochzeit von 120 Mi-

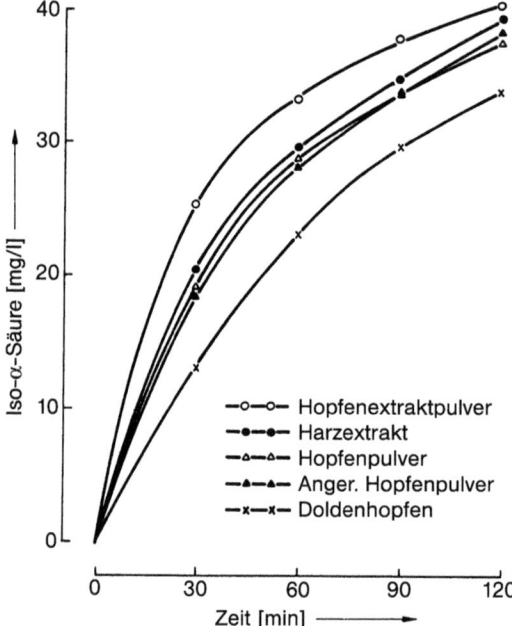

Abb. 5.26 Die Bildung von Iso-α-Säuren beim Würzekochen bei Verwendung verschiedener Hopfenprodukte [805]

nuten lag damit der „Isomerisierungsgrad" bei 47,2%, nach 90 Minuten nur bei 42%. Späte Hopfengaben, z. B. 30 Minuten vor Ende des Kochens, weisen demzufolge nur eine Ausbeute von 24% auf.

Es muss allerdings berücksichtigt werden, dass die Isomerisierung der Bitterstoffe nach Ende des Würzekochens keinesfalls abgeschlossen ist, sondern bei Temperaturen von ca. 95 °C im Heißwürzetank weiterläuft [856]. Gerade kürzer gekochte, späte Hopfengaben erfahren hier noch eine, nicht beträchtliche „Nachisomerisierung" (s. Abschnitt 8.1.5.2). Dies zeigt auch Tab. 5.14.

Die einzelnen Homologen der α-Säure, wie Co- und Adhumulon als die mengenmäßig bedeutendsten, zeigen kein unterschiedliches Verhalten beim Würze-

Tab. 5.14 Vergleich von Doppelboden- und Außenkocherpfannen [798]

	Doppelboden			Außenkocher		
	Ausschlagwürze	Anstellwürze	Bier	Ausschlagwürze	Anstellwürze	Bier
EBC-Bittereinheiten	47	54	35	42	52	34
α-Säuren mg/l	12	8	–	17	10	–
Iso-α-Säuren mg/l	38	49	–	30	44	–

kochen. Die früher dem Cohumulon zugeschriebene raschere Isomerisierung wurde nicht bestätigt [855].

Moderne Würzekochsysteme wie der Außenkocher fördern wohl einerseits durch die Einwirkung höherer Temperaturen bei jedesmaligem Durchlauf der Würze durch den Wärmeaustauscher eine höhere Isomerisierung. Nachdem aber die Würze andererseits in der Pfanne bei den normalen Kochtemperaturen um 100 °C verbleibt und die Würzekochzeit aus den in Abschnitt 5.4.3.7 geschilderten Gründen auf 60–70 Minuten verkürzt wird, weisen diese Ausschlagwürzen oftmals geringere Bitterstoffgehalte auf, als jene aus der üblichen Kochung [833]. Es bedarf dann der Verweilzeit im Whirlpool um etwa gleiche Werte im Bier zu erreichen.

Bei *überbarometrischer Kochung* ergeben sich bei einer Gesamtbehandlungszeit der Würze von 70 Minuten über 100 °C und 20 Minuten bei 110 °C die in Tab. 5.15 dargestellten Werte.

Tab. 5.15 Vergleich von Normal- und überbarometrischer Kochung [798]

		Normale Kochung	überbarometrische Kochung
α-Säuren	mg/l	13,1	5,9
Iso-α-Säuren	mg/l	55,0	56,2

Bei der *Hochtemperatur-Würzekochung* ist wiederum zu berücksichtigen, dass die Würzen nach dem sog. Heißhalter noch über die einzelnen Entspannungsstufen in entsprechende Heißwürzetanks verbracht werden. Es können deshalb nur die Bitterstoffgehalte der Anstellwürzen aussagefähig sein. Einen Einblick in die einzelnen Stufen des Prozesses (140 °C, 2½ min) gibt Tab. 5.16.

Tab. 5.16 Isomerisierung der α-Säuren in den einzelnen Stufen der Hochtemperatur-Würzekochung (135 °C, 150 min) [855]

		Heißhalter Ende	Enspannungsstufe 2	Anstellwürze
α-Säuren	mg/l	14,6	8,2	7,1
Iso-α-Säuren	mg/l	32,8	34,8	37,6

Bei diesen Systemen besteht aus den geschilderten Gründen kein Problem die herkömmlichen Bitterstoffausbeuten zu erreichen. Im Gegenteil sind Bitterstoffersparnisse von 10–20 % möglich, die sich qualitativ nicht negativ auswirken.

Die *Menge der dosierten α-Säuren* hat nur bei sehr hohen Gaben eine Verringerung des Isomerisierungseffekts zur Folge. So erbringt eine Steigerung der α-Säuregabe von 80 auf 160 mg/l eine Verringerung der Iso-α-Säurenausbeute um 18% [269], im Bereich von 65–100 mg α-Säure waren dagegen keine Unterschiede zu verzeichnen [855]. Die in der Praxis häufig feststellbaren Differenzen z. B. bei Pils- und Exportwürzen sind durch andere Ursachen bedingt. So liegt in der Regel die mittlere Hopfenkochzeit kürzer als bei Lager- oder Exportbier, was im Verein mit den höheren Gaben eine schlechtere Isohumulonausbeute erbringt.

Die *Raschheit der Extraktion und Verteilung der Bitterstoffe* spielt mit Sicherheit eine große Rolle. So dauert es naturgemäß eine bestimmte Zeit, bis z. B. Hopfendolden von Würze durchtränkt sind und die Bitterstoffe extrahiert werden können. Dies äußert sich nach Abb. 5.25 in einer relativ flachen Isomerisierungskurve. Pulver/Pellets verteilen sich rascher als Doldenhopfen, während bei Extrakten, insbesondere bei reinen Harzextrakten die Emulgierung derselben in der Würze etwas Schwierigkeiten bereitet. Ist diese jedoch erfolgt, so tritt eher noch ein steilerer Anstieg der Iso-α-Säuren ein als bei Pulverhopfen. Es ist aber überraschend, dass selbst bei diesen aufbereiteten Produkten noch erhebliche Zuwachsraten zwischen der 90. und der 120. Kochminute gegeben sind.

Es soll jedoch nochmals betont werden, dass die „Ausschlagwürze" als solche in den überwiegenden Fällen nicht den Endzustand der zum Anstellen gelangenden Würze darstellt, sondern zwischen Kochende und Ende Würzekühlen noch erhebliche Veränderungen eintreten können (s. Abschnitt 8.1.5).

Wie die Tab. 5.14–5.18 zeigen, verbleiben in der Würze, je nach Höhe und Kochzeit der Hopfengabe noch 7–15 mg/l unisomerisierte α-Säuren in der Würze. Diese isomerisieren zwar in der folgenden Heißhaltephase z. B. im Whirlpool noch weiter zu Isohumulonen, doch enthalten die Anstellwürzen je nach Gegebenheiten noch 5–12 mg/l, verschiedentlich sogar noch mehr unisomerisierte α-Säuren. Diese werden wohl zum größeren Teil durch den pH-Sturz bei der Gärung ausgeschieden und von den aufsteigenden Kohlensäurebläschen in die Kräusendecke verbracht, doch hat der verbleibende Anteil von 0,5–3 mg/l einen positiven Einfluss auf den Bierschaum (insbesondere auf dessen Haftvermögen) sowie auf die biologische Stabilität des Bieres [857], ohne dessen Abrundung zu stören.

Das *Alter des Hopfens bzw. der Oxidationsgrad* der Bittersäuren hat ebenfalls einen Einfluss auf die Bildung von Isomerisierungsprodukten der α-Säuren (Tab. 5.17): Hier ist schon nach 60–90 Minuten ein Maximum an „Isohumulonen" erreicht [350]. Es zeigte sich aber auch ein rascher Anstieg der nach der „Säulenmethode" [858] ermittelten Hulupone [255].

Wenngleich bei diesen Versuchen nach demselben „Universellen Bitterwert" dosiert wurde, so waren doch die Verluste – wahrscheinlich durch die nicht erfassten Abeoisohumulone – höher.

Eine erneute Bedeutung haben die Weich- und Hartharze bei der Herstellung von Xanthohumol-Extrakten gewonnen. Diese enthalten „Hartharze", die sich beim Kochen lösen und über die folgenden Verfahrensschritte bis ins fertige Bier gelangen können. Biere, die dann z. B. 28 EBC-Bittereinheiten aufweisen, enthalten aber nur ca. 12,6 mg/l an Isohumulonen. Die Bittere dieser Biere ist im Trunk deutlich, doch weich und völlig abrundend [859, 860].

Tab. 5.17 Verlauf einiger Hopenbitterstoff-Fraktionen während des Würzekochens bei Hopfen unterschiedlichen Alterungsgrades [255]

Kochzeit min		30	60	90	120
Frischer Hopfen					
Iso-α-Säuren	mg/l	18,9	25,2	29,5	30,5
α-Säuren	mg/l	19,8	13,3	9,1	6,7
Hulupone	mg/l	1,2	1,3	1,4	1,3
Humulinsäuren	mg/l	0,3	0,3	0,4	0,5
Gealterter Hopfen					
Iso-α-Säuren	mg/l	16,6	21,3	20,9	22,0
α-Säuren	mg/l	6,7	5,1	3,7	3,0
Hulupone	mg/l	5,8	6,5	6,8	6,4
Humulinsäuren	mg/l	0,9	0,9	0,8	1,0

Es hat aber die Art des Würzekochsystems – „offen" oder „geschlossen" – einen Einfluss auf die Ausnutzung der Hopfenbitterstoffe und das Verhältnis von den „globalen" EBC-Bittereinheiten zu den Iso-α-Säuren. Bei der früher üblichen, offenen Kochung wurde über die Pfannentüre Luft eingezogen und kam naturgemäß mit der Oberfläche der Kochfontäne der Würze in Berührung. Versuche im Kleinmaßstab mit gezielter Belüftung zeigten sowohl eine Zunahme der Bitterstoffe nach EBC als auch der Iso-α-Säuren auf Kosten der unisomerisierten α-Säuren [803, 855, 861]. Großversuche mit Außenkocher-Pfannen bestätigten dies: Es handelt sich um einen echten Gewinn an Isohumulonen, der sogar noch über die Abnahme an α-Säuren hinausging. Es konnte aber keine Mehrung von Oxidationsprodukten der α-Säuren (z. B. Hulupone) oder von undefinierten Weichharzen gefunden werden (Tab. 5.18).

Die geschlossene Kochung wurde aus Gründen der Energierückgewinnung beibehalten; die Verluste ließen sich durch eine längere mittlere Kochzeit wohl etwas ausgleichen, doch musste im Hinblick auf den Biercharakter auch ein gewisser Bitterstoff-Verlust im Kauf genommen werden [803].

Tab. 5.18 Würzekochung in Außenkocherpfannen mit und ohne Luftzutritt [855]

Kochung		geschlossen		offen	
Zeitpunkt der Probenahme		Ende Kochen	halbe Kühlzeit	Ende Kochen	halbe Kühlzeit
Bittereinheiten	EBC	42,0	46,0	47,0	50,0
Isohumulone	mg/l HPLC	27,3	34,4	32,9	39,3
α-Säure	mg/l HPLC	14,6	13,8	13,8	10,0

Eine wesentliche höhere Bitterstoff- bzw. Iso-α-Säure-Ausbeute erbringen naturgemäß vorisomerisierte Produkte wie „isomerisierte Pellets" (s. Abschnitt 1.4.9.8), die aus den sog. „stabilisierten Pellets" entwickelt wurden. Bei letzteren können die Ausbeuten schwanken, weswegen ein Laborversuch angebracht ist. Isomerisierte Kesselextrakte, die in unterschiedlicher Beschaffenheit vorliegen (s. Abschnitt 1.4.9.9), erreichen anteilige Ausbeuten bis ins fertige Bier von ca. 60%, wobei nur eine sehr kurze Kochzeit von ca. 10 Minuten erforderlich ist. In Hinblick auf die Hopfenölbeschaffenheit dieser Produkte sind Probesude unbedingt anzuraten. Die hier geschilderten Präparate sind in Deutschland nicht zugelassen.

Der *pH-Wert der Würze* hat infolge der hierdurch bedingten Löslichkeit der α-Säuren einen Einfluss auf das Ausmaß der Isomerisierung (Tab. 5.19).

Tab. 5.19 Würze-pH und Ausmaß der Isomerisierung [862]

pH-Wert		4,75	5,03	5,28	5,52	5,85
α-Säure	mg/l	3,4	4,0	4,3	4,6	6,7
Iso-α-Säure	mg/l	28,9	33,1	34,0	36,5	39,5

Der niedrige Würze-pH ist ein Grund mehr, warum oftmals bei der Herstellung von besonders hochqualifizierten Bieren nur mäßige Bitterstoffausbeuten resultieren.

Zusätze zur Verbesserung der Isomerisierung werden vor allem vorgeschlagen, um die Verteilung z. B. von Harzextrakten in der kochenden Würze zu verbessern. So finden Kieselgur [863], Kieselgel [391, 392] oder Bentonit [368, 372] Anwendung. Es ist aber auch möglich, dass die Verwendung dieser Mittel bei der Bereitung von „Hopfenextraktpulvern" oder „Bentonitpellets" den Bitterstoffen eine vergrößerte Kontaktoberfläche bieten, die die Lösung derselben in der Würze begünstigt und so die Isomerisierung beschleunigt (s. Abschnitt 1.4.9.7). Dies geht auch aus Abb. 5.25 hervor, die gegenüber „normalem" Extrakt eine Ersparnis von ca. 15% ergibt.

Die *Würzezusammensetzung* spielt in mehrerlei Hinsicht eine Rolle auf die Bitterstoffausnutzung bzw. indirekt auf die Bitterstoffverluste.

Der *Einfluss des Würze-pH* wurde bereits angesprochen. Demnach fallen bei niedriger oder gar bei negativer Restalkalität, ebenso wie bei Säuerung der Würzen die Isomerisierungsraten vergleichsweise niedrig aus.

Das *Vorhandensein von Schutzkolloiden* wie Dextrinen, β-Glucanen oder Eiweiß vermag sicher die Bitterstoffe in ihrer Lösung zu stabilisieren. Es ist auch der größere Teil an Substanzen bis zu einem Molekulargewicht von 7000 gebunden [852]. Bei Würzen, die aus knapp gelösten Malzen oder kurzen Maischverfahren stammen, ist wohl der Gehalt an β-Glucanen und höhermolekularen Eiweißstoffen wesentlich höher als bei gut gelösten und intensiv gemaischten Malzen. Es besteht aber im ersteren Falle die Gefahr, dass beim Würzekochen durch eine verstärkte Eiweißkoagulation größere Verluste an Bitterstoffen entstehen. Gerade zum Zeitpunkt der Denaturierung vermag das Eiweiß der Würze α-Säuren zu entziehen, die zu diesem Zeitpunkt noch nicht isomerisiert waren. Aber auch Iso-α-Säuren fallen mit dem Eiweiß aus. Sie sind im Trub nachweisbar.

Die Bitterstoffverluste sind weiterhin höher bei Würzen aus Infusionsverfahren, da mehr koagulierbarer Stickstoff in die Würzekochung eingebracht wird [671], doch sind die Ergebnisse hier nicht einhellig [670, 672], da auch die Gegebenheiten des jeweiligen Betriebs eine dominierende Rolle spielen können.

Bei Verfahren, die in zwei Stufen arbeiten, wie 50–60 Minuten Heißhalten bei Kochtemperatur und anschließende Vakuumverdampfung vor oder nach dem Whirlpool bzw. eine nur 40 Minuten während Kochzeit mit Vakuumverdampfung oder „Strippen", ziehen keine merklichen Bitterstoffverluste nach sich (Tab. 5.20). Ähnliches gilt für eine Abkühlung der Würze auf 89 °C nach einer 50 Minuten dauernden dynamischen Niederdruckkochung, wobei augenscheinlich die Verweilzeit im Whirlpool ausreicht, um einen Ausgleich zu erzielen. Nach Betriebsergebnissen bewegten sich die Bitterstoffverluste unter 3%.

Tab. 5.20 Vergleich zwischen konventioneller Kochung und Heißhaltung mit Vakuumverdampfung nach dem Whirlpool [864, 865]

	konventionell	Heißhaltung + Vakuumverdampfung
In Würze:		
EBC-BE	50	47
Iso-α-Säuren	30	24
α-Säuren	15	12
In Bier:		
EBC-BE	28	31
Iso-α-Säuren	23	22

Ohnedies wird heutzutage bei modernen Kochverfahren danach getrachtet, die Eiweißausfällung zu beschränken (s. Abschnitt 5.4.3.7), womit auch eine Verringerung von Bitterstoffverlusten gegeben ist.

Einen großen Einfluss übt die Trübung der Läuterwürze aus, da diese Teilchen Bitterstoffe adsorbieren und bei der Bruchbildung während des Kochens der Würze entziehen. Aber auch hier spielen betriebsbedingte Unterschiede mit herein, da die hierdurch verursachten Bitterstoffverluste zwischen 2 und 14% schwanken können [756].

Auch die Menge des Hopfengerbstoffs spielt eine Rolle: je mehr derselbe verringert wird, umso weniger Eiweiß fällt aus und umso weniger Bitterstoff geht hierdurch verloren. Dies zeigt Tab. 5.21. Die Erklärung hierfür lässt sich anhand neuerer Forschungsergebnisse nach Abschnitt 5.4.1 geben.

Tab. 5.21 Gerbstoffanteil von Hopfenextrakten und Bitterstoffausbeuten [866]

Gerbstoffanteil			0	1/9	1/3	2/3	3/3
Bitterstoffausbeute	Würze	%	51,2	51,1	48,9	48,5	43,4
	Bier	%	36,7	35,6	35,8	35,5	32,7

Dieses Ergebnis führte zu einer getrennten Dosierung von Gerbstoffextrakt (bei Kochbeginn) und Bitterstoffextrakt (20–30 Minuten später), wobei sich die Verkürzung der Kochzeit praktisch nicht nachteilig auf die Bitterstoffausbeute auswirkte, der Biergeschmack aber eine wesentliche Abrundung erfuhr [867].

Nachdem aber der „Gerbstoffextrakt", d.h. der Wasserextrakt nicht nur Polyphenole, sondern auch Eiweiß und Mineralstoffe enthält und darüber hinaus auch mögliche geringe Restmengen an Pflanzenschutzmitteln, so wird auf seine Verwendung weitgehend verzichtet (s. Abschnitt 1.4.9.5). Es kommt nur mehr Reinharzextrakt – mittels CO_2 oder Ethanol gewonnen – zur Verwendung. Polyphenole werden daher nur im Falle der Mitverarbeitung von Hopfenpellets eingebracht, dann aber möglicherweise bei späteren Gaben während der Kochung.

Bei Verwendung von Rohfrucht ergibt sich durch die geringeren Stickstoff- und Polyphenolgehalte und die hieraus resultierenden geringeren Koagulationen beim Würzekochen eine Bitterstoffersparnis um 10–20%. Diese Raten wurden auch dann erreicht, wenn neben einem Maisgrießanteil von 30% auch 40% Rohgerste (mit Enzymen) zum Einsatz kamen [868].

5.5.1.5 Ausnutzung der Bitterstoffe

Sie lässt sich durch eine Bitterstoffbilanz überprüfen. Dabei wird normalerweise die der Würze zugegebene α-Säuremenge mit 100% angesetzt und die wiedergefundenen Mengen an „Bittereinheiten" oder Isohumulonen hierauf bezogen. Wie aber schon in Abschnitt 5.5.1.3 angesprochen, kann auch aus Hopfen mit einem α-Säuregehalt von 0 eine Würze bzw. ein Bier hergestellt werden, das bitter schmeckt und das nach den gängigen Analysen EBC-Bitterstoffe enthält.

Unter Bezugnahme auf Tab. 5.17 liegen bei einer α-Säuregabe von 65 mg/l in der Ausschlagwürze 30,5 mg Isohumulon und 6,7 mg/l unisomerisierte α-Säure vor. Es sind also nach dem Kochen noch 37,2 mg/l=57,5% *erfassbar*. Die Verluste sind durch die an die Hopfentreber und an den Trub adsorbierten Bitterstoffe zu erklären, doch werden auch Abeo-Isohumulone gebildet, die sich mit dieser Analysenmethode nicht nachweisen lassen. Im Bier finden sich jedoch nur 20 mg an Bitterstoffen, die zu 19,2 mg auf Isohumulone und zu 0,8 mg/l auf unisomerisierte α-Säuren entfallen. Damit beträgt der Verlust bei der Gärung, Lagerung und bei der Filtration 11,3 mg an Isohumulonen und 5,9 mg α-Säuren, also insgesamt 17,2 mg oder 26,5% der eingesetzten α-Säuremenge.

Die festgestellte Ausbeute im Bier von 30% entspricht früheren Ergebnissen [869]. Wie schon oben angeführt sind die Verluste höher, aber die Bilanz mag für die Betriebskontrolle ein und derselben Brauerei ihren Zweck erfüllen. Sie kann aber keinen Anspruch auf wissenschaftliche Genauigkeit erheben.

Die Verluste in den Hopfentrebern von 10–20% lassen sich durch den Einsatz von Hopfenpellets, mehr noch durch Hopfenextrakt verringern, die Verluste durch die Eiweißkoagulation von 20 bis 30% sind nicht beherrschbar, doch können sie durch die Rückführung von Trub (s. Abschnitt 5.5.7.2) verringert werden. Die Verluste bei der Gärung von ca. 30% sind durch den pH-Abfall und durch die bei der Gärung entstehenden großen Oberflächen der Kohlensäurebläschen und der neugebildeten Hefezellen gegeben. Sie hängen naturgemäß vom Isomerisierungsgrad der in der Würze gelösten Bitterstoffe ab, doch zeigte die obige Aufstellung, dass auch etwa 30% der Isohumulone bei der Gärung verloren gehen. Bei geschlossener Gärung, besonders in hohen zylindrokonischen Tanks sind die „Gärverluste" wesentlich geringer. Die niedrigsten Bitterstoffverluste entstehen bei der Druckgärung. Auch bei der Lagerung des Bieres ist eine weitere Entharzung gegeben: diese ist umso stärker, je geringer die Ausscheidung der Bitterstoffe im Gärkeller war. Eine Erhöhung der „Bitterstoffausbeute" bzw. eine Verringerung der „Bitterstoffverluste" ist bei dem einen oder anderen Verfahrensschritt möglich, doch sollte stets und sorgfältig überprüft werden, ob die Bierqualität z.B. bei der Unterdrückung von Entharzungsvorgängen nicht leidet.

5.5.2
Wirkung der Hopfenpolyphenole

Die im Hopfen enthaltenen Polyphenole lösen sich in der kochenden Würze, wobei die Geschwindigkeit ihrer Extraktion bei Doldenhopfen langsamer ist als bei Pellets oder gerbstoffhaltigen Extrakten. Dies geht anhand des Verhaltens der Hopfenanthocyanogene nach Abb. 5.27 hervor.

Wie schon in Abschnitt 1.4.7.7 beschrieben, handelt es sich bei den Hopfenpolyphenolen um monomere Phenole, um monomere Polyphenole sowie um polymere Polyphenole. Zu ersteren gehören z.B. Gallussäure, Protocatechusäure und Kaffeegerbsäure, die frei oder auch als Glycoside vorkommen und als solche hydrolysierbar sind. Zu den kondensierbaren Gerbstoffen gehören die Flavanole (Quercetin und Kampferol) und ihre Glycoside, Catechin und Epicatechin sowie die als „Anthocyanogene" oder Proanthocyanidine bezeichneten Flavane (Leucocyanidin).

Diese können zu Dimeren, Trimeren oder höheren Verbindungen kondensieren oder polymerisieren. Die monomeren Verbindungen haben noch kein Gerbvermögen; die einfachen Flavanole gehen aber mit Eiweiß über Wasserstoffbrücken bei niedrigeren Temperaturen (s. Abschnitt 5.4.1) Verbindungen ein, die stabil sind. Es herrscht hier ein gewisses Gleichgewicht zwischen freien Flavanolen und solchen die mit Eiweiß vergesellschaftet sind. Dimere und Trimere haben jedoch eiweißfällende Eigenschaften die auch in der globalen Analyse den „Tannoiden" zugeschrieben werden. Nach deren Molekurlargewicht, das

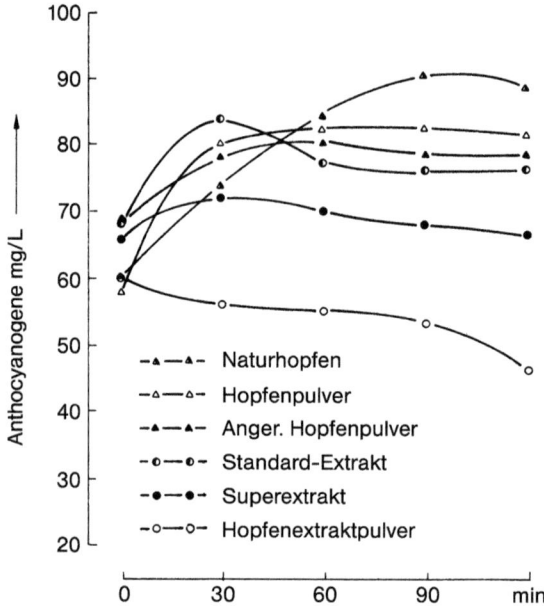

Abb. 5.27 Verhalten der Hopfenanthocyanogene beim Würzekochen [805]

zwischen 600 und 3000 angegeben wird, handelt es sich um Dimere bis zu Gruppen von bis zu 10 Flavanolmolekülen.

Wie bei den Malzpolyphenolen so kommen auch denen des Hopfens reduzierende Eigenschaften zu. So ist das „Antiradikalische Potenzial" (ARP) besonders bei Gallussäure, Kaffeegerbsäure, Protocatechusäure und Glucosiden des Epigallocatechins und des Epicatechins hoch. Im Durchschnitt können Hopfenpolyphenole das ARP eines Bieres um ca. 10% steigern [378].

Es geht auch das ARP mit dem Verhältnis von Gesamtpolyphenolen und Tannoiden eines modifizierten „Polymerisationsindex" einher [378].

Der sog. Polymerisationsindex wurde in den 1970er/1980er Jahren von verschiedenen Autoren abgelehnt. Die Ergebnisse der vorstehenden Arbeit bestätigen aus einem anderen Blickwinkel die in diesem Buch immer wieder gemachten Aussagen über den Oxidations-/Polymerisationsgrad der jeweils erfassten Polyphenole sowie deren Reduktionsvermögen und Gerbkraft.

Ein Verfolg von Malzpolyphenolen beim Würzekochen zeigt, dass sich das Catechin nur wenig verändert, dass aber Dimere und Trimere deutlich abnehmen. Die Hopfenflavanole zeigen sowohl eine Verringerung von Epicatechin und Catechin beim Würzekochen als auch der Dimeren und Trimeren. Bemerkenswert ist, dass eine relativ große Menge an komplexen Polyphenolen – wahrscheinlich aus dem Malz stammend – in der Würze verblieb, ferner dass 35–45% der einfachen Flavanole der gehopften Würze aus dem Hopfen herrühren [870].

Aus dieser Arbeit geht hervor, dass Polyphenole eines niedrigeren Molekulargewichts, d.h. eines niedrigen Polymerisationsgrades sich stärker an Eiweiß

Tab. 5.22 Veränderung der Malz- und Hopfenphenole [349] nach 90 Minuten Kochdauer in der Würze

	Malzwürze ohne Hopfen gekocht		Malzwürze ohne Malzpolyphenole mit Hopfen gekocht		
	vor Kochen	nach Kochen	Hopfen-gabe	vor Kochen	nach Kochen
Polyphenole mg/l	239,6	236,5	96,2	10,0	63,1
Anthocyanogene mg/l	104,7	83,8	84,0	9,4	21,5
Polymerisationsindex	2,29	2,82	1,15	1,06	2,98
Farbe von 100 mg Polyphenolen E 430×10	0,33	0,56	–	0,99	0,99
koag.-N mg/100 ml	5,3	2,8	–	5,3	2,3

anlagern als höhere Polymere. Diese sind weniger aktiv und verbleiben in der Würze der sie eine dunklere Farbe und einen breiten Geschmack vermitteln.

Einen Einblick in die Wirkung der Malz- und Hopfenpolyphenole, ermittelt nach Globalanalysenmethoden, gibt Tab. 5.22.

Es zeigte sich, dass die Malzpolyphenole kaum abnahmen, die Hopfenpolyphenole verzeichneten dagegen eine Abnahme um ca. 33%. Die Anthocyanogene reagierten dagegen wesentlich intensiver mit den Eiweißsubstanzen. So nahmen die des Malzes um rund 20% ab, die des Hopfens aber um 75%. Die Farbe der Hopfenpolyphenole ist wesentlich dunkler als die der Malzpolyphenole. Dies deutet darauf hin, dass nicht die höher polymerisierten, dunkler gefärbten Polyphenole mit den Eiweißkörpern der Würze ausfallen, sondern die weniger stark polymerisierten, die offenbar eine höhere Gerbkraft besitzen [344]. Neuere Erkenntnisse lassen eine andere Deutung der Wirkung der Polyphenole zu (s. Abschnitt 5.4.1).

Den Einfluss von Hopfenprodukten mit unterschiedlich stark oxidierten Polyphenolen zeigt Tab. 5.23.

Es zeigt nur der frische Doldenhopfen eine Abnahme der Polyphenole beim Würzekochen. Die Abnahme der Anthocyanogene ist umso stärker, je weniger polymerisiert dieselben sind. Die oxidierten höherpolymerisierten Anthocyanogene verbleiben in der Würze. Der Polymerisationsindex von Würzen die mit oxidierten Polyphenolen gekocht wurden, ist höher, die Farbe der nach dem Kochen in der Würze verbliebenen Polyphenole höher, die Abnahme des löslichen Stickstoffs geringer.

Damit ist bewiesen, dass dem Oxidationsgrad der Polyphenole, ausgedrückt durch deren Polymerisationsindex eine große Bedeutung zukommt.

Es verbleiben also diese weniger reaktionsfähigen Gruppen in der Würze; sie sind z.T. mit Eiweiß verbunden, mit dem sie im Fortgang der Bierbereitung, z.B. durch den pH-Abfall bei der Gärung sowie durch die Abkühlung bei der Lagerung, teilweise unlöslich werden und ausfallen. Nachdem diese „Dehydrati-

Tab. 5.23 Einfluss von Hopfenpolyphenolen mit unterschiedlichem P.I. [349] auf die Würzezusammensetzung (Hopfengabe 120 mg/l α-Säure)

	Doldenhopfen		Standardextrakt	
	frisch	oxidiert	normal	oxidiert
P.I. der Hopfenpolyphenole	1,23	1,69	2,07	5,40
Polyphenole mg/l				
a) berechnet	206,5	202,0	183,3	183,3
b) analysiert	203,6	211,1	186,5	187,5
Veränderung	−2,9	+9,1	+3,2	+4,2
Anthocyanogene mg/l				
a) berechnet	109,0	98,4	71,6	66,9
b) analysiert	76,5	75,9	60,9	58,4
Veränderung	−32,5	−22,5	−10,7	−8,5
P.I. der Würzpolyphenole	2,66	2,78	3,06	3,21
Farbe von 100 mg Polyphenolen E 430×10	0,35	0,47	0,70	0,85
Veränderung des Stickstoffs	−5,9	−3,1	−3,8	−2,9

sierung" auch nach der Filtration noch fortschreitet, wird hierdurch die Bierstabilität herabgesetzt.

Es erhebt sich naturgemäß die Frage, ob nicht überhaupt auf die Hopfenpolyphenole verzichtet werden könne, z. B. durch die Verarbeitung von reinem Harzextrakt.

Bei herkömmlichen Kochsystemen wurde jedoch die Verwendung von Hopfenpolyphenolen als notwendig erachtet, da deren eiweißfällende Wirkung mit 1:0,8–1,2 erheblich größer befunden wurde als die der Malzpolyphenole mit 1:0,5 [827]. Dies könnte auch aus Tab. 5.24 abgeleitet werden, doch haben nicht nur die Polyphenole, sondern auch die Bitterstoffe eine verstärkende Wirkung auf die Eiweißfällung [327, 825].

Ohne Hopfen entspricht die Abnahme des koagulierbaren der des Gesamtstickstoffs. Der Zusatz des Hopfens verstärkt dagegen nicht nur die Abnahme der koagulierbaren Fraktion, sondern es werden auch proteinische Substanzen ausgeschieden, die ursprünglich nicht hitzefällbar waren.

Tab. 5.24 Abnahme der Stickstoff-Fraktionen mit und ohne Hopfen [871]

Abnahme mg/l	Gesamt-N	koagulierb.-N
Kochung ohne Hopfen	20	20
Kochung mit Hopfen	60	33

Ein fällender Einfluss der Polyphenole auf Würzeeiweiß ist jedoch bei der Abkühlung der Würze gegeben. Nachdem die Würze stets in kaltem Zustand analysiert wird, so werden hierbei z. B. durch Filtrieren oder Zentrifugieren Eiweiß-Gerbstoffverbindungen entfernt und damit eine stärkere Hitzekoagulation vorgetäuscht.

Der Einfluss von frischen und oxidierten Polyphenolen des Hopfens konnte oben dargestellt werden. Wie bekannt, ist es möglich bei Hopfenpellets die Gerbstoffmenge zu reduzieren (Pellet 75, Pellet 45) um sich der früheren Handhabung der Dosierung von Lupulin oder von „gebrühtem" Hopfen zu nähern [872, 873]. Einen Überblick über die Auswirkung dieser Produkte gibt Tab. 5.25.

Tab. 5.25 Einfluss des Polyphenolgehaltes verschiedener Hopfenpulver [349] auf die Umsetzungen beim Würzekochen

Pulver Typ	45	75	100
Dosierte Menge an Hopfenpolyphenolen mg/l	31,0	48,3	62,7
Polymerisationsindex	1,40	1,43	1,45
Polyphenole			
berechnet	160,4	177,7	192,1
analysiert	142,7	145,2	156,4
Veränderung	−17,7	−32,5	−35,7
Anthocyanogene			
berechnet	65,8	77,5	86,9
analysiert	45,2	46,7	51,4
Veränderung	−20,6	−30,8	−35,5
P.I. der Würzepolyphenole	3,16	3,15	3,04
Farbe von 100 mg Polyphenolen E 430×10	0,85	0,82	0,78

Je mehr Polyphenole in die Würze eingebracht werden, umso stärker ist die Ausscheidung derselben. Es wird auch etwas mehr Stickstoff mit entfernt [874]. Dennoch führen die steigenden Gaben zu höheren Gehalten in Würze und Bier, der P.I. nimmt ab und die Farbe der Polyphenole weist daraufhin, dass noch reichlich niedermolekulare Substanzen in der Würze verbleiben. Bei den Kostproben der Biere ergab sich eine Bevorzugung der mit dem Pulver 100 hergestellten Sude, die auch die beste chemisch-physikalische und Geschmacksstabilität zeigten. Damit ist wiederum unter Beweis gestellt, dass die Polyphenole *des frischen* Hopfens bzw. kalt gelagerter Pellets einen positiven Einfluss auf den Geschmack – nämlich auf Vollmundigkeit und Bittere des Bieres – ausüben. Die monomeren Polyphenole verbessern auch die Geschmacksstabilität, was z. B. auch bei Teilgaben der Fall sein kann (s. Abschnitt 1.4.7.7). Diese erhöhen wohl die Polyphenolmenge in Würze und Bier, doch war ein Nachteil für die Stabilitätsgegebenheiten nicht abzuleiten.

In oxidiertem Zustand äußern sich die Hopfenpolyphenole durch eine breite, unangenehme Bittere sowie durch eine unerwünschte Zufärbung. Dies war auch der Grund, warum früher alter Hopfen durch Brühen (30 Minuten bei 70–80 °C) aufzubessern versucht wurde. Es war jedoch bei dieser Maßnahme auch ein erheblicher Bitterstoffverlust gegeben.

Versuche auch bei frischem Hopfen mindestens die letzte Teilgabe 30 Minuten lang zu brühen zeigten geschmacklich durchaus positive Ergebnisse, doch war die Stabilität der Normalbiere besser. Hier ergab sich eine Parallele zur Verwendung von normalen Pellets in den ersten beiden Hopfengaben und angereichertem Pulver in der letzten [875].

Unter der Voraussetzung, dass gleiche Ursprungshopfen vorliegen und identische Würzen Verwendung finden, ist die Bierstabilität um so besser, je höher der Hopfenpolyphenolgehalt war [805].

Xanthohumol, der Hauptvertreter der Prenylflavonoide geht beim Würzekochen in Isoxanthohumol über. Die anticancerogene Wirkung von Xanthohumol ist deutlich höher als bei seinen Isomeren, wahrscheinlich aufgrund der Zyklisierung und des Verlustes an Ketogruppen [341]. Es ist aus diesem Grund zweckmäßig, Xanthohumolextrakt (s. Abschnitt 1.4.9.6) erst spät beim Kochen dazu zu geben, um die Isomerisierung gering zu halten. Auch eine Abkühlung der Würze zwischen Würzepfannen und Whirlpool (s. Abschnitt 8.2.4.1) dämpft die Isomerisierung. Der Zusatz von Röstmalz zur Schüttung erbringt mit steigender Menge bzw. Würzefarbe höhere Xanthohumolgehalte im Bier. Auch Röstmalzbier liefert einen ähnlichen Effekt [876–878].

(44) Xanthohumol

(45) Isoxanthohumol

5.5.3
Die Hopfenöle beim Würzekochen

Im Hopfen liegen neben den bekannten Mono- und Sesquiterpenen auch deren Oxidationsprodukte vor. Während die Terpene bei der Lagerung des Hopfens abnehmen, zeigen letztere – in Abhängigkeit von den Bedingungen wie Temperatur, Sauerstoffzutritt und Verpackungsart – eine Zunahme um das 10–50-Fache. Es gehen also die lipophilen, wasserdampfflüchtigen Terpenkohlenwasserstoffe erst durch Oxidation in Komponenten über, die in Würze und Bier löslich sind [300–302].

Beim Würzekochen werden die Terpen- und Sesquiterpenkohlenwasserstoffe im Laufe des Kochens mit dem Wasserdampf ausgetrieben. Es ist aber ihr Des-

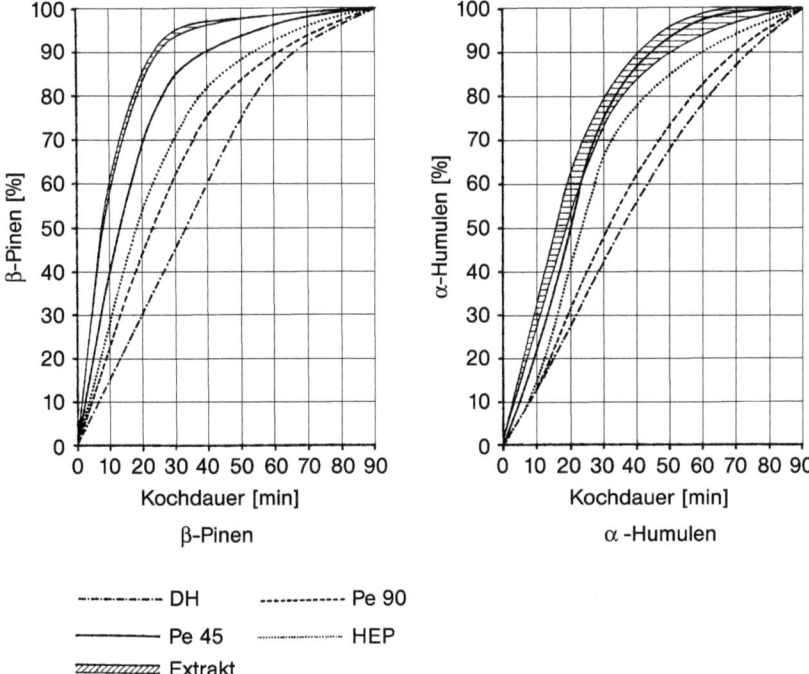

Abb. 5.28 Destillationsverhalten von β-Pinen und α-Humulen in Abhängigkeit des verwendeten Produkts [879] (Ausdampfung in %)

tillationsverhalten von der Art der Hopfengabe, z. B. Doldenhopfen, Pellets oder Extrakt abhängig, wie Abb. 5.28 zeigt. Beim Doldenhopfen werden Myrcen und Pinen im gleichen Verhältnis aus den Lupulindrüsen „herausgelöst" wie überdestilliert, bei normalen Hopfenpellets und bei Hopfenextraktpulver spielt die Wasserdampfflüchtigkeit in Verbindung mit dem Nachlösen bzw. der Desorption vom Träger für die Geschwindigkeit der Destillation eine entscheidende Rolle. Hier war zunächst ein lineares Verhalten festzustellen, bis nach ca. 20 Minuten die Destillationsgeschwindigkeit abnahm (Tab. 5.26).

Tab. 5.26 Abnahme von β-Caryophyllen in % beim Kochen verschiedener Hopfenprodukte

Zeit (min)	0	10	20	30	40	50	60	70	80	90
Doldenhopfen	0	10	23	37	53	65	76	85	93	100
normale Pellets	0	15	30	46	60	72	82	90	96	100
Hopfenextraktpulver	0	15	38	60	72	80	87	94	97	100
Hopfenextrakte	0	30	55	72	85	92	95	97	100	100

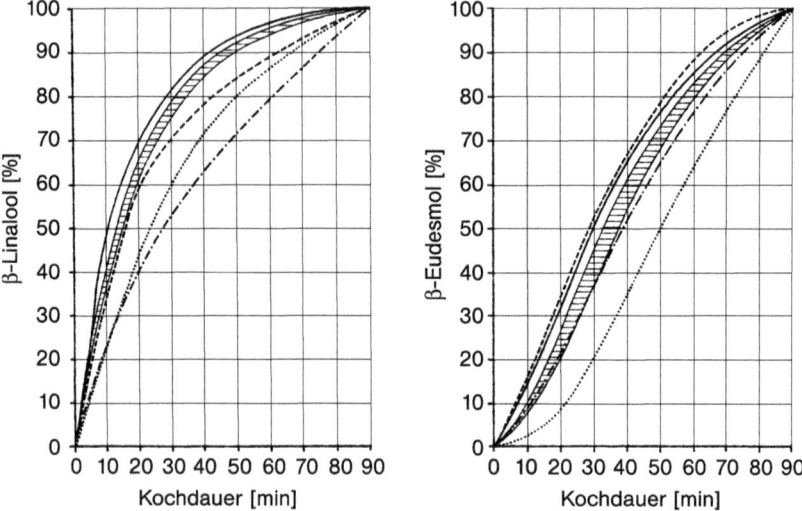

Abb. 5.29 Destillationsverhalten von β-Linalool und β-Eudesmol in Abhängigkeit des verwendeten Produkts [879] (Ausdampfung in %

Bei den Hopfenextrakten, ganz gleich ob mit Ethanol oder CO_2 gewonnen, dampften innerhalb von 20 Minuten 85% der Monoterpene Myrcen und Pinen ab, von den Sesquiterpenen nur 60%. Die verbleibenden Terpene gehen beim Kochen in ihre Epoxide und Alkohole über, so z.B. Caryophyllen in Caryophyllenoxid, Humulen in Humulenepoxid und Humulenol bzw. Humulol. Diese wiederum haben eine wesentlich flachere Ausdampfkurve erfahren (Abb. 5.29) [880]. Es bleiben auch unveränderte Terpene (je nach Zugabezeitpunkt) in der Würze; sie sind gaschromatographisch nachweisbar [881]: So neben den Monoterpenen Myrcen und α- und β-Pinen sowie in deutlicheren Mengen die Sesquiterpene β-Caryophyllen und Humulen. Diese gehen aber nicht ins Bier über, da sie als lipophile Substanzen von der Hefe absorbiert werden. Die ebenfalls in der Würze ermittelten Oxidationsprodukte wie Geraniol, Linalool, Undecanon, α-Terpineol kommen dagegen, wie die erwähnten Epoxide, als Spurenkomponenten bis ins fertige Bier und tragen zu dessen Hopfenaroma bei.

Während von den Oxidationsverbindungen besonders Humulenepoxid II und der hauptsächlich vorhandene Monoterpenalkohol Linalool mit dem Hopfenaroma eines Bieres korrelierten [879, 882], wurde in neueren Arbeiten [309–311] nur mehr Linalool als relevante Komponente für das Hopfenaroma im Bier befunden.

Dennoch spielen auch die ursprünglich im Hopfen vorhandenen Terpenkohlenwasserstoffe bzw. ihre Zusammensetzung für den Charakter eines Hopfenaromas, ob „blumig" oder „fruchtig" eine Rolle [883], wie Abb. 5.30 zeigt.

Es ist Tatsache, dass bei Hopfenpellets oder bei Hopfenextraktpulver die Hopfenöle erst aus der Gewebematrix oder der Trägersubstanz (z.B. Kieselgel)

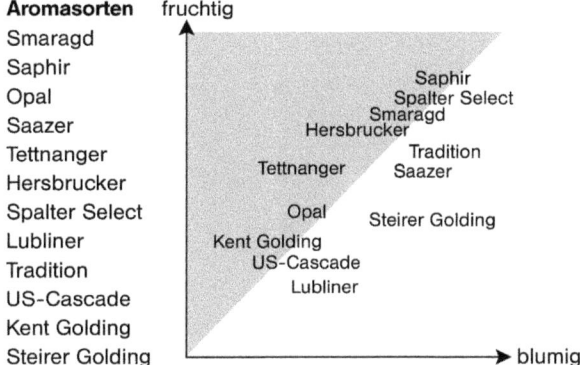

Abb. 5.30 Aromaeindruck „fruchtig" und „blumig" bei verschiedenen Aromahopfensorten [310, 311]

gelöst werden, wobei sie u. U. einer Veränderung, die ihre Löslichkeit fördert, unterliegen können. Um nun diesen Vorteil zu nutzen, können CO_2- oder Ethanol-Extrakte auf Kieselgel aufgebracht werden, um diese Gemische für die letzten Hopfengaben einzusetzen. Das Destillationsverhalten ähnelt dann dem der Pellets oder dem des nur selten verwendeten „Hopfenextrakt-Pulvers" (Abb. 5.31) [884].

Die Kombination Extrakt/Kieselgel bietet auch die Möglichkeit durch eine Vorbehandlung mehr Oxidationsprodukte zu generieren, um so, z. B. für die letzte(n) Hopfengabe(n) mehr würze- oder bierlösliche Verbindungen zur Verfügung zu haben, die zu einem stabilen Hopfenaroma führen [884].

Diese Ergebnisse, ermittelt zu verschiedenen Zeiten und durch jeweils unterschiedliche Autoren, lassen den Wert der einzelnen Hopfensorten, wie z. B. bestimmter Aromahopfen für den späteren Charakter des Bieres erkennen. Daneben spielt auch der Alterungsgrad des Hopfens bzw. Hopfenprodukts eine Rolle. Es ist erwiesen – und durch die zitierten Arbeiten erklärbar – dass entweder bei der Lagerung des Hopfens oder beim Würzekochprozess eine gewisse, aber in ihrem Ausmaß noch nicht bekannte Oxidation der Hopfenöle erfolgen soll, um ihre Würze- und Bierlöslichkeit zu steigern, ohne jedoch die Geschmacksstabilität negativ zu beeinflussen.

Myrcenreiche Hopfen, wie z. B. die Sorten Northern Brewer und Brewers Gold vermitteln wohl ein bestimmtes Hopfenaroma, aber gleichzeitig eine breite und derbe Bittere. Es ist nicht bekannt, ob diese auf das Monoterpen Myrcen oder auf dessen Oxyverbindungen zurückzuführen ist. Keine dieser Substanzen ist bislang im Bier nachweisbar, ebensowenig konnten Leitsubstanzen gefunden werden, die eine Erklärung für diese Bittere geben können.

Es ist jedoch bewährte Praxis, diese Bitterhopfen bei oder kurz nach Kochbeginn zuzugeben, um diese leichtflüchtigen Substanzen, zu denen auch die entsprechenden Spaltprodukte der Hopfenbittersäuren gehören (s. Abschnitt 1.4.7.6), mit dem strömenden Wasserdampf auszutreiben. Es konnte hiermit ei-

564 | 5 Das Kochen und Hopfen der Würze

(a)
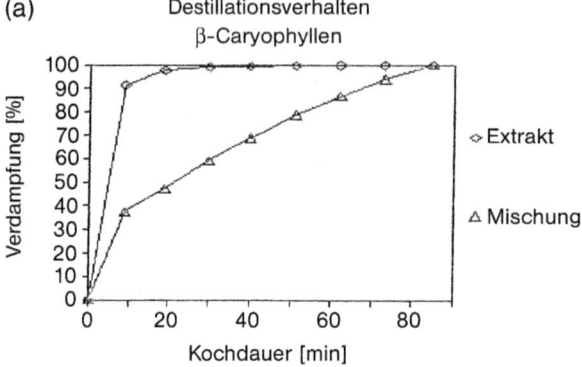

(b)
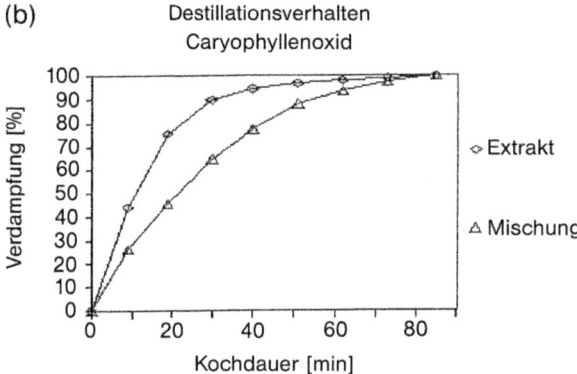

Abb. 5.31 Destillationsverhalten von **a** β-Caryophyllen und **b** Caryophyllenoxid in Abhängigkeit des verwendeten Produkts [882] (Ausdampfung in %)

ne Verbesserung von Bieren erzielt werden, die ausschließlich mit diesen Hopfen (und anderen Bitterhopfensorten) gebittert waren [319].

Die Auffassung, dass ein gewisser Oxidationsgrad für den Verbleib von Hopfenölen in Würze und Bier günstig ist, führte zu Vorschlägen, eine Hopfengabe bereits zur Maische oder zur Vorderwürze bzw. zur abläuternden Würze zu geben [839]. Die „Maischehopfung" ist jedoch bei Brauereien, die die biologische Säuerung praktizieren, nicht möglich (s. Abschnitt 1.3.10). Bei der Hopfung der Vorder- oder Läuterwürze dürfen aber nur frische bzw. optimal gelagerte Aromahopfen Verwendung finden. Bitterhopfen würden hier wiederum eine unerwünschte Bitternote hervorrufen.

Verbreitet ist die Hopfendosierung in mehreren Teilgaben (s. Abschnitt 5.5.7.10), wobei die jeweils letzte (5–10 Minuten vor Ende des Kochens) der Aromatisierung dienen soll. Während zeitweise nur zwei Gaben – die erste mit ca. 75% der Bitterung und die zweite mit ca. 25% – der Aromatisierung dienen sollten [885], so hat sich doch auch wieder der Wert einer mittleren Hopfengabe für Aroma und Qualität der Bittere als günstig erwiesen. Dies ist das Ergebnis zahlreicher Sude, wenn auch zur Zeit analytisch noch nicht belegbar. Diese beiden Gaben sollten 30 + 20% der gesamten α-Säuregabe umfassen. Die dadurch unvermeidbaren Verluste durch die schlechtere Ausnutzung der eingesetzten α-Säuren beim Kochprozess werden zum Teil durch die thermischen Reaktionen im Heißwürzetank aufgefangen. Die durchschnittliche Hopfenkochdauer beträgt bei hopfenaromatischen Bieren nur etwa 60% der Gesamtkochzeit, was auch eine gewisse Abrundung der Bierbittere bewirkte [886]. Einen Überblick über einige Hopfenaromastoffe bei Variation der durchschnittlichen Hopfenkochzeit gibt Tab. 5.27 [880].

Tab. 5.27 Hopfengaben und Gehalt der Würzen an Hopfenaromastoffen (Hopfengabe 120 mg α-Säuren/l Würze), Kochzeit 90 Minuten (ppb)

Hopfengabe	1	2	3	4
durchschn. Kochzeit min	90	60	42,4	32,5
Humulenepoxid II	18	35	59	76
β-Linalool	4	8	18	27
Humulenol I	8	12	21	33

Nachdem zwischen der Konzentration an Linalool und dem Hopfenaroma eines Bieres eine eindeutige Korrelation besteht [310] und bereits 20–30 ppb Linalool in Bier eine deutliche Hopfenblume hervorrufen, wird bei den folgenden Darstellungen nur mehr diese Komponente aufgeführt.

Wie Abb. 5.32 zeigt [310], vermittelt eine sehr späte Gabe, z.B. bei Kochende oder in den Whirlpool die höchsten Linalool-Gehalte, aber auch das stärkste Hopfenaroma. Auch die Geschmacksstabilität der Biere war hier am besten. Sie dürfte auch auf einen gewissen „Maskierungseffekt" der Hopfenaromastoffe über die Alterungskomponenten des Bieres zurückzuführen sein. Besonders gute Ergebnisse im Hinblick auf Hopfenaroma und Alterungsstabilität des Bieres

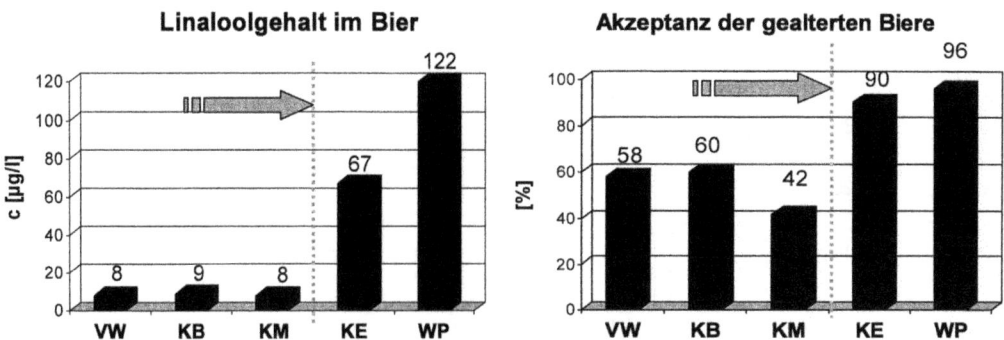

Abb. 5.32 Linaloolgehalte bei verschiedenen Zugabezeitpunkten und Akzeptanz der forciert gealterten Biere [310, 311]. (VW=Vorderwürze, KB=Kochbeginn, KM=Kochmitte, KE=Kochende, WP=Whirlpool)

566 | 5 Das Kochen und Hopfen der Würze

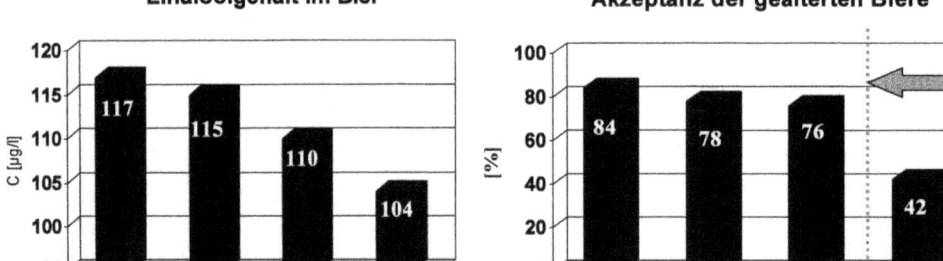

Abb. 5.33 Linaloolgehalte bei unterschiedlichen Whirlpooltemperaturen und Akzeptanz der forciert gealterten Biere [310, 311]

wurden dann erzielt, wenn bei einer Hopfengabe in den Whirlpool gleichzeitig auch eine Abkühlung der Würze auf 70–80 °C erfolgte. Dabei muss allerdings die Funktion des Whirlpools beobachtet werden (Abb. 5.32 und 5.33).

Praktikabel dürften späte Gaben beim Kochen oder nach Ende des Kochens, z. B. beim Ausschlagen sein.

Während es bei der herkömmlichen Würzekochung vielfach das erklärte Ziel ist, die Hopfenöle bzw. ihre Derivate in die Würze überzuführen, in lösliche Form zu bringen und damit für das Bieraroma nutzbar zu machen, so ergeben sich bei den Systemen der Druckkochung oder Hochtemperaturwürzekochung völlig andere Probleme.

Unter dem Einfluss der höheren Temperaturen und der hierbei herrschenden Drücke, vor allem auch durch die erst bei der Entspannung eintretende Verdampfung liegen die Gehalte an unveränderten Hopfenölen, aber auch an oxi-

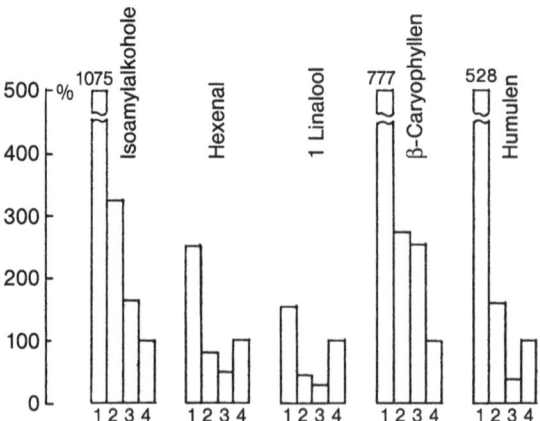

Abb. 5.34 Verlauf einiger flüchtiger Verbindungen beim Würzekochen; Anlage A: (1 nach Heißhaltezone, 2 nach Entspannung, 3 nach Verdüsen, 4 Vergleich) [798]

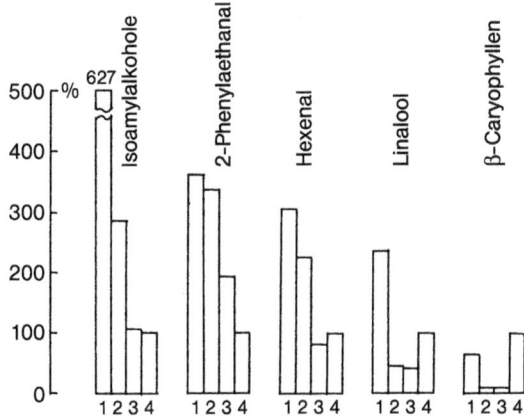

Abb. 5.35 Verlauf einiger flüchtiger Verbindungen beim Würzekochen; Anlage B: *(1 nach Heißhaltezone, 2 Verdampfungsstufe 1, 3 Verdampfungsstufe 3, 4 Vergleich)* [798]

dierten Produkten wesentlich höher als bei der „Normalkochung". Wie die Säulendarstellungen ergeben (Abb. 5.34 und 5.35), sind im Heißhalter große Mengen an Humulen, β-Caryophyllen, vor allem an Myrcen und Linalool gegeben. Nachdem aber der Verminderung von Würzearomastoffen, die zum Teil aus dem Malz stammen, aber hauptsächlich beim Würzekochen gebildet werden, eine dominierende Bedeutung zukommt, so werden bei entsprechender Verdampfung auch die Hopfenöle mit ausgetrieben. Sie werden bei einer guten Ausdampfung weitgehend, bis auf oder sogar unter das Niveau der Normalkochung abgesenkt [881, 887]. Es kommt daher der Größe der Ausdampfoberfläche und den dort herrschenden Turbulenzen eine große Bedeutung zu. Es konnte auch nach entsprechenden Verbesserungen z. B. durch Verdüsen oder durch geringere Befüllung der Entspannungsgefäße eine Annäherung des Biercharakters aus den kontinuierlichen Systemen an die aus der konventionellen Kochung stammenden erreicht werden.

5.5.4
Die Fettsäuren des Hopfens beim Würzekochen und ihr Verbleib

In den flüchtigen Substanzen des Hopfens kommen mehr als 20% freie Fettsäuren vor, die sortenspezifisch sind und die während der Lagerung des Hopfens unter dem Einfluss der Lagerbedingungen zunehmen (s. Abschnitt 1.4.7.9). Sofort nach der Hopfengabe ist auch ein deutlicher Anstieg von Octan-, Nonan- und Decansäure festzustellen. Durch den Kochprozess tritt durch die Adsorption an den sich ausbildenden Trub – eine deutliche Verringerung ein [615, 881]. Von den langkettigen freien Fettsäuren bringt der Hopfen beträchtliche Mengen an Palmitinsäure, Linol- und Linolensäure in die Würze ein.

Langkettige Fettsäuren werden während des Würzekochens zum Teil an die sich ausbildenden Koagulate adsorbiert. Nachdem die Hopfenbittersäuren Verbindungen mit Eiweiß (über die ε-Aminogruppen des Lysins) eingehen und dadurch die Fällungen unterstützen [319], kann selbst ein polyphenolfreier Harzextrakt eine vermehrte Trubbildung im Vergleich zur ungehopften Würze bewirken. Dies zeigt Tab. 5.28. So kommt es, dass die Würze durch den Fettsäurengehalt des Hopfens zwar einen Anstieg der Gesamtfettsäuren erfährt, dass jedoch nach dem Ausfallen bzw. dem Absatz des Trubs die Anstellwürze nur mehr die halbe Menge an Fettsäuren enthält (Tab. 5.28) [888].

Tab. 5.28 Einfluss des Hopfens auf die Fettsäurenausscheidung mit dem Trub (mg/l)

	Kochung ohne Hopfen		Kochung mit Hopfen	
	Gesamt-Fettsäuren	Linolensäure	Gesamt-Fettsäuren	Linolensäure
Pfannevollwürze	5,40	0,46	5,40	0,46
Ausschlagwürze	2,68	0,12	5,46	0,62
Heiße Würze ohne Trub	2,19	0,10	0,76	0,13
Anstellwürze	1,25	0,06	0,62	0,13

Nachdem die Hopfengabe etwa die dreifache Menge an Linolensäure enthält wie die Läuterwürze, bestimmt sie den Linolensäuregehalt der Würze. Trotz starker Ausscheidung enthält die gehopfte Anstellwürze die doppelte Menge an $C_{18:3}$-Fettsäure wie die ungehopfte.

5.5.5
Eiweißstoffe des Hopfens

Sie sind bei Doldenhopfen und Pulver nur zu 50% salzlöslich, während die Stickstoffsubstanzen des Standardextrakts voll in die Würze übergeführt werden (s. Abschnitt 5.4.1). Je nach den angewendeten Hopfengaben und nach dem zugesetzten Hopfenprodukt werden durch den Hopfen 1,5–5 mg/100 ml an Stickstoffsubstanzen in die Würze eingebracht. Die Veränderung der Stickstoff-Fraktionen während des Kochens, also der Vergleich zwischen der ungehopften „Pfannevollwürze" und der „Ausschlagwürze" ist um den Beitrag der Hopfengabe größer. Dies wirkt sich auch beim Verfolg der Würzekochung bei verschiedenen Teilgaben des Hopfens aus.

Wenn auch die vom Hopfen eingebrachten Stickstoffverbindungen überwiegend von niedrigem Molekulargewicht (unter 2600) sind [351], so können sie doch im Verein mit den Polyphenolen, den Mineralstoffen und nicht zuletzt mit jenen Bitterstoffen, die bei der Ermittlung der „Isohumulone" nicht erfasst werden, zum Charakter und zu der Vollmundigkeit eines Bieres beitragen.

5.5.6
Höhe der Hopfengabe

5.5.6.1 Angabe der Hopfengabe

Die Angabe der Hopfengabe in Gramm pro Hektoliter Verkaufsbier war früher von großer Bedeutung. Sie sagte aber schon damals nicht allzu viel aus, da die unterschiedlichen Bitterstoffgehalte der Hopfen, mehr aber noch die durchschnittliche Hopfenkochdauer bei der noch verbreiteten Würzebehandlung mittels Kühlschiff nur wenig Vergleichsmöglichkeiten boten. Durch die Einführung von bitterstoffreichen Hopfen, die eine geringere Hopfengabe erfordern als bitterstoffärmere, durch Hopfenpräparate und die von ihnen bewirkte bessere Ausnutzung der dosierten Bitterstoffe sowie durch die heute verbreitete Technik der Trubrückführung zum nächsten Sud, die Nachisomerisierung im Heißwürzetank und vor allem durch die verschiedenen Gärsysteme ergeben sich nach der alten Berechnung relativ niedrige Hopfengaben. So hat sich aus vielerlei Gründen (s. Abschnitt 1.4.7.3) die Dosierung des Hopfens nach der a-Säuremenge durchgesetzt, wobei aber auch diese nichts über die getätigten oben genannten Einsparungsmaßnahmen aussagt.

5.5.6.2 Bitterstoffgehalt

Der Bitterstoffgehalt der Biere, der vom jeweiligen Typ bestimmt wird, ist maßgeblich für die Bitterstoffgabe (Tab. 5.29). Er kann sich aber naturgemäß in bestimmten Grenzen bewegen.

Diese großen Bewegungen ergeben sich aus den unterschiedlichen Verfahrensweisen der einzelnen Betriebe. Doch gilt, heute wie früher, für helle edle Biere: je heller ein Bier, je besser die verwendeten Rohstoffe waren und je sorgfältiger gearbeitet wurde (weiches Brauwasser, biologische Säuerung, knappes Maischverfahren, u. U. Spelzentrennung), umso mehr Bitterstoffe wird es „vertragen". Auch stärkere Biere bedürfen einer größeren Bitterstoffmenge wie z. B. aus dem Vergleich von Export- und Starkbieren hervorgeht. Bei dunklen Bieren

Tab. 5.29 Bitterstoffgehalte verschiedener Biertypen und a-Säuregaben pro Hektoliter

Biertyp	EBC-Bitter-Einheiten	a-Säuregaben g/hl
Hell Lager	16–24	4,5–8,0
Helle Exportbiere	20–30	6,0–10,0
Pilsener	28–45	8,0–16,0
Helle Bockbiere	28–40	9,0–14,0
Dunkle Biere	16–24	4,5–7,0
Dunkle Starkbiere	22–30	7,0–10,0
Märzenbiere	20–26	6,0–9,0
Weizenbiere	10–16	2,5–4,5
Altbiere	28–40 (–60)	9,0–14,0 (–20)

Tab. 5.30 Bewegung der Hopfengaben seit 1960 [889]

Sorte EBC-BE	Hell 23	Pils 36
Ausgangswert Hopfen g/hl Verkaufsbier	180	330
α-Säuregaben bei 5% α-Säure g/hl	9,0	16,5
Hopfenprodukte − 12%	7,9	14,5
Effekt Heißwürzetank − 15%	6,7	12,4
Trubwiederverwendung − 8%	6,2	11,4
Geschlossene Gärtanks − 15%	5,2	9,7
Endwert Hopfen g/hl Verkaufsbier	104	194
Bei Einsatz von 50% Bitterstoffhopfen mit 8% α-Säure	84	157
Bei Einsatz von 50% Hoch-α-Sorten mit 16% α-Säure	68	127

ist der Malzcharakter vorherrschend, sie bedürfen einer geringeren aber nicht zu geringen Hopfung (s. Abschnitt 3.2.8.4).

5.5.6.3 Bemessung der Bitterstoffgabe

Hierbei ist der Geschmack des Publikums entscheidend. Deshalb kann die Aufstellung in Tab. 5.30 nur grobe Anhaltspunkte liefern. Es kann in manchen Gegenden ein Pilsener weniger bitter sein als in anderen ein Lager-, Export- oder gar Spezialbier. Auch wird bei einem „Konsumbier" meist eine geringere Bittere gewünscht als bei einem Bier das mit ganz besonderen Eigenschaften angeboten wird.

5.5.6.4 Ausnutzung des Hopfens

Sie spielt, wie schon erwähnt, bei der Bemessung der Bitterstoffgabe eine große Rolle. Eine kurze Hopfenkochzeit, eine sofortige Abkühlung der Würze nach dem Kochen, eine starke Entbitterung bei der Gärung, eine lange Lagerzeit mit niedrigen Endtemperaturen des Bieres werden eine „α-Säureausbeute" von 25 bis maximal 30% erreichen und somit einen höheren Bitterstoffeinsatz erforderlich machen als z. B. eine durchschnittliche Hopfenkochzeit von 90 Minuten, eine Rast im Heißwürzetank und schließlich Gär- und Reifungsverfahren in Gärgefäßen oder gar unter Druck, die eine Ausnutzung der α-Säuren auf bis zu 45% gestatten. Einen Überblick über die Bewegung der Hopfengaben zwischen 1960 und 1980 gibt Tab. 5.30. Es handelt sich hier gerade um jenen Zeitraum, in dem Hopfenprodukte verschiedener Art in den Brauereien Eingang fanden, in dem der Würzeweg eine Umstellung erfuhr und neue Gärsysteme eingeführt wurden.

Wirtschaftliche Überlegungen lassen eine weitgehende Ausnutzung des Hopfens geraten erscheinen. Es muss aber immer wieder überprüft werden, ob der eine oder andere vorzunehmende Schritt wirklich nur eine Hopfenersparnis erbringt oder ob er auch eine Veränderung des Biercharakters zur Folge hat. Diese Nebenwirkung wird sicher nur in Jahren der Hopfenknappheit in Kauf genommen. Bei hopfenbetonten Bieren werden in wirtschaftlicher Hinsicht gewisse Abstriche gemacht.

5.5.7
Dosierung des Hopfens

Die Zugabe des Hopfens zur Würze hat nach Art und Zeitpunkt einen Einfluss auf den Geschmack des Bieres, vor allem aber auch auf die Ausnutzung des Hopfens. Wie schon im vorhergehenden Kapitel erwähnt kann auch die Würzebehandlung nach erfolgtem Kochprozess noch einen deutlichen Einfluss nehmen (s. auch Tab. 5.14).

5.5.7.1 Doldenhopfen
Bei Verwendung von Doldenhopfen wird stets der Nachteil der langsameren Extraktion und Verteilung der Bitterstoffe gegeben sein, was sich bei der Bitterstoffbilanz in relativ hohen Verlusten in den Hopfentrebern äußert (s. Abschnitt 5.9.2). Es wurden daher immer wieder Vorschläge gemacht, den Hopfen zu zerkleinern und dadurch eine bessere Ausnutzung zu erreichen.

5.5.7.2 Zerkleinerung
Die Zerkleinerung des Hopfens kann in einfachen Trockenmühlen (Hammermühlen, Pralltellermühlen, Schlagmühlen, Stift- oder Scheibenmühlen) erfolgen. Von großer Bedeutung ist, dass sich der Hopfen während des Mahlvorgangs nicht erwärmt, da hierdurch die Hopfenöle eine Oxidation erfahren können, was sich in einem unangenehmen Hopfenaroma und in einer breiten Bittere der Biere äußert. Lupulinverluste müssen durch entsprechende Filter an der Mühle (Druck-Schlauchfilter) vermieden werden [890]. Auch ist die Vermahlung in einem gekühlten Raum (Hopfenkeller) und für einen nur begrenzten Bedarf – etwa für einen Tag – vorzunehmen. Die Ersparnis durch die Zerkleinerung des Hopfens beträgt 10–15%. Sie bleibt unter den erwähnten Bedingungen ohne Nachteil für die Bierqualität; die befürchtete stärkere Auslaugung der Hopfenpolyphenole tritt nicht ein; im Gegenteil reagieren diese rascher und weitgehender als bei Doldenhopfen, wodurch auch eine bessere Eiweißstabilität bewirkt wird (s. Abschnitt 5.5.7.6).

Die Abtrennung der Rückstände des Hopfenpulvers ist nur auf dem Kühlschiff, im Whirlpool, in einem Hopfenheißtrubfilter und bei geringen Mengen

– auch in einer Heißwürzezentrifuge möglich. Die Gewinnung der in den Hopfenpulvertrebern steckenden Würze bereitet naturgemäß Schwierigkeiten. Aus diesem Grund wird das Gemisch aus Hopfentrebern und Trub zum Einmaischen [989, 891], zum Abmaischen [889, 892, 893] oder zum Abläutern zugegeben, wobei sich im Läuterbottich der Zeitpunkt des Überschwänzens des ersten Nachgusses als besonders günstig herausstellte [889, 893]. Der Bitterstoffgehalt des Hopfentrebertrubgemisches hängt ab von der dosierten Bitterstoffmenge sowie von der bereits erfolgten Ausnutzung derselben beim Würzekochen und während der Verweilzeit im Heißwürzetank. Einen Einblick gibt Tab. 5.31 [893].

Tab. 5.31 Analyse von Hopfentrub bei unterschiedlicher Hopfengabe [893]

a-Säuregabe g/hl		8,0	12,0	16,0
a-Säuren	mg	4,8	5,6	3,7
Iso-a-Säuren	mg	48,0	73,0	76,3
Polyphenole	mg	55	106	126
Anthocyanogene	mg	23	48	55

Die hieraus abzuleitenden Ersparnisse, bezogen auf die Bitterstoffmenge der Vergleichswürze zeigt Tab. 5.32 [893].

Diese Werte, die allerdings um den „Gärverlust" bis zum fertigen Bier hin korrigiert werden müssen, bewegen sich in der Praxis bei den üblichen a-Säuregaben von 8–10 g/hl und bei Zugabe entweder zum Abmaischen (bei Maischefiltern) bei 12–15 % und bei Zugabe nach Abläutern der Vorderwürze (bei Läuterbottichen) bei 8–10 %. Diese Art, die Hopfentreber wiederzuverwenden erwies sich in der. Praxis qualitativ als unbedenklich, doch ist der Erfolg der Maßnahme – vor allem bei stärker gehopften Bieren – durch sorgfältige und wiederholte Probesude vor einer allgemeinen Einführung zu prüfen. Ein Problem stellt sich hierbei, wenn Sude mit unterschiedlicher Hopfengabe hergestellt werden: die Bitterstoffmenge des „Vorsudes" dessen Hopfentrub zum betreffenden Sud gelangt, kann ganz erhebliche Schwankungen bei den Bitterstoffgehalten letzterer hervorrufen, wenn die Bitterstoffmenge des Trubs nicht entsprechend berücksichtigt wird.

Tab. 5.32 Bitterstoffausbeute in % bei Trubrückführung (Ausschlagwürzen) [893]

Zugabezeitpunkt	0	Einmaischen	Abmaischen	1. Nachguss	2. Nachguss
bei 8 g a-Säure/hl	100	122	121	113	107
bei 12 g a-Säure/hl	100	145	140	128	119
bei 16 g a-Säure/hl	100	155	153	137	128

Die Verwendung von Hopfenpulvern, die meist in Form von Pellets werterhaltend verpackt sind, wird im folgenden Abschnitt 5.5.7.5 behandelt.

Nassmühlen sind in der Regel Scheibenmühlen, die wohl eine ähnlich günstige Aufbereitung des Hopfens erlauben, die aber ein Mahlen unmittelbar vor

Tab. 5.33 Die Auswertung der Nassvermahlung des Hopfens
bei unterschiedlichen Hopfengaben [890] – Bieranalysen

Hopfengabe		100% Doldenhopfen	80% Nassvermahlung	70% Nassvermahlung
EBC-Bittereinheiten		22,4	22,6	21,3
Polyphenole	mg/l	270	258	237
Anthocyanogene	mg/l	78	72	65
Bierfarbe	EBC	11,5	11,5	10,8

der jeweiligen Hopfengabe erfordern, um nachteilige Veränderungen der Hopfenwertbestandteile zu vermeiden. Wie Tab. 5.33 zeigt, liegen die Ersparnisse bei rund 20%.

Die Ersparnisse beruhen wahrscheinlich auf der „Wasserextraktion" während des Hopfenmahlens. Bemerkenswert war bei den oben angeführten Bieren der weiche und abgerundete Geschmack bei gleichen Bittereinheiten.

Eine ähnliche Wirkung haben auch Homogenisatoren oder Emulgierpumpen [894].

Die Nasszerkleinerung des Hopfens ruft dieselben Probleme bei der Abtrennung und Wiederverwendung der Hopfentreber hervor.

5.5.7.3 Andere Vorschläge zur Hopfeneinsparung
Sie beinhalten:
- Anwendung von Ultraschall [895, 896],
- Behandlung mit hörbarem Schall [897],
- Extraktion des Hopfens in heißem Wasser,
- alkalische Vorbehandlung des Hopfens [898–900]*,
- getrennte Gewinnung der α- und der β-Säuren [778, 901]*.

Eine ausführliche Schilderung der Verfahren ist in der 7. Auflage dieses Buches zu finden. Hinweise auf weiterführende Literatur finden sich in [896] und [902].

5.5.7.4 Der Hopfenentlauger
Er sieht vor, den Hopfen nicht in der Pfanne zu kochen sondern in einem eigenen Gefäß, das zwischen Läutergerät und Würzepfanne angeordnet ist, eine Auslaugung der Inhaltsbestandteile des Hopfens zu bewirken.

Nach Ablauf der Vorderwürze werden die Nachgüsse in das zyklindrisch-konische Gefäß eingeleitet und durch dauerndes Umpumpen intensiv vermischt. Der Hopfen wird hierbei zerblättert, das freigelegte Lupulin gelangt in Form einer Emulsion in die Würzepfanne. Beim anschließenden Kochprozess lässt sich eine Bitterstoffmehrausbeute von ca. 15% erreichen; sie ist zurückzuführen auf:

* In der Bundesrepublik Deutschland nicht zugelassen

a) eine vermehrte Auslaugung der Hopfentreber,
b) auf den höheren pH-Wert der Nachgüsse,
c) auf die frühzeitige Hopfenzugabe in nur einer Gabe.

Bei etwa gleichen Biereigenschaften und der obengenannten Ersparnis ließen die Biere keine geschmacklichen Nachteile erkennen, sie schmeckten aber etwas weniger bitter [903].

Ein weiterer Vorteil ist, dass im Gegensatz zur Auslaugung der Hopfentreber im Hopfenseiher (s. Abschnitt 5.9.1) kein Hopfenglattwasser anfällt, da dieses auf die Stärke des Treberglattwassers von 0,5–1,0% abgesenkt werden kann. Aus geschmacklichen Gründen wird jedoch der Entlaugungsvorgang meist bei einer Nachgusskonzentration von 2% abgebrochen und diese extrakthaltige Flüssigkeit mittels Kaltwasser aus dem Entlauger verdrängt.

Das Prinzip des Hopfenentlaugers wurde auch vielfach durchbrochen, indem doch eine Teilgabe zur Aromatisierung der Würze in die Pfannen erfolgte, die dann ihrerseits wieder einen eigenen Hopfenseiher erforderlich machte.

Auch der Hopfenentlauger fand mehr und mehr seinen Ersatz durch Hopfenpulver und Hopfenextrakte.

5.5.7.5 Hopfenpulver

Sie sind in normaler oder konzentrierter Form, vor allem als Presslinge oder Pellets einfach zu handhaben. Während bei Hopfenpulvern die Gefahr besteht, dass sie bei Zugabe zur kochenden Würze zum Teil durch den beträchtlichen Zug der Pfannen verloren gehen könnten, sind die gepressten Produkte völlig unproblematisch. Bei Packungen von bekanntem Gewicht oder gar bei Einstellen derselben auf eine bestimmte α-Säuremenge entfällt das bei hohen Sudwerksleistungen arbeitsaufwändige Auswiegen der einzelnen Hopfengaben.

Die Ersparnisse durch das Vermahlen des Hopfens liegen bei den erwähnten 10–15%, durch das Pelletieren wird eher die Obergrenze erreicht, ebenso bei angereicherten Pulvern, da hier weniger Hopfentrebersubstanz gegeben ist.

Aus Gründen der Abrundung der Biere bei hohen Bitterstoffgaben wie auch der Verringerung der Menge der eingebrachten Polyphenole sowie des Anfalls an Hopfentrebern werden oft die letzten Gaben in Mengen von 33–50% in Form der angereicherten Pellets gegeben [875]. Es kann dann die Hopfentrubmenge von Whirlpools oder Heißwürzezentrifugen noch beherrscht werden (s. Abschnitt 8.2.3.4 und 8.2.3.5).

Bentonitpellets erbringen eine noch bessere Ausnützung der Bitterstoffe um bis zu 20%. Sie könnten sich vor allem für die späten Hopfengaben als günstig erweisen [368, 372].

Stabilisierte Hopfenpellets, die durch Zugabe von Magnesiumoxid zum Hopfenpulver vor dem Pelletisieren gewonnen werden, können bei späten Gaben – z. B. 10 Minuten vor Kochende – eine deutliche Verbesserung der jeweiligen α-Säureausbeute erbringen. Isomerisierte Pellets, eine Weiterentwicklung der stabilisierten Pellets, die unter Vakuum verpackt 7–14 Tage bei 45–55 °C gelagert werden, bringen bereits nach 10 Minuten Kochzeit die höchsten Bitterstoffausbeuten. Sie können auch zu Beginn des Kochens gegeben werden, wobei nur ein geringer Bitterstoffverlust auftritt [901].

Die frühe Gabe ist auch deswegen ratsam, da Weichharze und Hopfenöle bei der Pelletierung mit Magnesiumoxid und bei der anschließenden Wärmebehandlung eine Veränderung erfahren haben können, die Aroma und Bittere des späteren Bieres u. U. nachteilig zu verändern vermögen. Auf jeden Fall sind sorgfältige Versuchssude empfehlenswert [904].

Die Verwendung derartiger Pellets ist in Deutschland nicht gestattet.

5.5.7.6 Hopfenextrakte

Sie erlauben in der Regel eine Bitterstoffersparnis von 15–20%, bezogen auf die eingesetzte α-Säure, wenn sie aus frischem oder gut gelagerten Hopfen gewonnen wurden und wenn die Extrakte keine merkliche Veränderung des Anteils der α-Säure am Gesamtharz erfahren haben (s. Abschnitt 1.4.9.4). Sie bieten vielfältige technologische Möglichkeiten, entweder für sich allein [867, 886, 905–907] oder in Verbindung mit Hopfenpellets [886].

In einer Reihe von Betrieben finden Hopfenextrakte ausschließlich zur Bitterung der Biere Anwendung, meist als Reinharzextrakt, d.h. ohne jede Beimischung oder getrennte Dosierung von Wasserextrakt.

Andere Brauereien dosieren nur so viel Hopfenextrakt als dem Anteil der Bitterstoffhopfen entspricht oder als notwendig erachtet wird, um die Hopfentrebermenge in der Würzebehandlungsanlage auf ein, hinsichtlich Trubabtrennung und Würzeverluste vertretbares Maß zu bringen.

Standardextrakt wird heutzutage kaum mehr verwendet. Da sich Lösungsmittelextrakt und Wasserextrakt entmischen, können sie nur dosenweise zugegeben werden. Sie sind also für die üblichen automatischen Dosiervorrichtungen nicht geeignet. Außerdem enthalten sie über den Wasserextrakt neben Polyphenolen, Stickstoffsubstanzen (s. Abschnitt 1.4.9.5), Pectin und Mineralstoffen auch die volle Nitratmenge und eventuelle Rückstände von Pflanzenschutzmitteln. Dieser letzte Grund war ausschlaggebend für die ausschließliche Verwendung von Reinharzextrakten.

Harzextrakte bringen bekanntlich keine Polyphenole ein; hier sind die Koagulationsvorgänge beim Würzekochen ausschließlich auf die Reaktionen zwischen Eiweiß, Bitterstoffen und Polyphenolen des Malzes zurückzuführen. Es resultieren folglich die niedrigsten Polyphenolgehalte in den Würzen und Bieren, die Bierfarben sind am hellsten. Die geringere Eiweißausscheidung äußert sich in besseren Schaumwerten, aber in einer etwas schlechteren Stabilität der Biere. Der Geschmack der Biere aus Harzextrakten ist durch das Fehlen der in der wässrigen Phase enthaltenen Substanzen etwas weniger „kernig" aber auch von milderer Bittere. Hier müsste u. U. der α-Säureeinsatz geringfügig (um ca. 5%) angehoben werden.

Tab. 5.34 Biere mit verschiedenen Hopfenpräparaten [886]

	Dolden-hopfen	Hopfen-pulver	Konz. Pulver	Stand. Extr.	Harz-Extr.	Extr. Pulver
Farbe EBC	7,5	7,5	7,3	7,3	7,1	7,0
pH-Wert	4,45	4,45	4,42	4,38	4,35	4,35
EBC-Bittereinheiten	30,7	31,0	30,2	30,5	29,8	31,6
Polyphenole mg/l	185	180	165	158	145	149
Anthocyanogene mg/l	55	55	48	45	42	42
Schaumzahl sec.	124	123	126	126	128	128
Stabilität: WT 0/40/0 °C	1,1	1,4	0,8	1,2	0,8	1,7

In Deutschland sind nur mehr zwei Typen von Hopfenextrakt gebräuchlich, die sich Extraktionsmittel bedienen, die auch im Bier vorhanden sind: Ethanolextrakte und Kohlendioxidextrakte.

Hopfenextraktpulver isomerisieren durch das Trägermaterial rascher, sie wirken damit wie die Bentonitpellets. Die bessere Bierstabilität nach Tab. 5.34 ist auf das Kieselgel zurückzuführen. Das Präparat bietet sich zu den letzten Hopfengaben an.

Auffallend bei allen Suden mit Hopfenextrakten ist nach Tab. 5.34 der niedrigere pH, der stets bei Vergleichen zwischen Doldenhopfen, Pulvern und Extrakten festgestellt wurde [392].

5.5.7.7 Ethanolextrakt

Ethanolextrakt wird nach dem sog. „Konduktometer-Bitterwert" eingesetzt. Bei seiner Berechnung ist es notwendig, dem Konduktometerwert die Hälfte der im Ethanolextrakt befindlichen Iso-α-Säuren zuzurechnen, um eine richtige Bitterstoffbemessung vorzunehmen (s. Abschnitt 1.4.9.4) und [908, 909]. Ethanolextrakt enthält einen einstellbaren, jedoch insgesamt geringen Polyphenolgehalt. Ethanolextrakt lässt sich einsetzen wie im allgemeinen Abschnitt 5.5.7.6 über Harzextrakte besprochen. Er vermittelt dieselben Ergebnisse wie diese.

5.5.7.8 CO_2-Extrakte

CO_2-Extrakte sind verfügbar als „flüssige" (unterkritische) Extrakte oder überkritische CO_2-Extrakte. Die analytischen Unterschiede zwischen beiden sind gering. Die Isomerisierungsraten sind wie oben beschrieben.

Die hieraus hergestellten Würzen zeigen die zu erwartenden niedrigen Polyphenolgehalte, die Biere lassen ebenfalls keine Unterschiede zu anderen Harzextrakten erkennen [910]. Durch das Fehlen eines Teils der Harzfraktion könnte die etwas weniger voluminöse Bittere der ausschließlich mit CO_2-Extrakten hergestellten Biere erklärt werden. Es ist jedoch auffallend, dass diese überaus schonend hergestellten Extrakte, die die Hopfenöle des Ausgangshopfen voll und ohne Veränderung enthalten, keine stärkere „Hopfenblume" im fertigen Bier entwickeln als z. B. Dolden- und Pulverhopfen [911]. Lediglich eine Anpassung des Extraktionsverfahrens zu einer Anreicherung des Hopfenöls für die letzten beiden Hopfengaben vermittelt ein stärkeres und reineres Hopfenaroma als die Vergleichshopfen [912].

Für die Bemessung der Hopfenextraktgabe kann der in der Analyse angegebene α-Säuregehalt zugrunde gelegt werden. Bei Ethanolextrakt ist der sog. Konduktometer-Bitterwert angemessen. Üblicherweise lassen sich Pellets voll gegen Extrakte austauschen und umgekehrt. Lediglich bei den mit Bierstabilisierungsmitteln versetzten Pellets oder Extrakten sind höhere Isomerisierungsraten zu berücksichtigen, wenn eine Überbitterung der Biere vermieden werden soll.

5.5.7.9 Isomerisierte Hopfenextrakte

Isomerisierte Hopfenextrakte (s. Abschnitt 1.4.9.9) sind in Deutschland ebenso wenig gestattet wie alkalisch vorbehandelter Hopfen, stabilisierte oder isomerisierte Pellets. Um α-Säuren einzusparen, wird er dem Bier nach der Hauptgärung, meist aber erst von der Filtration zugegeben („Downstream Produkte"). Wird dieser Isohumulonextrakt ausschließlich zur „Kalthopfung" des Bieres verwendet, so werden gute Ausnutzungsgrade erreicht, die aber vom Trübungsgrad des Bieres zum jeweiligen Zeitpunkt abhängen und die 70–95% ausmachen können. Die Isohumulon-Extrakte liefern gute Schaumwerte mit sehr gutem Haftvermögen des Bierschaums, auch sind die Stabilitätseigenschaften günstig [395, 397, 913–916]. Eigene Versuche mit ausschließlicher oder teilweiser Kalthopfung mit Iso-Extrakten hatten eine zwar reine und kräftige, aber geschmacklich nicht ganz abgebundene Bittere gezeigt [398]. Das in der Literatur erwähnte, durch Iso-Extrakte begünstigte „Gushing" der Biere soll bei einwandfrei hergestellten, gut gelagerten Isohumulonextrakten nicht auftreten [915, 916].

Es ist aber verschiedentlich der Fall, dass Iso-α-Säureextrakte bereits zum Kochen zur Vermeidung des Überschäumens der Würze und zum Aufbau einer gewissen bakteriostatischen Kraft gegeben werden, wenn auch nur zu einem Teil. Hierfür sind die „Isomerisierten Kessel-Extrakte" (IKE), die über Magnesiumoxid gewonnen wurden, wie auch die als Kaliumsalze der Iso-α-Säuren vorliegenden PIKE („Potassium-Isomerisierter Kessel-Extrakt") ebenso geeignet wie die typischen Produkte der Kalthopfung („Downstream Produkte"): Rho-Iso-α-Säuren, (Dihydro-iso-α-Säuren), Tetra-Extrakt (Tetrahydro-iso-α-Säuren) oder Hexa-Extrakt (Hexahydro-iso-α-Säuren). Diese drei „lichtstabilen Iso-α-Säure-Extrakte" (LIKE) werden vor allem dann auch mit zur Würze gegeben, wenn die späteren Biere einen Schutz gegen Belichtung benötigen und somit keinesfalls „normale" α- und Iso-αSäuren in die Würze bzw. ins Bier gelangen dürfen. Nachdem diese Extrakte wegen der zu erwartenden geringeren Ausbeute beim Kochen zu teuer sind, kommt ein Basis-Extrakt in der Pfanne zum Einsatz. Dieser wird bei der Herstellung des Iso-Extrakts durch einige zusätzliche Trennschritte gewonnen (s. Abschnitt 1.4.9.9). Falls lichtstabile Biere angestrebt werden, sind Reste von α- und Iso-α-Säuren quantitativ zu entfernen. Der Basis-Extrakt vermeidet ebenfalls das Überkochen der Pfanne und er trägt durch seine, allerdings auch mit der modernen Analytik noch nicht voll bekannten Inhaltssubstanzen zu einer geschmacklichen Abrundung der Biere, sowie zu einer Inhibition möglicher Gushingneigung bei.

Durch den Einsatz von Iso-Extrakten ist es möglich, bei später Dosierung aus einer „Grundsorte" mehrere, verschieden stark gebitterte Biere herzustellen.

Bei der Verwendung der reduzierten Iso-α-Säuren-Extrakte ist zu beachten, dass diese ein unterschiedliches Bitterungspotenzial aufweisen (s. Abschnitt 1.4.9.9). Hopfenölpräparate werden vornehmlich im Lagerkeller bzw. vor der Filtration zugegeben.

5.5.7.10 Zeitpunkt und die Aufteilung der Hopfengabe

Beide hängen ab vom jeweiligen Biertyp und werden von Brauerei zu Brauerei verschieden gehandhabt.

Der Hopfen kann auf einmal oder in mehreren Teilgaben der Würze zugegeben werden.

Bei Bieren mit geringem Bitterstoffgehalt (unter 16–20 Bittereinheiten) und zurücktretendem Hopfenaroma wird der Hopfen oftmals auf einmal, zu Beginn des Würzekochens gegeben. Verschiedentlich erfolgt auch die Hopfengabe erst 5–20 Minuten nach Kochbeginn, um die Malzpolyphenole zur Reaktion mit den hochmolekularen Stickstoffverbindungen zu bringen und damit die Bitterstoffverluste durch die Bruchbildung etwas zu verringern. Auch kann hierbei ein spezifischer Geschmack und eine bessere Abrundung der Bierbittere erzielt werden. Gerade die Dosierung in einer Gabe, die eine höchstmögliche Bitterstoffausbeute zum Ziel hat, lässt bei Zusatz mindestens 5–10 Minuten nach Kochbeginn die Unterschiede zwischen Bitter- und Aromahopfen weniger deutlich zutage treten als bei früherer oder späterer Dosierung. Dennoch konnten auch bei dieser Verfahrensweise die verschiedenen Hopfensorten wie Hallertauer Mittelfrüher, Saazer, Northern Brewer und Brewer's Gold differenziert werden, ganz gleich ob als Doldenhopfen, als Pulver oder als Extrakt. Eine Mischung von Aroma- und Bitterhopfen kann, selbst bei nur einer Gabe, geschmacklich deutliche Vorteile gegenüber nur einer Sorte (Bitter- oder Aromahopfen) erbringen [917].

Bei geteilten Hopfengaben wird, in Anbetracht der Nachisomerisierung im Whirlpool oder im Heißwürzetank, gegenüber früher wieder eine kürzere, durchschnittliche Hopfenkochzeit angestrebt.

Im Falle von zwei Hopfengaben erfolgt die erste mit 70–80% bei, oder 10–20 Minuten nach Kochbeginn, die zweite mit 30 bzw. 20% 10–30 Minuten vor Kochende. Bei drei Teilgaben haben sich die in der Tab. 5.35 aufgeführten Mengen und Zeitpunkte bewährt.

Die erste Gabe nimmt die Bitterstoffhopfen und vielleicht noch einen Teil der Aromasorten auf, die spätere(n) die Aromahopfen, die zum Kochende hin eine immer höhere Bonität aufweisen sollen.

Wie schon erwähnt und wie noch ausführlich zu diskutieren sein wird, kann eine Verringerung der Hopfenpelletmenge aus Gründen der späteren Abtrennung derselben, z. B. im Whirlpool, erwünscht sein. Im Hinblick auf den Gesamtanfall von Hopfentrub sollte sogar immer die gleiche Hopfenpulvermenge angestrebt werden, um die erforderlichen Einstellungen an den Separatoren nicht von Biersorte zu Biersorte ändern zu müssen. Bei drei Biersorten mit unterschiedlichen Bitterstoffgaben, aber drei Zusatzzeitpunkten, ergeben sich die in Tab. 5.35 genannten Werte.

Tab. 5.35 Hopfengaben für verschiedene Biertypen (Kochzeit 60 Minuten)

Gabe	Pellet/Extrakt	g/hl	Hopfen-Typ	Kochzeit in Minuten	α-Säuren g/hl
Lagerbier 6,5 g α-Säure pro hl Würze					
1.	P90	40	Bitter-/Hoch-α-Sorte	60,0	3,5
2.	P90	30	Aromahopfen [a]	40,0	1,5
3.	P90	30	Aromahopfen [b]	15,0	1,5
Pelletgabe g/hl		100	Durchschnittskochzeit	45,0	6,5
Export 9,0 g α-Säure pro hl Würze					
1.	Harz-E	9	Bitter-/Hoch-α-Sorte	60,0	4,0
	P90	20	Aromahopfen [a]		1,0
2.	P90	40	Aromahopfen [b]	40,0	2,0
3.	P45	40	Aromahopfen [c]	15,0	2,0
Pelletgabe g/hl		100	Durchschnittskochzeit	45,5	9,0
Pilsener 12,0 g α-Säure pro hl Würze					
1.	Harz-E	9	Aromahopfen [a]	60,0	4,0
	P45	20	evtl. 1/2 Aroma-1/2 Bitterhopfen		2,0
2.	P45	40	Aromahopfen [b]	30,0	3,0
3.	P45	40	Aromahopfen [c]	10,0	3,0
Pelletgabe g/hl		100	Durchschnittskochzeit	40,0	12,0

a) Perle, b) Tradition, Hall. mfr., Hersbr., c) Saaz., Saphir, Select, Tettnang

Bei Pilsener kann es zweckmäßig sein, auch Extrakte von Aromahopfen zu verwenden, um die Aromahopfengabe bei erforderlichen hohen α-Säuregaben nicht zu schmälern. Bei Pils mit betontem Hopfenaroma wäre eine Vierteilung – eine Teilgabe bei Kochende – günstig. Es ist aber immer wieder zu berücksichtigen, dass sehr späte Gaben zwar eine deutliche „Hopfenblume" zu erzielen vermögen, dass diese aber nur durch ein weitgehendes Fernhalten des Sauerstoffs auf dem Weg vom Lagertank bis in die Flasche oder in das Fass über einen bestimmten Zeitraum erhalten bleiben kann.

Zahlreiche Versuche haben jedoch gezeigt, dass ein Hopfenaroma im fertigen Bier eine Alterungsnote zu maskieren vermag, d. h. das Aufkommen von pappdeckelartigen Geruchs- und Geschmackstönungen überdeckt wird. Ungeeignete Sorten können aber auch nach einiger thermischer Belastung im Gebinde eine

Veränderung der Bittere in Richtung auf „hart" und „breit" hervorrufen [918–920].

Eine Zugabe von Doldenhopfen, Hopfenpellets oder Aroma angereichertem CO_2-Extrakt im Lagerkeller vermittelt wohl das stärkste Hopfenaroma, doch ist dieses weniger rein und weniger stabil als das durch die vorstehenden Maßnahmen erzielte.

5.5.7.11 Die automatische Dosierung des Hopfens

Die automatische Dosierung des Hopfens ist bei den heutigen, vollautomatisch arbeitenden und computergesteuerten Sudwerken ein notwendiger Bestandteil der Anlagen. Sie ermöglicht eine genaue Einhaltung der Zusatzzeitpunkte und der jeweiligen Dosierungsmengen. Der Einsatz von Großpackungen trägt zur Kostenersparnis bei [921].

Halbautomatische Anlagen bestehen entweder aus einem Rohr, das entsprechend den einzelnen Hopfengaben in verschiedenen Höhen motorgetrieben oder pneumatisch gesteuerte Schieber aufweist, die zu den jeweiligen Zusatzzeitpunkten geöffnet werden. Auch ein Drehbehälter, der in einzelnen Segmenten Hopfengaben enthält, kann durch die Bewegung auf das Fallrohr die Hopfengabe freigeben. Zu den halbautomatischen Vorrichtungen zählen auch solche, die für die einzelnen Hopfengaben aus je einem Behälter bestehen, in den die jeweilige Pellet-Hopfengabe von Hand eingefüllt wird. Extrakte werden in Dosen (die jeweils am Boden und am Deckel mit Löchern versehen werden) in den Gabenbehälter eingebracht. Zum vorgegebenen Zeitpunkt wird nun ein Würzestrom aus der Pfanne über den Hopfengabebehälter geleitet und so der Extrakt- oder die Pelletgabe in die Pfanne geschwemmt. Anschließend wird mit heißem Brauwasser nachgespült. Es ist aber zu berücksichtigen, dass die Dosierung dieser Hopfengabe eine bestimmte Zeit (5–10 Minuten) benötigt, die bei mehreren Hopfengaben (s. Abschnitt 5.5.7.10) und kurzen Kochzeiten für die Platzierung der Gaben berücksichtigt werden muss.

Vollautomatische Geräte bewirken über zeitgesteuerte Mohnopumpen mit Zählwerk die gewünschte Dosierung zum vorgegebenen Zeitpunkt. Es werden nur mehr reine Harzextrakte eingesetzt, da sich die sog. Standardextrakte aus Harz- und Wasserextrakten in Behältern für mehrere Sude entmischten. Sie konnten nur in einer oder mehreren Dosen für jeweils einen Zugabezeitpunkt pro Sud eingesetzt werden.

Hopfenpellets werden aus Großbehältern pneumatisch in die einzelnen Segmente eines Karussels verwogen oder bei nur einer Hopfensorte in einzelnen Teilgaben direkt in die Pfanne.

Die automatische Dosierung soll den Betrieb sicherer gestalten, aber sie darf weder die Variabilität des Betriebes einschränken, noch durch Sekundäreffekte, wie z. B. durch eine Oxidation bei der Vorlösung oder Erwärmung die Qualität des Hopfens verschlechtern.

Während das Lösen in Heißwasser – offenbar durch eine Sauerstoffaufnahme bedingt – bei 70 °C schon nach 10 Minuten eine deutliche Abnahme von Myrcen und nach 2 Stunden auch von β-Caryophyllen und Humulen, bei gleichzeitiger Zunahme oder oxidierten Sesquiterpene bewirkte, zeigten die Bitterstoffgehalte der Würzen und Biere eine Zunahme, d.h. eine verbesserte Isomerisierung. Geschmacklich trat nach einer Stunde schon eine harte Bittere auf die sich im Verlaufe von insgesamt 4 Stunden noch deutlich verschlechterte [922]. Während eine andere Arbeit nach 30 Minuten bei 45 °C eine Abnahme des Konduktometerwertes ergab [923], zeigte eine Aufbewahrung von verflüssigten Extrakten – Ethanol- und CO_2-Extrakte – bei 50 bzw. 40 °C erst zwischen der 6. und der 12. Stunde eine leichte Abnahme der Bitterwerte in Würzen und Bieren, wobei sich die organoleptische Bewertung der Bittere der Biere nicht eindeutig veränderte [924]. Ethanol- und CO_2-Extrakte benötigen jedoch unterschiedliche Temperaturen, um die wünschenswerte Viskosität für eine einwandfreie Dosierung zu erreichen. Um z.B. 3 mPas zu erreichen, benötigt CO_2-Extrakt nur eine Temperatur von 42–45 °C, während Ethanol-Extrakt auf 50–55 °C aufgewärmt werden muss. Auf jeden Fall sind hier Lieferantenangaben zu befolgen [925].

Voraussetzung für diese „Stabilität" ist aber, dass die Dosierbehälter mit CO_2-Gas geflutet werden, vor allem wenn ein Behälterinhalt über das Wochenende stehen bleibt. Hier könnte auch eine Temperaturabsenkung günstig sein.

5.6
Das Verhalten von Aromastoffen der Würze

Das Malz bringt eine große Zahl von Substanzen in die Würze ein, die deren typischen Geruch und Geschmack bedingen. Es handelt sich hierbei nicht nur um die besonders im dunklen Malz vorhandenen Maillard-Produkte, die als Folge der bekannten Schwelkführung und der hohen Abdarrtemperaturen aus Aminosäuren und Zuckern entstehen, sondern auch um eine Fülle von Zwischenprodukten dieser Reaktionen, die beim Maischen und vor allem beim Würzekochen weiteren Veränderungen zu farbebildenden und aromatischen Verbindungen unterliegen.

Aber auch die schon erwähnten Fettsäuren, die aus dem Malz in die Würze übergehen oder als Oxidationsprodukte vorliegen, erfahren beim Würzekochen weitere Veränderungen.

Flüchtige Phenole entstehen ebenfalls durch thermische Behandlung aus Phenolcarbonsäuren, die ihrerseits bei dem großen Eingriff des Würzekochens fragmentiert werden können.

Schließlich seien noch die schwefelhaltigen Substanzen erwähnt, die am Beispiel des Dimethylsulfids vielfach verfolgt wurden und die gespalten, z.T. ausgetrieben werden oder auch mit anderen Stoffgruppen zu reagieren vermögen.

Es ist in der Folge von Interesse zu sehen, welche Verbindungen durch die thermische Belastung des Würzekochens entstehen und welche Veränderungen durch Verdampfungsprozesse eintreten.

Die flüchtigen Substanzen liegen im Mikrogramm-Bereich, d.h. in einer unendlichen Verdünnung vor. Bei diesem entspricht die Siedetemperatur des Gemisches aus Würzearomastoffen und Wasser der Siedetemperatur von reinem Wasser. Die Aromastoffe in der Würze stehen beim Kochen im Dampf in einem bestimmten Verhältnis zu der Konzentration an Aromastoffen in der flüssigen Phase. Ein Gleichgewicht gilt als erreicht oder eingestellt, wenn die Temperatur der Dampfphase der der flüssigen Phase entspricht. Hier ist dann auch der Partialdruck eines Aromastoffes in der Gasphase gleich dem Partialdruck des Aromastoffes in der flüssigen Phase. Das Verhältnis der Konzentrationen des Aromastoffes in den beiden Phasen wird durch die Größe des Verteilungsfaktors beschrieben. Je größer der Verteilungsfaktor eines Aromastoffes ist, umso leichter lässt er sich verringern, wie z. B. 3-Methyl-Butanal oder DMS; bei einem kleinen Verteilungsfaktor wie z. B. bei Phenylethanol ist die Abnahmekurve flacher. Auch das Kochsystem (atmosphärische Kochung, Entspannungsverdampfung) spielt eine Rolle [926–929].

Die Entwicklung bzw. Veränderung von Aromastoffen kommt aber mit dem Ende des Würzekochens noch nicht zum Stillstand. Bei der folgenden Heißhaltung während des Ausschlagens und des Verweilens im Heißwürzetank bzw. Whirlpool laufen vor allem Maillard-Reaktion und Strecker-Abbau weiter, während sich die Substanzen aus dem Lipidabbau nur mehr wenig verändern. Der Abbau des DMS-Vorläufers zu freiem DMS geschieht weiter und zeigt einen von Zeit und Temperatur beeinflussten weiteren Anstieg. Bei der konventionellen Herstellungsweise und geschlossenem Würzeweg ist keine Verdampfung mehr gegeben. Es müssen also die Verfahrensschritte der Würzekochung und der nachfolgenden Würzebehandlung zusammen betrachtet werden, wie dies auch bei modernen Verfahren besprochen werden wird.

5.6.1
Thermisch oxidative Veränderungen von Produkten des Lipidabbaus

Der beim Mälzen und Maischen erfolgte Abbau der Lipide zu den verschiedenen freien Fettsäuren und die Oxidation der ungesättigten Fettsäuren durch Lipoxygenasen führt zu entsprechenden Hydroperoxiden und schließlich zu Dihydroxy- und Trihydroxy- und Epoxysäuren sowie flüchtigen Carbonylverbindungen. Folgende Fettsäuren können als Vorläufer für Aromastoffe angesehen werden:

Linolsäure:	Pentanal, Hexanal, 1-Octen-3-ol, 1-Hexanol, 1-Pentanon
Ölsäure:	Heptanal, Octanol
Linolensäure:	2-Pentanon, Tr2-cis-2,6-Nonadienal, 6-Nonadienal
Cumarsäure:	Benzaldehyd
Hydroxyfettsäure:	γ-Nonalacton

Wie die Aufstellung zeigt, handelt es sich neben den Carbonylen auch um höhere Alkohole und Säuren, die aus Malz und Hopfen stammen. Sie erfahren während z. B. einer 100 Minuten währenden Rast bei 90 °C im geschlossenen System keine Mehrung; in einem offenen Gefäß sind sogar Verdunstungseffekte gegeben, obgleich der Siedepunkt der Substanzen zwischen 102 °C (Penta-

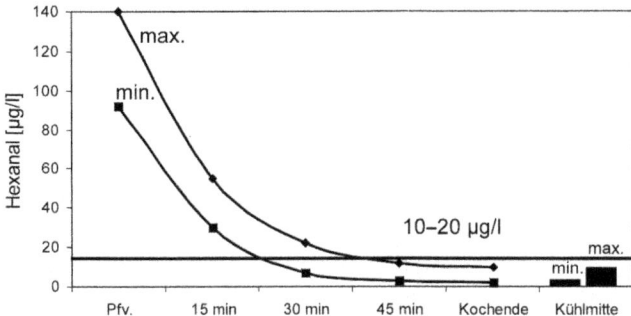

Abb. 5.36 Verlauf von Hexanal während der Würzekochung

Tab. 5.36 Verhalten von Linol- und Linolensäure beim Würzekochen (g/Sud, Schüttung 11,5 t)

	Linolsäure	Linolensäure
Pfannevollwürze	170	8
+ Hopfen	273	184
Auschlagwürze	17	5
+ Trub	394	30
Verlust	32	157
Prozent	7	82

non), 131 °C (Hexanal), 158 °C (1-Hexanol) und 188–189 °C (Octanol) liegt [930]. Sie werden während des Würzekochens in Abhängigkeit von den Verdampfungsbedingungen (Zeit, Verdampfungsziffer, Verdampfungsoberflächen) ausgetrieben. Ihre Gehalte in der gekochten Würze bzw. ihre Abnahmerate können als Indikator für den Effekt eines Kochsystems dienen [880, 883].

Deutlich ist jedoch nach Abb. 5.34 und 5.35 die Veränderung dieser Verbindungen wie auch einiger höherer Alkohole von der Heißhaltezone über die einzelnen Verdampfungsstufen.

Einen Eindruck hierüber vermittelt Abb. 5.36 anhand von Hexanal während des Würzekochens und der Würzebehandlung in 8 verschiedenen industriellen Anlagen [883].

Die oben erwähnten ungesättigten Fettsäuren wie Linol- und Linolensäure werden beim Würzekochen vermindert (Tab. 5.36). Sie lassen sich in der Fettsäurebilanz nicht mehr voll wiederfinden: so wird die Linolsäure nur zu 7%, die hauptsächlich aus dem Hopfen stammende Linolensäure zu 82% oxidiert oder durch thermische Einflüsse gespalten.

5.6.2
Veränderung von Phenolcarbonsäuren

Diese, aus Malz und Hopfen stammenden Säuren wie z. B. die p-Cumarsäure, Ferulasäure und Sinapinsäure werden durch die Hitzeeinwirkung beim Kochen in Phenole und 4-Hydroxybenzaldehyd übergeführt [931]. Die Phenole haben spezifische Geruchs- und Geschmacksnoten; nachdem sie mit Ausnahme von Vanillin, 4-Hydroxybenzaldehyd und Syringaldehyd von der Hefe nicht metabolisiert werden und so unverändert ins Bier übergehen, leisten sie einen Beitrag zum Bieraroma [932]. Beim Würzekochen werden die verschiedenen Phenolcarbonsäuren um 2–5% vermindert, wobei ein Einfluss des Kochsystems (Normalpfanne gegen Außenkocher) nicht erkennbar war [832].

5.6.3
Bildung von Maillard-Produkten

Die Maillard-Reaktion beinhaltet eine Umsetzung von Zuckern (Hexosen und Pentosen) mit Aminosäuren, Di- und Tripeptiden zu färbenden Substanzen, die als Melanoidine bekannt sind (s. Bd. I). Neben diesen hochmolkularen Substanzen werden bei der Maillard-Reaktion auch flüchtige Substanzen, vor allem heterocyclische Komponenten freigesetzt, die als Aromastoffe von großer Bedeutung sind.

5.6.3.1 Die Maillard-Reaktion

Der Ablauf der Maillard-Reaktion ist nach dem Schema von Hodge folgender [933–935]: Aminosäuren und Zucker verbinden sich zu N-Glycosiden, die in einer Amadori-Umlagerung zu 1-Amino-1-deoxy-2-Ketose führt. Diese ist hitzelabil und zerfällt dann unter Dehydratisierungs- oder Spaltungsreaktionen in 3-Desoxyhexoson (bei Hexosen) oder 3-Desoxypentoson (bei Pentosen). Ersteres führt unter Wasserabspaltung zu 5-Hydroxymethylfurfural sowie 5-Methylfurfural, das Letztere über 2-Furfural und eine Reihe von anderen Zwischenprodukten zu 4-Hydroxy-5-methyl-3(2H)-furanon [936].

Diese reagieren mit Aminosäuren in mehreren Schritten zu den hochmolkularen Melanoidinen (Abb. 5.37).

Furanverbindungen sind im hellen Malz in geringen, im dunklen Malz dagegen in bedeutenden Mengen vorhanden [931]. Furfuraldehyd, Furfurylalkohol und Furancarbonsäure haben ein Uncharakteristisches Aroma, doch können sie bei der Gärung in ihre geschmacksstärkeren Ester umgewandelt werden. Furfurylmethyldisulfid vermittelt ein leicht brotartiges Aroma. Die verschiedenen Komponenten mit brotartigem Aroma sind im dunklen Bier erwünscht. Die meisten Verbindungen, die brotartigen Charakter haben, können durch die Hefe in weniger wirksame umgewandelt werden. Doch entstehen sie aus diesen Vorstufen durch Pasteurisation oder durch die lange Lagerung des abgefüllten Bieres von Neuem.

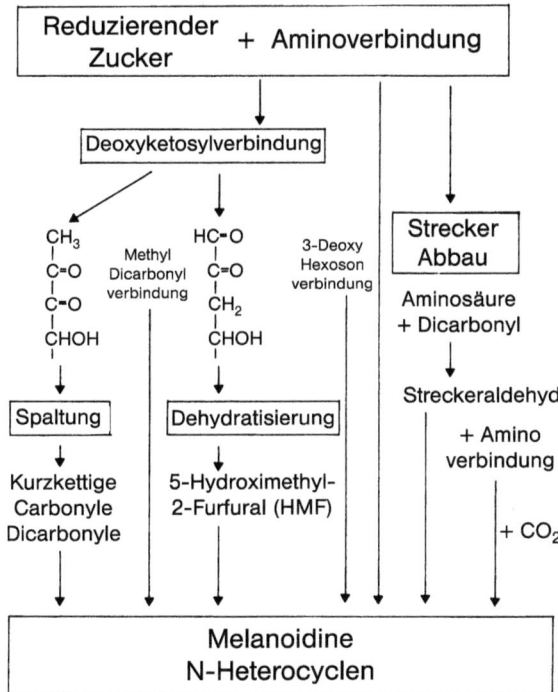

Abb. 5.37 Bildung von Melanoidinen und N-Heterocyclen

5.6.3.2 Strecker-Abbau von Aminosäuren

Durch Spaltung von 1-Desoxyhexoson und 1-Desoxypentoson entstehen α-Dicarbonylverbindungen wie Glyoxal, Diacetyl, Pyruvaldehyd. Die Reaktion dieser α-Dicarbonylverbindungen mit Aminosäuren – der Strecker-Abbau – führt zu Aldehyden, die um ein C-Atom ärmer sind als die Aminosäure. Der Strecker-Abbau von Methionol ergibt Methional, das in hitzebehandelten Lebensmitteln nachweisbar ist.

Die Zerfallsprodukte dieser instabilen Carbonyle führen zu heterocyclischen Verbindungen [937] oder bilden mit anderen Aldehyden Aldolkondensationsprodukte, die auch in hellem und dunklem Malz enthalten sind. Isobutanal, 2-Methylbutanal und 3-Methylbutanal sind Aromakomponenten des Malzes; sie erfahren aber auch eine Vermehrung bei der Alterung des Bieres [937].

5.6.3.3 Pyrazine

Sie entstehen beim Strecker-Abbau aus Aminoketonen durch Ringschluss, Wasserabspaltung und Dehydrierung. Sie kommen auch in heller Bierwürze in geringen Mengen vor [938], doch hängt das Niveau von den Kochbedingungen (Temperatur, Zeit) sowie von der Ausdampfung ab. In Würzen aus dunklem Malz ist ihre Menge beträchtlich [938].

5.6.3.4 Pyrrole

Sie werden neben den erwähnten Verbindungen ebenfalls bei der Maillard-Reaktion gebildet. Sie kommen aber nicht nur im dunklen, sondern auch im hellen Malz und den daraus hergestellten Würzen vor. Sie haben röst- oder brotartige Aromanoten, sie können aber auch „grünliche" Geruchseindrücke aufweisen [938]. Ihre Bildung ist, am Beispiel heller Würzen gezeigt, ebenfalls von den Bedingungen des Würzekochens abhängig (Abb. 5.38).

Am Beispiel der Pyrazine und Pyrrole kann der Einfluss der Seitenketten auf Aroma und Schwellenwert der N-Heterocyclen erläutert werden. Pyrazin und 2-Methylpyrazin haben beide einen Schwellenwert von jeweils 100000 ppb im Bier, wobei jedoch das letztere neben dem Röstaroma auch noch eine grasige Note vermittelt. Eine andere Stellung der Seitenketten bewirkt eine Veränderung des Aromas und der Schwellenwerte. Je mehr Seitenketten am aromati-

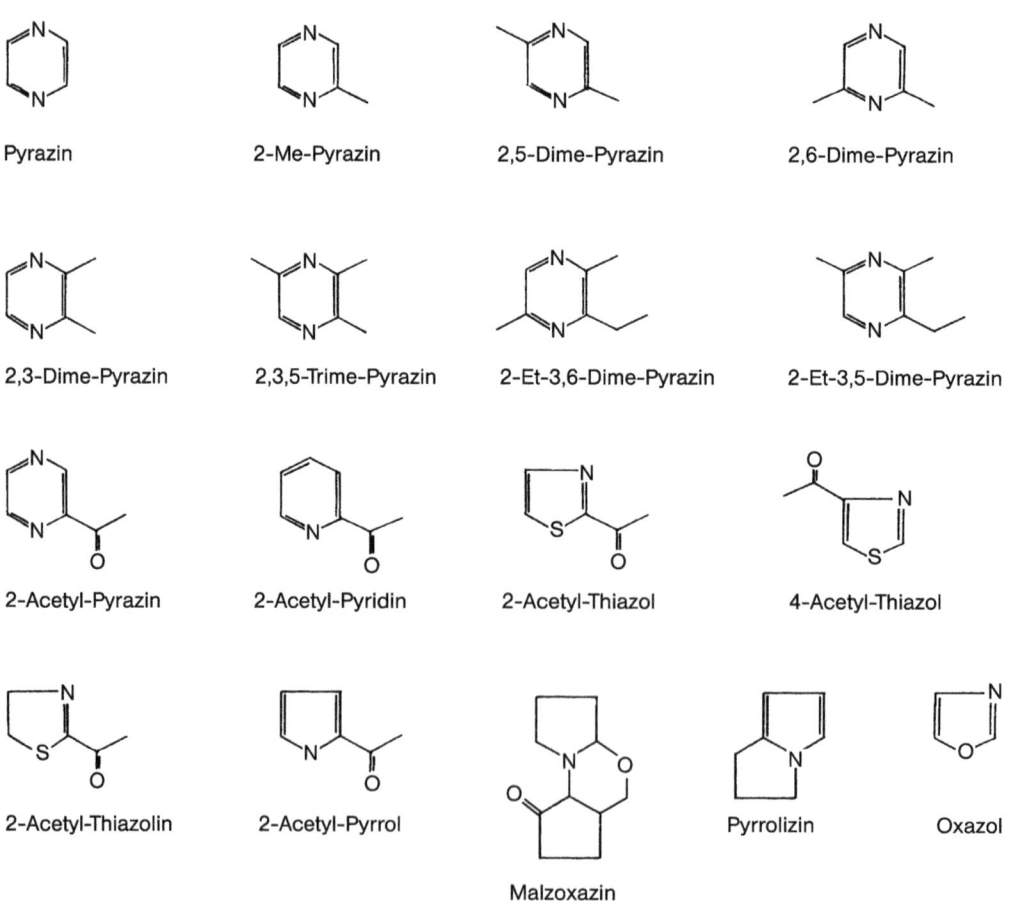

Abb. 5.38 Darstellung von N-Heterocyclen

schen Ring sitzen, umso niedriger sind die Geruchs- und Geschmacksschwellen, die z. B. beim 2,3,5-Trimethylpyrazin (grasig) bei 1000 ppb liegen. 2-Ethyl-3,5-Dimethylpyrazin unterscheidet sich vom 3,6-Homologen nur durch die Stellung einer Seitenkette, was aber eine Verringerung der Geschmacksschwelle von 5 auf 0,4 ppb nach sich zieht.

Wird ein Wasserstoffatom des Pyrazins durch eine Acetylgruppe ersetzt, so verändern sich wiederum die Aromanoten, z. B. von Röstaroma zu brotartig, die Thiazole mit niedrigen Schwellenwert sind crackerähnlich, das 2-Acetylpyrrol erteilt eine verbrannte Note [879].

5.6.3.5 γ-Pyrone

Sie sind Maillard-Reaktionsprodukte aus Maltose und Lactose. Sie entstehen aber auch aus Glucose und Fructose. Sie haben karamelartigen Charakter, wirken aromaverstärkend und haben antioxydantische Eigenschaften. Es handelt sich hier um Maltol, Isomaltol, 5-Hydroxy-5,6-dihydromaltol und 5-Hydroxymaltol. Auch diese Verbindungen wurden in Malz, Würze und Bier gefunden [939]. Sie werden beim Würzekochen vermehrt.

(46) Pyron   **(47)** Maltol   **(48)** Furan   **(49)** Isomaltol
Grundstrukturen von O-Heterocyclen für karamelartige und malzige Geschmacksnoten

(50) Pyrazin   **(51)** Pyrrol   **(52)** Pyrrolin
Grundstrukturen von N-Heterocyclen für getreide-, brot- und nussartige Aromanoten
(in Anlehnung an Hodge [934] und Tressl [940])

5.6.3.6 Sonstige Verbindungen

2-Acetylthiazol, das einen intensiv brot- bzw. getreideartigen Geruch besitzt, wird aus Cystein und Pyruvaldehyd gebildet [941] und zwar vornehmlich beim Darren und Würzekochen [942], es kann aber auch noch bei der Alterung des Bieres entstehen [943].

Prolin kommt in Würze in beträchtlichen Mengen vor [944]. Es geht bei thermischer Belastung ebenfalls in die Maillard-Reaktion ein. So resultieren aus Prolin und Maltose (Glucose) Enolone wie Maltol, 5-Hydroxymaltol und Cycloten, die einen karamelartigen Charakter haben. Aus Modellversuchen mit Prolin und verschiedenen Zuckern resultieren 2-Acetylpyridine, Pyrrolizine sowie Oxazine, von denen das „Malzoxazin" im Malz in ähnlicher Konzentration wie das

Maltol enthalten ist. Diese Substanzen sind für den Malzgeschmack, aber auch für die Flavournoten erhitzter Cerealien von besonderer Bedeutung.

Sie entstehen auch bei „Überpasteurisation" von Bier oder bei langer Aufbewahrung desselben in der Wärme [940].

5.6.3.7 Das Verhalten von Maillard- und Strecker-Abbauprodukten

Bei den Maillard-Produkten ist das 2-Furfural ein wichtiger Indikator für die thermische Belastung während des gesamten Prozesses von der Pfannevoll- zur Anstellwürze, wobei ein Teil des gebildeten Aldehyds auch mit dem strömenden Wasserdampf ausgetrieben wird. Ähnliches gilt für die Strecker-Aldehyde, bei denen sich ein Gleichgewicht zwischen Neubildung und Verdampfung einstellt. In der Summe werden 65% derselben verdampft.

Die Siedepunkte der Maillard-Produkte und der Strecker-Abbauprodukte können sich in weiteren Bereiche bewegen, so z.B. bei 2-Furfural 162°C, bei 2-Acetylfuran nur 67°C. Die Werte der Strecker-Abbauprodukte und der korrespondierenden Alkohole in Wasser zeigt Tab. 5.37.

Das Verhalten von Furfural während des Würzekochens und der Würzebehandlung zeigt Abb. 5.39 [883]. Hier sind bei sehr deutlich differenzierten Ausgangswerten auch unterschiedliche Zunahmen zu vergleichen, die von den Fak-

Tab. 5.37 Siedepunkte von Würzearomastoffen

Aromastoff	Siedepunkt °C
3-Methylbutanal	92–93
3-Methylbutanol	131–132
2-Methylbutanol	127–129
Methional	160–165
Benzaldehyd	179
2-Phenylethanal	195
2-Phenylethanol	219

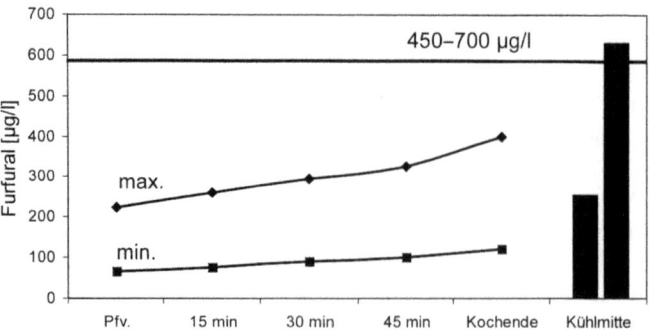

Abb. 5.39 Verlauf von Furfural bei der Würzekochung

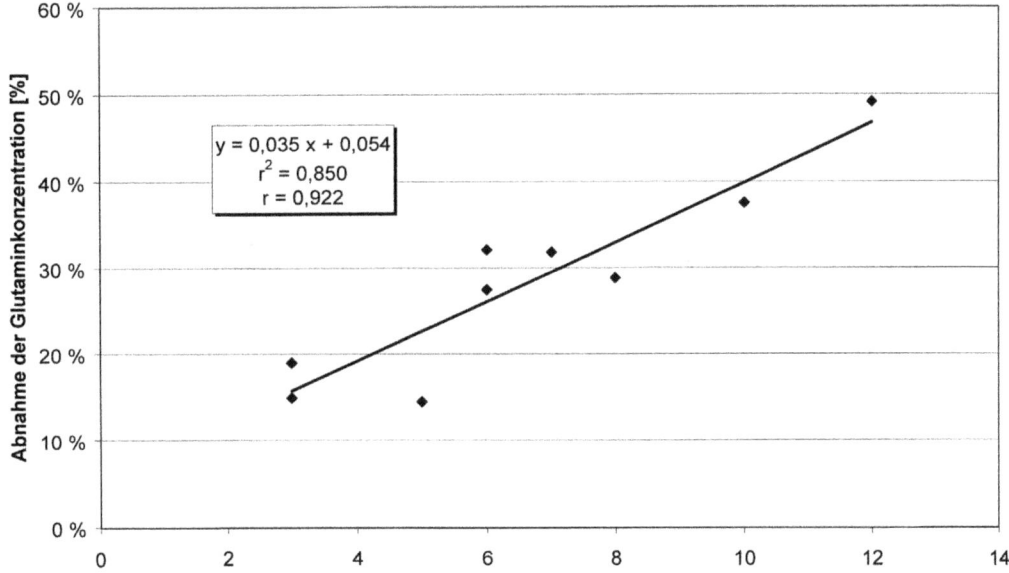

Abb. 5.40 Zusammenhang zwischen der Zunahme der TBZ und der Abnahme von L-Glutamin bei der Würzekochung

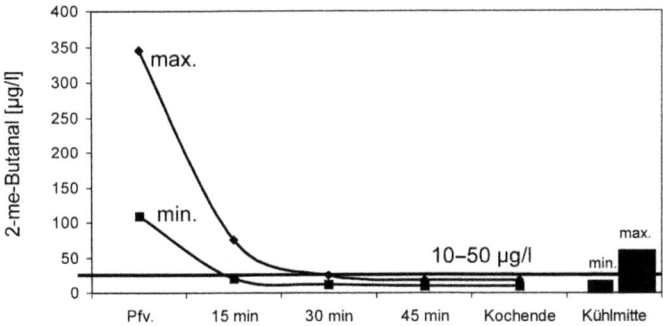

Abb. 5.41 2-Methylbutanal während der Würzekochung

toren Kochzeit, Verdampfung etc. beeinflusst sind. Während der Heißhaltezeit im Whirlpool steigt der Gehalt an Furfural deutlich an. Die Zunahme von 2-Furfural beim Würzekochen korreliert mit einer Abnahme der Aminosäure L-Glutamin [929], die bereits bei Untersuchungen zur Kurzzeiterhitzung von Bier gefunden wurde [945]. Beide Verläufe (Zunahme von 2-Furfural und Abnahme von L-Glutamin) zeigen eine hohe Korrelation zur Zunahme der TBZ (Abb. 5.40). Demgegenüber nimmt 2-Methyl-Butanal (Abb. 5.41) während des Kochens während der ersten 15 Minuten am stärksten, aber im Folgenden bis Kochende immer noch ab. Auch hier findet eine Nachbildung im Whirlpool

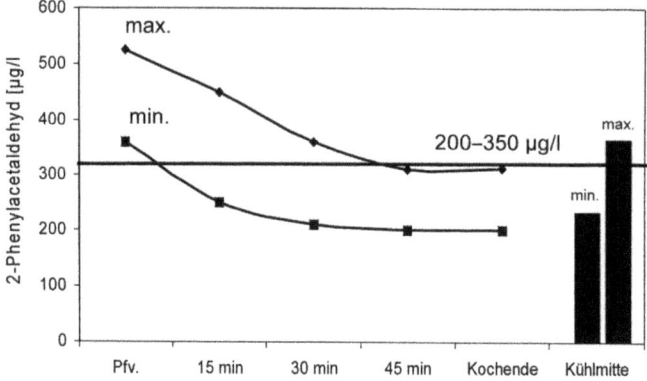

Abb. 5.42 2-Phenylethanal während der Würzekochung

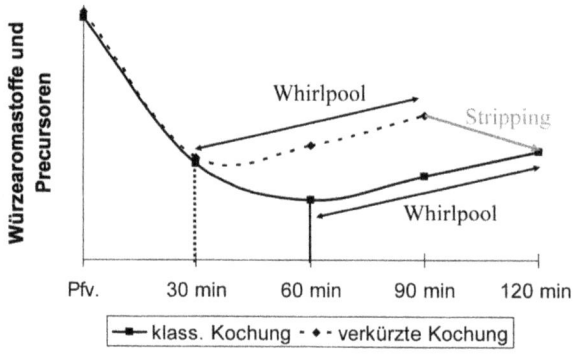

Abb. 5.43 Profil der Würzearomastoffe in Abhängigkeit ihrer Entwicklung aus den Vorläufern

statt. Phenylethanal nimmt, wenn auch langsamer und in geringerem Umfang ebenfalls stetig ab (Abb. 5.42). Im Whirlpool ist wiederum eine Zunahme zu verzeichnen. Die Alkohole und andere Abbauprodukte aus dem Lipidstoffwechsel werden beim Kochen in einem geringeren Ausmaß ausgetrieben. Sie können zu einem „unfertigen", „spelzigen" Geruch und Geschmack des Bieres beitragen, der auch eine rauere Bittere vermittelt [946].

Wenn der Wunsch besteht, die Kochzeit zu kürzen, um Energie zu sparen oder den Bierschaum zu verbessern, sollte die ursprüngliche Beschaffenheit der Würze bekannt sein. Durch Verbesserung der Homogenität des Kochens (Kocherkonstruktion, dynamische Niederdruckkochung, Subjet), Schaffung verbesserter Ausdampfungsgegebenheiten und durch geringere Heizmitteltemperaturen, aber auch durch Würzevorkühlung beim Ausschlagen oder durch Vakuumverdampfung bzw. Strippen können die sonst unvermeidlich höheren Restgehalte an Aromastoffen bzw. ihr Wiederanstieg im Whirlpool eingeschränkt werden. Dies zeigt Abb. 5.43.

Es konnte ein Strukturelement eines Melanoidins identifiziert werden, das sowohl im Malz als auch im Bier zu finden ist [947] und darüber hinaus eine antioxidative Aktivität aufweist [948]. Das Pronyl-L-Lysin entsteht durch eine Anlagerung des reaktiven Zuckerabbauprodukts Acetylformoin an eine ε-Aminogruppe eines proteingebundenen Lysins [949, 950]. Es kommen ihm reduzierende Eigenschaften zu [951]. Der Gehalt der Würze an Pronyl-L-Lysin ist zunächst vom Malz selbst (Keimdauer, Eiweißlösungsgrad, Länge und Höhe der Ausdarrung) sowie von Zumischungen von dunklen oder Caramalzen abhängig. Weiterhin fördert ein niedriger pH-Wert der Maische die Pronyl-L-Lysin-Gehalte. Beim Würzekochen ergab sich stets eine deutliche Steigerung desselben, die bei Suden aus Pilsener Malz prozentual stärker ausfiel als bei den „ausreagierten" Maillard-Produkten des dunklen Malzes [952].

5.6.3.8 Maillard-Produkte und Würze- bzw. Biereigenschaften

Als flüchtige Verbindungen üben sie schon bei geringer Konzentration einen starken *Geruchs- und Geschmackseinfluss* aus. Dieser ist an sich nur beim dunklen Bier als typisches Malzaroma erwünscht, doch haben auch helle Biere, gerade bei Lager- und Exportbiertypen von etwas satterer Färbung eine mehr oder weniger ausgeprägte Malznote, die zum Charakter des jeweiligen Bieres entscheidend beiträgt.

Es wird also die Bildung dieser Aromakomponenten, z. B. beim Maischekochen, vor allem aber auch beim Würzekochen gefördert. Es können jedoch unter verschiedenen Bedingungen, wie z. B. überlange Würzekochzeit oder starke thermische Belastung, zu große Mengen davon entstehen, so dass das „Geschmacksbild" des Bieres gestört wird. Auch können diese Verbindungen, die bei der Gärung z. T. vermindert werden (s. Abschnitt 5.6.3.7) aus ihren Vorläufern dann eine erneute Bildung erfahren, wenn das Bier pasteurisiert oder bei ungünstigen Temperaturen gelagert wird [953]. Dies bestätigt Untersuchungen, die allerdings den Melanoidinen eine alkoholoxidierende Wirkung und damit eine Minderung der Geschmacksstabilität des Bieres zuschreiben [954].

Die Melanoidinreaktion macht aber auch den größten Anteil an der Zufärbung beim Brauprozess aus [955]. Sie ist nicht reversibel und die Melanoidine werden auch während der Gärung nicht mehr ausgeschieden und entfärbt. Dies widerspricht zum Teil anderen Untersuchungen, die auch eine Aufhellung der Nichtpolyphenolkomponente bei der Gärung feststellen [956].

Die Zufärbung beim Würzekochen ist aber nicht nur durch die Maillard-Reaktion bedingt, sondern auch durch eine nichtenzymatische Oxidation von Malz- und Hopfenpolyphenolen [957]. Doch gehen sicher unter dem Einfluss der Siedehitze auch nichtoxidative Polymerisationsvorgänge einher, die ebenfalls eine Zufärbung bewirken. Ein Teil der durch die Polyphenole bedingten Würzefarben wird bei der Gärung wieder abgebaut.

Die *Zunahme der Farbe der Würze beim Koch-Prozess* ist einmal abhängig von der Menge, vor allem aber vom Oxidations- bzw. Polymerisationszustand der Polyphenole: je mehr Polyphenole in die Würze eingebracht werden, um so stärker diese beim Maischen, beim Abläutern und schließlich beim Würzekochen Oxidationen erfahren, um so stärker ist die Zufärbung (s. Abschnitt 3.1.6.5 und 4.1.4.2).

Zum anderen sind Primärprodukte der Maillard-Reaktion, nämlich Aminosäuren und Zucker in der Würze in reichlichem Maße vorhanden, doch dürften die verschiedenen Stufen, die Glycosylamine und Fructosylamine, das 3-Desoxyhexoson bzw. bei Pentosen das 3-Desoxypentoson zu weiteren Reaktionen neigen und die Zufärbung umso mehr fördern, je mehr von diesen schon bei den voraufgehenden Prozessen des Schwelkens und Darrens, des Maischens und bei der Rast der Läuterwürze gebildet wurden [958]. Analytisch lässt sich dies leicht durch die verschiedenen Bestimmungsmethoden der Farbe z.B. nach EBC oder spektralphotometrisch verfolgen. Doch reicht die hier gewonnene Aussage nicht immer aus, um z.B. den Anteil der Maillard-Produkte zu erfassen. Hierfür eignet sich die Ermittlung der „thiobarbitursäurefärbenden Stoffe" (TBSF) [587], die heutzutage in einer Modifikation [959] als Thiobarbitursäurezahl (TBZ) bezeichnet wird. Sie löste den früheren Begriff „Hydroxymethylfurfural" (HMF) ab [960, 961]. Dennoch wird im Rahmen dieses Buches auch der TBSF-Wert beim Zitat einiger früherer Versuchsreihen weiter aufgeführt.

Die angegebenen Relationen gelten für helle Würzen, während bei dunklen die direkte Bestimmung des 5-Hydroxymethylfurfurals mittels Hochdruckflüssigkeitschromatographie aussagefähigere Werte lieferte. Es ist jedoch auch bei hellen Würzen und Bieren mit Hilfe des TBSF-Wertes oder der TBZ kein Betriebsvergleich möglich, da die Abhängigkeit von den Rohstoffgegebenheiten zu groß ist [962].

So z.B. von der TBZ des Malzes oder der Malzschüttung etwa wie dem Anteil von Karamell- oder Münchener Malzen. Es können daher nicht die absoluten Werte, sondern nur die Zunahmen von der Pfannevoll- zur Ausschlag- und Anstellwürze zur Beurteilung eines Verfahrens herangezogen werden [963].

Modellversuche bei Temperaturen zwischen 120 und 150 °C sowie Heißhaltezeiten von 60–240 s zeigten zwischen 120–140 °C praktisch konstante Würzefarben, die aber bei 150 °C nach 120 s sprunghaft anstiegen [964]. Die TBSF-Werte nahmen mit dem Fortgang der Zeit bei 120–140 °C in Abhängigkeit der Temperatur wohl zu, doch lagen die Werte noch relativ dicht beieinander, bei 150 °C verließ die Kurve sehr schnell den Grenzbereich (Abb. 5.44 und 5.45).

Bei Anordnung der TBSF-Werte im logarithmischen Maßstab ergibt sich, dass die „HMF"-Bildung den Gesetzen der Reaktionskinetik folgt [965]. Es handelt sich durchwegs um eine Reaktion erster Ordnung.

Nach derselben Arbeit zeigte auch die Summe der N-heterocyclischen Verbindungen eine fast parallele Entwicklung zur Bildung der TBSF [964]. Hierauf wird noch zurückzukommen sein.

Nach zahlreichen Untersuchungen fördert eine starke Auflösung des Malzes, besonders wenn diese durch Gibberellinsäure verursacht war sowie eine hohe Abdarrung die Zufärbung beim Kochen und bei den folgenden Verfahrensschritten. Auch Würzen aus Brauwässern mit hoher Restalkalität, intensiven Maischverfahren mit langen Maischkochzeiten tragen hierzu bei.

5.6 Das Verhalten von Aromastoffen der Würze

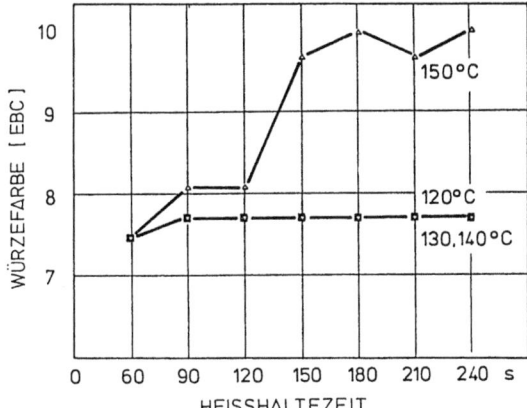

Abb. 5.44 Einfluss von Temperatur und Heißhaltezeit auf die Ausbildung der Würzefarbe während der Hochtemperatur-Würzekochung

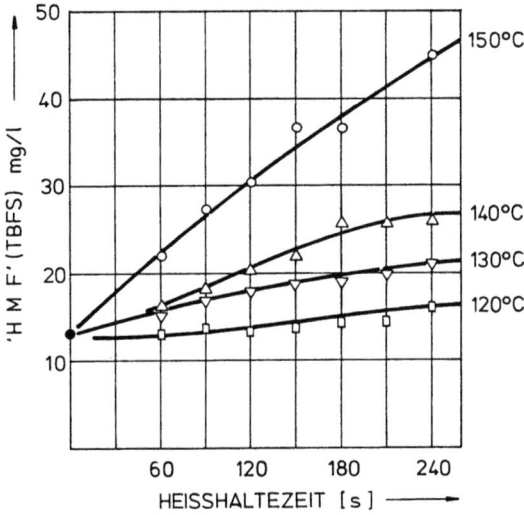

Abb. 5.45 Heißhaltezeit und „HMF"-Bildung bei Kochversuchen mit der UHT-Anlage [964]

Wie schon erwähnt, beträgt die Zufärbung bei einer konventionellen Kochung rund 1,5 EBC-Einheiten/Stunde Kochzeit, sie ist durch die Bildung bzw. Wirkung von Vorläufern der Melanoidinbildung in der zweiten Hälfte der Kochzeit stärker. Da diese Reaktionen bei niedrigerem Würze-pH weniger weitgehend verlaufen ist eine negative Restalkalität (–2 bis –5 °dH) oder eine biologische Säuerung günstig, um eine hellere Würzefarbe zu erhalten.

Bei Kochsystemen in Temperaturbereichen über 100 °C ergab sich z. B. bei der sog. „Niederdruckkochung" gegenüber der „Normalkochung" bei annähernd gleicher Würzefarbe ein deutlicher Anstieg des TBSF-Wertes, der beim Innenkocher noch höher war als beim zwangsangeströmten Außenkocher (Tab. 5.38).

Es war aber möglich, wie andere Daten vermitteln, durch Optimierung von Temperatur und Kochzeit sowie der Temperatur des Heizmittels, die Zahlen der „Normalkochung" zu erreichen.

Tab. 5.38 Würzen mit überbarometrischer Kochung

	Normal	Innenkocher 110°C 25 min	Normal	Außenkocher 110°C 25 min
Farbe EBC	9,5	10,0	9,5	9,5
TBSF-Wert mg/l	16	24	17	20

Auch bei der Hochtemperatur-Würzekochung ließen sich nach Tab. 5.39 durch die Änderung der genannten Parameter normale Werte darstellen. Probleme, die mit diesem System auftraten, waren auf andere Ursachen zurückzuführen, die bei der Besprechung der Ergebnisse mit den verschiedenen Verfahren erwähnt werden sollen (s. Abschnitt 5.8.4).

Während früher eine Zunahme der TBZ von z.B. 25 auf 50 beim Würzekochen und auf 60 bei der anschließenden Würzebehandlung als normal angesehen wurde, liegt diese bei modernen Verfahren (z.B. Innenkocher mit Zwangsanströmung und Strahlmischer ohne Würzevorkühlung) bei ca. 20.

Tab. 5.39 Farben und TBSF-Werte bei Würzen mit Kochung bei höheren Temperaturen

Temp. °C Zeit/min	Normal	140 3	140 2½	135 2½
Farbe EBC	8,3	7,7	7,7	7,7
TBSF mg/l	22	25	22	21

Es ist hier eindeutig zu erkennen, dass bei gleichen Farben höhere TBSF-Werte vorliegen, die darauf hindeuten, dass anteilig mehr Maillard-Produkte gebildet wurden; diese dürften auch für die brot- oder kräckerartige Note der hieraus hergestellten Biere und für deren rasche Alterung verantwortlich sein [798, 966]. Eine Verringerung der Kochtemperatur, der Heißhaltezeit und der Temperatur des Heizmittels erbrachten den in der unteren Reihe erkennbaren Erfolg.

Offenbar bildeten sich an den Wärmeaustauschflächen minimale Schichten an überhitzter Würze aus. Dieses Problem könnte auch bei der überbarometrischen Kochung mit Innenheizfläche entstehen (Tab. 5.38).

Die *reduzierenden Eigenschaften* der Maillard-Produkte ergeben sich daraus, dass im Laufe der Melanoidinbildung Verbindungen entstehen, die antioxidantische Eigenschaften haben. Hierzu zählen vor allem die Reduktone wie Endiole sowie Strukturen, die Thiol- oder Aminogruppen anstelle von Hydroxylgruppen (Heteroreduktone) enthalten (s. Bd. I).

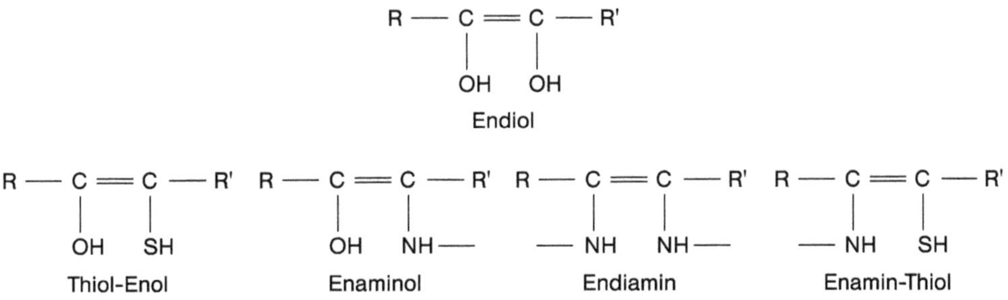

```
            R ── C ══ C ── R'
                 │     │
                 OH    OH
                  Endiol
```

```
R ── C ══ C ── R'    R ── C ══ C ── R'    R ── C ══ C ── R'    R ── C ══ C ── R'
     │     │              │     │              │     │              │     │
     OH    SH             OH    NH──          ──NH    NH──         ──NH    SH
     Thiol-Enol              Enaminol             Endiamin            Enamin-Thiol
```

Abb. 5.46 Reduktone – Heteroreduktone

Tab. 5.40 Verlauf von ITT-Wert und Farbe während des Würzekochens

Kochzeit min	ITT	Farbe EBC
0	400	5,0
5	330	5,3
30	160	6,7
60	110	7,5
120	60	9,7

Ein Zeichen für die Zunahme der reduzierenden Substanzen ist die beim Würzekochen erfolgende Abnahme des ITT-Werts die wiederum mit einem Zuwachs an Farbe korrespondiert (Tab. 5.40).

Zu den reduzierenden Substanzen zählen, wie schon verschiedentlich erwähnt, die Polyphenole, die allerdings zur „langsam wirkenden" Gruppe gehören, während die Melanoidine der „schnell wirkenden" zuzuordnen sind [967].

Das Reduktionspotenzial oder antiradikalische Potenzial (ARP) der phenolischen Substanzen ist am höchsten bei Gallussäure und fällt in der Reihenfolge über Kaffeegerbsäure, Epigallocatechin, Gallat-Gentisinsäure zu Epicatechin von ARP 815 auf 530. Von Protocatechinsäure-Ferulasäure-p-Cumarsäure-Epicatechin Gallat zur Vanillinsäure von ARP 290 auf 110. Hopfenpolyphenole vermögen das ARP eines Bieres um ca. 10% zu steigern. Moleküle von unter 5000 Da, in der Hauptsache Phenolsäuren sind für ungefähr 80% der gesamten antioxidativen Aktivität verantwortlich [968, 969]. Die antiradikalische Wirkung der Polyphenole ist in Maische und Würze ausgeprägter als in den zugehörigen Bieren, da die Polyphenole bei den niedrigen pH-Werten des Bieres diese Eigenschaften kaum zu entfalten vermögen [378].

5.6.4
Veränderung von Schwefelverbindungen beim Würzekochen

5.6.4.1 Strecker-Abbau

Im vorhergehenden Abschnitt 5.6.3.2 über die Maillard-Reaktion wurde der *Strecker-Abbau* von schwefelhaltigen Aminosäuren erwähnt. So entsteht aus *Methionin* der Aldehyd Methional, der aber instabil ist und weiter in Acrolein, Dimethylsulfid, Dimethyldisulfid und Methylmercaptan [970] zerfällt.

Die entstehenden Reaktionsprodukte haben sehr niedrige Geruchs- und Geschmacksschwellenwerte.

Das *Cystein* wird über Merkaptoacetaldehyd oder Thioacetaldehyd zu Schwefelwasserstoff und Acetaldehyd gespalten [971]. Bei der thermischen Umwandlung des *Glutathions* entstehen Methylsulfid und Schwefelwasserstoff.

5.6.4.2 Maillard-Reaktionen

Von schwefelhaltigen Aminosäuren wie Cystein und Cystin mit Glucose führen zu erheblichen Mengen an H_2S, während Methionin und Methylcystein hauptsächlich in Methylmerkaptan zerfallen. Diese setzen sich wiederum mit Zwischenprodukten der Maillard-Reaktion zu schwerer flüchtigen Thioverbindungen um. Dabei entstehen aus den beiden ersteren Aminosäuren Thialdin, Thiolane, Thiophene und Thiazole, aus den letzteren hauptsächlich Thioether [971].

5.6.4.3 Dimethylsulfid (DMS)

DMS kommt in Malz, Würze und Bier in unterschiedlichen Mengen vor. Es hat einen Siedepunkt von nur 37 °C. Seine Auswirkung auf Geruch und Geschmack des Bieres wird nicht einhellig beurteilt: Während einerseits 50–60 ppb DMS als Geschmacksschwellenwert angegeben wird [972, 973], zeigen deutsche Biere selbst mit 100–120 ppb häufig noch keinen Fehlgeschmack.

Die *Bildung des Dimethylsulfids* erfolgt aus einem beim Mälzen entstehenden inaktiven Vorläufer, dem S-Methylmethionin.

Seine Menge ist primär abhängig von der Intensität der Abdarrung (s. Bd. I.), aber auch von Sorte, Herkunft und Jahrgang der Gerste sowie von den Mälzungsbedingungen [974–978]. Je höher die Eiweißlösung, um so höher der Gehalt an DMS-Vorläufer.

Beim Darren zerfällt das S-Methylmethionin (SMM) in freies DMS, das aufgrund seiner Flüchtigkeit mit der Abluft entfernt wird. DMS kann aber unter den Bedingungen des Schwelkens und Darrens zum Teil in das schwerflüchtige Dimethylsulfoxid (DMSO) oxidiert werden. So enthalten höher abgedarrte Malze zwar weniger SMM und DMS, dafür aber mehr DMSO.

Der DMS-Vorläufer SMM wird beim Maischen, speziell beim Maischekochen weiter durch thermische Spaltung verringert. Sein hauptsächlicher Abbau erfolgt aber beim Würzekochen, wobei das freie DMS mit dem Schwaden abgeführt wird. Bei der anschließenden Heißwürzerast über 95 °C wird der Vorläufer weiter gespalten, das freie DMS bleibt jedoch in der Würze erhalten. Der Gehalt der Anstellwürze findet sich bei Gärungen im Bereich zwischen 9 und 12 °C im fertigen Bier wieder. Höhere Gärtemperaturen von z. B. 18 °C können Verdunstungsverluste bewirken. SMM kann nicht von der Hefe zu DMS metabolisiert werden. DMSO wird beim Brauprozess nicht verändert. Der vom Malz eingebrachte Wert liegt in der Anstellwürze vor. Würzebakterien können durch das Enzym DMSO-Reduktase das DMSO zu DMS reduzieren. Bei einer starken Kontamination durch Thermobakterien (Enterobacteriaceae, Pseudomonadaceae) kann es zu hohen DMS-Gehalten und damit zu Fehlaromen kommen. Brauereihefen können ebenfalls – je nach Hefestamm – mittels ihrer eigenen DMSO-Reduktase bis zu 5% des DMSO-Gehalts der Anstellwürze von 200–600 ppb [979] zu DMS reduzieren, was in der Praxis einen Anstieg des DMS bei Gärung und Reifung um 5–10 ppb bedeutet [979, 980]. Wenn auch der DMS-Gehalt des Bieres von etlichen Faktoren abhängig ist, so wird doch zunächst vom Hauptrohstoff „Malz" ein Grenzwert des DMS-Vorläufers verlangt, der zwischen 4 und 7 ppm liegt (s. Bd. I).

Beim Würzekochprozess ist es immer von großer Bedeutung, durch die Kochzeit bei einer gegebenen Temperatur für eine Spaltung des Vorläufers zu sorgen und zum anderen das freiwerdene Dimethylsulfid auszutreiben. Hierfür ist die Kochintensität sowie die Gleichmäßigkeit der Erfassung der in der Pfanne befindlichen Würzemenge entscheidend [981]. Ein Einfluss der Malzbeschaffenheit und der Maischebehandlung (Infusions-Dekoktionsverfahren) ist ebenfalls abzuleiten [977, 981].

Der pH-Wert der Würze spielt bei der Spaltung des DMS-Vorläufers eine bedeutende Rolle, so verläuft sie bei pH 5,0 wesentlich langsamer als bei pH 5,5 oder gar bei pH 6,0. Aus diesem Grunde erweist es sich als zweckmäßig, die Säuerung (in Deutschland nur mit biologisch gewonnener Milchsäure) bei Kochbeginn nicht unter pH 5,4–5,5 zu tätigen. Die endgültige Einstellung auf pH 5,0–5,2 soll dann erst ca. 10 Minuten vor Kochende vorgenommen werden. Diese Handhabung schwächt die Vorteile der biologischen Würzesäuerung nicht ab, sie führt im Gegenteil zu einer etwas besseren Bitterstoffausnutzung.

Wie schon geschildert, nimmt das Gesamt-DMS während des Kochens laufend ab: Der Vorläufer wird gespalten und das freie DMS ausgetrieben. Mit Ende der Kochung, während des Ausschlagens, der Heißwürzerast und der Würzekühlung läuft bei z. B. ca. 97 °C die Spaltung des DMS-Vorläufers weiter, ohne dass das entstehende freie DMS ausgedampft wird. Bei einem zu hohen Gehalt an DMS-Vorläufer kann z. B. während einer 100 Minuten währenden Dauer von Ende Kochen bis Ende Kühlung ein Gehalt an freiem DMS erreicht werden, der im fertigen Bier Geschmacksfehler hervorruft.

Aus diesem Grund wird bei modernen Kochsystemen größter Wert auf eine homogene Kochung (dynamische NDK, Subjet, Strahlmischer) sowie auf eine große Ausdampfoberfläche (Doppelschirm-Konstruktionen) gelegt (s. Abschnitt 5.2.1.7).

Die höheren Temperaturen in den Innen- und Außenkochern begünstigen wohl einen rascheren Abbau des DMS-Vorläufers, doch werden um einer Begrenzung der Eiweißfällung willen kürzere Kochzeiten eingehalten. So sind hier bei Grenzfällen regelmäßige Kontrollen von DMS-Vorläufer und freiem DMS ratsam, die als Summe nicht über 120 ppb liegen sollen. Zweckmäßiger (und sicherer) wäre es den Gehalt des Jungbieres an freiem DMS zu bestimmen.

Bei überbarometrischer wie auch bei Hochtemperaturkochung erfolgt eine sehr weitgehende Spaltung, und trotz der niedrigeren Verdampfungsziffern eine gute Ausdampfung (Tab. 5.41).

Tab. 5.41 Vergleich der DMS-Gehalte verschiedener Kochsysteme bei höheren Temperaturen (Ausschlagwürzen)

		Normal	25 min 110°C 3,3% Verd.	Normal	118°C 10′	120°C 10′	122°C* 8′
DMS-Vorläufer	ppb	91	26	130	46	32	Sp.
freies DMS	ppb	35	16	50	Sp.	Sp.	Sp.

* Verdampfung 10%

In Abb. 5.47 ist der Konzentrationsverlauf des DMS-Vorläufers und des freien DMS von der Pfannenvollwürze bis zur Anstellwürze dargestellt. Grundlage der Daten sind Kochversuche im Industriemaßstab der Messungen an 3 Innen- und 5 Außenkochern [883].

Die Nachreaktion des DMS-Vorläufers im Heißwürzetank hat zu Verfahren geführt, diese durch Abkühlung auf 85–90 °C zu beschränken (s. Abschnitt 5.2.3.2) oder das nachgebildete freie DMS durch Vakuumverdampfung oder „Strippen" (s. Abschnitt 5.2.3.3) zu verringern. Beide Technologien konnten sich einführen.

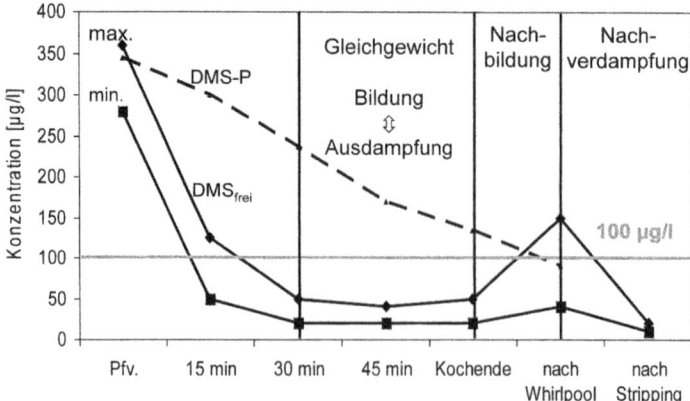

Abb. 5.47 Verlauf von freiem DMS und DMS-Precursor bei der Würzekochung mit Nachverdampfung

5.7
Energieverbrauch beim Würzekochen

Der Energiebedarf beim Würzekochen war hoch. Er machte etwa 50% des Verbrauchs bei der Würzebereitung aus. Ohne in das Brauverfahren einzugreifen, war bis vor 30 Jahren der Pfannendunstkondensator die einzige Möglichkeit Wärme aus dem Prozess der Würzekochung zurückzugewinnen.

Später wurde versucht, die u. U. zu hohe Verdampfungsleistung bestehender Würzepfannen zu ermäßigen, oder die Schwaden zur Pfannenbeheizung wieder zu verdichten, oder bei neuen Technologien in höheren Temperaturbereichen eine bessere Wärmerückgewinnung zu erzielen.

5.7.1
Pfannendunstkondensator

Er erlaubt es, pro hl verdampftes Wasser 7 hl Wasser von 12 auf 80 °C zu erwärmen. Er hat damit einen Wirkungsgrad von 90%. Er besteht aus stehend, besser liegend angeordneten Wärmeaustauschern mit Rohrbündeln aus Kupfer oder Edelstahl, die von (möglichst enthärtetem) Wasser durchströmt werden. Auf eine Schwaden- und wasserseitige Reinigung muss im Interesse der Funktion des Kondensators Wert gelegt werden. Außerdem ist ein ausreichendes Volumen an gut isolierten Warmwasserbehältern zu sorgen. Nachdem aber im Plattenkühler bereits das gesamte für den Sudprozess erforderliche Heißwasser anfällt, bleibt der Pfannendunstkondensator für heißes Brauchwasser verfügbar, das aber in einem normalen Betrieb nicht über 0,3–0,4 hl/hl Verkaufsbier ausmachen sollte [982]. Der Überschuss an Heißwasser von 0,5 hl/hl Verkaufsbier müsste für Raumheizung von Bürogebäuden, Lagerhallen und u. U. umliegenden Wohnhäusern verwendet werden. Der Betrieb von Absorptionskälteanlagen lässt sich nicht in einem vernünftigen Kosten-Nutzenverhältnis realisieren.

Eine weitere Aufgabe des Pfannendunstkondensators ist es, die beim Maische- und Würzekochen anfallenden Schwaden niederzuschlagen. Hierbei gelingt es aber nicht, die Hauptgeruchsträger zu entfernen. Dies kann durch Zusätze grenzflächenaktiver, biologisch abbaubarer und nichttoxischer Stoffe bis auf Anteile von 6–7% geschehen [983].

Bei der heute fast ausschließlich angewendeten „geschlossenen" Würzekochung mit Außen- und Innenkochern fallen die Schwaden mit höheren Temperaturen als 90 °C an. Bei Pfannendunstkondensatoren mit entsprechend großer Wärmeübertragungsfläche werden sogar Temperaturen von 2–3 °C unter der Kochtemperatur in der Pfanne erreicht. Hieraus wurde das System des Energiespeichers entwickelt.

Der *Energiespeicher* bedient sich der mittels eines Pfannendunstkondensators aus geschlossenen Würzekochsystemen gewonnenen Verdampfungswärme zum Aufwärmen der Läuterwürze. Das System besteht aus zwei Wasserkreisläufen: Im Kreislauf 1 wird Wasser von 75–80 °C aus Heißwasserbehälter II über den Pfannendunstkondensator gepumpt, der es mit Hilfe des Schwadens auf 97 °C (bei Normalkochung) bzw. 100 °C (bei Niederdruckkochung erwärmt. Dieses hocherhitzte Wasser wird im Heißwasserbehälter I gestapelt. Im Kreislauf 2 wärmt dieses Wasser die Läuterwürze von 72 auf 93–96 °C auf und gelangt dabei wieder mit 75–80 °C in den Heißwasserbehälter II (s. Abb. 5.18, Abschnitt 5.2.3.1).

Der Aufwärmung der Würze dient ein Wärmeaustauscher, der so groß bemessen sein muss, dass das Überpumpen und Erwärmen der Würze vom Vorlaufgefäß in die Würzepfanne nicht länger als rund 20 Minuten dauert. Diese Wärmerückgewinnung spart bei einer Temperaturerhöhung um 23 °C 2.875 kcal bzw. 12 000 kJ/hl [984], d. h. 76 % der zum Aufheizen benötigten Energie.

5.7.2
Verringerung der Verdampfung

Naturgemäß wurde in den Zeiten der Energiekrisen und steigender Energiepreise versucht, die Verdampfung beim Würzkochen zu verringern. Bei den sog. „Hochleistungspfannen" mit Doppelboden waren bei 90 Minuten Kochzeit 12–15 % Verdampfung, bezogen auf Ausschlagwürze durchaus üblich. Bei Innen- und Außenkochern erlaubt das System (s. Abschnitt 5.2.1.7) durch etwas höhere Reaktionstemperaturen kürzere Kochzeiten von 60–70 Minuten, wodurch sich auch die Verdampfung auf 8–9 % – meist ohne Nachteile – verringern ließ. Hier kam es aber auf die Art des Kochsystems an, wie weit diese Reduzierung getrieben werden konnte.

Die Wiederverwendung des verdichteten Brüdens erlaubt ein Beibehalten der normalen, atmosphärischen Bedingungen von Außen-, aber auch von Innenkochern.

Erst die Wahl höherer Temperaturen in der Würze selbst, wie z. B. die Niederdruckkochung oder gar die Hochtemperatur-Würzekochung erlaubten eine Verringerung der Verdampfung, wobei sich wiederum geeignete Möglichkeiten der Energierückgewinnung auftaten.

Neue Kochsysteme gestatten durch Optimierung der Niederdruckkochung oder durch besondere Gestaltung der Kocher mit Zwangsanströmung Verdampfungen von 4–5 % und damit in Verbindung mit dem Energiespeicher einen praktisch „autarken" Betrieb im Sudhaus. Der jeweilige Bedarf an heißem Betriebswasser von 85 °C, der bei ca. 8 % Verdampfung noch durch Abwärme erbracht wird, muss bei niedrigerer Verdampfung teilweise oder ganz durch Primärenergie bereitgestellt werden. Bei Berechnungen über die Rentabilität von Investitionen zur Energieersparnis spielt auch die wöchentliche Sudzahl eine große Rolle. Nur wenige Sudtage pro Woche bedingen durch längere Stillstandszeiten Verluste durch Wärmeabstrahlung bei den Heißwasserspeichern.

5.7.3
Brüdenverdichtung

Es gibt zwei Systeme, um den beim Kochen entstehenden Schwaden zu komprimieren und damit auf ein höheres Energieniveau zu heben: die mechanische und die thermische Brüdenverdichtung.

5.7.3.1 Mechanische Brüdenverdichtung

Die mechanische Brüdenverdichtung komprimiert den Würzeschwaden mittels Turbine, Schraubenverdichter oder Roots-Gebläse, um 0,3–0,4 bar Ü. Als Antrieb dient bei kleineren Anlagen ein Diesel- oder Gasmotor, bei größeren ein Elektromotor (Abb. 5.48). Um den genannten Druck zu erreichen, tritt meist eine Überhitzung des Brüdendampfes ein, die bei der Turbine bis zu 150 °C erreichen kann, bei den beiden anderen Systemen bis zu 120 °C. Um die schädlichen Auswirkungen der Überhitzung in den Kochern zu vermeiden (s. Abschnitt 5.8.2) ist eine Sättigung des Brüdendampfes mittels Kondensat oder Wassereinspritzung anzustreben. Im Interesse einer Konstanz der Würzequalität ist eine Temperaturkontrolle erforderlich.

Die Würze wird solange mit Frischdampf aufgeheizt, bis mit Kochbeginn das gesamte System luftfrei ist. Anschließend wird auf den Verdichter umgestellt. Dem Wärmeaustausch Heizmittel/Würze dient ein entsprechend groß bemesse-

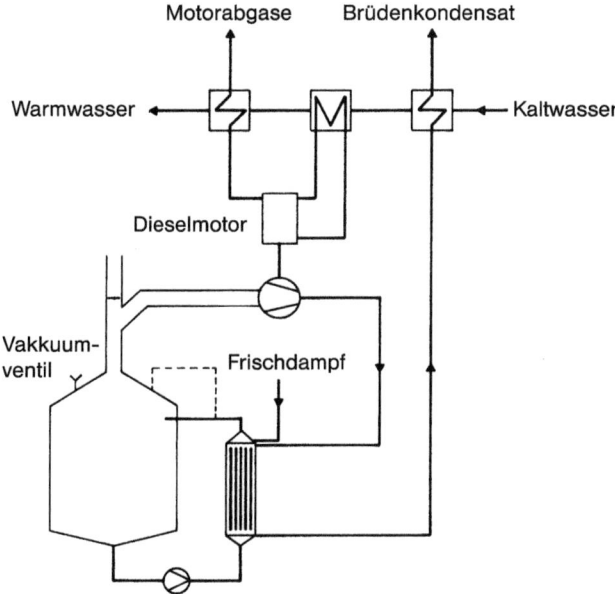

Abb. 5.48 Außenkocherpfanne mit mechanischem Brüdenverdichter

Tab. 5.42 Bedarf an elektrischer Energie bei der Brüdenverdichtung (kWh/hl)

Verdampfung %	6	8	10
Umwälzpumpe	0,050	0,067	0,084
Brüdenkompressor	0,177	0,236	0,295
Gesamt	0,227	0,303	0,379

ner Außenkocher mit einer Heizfläche von 33 m^2/100 hl Würze (Abb. 5.48). Es ist auch der Betrieb von entsprechend dimensionierten Innenkochern möglich. Um bei einem Druckabfall Schäden an der Pfanne zu vermeiden, ist am Kocherausgang eine Dampfzuspeisung möglich („Stützdampf").

Die Abwärme des Brüdenkondensats wird über einen Wärmetauscher gewonnen, ebenso die Abwärme aus dem Kühlwasser der Verbrennungskraftmaschine. Die Wärmeeinsparung liegt hier netto d.h. nach Abzug der Energiekosten für Würzepumpe (12 kW/100 hl) und Brüdenverdichter (20–23 KW/100 hl) bei 56% [798]. Tabelle 5.42 zeigt den Bedarf an elektrischer Energie bei der Brüdenverdichtung [1177].

Die Kompressoren bedürfen einer sorgfältigen Wartung und Kontrolle. Die Geruchsstoffe des Schwadens werden mit dem Kondensat abgeführt. Die Wirtschaftlichkeit des Systems hängt von der wöchentlichen Sudzahl ab.

5.7.3.2 Thermische Brüdenverdichtung

Im Gegensatz zur mechanischen Brüdenverdichtung wird ein Dampfstrahlverdichter verwendet, um den Brüden mit Hilfe von Treibdampf (Frischdampf) aus der Würzepfanne anzusaugen und auf ca. 0,35 bar Ü zu verdichten (Abb. 5.49). Der Massenstrom des Frischdampfes kann durch eine einstellbare Düse am Dampfstrahlverdichter reguliert werden. Das Massenverhältnis zwischen Brüden und Treibdampf hängt ab von der angestrebten Druckerhöhung des Brüdens und dem Druck des Treibdampfes. Bei einem Treibdampfdruck von 8–10 bar Ü und bei einem Mischdampfdruck von 0,35 bar Ü (108 °C) liegt der Anteil des Frischdampfes bei 40–43%; 57–60% kommen aus dem Kochschwaden. Die hieraus entstehenden Warmwassermengen von ca. 0,35 hl/hl Würze können normalerweise im Betriebswarmwasserbedarf untergebracht werden.

Probleme bereitet der Anfall des Brüdenkondensats, der um ca. 40%, d.h. je nach Anteil des zugespeisten Treibdampfes höher liegt als in vergleichbaren Anlagen. Eine Wiederverwendung direkt im Produktionsbereich verbietet sich aus qualitativer Sicht (s. Abschnitt 6.1.3).

Der Dampfstrahlverdichter erfordert nur 4–12% der Investitionskosten einer mechanischen Brüdenverdichter-Anlage. Die Unterhaltskosten sind praktisch „0". Die Betriebskosten liegen bei 60% der mechanischen Anlagen; sie sind hauptsächlich durch die Menge an aufbereitetem Kesselspeisewasser bestimmt, die durch den Kondensatverlust erforderlich wird. Eine Reinigung des Kochers ist erst nach 40–60 Suden erforderlich [985, 986].

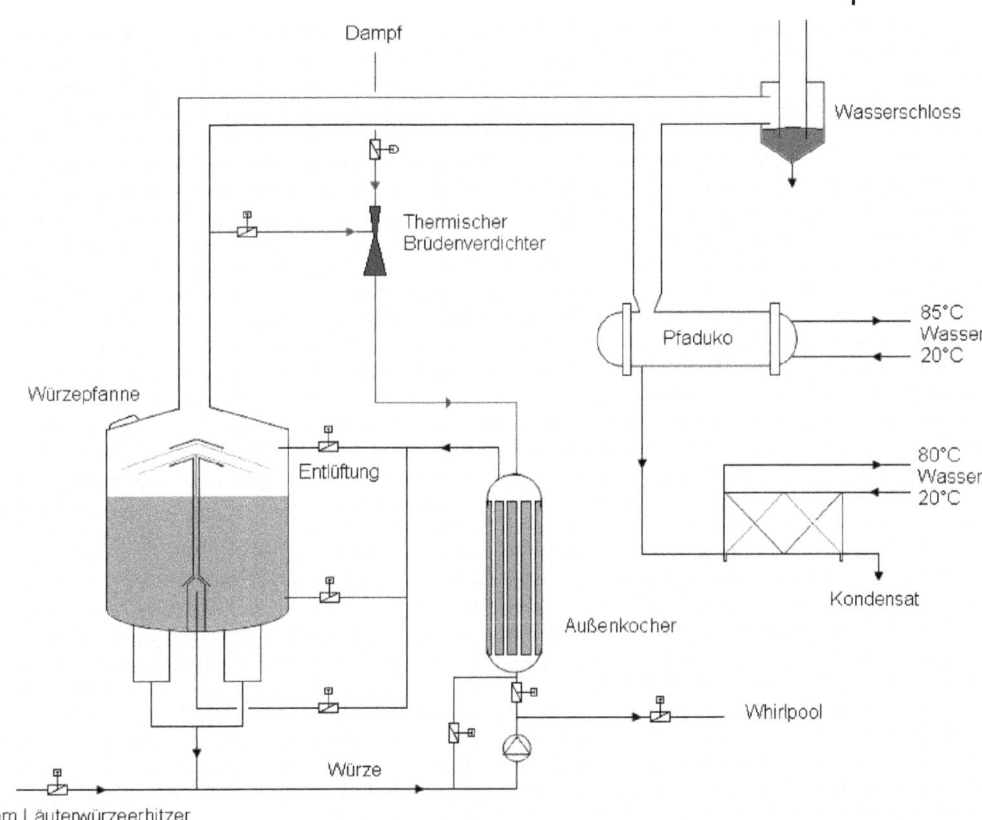

Abb. 5.49 Außenkocher mit thermischer Brüdenverdichtung

5.7.4
Kochung bei höheren Temperaturen

5.7.4.1 Innen- und Außenkocher
Innen- und Außenkocher arbeiten je nach Konstruktion des Systems mit etwas erhöhten Temperaturen im Kocher (102–106 °C) selbst, die damit die Reaktionen beim Würzekochen beschleunigen und so kürzere Kochzeiten erlauben. Hierdurch ergibt sich eine Verringerung der Verdampfung auf ca. 8%, wodurch entsprechend an Energie eingespart werden kann. Die „geschlossen" arbeitenden Anlagen ermöglichen eine effektive Wärmerückgewinnung mittels Pfannendunstkondensator und – noch günstiger – mittels Energiespeicher.

5.7.4.2 Überbarometrische Kochung
Die überbarometrische Kochung, die ursprünglich bei Temperaturen der Gesamtwürze von 106–108 °C arbeitet, sieht durch die rascher und intensiver ab-

laufenden Vorgänge beim Würzekochen kürzere Kochzeiten und eine Verdampfung nur bei der Entspannung vor. Die bei diesem Verfahren mögliche, geringe Verdampfung von 3–6% [798, 987], erbringt je nach dem Bedarf an Warmwasser im Betrieb eine Ersparnis von 46–57% [798]. Die höheren Kochtemperaturen ermöglichen es in geschlossenen Systemen mittels Pfannendunstkondensator und Energiespeicher Warmwasser von 96–98 °C zu gewinnen, das zum Vorwärmen der Würze verwendet werden kann. Hierdurch lässt sich die Ersparnis noch weiter steigern [987]. Wenn auch die Parameter der Niederdruckkochung geändert wurden (s. Abschnitt 5.8.3.1), so ist dieses Konzept mit Energiespeicher jedoch von großer wirtschaftlicher Bedeutung.

5.7.4.3 Hochtemperaturwürzekochung

Bei den beiden Systemen (s. Abschnitt 5.2.2) wird durch die effiziente Vorheizung der Würze mittels der bei den beiden (oder mehreren) Entspannungsstufen entstehenden Schwaden eine Ersparnis von 69–71% erzielt [798]. Es muss aber noch der Bedarf an heißem Brauchwasser berücksichtigt werden, der dann durch Primärenergie aufgebracht werden muss. Bei gleich hohem Brauchwasserbedarf von 0,3 hl/hl Verkaufsbier liegen die Durchlaufkochsysteme bei oder nur wenig unter dem Energiebedarf der mit den komprimierten Brüden erzielbaren Werte.

5.7.4.4 Verringerte Verdampfung oder nur Heißhalten der Würze mit anschließender Vakuumbehandlung

Die Vakuumbehandlung der Würze ist einmal sofort nach dem Kochen bzw. Heißhalten möglich, indem beim Ausschlagen ein sog. „Entspannungskühler" je nach angewendetem Vakuum die Würze auf 70–80 °C abkühlt. Durch die spontane Verdampfung werden Würzearomastoffe ausgedampft und bei den somit niedrigeren Temperaturen der Heißwürzerast kaum mehr nachgebildet (s. Abschnitt 8.2.4.2).

Die Vakuumbehandlung kann zum anderen auch nach der sog. „Whirlpoolrast", d.h. während des Würzekühlprozesses vor dem Plattenkühler erfolgen. Hier werden die Würzearomastoffe, je nach Vakuum, das auf 70–80 °C abkühlt, verringert. Hier kann der Würzekochprozess auf die Hälfte der Kochzeit verringert werden oder bei stärkerem Vakuum ganz durch Heißhalten ersetzt werden (s. Abschnitt 5.2.3.3).

Die Einsparung ist primär, vor allem bei der ausschließlichen Heißhaltung hoch, doch ist zu berücksichtigen, dass das warme Brau- und Brauchwasser mit niedrigeren Temperaturen anfällt und entsprechend nachgeheizt werden muss. Tabelle 5.43 zeigt hier zwei verschiedene Möglichkeiten auf.

Bei 8% Verdampfung dürfte die über den Pfannendunstkondensator anfallende Warmwassermenge nicht mehr unterzubringen sein.

Ein Energiespeicher bringt eine deutliche Ersparnis: Bei 8% Verdampfung und Energiespeicher steht noch eine, in den meisten Betrieben verwertbare

5.7 Energieverbrauch beim Würzekochen

Tab. 5.43 Primärenergiebedarf verschiedener Würzkochsysteme

		konventionell Verd. 12,5% Pfaduko	Innenkocher Verd. 8,0% Pfaduko	Innenkocher Verd. 8,0% ESp Pfaduko ESp (WWR 72–93 °C)	Innenkocher Verd. 5,0% ESp (WWR 72–93 °C)	Außenkocher Brüdenverd. Verd. 8,0%	Heißhaltung Vakuum-Verd. nach Whirlpool A 72–98 °C
Aufheizen 72–100 °C η Gesamt 0,81	kJ (kcal)/hl AW	16280 (3890)	15635 (3733)	3909 (933)	3799 (907)	15635 (3733)	13443 (3210)
Würzekochen η Gesamt 0,81	kcl (kJ)/hl AW	34900 (8333)	22335 (5333)	22335 (5333)	13959 (3333)	0,5% 1395 (333) KP 3090 (737)	P 243 (58)
Gesamtwärmebedarf η Gesamt 0,81	kJ (kcal)/hl AW	51180 (12.223)	37970 (9066)	26244 (6266)	17758 (4240)	20120 (4803)	13686 (3268)
Einsparung %			26	49	65	61	73,3
Warmwassererzeugung inkl. Würzekühlung (1,0 hl/hl AW)	hl/hl AW	1,92	1,59	1,23	1,04	1,07	1,48 (65 °C) 0,5 hl × 13 °C 0,3 hl × 20 °C 1,3 hl × 20 °C
Wärmebedarf zur Gewinnung von 0,3 hl WW η = 0,81	kJ (kcal)/hl AW	–	–	2410 (575)	8953 (238)	7120 (1890)	6462 (1543)
		51180 (12223)	37970 (9066)				13443 (3210)
Gesamtwärmebedarf Einsparung %	kJ (kcal)/hl AW	51180 (12223) –	37970 (9066) 26	28654 (6841) 44,0	26711 (6378) 47,8	27240 (6693) 46,8	20148 (4811) 60,7 27129 (6478) 47,0

Pfaduko = Pfannendunstkondensator, ESp = Energiespeicher, Dampfkessel K
Der Wirkungsgrad des Dampfkessels wurde mit η = 0,9 angenommen, der der Pfannen bzw. der Heizflächen der Pfannen bzw. der Wärmeübertrager ebenfalls mit η = 0,9. Somit ergibt sich ein Gesamtwirkungsgrad beim Aufheizen zum Kochen, beim Kochen und bei der Warmwasserbereitung von 0,81.
Bei der Würzekühlung wird eine Abkühlung der Würze auf 20 °C bei einem Kaltwassereintritt von 11 °C angenommen. Im Würzekühler wird das Wasser von 11 auf 85 °C angewärmt. Entgegen früherer Berechnungen wurde eine Warmwassertemperatur von 85 °C angenommen, da diese für Sterilisationsaufgaben unbedingt erforderlich ist. Das Pfannendunstkondensat läuft mit 30 °C ab. Wird elektrische Energie benötigt, wie z. B. bei der mechanischen Brüdenverdichtung (K = Kompressor) oder für Pumpen (P), dann wird diese auf kJ bzw. kcal umgerechnet, wobei der Wirkungsgrad der Stromerzeugung mit η = 0,35 in die Berechnungen eingeht.
Es wird weiterhin angenommen, dass am Würzekühler 1,0 hl Warmwasser von 85 °C pro hl AW anfallen und darüber hinaus 0,3 hl Warmwasser von 85 °C/hl AW im übrigen Brauereibetrieb benötigt werden, welche durch den Pfannendunstkondensator erbracht werden.
Beim System „Heißhaltung mit Vakuumnachverdampfung" wurde die Würze nach 50–60 Minuten Heißhaltung im Anschluss an die Whirlpoolrast einem Vakuum von 319 mbar ausgesetzt, wobei die Temperatur auf 70 °C abfiel. Der kondensierte Dampf (aus der Vakuumanlage) sowie der Würzekühler lieferten insgesamt 1,48 hl Wasser/hl AW von 65 °C. Davon wurden 0,5 hl AW zum Überschwänzen um 13 °C auf 78 °C sowie 0,3 hl um 20 °C auf 85 °C aufgewärmt. Zum Vergleich mit den anderen Anlagen wurde auch der Wärmebedarf für die Erwärmung von 1,3 hl Wasser auf 85 °C errechnet. Dies ergibt dann nur mehr eine Einsparung von ebenfalls 47,0 %.

Menge an Warmwasser zur Verfügung. Der Innenkocher mit 5% Verdampfung liefert über Pfannendunstkondensator und Energiespeicher gerade jene Wärmemenge, die es erlaubt, die Würze von 72 auf 93 °C zu erwärmen. Es fällt kaum noch extra Warmwasser an. Ähnliches ist beim mechanischen Brüdenverdichter mit Elektromotor der Fall.

5.7.4.5 Schlussfolgerung

Das Ergebnis zeigt, dass bei der ursprünglichen konventionellen Verdampfung von 12,5% deutlich mehr Warmwasser von 85 °C anfiel, als im Betrieb mit 0,3 hl/hl AW untergebracht werden kann.

Dies ist auch bei nur 8% Verdampfung mit alleiniger Wärmerückgewinnung über den Pfannendunstkondensator der Fall. Der Überschuss an Warmwasser reduziert sich um 0,33 hl/hl AW, d. h. um etwas mehr als die Hälfte.

Bei 8% Verdampfung mittels Innenkocher mit Pfannendunstkondensator und Energiespeicher kann die Würze durch Letzteren um 21 °C aufgeheizt werden. Es fallen am Pfannendunstkondensator noch 0,23 hl/hl AW an Warmwasser von 85 °C an; es muss noch eine minimale Menge mittels Primärenergie bereitgestellt werden. Das System ist nahezu „autark".

Werden, wie bei neueren Anlagenkonzepten möglich, nur 5% verdampft, dann fällt über Pfannendunstkondensator und Energiespeicher nach dem Aufheizen der Würze um 21 °C nur wenig (0,04 hl/hl) warmes Betriebswasser an. Der weitere Bedarf muss mittels Primärenergie auf 85 °C gebracht werden. Damit fällt die sehr hohe Einsparungsrate von 65 auf 47,8%.

Ähnlich ist es beim Außenkocher mit Brüdenverdichtung, der bei 8% Verdampfung unter Anrechnung der elektrischen Energie für Kompressor und Pumpe 61% Einsparung erbringt, wobei der Warmwasseranfall im Kondensatkühler nur 0,07 hl/hl AW beträgt. Die Bereitstellung des warmen Betriebswassers mit Primärenergie ermäßigt die Einsparung auf 46,8%. Bei der Heißhaltung mit anschließender Vakuumverdampfung nach dem Whirlpool wird zunächst die größte Energieersparnis von 73,3% erreicht. Nachdem aber mindestens 0,5 hl/hl AW um 13 °C und 0,3 hl/hl AW um 20 °C mit Primärenergie aufgeheizt werden müssen, ergibt sich eine Einsparung des gesamten Prozesses von 60,7%. Wird zu Vergleichszwecken das Aufheizen von 1,3 hl Warmwasser um 20 °C angenommen, dann beträgt die Einsparung 47%.

Diese Berechnungen zeigen, dass der Betriebswarmwasserbedarf bei der Beurteilung der Wirtschaftlichkeit eine große Rolle spielt. Naturgemäß werden die Einsparungsraten bei größerem WW-Bedarf noch geringer, wie dies schon am Beispiel der Hochtemperaturkochung gezeigt werden konnte [798]. Die Zahlen basieren auf einem durchgehenden Sudbetrieb (z. B. 40–60 Sude/Woche oder bei Schichtbetrieb 15–20 Sude/Woche (s. Abschnitt 10.3). Nur wenige Sudtage pro Woche bedingen durch längere Stillstandszeiten Verluste durch Wärmeabstrahlung bei den Heißwasserspeichern. Es kann auch bei großen und vor allem verzweigten Betrieben wirtschaftlicher sein, das Warmwasser in abgelegeneren Betriebsabteilungen direkt, d. h. mittels Frischdampf über Wärmetauscher zu erzeugen. Es ist also von Fall zu Fall die wirtschaftlichste Lösung zu prüfen. Hier kann, bei nur wenigen Suden/Sudtagen pro Woche das System mit 4–5% Verdampfung und Energiespeicher oder Heißhaltung mit Vakuumverdampfung nach dem Whirlpool von der Energieseite aus am sinnvollsten sein.

Es steht im ersten Falle das im Energiespeicher gestapelte Warmwasser zum Aufheizen der Läuterwürze des folgenden Suds zur Verfügung.

5.8
Arbeitsweise und Ergebnisse von modernen Würzekochsystemen

Die Einführung von Innenkochern mit Staukonus und Schirm sowie von Außenkochern bedingte etwas höhere Temperaturen im Kocher selbst, die die thermischen Reaktionen rascher bzw. weitergehend ablaufen ließen. Verschiedentlich ging die hierdurch vermehrte Eiweißausscheidung (Bierschaum) zu weit, wie auch geschmacklich relevante Substanzen (Kochgeschmack) eine Zunahme erfuhren. Diese waren sowohl im frischen wie auch im gealterten Bier im Hinblick auf eine Verringerung der Geschmacksstabilität zu bemerken.

Diese Ergebnisse, wie auch der Zwang zur Energieersparnis führten zu Vorschlägen, die einzelnen Kochverfahren zu überarbeiten.

5.8.1
Verringerung der Verdampfung bestehender Würzepfannenanlagen

Pilot- und Großversuche bei barometrischem Druck zeigten, dass die erforderliche Mindestverdampfung zur Erzielung einer günstigen Würzezusammensetzung und einer einwandfreien Bierqualität vom untersuchten Kochsystem abhängig war.

Während Außenkocherpfannen in der Praxis bei 104–107 °C im Kocher, d. h. vor dem Entspannungsventil und einer Kochzeit von 65 Minuten bereits bei 7,5% Verdampfung gute Ergebnisse lieferten, benötigten Pfannen mit Innenkochern bei 103 °C im Staukonus bei 75 Minuten Kochzeit immerhin 8,5–9% und Doppelbodenpfannen (s. Abschnitt 5.2.1.7) 11% bei 90 Minuten Kochzeit, um rein und abgerundet schmeckende Biere zu erzielen. Die Aussagen der organoleptischen Prüfung konnten durch die gaschromatographische Analyse von Würze- und Bieraromastoffen erhärtet und erklärt werden.

Nach Tab. 5.44 werden die Strecker-Aldehyde 2-Methyl-butanal und 3-Methylbutanal wohl mit steigender Kochertemperatur und Kochintensität vermehrt gebildet, aber auch bei höheren Verdampfungsraten verstärkt ausgetrieben. Es tritt aber bei der folgenden Heißwürzebehandlung ein Wiederanstieg ein. Dasselbe ist bei 2-Furfural der Fall. Der Alkohol 1-Hexanol wird beim Kochen ausgetrieben und nicht wieder neu gebildet. Er kann bei Vergleichsversuchen als Indikator für das Ausmaß der Verdampfung dienen. Ein ähnliches Verhalten zeigen die ebenfalls vom Malz stammenden Alkohole Heptanol und Octanol. Sie werden bei der Gärung auch aus den entsprechenden Aldehyden reduziert und

Tab. 5.44 Würzekochung mit reduzierter Verdampfung, Würze-Aromastoffe ppb (Innenkochung, industrieller Maßstab)

Verdampfung	4%		7%		11%	
Probe	AW	KW	AW	KW	AW	KW
3-Methylbutanal	482	529	380	413	152	205
2-Methylbutanal	119	121	98	97	55	60
Pentanal	21	19	16	13	5	3
Hexanal	121	111	84	73	14	10
2-Furfural	294	339	263	329	240	274
1-Hexanol	103	89	87	70	30	22
Pyrazin	11	20	9,8	16	5,7	10

AW = Ausschlagwürze, KW = Kaltwürze

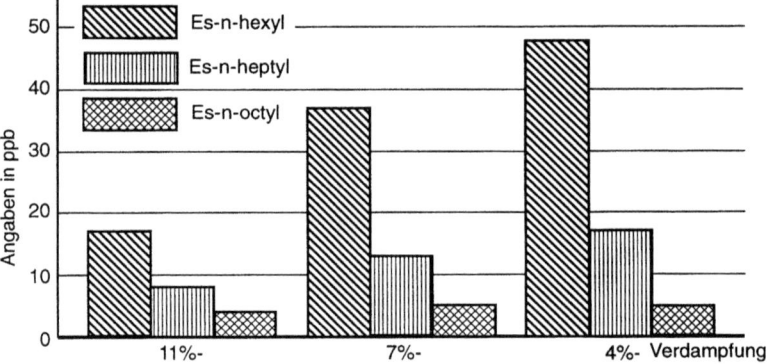

Abb. 5.50 Essigsäure-Ester bei Bieren aus unterschiedlicher Verdampfung

zum Teil verestert. So verzeichneten Biere, die aus Kochungen unter den günstigsten Bedingungen stammten, auch die niedrigsten Gehalte an Essigsäuren-Hexyl, -n-Heptyl- und -n-Octylestern (Abb. 5.50). Die Menge der in Würze und Bier verbleibenden N-Heterocyclen ist sowohl von der Bildung der Substanzen durch thermische Einflüsse bedingt als auch durch die Intensität der Verdampfung, welche überwiegt [989].

Die Spaltung des DMS-Vorläufers ist von der Temperatur im Kocher abhängig, die Ausdampfung des freien DMS naturgemäß von der jeweiligen Verdampfung.

Die in Tab. 5.44 dargestellten Ergebnisse zeigen, wie schwierig es war, mit den in den 1970er/1980er Jahren gängigen Würzekochsystemen die Verdampfung ohne Qualitätseinbußen beim Bier deutlich zu verringern. Hier haben bei den modernen Einrichtungen die wesentlich verbesserte Homogenität der Kochung, die vergrößerten Ausdampfoberflächen sowie die kontrollierten Heizmitteltemperaturen viel bewirken können.

5.8.2
Optimierung der Arbeitsweise des Außenkochers (einschließlich mechanischer Brüdenverdichtung)

Der Außenkocher hat sich in der Regel bewährt. Doch wurde die ursprünglich angewendete Verfahrensweise im Sinne der oben gemachten Ausführungen zurückgenommen, wie Tab. 5.45 zeigt.

Die Verringerung der Temperatur im Kocher und des Heizmittels bewirkte im Verein mit einer Verkürzung der Kochzeit günstigere Analysendaten in Würze und Bier, vor allem eine Verbesserung von Geschmack und Schaum. Bei der Brüdenverdichtung war es wichtig, die Überhitzung des verdichteten Brüdens durch Einspritzen von Kondensat auf Sattdampftemperatur zu bringen und so eine „mildere" Kochung zu erzielen.

Die thermische Brüdenverdichtung arbeitet mit noch niedrigeren Heizmitteltemperaturen als die mechanische. So können hiermit unter sonst gleichen Bedingungen noch günstigere Ergebnisse erzielt werden.

Tab. 5.45 Vergleich von Parametern der Außenkochung – Optimierung der Arbeitsweise des Außenkochers (einschließlich mechanischer Brüdenverdichtung)

Würze Temp. Kocher °C	106	104	104
Kochzeit Minuten	70	60	60
Temp. Heizmedium °C	150	135	117 (B.V.)
Verdampfung %	11	8,5	8,5
Würze Analysen			
pH	5,20	5,20	5,20
Farbe EBC	9,40	9,00	8,70
Ges.-N mg/100 ml 12%	107,00	108,00	109,00
Koag.-N mg/100 ml 12%	1,20	1,60	1,80
Hochmol.-N mg/100 ml 12%	20,30	21,30	22,70
EBC BE	30,00	29,00	28,00
a-Säuren mg/l	6,00	6,30	7,00
Iso-a-Säuren mg/l	25,00	24,30	23,70
Bier-Analysen			
pH	4,45	4,47	4,46
Farbe EBC	6,70	6,50	6,20
Ges.-N	80,00	80,50	80,80
Koag.-N mg/100 ml 12%	1,00	1,35	1,65
Hochmol.-N	15,70	16,30	17,20
EBC BE	21,50	21,10	20,70
Schaum R & C	122,00	124,00	127,00
DMS ppb	68,00	72,00	75,00
Geschmack			
⌀ DLG	4,00	4,20	4,40
Bittere	4,00	4,10	4,20

Tab. 5.46 Außenkocher: Würzeeinführung in die Würzepfanne [990]

Würzeeinlauf in die Pfanne	tangential	1/2 23° zum Radius 1/2 von oben auf den Schirm
Würzearomastoffe ppb		
3-Methyl-butanal	121,0	81,0
2-Methyl-butanal	30,0	21,0
Hexanal	7,8	5,9
Furfural	248,0	177,0
1-Hexanol	1,3	0,5
5,5-Dimethyl-2-furanon	45,0	23,0
Biergeschmack		
Geruch	etwas spelzig, roh	rein
Trunk	etwas spelzig, roh	rein
Bittere	etwas breit	gut, ausgeglichen

Beim Einsatz des Außenkochers ist es günstig, die Würze nach dem Kocher seitlich, in einem Winkel von 23° zum Radius in die Würzepfanne einzuleiten. Hierdurch ergibt sich eine bessere Homogenität der Würze. Ein Teil (ca. 1/4–1/3) des Würzestroms wird von oben auf den Schirm geleitet, wodurch das Schäumen der Würze gedämpft und eine wesentlich bessere Entfernung von Aromastoffen wie Maillard-Produkten, Strecker-Aldehyden und Lipid-Derivaten erreicht wird (Tab. 5.46).

5.8.3
Innenkocher

Für den Betrieb des Innenkochers sind dieselben Faktoren maßgebend wie für den Außenkocher: die Würzetemperatur im Kocher selbst, die durch Heizmitteltemperatur und Gestaltung von Staukonus und Schirm bestimmt ist. Letzterer soll eine große Oberfläche haben, um Aromastoffe gut ausdampfen zu können. Hier wurden eine Vielzahl von Verbesserungen geschaffen, um ein Pulsieren beim Aufheizen und Kochen und insgesamt eine homogene Erfassung des Pfanneninhalts zu ermöglichen (s. Abschnitt 5.2.1.7).

Nachdem die Niederdruckkochung zunächst mit Innenkochern durchgeführt wurde, soll sie anhand des Innenkochers besprochen werden. Naturgemäß können auch Außenkocherpfannen hierfür eingesetzt werden.

Die Strecker-Aldehyde 2-Methyl-butanol und 3-Methyl-butanol wurden zwar mit steigender Kochtemperatur vermehrt gebildet, aber auch bei den erhöhten Ausdampfraten verstärkt ausgetrieben. Ähnliches gilt für Maillard-Produkte wie z. B. 2-Furfural, während Fettabbausubstanzen ausgetrieben und nicht wieder neu gebildet werden. Derartige Aldehyde werden bei der Gärung zu Alkoholen reduziert und zum Teil auch verestert. So verzeichneten Biere, die aus Kochungen unter den günstigsten Bedingungen stammten, auch die niedrigsten Gehalte an Essigsäure-n-Hexyl-, -n-Heptyl und -n-Octylestern. Diese Ergebnisse gingen mit denen der geschmacklichen Bewertung der Biere einher, die bei stärkster Verdampfung am besten ausgefallen waren.

Es bedurfte also einer Veränderung des Verfahrens bzw. der Konstruktionsgegebenheiten, um geschmacklich bessere Biere zu erhalten.

5.8.3.1 Niederdruckkochung (NDK)

Sie hatte sich von anfänglich höheren Temperaturen auf 103–104 °C in der Pfanne eingespielt, wobei die Temperatur im Kocher selbst bei 105–106 °C lag. Eine offene Vorkochung erwies sich als entbehrlich. So wurde ab Erreichen des Siedepunktes die Pfanne geschlossen und bei einem Druck von 150 mbar die gewünschte Temperatur erreicht. Diese blieb für 40 Minuten erhalten. Anschließend erfolgte die Entspannung auf atmosphärischen Druck, was ca. 20 Minuten dauerte. Anschließend wurde ausgeschlagen, wobei sich beim Einströmen in den Whirlpool noch eine heftige Entspannung ergab. Diese konnte durch eine kurze Nachkochzeit von ca. 5 Minuten vermieden werden. Bei einer Verdampfung von 3,5–4% blieben aber doch reichlich Aromastoffe in der Würze, die dem Bier eine „Kochnote" vermittelten. Eingehende Versuche zeigten, dass sowohl beim Aufheizen als auch bei der eigentlichen Druckphase eine Verdampfung erfolgen sollte, um eine kräftige Würzeströmung am Kocher ohne „Pulsieren" zu ermöglichen. Nach ca. 25 Minuten Druckkochung wurde entspannt (5 Minuten) und 20 Minuten „drucklos" gekocht, so dass sich letztlich in 65 Minuten eine Verdampfung von 0,5 + 2,5 + 3 = 6% ergab, deren Schwaden im Pfannendunstkondensator mit Energiespeicher verwertet wurden. Wie Tab. 5.47 zeigt, fielen die Ergebnisse bedeutend günstiger aus. Bei gleichen Schaumeigenschaften war der Geschmack der Biere eindeutig besser, was auch durch die Analysen der Aromasubstanzen bestätigt werden konnte [919].

Tab. 5.47 Würzearomastoffe (ppb), Verfolg der Niederdruckkochung mit unterschiedlicher Entspannung mit „offener" Kochung

Verfahren Würze	Verdampfung ab Entspannung		Verdampfung dauernd		offene Kochung Kochung 80 Minuten	
	AW	KW	AW	KW	AW	KW
3-Methylbutanal	117	291	103	270	105	230
2-Methylbutanal	28	63	25	59	26	50
2-Furfural	306	414	240	355	170	263
1-Hexanol	1	2	3	3	1	–
Pyrazin	19	41	15	34	12	27
Bier						
Schaum		125		125		125
Geschmack DLG*		3,7		4,1		4,3

* 5 = am besten

5.8.3.2 Dynamische Niederdruckkochung

Um die Homogenität der Würze bei der NDK zu optimieren, die Ausdampfung zu verbessern und dadurch auch eine Verringerung der Verdampfung selbst zu erreichen, wurde während der Druckkochphase abwechselnd auf 150 mbar (103 °C) gespannt und nach einer kurzen Verweilzeit wieder auf 101 °C (130 mbar) entspannt. Hierdurch ergab sich eine sehr intensive Bewegung und Ausdampfung in der Pfanne. Ein derartiger Schritt dauerte 6,5–7 Minuten, so dass sich bei 6 Intervallen 6×6,5–7 = 39–42 Minuten Druckkochphase, zuzüglich einer Nachkochphase von 15 Minuten, eine Gesamtkochzeit von ca. 55 Minuten ergab. Trotz der geringen Verdampfung von unter 5% waren die Biere sehr rein und gut schaumhaltig [991, 992].

Eine Verbesserung beim Aufheizen der Würze und in der Ankochphase vermittelt eine nachfolgende Konstruktion mit einem höhenverstellbaren Leitschirm, der die Würze in diesen ersten Phasen am Staukonus unterhalb der Würzeoberfläche austreten lässt (Sub-Jet). Nach ca. 20 Minuten Druckkochen folgt eine zweite Phase mit dynamischer Druckkochung, im Bereich von 101/103 °C über dem Schirm. Nach etwa 3 Intervallen wird drucklos ca. 10 Minuten gekocht, so dass sich hier eine Kochzeit von 50 Minuten ergibt. Die Verdampfung beträgt rund 5%. Ergebnisse eines gesamten Kochvorganges bis zur kalten Würze zeigt Tab. 5.48.

Tab. 5.48 Verlauf von Würzeanalysendaten bei einer optimierten NDK und Würzevorkühlung auf 89 °C (auf 12%GG)

Probe	vor Erhitzer	Kochbeginn	stat. NDK (Sub-Jet)	dynam. NDK	AW	KM
Farbe EBC	5,8	5,7	5,5	5,8	6,4	7,4
TBZ	18,0	22,0	24,0	28,0	33,0	36,0
koag N mg/100 ml	6,0	5,2	4,8	4,0	3,0	2,7
Aromastoffe ppb						
DMS-P	240,0	170,0	150,0	130,0	90,0	50,0
frei	420,0	340,0	150,0	55,0	50,0	80,0
3-Methyl-Butanal	600,0	407,0	207,0	110,0	69,0	102,0
2-Methyl-Butanal	236,0	152,0	73,0	35,0	19,0	27,0
Methional	56,0	43,0	37,0	30,0	29,0	29,0
Σ Strecker-Aldehyde	1035,0	735,0	445,0	317,0	245,0	341,0
Pentanal	22,0	16,0	10,0	5,2	2,8	3,2
Hexanal	137,0	87,0	40,0	18,0	8,0	9,0
2-Furfural	66,0	83,0	89,0	122,0	163,0	260,0
1-Hexanol	33,0	27,0	22,0	17,0	11,0	11,0
1-Octen-3-ol	5,4	4,4	3,0	2,0	1,0	1,1

AW = Ausschlagwürze KM = Kühlmitte

Tab. 5.49 Der Einfluss der Zwangsanströmung bei Innenkocher und Doppelschirm auf Biereigenschaften

	ohne	mit
Dampftemperatur °C	130,0	122,0
Verdampfung %	8,5	6,7
Kalte Würze		
TBZ	45,0	40,0
Koagulierb. N mg/l	18,0	22,0
Bier		
Schaum R & C	122,0	125,0
Geschmack ⌀ DLG (5 = am besten)	4,0	4,4
Bittere	4,0	4,3
Gealtertes Bier	3,7	4,0
Aromastoffe ppb		
Hexanol-1	22,0	20,0
Heptanol-1	6,1	5,5
Octanol-1	23,0	14,0
Decanol-1	10,0	7,0
Essigsäure-Hexyl-Ester	3,8	2,9
Essigsäure-Heptyl-Ester	1,7	1,6
Essigsäure-Octyl-Ester	3,8	3,2
δ-Nonalacton	49,0	28,0

5.8.3.3 Innenkocher mit Zwangsanströmung

Durch diese wird eine rasche und gleichmäßige Aufheizleistung bei relativ niedrigen Heizmitteltemperaturen ohne schädliches Pulsieren erreicht (s. Abschnitt 5.2.1.7). Mit Erreichen der Kochtemperatur wird die Pumpenleistung von 6 Volumen/h auf 3–4/h zurückgenommen, ebenso die Heizheißwassertemperatur von 145 °C auf 135 °C. Die Kochung erfolgt in drei Phasen: 20 Minuten bei 135 °C, 25 Minuten bei 130 °C sowie die restlichen 25 Minuten wieder bei 135 °C. Es kann auch der 2. Abschnitt der Kochung ohne Heizung, nur durch Umwälzen gefahren werden.

Wie Tab. 5.49 zeigt, werden gegenüber dem Betrieb ohne Pumpe folgende Verbesserungen erzielt. Verringerung der Zunahme der TBZ um 15%, ebenso der Gehalte an Strecker-Aldehyden, der Gehalte an Furfural und 2-Phenylethanol um 30% sowie der Carbonyle aus dem Lipidstoffwechsel um 30–50%. Die Spaltung des DMS-Vorläufers war trotz der kürzeren Kochzeit gleich, ebenso der Gehalt an freiem DMS. die Verdampfung fiel von 8,5 auf 6,7%.

5.8.3.4 Innenkocher mit Zwangsanströmung und Strahlpumpe

Die Strahlpumpe wird bei Kochbeginn wirksam, indem sie durch den „Venturi-Effekt" die Würze durch den eigentlichen Kocher fördert (Abb. 5.11). Hierbei kommt es zur Umwälzung etwa des doppelten Volumens der entsprechenden

Pumpenleistung. Damit wird die Homogenität der Kochung gesteigert. Es genügen niedrigere Heizmitteltemperaturen, die thermische Belastung der Würze an den Heizflächen wird verringert. Die beiden Faktoren Heizmitteltemperatur und Umwälzung/Kochintensität werden getrennt, Letztere durch die Pumpenleistung bestimmt.

Der Verlauf der Kochung ist wie folgt: Einpumpen der Würze vom Vorlaufgefäß ca. 20 Minuten mit ca. 72 °C oder vom Wärmetauscher kommend mit 95 °C, ab Heizfläche bedeckt Aufheizen mittels Pumpe in 20–25 Minuten bzw. 5 Minuten mit Heizdampf von 2 bar Ü, Kochen 20 Minuten mit 1,5 bar Ü, Rast ohne Dampfzufuhr 20 Minuten, Kochen mit 1,2 bar Ü 20 Minuten; Gesamtzeit 60 Minuten.

Die thermische Belastung anhand der TBZ konnten gegenüber dem Innenkocher mit Zwangsanströmung nochmals verringert werden; es gelang, den Restgehalt an koagulierbarem Stickstoff bei 2,5–2,7 mg/100 ml aufzufangen; das freie DMS der kalten Würze lag bei 80 ppb. Auch die Lipidabbau- und Oxidationsprodukte wurden, trotz der geringen Verdampfung von nur 4%, weitgehend ausgetrieben [993, 994].

5.8.3.5 Der Dünnfilmverdampfer
Der Dünnfilmverdampfer arbeitet wie folgt (pro 100 hl):
- Aufheizen in 40 Minuten von 72 °C auf Kochtemperatur mit einer Pumpenleistung von 650 hl/h, Dampfdruck 1,5 bar Ü, Verdampfung 0,5%,
- Kochen ca. 20 Minuten mit 500 hl/h, Dampfdruck 1,5 bar Ü, Verdampfung 1,5%,
- Kochen ca. 20 Minuten mit 500 hl/h, Dampfdruck 0,8 bar Ü, Verdampfung 1,0%,
- Whirlpoolrast (je nach Bedarf) 15 Minuten,
- Strippen während des Würzekühlens ca. 40 Minuten mit 120 hl/h, Dampfdruck 1,5 bar, Verdampfung 1,0% (Abb. 5.13).

Das Strippen erfolgt vor dem Würzekühler; die Kühlzeit ist mit rund 50 Minuten veranschlagt. Wie auch bei den vorerwähnten Verfahren der Innenkochung mittels Zwangsanströmung oder mit Strahlpumpe wird die Kochung unterteilt: In den ersten 20 Minuten wird intensiv gekocht, während der folgenden 20 Minuten wird der Dampfdruck zurückgenommen; dabei kommt nur die untere Heizfläche zum Einsatz.

Beim Aufheizen vom Würzesammelgefäß aus im Kreislauf ist es wichtig, dass die Würze, die vom Abläutern her eine Schichtung aufweisen kann, vorher homogenisiert wird. Beim Umpumpen von einem Vorlaufgefäß über einen Wärmetauscher muss die Würze in der Regel nur von 95 °C auf Kochtemperatur nachgewärmt werden. Dies dauert 5–7 Minuten. Während des eigentlichen Kochvorgangs darf die Würze nicht tangential in den Whirlpool einlaufen; sie muss vielmehr um der Homogenität willen in einem Winkel von 23 °C zum Radius eingeführt werden, um eine möglichst gleichmäßige Behandlung aller Würzeteilchen zu gewährleisten. Erst während den letzten 5 Minuten der Kochzeit wird auf tangentialen Einlauf umgeschaltet, um den Whirlpool-Effekt einzuleiten. In der Regel genügen 15 Minuten zur Trubsedimentation. Die Würzekühlzeit wird normal mit 50 Minuten veranschlagt, damit reicht auch für das Strippen ein Dampfdruck von ca. 1,5 bar Ü. Bei einer kürzeren Kühlzeit von z. B. 30 Minuten kann es notwendig werden, mit einem höheren Dampfdruck von ca. 1,8 bar Ü zu arbeiten. Um bei dieser hohen Kühlerleistung zu hohe Drücke und Geschwindigkeiten in der Würzeleitung zum Gärtank zu vermeiden, wird hier zweckmäßig ein Kaltwürzetank nach dem Plattenkühler angeordnet, der seinerseits wieder besondere Reinigungs- und Desinfektionsmaßnahmen erfordert.

Die Ergebnisse dieses Systems im Vergleich zu einer konventionellen Kochung mittels Innen- und Außenkocher sind (Tab. 5.50):

a) Die Eiweißfällung wird verringert; so liegt der Restgehalt an koagulierbarem Stickstoff um 50–70% höher.
b) Die Bildung von Maillard-Produkten und Strecker-Aldehyden fällt geringer aus. Die bei der Heißwürzerast und während des Würzekühlvorganges nachgebildeten thermischen Reaktionsprodukte werden beim anschließenden

Tab. 5.50 Kombiniertes Würzekochen und Strippen im Vergleich mit einem Innenkocher

System	Innenkocher		Dünnfilmverdampfer	
Verdampfung %	8		4	
Probenahme:	E.K.	K.W.	E.K.	K.W.
Würze				
TBZ	40,0	49,0	24,0	31,0
koag. N mg/l	22,0	21,0	32,0	27,0
DMS-P ppb	84,0	46,0	268,0	130,0
DMS-frei ppb	63,0	100,0	136,0	40,0
3-Methyl-Butanal ppb	90,0	103,0	114,0	90,0
2-Phenyl-Ethanal	260,0	320,0	240,0	290,0
Benzaldehyd	2,2	2,7	4,5	4,1
2-Furfural	440,0	700,0	270,0	510,0
2-Acetyl-Furan	8,0	13,7	5,3	8,7
Pentanal	0,5	1,1	0,6	0,8
Hexanal	3,0	4,0	19,0	16,0
Heptanal	0,7	1,1	1,8	1,1
2-Phenylalkohol	220,0	290,0	190,0	225,0
Bier				
Farbe EBC		7,5		7,0
Bittere EBC		21,0		21,0
Schaum R & C		122,0		128,0
Geschmack DLG (5 = am besten)		4,0		4,2
Bittere DLG		4,0		4,2
Biergeschmack gealtert		3,5		3,9

Strippen wieder weitgehend ausgedampft. Die TBZ der kalten Würze liegt deutlich niedriger.

c) Die aus dem Lipid-Metabolismus stammenden Aromastoffe werden während der geringeren Kochzeit und Verdampfung in etwas geringerem Maße eliminiert als bei normaler Kochung. Erhöhte Werte an diesen Substanzen können auf eine mangelnde Homogenität des Kochvorgangs zurückzuführen sein.

d) Die Spaltung des DMS-Vorläufers ist naturgemäß geringer; das entstehende freie DMS wird jedoch durch die große Heizfläche effektiv verdampft. Während der Heißwürzerast wird freies DMS nachgebildet, das dann beim Strippen auf Werte von ca. 30 ppb abgesenkt wird [995–997].

5.8.4
Hochtemperaturkochung bei 120 °C

Das System (s. Abschnitt 5.2.2.1) sieht Heißhaltezeiten von 8–10 Minuten vor, die sich nach dem Restgehalt an koagulierbarem Stickstoff, aber auch am Verhältnis der Würzefarbe und der TBZ orientieren. Die Isomerisierung der Bitterstoffe, die bei zwei Teilgaben (eine zwischen Vorlaufgefäß und Erhitzer und in der letzten Entspannungsstufe), je nach Bemessung derselben etwas knapp ausfallen kann, wird im Heißwürzetank ausgeglichen [998]. Die Ausdampfung von 6–8% muss im Temperaturbereich über 100 °C in einer großen Oberfläche erfolgen, um ein der Normalkochung gleichartiges Aromagramm zu erhalten [881, 964]. Die Bewegung der Würze in den Wärmetauschern, die Verringerung der Heizmitteltemperatur auf eine Differenz von ca. 15 °C hält dann auch den Gehalt an flüchtigen stickstoffhaltigen Aromastoffen so gering wie möglich.

5.8.5
Die Hochtemperaturkochung bei 130–140 °C

Sie hat sich in der Praxis auf einer Kochtemperatur von 130 °C und einer Heißhaltezeit von 150–180 s eingespielt (Tab. 5.51). Dabei liegen die Temperaturen in Ausdampfgefäß 1 (Abb. 5.16) bei 115 °C, in Ausdampfgefäß 2 bei 100 °C. Die bei der Entspannung entstehenden Schwaden wärmen die Würze im Wärmetauscher 1 auf 85 °C und im Wärmetauscher 2 auf 107 °C auf, so dass lediglich die Spanne von 107 °C bis 130 °C im Wärmetauscher 3 mittels Frischdampf darzustellen ist. Dabei spielt aber – wie auch bei den anderen Kochsystemen – die Temperatur des Heizmittels eine Rolle. Die Differenz zwischen Dampf- und Würzetemperatur sollte 20 °C nicht überschreiten, um eine vermehrte Bildung von Maillard-Produkten zu vermeiden. Auch besteht die Gefahr, dass sich im Erhitzer rascher Beläge aus den Würzeinhaltsstoffen organischer und anorganischer Natur ausbilden, die im „Status nascendi" zu Geschmackstörungen führen, die in die Richtung einer „Kochnote" gehen. Durch den Belag werden wiederum höhere Heizmitteltemperaturen erforderlich, die diesen Effekt ver-

Tab. 5.51 Würzearomastoffe und N-Herocyclen zu verschiedenen Stadien der HTW (ppb)

Verfahren Stufe	Pfannevollwürze	130°C/180″			130°C/210″			140°C/120″			140°C/150″		
		HH	E	WP	HH	E	WP	HH	E	WP	HH	E	WP
3-Methyl-Butanal	254	428	61	148	543	85	150	628	60	150	906	69	145
2-Methyl-Butanal	57	82	13	28	100	18	28	106	13	29	153	16	29
2-Furfural	61	108	163	297	126	208	340	119	164	309	186	192	331
2-Furfuryl-OH	296	488	720	1812	707	1899	3515	485	1528	3289	1055	1901	3656
Phenylacetaldehyd	789	1236	1329	1662	1313	1541	1770	2051	1702	2163	2869	1767	2334
Pyrazin	6,7	14	5,9	8,2	16	6,5	7,8	14	4,0	7,2	16	4,5	9,8
2-Methyl-Pyrazin	2,2	2,0	2,5	2,9	2,9	2,6	3,4	2,8	2,3	4,3	3,3	2,9	4,3
2,5-Dimethyl-Pyrazin	3,9	3,7	3,1	3,2	3,7	2,9	3,7	3,4	2,8	3,2	3,4	3,1	3,0
2,3-Dimethyl-Pyrazin	0,5	0,6	0	0,2	0,6	0,2	0,3	0,3	0,2	0,4	0,2	0,4	–
Trimethyl-Pyrazin	0,4	0,4	0,3	0,3	0,4	0,3	0,4	0,4	0,3	0,3	0,4	0,1	0,8
Σ N-Heterocyclen	104	137	103	134	134	124	172	151	119	134	161	137	173

HH = Heißhaltestufe, E = Entspannungsstufe, WP = Whirlpool

stärken. Hieraus folgt, dass die Erhitzerstufe 3 dann gereinigt werden muss, wenn die Dampftemperatur zum Erreichen der üblichen Kochtemperatur um ca. 10 °C ansteigt.

Die Hochtemperaturkochung bei 130–140 °C wurde aufgrund eingehender Versuche optimiert, wobei Heißhaltezeiten von 2½–3 bzw. 2–2½ Minuten als günstig befunden wurden. Eine gute Ausdampfung, regulierbar durch die Temperaturabstufung und durch möglichst große Oberflächen in den Entspannungsbehältern (tangentiale Einströmung, geringe Flüssigkeitshöhe) erbrachte günstige Ergebnisse [810, 881, 999–1003, 1004]. Basis-Versuche im Pilotmaßstab zeigten jedoch, dass mit zunehmender Reaktionstemperatur und Heißhaltezeit ein exponentieller Anstieg von Farb- und Aromastoffen (Abb. 5.44) auftrat, der durch eine Rücknahme der Temperatur und Zeit im Heißhalter aufgefangen werden konnte. Ergebnisse aus diesen Versuchen zeigt Tab. 5.51.

Geschmacklich schnitten die Biere in der Reihenfolge 130/3, 140/2, 130/3 1/2, 140/2 1/2 ab, wobei den letzteren beiden ein sog. „Kochgeschmack" mit einer breiten Nachbittere eigen war. Es bildeten sich bei der intensiveren thermischen Behandlung Pyrrolizine, d.h. Reaktionsprodukte aus Prolin mit Zuckern. Auch die Malzoxazine nahmen zu. Diese Substanzen vermitteln eine typische „Kochnote" sowie einen bitteren Nachgeschmack [1005].

Diese Aussagen treffen für Biere aus hellen Malzen zu. Eine Beimischung von dunklen (Münchener) Malzen führte wiederum zu Geschmacksveränderungen, die auf eine vermehrte Bildung von N-Heterocyclen sowie den vorgenannten Prolinderivaten und Oxazinen hindeuten [1006].

Bei den obigen Versuchen und den hiernach eingestellten Praxiskochungen stellte sich jedoch eine, im Vergleich zur konventionellen Würzekochung geringere Isomerisierung der Bitterstoffe ein, die in einem nachgeschalteten Heißwürzetank bzw. Whirlpool ausgeglichen wurde.

Der Reinigung der Anlagen zur Hochtemperaturwürzekochung kommt im Hinblick auf die Wärmeübertragung (Energiebilanz!) und die vorgesehenen Reaktionsabläufe große Bedeutung zu. Hierbei sind zu unterscheiden:

a) die Hauptreinigung am Ende der Sudwoche, für die das gesamte System mit heißer (90–95 °C) Natronlauge durchgepumpt wird, wobei zur Erhöhung der Wirkung der Alkalien noch Peroxid in irgend einer Form zum Zusatz gelangt und

b) die Zwischenreinigung der Erhitzerstufe 3, die je nach Charakteristik der Anlage alle 4–6 Stunden notwendig wird. Die Notwendigkeit hierzu äußert sich durch einen Anstieg des Heizdampfdruckes, um die gewünschten Würzetemperaturen zu erhalten. Sie erfolgt heutzutage auf chemischem Wege mit Lauge und Peroxid. Das sog. „Cracken" hatte sich aus verschiedenerlei Gründen nicht bewährt [1007].

Nachdem die chemische Zwischenreinigung mit Lauge, Peroxid, Säure und Wasserspülungen ca. 90 Minuten dauert, ist eine zweite Erhitzerstufe 3 zu installieren, auf die bei Bedarf umgeschaltet werden kann. Damit kann auch der Heißhalter kontinuierlich betrieben werden. Beim Vorgang des „Crackens" war nämlich die Würze (ca. 4% der Stundenleistung) im Heißhalter stehengeblieben, was sicher auch zu geschmacklichen Veränderungen führte. Durch die Installation der zweiten Erhitzerstufe 3 konnte das System der Hochtemperaturkochung „entstört" werden.

5.8.6
Getrennte Kochung von Vorderwürze und Nachgüssen

Dieses Thema wurde bereits bei der kontinuierlichen (Hochtemperatur-)Würzekochung bearbeitet, da die Würze vom Läuterprozess (Maischefilter) her kontinuierlich anfällt und über einen Pufferbehälter laufend dem Kochsystem zugeleitet werden kann. Dieses arbeitete mit einer Temperatur von 130 °C und 150 Minuten Heißhaltezeit. Die Vorderwürze von 18,5% Extrakt machte 43,3% der Menge aus, die Nachgüsse 56,7%. Die anschließende Heißwürzerast und die Trubabscheidung erfolgten in Whirlpools.

Die Ergebnisse in Relation zu einer Vergleichskochung waren in der kalten Würze: etwas höhere Gehalte an den Strecker-Aldehyden, aber deutlich niedrigere Werte an 2-Furfural und Furfurylalkohol sowie an Thiazolen und Pyrazinen.

Die Biere erwiesen sich als reiner, eher neutral, die Bittere war besser als beim Vergleich [1008].

Diese an sich viel versprechenden Versuche wurden nicht mehr weitergeführt. Es wäre ein Potenzial vorhanden gewesen, die „entstörte" Hochtemperaturkochung weiter zu entwickeln.

Neue Versuche hatten zur Basis, die Vorderwürze (16% Extrakt) und die Nachgüsse (7% Extrakt) von Läuterbottichsuden getrennt zu kochen. Dies ist insofern sinnvoll, als die auf 12% Extrakt berechneten Werte der Nachgüsse deutlich mehr (+40%) Strecker-Aldehyde und 40–100% mehr Lipidabbauprodukte enthalten als die Vorderwürze mit 12% Extrakt. Ähnliches traf auch für die verschiedenen höheren Alkohole zu (Abb. 5.51 bis 5.53).

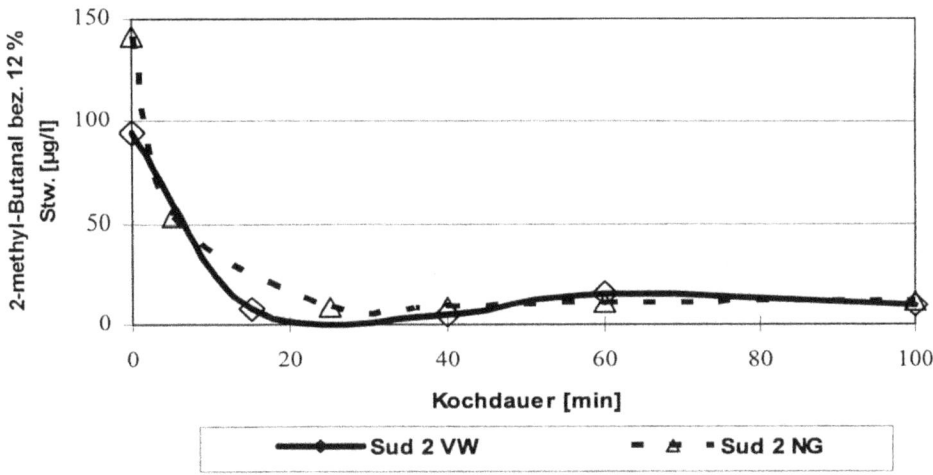

Abb. 5.51 Verlauf von 2-methyl-Butanal von Vorderwürze und Nachgüssen

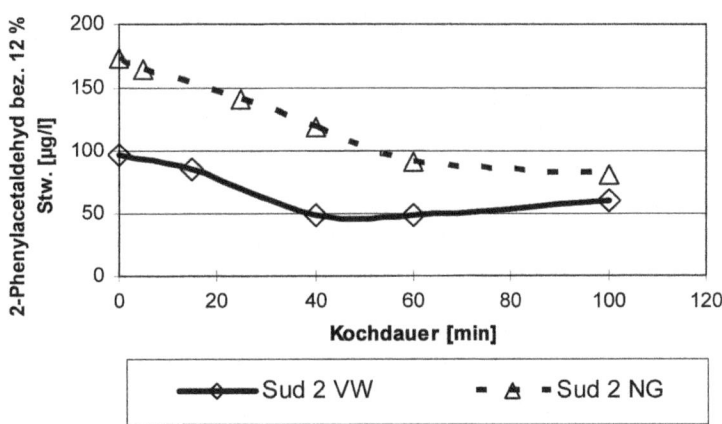

Abb. 5.52 Verlauf von 2-Phenyl-Ethanol von Vorderwürze und Nachgüssen

620 | 5 Das Kochen und Hopfen der Würze

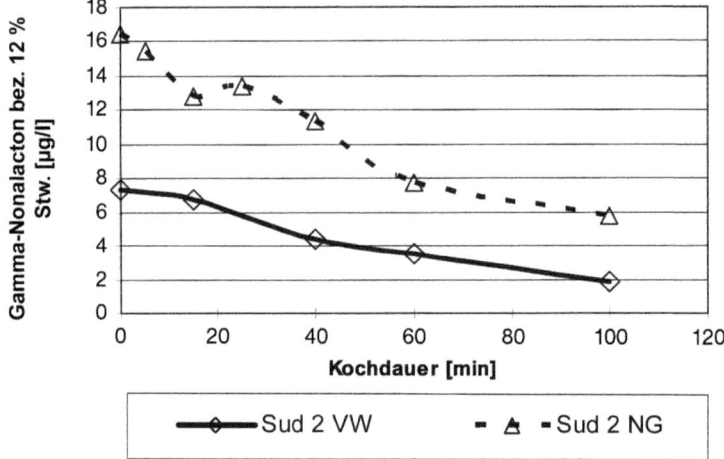

Abb. 5.53 Verlauf von -Nonalacton von Vorderwürze und Nachgüssen

Während das Ausdampfverhalten bei 2-methyl-Butanal von Vorderwürze und Nachgüssen praktisch gleich war, nahm der 2-Phenylacetaldehyd bei den Nachgüssen langsamer ab. Dasselbe trifft für γ-Nonalacton zu. Dies würde längere Kochzeiten für die Nachgüsse rechtfertigen.

Weitere Sude zeigten eine optimale Kochzeit der Vorderwürze von 30 Minuten mit anschließender Abkühlung zum Whirlpool auf 78 °C sowie eine Kochzeit der Nachgüsse von 80 Minuten, ohne Abkühlung zum Whirlpool hin. Besonders günstig erwies sich eine Gabe von 30 g/hl Kieselgel zur Nachgusskochung. Sie erbrachte eine Verbesserung der Geschmacksstabilität der Biere, wobei aber der Bierschaum noch der Beobachtung bedarf.

Es bieten also moderne Kochmethoden eine spezifische Behandlungsweise für die verschiedenen Läuterfraktionen an. Das war schon in der ersten Hälfte des 20. Jahrhunderts bei den britischen Brauereien bekannt, die aufgrund der langen Läuterzeiten Vorderwürze und Nachgüsse nacheinander kochten.

5.8.7
Vorkühlung der Würze

Die Vorkühlung der Würze zwischen Pfanne und Whirlpool auf 85–90 °C ist eine sehr einfache Methode. Wie schon in Abschnitt 5.2.3.2 dargestellt, hat das Verfahren nicht direkt etwas mit dem Würzekochprozess zu tun. Sie beeinflusst ihn jedoch indirekt, da die im Heißwürzetank bei 97–99 °C ablaufenden Reaktionen – je nach der Temperatur der vorgekühlten Würze – mehr oder weniger abgeschwächt werden und somit Dauer und Intensität des Würzekochens mit Rücksicht auf andere Vorgänge, wie z. B. die Eiweißfällung gewählt werden können.

Die Abkühlung erfolgt entweder über einen eigenen Wärmetauscher, der von 98 °C auf 85–90 °C während der Ausschlagzeit von 15 Minuten abkühlen kann,

5.8 Arbeitsweise und Ergebnisse von modernen Würzekochsystemen

oder im Nebenstrom über den eigentlichen Würzekühler, der in 12–15 Minuten ca. ein Fünftel der Ausschlagwürze auf 44 °C abkühlt, z. B. um die gewünschten 88 °C Mischtemperatur zu erreichen. Der Kühler muss geeignet sein, bei der hohen Leistung der vierfachen Ausschlagmenge eine größere Feststoffmenge (Trub und Hopfenpelletrückstände) zu bewältigen, was größere Leistungsquerschnitte und eine entsprechende Gestaltung der Wärmetauscherplatten erfordert.

Der Kühlwasserkreislauf wird für diese Vorkühlung unterteilt: Entweder wird kaltes Brau- oder Betriebswasser auf ca. 80 °C aufgewärmt in einen Heißwasserspeicher geleitet oder es wird diese Vorkühlung in das Netz des Energiespeichers integriert, wofür allerdings größere Kühlflächen erforderlich sind. Für die eigentliche Würzekühlung von ca. 88 °C auf die gewünschte Anstelltemperatur kann dann immer noch Wasser von 75–78 °C gewonnen werden, das für den Maisch- und Läuterprozess benötigt wird.

Durch die Würzevorkühlung wird eine Verkürzung der Kochzeit von 60–70 auf ca. 50 Minuten erreicht. Hierdurch werden die beim Kochen stattfindenden Reaktionen verringert und deren weiterer Ablauf im Whirlpool gedämpft. Dies betrifft auch die Spaltung des DMS-Vorläufers. Die Menge des freien DMS bleibt jedoch im wünschenswerten Bereich. Hierdurch kann das Kochverfahren nach anderen Zielen ausgerichtet werden, so z. B. einer geringeren Fällung von hochmolekularen Stickstoffsubstanzen.

Die erforderliche Ausdampfung von Carbonylen aus Lipoxidationsprodukten ist durch die neuen, sehr intensiv und vor allem homogen kochenden Systeme trotz der kürzeren Zeit gewährleistet. Die Derivate des Lipidabbaus zeigen allerdings ein etwas, aber kaum relevantes, höheres Niveau. Vergleichende Analysendaten zu anderen Verfahren zeigt die Tab. 5.53. Damit lässt sich in Verbindung mit neuen Kochverfahren eine Verringerung der Verdampfung auf 4–5% erreichen. Ergebnisse dieser Verfahrensweise zeigt Tab. 5.52.

Tab. 5.52 Wirkung der Würzevorkühlung [1009]

	Ohne WVK	mit WVK
Kochung min	JK 65	JK 52
Verdampfung %	7	5
Abkühlung	–	89 °C
Ausschlagwürze		
DMS frei ppb	27,0	35,0
DMS-Vorläufer ppb	113,0	97,0
TBZ	34,0	34,0
Mitte Kühlung		
DMS frei ppb	97,0	82,0
DMS-Vorläufer ppb	42,0	52,0
TBZ	41,0	37,0
koag. N mg/100 ml	1,5	2,3

5.8.8
Verfahren der Nachverdampfung im Vakuum nach dem Whirlpool

Die Nachverdampfung wurde zunächst bestehenden Würzekochsystemen nachgeordnet, um die Würzekochzeit verkürzen und somit Energie einsparen zu können (s. Abschnitt 5.2.3.3).

Das zylindrokonische Entspannungsgefäß befindet sich zwischen Whirlpool und Plattenkühler; bei einem absoluten Druck von 600 mbar wird die Temperatur auf 85 °C abgesenkt. Dabei tritt eine Verdampfung um 0,17% pro °C ein, d.h. im vorliegenden Fall um 2,0%. Nachdem die Verdampfung beim Würzekochen selbst von 70 Minuten/9% auf 40 Minuten/6% verringert wurde, betrug die Gesamtverdampfung rund 8%. Die Ergebnisse waren [1010]: Eine wünschenswerte Erhöhung des koagulierbaren Stickstoffs um 50%; im Verdampfer wurde das freie DMS um 83%, die Lipidabbau- und Oxidationsprodukte (z.B. Hexanal, Heptanal) um 63%, die Strecker-Aldehyde um 25%, Phenylethanal um 15% und die Alkohole (3-Methylbutanol, 2-Methylbutanol, 1-Pentanol, 1-Octanol, 1-Octen-3-ol und 2-Phenylethanol) um 5% verringert. Die TBZ wurde schon durch die Verkürzung der Kochzeit deutlich abgesenkt; die Vakuumbehandlung hatte hierauf nur mehr einen geringen Einfluss. Die Bitterstoffausbeute zeigte keine nachhaltige Verschlechterung, die Geschmacksprobenergebnisse der Biere aus den kurz (40 Minuten) gekochten Würzen waren besser, die Geschmacksstabilität jedoch gleich.

Die Ersparnis an Energie betrug 21,5% gegenüber einer bereits energiesparend mit thermischer Brüdenverdichtung und Würzevorwärmung hergestellten Würze.

Das zweite, auf der Basis der Vakuumverdampfung arbeitende System, sieht nur ein „Heißhalten" der Würze von 60 Minuten bei Kochtemperatur vor, wobei ca. 1% verdampft (s. Abschnitt 5.2.3.3). Das hierfür erforderliche Gefäß kann einfach, d.h. mit einer Bodenheizung und einem Rührwerk gehalten werden. Nach der Klärung der Würze im Whirlpool wird diese auf dem Weg zum Kühler mittels eines Entspannungsverdampfers auf einen Absolutdruck von 300–400 mbar verbracht. Bei einer Absenkung der Würzetemperatur um 30–35 °C verdampfen rund 6–7%. Die Ergebnisse waren [1011]: Die Eiweißfällung wird durch die schonende Handhabung des Prozesses geringer. Die Ausdampfung der Würzearomastoffe wie z.B. Hexanal, 1-Hexanol und 1-Pentanol beträgt 70, 50 und 35%; das freie DMS verringert sich durch die Vakuumstufe um 65–70%, die aktuellen Werte im Bier liegen bei 40–60 ppb. Die Zunahme der TBZ als Indikator für thermische Reaktionsprodukte beträgt nur 10 Einheiten.

Die Biere weisen im Test der „forcierten Alterung" um ca. 30% weniger Alterungsindikatoren auf. Dies geht einher mit einer entsprechend besseren Bewertung der (forciert) gealterten Biere. Bitterstoffverluste treten bei diesem Verfahren nicht auf (s. Abschnitt 5.5.1.4); der Linaloolgehalt der Würze ist trotz des hohen Vakuums deutlich höher als beim konventionellen Vergleich [865].

Durch die Absenkung der Würzetemperatur auf ca. 65 °C kann nur eine Heißwassertemperatur von ca. 60 °C erreicht werden. Es bedarf also die Menge des Überschwänzwassers der Nacherhitzung auf 75 °C.

Es ist auch möglich, die Verfahrensweise zu variieren, wie z. B. eine bestimmte Zeit zu kochen, 2–3% zu verdampfen und den Druck im Expansionsverdampfer nur auf 600 mbar abzusenken. Dabei wird die Würze nur auf ca. 85 °C abgekühlt. Das Heißwassersystem kann dann mit einem entsprechend groß dimensionierten Plattenkühler bei ca. 78 °C gefahren werden.

Die Energieeinsparung gegenüber einer konventionellen Kochung (einschließlich sämtlicher Rückgewinnungsmöglichkeiten) beträgt ca. 20 % [1012].

Mit dieser Anlage ist es sogar möglich, die Heißhaltung der Würze auf 60 Minuten bei 90 °C zu beschränken, wobei die Vakuumverdampfung von ca.

Tab. 5.53 Würzekochung, Würzevorkühlung, Vakuumbehandlung, Würzecharakteristika – Biereigenschaften (Schaum, Geschmack der gealterten Biere)

		Kochung		Kalte Würze
		Anfang	Ende	
Innenkocher 80 Minuten				
Würze	Strecker-Aldehyde	520	130	280,0
	Furfural	70	170	260,0
	Fettsäure-Derivate	210	12	7,0
	DMS-P/frei	550/10	80/20	40/50
	Koag.-N mg/l	50	20	18,0
	TBZ	27	44	55,0
Bier	Schaum R & C			120,0
	Geschmack forciert gealtert DLG			3,4
Innenkocher 60 Minuten Würzevorkühlung 88 °C				
Würze	Strecker-Aldehyde	520	170	185,0
	Furfural	70	160	185,0
	Fettsäure-Derivate	210	25	20,0
	DMS-P/frei	550/10	120/20	110/30
	Koag.-N mg/l	50	25	23,0
	TBZ	27	39	44,0
Bier	Schaum R & C			125,0
	Geschmack forciert gealtert DLG			3,9
Innenkocher 60 Minuten Vakuumstufe nach Whirlpool 80 °C				
Würze	Strecker-Aldehyde	520	170	200,0
	Furfural	70	160	195,0
	Fettsäure-Derivate	210	25	4,0
	DMS-P/frei	550/10	120/20	60/20
	Koag.-N mg/l	50	25	23,0
	TBZ	27	39	47,0
Bier	Schaum R & C			125,0
	Geschmack forciert gealtert DLG			4,0

88 °C auf 70 °C rund 3% erzielt. Die Abnahme des DMS-Vorläufers ist gegenüber der Heißhaltung bei 98 °C naturgemäß geringer, die Abnahme des freien DMS ist wohl etwas höher, doch wurden nur Werte von 122 ppb erreicht. Es war demnach besser, die Vakuumverdampfung noch etwas, auf ca. 4,5%, zu erhöhen, wodurch das freie DMS auf ca. 80 ppb abgesenkt werden konnte und auch noch günstigere Abnahmeraten an Hexanal, 1-Hexanol und 1-Pentanol zu erreichen waren. Geschmacklich wurden die Biere gut beurteilt, wenngleich sich das Geschmacksprofil etwas in Richtung „voller und weicher" entwickelte. Die Alterung der Biere verlief langsamer; es wurde also die Geschmacksstabilität verbessert. Die Schaumeigenschaften waren durch die geringere Koagulation ebenfalls besser [1013]. Die Bitterstoffausbeuten waren um einige Prozentpunkte niedriger. Eine weitere Energieersparnis im Vergleich zum vorausgehenden Verfahren resultierte daraus, dass die Würze statt auf 98 °C nur auf 90 °C erhitzt werden musste; dies entspricht etwa 20%.

Beim Vergleich der Systeme „Normalkochung", verringerte Kochzeit/Verdampfung und Würzevorkühlung oder Vakuumstufe nach Whirlpool zeigt sich anhand von Tab. 5.53 [988], dass Würzevorkühlung wie Vakuumstufe ähnliche Ergebnisse liefern: geringere Gehalte an Strecker-Aldehyden, an Furfural, an freiem DMS, wobei lediglich die Mengen an Fettsäurederivaten etwas abweichen. Die TBZ ist niedriger und der Restgehalt an koagulierbarem Stickstoff auf einem höheren Niveau, der einen besseren Bierschaum vermittelt. Der Geschmack der forciert gealterten Biere war besser als bei konventioneller Kochung.

5.9
Das Ausschlagen der Würze

Nach der vorgesehenen Kochdauer wird die Würze „ausgeschlagen", d.h. zur weiteren Behandlung in die Würzekühlanlage überführt. Auf dem Wege dorthin wird sie bei Verwendung von Doldenhopfen durch einen Hopfenseiher von den Rückständen des Hopfens, den Hopfentrebern, befreit. Bei Einsatz von gemahlenem Hopfen fallen dessen Treber normalerweise in den Anlagen zur Würzebehandlung an, zusammen mit dem Heißtrub.

Die *Dauer des Ausschlagens* soll nach dem Feststellen der Menge und des Extraktgehalts der Würze 15–20 Minuten nicht überschreiten, um unkontrollierbare Veränderungen (Farbzunahme, Nachisomerisierung) zu vermeiden. Dies erfordert bei großen Sudwerken sehr hohe Pumpenleistungen.

5.9.1
Hopfenseiher

Der Hopfenseiher ist in seiner einfachsten Form ein rundes oder viereckiges Gefäß mit Boden- und Seitensieben. Er ist meist im Sudhaus unterhalb der Würzepfanne oder bei kleinen Sudwerken auch auf dem Kühlschiff selbst auf-

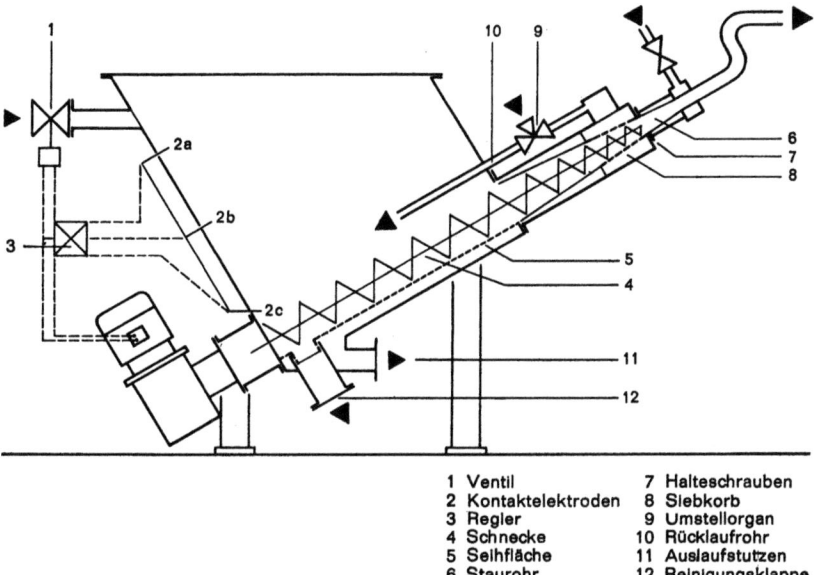

1 Ventil	7 Halteschrauben
2 Kontaktelektroden	8 Siebkorb
3 Regler	9 Umstellorgan
4 Schnecke	10 Rücklaufrohr
5 Seihfläche	11 Auslaufstutzen
6 Staurohr	12 Reinigungsklappe

Abb. 5.54 Schräghopfenseiher „Hopstar"

gestellt. Die Hopfentreber werden von Hand, durch Ausklappen einer Seitenfläche etc. entfernt.

Zum selbsttätigen Austragen der Hopfentreber dienen auch konische Hopfenseiher mit mechanischem oder mit Flüssigkeitsrührwerk; letzteres hat einen hohen Wasserverbrauch zum Transport der Hopfentreber der 1 hl/kg Doldenhopfen liegt.

Heute kommen in Betrieben, die Doldenhopfen verarbeiten, ausschließlich kontinuierlich arbeitende Hopfenseiher zur Aufstellung. Am Beispiel der Abb. 5.54 läuft die hopfenhaltige Würze in ein schmales, längliches Gefäß mit schrägem Boden ein. Dieser ist als Siebboden ausgebildet, der eine rasche Trennung von Würze und Hopfenrückständen gestattet. Die Würze wird von der tiefsten Stelle des Behälters abgeführt. Eine parallel zu diesem Boden angeordnete Schrägschnecke fördert den Hopfen nach oben in eine konisch zulaufende Press-Schnecke, die im oberen, perforierten Teil den Zufluss von Überschwänzwasser erlaubt. Die Hopfentreber werden hierdurch kontinuierlich ausgetragen und dabei im Gegenstrom ausgewaschen. Ein Auslaufschieber ermöglicht es, den Pressdruck auf den Hopfen einzustellen. Die Arbeitsweise dieses relativ einfachen Apparates, der natürlich einer Überlaufsicherung bedarf, ist besser als diejenige von „Hopfenseparatoren", bei denen die Würze eingangs über ein groß dimensioniertes Schrägsieb läuft und der Hopfen in einer, an der tiefsten Stelle angeordneten Schnecke mit perforiertem Trog abgefördert wird. Es lässt sich hier nur schwer eine Belüftung der Würze vermeiden, die u. U. zufärbend wirkt und die Funktion z. B. eines nachgeschalteten Whirlpools verschlechtert.

Die Hopfentreber halten, in Kastenhopfenseihern trocken abgelaufen, noch 5 l Würze pro kg Hopfen zurück. Es ist deshalb notwendig, den Hopfen mit heißem Wasser auszulaugen. Hierfür steht gesetzlich eine Wassermenge von 1,5% des Ausschlagvolumens zur Verfügung. Der Extraktgehalt des „Hopfenglattwassers" soll 3–4% nicht überschreiten. Dies entspricht immer noch einem Verlust von 1,2–1,7 l Würze/kg Hopfen oder bei mittlerer Hopfengabe einem Schwand von 0,2–0,3%.

5.9.2
Die Hopfentreber

Sie enthalten die durch das Kochen ungelöst gebliebenen Bestandteile des Hopfens, außerdem je nach der Funktion des Hopfenseihers gewisse Mengen an Heißtrub. Die einfachen Kastenhopfenseiher, die eine Hopfenschicht von 40 cm und mehr aufbauen, halten mehr Trub zurück als z. B. die modernen, kontinuierlich arbeitenden Presshopfenseiher.

Die Zusammensetzung der Hopfentreber ist, auf Trockensubstanz bezogen:

N-freie Extraktstoffe	ca. 47%
Eiweiß	ca. 17%
Rohfaser	ca. 25%
Asche	ca. 5%
Bitterstoffe	ca. 6%.

Bei normalen Hopfenseihern ist der Wassergehalt 80%, bei Presshopfenseihern 65–70%.

Die Hopfentreber werden häufig nach Ende des Abläuterns den Malztrebern beigegeben. Ein Zusatz zu einem früheren Zeitpunkt, z. B. beim Abmaischen oder nach Abläutern der Vorderwürze gewinnt den imbibierten Extrakt und die noch enthaltenen Bitterstoffe. Die Verfütterung derartiger Malztreber bereitet keine Schwierigkeiten. Für sich können die Hopfentreber als organischer Zusatz zu Düngemitteln Verwendung finden.

5.9.3
Treber aus Hopfenpulvern bzw. gemahlenem Hopfen

Sie können durch Sedimentation auf dem Kühlschiff abgetrennt und zusammen mit dem Trub abgepresst oder zentrifugiert werden. Bei den sog. „geschlossenen" Würzebehandlungsanlagen z. B. Whirlpools oder einfachen Setzbottichen fallen sie mit dem Heißtrub an (s. Abschnitt 8.2.3.2 und 8.2.3.4).

Bei geringer Sudfolge ist es möglich, die Hopfentreber mit dem Heißtrub in der Pfanne ca. 45 Minuten lang absetzen zu lassen und die klare Würze über einen Schwimmer oder über einen verstellbaren Stecker abzuziehen. Der Rückstand, der ca. 3% der Ausschlagmenge ausmacht, wird beim Abmaischen oder Abläutern eines folgenden Sudes wieder zugegeben [1014].

5.9.4
Die Ausschlagwürze

Die durch das Maischen und Hopfenkochen entstandene Lösung ist die gehopfte Bierwürze.

Sie besteht aus Wasser, den Ionen des Brauwassers, den löslich gemachten und abgebauten Stoffen des Malzes und den gelösten Bestandteilen des Hopfens.

Sie enthält die in Tab. 5.54 aufgeführten Substanzen.

Tab. 5.54 Zusammensetzung der Ausschlagwürze

a) Kohlenhydrate:	vergärbar Hexosen		7–9%
	Saccharose		2–3%
	Maltose		42–47%
	Maltotriose		11–13%
	Dextrine niedere Dextrine		6–12%
	höhere Dextrine		19–24%
	β-Glucane		0,2–0,4%
	Pentosane		3–4%
b) Stickstoffsubstanzen:	Gesamt-N	mg/l	950–1150 davon
	hochmol. N 22% (koag. N	2–3%)	
	mittelmol. N 18%		
	niedermol. N 60% (Formol-N	34%)	
	(FAN	22%)	
c) Polyphenole:	Gesamtpolyphenole	mg/l	180–300
	Anthocyanogene	mg/l	70–140
	Tannoide	mg PVP/l	60–100
d) Bitterstoffe:	EBC-Einheiten		20–65
	α-Säuren	mg/l	1–20
	Iso-α-Säuren	mg/l	15–55
	Hulupone	mg/l	1–5
e) Mineralbestandteile:	1,5–2%, davon mg/l		
	Phosphate (P_2O_5)		600–850
	Silikate (SiO_2)		30–40
	Chloride (Cl^-)		100–200
	Sulfate (SO_4^{2-})		40–200
	Nitrate (NO_3^-)		10–50
	Calcium		23–60
	Magnesium		80–100
	Kalium		500-550
	Natrium		10–25
	Zink		0,10–0,25
f) Vitamine:	Thiamin (B_1), Riboflavin (B_2), Pyridoxin (B_6), Nicotinamid, Panthothensäure, Inosit u. a.		

Der pH-Wert der Würze liegt zwischen 5,0 und 5,7, die Viskosität (auf 1% berechnet) bei 1,70–2,00 mPas, die Oberflächenspannung beträgt 40–45 dyn/cm.

5.9.4.1 Der vergärbare Extrakt

Er liegt bei hellen Ausschlagwürzen im Bereich von 64–70%; die oben genannte Aufteilung wird für eine gute Vergärbarkeit als günstig angesehen. Der vergärbare Extrakt ergibt sich aus den Gegebenheiten des Malzes und der entsprechenden Einstellung des Maischverfahrens.

5.9.4.2 Die Menge der β-Glucane

Sie steht mit der Würzeviskosität in ursächlichem Zusammenhang. β-Glucangehalte die über 250 mg/l Würze liegen, können u. U. zu Filtrationsschwierigkeiten Anlass geben.

5.9.4.3 Das Niveau des Gesamtstickstoffs

Es hängt ab vom Eiweißgehalt und von der Auflösung des Malzes sowie von der Intensität des Maischverfahrens, wobei der erstere Faktor dominiert. Bei Rohfruchtverwendung (Mais, Reis) liegt der Gesamtstickstoff entsprechend dem Anteil der Rohfrucht niedriger.

5.9.4.4 Die Stickstoff-Fraktionen

Von den Stickstoff-Fraktionen kommt vor allem dem assimilierbaren Anteil (FAN) eine Bedeutung zu. Weizenmalzwürzen enthalten mehr (bis zu 40%) hochmolekularen Stickstoff, der Aminostickstoff liegt entsprechend niedriger. Bei Rohfruchtverwendung sollte der FAN höher sein als 22% des Gesamtstickstoffs, um eine schleppende Gärung und zu hohe Gehalte an Vorläufern von Diacetyl und Pentandion zu vermeiden.

5.9.4.5 Die Polyphenolgehalte

Polyphenolgehalte sind, vor allem aber das Niveau der *Tannoide,* großen Schwankungen von Jahrgang zu Jahrgang unterworfen. Ferner spielt der Polyphenolgehalt des Hopfens eine Rolle.

5.9.4.6 Die Bitterstoffgehalte

Sie sind in der Ausschlagwürze noch nicht als endgültig zu betrachten, da je nach der thermischen Belastung bei der Würzebehandlung noch ein Nachlösen von -Säuren und eine weitere Isomerisierung erfolgt. Der Hulupongehalt hängt von der Hopfensorte und vom Zustand des Hopfens bzw. des Verarbeitungsproduktes ab.

5.9.4.7 Die Mineralstoffgehalte

In ihren Schwankungsbreiten sind die Mineralstoffgehalte von den Ionen der verschiedenen Brauwässer beeinflusst. Diesem gegenüber treten die Auswirkungen unterschiedlicher Malzqualitäten und Verfahrensweisen naturgemäß zurück. Bei Rohfruchtverwendung fallen die Gehalte an Kalium und Phosphat im Verhältnis des Rohfruchtanteils ab.

5.9.4.8 Der Würze-pH

Er ist nur durch biologische Säuerung der Würze bis auf einen Wert unter 5,40–5,45 zu drücken.

5.9.4.9 Die Viskosität der Würze

Sie ist im Wesentlichen durch den Gehalt an β-Glucanen bedingt. Bei Weizenmalzwürzen tragen auch die hochmolekularen Stickstoffsubstanzen, bei nicht jodnormalen Würzen oder bei einem hohen Gehalt an Dextrinen (a-Glucane) auch letztere zur Zähigkeit der Würze bei.

5.9.4.10 Die Aromastoffe der Ausschlagwürze

Sie entstammen einmal dem Malz als Produkte der Maillard-Reaktion oder des Strecker-Abbaus sowie dem Abbau der Lipide und deren Oxidation. Ihre Menge hängt ab vom Ausdarrungsgrad des Malzes, der Intensität des Maischverfahrens sowie der Dauer und Intensität der Würzekochung. Erstere nehmen bei der folgenden thermischen Belastung während der Würzebehandlung zu. Weitere Aromastoffe stammen aus dem Hopfen. Diese werden zum Großteil ausgedampft, sie oxidieren und polymerisieren aber auch, wodurch sie teilweise in der Würze verbleiben. Ihre Menge hängt ab von der Höhe der Hopfengabe und vom Zusatzzeitpunkt beim Kochen. Während der Heißwürzerast findet noch eine Extraktion aus den Hopfen(pulver)trebern statt. Eine kritische Größe stellt das Dimethylsulfid dar. Bei Kochende liegen ca. 90% als DMS-Vorläufer und nur ca. 10% als freies Dimethylsulfid vor, das sich aber mit Ende der Verdampfung sofort wieder aus dem Vorläufer nachbildet und bis zur Anstellwürze eine beträchtliche Mehrung erfahren kann. Es soll daher der Gehalt an Gesamt-DMS in der Ausschlagwürze nicht über 120 ppb liegen.

5.9.5 Die Treber

Sie bestehen hauptsächlich aus den Spelzen und den durch das Maischen nicht gelösten Stoffen des Mehlkörpers. Sie stellen ein wichtiges Abfallprodukt der Brauerei dar.

5.9.5.1 Treber-Menge

Sie schwankt je nach dem Extraktgehalt des Malzes und dessen Ausnutzung. 100 kg Malz ergeben 120–130 kg Nasstreber, Weizenbiersude um 10–15% weniger, je nach dem Anteil des Weizenmalzes. Sie enthalten unmittelbar nach dem Sud 75–80% Wasser. Anhand der Ausbeutung des Malzes ergeben 100 kg Malz 20–25 kg Trebertrockensubstanz.

5.9.5.2 Treber-Zusammensetzung

Sie ist nach den Tab. 5.55 und 5.56 folgende [1015]:

Naturgemäß sollen die Treber möglichst wenig für den Brauer wertvollen Extrakt (auswaschbaren wie aufschliessbaren) enthalten. Hierüber gibt schon das Aussehen der Treber einen gewissen Aufschluss. Sie dürfen keine mangelhaft geschroteten Körner enthalten, da diese einen erheblichen Extraktverlust bedeuten.

5.9.5.3 Treberförderung

Die Treber werden mit Hilfe von Schnecken entweder direkt vom Läuterbottich oder Maischefilter bzw. vom Trebersammelbehälter derselben auf die Fahrzeuge der Abholer verbracht (heute selten, bzw. nur in kleineren Betrieben) oder mit Hilfe von Treberförderern in die Trebersilos transportiert.

Diese Nasstreberförderer arbeiten mit Pressluft oder Dampf. Die Treber werden in einem konischen Schneckenteil von überschüssigem Wasser befreit (Treberpresswasser, s. Abschnitt 6.1.1) und durch eine Ringdüse in die zum Trebersilo führende Rohrleitung gepresst und mit Druckluft oder Dampf in Propfen von ca. 1 m Länge zum Trebersilo gefördert. Pressluft wird überwiegend ver-

Tab. 5.55 Zusammensetzung der Nasstreber [1015]

Wassergehalt	75–80%
Roheiweiß	5%
Verdauliches Eiweiß	3,5%
Rohfett	2,0%
N-freie Extraktstoffe	10%
Rohcellulose	5%
Mineralstoffe	1%

Tab. 5.56 Zusammensetzung der Trockentreber [1015]

Roheiweiß	28,0%
Rohfett	8,2%
N-freie Extraktstoffe	41,0%
Rohfaster	17,5%
Asche	5,2%
Nährwert	480 kcal/kg (2000 kJ/kg)

wendet; eine automatische Rückschlagsicherung verhindert den Austritt von Luft oder gar Dampf bei Leerwerden der Press-Strecke.

5.9.5.4 Trebersilos

Sie sind geschlossene, meist vertikal angeordnete Behälter mit rundem oder rechteckigem Querschnitt und konischem Unterteil. Ihre Kapazität sollte 1½–2 Tagesproduktionen aufnehmen können, wenn z. B. an Wochenfeiertagen die Produktion im Sudhaus weiterläuft aber aus gesetzlichen Gründen eine Abholung nicht möglich ist. Die Abgabe der Treber erfolgt über Dosierschnecken oder über Messtrommeln; die Abgabevorrichtung sollte für den Winterbetrieb mit einer Heizung ausgestattet sein.

5.9.5.5 Treber-Verwertung

Die Verwertung der Treber erfolgt meist in Form von *Nasstrebern*. Sie finden Verwendung als Viehfutter, wo sie durch ihren hohen Nährstoffanteil die Milchleistung von Kühen und den Fleischansatz bei der Rindermast steigern.

Nachdem die Treber leicht verderben ist es zweckmäßig, sie beim Landwirt zu *silieren*. Dies geschieht durch Silierhilfsmittel, die andere als Milchsäuregärungen unterdrücken.

Das *Trocknen der Treber* als die am häufigsten angewendete Konservierungsart muss vorsichtig geschehen, um ihren Nährwert zu erhalten. Hierfür sind niedrige Trocknungstemperaturen und eine gute Durchlüftung bei ständigem Schwadenabzug Voraussetzung.

Als *Trebertrockner* finden entweder Rohrbündeltrockner mit indirekter Beheizung (Dampf, Heißwasser) oder Trommeltrockner Verwendung, die Heizgastrockner sind und die im Gleichstromverfahren arbeiten. Wichtig ist die Vorentwässerung der Nasstreber über eine konische Schneckenpresse, die den Wassergehalt auf 50–60% absenkt, wobei allerdings die im Presswasser enthaltenen Nährstoffe verlorengehen. Deshalb wird auch meist nur bis auf einen Wassergehalt von 60% gepresst. Nachdem die Pressflüssigkeit das Abwasser belastet, wird sie entweder ins Sudhaus zurückgeführt (s. Abschnitt 5.9.5.3) oder in eigenen Presswasseranlagen der Sedimentation überlassen und der Schlamm wieder zur Treberverwertung zurückdosiert.

Nach Zwischenlagerung in Trockentrebersilos (Vorsicht vor Überhitzung!) werden die Trockentreber mit einem Wassergehalt von 10% entweder auf Papier- oder Plastiksäcke abgefüllt oder vermahlen und pelletiert.

Eine Steigerung des Futterwertes könnte man z. B. durch Antrocknen von 20% Rübenmelasse erzielen. Dies würde das Verhältnis von Eiweiß zu Zucker wesentlich erhöhen [1016].

Die Strukturänderungen in der europäischen Landwirtschaft, insbesondere die Verringerung der Milchproduktion vor allem auch in Deutschland, machte es Anfang der 1990er Jahre zunehmend schwieriger, die anfallenden Biertreber direkt an Landwirte oder Futtermittelhersteller zu vermarkten.

Für Treber wurden folgende sonstige Verwendungsmöglichkeiten erprobt:
a) als Ausbrennstoff zur Porosierung von Ziegeln z. B. anstelle von Sägemehl oder Polystyrol [1104];
b) Mitverarbeitung bei der Herstellung von Pressholzplatten [1105];
c) thermische Verwertung nach Pressen, thermischer Entwässerung auf ca. 15% Wassergehalt in einem Wirbelschichttrockner, thermischer Aufspaltung in einem Pyrolyscofen und schließlich Verbrennung der getrockneten Feststoffe in einer Wirbelschichtfeuerung [1116].

Ein anderes Verfahren sieht eine Verbrennung der auf 55–60% Wassergehalt abgepressten Treber in einem Biomassekessel vor [1117].

5.9.6
Die Reinigung der Sudwerksanlage

Je nach Suddichte pro Tag und Sudzahl pro Woche wird eine Reinigung der Gefäße der Rohrleitungen und Pumpen entweder täglich, wöchentlich oder – bei Sudpfannen – jeweils nach Bedarf erforderlich. Die bei Einzelsuden übliche Reinigung „von Hand" war sehr zeitaufwändig; sie ist selbst in kleinen Brauereien durch eine halb- oder vollautomatische Reinigung übernommen worden.

Die Reinigungsmaßnahmen wurden bereits bei den einzelnen Prozessabschnitten beschrieben. Es soll hier im Besonderen das Würzekochsystem und seine Peripherie behandelt werden, darüber hinaus um der Vollständigkeit halber aber auch die Reinigung aller Abschnitte der Würzebereitung.

5.9.6.1 Das Würzekochsystem
Das Würzekochsystem umfasst zwei Reinigungsaufgaben: einmal die Reinigung der Pfanne selbst, zum anderen die Reinigung der Heizflächen.

Die Würzepfanne wird nach jedem Sud mit heißem Wasser zur Entfernung restlicher Würze, von Hopfenrückständen und Trub gespült und im Reinigungszyklus des gesamten Sudwerks – meist am Ende der Sudwoche von der CIP-Anlage des Sudhauses. Dies geschieht über Sprühköpfe, Sprühdüsen oder andere Vorrichtungen, die eine gute Beaufschlagung der Wände und der Bodenflächen gewährleisten.

Das CIP-Reinigungsprogramm für den Sudhausbereich umfasst:
1. Vorspülung mit Wasser, welches in den Kanal abgeleitet wird;
2. Reinigung mit Heißlauge (3–5%ige Natronlauge von 80–90 °C, eventuell versetzt mit Tensiden zur Verringerung der Oberflächenspannung und Härtestabilisatoren) im Kreislauf;
3. Ablauf der Heißlauge mit Rückführung in den Heißlaugenbehälter;
4. 1–2× Spülen mit Wasser, das eventuell angesäuert ist;
5. Ablaufen des Wassers in den Stapelwasserbehälter und die
6. Restentleerung.

Zur Passivierung von Oberflächen und zum Abtrag von Steinablagerungen kann periodisch eine 1–1,5%ige Salpetersäure eingesetzt werden. Der Säurezusatz zum Spülwasser soll unabhängig von dieser gelegentlichen Säurebehandlung Alkalireste neutralisieren und somit eine pH-Veränderung der Würze vermeiden.

Die Heizflächen bedürfen, je nach Belagbildung einer Reinigung nach 2–12 Suden, bei niedrigen Heizmitteltemperaturen (z. B. mechanische oder thermische Brüdenverdichtung) erst nach 40–60 Suden der Reinigung. Zum Abtrag der verhärteten Ablagerungen wird der Heißlauge ca. 1% Wasserstoffperoxid zugesetzt. Hierbei tritt eine Gasentwicklung auf. Bei Innen- und Außenkochern sorgen Sprühdüsen oder Sprühköpfe für eine gleichmäßige Beaufschlagung der Heizflächen. Um genügend Reinigungsflüssigkeit aufzubringen, wird der Kocher allein von der CIP-Anlage aus beschickt oder es ist eine eigene CIP-Anlage hierfür vorgesehen. Die Lauge ist beim Kreislauf auf ihrer Temperatur zu halten. Eine visuelle Kontrolle von Pfannenkörper und Kocher ist periodisch notwendig.

Die Reinigung von kontinuierlichen, bei höheren Temperaturen arbeitenden Würzekochanlagen ist in Abschnitt 5.8.5 geschildert.

Die weiteren Anlagen im Bereich der Würzebereitung werden je nach Bedarf, mindestens aber am Ende einer Sudwoche gereinigt.

5.9.6.2 Nassschrotmühle

Die Nassschrotmühle wird nach jeder Schrotung intensiv mit Warmwasser von 80–85 °C gespült. In tropischen Gebieten ist eine zusätzliche Desinfektion erforderlich.

Eine automatische Reinigung ist auch bei der Konditionierungsschnecke der Trockenschrotmühle – vor allem bei höherer Sudzahl – notwendig. Sie geschieht durch Fluten der Schnecke mit Wasser von 80–85 °C (s. Abschnitt 2.5.5.1).

5.9.6.3 Die Maischgefäße

Die Maischgefäße werden nach jedem Sud gespült, schon um die Maische quantitativ zu erfassen. Besondere Sorgfalt ist bei den Vormaischern aufzuwenden; moderne Geräte, wie z. B. auch Einmaischschnecken sind mit einer eigenen Reinigungsautomatik versehen (s. Abschnitt 3.2.3.1). Die Maischanlage mit Pumpen und Leitungen ist in das wöchentliche CIP-Programm einbezogen.

5.9.6.4 Sammelgefäße für Würze

Sammelgefäße für Würze (Vorlauftank), Hopfentreber-Trubgemisch und Glattwasser werden nach jedem Sud bzw. nach jedem Entleeren mit heißem Wasser ausgespritzt, schon um die Würze etc. aus Leitungen und Pumpen zu entfernen. Sie sind ebenfalls in das wöchentliche CIP-Programm einbezogen. Es ist auch darauf zu achten, dass Trub- und Glattwassertanks (Frage der Unterbringung der Restflüssigkeiten) so rasch als möglich nach Anfall völlig entleert werden. Bei längeren Aufbewahrungszeiten, wie z. B. über das Wochenende darf die Temperatur nicht unter 70 °C abfallen. Eine biologische und organoleptische Prüfung z. B. bei Wiederverwendung ist unbedingt erforderlich. Wenn sich die Maßnahme der Wiederverwendung nicht umgehen lässt, sind Möglichkeiten der Nacherhitzung (externer Wärmeüberträger) zu schaffen.

5.9.6.5 Der Läuterbottich
Der Läuterbottich verfügt über eine Unterbodenspülung, um den Raum zwischen Senkboden und Läuterbottichboden nach jedem Austrebern von Treber- und Teigteilchen zu befreien. Außerdem wird er in das wöchentliche Reinigungsprogramm integriert.

5.9.6.6 Maischefilter
Der ältere Maischefilter (s. Abschnitt 4.2) wird normalerweise nach Ablauf der Sudwoche gereinigt, wenn sich nicht die (Kunststoff-)Tücher vorzeitig verlegen.

Die modernen Maischefilter verfügen über eine automatische Tücherreinigung. Die CIP wird normalerweise wöchentlich durchgeführt, d. h. nach ca. 60 Suden, es sei denn, eine vorzeitige Druckerhöhung erfordert eine Reinigung während der Sudwoche. Auch hier findet eine alkalische Lösung von 2–3% NaOH, meist zusammen mit einem Sauerstoff abspaltenden Mittel Anwendung. Die Temperatur liegt zwischen 75 °C und 80 °C. Bei Zusatz von weiteren Additiven zur Beschleunigung der Reinigung ist der Tücherhersteller zu befragen.

5.9.6.7 Würzekühlanlage
Die Würzekühlanlage ist meist an ein eigenes CIP-Reinigungssystem angeschlossen, da sie jedesmal, d. h. nach jedem Sud, der Reinigung und Sterilisation bedarf. Nur so kann das Aufkommen von Infektionen unterhalb der Temperaturschwelle von 70–80 °C mit absoluter Sicherheit vermieden werden (s. Abschnitt 8.2.8). Inwieweit Abstriche durch seltenere Reinigungs- und Sterilisationsintervalle getätigt werden können, ergibt die biologische Betriebskontrolle.

Das wöchentliche (CIP-)Reinigungsprogramm sieht eine gründliche Reinigung sämtlicher Gefäße, Leitungen und Pumpen mit Hilfe von warmer Natronlauge vor. Es kann auch eine Vorspülung mit „Stapelwasser" vorgenommen werden, um die Schmutzfracht der Lauge zu verringern. Wie schon erwähnt, ist die Lauge (nebst eventuell dosierter Tenside) wieder völlig zu entfernen, was durch eine pH-Messung des letzten Spülwassers überprüft wird. Gegebenenfalls wird das Spülwasser angesäuert. Auch eine periodische Messung der Oberflächenspannung kann angebracht sein.

Besondere Beachtung verdient, dass durch das Umpumpen von Lauge alle Gefäße sowie alle Maische- und Würzewege erfasst werden. So ist bei ältern, mehrfach umgebauten oder erweiterten Sudwerken das Leitungssystem auf stillgelegte Stränge, Stichleitungen, Bypässe, Blindrohre, Standrohre, Zuleitungen (z. B. Sauergut) oder Messeinrichtungen zu überprüfen. Hier können sich z. B. bei Undichtigkeiten von Rohrschaltern Flüssigkeitsreste ansammeln, die Bacillus- oder Clostridium-Endosporen enthalten, die selbst die Würzekochung überleben können. Diese Sporen können bei längeren Standzeiten (z. B. Wochenende) auskeimen und sich massiv vermehren. Dabei werden äußerst unangenehme Stoffwechselprodukte, wie Propionsäure, Buttersäure, Valeriansäure, Capronsäure u. a. in hoher Konzentration gebildet, so dass wenige Liter genügen, um einen gesamten Sud zu verderben. Solche Probleme können auch erst im abgefüllten Bier nach längeren Standzeiten auffallen, wenn aus diesen Fettsäuren noch geschmacksaktivere Ester gebildet werden (Propionsäureethylester).

Selbst wenn die vegetativen Würzeorganismen beim Kochen quantitativ abgetötet werden, so soll doch eine Anreicherung dieser Organismen in den einzelnen Bereichen vermieden werden, da eine Verschleppung z. B. in den Gärkeller nicht ausgeschlossen werden kann. Auch ist zu berücksichtigen, dass die Würzevorkühlung zwischen Pfanne und Whirlpool die Temperatur um 10–12 °C absenkt oder im Whirlpool die Vorlage von Prozessbieren (nicht erwünscht, doch verschiedentlich getätigt) erst einen Temperaturaufbau auf die reduzierte Endtemperatur bewirkt (s. Abschnitt 6.2).

5.9.7
Die Automatisierung des Würzekochprozesses

Die Automatisierung des Würzekochprozesses ist, wie alle Prozessschritte, in die Sudhausautomatik integriert. Das Ziel ist, die Kochparameter nach Temperatur im Kocher, Kochzeit und Verdampfung genau einzuhalten, um so eine gleichmäßige Würzequalität zu garantieren. Beispiele für eine Automation des Würzekochens sind [1017, 1018]:

- Einstellen der Dampf- (oder Heizheißwasser-)Menge in Abhängigkeit der Zustände der Medien, um in einer gegebenen Kochzeit eine bestimmte Verdampfung zu erzielen;
- Einstellen der Dampfmenge über die Menge des ablaufenden Brüdenkondensats am Kondensatkühler, die wiederum einen Rückschluss auf die Verdampfung gibt;
- Kontrolle des Kochprozesses durch Vergleich der Temperatur im Staukonus des Innenkochers oder der Temperatur vor dem Entspannungsventil des Außenkochers mit der Temperatur der Würze in der Pfanne. Hierdurch kann wiederum – unter sonst gleichen Bedingungen (z. B. Zahl der Würzevolumina/h bei Zwangsanströmung) – die Verdampfung bestimmt werden;
- Kontrolle des Kochprozesses durch Dichtemessung der Würze. Es ist zu beachten, dass durch Dosagen und Spülwässer die Dichte sich unabhängig von der Verdampfung ändert. Die Dichte der Pfannevollwürze bzw. der Würze bei Kochbeginn wird mit der gewünschten Dichte der Ausschlagwürze verglichen und anhand der Steigerung der Extraktzunahme die Dampfzufuhr (evtl. über den Kondensatabfluss) geregelt, um stets die gleiche Kochzeit zu erreichen.

Bei Kochsystemen mit Zwangsanströmung kann bei sonst fixierten Werten (Dampfcharakteristika, Menge) die Pumpenleistung eingestellt werden.

Bei Kochverfahren, die unterteilt sind, d. h. verschiedene Abschnitte beinhalten, werden Dampfmengen (s. Abschnitt 5.8), Dampfdrücke/Temperaturen nach den jeweiligen Erfordernissen eingestellt, ebenso wie die Pumpenleistung bei Außen- und manchen Innenkochern.

Heizheißwasser ist durch die Vor- und Rücklauftemperaturen zu definieren. Meist wird durch Verschnitt eine, je nach der verfügbaren Heizfläche, möglichst niedrige Heizmitteltemperatur eingestellt.

Bei Heizdampf sollten die Zustände desselben bekannt sein und dokumentiert werden. Durch Zuspeisung von Kondensat oder nur von Kesselspeisewasser ist die Sattdampftemperatur anzustreben, um Überhitzungen an den Heizflächen zu vermeiden. Bei modernen Sattdampfkesseln, die meist noch einen Überschuss an Feuchtigkeit im Dampf erzielen, ist dies nicht notwendig.

Eine Überkochsicherung ist stets vorhanden; sie schließt das Dampfventil, wenn die aufsteigende Würze einen Niveautester erreicht.

6
Möglichkeiten des Einsatzes von Extraktresten und Prozessbieren im Bereich der Würzebereitung

Extraktreste fallen bei der Würzebereitung an als Glattwasser, Treberpresswasser, Hopfenglattwasser sowie aus Hopfentrebern und Trub. Sie können bei einer sinnvollen Wiederverwertung nicht nur Rohstoffe einsparen, sondern auch das Abwasser entlasten. Beim Würzekochen fällt im Pfannendunstkondensator Brüdenkondensat an, das normalerweise ebenfalls ins Abwasser gelangt. Nachdem der Anfall speziell bei der thermischen Brüdenverdichtung nicht unbeträchtlich ist, wurde seine Wiederverwendung ebenfalls erwogen. Prozessbiere, die aus den verschiedenen Produktionsabschnitten stammen, wurden früher wohl in einem Restbiertank gesammelt, chargenweise filtriert, aufgebessert und einer nochmaligen Nachgärung mittels Jungbier oder Kräusen unterworfen. Verdorbenes (Rück-)Bier oder sehr schwache Biere, wie z. B. Weglaufbiere bei der Filtration oder schlecht verwendbare Biere von Splittergattungen wurden in die Kanalisation geleitet. Das 1980 erlassene Abwasser-Abgabengesetz belastete die Betriebe sehr [1019, 1020], weswegen nach Verfahren der Wiederverwendung von Extraktresten und Prozessbieren gesucht wurde [1021]. Prozessbiere fallen an als:
- Hefebiere aus der Überschusshefe von Gär- und Lagerkeller,
- Vor- und Nachläufe aus der Filtration,
- Ausschub- und Nachdrückmengen beim Biertransfer zwischen einzelnen Abteilungen,
- Biere außerhalb der Qualitätsspezifikationen,
- Bier aus der Abfüllung (Fehler bei der Abfüllung und Verpackung),
- Rückbier aus dem Handel (überschrittenes Mindesthaltbarkeitsdatum, Reklamationen etc., und
- Rückbier von Festen (aus nicht vollständig entleerten Containern etc.).

Ihre Menge kann 5–7%, d. h. annähernd die Höhe des Bierschwandes erreichen [1022]. Kommerziell gesehen ist die Wiederverwendung interessant, qualitativ dagegen bedenklich, wenn nicht ganz klare Voraussetzungen erfüllt werden [1022].

6.1
Die Verwendung von Extraktresten der Würzebereitung

6.1.1
Glattwasser/Treberpresswasser

Glattwasser oder Treberwasser wurde früher wiederverwendet bei der Herstellung von stärkeren Bieren oder Pilsener Spezialbieren, da der Extraktgewinn doch erheblich war. Meist kam das Glattwasser bei den großen Produktionsmengen von 1–2 Hauptbiersorten zum Zusatz. Es bürgerte sich dann weiter ein, auch das Glattwasser von unvollkommen arbeitenden oder stark forcierten Läuterbottichen und Maischefiltern wieder zu verwenden. Heutzutage ist die Verdampfung beim Würzekochen von 12 auf 6, sogar bis zu 4% verringert, was wiederum einen geringeren Spielraum zum Auswaschen der Treber bietet, ebenso die Einführung des Brauens mit höherer Stammwürze. Dennoch sind die Mengen insgesamt gering (bei 5–15% der Nachgussmenge), da die Zeit des Glattwasserabläuterns bei hoher Sudfolge beschränkt ist.

Beim Strainmaster fallen neben erheblichen Glattwassermengen auch Treberpresswässer an, die die Abwasserlast deutlich erhöhen würden. Im Falle, dass die Treber der Verbrennung zugeführt werden (s. Abschnitt 5.9.5.5), tritt wiederum Presswasser auf, dessen Rückführung zum Sudprozess allzu gern vorgeschlagen wird.

Glattwasser zum Einmaischen in einer Menge von 25–50% des Hauptgusses zugegeben, verursacht eine langsamere Verzuckerung der Maischen, höhere Gerbstoff- und Anthocyanogengehalte der Würzen und Biere, dunklere Farben sowie einen breiten und harten Biergeschmack [1023, 1024]. Die Nachteile können durch eine Behandlung des Glattwassers mit 100 g/hl Aktivkohle vermieden werden [1024]. Einen Überblick hierüber gibt Tab. 6.1.

Tab. 6.1 Der Einfluss von Glattwasser zum Einmaischen [1025]

	Vergleichssud	50% Glattwasser	50% Glattwasser + Aktivkohle
Farbe EBC	12	14	13
pH-Wert	5,62	5,60	5,58
Gesamt-N mg/100 ml 12%	107,6	110,3	110,5
koag. N mg/100 ml 12%	2,7	3,4	3,0
hochmol. N mg/100 ml 12%	20,1	21,1	20,5
Polyphenole mg/l	262	279	255
Anthocyanogene mg/l	147	162	161
Verzuckerungszeit der Maische min	10–15	15–20	10–15

Treberpresswasser fällt in geringen Mengen bei Läuterbottichen und in großen bei Strainmasters (s. Abschnitt 5.9.5.3) an. Es ist nicht nur trüb, sondern enthält reichlich Feststoffe, die mittels eines Dekanters (s. Abschnitt 8.2.7) entfernt werden müssen. Eine anschließende Zentrifugierung ist sogar noch günstiger, doch erübrigt auch diese Behandlung den Aktivkohlezusatz nicht.

Neben der Wiederverwendung des Glattwassers zum Einmaischen ist auch die Zugabe beim Überschwänzen möglich. Wichtig ist, das Glattwasser hier möglichst frühzeitig, d.h. bei Beginn des Waschprozesses zuzugeben, um seinen Extrakt bestmöglich auszunützen und nicht zusätzlich Extrakt zu spät aufzubringen. Bei den modernen Läutervorrichtungen wird eine Sauerstoffaufnahme vermieden (auch durch den Einlauf in den Glattwassertank von unten), wodurch auch die Polyphenole und Lipidabbauprodukte kaum eine Veränderung erfahren. Die Zeit zwischen Anfall des Glattwassers und Wiederverwendung ist z. B. beim 12-Sude-Rhythmus nur 60–90 Minuten, so dass sich hier eine Aktivkohlezugabe erübrigt.

Das Treberpresswasser fällt, vor allem bei einer weiterführenden Verwertung der Treber später an; es kann beim Pressen selbst oder beim Sammeln des Presswassers eine erhebliche Belüftung eintreten, die Oxidationsvorgänge beim Stapeln des Presswassers bewirkt. Auch kann eine – nicht immer definierte – Zeit bis zur Wiederverwendung vergehen, in der sich enzymatische, oxidative und sogar biologische Umsetzungen ergeben können, die in hohem Maße Qualitätsrisiken bergen. Es ist ratsam, diese Flüssigkeit, die sicher einer diffizilen Aufarbeitung bedarf (s. oben), aus dem Produktionsprozess herauszuhalten.

6.1.2
Hopfenglattwasser, Hopfentreber und Trub

Sie rufen keinerlei Störungen hervor, selbst wenn sie zum Einmaischen verwendet werden [1023, 1025]. Auch die Verzuckerungszeit erfährt keine Verlängerung, obgleich diese extrakthaltigen Rückstände reichlich Polyphenole in die Maische einbringen. Es sind offenbar die Malzpolyphenole und die Lipide des Treberglattwassers, die die Blockierung der α-Amylase hervorrufen. Die Wirkung Letzterer konnte bei Maischversuchen mit entfettetem Malz aufgezeigt werden [608]. Bei Betrieb einer biologischen Säuerungsanlage sind Hopfenzusätze jeglicher Art zur Maische zu vermeiden, da schon geringste Mengen an α-Säure die Milchsäureproduktion zum Erliegen bringen können.

Wenn auch der Zusatz der Hopfen-/Trubrückstände zum Maischen die höchsten Einsparungsraten an Bitterstoffen erbringt (s. Abschnitt 5.5.7.2), so ist doch deren Zugabe zum Läuterprozess üblich.

Bei Läuterbottichen erfolgt sie zum ersten Nachguss, um den Extrakt noch bestmöglich ausnützen zu können. Es ist lediglich darauf zu achten, dass das Hopfentreber-/Trubgemisch nicht wärmer als 78 °C ist, da sonst wieder aufschließbare Stärke aus den Trebern gelöst wird und eine Jodreaktion auftritt. Bei Maischefiltern kann die Hopfentreber-/Trubmischung nur zum Abmaischen in den Maischbottich gegeben werden, wobei aber auch eine vorherige Entnahme von Vorderwürze für die biologische Säuerung sicherzustellen ist.

6.1.3
Brüdenkondensat

Es fällt bei der Würzekochung in Pfannendunstkondensatoren oder nach der Brüdenverdichtung nach Wärmetauschern zur Abwärmegewinnung an. Um den Abwasseranfall zu senken, wurde auch die Wiederverwendung des Brüdenkondensats beim Würzebereitungsprozess erwogen. Normal fallen bei 8% Verdampfung folgende Brüdenmengen an: thermische Brüdenverdichtung 0,1–0,12 hl/hl Ausschlagwürze, bei anderen Kochsystemen 0,07–0,08 hl/hl. Bei einer auf 4% reduzierten Verdampfung sind dies nur mehr 0,04 hl/hl [1026].

Brüdenkondensat ist praktisch „destilliertes Wasser", aber es enthält organische Inhaltsstoffe aus Hopfen und Malz [1027]. Bisher wurden 161 Aromasubstanzen identifiziert [1028]. Diese gehören zu den Gruppen der Aldehyde, Alkohole, Ester, Furane, Ketone und Terpene. Die Konzentrationen der einzelnen Stoffe liegen im Bereich von 5–338 µg/l [1029].

Eine unvorsichtige Verwendung des Brüdenkondensats zum Einmaischen führte zu einem fremdartigen Biergeschmack und einer harten, breiten Bittere. Selbst Spezialbiere ohne diesen Zusatz weisen eine Veränderung ihres ursprünglichen Geschmacksprofils auf, da die Hefe diese Substanzen von einem Sud zum nächsten verschleppte. Dies ist auch der Grund, warum Versuchsanstellungen zur Verwertung von Reststoffen mindestens mit drei Hefeführungen aus demselben Substrat durchgeführt werden müssen. Es kann demnach das unbehandelte Brüdenkondensat keinesfalls dann verwendet werden, selbst wenn kein Kontakt mit Maische oder Würze gegeben ist. Folglich scheidet die Flüssigkeit zur Senkbodenspülung bei Läuterbottichen ebenso aus, wie beim Verdrängen des letzten Nachgusses in Läuterbottichen oder beim Trubaustrag mittels Jet beim Whirlpool [1030, 1045].

Eine Möglichkeit, Brüdenkondensat zu reinigen stellt die Umkehr-Osmose (s. Abschnitt 1.3.8.6) dar. Hierzu muss das Brüdenkondensat von ca. 95 °C auf ca. 30 °C abgekühlt werden, was zur Wärmerückgewinnung sinnvoll ist. Das Permeat, das ca. 80% ausmacht, wird über Sammelbehälter und Druckerhöhungspumpe über einen Aktivkohlefilter nachgereinigt. 20% des Brüdenkondensats fließen als Konzentrat in das Abwasser ab. Nach der Analyse von Unfiltrat und Permeat werden die Aromastoffe des Brüdenkondensats fast vollständig abgetrennt. Die Verwendung von Brüdenkondensat zum Hauptguss erbrachte jedoch schon bei einem Anteil von 5% (!) eine Verschlechterung des forciert gealterten Bieres. Es scheidet also auch diese Möglichkeit der Verwendung des (behandelten) Brüdenkondensats zum Brauen aus [1032, 1033].

6.2
Die Verwendung von Prozessbieren und Überschusshefe

6.2.1
„Weglaufbier"

Weglaufbier ist jenes Bier, das als Vor-Vorlauf oder Nach-Nachlauf unterhalb einer Grenzkonzentration von 2,5% Stammwürzegehalt anfällt. Seine Verwendung zum Einmaischen oder zum Überschwänzen rief aber einen eigenartigen, eine Spur brotartigen Geruch und Geschmack hervor, der noch von einer leicht „käsigen" Note (Isovaleriat, Isobutyrat) des Hopfens begleitet wurde. Auch war die Bittere breiter und selbst bei niedrigen Bitterwerten nicht mehr abrundend. Es war zweckmäßig, dieses klare Bier mit 50 g/hl Aktivkohle zu behandeln und seine Menge am Hauptguss auf 10% zu beschränken [1025, 1048]. Die geschmacklichen Veränderungen waren im Gaschromatogramm der Biere nachweisbar [1034].

Keine Nachteile erbrachte dagegen die Vorlage der Weglaufbiere im Whirlpool, wo sie bei einer Menge von ca. 7% die Würzetemperatur auf 92–93 °C absenkte und so die thermische Belastung minderte. Es ist allerdings etwas stärker einzubrauen.

6.2.2
Bier aus Überschusshefe

Es kann je nach der Technologie der Rückgewinnung: Sedimentation, Zentrifuge, Dekanter, Filterpresse, Cross-Flow-Mikrofiltration und Vibrationsmikrofiltration in einer Menge von 1–2% anfallen [1148].

Um eine bestmögliche Beschaffenheit des Hefebieres im Hinblick auf seine Wiederverwendung zu erreichen, muss die Hefe unmittelbar nach der Ernte entspannt und über eines der geschilderten Systeme vom imbibierten Bier abgetrennt werden. In der Hefezelle befinden sich Kohlensäure, Ethanol und toxisch wirkende Metabolite (z. B. Acetaldehyd, Essigsäure) und mittelkettige Fettsäuren. Durch das Absterben der Hefezellen kommt es zur Autolyse und damit zur Exkretion von Zellinhaltsstoffen (z. B. Polysaccharide, Nucleinsäuren und Lipide) an das umgebende Medium. Besonders erwähnenswert ist die Aktivität der schaumnegativen Proteinase A. Sie kann von physiologisch geschädigten Zellen bei längerer Verweilzeit im abgegorenen Bier, wie z. B. bei der Reifung oder generell bei der Lagerung des Bieres über zu lange Zeit, bei nicht genügend kalten Temperaturen exkretiert werden und dann Schaum und Geschmack des Bieres beeinträchtigen. Das gewonnene Hefebier wird zur Erzielung einer mikrobiologischen Sicherheit und zur Inaktivierung der Proteinase A kurzzeiterhitzt und steht dann zur Wiederverwendung bereit. Diese wurde zum Bier bei der Kaltlagerung oder direkt vor der Filtration getätigt, wobei sich aber der erhöhte pH-Wert, der höhere Gehalt an hochmolekularem Stickstoff, an freiem Aminostickstoff und an mittelkettigen Fettsäuren negativ auf den

Biergeschmack, die kolloidale, die Geschmacksstabilität sowie auf den Bierschaum auswirkte.

Das Hefebier wird am besten nochmals der Gärung unterworfen und zwar durch einen Zusatz von ca. 5% zur heißen Würze. So können die exkretierten Inhaltsstoffe der Hefe wie Fettsäuren, Aminostickstoff, Nucleinsäuren etc. bei der folgenden Führung verwertet werden, was sich in der Regel sogar in einer Steigerung der Gärintensität äußert.

Die Zugabe in die Würzepfanne ist wegen der beträchtlichen Alkoholverluste und der damit sinkenden Wirtschaftlichkeit nicht zu empfehlen. Selbst bei Zugabe in den Whirlpool gehen noch ca. 30% des Alkoholgehalts verloren [1035, 1036]. Auch geschmackliche Probleme bezüglich Aroma und Abrundung sind gegeben.

Eine qualitativ neutrale und biologisch sichere Methode ist die Dosierung des Hefebieres und ggf. sonstiger „neutralisierter" Prozessbiere auf dem Weg zwischen Whirlpool und Plattenkühler nach Abb. 6.1. Das Hefe- bzw. Prozessbier wird aus dem Stapeltank über eine Dosagepumpe in die Heißwürzeleitung gegeben. Sobald die Temperatur 85–87 °C unterschreitet, wird die Dosagepumpe automatisch abgeschaltet. Dies ist bei 5% Hefebier von z. B. 5 °C normalerweise nicht der Fall. Es ist allerdings darauf zu achten, dass die für eine ausreichende biologische Sicherheit erforderlichen Pasteur-Einheiten durch eine entsprechende Leitungslänge zwischen Restbier-Zutritt und Würzekühler erreicht werden. Notfalls sind zusätzliche Rohrlängen einzubringen.

Als Beispiel mag dienen: 5% Prozessbier von 5 °C verringern die Temperatur der Heißwürze von 97 °C auf 92,5 °C. Um 2000 PE zu vermitteln, wird bei einer

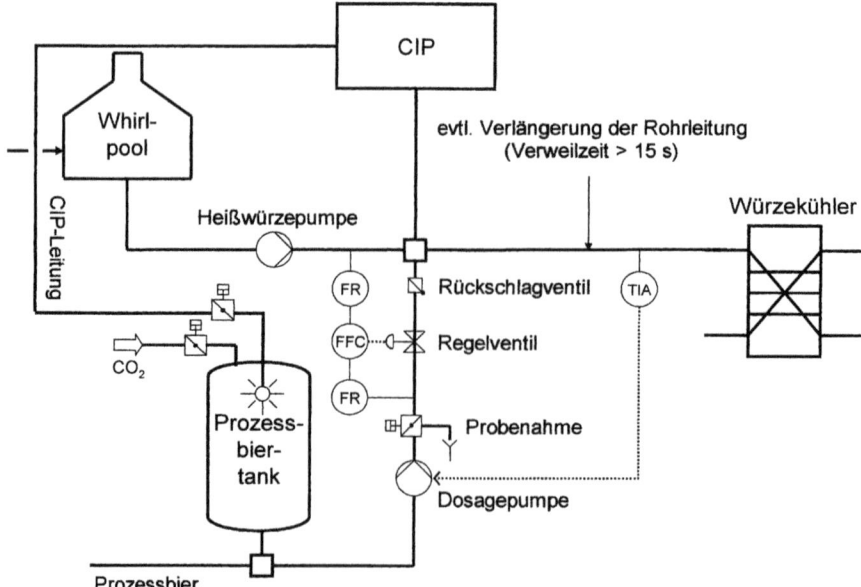

Abb. 6.1 Schematische Ansicht der Restbierdosage in der Heißwürzeleitung

Kühlerleistung von 500 hl/h und einem Innendurchmesser der Rohrleitung von 100 mm eine Rohrlänge von 4,2 m benötigt.

Im Falle, dass eine Würzevorkühlung z. B. auf 90 °C getätigt wird, bedarf es allerdings sorgfältiger Berechnungen und entsprechender Dosierung, um 85 °C nicht zu unterschreiten.

6.2.3
Überschusshefe

Sie wurde beim Einmaischen zugesetzt und zwar in Mengen von 30 und 60 g/kg Malz [1037]. Es ergab sich bei einem geringfügigen pH-Anstieg eine Mehrung des Gesamtstickstoffs um 10 bzw. 12% und des FAN um 8 bzw. 16% sowie der Polyphenole um 12 bzw. 16%. Bei gleichem Endvergärungsgrad stieg die Viskosität der Würze leicht an, was auf polymere Kohlenhydrate der Hefe zurückzuführen war. Die erzielten Biere waren ohne Beeinträchtigung. Diese Methode wurde vor allem bei Bieren mit hoher Rohfruchtgabe angewendet, um Defizite an Aminostickstoff auszugleichen. Sie setzte aber den Einsatz frisch geernteter, gewaschener und kühl gelagerter Hefe voraus, um Geschmacksbeeinträchtigungen zu vermeiden.

6.2.4
Sonstige Prozessbiere

Die oben erwähnten Prozessbiere und Rückbiere werden aufgrund mikrobiologischer Sicherheit im Heißbereich der Brauerei zugegeben. Die Dosage in den Whirlpool erbringt durch Nachverdampfung und durch Entfernung mit dem Heißtrub Ethanolverluste von ca. 30%. Bei Vorlage in den Wirlpool, ggf. zusammen mit Weglaufbier kann sich eine Temperaturerniedrigung auf 90–92 °C ergeben (s. Abschnitt 6.2.1), was sich im Hinblick auf die Verringerung der thermischen Belastung der Würze günstig auswirkt [1035, 1036]. Es sind allerdings Probesudreihen durchzuführen, die einen Eindruck über die qualitativen Auswirkungen ergeben.

6.3
Schlussfolgerungen

Im Laufe der Jahre hat sich eine Reihe von Zusätzen zur Maische, zur Abläuterung oder im Heißwürzebereich eingeführt. Sie zielten ursprünglich auf eine Verwertung extrakthaltiger Rückstände und damit auf eine Verbesserung der Wirtschaftlichkeit des Betriebes hin. Die Erhöhung der Abwasserkosten war ein weiteres Argument, nach Wiederverwendungsmöglichkeiten für Extraktreste, Hefe und Prozessbiere zu suchen.

Es muss aber durch Versuchsreihen überprüft werden, wie sich die einzelnen Maßnahmen auf den weiteren Prozessverlauf und auf die Qualität des Bieres auswirken. Besonders zu untersuchen ist die kombinierte Verwendung verschiedener Extrakt-Rückführungen. Es müssen auch die Versuche so angelegt sein, dass die Hefe mehrmals nacheinander im selben Würzetyp geführt wird, da eine frische Hefe in einem Versuchssud doch manches auszugleichen vermag.

Am besten ist es, durch gut funktionierende Betriebseinrichtungen derartige Rückstände gar nicht erst entstehen zu lassen, sie wenn möglich bei Anfall unmittelbar wieder zuzudosieren (z. B. Vor- und Nachläufe) oder nach einer anderen Verwertungsmöglichkeit zu suchen [701].

7
Die Sudhausausbeute

Nach Beendigung des Maisch- und Läuterprozesses und des Hopfenkochens wird festgestellt, welche Extraktmengen aus dem Malz in lösliche Form überführt wurden.

Die Bestimmung dieser löslich gemachten Extraktstoffe, der „Ausbeute" sollte logischerweise erst dann erfolgen, wenn der Prozess der Würzegewinnung völlig abgeschlossen ist, d. h. wenn die gekochte Würze abgekühlt ist und wenn Hopfenrückstände und Trub entfernt sind.

In einer Reihe von Brauereien wird heute die „Kaltwürzeausbeute" bestimmt. Dies ist heute mit den üblichen Würzemessvorrichtungen bei guter Genauigkeit möglich.

Dennoch wird auch die „Heißwürzeausbeute", vor allem in kleineren leicht zugänglichen Sudwerken nach wie vor bestimmt. Diese „Heißwürzeausbeute" wird sofort, d. h. unmittelbar nach Beendigung des Würzekochens erfasst.

Die „Sudhaus"- bzw. „Heißwürze"-Ausbeute und die „Kaltwürze-Ausbeute" weisen Unterschiede auf, wie die berechenbare Kontraktion der Würze, aber auch die schwerer erfassbaren Volumen- und Extraktminderungen durch Hopfen- und Trubrückstände. Nachdem diese aber vielfach bei den folgenden Suden wiederverwendet werden, gehen diese Ungenauigkeiten auch in die beiden Ausbeuteermittlungen mit ein.

Es ist deshalb zweckmäßig beide Ausbeuten mit den gegebenen Mitteln zu berechnen, um die auftretenden Verluste zu kennen und zu beeinflussen.

Die „Gesamtausbeute" der Würzebereitung (Overall-Brewhouse-Yield, OBY) führt sich bei Gewährleistungen, vor allem auf internationaler Ebene mehr und mehr ein. Sie hat zum Ziel, den gewonnenen Extrakt in der gekühlten Würze, einschließlich aller Extraktreste (mit Ausnahme der Treber) zu erfassen und zu dem vom Malz eingebrachten Extrakt (lufttrockene Laborausbeute) in Beziehung zu setzen.

Zunächst soll die Erfassung der „Heißwürze-Ausbeute", d. h. die Sudhausausbeute besprochen werden. Ihre Aussagekraft ist wegen der gerade bei modernen Sudwerken zunehmenden Schwierigkeiten der Ermittlung der einzelnen Faktoren umstritten.

7.1
Berechnung der Sudhausausbeute

7.1.1
Messwerte

Zur Feststellung der Sudhausausbeute werden folgende Werte benötigt:
a) die Schüttung, d.h. das Gewicht des geschroteten Malzes in Kilogramm bzw. aus praktischen Gründen in Dezitonnen (dt);
b) die Menge der hergestellten Würze in Litern bzw. Hektolitern;
c) der Extraktgehalt der hergestellten Würze bzw. deren spezifisches Gewicht.

Die Ermittlung dieser drei Zahlen muss genau und einwandfrei erfolgen, wenn die Ausbeuteberechnung Anspruch auf Aussagefähigkeit haben soll.

7.1.1.1 Schüttung
Sie kann gewöhnlich an der automatischen Malzwaage mit genügender Genauigkeit abgelesen werden. Es ist darauf zu achten, dass die Malzgosse zwischen Waage und Schrotmühle sowie der Schrotrumpf vor Beginn des Schrotens völlig leer sind. Es kann auch das an der Malzoberfläche noch nicht eingezogene Wasser Störungen durch Verkrustungen in der Waage verursachen.

Ebenso muss heim Einmaischen der Schrotrumpf völlig entleert werden, es dürfen auch keine Schrotanteile von der Schrotmühle bis zum Maischbottich verloren gehen.

Bei der Konditionierung des Malzes vor dem Schroten ist es wichtig, dass die Konditionierungsschnecke *nach* der Waage angeordnet ist, damit nicht der aufgenommene Wassergehalt Fehler bei der Mengenerfassung des Malzes verursacht. Ebenso ist bei der Nassschrotung die Waage oberhalb eines die Schüttung fassenden Malzbehälters. Dieser Behälter muss vor der nächsten Schrotung vollständig entleert sein, ebenso wie alle Leitungen und Pumpen von der Schrotmühle bis zum Maischbottich.

7.1.1.2 Würzemenge
Sie ist schwieriger zu erfassen, da sie von verschiedenen Einflussgrößen abhängig ist. Die *Eichung der Würzepfanne* unter Mitwirkung des Eichamts ist eine unerlässliche Voraussetzung. Sie geschieht durch Einmessen von kaltem Wasser mit Hilfe von geeichten Normalgefäßen mit 1 bzw. 2 hl Inhalt. Es wird kaltes Wasser hektoliterweise oder je nach Größe des Behälters in größeren oder kleineren Mengen in die Pfanne eingelassen und die Höhe des Wasserstandes auf einem Messstab vermerkt. Der Stab muss jedesmal an der gleichen, gekennzeichneten Stelle des Pfannenrandes (Marke) und in der gleichen Lage eingesetzt werden.

Das *Auswiegen* des Wassers aus der gefüllten Pfanne erfolgt hektoliterweise in ein auf einer Dezimalwaage aufgestelltes, tariertes Gefäß.

Die *Eichung auf titrimetrischem Wege* geschieht z. B. zur Kontrolle der Mengenanzeige beim Flüssigkeitsinhalt der Ausschlagwürze. Hierfür dient Natriumthiosulfat (Fixiernatron), das in einer genau definierten Menge eingewogen und mit 0,01 n Jodjodkaliumlösung unter Anwendung einer Stärkelösung als Indikator titriert wird [1038].

Der *Eichstab* muss sorgfältig aufbewahrt werden, um ein Verziehen desselben zu vermeiden. Ein Ablesefehler von 1 mm bedeutet je 1 m^2 Pfannenfläche eine Abweichung von 1 Liter Würze.

Während des *Abstechens der Würze* muss der Flüssigkeitsspiegel völlig ruhig sein. Ein an der Messstelle eingehängter Zylinder (Höhe und Durchmesser je 30 cm) lässt den Würzespiegel rascher zur Ruhe kommen.

Würzestandsanzeiger, die innerhalb der Pfanne angebracht sind, dienen als Orientierung über die Veränderungen der Würzemenge während des Kochens.

Bei *Änderungen in der Pfanne* oder bei nachträglichen Einbauten muss die Eichung der Pfanne wiederholt werden, z. B. bei Einbau von Innenkochern.

Bei *Außenkochern* muss ein dicht schließender Schieber nach Leerdrücken des Außenkochers die Fixierung des Pfanneninhalts gewährleisten.

Das *Ablesen einer Messlatte* am Beobachtungsfenster einer Sudpfanne ist einfach und gibt gute Werte, wenn die Ausdehnungsfaktoren der heißen Pfannenwandung und der Messleiste berücksichtigt wurden. Ein außerhalb der Pfanne angeordnetes kalibriertes Standglas ist durch die sich rasch einstellenden Temperaturunterschiede nicht genügend zuverlässig. Bei den heute sehr großen Würzepfannen stellen sich – ganz gleich welche Geometrie die Pfannen aufweisen – Schwierigkeiten einer schwer erfassbaren Pfannenausdehnung ein. Es wurde aus diesem Grunde auch versucht eine Wägung des Pfanneninhalts über Druckmessdosen vorzunehmen, aber auch diese Erhebung ließ die geforderte Genauigkeit vermissen.

7.1.1.3 Bestimmung des Extraktgehalts

Sie wird in der Praxis mit Saccharometern durchgeführt, die auf dem Prinzip der Aräometer beruhen. Nachdem ursprünglich die Saccharometer nach Balling anhand einer Rohrzuckerlösung geeicht waren, ist an die Stelle der Ballingschen Tabelle die der Normaleichungskommission (PLATO) getreten [1039]. Die Brauereisaccharometer sind als Thermosaccharometer ausgebildet, die die Werte bei 20 °C angeben. Anhand einer Reduktionsskala werden bei Temperaturen über 20 °C Korrekturwerte hinzugezählt, bei Temperaturen unter 20 °C dagegen abgezogen. Die Genauigkeit der Saccharometeranzeige ist nur bei geeichten Spindeln, die am besten in bestimmte Messbereiche eingeteilt sind (0–5, 5–10, 10–15, 15–20%), zufriedenstellend.

Bei genauen Messungen, wie sie z. B. bei Sudhausabnahmen erforderlich sind, muss eine Extraktbestimmung im Laboratorium, mittels Pyknometer oder Biegeschwinger vorgenommen werden. Die zur Aufnahme der Würzeprobe dienenden Gefäße müssen trocken sein.

Der Extraktgehalt ist in Gewichtsprozenten angegeben, d.h. eine 12%ige Würze enthält in 100 g: 12 g Extrakt und 88 g Wasser.

Um genaue Ergebnisse zu erhalten und Ablesefehler zu vermeiden, sind folgende Punkte zu beachten:

a) das Saccharometer muss rein und trocken sein; es soll ungefähr jene Temperatur haben wie die zu messende Flüssigkeit;
b) das Messgefäß muss rein und mit der zu spindelnden Flüssigkeit vorgespült sein;
c) das Messgefäß muss in der Waage stehen; dies wird auch durch eine Kardanaufhängung bewirkt;
d) das Messgefäß muss so weit sein, dass das Saccharometer, ohne zu großen Spielraum, bequem Platz findet;
e) vor dem Ablesen wird das Saccharometer mehrmals rasch eingetaucht und wieder herausgezogen, um anhaftende Gasblasen zu entfernen;
f) die Ablesung des Saccharometers erfolgt am oberen Ende des sich an der Spindel ausbildenden Meniskus der Flüssigkeit, sofern dies nicht eigens anders vermerkt ist.
g) Bei Abkühlen der Würze wird durch Abdecken eine Verdunstung vermieden; vor der Spindelung ist die abgekühlte Flüssigkeit durch mehrmaliges Stürzen zu mischen.

Es ist von entscheidender Bedeutung, dass die Entnahme der Würzeprobe zur Extraktermittlung und die Erfassung der Würzemenge in der Pfanne zur gleichen Zeit vorgenommen werden. Es besteht sonst die Gefahr, dass durch ein weiteres Verdampfen von Wasser, z.B. bei stark ziehenden Pfannen, eine Verfälschung der Ergebnisse der Ausbeuteermittlung eintritt.

Bei modernen Würzekochsystemen ist die Entnahme einer repräsentativen Würzeprobe schwierig; es können sich, z.B. bei geöffneter Pfannentür Konzentrationsunterschiede durch Verdunstung oder generell Probleme durch Inhomogenitäten ergeben.

7.1.2
Berechnung der Sudhausausbeute

Die der Berechnung zugrundeliegende Formel lautet:

$$\text{Sudhausausbeute} = \frac{\text{Menge der Würze} \times \text{Extraktgehalt}}{\text{Schüttung}}$$

Von den oben ermittelten Werten können die Würzemenge und der Extraktgehalt nicht ohne Weiteres in die Berechnungsformel eingesetzt werden. Es sind vielmehr Korrekturen anzubringen.

7.1.2.1 Korrektur der Würzemenge

Die Temperatur der auszuschlagenden Würze liegt je nach den örtlichen Verhältnissen bei 95–100 °C. Das Volumen der Flüssigkeit ist daher größer als bei der „Normaltemperatur" bei der gespindelt wird.

Sie ist somit von der Temperatur der Würze beim Abstechen auf die Normaltemperatur um die Kontraktion zu korrigieren. Diese *Kontraktion* ist in den verschiedenen Bereichen unterschiedlich, so von 100 auf 80 °C 1,4%, von 80 auf 60 °C 1,2%, von 60 auf 40 °C 0,9% und von 40 auf 20 °C 0,5%. Der Gesamtwert von 100 auf 20 °C liegt somit bei 4% [1040]. Beträgt aber die Temperatur beim Abstechen nur 97 °C, so liegt die Kontraktion um 0,2% niedriger, d.h. bei 3,8%. Die Konzentration der Würze ist hier nur von geringem Einfluss.

Außerdem ist die *Ausdehnung der Würzepfannen* in Betracht zu ziehen, die in heißem Zustand ein größeres Volumen hat als bei 20 °C bzw. bei der Temperatur des kalten Wassers mit dem sie geeicht wurde [1041]. Um diese Pfannenausdehnung, die mit 0,3% angegeben wird [1042], müsste das Würzevolumen wieder vergrößert werden. Dieser Ausdehnungsfaktor wurde verschiedentlich angegriffen [1043–1046]. Pfannen aus Stahlblech oder Edelstahl zeigen eine geringere Ausdehnung von 0,2% als solche aus Kupfer mit 0,4% [1040], bzw. 0,29 und 0,467, was zum obigen Mittelwert von 0,35 erhoben wurde [1042]. Bei runden Pfannen mit hochgezogenem Hochleistungsboden dehnte sich dieser „Dom" ebenfalls nach außen und zwar zum Inneren der Pfanne aus, so dass die Mengenverhältnisse etwa gleich blieben [1044]. Messungen an runden Edelstahlpfannen mit externer Beheizung bei unterschiedlicher Befüllung ergaben Ausdehnungsraten von 0,87 und 0,91% [1046]. Des Weiteren ergibt sich durch die Ausdehnung der Zarge der Pfanne bei der Erwärmung ein Anheben des Auflagepunktes der Messlatte, die zu 0,10–0,14% errechnet wurde [1046]. Allein diese Abweichungen lassen wohl eine innerbetriebliche Kontrolle zu, doch sind sie für die Abnahme von Ausbeutegarantien nicht mehr geeignet.

Eine weitere Korrektur der Würzemenge ist durch den in der Würze enthaltenen *Hopfen* bedingt, der pro kg rund 0,8 Liter verdrängt. Bei Hopfenentlaugern sowie bei Hopfenextrakt entfällt diese Korrektur; bei Hopfenpulver bzw. Pellets verringert sich der Faktor auf 0,3–0,4 [1047]. Unter Zugrundelegung einer (heute nur mehr seltenen) Hopfengabe von 200 g/hl wären dies 0,16%, bzw. bei Pellets 0,05–0,08%.

Schließlich nehmen noch die beim Kochen der Würze ausgeschiedenen Eiweißstoffe Raum ein, der jedoch infolge seiner Geringfügigkeit unberücksichtigt bleiben kann.

Das Abwägen aller, die Kontraktion positiv oder negativ beeinflussenden Faktoren führte zu einer Korrektur der Heißwürzeermittlung von 4%, so dass für die praktische Sudhausberechnung der Faktor 0,96 zur Einführung gelangte [1041]. Wie aber oben erwähnt, sind in den Jahren seines Bestehens doch etliche Zweifel über dessen Gültigkeit geäußert worden.

7.1.2.2 Korrektur des Extraktwerts

Die Korrektur des mit dem Saccharometer ermittelten Extraktwerts erweist sich als notwendig, da Gewichtsprozente, d.h. Gramm Extrakt in 100 g Würze bestimmt werden. Da die Würzemenge gemessen, nicht aber deren Gewicht festgestellt wird, ist der Extraktgehalt auf Gewichts/Volumenprozente umzurechnen, d.h. durch Multiplikation der Saccharometerangabe mit dem dazugehörigen spezifischen Gewicht.

Die Saccharometeranzeige erfasst aber alles, was eine Erhöhung des spezifischen Gewichts erbringt. Wenn auch der weitaus größte Teil des Extrakts von den durch den Maischprozess löslich gemachten Bestandteilen des Braumalzes herrührt, so sind auch noch andere Stoffe daran beteiligt:

a) Die Ionen des Betriebswassers, die im Falle einer hohen Restalkalität von 10–12° dH zwar „Salze" in die Maische und Würze einbringen, die aber durch einen ungünstigen pH derselben die Extraktbildung weniger ergiebig gestalten. Bei einer hohen Nichtcarbonathärte, wie sie durch eine negative Restalkalität von –2 bis –5° dH zum Ausdruck kommt, kann die verstärkte Extraktbildung durch den günstigen pH sowie durch die Wassersalze selbst zu Buch schlagen.

b) Die durch das Kochen gelösten Stoffe des Hopfens, die je nach der Art und Höhe der Hopfengabe 0,1–0,2% beträgt. Sie wurde für Hopfenpellets (100 g/hl) zu 0,1% ermittelt [1046].

7.1.2.3 Die amtliche Formel

Sie lautet in der bisher gültigen Form:

$$\text{Ausbeute} = \frac{\text{Würzemenge in Litern (hl)} \times 0{,}96 \times \text{Saccharometeranzeige} \times \text{spez. Gewicht}}{\text{Schüttung in kg (dt)}}$$

Nach Jakob wird das Produkt (Saccharometeranzeige × spezifisches Gewicht × 0,96) zu der Bezeichnung „Ausbeutefaktor" zusammengefasst.

7.2
Beurteilung der Sudhausausbeute

7.2.1
Vergleich Laboratoriums-/Sudhausausbeute

Um ein genaues Bild über den Wert einer ermittelten Sudhausausbeute zu gewinnen, ist ein Vergleichsmaßstab erforderlich. Hierfür dient die mit Feinmehl und dem üblichen Kongressmaischverfahren gewonnene *lufttrockene Laboratoriumsausbeute* des Malzes.

Die Laboratoriumsmethode schafft nämlich hinsichtlich einiger wichtiger Maischparameter konstante Bedingungen und zwar in Bezug auf Schrot, Wasser, Maischverfahren und Würzegewinnung. Ohne Kenntnis der Laborausbeute kann nicht beurteilt werden, ob eine Sudhausausbeute hoch oder niedrig ist.

Aber auch dieser Vergleich zwischen Praxis- und Laboratoriumsausbeute ist aus folgenden Gründen nicht ganz eindeutig:

Der Lösungsvorgang beim Kongressmaischverfahren unterscheidet sich von dem des Sudverfahrens in der Praxis.

a) Das Malz wird auf vorgeschriebenen Schrotmühlen auf eine festgelegte Schrotbeschaffenheit sehr fein vermahlen (90% kleiner als 500 µm).
b) Das Maischwasser ist destilliertes Wasser, das keine Ionen einbringt, aber dafür auch keine pH-Verschiebung der Maische im Sinne besserer oder schlechterer Enzymwirkung bewirkt.
c) Das Maischverfahren ist ein Infusionsverfahren; das – allerdings sehr fein gemahlene – Malz wird nur auf enzymatischem Wege extrahiert.
d) Der Laboratoriumssud wird nach Beendigung des Maischprozesses kalt gewogen und die erhaltene Maische durch ein Faltenfilter filtriert. Sie enthält nur die Bestandteile des Malzes, sie wurde nicht gekocht und beinhaltet so noch die hier koagulierenden Eiweißstoffe sowie keine Extraktbestandteile des Hopfens.

Im Gegensatz zum Laboratoriumsverfahren arbeitet die Praxis mit Schroten, die – auch beim (alten) Maischefilter – deutlich gröber sind, die aber auch eine langsamere und weniger vollständige Extraktion erwarten lassen. Dafür ist das Praxismaischverfahren intensiver: selbst als Infusionsverfahren dauert es länger und bedient sich einer größeren Zahl an Temperaturstufen, auch ist die Konzentration der Maische höher. Bei Dekoktionsverfahren erfolgt ein zusätzlicher physikalischer Aufschluss. Es hat sich aber bisher erwiesen, dass die positiven und negativen Faktoren des Schrotens und Maischens einen gewissen Ausgleich erfahren.

Nicht ausgleichen lässt sich, wenn das Betriebswasser eine hohe Restalkalität aufweist. Diese bewirkt durch die Erhöhung des pH eine Verringerung der Lösungsvorgänge; ein Wasser mit negativer Restalkalität und größerem Ionengehalt kann indirekt und direkt eine höhere Ausbeute erzielen. Es wird deshalb ratsam sein, bei der Erstellung von Sudhausbilanzen die Labormaische mit dem Wasser des Betriebes durchzuführen.

Neben den Unterschieden bei der Durchführung der Lösungsprozesse im Laboratoriums- und Betriebsmaßstab spielt auch noch die unterschiedliche Art der Würzegewinnung eine Rolle.

In der Praxis erfolgt die eigentliche Würzegewinnung in zwei Stufen: durch das Abläutern der Vorderwürze und durch das Herauswaschen der in den Trebern verbleibenden Würze mit heißem Wasser.

Im Laboratorium wird dagegen eine etwa 8%ige Würze hergestellt, die gesamte Würze abfiltriert und das spezifische Gewicht der aus einer angegebenen Maischemenge gewonnenen Flüssigkeit bestimmt. Bei dieser Proportionalitätsmethode werden allerdings um etwa 1,2% zu hohe Laboratoriumsausbeutewerte erhalten [1048, 1049], weil das beim Maischen physikalisch und chemisch gebundene Wasser (Hydrolyse der Stärke) nicht berücksichtigt wird. Auch wird die in den Laboratoriumstrebern enthaltene Würze nicht herausgewaschen; die zweite Stufe der Praxisabläuterung, das Anschwänzen fällt damit weg. Es ist auch nach eingehenden Untersuchungen nicht möglich, den in den Trebern steckenden Extrakt voll zu gewinnen, selbst nicht bei der Anwendung übergroßer Wassermengen [1044].

Es ist aber noch hinzuzufügen, dass selbst die Laboratoriumsausbeute nach der Kongressmethode durch einige Maßnahmen erhöht werden könnte: so durch Verlängerung der Eiweißrast, durch pH-Erniedrigung der Maische [1049] oder durch Anwendung einer höheren Konzentration [1050]. Die Eiweißrast würde der höheren „Eiweißausbeute" in der Praxis entsprechen, die sich durch die „Maischintensität" nach Kolbach ausdrückt [539].

Bei der Betrachtung der Laboratoriumsausbeute unter dem Gesichtspunkt der Menge des löslich gemachten Extrakts kann es sich nur um die *Höchstausbeute* handeln, die von der in der Praxis ermittelten, auf der tatsächlich gewonnenen Würzemenge basierenden Ausbeute naturgemäß nicht erreicht werden kann.

Es ist in der Praxis unmöglich, die Extraktreste völlig aus den Trebern auszulaugen. Es bleiben also immer noch gewisse Würzemengen zurück, deren Gewinnung sich nicht mehr lohnt.

Damit rührt der Unterschied zwischen Laboratoriums- und Sudhausausbeute in erster Linie von der ungenügenden Auslaugung der Treber im Sudhaus her. Annähernd geben daher die Praxisausbeute und der auswaschbare Extrakt der zugehörigen Treber zusammen die Laboratoriumsausbeute.

Der auswaschbare Extrakt wird durch die Konzentration des Glattwassers bestimmt; er liegt jedoch z. B. bei Läuterbottichen bei der von oben nach unten fortschreitenden Auslaugung niedriger als diese (s. Abschnitt 4.1.6.2).

Aber durch diese grobe Addition ist noch kein vollkommenes Bild über die Ausnutzung des Malzes beim Maischprozess gegeben, denn sowohl die Laboratoriums- als auch die Praxistreber enthalten unaufgeschlossene Malzstärke. Ihre Menge hängt von der Malzqualität, von der Schrotfeinheit und der Maischintensität ab und liegt zwischen 0,2 und 1,5%. Sie wird naturgemäß beim Laboratoriumsschrot an der unteren Grenze, d. h. im Bereich von 0,3–0,5% liegen.

7.2.2
Ausbeutebilanz

Erst wenn nicht nur die Ausbeutezahlen des Laboratoriums und der Praxis vorliegen, sondern auch die in den Trebern steckenden noch nicht gewonnenen Würze- und Stärkemengen verglichen werden können, dann ist es möglich die Sudhausausbeute zu beurteilen.

Dies geschieht in Form der Ausbeutebilanz nach Tab. 7.1.

Die Gesamtausbeuten aus Praxis und Laboratorium müssen möglichst nahe beieinander liegen, da sonst der Vergleich ohne Wert ist. Sicher ist die früher genannte, zulässige Abweichung um 0,5% zu hoch.

Tab. 7.1 Ausbeutebilanz

Praxis		Laboratorium	
Sudhausausbeute*	75,9%	Ausbeute nach der Kongressmethode lfttr.	76,7%
Auswaschbarer Extrakt der Nasstreber	0,5%	Auswaschbarer Extrakt	–
Aufschließbarer Extrakt der Nasstreber	0,7%	Aufschließbarer Extrakt in den Labortrebern	0,5%
Gesamtausbeute	77,1%		77,2%

* Von der Sudhausausbeute sind mögliche Extraktzuflüsse aus Glattwasser und Hopfentrub in Abzug zu bringen.

Ergibt sich der Ausgleich der beiden Gesamtausbeutewerte selbst bei mehrfachen Wiederholungsversuchen nicht, so sind zunächst die Einzeldaten zu überprüfen.

Im Laboratorium: Die Analyse des Malzes kann Abweichungen aufweisen. So beträgt die Wiederhol- und Vergleichbarkeit des Extraktgehalts der Kongresswürze $r = 0,58\%$ (Wiederholbarkeit) und als wesentliches Kriterium die Vergleichbarkeit $R = 1,2\%$ [1172].

Die Analyse der Treberverluste ist ebenfalls nicht ganz unproblematisch. Hier ist zunächst die Entnahme einer Durchschnittsprobe sicherzustellen (s. Abschnitt 4.1.6.2). Weiterhin weist die Treberanalytik selbst Fehlerquellen auf [1051], die für den auswaschbaren Extrakt bei $r = 0,13 + 0,07 \times m$ und $R = 0,2 + 0,06 \times m$ und den Gesamtextrakt bei $r = 0,5$ und $R = 2,2 + 0,045 \times m$ liegen können.

In der Praxis ist es zweckmäßig in folgender Reihenfolge vorzugehen: Extraktgehalt der Würze (Pyknometer), Überprüfung des Zeitpunktes der Probenahmen, Treberpresssaftproben aus Läuterbottich oder Maischefilter, Nacheichen der Waage und schließlich Nacheichen der Pfanne mit Natriumthiosulfat bei Ausschlagmenge.

Es ist allerdings hinzuzufügen, dass die Sudhausbilanz bei sehr hohen Treberverlusten oder bei entsprechend hohen Extraktwerten der Treberpresssäfte oftmals schlecht übereinstimmt, da es schwer ist mit der Treberprobe Extraktinseln zu erfassen, oder die einseitige Erfassung derselben falsche Werte erbringt.

Im Hinblick auf das in Abschnitt 7.2.1 Gesagte über die Problematik der Ermittlung der korrekten Sudhausausbeute durch die Wahl nicht (mehr) ganz zutreffender Faktoren stellt sich die Frage, warum sich diese Methode der Ausbeutebestimmung bzw. Ausbeutebilanzierung über 80 Jahre lang halten konnte. Die Antwort lautet: „weil die meisten Sudhausbilanzen übereingestimmt haben, was auch anhand der Überprüfung von Läuterbottich-, Maischefilter- und Strainmastersudwerken bestätigt werden konnte" [747]. Vielfach waren auch scheinbar unüberbrückbare Differenzen zwischen den Gesamtausbeuten in der

Praxis und im Laboratorium auf ungenügende Schrotung, auf ungenügende Erfassung von Extraktinseln im Läuterbottich usw. zurückzuführen.

Der Faktor 0,96 (s. Abschnitt 7.1.2.1) umfasst wohl hauptsächlich die Kontraktion der Würze – von der Kochtemperatur, bei der die Mengenermittlung erfolgt – auf 20 °C, bei der die Extraktermittlung (Saccharometer, Pyknometer, andere Geräte zur Dichtemessung) geschieht. Doch können die oben genannten Einflussgrößen diese Faktoren deutlich verschieben. Es ist vor allem aber die Pfannenausdehnung, die bei 34 untersuchten Würzepfannen zwischen 0,4 und ca. 2,6% lag, ohne dass eine Systematik hinsichtlich Form, Material und Größe der Pfannen erkennbar gewesen wäre [1044]. Es müsste also dieser „Ausdehnungsfaktor" jeweils durch eine Institution bestimmt und „mitgeliefert" werden.

Aus diesen zahlreichen Unwägbarkeiten hat sich mehr und mehr die „Kaltwürzeausbeute" eingeführt, die auf besser erfassbaren Daten aufbauen kann, wenngleich auch sie nicht immer übereinstimmende Ergebnisse liefert. Hierauf wird in Abschnitt 8.3 eingegangen.

Wenn auch die Methode der Erstellung der Sudhausbilanz nicht frei von Unstimmigkeiten sein mag, so können doch aus dem Ergebnis Anhaltspunkte über mögliche Fehler bei der Würzegewinnung abgeleitet werden.

Ein erster Anhaltspunkt ist die Differenz zwischen der Laboratoriumsausbeute und der Sudhausausbeute, wobei die Treberverluste noch keine Berücksichtigung finden. Sie war bei Ausbeutegarantien für Läuterbottiche mit 1,0%, bei „alten" Maischefiltern mit 0,7% angegeben. Die Maischefilter der neuen Generation liegen günstiger (s. Abschnitt 4.3.4).

Die Verluste in den Praxistrebern bei Läuterbottichen wurden noch 1985 als normal bezeichnet, wenn der auswaschbare Extrakt bei 0,5% lag. Dies entsprach einer Glattwasserkonzentration von 0,7–0,8%. Mittlerweile hat sich aber der Spielraum für das Auslaugen der Treber wesentlich verringert: So werden infolge der geringeren Verdampfung beim Würzekochen geringere Überschwänzwassermengen erforderlich, wie auch als Weiterung stärker eingebaut oder gezielt das Verfahren mit hoher Stammwürze (s. Abschnitt 9) zur Anwendung kommt.

Beim alten Maischefilter lag der aufschließbare Extrakt durch das feinere Schrot niedriger als beim Läuterbottich, dafür war der auswaschbare Extrakt etwas höher (s. Abschnitt 4.2.7.1). Diese Maischefilter sind bzw. waren gegen eine Verringerung der Überschwänzwassermenge sehr empfindlich, die Maischefilter der neuen Generation dagegen sind dies in einem vermutlich geringeren Ausmaß.

7.2.3
Beurteilung der Extraktgewinnung nach DIN 8777 bzw. MEBAK

Heutige Vorschläge sehen vor, die Problematik der Ausbeutebestimmung – speziell bei der Frage der Annahme oder Ablehnung eines Sudwerks – über Ausbeutedifferenzen dahingehend zu lösen, dass nur mehr die Treberanalyse zur Bewertung der Schrotung, des Maischens und Abläuterns allein für die Treberverluste nach auswaschbarem und aufschließbarem Extrakt heranzuziehen sind [1052]. Der in den Trebern steckende Extrakt hat sich der Extraktgewinnung entzogen und ist somit der einzige auftretende Verlust für die Brauerei [1052].

Es ist dabei allerdings zu berücksichtigen, dass die Treberanalyse selbst Fehlerquellen aufweist (s. Abschnitt 7.7.2), die allerdings die Fehlerquellen bei der Bestimmung der Heiß- oder Kaltwürzeausbeute deutlich verringert.

Für die Überprüfung der Extraktgewinnung beim Abläutern ist der auswaschbare Extrakt der Treber maßgebend. Seine Ermittlung ist genügend genau [1053].

7.2.4
Ursachen unbefriedigender Sudhausausbeuten bzw. zu hoher Treberverluste

Sie können zurückgeführt werden auf:
a) die Rohstoffe,
b) die technischen Einrichtungen des Sudhauses,
c) die Maisch- und Läuterarbeit.

Mit Hilfe der Treberanalyse lassen sich die Verlustquellen und ihre Ursachen erfassen.

7.2.4.1 Der aufschließbare Extrakt

Der Gesamtextrakt wird in Anbetracht der geringeren Verdampfung beim Würzekochen und der damit geringeren Menge an Überschwänzwasser mit 1,6% angesetzt, wobei theoretisch der auswaschbare und der aufschließbare Extrakt jeweils etwa die Hälfte ausmachen. Der aufschließbare Extrakt kann bei zu hohen Werten bedingt sein durch das Braumaterial, das Schrot und den Maischvorgang

1. Das Braumaterial: Die Auflösung des Malzes ist ungenügend oder ungleichmäßig, die Enzymkapazität durch Verwendung ungeeigneter Gersten oder durch Gersten aus Jahrgängen mit kurzer, heißer Vegetationszeit, erhöhter Verkleisterungstemperatur sowie durch ein zu knappes Mälzungsverfahren oder zu hohe Abdarrung gering. Bei Rohfruchtverwendung kann der Anteil zu hoch, die Verkleisterung unvollständig und damit die Verzuckerung ungenügend sein.
2. Das *Schrot* ist für die vorliegende Malzqualität oder das angewendete Maischverfahren zu grob. Falsch eingestellte, verbrauchte oder überlastete Mühlen liefern mangelhaftes Schrot, ebenso Nassschrotmühlen, bei denen das Malz überweicht wurde. Auch ist eine Abtrennung, die sog. „Spelzentrennung" problematisch, wenn die Spelzen schlecht ausgemahlen oder zu spät zugesetzt werden.
3. Der *Maischvorgang* ist ungenügend z. B. durch schlechte Rührwirkung oder Klumpenbildung. Das Maischverfahren ist im Hinblick auf die obigen Punkte zu kurz oder zu wenig intensiv oder pH-Wert der Maische zu hoch. Auch eine übermäßige Durchmischung der Maische, das Einziehen von Luft

(auch beim Pumpen der Maische) kann durch die in den Abschnitten 3.2.3.1 und 3.1.7.3 dargestellten Vorgänge eine Verschlechterung der Angreifbarkeit der Stärkepartikel zur Folge haben.

7.2.4.2 Der auswaschbare Extrakt

Er kann durch folgende Ursachen zu hoch sein:
1. Das *Malz* lässt sich bei ungenügender Auflösung (hohe β-Glucan-Gehalte, hohe Viskosität) nur schwer auslaugen.
2. Das *Schrot* ist zu fein, die hierdurch vergrößerte Treberoberfläche lässt sich nur schwer aussüßen.
3. Das *Maischverfahren* ist im Hinblick auf die Malzqualität oder ein zu grobes Schrot zu wenig intensiv. Die hierdurch entstehenden höher viskosen Würzen verdichten den Treberkuchen, der hierdurch nur schwer auszuwaschen ist.
4. Der *Läuterbottich* liegt nicht in der Waage. Hierdurch wird der Treberkuchen ungleich hoch, was eine gleichmäßige und weitgehende Auslaugung erschwert.
5. Der *Bottich* ist für seine Größe zu stark belastet; die zu hohe Treberschicht vermittelt einen raschen Anstieg des Treberwiderstandes, der seinerseits ein häufiges Aufschneiden erfordert.
6. Die *Senkböden* sind verlegt durch Versteinung oder durch ungenügende Entfernung des Bodenteigs beim Vorschießen sowie durch die Unterbodenspülung nach Läuterende. Vor allem der Ablauf der Nachgüsse wird ungleichmäßig.
7. Zu *wenige Anstiche* oder ein unsachgemäßes Zusammenführen derselben erschweren die gleichmäßige Auslaugung.
8. Eine *unzweckmäßige Maischeverteilung* beim Einlagern bewirkt eine Entmischung der Maische. Die einzelnen Zonen können nicht mehr gleichmäßig ausgelaugt werden.
9. Die *Schneidmaschine* ist unzulänglich – zu kurze Messer, abgenützte Messer, ungünstige Abstände (Schieben der Treber), zu große Abstände (ungenügende Bearbeitung der Treber), Schrägstellung der Messer (Verziehen des Treberkuchens) schaffen ungünstige Bedingungen für die Nachgüsse.
10. Die *Überschwänzvorrichtung* bewirkt kein gleichmäßiges oder ein zu langsames Aufbringen des Wassers.

Neben diesen Fehlern der Läuterbottichkonstruktion oder des Zustandes der Einrichtung sind aber auch Unzweckmässigkeiten beim Läutern selbst gegeben:
11. Der *Hauptguss* ist zu groß; hierdurch werden die zur Verfügung stehenden Nachgussmengen zu gering und die Auslaugung unergiebig.
12. *Zusammenziehen der Treber* durch unsachgemäßes Vorschießen (zu rasch und zu lang) durch zu stark forciertes Anlaufen der Vorderwürze oder durch unsachgemäße Aufhack- und Anschwänzarbeit. Ein derart „dichter" Treberkuchen ist schwer auszuwaschen.

13. *Ungenügendes Abziehen* der Vorderwürze erbringt eine Extrakterhöhung des Überschwänzwassers vor dem Eintritt in die Treber. Die Auslaugung wird weniger ergiebig, wie auch im Falle des Zugebens von Hopfentrub oder Glattwasser zum ersten Nachguss.
14. *Unsachgemäßes Überschwänzen* mit Wasser ungenügender Temperatur oder zu langsamer Zulauf des Nachgusswassers bewirken eine unvollständige Auslaugung.
15. Zu *seltenes Aufschneiden der Treber* oder ein Stehenlassen der Aufschneidmaschine in tiefer Stellung bewirken ein unkontrolliertes Ablaufen der Nachgüsse.
16. Ein *Abkühlen der Maische* ruft ein Einziehen des Treberkuchens an der Oberfläche und damit einen vermehrten Durchtritt von Überschwänzwasser am Bottichrand hervor.

Beim Maischefilter sind ebenfalls eine Reihe von Ursachen gegeben, die ein schlechtes Auswaschen des Treberkuchens und damit entsprechende Extraktverluste in den Trebern zur Folge haben.

17. Der Maischefilter ist im Hinblick auf die Führung des Nachgusswassers ungünstig konstruiert.
18. Der Maischefilter wird mit einer, im Hinblick auf sein Fassungsvermögen zu geringen Schüttung beschickt, was eine ungleichmäßige Befüllung der Kammern und damit eine ungleichmäßige Auslaugung der einzelnen Treberkuchen ergibt. Eine zu hohe Schüttung führt zu hohen Drücken bei der Einlagerung und beim gesamten Abläutervorgang.
19. Tücher sind ungleich gewebt oder durch Maischeteile verlegt; im letzteren Falle bildet sich ein erhöhter Druck aus, der die Auslaugung erschwert.
20. Beim Einlagern der Maische werden die Kammern nach Menge (Schrotvolumen) oder Konsistenz (Entlüftung, Entmischung) ungleichmäßig befüllt.
21. Durch vollständiges Abziehen der Vorderwürze setzen sich die Treber zusammen, die Kammern sind nicht mehr voll.
22. Beim Nachpumpen von Wasser nach dem Abmaischen bilden sich Auswaschungen im Bereich des Maischekanals.
23. Zu rasches Abläutern der Nachgüsse erschwert die Extraktgewinnung.

7.2.5
Schlussfolgerungen zum Thema Ausbeute

Es können also die Ursachen von Ausbeuteverlusten mannigfach sein. Ihre Behebung ist nicht immer einfach, besonders dann, wenn mehrere der angeführten Faktoren an Ausbeuteverlusten beteiligt sind. Es kommt daher einer regelmäßigen Kontrolle der Sudhausausbeute, ihrer Differenz zur Laboratoriumsausbeute und schließlich der Analyse der Treber eine große Bedeutung für die Wirtschaftlichkeit des Betriebes zu (s. Abschnitt 4.1.6).

Die Sudhausausbeute und der Schwand sind die beiden Positionen, die den Grad der Ausnutzung der Rohstoffe bestimmen. Eine Mehrausbeute von 1% erbringt bei einem Sudwerk von 5 t Schüttung und 1000 Suden pro Jahr eine Mehrmenge von rund 4000 hl Verkaufsbier.

Dennoch wird der Brauer nicht unbedingt die höchste, sondern die optimale Sudhausausbeute anstreben. Wie schon in den früheren Kapiteln ausgeführt, ist es nicht immer wünschenswert, das Glattwasser sehr weit abzusenken oder auch Glattwasser, Treberpresswasser etc. wiederzuverwenden: Es muss die Qualität der Biere gewahrt bleiben.

So ist es bei der Herstellung von Spezialbieren, die entweder sehr dünne Vorderwürzen erfordern oder die selbst eine hohe Stammwürze aufweisen sollen nicht möglich, die Auslaugung der Treber im gewohnten und wirtschaftlich erforderlichen Maß vorzunehmen.

Es fallen höhere Glattwasserkonzentrationen an, deren Extrakt unter bestimmten Vorsichtsmaßnahmen den Folgesuden weniger anspruchsvoller Biersorten zugegeben wird. Die Aufwendungen, z. B. für Aktivkohle, müssen geleistet werden, um die Qualität der „Normalbiere" durch vermehrte Einbringung unedler Geschmacksstoffe nicht zu verschlechtern. Die automatische Wiederverwendung dieser Rückstände ist aber keinesfalls eine befriedigende Maßnahme, wenn sie zur Sicherstellung einer normalen Sudhausausbeute bei unzulänglichen Abläutergeräten angewendet werden muss.

Es ist nochmals zu betonen, dass gerade bei modernen, automatisierten Sudwerken die „Heißwürzausbeute" bzw. die herkömmliche Sudhausausbeute mehr der innerbetrieblichen Kontrolle dienen kann als der Überprüfung von Gewährleistungen bei Sudhaus-Neubauten oder -Umbauten. Hierfür hat sich die Kaltwürzeausbeute unter bestimmten Voraussetzungen als günstiger und aussagefähiger erwiesen.

8
Die Würzebehandlung zwischen Sudhaus und Gärkeller

8.1
Allgemeines

Im klassischen Sinne wird die gekochte und gehopfte Würze auf die „Anstelltemperatur" für die Gärung abgekühlt: für die konventionelle „kalte" Untergärung auf 5–8 °C, für die heute üblichen Gär- und Reifungsverfahren auf 10–17 °C sowie für die Obergärung auf 12–20 °C.

Dieser Produktionsschritt beinhaltet jedoch noch weitere Aufgaben:
- die Entfernung von Rückständen der Hopfenprodukte,
- die Abscheidung von Heißtrub, z. T. auch von Kühltrub und
- eine ausreichende Aufnahme von Sauerstoff durch die Würze.

Außerdem laufen noch weitere Vorgänge ab, die je nach Temperatur und Einwirkungszeit ein unterschiedliches Ausmaß erreichen:
a) weitere Extraktion von a-Säuren aus dem Hopfentrub und weitere Isomerisierung derselben,
b) weitere Ausbildung von färbenden und geschmacksaktiven Substanzen durch Maillard-Reaktion und Strecker-Abbau,
c) weitere Spaltung des S-Methylmethionin zu freiem DMS,
d) Oxidation von Polyphenolen, Hopfenbitterstoffen und Aromastoffen sowie Lipidabbauprodukten,
e) je nach System keine oder nur eine geringfügige Ausdampfung von Aromastoffen, neuerdings häufig eine gezielte Nachverdampfung.

Nachdem bei modernen Verfahren die Abschnitte „Würzekochung" und „Würzebehandlung" als zwei Phasen ein- und desselben Prozesses angesehen werden können, ist heutzutage eine Vielfalt von Verfahrensweisen möglich.

Die für diesen Verfahrensschritt benötigten Einrichtungen wurden früher in einem eigenen „Kühlhaus" in unmittelbarer Nähe des Gärkellers untergebracht. Heute befinden sie sich zweckmäßigerweise im Sudhaus oder in dessen unmittelbarer Nähe.

8.1.1
Abkühlung der Würze

Die Abkühlung der Würze ist ein verhältnismäßig einfacher physikalischer Vorgang, der durch Wärmetauscher unter Gewinnung von Heißwasser sichergestellt ist. Es ist jedoch zu beachten, dass in diesen Abschnitt die heiße, „sterile" Würze in Temperaturbereiche gelangt, in denen sich wieder Mikroorganismen entwickeln können. Gerade bei den alten, „offenen" Kühlsystemen war die Gefahr einer Kontamination bei Temperaturen zwischen 40 und 20 °C groß.

Die beiden anderen Aufgaben wie die Sauerstoffaufnahme und die Trubabscheidung sind jedoch komplizierte Vorgänge, die je nach der Art der Kühleinrichtung und der angewandten Methode ziemlich weitgehenden Schwankungen unterworfen sein können.

8.1.2
Sauerstoffaufnahme der Würze

Die Aufnahme des Sauerstoffs kann je nach den Temperaturen, bei denen sie stattfindet, auf chemischem oder physikalischem Wege erfolgen.

8.1.2.1 Chemische Bindung des Luftsauerstoffs
Sie ist abhängig
a) von der Temperatur: bei 80 °C werden in einer Stunde 3 mg/l gebunden, bei 45 °C nur 1,2 mg/l [1054];
b) von der Konzentration der Würze: bei höheren Temperaturen nimmt eine schwächere Würze (z. B. 7%) fast ebenso viel Sauerstoff auf wie eine stärkere (z. B. 14%), bei mittleren Temperaturen jedoch weniger;
c) von der Bewegung der Würze, d.h. von den Kontaktoberflächen der Würze mit dem Sauerstoff.

Die Aufnahme von Sauerstoff bei höheren Temperaturen bewirkt Oxidationsvorgänge bei Kohlenhydraten (vor allem Fructose), bei Stickstoffsubstanzen, Polyphenolen und Bitterstoffen [1055]. So kann die Oxidation die weitere Koagulation von Eiweiß oder Eiweiß-Gerbstoffverbindungen fördern, wodurch die Menge des Heißtrubs vermehrt wird und die Würze sich besser klärt. Isohumulone können durch den Sauerstoff zu weniger stark bitternden Substanzen, z.B. zu Abeo-Isohumulonen oxidiert werden; ebenso wird ein Teil von den geringen Mengen löslicher β-Säuren in die stabilen, bitternden Hulupone überführt. Es muss also durch die Heißbelüftung der Würze nicht immer eine Abnahme der löslichen Bitterstoffe eintreten, ebenso wenig eine Veränderung der durch sie bedingten Bierbittere. Polyphenole können – vor allem bei höherem pH – durch Oxidation eine Vertiefung der Würzefarbe bewirken.

Ob die Polyphenole hierdurch eine verstärkte Eiweißfällung begünstigen, ist wohl von ihrem ursprünglichen Oxidations- bzw. Polymerisationsgrad abhängig, der bekanntlich mit den reduzierenden Eigenschaften derselben in Zusammenhang steht (s. Abschnitt 5.4.3). Durch Oxidation von reduzierenden Substanzen tritt eine Verringerung des Redoxpotenzials, erkennbar in einem Anstieg des ITT-Werts, ein [1056].

Die Aufnahme von Sauerstoff bei hohen Temperaturen birgt also eine Reihe von Nachteilen; dies zeigt sich vor allem beim Beschicken von Ausschlagtanks oder Whirlpools, wenn eingezogene Luft durch Pumpen intensiv in die Würze eingemischt wird.

Die Heißbelüftung ist bei längerer Einwirkungszeit entbehrlich; über kurzzeitige Einflüsse wird noch zu berichten sein (s. Abschnitt 8.2.5.5).

8.1.2.2 Physikalische oder mechanische Bindung des Sauerstoffs

Sie erfolgt bei niedrigen Temperaturen von etwa 40 °C ab und ist umso stärker, je niedriger die Temperatur ist. Sie ist erforderlich, um eine ausreichende Vermehrung der Hefe und damit einen befriedigenden Gärverlauf sicherzustellen.

Die Löslichkeit von Sauerstoff in Wasser und in 12%iger Würze bei Sättigung mit Luft zeigt Tab. 8.1 [1057].

Tab. 8.1 Löslichkeit von Sauerstoff in Wasser und Würze – Sättigung mit Luft bei 760 mm Hg (mg O_2/l) [1057]

Temperatur °C	0	5	10	15	20
in Wasser	14,5	12,7	11,2	10,0	9,9
in Würze	11,6	10,4	9,3	8,3	7,4

Dabei erfolgt die Sättigung umso schneller, je kleiner die Luftblasen sind und je intensiver die Würze und Luft miteinander vermischt werden. Durch höhere Drücke und längere Kontaktzeiten kann die Sauerstoffsättigung erhöht werden. Dünnere Würzen vermögen mehr Sauerstoff aufzunehmen als stärkere.

Wird reiner Sauerstoff zur Begasung der Würze verwendet, dann lassen sich wesentlich höhere Sättigungswerte erreichen. Bei Wasser sind dies nach Tab. 8.2 [1057]:

Tab. 8.2 Löslichkeit von reinem Sauerstoff in Wasser bei 760 mmHg (mg/l) [1057]

Temperatur °C	0	5	10	15
mg O_2/l	69	61	54	48

In Würze konnten bei 5 °C 30–50 mg/l gelöst werden. Hier könnten sich nachteilige Wirkungen bei der folgenden Gärung ergeben [1058]. Im Allgemeinen genügt – je nach Aufgabenstellung – ein Sauerstoffgehalt der Anstellwürze von 5–10 mg/l, um eine einwandfreie Gärung zu erzielen [1059].

8.1.3
Ausscheidung des Heißtrubs

Der Heißtrub oder auch Kochtrub genannt wird durch die Hitzekoagulation von hochmolekularen Stickstoffsubstanzen gebildet. Er lässt sich durch Sedimentation oder Filtration leicht abtrennen.

8.1.3.1 Beschaffenheit und Menge des Heißtrubs
Sie können in weiten Grenzen schwanken. Der Heißtrub hat eine Teilchengröße von 30–80 µm. Seine Zusammensetzung liegt nach verschiedenen Autoren bei den in Tab. 8.3 angegebenen Werten:

Tab. 8.3 Zusammensetzung des Heißtrubs

(nach [885])		(nach [796])		(nach [862])	
Eiweiß	50–60%	Eiweiß	41,0–71,0%	Eiweiß	40–65%
Hopfenharze	16–20%	davon alkalilöslich	10,0–52,0%	Bitterstoffe	4–8%
andere organische		Bitterstoffe	7,0–32,0%	(a-Säuren,	
Stoffe, besonders		Mineralstoffe		Iso-a-Säuren)	
Polyphenole	20–30%	P_2O_5	0,1–24,5%	Fettsäuren	1–2%
Mineralstoffe	3–30%	CaO	0,1–28,1%	Polyphenole	4–8%
		Al_2O_3		Kohlenhydrate	4–10%
		Fe_2O_3	24,0–36,6%		
		CuO	0,9–17,0%		

Die Mineralstoffe schwanken je nach Brauwasserbeschaffenheit und Ausmaß der Eiweißfällung während des Kochens. Wohl kann die Bindung von Metallen durch den Trub wie z. B. von Kupfer und Eisen eine Verbesserung der Würzequalität für die Gärung und die spätere Bierbeschaffenheit (z. B. kolloidale und geschmackliche Stabilität) erbringen, doch wird auch das Spurenelement Zink durch die Eiweißkoagulation der Würze entzogen. Letzteres stellt einen wichtigen Faktor für die Gärung und Hefevermehrung dar.

Die Menge des Heißtrubs liegt bei 40–80 g/hl extraktfreie Trubtrockensubstanz; bezogen auf Nasstrub sind dies 200–400 g/hl [1060–1064].

8.1.3.2 Abhängigkeit des Heißtrubanfalls

Mit steigendem Stickstoffgehalt und mit stärkerer Auflösung des Malzes nimmt der Heißtrubgehalt zu; er ist ferner beeinflusst von der Gerste nach Sorte, Provenienz und Jahrgang. Mit der Erhöhung der Abdarrtemperatur nimmt der Heißtrubgehalt ab (s. Abschnitt 5.4.4.2). Das Maischverfahren verringert den Heißtrubgehalt umso mehr, je niedriger eingemaischt wird und je größer die Kochmaischeanteile sind. Infusionsverfahren haben mehr Kochtrub als Dekoktionsverfahren. Neben dem Trübungsgrad der Läuterwürze (s. Abschnitt 4.1.4.3) spielt die Dauer des Hopfenkochens, der herrschende pH-Wert und die Menge der Hopfenpolyphenole eine große Rolle. Stärkere Würzen liefern mehr Heißtrub als schwächere.

Partikelgrößenmessungen zeigten, dass am Ende des Kochens die Ausschlagwürze ein Maximum an gröberen Teilchen (240 µm) enthielt, die sich aber während der Sedimentationsphase rasch absetzten. Die Teilchen mittlerer Größe (23 µm) hatten ein eher unheitliches Verhalten zwischen 15% und 20% Abnahme oder Zunahme; während die feinen Partikel (5 µm) durch die sich bei der Kühlung ausbildende Trübung stets einen starken Anstieg erfuhren (Abb. 5.2.3). Ein Einfluss der vorausgehenden Trübung beim Abläutern oder des Partikelverhaltens beim Kochen war nicht erkennbar [1065].

Nach der bisher gültigen Erkenntnis müsste die Abtrennung des Heißtrubs vor der Gärung möglichst vollständig sein. Wohl sprach man ihm verschiedentlich eine „spänende" Wirkung auf die Gärung zu [1062, 1066], doch verschmierte ein zu hoher Heißtrubgehalt die Zelloberflächen der Hefe, wodurch die Ausscheidungsvorgänge bei der Gärung beeinträchtigt wurden. Dies führte zu Bieren, die eine dunklere Farbe, einen rohen, breitbitteren Geschmack und sogar unbefriedigende Schaumeigenschaften sowie eine schlechte Geschmacksstabilität hatten [1063, 966]. Es gab aber auch immer wieder Arbeiten, die einen gewissen Trubgehalt der Würze für die Hefevitalität [1063] sowie für den Gärverlauf günstig fanden [1067, 1068].

Es stellte sich jedoch seit den 1980er Jahren heraus, dass die gegenüber früher verbesserte Abläuterung der Würzen mit wesentlich geringeren Feststoffgehalten weniger Lipide bzw. langkettige Fettsäuren lieferte, die in Verbindung mit einer effizienten Heißtrubabtrennung zu geringerer Hefevermehrung und zu langsameren Gärungen führten. Dem wurde durch eine intensivere Belüftung der gekühlten Würze, gegebenenfalls durch eine Zweitbelüftung, begegnet.

Nachdem einer intensiven Würzebelüftung aus Gründen des Hefestoffwechsels (z. B. wünschenswerte Bildung von Schwefeldioxid bei der Gärung) Grenzen gesetzt sind, kann der Heißtrubgehalt der Würze auf ein, durch diese Faktoren bestimmtes Niveau eingestellt werden. Heißtrub bringt nicht nur langkettige, vor allem auch ungesättigte Fettsäuren (Linol- und Linolensäure), sondern auch das Spurenelement Zink in die Anstellwürze ein. Durch diese Maßnahme konnte bei reproduzierten Versuchen im Praxismaßstab die Gärung um einen Tag beschleunigt und die Hefevermehrung verbessert werden, wobei sich diese günstigen Effekte auch auf die Bierqualität hinsichtlich Geschmack und Geschmacksstabilität auswirkten, ohne dass andere Merkmale wie Schaum oder chemisch-physikalische Stabilität Nachteile erfahren hätten [1068].

8.1.4
Der Kühltrub

Hierdurch werden jene Ausscheidungen verstanden, die sich beim Abkühlen einer heißen Würze bilden und zwar bei Temperaturen unter 70–55 °C, also von deren „Kühltrübungspunkt" an bis hin zur Anstelltemperatur.

8.1.4.1 Beschaffenheit und Menge des Kühltrubs

Er hat eine Teilchengröße von 0,5–1 µm und darunter. Seine Zusammensetzung ist ursächlich von der Qualität des verwendeten Malzes abhängig, wie Tab. 8.4 zeigt.

Mit steigender Malzauflösung verschiebt sich somit das Verhältnis von Polyphenolen:Eiweiß von 1:4,7 auf 1:2,1. Es wurde in Abschnitt 5.4.1 schon erwähnt, dass Eiweiß und Polyphenole sich erst beim Abkühlen verbinden und mit Erniedrigung der Temperatur teilweise ausfallen. Bei den ausgeschiedenen Kohlenhydraten dürfte es sich um β-Glucane handeln.

Bei Erwärmen der Würze geht der Kühltrub in ähnlicher Weise wieder in Lösung wie die „Kältetrübung" des Bieres. Sein Eiweißgehalt sowie sein Anteil an Polyphenolen deutet auch auf eine gewisse Parallele zur Kältetrübungssubstanz hin, die aber zunächst als die Abbauprodukte des β-Globulins [1070, 1071] angesehen wurden. Eine Hydrolyse des Kühltrubs zeigte, dass mit steigender Malzauflösung eine Zunahme der Aminosäuren Glutaminsäure und Prolin gegeben war; nach den einschlägigen Arbeiten [1072] ließ sich ableiten, dass die Eiweißkomponente aus einem Gemisch von α-, β-, γ- sowie δ- und ε-Hordein besteht. Bei stark gelöstem Malz verschob sich die Zusammensetzung mehr auf das δ- und ε-Hordein [1069].

Die bei 0 °C bestimmte Kühltrubmenge liegt zwischen 15 und 30 g/hl. Sie beträgt damit 15–35% der Heißtrubmenge [1073].

Tab. 8.4 Kühltrubzusammensetzung und Malzqualität [1069]

Malz Mehlschrotdifferenz %	4,7	2,1	1,3
Kühltrubgehalt g/hl	30,9	27,3	22,1
davon Eiweiß %	53,6	50,6	52,7
Polyphenole %	11,4	25,4	25,5
Kohlenhydrate %	33,4	21,2	21,0

8.1.4.2 Abhängigkeit des Kühltrubanfalls

Zunächst ist die Kühltrubmenge umso größer je weiter abgekühlt wird. Dies geht aus Tab. 8.5 hervor [1074].

Die größten Mengen fallen im Temperaturbereich von 30 auf 20 °C und von 20/10 °C an. Doch ist die „Kühltrubkurve" charakteristisch für die Qualität des Malzes und die Intensität des Maischverfahrens, wie noch in Tab. 8.6 zu zeigen sein wird.

Bemerkenswert ist, dass der Heißtrub, in der Würze belassen und erst bei der jeweiligen Filtrationstemperatur entfernt, bis zu 60% der Kühltrubmenge adsorbieren kann.

Von dieser Erkenntnis wurde früher beim Aufkrücken auf dem Kühlschiff Gebrauch gemacht.

Der oben erwähnte Einfluss der Malzqualität ist noch dahin zu ergänzen, dass vor allem ungleichmäßig gewachsene Malze mit Ausbleibern zu Beginn der Kampagne deutlich höhere Werte liefern können als normal.

Den Einfluss der Intensität des Maischverfahrens gibt Tab. 8.6 wieder.

Die Gesamtmenge und die Differenz des Anfalls zwischen 5 und 0 °C sind am geringsten beim Dreimaischverfahren und am höchsten bei Hochkurz- und Schrotmaischverfahren, wobei bei den letzteren die gesamte oder ein Teil der Maische bei hohen Temperaturen eingemaischt wurde. Der stärkere Anfall in

Tab. 8.5 Kühltrubanfall in einer hellen Lagerbierwürze

Würztemp. °C	Heißtrub bei 95 °C entfernt		Heißtrub erst bei der jeweiligen Filtrationstemperatur entfernt	
	g/hl	in % des Ges. K.T.	g/hl	vom Heißtrub adsorbiert %
80	1,5	6,8	–	
60	2,4	10,6	1,7	32,0
40	4,2	18,7	2,7	35,6
30	6,5	28,5	3,4	47,6
20	13,1	58,0	5,2	60,2
10	19,3	85,3	7,8	59,6
5	21,5	95,1	10,3	52,0
0	22,6	100	10,8	52,2

Tab. 8.6 Maischverfahren und Kühltrubgehalt (g/hl)

	Einmaischverfahren	Zweimaischverfahren	Dreimaischverfahren	Infusionsverfahren	Hochkurzverfahren	Schrotmaischverfahren
5 °C	20,3	18,9	18,3	22,8	18,4	23,3
0 °C	21,5	21,3	19,4	23,8	27,0	27,3

diesem Temperaturbereich lässt Rückschlüsse zu auf die Klärung der Biere im Lagerkeller, die gerade bei Bieren aus Hochkurzmaischverfahren schlechter ausfallen kann [1074].

Feineres Schrot tendiert durch eine stärkere Zerkleinerung der Spelzen und die vermehrte Extraktion ihrer Polyphenole zu höheren Kühltrubgehalten. Während des Würzekochens nimmt der Kühltrubgehalt laufend ab, er erfährt jedoch durch Hopfenteilgaben eine Erhöhung, die bei später Dosierung auch den Anfall zwischen 5 und 0 °C zu beeinflussen vermag [1075]. Ein geringer Polyphenolgehalt des Hopfens wirkt sich durch eine geringere Kühltrubbildung aus [867]. Bei Rohfruchtwürzen liegt die Kühltrubmenge niedriger, wenn auch nicht proportional dem Rohfruchteinsatz.

Eine rasche Abkühlung der Würze in Verbindung mit kräftiger Bewegung fördert ein flockiges Ausfallen bzw. Zusammenballen des Kühltrubs. Er gab im Falle seines Verbleibs in der Würze zu ähnlichen Störungen Anlass wie der Heißtrub. Ein zögernde, sich langsam formierende Kühltrubausscheidung kann im Lagerkellerbier eine träge Klärung und eine schlechtere Filtrierbarkeit der Biere hervorrufen [1076].

8.1.4.3 Notwendigkeit der Kühltrubentfernung

Die Notwendigkeit der Kühltrubentfernung wird in der von jeher nicht einhellig beurteilt. So brachte die völlige Entfernung des Kühltrubs nicht nur keinen Vorteil [1077–1079], sondern sogar geschmackliche Nachteile. So wurde bei Flotation über eine Belüftung der Würze mittels der Schälscheibe des Heißwürzeseparators ein zwiebelartiger Geschmack im Bier festgestellt [1080], ebenso bei Unterschreiten einer gewissen Restmenge an Kühltrub [1063]. Dies wurde auf einen Mangel an Fettsäuren für den Hefestoffwechsel zurückgeführt. Statistisch abgesicherte Praxisversuche mit wiederholter Hefeführung zeigten jedoch Abhängigkeiten von den verwendeten Heferassen und der Zahl deren Führungen [1081]. Definierte Versuche im Klein- und Großmaßstab zeigten bei der Anwendung des Verfahrens der Flotation stets positive Ergebnisse [1082, 1083]; ebenso zeigten Pilotversuche ohne und mit vollständiger oder teilweiser Kühltrubentfernung einen Vorteil der letzteren, vor allem auch im Hinblick auf die „Geschmacksstabilität" im abgefüllten Zustand [1084]. Für beschleunigte Gär- und Reifungsverfahren wurde stets eine teilweise Entfernung des Kühltrubs als günstig erachtet [1079, 1085, 1086], da eine Verringerung der Schwefelwasserstoffbildung [1085], aber auch des Dimethylsulfids eintrat [1125].

Aus Gründen, die schon beim Thema „Heißtrub" geschildert wurden, hat sich bei den Malzqualitäten der Jahre 1995–2005, bei modernen Sudwerken mit den geringeren Feststoffgehalten der Läuterwürzen die Kühltrubentfernung in der Mehrzahl der Brauereien als entbehrlich erwiesen [1087].

Bei der Abtrennung des Kühltrubs wird der Gehalt der Würze an längerkettigen, ungesättigten Fettsäuren weiter verringert, so dass hier ein Mangel entstehen kann, der die Hefevermehrung einschränkt und die Gärung verlangsamt (s. Abschnitt 8.1.3) [1088].

Zweifellos spielen bei der Frage der Kühltrubverringerung die Betriebsgegebenheiten und die Technologie der jeweiligen Brauerei eine Rolle. Wenn nur frisch propagierte oder assimilierte Hefe verwendet wurde, konnte in den meisten Fällen auf die Kühltrubentfernung verzichtet werden, ebenso bei zylinderkonischen Gär- und Lagertanks, die jederzeit ein Abschlämmen erlauben. Letztlich spielt auch der Biertyp eine Rolle.

8.1.5
Sonstige Vorgänge bei der Würzebehandlung

Die Würze verbleibt bei den heute gängigen „geschlossenen" Systemen über kürzere oder längere Zeit im Bereich von Temperaturen zwischen 94 °C und 98 °C. Hier laufen Reaktionen, die beim Würzekochen stattfanden weiter ab, wodurch sich die „Ausschlagwürze" vom Sudhaus und die „Anstellwürze" für die Gärung deutlich unterscheiden. Das Ausmaß dieser Vorgänge ist für die spätere Bierbeschaffenheit von großer Bedeutung, weswegen bei diesem eher unbedeutend erscheinenden Verfahrensschritt immer wieder Verbesserungen versucht wurden, bis es zu der heute ausgereiften Technologie kam.

Die Vorgänge sind für eine konventionelle Kochung (Innenkocher 90 Minuten) nebst Würzeklärung durch Whirlpool in Tab. 8.7 aufgeführt.

Tab. 8.7 Veränderung der Würze nach Kochende [1089]

Probe	Ausschlagwürze	60 Minuten	Heißhaltezeit 120 Minuten
Farbe EBC	9,0	9,5	10
TBZ	36	42	48
Iso-α-Säuren mg/l	31	43	46
α-Säuren mg/l	10	8	6
Aromasubstanzen ppb			
DMS gesamt	94	92	93
DMS-Vorläufer	76	62	54
DMS frei	18	30	39
3-Methylbutanal	120	410	450
2-Methylbutanal	33	85	93
2-Furfural	200	600	615
2-Phenylethanal	1230	1975	1675
Pyrazin	3,4	8,0	15,0
Pentanal	10	15	12
Hexanal	6	14	13
Myrcen	25	75	100
Linalool	12	15	13
α-Humulen	3	21	16
Humulenepoxide	12	25	23

Tab. 8.8 Verlauf von Farbe und TBSF-Wert bei der Würzekühlung

Entnahme	Zeit	Farbe EBC	TBSF-Wert
Beginn Ausschlagen	0	11,0	11,6
Ende Ausschlagen	20	11,8	12,2
Beginn Kühlen	60	12,5	12,9
Mitte Kühlen	100	13,0	13,6
Ende Kühlen	140	13,6	14,4
Durchschnitt	–	13,0	13,6

8.1.5.1 Die Zufärbung der Würze

Sie hängt zunächst von der Menge des beim Ausschlagen aufgenommenen Sauerstoffs ab, die einmal durch das Einspringen in das Ausschlaggefäß bzw. durch das Bilden von Luftschnüren beim Leerwerden der Pfanne oder durch unkontrollierten Einzug an Pumpe oder Leitungskupplungen bedingt ist. Hierdurch werden die Polyphenole oxidiert, was sich in einer deutlichen Zunahme des Polymerisationsindex äußert. Diese Reaktion ist nicht in erster Linie von der Zeit abhängig, sondern von der Menge und der Verteilung des Sauerstoffs [792].

Einen zweiten Faktor stellt die Maillard-Reaktion dar (s. Abschnitt 5.6.3), die bei dem erwähnten Temperaturbereich weiterläuft, was sich in einer Erhöhung des TBSF-Wertes bzw. der TBZ, parallel zur Würzefarbe zeigt (Tab. 8.8).

Bisherige Untersuchungen in einer Vielzahl von Betrieben haben ergeben, dass die Zeit bei 94–97 °C zwischen dem Ende des Würzekochens und dem Ende der Würzekühlung nicht über 110 Minuten liegen darf. Unter Berücksichtigung aller geschilderten Möglichkeiten sind damit Farbzunahmen von nur 1,0–1,5 EBC-Einheiten erreichbar. Dies ist nicht nur für den Biergeschmack selbst, sondern auch für die Geschmacksstabilität von großer Bedeutung [966].

8.1.5.2 Das Verhalten der Bitterstoffe

Das Verhalten der Bitterstoffe ist durch eine weitere Isomerisierung der α-Säuren gekennzeichnet. Wurden die Hopfenrückstände beim Ausschlagen nicht entfernt, so erfolgt auch noch eine Extraktion von α-Säuren aus dem Hopfenpulver/-pellets, vor allem bei späten Gaben. In der Regel nimmt der Isohumulongehalt um 15–25 % zu (s. Abschnitte 5.5.1 und 8.2.3.4).

8.1.5.3 Flüchtige Substanzen

Bei der Maillard-Reaktion bilden sich flüchtige Substanzen, wobei ein weiteres Ausdampfen kaum mehr gegeben ist. Dasselbe trifft auch für das Dimethylsulfid zu, das wohl aus dem Vorläufer gespalten aber nicht mehr entfernt wird [976, 977].

Die Aromastoffe der Würze erfahren durch einen weiteren Ablauf der Maillard-Reaktion sowie des Strecker-Abbaus eine Mehrung, wobei keine nennenswerte Ausdampfung mehr gegeben ist. So nehmen die Strecker-Aldehyde z.T. auf ein Mehrfaches zu, ebenso das Furfural, aber auch die Stickstoffheterozyklen wie z. B. das Pyrazin. Die Produkte des Lipidabbaus und der Lipidoxidation nehmen nur geringfügig zu, wobei es sich hier eher um eine Frage der Homogenität des Pfanneninhaltes handelt. Interessant ist die Zunahme der Hopfenöle, die besonders bei späten Hopfengaben noch aus den Hopfenrückständen extrahiert und in die Würze überführt werden. Der Dimethylsulfid-Vorläufer wird durch die thermische Belastung weiter gespalten, das freie DMS nimmt zu.

8.2
Verfahren der Würzebehandlung

Die „klassische" Einrichtung, an deren Funktion und Auswirkung moderne Systeme gemessen werden sollten, ist das Kühlschiff mit Berieselungskühler und einer Vorrichtung zur Gewinnung der Trubwürze. Die heute allgemein üblichen geschlossenen Anlagen sehen vor: Setzbottich oder Whirlpool oder Ausschlagbottich mit Zentrifuge oder Heißwürzefilter nebst Plattenkühler und verschiedenen Vorrichtungen zur Kühltrubabtrennung und Würzebelüftung. Es sind viele Übergänge zwischen den einzelnen Verfahren anzutreffen.

8.2.1
Betrieb mit Kühlschiff, Berieselungskühler oder geschlossenem Kühler

Die Kühlung erfolgt hier in zwei Stufen: bis auf 40–70 °C herab auf dem Kühlschiff in dünner Schicht und anschließend durch einen Kühler bis zur Anstelltemperatur.

8.2.1.1 Das Kühlschiff
Das Kühlschiff ist ein flacher, quadratischer oder rechteckiger Behälter mit rund aufgebogenen 20–35 cm hohen Rändern. Es ist entweder aus Stahlblech (doppelt dekapierte Spezialbleche hoher Qualität), aus Edelstahl, aus Kupfer oder selten aus Aluminium gefertigt. Die Blechtafeln sind völlig eben verlegt, die Nieten versenkt. In einer schalenartigen Vertiefung sind drei Öffnungen mit Spindelventilen für Würze, Trub und Reinigungswasser angeordnet. Das Gefälle des Kühlschiffes zu diesen darf nur gering sein, um ein Aufsteigen und Mitreißen des Trubs zu verhindern. Aus diesem Grunde und mit Rücksicht auf die Stabilität wird auch die Fläche eines Kühlschiffs nicht über 150 m² betragen, was bei einer durchschnittlichen Schichthöhe der Würze von 20 cm ein Fassungsvermögen von 300 hl ergibt. Um der Gefahr der Rostbildung zu begegnen wird das Kühlschiff aus Stahlblech mit Speziallacken gestrichen. Es soll auch nach dem Ablauf der Würze und nach erfolgter Reinigung trocken gefegt werden. Bei Inbetriebnahme des Kühlschiffs, wie auch nach einer Entfernung des

"Biersteins", sind "blinde" Sude aus Malz- und Hopfentrebern durchzuführen. Aggressive Wässer greifen das Stahlblech an.

Das Kühlschiff ist immer in den obersten Stockwerken des Sudhauses oder Kellergebäudes angebracht. Dies sichert den Zutritt der kühlenden Luft und eine ungehinderte Abführung der Dampfschwaden. Zu diesem Zweck war der Kühlschiffraum mit seitlichen Jalousien und mit einem steilen Dach mit Lüftungsklappen oder sogar mit einer Sterilbelüftung versehen. Es sei hier auf die Beschreibung in früheren Auflagen dieses Buches verwiesen.

Nach einer Ausschlagdauer von 15–30 Minuten währt die Kühlschiffruhe zwischen einer und mehreren Stunden. In der wärmeren Jahreszeit wird der weitere Kühlprozess bereits mit Erreichen von Temperaturen von 60–70 °C eingeleitet. Nur im Winter wird die Kühlzeit länger, in kleinen Betrieben bis zu 12 Stunden ausgedehnt und dann die völlig abgekühlte Würze direkt in den Gärkeller abgelassen. Die Ruhezeit muss aber auf jeden Fall mindestens so lange währen, bis sich der Heißtrub einwandfrei abgesetzt hat. Die Flockung des Kühltrubs kann durch Aufkrücken, durch Windflügel oder durch den gelenkten Luftstrom der Sterilbelüftungsanlage unterstützt werden. Die Bewegung muss jedoch so rechtzeitig vor dem Anlaufen der Würze beendet werden, dass sich der Heißtrub und der bis dahin gebildete Kühltrub absetzen können.

8.2.1.2 Der Berieselungskühler

Als zweite Kühlstufe besteht der Berieselungskühler aus horizontalen Kupfer- oder verzinnten Kupferrohren, die gerade oder in wellenförmiger Anordnung übereinander liegen. Durch letztere wird nicht nur die Kühlerfläche vergrößert, sondern die Würze beim Herabfließen überworfen und so die Sauerstoffaufnahme und die Kühltrubausflockung verbessert. Um den Apparat über gelochte Verteilerrinnen gleichmäßig beschicken zu können, wird eine Kühlerlänge von 6 m, um ein Verspritzen der Würze zu vermeiden, wird eine Kühlerhöhe von 2,5 m nicht überschritten. Die Kühlfläche ist unterteilt: die oberen 2/3 der Rohre werden mit der 2- bis 2,5fachen Menge an Leitungswasser zur Vorkühlung der Würze auf ca. 20 °C beschickt; die Nachkühlung erfordert etwa die dreifache Menge gekühlten Süßwassers oder Sole. Die Leistung des Apparates beträgt bei der genannten Höhe 14 hl/m Kühlerlänge und Stunde. Sie muss so groß sein, dass der Kühlvorgang bei Vorkühlung eines Sudes mittels Kühlschiff in spätestens 2 Stunden abgeschlossen ist. Um z. B. einen Sud von 300 hl in dieser Zeit abzukühlen, werden zwei Einheiten der genannten Abmessungen benötigt. Die mechanische Reinigung des Kühlers nach jedem Sud, einmal wöchentlich jedoch mit verdünnter Schwefelsäure und Hefe ist arbeitsaufwändig. Eine sterile Belüftung des Apparates kann die biologische Sicherheit erhöhen und durch den quergerichteten Luftstrom die Sauerstoffaufnahme verbessern.

Eine Weiterentwicklung des Berieselungskühlers ist der *Taschenkühler*, dessen einzelne, aus rostfreiem Stahl gefertigte Kühlelemente aufklappbar und leicht zu reinigen sind. Dient Sole der Nachkühlung, so muss die hierfür vorgesehene Tasche aus verzinntem Kupfer bestehen.

8.2.1.3 Geschlossene Kühler

Sie sind entweder als *Röhrenkühler* oder als *Plattenkühler* ausgeführt. Röhrenkühler bestehen aus jeweils zwei Abteilungen zur Vorkühlung (Brunnenwasser) und einer Abteilung zur Nachkühlung (gekühltes Süßwasser oder Sole). Die Würze fließt in Kupfer- oder Edelstahlrohren, die von der Kühlflüssigkeit umspült werden. Die Leistung dieser Kühler ist höher, da die einzelnen „Batterien" entsprechend groß ausgelegt werden können. Es ist jedoch die Ausnutzung der in der Würze steckenden Wärme weniger gut möglich als bei den Plattenkühlern, auch sind sie nicht so einfach und wirksam zu sterilisieren wie jene.

8.2.1.4 Plattenkühler

Sie bestehen nach dem heutigen Stand der Technik aus Paketen von besonders geformten Edelstahlplatten, deren eine Seite von der Würze, die andere Seite vom Kühlmittel in einem turbulenten Strom berührt wird. Die Platten sind gegeneinander durch Gummiprofile abgedichtet. Die Plattenpaare können parallel, hintereinander oder so in Gruppen geschaltet werden, dass die Durchflussgeschwindigkeit und damit der Wärmeaustausch in weiten Grenzen variiert werden kann. Die Platten sind aus V4A-Stahl gefertigt. Die jeweils an den Ecken der Platten angebrachten Durchgangsöffnungen bilden Verteilungskanäle, durch die die Flüssigkeiten den Plattenpaaren zugeführt und wieder abgeleitet werden können. Auch hier findet Leitungswasser zur Vorkühlung und gekühltes Süßwasser, selten Sole zur Nachkühlung Verwendung. Zwischen diesen beiden Zonen ist eine Umlenkabteilung angeordnet. Neuerdings wird der Plattenapparat mit gekühltem Brauwasser beschickt, das sich dann ohne eine Umlenkstation im Gegenstrom zur Würze auf die vorgegebene Wassertemperatur erwärmt (Abb. 8.1).

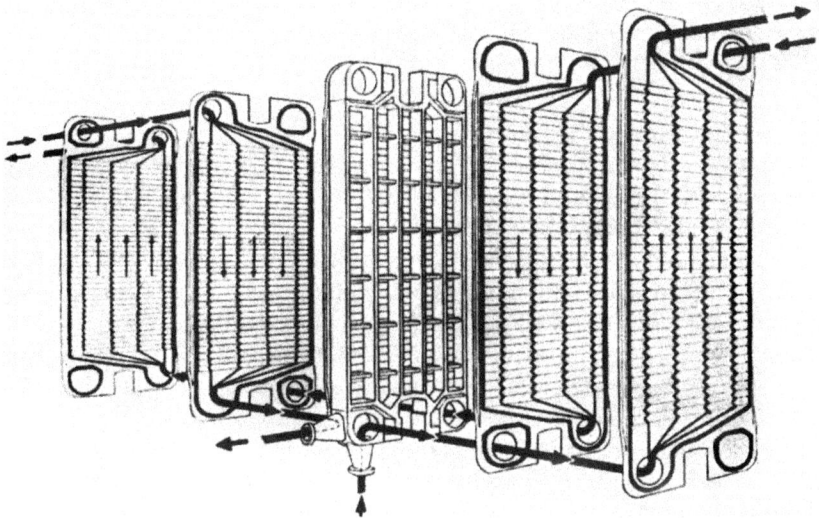

Abb. 8.1 Plattenkühler: Schematisches Bild des Flüssigkeitsdurchgangs zwischen den Platten

Auch direkte Verdampfer mit Ammoniak oder Frigen sind für die Nachkühlung der Würze in Gebrauch; hierbei handelt es sich um liegende Bündelrohrkühler oder um Röhrenkesselverdampfer.

Bei Kühlschiffbetrieb ist das Verhältnis von Würze zu Leitungswasser 1:2, die Leistung des Apparates ist auf eine 1½- bis 2-stündige Kühldauer ausgelegt.

Bei geschlossenen Würzekühlsystemen wird danach getrachtet, im Verhältnis von Würze zu Leitungswasser = 1:1,1 (enthärtetes) Heißwasser von 80–82 °C für das Sudhaus zu gewinnen.

Zwischenstücke ermöglichen es, die Würze bei beliebigen Temperaturen zu entnehmen, z. B. für eine Würzeklärung, und dann wieder in den Apparat einzuspeisen. Ein derartiger Apparat hat einen Widerstand von 2,5–3,5 bar Überdruck. Es muss aus diesem Grund sowohl die Würze als auch das Kühlwasser gepumpt werden. Bei Kühlung von 94–97 °C auf Anstelltemperatur muss der Sud, je nach dem Ablauf der gesamten Würzebehandlung in 40–90 Minuten abgekühlt werden können. Dies sind erheblich größere Dimensionen als früher.

Eine Reinigung und Desinfektion ist nach jedem Sud durchzuführen. Hierbei werden Heißwasser (85–90 °C) und Lauge (70–75 °C) im Kreislauf durch den Apparat gepumpt. Nach einer weiteren Wasserspülung ist ein „Abstumpfen" der Platten mit verdünnter Säure erforderlich.

Der geschlossene Kühler ermöglicht keine Sauerstoffaufnahme der Würze. Sie muss durch eigene Maßnahmen sichergestellt werden.

8.2.1.5 Gewinnung der Trubwürze

Die Gewinnung der Trubwürze aus dem auf dem Kühlschiff absetzenden Heiß- und Kühltrub geschieht mit Hilfe einer Trubpresse oder einer Zentrifuge. Die Trubwürze macht, je nach Gefälle des Kühlschiffs, nach den eingesetzten Steckern 4–8% der Gesamtwürze aus. Sie wird eher etwas reichlich bemessen, um ein Mitreißen von Trub beim Würzelauf zu vermeiden.

8.2.1.6 Die Trubpresse

Die Trubpresse ist eine Filterpresse mit gerippten Gussstahlplatten, Kammern und dazwischengelegten Tüchern. Für je 100 kg Malzschüttung wird ein Trubraum von 2–3 l benötigt. Nachdem die Kammern eine Kantenlänge von 640 × 640 mm und eine Stärke von 18 mm haben, errechnen sich für 5000 kg Schüttung rund 20 Kammern. Die Filtration der Trubwürze geschieht nun entweder mittels des eigenen Gefälles von 3–4 m direkt vom Kühlschiff aus oder über einen Drucktank. In diesem wird der vom Kühlschiff abgeschobene Trub gesammelt. Mit dieser letzteren Lösung ist der Zeitaufwand geringer, denn das Kühlschiff kann während der Trubfiltration bereits gewaschen werden. Die gewonnene Trubwürze ist blank; sie muss aber sterilisiert werden, da sie trotz jedesmaligen Waschens der Trubtücher und der Trubpresse stark kontaminiert ist. Die Sterilisation geschieht mittels eines Trubwürzesterilisators, einem Tank mit Doppelmantel oder Heiztaschen, die es erlauben, die Würze auf ca. 90 °C aufzuheizen, wo sie 20–30 Minuten lang gehalten wird. Auch Kurzzeiterhitzer (60 s bei 85–90 °C) finden Verwendung. Dennoch wird die Trubwürze häufig separat vergoren und die Hefe verworfen.

8.2.1.7 Zentrifugen
Sie können als Kammer- oder Tellerseparatoren Verwendung finden. Letztere sind häufig selbstaustragende Einheiten (s. Abschnitt 8.2.3.5).

8.2.1.8 Beurteilung der Arbeitsweise mit dem Kühlschiff
Beim Einlauf in das Kühlschiff erfährt der erste Teil der Würze eine starke Belüftung und Abkühlung, die sich im Laufe des Ausschlagens verringert. Die Würze hat am Ende des Einpumpens – je nach Umgebungstemperatur – eine Temperatur von 78–85 °C; durch die Verdunstung von 5–8 % der Ausschlagmenge kühlt sie sich rasch weiter ab in Bereiche von 70–75 °C. Hierdurch ist nur eine geringe *Zufärbung* durch Maillard-Produkte, dagegen eine etwas stärkere durch eine Oxidation der Polyphenole gegeben; sie macht aber insgesamt nur etwa 0,5 EBC-Einheiten aus [958]. Der TBSF-Wert erhöht sich ebenfalls nur geringfügig um 1,0–1,2. Die obengenannte *Verdunstung* bewirkt eine Zunahme der Würzekonzentration, die bei 11–13 %igen Würzen bei 0,5–0,8 % liegt, ein Effekt, der durch reichliches Nachdrücken von Wasser teilweise wieder ausgeglichen wird. Die *Nachisomerisierung der Bitterstoffe* ist stärker als erwartet, wie anhand von Tab. 8.9 hervorgeht [1090].

Es ist allerdings in diesem Zusammenhang zu berücksichtigen wie lang die durchschnittliche Hopfenkochzeit des Betriebes war (s. Abschnitt 5.5.7.10).

Die Abtrennung des *Heißtrubs* erfolgt beim Kühlschiff vollständig, wenn nicht Fehler wie ein zu rasches Ablaufen der Würze ein Aufsteigen des Trubs hervorrufen. Der *Kühltrub* zeigt beim Anlaufen der Würze bei 65 °C eine Verringerung um ca. 15 %, am Ende des Würzekühlens eine solche um ca. 25 %. Aufkrücken oder längere Ruhezeiten erlauben eine Erhöhung der Abtrennungsrate auf 30–40 %. Wie schon oben erwähnt, ergibt sich eine gewisse Heißbelüftung der

Tab. 8.9 Bitterstoffgegebenheiten bei Kühlschiffbetrieb [1090]

	Zeit min	Temp. °C	α-Säuren	Iso-α-Säuren	β-Säuren
Kochende	0	98	21,2	30,3	6,4
Ausschlagende					
Pfanne	18	90	24,7	37,0	9,6
Kühlschiff	18	84	22,0	32,0	6,9
	30	77	20,7	35,5	5,5
	60	65	19,5	41,8	1,2
	120	52	20,0	44,1	1,0
	180	35	19,7	45,5	1,0

Tab. 8.10 Sauerstoffaufnahme bei Kühlschiff mit verschiedenen Kühlern und Rastzeiten

System		Kühlschiff-Berieselungskühler		Kühlschiff-Plattenkühler
Ablauftemperatur °C		50	70	70
vor dem Kühler	mg O_2/l	1,5	0,7	0,8
nach dem Kühler	mg O_2/l	6,4	5,7	3,5

Würze beim Einspringen in das Kühlschiff, die aufgrund der niedrigen Schichthöhe von ca. 20 cm keine erkennbaren, negativen Auswirkungen hatte. Die physikalische Bindung von Sauerstoff befriedigt nur in Verbindung mit einem Berieselungskühler, wie Tab. 8.10 zeigt.

Der Sauerstoffgehalt nach dem Plattenkühler ergab sich offenbar durch die Bindung der am Kühlschiff über eine Trombe eingezogenen Luft. Es ist aber in jedem Fall für eine zusätzliche Belüftung der Würze zu sorgen.

Die große Oberfläche des Kühlschiffs ermöglicht naturgemäß die Entfernung eines Teils der Würzearomastoffe mit den abziehenden Schwaden. Es wurde versucht, durch einen „Entspannungskühler" diesen Effekt auch bei geschlossenen Systemen nachzuahmen (s. Abschnitt 8.2.4.2).

Wenn auch das Kühlschiff – in Verbindung mit dem Berieselungskühler und nicht zu kurzen Standzeiten – allen technologischen Forderungen einer optimalen Würzebehandlung entsprach, so hatte es doch auch eindeutige Nachteile: So ist die Würze auf der großen Fläche bei Temperaturen von 70–40 °C Kontaminationen ausgesetzt, die allerdings durch den aufwändigen Bau eines geschlossenen Kühlhauses mit Sterilbelüftung (Delbag-System) zurückgedrängt werden können. Es kann ferner nur ein Teil der in der ursprünglich heißen Würze steckenden Energie zurückgewonnen werden, auch ist der Betrieb nicht nur platzaufwändig, sondern erfordert zur Bedienung und Reinigung von Kühlschiff und Kühler sowie zur Gewinnung der Trubwürze einen entsprechend hohen Arbeitsaufwand.

8.2.2
Geschlossene Systeme

Hier sind die einzelnen Aufgaben verteilt auf Einrichtungen zum Kühlen der Würze (s. Abschnitt 8.2.1.4), in Vorrichtungen zum Abtrennen des Heißtrubs, in Verfahren zur vollständigen oder teilweisen Beseitigung des Kühltrubs sowie in Apparate zur Belüftung der Würze.

8.2.3
Abtrennung des Heißtrubs

Sie kann geschehen durch Setzbottiche (oder in der Würzepfanne, s. Abschnitt 5.9.3), durch Whirlpooltanks oder durch Separieren der heißen Würze sowie durch Kieselgur- oder Hopfentrubfiltration.

8.2.3.1 Der Setzbottich

Ursprünglich als Kühlschiffersatz gedacht, ahmt der Setzbottich die Arbeitsweise des Kühlschiffs nach. Das runde oder viereckige Gefäß aus Stahlblech, Edelstahl oder Kupfer ist mit einer Haube und Dunstabzug versehen. Die Fläche ermöglicht eine Würzestandshöhe von 1–1,5 m. Die Würze springt über einen Verteiler zum Zweck der Belüftung ein, verschiedentlich wurde unter diesen sogar noch sterile Luft eingeblasen. Der Heißtrub setzt sich im Verlauf von 40–60 Minuten nach Ende des Ausschlagens soweit ab, dass die Würze mit Hilfe eines Schwimmers von oben abgezogen werden kann. Es wird eine hohe Leistung des Plattenkühlers (Ausschlagmenge in 60 Minuten) benötigt, um eine zu starke Zufärbung zu verhindern. Die Trubwürze wird, ähnlich wie beim Kühlschiff über Trubpresse oder Zentrifuge weiterverarbeitet. Bei gewissenhafter Arbeitsweise ist der Effekt der Trubabtrennung gut, wenn einerseits genügend Rastzeit bis zum Anlaufen gewährt und früh genug auf den Trubwürzetank umgestellt wird, um ein Mitreißen des Trubs zu verhindern. Alle anderen Vorgänge wie Kühltrubabtrennung und Belüftung der Würze müssen eigens angestrebt werden.

Um den nachgeschalteten Kühler zu entlasten, oder aber um in Nachahmung des „Kühlschiffeffekts" schon einen bestimmten Anteil des Kühltrubs auszuflocken, wurden früher auch brunnenwasserdurchflossene *Kühlrohre* im Setzbottich angeordnet. Die hier erreichte Abkühlung auf ca. 60 °C verhinderte eine stärkere Zufärbung der Würze, sie störte aber durch die mit der Kühlung verbundene Konvektion das Absetzen des Heißtrubs.

Wurde genügend Zeit zur Sedimentation des Heißtrubs und des sich bei dieser Temperatur ausbildenden Kühltrubs gegeben, dann konnten 15–20% des letzteren mit entfernt werden. Diese Modifikation des Setzbottichs war biologisch nicht ganz unbedenklich; es wurde auch Trub, der sich auf den Kühlrohren abgesetzt hatte, wieder mitgerissen; darüber hinaus war die Reinigung des Gefäßes schwieriger. Die anfallenden Mengen an Lauwasser konnten im Betrieb nicht nutzbringend untergebracht werden.

8.2.3.2 Moderne Setzbottiche

Sie sind meist zylindrisch-konisch gebaut, die Würzestandshöhe ist 2,5–4 m, der Abzug der heißen, trubfreien Würze erfolgt über einen Schwimmer (Abb. 8.2 und 8.3), die Gewinnung des Trubs (meist mit Hopfenpellettrebern) geschieht auf einfache Weise aus dem Konus. Wenn keine Vorrichtung zur Ab-

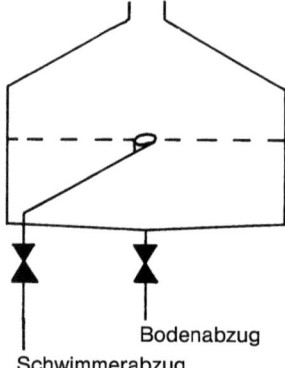

Abb. 8.2 Setzbottich mit Schwimmerabzug der Würze

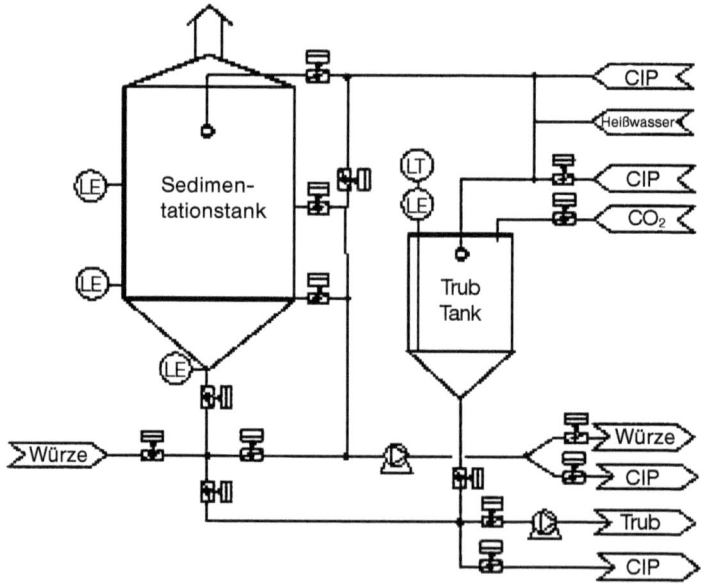

Abb. 8.3 Sedimentationstank mit konischem Boden

trennung der Würze aus den Rückständen vorhanden ist, dann werden diese zum Abmaischen oder Abläutern der folgenden Sude gegeben.

8.2.3.3 Der Heißtrubabsatz in der Sudpfanne

Er kann bei einfachen Sudwerken und geringer Sudfolge durchgeführt werden. Nachdem der Zeitaufwand für das Ausschlagen und die hierbei eintretende Belüftung entfällt, kann bereits 40 Minuten nach Ende des Kochens mit dem Abziehen der klaren Würze über einen Schwimmer begonnen werden (Abb. 8.4).

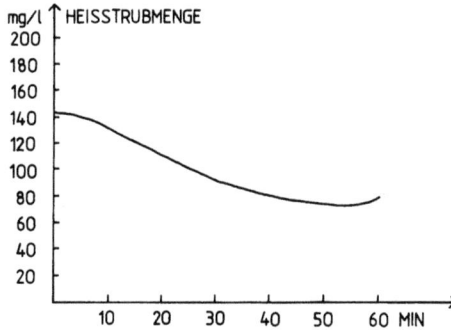

Abb. 8.4 Heißtrubgehalt während des Würzelaufs aus dem Setzbottich

Bei einer Kühldauer von 60 Minuten beträgt die Zeit der thermischen Belastung nur 100 Minuten, die Zufärbung hält sich mit nur 1 EBC-Einheit in einem sehr günstigen Rahmen. Die in der Pfanne verbleibende Restmenge an Hopfentrub von 3–4% wird in den folgenden Sud beigegeben [1014, 1064].

Es haben sich also die Gefäße die dem Trubabsatz dienen, im Lauf der Zeit erheblich vereinfacht, bei gleichzeitiger Verbesserung der Funktion [1014].

8.2.3.4 Der Whirlpooltank

In seiner klassischen Form ist der Whirlpooltank ein rundes Gefäß mit flachem Boden mit einem Verhältnis von Höhe zu Durchmesser = 1:1 [1091, 1092]. Aus der Notwendigkeit der Abtrennung von Hopfenpulvertrebern zusammen mit dem Heißtrub hat sich dieses Verhältnis allmählich auf 1:2–3,5 geändert.

Der Behälter wird um der Wärmerückgewinnung willen, aber auch um Konvektionsströmungen zu vermeiden, isoliert. Das Gefäßmaterial ist meist Edelstahl; der Boden muss gegen ein Verwerfen durch entsprechende Versteifung gesichert werden, das Gefälle zum Auslauf von 1–2% soll gegen Ende des Würzelaufs eine schonende Entwässerung des Trubkuchens ermöglichen. Die Würze tritt in tangentialem Strom in etwa 1/3 der Bottichhöhe ein, wobei der Einlauf als Düse so ausgeführt ist, dass bei einer Ausschlagzeit von 10–15 Minuten eine Austrittsgeschwindigkeit von 3,5 m/s erreicht wird (Abb. 8.5).

Der Inhalt des Whirlpooltanks wird dadurch in eine Rotationsbewegung versetzt (Primärströmung). Aufgrund des Kräftegleichgewichts an der freien Würzeoberfläche sinkt diese in der Mitte ab und es bildet sich der bekannte Rotationsparaboloid aus.

Nach dem Ende des Einlaufvorgangs und dem Abklingen aller damit verbundenen Strömungen stabilisiert sich die Rotationsströmung. Aufgrund der wirkenden Zentrifugalkräfte steigt der Druck in der Flüssigkeit von innen nach außen stetig an. Dieser Druckgradient wird der Bodenschicht aufgeprägt. Dadurch entsteht eine starke, spiralenförmige Einwärtsströmung (Sekundärströmung) dicht über dem Behälterboden [1093–1095]. Fast über den gesamten Behälterquerschnitt steigt nun die Würze wieder nach oben. Die große Querschnittsflä-

Abb. 8.5 Hydrodynamischer Trubabscheider (Whirlpool; *1* Würzeeinlauf, *2* Würzestandanzeiger, *3* Mannloch, *4* Würzeauslauf, *5* Trubkegel, *6* Thermometer)

che bedingt eine geringe Aufstiegsgeschwindigkeit der Würze im Vergleich zur Geschwindigkeit der Sekundärströmung.

Alle Heißtrubpartikeln, deren Sinkgeschwindigkeit nun größer ist als die Aufwärtsgeschwindigkeit der Würze, verbleiben in der Bodenschicht, werden zur Behältermitte transportiert und dort am sich ausbildenden Trubkegel abgelagert (Teetasseneffekt). Aus Kontinuitätsgründen ergibt sich an der Flüssigkeitsoberfläche eine Radialströmung nach außen und an der zylindrischen Wandung eine nach unten gerichtete Strömung. So gelangen die Heißtrubteilchen an die Behälterwand, werden nach unten transportiert und gelangen in die Bodenschicht.

Aufgrund von Reibungseffekten an der Zylinderwand und am Boden wird die Rotationsströmung abgebremst. Dadurch sinkt der Druckgradient und die Intensität der Einwärtsströmung verringert sich. Die Geschwindigkeit der Aufwärtsströmung der Würze verkleinert sich und es können immer kleinere Teilchen abgeschieden werden.

Beim Transportvorgang in der beschriebenen Sekundärströmung können größere Trubteilchen feine Partikeln einfangen und dadurch die Abscheideleistung verbessern.

Bei der Abscheidung des Heißtrubs am zentralen Trubkegel müssen die Partikeln sowohl an der Trubkegeloberfläche als auch aneinander haften bleiben. Die Strömungskräfte dürfen sie nicht mehr abtrennen. Die Haftung der Heißtrubteilchen wird stark von der Zusammensetzung des Heißtrubs und vom Elektrolythaushalt der Würze beeinflusst. Durch Adsorption von Ionen an der Oberfläche der Heißtrubpartikeln können Ladungsunterschiede und damit abstoßende Kräfte zwischen den Teilchen kompensiert werden [1096].

Im Verlauf einer Rast von ca. 30 Minuten nach Beendigung des Ausschlagens ist die Würze bei richtiger Funktion des Whirlpools so weit geklärt, dass mit dem Abzug begonnen werden kann. Der Trub hat sich als Kegel im Bodenzentrum angesammelt, der einen Abstand von 20–40 cm vom Behälterrand aufweist. Nach diesem ersten entscheidenden Trenneffekt des Heißtrubs von der Würze kommt es darauf an, den Trubhaufen während des Ablaufs der Würze kompakt zu halten und in der letzten Phase der Whirlpoolentleerung ein Zerlaufen desselben zu vermeiden.

Um nun das Gefüge beim Ablauf nicht zu stören, wird der Würzeabzug in einer Höhe von 1/2–2/3 des Flüssigkeitsstandes begonnen, nach dessen Erreichen auf einen zweiten 100 mm über dem Boden und schließlich auf einen Auslass an der tiefsten Stelle des Bodens umgestellt.

Bei diesem letzten Umschaltvorgang wird die Geschwindigkeit des Würzelaufs gedrosselt. Der im Idealfalle „trocken" ablaufende Trub enthält noch eine Würzemenge von 0,3% der Ausschlagmenge [1097].

Beim Einziehen soll ein Zerlaufen des Trubkegels vermieden werden, der Trubkegel soll „trockenfallen" (Abb. 8.6 und 8.7). Dies ist normalerweise nur bei einem Kegel mit lockerem Haufwerk mit großem Lückenvolumen der Fall,

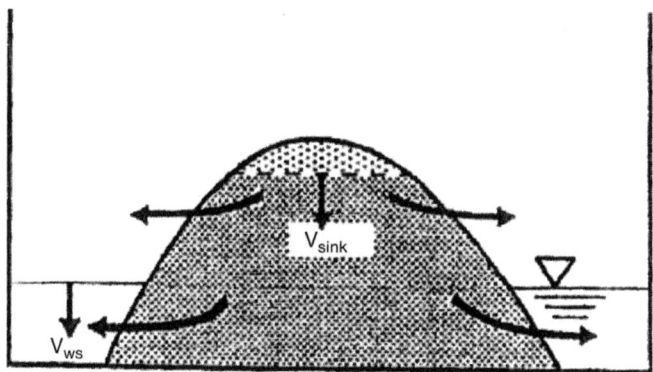

Abb. 8.6 Zerlaufender Trubkegel

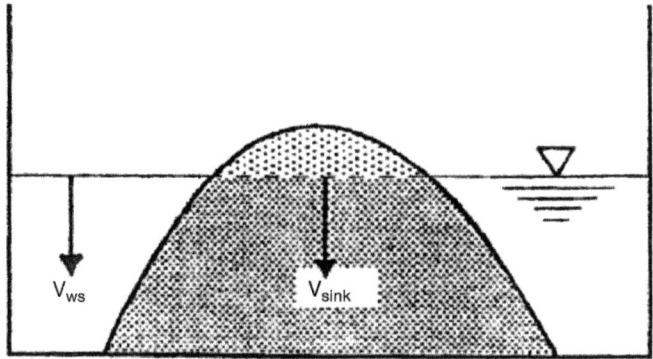

Abb. 8.7 Das Zerlaufen wird durch $v_{WS} = v_{sink}$ verhindert

bei dem die Sinkgeschwindigkeit der Würze aus dem Trubkegel mit der Sinkgeschwindigkeit des zurückgehenden Würzespiegels Schritt hält. Ist dagegen die Sinkgeschwindigkeit kleiner als die des Würzespiegels, da der Trubkegel wie ein Schwamm mit Würze gefüllt ist, so übt die verbleibende Flüssigkeit auf die darunter befindliche Würze im Haufwerk einen, wenn auch kleinen hydrostatischen Druck aus. Dieser reicht aus, um die Würze oberhalb und unterhalb des Flüssigkeitsspiegels herauszudrücken, was Anlass zu Erosionswirkungen im Trubkuchen ist und schließlich zum Zerfließen desselben führt.

Um dies zu vermeiden, soll die Geschwindigkeit der Absenkung des Würzespiegels an die Sinkgeschwindigkeit aus dem Trubkegel angepasst werden, was am besten in mehreren Stufen oder stufenlos bis auf etwa 1/4 der normalen Ablaufgeschwindigkeit geschieht [1098].

Die Sedimentation wird durch gemahlenen Hopfen oder Hopfenpellets verbessert und hierdurch die Betriebssicherheit erhöht. Dies ist jedoch nur dann der Fall, wenn die Hopfenpulvermenge 1,5–2 kg/m^2 Whirlpoolfläche nicht überschreitet. Demzufolge ist es möglich, bei einem Verhältnis von h:d = 1:2 rund 100–130 g/hl an Hopfenpellets zu dosieren. Eine Kombination von Pellets, konzentrierten Pellets und Hopfenextrakt gibt einen gewissen Spielraum der sich an die Bedürfnisse der verschiedenen Biersorten anpassen lässt.

Die Verluste durch Würzeeinsaugung steigen naturgemäß bei Verwendung von Hopfenpellets an wie die folgende Tab. 8.11 zeigt:

Tab. 8.11 Würzeverluste bei Hopfenpellets und Hopfenextrakten [1097]

Pellets g/hl	126	62	0
Extrakt g/hl	0	21	43
Extraktverlust	2,0	1,2	0,6

Die Arbeitsweise des Whirlpools sollte sowohl durch persönlichen Augenschein als auch durch Trübungsmessungen überprüft werden. Hier sind neben dem Klärungsgrad der Würze während des Ablaufs vor allem die Trubbelastung beim Anlaufen und beim Einziehen des Whirlpools von Interesse. Auch eine Feststoffmessung durch Ziehen von Proben während des Würzeablaufs oder Sedimentsbestimmungen mittels eines Imhoff-Trichters geben vor allem in der Einfahrphase bzw. bei Veränderung der Rohstoffe oder Verfahrensweise gute Hinweise [1099].

Faktoren für eine einwandfreie Funktion des Whirlpools Die Würze selbst muss bestimmte Eigenschaften haben, um einen hinreichenden Trenneffekt und damit eine klare Würze zu erzielen. Dies kann durch einen Sedimentationsversuch in einem allseitig isolierten Imhoff-Trichter von 1000 ml Inhalt und 380 ml Füllhöhe überprüft werden. Durch zwei gegenüberliegende von oben nach unten verlaufende Schlitze in der Isolierung lassen sich mittels einer Lichtquelle die Sedimentationsvorgänge beobachten [1099]. In einer gut whirlpoolfähigen Würze hat sich der Heißtrub nach 5–6 Minuten vollständig abgesetzt und die Würze über dem Sediment ist klar. Bei extrem gut sedimentierenden Würzen kann dies schon nach 3 Minuten der Fall sein. Schlecht klärende Würzen zeigen noch nach 10 Minuten kein befriedigendes Bild. Trubteilchen, die noch in Schwebe sind, und/oder eine noch opale Würze werden auch im Whirlpool das Bild bestimmen. Die Probenahme aus der Pfanne nach der Ausschlagpumpe und ggf. aus dem Whirlpool ermöglichen eine Stufenkontrolle, um den Einfluss der mechanischen Beanspruchung der Würze beim Ausschlagen zu sehen.

Die Würze kann aber auch von Seiten der Rohstoffe oder der vorangegangenen Verfahrensschritte ungünstig beschaffen sein:
a) durch inhomogene Malze mit hoher Viskosität, zu knappe Maischverfahren, unbefriedigende Würzekochung, Einwirkung von Scherkräften;
b) durch trübe, feststoffreiche Abläuterung bei Maischefiltern und Kunststofftüchern, durch Vorderwürzeabzug „von oben" ergibt sich eine Disposition für einen schlechteren Kläreffekt bzw. eine mangelhafte Festigkeit des Trubkuchens;
c) ein sehr niedriger pH-Wert der Ausschlagwürze von 4,9–5,0 vermittelt einen weniger grobflockigen Trub, der langsamer sedimentiert und auch einen lockeren Trubkuchen liefert, der zum Auseinanderfließen tendiert. Es ist zweckmäßig, sehr niedrige pH-Werte (z. B. bei Würzen für alkoholfreie Biere) erst zwischen Whirlpool und Plattenkühler einzustellen, wobei aber noch die erforderlichen Pasteur-Einheiten zur Abtötung der Milchsäurebakterien einzuhalten sind.

Aber auch durch die technischen Gegebenheiten bei diesen Verfahrensschritten:
d) hohe Scherbelastung der Würze in Rohrleitungen (zu hohe Strömungsgeschwindigkeit, große Rohrlängen, zu viele Krümmer von zu kleinen Radien, T-Stücke);
e) fehlerhafte Auslegung von Kreiselpumpen im Heißwürzebereich, die außerhalb des optimalen Wirkungsbereichs arbeiten, Kavitationen beim Pumpen von der Pfanne in den Whirlpool;
f) fehlerhafte Auslegung der Sudpfanne, Inhomogenität der Kochung, Scherbelastung z. B. an den Umleitschirmen von Innen- und Außenkochern;
g) beim Ausschlagvorgang wird über einen Hopfenseiher oder bei niedrigerem Würzestand von der Pfanne aus Luft eingezogen, die von der Pumpe feinstverteilt eine bestimmte Zeit zum Aufsteigen braucht und so die Sedimentation stört. Es ist aber auch eine Erkenntnis, dass Außen- und Innenkocher generell eine größere Scherbelastung auf die Würze ausüben als Pfannen mit Bodenheizung [1100, 1101];
h) beim Nachdrücken von Heißwasser oder Dampf am Ende des Ausschlagens kann die bis zu diesem Zeitpunkt gebildete Formation gestört werden;
i) ein Vorkühlen der Würze zwischen Pfanne und Whirlpool auf Temperaturen unter 85–90 °C kann die Sedimentation verzögern, die Klärung etwas beein-

trächtigen und die Festigkeit des Trubkuchens verschlechtern, so dass es zum Mitreißen von Heißtrub kommt. Das Ausmaß der Vorkühlung ist immer wieder zu überprüfen und notfalls zu korrigieren (s. Abschnitt 8.2.4.1);

Der Whirlpool selbst kann Störquellen beinhalten:
j) zu hohe Einlaufgeschwindigkeit während des Ausschlagens;
Die Einlaufgeschwindigkeit soll 3–3,5 m/s nicht überschreiten; höhere Geschwindigkeiten ergeben durch größere Scherspannungen eine Störung des Sedimentationsverhalten des Trubs (Abb. 8.8). Eine Vakuumbehandlung der Würze beim Ausschlagen mittels eines Entspannungskühlers kühlt die Würze je nach eingestelltem Vakuum, auf 75–80 °C ab. Es ist nicht nur die vorstehende Abkühlung, sondern vor allem die starke mechanische Beanspruchung der Trubteilchen verantwortlich, dass eine anschließende Sedimentation nicht mehr gelingt. Die Würze wird am besten bei dieser Temperatur filtriert (s. Abschnitt 8.2.3.7);
k) zu starke Sekundärströmungen in Zusammenhang mit zu geringer Sedimentationsgeschwindigkeit;
l) zu rasches Ablaufen der Restwürze aus dem Trubkuchen;
m) Konstruktions- und Auslegungsfehler, störende Einbauten, ungünstige Bodenverhältnisse und ungünstig angeordnete Ablassöffnungen.

Das Verhältnis von der Würzestandshöhe zum Durchmesser des Whirlpools war ursprünglich als 1:1 angegeben, doch erwiesen sich Whirlpools mit 1:1,5–2,0 als sicherer, um bei hohem Trubanfall noch einen genügend breiten Rand zu haben. Bei einem großen Anteil an Hopfenpellets bei Pilsener Würzen hat sich ein Verhältnis von 1:3–3,5 bewährt. Whirlpoolpfannen gehen – meist aus Gründen der Geometrie der Würzepfanne – über ein Verhältnis von 1:2–2,2 nicht hinaus. Es ist allerdings klar, dass mit steigendem H:D-Verhältnis auch eine höhere Leistung der Ausschlagpumpe bei entsprechend ausgelegten Leitungsquerschnitten erforderlich wird.

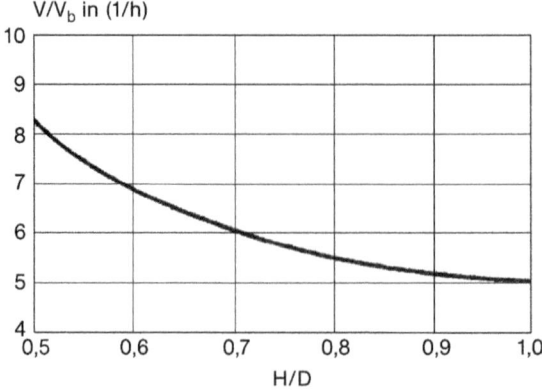

Abb. 8.8 Der Eintrittsvolumenstrom V [1099]

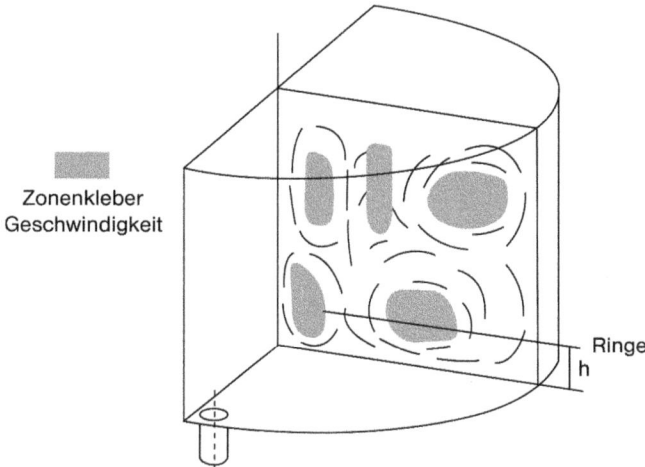

Abb. 8.9 Der Toruswirbel als wichtigste Quelle störender Sekundärströmungen

Im Whirlpool können, vor allem bei zu hohen Einströmungsgeschwindigkeiten verstärkt Sekundärströmungen auftreten. Diese sog. Toruswirbel (Abb. 8.9) stören nicht nur die Absetzbewegung der Trubpartikeln, sondern sie wirbeln die sedimentierenden Teilchen wieder auf. Die Erniedrigung der Einströmungsgeschwindigkeit auf 3,5 m/s konnte diese Erscheinung deutlich verringern. Bei ungünstig dimensionierten Whirlpools hat sich der Einbau konzentrischer Ringe, variabel 300–600 mm über dem Gefäßboden, bewährt. Die Ringe sind nach Abb. 8.10 in einem Abstand von 100 mm zueinander angebracht, die Halterungen sollen so angeordnet sein, dass sie nur einen geringen Strömungswiderstand ergeben.

Diese Ringe erlauben eine raschere Klärung der Würze und damit eine kürzere „Whirlpoolrast".

Der Whirlpoolboden war ursprünglich flach, mit einem Gefälle von 1–2% zur Auslauföffnung hin. Bei Whirlpoolpfannen fanden sich verschiedentlich Klöpperböden oder flachkonische Böden, die wohl den Trubabsatz nicht beeinflussten, die aber ein Trockenlaufen des Trubs nicht erlauben. Es wurden hier, je nach Biersorte und Hopfentreberbelastung radial mehrere Bodenanstiche erforderlich, um die Würze weitgehend abziehen zu können (Abb. 8.11).

Dennoch enthielt der Resttrub noch soviel imbibierte Würze, dass er in einen sog. „Trubtank" gepumpt und vor oder während des Abläuterns des folgenden Sudes zugegeben wurde. Diese Maßnahme wurde auch bei der sog. „Trubtasse" angewendet, die häufig in Verbindung mit einem konischen Whirlpoolboden (~15°) einer gezielten Rückführung des Trubs dient. Eine Trubwürzegewinnung mit Hilfe einer Zentrifuge kann ebenfalls diesen Verfahrensschritt verlustärmer gestalten.

Sehr gut bewährt hat sich der sog. „rotationssymmetrische" Boden, der einen nach außen fallenden Konus von 1–2° beinhaltet. Hier waren ursprünglich 6–8

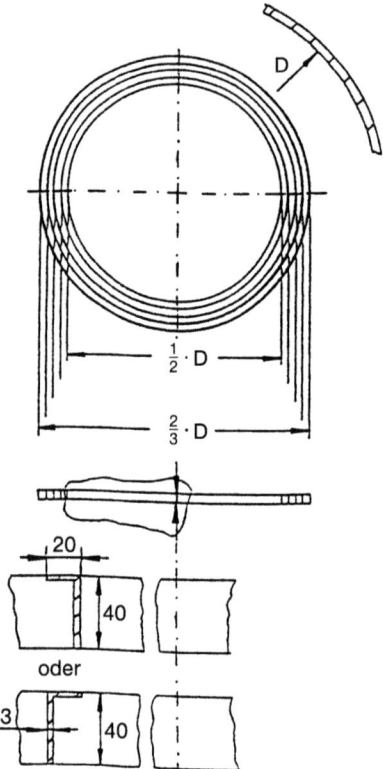

Abb. 8.10 Konzentrische Ringe zum Dämpfen der Toruswirbel

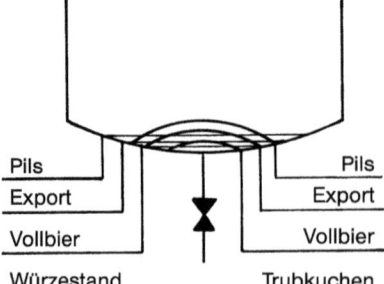

Abb. 8.11 Whirlpoolpfanne mit bombiertem Boden

Ausläufe in der Peripherie vorgesehen. Der Vorteil ist, dass die Würze völlig gleichmäßig – nicht nur nach einer Gefälleseite – aus dem Kuchen abströmen kann, so dass der Trubkegel „geschont" wird [1102]. Die logische Weiterführung dieses Gedankens ist eine am Rand des Whirlpools angeordnete Ablaufrinne von 70–100 mm Breite und Tiefe, die den Sog der ablaufenden Würze vom Trubkuchen nimmt. Es ist dann nur ein Bodenanstich am tiefsten Punkt der

8.2 Verfahren der Würzebehandlung | 685

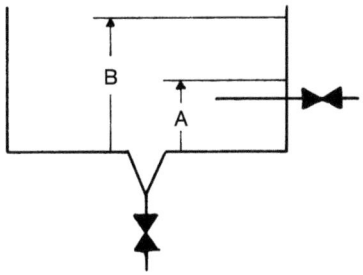

Bodeneinlauf bis Niveau A
Seiteneinlauf von Niveau A bis Niveau B

Abb. 8.12 Whirlpoolbeschickung von unten (anschließend über den Seiteneinlauf)

Rinne erforderlich (s. Abschnitt 5.2.1.7, Abb. 5.12). Leider hat diese Konstruktion oftmals aus Kostengesichtspunkten weichen müssen.

Der Einlauf in den Whirlpool ist tangential im unteren Drittel der Würzehöhe H. Die Ausschlagleitung soll satt an der Behälterwand abschließen. Beim Eintritt in den Whirlpool breitet sich die Würze flächenartig an der Wand aus. Sie kann Luft einschließen, deren Aufsteigen die Sedimentation der Trubteilchen möglicherweise behindert. Um dies zu vermeiden, wurde die Würze zuerst in Bodenhöhe tangential eingeleitet und dann auf ca. 15 cm über dem Einlauf im unteren Drittel umgestellt. Hierdurch wird nicht nur die Sauerstoffaufnahme minimiert, sondern auch die Trubsedimentation beschleunigt. Es kann aber die Würze bei diesem ersten Schritt auch über eine vorhandene Trubtasse (Abb. 8.12) oder einfach durch eine Leitung in Bodennähe zugeführt werden. Neue Entwicklungen begünstigen wieder ein „Auffächern" der Würze beim Einlauf.

Die Whirlpoolpfanne: Eine derartige Konstruktion bietet sich vornehmlich bei Außenkocherbetrieb an, um den oder die neutralen Pfannenkörper auch gleichzeitig als Whirlpool zu nutzen. Es ist aber für die Kochung selbst ein anderer Weg zu wählen als für das „Whirlpoolen": Beim Kochen wird die Würze mit ca. 8 Umwälzungen/h in einem Winkel von 23° zum Radius in die Pfanne geführt (s. Abschnitt 5.2.1.7) sowie ein Teilstrom von oben auf einen Verteilerschirm gelenkt. Hierbei ergeben sich: eine bestmögliche Homogenität der Würze, eine schonende Förderung sowie eine gute Ausdampfung von Aromastoffen. Zur Einleitung des Whirlpooleffekts wird dann die Würze mit etwa derselben Leistung der Pumpe über die tangential mündende Leitung im Behälter umgewälzt. Die Zeitdauer liegt bei 5–7 Minuten. Anschließend wird der Kocher leer gedrückt [802]. Ursprünglich war eine Zeitersparnis gegeben, doch haben sich bei modernen Sudwerken auch die Ausschlagzeiten verkürzt, so dass hier kaum mehr Unterschiede bestehen. Die früher bombierten oder flachkonischen Pfannenböden sind meist rotationssymmetrischen Böden (auch mit Ablaufrinne) gewichen. Es wurden auch Whirlpoolpfannen mit Innenkochern erstellt, hier war dann eine zusätzliche Umwälzleitung (über die Ausschlagpumpe) für die Darstellung des Whirlpooleffekts erforderlich.

Infolge der komplizierten Leitungsführung, vor allem bei 2–3 Pfannen mit einem gemeinsamen Außenkocher und den doch verschiedenen Wegen der

8 Die Würzebehandlung zwischen Sudhaus und Gärkeller

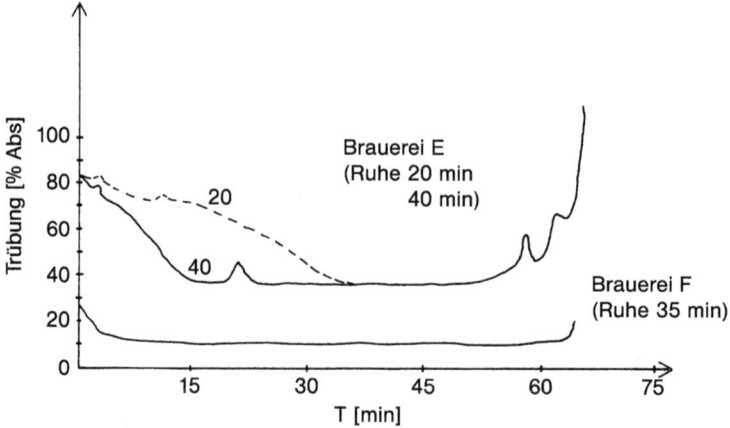

Abb. 8.13 Trübungsverlauf bei sehr gut (F) und mangelhaft arbeitendem Whirlpool (E)

Würzeleitung für Kochen und Rotation wurden die beiden Funktionen wieder getrennt.

Betriebliche Beispiele für eine sehr gute und eine unbefriedigende Fuktion des Whirlpools zeigt Abb. 8.13 für die Brauereien E und F.

In Brauerei E wurde eine nur kurze Rastzeit von 20 Minuten eingehalten, die Würze klärte schlecht und es blieben – auch nach dem Anlaufen – noch Trubflocken in Schwebe. Eine Verlängerung der Rast auf 40 Minuten erbrachte wohl eine etwas geringere Trubbelastung beim Anlauf, beim Einziehen wurden jedoch wieder beachtliche Mengen an Heißtrub mitgerissen.

In Brauerei F war dagegen die Klärung der Würze und der Trubabsatz vorbildlich. Whirlpools mit der in Abb. 8.12 dargestellten „Trubtasse" (bevorzugt mit flachkonischen Boden von 15°) lassen sich mit Vorteil mit einer Trubzentrifuge kombinieren.

Sofort nach Ende des Ausschlagens wird der sich in der Mitte des Whirlpools anreichernde Trub u. U. über eine „Trubtasse" mit Hilfe einer Mohnpumpe innerhalb von 30 Minuten in einen Trubtank (5 hl/t Schüttung) gepumpt.

Von diesem Tank fließt das homogene Trub-Würzegemisch zu einer selbstaustragenden Zentrifuge. Mit dem Klären wird zum gleichen Zeitpunkt begonnen, zu dem das Kühlen der geklärten Whirlpoolwürze einsetzt. Beide Flüssigkeitsströme werden vor dem Plattenkühler miteinander verschnitten. Die Zentrifugenleistung sollte so groß sein, dass sie die Trubwürze innerhalb der üblichen Kühldauer von 50 Minuten trennen kann [1103].

Die **Veränderung der Würze** durch die Behandlung im Whirlpool war ursprünglich durch eine starke Zufärbung gekennzeichnet. Je stärker und je länger der Luftkontakt beim Einlauf der Würze in den Whirlpool, umso intensiver ist die Zufärbung schon in den ersten 30–60 Minuten; die weitere Farbaufnahme hängt dann von der thermischen Belastung ab, die ab Kochende deutlich unter 100 Minuten liegen sollte (Tab. 8.12).

8.2 Verfahren der Würzebehandlung

Tab. 8.12 Würzefarben nach EBC bei Variationen am Whirlpool [958]

	Zeit min	Whirlpool- Einlauf 50 cm	Whirlpool- Einlauf 10 cm	Whirlpool mit N_2	Zeit min	Whirlpool- Pfanne
Beginn Ausschlagen	0	11,0	11,0	11,0	0	11,0
Ende Ausschlagen	20	11,8	11,4	11,0		
Beginn Kühlen	60	12,5	11,8	11,0	40	11,3
Mitte Kühlen	100	13,0	12,3	11,3	100	11,7
Ende Kühlen	140	13,6	12,7	11,5		
Durchschnitt		13,0	12,2	11,2		11,5

Die Nachisomerisierung der Bitterstoffe bewegt sich im üblichen Rahmen (s. Abschnitt 8.1.5), sie kann aber bei hohen Hopfengaben und geringer mittlerer Würzekochzeit doch sehr erhebliche Zuwachsraten erreichen (Tab. 8.13).

Es tritt schon während der Ausschlagphase eine kräftige Isomerisierung der α-Säuren ein, die während des Whirlpoollaufs noch um weitere 20% zunimmt. Die β-Säuren zeigen eine sehr starke Abnahme, die durch die Belüftung im Whirlpool oder auch durch die Sedimentation des Trubs erklärbar ist.

Tab. 8.13 Nachisomerisierung im Whirlpool [1090]

	Zeit min	α-Säuren mg/l	Iso-α-Säuren mg/l	β-Säuren mg/l
Kochende	0	12,2	22,0	6,1
Ausschlagende	30	13,9	32,5	5,1
Whirlpool				
Anlauf	60	11,1	33,3	1,0
Mitte	90	10,1	36,9	1,1
Ende	130	8,8	39,4	1,0

Die langkettigen freien Fettsäuren erfahren bei einwandfreier Funktion des Whirlpools eine Verringerung um über 90% (Linolsäure), wie Tab. 8.14 zeigt.

Bei mangelhafter Klärung weist die Würze nach dem Whirlpool oft noch 70% der in der Ausschlagwürze enthaltenen Fettsäuren auf [750].

Tab. 8.14 Die Entfernung von langkettigen freien Fettsäuren [749]

	Ausschlagwürze mg/l	Nach Whirlpool mg/l	Trubsediment mg/l
C_{12}	0,2	0,0	1,9
C_{14}	0,5	0,2	19,8
C_{16}	11,3	1,8	811,5
C_{18}	1,2	0,1	68,8
$C_{18:1}$	3,4	0,3	185,2
$C_{18:2}$	15,2	1,2	201,9
$C_{18:3}$	1,6	0,0	94,0

Das Verhalten des Dimethylsulfids ist nach Tab. 8.15 durch die schon früher erwähnten Bewegungen gekennzeichnet.

Es wird der DMS-Vorläufer durch die thermische Belastung weiter gespalten, wobei freies Dimethylsulfid entsteht, das aber nicht mehr ausgedampft wird [977].

Tab. 8.15 Veränderung von DMS und seinen Vorläufern sowie der TBZ beim Würzebehandlungsprozess (ppb), Kochzeit 60 Minuten, Gesamtzeit Ende Kochen – Ende Kühlen 90 Minuten

	Gesamt-DMS	freies DMS	DMS-Vorläufer	TBZ
Ausschlagwürze	130	27	103	32
Anstellwürze	122	64	58	40

Eine neue Whirlpoolkonzeption soll den Nachteil der bisherigen Whirlpools – die fehlende Nachverdampfung – beheben. Das Gefäß ist mit zwei Zargen versehen. Die Würze tritt in den inneren Behälter über einen senkrecht angeordneten Schlitz mit einer Geschwindigkeit von 3–3,5 m/s tangential ein. Es wird also bewusst ein breiter Strahl angestrebt, der ein rascheres Ausbilden des Trubkegels ermöglichen soll. Die eigentliche Neuerung des Geräts ist die zwischen den beiden Zargen angeordnete „Stripping-Zone". Die Würze wird hier beim Abzug zum Kühlen über eine Ringleitung an die Flächen der inneren und äußeren Zarge versprüht. Sie nimmt in einem dünnen Film an den heißen Wänden ab, sammelt sich in einem Sumpf am Boden der äußeren Zone und wird über den Auslauf zum Würzekühler hin abgezogen. Es besteht zusätzlich die Möglichkeit die Würze direkt über einen Bypass vom Whirlpool (d.h. vom inneren Bereich) zum Kühler zu pumpen und so ein bestimmtes Verhältnis von gestrippter zu ungestrippter Würze – je nach Biersorte oder Rohstoffgegebenheiten – einzustellen. Die aufsteigenden Brüden, die beim Einpumpen, bei der Rast und beim Strippen anfallen, können über den Dunstabzug entweichen. Rücklaufendes Kondensat wird an einer Kondensationsrinne abgefangen (Abb. 8.14 und 8.15).

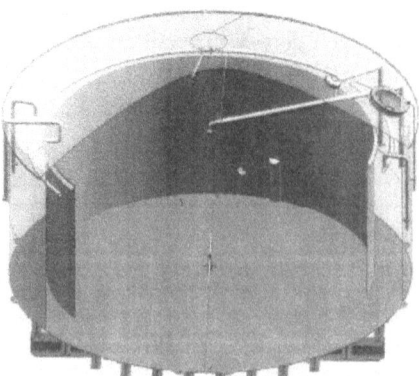

Abb. 8.14 Whirlpool mit Doppelwand und Stripping-Zone

8.2 Verfahren der Würzebehandlung | 689

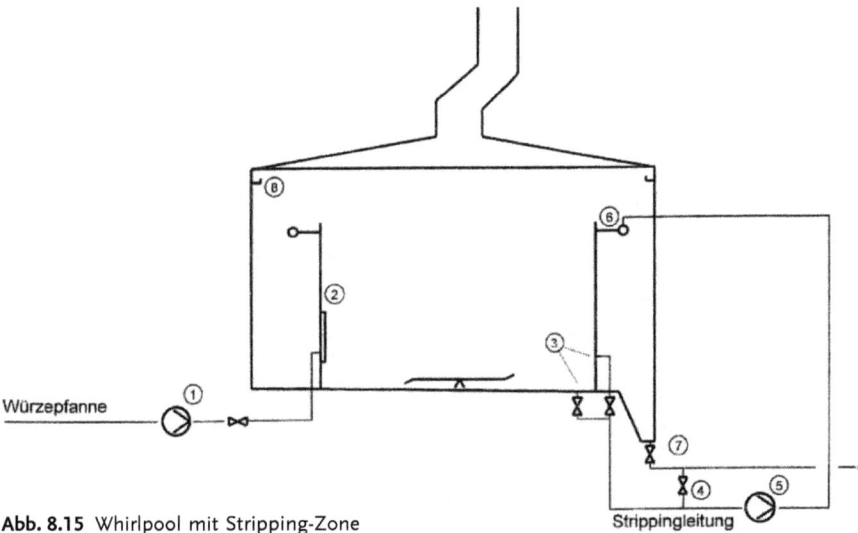

Abb. 8.15 Whirlpool mit Stripping-Zone

Die vorgestellte neue Whirlpoolkonzeption schafft durch die größere Einströmoberfläche eine etwas stärkere Oxidation der Würze beim Ausschlagen, aber auch beim „Strippen" vor dem Weg zum Würzekühler. Erstere mag für die raschere Klärung der Würze verantwortlich sein (s. auch Abschnitt 8.2.5.5). Letztere dürfte, wenn überhaupt, nur eine geringe Bedeutung haben, da sie bis zum Plattenkühler nur eine geringe Zeit einwirkt.

Die bessere Klärung der Würze erlaubt eine Verkürzung der Rast ohne Verschlechterung der Trübungswerte von 30 auf 20 Minuten, weitere Verkürzungen auf 15, 10 und 5 Minuten zeigten wohl stärkere Anfangstrübungen von 20, 35 und 55 EBC-Einheiten, doch sanken diese nach maximal 8 Minuten auf unter 10 EBC ab. Der Feststoffgehalt der Würze lag bei 30 mg/l bei kürzerer Rast wohl höher, aber stets unter 70 mg/l. Die Festigkeit des Trubkegels war stets gut. Die DMS-Werte des Whirlpools zeigen den Einfluss des Strippens (Tab. 8.15). Die TBZ wurde durch das „Strippen" als solches nicht verändert, lediglich durch eine verkürzte Whirlpoolrast [1150, 1178].

Es zeigt sich aber, dass durch diesen neuen Verfahrensschritt eine Verringerung des freien DMS um rund 33% erfolgte, ohne zusätzliche thermische Energie oder das Anlegen eines Vakuums. Auch Würzearomastoffe, wie die Strecker-

Tab. 8.16 DMS-Gehalte beim Whirlpool mit/ohne Strippen (ppb)

	Ausschlagwürze	Würze vor Strippen	Würze nach Strippen
DMS gesamt	153	139	129
DMS frei	33	52	35
DMS-P	120	97	94

Aldehyde Furfural und Hexanal sowie γ-Nonalacton nahmen um 10–20% ab. Die Verluste bei den Hopfenaromastoffen am Beispiel von Myrcen und Linalool betrugen ebenfalls ca. 20%. Durch diese Effekte konnte eine etwas bessere Geschmacksstabilität der Biere ermittelt werden, was auch durch die Daten der Alterungskomponenten zu belegen war [1104–1106].

Der Whirlpool hat sich im Laufe der Jahrzehnte vom wohl einfacheren, aber nicht immer zuverlässigen Gerät zu einer effektiven Vorrichtung zur Trubabscheidung entwickelt. Bei Einhalten der Konstruktionsprinzipien, der Vorschläge zu einer optimierten Arbeitsweise [1101, 1107] sowie einer „whirlpoolfähigen" Würze kann der Heißtrub nahezu quantitativ abgetrennt werden. Die Zeiten vom Ende des Kochens bis zum Ende des Würzekühlens wurden durch rascheres Einpumpen in den Whirlpool, mögliche kürzere Rasten sowie eine Beschleunigung des Würzekühlens auf 80–<90 Minuten verkürzt. Damit konnten Reaktionen wie Zufärbung, Zunahme der TBZ und ein weiterer Anstieg von Maillard-Produkten verringert werden, was sich auf Bierqualität und Geschmacksstabilität günstig auswirkt. Es hatte sich schon früher gezeigt, dass eine zu weitgehende Heißtrubentfernung Anstellwürzen mit zu geringen Lipidgehalten und auch zu niedrigen Zink-Werten liefert (s. auch Abschnitt 8.1.3.2), was zu einer Verschlechterung der Hefevermehrung und zu schleppenden Gärungen führte. Um diesen Nachteilen zu begegnen, könnte die Rastzeit im Whirlpool entsprechend verkürzt werden.

Die Freisetzung von DMS läuft naturgemäß bei hohen Temperaturen von 96–98 °C weiter, und es kann bei kürzeren Kochzeiten, z. B. mit modernen Kochsystemen, zu einer Überschreitung eines Grenzwertes von 80–100 ppb an freiem DMS im späteren Bier kommen. Dies ist durch eine Korrektur der Höhe des DMS-Vorläufers (s. Abschnitt 5.6.4.3) zu vermeiden. Es haben sich aber auch in Verbindung mit der Würzekochung Methoden zur Nachbehandlung der Würze nach dem Kochen eingeführt, wie Abkühlung zwischen Pfanne und Whirlpool (nicht zu weit – bis 85–90 °C – um den Whirlpooleffekt nicht zu gefährden) oder durch eine Vakuumstufe nach dem Whirlpool (s. Abschnitte 8.2.4.1– 8.2.4.3). Diese Aussagen beziehen sich auch auf die anderen Systeme zur Trubabtrennung wie Setzbottich und Sedimentationstank.

Die Entfernung des bei flachen Böden mitunter sehr festen Trubkegels geschieht mit Hilfe von Spritzdüsen, die oben oder in der Peripherie angeordnet sind. Auch ein im Zentrum befindlicher „Hydro-Jet" dient der Aufgabe einer u. U. automatisierten Trubentfernung und Reinigung. Bei konischen Böden ist, infolge schlechterer Entfeuchtung des Kuchens die Entfernung des Trubs einfacher.

8.2.3.5 Zentrifugen

Zur Entfernung des Heißtrubs werden Zentrifugen zweckmäßig in Verbindung mit einem Ausschlaggefäß angewendet, da das Ausschlagen in kürzerer Zeit erfolgen kann als das Separieren des Heißtrubs. Es können aber auch die Pfannenkörper bei Außenkochern dieser Aufgabe dienen. Als Ausschlagtanks finden einfache, liegend oder stehend angeordnete Tanks Verwendung, die nach heutigen Erkenntnissen (Wärmerückgewinnung) ebenfalls isoliert sein sollen. Nachdem hier kein Trubabsatz abgewartet wird, erfolgt bereits während des Ausschlagens in diesen Behälter das Beschicken der Zentrifuge mit der zu klärenden Würze.

Bei Betrieb eines *Setzbottichs* wird entweder eine Sedimentation des Trubs abgewartet und die klare Würze mit dem Schwimmer abgezogen. Die letzten 20–30% laufen dann, durch ein Rührwerk homogenisiert über die Zentrifuge, oder es wird im Falle eines zylindrisch-konischen Tanks zunächst der sich absetzende Trub zentrifugiert und später die sich im Verlauf von 30–40 Minuten geklärte Würze ohne Zentrifuge dem Plattenkühler zugeleitet.

Bei *Kühlschiffbetrieb* hat die Zentrifuge dieselbe Aufgabe zu erfüllen wie oben beim Setzbottich beschrieben: es wird lediglich die Trubwürze geklärt.

Damit sind Separatoren für folgende Aufgaben vorgesehen:
- Separierung einer trub- (oder feststoff-)reichen Würze,
- Separierung einer Würze mit wechselndem Trubgehalt,
- Separierung der heißen Gesamtwürze mit konstantem Trubgehalt,
- Separierung der kalten Würze.

Das *Prinzip der Zentrifuge* ist es, die natürliche Fallbeschleunigung durch die weitaus höhere Zentrifugalbeschleunigung zu ersetzen. Damit gelingt es, den Trub in kurzer Zeit und bis zu einer ganz bestimmten Teilchengröße abzutrennen, so dass bei tieferen Temperaturen nicht nur der Heißtrub, sondern auch ein Teil des Kühltrubs miterfasst werden kann. Doch ist bei niedrigeren Temperaturen die Viskosität der Würze höher, so dass die Trennung erschwert wird und damit entweder der Wirkungsgrad oder die Leistung der Zentrifuge absinkt. In der Brauerei sind heute überwiegend Tellerseparatoren anzutreffen. Dieses erreichen bei 6000 U/min etwa die 10000fache Schwerkraft. In der Mitte des drehbaren Zentrifugenkörpers ist eine Anzahl von konischen Tellern in einem Abstand von 4–6 mm angeordnet. Hierdurch wird der Weg, den die Trubteilchen gegenüber dem Kammerseparator zurücklegen müssen, wesentlich verkleinert und die Klärung – vor allem bei Feintrub – verbessert. Sie gleiten an den konischen Tellersätzen ab und gelangen somit rasch an den Rand des drehbaren Zentrifugenkörpers, in den sog. Feststoffraum.

Die geklärte Flüssigkeit rotiert, sie wird mit Hilfe einer stillstehenden *Schälscheibe* (auch Greifer oder Zentripetalpumpe genannt) zum Auslauf gefördert. Der durch die Schälscheibe vermittelte Druck (bis zu 6 bar Überdruck) reicht aus, um den Widerstand des nachgeschalteten Plattenkühlers zu überwinden.

Sowohl der Kammer- als auch der Tellerseparator müssen nach jeder Charge geöffnet und entleert werden.

Selbstaustragende Separatoren nach Abb. 8.16 beruhen auf dem Prinzip der Tellerzentrifuge. Das Unterteil der Trommel ist dabei durch den hydraulischen Druck der Steuerflüssigkeit (Wasser) an das Oberteil gepresst. Der Trub sammelt sich im Schlammraum. Der Trommelboden, auch Kolbenschieber genannt, wird nun entweder von Hand, oder automatisch in festgesetzten Inter-

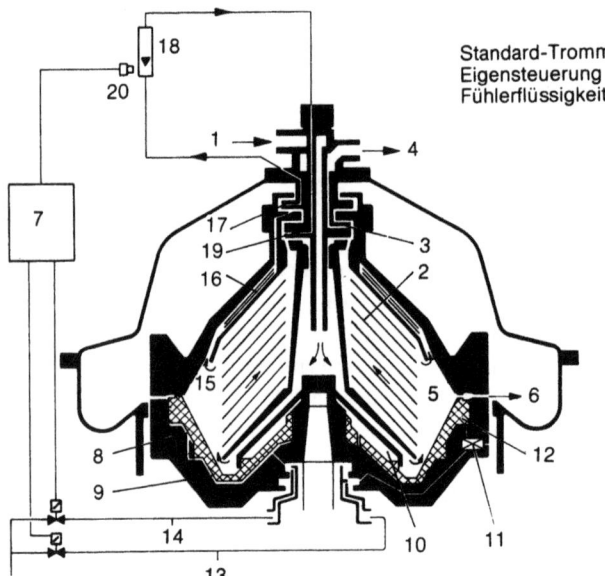

Standard-Trommel, Eigensteuerung mittels Fühlerflüssigkeit

1 Zulauf
2 Teller
3 Greifer
4 Ablauf
5 Feststoffraum
6 Feststoff-Ausstoß
7 Steuergerät
8 äußere Schließkammer
9 innere Schließkammer
10 Öffnungskammer
11 Trommelventil
12 Kolbenschieber
13 Öffnungswasser
14 Schließwasser
15 Eintritt der Fühlerflüssigkeit in den Tellerbereich
16 Klärteller für Fühlerflüssigkeit
17 Steuergreifer
18 Durchflußwächter
19 Steuergreifer
20 Schalter

Abb. 8.16 Selbstaustragende Zentrifuge

vallen durch Druckentlastung der Steuerflüssigkeit schlagartig geöffnet, so dass er einen ringförmigen Spalt freigibt, durch den der Feststoff ausgeschleudert wird. Bei dieser Teilentleerung wird der Zulauf der Würze nicht unterbrochen; es wird nur die feste Phase (Trub) ausgetragen. Bei der Totalentleerung wird der Zulauf der Würze unterbrochen, die Trommel kann in diesem Zeitraum mit Wasser durchgespült werden, das dann mit den Feststoffen abläuft. Normalerweise wird im Verlauf des Würzekühlens nur teilentschlammt; die Vollentschlammung mit Spülung erfolgt dann jeweils am Ende des Trennvorganges. Der Entschlammungsvorgang kann durch eine Zeitschaltung nach der Zeit zwischen zwei Austragungen und der Dauer derselben gesteuert werden. Diese Schaltung ist dann am Platz, wenn die der Zentrifuge zulaufende Würze stets denselben Trubgehalt hat. Bei schwankenden Feststoffgehalten kann eine Eigensteuerung mittels Photozelle dann den Impuls zur Entleerung auslösen, wenn die geklärte Würze einen bestimmten Trübungsgrad erreicht hat. Eine weitere Möglichkeit ist die Steuerung durch Abtasten der Befüllung des Feststoffraumes mit Hilfe einer Fühlerflüssigkeit. Diese bietet den Vorteil, dass die Entleerung schon erfolgt bevor trübe Würze den Separator verlässt, was bei Photozellensteuerung nicht ganz auszuschließen ist (Abb. 8.17). Die Trennwirkung der Zentrifuge ist nur dann einwandfrei, wenn die Leistung der Zentrifuge auf den Feststoffgehalt der zu klärenden Würze abgestimmt ist. So beträgt die Leistung bei homogener Trubverteilung in der Heißwürze (90 °C) 150–300 hl/h, bei höherem Trubgehalt (10- bis 15facher Wert der homogenen Würze) nur ca. 25%. Dasselbe ist bei der Klärung von kalter Würze der Fall: Die Zentrifugierung von Heiß- und Kühltrub bei 5–6 °C erfordert ebenfalls eine Reduzierung der Leis-

8.2 Verfahren der Würzebehandlung | 693

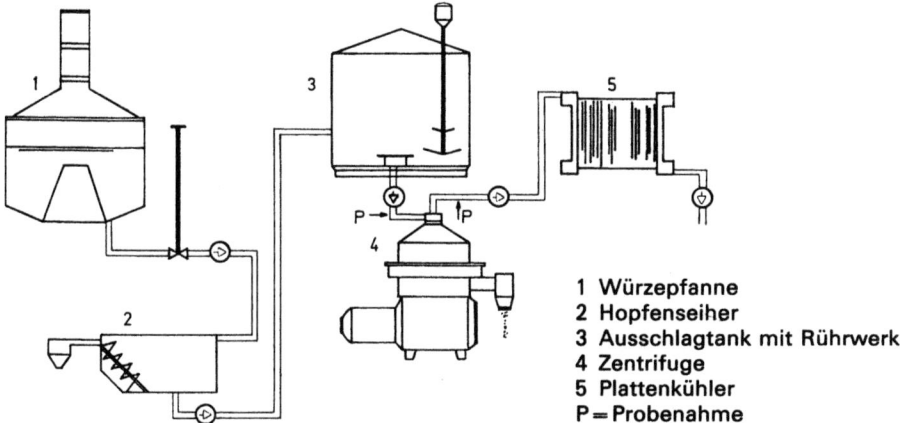

1 Würzepfanne
2 Hopfenseiher
3 Ausschlagtank mit Rührwerk
4 Zentrifuge
5 Plattenkühler
P = Probenahme

Abb. 8.17 Zentrifugierung eines homogenen Würze-Trub-Gemisches [1108]

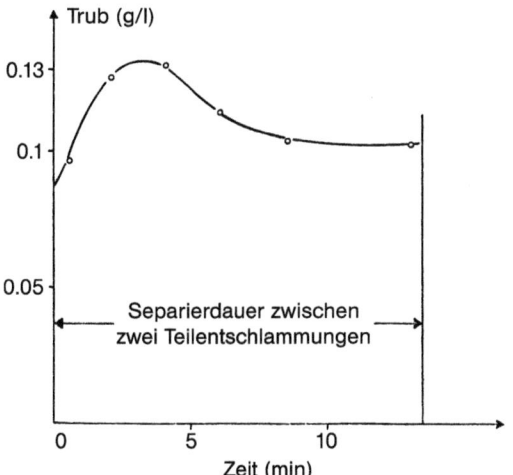

Abb. 8.18 Heißtrubgehalt einer zentrifugierten Würze zwischen zwei Teilentschlammungen [1108]

tung auf 25 %. Bei guter Vorklärung können 35–40 % Leistung bei der Kaltwürzeseparierung erbracht werden.

Bei Zufluss von gleichmäßig suspendiertem Heißtrub (Rührwerk im Ausschlagtank) kann dessen Menge auf 10 g/hl abgesenkt werden, lediglich kurz nach der Entschlammung tritt ein leichter Anstieg auf 12–13 g/hl ein. Dieser Trub ist so fein dispergiert, dass er durch die nachfolgende Kühltrubbeseitigung abgetrennt werden kann (Abb. 8.18) [1108, 1109].

Wird dagegen ein Ausschlaggefäß ohne Rührwerk eingesetzt, so sind folgende Phasen der Separierung gegeben: Die kritischste Phase ist die zweite: wenn hier nicht etwas feststoffarme Würze z. B. vom oberen Teil des stehenden Aus-

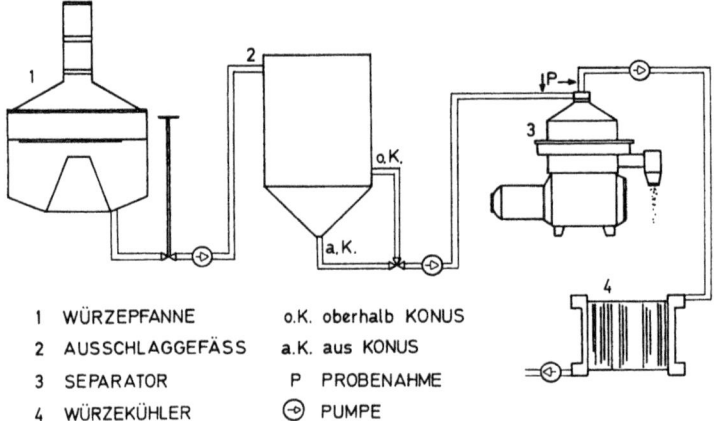

Abb. 8.19 Würzeklärung bei „Trubvoreilung" [1108]

1	WÜRZEPFANNE	o.K.	oberhalb KONUS
2	AUSSCHLAGGEFÄSS	a.K.	aus KONUS
3	SEPARATOR	P	PROBENAHME
4	WÜRZEKÜHLER	⊕	PUMPE

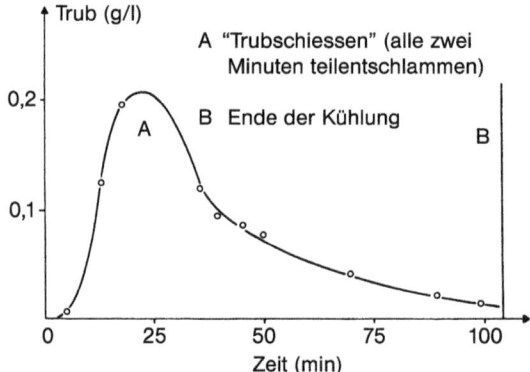

Abb. 8.20 Trubgehalt der Würze bei trubgesteuertem Würzeablauf [1108]

schlaggefäßes zugeleitet wird, dann erfolgt ein „Durchschlagen" von Heißtrub bis zu 30–50 g/hl. Aber selbst bei sehr sorgfältiger Einstellung der Zentrifuge ist es nicht zu vermeiden, dass 17–18 g/hl Heißtrub in dieser Phase in der Würze verbleiben, während der Gehalt nach dem Voreilen des Trubs auf unter 5 g/hl abfällt (Abb. 8.19 und 8.20).

Aus diesem Grund ist es auch nicht vertretbar, den Anteil der Hopfenpellets auf über 80 g/hl zu steigern: die Zentrifuge muss zu oft entschlammen und es treten damit zu große Verluste ein.

Die Klärleistung der Zentrifugen vermag unter den oben genannten Voraussetzungen zu befriedigen. Sie entspricht aber den heutigen, neuen Erkenntnissen über einen gewissen Trubgehalt der Würze [1067, 1068]. Es ist aber zu erwähnen, dass ein gut funktionierender Whirlpool einen niedrigeren Heißtrubgehalt erbringt (Abb. 8.13). Doch arbeitete die Zentrifuge bis in die 1980er Jahre meist sicherer. Bei sehr scharfem Zentrifugieren kann durch Scherkräfte eine

Veränderung von Eiweißmolekülen eintreten: es wird vermutet, dass frei werdende Sulfhydrylgruppen zum Entstehen eines „schwefelig-hefigen" Geruchs und Geschmacks bei der Gärung Anlass geben. Dies konnte durch Behandlung einer Würze mit einem Homogenisator bewiesen werden. Es tritt aber dieser beanstandete Geschmack auch bei ungeeigneten Pumpen ein.

Ein Vorteil ausreichend bemessener Zentrifugen ist es, dass bereits während des Ausschlagens mit der Würzeklärung begonnen und so die thermische Belastung der Würze verringert werden kann. Außerdem reicht es, den Plattenkühler auf eine Kühlzeit von 80 Minuten (statt 50 Minuten beim Whirlpool) auszulegen. Die kürzere Kontaktzeit reduziert die Zufärbung der Würze erheblich; sie liegt meist zwischen Ausschlag- und Anstellwürze unter 1 EBC-Einheit.

Die oben erwähnte Schälscheibe eignet sich bei entsprechenden Druckverhältnissen (z. B. Nachschalten einer Pumpe) auch zum Einschnüffeln von Luft, die hier eine sehr intensive Durchmischung und eine gute Abbindung im folgenden Plattenkühler erbringt. Hierdurch kann nicht nur die für die Gärung benötigte Luftmenge aufgenommen werden, sondern darüber hinaus auch für die Kühltrubentfernung durch Flotation (s. Abschnitt 8.2.5.5).

Der Zentrifugenbetrieb erfordert naturgemäß einen gewissen Stromaufwand der bei 15 kW/100 hl liegt. Für jeweils 200–300 hl Stundenleistung muss eine Einheit beschafft werden. Ob darüber hinaus ein Reserveaggregat notwendig ist, hängt davon ab, ob die Ausschlagtanks notfalls – unter Trubrückführung – auch kurzzeitig ohne Separator betrieben werden können.

8.2.3.6 Hopfentrubfilter

Hopfentrubfilter waren ursprünglich Kammerpressen mit Tüchern, bei denen der gemahlene Hopfen als Filteranschwemmung dient. Diese gut arbeitende Methode wurde wegen des damit verbundenen Arbeitsaufwandes wieder verlassen.

Diesem System folgte ein Kesselfilter mit parallel angeordneten, vertikalen Sieben und einem horizontalen Bodensieb. Die feineren Teilchen des gemahlenen Hopfens wurden zusammen mit dem Heißtrub an den vertikalen Sieben angeschwemmt, wo sich im Laufe der Filtration eine immer dichtere Schicht ausbildete. Die gröberen Teilchen setzten sich am Bodenfilter ab. Nach dem Filtrieren wurden die Rückstände mit heißem Wasser ausgewaschen oder dem folgenden Sud zum Einmaischen oder Abmaischen wieder zugegeben [1110, 1111].

8.2.3.7 Die Kieselgurfiltration der heißen Würze

Sie ist das sicherste Verfahren der Heißtrubentfernung. Als Filter dienen in größeren Betrieben Kesselfilter mit vertikal angeordneten Kerzen aus Filterplättchen oder Drahtspiralen sowie Kesselfilter mit horizontalen drehbaren Filterelementen, deren Drahtgewebe aus V4A-Stahl, wie die vorstehenden, eine Porenweite von 80 µm aufweist (Abb. 8.21).

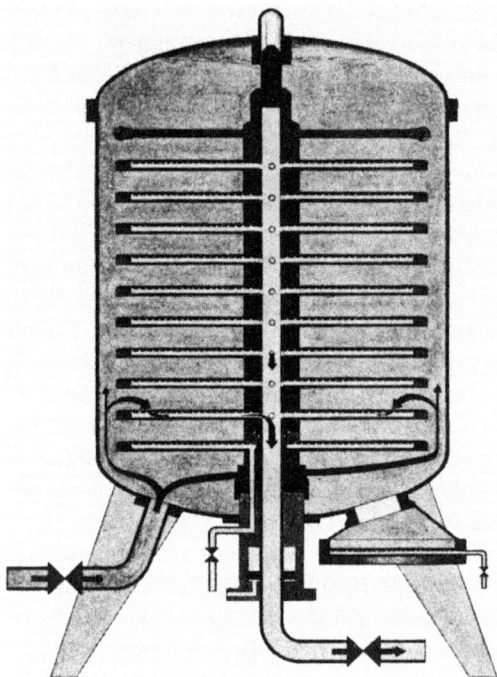

Abb. 8.21 Selbstreinigender Kieselgurfilter

Die Filter leisten mehr als das Doppelte wie bei der Bierfiltration (10–12 hl/m² und h), der Aufwand an grober Kieselgur oder Perlite beträgt 120 g/hl ohne und rund 100 g/hl mit Hopfentrebern. Die Durchlässigkeitswerte der Kieselgur (Diatomeen- oder Infusorienerde) oder der Perlite (glasartiges Gestein vulkanischen Ursprungs) liegt bei Wasserwerten über 320 oder Wasserdurchlässigkeitskennzahlen (WDK) über 100 [1112]. Die Filtration kann mit dem Ausschlagen beginnen, wobei Würze zum Aufbringen der Voranschwemmung von ca. 800 g Kieselgur pro m² verwendet wird. Nach Klarlauf der Würze wird diese dem Plattenkühler zugeführt. Mit dem Einziehen der Würze wird der Filter mit Luft leergedrückt; er kann aber bei kurzen Sudfolgen auch mit Würze gefüllt stehen bleiben. Normal können zwei Sude mit einer Voranschwemmung filtriert werden, wenn der Filter einen genügenden Raum zwischen den einzelnen Filterelementen bietet. Beim Ausschlagen von einer Kombipfanne aus oder über einen Ausgleichstank beträgt die Würzetrennzeit 80 bis maximal 100 Minuten, was die Zufärbung einschränkt und alle anderen Prozesse in normalem Rahmen ablaufen lässt. Bei Einsatz eines Entspannungskühlers wird die Würze bei Temperaturen zwischen 70 °C und 80 °C filtriert. Hier ist die thermische Belastung entsprechend geringer, so dass die Filtrationszeit auch 120–180 Minuten betragen könnte.

Der Schwand ist durch Nachdrücken von Luft, vor dem Entleeren des Filters durch Verdrängen der Würze mit Wasser sehr gering. Der einzige Nachteil sind die Kosten für die Kieselgur, die u. U. den Malztrebern beigemischt werden kann, jedoch nicht Perlite. Es müssen hier die einschlägigen Futtermittelvorschriften beachtet werden. Das Filtersystem kann automatisiert werden. Da heiße Würze filtriert wird, ist eine Sterilisation nach der jeweiligen Reinigung nicht erforderlich.

Bei der Filtration einer Würze von 70 °C dagegen ist eine Sterilisierung mehrmals täglich, u. U. nach jedem Sud zweckmäßig. Der Filter wird dann in den Reinigungs- und Sterilisationskreislauf der gesamten Linie vom Heißwürzetank bis zum Gärkeller eingeschlossen.

8.2.3.8 Abschließende Bemerkungen

Die sicherste und weitgehendste Methode zur Entfernung des Heißtrubs ist die Kieselgurfiltration. Sie spart Schwand und macht auch die Rückführung des Trubs zum folgenden Sud entbehrlich. Die billigste Methode, die seit Anfang der 1990er Jahre sehr an Zuverlässigkeit gewonnen hat, ist der Whirlpool. Wenn die Rückführung des Trubs bzw. des Hopfentrubs in die Technologie eines Betriebes integriert ist, dann ist auch ein Sedimentationstank gut einsetzbar. Vor allem der Whirlpool macht eine Heißwürzezentrifugierung oder den Einsatz einer Zentrifuge zur Trubwürzegewinnung entbehrlich.

Die Trubrückführung z. B. auf den folgenden oder gar übernächsten Sud, in den Läuterbottich nach dem Ablauf der Vorderwürze, bei Maischefiltern zum Abmaischen oder gar erst beim Austrebern benötigt hierfür geeignete Gefäße. Deren Größe hängt vom Spülwasserbedarf zur Entfernung des Trubsediments, z. B. aus dem Whirlpool, ab. Der zylindrokonische Behälter soll zur Aufnahme einer Trubcharge 5% der Auschlagmenge fassen, bei zwei Trubchargen 10%. Da der Trub durch Einsatz von heißem Wasser auf ca. 85 °C, von kaltem Wasser auf ca. 60 °C abkühlt, ist nach jeder Entleerung eine Heißwasserspülung (> 80 °C) erforderlich, ebenso eine tägliche Reinigung im System des Sudhauses. Eine Aufbewahrung von 1–2 Trubchargen über das Wochenende erfordert trotz der hohen Bitterstoffgehalte eine Sterilisation dieser Menge, um biologische Gefahren und damit Geschmacksveränderungen im späteren Bier mit Sicherheit auszuschließen. Dies gilt auch für andere „Extraktreste".

Die *Trubrückführung* benötigt hierfür geeignete Gefäße, die mehrmals täglich entleert und mit heißem Wasser gereinigt, täglich sogar sterilisiert werden sollen. Das Aufbewahren des Trubs über das Wochenende macht, trotz seines hohen Bitterstoffgehalts, eine nochmalige Sterilisation erforderlich. Nur so kommt der Trub – wie auch die anderen „Extraktreste" – in biologisch einwandfreiem Zustand zur Wiederverarbeitung, er bringt dann auch keine fremden Geschmacksnoten ein.

8.2.4
Zusätzliche Behandlung der Würze zwischen Whirlpool und Platten-Plattenkühler

Die Würze wird nach dem Kochen in den Whirlpool ausgeschlagen und verbleibt dort bei Temperaturen zwischen 94 °C und 97 °C über die Stadien der Trubsedimentation und Würzekühlung. Es erfolgt eine Nachbildung von Farb- und Aromastoffen, Dimethylsulfid wird weiter aus seinem Vorläufer gespalten. Vor allem diese letztere Reaktion stellt einen limitierenden Faktor bei einer Verkürzung der Kochzeit dar. Hier sind eine Reihe von Maßnahmen möglich, die weitere Veränderung der Würze entweder abzuschwächen oder aber die nachgebildeten Aromastoffe zu verringern.

Um nun eine Verkürzung der Kochzeit ohne Nachteile für die spätere Bierqualität durchführen zu können, wird die Würze nach dem Whirlpool einem mehrmaligen Verdampfungsprozess unterworfen: entweder über eine Vakuumstufe oder durch „Strippen" mittels eines Dünnschichtverdampfers (s. Abschnitt 5.2.3.2) oder einer „Stripping-Säule".

8.2.4.1 Die Abkühlung der Würze zwischen Pfanne und Heißwürzetank/Whirlpool

Die Würze wird am Ende des Kochprozesses beim Ausschlagen entweder im Vollstrom über einen eigenen Würzevorkühler geführt und dort auf 85–90 °C abgekühlt oder im Teilstrom über den Würzekühler in einem Anteil geleitet, der die gewünschte Temperatur von 85–90 °C durch Mischung erreicht. Bei einer Ausschlagzeit von 12 Minuten genügt es 1/5 der Ausschlagmenge auf 44 °C abzukühlen, um eine Endtemperatur von 88 °C zu erreichen. Hierdurch werden die Vorgänge der weiteren Bildung von Farb- und Aromastoffen sowie der Abbau des Dimethylsulfidvorläufers deutlich verringert. Es kann die Würzekochung nach den Faktoren Begrenzung der Eiweißfällung und Energieersparnis um 15–20% verkürzt werden. Die Temperatur zwischen 85 °C und 90 °C wird so eingestellt, dass die Funktion des Whirlpools nicht beeinträchtigt wird.

8.2.4.2 Der Entspannungskühler

Der Entspannungskühler bewirkt nicht nur eine Vorkühlung der Würze, sondern gleichzeitig infolge des angewendeten Vakuums ein Ausdampfen von Maillard-Reaktionsprodukten, Strecker-Aldehyden, Aldehyden aus dem Lipidstoffwechsel und Dimethylsulfid. Durch ein Vakuum von 75–80% wird die Würze auf 70–75 °C abgekühlt und dabei die erwähnte starke Ausdampfung von Würzearomastoffen erzielt. In diesem Temperaturbereich tritt kaum mehr eine Nachbildung von Aromastoffen ein. So erlaubt dieses Verfahren ein einfaches Heißhalten der Würze von 60 Minuten bei Kochtemperatur, wobei nur etwa 1% verdampft. Wie beim Kühlschiff tritt dann beim Abkühlen eine Verdampfung von 0,17%/1 °C ein, bei 20 °C also 3,4%, bei 30 °C schon 5,1%. Es ist allerdings eine Verringerung des Wärmerückgewinns der Würzekühlung gegeben, da das Wasser nur mehr mit 65–70 °C anfällt statt mit den sonst üblichen 78–82 °C.

Der Kühlwasserbedarf des Entspannungskühlers wird durch Einschalten eines Rückkühlturms gering gehalten [1113].

Der Whirlpool, d.h. die Klärung der Würze und die Festigkeit des Trubkuchens erfährt sowohl durch die kräftige Temperaturabsenkung als auch durch die mechanische Beanspruchung des Trubs am Entspannungskühler eine Verschlechterung, so dass sich die Würzeklärung mittels Heißwürzezentrifuge (Leistung bei 70–75 °C verringert) oder Kieselgurfilter anbietet.

Die erzielten Biere hatten, wenn erwünscht, ein sehr reines und stabiles Hopfenaroma, was auch auf die Aromahopfengabe in den Whirlpool zurückzuführen war. Die geringe Menge an Alterungssubstanzen vermittelte dem Bier eine deutliche Verbesserung der Geschmacksstabilität (s. Abschnitt 5.8.8). Ein Nachteil der beiden Verfahren der Abkühlung der Würze nach dem Ausschlagen ist eine merkliche Verringerung der Nachisomerisierung, die nur höchstens 5% beträgt. Dagegen kann durch eine späte Hopfengabe in den Whirlpool ein definiertes Hopfenaroma eingebracht werden, wie auch die eingebrachten, unisomierisierten a-Säuren positive Effekte bezüglich Schaum und mikrobiologischer Stabilität bewirken [310].

8.2.4.3 Die Nachverdampfung im Vakuum nach dem Whirlpool

Der Verdampfer muss so bemessen sein, dass er die Behandlung der Würze in der wünschenswerten Kühlzeit von 45–50 Minuten mit einem Vakuum von 40–50% bis auf 80–85 °C abzusenken, gestattet. Hierbei ist es möglich, Heißwasser von ca. 75 °C zu gewinnen. Die Würzekochung wird nach Zeit und Verdampfung bis auf ca. 50% verringert. Es kommt bei der Vakuumstufe zu einem weiteren Ausdampfen von freiem DMS, Derivaten des Lipidabbaus und der Lipidoxidation, von Maillard-Produkten und Strecker-Aldehyden.

Eine zweite Version der Vakuumverdampfung (s. Abschnitt 5.8.8) sieht vor, dass die Würze nur etwa 60 Minuten nahe der Kochtemperatur heißgehalten und nach der Whirlpoolrast ebenfalls einem Vakuum, diesmal aber von 70% ausgesetzt wird. Die Würze wird auf etwa 65 °C abgekühlt, wobei eine Verdampfung von ca. 6% eintritt. Der Wärmetausch erzielt naturgemäß nur eine Wassertemperatur von ca. 60 °C, bei Bedarf, z. B. für Überschwänzwasser muss entsprechend nachgeheizt werden. Der Ausdampfeffekt ist noch weitergehend als bei der zuvor erwähnten Anlage [1114]. Mit beiden Systemen lassen sich einwandfreie Biere mit sehr guter Geschmacksstabilität gewinnen [1115].

8.2.4.4 Die Nachverdampfung bei Kochtemperatur

Die Nachverdampfung bei Kochtemperatur wird durch das sog. „Strippen" erreicht. Beim Dünnfilmverdampfer wird die Würze nach der (erfahrungsgemäß relativ kurzen) Whirlpoolrast vor dem Würzekühler nochmals über die konische Heizfläche der Anlage geleitet. Da die Würzekühlzeit in der Regel ca. 50 Minuten dauert, vermittelt ein Heizdampfdruck von ca. 1,5 bar Ü eine Verdampfung von 1,5%. Es ergibt sich eine Ausdampfung von Aromastoffen der Würze, vor allem auch jenen, die während der Heißwürzerast und der Würzekühlung weitergebildet werden. Dies betrifft alle Fraktionen des Würzearomaspektrums, vor allem das freie DMS, das bis auf 30 ppb verringert wird [994, 995, 997].

Die Biere sind bei der insgesamt geringen thermischen Behandlung während des Kochens und der Würzeklärung von sehr guten Schaumeigenschaften, einwandfreiem Geschmack und sehr guter Geschmacksstabilität.

Eine andere Art der Nachverdampfung geschieht in einer entsprechend hohen, mit kleinen zylindrischen Körpern von großer Oberfläche gepackten „Stripping-Säule" (s. Abschnitt 5.2.3.3).

Bei diesem Verfahren wird die Würze 45–60 Minuten bei Kochtemperatur heißgehalten und anschließend in einen Whirlpool oder Heißwürzetank ausgeschlagen. Nach einer Rast von ca. 30 Minuten wird die Würze zur Stripping-Säule gepumpt, dabei aber nochmals auf Kochtemperatur nachgeheizt und von oben auf die Säule aufgesprüht. Sie rieselt über die große Oberfläche der Säule nach unten und wird im Gegenstrom durch Dampf in einer Menge von 1–2% der Würzemenge durchströmt. Dabei wird die Menge der flüchtigen Substanzen in ähnlicher Weise verringert wie dies bei den anderen Verfahren der Fall ist. Die Verdampfung in diesem Stadium beträgt ca. 1%. Das Kondensat aus dem zugeführten Dampf und den Würzearomastoffen wird über einen Wärmetauscher zur Energierückgewinnung genutzt.

8.2.4.5 Zusammenfassung
Abschließend ist zu diesem Abschnitt zu sagen, dass die Heißwürzebehandlung bei einigen Kochverfahren diese erst vervollständigt. Damit wird eine Reduzierung von Zeit und Intensität der Würzekochung ermöglicht, die im Hinblick auf das Produkt „Bier" wichtig ist (z. B. Schaum, Geschmack und Geschmacksstabilität), die es aber auch erlaubt, Energie zu sparen und die Umwelt zu entlasten. Damit sind die beiden klassischen Schritte „Würzekochen" und „Würzekühlung" (besser als Würzebehandlung zu bezeichnen) als ein in zwei Phasen ablaufendes „Ganzes" zu betrachten.

8.2.5
Abtrennung des Kühltrubs

Der Kühltrub, der bei Abkühlen der Würze unter 80–60 °C – je nach „Kühltrübungspunkt" – auszufallen beginnt, weist bei langsamer Abkühlung z. B. auf dem Kühlschiff über Nacht eine sehr feine, amorphe Beschaffenheit auf. Bei rascher Abkühlung, wie sie bei den vorbeschriebenen Systemen von ca. 90 bis 95 °C auf 5–7 °C der Fall ist, ballt er sich dagegen zu feinen Flocken zusammen [1118, 1119]. Schon frühere Untersuchungen deuten darauf hin, dass die feinflockige Phase durch ein Verschmieren der Hefe zu ähnlich negativen Erscheinungen führt wie Reste von Heißtrub, die durch unvollkommene Abtrennung in der Würze verblieben waren [1120].

Beim Kühlschiff werden rund 20%, bei längerem Liegen der Würze bis zu 40% Kühltrub ausgeschieden (s. Abschnitt 8.2.1.8). Dieser Effekt kam bei der Trubabtrennung aus der heißen Würze in Fortfall. Es wurden daher eine Reihe von Klärverfahren entwickelt, um den Kühltrub gezielt verringern zu können.

8.2.5.1 Der Anstellbottich

Er findet sowohl bei Betrieb eines Kühlschiffs als auch bei den verschiedenen Methoden der Heißwürzeklärung Verwendung und ermöglicht die Sedimentation etwa mitgerissener Heißtrubteilchen sowie das Absetzen eines Teils des Kühltrubs. Nachdem hier – wie der Name sagt – bereits mit Hefe angestellt wird, kommt es noch vor Abschluss der Kühltrubsedimentation zu einem Einsetzen der Gärung.

Damit wird der Absatz des Kühltrubs behindert, bzw. bei nicht rechtzeitigem Umpumpen ein Teil der bereits sedimentierten Teilchen von der aufsteigenden Kohlensäure wieder nach oben gerissen und in der gärenden Würze verteilt. Innerhalb von 12 Stunden lässt sich ein Abscheidungseffekt von rund 30% ermitteln [1075]; es sollte anschließend ein Gefäßwechsel vorgenommen werden, um die oben geschilderten Erscheinungen zu vermeiden. Werden größere Mengen an Heißtrub in die Anstellwürze eingebracht, was durchaus auch bei Kühlschiffen vorkommen kann, dann reißen diese rasch sedimentierenden Partikel auch einen Teil der Anstellhefe mit zu Boden. Dies ist bei der Hefegabe mit zu berücksichtigen. Auch hier ist ein rechtzeitiges Umpumpen vor dem Eintreten von Gärerscheinungen („Überweißen") vorzunehmen, um ein Wiederaufsteigen des Heißtrubs zu vermeiden. Es würden dann voll die Nachteile desselben, wie auch des bereits abgeschiedenen Kühltrubs zum Tragen kommen: Verschmieren der Hefeoberflächen, Verringerung der Entharzung etc. (s. Abschnitt 8.1.3.2).

8.2.5.2 Kaltsedimentation

Sie erlaubt eine Entfernung des Kühltrubs (und mitgerissener Heißtrubteilchen) vor dem Anstellen der Würze mit Hefe, so dass gegenläufige Prozesse ausgeschlossen werden. Die kalte Würze wird in einem Bottich, der offen oder abgedeckt in der klassischen Form nur eine Würzestandshöhe von 1–1,2 m aufweist, ohne Hefe über 12–16 Stunden hinweg der Sedimentation überlassen. Dabei setzen sich rund 50% der ursprünglichen Kühltrubmenge ab [1075].

Durch Einstreuen von Kieselgur kann das Absetzen in tiefen Bottichen beschleunigt werden. Es wird damit aber auch eine Steigerung des Effekts der Kühltrubabscheidung bewirkt: So fallen bei Zusatz von 10 g/hl grober Kieselgur rund 60%, bei 20 g/hl 67–70% des gesamten Kühltrubs aus. Hierdurch ist eine Anpassung an die unterschiedlichen Gersten- und Malzgegebenheiten möglich. Auch wenn der Heißtrub ursprünglich nicht mit abgetrennt wurde, so kann die Sedimentation beider zusammen eine Verbesserung des Sedimentationseffekts um ca. 10% erbringen. Es ist aber schwierig, die Würze aus den großen, hier anfallenden Trubmengen zu gewinnen, da die Viskosität bei Anstelltemperatur wesentlich höher ist als bei 90–95 °C. Es werden hierfür Kaltwürzezentrifugen eingesetzt, die aber im Hinblick auf Trubgehalt, Temperatur bzw. Viskosität nur eine geringe Leistung und damit einen hohen Kraftbedarf haben.

Ein Vorteil der Kaltsedimentation ist neben der Einfachheit des Verfahrens, dass eine mangelhafte Heißtrubentfernung, z. B. von Whirlpools oder Zentrifugen, nicht ins Gewicht fällt, wie Tab. 8.17 zeigt:

Tab. 8.17 Kühltrubabscheidung durch Kaltsedimentation (Trubmengen in g/hl, bestimmt bei 0 °C)

	Brauerei A	Brauerei B
Ausschlagwürze		
Heiß- + Kühltrub	97,4	104,6
Kühltrub	21,8	23,2
Trub nach Heißseparierung	22,9	27,7
Mitgerissener Heißtrub	1,1	4,5
Sedimentationsdauer h	10	8
Trubgehalt der Anstellwürze	10,0	11,2
Abtrennungseffekt %	56,5	59,5

Es war also in diesen beiden Brauereien möglich über 50, ja fast 60% des nach der Zentrifuge vorliegenden (Heiß- und Kühl-)Trubes abzutrennen. Ein qualitativer Vergleich der Kühltrubabscheidung verschiedener Systeme gibt in Tab. 8.22 Aufschluss über die Zusammensetzung der entfernten Trübungsstoffe (s. Abschnitt 8.2.5.4).

Eine Infektionsgefahr besteht bei geschlossener Würzekühlung und biologisch einwandfreier Arbeitsweise nicht. Eine Belüftung der Würze vor der Kaltsedimentation ist nutzlos und eher den Ausscheidungsvorgängen abträglich. Dagegen ist beim Umpumpen, zusammen mit der Hefedosierung, eine intensive Belüftung notwendig.

Bei abgedeckten Bottichen ist eine automatische Reinigung über Düsensysteme möglich.

Der einzige Nachteil der Kaltsedimentation ist der Platzbedarf, bzw. die hierdurch beanspruchte Kapazität des Gärkellers, da diese Zeit noch nicht zur Gärung genutzt werden kann. Meist aber wird der Zeitverlust durch eine raschere Gärung bei weitem wieder ausgeglichen. Da noch ohne Hefe, bereitet auch die Wiederverwendung des Kühltrubs im Sudhaus keine qualitativen Probleme.

Zur Methode der Kaltsedimentation kann auch die kombinierte Heiß- und Kühltrubausscheidung im Whirlpool gerechnet werden. Das Verfahren sieht in seiner ursprünglichen Form vor [1121], zunächst die heiße Würze in den Whirlpool auszuschlagen und unmittelbar anschließend die Würze von oben abzuziehen, zu kühlen und von unten wieder in den Whirlpool zurückzuleiten. Die Schichtung zwischen heißer und kalter Würze ist infolge der Rotationsbewegung verhältnismäßig eng. Nach Abkühlung der gesamten Würze auf Anstelltemperatur kann die Rotationswirkung durch Würzeumlauf ohne Kühler nochmals verstärkt werden. Nachdem keine thermische Belastung der Würze mehr gegeben ist, kann die Sedimentation entsprechend lang ausgedehnt werden. Der Abzug der Würze vom Trubkegel soll unproblematisch sein.

8.2.5.3 Die Kaltseparierung

Die Kaltseparierung der Würze kann auf zwei Wegen erfolgen: Die Würze wird sofort nach dem Kochprozess abgekühlt und mit der Zentrifuge Heiß- und Kühltrub in einem Arbeitsgang entfernt. Wie schon oben erwähnt, ist dies deshalb schwierig, weil die Würze beim Abkühlen von 90–95 °C auf 5–6 °C eine Erhöhung der Viskosität von 1,40 auf 1,80 mPa s erfährt und infolge des geringen spezifischen Gewichts des Kühltrubs von 1,10 gegenüber Heißtrub von 1,22 die Abtrennung erheblich erschwert wird. Es muss daher die Leistung eines großen Separators von 250 hl/h auf 50–60 hl/h = 20–25% reduziert werden, um die Trennung einwandfrei durchzuführen. Oberhalb dieses Durchsatzes steigt der „Trubdurchschlag" unverhältnismäßig stark an, es ist schon mit 70 hl/h praktisch kein Trenneffekt mehr gegeben [1122].

Einen Überblick in die Wirkungsweise einer derartigen Separation gibt Tab. 8.18.

Es war also die Maßnahme des Betriebes richtig, nur mit einer Leistung von 40 hl/h zu separieren; interessant war der nachträgliche „Flotationseffekt" durch die intensive Kaltwürzebelüftung. Bei dieser Arbeitsweise ergibt sich noch das zusätzliche Problem, dass zur Separierung eines Sudes etwa 4 Stunden benötigt werden, was dem Ausschlagintervall entspricht. Es muss jedoch wegen der angesprochenen Reaktionen (s. Abschnitt 8.1.5) vor allem wegen einer abträglichen Zufärbung die Würze rasch, d.h. in ca. 90 Minuten auf Anstelltemperatur abgekühlt und in einem Kaltwürzetank mit Rührwerk zwischengelagert werden. Es sind also zwei Gefäße, ein Ausschlag- und ein Kaltwürzetank erforderlich. Es hat allerdings diese „Kühlrast" einen positiven Effekt für die weitere Kühltrubabscheidung [1122].

Tab. 8.18 Gesamttrubzentrifugierung bei Anstelltemperatur – Trubgehalt in g/hl

Leistung der Zentrifuge hl/h	40	50
Gesamttrub (Heiß- + Kühltrub)	98,4	96,2
Kühltrub in der filtrierten Würze	18,5	19,1
Kühltrub in der Würze nach Zentrifuge bei 0 °C	10,5 (57%)	12,4 (65%)
Kühltrub in der Anstellwürze nach Intensivbelüftung	9,0 (49%)	11,2 (58%)

Die Zwischenlagerung der kalten Würze erwies sich nicht nur bei kombinierter Heiß- und Kühltrubseparierung als günstig [1123], sondern auch bei separater Heißtrubabtrennung durch Whirlpool oder Heißwürzezentrifuge und Kaltwürzeklärung, wobei die Leistung der Kaltwürzezentrifuge bis zu 150 hl/h erreichte und dabei noch eine hohe Abscheidungsrate erzielte [1124].

Eine Konstruktion mit einer Durchflussleistung von 200–700 hl/h, die 10 000 g erreicht und eine äquivalente Klärfläche von 480 000 m^2 aufweist, kann in die Würzekühlstraße direkt nach dem Kühler eingepasst werden. Die Zentrifuge arbeitet mit Vollentschlammung, die nach jeweils 15 Minuten Separationszeit automatisch abläuft. Dabei wird zunächst die Würze mit mikrobiologisch einwandfreiem Wasser verdrängt. Die Ausschubmenge wird mittels induktivem Durchflussmesser am Ablauf bestimmt. Um nun die Würzekühlung nicht unterbrechen zu müssen, läuft die Würze während dieses Zeitraums direkt vom Whirlpool über den Plattenkühler weiter. Auf diese Weise wird auch ein Kaltwürze-Puffertank vermieden [1125].

Bei voller Leistung von 700 hl/h erreicht die Zentrifuge einen Trenneffekt von 35–55%, je nach dem Ausgangstrubgehalt der Würze vom Whirlpool/Plattenkühler. Die Entleerungszeiten schlagen mit einer Verminderung der Abscheiderate von ca. 4% zu Buch, der Würzeverlust liegt bei 0,15–0,20%. Der Kaltwürze-Separator vermag geringere Heißtrubmengen beim Anlaufen des Whirlpools, beim Umstellen von einem Anstich zum anderen und schließlich auch beim Einziehen abzufangen.

Betriebsversuche ergaben eine bessere Geschmacksstabilität der Biere aus den kalt geklärten Würzen, was auch anhand der Alterungssubstanzen belegt werden konnte.

Die Reinigung des Separators erfolgt im System, d.h. zusammen mit der Reinigung der Kühlstraße. Die Anlage wird alle 7–8 Sude alkalisch mit 3% NaOH, am Wochenende zusätzlich sauer gereinigt.

Der Stromverbrauch, der bei den älteren Zentrifugen [1123, 1124] bei 12 kW/100 hl gelegen hatte, ließ sich mit dem neuen System auf 8 kW/100 hl verringern.

Es kann also bei kalten Temperaturen von ca. 6 °C der Trenneffekt der Kaltwürzezentrifugierung, je nach den Bedingungen mit 45–60% angenommen werden. Eine nachfolgende intensive Belüftung der Würze ist erforderlich, wobei aber die Schälscheibe des Separators hierzu nicht herangezogen werden kann, da es praktisch unmöglich ist die Luft hierfür zu sterilisieren. Dies bringt bei der kalten, nicht dagegen bei der heißen Würze eine Infektionsgefahr. Der Vorteil der Kaltzentrifugierung ist, dass ein Anstellbottich entbehrlich wird und somit ein Umpumpvorgang entfallen kann.

8.2.5.4 Die Kaltwürzefiltration

Sie geschieht, wie schon bei der Filtration der heißen Würze angesprochen, mit denselben Filtertypen wie die Bierfiltration. In kleinen Brauereien fanden verschiedentlich auch noch Kieselgurschichtenfilter Verwendung. Die Leistung liegt um 50–80% höher als bei der Bierfiltration, aber etwas unter den Werten der Heißwürzefiltration. So leisten Kieselgurschichtenfilter 5–6 hl/m^2 und h, Kieselgursieb- und Spaltfilter 7–10 hl/m^2 und h. Die verwendete Kieselgur oder Perlite ist grob (WW 320 bzw. WDK 100). Es wird mittels Wasser oder Kaltwürze eine Voranschwemmung von 500 g/m^2 aufgebracht. Nach Verdrängen des Wassers bzw. Wasser-Würzegemisches läuft die Würze klar. (Trübung unter 2 EBC-Einheiten). Bei Anschwemmung mit Würze wird solange im Kreislauf gepumpt, bis die Würze klar ist. Bei guter Vorklärung, d.h. vollständiger Heißtrubabtrennung können bis zu vier Sude über eine Voranschwemmung filtriert werden. „Heißtrubdurchschläge" haben einen raschen Druckanstieg zur Folge. Die laufende Anschwemmung beträgt ca. 50 g/hl, so dass der Gesamtverbrauch je nach Standzeit des Filters bei 70–100 g/hl zu liegen kommt. Ist der Kieselgurfilter an die Plattenkühlerleistung gebunden, dann muss er in 60 Minuten (Whirlpoolbetrieb) bis 90 Minuten (Separator) die Ausschlagmenge filtrieren können. Bei kleinerer Leistung ist ein Kaltwürzepuffertank zwischen Plattenkühler und Filter zu schalten, der natürlich besonderer Reinigungs- und Desinfektionsmaßnahmen bedarf.

Der Arbeitsaufwand zur Austragung der Kieselgur sowie zur Reinigung und Sterilisation ist bei Kieselgurfiltern ein zusätzlicher Kostenfaktor zum Kieselgurverbrauch. Eine Automatisierung dieser Filter ist – einschließlich der Kieselguranschwemmung – heutzutage Stand der Technik.

Wie bei der Kaltwürze-Separierung kann ein Anstellbottich entfallen und damit – auch im Vergleich zur Flotation – ein Umpumpvorgang mit den hier verbundenen Reinigungs- und Sterilisationsarbeiten. Die klare Würze macht aber eine sehr intensive Belüftung bei der Hefegabe erforderlich, um eine kräftige Angärung sowie einen flotten Ablauf der Hauptgärung zu erreichen. Hierauf wird nochmals zurückzukommen sein.

Der Trenneffekt der Kieselgurfiltration beträgt, je nach Filtrationstemperatur 70–85%. Der nach der Filtration in der Würze verbleibende Kühltrub hat einen niedrigeren Stickstoff-, aber auch einen höheren Polyphenolgehalt, der Anteil der Kohlenhydrate steigt an (Tab. 8.19).

Die Aufstellung zeigt, dass bei einer Filtration im Bereich von 5 °C eine Verringerung des Stickstoffgehaltes um 2 mg/100 ml und der Kohlenhydrate um 64 mg/l erfolgte. Wenn auch bei modernen Sudwerken diese weiterführende

Tab. 8.19 Kühltrubabtrennung mittels verschiedener Kieselguren [1082] g/hl bei 5 °C bestimmt

Würze filtriert	Unbehandelt	Grobgur	Feingur
Kühltrubgehalt	27,7	5,0	3,9
Abtrennung %	–	81,9	86,2
Zusammensetzung des Kühltrubs %			
Eiweiß	55,8	41,4	47,9
Polyphenole	15,4	20,5	24,1
Kohlenhydrate	28,5	36,5	26,6

Tab. 8.20 Filtrationstemperatur, Gurfeinheit und Kühltrubabtrennung in % [1082]

	Grobgur	Feingur
bei 10 °C	70,3	74,1
bei 5 °C	77,9	82,0
bei 0 °C	82,1	85,7

Stickstoffausscheidung entbehrlich, ja sogar ungünstig ist, so kann die Entfernung von 1/4 der hochmolekularen Kohlenhydrate bei ungünstigeren Malzen die Bierfiltration entlasten, was auch Praxiserfahrungen entspricht.

Wird nun der Kühltrubgehalt der „Normalwürze" bei 0 °C als Höchstwert betrachtet, so sind die Ausscheidungsraten bei verschiedenen Temperaturen [1082] immerhin so gelagert, dass auch bei etwas höheren Filtrationstemperaturen noch ein guter Abtrennungseffekt erreicht wird (Tab. 8.20).

Eine weitgehende Kühltrubentfernung wurde vor allem als Voraussetzung für eine Beschleunigung von Gärung und Reifung gesehen [1126]. Dies geht auch aus einer fast vollständigen Eliminierung der Schwefelwasserstoffgehalte bei Würzen mit weitgehender Trubausscheidung hervor [1127, 1128]. Bei „konventioneller" Gärung kann es aber mit weitgehend geklärten Würzen zu einer langsameren Angärung, schleppender Extraktabnahme bei Haupt- und Nachgärung sowie nur mäßiger Hefevermehrung kommen. Die Biere lassen oftmals die gewünschte Vollmundigkeit vermissen und neigen auch verschiedentlich zu einem harten und unausgeglichenen Nachtrunk. Nach heutigen Erkenntnissen ist diese Erscheinung auf das Fehlen von langkettigen, ungesättigten Fettsäuren sowie Zink für den Hefemetabolismus zurückzuführen [1065]. Dem wurde durch intensivere Belüftung der Würze beim Anstellen zu begegnen versucht, doch war eine nur teilweise Würzefiltration günstiger. Bei Whirlpoolbetrieb hat es sich bewährt, z. B. die ersten 25–35% der Würzemenge und die letzen 15–20% zu filtrieren und die Würze dazwischen direkt in den Gärkeller zu leiten. Dies sichert die Wirkungsweise des Whirlpools, hat aber den Nachteil, dass der mitgerissene Heißtrub die Standzeit des Filters verringert.

8.2.5.5 Flotation

Das Verfahren der Flotation beruht auf dem Prinzip, dass sich die Kühltrubteilchen an den Bläschenoberflächen eines im Überschuss eingebrachten Luftvolumens anreichern. Die fein verteilten Luftblasen entbinden sich langsam in der Würze und steigen im Laufe von 2–3 Stunden an die Würzeoberfläche und bilden dort eine hohe, doch kompakte Schaumdecke, die sich nach einigen Stunden bräunlich verfärbt. Der Kühltrubabtrennungseffekt liegt bei 50–65%; je nach Luftmenge, Bläschengröße und der Schnelligkeit der Entbindung derselben. Nach dem Aufsteigen der Luftbläschen ist die Würze fast klar bis leicht opalisierend, wenn die Luft auf der Strecke nach dem Plattenkühler eingebracht

8.2 Verfahren der Würzebehandlung

wird; bei Belüftung auf der Heißwürzeseite desselben z. B. über die Schälscheibe des Separators wird die Würze sogar vollkommen blank.

Die Flotation kann mit und ohne Hefe vorgenommen werden; nachdem die Hefe einen Durchmesser von 6–10 µm hat, wird sie nicht von den Luftbläschen in die Decke getragen: sie stört also den Vorgang der Flotation nicht, wie auch bei richtiger Arbeitsweise, z. B. Dosieren der Hefe über einen Großteil des Würzelaufs hinweg, keine Verluste eintreten. Die Hefe wird vielmehr durch das „Überangebot" an Luft an Vermehrungsfähigkeit und Stoffwechselaktivität gewinnen.

Das Verfahren kann in beliebigen Anstell- oder Gärbottichen sowie in liegenden oder stehenden, funktionsarmen Tanks durchgeführt werden. Dabei wird je nach der Belüftungseinrichtung (s. Abschnitt 8.2.6) und der erzielbaren Luftverteilung ein Steigraum von 30–50% der Würzemenge erforderlich. Um ein übermäßiges Schäumen der Würze zu vermeiden, können die beschriebenen Tanks auch mit einem Gegendruck von 0,5–0,8 bar Überdruck beschickt werden, der aber unmittelbar nach Beendigung des Würzelaufs langsam abgelassen wird (Abb. 8.22).

Zylindrokonische Tanks eignen sich als Flotationstanks nicht: Sie sind entweder zu hoch oder es bildet sich in der Mitte eine Zone verstärkten Luftauftriebs aus oder es wird die Decke beim Umpumpen über den Konus mit eingezogen.

Die Würzestandshöhe stehender Tanks kann bis 4 m betragen, wird ein zweiter Sud unterschichtet, so haben sich Höhen von 6–7 m als anwendbar erwiesen. Es steigen dann die Luftbläschen des zweiten Sudes durch den bereits geklärten, ersten Sud auf und nehmen sogar von diesem zusätzlich noch etwas Kühltrub mit in die Decke. Die Flotationszeit dauert je nach Würzestand 2–4 Stunden. Nach dieser Zeit kann bereits in den Gärtank umgepumpt werden, doch sind dann die Verluste durch die kräftige Schaumdecke noch zu hoch. Am günstigsten hat sich eine Standzeit von 6–8 Stunden erwiesen, doch kann diese auch weiter ausgedehnt werden, solange die Decke noch nicht durchfällt bzw. die Gärung nicht schon zu stark eingesetzt hat. Im letzteren Falle schieben die aufkommenden Kräusen den Trub in die Behältermitte, wo er schließlich untergetaucht und dann wiederum in der Würze verteilt wird. Eine gewisse zeitliche Variation ist möglich und wünschenswert, um die Befüllungszeiten großer Gärtanks zu raffen bzw. um die Normalarbeitszeit zum Umpumpen und Tankreinigen auszunutzen. Durch Drauflassen eines oder mehrerer Sude kann der Flotationseffekt gesteigert werden. Bei offenen Bottichen kann die Trubdecke u. U. abgehoben werden; besser ist aber ein Umpumpen unter nochmaliger Belüftung.

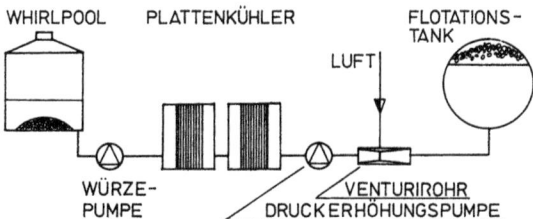

Abb. 8.22 Aufbau einer Würzekühlanlage für Flotationsverfahren [1129]

Der apparative Aufwand der Flotation ist gering. Das Kernstück ist eine geeignete Belüftungseinrichtung. Beim Umpumpen setzt sich gegen Ende die Trubdecke auf dem Boden des Flotationsgefäßes ab. Ihre Entfernung kann bei automatischer Reinigung mit Hilfe von groben Düsen (Beregnen, Zerstören der Decke) und schließlich mit den üblichen Spritzstrahlen der Reinigungsanlage erfolgen.

Der Erfolg der Flotation steht und fällt mit der Qualität der Heißtrubabtrennung. Bei unzulänglich arbeitenden Whirlpools oder Separatoren wird der mitgerissene Heißtrub in der Intensivbelüftung (Venturi-Rohr, Zentrifugalmischer) homogenisiert und verliert hierdurch die Fähigkeit der Sedimentation, kann aber auch aufgrund seiner Größe nicht mit in die Decke genommen werden. Es enthält also eine derartige Würze trotz starker Kühltrubdecke noch bis zu 20 g/hl Heißtrub, die die schon geschilderten negativen Auswirkungen zeigen.

Der *Effekt der Flotation* ist anhand der Tab. 8.21 im Vergleich zur Kaltsedimentation ersichtlich.

Es werden also bei der Flotation bei der vorliegenden, günstigen Würze 1 mg Stickstoff/100 ml und 27 mg/l Kohlenhydrate ausgeschieden. Darüber hinaus ist die Reduzierung der höheren freien Fettsäuren beträchtlich. Während Palmitinsäure um 20–40% verringert wird, nehmen Linol- und Linolensäure um durchschnittlich 40% ab [1130]. Hier kann u. U. der Nachteil von unbefriedigend arbeitenden Läutersystemen ausgeglichen werden [749]. Diesem Effekt wurde auch die Verbesserung der Schaumeigenschaften der Biere um bis zu 4 Punkte nach R&C zugeschrieben [1083], die wiederum auf eine besserer Hefeviabilität und -vitalität zurückzuführen war.

Die Flotation wird überwiegend durch eine Belüftung auf der Kaltwürzeseite des Plattenkühlers vorgenommen. Eine Belüftung auf der Heißwürzeseite hat aber verfahrenstechnisch einige Vorteile, auch ist die Kühltrubausscheidung weitgehender, die bis zu 75% betragen kann. Die Mehrung betrifft vor allem den Kohlenhydratanteil. Es zeigte aber dieser Versuch die Disposition zu einer Verschlechterung der Schaumeigenschaften an, obgleich die Luft auf die heiße Würze nur ca. 2 s lang einwirkte, bevor die Abkühlung einsetzte. Bei anderen Versuchen war dieser Effekt nicht feststellbar.

Tab. 8.21 Kühltrubabscheidung mittels Kaltsedimentation und Flotation

	Ausschlagwürze	Kaltsedimentation	Flotation
Kühltrub g/hl bei 0 °C	19,7	13,1	8,7
Abscheidung	–	33,5	55,7
Kühltrubzusammensetzung %			
Eiweiß	49,1	45,0	39,1
Polyphenole	21,7	21,8	26,1
Kohlenhydrate	27,3	31,3	31,9

Die Verteilung der Aminosäuren im Kühltrubhydrolysat zeigt, dass der Hauptteil der hierdurch entnommenen Aminosäuren dem δ- und ε-Hordein entstammen, was vor allem bei der Belüftung auf der Heißwürzeseite des Plattenkühlers deutlich wird.

Eine Verringerung der reduzierenden Substanzen ergibt sich durch die Flotation selbst dann nicht, wenn noch keine Hefe zugegeben worden war wie Tab. 8.22 zeigt [1083].

Der geringere Gehalt an Lipiden und Wuchsstoffen wurde bei der Flotation durch die starke und effiziente Belüftung, vor allem auch durch die Zweitbelüftung kompensiert. Diese bewirkte u. U. etwas geringere Bitterstoffgehalte der Biere, während bei der Flotation selbst nur unisomerisierte α-Säuren in die Trubdecke geführt wurden. Dies ist bei geschlossenen Gärsystemen von Bedeutung. Es handelt sich um ein einfaches Verfahren, das bessere Biereigenschaften erbringt als z. B. die Kaltsedimentation oder die Kaltwürzefiltration. Eigenartigerweise trat bei keinem dieser Trubabtrennungsverfahren eine signifikante Verbesserung der kolloidalen Bierstabilität ein. Geschmacklich wurden jedoch die „Flotationsbiere" bevorzugt [1082, 1083].

Tab. 8.22 Untersuchungen an Würzen mit Belüftung auf der Kalt- und auf der Heißwürzeseite des Plattenkühlers [1083]

		Vergleich*	Flotation kalt	Vergleich*	Flotation heiß
Farbe EBC		11,5	11,5	12,0	11,8
Polyphenole	mg/l	234	227	241	244
Anthocyanogene	mg/l	80	86	76	74
α-Säuren	mg/l	20,2	18,4	18,8	18,4
Iso-α-Säuren	mg/l	28,4	29,4	29,4	29,4
SH-Verbindungen mg SH/100 ml		0,40	0,38	0,30	0,29
ITT sek		280	280	160	160
Reduzierende Substanzen					
nach 15 sek		45	43	83	85
5 min		142	147	220	213
15 min		182	186	276	265
DPH					
nach 5 min		0,42	0,43	0,43	0,42
10 min		0,47	0,48	0,47	0,46
30 min		0,56	0,56	0,56	0,56
R.C.I.		411	411	380	381

* Es handelte sich bei den durch den senkrechten Strich getrennten Versuchen um zwei verschiedene Brauereien.
ITT Indikator-Time-Test, *DPH* Diphenyl-Picrylhydrazil,
R.C.I. Red Colour Index
Diese Werte steigen mit zunehmender Oxidation

Praxisversuche in mehreren Brauereien bestätigten die positive Auswirkung der Flotation im Hinblick auf Geschmack und Geschmacksstabilität [1087, 1131]. Dagegen zeigten spätere Versuche eine Überlegenheit jener Biere, die nicht mehr einer Kaltwürzeklärung unterzogen worden waren [1132–1134].

Besonders Lag-Time und SO_2-Gehalte lagen bei Bieren mit Kühltrub günstiger, was sich in einer besseren Geschmacksstabilität äußerte. Es handelte sich um Würzen, die aus einer feststoffarmen Abläuterung und einem einwandfrei klärenden Whirlpool stammten [1132, 1133].

Dieses Ergebnis geht auch mit jenen Resultaten einher, die einen Mangel an höheren ungesättigten Fettsäuren, Zink und anderen Wuchsstoffen durch Kühltrubentfernung, ja schon durch eine sehr weitgehende Heißtrubabtrennung aufwiesen [1068].

Der durch die Flotation hervorgerufene Schwand liegt im Bereich von 0,2% [1135] bis 0,4%, bei zu kurzen Standzeiten infolge der starken Schaumdecke höher. Auch wenn Heißtrub mitgerissen wurde, erfährt das Sediment eine Vergrößerung, die in ungünstigen Fällen 0,8% erreichen kann.

Nachdem die Notwendigkeit besteht die Bildung von Gärungs-Schwefeldioxid im Rahmen der gesetzlich zulässigen Menge von 10 mg/l zu fördern, um die Geschmacksstabilität des späteren Bieres zu verbessern, hat sich eine Verringerung der Belüftung beim Anstellen bewährt. Da hier nur beim Anstellen des ersten Sudes 5–8 mg/l Sauerstoff benötigt werden, sind die bei der Flotation dosierten Sauerstoffwerte zu hoch, um das Hefewachstum im Sinne eines günstigen SO_2-Gehaltes zu steuern. Auch eine Zweitbelüftung ist bei dieser Zielsetzung entbehrlich. So wird bei neuen bzw. optimierten Würzebereitungssystemen die Flotation unter Voraussetzung einer vitalen Hefe nicht mehr angewendet [1068].

8.2.6
Vorrichtungen zum Belüften der Würze

Alle „geschlossenen" Kühlsysteme erfordern eine eigene, gezielte Belüftung der Würze. Hierbei sind zwei Aufgaben zu unterscheiden:
a) die Zufuhr der für die Hefevermehrung erforderlichen Sauerstoffmenge von 5–10 mg/l und
b) eine Intensivbelüftung zur Entfernung des Kühltrubs durch Flotation.

8.2.6.1 Die benötigten Luftmengen
Um einen Sauerstoffgehalt von 7–8 mg/l zu erreichen ist ein gewisser Luftüberschuss vonnöten. Die Luftmenge liegt je nach Druck, nach ihrer Verteilung und der damit erreichten Bläschengröße bei 3–10 l/hl Würze [1136]. Dabei ist die Zufuhr der Luft unter Druck und eine folgende Entspannung desselben auf einem Leitungsweg bestimmter Länge vorteilhaft. Auch verhindert ein Einlaufen der Würze in den Anstell- bzw. Gärbottich von unten eine zu frühzeitige Entmischung. Auf der anderen Seite ist es kaum möglich, einer bis dahin unbelüf-

teten Würze durch Einspringen in den Gärbottich von oben die wünschenswerte Sauerstoffmenge zu vermitteln.

Bei Anwendung der Flotation werden ungleich größere Luftmengen erforderlich, damit die Luft ihre Transportfunktion erfüllen kann. In Abhängigkeit von den obengenannten Faktoren schwanken die Luftmengen zwischen 20 und 60 l/hl Würze. Die Zufuhr der Luft, die stets über Strömungsmesser und Druckschreiber, aber auch periodisch durch Sauerstoffmessung zu kontrollieren ist, lässt sich mittels folgender Apparate ermöglichen.

8.2.6.2 Belüftungskerzen und Metallplättchen

Die Belüftungskerzen sind aus Keramik oder Sintermetall und weisen eine Porenweite von 5 µm auf. Die Metallplättchen lassen durch eine enge Öffnung die Luft feinverteilt austreten. Diese Belüftungsvorrichtungen müssen so am Auslauf des Plattenkühlers angebracht werden, dass sich die von oben in den Apparat einströmende Würze intensiv mit der von unten eintretenden Luft vermischen kann. Die weiterführende Rohrleitung ist sodann über die Höhe des Lüfters hinaufzuführen, um eine Entmischung zu vermeiden. Falsch ist die Anbringung der Belüftungskerze im Gleichstrom oder gar in einem waagrechten Teil der Leitung. Gut bewährt hat sich das Nachschalten einer Mischpumpe, die die Luft in der Würze – ohne Hefe – emulgiert. Dies ist auch nützlich, wenn nur die zur Hefevermehrung benötigte Sauerstoffmenge eingebracht werden soll; die Anlage mit Mischpumpe vermag aber auch für die Zwecke der Flotation auszureichen [1129].

8.2.6.3 Die Schälscheibe des Heißwürzeseparators

Sie erlaubt es durch entsprechende Druckeinstellung, d. h. Druckentlastung zwischen Zentrifuge und Plattenkühler selbst die großen, für die Flotation benötigten Luftmengen aufzunehmen und intensiv zu durchmischen. Wie schon erwähnt, wirkt die Luft nur 1–3 Sekunden, d. h. je nach Leitungslänge und Fließgeschwindigkeit auf die heiße Würze ein. Es tritt keine Farbveränderung oder Oxidation von Reduktonen auf. Durch die Entspannung des Luft-Würzegemisches im Plattenkühler ist es möglich, mit relativ geringen Luftmengen von 25–30 l/hl auszukommen, die dann auch im Flotationsgefäß nicht zu übermäßiger Schaumentwicklung neigen. Wie schon erwähnt, klären die heißbelüfteten Würzen besser als die kaltbelüfteten.

8.2.6.4 Der Zentrifugalmischer

Er ahmt das Prinzip der Schälscheibe nach (Abb. 8.23). Die Würze wird durch eine kleine rotierende Trommel in Drehung versetzt und durch den feststehenden Greifer getrieben. Durch entsprechende Drucksteuerung wird sterile Luft (Luftfilter) in genau bestimmbarer Menge in das Gerät eingezogen. Auch hier

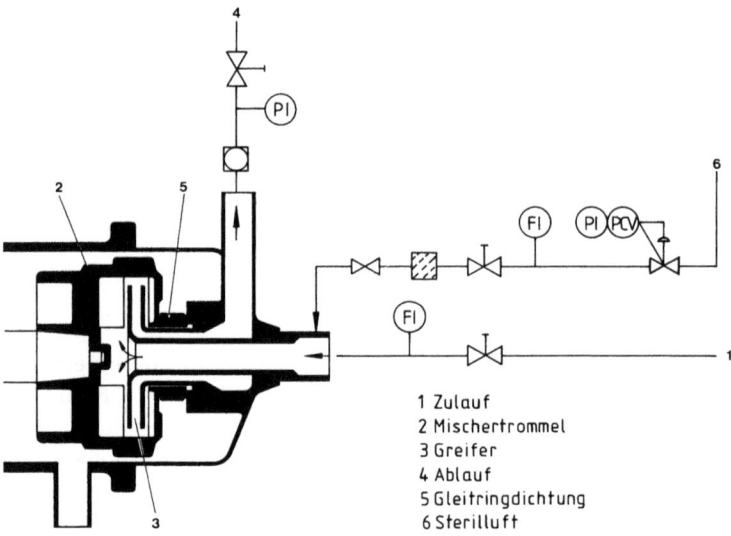

Abb. 8.23 Zentrifugalmischer

1 Zulauf
2 Mischertrommel
3 Greifer
4 Ablauf
5 Gleitringdichtung
6 Sterilluft

reichen 25–35 l Luft/hl Würze aus, um den gewünschten Flotationseffekt zu erzielen. Der Kraftaufwand beträgt 3,5 kWh/100 hl [1137].

8.2.6.5 Das Venturi-Rohr oder der Strahlmischer

Durch Verengung der Würzeleitung wird bei einem bestehenden Druck die Geschwindigkeit der Würze gesteigert. Nachdem ihr Energieinhalt, abgesehen von Reibungsverlusten gleich bleibt, entspricht dieser gesteigerten Geschwindigkeit ein Unterdruck, der nun Luft und auch Hefe einzuziehen gestattet. Die Mischwirkung ist abhängig von der Gestaltung des Venturi-Rohrs und von den Drücken von Würze und Luft. Die Größe der Luftblasen liegt bei 0,1–0,5 µm, im Vergleich zu Keramik- oder Sinterkerzen, die Bläschen von 0,1–5 µm erzielen [1138].

Die die Venturi-Düse verlassende, belüftete Würze hat ein schneeweißes Aussehen. Bei richtiger Konstruktion der Düse reichen wiederum 20–30 l Luft/hl aus. Wird mehr Luft benötigt, um den gewünschten Flotationseffekt zu erzielen, so wird auch mehr Steigraum als 30–40% benötigt, dann ist die Düse für die gegebenen Druck- und Geschwindigkeitsverhältnisse nicht richtig ausgelegt. Es verdient vor allem auch der Druckabbau nach der Mischstrecke Beachtung, so z. B. die Leitungswege bei verzweigten Anstellkellern. Die im Venturi-Rohr auftretenden Drücke machen oftmals eine besondere Treibpumpe erforderlich. (Abb. 8.24). Diese hat einen Kraftbedarf von 2,5 kWh/100 hl.

Die Druckverhältnisse, aber auch die Konstruktion mancher Strahlmischer lassen es geraten erscheinen, die Hefe nicht gleichzeitig mit der Luft in die Würze einzubringen. Es können Scherkräfte auftreten, die die Hefe morphologisch verändern, ihre Gärleistung beeinträchtigen, Hefezellwandmaterial (Man-

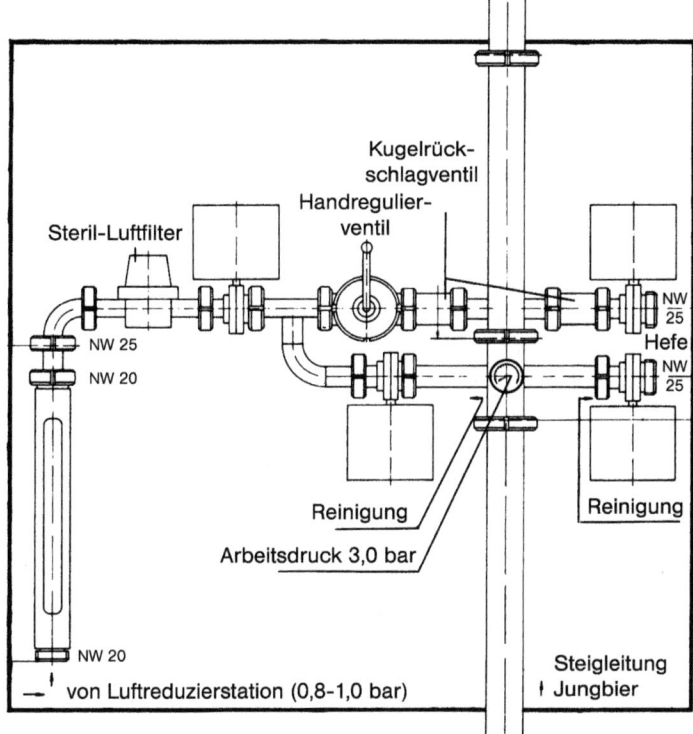

Abb. 8.24 Anordnung einer Strahlmischer-Anlage

nan) in die Würze überführen oder eine Gelbildung von β-Glucan hervorrufen [1139]. Es ist deshalb günstiger, Hefe direkt in die belüftete Würze zu dosieren.

8.2.6.6 Der statische Mischer
In einem Rohr befinden sich Metallschleifen mit Sieben oder Poren, die in ständig wechselnden Winkeln angeordnet sind. Auch poröse Platten, die in unterschiedlichen Neigungswinkeln angeordnet sind, finden Anwendung. Die Würze muss eine Geschwindigkeit von 1,5 m/s erreichen, die Luftbläschen weisen – wie bei der Venturi-Düse eine Größe von 0,1–0,5 µm auf. Durch das Hintereinanderschalten mehrerer Mischer lässt sich der Effekt steigern.

8.2.6.7 Kombinierte Heiß- und Kaltbelüftung
Sie wird häufig etwa im Verhältnis 1:5 empfohlen, um die Kühltrubausscheidung zu verbessern und auch um einen runden Biergeschmack zu erzielen [1140]. Dies kann durch die geschilderten Apparate vor und nach dem Kühler geschehen.

8.2.6.8 Zweitbelüftung

Sie benötigt beim Umpumpen vom Anstell- oder Flotationstank in den Gärtank, unter der Voraussetzung einwandfrei arbeitender Belüftungseinrichtungen, 10–20 l Luft/hl. Am besten haben sich hier Venturi-Rohre an der Druckseite der zum Umlagern dienenden Pumpe bewährt. Die Zweitbelüftung sollte nochmals einen Sauerstoffgehalt von 8–10 mg/l vermitteln, um die Angärung bzw. weitere Gärung zu beschleunigen.

8.2.6.9 Nach der Flotation

Die nach der Flotation in der Würze verbleibenden Sauerstoffmengen betragen nach Messungen bei nicht mit Hefe angestellten Würzen 8–10 mg/l; eine „Überbelüftung" findet nicht statt. Es stellt sich der Sauerstoffgehalt nach Aufsteigen der „Transportluft" in Abhängigkeit von Temperatur und Druck der Würzesäule ein.

Abschließend ist zum Thema „Belüftung" zu sagen, dass auch bei einer moderaten Belüftung ohne Flotation der Größe und der Verteilung der Luftbläschen in der Würze große Bedeutung zukommt, um gleichmäßige Gärungen zu erzielen.

8.2.7
Der Dekanter

Er ist zur Trennung von fest/flüssigen Gemischen z. B. von Hopfentrebern/Trub und Würze, von Kühltrub und Würze oder von Trebern und Glattwasser in sog. Treberpresssäften geeignet, da er es erlaubt Suspensionen mit hohem Feststoffgehalt zu verarbeiten. Dabei wird die Flüssigkeit gut geklärt und ein weitgehend eingedickter Feststoff erhalten.

Der Dekanter ist eine Vollwand-Schneckenzentrifuge mit einer sich mit hoher Drehzahl drehenden zylindrokonischen Trommel. Das Verhältnis von Durchmesser zur Länge des Dekanters, der sog. „Schlankheitsgrad" ist 1:3. In die Trommel ist eine Schnecke eingelagert, die eine noch etwas höhere Drehzahl hat als die Trommel (Abb. 8.25).

Das über das Einlaufrohr zugeführte Medium wird von der Schnecke vorbeschleunigt und dann von der Trommel auf deren Umfangsgeschwindigkeit gebracht. Der Feststoff wandert nun unter dem Einfluss der Zentrifugalkraft infolge seiner größeren Dichte zur Trommelwandung. Dort erfasst ihn die Schnecke und fördert ihn aus der Flüssigkeitszone zum konischen Teil. Beim Durchwandern der Trockenzone wird der Feststoff entwässert und am Konusende ausgetragen. Die Flüssigkeit läuft im Gegenstrom über dem sedimentierten Feststoff zurück und tritt am zylindrischen Ende, an einem Wehr aus. Um einen Luftkontakt zu verringern wird eine Schälscheibe verwendet, die sogar die Flüssigkeit unter Druck weiterfördert.

Eine Trennung mittels Dekanter ist nur dann möglich, wenn die zu trennenden Komponenten eine unterschiedliche Dichte haben und die abzutrennenden Teilchen grobdispers sind (d.h. Durchmesser > 0,5 µm). Dabei muss die Rei-

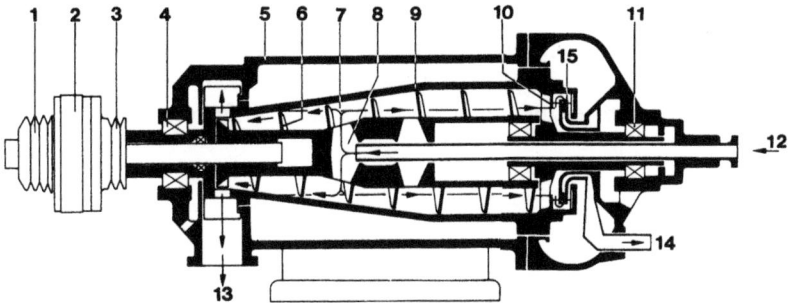

Typ CA 220-010

1 Riemenscheibe (Schneckenantrieb)
2 Kurvenscheiben-Getriebe
3 Riemenscheibe (Trommelantrieb)
4 Trommel-Hauptlager
5 Gehäuse
6 Schnecke
7 Separationsraum
8 Verteiler
9 Trommel
10 Regulierscheibe
11 Trommel-Hauptlager
12 Zulauf
13 Feststoffaustrag
14 Ablauf der geklärten Flüssigkeit
15 Schälscheibe

Abb. 8.25 Dekanter

bung des Feststoffs an der Schnecke kleiner sein als an der Trommel. Dies ist notwendig, um ein Zusetzen der Trommel zu vermeiden [1141].

8.2.8
Automation der Würzekühlung

Sie ist auf einfachem Wege möglich. Der Plattenkühler wird mit jener Wassermenge beschickt, die die gewünschte Wassertemperatur (meist 82 °C) gewährleistet. Die Würzetemperatur erfährt ihre Einstellung durch Regulierung des Kühlwasserstroms. Die Zentrifuge wird über die beschriebenen Zeitschalter oder über Photozelle bzw. Schlammraumabtastung entleert. Das Anlaufen des Whirlpools über Zeitschaltung ist insofern als fehlerhaft zu bezeichnen, als die Klärung der Würze oft von Sud zu Sud schwanken kann. Hier sollte der persönliche Augenschein des Bedienungsmannes über den Beginn der Würzekühlung entscheiden. Ein Trübungsmessgerät ist in den Würzeweg einzuschalten, um diesen wichtigen Vorgang zu kontrollieren. Auch das „Einziehen" des Whirlpools ist zu überwachen. Entweder löst der Trübungsmesser den Zeitpunkt des Würzelaufs und das Umstellen auf den Trubwürzesammeltank aus, oder es hat wiederum der zuständige Brauer zur Stelle zu sein, der beobachtet und danach die Schaltungen tätigt.

Der Würzefilter ist weder hinsichtlich der verlangten Klärwirkung noch bezüglich der Entschlammung, Reinigung und Sterilisation ein Automatisierungsproblem.

Beim Würzelauf sind noch Leitfähigkeitsmessgeräte vorgesehen, die von Wasser auf Würze bzw. Würze auf Nachlauf umstellen. Darüber hinaus besteht die Wahlmöglichkeit des anzusteuernden Tanks und bei Hefedosierung die Wahl des entsprechenden Hefelager- oder Dosiergefäßes.

Auch die allgemeine Reinigung der Würzebehandlungsanlage und ihre Sterilisation ist bei Vorhandensein einer unabhängig angeordneten Reinigungsanlage mit Lauge-, Säure-, Stapelwasser- und Heißwasserbehältern keine vom heutigen Stand der Automatisierung her außergewöhnliche Aufgabe.

8.3
Kaltwürze-Ausbeute

Wie schon erwähnt wird die Ermittlung der Heißwürzeausbeute, der bekannten Sudhausausbeute, immer schwieriger, bzw. sie ist in ihren Grundlagen durch die Jahrzehnte von ernstzunehmenden Arbeiten in Frage gestellt worden. Es wäre daher logisch die Kaltwürze-Ausbeute, früher gemeinhin als Gärkellerausbeute bezeichnet, zu ermitteln.

8.3.1
Messwerte

Analog zur Sudhausausbeute werden folgende Daten benötigt: die Schüttung (s. Abschnitt 7.1.1.1) die Würzemenge und der Extraktgehalt.

8.3.1.1 Menge der kalten Würze

Die Menge der kalten Würze ist bei Betrieb mit Anstellbottichen, sicherer noch bei Kaltsedimentationsbottichen einfach zu ermitteln, wenn die Behälter (amtlich) geeicht wurden und nicht nur die Messstäbe vorhanden, sondern auch die Messstellen bezeichnet sind. Die Kaltwürzemenge bedarf keiner Korrekturen mehr. Sie ist zunächst um die Kontraktion geringer als die Heißwürzemenge.

Beim Anstellbottich muss, sofern die Hefe während des Würzelaufs zum Zusatz gelangte, die Hefemenge von der gemessenen Kaltwürzemenge in Abzug gebracht werden. Sie ist deshalb zu erfassen.

Beim Flotationstank ist die Ermittlung der Kaltwürzemenge schwierig, da die Trennlinie zwischen Flüssigkeit und Schaum erst nach Abschluss des Luftauftriebs und dem folgenden Zusammenfallen der Schaumdecke fixiert werden kann.

Ähnlich ist das Problem bei direktem Anstellen in einem Gärtank ohne graduiertes Schauglas im relevanten Messbereich. Dasselbe gilt, wenn mehrere Sude ohne Zwischenbehälter im Großtank aufeinander gelassen werden.

Damit zielt der Bedarf auf eine zuverlässige Kaltwürzemessung in der Würzeleitung nach dem Plattenkühler hin. Nach Ovalrad- und Ringkolbenzählern, die die erforderliche Messgenauigkeit nicht erbringen konnten, sind nun induktive Durchflussmesser (IDM) in Gebrauch.

Nach dem Faradayschen Prinzip wird im Messgerät eine Spannung erzeugt, die proportional der Durchflussgeschwindigkeit und somit proportional dem Volumen ist. Nachdem die Wechselfeldtechnik (mit Spannung aus dem 50 Hz-

8.3 Kaltwürze-Ausbeute

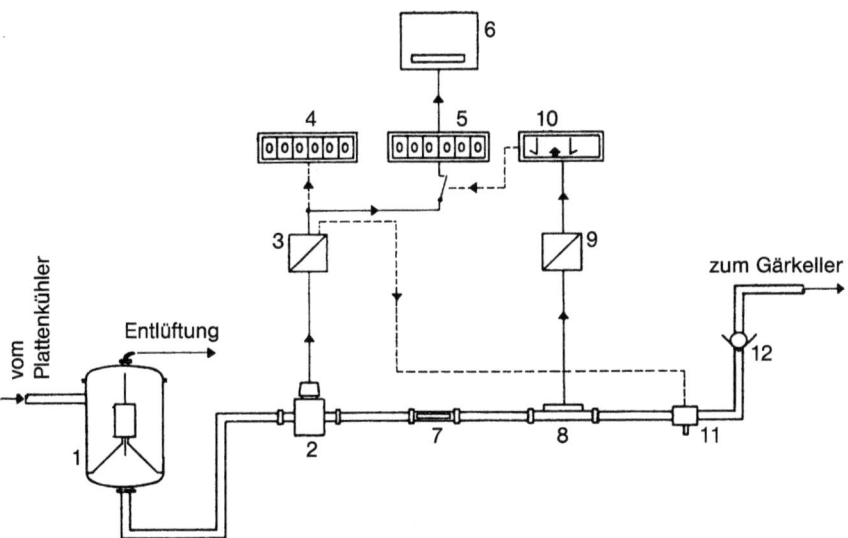

Abb. 8.26 Prinzip einer vollautomatischen Messanlage. Die Würze durchströmt auf dem Weg vom Plattenkühler zum Gärkeller die Anlage. Dabei erfolgt die Mengenmessung – aufgeteilt nach Gesamtmenge und Würzmenge – sowie eine aliquote Probenahme (*1* Luftabscheider, *2* magnetisch-induzierter Durchflussmesser, *3* Messumformer zu 2, *4* Digitalanzeige für Gesamtmenge, *5* Digitalanzeige für Würzemenge, *6* Digitaldrucker für Würzmenge, *7* Schauglas, *8* Leitfähigkeitssonde, *9* Messumformer zu 8, *10* Grenzwertmelder für Leitfähigkeit, *11* Probenehmer, *12* Rückschlagventil [1142]

Wechselstromnetz erzeugt) aus dem Netz Einstreuungen und vagabundierende Ströme als Störfaktoren beinhaltete, hat nunmehr die Gleichfeldtechnik den gewünschten Fortschritt erzielt. Das Magnetfeld wird hier durch getasteten Gleichstrom erzeugt. Dieser magnetisch-induktive Durchflussmesser hat die geforderte Messgenauigkeit von ±0,25% und dies in einem Durchflussbereich von 1:10, d.h. es muss die genaue Messung sowohl bei 30 als auch bei 300 hl/h gewährleistet sein [1142]. Das Prinzip der Messanlage zeigt Abb. 8.26.

Es ist ein Luftabscheider vor dem magnetisch-induktiven Durchflussmesser anzuordnen. Nach einer Rohrstrecke genügender Länge und gleichen Durchmessers, die einen laminaren Flüssigkeitsstrom gewährleisten soll, folgt die Messstrecke mit dem Durchflussmesser, der über Messumformer auf eine Digitalanzeige und einen Digitaldrucker arbeitet [1143].

Massendurchflussmessung nach dem Coriolis-Prinzip Bei bekannter Dichte kann die Massendurchflussmessung zur Bestimmung des Volumenstroms bzw. des Volumens herangezogen werden. Bei diesem Messprinzip wird die so genannte Coriolis-Kraft ausgenutzt, die auf jeden Körper ausgeübt wird, der sich z.B. in einem rotierenden System von der Drehachse weg oder auf diese zu bewegt. Bei der Anwendung dieses Prinzips auf die Massendurchflussmessung wird die zu messende Flüssigkeit durch eine oder zwei symmetrisch angeordnete gerade oder gebogene Messrohre geleitet. Wenn das Medium fließt, werden die Partikeln z. B. in einem U-förmigen Messrohr zuerst beschleunigt und dann verlangsamt. Die Trägheit der beschleunigten und verlangsamten Partikeln ruft die Coriolis-Kraft hervor. Diese bewirkt eine leichte Durchbiegung des Messrohrs, deren Winkel dem Massenfluss direkt proportional ist. Das System ist temperaturabhängig, weswegen die erhaltenen Werte entsprechend kompensiert werden müssen [1144, 1145].

Damit steht jene Menge fest, die den Würzekühler passiert hat und die in den Anstell- bzw. Gärkeller gelangt.

Sie ist um die Verluste im Hopfenseiher, im Whirlpool oder im sonstigen Gerät zur Heißwürzeklärung sowie um die Kontraktion geringer als die in der Sudpfanne vorhandene Menge der „Ausschlagwürze".

Sie enthält aber auch unvermeidliche Wassermengen, die sich durch „Vor"- und „Nachläufe" ergeben, die aber wiederum die Erfassung des Durchschnitts-Extraktgehaltes erschweren.

8.3.1.2 Extraktgehalt der Würze

Der Extraktgehalt der Würze ist auf dem Kaltwürzeweg nicht immer gleich. Am Anfang ist er durch das in den Leitungen befindliche Wasser, das erst ausgeschoben werden muss. geringer als der Durchschnitt; am Ende kann durch Schwitzwasser im Whirlpool oder durch das oben aufgeschichtete Nachdrückwasser wiederum eine gewisse Abnahme eintreten. Es wird deshalb durch Probenehmer, bei der oben beschriebenen Anlage in exaktem Teilstrom eine Würzeprobe in ein Sammelgefäß geleitet. Diese Würze wird gut durchmischt und der Extraktgehalt mittels Saccharometer bestimmt.

Diese Erfassung ist zwar immer noch korrekter als die routinemäßig entnommene Extraktprobe bei „Kühlmitte", die keine Zuflüsse erhalten hat und folglich einen höheren Wert ergibt als die Durchschnittsprobe. Die genaueste Bestimmung ist allerdings eine mit dem IDM gekoppelte Dichtemessung. Diese beruht auf dem Prinzip des Biegeschwingers/Ultraschall, gekoppelt mit einem oszillierenden V-Rohr, der in einem Bypass installiert ist und der zwischen zwei Suden mit Brauwasser gefüllt ist.

Die Coriolis-Technologie wird auch zur Dichteerfassung in Rohrleitungen eingesetzt. Sie kann auf die erforderlichen Bedingungen genau kalibriert werden. Um die Ergebnisse möglichst nahe an die Laborwerte heranzubringen, sollte ein Feldabgleich durchgeführt werden [1146].

Auch hier sind die Gewichts-Volumprozente zu ermitteln (g Extrakt/100 ml).

8.3.2
Berechnung der Kaltwürzeausbeute

Sie ist einfacher als die der Sudhausausbeute, da der unwägbare Faktor 0,96 in Wegfall kommt.

$$\text{Kaltwürze-Ausbeute} = \frac{\text{Kaltwürzemenge l(hl)} \times \text{Extrakt} \times \text{spez. Gewicht}}{\text{Schüttung kg (dt)}}$$

Diese Kaltwürzeausbeute ist um 1–2,5% niedriger als die Sudhausausbeute.

Die Einzelfehler der Messwerte sind wie folgt [1051]: Volumenmessung Kaltwürze ±0,25%, Stammwürzebestimmung ±0,08 GG%, Schüttung ±0,1%.

8.3.3
Unterschiede zwischen Sudhaus- und Kaltwürzeausbeute

Es treten, wie schon erwähnt Volumenveränderungen vom Sudhaus bis zum Auslauf des Plattenkühlers auf. Hiervon gehen Kontraktion und Verdunstung nicht in die Ausbeute ein, da sie nur eine Mengenveränderung, nicht dagegen einen Extraktschwund darstellen.

8.3.3.1 Die Volumenminderung
Sie wird einmal hervorgerufen durch die Kontraktion der Würze von der Kochtemperatur bzw. von der Temperatur der Heißwürzeermittlung bis zur Temperatur nach dem Kühler. Die Kontraktion von 100°C auf Anstelltemperatur von 5°C ist 4,2% [1147]. Nachdem jedoch meist bei 97°C abgelesen wird, ergibt sich eine Minderung derselben um 0,2%, so dass diese mit 4,0% angenommen werden kann.

Eine Verdunstung tritt beim Ausschlagen, d.h. beim Eintritt der Würze in den Whirlpooltank durch das großflächige Verteilen der Würze sicher im ersten Drittel der Zeit ein; sie verringert sich durch das Nachdrücken von heißem Wasser zum kurzzeitigen Spülen der Pfanne und zum Entleeren der Leitungen bis auf 0, meist jedoch bis auf einen „Negativschwand" der zu einer Abnahme des Extraktgehalts um 0,1% führt [1047].

Bei den Verfahren der Nachverdampfung tritt eine Erhöhung des Extraktgehaltes um 0,12%/10°C Temperaturerniedrigung ein. Auch eine neue Whirlpoolkonzeption verzeichnet durch Verdunstung von 0,2–0,3% eine allerdings minimale Konzentrationszunahme zwischen Ende des Kochens und Ende des Kühlens [1148].

Die Hopfenverdrängung von 0,8 l/kg Hopfen spielt bei der Verwendung von Doldenhopfen eine Rolle. Sie nimmt bei Pulvern einen wesentlich geringeren Wert an (s. Abschnitt 7.1.2.1) und ist bei Hopfenextrakt 0.

8.3.3.2 Der Extraktschwand

Bei Doldenhopfen ist der Extraktschwand durch die Imbibition von Würze beträchtlich, so bei 150 g/hl 0,73%, wenn der Hopfen nur abtropft, aber nicht ausgewaschen wird [1149].

Auch mit dem Presshopfenseiher mit Gegenstromauswaschung lässt er sich auf 0,2–0,3% drücken (s. Abschnitt 5.9.1).

Die *Verluste durch den Heißtrub* sind bei Kühlschiff und nach folgender Gewinnung der Würze in einer Trubpresse 0,3–0,6% bei einfachem Abpressen, bei Abpressen und Auslaugen 0,1–0,15%. Ähnliche Werte erreichten die früheren Kammerzentrifugen.

Selbstaustragende Separatoren verursachen, je nach Einstellung der Abschlammzeiten Verluste von 0,3–0,4%.

Der *Whirlpool* verzeichnet bei optimaler Funktion einen Extraktschwand von 0,25–0,6% [1064, 1097], bei vorzeitigem Abbruch des Würzeablaufs liegen die Werte jedoch bei 1–1,5%.

Bei gemeinsamem *Anfall von Hopfenpulvertrebern und Trub* sind z. B. bei gut arbeitenden Whirlpools durch die Würzeeinsaugung die auf S. 329 zitierten Verluste gegeben. Bei 126 g pro hl Hopfenpulver 2%, bei 63 g/hl 1,2%, bei Hopfenextraktverwendung die obengenannten 0,6%. Es ist also der erstgenannte Wert höher als die Addition der Einsaugungsverluste aus Hopfentrebern und Heißtrub, ein Zeichen, dass die Entwässerung dieser Hopfentrubmengen doch Schwierigkeiten bereitet. Andere Messungen ergeben Gesamtverluste von Hopfentrebern und Trub von 1,0–1,2% [1047], allerdings bei nichtgenannten Hopfenpelletmengen, die sich aber in der Regel bei 60–80 g/hl bewegen dürften. Heißwürzeseparatoren verursachen bei homogenem Zufluss und Selbstaustragung durch Schlammraumabtastung ebenfalls 0,9–1,1% Schwand. Alle diese Werte sind selbstverständlich auf Vollwürze bezogen.

Wird nun die Würze wegen schlechten Absetzens des Trubs nicht vollständig gewonnen und z. B. dem folgenden Sud wieder zugegeben, dann muss dieser Rückstand mengenmäßig erfasst werden, um zur korrekten Kaltwürzeausbeute zu kommen, wenn diese z. B. eine Aussage über die Arbeitsweise des Sudhauses machen soll. Hier fallen Hopfentrubmengen an, die bei 2–4% der Ausschlag- bzw. der Kaltwürzemenge liegen. Ihre Erfassung ist deshalb erschwert, weil zur restlosen Entleerung des Whirlpools oder Setzbottichs mit Wasser verdünnt werden muss. Auch liegt die Temperatur über der der Kaltwürze. Die in einem geeichten Trubwürzetank aufgefangene Menge ist dann mittels eines Rührwerks zu homogenisieren, so dass der Extraktgehalt durch Spindeln erfasst werden kann. Außerdem ist anhand einer Durchschnittsprobe der Feststoffgehalt an extraktfreier Trockensubstanz zu ermitteln. Diese liegt je nach dem Heißtrubgehalt von 40–80 g/hl und der Hopfenpulvermenge z. B. 100 g/hl je nach dem Anteil konzentrierten Pulvers, aufbauend auf früheren Untersuchungen [1047] bei 40–60 g/hl. Somit ergibt das in der Praxis ermittelte Beispiel eines Sudwerks mit einer Schüttung von 5 t die in Tab. 8.23 aufgestellte Bilanz.

Tab. 8.23 Vergleich von Heißwürze- und Kaltwürze-Ausbeute (5000 kg Schüttung)

Sudhaus = Heißwürze-Ausbeute		Kaltwürze-Ausbeute	
Ausschlagwürze hl	315	Kaltwürze bei 5 °C hl	298,3
Extrakt GG %	12,0	Korrektur auf 20 °C hl	298,89
(Ausbeutefaktor	12,08)	Extrakt GG %	11,92
Extraktmenge kg	3805,2	(Extrakt GV %	12,49)
		Extraktmenge kg	3733,14
		im Trubgefäß bei 75 °C hl	8,5
		Korrektur auf 20 °C hl	8,30
		Volumen der Trockensubstanz 60 g Trub 50 g Hopfentreber/hl =	0,43
		Menge im Trubgefäß netto	7,87
		Extrakt GG %	9,2
		(Extrakt GV %	9,54)
		Extraktmenge kg	75,0
			3808,1
Ausbeute heiß % = 76,10		Ausbeute kalt % = 76,16	

8.3.4
Die Gesamtausbeute bei der Würzebereitung (Overall Brewhouse Yield – OBY)

Sie führt sich bei Gewährleistungen, vor allem auf internationaler Ebene mehr und mehr ein. Sie hat zum Ziel, den aus den Trebern gewonnenen Extrakt in der gekühlten Würze, einschließlich aller Extraktreste zu erfassen und zu dem vom Malz her eingebrachten Extrakt (lufttrockene Laborausbeute) in Beziehung zu setzen. Die Einzelfaktoren sind:
a) die Kaltwürzeausbeute in kg Extrakt (s. Abschnitt 8.3.2),
b) die Extraktmenge in kg im Trubtank (s. Abschnitt 8.3.3.2),
c) die Extraktmenge in kg im angefallenen Glattwasser, im Glattwassertank; sie wird ermittelt wie die Extraktmenge im Trubtank,
d) die vom Malz her eingebrachte Extraktmenge in kg, wobei hier bezüglich der Ermittlung der Laborausbeute verschiedene Vorschläge vorliegen (s. Abschnitt 7.2.1).

Für die Abläuterung des Glattwassers ist allerdings zu bemerken, dass diese Menge bei hoher Sudzahl von z. B. 12/Tag aus Zeitgründen beschränkt sein muss. Aber auch sonst kann es nicht gleichgültig sein, ob 0,2, 0,3 oder gar 0,5 hl/dt noch nachträglich an Glattwasser abgeläutert werden, denn um diese Auswaschspanne werden die Werte an auswaschbarem Extrakt in den Trebern „besser".

Es kann, wie schon oben bemerkt, die Gesamtausbeute auch bei der üblichen Wiederverwendung von Glattwasser und Hopfentrub ermittelt werden, ohne dass diese dann der Einzelerhebung bedürfen. Es ist allerdings zu berücksichtigen, dass bei Zugabe zum Abläutern, z. B. zum 1. Nachguss nach Abläutern der Vorderwürze der eingebrachte Extrakt nur zu 80–90% gewonnen werden und – vor allem bei geringeren Mengen an Überschwänzwasser – der auswaschbare Extrakt der Treber eine gewisse Erhöhung erfahren kann.

Unter Zugrundelegung der Daten aus Abschnitt 8.3.2 und einer lufttrockenen Laborausbeute des Malzes von 77,1% wird eine Gesamtausbeute (OBY) von 98,8% erreicht. Die schließt den Extraktgehalt des Hopfentrubes von 1,9% mit ein. Damit wäre die Ausbeute ohne Trub nur 96,9%. Eine Glattwassermenge wurde hier nicht erfasst. Nachdem die geringere Verdampfung beim Würzekochen nebst den stärkeren Würzen beim Brauen mit höherer Stammwürze von 14,5% statt 11,5% eine Minderung von 0,3 + 0,8 = 1,1% erbringen, kann die oben genannte Gesamtausbeute bei nur 97,7% liegen, ohne dass deutliche Extraktverluste auftreten. Würde das aus diesen Gründen erhöhte Glattwasser mit erfasst, könnte ein gewisser Anteil dieser Differenz ausgeglichen werden.

Auf jeden Fall sind die Garantiewerte auf die jeweils angewendete Arbeitsweise zu beziehen und nicht einfach pauschal zu akzeptieren.

9
Das Brauen mit hoher Stammwürze

In ausländischen Brauereien ist es seit einiger Zeit üblich, die Würze so stark einzubrauen wie es die Abläutervorrichtung zulässt, um so die Kapazität eines bestehenden Sudwerks zu erhöhen und Energie zu sparen. Die starke Würze oder das hieraus stammende Bier wird zu einem geeigneten Zeitpunkt auf die gewünschte, niedrigere Stammwürze verdünnt.

9.1
Das Abläutern

Nachdem der Läuterbottich in bestimmten Grenzen überschüttet werden kann, wird die Schüttung so weit erhöht, als es der übliche Sudrhythmus von z. B. 4 Stunden zulässt. Hier ist nicht der begrenzende Faktor die innerhalb einer bestimmten Zeit abzuläuternde Menge, da diese im Hinblick auf das Fassungsvermögen der Pfanne etwa gleich groß bleibt, sondern der Treberwiderstand, der sich durch das Passieren der Würze durch eine höhere Filterschicht ergibt. Es kann erforderlich sein die Messer der Schneidmaschine auf jene Länge zu bringen, die eine vollständige Erfassung des Treberkuchens ermöglicht. Die Austrebervorrichtung bedarf ebenfalls einer Verbesserung, um bei der Entfernung der größeren Trebermenge keine Zeitverzögerung aufkommen zu lassen.

Je nach der bisherigen spezifischen Schüttung des Bottichs ist – eventuell in Verbindung mit einer Verbesserung des Schrotes – eine Erhöhung um 20–30% möglich.

Maischefilter können mit zusätzlichen Platten und Kammern ausgestattet werden und zwar so weit, dass beim Austrebern und Reinigen des Filters gerade noch der erforderliche Spielraum zu diesen Manipulationen verbleibt. Doch ist die Erweiterungsmöglichkeit im Allgemeinen begrenzt.

Wie jedoch die Abläuterkurven des Läuterbottichs und des „alten" Maischefilters erkennen lassen, bedingt das Einbrauen einer stärkeren Biersorte eine Verringerung der Nachgussmenge, wenn die Verdampfung in der Würzepfanne etwa gleich gehalten werden soll. Dies geht bei konstanter Schüttung aus folgender Übersicht hervor (Tab. 9.1).

Tab. 9.1 Mengenverhältnisse mit steigender Stammwürze und gleicher Schüttung (6 t)/Verdampfung 8%

Extrakt %	11,5	13,0	14,5	16,0
Vorderwürze hl/%	165/17,5	160/18,0	152/18,5	145/19,0
Überschwänzwasser hl	269	220	186	159
Pfannevoll hl	434	380	338	304
Ausschlagwürze hl	400	350	311	276
Ausbeute %	77,0	76,7	76,3	75,3
Glattwasser %	0,7	1,2	1,7	2,5

Tab. 9.2 Mengenverhältnisse mit steigender Stammwürze und steigender Schüttung/Verdampfung 8%

Extrakt %	11,5	13,0	14,5	16,0
Schüttung t	6,0	6,85	7,7	8,6
Steigerung %		11,4	28,5	43,5
Vorderwürze hl	165/17,5	165/19,0	175/20,5	192/20,5
Überschwänzwasser hl	269	269	259	242
Pfannevoll hl	434	434	434	434
Ausschlagwürze hl	400	400	400	400
Ausbeute %	77,0	76,7	76,35	76,13
Glattwasser %	0,7	1,1	1,5	2,3

Diese Gegebenheiten lassen sich etwas verbessern, wenn eine höhere Schüttung eingesetzt, die Maische stärker und die Läutertechnik etwas modifiziert wird (Tab. 9.2).

Die Glattwasserkonzentration steigt jedoch beim Abfall der Überschwänzwassermenge von 4,5 hl/100 kg Schüttung auf 2,8 hl/100 kg Schüttung von 0,7 auf 2,5% an; sie muss wieder zum Einmaischen verwendet werden. Hier ist allerdings die Vorsichtsmaßnahme einer Aktivkohledosierung – schon um der Verzuckerung der stärkeren Maischen willen – zu tätigen.

Für die Praxis realistisch dürfte beim Läuterbottich eine Überschüttung um 28–30% sein, d.h. bis zu Ausschlagkonzentrationen von 14,5–14,8%.

Die in Abschnitt 4.1.2.9 geschilderte Läuterbottichkonstruktion mit zentral angeordnetem Dom erbringt, wie Versuche zeigten, eine bessere Disposition, auf Würzen mit höherer Stammwürze hinzuarbeiten. Durch die gleichmäßigere Auslaugung der (auch etwas höheren) Treberschicht (s. Abschnitt 4.1.3.11) kann eine Auschlagwürzekonzentration von 14–15% mit nur geringfügig höheren Treberverlusten erzielt werden.

Unproblematisch sind die Maischefilter der neuen Generation (s. Abschnitt 4.3). Das Abpressen der Treber nach Ablauf der Vorderwürze vermittelt gleichmäßige Treberkuchen, die sich auch entsprechend gleichmäßiger auslaugen lassen. Auch das zweite Auspressen der Treber am Ende der Nachgussabläuterung auf einen Wassergehalt von ca. 70% erbringt niedrigere Gehalte an Glattwasserextrakt bzw. auswaschbarem Extrakt der Treber. So ist es möglich, noch höhere Ausschlagwürzekonzentrationen von z. B. 16% anzustreben.

Es hat aber auch der Dünnschichtkammerfilter gegen Ende des Nachgussabläuterns einen relativ flachen Verlauf der Extraktkurve, so dass durchaus höhere Ausschlagwürzekonzentrationen ohne merkliche Nachteile zu erzielen sind (s. Absschnitt 4.3.3, Abb. 4.43).

9.2
Das Maischen

Es dürfte bei einem Verhältnis von Schüttung zu Hauptguss = 1:3 noch kein Problem bereiten; lediglich die Verzuckerungszeit wird eine Verlängerung erfahren bzw. sie wird stark mit den Gehalten des Malzes an amylolytischen Enzymen variieren (s. Abschnitte 3.1.1.3 und 3.1.1.5). Nachdem die proteolytischen Enzyme bei stärkeren Maischen eher bessere Werte erbringen wie auch z. B. die β-Amylase, sind keine grundlegenden Veränderungen der Würzezusammensetzung zu erwarten, die nicht durch geringfügige Veränderungen der Temperaturen oder Rastzeiten korrigiert werden können. Die Polyphenole zeigen sogar bei Würzen aus konzentrierten Maischen eine günstigere Zusammensetzung [641, 731]. Es verdient also hauptsächlich die Jodnormalität der Würze Beachtung.

9.3
Das Würzekochen

Hier werden etwas höhere Bitterstoffverluste verursacht, da die Würzen für die spätere Gesamtbiermenge gehopft werden müssen, also höhere Bitterstoffgaben benötigen. Zum anderen ist auch die Eiweißkoagulation etwas stärker, wenngleich – infolge Schutzkolloidwirkung – die Eiweißausfällung nicht bis zu den üblichen, niedrigen Werten verläuft. Doch schaffen die modernen Würzekoch-Einrichtungen einen gewissen Ausgleich. Es muss eher mit den im Abschnitt 5.4.3 „Würzekochung" genannten Parametern einer zu weitgehenden Verminderung des koagulierbaren Stickstoffs im Interesse der Schaumeigenschaften der Biere entgegengewirkt werden. Eine stufenweise Einstellung des pH: ca. 5,4 zu Beginn der Kochung (niedrigere pH-Werte stören den Abbau des DMS-Vorläufers, s. Abschnitt 5.6.4.3) und ca. 5,0 ± 10 Minuten vor Kochende ist günstig. Der niedrige pH von 4,9–5,0 fördert die Gärung, die Hefevermehrung und dämpft die Esterbildung [1156].

9.4
Verwendung von Sirup oder Zucker

Zur Darstellung einer höheren Würzekonzentration bietet sich, wenn wirtschaftlich erhältlich, die Verwendung von Sirup aus hydrolysierter Maisstärke (s. Abschnitt 1.2.2.1) oder Flüssigzucker (s. Abschnitt 1.2.2.2) an. Hierdurch ist es möglich, mit der normalen Schüttung zu arbeiten oder diese nur so weit zu erhöhen, dass die Würze nach der Zugabe eines der beiden oder einer Kombination davon den gewünschten „Rohfruchtanteil" enthält. In diesem Falle würde also eine Würze aus 100% Malz (z. B. Infusionsmaische ohne Rohfruchtkochen) hergestellt und auf den geforderten Extrakt der Würze dieser ca. 10 Minuten vor Ende des Kochens oder kurz vor dem Ausschlagen Sirup zugegeben. Es wäre hier sogar möglich, die aus Ausbeutegründen gegebene Schwelle von 14,5–14,8% zu überschreiten, wenn die Vergärung einer derart starken Würze von z. B. 16–17% wünschenswert ist.

9.5
Würzebehandlung

Bei Extraktgehalten der Würzen über 14,5–15% tritt oftmals eine Verschlechterung des Trubabsatzes im Whirlpool ein. Dies kann durch die höhere Viskosität ebenso hervorgerufen werden, wie durch die größere Trubmenge und die größere Hopfengabe, die notfalls durch Reduzierung des Pelletanteils zu korrigieren ist. Störend kann sich die erwähnte größere Trubmenge auch bei Heißwürzezentrifugen äußern. Die Trub- bzw. Hopfentrubverluste werden größer, da die größere Trubmenge eine stärkere Würze imbibiert. Es müssen also entsprechend größere Extraktmengen zurückgepumpt werden, die im Läuterbottich die Menge des Nachgusswassers und damit das Extraktgefälle weiter einschränken.

9.6
Die weitere Behandlung der höherprozentigen Würze

9.6.1
Verdünnung im Kühlhaus

Diese Maßnahme kann dort interessant sein, wo eine spätere Verdünnung z. B. des Bieres bei der Filtration gesetzlich nicht erlaubt ist. Der Zusatz von kaltem, enthärtetem Wasser erfolgt hier zweckmäßig im Plattenkühler beim Übergang von der Vorkühl- in die Nachkühlabteilung. Es ist auch ein parallel geschalteter Kühler für das „Verschnittwasser" möglich. Eine wirksame Sterilisation des Wassers ist unerlässlich. Der Sauerstoffgehalt des Wassers spielt hier keine Rolle; es wird ohnedies zusammen mit der Würze intensiv belüftet.

9.6.2
Verdünnung des Bieres vor oder nach der Filtration

Hier wird die stärkere Würze vergoren. Es hat sich meist eine Stammwürze von 14–14,5% eingeführt. Der Wasserzusatz im Bereich des Filterkellers bedarf eines völlig entgasten Wassers, das anschließend für sich allein oder schon mit dem verschnittenen Bier auf den erforderlichen Kohlensäuregehalt karbonisiert wird [1151, 1152]. Der Verschnitt ist genau zu tätigen und die Stammwürze des Bieres mittels automatisch arbeitender Analysengeräte laufend zu überwachen.

Die resultierenden Verschnittbiere haben bei richtiger Arbeitsweise einen reinen, ausgewogenen Geschmack. Durch den etwas höheren Estergehalt haben sie eine etwas vollmundigere, „blumigere" Note.

9.6.3
Bierbeschaffenheit bei Vergärung von Würzen höheren Extraktgehalts

Die konzentrierten Würzen neigen ohne Korrektur der pH-Verhältnisse zu dunkleren Farben, die vor allem durch Maillard-Produkte bedingt sind. Dies äußerte sich auch in höheren Werten der TBZ, wodurch die Biere aus Modellversuchen nach Rückverdünnung mit destilliertem Wasser dunklere Farben aufwiesen [1153]. Dies dürfte jedoch bei oftmals ohnedies zu hellen Rohfruchtbieren keine entscheidende Rolle spielen.

Praxisergebnisse bestätigten die höhere Farbe der fertigen Biere nicht, doch war den Bieren ein höherer Restgehalt an freiem Aminostickstoff eigen, der auf eine geringere Verwertung desselben bei der Gärung hindeutete [1154]. Die im Verhältnis geringere Hefevermehrung hatte aber andererseits eine wesentlich stärkere Esterbildung zur Folge, die auch in den rückverdünnten Bieren geschmacklich wahrnehmbar war und die diesen eine vollere, geschmacksstärkere, aber im Vergleich zu den „Normalbieren" etws andere Note verlieh [1154, 1155].

Diesen erhöhten Estergehalten kann durch Förderung der Hefevermehrung durch intensivere Belüftung begegnet werden. Nachdem neben höheren Estergehalten auch höhere Schwefeldioxidgehalte resultieren, die im rückverdünnten Bier 10 mg/l nicht überschreiten dürfen, kann die Belüftung z. B. in Mehrsudtanks mehr Sude umfassen, als im Bereich normaler Stammwürzegehalte (s. Abschnitt 8.2.5.5) empfehlenswert ist [1156]. Es ist aber auch ratsam, die Zahl der Hefeführungen auf 2–3 zu beschränken oder durch einen bestimmten Anteil assimilierter Hefe für die Zufuhr junger Zellen zu sorgen [1157]. Außerdem bedarf die Hefe aus Gärungen mit höherer Stammwürze besonderer Sorgfalt bei der Ernte und Aufbewahrung: baldmögliche Entspannung, Entfernung des imbibierten Kohlendioxids und Verringerung des relativ hohen Alkoholgehalts durch Zugabe von biologisch einwandfreiem Wasser. Auch eine effiziente Kühlung bei der Ernte auf ca. 3 °C durch einen eigenen Hefekühler sowie die Lagerung bei dieser Temperatur ist wichtig.

Durch diese Maßnahmen gelingt eine bessere Hefevermehrung, eine stärkere Absorption von Aminosäuren sowie eine raschere Gärung [1155]. Durch diese

Maßnahmen lassen sich die Gärungsnebenprodukte (höhere Alkohole, Ester, SO_2) im Sinne einer normalen Zusammensetzung beeinflussen [1158]. Während viele Brauereien die Stammwürzegrenze bei diesem Verfahren bei 14,8–15% sehen, wird in anderen Betrieben eine Stammwürze von bis zu 17% angestrebt.

Die Verwendung von 30% Sirup mit hohem Maltosegehalt (72%) ergab selbst bei Würzen von 20% Extrakt kaum höhere Gehalte an Gärungsnebenprodukten. Ein höheres Niveau von Ethylacetat ließ sich durch eine Steigerung des Sirupanteils auf 35% abfangen [1159].

Die Bierstabilität erfuhr beim Rückverdünnen des Bieres eine Verbesserung [1154], der Bierschaum verschlechterte sich mit zunehmender Verdünnung [1160]. Dies kann wohl einmal der Verdünnungsfaktor ausmachen, zum anderen aber die Vitalität und Viabilität der Hefe, die schon bei Reifung und Kaltlagerung durch den höheren Alkoholgehalt leidet und zu Exkretionen neigt: Anstieg des pH, des FAN-Gehalts und letztlich von Hefeproteasen. Durch gesunde Hefe und nicht zu lange Lagerzeiten kann diesem Phänomen entgegengewirkt werden. Es hatte sich aber auch schon bei der Würzebereitung gezeigt, dass stärkere Würzen einen höheren Verlust an hydrophoben Polypeptiden erfuhren als schwächere. Maischefilter erwiesen sich günstiger als Läuterbottiche. Der höhere Verlust an hydrophoben Substanzen in stärkeren Würzen setzte sich über Gärung, Lagerung und Filtration fort [1161]. Die Geschmacksstabilität der Biere ist durch den meist höheren Schwefeldioxidgehalt der Biere (bessere Lag Time!) gegeben.

Für typische Pilsener Biere mit deutlicher Hopfennote (über 30 EBC-BE) und gewünschtem Hopfenaroma ist das Verfahren der erhöhten Stammwürze weniger gut geeignet [1162]. Im Ausland ist der Bitterstoffgehalt durch isomerisierte Extrakte verlustlos darstellbar, wie auch Hopfenöl-CO_2-Extrakte oder Aromaessenzen jegliches Geschmacksprofil vermitteln können (s. Abschnitt 1.4.9.10). Auch Schaumdefizite lassen sich – selbst durch kleine Gaben von Tetradihydro-Iso-α-Säuren beheben (s. Abschnitt 1.4.9.9).

9.7
Einsparungen durch das Brauen mit hoher Stammwürze

9.7.1
Kapazität

Durch die im Kühlhaus erfolgende Verdünnung kann die Produktivität der Würzebereitung bei sonst gleichen Kosten um 10–30% besser ausgenützt werden.

Bei Verdünnung im Filterkeller kann die Leistung der gesamten Sudhaus-, Gär- und Lagerkelleranlage um 10–30% erhöht werden.

9.7.2
Energieersparnis

Nachdem im Sudhaus und bei der Würzebe-reitung aus z. B. 385 hl kalter Würze von 14,5% 491 hl Würze von 11,5% entstehen, ist diese größere Menge mit einer Wärmeersparnis von 21,5% hergestellt worden. Hiervon ist noch die Abkühlung des Verschnittwassers auf Anstelltemperatur in Abzug zu bringen.

Wird das Bier erst am Ende des Prozesses verschnitten, so entsprechen die Kosten für die Kühlung der entsprechend kleineren Biermenge. Es muss lediglich mehr Gärwärme bei der Vergärung der stärkeren Würze abgeführt werden. Kosten verursacht das Aufbereiten und Abkühlen des Verschnittwassers sowie die Installation der für diese Kontrolle erforderlichen Geräte.

10
Die Anordnung von Sudhaus und Würzebehandlung

10.1
Lage und Anordnung des Bereiches Würzebereitung

Während bei älteren Anlagen mit „offener" Würzekühlung (Kühlschiff) das Sudhaus zum „warmen" und das Kühlhaus zum „kalten" Gebäudeblock der Brauerei gehörten, so sind heute die Anlagen der „geschlossenen" Würzebehandlung im Sudhaus selbst oder in unmittelbar angrenzenden Räumen untergebracht.

Nach wie vor ist die Lage des Sudhauses in der Nähe der Energieversorgung, ganz gleich, ob es sich nur um ein Kesselhaus oder auch um eine Anlage des Kraft-Wärme-Verbundes handelt. Ebenso müssen in diesem Bereich die Behälter und Pumpenaggregate für die Kalt- und Warmwasserversorgung untergebracht sein, die nötigen Luftkompressoren zur Treberförderung und zur Versorgung anderer Luftverbraucher. Es ist eine Frage der Betriebsgestaltung, ob die Würzekühlung über eine eigene Kälteanlage im Sudhausbereich verfügt oder ob die hierfür erforderlichen Kapazitäten im Maschinenhaus untergebracht sind bzw. die Würzekühlung von der allgemeinen Kälteversorgung bedient wird.

Die *„klassische" Anordnung* des Sudhauses (einschließlich der Würzekühlung) sah vor, dass sich die Schroterei mit Malzreinigung, Waage, Schrotmühle und Schrotkästen in mehreren Stockwerken oberhalb des eigentlichen Sudhauses befand. Dies erforderte viele Räume, die z. T. nur schlecht ausgenutzt waren, es sei denn, dass ein entsprechend dimensionierter Lastenaufzug die Bedienung von Magazinräumen ermöglichte. Vielfach dienten diese Stockwerke auch der Aufnahme der Kalt- und Warmwasserbehälter, von denen einer oder einige vom Pfannendunstkondensator aus beschickt wurden. Der Sudraum selbst war hoch, da sich Maisch- und Läuterbottich einerseits sowie Maische- und Würzepfannen andererseits auf unterschiedlichen Stockwerkshöhen befanden. Die erhöhte Anordnung von Maisch- und Läuterbottich bzw. Maischefilter hatte den Vorteil, dass beim Teilmaischeziehen wie auch beim Abläutern der Würze nicht gepumpt zu werden brauchte.

Die Anordnung all dieser Gefäße in einer Ebene vermittelt wohl optisch einen guten, großzügigen Eindruck, macht aber doch vermehrtes Pumpen erforderlich, was, wie die einschlägigen Kapitel dieses Buches zeigen, nicht immer problemlos ist.

Die Bierbrauerei: Band 2: Die Technologie der Würzebereitung. 8. Auflage
Ludwig Narziß und Werner Back
Copyright © 2009 WILEY-VCH Verlag GmbH & Co. KGaA, Weinheim
ISBN: 978-3-527-32533-7

Der Raum unterhalb der Bedienungsebene, früher auch als Antriebsraum bezeichnet, nimmt die Rührwerksantriebe (sofern diese nicht im Raum oberhalb des Sudwerks angeordnet sind), die Pumpen, die Leitungen für Maische, Würze, Wasser, Heizmedium, Reinigungslösungen etc. auf, den Treberkasten, die Treberförderung und ggf. das Vorlaufgefäß. Dieses kann wiederum im Sudhaus selbst oder im Stockwerk darüber angeordnet sein.

Die Würzebehandlungsanlage wurde bei Neubauten mit im Sudhaus untergebracht, so z. B. Whirlpools, Ausschlagtanks, während der Kühler und eine eventuell notwendige Zentrifuge (letztere aus Lärmgründen) in den Stockwerken darunter oder darüber Platz fanden.

Der eigentliche Sudraum war durch seine architektonische Gestaltung, das Material und die Form der Gefäße sowie durch Farbe und Material der Wand- und Fußbodenverkleidung ein besonderes Schmuckstück der Brauerei, dessen Unterhalt im weitesten Sinne sich kostenaufwändig gestaltete.

Die Aufstellung der *Sudgefäße hinter einer Wand* begann, als die Fertigungsmethoden hierfür vereinfacht bzw. neue Gefäßformen gewählt wurden, z. B. rechteckige Pfannen mit trapezförmigem oder halbrundem Querschnitt. Die Behälter waren vom – meist aufwändig gestalteten – Bedienungsraum aus durch Schaugläser einsehbar. Die (Nass-)Schrotung befand sich neben den Sudgefäßen, eine Lösung, die sich in Verbindung mit einem Einmaischapparat auch für die Trockenschrotung anbot (s. Abschnitt 3.2.3.1). Die Bottiche und Pfannen aus Stahl, Stahl plattiert oder rostfreiem Stahl, wurden isoliert, bzw. es stellte sich im Raum hinter der Wand eine relativ hohe Mitteltemperatur ein. Es gelang durch diese Anordnung, Bauvolumen und damit Kosten – auch für den Unterhalt des Sudhauses – zu sparen.

Die Würzebehandlungsanlage war hinter der Wand integriert oder sie befand sich in einem angrenzenden Raum auf demselben Niveau.

Diese „*Industriesudwerke*" wurden aber auch *offen*, d. h. in isolierter Ausführung auf eigenen Trägergerüsten bzw. frei stehend im Sudraum aufgestellt. Diese Methode fand auch dann Anwendung als wieder runde Gefäße ihren Einzug hielten. Die Isolierungen aus Leichtmetall- oder Edelstahlblechen sahen auch zunächst sauber und ansprechend aus, wenn sie sorgfältig verlegt wurden. Doch im Laufe eines Jahrzehnts büßte das Äußere der Anlagen an Attraktivität ein: Undichtigkeiten in der Isolierung, Kondenswasseraustritt, Reparaturen mit nicht gut angepassten Ersatzteilen sowie ein Verschleiß der Fußbodenverkleidung vermittelten da und dort den Eindruck mangelnder Pflege bzw. erforderten dann entsprechende finanzielle Anstrengungen. Hier hat sich die Aufstellung „hinter der Wand" immer als die bessere Lösung erwiesen. Vielfach ergab sich auch eine Kombination zwischen dieser und der offenen Aufstellung besonders gut gearbeiteter Gefäße wie z. B. Läuterbottich oder Maischepfannen.

10.2
Die Einrichtung

10.2.1
„Einfache" Sudwerke

Sie bestehen aus mindestens zwei Gefäßen:
a) einem gewöhnlich nicht heizbaren Gefäß, das zum Maischen und zum Abläutern dient (kombinierter Maisch- und Läuterbottich),
b) einem heizbaren Gefäß, einer Pfanne, die sowohl für die Erwärmung und das Kochen der Teilmaischen als auch für das Kochen der gesamten Würzemenge ausgelegt ist (kombinierte Maisch- und Würzepfanne).

Werden mit einem derartigen Sudwerk nur 2 Sude pro Tag und zwar in 12-stündigem Abstand hergestellt, dann kann die Sedimentation des Trubs und der Hopfenpulvertreber noch in der Pfanne erfolgen (s. Abschnitt 8.2.3). Bei drei Suden pro Tag ist allerdings ein zusätzlicher Whirlpool oder Heißwürzetank zu beschaffen.

10.2.2
Das „doppelte" Sudwerk

Das doppelte Sudwerk besteht in seiner Ursprungsform aus vier Gefäßen, wozu allerdings noch ein Ausschlagtank gehört:
a) einem nicht heizbaren Maischbottich (zum Einmaischen sowie zum Aufbewahren der Restmaische); nachdem dieser jedoch zu funktionsarm war, wurde er bei neueren Sudwerken (ab Mitte der 1930er Jahre) ebenfalls mit einer Heizfläche versehen (Maischbottichpfanne);
b) einem heizbaren Gefäß, um die Gesamtmaische oder auch nur Teilmaischen zu erwärmen und zu kochen (Maischpfanne);
c) einem Läuterbottich oder einem anderen Läutergerät (Maischefilter, Strainmaster etc.);
d) einem heizbaren Gefäß zum Kochen der Würze (Würzepfanne);
e) einem Gefäß zur Trennung von Trub (und Hopfenpulvertrebern) wie z. B. Whirlpool, Setzbottich oder Heißwürzetank dem eine eigene Trennvorrichtung (Zentrifuge, Filter) nachgeschaltet ist.

Die Anordnung von zwei Maischgefäßen gleicher Funktion (Einmaischen, Maischekochen, Abmaischen) schafft mehr Bewegungsspielraum bei ausgedehnten Maischverfahren oder bei dichter Sudfolge. Nachdem das „klassische" Doppelsudwerk durch Optimierung der Abläuterung mit dem Läuterbottich eine Steigerung der Sudzahl auf 6–12/Tag erfuhr, bei Maischefiltern auf 8–12/14/Tag, muss die Läuterwürze in einem Vorlaufgefäß Aufnahme finden, das nach Abschnitt 4.6 entsprechend bemessen sein muss. Dabei stellt aber bei konventioneller Würzekochung von 100–110 Minuten Dauer die Herstellung von 10 Suden pro Tag für Vorlaufgefäß und Pfanne eine Grenze dar. Strainmaster können die Maische von zwei Maischwerken verarbeiten und dabei zwei Würzepfannen bedienen. 12 Sude pro Tag können auch von einem Whirlpool ohne Verschlechterung seiner Arbeitsweise geleistet werden.

Die Kombination Vorlaufgefäß – Würzepfanne – Whirlpool z. B. in Verbindung mit Außenkocher(n) erfordert bei 150 Minuten Abläuterzeit, 70 Minuten Kochzeit und 120 Minuten für den Ablauf der Würzekühlung einschließlich Aufheiz- und Reinigungszeiten bereits zwei „Whirlpoolpfannenkörper", die allerdings dann 8 Sude, d. h. einen 3-Stundentakt absolvieren können. Eine weitere Steigerung der Sudzahl erfordert dann ein drittes Gefäß (wiederum einen „Whirlpoolpfannenkörper" oder einen Vorlauftank).

Es bedarf der nochmaligen Erwähnung, dass der Plattenkühler bei Whirlpool- oder Setzbottichbetrieb eine Leistung aufweisen muss, die es erlaubt den gesamten Sud in 50 Minuten von 97 °C auf Anstelltemperatur abzukühlen; lediglich bei Heißwürzezentrifugen oder -filtern können für die Würzekühlung infolge Wegfalls der Sedimentationszeit 80 Minuten aufgewendet werden.

Bei kontinuierlicher Würzekochung dient ein Vorlaufgefäß der Aufnahme der Läuterwürze, während aus einem zweiten die Kochstrecke bedient werden muss. Optimal ist es hier, wenn eine Kochanlage von mehreren Sudwerken = Abläutergeräten aus beschickt wird, so z. B. erlauben vier Läuterbottiche oder drei Maischefilter 24 Sude pro Tag, wodurch die „Standzeiten" der Läuterwürze verringert werden. Die Whirlpoolanlage verteilt sich dann auf drei Einheiten, die jeweils eine Halbstundencharge fassen (30 Minuten Befüllen, 30 Minuten Sedimentieren, 30 Minuten Entleeren).

Neben diesen beschriebenen Gefäßen finden bei Bedarf noch zusätzliche Behälter Aufstellung: Glattwassertanks, wenn der letzte Nachguss wiederverwendet werden muss; Trubsammeltanks zur Rückführung des Hopfentrubs zum Abläutern oder Abmaischen; Behälter für Malzauszüge (bei schwierigen Jahrgängen, bei dunklen oder Diätbiersuden); Hopfenseiher wenn Doldenhopfen verwendet wird; Anlagen zur biologischen Säuerung der Würze. Außerdem sind im Sudhaus Reinigungsanlagen für die Sudgefäße sowie eine eigene Reinigungsanlage für die Würzekühlung angeordnet.

10.3
Leistung des Sudwerks

Die tägliche Sudzahl hängt ab:
a) von der Zahl der Sudgefäße,
b) von der Dauer der einzelnen Prozesse.

Damit ergibt sich bei entsprechenden Gefäßgrößen die Hektoliterleistung pro Tag bzw. pro Woche.

Ein *einfaches Sudwerk* kann, bei einer Maisch- und Läuterzeit von je 2½ Stunden sowie bei normaler Dauer der Würzekochung mit einer Gesamtsudzeit von

8 Stunden (3 Sude/Tag), einschließlich Würzebehandlung, veranschlagt werden. Die Herstellung von dunklem oder Weizenbier verlängert den Prozess.

Beim „doppelten" Sudwerk ist die Suddauer ebenso lang wie beim einfachen, doch laufen mehrere Prozesse nebeneinander ab: Maischen, Abläutern, Würzekochen und Würzebehandlung. Normalerweise genügt bei einem Rhythmus von 3 Stunden die Maischzeit für die meisten Biersorten, vielleicht mit Ausnahme von dunklen oder Weizenbieren. Bei Infusionsverfahren würde dann ein beheizbarer Maischbottich genügen, wenn das Schroten/Einmaischen nicht länger dauert als 15, maximal 20 Minuten. Das Abmaischen ist bei modernen Läuterbottichen in 5–8 Minuten getätigt, so dass für die „Netto-Maischzeit" 150–160 Minuten zur Verfügung stehen. Für Dekoktionsverfahren könnte die Maischpfanne gleich groß wie der Maischbottich gewählt werden, so dass die identisch ausgerüsteten Gefäße wechselweise zum Ein- und Abmaischen dienen. Damit kann das Maischverfahren entsprechend der Lage der Kochmaische(n) über die 3-Stundenmarke ausgedehnt werden. Meist wird die Maischpfanne kleiner gewählt. Sie kann aber dennoch zum vorgezogenen Einmaischen einer Teilmaische herangezogen werden, was wiederum dem Maischprozess mehr zeitlichen Spielraum gibt. Dies ist vor allem dann wichtig, wenn die immer rascher und damit kürzer werdende Abläuterung mittels Läuterbottich oder modernen Maischefiltern alle 120 oder gar alle 100 Minuten einer „fertigen" Maische bedarf. Somit ist das Maischen zum Engpass geworden, das aber im Hinblick auf den jeweiligen Biertyp und auf die Verarbeitungsfähigkeit des Malzes nicht beliebig verkürzt werden kann. Ein Vorlaufgefäß ist bei den sehr kurzen Sudfolgen wünschenswert, um keine Engpässe aufkommen zu lassen oder Verspätungen einzuholen. Es ist aber grundsätzlich aus energiewirtschaftlichen Gesichtspunkten erforderlich, z. B. zum Aufheizen der Läuterwürze mittels des Systems Wärmeüberträger/Energiespeicher beim Umpumpen in die Würzepfanne.

Die Gefäßgrößen sind in den Abschnitten 3.2.3, 4.1.2.2 und 5.2.1.1 vermerkt.

Unter der Voraussetzung der 38-Stunden-Woche und unter Einbeziehung einer Schicht für die Reinigung der Sudhaus- und Kühlanlagen ergeben sich folgende wöchentlichen Sudzahlen:

Einfaches Sudwerk 10–14
Doppeltes Sudwerk
  5 Sude/Tag   21
  6 Sude/Tag   25
  7 Sude/Tag   30
  8 Sude/Tag   34
  9 Sude/Tag   38
  10 Sude/Tag   42
  11 Sude/Tag   46
  12 Sude/Tag   50

Je nach Organisation der Würzebehandlung und der Reinigung können ab einer täglichen Sudzahl von 6 bis zu 1–2 Sude wöchentlich mehr erreicht werden.

Bei den Überlegungen zum Sudbetrieb ist zu berücksichtigen, dass die maximale Sudzahl einer Anlage meist nur während der wärmeren Jahreszeit und für die Bevorratung zu Weihnachten/Neujahr benötigt wird. So kann es sein, dass das Sudwerk nur 2–3 Tage pro Woche in Betrieb ist. Die sudfreien Tage können Probleme aufwerfen z. B. bei Betrieb der biologischen Säuerung, bei der Hefeherführung und bei der Verwendung von Kräusen für Reifung bzw. Nachgärung. Hier sind besondere Maßnahmen erforderlich, um Nachteile zu vermeiden [1163]. Ähnliches gilt, wenn aus Rationalisierungsgründen nur 14-tägig gebraut wird.

Bei den ohnedies voll automatischen Sudwerken ist es auch möglich, bei geringem Bedarf wohl im normalen Sudrhythmus, z. B. für 12 Sude pro Tag nur in zwei Schichten zu brauen. Dies sind rund 5 Sude/Tag mit anschließendem Reinigungsprogramm. Die Abstrahlungs- bzw. Abkühlungsverluste sind bei den Sudgefäßen naturgemäß etwas größer als bei durchgehendem Sudbetrieb.

Die *monatliche Sudzahl* errechnet sich: wöchentliche Sudzahl × 4,3 (Wochenfaktor je Monat)

Die *Jahressudzahl* errechnet sich nach jener monatlichen, die dem Höchstausstoß entspricht und dem Faktor 8–11, der sich je nach dem Verhältnis Spitzenmonat zu Jahresausstoß ergibt.

Es verdient nur noch der Vollständigkeit halber erwähnt zu werden, dass die Berechnung der Sudhauskapazität auf die Verkaufsbiermenge zu beziehen ist, d. h.

$$\text{Ausschlagmenge} \; \frac{(100 - \text{Betriebsschwand})}{100} \quad \text{oder}$$

$$\text{Kaltwürzemenge} \; \frac{(100 - \text{Betriebsschwand})}{100},$$

wobei unter dem jeweiligen Betriebsschwand alle Würze- bzw. Bierverluste zu verstehen sind, die nach dem Zeitpunkt der Mengenerfassung auftreten.

11
Brauereianalytik – Probenahme, Behandlung und Versendung

11.1
Allgemeines

Nur durch eine laufende Kontrolle von Rohstoffen, Zwischenprodukten und Endprodukten kann die Herstellung qualitativ hochwertiger Lebensmittel wie Bier gewährleistet werden. Die zu untersuchenden Merkmale erstrecken sich auf chemisch-physikalische, mikrobiologische und sensorische Eigenschaften. Durch die Einführung und Einhaltung standardisierter Analysenvorschriften aus Methodensammlungen wie der MEBAK, EBC, ICC, IOB oder ASBC [1164–1168] wird gewährleistet, dass reproduzierbare Ergebnisse in der Analytik erzielt werden. Um reproduzierbare Ergebnisse zu erzielen, muss aber neben einer präzisen Durchführung der Analysenvorschriften auch eine ausreichende, nach den technischen Gegebenheiten reproduzierbare Probenahme erfolgen.

Da nie die Grundgesamtheit untersucht werden kann, sondern immer nur ein Teilmuster, kommt diesem Muster eine besondere Bedeutung zu. So muss dieses Muster eine dem Umstand entsprechend repräsentative Probe der Grundgesamtheit darstellen. Daher bedarf es einer Homogenisierung der Grundgesamtheit, was bei flüssigen Medien wie z. B. Würze keine Schwierigkeit darstellt. Anders sieht es bei Schüttgut wie z. B. Malz aus. Hier muss durch eine Probenahme an verschiedenen Stellen bzw. zu verschiedenen Zeitpunkten ein repräsentatives Muster gewonnen werden.

Bereits bei der Probenahme muss auf größte Sorgfalt geachtet werden, da schon hier der Ursprung eines verfälschten Endergebnisses liegen kann. Es sollte sich stets vor Augen geführt werden, dass die Probenahme bereits zur Analyse gehört!

Weiterhin müssen die Proben nach der Probenahme entsprechend ihrer Eigenschaften behandelt werden. Soll eine Analyse in einem externen Labor durchgeführt werden, so sind weitere Punkte hinsichtlich Versand und Verpackung zu beachten.

In der Brauerei bedarf es der Überwachung vielfältiger Hilfsstoffe, Betriebsstoffe, Rohstoffe, Zwischenprodukte und Endprodukte. In diesem Rahmen wird auf die Probenahme und Behandlung von Wasser, Schüttgut (Gerste, Malz), Schrot, Treber, Hopfen und Würze eingegangen.

Die Bierbrauerei: Band 2: Die Technologie der Würzebereitung. 8. Auflage
Ludwig Narziß und Werner Back
Copyright © 2009 WILEY-VCH Verlag GmbH & Co. KGaA, Weinheim
ISBN: 978-3-527-32533-7

11.2
Wasser

Die Probenahme und Behandlung von Wasser stellt ein sehr umfangreiches und komplexes Thema dar. Dies liegt an den vielen verschiedenen Einsatzmöglichkeiten sowie Qualitäten und den dementsprechend vielen gesetzlichen Bestimmungen und Vorschriften. In der Brauerei ist eine Vielzahl unterschiedlicher Wasservorkommen anzutreffen, wie z. B. Trinkwasser, Brunnenwasser, Brauchwasser, Kesselspeisewasser oder Abwasser. Die Kontrolle, Überwachung und Probenahme unterliegt den unterschiedlichen Richtlinien und Gesetzen. So liegt der Zweck der Trinkwasserverordnung darin, „die menschliche Gesundheit vor den nachteiligen Einflüssen, die sich aus der Verunreinigung von Wasser ergeben, das für den menschlichen Gebrauch bestimmt ist, durch Gewährleistung seiner Genusstauglichkeit und Reinheit nach Maßgabe der folgenden Vorschriften zu schützen". So werden z. B. in § 5, Anlage 1, § 6, Anlage 2 und § 7, Anlage 3 die Grenzwerte für die mikrobiologischen und die chemischen Untersuchungen und Anforderungen sowie die der Indikatormerkmale beschrieben [1169].

Verfahren zur Probenahme und Probenbehandlung können den europäischen bzw. deutschen Normen entnommen werden.

Allgemein lässt sich sagen, dass die Probenahme immer den Anforderungen der Analyse als auch den Gegebenheiten der Wasserprobe selbst angepasst werden muss. So ist z. B. die Anforderung an die Probe, Probenahme aber auch Analyse eines Wassers, welches für den Verschneidvorgang eingesetzt wird, anders als jene für die Untersuchung von Wässern aus einer betriebseigenen Kläranlage. Weiterhin kann es in einer Probenahmestelle zu mehreren verschiedenen Probenahmeverfahren kommen. Soll z. B. die allgemeine Wasserqualität aus Wasserleitungen bestimmt werden, sollte das Wasser 20 Minuten vor der Entnahme in einem ca. 5 mm starken Strahl vorgeschossen werden. Soll aber aus selbiger Leitung die Aufnahme von Schwermetallen bestimmt werden, muss nach längerem Stehen das zuerst abfließende Wasser entnommen werden [160].

Vor der Probenahme müssen daher Überlegungen über Umfang, Menge und Verfahren der Probenahme angestellt werden.

Eine Anleitung zur Aufstellung von Probenahmeprogrammen sowie eine Anleitung zur Probenahmetechnik wird in der DIN EN 5667-1 dargestellt.

Demnach sind als Erstes vor der Aufstellung eines Probenahmeprogrammes und der Probenahme selbst generelle Sicherheitsvorkehrungen zu treffen. Dabei geht es darum, Gefahren zu erkennen und zu vermeiden sowie Vorkehrungen zu treffen, um Gesundheits- und Sicherheitsrisiken auszuschalten (z. B. Atemschutzmasken, Schutzkleidung, Schutzbrillen, Arbeiten im Team).

Probenahmeprogramme sollen derart gestaltet sein, dass repräsentative Proben entnommen werden, die Proben sich zwischen der Entnahme und der Analyse nicht weiter verändern und Zielvorstellungen vereinbart werden. Dazu zählen Angaben über Probenahmeort, -häufigkeit, -dauer, Vorgehensweise und anschließende Analytik. Als Hauptziele können die Qualitätskontrollmessung, die Messung zur Charakterisierung der Beschaffenheit sowie die Identifizierung und Überwachung von Verunreinigungen benannt werden.

Weiterhin sind Überlegungen hinsichtlich der Probenahmesituation und Besonderheiten während der Probenahme anzustellen. Dazu zählen z. B. die sich zeitlich ändernde Zusammensetzung oder Temperaturschwankungen des zu beprobenden Mediums. Die Häufigkeit der Probenahme ist ebenfalls zu betrachten. Dabei ist zu empfehlen, Proben zu Zeiten zu nehmen, die die Wasserbeschaffenheit und ihre Schwankungen mit einem minimalen Aufwand und ausreichender Genauigkeit repräsentieren. Ebenfalls sind die gängigen Verfahren zur statistischen Betrachtung angegeben.

Im Rahmen der Anleitung zur Probenahmetechnik werden zunächst die Probenahmearten definiert. Die Stichprobe, welche nur für die Zeit und den Ort der Entnahme repräsentativ ist. Die periodische (diskontinuierliche) Probenahme wird getaktet durchgeführt und erfolgt zeit-, volumen- oder durchflussproportional. Die kontinuierliche Probenahme wird in Systeme mit festen Volumenströmen und in Systeme mit variablen Strömungsgeschwindigkeiten unterteilt.

Bei den Probenahmegeräten und -behältern gibt es wichtige Punkte, die zu beachten sind. Besonders wichtig ist, dass die Probe durch die Auswahl des Werkstoffes nicht beeinträchtigt wird. Es dürfen keine Verluste durch Adsorption, Verflüchtigung oder Verunreinigung durch Fremdstoffe auftreten. Sollte im Probenahmebehälter zuvor ein anderes Gut gelagert gewesen sein, dürfen die Eigenschaften dieses Gutes die Probe selbst nicht beeinflussen. Eine eventuelle Lichtempfindlichkeit der Probe ist bei Auswahl des Probengefäßwerkstoffes zu beachten.

Das Probenahmegerät selbst sollte der Probenart (chemisch-physikalisch, mikrobiologisch, biologisch) Rechnung tragen. Die Kontaktzeit zur Probe sollte möglichst gering sein; weiterhin sollte es so konstruiert sein, dass es wartungsfreundlich ist, glatte Oberflächen aufweist und leicht zu reinigen ist.

Vor der Probenahme ist ein Probenahmeprotokoll zu erstellen, was mindestens folgende Sachverhalte klärt: Ort der Probenahmestelle, eventuelle Einzelheiten über die Probenahmestelle, Entnahme Zeitpunkt (Datum/Uhrzeit), Probenahmetechnik, Durchführender, evtl. Art der Vorbehandlung, zugesetzte Stoffe (z. B. Konservierungsmittel), vor Ort ermittelte Daten (z. B. Stand des Durchlaufzählers).

Die DIN EN ISO 5667-3 gibt einen Überblick über die Konservierung und Handhabung von Proben. Dabei werden allgemeine Hinweise zur Probenkonservierung und zum Transport der Proben, besonders für Proben, die nicht unmittelbar vor Ort verarbeitet werden, gegeben. In einem umfassenden Tabellenwerk werden Konservierungsverfahren, Material des Probenbehälters, höchste empfohlene Konservierungsdauer sowie zugehörige internationale Normen für die jeweils zu bestimmenden Merkmale angegeben.

Die Ausführungen verstehen sich als zusammengefasste Teilauszüge der genannten Normen und erheben keinen Anspruch auf Vollständigkeit.

11.3
Schüttgut

Schüttgüter kommen in Mälzerei und Brauerei hauptsächlich in Form von Gerste und Malz vor. Je nach Größe und Ausstattung des Betriebs werden täglich oder wöchentlich mehrere Partien angeliefert. Dabei ist oftmals innerhalb kürzester Zeit über eine Annahme oder ein Abstoßen der Partie zu entscheiden. Trotz dieser Zeitnot ist darauf zu achten, dass die Probenahme absolut korrekt erfolgt, damit ein repräsentatives Muster erhalten wird.

Die Durchführung der Probenahme wird in den Analysensammlungen der MEBAK, EBC, ASBC und ICC Standards sowie in den normativen Schriften DIN EN ISO 6644 und DIN EN ISO 13690 beschrieben, wobei sich die Inhalte der einzelnen Analysensammlungen und Normen stark überschneiden [1164, 1166–1168, 1170, 1171].

Grundsätzlich kann unterschieden werden, ob es sich um eine Probenahme aus einem statischen oder fließenden Schüttgut handelt. Weiterhin wird zwischen einer manuellen und einer automatischen/mechanischen Probenahme differenziert.

11.3.1
Statische Schüttgüter

Bei der Beprobung statischer Schüttgüter kann eine manuelle Probenahme bis zu einer Tiefe von 3 m erfolgen. Bei einer Schüttguttiefe von bis zu 12 m sollte die Entnahme der Probe mechanisch erfolgen. Liegt die Tiefe über 12 m, muss das Gut für eine repräsentative Probenahme aus dem Fluss beprobt werden.

Die Anzahl der zu wählenden Einzelmuster hängt vom Umfang der Partie ab. Wird die Ware in Säcken angeliefert, ist bei einer Anzahl von bis zu 10 Säcken jeder Sack zu beproben. Bei einer Anzahl von 10–100 Säcken sind 10 zufällig ausgewählte Säcke zu beproben, bei einer Anzahl über 100 ist die Quadratwurzel der Gesamtzahl zu bilden und dementsprechend viele Säcke sind zu beproben.

Bei der Probenahme aus Straßen- und Schienengüterwagen, LKW, Schiffen aber auch Silos, Silozellen und Lagerhäusern kommt ein Gittersystem bzw. Würfel-Fünf-System zur Anwendung. Dabei wird die Partie in einer Art, die den fünf Augen eines Würfels entspricht, eingeteilt und an diesen Punkten die Probe genommen. Das Schema wird je nach Chargengröße ausgeweitet. Abbildung 11.1 zeigt dies beispielhaft für zwei unterschiedliche Partiegrößen. Bei Partien bis zu 500 t sind mindestens 11 Probenahmepunkte zu wählen. Bei größeren Partien ergibt sich die Anzahl der Probenahmepunkte durch das Ziehen der Quadratwurzel der Tonnage. Diese Zahl wird durch zwei geteilt. Die daraus resultierende Zahl ergibt aufgerundet auf die nächst größere Zahl die Anzahl der Probenahmepunkte.

Die jeweilige Probenahmemenge ergibt sich aus der Anzahl der zu ziehenden Einzelproben. So entspricht die Menge der Einzelprobe bei <15 t jeweils 1 kg,

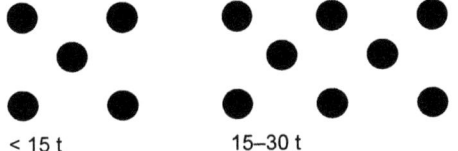

Abb. 11.1 Probenahmeschema für statische Partien

bei 15–30 t jeweils 0,5 kg und bei größeren Chargen bis 500 t jeweils 0,3 kg. Bei fehlender Seitenbegrenzung kann bei losen Haufen zusätzlich an den Haufenseiten beprobt werden.

Zur Probenahme stehen verschiedene Gerätschaften bereit. Dabei kann unterschieden werden zwischen Geräten zur manuellen und zur mechanischen Probenahme. Zur manuellen Probenahme werden häufig konzentrische Handlanzen mit einer, besser mit mehreren Öffnungen, verwendet. Für die mechanische Probenahme werden Schwerkraftsampler oder Einrichtungen, welche mit Saug- bzw. Vakuum oder Druckluft arbeiten, genutzt.

Bei allen nicht voll automatischen Probenahmen ist grundsätzlich auf die Sicherheit der ausführenden Person zu achten. Dies gilt besonders, wenn sich die Person auf das Schüttgut zu begeben hat oder die Probenahme in einem Silo durchgeführt wird.

11.3.2
Fließende Schüttgüter

Die Probenahme aus einem fließenden Produktstrom erfolgt zumeist bei sehr großen Chargen oder bei Chargen, die in tiefen Lager- oder Transportbehältern vorliegen, z. B. Silos oder Schiffsbunkern. Das Gut kann mit unterschiedlichen Methoden in der Mälzerei und Brauerei bewegt werden. Die Probenahmevorrichtungen sind den vorhandenen Förderanlagen entsprechend anzupassen. An der Position der Probenahme sollte ein möglichst homogener Produktstrom vorliegen und die Probenahmeapparatur die Einzelproben aus dem gesamten Querschnitt oder einem möglichst großen Teil des Querschnitts entnehmen. Weiterhin ist dafür Sorge zu tragen, dass durch die Probenahmeapparatur selbst keine Beeinträchtigung der gezogenen Probe z. B. durch Kornbruch entsteht (zu hohe Geschwindigkeiten im Fallrohr). Daher sollte die Probe nicht mehr als vier Meter von Waage, Entladepunkt eines pneumatischen Abscheidezyklons oder dem Kopf eines Becherkettenförderers gezogen werden. Eine Neigung des Fallrohres unter 35° zur Horizontalen ist aus Entmischungsgründen zu vermeiden.

Die Gesamtprobe kann kontinuierlich oder getaktet entnommen werden. Beim getakteten Verfahren muss zuvor das Probevolumen je Einzelprobe und das Taktzeitintervall festgelegt werden. Bei einer kontinuierlich arbeitenden Vorrichtung ist zuvor das Volumen der Gesamtprobe zu bestimmen. Sollen Schwankungen in der Zusammensetzung der Partie ermittelt werden, sind die getaktet gezogenen Einzelproben gesondert voneinander zu halten und zu behandeln.

Zur automatischen Probenahme von fließendem Schüttgut stehen verschiedene Einrichtungen zur Verfügung. So kommen beispielsweise Geräte mit Schneckenantrieb, Probenahmevorrichtungen quer zum offenen Fallrohr oder rotierende Becher bei der vertikalen Probenahme zum Einsatz. Die Beprobung von fließendem Schüttgut auf Förderbändern erfolgt über Eimer- oder Becherkettenförderer.

Die manuell oder automatisch gezogenen Einzelproben sind zu einer Gesamtprobe zusammenzuführen und gut zu mischen. Aus dieser Gesamtprobe ist die Laborprobe zu ziehen. Dazu ist die Gesamtprobe durch verschiedene Möglichkeiten zu teilen. Die Laborprobe kann durch Vierteln der Gesamtprobe erhalten werden. Dabei wird die Gesamtprobe zu einem stumpfen Kegel aufgeschüttet und dieser mit einem Kreuz oder Viertelungseisen geteilt (Abb. 11.2). Dabei werden zwei sich gegenüberliegende Viertel verworfen (1 und 4), die anderen beiden sich gegenüberliegenden Viertel (2 und 3) wieder zu einer Probe vereint und das Verfahren so oft wiederholt, bis die gewünschte Probenmenge erhalten ist.

Eine weitere Möglichkeit der Probenteilung ist die Teilung mittels Riffel- oder Mehrfachschlitzteiler (Abb. 11.3). Dabei wird die Gesamtprobe über die gesamte

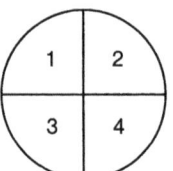

Abb. 11.2 Gesamtprobenteilung durch Vierteln

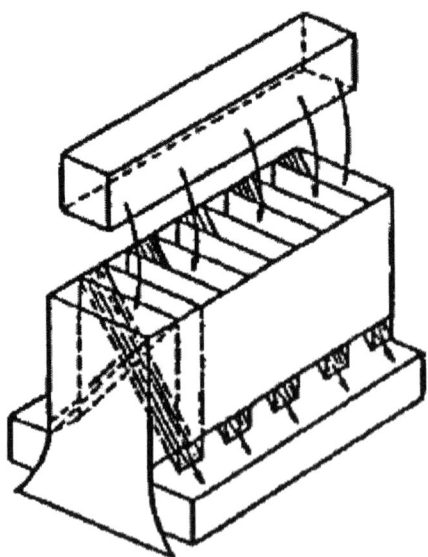

Abb. 11.3 Riffelteiler [1173]

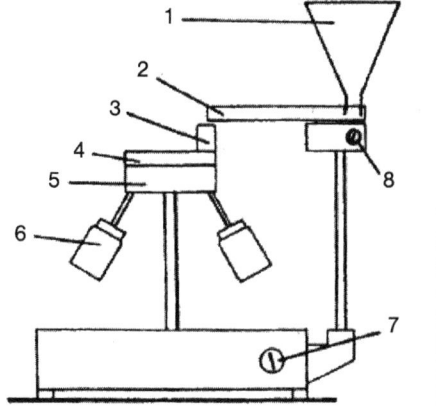

Abb. 11.4 Rotationsprobenteiler [1173]

1 Trichter
2 Vibrationsrinne
3 Einlaufzylinder
4 Abdeckplatte
5 rotierende Krone
6 Probenbehälter
7 Zeitschaltuhr
8 Drehschalter (Vibration)

Länge des Teilers ausgeschüttet. Durch den Aufbau des Teilers wird die Gesamtprobe in zwei Unterproben geteilt. Eine der beiden Proben ist zu verwerfen, die andere Probe wird erneut geteilt. Das Verfahren ist so oft zu wiederholen, bis die gewünschte Laborprobenmenge erreicht ist.

Weiterhin kann die gewünschte Laborprobe mittels Rotationsprobenteiler oder Zentrifugalteiler erhalten werden. Dabei wird die Gesamtprobe nach Anweisung in den Probenteiler gegeben. Die Laborproben werden in abnehmbaren Behältern gesammelt (Abb. 11.4).

Die erhaltenen Proben sind je nach ihrer weiteren Verarbeitung zu verpacken, zu kennzeichnen, zu transportieren und zu lagern.

Proben, die nicht zur Bestimmung der Keimfähigkeit herangezogen werden, sind in luftdicht schließende Behälter zu verpacken, um eine nachträgliche Veränderung der Probe zu vermeiden. Es ist darauf zu achten, dass die Probenbehälter absolut sauber und trocken sind. Darüber hinaus muss sich das Material gegenüber der Probe als absolut inert erweisen. Die Eigenschaft der Probe darf durch die Art der Verpackung nicht verändert werden.

Die Probenbezeichnung ist am besten in zweifacher Ausführung zum einem an der Außenseite des Probenbehälters anzubringen und zum anderen in den Probenbehälter zu legen. Während Transport und Lagerung ist die Probe vor eigenschaftsverändernden Einflüssen zu schützen.

11.4 Schrot

Die Untersuchung des Schrotes setzt einwandfreie Durchschnittsproben voraus, die während des Schrotens gezogen werden (s. Abschnitt 2.4.3). Auf Grund von Entmischungen des Gutes entsprechend der Dichteunterschiede der einzelnen Schrotfraktionen, darf die Probe nicht erst nach dem Schrotvorgang aus dem

Schrotkasten entnommen werden. Die Beprobung sollte fünf Minuten nach Schrotbeginn, zur Mitte des Schrotvorgangs und fünf Minuten vor Schrotende erfolgen. Das Probevolumen sollte zwischen 100–200 g liegen. Die meisten Mühlen enthalten Probenehmer unter den einzelnen Mahlgängen sowie für das Gesamtschrot. Für die Probenahme unter den einzelnen Walzenpaaren ist die Entnahme von parallelen Proben sinnvoll, um die Gleichmäßigkeit der Schrotung jedes Walzenpaares überprüfen zu können. Bei der Entnahme der Proben ist darauf zu achten, dass die Probenehmer nicht überfüllt werden, was zu einer Verfälschung des Sortierergebnisses führt. Wird das Schrot nicht direkt verarbeitet oder soll es zu Analysenzwecken in ein externes Labor geschickt werden, ist es luftdicht, am besten mit Vakuum zu verschließen.

11.5
Treber

Bei der Probenahme von Treber sind Läuterbottich und Maischefilter unterschiedlich zu behandeln. Bei der Entnahme von Treber aus dem Läuterbottich oder der Austreberrinne des Maischefilters ist besonders auf die Sicherheit des Probenehmenden zu achten, da dieser die Geräte zu begehen hat. So muss gewährleistet sein, dass die Geräte während der Probenahme nicht eingeschaltet werden.

Die Probenahme aus dem Läuterbottich kann auf zweierlei Art getätigt werden. Zum einen durch Begehung des Läuterbottichs. Dabei werden die Proben an unterschiedlichen Stellen im Läuterbottich genommen. Dazu muss die Fläche vom Zentrum des Läuterbottichs bis zur Peripherie abgedeckt werden. Insgesamt sollten so über den Läuterbottichquerschnitt 15–30 [1174] Proben gezogen werden. Die Probenahme erfolgt mittels Probenahmerohr. Dabei handelt es sich um ein handelsübliches Edelstahlrohr (DN 80), an welches zur einfacheren Handhabung ein Griff angebracht wurde. Die Probenahme sollte über die gesamte Tiefe des Treberkuchens erfolgen. Wird die durchschnittliche Leistung des Läuterbottichs beurteilt, sind die Einzelproben zu einer Gesamtprobe zu vereinen. Aus der Gesamtprobe wird dann durch Viertelung die Laborprobe gezogen. Die Laborprobe sollte mindestens 1 kg betragen. Wird die Gleichmäßigkeit des Läutervorgangs beurteilt, sind die Einzelmuster getrennt voneinander zu analysieren.

Zum anderen besteht die Möglichkeit in der Entnahme von Treberproben aus dem Austreberschacht. Dabei werden die Proben in zeitlich gleichen Abständen gezogen. Bis zum Austreberende soll ein Gesamtmuster von 10–15 kg vorliegen. Wichtig ist, dass der Treber, z. B. durch Betrieb der Treberschnecke, noch nicht zusammengepresst wurde. Die Gesamtprobe ist wieder gut zu durchmischen und durch Viertelung die gewünschte Laborprobe zu ziehen.

Bei der Probenahme aus Maischefiltern erfolgt die Beprobung nach dem Auffahren und Austrebern des Filters aus der Treberrinne. Dabei ist darauf zu achten, dass die Treberschnecke außer Betrieb ist. Einerseits würde sich das Ergebnis verfälschen. Andererseits muss die Treberrinne begangen werden. Die Entnahme der Probe erfolgt mittels Probenahmerohr. Die Probenahmepunkte sollen einmal die Länge der Treberrinne abdecken. Weiterhin sollten auch Proben aus den Randgebieten der Treberrinne gezogen werden. Soll die Arbeitsweise einer jeden Maischefilterkammer überprüft werden, ist während des Auffahrens ein Brett unter die aufziehende Kammer zu legen. Aus dem so aufgefangenen Treber ist die Laborprobe zu ziehen.

Werden die Proben nicht direkt weiterverarbeitet oder sollen verschickt werden, sind sie umgehend einzufrieren oder zu trocknen. Die feuchte Wärme in den Trebern bietet ansonsten optimale Aufwuchsbedingungen für Mikroorganismen, welche den vorhandenen Restextrakt abbauen können und damit das Ergebnis verfälschen.

11.6
Hopfen

Die Beprobung des Hopfens unterscheidet sich je nach der vorliegenden Form des Hopfens. So muss hauptsächlich zwischen Doldenhopfen, Pellets und Hopfenextrakten unterschieden werden.

Die zumeist in Rechteckballen, Ballots oder seltener noch in Ballen vorkommenden Doldenhopfen stellen dabei eine besonders heterogene Gruppe dar. Dies bedingt sich durch die Aufwuchsbedingungen, nicht nur der einzelnen Partien, sondern schon der einzelnen Hopfendolden. So kann schon eine Heterogenität vorliegen, je nach dem, ob der Hopfen im unteren, mittleren oder oberen Teil der Pflanze aufgewachsen ist [1175]. Der Stichprobenumfang sollte mindestens der Quadratwurzel der Anzahl der Verpackungseinheiten entsprechen [1168]. Wird der Stichprobenumfang unter der Annahme der mittleren und oberen gefundenen Heterogenitätswerte s_p, einer Normalverteilung der Resultate aus den einzelnen Gebinden einer Partie, einer statistischen Sicherheit von 95% sowie einer relativ günstigen Toleranzgrenze d berechnet, so ergeben sich minimale Stichprobenumfänge, die erheblich über der bisher empfohlenen Quadratwurzel der Anzahl der Einheiten liegen [1174]. Daher wird empfohlen aus jedem Gebinde mehrere Einzelmuster von verschiedenen Stellen von jeweils 10–15 g zu ziehen [1175].

Bei der Probenahme von Hopfenpulverprodukten und Pellets sollten, wenn die Gebindegröße es zulässt, ganze Verpackungseinheiten entnommen werden. Der Probenumfang soll 0,2 % der Grundgesamtheit aber mindestens 3 Verpackungseinheiten umfassen. Sind die Verpackungseinheiten zu groß dimensioniert, werden stichprobenartig jeweils 100 g Proben aus den Verpackungseinheiten gezogen [1168, 1174].

Die entnommenen Proben des Doldenhopfens, der Pellets und Hopfenpulverprodukte sind bis zu ihrer Verarbeitung in luftdichte, trockene, inerte, lichtundurchlässige und antistatische Probengefäße zu füllen. Die Probengefäße sind bis zum Rand zu bestücken, mit Vakuum zu verschließen oder mit Inertgas zu füllen. Ein übermäßiger Kontakt mit Luft ist wegen Oxidationsgefahr unbedingt zu vermeiden. Die Proben sind bis zu ihrer Weiterverarbeitung kalt zu lagern.

Die Beprobung der Hopfenextrakte erfolgt durch die wahllose Entnahme ganzer Gebinde. Der Probenumfang soll 0,1% der Grundgesamtheit, mindestens aber 3 Verpackungseinheiten entsprechen.

Ist es nicht möglich ganze Verpackungseinheiten zu entnehmen, ist darauf zu achten, dass die Probe ohne Einschluss von Luftblasen in saubere, trockene, inerte, lichtundurchlässige und luftdichte Dosen, Glas- oder Plastikflaschen gefüllt wird. Die Proben sind bis zu ihrer Verarbeitung kalt zu lagern.

Um eine homogene Entnahme einer Laborprobe kurz vor der Analyse zu gewährleisten, ist es ratsam die Probe schonend zu erwärmen. Dabei soll die Temperatur nicht über 40 °C gesteigert werden. Die Gesamtprobe ist währenddessen mittels Laborrührer zu homogenisieren [1168, 1174].

11.7
Maische und Würze

Bei der Probenahme von Maische, Würze und ggf. von Bier in der Brauerei ist die Art der Probenahme und die Menge der Probe nach den Analysenkriterien bzw. der Methode der Analytik auszurichten. Auch hier ist es wichtig, sich vor Augen zu führen, dass die Analyse bereits mit der Probenahme beginnt. Das bedeutet, dass die Probenahme mit der entsprechenden Sorgfalt durchgeführt werden muss. Dafür ist ein Probenplan zu erstellen, aus welchem die für den Probenehmenden benötigten Informationen zu entnehmen sind. Dazu gehören besonders Informationen über den zeitlichen Ablauf der Prozesse im Betrieb und die Kenntnis der lokalen Gegebenheiten. Um dies zu gewährleisten, ist eine funktionierende Kommunikation zwischen Technik und Qualitätssicherung besonders wichtig. Weiterhin ist es unerlässlich, das probenehmende Personal sachkundig einzuweisen und zu schulen. Dazu gehört auch die Einweisung in Sicherheitsvorschriften und Maßnahmen während der Probenahme (z. B. Gefahr der Verbrühung im Heißbereich, Erstickungsgefahr im Gärkellerbereich).

Das zu beprobende Produkt oder Zwischenprodukt liegt während des Brauprozesses in den unterschiedlichsten Behältern und Rohrleitungen vor. Dementsprechend ist die Probenahme der jeweiligen Situation anzupassen.

Bei der Probenahme aus Gefäßen ist darauf zu achten, dass nach den technischen Möglichkeiten ein homogener Gefäßinhalt vorliegt. Dies gestaltet sich bei Gefäßen wie Maischbottich und Würzepfanne einfacher als später bei Gär- oder Lagertanks, da Letztere weder über ein Rührwerk noch über eine Umwälzvorrichtung verfügen.

Die Probenahme aus Maischbottich oder -pfanne wird nach erfolgter Homogenisierung der Maische getätigt. Die Probenahme ist der Analyse anzupassen. So kann die Probenahme zur Bestimmung der Jodnormalität im Sudhaus einfacher durchgeführt werden als die Probenahme für analytische Betrachtungen.

Werden die Proben nicht vor Ort weiterverarbeitet, ist die Probe schnell auf 0 °C abzukühlen, damit die enzymatischen Vorgänge gestoppt werden.

Soll die durchschnittliche Qualität der Läuterwürze beurteilt werden, bietet sich ein automatisches Probenahmesystem an, welches über den gesamten Prozess Proben zieht. Dabei kann sowohl ein kontinuierlich arbeitendes Verfahren, welches über die Dauer des Läuterprozesses einen dem Volumen entsprechend proportionalen Teilstrom (auf Grund der Läuterzeit auch tröpfchenweise) entnimmt, oder auch ein getaktetes System zur Anwendung kommen. Soll die Läuterwürze zu bestimmten Prozessschritten (Anlaufen lassen, Aufhacken, Nachgüsse) beurteilt werden, so sind Einzelproben zu ziehen und jeweils separat zu analysieren. Im laufenden Prozess werden zur Überwachung Inline-Messsysteme eingesetzt.

Die Probenahme aus Vorlaufgefäßen ist auf Grund einer ggf. nicht hinreichenden Homogenität des Inhaltes kritisch zu betrachten.

Bei der anschließenden Würzekochung wird durch die Umwälzung eine gute Homogenität erreicht. Auch hier kann die Probenahme kontinuierlich, getaktet, automatisch oder manuell erfolgen. Dabei ist die Probenahme den gewünschten Erfordernissen anzupassen. Soll z. B. die Verdampfung von Aromastoffen durch die Kochung beurteilt werden, so ist sowohl eine Probe der Pfannevollwürze vor Kochbeginn knapp unter Kochtemperatur, am besten bei <85 °C, als auch eine Probe der Ausschlagwürze zu ziehen. Soll über den Verlauf der Kochung eine Aussage getroffen werden, sind getaktete Einzelproben, welche separat analysiert werden, nötig. Für die analytische Betrachtung der Ausschlagwürze bedarf es verschiedener Probenbehandlungen. So müssen Proben für die Bestimmung der Stickstoff-Verhältnisse und der Bitterstoffe heiß über einen Faltenfilter filtriert werden. Die Filtration soll die Verhältnisse fixieren, um z. B. weitere Ausfällungen von hochmolekularem Stickstoff durch Adsorption an Trub- oder Hopfenteilchen zu verhindern. Auch soll zur Kontrolle der Bitterstoffausbeute eine weitere Isomerisierung unterbunden werden [1176].

Die klassische Beurteilung des Sudprozesses erfolgt aus der Würze nach dem Whirlpool. Auch hier kann die Probeentnahme proportional dem Gesamtvolumen kontinuierlich, getaktet, manuell oder automatisch erfolgen. Da der Würzekühlvorgang eine gewisse Zeit in Anspruch nimmt, ist es sinnvoll für den Erhalt einer durchschnittlichen Würzeprobe die Entnahme automatisch-kontinuierlich über den gesamten Vorgang der Würzekühlung durchzuführen. Durch die kontinuierliche Probenahme werden Schwankungen in der Würzequalität, wie sie durch Nachverdampfung, Vor- oder Nachläufe entstehen können ausgeschaltet, wodurch eine für den jeweiligen Sud repräsentative Probe entsteht. Soll aber im Gegensatz dazu die Veränderung der Würzemerkmale über den Verlauf der Kühlung beurteilt werden, müssen getaktet Einzelmuster gezogen und separat analysiert werden. Dies empfiehlt sich ebenfalls bei der Beurteilung der Heißtrubabtrennung des Whirlpools, besonders zu Beginn und zu Ende der Würzekühlung. Um Veränderungen der Probe über die Zeit der Würzekühlung zu vermeiden, muss die Probe aus der Kaltwürze gezogen werden. Dabei ist auf eine sterile Arbeitsweise und eine schnelle Verarbeitung der Probe zu achten.

Erfolgt die Probenahme nicht über den gesamten Würzekühlvorgang, ist die Probe als heiße Kühlmittewürze zu ziehen. Die Probe „Kühlmitte" wird während der halben Kühlzeit genommen, d. h. bei einer Leistung von 700 hl/h nach 350 hl, wobei der langsamer erfolgende Restablauf nicht berücksichtigt wird. Die kalte Würze, am Auslauf des Plattenkühlers genommen, stellt von ihrer Zusammensetzung die repräsentativere Probe dar; sie ist jedoch mikrobiologisch nicht sicher, wenn sie nicht direkt im Betriebslabor verarbeitet wird.

Bei allen Probenahmen im Brauereibereich ist darauf zu achten, dass sich die Zusammensetzung der Probe bzw. des zu analysierenden Merkmals nicht verändert oder beeinflusst wird. Dabei ist besondere Vorsicht bei der Auswahl der Probenbehältnisse zu beachten. Es darf kein Austausch der Inhaltsstoffe des Packmittels mit der Probe eintreten. Besonders ist dies bei Behältnissen zu berücksichtigen, welche vorher bereits für andere Zwecke in Gebrauch waren. Alle Behältnisse sind randvoll zu befüllen, heiß abgefüllte Proben schnell in Kaltwasser, besser Eiswasser, abzukühlen. Die Behältnisse sind auf ihre Dichtigkeit zu prüfen. Die Proben sind so schnell wie möglich zu analysieren. Müssen die Proben länger zurückgestellt werden, ist hierbei auf eine richtige Aufbewahrung zu achten. So sind die Proben nach ihren zu untersuchenden Analysenmerkmalen zu lagern. Für alle Proben gilt aber, dass sie dunkel und kalt gelagert werden. Werden die Proben in ein externes Laboratorium geschickt, ist darauf zu achten, dass die Proben sehr schnell an ihrem Bestimmungsort eintreffen und dass während des Transportes, besonders von Würze und Hefe, die Kühlkette nicht unterbrochen wird. Daher sollte eine Anlieferung der Proben zu Wochenenden oder Feiertagen vermieden werden.

Die Beschriftung aller Proben muss eindeutig, nachvollziehbar und rückverfolgbar sein. Sie muss für jede Person, die mit der Probe zu tun hat, verständlich sein, aber auch korrekt weitergegeben werden.

Bei der Versendung von Proben ist auf eine hinreichende Verpackung und Schutz vor Bruch zu achten. Die Proben sollten schnellstmöglich am Bestimmungsort ankommen. Die Probe ist eindeutig und leserlich zu beschriften. In einem Anschreiben ist der Analysenumfang klar und leserlich mitzuteilen sowie das Versanddatum zu notieren. In einer Absprache mit der externen Prüfstelle sind die Probenmenge und die zur Verfügung stehenden Kapazitäten zu klären. Gegebenenfalls kann im Vorfeld in einem Beratungsgespräch ein sinnvoller Analysenumfang und Besonderheiten bei der Probenahme und Versendung geklärt werden. Wurden die Proben im Vorfeld behandelt (z. B. Zugabe von Konservierungsstoffen) oder geht von der Probe eine Gefahr aus, muss dies schriftlich mitgeteilt werden. Ein entsprechender Vermerk ist auf der Probe anzubringen. Eine Kontaktadresse und Ansprechpartner für Rückfragen und Ergebnisversendung sind zu benennen.

Literaturverzeichnis

1 Mader, F., Dissertation, TUM-Weihenstephan (1998)
2 Beer, G., Balk, G., Krottenthaler, M., Narziß, L., Ketterer, M., Brauwelt 134 (1994), 1360
3 Braugerstenjahrbücher, Hrsg., Arbeitsgemeinschaft zur Förderung des Qualitätsgerstenanbaus im Bundesgebiet (2000–2008)
4 Kessler, M., Dissertation, WZW-TU München (2006)
5 Zangrando, T., EBC Proceedings, (1973), 43
6 Zangrando, T., Brauwelt 114 (1974), 519, 659, 733
7 Bellmer, H. G., Brauwelt 116 (1976), 789
8 Narziß, L., Brauwelt 121 (1981), 208, 246
9 Narziß, L., Brauwelt 123 (1983), 1651
10 Feldman, M., Sears, E. R., Scientific American (1981), 244(1), 102–112
11 Kieninger, H., Brauwelt 117 (1977), 821
12 Narziß, L., Brauwelt 124 (1984), 1050–1059
13 Narziß, L., Abriss der Bierbrauerei (2004), Wiley-VCH, Weinheim, 346 ff.
14 Back W., Diener C., Sacher B., Brauwelt 140 (2000), 1279
15 Sacher B., Dissertation, WZW-TU München (1995)
16 Körber-Grohne, U. (1995), Nutzpflanzen in Deutschland, Hamburg, Nikol, 68–86
17 Zarnkow, M. (2003), Alternative Rohstoffe zur Herstellung obergäriger Biere, in 1, Rohstoffseminar – Weihenstephan, Freising-Weihenstephan
18 Zarnkow, M. (2007), Einfluss verschiedener Zerealien und Pseudozerealien auf die Bierbereitung, in: 5. Rohstoffseminar, Back, W. (Editor), Freising-Weihenstephan
19 Körber-Grohne, U. (1995), Nutzpflanzen in Deutschland, Hamburg, Nikol, 324
20 Bänninger, A., et al., Einkorn/Emmer-Projekt, 1999 [Available from, http//www.sab.ch/v2/marketing/projekte/klettgau.htm]
21 Körber-Grohne, U. (1995), Nutzpflanzen in Deutschland, Hamburg, Nikol, 326–330
22 Körber-Grohne, U. (1995), Nutzpflanzen in Deutschland, Hamburg, Nikol, 28–39
23 Back, W. (Hrsg), (2005), Ausgewählte Kapitel der Brauereitechnologie, Fachverlag Hans Carl, Nürnberg, 331
24 Schultze, B., Die Verwendung von Triticale (x Triticosecale Wittmack) für die Malz- und Bierbereitung, in: WZW 2008, TU München-Weihenstephan, Freising
25 Malter, R., Untersuchung der brautechnischen Einsatzmöglichkeiten von Triticale, 1992, Diss. Technische Hochschule Köthen, Köthen
26 Creydt, G., et al., Triticale and triticale malt, Part II, Oriented malting of triticale, Monatsschrift Für Brauwissenschaft, 1999, 52(7–8), 126–130
27 Zarnkow, M., Mälzungs- und Braueignung von Triticale, in: 6. Rohstoffseminar, Back, W. (Editor), 2008, Freising-Weihenstephan
28 Körber-Grohne, U. (1995), Nutzpflanzen in Deutschland, Hamburg, Nikol, 40–46
29 Schifferl, L., Hopfensitz, H., Stippler, K., Bier (Roggenbier), und Verfahren zu seiner Herstellung, R. Fürstliche Brauerei Thurn und Taxis (Editor), 1988, Germany, 9

30 Braun, F., Mälzungs- und Maischversuche zu Möglichkeiten der technologischen Einflußnahme auf ungünstige Fließeigenschaften bei Roggenmalzwürzen unter besonderer Berücksichtigung des Reinheitsgebotes, Lehrstuhl für Technologie der Brauerei I, Technische Universität München, Freising, Diplomarbeit 1998
31 Zade, A., Der Hafer, Eine Monographie auf wissenschaftlicher und praktischer Grundlage, 1918, Jena, Gustav Fischer
32 Ranhotra, G. S., Gelroth, J. A., Food uses of oats., in The Oat Crop, Production and utilization, Welch, R. W. (Editor), 1995, Chapman & Hall, London
33 Both, F., Gerstensaft und Hirsebier, 5000 Jahre Biergenuss, 1998, Oldenburg, Isensee
34 Unger, R. W., A History of Brewing in Holland 900–1900, Economy, Technology and the State, Brill, 2001, Leiden
35 Briggs, D. E., Malts and Malting, 1998, London, Blackie Academic & Professional
36 Weichherz, J., Die Malzextrakte, 1928, Springer, Berlin
37 Belitz, H. D., Grosch W., Schieberle P. (2001) (eds), Lehrbuch der Lebensmittelchemie 5, Springer, Berlin, Heidelberg, New York
38 Zarnkow, M., Back, W. Acceptability of oat varieties for the brewing process. In: 7. International Oat Conference, 2004, Helsinki, MTT Agrifood Research Finland
39 Hanke, S., et al., Hafer in der Malz- und Bierbereitung, Brauwelt (2005), 145(8/9), 216–219
40 Hanke, S., et al., The Use of Oats in brewing, Monatsschrift für Brauwissenschaft, 2005, 58(4), 11–17
41 Diemair, Finkler, Bleyer, Täufel, Die Ernährung l (1936), 181, 3 (1938), 30
42 Lüers, H., Medizin, Klinik 1930, 295
43 Jakob, G., Brautechn. Rdsch. (1938), 3, (Oktoberheft)
44 Pawloski-Schild, Die Brautechn, Untersuchungsmethoden, Hans Carl, Nürnberg 1961, 197
45 Kieninger, H., Wiest, A., Brauwelt 123 (1983), 609
46 Kieninger, H., Thamm, L., Brauwelt 120 (1980), 833
47 Narziß, L., Reicheneder, E., Gerber, K., Brauwiss, 34 (1981), 15
48 Narziß, L., Reicheneder, E., Hunkel, L., Lintz, B., Brauwelt 114 (1974), 59, 70
49 Kolbach, P., Mschr. f. Brauerei 10 (1957), 147
50 Narziß, L., Brauwelt 122 (1982), 2292
51 Narziß, L., Kieninger, H., Reicheneder, E., Brauwelt 108 (1968), 605
52 Narziß, L., Heiden, L., Brauwelt 111 (1971), 435
53 Narziß, L., Kieninger, H., Brauwelt 113 (1973), 1423
54 Murray, J. A., American Journal of Clinical Nutrition, 1999, 69(3), 354–365
55 Mustalahti, K., et al., Scandinavian journal of gastroenterology, (2002), 37(2), 161–165
56 Fasano, A., Catassi, C., Gastroenterology, (2001), 120, 636–651
57 Zarnkow, M., Kreisz, S., Back, W., Brauindustrie, (2005), 90(7), 26–28
58 Zarnkow, M., et al., Gluten free beer from malted cereals and pseudocereals, Proceedings of the Congress – European Brewery Convention, 2005, 30th, 104/1–104/8
59 Usansa, U., et al., The Use of Response Surface Methodology to Optimise Malting Conditions of Two Black Rice Varieties (Oryza sativa L.), as a Raw Material for Gluten Free Foods, in 1, Symposium for Gluten-free Foods and Beverages, 2007, Cork, Ireland
60 Zarnkow, M., et al., Brewing Science, (2008), 61(5/6), 94–104
61 Zarnkow, M., et al., Brewing Science, 2007(9/10), 118–126
62 Zarnkow, M., et al., Journal of the Institute of Brewing, (2007), 113(3), 280–292
63 Zarnkow, M., et al., Journal of the Institute of Brewing, (2007), 113(4), 355–364
64 Zarnkow, M., et al., Optimization of the mashing procedure for malted proso millet, in World Grain Summit, 2006, San Francisco, MBAA, AACC
65 Jerumanis, J., van Huynh, N., Devreux, A., ASBC-Proc, 1976, 37
66 Back, W. (Hrsg), (2005), Ausgewählte Kapitel der Brauereitechnologie, Fachverlag Hans Carl, Nürnberg, 333

67 Back, W. (Hrsg), (2005), Ausgewählte Kapitel der Brauereitechnologie, Fachverlag Hans Carl, Nürnberg, 332–358
68 Briggs, D. E., Boulton, C. A., Brookes, P. A., Stevens, R., Brewing Science and Practice, Cambridge England, Woodhead Publishing 2004, 37
69 Thorn, J. A., Methods of Analysis of the American Society of Brewing Chemists, 8th Minnesota, (1992)
70 Keßler, M., Zarnkow, M., Kreisz, S., Back, W., Monatsschrift für Brauwissenschaft (2005), Nr, 9/10, 82–88
71 Souci, S. W., Fachmann, W., Kraut, H., Die Zusammensetzung der Lebensmittel-Nährwert-Tabellen, Boca Raton, London, New York, Washington, CRC Press, 2000
72 Kunze, W., Technologie Brauer und Mälzer, VEB Fachbuchverlag Leipzig 1979, 40
73 Narziß, L., Heiden, L., Brauwiss. 22 (1969), 452
74 Lintz, B., Diplomarbeit, TU München 1972
75 Enari, T. M., EBC Monograph I, Wort Symposium 1974, 73
76 Sekin, Y., Habilitationsschrift, Universität Izmir 1980
77 Briggs, D. E., Boulton, C. A., Brookes, P. A., Stevens, R., Brewing Science and Practice, Cambridge England, Woodhead Publishing 2004, 35
78 Scully, P., Lloyd, M. J., Inst. Brew. 71 (1965), 154
79 Geiger, K., MBAA Techn, Quarterly 9 (1972), 195
80 Hudson, J. R., MacWilliam, I. C., Birtwistle, S. E., J. Inst. Brew. 69 (1963), 308
81 Bradee, L. H., The Practical Brewer MBAA 1977, 40
82 Glatthar, J., Heinisch, J. J., Senn, Journal of the Science of Food and Agriculture 85 (2005), Nr, 4, 647–654
83 Körber-Grohne, W., Nutzpflanzen in Deutschland, Hamburg, Nikol (1995), 86–97
84 Vogel, H., Die Rohstoffe der Gärungsindustrie, Wepf & Co., Basel 1949
85 EBC Analytica III, Verlag Schweiz, Brauerei Rdschau 1975 D 41
86 MEBAK, Brautechn, Analysenmethoden, MEBAK, Freising 1979, 147
87 Rosendal, I., Byskov Madsen, N., Brauwiss. 34 (1981), 156
88 Schuster, K., Donhauser, S., Krüpe, M., Ensgraber, A., Brauwiss. 20 (1967), 135
89 Perkins, E. G., Witt, P. R., jr., ASBC Proceedings 25 (1968), 145
90 Grill, W., Püspök, J., EBC Proceedings, 32 (1975), 195
91 Hug, H., Pfenninger, H., Schweiz. Br. Rdsch. 87 (1976), 65, 105, 135
92 Canales, A. M., Siena, J. A., MBAA Techn. Quart. 13 (1976), 114
93 Meilgaard, M., MBBA Techn. Quart. 13 (1976), 78
94 Körber-Grohne, W., Nutzpflanzen in Deutschland, Hamburg, Nikol (1995), 37
95 Rohde, W., Bühler-Miag Nachrichten 204 (1975), 12
96 Swain, E. F., MBAA Techn. Quart. 13 (1976), 108
97 Coors, J., MBAA Techn, Quarterly 13 (1976), 117
98 Schwaiger, F. H., Brauwelt 116 (1976), 1408
99 Martin, P. A., Brewer's Guardian MBAA 108 (1978), 29
100 Zarnkow, M., Burberg, F., Herrmann, M., Gastl, M., Back, W., Arendt, E., Kreisz, S., Cerevisia 32 (2007), 110–119
101 Zarnkow, M., Back, W., Brauwelt 144 (2004), 391–396
102 Strasburger, E. (1998), Lehrbuch der Botanik für Hochschulen, Gustav Fischer Verlag, Stuttgart
103 Adejemilua, F., Technical Quartely, 32 (1995), 15–18
104 Owuama, C. I., Journal of the Institute of Brewing, 105 (1999), 23–34
105 Hallgren, L., AACC, St. Paul, USA, 1995
106 Palmer, G. H., Process Biochemistry, 27 (1992), 145–153
107 Dufour, J. P., Melotte, L., Srebrnik S., Journal of the American Society of Brewing Chemists, 50 (1992), 110–119
108 Hoffmann, H., Schlaghecke, T., Kasparek, J. Brauindustrie (2007), Nr. 10, 28–32
109 Briggs, D. E., Boulton, C. A., Brookes, P. A., Stevens, R., Brewing Science and Practice, Cambridge England, Woodhead Publishing (2004), 41

110 Otter, G. E., Popplewell, J. A., Tayior, L., EBC Proceedings, 1969, 481
111 Crisp, J. W. M., East, E., EBC Proceedings 1971, 185
112 Palmer, T. J., Brewers Trade Rev, 85 (1971), 519
113 Briggs, D. E., Boulton, C. A., Brookes, P. A., Stevens, R., Brewing Science and Practice, Cambridge England, Woodhead Publishing (2004), 44
114 Lopez, M., Edens, L., Hunik, J., Hans Carl Verlag, 30th Proceedings of the EBC Congress, Prague, (2005), 599–605
115 Schur, F., Schweizer Brauerei-Rundschau (1974), Nr. 9, 173–178
116 Scherrer, A., Schweizer Brauerei-Rundschau (1973), Nr. 2, 24
117 Robinson, N., Amano, H., Mizuno, A. In: Eur. Brew. Conv. Monograph No. 31, Symposium on flavour and flavour stability, 2001
118 Georg, A., Postel, W., Weiss, W., Electrophoresis 13 (1992) 759–770
119 Schütz, M., Hartmann, K., Herrmann, M., Keßler, M., Kreisz, S., Krottenthaler, M., Mezger, R., Schneeberger, M., Thiele, F., Zarnkow, M., Back, W., Brauwelt 146 (2006), Nr, 11, 312–316
120 Heijgaard, J., J. Inst. Brew. 84 (1977) 43
121 Zarnkow, M., Arendt, E. K., Back, W., Burberg, F., Gastl, M., Herrmann, M., Kessler, M., Kreisz, S., Cerevisia 32 (2007), Nr. 2, 110–119
122 Bentley, I., The Brewer & Distiller 2 (2006), Nr, 7, 35–37
123 Windisch, W., Goldacker, D., Wo. f. Br. 36 (1919), I
124 Windisch, W., Wo. f. Br. 31 (1914), 57
125 Hopkins, R. H., Amphlett, P. H., J. Inst. Brew. 45 (1939), 365
126 Kolbach, P., Wo. f. Br. 58 (1941), 231
127 Kolbach, P., Mschr. f. Br. 6 (1953), 49
128 Zarnkow, M., Keßler, M., Burberg, F., Kreisz, S., Back, W., EBC Proceedings, of the 30th Congress (2005), 104/1–104/8
129 Usansa, U., et al., The Use of Response Surface Methodology to Optimise Malting Conditions of Two Black Rice Varieties (Oryza sativa L.), as a Raw Material for Gluten Free Foods, in 1, Symposium for Gluten-free Foods and Beverages, 2007, Cork, Ireland
130 Zarnkow, M., et al., Brewing Science, (2008), 61(5/6), 94–104
131 Zarnkow, M., et al., Brewing Science, 2007(9/10), 118–126
132 Zarnkow, M., et al., Journal of the Institute of Brewing, (2007), 113(3), 280–292
133 Zarnkow, M., et al., Journal of the Institute of Brewing, (2007), 113(4), 355–364
134 Zarnkow, M., et al, Optimization of the mashing procedure for malted proso millet, in World Grain Summit, 2006, San Francisco, MBAA, AACC
135 Moll, M., Brewing Science, Academic Press, London 1979, 564
136 Kieninger, H., Brauwelt 123 (1983), 14
137 Mändl, B., EBC Monograph I, Wort Symposium 1974, 226
138 Thiele, F., Dissertation, WZW TU München 2006
139 Salac, V., KotrIa-Hapalova, M., Vancura, M., Brauwiss. 10 (1957), 34
140 Kolbach, P., Rinke, W., Mschr. f. Br. 17 (1964), 206
141 De Clerck, J., Lehrbuch der Brauerei VLB Berlin 1964, 120
142 Harrison, J. G., Laufer, S., Stewart, E. D., Siebengerg, J., Brenner, M. W., J. Inst. Brew. 69 (1963), 323
143 Comrie, A. A. D., J. Inst, Brew, 73 (1967), 335
144 Hansen, A., Brauwelt 97 (1957), 457
145 Helm, E., Wo. f. Br. 56 (1939), 185
146 Wildner, H., Brauwiss. 14 (1961), 101, 127
147 Narziß, L., Lintz, B., Brauwiss. 28 (1975), 253
148 Narziß, L., Reicheneder, E., Kroiher, A., Brauwiss. 34 (1981), 53
149 Narziß, L., Brauwelt 109 (1969), 33
150 Postel, W., Brauwiss.. 29 (1976), 39
151 Vogt, K., Schumann, G., Pröpsting, W., Mschr. f. Br. 20 (1967), 116
152 Gorbach, G., Steinbach, H., Fette, Seifen, Anstrichmittel 67 (1965), 745
153 Kleber, W., Brauwelt 105 (1965), 470
154 Netscher, H., Wo. f. Br. 45 (1928), 582
155 Naumann, E., Vitalstoffe – Zivilisationskrankheit 15 (1970), 70
156 Pfenninger, H., Schweiz. Br. Rdsch. 71 (1960), 211

157 Narziß, L., Kieninger, H., Reicheneder, E., Brauwelt 117 (1977), 672
158 Deutsche Einheitsverfahren zur Wasser-, Abwasser- und Schlammuntersuchung, Verlag Chemie GmbH, Weinheim 1980
159 Bauer, O., Marquardt, K., Brauwelt 121 (1981), 276
160 Anger, H.-M. (Hrsg.), Brautechnische Analysenmethoden, Wasser, Methodensammlung der MEBAK, Selbstverlag, Freising 2005
161 Kolbach, P., Schwabe, K., Wo. f.. Br. 58 (1941), 195
162 Kolbach, P., Rinke, W., Mschr. f. Br. 22 (1969), 145
163 Narziß, L., Reicheneder, E., Buh, E., Brauwelt 121 (1981), 1386, 1390
164 Narziß, L., Brauwelt 129 (1989), 167
165 Marquardt, K., Brauwelt 117 (1977), 845
166 Donhauser, S., Geiger, E., Glas, K., Brauwelt 129 (1989), 1522–1533
167 Illig, K., Zeitschr. f. Angew. Chemie 39 (1926), 1085
168 Naumann, C. W., „Das Brauwasser", Verlag Hans Carl, Nürnberg 1952, 587
169 Marquardt, K., Brauwelt 117 (1977), 1033
170 Marquardt, K., Energie 32 (1980), 329
171 Kieninger, H., Reicheneder, E., Brauwelt 117 (1977), 1629
172 Englisch, R., Dissertation, TH Aachen, Fakultät f. Maschinenwesen 2006
173 Walter, S., Dissertation, WZW-TU-München 2005
174 Nörpel, C., Brauwelt 122 (1982), 1615
175 De Clerck, J., Lehrbuch der Brauerei, VLB Berlin 1964,119
176 Kolbach, P., Rinke, W., Mschr. f. Br. 16 (1963), 76
177 Kolbach, P., Rinke, W., Mschr. f. Br. 17 (1964), 51
178 Narziß, L., Brauwelt 114 (1974), 1895
179 Velten, S., Wasser, Luft, Betr. 8 (1964), 544
180 Beetz, E., Grünwald, R., Brauereitechniker 18 (1966), 45, 62
181 Pöhlmann, R., Brauwelt 127 (1987), 393
182 Cizinska, S., Mateju, V., Jannoch, T., Kvasny Prumysl 34 (1988), 202
183 Schäuble, R., Schweiz. Br. Rdsch. 72 (1961), I
184 Helmschrott, R., Der Weihenstephaner 45 (1977)
185 Kunzmann, C., Ahrens, A., Brauwelt 147 (2007) 551–554
186 Kunzmann, C., Ahrens, A., Methner, F.-J., Brauwelt 147 (2007), 926–928
187 Roeske, W., in Trinkwasserdesinfektion, Ritter, K., (Hrsg), Oldenburg München, Wien (2006)
188 Kirmaier, N., Hartmann, F., Schobert, M., Weil, D., Oqnibene, K. H., Brauwiss. 35 (1982), 57
189 Joyce, R. S., Brewers Digest 40, Nr. 4, (1965), 80
190 Narziß, L., Reicheneder. E., Schrenker, J., Brauwiss. 34 (1981), 229
191 Kolbach, P., Mschr. f. Br. 6 (1953), 49
192 Vaitl. R., Brauwelt 101 (1961), 285
193 Kieninger, H., Brauwelt 111 (1971), 1714
194 Back, W. (Hrsg), (2005), Ausgewählte Kapitel der Brauereitechnologie, Fachverlag Hans Carl, Nürnberg, 110–111
195 Back, W., Monatsschr. f. Brauwiss. 41 (1988), 152
196 Narziß, L., Reicheneder, E., Hunkel, L., Brauwelt 113 (1973), 1423
197 Narziß, L., Brauwelt 132 (1992), 1072
198 Voigt, J. C., Dissertation, TU München 1992
199 Back, W. (Hrsg), (2005), Ausgewählte Kapitel der Brauereitechnologie, Fachverlag Hans Carl, Nürnberg, 108
200 Gastl, M., Dissertation, WZW-TU München 2006
201 Nowak, G., Brauwelt 94 (1954), 829, 843, 859
202 Mitteilung LFL, Institut für Hopfenforschung Hüll 2007/2008
203 Jahresbericht der LFL 2007, 22
204 Der Barth-Bericht 2005/2006, 10–21
205 Narziß, L., Forster, A., Brauwiss. 24 (1971), 145
206 Kieninqer, H., Hopfenrundschau 17 (1966), 345
207 Kieninger, H., Forster, A., Brauwiss. 26 (1973), 214
208 Maier, J., Dtsch. Brauwirtschaft 81 (1972), Spezialausgabe
209 Schuster, K., Staritz, H., Brauwiss. 9 (1956), 182
210 Maier, J., Hopfenrundschau 26 (1975), 263

211 Schmid, J., Ganzlin, G., Brauwelt 117 (1977), 974
212 Kieninger, H., Hopfenrundschau 16 (1965), 9
213 Likens, S. T., Nickerson, G. B., American Brewer 1963, 50
214 De Clerck, J., Jerumanis, J., Echo Brasserie 15 (1959), 55
215 Narziß, L., Forster, A., Brauwiss. 25 (1972), 845
216 Seefelder S., Lutz, A., Seigner, E., Engelhard, B., Internationale Hopfenrundschau 2002/2003, 39–43
217 Hartl, L., Seefelder, S., Theor. Appl. Genet, 96 (1998), 112–116
218 Narziß, L., Kieninger, H., Reicheneder, E., Brauwelt 112(1972)547
219 Narziß, L., Reicheneder, E., Forster, A., Brauwelt 113 (1973), 1345
220 Maier, J., Narziß, L., Brauwelt 119 (1979), 1260
221 Narziß, L., Maier, J., Brauwelt 119 (1979), 1306
222 Maier, J., Bayer, Landesanstalt für Bodenkultur und Pflanzenbau, Jahresbericht 1990, 395
223 Narziß, L., Hopfenrundschau International Edition 1992, 18
224 Krottenthaler, M., Zürcher, J., Zarnkow, M., Back, W., Hopfenrundschau international (2001/2002), 60–67
225 Krottenthaler, M., Kummert, F., Back, W., Kaltner, D., Mitter, W., Hopfenrundschau international (2005/2006), 16–20
226 Krottenthaler, M., Back, W., Engelhard, B., Hopfenrundschau international 2000, 43–46
227 Jahresberichte der Bayer, Landesanstalt für Landwirtschaft und Gesellschaft fürHopfenforschung, „Sonderkultur Hopfen" 2000-2006, 10–21
228 Kohlmann, H., Kastner, A., „Der Hopfen", Hopfenverlag, Wolnzach 1975, 98
229 Windisch, W., Kolbach, P., Yofe, J., Wo. f. Br. 43 (1926), 349
230 Windisch, W., Kolbach, P., Winter M., Wo. f. Br. 46 (1926), I
231 MEBAK, Freising 1979, 147
232 Wöllmer, W., Berichte Dtsch. Chem. Ges. 49 (1916)104
233 Wieland, H., Berichte Dtsch. Chem. Ges. 58 (1925), 102, 2012, 59 (1926), 2352
234 Riedl, W., Brauwiss. 4 (1951), 81

235 Rigby, F. L., Bethune, J. L., Proc, ASBC 1952, 98, 1953, 119
236 Howard. G. A., Tatchell, A. R., EBCPTOC. W5 W
237 Hough, J. S., Briggs, D. E., Stevens, R., Malting and Brewing Sc., Chapman & Hall, London 1971,326
238 Spetsig, l. O., Acta Chem, Scand 9 (1955), 1421
239 Wöllmer, W., Berichte Dtsch. Chem. Ges. 58 (1925), 672
240 Verzele, M., Govaert, F., Bull. Soc. Chim. Belg. 58 (1949), 432
241 Kowaka, M., Kokubo, E., Kuroiwa, Y., Rept., Res. Lab. Kirin Brewing Co. 13 (1970), 25
242 Forster, A., Beck, B., Köberlein, A., Schmidt, R., EBC Proceedings, 1997, 223–229
243 Hübner, H., Maier, J., Riedl, W., Hoppe Seyler's Z., Physiol, Chemie 325 (1961), 244
244 Lloyd, R. O. V., Shannon, P. V. R., Shaw, S. J., Journ. Inst. Brew. 75 (1969), 32
245 Jahresbericht Landesamt f. Landwirtschaft und Gesellschaft für Hopfenforschung „Sonderkultur Hopfen" (2006), 65
246 Cook, A. H., Harris, G., J. Chem. Soc. 1950, 1873
247 Govaert, F., Verzele, M., J. Chem. Soc. 1952, 3313
248 Vanhoey, M., Vandewalle, M., Verzele, M., J. Inst. Brew. 76 (1970), 372
249 Verzele, M., Dierckens, J., J. Inst. Brew. 75 (1969), 449
250 Green, C., J. Inst. Brew. 76 (1970), 477
251 Palamand, S., Markt, K., Hardwick, W., ASBC Proc, 1971, 211
252 Biot, J., Verzele, M., Bull. Soc. Chim. Belg. 86 (1977), 41
253 Brohult, S., Ryhage, R., Spetsig, L. O., Stenhagen, F., EBC Proceedings 1959, 121
254 Schur, F., Pfenninger H., ASBC Proc, 33 (1975), 4
255 Narziß, L., Reicheneder, E., Brummer F. X., Brauwelt 115 (1975), 1204
256 Kowaka, M., Kokubo, E., Kuriowa, Y., Rept. Res. Lab. Kirin Brewing Co. 15 (1972), 53
257 Kowaka, M., Kokubo, E., Kuriowa, Y., ASBC Proc, 31 (1973), 66

258 Kuroiwa, Y., Kokubo, E., Brewers Digest 48 (1973), 52
259 Stocker, H. R., Schweiz. Br. Rdsch. 76 (1965), 128
260 Verzele, M., Vanhoey, M., J. Inst. Brew. 73 (1967), 451
261 McGuiness, J. D., J. Inst. Brew. 79 (1973), 44
262 Kuroiwa, Y., Hashimoto, H., Rept. Res. Lab. Kirin Brewing Co. 3 (1960), 11
263 Wöllmer, W., Wo. f. Br. 42 (1925), 1
264 Wöllmer, W., Tageszeitg. f. Brau. 30 (1932), 171,216,258, 320, 350
265 Kolbach, P., Mschr. f. Br. 26 (1973), I
266 Kolbach, P., Bull, Anc. Et. Brasserie Louvain 49 (1953), 197
267 Maier, J., Hopfenrundschau 24 (1973), 378
268 Kolbach, P., Esser, K. D., Mschr. f. Br. 11 (1958), 91
269 Van Damme, M., Brauwiss. 16 (1963), 119
270 Schur, F., EBC Proceedings 1967, 61
271 Kaltner, D., Mitter, W., EBC Symposium Drinkability 2006
272 Shimwell, J. L., J. Inst. Brew. 43 (1937), 111
273 Back, W. (Hrsg.), Ausgewählte Kapitel der Brauereitechnologie, Fachverlag Hans Carl, Nürnberg (2005), 43
274 Rohne, K., Rische H., Brauwiss. 5 (1952), 9
275 Walker, T. K., Parker, A., Wo. f. Br. 55 (1938), 254
276 Kowaka, M., Kokubo, E., Kuroiwa, Y., Rept. Res. Lab. Kirin Brewing Co. 13 (1970), 53
277 Krauß, G., Mschr. f. Brau. 31 (1978), 396
278 Rigby, F. L., Brewer's Digest 27 (1956), 38
279 Maier, J., Hopfenrundschau 24 (1973), 414
280 Forster, A., Brauwelt, 138 (1998), 1007, 1231
281 Maier, J., Dtsch. Brauwirtschaft 80 (1971), Spezialausgabe, Mai, 25
282 Jahresbericht LfL, Gesellschaft für Hopfenforschung 2006, 62–65
283 Maier, J., Hopfenrundschau 26 (1975), 244
284 Zeisig, H. D., Hecht, H., Hopfenrundschau 18 (1967), 12
285 Matson, A., de Vyver, J., Brauwiss. 27 (1974), 187
286 Maier, J., Dtsch. Brauwirtsch.81 (1972), Spezialausgabe, 5
287 Hall, R., EBC Proceedings 1957, 314
288 Maier, J., Hopfenrundschau 26 (1975), 263
289 Narziß, L., Kieninger, H., Brauwelt 105 (1965), 760
290 Vancura, M., Bednar, J., Brauwelt 103 (1963), 1 399, 1484
291 De Clerck, J., Jerumanis, J., Brauwelt 99 (1959), 125
292 Uehara, H., Kokubo, E., EBC Workshop „Hops", Nutfield 1978 durch Hudson, J., Brauwirtsch, 1979, 405
293 Likens, S. T., Nickerson, G. B., Zimmermann, C. E., ASBC Proc. 28 (1970), 68
294 Likens, S. T., Nickerson, G. B., EBC Workshop „Hops", Nutfield 1978, durch Hudson, J., EBC Proceedings 1979, 405
295 Barth-Haas-Group Communications 2006
296 Moir, M., EBC Monograph XXII Symposium Hops 1999
297 Hashimoto, N., Report Res, Lab, Kirin Brewing Co. 13 (1970), 1
298 Kuroiwa, Y., Kokubo, E., Hashimoto, N., MBAA Techn. Quart. 10 (1973), 215
299 Gudagni, G. D., Buttery, R. G., Harris, J., J. Sei. Food Agric. 17 (1966), 142
300 Tressl, R., Friese, L., Z. Lebensm. Unters. u. Forschg. 166 (1978), 350
301 Friese, L., Fendesack F., Tressl, R., Mschr. f. Brau. 32 (1979), 255
302 Tressl, R., Brauwelt 116 (1976), 1252
303 Tressl, R., Engel, K. H., Kossa, M., Monatsschr. f. Brauwiss. 37 (1983), 432
304 Moir, M., Seaton, J. C., Suggett. A., EBC Proceedings 1983,63
305 Shimazu, T., Hashimoto N., Kuroiwa, Y., ASBC Proc. (1974), 7
306 Peppard, T. L., Laws, D. R. J., EBC Proceedings 1979, 91
307 Peppard, T. L., J. Inst. Brew. 87 (1981), 376
308 Sanchez, N. B., Lederer, D. L., Nickerson, G. B., Libbey, M. L., Mc. Daniel, M. R., Food Science and Human Nutrition, Elsevier, Amsterdam 1992, 403–426

309 Fritsch, H. T., Dissertation, TU-München 2001
310 Kaltner, D., Dissertation, WZW-TU München 2000
311 Back, W. (Hrsg), (2005), Ausgewählte Kapitel der Brauereitechnologie, Fachverlag Hans Carl, Nürnberg, 29
312 Seaton, J. C., Suggett, A., Moir, M., EBC Monograph VII, Flavour Symposium 143
313 De Mets, M., Verzele, M., J. Inst. Brew. 74 (1968), 74
314 Green, C., J. Inst. Brew. 76 (1970), 36
315 Maier, J., Hopfenrundschau 28 (1977), 331
316 Likens, T., Schweiz. Br. Rdsch. 73 (1962), 212
317 Maier, J., Jahresber. d. Bayer. Landesanstalt für Bodenkultur u. Pflanzenbau 1980, 78
318 Maier, J., Hopfenrundschau 28 (1977), 298
319 Narziß, L., Forster, A., Brauwiss. 25 (1972), 239
320 Krüger, E., Neumann, L., Mschr. f. Brau. 23 (1970), 117
321 Isebaert, L., Brauwelt 103 (1963), 756
322 Harris, J., J. Inst. Brew. 82 (1976), 27
323 Maier, J., Bayer. Landesanst. für Bodenkultur und Pflanzenbau, Sonderheft 1/1975, 31
324 Tressl, R., Friese, L., Fendesack F., Krüger, E., Mschr. f. Brau. 31 (1978), 83
325 Steiner, K., Stocker, H. R., Schweiz. Br. Rdsch. 80 (1969), 217
326 Hartong, B. D., Wo. f. Br. 46 (1929), 543
327 Biermann, U., Dissertation, TU München 1984
328 Chapon, L., Chemardin, M., EBC Proceedings 1963, 182
329 Dadic, M., MBAA Techn. Quart. 11 (1974), 164
330 Charalambous, G., MBAA Techn. Quart. 11 (1974), 146
331 Dadic, M., Belleau, G., ASBC Proc. 31 (1973), 107
332 Meilgaard, M., MBAA Techn. Quart. 11 (1974), 87, 118
333 Chapon, L., Chapon, S., Chemardin, M., Kretschmer, K. F., EBC Proceedings 1969, 173
334 Gramshaw, J. W., J. Inst. Brew. 73 (1967), 258
335 Gramshaw, J. W., J. Inst. Brew. 74 (1968), 20
336 Jerumanis, J., EBC Proceedings 1979, 309
337 McMurrough, I., EBC Proceedings 1979, 321
338 Gramshaw, J. W., J. Inst. Brew. 75 (1969), 61
339 Kretschmer, K. F., Brauwelt 119 (1979), 1340
340 Bartsch, H., Frank, N., Gamal-Eldeen, A., Gerhäuser, H., Alt, A., Becker, H., Nokandeh, A., Hopfenrundschau International 2003/2004, 44–49
341 Biendl, M., Hopfenrundschau International 2003/2004, 560–564
342 Jerumanis, J., Bull. Anc. Et. Brass. Louvain 65 (1969) 113
343 Kammhuber, K., Internat, Hopfenrundschau 2006/2007, S. 52–55
344 Narziß, L., Bellmer, H. G., Brauwelt 115 (1975), 1729
345 Narziß, L., Bellmer, H. G., Brauwiss. 28 (1975), 285
346 Chapon, L., Louis, C., Chapon, S., Moll, M., Kretschmer, K. F., Mschr. f. Br. 30 (1977), 541
347 Forster, A., Beck, B., Schmidt, R., Jansen, C., Mellenthin, A., Mschr. f. Brauwiss. 55 (2002), 98–108
348 Chapon, L., Doemensianer 10 (1970), 2, 43
349 Bellmer, H. G., Brauwelt 121 (1981), 240
350 Narziß, L., Reicheneder, E., Stippler, K., Brauwelt 110(1970), 17,54
351 Narziß, L., Röttger, W., Brauwiss. 26 (1973), 302
352 Mück, E., Dissertation, TU München 1985
353 Fink, H., Just, F., Wo. f. Br. 52 (1935), 241, 53 (1936), 33, 54 (1937), 317, 55 (1938), 17
354 Kohlmann, H., Kastner, A., „Der Hopfen", Hopfenverlag, Wolnzach 1975, 181
355 Postel, W., Brauwiss. 29 (1976), 41
356 Schild, E., Zacherl, R., Brauwiss. 18 (1965), 321
357 Forster, A., Hopfenrundschau 35, (15, Okt, 84), 471–483 (1984)

358 Kühtreiber, F., unveröff. Manuskript eines Vortrags vor dem Technischen Ausschuss des Deutschen Brauerbundes 1983
359 Forster, A., MBAA Techn. Quart. 15 (1978), 163
360 EBC Manual of Good Practice Hops and Hop Products, 58
361 Müller, A., EBC Workshop „Hops", Nutfield 1978 durch Hudson J., EBC Proceedings 1979, 405
362 Knorr, F., Brauwelt 105 (1965), 1409
363 Kleber, W., Guggenberger, J., Brauwelt 105 (1965), 1157
364 Knorr, F., Brauwelt 106 (1966), 1409
365 Schur, F., Pfenninger, H., Schweiz. Br. Rdsch. 83 (1972), 195
366 Krauß, G., Mschr. f. Br. 22 (1969), 154
367 Forster, A., Schweizer Brauerei- und Getränke-Rundschau 106 (1994), 173–179
368 Bärwald, G., Brauereitechniker 25 (1973), 66
369 Barth-Haas-Group, Betriebliche Aufzeichnungen 2008
370 Forster, A., Beck, B., Schmidt, R., Brauwelt 130 (1990), 930–935, 938–940
371 EBC Manual of Good Practice, Hops and Hop Products Hans Carl, Nürnberg, 62
372 Narziß, L., Reicheneder, E., Ngo-Da, Ph., Brauwelt 119(1979), 1366
373 Narziß, L., MBAA Techn. Quart. 7 (1970), 5
374 Narziß, L., Kieninger, H., Brauwelt 105 (1965), 760
375 Forster, A., Brauwelt 142 (2002), 10
376 Biendl, M., Brauwelt 134 (1994), 1810–1814
377 Forster, A., Forum der Brauerei 36 (1983), 21
378 Forster, A., EBC Workshop „Hops", Nutfield 1978, durch Hudson, J., EBC Proceedings 1979, 405
379 Hanke, S., Dissertation, WZW-TU München 2009
380 Krüger, E., Mschr. f. Br. 32 (1979), 213
381 Bodkin, C. L., Clarke, B. J., Kavanagh, T. E., Moulder, P. M., Reitze, J. D., Skinner, R. N., ASBC-Journal 38 (1981), 137
382 Narziß, L., Reicheneder, E., Scheller, L., Kopp, R., Freudenstein, L., Brauwelt 123 (1983), 680
383 Klüsters, P., Forum der Brauerei 36 (1983), 17
384 EBC Manual of Good Practice, Hops and Hop Products, Hans Carl Nürnberg, 1997, 72
385 EBC Manual of Good Practice, Hops and Hop Products, Hans Carl Nürnberg,1997, 73, 76
386 Laws, R. J., EBC Workshop „Hops" Nutfield 1978 durch Hudson J. EBC Proceedings 1979, 40
387 Wunderlich, S., Zürcher, J., Back, W., Mol. Nutr. Food Res., 2005
388 EBC Manual of Good Practice, Hops and Hop Products, Hans Carl Nürnberg 1997, 87
389 Forster, A., EBC Proceedings 1979, 429
390 Narziß, L., Forster, A., Brauwiss. 25 (1972), 128
391 EBC Workshop „Hops" 1978, durch Hudson, J., EBC Proceedings 1979, 405
392 Narziß, L., Kieninger, H., Reicheneder, E., Brauwelt 110 (1970), 1025
393 Forster, A., Gahr, A., Ketterer,M., Beck, B., Massinger, S., Schmidt, R., EBC Proceedings, 2003
394 Cook, A. H., EBC Proceedings 1967, 83
395 Gardener, EBC Workshop „Hops", Nurfield 1978 durch Hudson J. EBC Proceedings 1979 405
396 Schur, F., Pfenninger, H. B., Schweiz. Br. Rdsch. 83 (1972), 49
397 Sandra, P., Claus, H., Verzele, M., J. Inst. Brew. 79 (1973), 142
398 Narziß, L., Kieninger, H., Reicheneder, E., Brauwelt 121 (1971), 714
399 Schur, F., Pfenninger H. B., ASBC Congr., 1974, 5
400 EBC Manual of Good Practice, Hops and Hop Products, Hans Carl Nürnberg 1997, 118
401 Krottenthaler, M., „Hopfen" in K. U. Heyse (Hrsg.), Praxishandbuch der Brauerei, Behr's Verlag, Hamburg 2000, 1–55
402 Weiss, A., Schönberger, Ch. (2002), J. Inst. Brew. 108(2)
403 Hartl, A., Reissinger W., EBC Proceedings, 1975, 141
404 Hartl, A., Schweiz. Br. Rdsch. 76 (1976), 55

405 Pfenninger, H. B., Schur, F., Vaterlaus, B. P., Sigg, T., Wild, J., EBC Proceedings, 1975, 159
406 Horst, L. v., Forum der Brauerei I (1983), 12
407 Narziß, L., Krauß, W., Brauwelt 123 (1983), 918
408 Jakob, G., Wo. f. Br. 51 (1934), 16
409 Pflaumer, G., Diplomarbeit, TU München 1977, Werte publiziert durch Lit. 533
410 MEBAK, Brautechn. Analysenmethoden, Selbstverlag Freising-Weihenstephan 1979, Bd. II, 233
411 Krüger, E., Bielig, H. J., Betriebs- und Qualitätskontrolle in Brauerei und alkoholfreier Getränkeindustrie Parey, Berlin und Hamburg 1976,185
412 Schönfeld, F., Brauerei und Mälzerei Bd, III, 25, P. Parey, Berlin 1935
413 Model, H., Schweiz. Brau. Rdsch. 67 (1956), 123
414 Mändl, B., Brauwelt 99 (1959), 537
415 siehe frühere Ausgaben dieses Buches (1956, 1968, 1985, 1992)
416 Silbereisen, K., Kremkow, C., Mschr. f. Br. 20 (1967), 1
417 Loncin, M., Die Grundlagen in der Verfahrenstechnik in der Lebensmittelindustrie, Sauerländer und Aarau, Frankfurt/M. 1969, 743
418 Künzel, W., Brauwelt 138 (1998), 407
419 Narziß, L., Brauwelt 114 (1964), 1493
420 Narziß, L., Brauwelt 120 (1980), 828
421 Künzel, W., Brauwelt 138 (1998), 198
422 Narziß, L., Luther, G., Brauwelt 114 (1974), 851, 886
423 Narziß, L., Reicheneder, E., Riedl, A., Brauwelt 117(1977), 1788
424 Sommer, G., Mschr. f. Br. 32 (1979), 228
425 Pelz, D., Diplomarbeit, TU München 1971
426 Perrocheau, L., Bakan, B., Boivin, P., Marion, D., J. Agricultural and Food Chemistry 5 (2006) 3108–3113
427 Jones, B. L., Journal of Cereal Science 42 (2005) 138–156
428 Menger, H. J., Salzgeber, B., Pieper, H. J., Brauwelt 138 (1998), 2146–2151
429 Schwill-Miedaner, Habilitationsschrift, WZW-TUM 2001, 54
430 Schwill-Miedaner, Habilitationsschrift, WZW-TUM 2001, 36
431 Reiter, F., Brauwelt 102 (1962), 449
432 Reiter, F., Brauwelt 104 (1964), 699
433 Mütter, H., Brauwelt 107 (1967), 1825
434 Kieninger, H., EBC Proceedings, 1969, 139
435 Kühbeck, F., Dickel, T., Krottentahler, M., Back, W., Mitzscherling, M., Delgado, A., Becker, T., J. Inst. Brew., (2005), 111 (3), 316–327
436 Schwill-Miedaner, Habilitationsschrift, WZW-TUM 2001, 40, 41
437 Krauß, G., Mschr. f. Br. 27 (1973), 214
438 Greffin, W., Krauß, G., Mschr. f. Br. 31 (1978), 192
439 Brischke, G., Betriebsstörungen bei der Bierbereitung, Hans Carl, Nürnberg 1954, 135
440 Stamberg, O. E., Smith, R. J., ASBC-Proc. 1959, 5
441 Bathgate, G. N., J. Inst. Brew. 79 (1973), 357
442 Palmer, G. H., J. Inst. Brew. 78 (1972), 326
443 Bathgate, G. N., Palmer, G. H., J. Last. Brew. 79 (1973), 402
444 Bathgate, G. N., J. Inst. Brew. 79 (1973), 35
445 Morrison W. R. (1993), Barley lipids. In: MacGregor, A. W., Bhatty, R. S., Barley, Chemistry and Technology, Cereal Chem, Inc. St. Paul, Minnesota, USA, 199–246
446 Vasanthan T., Bhatty, R. S., Cereal Chemistry (1996), 73, 1999–207
447 Greenwood, C. T., Thomson, J., J. Inst. Brew. (1959), 65, 346–353
448 MacGregor, A. W., Fincher, G. B., (1993), Barley lipids. In: MacGregor, A. W., Bhatty, R. S., Barley, Chemistry and Technology, Cereal Chem. Inc. St. Paul, Minnesota, USA, 73–130
449 Pfannemüller, B., Burchard, W., Enzymatischer Abbau von Stärke, GDCh-Kurs 105/83, Polysaccharide – Vorkommen, Eigenschaften und Struktur und Aspekte ihrer Nutzung, Freiburg 12.–15. 9, 83, 55–70
450 Belitz, H.-D., Grosch, W., Polysaccharide in, Lehrbuch der Lebensmittelchemie, Springer Verlag, Berlin Heidelberg New York 1982, 232
451 Bailey, I. M., Whealan, W. J., J. Biol. Biochem. 236 (1961), 969

452 Geyer, H., J. Brauwiss. 24 (1971), 444
453 Keßler, M.T., Dissertation, WZW-TU München, 2006
454 Liu, H., Lelievre, J., Ayoung-Chee, W., Carbohydate Research (1991) 210, 79–87
455 Narziß, L., Brauwelt 112 (1972), 1028
456 Meyer, H.K., Angew. Chemie 61 (1951), 153, 157
457 Schur, F., Pfenninger, H.B., Narziß, L., Schweiz. Br. Rdsch. 86 (1975), 193, weitere Literaturstellen ebenda
458 MacGregor A.W., Bazin S.L., Macri L.J., Babb J.C., J. Cereal Science (1999), 29, 161–169
459 Erdal, K., Jensen, M.O., Kristensen, M., Krogh, J.J., Riis, P., Vaag, P., EBC-Proceedings (1993), 147–157
460 Stenholm, K., Dissertation, VTT Finnland (1997)
461 Stenholm, K., Home, S., J. Inst. Brew. (1999), 105, 205–210
462 Harns, G., Mac William, I.C., J. Inst. Brew. 64 (1958), 395
463 Dixon, M., Webb, E.C., "Enzymes", Long-mans Green & Co. Ltd., London 1967, 762
464 Manners, D.J., Brew, Digest 49 (1974), 56, 60
465 Narziß, L. (1999), Die Technologie der Malzbereitung, Enke, Stuttgart, 7. Aufl.
466 Sun Z., Henson, C.A., Plant Physiology (1990), 94, 320–327
467 Frandsen T.P., Svensson B., Plant Molecular Biology (1998), 37, 51–53
468 Im, H., Henson, C.A., Carbohydate Research (1995), 277, 145–159
469 Scriban, R., Ann. Nutr. Alim. 21 (1967), 281
470 Herrmann, M., Diss. WZW-TUM 2005
471 Myrbäck, K., Willstaedter, E., Arkiv Kemi 8 (1955), 367
472 Schur, F., Pfenninger, H.B., Narziß, L., EBC Proceedings, 1973, 149
473 Enevoldsen, B.S., EBC-Monograph I, Wort Symposium 1974, 158
474 Piendl, A., Brauwelt 108 (1968), 418
475 Wullinger, F., Piendl, A., Brauwelt 104 (1964), 1439
476 Weinfurtner, F., Wullinger, F., Piendl, A., Brauwelt 105 (1965), 1857
477 Enevoldsen, B.S., Schmidt, F., J. Inst. Brew. 80 (1974), 520
478 Enevoldsen, B.S., Schmidt, F., EBC Proceedings, 1973, 145
479 Schur, F., Pfenninger, H.B., Narziß, L., Schweiz. Br. Rdsch. 85 (1974), 220
480 Köhler, P., Krottenthaler, M., Herrmann, M., Keßler, M., Kühbek, F., Brauwelt (2005), 145, 143–150
481 Schur, F., Pfenninger, H.B., Narziß, L., Schweiz. Br. Rdsch. 86 (1975), 117
482 Schur, F., Schweiz. Br. Rdsch. 84 (1973), 3
483 Schur, F., EBC-Monograph VI, Symposium on the Relationstrip between Malt and Beer 1980, 73
484 Kolbach, P., Haase, G.W., Wo. f. Br. 56 (1939), 105
485 Narziß, L., Reicheneder, E., Ngo-Da, Ph., Brauwelt 121 (1981), 768
486 Arbeitssitzung der VLB Unterausschuss f. Mälzerei und Sudhausarbeit, Tageszeitg. f. Br. 62 (1965), 198
487 Piendl, A., Brewer's Digest 84 (1973), 58
488 Narziß, L., Heißinger, H., Brauwiss. 22 (1969), 353
489 Narziß, L., Heißinger, H., Brauwiss. 22 (1969), 402
490 Lüers, H., Die wissenschaftl. Grundlagen von Brauerei und Mälzerei, Hans Carl, Nürnberg 1950, 354
491 Schur, F., Pfenninger, H.B., Narziß, L., Schweiz. Br. Rdsch.. 85 (1974), 237
492 Weinfurtner, F., Wullinger, F., Piendl, A., Brauwelt 106 (1966), 405
493 Schur, F., Pfenninger, H.B., Narziß, L., Schweiz. Br. Rdsch. 86 (1975), 153
494 Windisch, W., Kolbach, P., Schild, E., Wo. f. Br. 49 (1932), 289
495 Kessler, H., Diplomarbeit, TU München 1964
496 Kolbach, P., Zastrow, C., Mschr. f. Br. 16 (1963), 21
497 Weinfurtner, F., Wullinger, F., Piendl, A., Brauwelt 106(1966), 1058
498 Schur, F., Pfenninger, H.B., Narziß, L., Schweiz. Br. Rdsch. 86 (1975), 57
499 Baxter, E.D., Wainwright, T., EBC Proceedings, 1979, 131
500 van den Berg, R., Muts, G.C.J., Drost, B.W., Graveland, A., EBC Proceedings, 1981, 461
501 Karlson, P., Biochemie, Thieme, Stuttgart 1972, 287

502 Hochstraßer, K., Hoppe-Seyler's Zeitschr, f. physiolog. Chemie 324 (1961), 250
503 Hochstraßer, K., Hoppe-Seyler's Zeitschr, f. physiolog. Chemie 328 (1962), 61
504 Spiro, R. C., Annual Review of Biochemistry 39 (1970), 732
505 Schmid, K., Chimia 18 (1964), 321
506 Schulze, W. G., Heruig, W. C., Flu, W. H., Chi-hoye, E. J., ASBC-Proc. 34 (1977), 181
507 Narziß, L., Reicheneder, E., Barth, D., Brauwiss. 35 (1982), 275
508 Vancraenenbroeck, R., Devreux, A., EBC Proceedings, 1983, 323
509 Bishop, L. R., Wo. f. Br. 50 (1933), 391
510 Narziß, L., Barth, D., Yamagishi, S.,Heyse, K. U., Brauwiss. 33 (1980), 230
511 Enari, T. M., Puputti, E., Mikola, J., EBC Proceedings, 1963, 39
512 Enari, T. M., Mikola, J., EBC Proceedings, 1967, 9
513 Enari, T. M., EBC-Monograph VI, Symposium on the Relationstrip between Malt and Beer 1980, 88
514 Narziß, L., Lintz, B., Brauwiss. 28 (1975), 253
515 Mikola, J., Abhandlungen d. Akademie d. Wissenschaften der DDR, Abt. Mathematik, Naturwissenschaften und Technik 1981
516 Heijgaard, J., Bog Hansen, T. C., J. Inst. Brew. 80 (1974), 436
517 Sopanen, T., Mikola, J., Plant Physiology 55 (1975), 807
518 Sopanen, T., Plant Physiology 57 (1976), 867
519 Visui, K., Mikola, J., Enari, T. M., Europ., Journ. Biochemistry 7 (1969), 193
520 Mikola, J., Pietilä, K., Enari, T. M., EBC Proceedings, 1971, 21
521 Sopanen, T., Takkinen, P., Mikola, J., Enari, T. M., J. Inst. Brew. 86 (1980)
522 Narziß, L., Miedaner, H., Eßlinger, M., EBC-Monograph VII, Flavour-Symposium 1981, 157
523 Mändl, B., Wagner, D., Brauwiss. 31 (1978), 213
524 Narziß, L., Reicheneder, E., Rusitzka, P., Stippler, K., Brauwelt 115 (1975), 901

525 Narziß, L., Reicheneder, E., Barth, D., Brauwiss. 35 (1982), 213
526 Narziß, L., Röttger, W., Brauwiss. 26 (1973), 261
527 Narziß, L., Röttger, W., Brauwiss. 26 (1973), 325
528 Kunz, A., Dissertation, TU München 1982
529 Narziß, L., Gromus, J., Brauwiss. 35 (1982), 29
530 Narziß, L., Brauwelt 109 (1969), 33
531 Vermeire, H. A., EBC Proceedings, 1981, 81
532 Van Waesberghe, J. V. M., Brauwelt 120 (1980), 726
533 Bradford, M. M., Anal Biochem, (1976), 72, 248–254
534 Voigt, J. C., Dissertation, TU München (1992)
535 Slade, B. T., Bauforth, C. W., J. Inst. Brew. (193), 89, 397
536 Jogasuria, P., Diplomarbeit (1987), TU München
537 Einsiedler, F., Schwill-Miedaner, A., Sommer, K., Mschr. Br. Wiss. 50 (1997), 164–171
538 Scherrer, A., Pfenniger, H. B., EBC-Proceedings 1993, 13
539 Kolbach, P., Wo. f. Br. 53 (1936), 310, 58 (1941), 249
540 Jones, M., Pierce, J. C., EBC Proceedings, 1963, 101
541 Kolbach, P., Buse, R., Wo. f. Br. 50 (1933), 265
542 Kolbach, P., Mschr. f. Br. 3 (1949)
543 Narziß, L., Röttger, W., Brauwiss. 26 (1973), 173
544 Papp, A., Dissertation, WZW-TU München (2000), 12
545 Kakui, Y., Ishibashi, Y., Kunishige, A., Isoe, Nakatani, K., J ASBC (1999), 57, 151–154
546 Narziß, L., Reicheneder, E., Barth, D., Brauwiss. 35 (1982), 275
547 Narziß, L., Kieninger, H., Brauwelt 113 (1973), 70
548 Morimoto, K., Kataoka, J., Rep. Res. Lab. Kinn Brew. Co. Ltd. 13 (1970), 43
549 Robbins, G. S., Farley, M., Burkhardt, B. A., ASBC Proc. Congr. 1963, 124
550 Burger, W. C., Schroeder, R. L., ASBC Proc. Congr. 1976

551 Windisch, W., in: Illustriertes Brauereilexikon, Paul Parey, Berlin 1925, Bd. II, 162
552 Miedaner, H., Kunz, A., Narziß, L., EBC Proceedings, 1979, 725
553 Drost, B. W., Aalberts, V. J., Pesman, L., EBC-Monograph VI, Symposium on the Relationstrip between Malt and Beer 1980, 224
554 Narziß, L., Reicheneder, E., Schöndorfer, H., EBC Proceedings, 1979, 677
555 Bathgate, G. N., Dalgliesh, C. E., ASBC-Proc. 33 (1975), 32
556 Forrest, l. S., Wainright, T., EBC Proceedings, 1977, 401
557 Fuji, T., Horie, Rept. Res. Lab. Kirin Brewery Co. Ltd. 13 (1970), 37
558 Pomeranz, Y (1978), Am. Ass. of Cereal Chemistry, St, Paul Minnesota, USA, Bd. 8
559 Nitzsche, W. F (1992)., Dissertation, TU München
560 Preece, J. A., EBC Proceedings, 1951, 213
561 Letters, R., EBC Proceedings (1985), 395
562 Wagner, N., (1990), Dissertation, TU Berlin, FB 13
563 Wagner, N., Brauwelt (1991), 131, 426
564 Eiselt, C., EBC Proceedings (1995), 609
565 Schwill-Miedaner, Habilitationsschrift, WZW-TUM 2001, 48
566 Kreisz, S., Dissertation, WZW-TU München 2003
567 Bourne, D. T., Pierce, J. S., J. Inst. Brew. 76 (1970), 328
568 Manners, D. J., Wilson, G., Carbohydrate Re-search 48 (1976), 2551
569 Bamforth, C. W., Martin, H. L., Wainwright, T., J. Inst. Brew. 85 (1979), 334
570 Martin, H. L., Bamforth, C. W., J. Inst. Brew. 86 (1980), 216
571 Ballance, G. M., Meredith, W. O. S., J. Inst. Brew. 82 (1976), 64
572 Narziß, L., Litzenburger, K., Brauwiss. 30 (1977), 330
573 Narziß, L., Litzenburger K., Brauwiss. 30 (1977), 264
574 Narziß, L., Litzenburger, K., Brauwiss. 30 (1977), 314
575 Fincher, G. B., Stone, B. A.(1993), in: MacGregor, A. W., Bhatty, R. S., Barley, Chemistry and Technology, Am. Soc. of Cerial Chemistry, Kapitel 6
576 Bamforth, C. W., Moore, J., Mc Killop, D., Williamson, G., Kroon, P. A., EBC Proceedings 1997, 75
577 Schuster, K., Narziß, L., Kumada, J., Brauwiss. 20 (1967), 185
578 Erdal, K., Gjertsen, P., EBC Proceedings, 1967, 295
579 Narziß, L., EBC-Monograph VI Symposium on the Relationship between Malt and Beer 1980, 99
580 Schuster, K., Narziß, L., Kumada, J., Brauwiss. 20 (1967), 280
581 Zürcher, C., Kursawe, R., EBC Proceedings, 1973, 445
582 Fulcher, R. G., O'Brien, T. P., Lee, J. W., Aust, J. Bio. Sc. (1972), 25, 23
583 Wackerbauer, K., Krämer, P., Brauwelt (1982), 122, 714–718
584 Wackerbauer, K., Krämer, P., Brauwelt (1982), 122, 758–762
585 Hecht, S. (1983), Dissertation, TU München
586 Kolbach, P., Leipner, W., Mschr. f. Br. 25 (1972), 25
587 Narziß, L., Gromus, J., Brauwiss. 34 (1981), 138
588 Narziß, L., Sekin, Y., Brauwiss. 27 (1974), 320
589 Sommer, D. (1989), Diplomarbeit, TU München-Weihenstephan
590 Forch, M., Runkel, U.-D., EBC-Monograph I, Won Symposium 1974, 258
591 Kettner, M., Dissertation, TU München-Weihenstephan 1994
592 Narziß, L., Sekin, Y., Brauwiss. 27 (1974), 311
593 Forster, C. (1996), Dissertation, TU München-Weihenstephan
594 Krauß, G., Zürcher, C., Holstein, H., Mschr. f. Br. 25 (1972), 113
595 Kretschmer, H. (1996), Dissertation, TU München-Weihenstephan
596 Bamforth, W. C., Brewers' Guardian (2000), Heft 4, 31–34
597 Schwarz, P. B., Stanley, P., Solberg, S., J. ASBC (2002), 60, Nr. 3, 107–109
598 Acker, L., Müller, K., Brauwiss. 17 (1964), 369
599 Drews, B., Just, F., Drews, H., Mschr. f. Br. 11 (1958), 169
600 Young, G., Schwarz, P. B., J. ASBC (1995), 53, Nr, 2, 45–49
601 Meyna, S., Dissertation, TU Berlin, Fakultät III, 2005

602 Yabuuchi, S., Agr. Biol. Chem. (1976), 40, 1987–1992
603 Doderer, A., Kokkelink, I., Van der Veen, S., Valk, B., Douma, A., (1991), EBC Proceedings (1991)
604 Hugues, M., Boivin, P., Gauillard, F., Nicolas, J., (1994), Journal of Food Science 59, 885–889
605 Schütz, M., Back, W., Mschr. Brauwiss. 58 (2005), Heft 2, 5–10
606 Möller-Hergt, C. (1999), Dissertation, TU Berlin FB15
607 Lustig, S. (1994), Dissertation, TU München-Weihenstephan
608 Takahashi, Y (1996), Dissertation, TU München-Weihenstephan
609 Krüger, E., Strobl, M. (1990), Dissertation, TU Berlin FB13
610 Narziß, L., Back, W., Miedaner, H., Takahashi, Y., Mschr. Brauwiss. 53 (2000), 204–216
611 Drost, B.W., Van den Berg, R., Freijes F.J.M., Van der Felde, E.G., Bollemanns, M. (1990), J ASBC 48, Nr. 4, 124–131
612 Wackerbauer, K., Meyna, S., Pahl, R. (2004), Brauwelt International 22, Nr. 3, 159–163
613 Fournier, R., Dumoulin, M., Barin, P. (2001), EBC Proceedings, 540–546
614 Inui, T., Tada, N., Kagayama, N., Takaoka, S., Kawasaki, Y. (2004), Brauwelt 144, 1488–1499
615 Wackerbauer, K., Bender, G., Poloczek, K., Mschr. f. Brauwiss. 36 (1983), 18
616 Krauß, G., Forch, M., Holstein H., Mschr. f. Br. 28 (1975), 229
617 Delizee, P., Devreux, A., Castiau, M., Bull. Ind. Fenn 34 (1961), Nr. 6, 5
618 Stadler, H., Zeller, F., Brauwelt 92 (1952), 289
619 Arkima, V., EBC Proceedings, 1969, 507
620 Äyräpää, T., Holmberg, J., Sellmann-Persson, G., EBC Proceedings, 1961, 286
621 Forch, M., Dissertation, TU Berlin 1973, D 83 Nr, 13/ FB15
622 Chapon, L., Chemardin, M., ASBC-Proc. 1964, 244
623 Jerumanis, J., Brauwiss. 25 (1972), 313
624 Sekin, Y., Habilitationsschrift Univ. Izmir 1979

625 Chollot B., Blondot P., Demie B., Won E., EBC Proceedings 1969, 433
626 Jerumanis, J., Bull. Anc. Etud. Brass. Univ. Louvain 65 (1969), 169
627 Harns, G., Ricketts, R.W., J. Inst. Brew. 65 (1959), 331
628 Chapon, L., Chapon, S., Chemardin, M., Kretschmer, K.F., EBC Proceedings, 1969, 173
629 Moll, M., Vin That, A., Schmitt, A., Panso, M., ASBC-Journ, (1976), 187
630 Jerumanis, J., EBC Proceedings, 1979, 309
631 Kusche, M (2005), Dissertation, WZW-TU München
632 McMurrough, J., Delcour, J.A., (1987), Ferment, 175–187
633 Bellmer, H.G., Galensa, R., Gromus, J., (1995), Brauwelt 135, 1372–1379, 1479–1496
634 Gromus, J., Lustig, S., (1999), Brauwelt 139, 2028
635 Narziß, L., Sekin, Y., Brauwiss. 27 (1974), 121
636 Narziß, L., Sekin, Y., Brauwiss. 27 (1974), 155
637 Narziß, L., Sekin, Y., Brauwiss. 27 (1974), 277
638 Narziß, L., Bellmer, H.G., Brauwiss. 29 (1976), 64
639 Narziß, L., Bellmer, H.G., Brauwiss. 29 (1976), 144
640 Narziß, L., Kessler, H., Brauwiss. 23 (1970), 426
641 Narziß, L., Reicheneder, E., Schrenker, J., Brauwiss. 34 (1981), 229
642 Bauer, W., Diplomarbeit, TU München 1982
643 Bamforth, C.W., Clarkson, S.P., Large, P.J., EBC Proceedings, 1991, 617–624
644 White, J., Mums, D.J., J. Inst. Brew. 57 (1951), 175
645 Van Engel, E.L., ASBC-Proc. 26 (1969), 25
646 Visury, K., Kirshop, B.W., J. Inst. Brew. 76 (1970), 362
647 Wallenfels, K., Sund, H., Biochem. Ztschr. 329 (1957), 17
648 Donhauser, S., Brauwelt 121 (1981), 816
649 Mändl, B., Brauwelt 116 (1976), 637
650 Donhauser, S., Schauberger, W., Geiger, E., Brauwelt 123 (1983), 516

651 Mändl, B., Brauwelt 115 (1975), 1565
652 Lie, S., Haukeli, A. D., Jacobson, T., EBC Proceedings, 1975, 601
653 Jacobson, T., Lie, S., EBC Proceedings1979, 117
654 Lie, S., Grindern, T., Jacobson, T., EBC Proceedings, 1977, 235
655 Van Waesberghe, J.W.M., MBAA Techn. Quart. 17 (1980), 198
656 Narziß, L., Reicheneder, E., Lustig, St., Brauwelt 129 (1989), 302, 503
657 Jakob, G., Tagesztg. f. Brau. 28 (1930), 271
658 Methner, F.-J., Schneidt, R., Nütter, C., (2007), Brauwelt 147 1132–1134
659 Schneidt, R. (2006), Dokumentation Steinecker Jahresrunde
660 Schneidt, R. (2008), Brauerei-Forum 23, 14
661 Schöffel, F., Brauwiss. 31 (1978), 4
662 Binkert, J., Haertl, D., Lindner, M., Brauwelt 145 (2005), 1164
663 Pensel, S., Brauwelt 114 (1974), 3
664 Narziß, L., Kessler, H., Brauwiss. 23 (1970), 467
665 Narziß, L., Heißinger, H., Brauwiss. 23 (1970), 442
666 Litzenburger, K., Brauwelt (1996), 606, 1611
667 Jalowetz, E., Pilsener Bier, Inst. f. Gärungsgewerbe Wien 1929
668 Brischke, G.W., Betriebsstörungen bei der Bierbereitung Oldenbourg München 1939, 3
669 De Clerck, J., Lehrbuch der Brauerei, VLB Berlin 1964, 402
670 Hug, H., Pfenninger, H. B., EBC Proceedings, 1979, 355
671 Sommer, J., Schulze, D., Solkowski, J., Jahrbuch d, VLB 1976, 149
672 Narziß, L., Reicheneder, E., Ngo-Da, Ph., Brauwelt 121 (1981), 768
673 Jones, M., EBC-Monograph I, Wort Symposium 1974,90
674 Hudson, J., EBC Proceedings, 1973, 157
675 Narziß, L., Brauwelt 132 (1992), 1072–1091
676 Brewing with Novo Nordisk Enzymes (1990)
677 Pfenninger, H., Schweizer Brauerei-Rundschau 85 (1974), 216–217
678 Zarnkow, M., Arendt, E. K., Back, W., Burberg, F., Gastl, M., Herrmann, M., Kessler, M., Kreisz, S., *Cerevisia* 32 (2007), Nr. 2, 110–119
679 Le Corvaisier, H., Bull. Anc. Et. Brass. Louvain 34 (1934), 3
680 Keßler, M., Zarnkow, M., Kreisz, S., Back, W. (2005), Nr. 9/10, 82–88
681 Meilgaard, M. C., Technical Quarterly 13 (1976), Nr. 2, 78–90
682 Müller, K.-P., Diplomarbeit, Technische Universität München 2005
683 Kunze, W., Technol, Brauer u, Mälzer, VEB Fachbuchverlag, Leipzig 1979, 220
684 Back, W. (Hrsg), (2008), Ausgewählte Kapitel der Brauereitechnologie, 2. Aufl. Fachverlag Hans Carl, Nürnberg, 343–371
685 Mai, S., Technologische Unterscheidungsmerkmale internationaler, traditioneller Biersorten. Freising, TU München Weihenstephan, Department für Lebensmittel und Ernährung Lehrstuhl für Technologie der Brauerei I, Diplomarbeit 2005
686 Boisen, S., Duldulao, J. B. A., Mendoza, E. M. T., Juliano, B. O., Journal of Cereal Science 33 (2001), 183–191
687 Lásztity, R., The Chemistry of Cereal Proteins. Boca Raton: CRC Press, 1984
688 Mounts, T. L., Anderson, R. A. in: Barnes, P. J., Lipids in Cereal Technology. New York: Academic Press, 1983, 373–387
689 Agu, R. C., Journal of the Institute of Brewing 108 (2002), Nr. 1, 19–22
690 Tegge, G., Stärke und Stärkederivate. 3. vollständig überarbeitete Auflage Hamburg: B. Behr's Verlag GmbH & Co. KG, 2004
691 Braun, F., Mälzungs- und Maischversuche zu Möglichkeiten der technologischen Einflußnahme auf ungünstige Fließeigenschaften bei Roggenmalzwürzen unter besonderer Berücksichtigung des Reinheitsgebotes, Lehrstuhl für Technologie der Brauerei I, Technische Universität München, Freising, Diplomarbeit 1998
692 Canales, A. M., Sierra, J. A., Use of Sorghum. In: Technical Quarterly 13 (1976), Nr. 2, 114–116
693 Figueroa, J. D. C., Martinez, B. F., Rios, E., Journal of the American Society of Brewing Chemists 53 (1995), Nr. 1, 5–9

694 O'Rourke, T. (1999), Brewers' Guardian 128, Nr. 3, 32–36
695 Bjerl-Nielsen, E., EBC Proceedings, 1971, 149
696 Pfenninger, H. B., Schur, F., Wieg, A. J., EBC Proceedings, 1971,171
697 Enari, T. M., Mikola, J., Linko, M., J. Inst. Brew. 70 (1964), 405
698 Mikola, J., Enari, T. M., J. Inst. Brew. 76 (1970), 182
699 Back, W. (Hrsg), (2005), Ausgewählte Kapitel der Brauereitechnologie, Fachverlag Hans Carl, Nürnberg, 64
700 Schur, F., Brauwelt 120 (1980), 758
701 Narziß, L., Brauwelt 119 (1979), 637
702 De Clerck, J., Lehrbuch d. Brauerei, VLB Berlin 1964, 408
703 Kaiser, A., Brauwelt 105 (1965), 1485
704 Narziß, L., Brauwelt 110 (1970), 1914
705 Narziß, L., Brauwelt 111 (1971), 47
706 Narziß, L., Brauwelt 114 (1974), 1895, 1934
707 Kretschmer, K. F., Brauwelt 115 (1975), 1049, 1111, 1225
708 Forster, C. (1996), Dissertation, TU München-Weihenstephan, 1996
709 Preuss, T. (2001), Dissertation, TU München-Weihenstephan
710 Narziß, L., Brauwelt 124 (1984), 1050
711 Kieninger, H., Brauwelt 118 (1978), 1895, 1922
712 Schmidt, G., Brauwelt 118 (1978), 580
713 Schmidt, G., Brauwelt 120 (1980), 638
714 Narziß, L., Abriss der Bierbrauerei (2004), Wiley-VCH Weinheim, 339
715 Huige, N., Westermann, D. H., MBAA Techn. Quart. 12 (1975), I
716 Salzgeber, G., Brauwelt 116 (1976), 1368
717 Jakob, G., Wo. f. Br. 46 (1929), 427, 440, 449
718 Emslander, F., Der deutsche Bierbrauer (1900), 330
719 Herrmann, H., Kantelberg, B., Lenz, B., Brauwelt 129 (1989), 1542
720 Miedaner, H., Brauwelt 142 (2002), 1094–1098
721 Kühtreiber, F., Brauwelt 130 (1990), 588
722 Schmatz, F., Allg. Brauer- und Hopfenzeitung 81 (1941), Nr. 6/7
723 Kühtreiber, F., Brauwelt 146 (2006), 656
724 Wolfseder, A., Brauwelt 129 (1989), 1180
725 Wolfseder, A., Brauwelt 144 (2004), 1288
726 Kolbach, P., Wilharm, G., Wo. f. Br. 57 (1940), 209
727 Schaus, O. MBAA Techn. Quart. 9 (1972), 192
728 Jäger, P., Damköhler, G., Winzig, K., Püspök, J., Mitt. Vers. Stat. f. Gärungsgewerbe Wien 31, Nr. 5/6, (1977), 52
729 Flambert, C. M. F., Van der Beken, R., Huygens, R., Petit Journ. Brass. 84 (1976), 182
730 Barrett, J., Bathgate, G. N., Clapperton, J. F., J. Inst. Brew. 81 (1975), 31
731 Narziß, L., Reicheneder, E., Daams, R., Brauwelt 119 (1979), 1009
732 Narziß, L., Der Weihenstephaner 45 (1977), 70
733 Jakob, G., Jahrb. ds. Verb. Ehemal. W'stephaner 1909, 37
734 MEBAK „Abläutern"
735 Brötz, W., Schönbucher, A., Technische Chemie I – Grundverfahren, Verlag Chemie, Weinheim 1982
736 Schild, E., Wo. f. Br. 53 (1936), 345
737 Schuster, K., Raab, H., Brauwiss. 14 (1961), 246,306
738 Indekeu, J., Diss., TU München 1961, Ref., Brauwiss. 17 (1964), 70
739 Latimer, R. A., Winchel, R. W., Proc. Inst. Brew. Austral. Sect. 1970, 87
740 Prechtl, C., MBAA Techn. Quart. 4 (1967), 98
741 Narziß, L., Brauwelt 122 (1982), 1030
742 Sachs, M., Gattermeyer, P., Brauwelt 146 (2006), 842–845
743 Narziß, L., Reicheneder, E., Würzinger, D., Brauwiss. 22 (1979), 309
744 Narziß, L., Würzinger, D., Brauwiss. 33 (1980), 11
745 Desrone, T., Ramirez, A., Durand, A., Bios-Brass.-Malterie 12 (1981), Nr. 4, 21
746 Narziß, L., Weigt K., Brauwelt 120 (1980), 409
747 Narziß, L., Krüger, R., Kraus, T., EBC Proceedings, 1981, 137
748 Kühbeck, F., Back, W., Krottenthaler, M., Kurz, T. (2007), J. Am. Institute of Chemical Engineers VS3, 1373–1388
749 Klopper, W. K., Tuning, B., Vermeire, H. A., EBC Proceedings, 1975, 659
750 Schuster, I., Diss., TU München 1984
751 Hoekstra, S. F., EBC Proceedings, 1975, 465

752 Drost, B. W., Van Eerde, P., Hoekstra, S. F., Strating, J., EBC Proceedings, 1971, 451
753 Steiner, K., Schweiz. Br. Rdsch.. 94 (1983), 289
754 Zangrando, T., Mitt. Vers. Stat. f. Gärungsgew. Wien 32 (1978), 101
755 Nielsen, H., MBAA Techn. Quart. 10 (1973), 11
756 Schur, F., Pfenninger, H. B., EBC Proceedings, 1979, 105
757 Kühbeck, F., Schütz, M., Thiele, F., Krottenthaler, M., Back, W. (2006), J. ASBC 64(1), 16–28
758 Schwill-Miedaner, A., Miedaner, H., König, W., Flocke R., Brauwelt 137 (1997), 1700–1703
759 Kühbeck, F., Dickel, T., Krottenthaler, M., Back, W., Mitzscherling, M., Delgado, A., Becker, T., J. Inst. Brew. 11 (2005), 316–327
760 Fehrmann, K., Sonntag, M., Mechan. Technologie d. Brauerei., P. Parey, Berlin-Hamburg 1962, 217
761 Bayerlein, W. U., Hertrich, J. D., Lloyd, M., MBAA Techn. Quart. 17 (1980), 130
762 Hansel, K., Schmitt, K., Seemann, F., Lebensrnittel-Industrie 14 (1967), 100
763 Reif. F., MBAA Techn. Quart. (1962), 48
764 Kieninger, H., Brauwelt 115 (1975), 305, 384
765 Cauwe, V., van Waesberghe, J., MBAA Techn. Quart. 16 (1979), 142
766 Graveland, J., J. Sei. Food Agric. 30 (1977), 71
767 Lulai, E., Baker, C. W., Cereal Chemistry 53 (1976), 777
768 Baxter, E. D., J. Inst. Brew. 88 (1982), 390
769 Menger, H. J., Brauindustrie 2004, Nr. 10
770 Menger, H. J., Technical Quarterly (2006), 43, Nr. 1
771 Brandstetter, J., Diplomarbeit TU München 1991
772 Wackerbauer, K., Mschr. f. Br. 23 (1970), 279
773 Schmied, O., Wagner, U., Blümel, J., Mitt. Vers, Stat, f. Gärungsgewerbe Wien 28 (1974), 82
774 Narziß, L., Brauwelt 111 (1971), 1195, 1214
775 Dummen, G. A., Brewer's Guardian 88 (1959), 17, Ref. Brauwiss. 13 (1960), 198
776 Kleber, W., Brauwelt 102 (1962), 1117
777 Harsanyi, E., Brauwelt 108 (1968), 842
778 Sandegren, E., Brauwelt 104 (1964), 1504
779 Schöffel, F., Deublein, D., Brauwiss. 33 (1980), 263, 304
780 Deublein, D., Schöffel, F., Brauwelt 120 (1980), 1450, 1541
781 Narziß, L., Forster, A., Brauwelt 113 (1973), 1526
782 Richter, K., Sommer, K. (1993), EBC Proceedings, 173
783 Bühler T., Burell, K., Eggars, H. U., (1993), EBC Proceedings, 691–700
784 Bühler T. M., (1996), University Loughborough, Doctoral Thesis
785 Daoud, I., (1985), Brewing and Distilling Internatioanal 5, Nr. 23, 31–32
786 Daoud, I., Bailey, T. P. (1995), Engineers, T. I. O. C., Rugby, UK, 145–157
787 Lotz, M. (1997), Dissertation, TU München-Weihenstephan
788 Lotz, M., Schneider, J., Weisser, H., Krottenthaler, M., Back, W. (1997), EBC Proceedings, 299–305
789 Schneider, J. (2001), Dissertation, WZW-TU München
790 Schneider, J., Krottenthaler, M., Back, W., Weisser, H. (2001), EBC Proceedings, 217–225
791 Schneider, J., Krottenthaler, M., Back, W., Weisser, H. (2005), Journal of The Institute of Brewing 111, Nr. 4, 380–387
792 Narziß, L., Bellmer H. G., Brauwiss. 29 (1976), 233–241
793 Hudson, J. R., Rennie, H., MBAA Techn. Quart. 8 (1971), 173
794 De Clerck, J., Brudzynski, A., Bull. Anc. Et. Brasserie Louvain 55 (1959), 157
795 Witt, R., Ohle, R., ASBC-Proc. Congr. 1950, 37
796 Just, F., Bogs, B., Drews, B., EBC Proceedings, 1959, 358
797 Mezger, R., Krottenthaler, M., Back, W., Brauwelt 143 (2003), 93
798 Narziß, L., Miedaner, H., Kattein, U., Schwill, A., Hofmann, W., Kain, F., Schropp, H. P., Brauwelt 122 (1982), 118, 594

799 Baars, A. Dissertation, WZW-TU München 2005
800 Parker, A. J., Brewer's Guardian 101 (1972), Nr, 10, 21
801 Denk, V., Kittner, R., Schleip, H., Stern, R., Brauwiss. 33 (1980), 221
802 Narziß L., Brauwelt 120 (1980), 955
803 Narziß, L., Scheller, L., Brauwiss. 38 (1985), 248
804 Schuster, K., Eiber, P., Brauwiss. 11 (1958), 174, 205
805 Narziß, L., Brauwelt 114 (1974), 1763, 1793
806 Sommer, G., Schilfarth, H., EBC Proceedings, 1975, 214
807 Überle, D. C., Brauwelt 121 (1981), 594
808 Stippler, K., Brauwelt 121 (1981), 49
809 Lange, P., Brauindustrie 67 (1982), 268
810 Julin, S., Berger, H., Brauwelt 119 (1979), 492
811 Hampton, N., Brew. & Dist. Intern. 9, Nr. 3 (1979), 49
812 Petersen, H., Mschr. f. Br. 29 (1976), 356
813 Narziß, L., Reicheneder, E., Kuhröber, B., J., Brauwelt 110(1970), 1357
814 Narziß, L., Reicheneder, E., Pichlmaier, K., Brauwelt 111 (1971), l 544
815 Lehnartz, E., Einführung in die ehem. Physiologie, Springer, Berlin 1959, 82
816 Karlson, P., Biochemie, Thieme, Stuttgart 1980, 48
817 Sandegren, E., EBC Proceedings, 1947, 28
818 Biserte, G., Scriban, R., EBC Proceedings, 1953, 48
819 Waldschmidt-Leilz, E., Kloos, G., Hoppe-Seyler's Z. f. physiolog. Chemie 88 (1959), 316
820 Kühbeck, F., Back, W., Krottenthaler, M. (2007), Am. Institute of Chemical Engineers 53, 1376–1386
821 Sawyer, H. W., Dairy Science 51 (1968), 323
822 Lyster, R. L. J., J. Dairy Res. 37 (1970), 233
823 Watanabe, K., Klostermeyer H., J. Dairy Res. 43(1976) 411
824 Narziß, L., Biermann, U., Mschr. Brauwiss. 42 (1989), 369–378
825 Asano, K., Hashimoto N., Rept. Res. Lab. Kinn Brewery Co. 19 (1976), 9
826 Parker, T. G., Hörne, D. S., Dalgleish, D. G., I. Dairy Res, 46 (1979), 377
827 Hartong, B. D., Wo. f. Br. 46 (1929), 543
828 Narziß, L., Reicheneder, E., Bauer, K., Brauwelt 108 (1968), 921
829 Ledward, D. A, in: Priestley R. J., Effects of Heating on Foodstuffs London 1979, 1–34
830 Windisch, W., Kolbach, P., Wentzell, E., Wo. f. Br. 42 (1925), 313
831 Kolbach, P., Kremkow, C., Mschr. f. Br. 21 (1968), 257
832 Narziß, L., Abriss der Bierbrauerei, 7. Aufl., VCH Weinheim 161 (2004), 408
833 Wackerbauer, K., EBC Proceedings, 1981, 169
834 Jakob, G., Allg. Brauer- u. Hopfenzeitg. 75 (1935), 128
835 Brischke, G. A., Betriebsstörungen bei der Bierbereitung, R. Oldenbourg, München 1939, 139
836 Hofmann, W., Diplomarbeit, TU München 1981
837 Narziß, L., Symposium on Wort Production, EBC Monograph XI, 1986, 98–109
838 Narziß, L., Gromus, J., Brauwiss. 35 (1982), 29
839 MacFarlane, W. D., Wye, E., EBC Proceedings, 1957, 299
840 Rabek, G., Diplomarbeit, TU München 1983
841 Hough, J. S., Briggs, D. E., Stevens, R., Malting and Brewing Science, Chapman & Hall, London 1971, 394
842 Verzele, M., Brewing Science, Academic Press, London 1979, 318
843 Windisch, W., Kolbach, P., Schleicher, R., Wo. f. Br. 44 (1927), 453
844 Verzele, M., Govaert, F., Congr. Inst. Ind. Ferm. Conf. Commun. 1947, 297
845 Spetsig, L., Acta Chemica Scandinavia 12 (1958), 592
846 Verzele, M., Anteunis, M., Alderweireldt, F., J. Inst. Brew. 71 (1965), 232
847 Alderweireldt, F., Verzele, M., Anteunis, M., Dierckens, J., Bull. Soc. Chim. Beiges 74 (1965), 29
848 Pawlowski-Schild, E., Die brautechnischen Untersuchungsmethoden Hans Carl, Nürnberg 1961, 362
849 Verzele, M., Jansen, H., Ferdinandus, A., I. Inst. Brew. 76 (1970), 25

850 Anteunis, M., Verzele, M., Bull. Soc. Chim. Beiges 68 (1959), 102, 476
851 Maes, L., Anteunis, M., Verzele, M., Bull, Soc, Chim, Beiges 79 (1970), 103
852 Schur, F., EBC-Workshop „Hops" 1978, durch Hudson, J., EBC Proceedings, 1979, 405
853 De Potter et al., durch Verzele, M., Brew, Science Academic Press, London 1979, 304
854 Pfenninger, H. B., Schur, F., Anderegg, P., Brewing Science, Academic Press, London 1979, 455
855 Scheller, L., Dissertation, TU München 1984
856 Krauß, G., Mschr. f. Br. 25 (1971), 304
857 Back, W. (Hrsg), (2008), Ausgewählte Kapitel der Brauereitechnologie, 2. Aufl., Fachverlag Hans Carl, Nürnberg, 544
858 Kokuho, E., Kuroiwa, Y., Oda, K., ASBC-Proc. 1968, 94
859 Kühbeck, F., Back, W., Krottenthaler, M. (2007), Am. Institute of Chemical Engineers 53, 1376–1386
860 Kaltner, D., Mitter, W., EBC Symposium Drinkability 2006
861 Walter, E., Gruß, R., Brauwiss. 22 (1969), 225
862 Narziß, L., Biermann, U., Mschr. Brauwiss. 41 (1988), 196–204
863 Verzele, M., EBC Proceedings, 1965, 400
864 Kaltner, D., Mitter, W., Binkert, J., Preis, F., Zimmermann, R., Biendl, M., Brauwelt 144 (2004), 1562–1567
865 Mitter, W., Kaltner, D., Lambertsen, T., Brauwelt 147 (2007), 316–320
866 Narziß, L., Reicheneder, E., Hamacher, H., Brauwelt 109 (1969), 366
867 Narziß, L., Reicheneder, E., Hamacher, H., Brauwelt 109 (1969), 773
868 Scherrer, A., Pfenninger, H. B., EBC Proceedings, 1973, 13
869 Kolbach, P., Mschr. f. Br. 7 (1954), 15
870 McMurrough, I., EBC Proceedings, 1979, 321
871 Narziß, L., Reicheneder, E., Bauer, K., Brauwelt 108 (1968), 921
872 Stadier, H., Reidt, H., Wo. f. Br. 49 (1932), 337
873 Hautke, P., Brauwelt 114 (1974), 1322, 1434
874 Vancraenenbroeck, R., EBC-Monograph I Wort Symposium 1974, 323
875 Narziß, L., Reicheneder, E., Bauer, K., Brauwelt 108 (1968), 1057
876 Wunderlich, S., Dissertation, WZW-TU München 2009
877 Wunderlich, S. (2005), Nutr. Food Res., 49
878 Walker, C., Lense, C., Biendl, M., Brauwelt 143 (2003), 1709–1712
879 Gresser, A., Dissertation TU München 1985
880 Narziß, L., Miedaner, H., Gresser, A., Mschr. Brauwiss. 38 (1985), 448
881 Narziß, L., Miedaner, H., Schwill, A., Brauwiss. 35 (1982), 157
882 Panglisch P., Dissertation, TU München 1988
883 Kaltner, D., Thum, B., Forster, C., Back, W., Brauwelt 140 (2000), 704
884 Narziß, L., Miedaner, H., Panglisch P., Mschr. Brauwiss. 43 (1990), 168
885 Schild, E., Enders, C., Spiegl, A., Wo. f. Br. 53 (1936), 273
886 Narziß, L., Der Weihenstephaner 46 (1978), 269
887 Seaton, J. C., Forrest, I., S., Suggett, A., EBC Proceedings, 1981, 161
888 Narziß, L., Mück, E. (1986) Mschr. f. Brauwiss. 39, 216–221
889 Narziß, L., Brauwelt 121 (1981), 4
890 Kieninger, H., Der Weihenstephaner 46 (1978), 277
891 Heßberg, H., Tageszeitg. f. Br. 49 (1932), 9
892 Krauß, G., Sellge, W., Mschr. f. Br. 17 (1964), 138
893 Narziß, L., Reicheneder, E., Hunkel, L., Brauwelt 113 (1973), 516, 562, 758
894 Kneißl, A., Brauwelt 105 (1965), 985
895 Specht, W., Brauwelt 91 (1951), 200, 902
896 Kleber, W., Brauwelt 97 (1957), 1775
897 Kleber, W., Brauwelt 94 (1954), 1213, 1351
898 Govaert, F., Petit Journ. Brass. 1948, 679
899 Kolbach, P., EBC Proceedings, 1055, 736
900 Kleber, W., HartI, A., Brauwiss. 16 (1963), 261
901 EBC Manual of Good Practice Hops and Hop Products (1997), Hans Carl, Nürnberg, 82
902 Kolbach, P., Mschr. f. Br. 14 (1961), 61

903 Kolbach, P., Regener, E., Mschr. f. Br. 27 (1974), 1
904 Forster, A., Gahr, A., Ketterer, M., Beck, B., Massinger, S., Schmidt, R. (2003), EBC Proceedings
905 Schur, F., Pfenninger, H. B., Schweiz. Br. Rdsch. 85 (1974), 6
906 Narziß, L., Reicheneder, E., Kieninger, H., Brauwelt 112(1972)
907 Klopper, W. J., Vermeire, H., Brauwiss. 23 (1970), 329
908 Anderegg, P., Pfenninger, H. B., Schweiz. Br. Rdsch. 93 (1982), 109
909 Narziß, L., Reicheneder, E., Scheller, L., Kopp, R., Freudenstein, L., Brauwelt 123 (1983), 442
910 Jäger, P., Silberhumer, H., Mitt. d. Vers. Stat. f. d. Gärungsgew., Wien 37 (1983), 56
911 Narziß, L., Reicheneder, E., Ngo-Da, Ph., Brauwelt 121 (1981), 1785
912 Narziß, L., Reicheneder, E., Scheller, L., Kopp, R., Freudenstein, L., Brauwelt 123 (1983), 680
913 Clarke, B., J., EBC Workshop „Hops", Nutfield 1978 durch Hudson J. EBC Proceedings 1979 405
914 Hildebrand, R. P., Clarke, B. J., Lance, D. G., White, A., EBC Proceedings, 1973, 125
915 Schur, F., Schweiz. Br. Rdsch. 87 (1976), 19
916 Pfenninger, H. B., Schur, F., Bull, Anc, Et, Brass, Louvain 69 (1973), 113
917 Hanke, S., 40. Technologisches Seminar, Weihenstephan 2007
918 Narziß, L., Miedaner, H., Schneider, H. P., Monatsschrift f. Brauwiss. 44 (1991), 96
919 Narziß, L., Miedaner, H., Schneider, H. P., Monatsschrift f. Brauwiss. 44 (1991), 155
920 Narziß, L., Miedaner, H., Schneider, H. P., Monatsschrift f. Brauwiss. 44 (1991), 296
921 Anthon, F., Schweiz. Br. Rdsch. 87 (1976), 49
922 Narziß, L., Reicheneder, E., Forster, A., Brauwelt 113(1973), 1339
923 Schur, F., Pfenninger, H. B., Senn R., Brauwiss. 29 (1976), 368
924 Kopp, R., Diplomarbeit, TU München 1982
925 EBC Manual of Good Practice Hops and Hop Products, 82
926 Hertel, M., Dissertation, WZW-TU München 2005
927 Hertel, M., Tippmann, J., Sommer, K., Monatsschrift für Brauwissenschaft, 2006, 59(3/4), 45–55
928 Scheuren, H., Heinemann, S., Hertel, M., Voigt, J., Dauth, H., Sommer, K., Brauwelt 148 (2008), 381–384
929 Mezger, R., Dissertation, WZW-TU München 2005
930 Römpp, H. (1997), Chemielexikon, Thieme, Stuttgart
931 Tressl, R., Kossa, T., Renner, R., EBC Proceedings, 1975, 745
932 Kossa, R., Bahri, D., Tressl, R., Mschr. f. Br. 32 (1979), 249
933 Hodge, J. E., Z. Agric. Food Chem. I (1953), 928
934 Hodge, J. E., Miller, F. D., Fischer, B. E., Cereal Science Today 17 (1972), 34
935 Fora, S. in: Waller, G. R., Feather, M. S., The Maillard Reaction, Foods and Nutrition, American Chemical Society, Washington 1983,185
936 Tressl, R., in: Drawert, F., Geruchs- und Geschmacksstoffe, Hans Carl, Nürnberg 1978, 33
937 Greenhoff. K., Wheeler, R. E., EBC Proceedings, 1981, 405
938 Kossa, T., Dissertation, TU Berlin 1976
939 Tressl, R., Kossa, T., Renner, R., Mschr. f. Br. 27 (1974), 98
940 Tressl, R., Grünewald, K. G., Silwar, R., Helak, B., EBC Proceedings 1981, 391
941 Mulders, E. J., Z. Lebensmittel-Unters. u. Forschung 152 (1973), 193
942 Tressl, R., Renner, R., Kossa, T., Köppler, A., EBC Proceedings, 1977, 693
943 Wheeler, R. E., Pragnell, M. J., Pierce, J. S., EBC Proceedings, 1971, 423
944 Wackerbauer, K., Narziß, L., Brauwiss. 34 (1981), I
945 Krottenthaler, M., Zanker, G., Gaub, R., Back, W. (2003), EBC Proceedings, 28/21–28/11
946 Dietschmann, J. E., Dissertation, TU München-Weihenstephan 1989
947 Faist V., Lindenmeier, M., Geisler, C., Erbersdobler, H. F., Hofman, T. (2002), J. Agricultural and Food Chemistry 50, 602

948 Lindenmeier, M., Faist V., Hofman, T. (2002), J. Agricultural and Food Chemistry 50, 6997
949 Lindenmeier, M., Hofman, T. (2004), J. Agricultural and Food Chemistry 52, 350
950 Somoza V., Wenzel, E., Lindenmeier, M., Grothe, D., Erbersdobler, H. F., Hofman, T., J. Agricultural and Food Chemistry 53 (2005), 8176–8182
951 Spieleder, E., Dissertation, WZW-TU München 2006
952 Spieleder, E., Krottenthaler M., Back, W., Frank, O., Lenczyk, M., Hofmann, T., Monatsschrift der Brauwissenschaft (2006), 59, 105–112
953 Tressl, R., Mschr. f. Br. 32 (1979), 240
954 Hashimoto, N., Rep. of Res. Lab. Kirin Brewery & Co. Ltd. 15 (1972), 7
955 Hashimoto, N., Koike, K., Rep. of Res. Lab. Kirin Brewery & Co. Ltd., 14 (1971), 1
956 Narziß, L., Gromus, J., Brauwiss. 34 (1981), 273
957 Gramshaw, J. W., MBAA Techn. Quart. 6 (1969), 239
958 Narziß, L., Brauwelt 114 (1974), 355
959 Thalacker, R., Birkenstock, B., Brauwiss. 35 (1982), 133
960 McDougall, J., Shada, J. D., Dakin, P. E., ASBC-Proc. 1963, 48
961 Kieninger, H., Bikova, V., Brauwelt 115 (1975), 1250
962 Wackerbauer, K., Krämer, P., Methmer, F. J., Marx, U., Mschr. f. Brauwiss. 36 (1983), 439
963 Wasmuth, K., Stippler, K., Brauwelt 140 (2000), 513–516
964 Narziß, L., Miedaner, H., Schwill, A., Mschr. f. Brauwiss. 36 (1983), 424
965 Kessler, H. G., Lebensmittelverfahrenstechnik – Schwerpunkt Molkereitechnologie, Verlag A.-A. Kessler, Freising 1976, 135
966 Narziß, L., Brauwelt 122 (1982), 2292
967 De Clerck, J., Van Cauvenberghe, H., Bull. Anc. Et. Brasserie Louvain 52 (1956), 61, 125
968 Devreux, A., Blockmann, C., van der Meersche, J., EBC Monograph VII, Flavour Symposium 1981, 191–201
969 Nakamura, T., Franz, O., Back, W. (2001), EBC Proceedings, 612–620
970 Rothe, M., Wohn, G., Tanger, L., Siebert, H. J., Nahrung 16 (1972), 423
971 Kobayasi, N., Fujimaki, M., Agr. Biol. Chem, 29 (1965), 698
972 Grigsby, J. H., Palamand, S. R., ASBC-Proc. 34 (1976)
973 Meilgaard, M. C., in Drawert F., Geruchs- und Geschmacksstoffe, Hans Carl, Nürnberg 1975, 211
974 Niefind, H. J., Späth, G., EBC Proceedings, 1975, 97
975 Parssons, R., Wainwright, T., White, F. H., EBC Proceedings, 1977, 115
976 Nakajima, S., Narziß, L., Brauwiss. 31 (1978), 145
977 Narziß, L., Miedaner, H., Bourjau, T., Brauwiss. 32 (1979), 62
978 Anderson, R. J., Clapperton, J. F., Crabb, D., Huihon, J. R., J. Inst. Brew. 81 (1975), 208
979 Wackerbauer, K., Balzer, U., Ohkocki, M. (1989), Mschr. f. Brauwiss. 42, 272–276
980 Schröder, C., Diplomarbeit, TU München-Weihenstephan 1992
981 Zürcher, C., Gruß, R., Kleber, K., EBC Proceedings, 1979,175
982 Pensel, S., Brauwelt 121 (1981), 900
983 Drawert, F., Schreier, P., Krämer, G., Brückner, H., Brauwiss. 33 (1980),
984 Lenz, B., Brauwelt 122 (1982), 440, 945
985 Pensel, S., Hackensellner, Th., Brauwelt 133 (1993), 1786
986 Fohr, M., Meyer-Pittroff, R. (1997), EBC Proceedings, 307–314
987 Lenz, B., Brauwelt 122 (1982), 440, 444
988 Narziß, L., Abriss der Bierbrauerei, Wiley-VCH, Weinheim 2004, 390
989 EBC Manual of Good Practice Wort Boiling and Clarification (2000), Hans Carl, Nürnberg, 101
990 EBC Manual of Good Practice Wort Boiling and Clarification (2000), Hans Carl, Nürnberg, 129
991 Bühler, T., Michel, R., Kantelberg, B. (2003), Brauwelt International 21, 306–313
992 Bühler, T., Michel, R., Kantelberg, B., Baumgärtner, Y., Brauwelt 143 (2003), 1173–1178
993 Wasmuth, K., Stippler, K., Weinzierl, M., Gattermeyer, P., Brauwelt 143 (2003), 948–952
994 Wasmuth, K., Weinzierl, M., Gattermeyer, P., Baumgärtner, Y., Brauwelt 144 (2004), 925–927

995 Weinzierl, M., Stippler, K., Wasmuth, K., Miedaner, H., Engelmann, J., Brauwelt 139 (1999), 185–189
996 Weinzierl, M., Stippler, K., Wasmuth, K., Felgenträger J., Miedaner, H., Engelmann, J., Brauwelt 139 (1999), 600–606
997 Weinzierl, M., Dissertation, WZW-TU München 2005
998 Kain, F., Diplomarbeit, TU München 1983
999 Narziß, L., Miedaner, H., Schwill, A., Schmidt, R., Brauwiss. 38 (1985), 128
1000 Wackerbauer, K., Brauwelt 123 (1983), 816
1001 Chantrell, N. S., EBC Proceedings, 1983, 89
1002 Esser, K. D., Mschr. f. Brau. 35 (1982), 9
1003 Sommer, G., Mschr. f. Brau. 35 (1982), 25
1004 Hampton, N., Brew. & Dist. Intern. 9, Nr. 3 (1979), 49
1005 Tressl, R., Helak, B., Martin, N., EBC Proceedings, 1985, 355
1006 Tressl, R., Grünewald, K. G., Silwar, R., Helak, B., EBC Proceedings, 1981, 391
1007 Frühere Ausgaben dieses Buches (1985, 1992)
1008 Narziß, L., Miedaner, H., Schneider, H. P., Monatsschrift f. Brauwiss. 44 (1991), 296
1009 Mitteilungen Kulmbacher Brauerei
1010 Krottenthaler, M., Lehmann, J., Mieth, R., Brauwelt 143 (2003), 953–960
1011 Binkert, J., Härtl, D., Brauwelt 141 (2001), 1494–1503
1012 Antoni, D., Meyer-Pittroff, R., Ruß, W. (2005), Brauwelt International 23, 262–265
1013 Mezger, R., Krottenthaler, M., Brauwelt 143 (2003), 1055–1061
1014 Kieninger, H., Brauwelt 107 (1967), 1621
1015 De Clerck, J., Lehrbuch der Brauerei, VLB Berlin 1964, 442
1016 Kessler, H., Brauwelt 112 (1972), 723
1017 EBC Manual of Good Practice Wort Boiling and Clarifcation, Hans Carl, Nürnberg 2000, 149–151
1018 Heyse, K. U. (Hrsg.), (1995), Handbücher der Brauereipraxis, 3. Aufl., Hans Carl, Nürnberg, 166
1019 Krüger, R., Fischer, H., Rejschek, H., Fremery, M., Der Weihenstephaner 50 (1982), 90–127
1020 Krüger, R., Rejschek, H., Kuhn-Reichard, J., Der Weihenstephaner 48 (1980), 85–109
1021 Boeck-Nielsen, J., Techn. Quarterly MBAA, 36 (1999) 423–425
1022 Huige, N., Handbook of Brewing-Brewery By-Products and Effluents New York, Marcel Dekker Verlag 1995
1023 Narziß, L., Miedaner, H., Rateniek, E., Brauwelt 107 (1967), 326
1024 Narziß, L., Klein, F. M., Mschr. f. Br. 21 (1968), 185
1025 Narziß, L., Brauwelt 121 (1981), 4
1026 Krottenthaler, M., Habilitationsschrift, WZW-TUM 2006, 185
1027 Hackensellner, T., Brau-Industrie 86 (2001) Nr. 3 S 14–16
1028 Jülich, E., Diss. WZW-TUM 1986
1029 Drawert, F., Wächter, F., Monatsschrift f. Brauwiss. 37 (1984) 304–313
1030 Fohr, M., Meyer-Pittroff. R., Krottenthaler, M., Back, W., Brauwelt 138 (1998), 2387–2393
1031 Fohr, M., Meyer-Pittroff. R., Krottenthaler, M., Back, W., Brauwelt International 17 (1999), 360–365
1032 Back, W. (Hrsg), (2005), Ausgewählte Kapitel der Brauereitechnologie, Fachverlag Hans Carl, Nürnberg, 360–365,
1033 Back, W., Krottenthaler, M., Vetterlein, K., Brau-Industrie 83 (1998) Nr. 2, 81–86
1034 Narziß, L., Reicheneder, E., Miedaner, H., Kümpel, G., Brauwelt 122 (1982), 2066
1035 Krottenthaler, M., Habilitationsschrift, WZW-TUM 2006, 180–184
1036 Schneeberger, M., Dissertation, WZW-TU München 2007
1037 Kieninger, H., Brauwelt 118 (1978), 872
1038 Jakob, G., Ausbeute und Schwand, Hans Carl, Nürnberg 1946, 54
1039 Mündler, K., Die Spindeln und Aräometer im Betrieb und Laboratorium der Brauerei, Hans Carl, Nürnberg 1941, 408
1040 Mohr, O., Wo. f. Br. 19 (1902), 340
1041 Windisch, W., Wo. f. Br. 32 (1915), 149, 157, 165, 173, 181

1042 Jakob, G., Ausbeute und Schwand, Hans Carl, Nürnberg 1946, 24
1043 Polier, W., Tagesztg. f. Br, 66 (1969), 268
1044 Pfenninger, H. B., Schur, F., Scherrer, A., Lösch, M., Ullmann, F., Schweiz. Br. Rdsch. 82 (1971), 223
1045 Jirmann, F., Brauwelt 108 (1968), 501
1046 Petersen, H., Mschr. f. Br. 33 (1980), 21
1047 Schlecht, F., Brauwelt 116 (1976), 3
1048 Satava, J., Böhmischer Bierbrauer 1932, 451, 1934, 47
1049 Kolbach, P., Wo. f. Br. 57 (1940), 221
1050 Narziß, L., Reicheneder, E., Friedrich, F., Drexler, H. P., Schuster, I., Brauwiss. 31 (1978), 301
1051 Analytica EBC, Hans Carl Verlag, Nürnberg (1998)
1052 Pfenninger, H. (1993), Brautechnische Analysenmethoden der MEBAK, Band III, 3. Aufl.
1053 Miedaner, H. (2003), Brauwelt 143, 1568–1573
1054 De Clerck, J., Van Cauvenberghe, H., Bull. Anc. Et. Brass. Louvain 52 (1956), 61, 125
1055 Van Laer, M. H., Rozenthal, L., Annales des Fermentations 3 (1937), 480, 4 (1938), 406
1056 Gray, P. P., Stone, J., Rotschild, H., Wallerstein Lab, Comm, 1939, Ref. Wo. f. Br. 57 (1940), 69
1057 Krauß, G., EBC Proceedings, 1967, 35
1058 Weinfurtner, F., Wullinger, F., Piendl, A., Brauwiss. 16 (1963), 473
1059 Schröderheim, J., EBC Proceedings, 1951, 141
1060 Lüers, H., Wiedemann, C., Wo. f. Br. 41 (1924), 33
1061 Kutter, F., Siegfried, H., Schweiz. Br. Rdsch. 45 (1934), 259
1062 Kutter, F., Schweiz. Br. Rdsch. 44 (1933), 147, 45 (1934), 233, 255, 46 (1935), 41
1063 Ahvenainen, J., Vehvilainen, H., Mäkinen, V., Brauwiss. 32 (1979), 141
1064 Mühlbauer, J., Brauwelt 109 (1969), 1421
1065 Kühbeck, F., Dissertation, WZW-TU München 2007
1066 Narziß, L., Brauwelt 118 (1978), 1045
1067 Kühbeck, F., Back, W., Krottenthaler, M. (2006), J. Inst. Brew., 215–221
1068 Kühbeck, F., Schütz, M., Krottenthaler, M., Back, W. (2006), J Am. Soc. Brew. Chem 64, 16–28
1069 Narziß, L., Bauer, K., Brauwiss. 28 (1975), 1
1070 Hartong, B. D., Symposium on Proteins, Amsterdam 1938
1071 Sandegren, E., EBC Proceedings, 1947, 28
1072 Waldschmidt-Leitz, E., EBC Proceedings, 1957, 141
1073 Steiner, K., Stocker, H. R., Schweiz. Br. Rdsch. 73 (1962), 115
1074 Narziß, L., Miedaner, H., Küster, M., Brauwelt 106 (1966), 394
1075 Narziß, L., Miedaner, H., Brauwelt 107 (1967), 49
1076 Narziß, L., Brauwelt 97 (1957), 1567
1077 De Clerck, J., Lehrbuch der Brauerei, VLB Berlin 1964, 510
1078 Krauß, G., Sellge, W., Mschr. f. Br. 21 (1968), 217
1079 Krauß, G., Bollmann, II., Mschr. f. Br. 25 (1972), 266
1080 Liebenow, R., Esser, K. D., Mschr. f. Br. 20 (1967), 23
1081 Schur, F., Pfenninger, H. B., EBC Proceedings, 1977, 225
1082 Narziß, L., Bauer, K., Brauwiss. 28 (1975), 42, 79
1083 Narziß, L., Kieninger, H., Reicheneder, E., EBC Proceedings, 1971, 208
1084 Grill, W., Püspök, J., EBC Proceedings, 1979, 61, 766
1085 Kleber, W., Mitteilungsblatt des Dtsch. Braum.- und Malzmeister-Bundes 1954, 34, 44
1086 Wellhoener, H. J., Brauwelt 101 (1961), 924
1087 Krottenthaler, M., Habilitationsschrift, WZW-TU München 2006, 172
1088 Dickel, T., Krottenthaler, M., Back, W., Brauwelt 140 (2000), 1330–1332
1089 EBC Manual of Good Practice Wort Boiling and Clarification (2000), Hans Carl, Nürnberg, 40
1090 Kieninger, H., Hums, N., Tavera, M., Brauwelt 116 (1976), 40
1091 Hudston, H. R., MBAA Techn. Quart. 1960, 90
1092 Huber, W. F., Brauwelt 105 (1965), 969
1093 Stefaniak, H. St., Brauwiss. 21 (1968), 337, 390

1094 Tröster, R., Brauwiss. 22 (1969), 141
1095 Nielsen, H., True, H., Brauwiss. 21 (1968), 342
1096 Michel, R., Monatschrift für Brauwissenschaft, 37 (1984), 5
1097 Kieninger, H., Brauwelt 111 (1971), 599
1098 Denk, V., Brauwelt 131 (1991), 1219
1099 Denk V., (1997), Brauwelt 137, 1391
1100 Brück, D. Dissertation, TU München-Weihenstephan (1997)
1101 Lutz, M., Dissertation, TU München-Weihenstephan (1998)
1102 Kühtreiber, F., Brauwelt 112 (1972), 1335
1103 Narziß, L., Brauwelt 117 (1977), 1420
1104 Ruß, W., Meyer-Pittroff. R., Feix, R., Kirnbauer, P., Brauwelt 133 (1993), 1328
1105 Ruß, W., Oriopoulu, V., in: Utilisation of By-Products, Treatment of Waste in the Food Industries, Springer, N.Y. 2006
1106 Schur, F., EBC-Workshop „Hops" 1978, durch Hudson, J., EBC Proceedings, 1979, 405
1107 Denk, V. EBC Manual of Good Practice Wort Boiling and Clarification (2000), Hans Carl, Nürnberg, 134
1108 Narziß, L., Meyer, L., Brauwelt 118 (1978), 1191
1109 Narziß, L., Brauwelt 118 (1978), 44
1110 Fehrmann, K., Sonntag, M., Mechanische Technologie der Brauerei, P. Parey, Berlin-Hamburg 1962, 256
1111 Heitmeier, F., Brauwiss. 6 (1953), 93, 281, siehe auch frühere Ausgaben dieses Buches
1112 Narziß, L., Abriß der Bierbrauerei, F. Enke, Stuttgart 1980, 271
1113 Kühtreiber, F., Brauwelt 115 (1975), 438, 541
1114 EBC Manual of Good Practice Wort Boiling and Clarification (2000), Hans Carl, Nürnberg, 129
1115 Krottenthaler, M., Habilitationsschrift, WZW-TU München 2006, 140–146
1116 Becher, T., Wüst, O., Brauwelt 147 (2007), 1140–1143
1117 Kepplinger, W. L., Brauwelt 148 (2008), 120–125
1118 Reichardt, E., Z. f. das ges. Brauwesen 1881, 144
1119 Brown, H. T., Wo. f. Br. 30 (1913), 179
1120 Schuster, K., Wo. f. Br, 47 (1930), I
1121 Kutter, F., Schweiz. Br. Rdsch. 82 (1971), 53
1122 Heel, H., Brauwelt 109 (1969), 1241
1123 Von Meduna, V., Brauwelt 110 (1970), 45
1124 Riemann, J., Brückner, H. H., Brauwelt 114 (1974), 1 263
1125 Eils, H. G., Jünemann, A. (1997), EBC Proceedings, 367
1126 Kleber, W., Brauwelt 104 (1964), 1479
1127 Masschelein, C. A., Ramos-Jeunehomme, C. C., Devreux, A., EBC-Proceedings1961, 148
1128 Coutts, W. M., Rickelts, J., Selkirk, R. C., MBAA Proc., 68th Convention (1955), 20
1129 Narziß, L., Kieninger, H., Reicheneder, E., Brauwelt 112(1972)900
1130 Narziss, L., Mück, E., Mschr. Brauwiss. 39 (1986), 252
1131 Eichhorn, P., Dissertation, TU München (1991)
1132 Dickel, T., Diplomarbeit TU München-Weihenstephan 1999
1133 Ammon, S., Diplomarbeit TU München-Weihenstephan 1997
1134 Isenberg, R., Diplomarbeit TU München-Weihenstephan 1999
1135 Keller, H., Brauwelt 109 (1969), 1453
1136 Scriban, R., Brauwelt 102 (1962), 1249
1137 Groeger, P., Brauwelt 105 (1965), 1889
1138 Solfrank, B., Sommer, K. (1989), Mschr. Br. Wiss. 42, 365
1139 Kreisz, S., Wagner, F., Back, W., EBC Proceedings 2001, 226–235
1140 Voerkelius, G. A., Brauwiss. 19 (1966), 381, 434
1141 Schöffel, F., Brauwelt 117 (1977), 1553, 1697
1142 Sanden, U., Brauwelt 119 (1979), 460
1143 Sanden, U., Hamm, H., Brauwelt 114 (1974), 23
1144 Heyse, K. U. (Hrsg.), (1995), Handbücher der Brauereipraxis, Carl Verlag, Nürnberg, 3. Aufl., 342
1145 Wort Boiling and Clarification EBC Manual 2000, 153
1146 Schmidt, H. (2007), Brauwelt 147, 1195–1196
1147 Jakob, G., Ausbeute und Schwand, Hans Carl, Nürnberg 1946, 119

1148 Narziß, L., Abriss der Bierbrauerei, 7. Aufl., Wiley-VCH, Weinheim 2004, 304
1149 Schild, E., Zangrando, T., Brauwiss. 13 (1960), 150, 183
1150 Schwill-Miedauer, A., Miedauer, H., Brauwelt 146 (2006), 1378
1151 Wilson, R.J.H., EBC Proceedings, 1977, 343
1152 Hoggan, J., Rust, F., Spillane, M.H., Willems, E.J., Wren, J.J., EBC Proceedings, 1979, 245
1153 Kieninger, H., Brauwelt 114 (1974), 1567
1154 Pfisterer, E., Stewart, G., EBC Proceedings 1975, 255
1155 Anderson, R.G., Kirshop, B.H., Rennie, H., Wilson, R.J.H., EBC Proceedings 1975, 243
1156 Narziß, L., Abriss der Bierbrauerei, 7. Aufl., Wiley-VCH, Weinheim 2004, 372
1157 Back, W. (Hrsg.), Ausgewählte Kapitel der Brauereitechnologie, Fachverlag Hans Carl, Nürnberg 2005, 124–127
1158 Witworth, C., EBC-Monograph V, Fermentation and Storage Symposium 1978, 155
1159 Youmis, O., Stewart, G.G., EBC Congress 1999, 37–45
1160 Narziss, L., Der Weihenstephaner 61 (1993) 115–119
1161 Bryce, J.H., Cooper, D., Stewart, G.G., EBC Proceedings 1997, 357–365
1162 Wackerbauer, K., Evers, H., Zufall, C., Brauwelt 135 (1996), 2374–2378
1163 Back, W. (Hrsg), (2005), Ausgewählte Kapitel der Brauereitechnologie, Fachverlag Hans Carl, Nürnberg, 103, 138
1164 Methods of Analysis of the American Society of Brewing Chemists, St. Paul, Minnesota, American Society of Brewing Chemists (1992)
1165 Institute of Brewing Methods of Analysis, London, Institute of Brewing (1997)
1166 Methodensammlung der Mitteleuropäischen Brautechnischen Analysenkommissioon (MEBAK), (2002)
1167 ICC-Standards – Standardmethoden der Internationalen Gesellschaft für Getreidewissenschaften und -Technologie, Wien, ICC (2004)
1168 EBC-Analysis Committee, Analytica EBC, Fachverlag Hans Carl, Nürnberg (1998)
1169 Grohmann, H., Hässelbarth, U., Schwerdfeger, W. (2003), Die Trinkwasserverordnung, Schmidt, Berlin
1170 DIN EN ISO 13690 Getreide, Hülsenfrüchte und gemahlene Erzeugnisse – Probenahme statischer Partien, Beuth Verlag, Berlin (2005)
1171 DIN EN ISO 6644 Freifließendes Getreide und Getreidemahlerzeugnisse – Automatische Probenahme durch mechanische Mittel, Beuth Verlag, Berlin (2007)
1172 Analytica EBC, Hans Carl, Nürnberg 1998
1173 Bund/Länderarbeitsgemeinschaft Bodenschutz, Altlastenausschuss, Unterausschuss „Arbeitshilfe für Qualitätsfragen bei der Altlastenbearbeitung", http//www.xfaweb.baden-württemberg.de
1174 Miedaner, H. (2002), (Hrsg.), Brautechnische Analysenmethoden, Band II, MEBAK, Freising
1175 Schur, F., Anderegg, P., Pfenninger, H. (1981), Brauwissenschaft 34, Nr. 11, 293–300
1176 Schwill-Miedaner, Habilitationsschrift, WZW-TUM 2001, 100
1177 Unterstein, K. Brauwelt 132 (1992), 1024–1043
1178 Wasmuth, K., Gattermeyer, P., Mezger, R., Frau, P., Brauwelt 146 (2006), 1332

Sachregister

a

α-Humulen 142, 145 f
α-Pinen 141, 562
α-Säure
- α-Säuregabe in Abhängigkeit vom Biertyp 569
- somerisierung *siehe auch* Isomerisierung von Hopfenextrakten 545 f, 547 f
- Nachisomerisierung im Whirlpool 687
- Oxidationsprodukte 545

α-Säureausbeute 554, 570 f
α-Selinen 145 f
2-Acetylthiazol 587
Abbau von Gerüstsubstanzen 274 f
- beeinflussende Faktoren 276 f
- Kontrolle während des Brauprozesses 282

Abdarrtemperatur 541
Abeo-Isohumulon 132
Abläuterdauer 418, 424, 434 f, 475, 489, 495
Abläutergeschwindigkeit 415 f
Abläutern *siehe auch* Würzegewinnung 397 f
- Abwassermenge beim Läutervorgang 444, 470, 473
- automatisches 408
- der Vorderwürze 414 f, 493
- Einfluss der Maischeoxidation 302
- Einfluss der Volumenverhältnisse von Treber und Schrot 191
- Einzelhahnabläuterung 461
- kontinuierliche Methoden 497 f
- mit dem Läuterbottich 398 f
- mit dem Maischefilter 449 f, 463 f
- mit dem Strainmaster 491 f
- mit Dünnschicht-Maischefiltern 474 f
- moderne Läutersysteme 406 f
- Quellgebiet 405 f, 494

- Senkbodenverlegung 417
- Vergleich von Läuterbottich und Dünnschicht-Maischefiltern 490 f
- Vergleich von Läuterbottich und Maischefilter 473 f
- Wirtschaftlichkeit von Läuterverfahren 499 f

Abläutertemperatur 523
Abläutervorrichtung 229
Abmaischen 408 f
Abmaischspinne 409
Abmaischtemperatur 324
Absetzverfahren 66
Abzug der Schwaden 521 f, 526
Adhumulon 130, 545
Aktivkohlefilter 98
Albumin 27, 253
Albumosen 253
Aleuronmehl 226, 295
Alkalicarbonat 54 f
Alkalität 54 f
alkoholarmes Bier 395 f
alkoholfreies Bier 352, 395 f
Allmalzwürze 35
Altbier 394
Alterungscarbonyle 290
Amarant 19
Aminopeptidase 56, 59, 254, 257
Ammoniak 59
Amylase
- α-Amylase 41 f, 56, 60, 238
- α-Amylaseaktivität 188, 247, 359
- α-Amylasegehalt 3
- β-Amylase 44, 104, 238 f
- β-Amylasegehalt 26
- Wirkungsmechanismus 239 f

Amyloglucosidase 36, 45
Amylopektin 235, 238

Sachregister

Amylose 234f, 238
Analyse
- Aromaextraktverdünnungsanalyse 143
- Beurteilung des Sudprozesses 747
- Methodensammlungen 737, 740
Anionenaustauscher 71
anodische Oxidation 97
Anschwänzapparat 424
Anschwänzvorgang (Aussüßen) 421
- Kontrolle mittels Extraktmessung 445
Anstellbottich 701
Anstelltemperatur 659
Anstellwürze 548
Anteigschnecke 328f
Anthocyanogene 152, 541, 555
Arabinoxylan 271
archroische Grenze 245
Aromahopfen 119, 137, 144f, 154, 563
Aromastoffe
- Bildung durch Maillard-Reaktion 584f, 586f
- Bildung durch thermische Oxidation von Fettsäuren 582f
- Bildung durch thermische Oxidation von Phenolcarbonsäuren 584
- der Ausschlagwürze 629
- durch Aminoketonabbau 585
- durch Aminosäureabbau 585
- Einfluss des Würzekochverfahrens 611f
- Gehalt bei Hochtemperaturwürzekochung 617
- Gehalt bei Würzekochung mit reduzierter Verdampfung 608
- Siedepunkte von Würzearomastoffen 588
- Verhalten während des Würzekochens 588f
Aromatisierung durch Hopfengabe 564f, 579f
Aufhackmaschine 412
Ausbeutebilanz 652f
Ausbeutefaktor nach Jacob 650
Ausdampfung von Würzearomastoffen 516
Außenkocher 515f, 603
- mit Entspannungsverdampfung 520
- mit kombinierter Koch- und Wirlpoolpfanne (Kombi-Würzepfanne) 517
- optimierte Arbeitsweise 609f
Außenkocherpfanne 548, 601
Ausschlagdauer 624, 670
Ausschlagen der Würze 624f
Ausschlaggefäß 690

Ausschlagmenge 736
Ausschlagwürze 101
- Analysemethoden 382
- beeinflussende Faktoren 307
- Definition 307 ,627
- Inhaltsstoffe 627
- Polyphenolgehalt 360, 628
- vergärbarer Extrakt 628
- Vergleich von Suden aus Malz, Spitzmalz und Rohgerste 375
Austrebermaschine 427f, 444
Austreberscheit 430

b

β-Caryophyllen 142, 145f, 561
β-Farnesen 142
β-Globulin 532
β-Glucan 270, 552
β-Glucanabbau 271, 290, 380, 384f
β-Glucanase 45, 56, 272f
β-Glucanaseaktivität 272f
β-Glucangehalt 3, 24f, 276, 280, 628
β-Lactoglobulin 532
β-Pinen 141, 562
β-Säure 130f, 135, 547
- Oxidationsprodukte 547
β-Selinen 145f
Bandtrockner 117
bayrisches Weizenbier 380
Belüftungskerze 711
Bentonit 543
Berieselungskühler 670
Betriebsschwand 736
Betriebswasser 108
Bieralterung 291, 565f, 622
Bierfarbe 16, 389f
- Einfluss von Polyphenolen 560
- Färbung durch Röstmalzgabe 13
Bierschaum 251, 254, 269, 611f, 728
Bierstein 670
Biertypen 389f
- Bitterstoffgehalt 569
- Diätbier 378, 394f
- dunkles Bier 12, 14, 388, 391f
- Dünnbier 14
- Exportbier 387f
- Hefeweizenbier 393
- Hell Exportbier 389f
- Hell Lagerbier 389
- helles Bier 387
- helles hopfenbetontes Bockbier 391
- Hopfung 579

- Kölsch 394
- Kristall-Weizenbier 392 f
- Lagerbier 387 f
- Malzbier 38
- Maß der α-Säuregabe 569
- Märzenbier 388, 391
- Nährbier 352
- Pilsener 390
- Röstmalzbier 14 f, 39
- Schwarzbier 392
- Süßbier 38
- Weizenbier 5

Biologische Säuerung 102 f
Bitterhopfen 119, 137, 144 f, 154
Bittersäuren siehe auch α-Säure,
  β-Säure 134 f, 165, 544 f
Bitterstoffgehalt 135, 137 f, 548 f
- beeinflussende Faktoren 138 f, 548 f, 553
- der Ausschlagwürze 628
- in Abhängigkeit vom Biertyp 569
- Veränderung nach Würzekochende 669
- von Hopfen-Extrakten 169
Bitterung 564
- mit isomerisierten Hopfenextrakten 180
Bitterwert 134 f, 165
Blei-Ion 59
Blindsud 670
Bodenheizung 507
Botrytis 126 f
Brauen mit hoher Stammwürze 311, 491, 723 f
- Bierbeschaffenheit 727 f
- Braumaterial 726
- Energieesparnis 729
- Läutervorgang 723 f
- Maischevorgang 725
- Schüttung 724
- Verdünnung der Würze 726 f
- Würzekochung 725
Brauereiabfallprodukte 629
Brauereianalytik 737 f
Braumalz 4
Brauwasser 47, 108
- Acidität des Brauwassers 51 f
- Auswirkungen der Alkalität des Brauwassers 56 f
- Einfluss auf die Eiweißkoagulation 542
- Einflüsse auf die Acidität von Maische und Würze 51 f
- Härte 49 f, 73, 76, 86
- Qualitätskontrolle 100

- Salzgehalt 47 f
- Zusammensetzung 47, 86
- Brauwasseraufbereitung 62 f
- Aufhärtung 85
- durch Elektrodiarese 87
- durch Ionenaustausch 70 f
- durch Kochen 62 f
- durch umgekehrte Osmose 81 f
- Elektro-Osmoseverfahren 80 f
- Entcarbonisierungseffekt 63 f
- Entgasung 98 f
- Entlüftung 98 f
- Klärung 98
- Kohlensäureentfernung 91
- Entcarbonisierung mit gesättigtem Kalkwasser 64 f
- Neutralisation von Hydrogencarbonat 89 f
- Oxidation 91
- Sterilisierung 93 f
- Verschnitt mit Rohwasser 74
- Zusatz von Calciumsalzen 88 f
Bruchbildung 512, 516, 532, 536
Bruchreis 32
Brüdenkondensatreinigung 640
Brüdenkondensatverwendung 637, 640
Brüdenverdichter 516, 601
Brüdenverdichtung
- mechanische 601 f, 609
- thermische 602 f, 609
Brühmalz 16, 389
Buchweizen 19

c

Calcium-Ion 52, 58
Calciumcarbonat 62
Calciumcarbonathärte 49, 55, 74
Calciumchlorid 88 f
Calciumsulfat 88 f
Carbonathärte 49, 73
Carbonisierungsanlage 99
Carboxypeptidase 255 f
Cellulase 45
Cellulose 157
Chlorgas 61
Chlorid-Ion 60, 77
Chlorzahl 61
CIP-Reinigungsprogramm 632
Cohumulon 130
Cytolyse 2 f

d

Dampfkonditionierung 205 f
Dampfstrahlverdichter 602
Darrmalz 1,11
Decanon 145
Dekanter 498 f, 714 f
Dekoktionsverfahren 213, 248, 265, 279, 354, 356 f
Dextringehalt 244
Diastase 36
diastatische Kraft 3, 188
Dickmaische 337, 341
Digerieren *siehe* Vormaischen
Dihydro-Iso-α-Extrakt *siehe* Rho-Iso-α-Extrakt
Dimethylsulfid 3, 596 f, 629, 669, 688 f
Dimethylsulfoxid 596 f
Dinkelmalz 6 f
Dipeptidase 255, 257
Dispergierverfahren 218 f
Disulfidbrücke 259 f
Doldenhopfen 161, 163, 557, 561, 571, 720, 745
Doldensterben 128 f
Doppelbodenpfanne 548
Downstream-Produkte 179, 577
Druck-Schnellentcarbonisierungsanlage 68
druckbetriebenes Membranverfahren 81 f
Druckentgasung 99
Druckkochung 518
Dünnfilmverdampfer 518, 614, 698
Dünnschicht-Kammerfilter
– Arbeitsweise 485 f
– Aufbau 483 f
– Betriebsvoraussetzungen 488 f
– Trübungsgrad 489 f
– zeitlicher Ablauf der Maischefiltration 489
Dünnschicht-Maischefilter 474 f
– Arbeitsweise 477 f
– Betriebsvoraussetzungen 481 f
– Filterleistung 482
Durchlaufentcarbonisierung 69

e

EBC-Bittereinheit 389 f, 547, 554, 569
Edelextrakt 311
Edelmehl 199
Einkettenangriff 240
Einkornmalz 7
Einmaischdauer 315 f
– Abhängigkeit von der Schrotmühlenleistung 225

Einmaischgefäß 328 f
Einmaischtemperatur 248, 264 f, 297, 314 f
Eisen-Ion 59, 90
Eisenentfernung 91
Eiweißabbau 251 f, 255
– Ablauf 258 f
– Aggregatbildung 259
– beeinflussende Faktoren 262 f
– Kontrolle 261 f, 382
– Ziel 260 f
Eiweißbittere 260, 531
Eiweißdenaturierung 531
Eiweißgehalt 3 f, 27, 31, 157
Eiweißkoagulation 58, 531 f
– Druckeinfluss 539 f
– durch Maillard-Reaktion 533
– Einfluss der Abdarrtemperatur 541
– Einfluss der Brauwasserbeschaffenheit 542
– Einfluss der Hopfenbitterstoffe 558
– Einfluss der Kochdauer 536, 538, 543
– Einfluss der Kochtemperatur 539 f
– Einfluss der Malzauflösung 541
– Einfluss der Pfannenform 538
– Einfluss der Verdampfungsziffer 536 f
– Einfluss der Würzezusammensetzung 540, 542
– Einfluss des Würze-pH-Werts 542
– Einfluss von Polyphenolen 534, 558
– unterstützende Zusatzstoffe 543 f
Eiweißlösungsgrad (ELG) 3 f
– der Ausschlagwürze 262 f
– der gekochten Kongresswürze 262 f
Eiweißrast 4, 263 f
Eiweißrasttemperatur 264 f
Eiweißstoffe 252 f
Elektro-Osmoseverfahren 80 f
Elektrodiarese 87
Emmermalz 7 f
Endopeptidase 56, 104, 255 f
Endopeptidaseaktivität 254
Endospermmehl 226
Endvergärungsgrad 3 f, 104, 245 f, 389 f
– Abhängigkeit vom Maische-pH 250
– Abhängigkeit von der Einmaischtemperatur 248 f
– von alkoholfreiem Bier 395
Enolone 587
Entcarbonisierung 63 f
Entfärbung von Huminwässern 95
Entgasung 98 f
Entkeimung 29
Entkeimungsfiltration 96 f

Entlüftung 98f
Entspannungskühler 698f
Entspannungsverdampfer 525f
Enzyme
- cytolytische 272f
- proteolytische 254f, 262
- stärkeabbauende 238f
- Sulfhydryl-Enzyme 254
Enzyme, industrielle 40f
- α-Amylasen 42f
- Amyloglucosidase 45
- β-Glucanasen 45
- Cellulasen 45
- Herstellungsverfahren 46
- Isoamylase 44
- Pentosanasen 45
- Proteasen 46
- Pullulanase 44
Enzyminaktivierung durch Würzekochung 529f
Enzymwirkung
- Einfluss der Wassersalze 58f
- pH-Abhängigkeit 18, 56f
Essigsäureestergehalt 608
Ethanolextrakt, von Hopfen 576
- chemische Zusammensetzung 168f
- Extraktionsverfahren 167f
Exopeptidase 56, 254
Extrakt der Treber
- aufschließbarer 655
- auswaschbarer 656
- vergärbarer 628
Extraktergiebigkeit von Schrotbestandteilen 187f
Extraktgehaltsbestimmung 647f, 650, 718
Extraktdifferenz (EBC) 2, 246
Extraktreste 637
- Verwendung beim Einmaischen 638f

f
Farbkorrektur 13f
Feingrieß 187
Feinmehl 189f
Feinschrot 189f, 481
Feinschrotherstellung 226
Feinschrot-Trennvorrichtung 226, 474f, 498
Ferulasäure 271, 392
Ferulasäuregehalt 281f
Feruloyl-Esterase 273
Fettsäuren, höhere 157f, 441f, 568
- Konzentrationsabnahme im Whirlpool 687

- thermische Oxidation zu Aromastoffen 582f
Feuerpfanne 506
Filtermembran 476
Filterschichtbildung 413
Filtrationsmechanismus 398
Filtrierbarkeit von Bier 271, 284, 628
Flavanole 152, 555f
Flavon 151
Flavon-3-ol 151
Flockungsmittel 92
Flotation 706f
Fluorid-Ion 60
Flüssigzucker 726
Formolstickstoff 261
freier Aminostickstoff (FAN) 260, 263f, 627, 628
Friabilimeter 3, 284
Fructose 245
Fünfwalzenmühle 203f, 353
Furanverbindungen 584
Fusariumwelke 127

g
γ-Nonlacton 32, 582, 620
γ-Pyrone 587
Gallussäure 151, 555f
Ganzglasigkeit 3
Ganzkornkonditionierung 206
Gär- und Reifungsdauer 4
Gärdauer 4
Gärung 57, 60, 104
- Einfluss des Heißtrubgehaltes 663
- Einfluss des Eiweißabbaus 260
- gestoppte 395
gehopfte Bierwürze siehe Ausschlagwürze
Gelprotein 259f
gentechnisch veränderter Organismus (GVO) 46
Gerbstoffe
- hydrolysierbare 151
- kondensierbare 152
Gerste, ungemälzte 23f, 374
Gerstenmalz 2f
Gerstenmalzschrotflocken 17
Gerstenrohfrucht 24, 367f, 374f
Gerstenrohfruchtmaische 374f
Gerstensirup 38
Gerstenstärke 234
Gesamtharz 130, 163f
Gesamthärte 49
Gesamtmaische 309f
Gesamtschrot 195, 198, 201

Gesamtstickstoffgehalt   260, 263 f, 534, 628
– Einfluss des Hopfenpolyphenolgehalts   558
Gesamtwassermenge   307
Gesamtweichharze   130
Geschmackseigenschaften
– Beeinflussung durch biologische Säuerung   104 f
– Beeinflussung durch Spezialmalze   13 f, 15 f
– Beeinflussung durch Salze des Brauwassers   59 f
– Beeinflussung durch Maischverfahren   311, 356, 387 f, 389 f
– Beeinflussung durch Würzekochung   590, 591
– Einfluss von Bitterstoffen   134 f, 551
– Einfluss des Brauens mit höherer Stammwürze   727
– Einfluss von Eiweißsubstanzen   251
– Einfluss von Fettsäuren   157
– Einfluss von Hopfenaromastoffen   562 f
– Einfluss von isomerisierten Hopfenextrakten   180 f
– Einfluss der Wiederverwendung von Extraktresten   638 f
– Einfluss der Würzekochtemperatur   617
Geschmacksstabilität
– Beeinflussung durch biologische Säuerung   104 f, 298
– bei Vorkühlung und Vakuumbehandlung der Würze   623
– Einfluss von Lipidabbau und Lipidoxidation   289
– Einfluss einer Oxidation beim Maischen   289, 302
– Einfluss einer thermischen Belastung der Würze   668, 698
– Einfluss der Würzetrübung beim Abläutern   444
– Einfluss des Trubstoffgehalts der Anstellwürze   663 f
– Einfluss der Lipide des Hopfens   157
– Einfluss von Maillardprodukten   591
– Einfluss von Polyphenolen   151, 298, 559 f
Glattwasser   423, 435, 482
Glattwasser-Nutzschwelle   529
Glattwasserverwendung   638
Globulin   27, 253
Glucandextrine   272
Glucose   39
Gluteline   253 f

glutenfreie Cerealien   19
glutenfreies Bier   19 f
glycosidische Flavonoide   154
Glykoproteide   254, 268
Grenzdextrinase   241, 378
Grießmehl   187
Grießwalze   201
Grobgrieß   187
Grobschrot   189 f
Grünmalz   1 f
Gummistoffabbau   270 f
Gummistoffstoffgehalt   275, 277 f
Gussführung   310 f

h
Hafer, ungemälzter   26
Hafermalz   10 f
Hammermühle   221 f, 366
Hartharze   135, 547, 550
Hartweizenmalz   8
Harzextraktzugabe   575
Hauptguss   307 f
– Berechnung der Hauptgussmenge   309 f
– Einfluss des Malztyps auf die Hauptgussmenge   312
Hefebierwiederverwendung   641 f
Hefedegeneration   58 f
Hefeflockulation   58
Hefestoffwechsel   59
Heißbelüftung der Würze   660, 711 f
Heißtrub   626, 662 f
Heißtrubabtrennung
– durch Kieselgurfiltration   695 f
– hydrodynamische Trubabscheidung siehe auch Whirlpool-Verfahren   677 f
– in der Sudpfanne   676
– mittels Dekanter   528, 714
– mittels Hopfentrubfilter   695
– mittels Setzbottich   675 f
– mittels Zentrifugen   690 f
Heißwasserextrakt   174 f
Heißwürzausbeute   645
Heißwürzerast   604
Heißwürzeseparator   522, 711
Heißwürzetank   516, 518
Heizsysteme von Maischbottichen   319 f
Hemicellulose   270 f
Hemicelluloseabbau   270 f
Herstellung
– von Bier aus Getreiderohfrucht   23 f
– von Brühmalz   16
– von glutenfreiem Bier   19 f
– von Hopfenextrakten   167

- von Hopfenpellets 161f
- von Isomerisierten Extrakten 178
- von Karamellmalz 15
- von Pulverschrot 221
- von Röstmalzbier 14
- von synthetischen Hopfenbitterstoffen 183

Heteroreduktone 594f
Hexa-Extrakt 182, 577
Hexahydro-Iso–Säure *siehe* Hexa-Extrakt
Hirse 19, 32f
- Braueigenschaften 33f
- Zusammensetzung 34

Hochdruck-Filterpresse 474
Hochschichtläuterbottich 400, 404
Hoffmannsche Schwimmkiste 427
Homogenität des Malzes 3
Hopfen
- Alterung 140
- Analyse 129f, 745f
- Anbaugebiete 116, 122f, 124f
- Aufleitungsarten 115
- Beurteilung von Handelsmustern 159f
- Botanik der Hopfenpflanze 109f
- chemische Zusammensetzung 129f
- Düngung 115
- Eiweißgehalt 157
- Ernte 115
- Erträge 115
- Funktionen im Brauprozess 109
- grüner 147
- Imprägnierung mit Stickstoff 139
- Krankheiten und Schädlinge 121f, 126f
- Lagerung 118f, 139f, 148f, 156
- Mineralstoffgehalt 158
- Pflege 112f
- Probenahme 745f
- Rebengewichte 111
- Reifestadium 138
- Standortansprüche 114f
- Trocknung 116
- Verpackung 117f
- Wachstumsverlauf 112f
- Wassergehalt 129
- wertbestimmende Eigenschaften 159f

Zertifizierung 123
Hopfen-Lager-Index (hop storage index HSI) 140
Hopfenaromastoffe 142f, 562f, 565
Hopfenbitterstoffe 57, 119, 130f, 544f
- bakteriostatische Wirkung 136f
- Bitterstoffbilanz 554

- Oxidationsprodukte 132f
- Stabilisierung 552
- synthetische 183

Hopfenblattlaus 127
Hopfenblume 59, 88, 562f
Hopfendarre 116
Hopfeneinsparungsmethoden 573
Hopfeneiweißstoffe 568f
Hopfenentlauger 573f
Hopfenessenz 183
Hopfenextrakte 167f, 575f
- Hopfenölgehalt 562
- isomerisierte 178f, 577
- Probenahme 746
- Vergleich von isomerisierten und reduzierten Extrakten 181
- Vergleich von Kohlensäure- und Ethanolextrakt 173

Hopfenextraktpulver 176
Hopfenfettsäuren 567f
Hopfengerbstoffgehalt 553f
Hopfenglattwasser 639
Hopfenkochzeit 565, 570
Hopfenöle 141f, 145f
- Destillationsverhalten beim Würzekochen 560f
- gehaltbeeinflussende Faktoren 147f
- Oxidationsprodukte 147f, 562f
- Verlust durch Hopfenpelletherstellung 164

Hopfenölgehalt der Würze
- in Abhängigkeit vom Hopfenprodukt 561

Hopfenölpräparat 182f
Hopfenpellet 559, 562, 574f
- Herstellung von angereicherten Pellets 162f
- Herstellung von Betonitpellets 163f
- Herstellung von normalen Pellets 161f
- isomerisierte 177
- Lagerungsbedingungen 165f
- Probenahme 745
- stabilisierte 177
- Zusammensetzung im Vergleich zu Doldenhopfen 163f

Hopfenpolyphenole *siehe auch* Polyphenole 555f
Hopfenprodukte im Vergleich 160f, 576
Hopfenpulver *siehe auch* Hopfenpellet 574f
Hopfenseiher 624f
Hopfensorten 120f
- Aromabeurteilung 160

Sachregister

- Bitterstoffgehalt 135, 137f
- brautechnische Ansprüche 119f
- Hopfenölzusammensetzung 145f
- Polymerisationsindex 154f
- Polyphenolgehalt 154f
- Sortenbestimmung 120
- Zuchtsorten 120f

Hopfenspinnmilbe 128
Hopfentreber 626, 639
Hopfentreberextraktion 572
Hopfentreberverteilung 521
Hopfentrub 435, 521, 572, 639
Hopfentrubfilter 695
Hopfenverdrängung 719
Hopfenwachse 157
Hopfenzerkleinerung 161f, 571f
Hopfung 544f

- Angabe der Hopfengabe 569
- automatische Hopfendosierung 580f
- Dosierungsformen 573f
- Hopfendosierung 564f, 571f, 578f
- in Abhängigkeit vom Biertyp 579
- Zeitpunkt der Hopfengabe 564, 578f

Hordein *siehe* Prolamin
Hülsenfrucht, einweißreiche 35
Hulupon 132, 547
Hulupon-Extrakte 182
Huminstoffe 61, 9
Humulinon 132, 545
Humulinsäuren 133, 545
- Spaltprodukte 144
Humulon 130, 545
Hybridweizenart 8
Hydrogencarbonat 51, 62f, 89f
Hydroxymethylfurfural (HMF) 592

i

IKE *siehe* isomerisierter Kesselextrakt
Infusionsverfahren 244, 258, 266, 279, 288, 357f
- abwärtsmaischendes 361
- aus dem Dekoktionsverfahren 358
- aus dem Zweimaisch-Hochkurzverfahren 358
- Enzymaktivitäten beim 359
- Prozessführung 362
- Vergleich mit Dekoktionsverfahren 360

Innenheizsystem 508
Innenkocher 508f, 603
- Bauprinzip 511
- für Niederdruckkochung 519, 611f
- mit Differenzdruckmessung 514
- mit Sub-Jet 513, 612
- mit Zwangsanströmung 514f, 613f
- optimierte Arbeitsweise 610f

Invertzucker 39
Ionenaustauschverfahren 70
- Anionenaustausch 76f
- Betriebsvoraussetzungen 78
- Elektrodiarese 87f
- Kombination von Austauschverfahren 77f
- Reaktionen basischer Ionenaustauscher 76
- Reaktionen schwach saurer Ionenaustauscher 72f
- Reaktionen stark saurer Ionenaustauscher 74f
- Regenerierung von Ionenaustauschern 78f

Iso-α-Extrakt 179
Isoamylase 44
isoelektrischer Punkt 531f
Isohumolone 545f
- Zerfallsprodukte 144
isomerisierter Kesselextrakt (IKE) 179, 577
Isomerisierung der Hopfenbittersäuren 545f
- Einfluss der Hopfenbeschaffenheit 550f
- Einfluss des Würze-pH-Wertes 552
- Einfluss des Würzekochverfahrens 548f
- Hilfsstoffzusatz 552

Isomerisierung von Hopfenextrakten 178f
Isoxanthohumol 153

j

Jodnormalität 245, 249, 382, 425, 443, 469

k

Kaffeegerbsäure 151, 555f
Kalium-Ion 59
kaliumisomerisierter Kesselextrakt (PIKE) 179
Kalkentcarbonisierung
- einstufige 65
- zweistufige 66, 69
Kalkwert 55
Kaltentgasung 99
Kalthopfung 577
Kaltlagerung von Hopfen 119
Kaltsedimentation 701f
Kaltseparierung der Würze 702
Kaltwasserauszug von Malz 263, 275
Kaltwürzeausbeute 645, 654, 716f

- Berechnungsformel 719
- Vergleich mit der Sudhausausbeute 719f
Kaltwürzeextraktgehalt 718
Kaltwürzefiltration 704f
Kaltwürzemessung 716, 736
- Massendurchflußmessung nach dem Coriolis-Prinzip 717f
Kammerfilterpresse: Verfahrensweise 480
Kamutmalz 8
Karaghen-Moos 543
Karamell, Zusammensetzung von 36
Karamellmalz 15f, 388f
Karamellmalzzugabe 15
Kastenhopfenseiher 626
Kationenaustauscher 71
Kieselgel 176, 543
Kieselgurfiltration 695f, 705
Kiesfilter 98
Kleistertrübung 382
Kochen von Teilmaische 305, 307
Kochfarbe des Malzes 3
Kochmaische 356
Kochtrub *siehe* Heißtrub
Kohlensäure 61, 72, 90
Kohlensäureextrakt, von Hopfen 576f
- chemische Zusammensetzung der Fraktionen 171f, 182
- Verfahren 169f
Kolloidausflockung 92
kombinierte Hydrolyse 36
konditioniertes Schrot 190, 432
Konditionierung des Malzes 190, 204f
Konditionierungsanlage 204f
Konduktometer-Bitterwert 576
Kongressanalyse 448
Kongresswürze 3, 275
kontinuierliche Wasserenthärtungsanlage 67f
kontinuierliche Weiche 189
Korrosionsgefahr bei der Wasseraufbereitung 73, 77, 96
Kräuselkrankheit 128
Kuchenfiltration 398
Kühler, geschlossener *siehe auch* Plattenkühler 671
Kühlrast 703
Kühlschiff
- Aufbau 669f
- Betriebsweise 673f
Kühlschiffruhe 670
Kühltrub
- Abtrennungsverfahren 666, 700f, 705f

- mengenbeeinflussende Faktoren 665
- Vergleich der Abtrennungsverfahren 708f
- Zusammensetzung 664
Kupfer-Ion 59
Kurzmalz 16f

l

Läuterbottich 209, 311, 399f
- Anpassung an Schüttungsvariationen 449
- Arbeitsweise 430f
- Fassungsvermögen 400
- Läuterbottichbodenausführung 403f
- Läuterhahn 405
- Läuterrohr 404f
- Leistung *siehe* Sudzahl
- mit konzentrisch angeordneten Würzesammelrohren 407
- mit zentralem Dorn 410f, 435
- Reinigung 634
- Senkbodenkonstruktionen 401
- Trübung durch Feststoffe 439f
Läutermanometer 419
Läuterruhe 413, 430
Läutervorgang im Läuterbottich 412f
- klassische Prozessführung 431f
- optimierte klassische Prozessführung 432f
- Prozessführung bei zwölf Suden pro Tag 434f
- Ursachen für Ausbeuteverluste 656f
- zeitlicher Ablauf 448
Läutervorgang im Maischefilter
- Anpassung an die Würzekonzentration 465
- Anpassung an Schüttungsvariationen 460
- Auswirkungen der Schrotqualität auf die Befüllung 459
- Filterbefüllung 457f, 477, 485
- Filtervorbereitung 457
- Glattwasserkonzentration 466, 482
- Kontrolle der Maischefilterarbeit 471
- Läuterdauer 460
- schematische Darstellung 463f, 477f, 485f
- Würzezusammensetzung 466f
- zeitlicher Ablauf 473, 489
Läutervorgang im Strainmaster
- Ausbeute 495f
- Austrebern 495
- Läuterdauer 494

- Schrotbeschaffenheit 492f
- Würzetrübung 497
- Würzezusammensetzung 496

lichtstabiler Kesselextrakt (LIKE) 179, 577
LIKE siehe lichtstabiler Kesselextrakt
Linalool 143, 145, 565
Lipasen 286
Lipidabbau 286, 350
- beteiligte Enzyme 287f
- Fettsäurezusammensetzung während des Maischens 288

Lipidabbauprodukte 582
Lipide 157
Lipidtransferproteine 253
Lipoxygenasen 287, 302
löslicher Stickstoff 261
Löslichkeit von Mahlprodukten 187f
lufttrockene Laborausbeute 645, 650f, 722
Lupdep 134, 547
Lupdol 134, 547
Lupdox 134, 547
Lupox 134, 547
Lupulin 159, 572
Lupulon 130

m

2-Methyl-butylisobutyrat 145f
m-Wert 100
Magnesium-Ion 52, 58
Magnesiumcarbonat 62
Magnesiumoxid 177, 179
Magnesiumsulfat 63
Magnesumhärte 49, 55, 65
Mahlprodukte 186
Maillard-Produkte 581, 585, 587
Maillard-Reaktion 533, 584f, 596f, 668
Mais 19, 26f
- Aufbereitung 29
- Hydrolyseverfahren 36
- Ölgehalt 28
- Produkte 30
- Wassergehalt 28
- Zusammensetzung 27, 30

Maischanlage 332
Maischbottich 214, 317f
- Beheizung 319f
- Fassungsvermögen 322
- Rührwerk 323f
- Vibrationsvorrichtung 321

Maischbottichpfanne siehe Maischbottich
Maischbottichrohfrucht 22f

Maische
- Auswirkungen der Maischeacidität 250, 306
- Begriffe 307
- Einfluss auf den pH-Wert 50
- Enzymaktivität 256f
- Freisetzung von Zink 298f
- Korrektur des pH-Werts 17, 88, 102f
- Probenahme 746f
- Regulierung des Abbaus der Malzinhaltsstoffe 302, 304f
- Rohfruchtmaische 306
- Sauerstoffaufnahme 301f
- thermische Belastung 299
- Verhalten von Polyphenolkomponenten 292
- Viskosität 274, 281, 346, 375

Maischebelüftung 297, 301
Maischebottichersatzstoffe 21
Maischeeinlagerung siehe auch Abmaischen 408f, 412f
Maischefilter
- Fassungsvermögen 451f
- Filterkammern 451f
- Filterplatte 452f
- Filtertücher 454f
- Konstruktion 456, 462, 474, 483
- Leistung siehe Sudzahl 472, 482, 489
- Reinigung 455, 481, 490, 634
- Traggestell 450f
- Trübung durch Feststoffe 469, 490

Maischefilter siehe auch Dünnschicht-Kammerfilter 209, 450f
Maischefilterrahmen 452
Maischehopfung 564
Maischekochen 247, 335f
Maischekühler 370
Maischeleitung 311, 332
Maischeoxidation 301f
Maischesäuerung 101, 104f
- in Kombination mit Würzesäuerung 105f

Maischgefäß
- mit Vibrator 321f
- Reinigung 633

Maischgefäß siehe auch Maischbottich, Maischpfanne 317f
Maischpfanne 331f
Maischprozess 233f, 303, 334
- Auflösung von hellen Malzen 303f
- Aullösung von dunklen Malzen 305f
- beim Brauen mit hoher Stammwürze 725f

- Einleitung des Maischprozesses 307 f
- Einmaischdauer 315 f
- Einmaischen bei Nassschrotung 328 f, 377 f
- Einmaischen unter Zusatz von Extraktresten 638
- Energiebedarf 322 f
- Gewinnung eines Malzauszuges 378
- Kontrolle der Stoffumwandlungen 381
- Kontrolle des β-Glucanabbaus 384 f
- Kontrolle des Eiweißabbaus 382
- Kontrolle des Stärkeabbaus 382 f
- Malzabbauvorgänge in Abhängigkeit von der Einmaischtemperatur 314 f
- Mengenkontrolle 381
- pH-Kontrolle 381
- Temperaturkontrolle 381
- Verhältnis von Vorderwürzeausbeute zu Gussführung 310 f

Maischreste (Springmaischverfahren) 352, 395

Maischverfahren *siehe auch* Dekoktionsverfahren, Infusionsverfahren, Maltaseverfahren
- Bewertung 339, 342, 349 f
- Dauer 339, 345, 347, 350
- Dreimaischverfahren 247, 334 f, 374
- Druckmaischverfahren 355
- Einfluss auf den Fettsäuregehalt 291
- Einfluss auf den Gummistoffgehalt 279 f
- Einmaischverfahren 346 f
- Einmaischverfahren mit Infusion 346 f
- Hochkurzmaischverfahren 3, 229, 349 f
- Kesselmaischverfahren 347 f
- Kongressmaischverfahren 650 f
- Kubessa-Verfahren 353
- luftfreies Maischen 269
- mit Reisrohfrucht 368 f
- Schmitz-Verfahren 348
- Schrotmaischverfahren 352 f
- Spelzentrennungsverfahren 354 f
- Springmaischverfahren 352, 395
- Teilmaischverfahren 236
- variables Maischverfahren 3
- Varianten des Dreimaischverfahrens 340
- Varianten des Hochkurzmaischverfahrens 352
- Varianten des Zweimaischverfahrens 343 f
- Verfahrensanpassung an den Biercharakter 387 f
- Verfahrensanpassung an die Malzqualität 385 f
- Verfahrensanpassung an die Sudwerkausstattung 386
- zur Erhöhung des Glucosegehaltes 378
- Zweimaischverfahren 229, 341 f, 374

Maisgrieß 30
- Maisrohfruchtmaische 371 f
- Schüttung 372
- Stickstoffgehalt 374
- Verfahren 373 f
- Verkleisterungsverhalten 373

Maissirup 37
Maisstärke 27, 31
Maltase 36, 241 f
Maltase-Rast 378
Maltaseverfahren 379
Maltose 243 f, 587
Maltoserast 357
Malz 1
- Ale-Malz 361
- dunkles 2, 57, 305 f
- Gerstenmalz 2 f
- glutenfreies 18 f
- Hafermalz 10 f
- helles 2, 303 f
- Lager-Malz 361
- Nacktweizenmalz 8
- Pale-Ale-Malz 367
- Roggenmalz 9 f
- Sauermalz 17 f, 101
- Triticalemalz 8 f
- Wassergehalt 206, 212, 228
- wasserlösliche Bestandteile 233
- Weizenmalz 3, 5 f
- „Wiener Malz" 2

Malzanalyse 2 f
Malzannahme 21 f
Malzauflösung 227, 262 f, 276
- Einfluss auf den Kühltrub 664 f
- Einfluss auf die Eiweißkoagulation 541
- physikalischer Aufschluss *siehe auch* Schrotung 304

Malzausbeute 310
Malzauszug 378
Malzbefeuchtung 204
Malzersatzstoff 21, 38, 371
Malzextrakt 36
Malzgeschmack 587 f
Malzinhaltsstoffe 233 f
Malzpoliermaschine 207 f
Malzpolyphenole *siehe auch* Polyphenole 292, 556 f

Malzreinigung 207f
Malzschrotraumgewicht 209
Malzstaub 205
Malzstärke 233
Malzwaage 208
Mangan-Ion 59, 90
Manganentfernung 91
Mantelheizung 507
Mazerierung des Trubs 525
MEBAK 2, 193, 654f
Mehlgehalt 194
Mehlkörper 186, 271
Mehlschrotdifferenz 2, 280
Mehltau, echter 126
Mehltau, falscher *siehe* Peronospora
Mehrkammer-Dispergiermaschine 219f
Mehrkettenangriff 240
Melanoidine 57, 584f
Melanoidmalz *siehe* Brühmalz
Membranläuterverfahren 499
Mikrofiltration 82
Milcheiweißdenaturierung 532
Milchsäure 101f
– Einsatz „technischer" Milchsäure 106
– in Spezialmalzen 17
Milchsäurebakterien 102, 136, 530
Mineralsäurezusatz 89f
Mycren 141, 145f, 563

n
Nachguss 307, 314, 618f
– Abläuterung im Dünnschicht-Maischefilter 470
– Abläuterung im konventionellen Maischefilter 461f
– Abläuterung im Läuterbottich 421f
– Abläuterung im Strainmaster 493f
– Nachgusswassermenge 426
– Zusammensetzung 423
Nachgussausbeute 421
Nachschroten von Grobgrießen 188
Nacktgerste 12
Nanofiltration 82
Nassentkeimung 29
Nassschrot 190, 432
– Analyse 214
Nassschrotmühle 213f, 217
– für Feinschrot 224
– Leistung 217
– Reinigung 633
Nassschrotung 189, 212f, 296
– Apparate 214
– Einfluss auf den Gummistoffgehalt 279

– Kraftbedarf 214
– mit definierter Weiche 218, 227, 296
– Nassschrotungsvorgang 213
– Walzenbeschickung 217
– Weichkonditionierung 214f
Nassstreber 631
Nassstrebeförderer 630
Natrium-Ion 58f
Nährwerttabelle 23f
Nichtcarbonathärte („bleibende Härte") 49
Nitrat 60, 76
– biologische Reduzierung 92
Nitrit 60

o
Obergärung 659
OBY *siehe* Overall-Brewhouse-Yield
opaque beer 33, 376
organische Substanzen 61, 92
Oatmealstout 26
Overall-Brewhouse-Yield (OBY) 645, 721f
Oxidasen 294
Ozonisierung 95f

p
p-Hydroxybenzoesäure 151
p-Wert 100
Paddelschnecke 204f
Pentosan-Solubilase 273, 275
Pentosanase 45, 273
Peptidase 18, 56, 254f
Permanganatverbrauch 61
Peronospora 126
Pfannendunstkondensator 520f, 599
Pfannenmaische 336
Pfannenvollmenge 505
Phenolcarbonsäuren 584
Phlobaphene 153
Phloroglucin 183
Phosphat 52, 60
Phosphatabbau 284f
Phosphatase 18, 56, 284
Phospholipasen 287
Phosphorsäure 90
PIKE *siehe* kaliumisomerisierter Kesselextrakt
Plattenkühler 671f
Polymerase-Ketten-Reaktion (PCR) zur Sortenbestimmung 120
Polymerisationsindex 293, 556
Polyphenole *siehe auch* Hopfenpolyphenole, Malzpolyphenole
– Analyse 293

- Antiradikalisches Potenzial (ARP) 556
- Einfluss auf den Biergeschmack 298
- Einfluss auf die Biereigenschaften 150f, 298
- Einfluss auf die Eiweißkoagulation beim Würzekochen 534, 541
- enzymatische Oxidation 294
- Verhalten während des Maischens 292
- Zusammensetzung 151f, 295, 557f

Polyphenolgehalt
- beeinflussende Faktoren während des Maischens 295f
- Veränderung durch Hopfenextraktion 174
- Veränderung durch Hopfenpelletherstellung 164f
- Veränderung durch Lagerung von Hopfenextrakten 175

Polyvinylpolypyrrolidon (PVPP) 543
Prallmühle siehe Schlagmühle
Precursor-Theorie 291
Presssaftextrakt 445, 471, 638
Probenahmetechnik 738f
Prolamin 253, 259
Pronyl-L-Lysin 591
Protease 46
Proteide 254
Protein-Tannin-Gleichgewicht 292
Protein-Z 253
Proteinaufbau 252
Prozessbier 637
Prozessbierverwendung 641f
Pseudocerealien 19
Pseudogetreide 19
Pudermehl 187
Pufferung 101
Pullulanase 44
Pulverextrakt siehe Hopfenextraktpulver
Pulverschrot
- Herstellung 221f
- Zusammensetzung 225
Pulverschrotmaische 498
Pyrazine siehe Stickstoffverbindungen, heterocylische
Pyrrole siehe Stickstoffverbindungen, heterocyclische

q
Quercetin 154
Quinoa 19

r
Rasttemperatur 249
Rauweizen 8
Reduktionsvermögen
- von Bier 297
- von Maillard-Produkten 594
- von Malzen 16
- von phenolischen Substanzen 595
Reduktone 594f
reduzierter Iso-αSäure-Extrakt 181
Regenerierungsmittel 80
Reis 19, 30
- γ-Nonalactongehalt 32
- Zusammensetzung 30f
Reisrohfruchtmaische
- Inhaltsstoffe 370
- Verfahren 368f
Reisstärke 31
Rekombinationsverfahren 46
Restalkalität 49, 55, 100
- Einfluss auf den Bier-pH-Wert 101
Retrogradation 235
Rho-Iso-α-Extrakt 181, 577
Roggen, ungemälzter 26
Roggenmalz 9f
Rohfruchkocher 367
Rohfrucht
- Eigenschaften 363
- Menge der Rohfruchtgabe 377
- Sortierung von Rohfruchtschroten 363
- Verkleisterung vor der Malzmaische 369
Rohfruchtaufschlussverfahren 365f
Rohfruchtgabe 365
Rohfruchtmaische 306
- Doppelmaischverfahren 370
- Verkleisterung 364
- von Reisrohfrucht 369
Rohfruchtwürze – Stickstoffzusammensetzung 374
Rotationsprobenteiler 743
Rotrost siehe Peronospora
Röhrenkocher 510
Röhrenkühler siehe Kühler, geschlossener
Röstmalz
- Aufbewahrung von 12
- Gerstenröstmalz 11
- geschältes 12
- Herstellung von 11f
- Weizenröstmalz 11
- Zugabeverfahren 13
Röstmalzauszug 13
Rückbier 637
Rüstzeit 447

S

S-Methylmethioninabbau 596
Saccharase 241 f
Saccharometer 461, 647
Saccharose 38, 245
Sattdampf 204
Sauergutkultur 103
Sauermalz 17 f, 101
Sauermalzgabe 18
Sauerstoff im Wasser 61
Sauerstoffaufnahme der Würze 660 f
- chemische Sauerstoffbindung 660
- Heißbelüftung 660
- physikalische Sauerstoffbindung 661
Sauerstofflöslichkeit 661
a-Säure 130 f, 135, 544 f
Säuerung, biologische 102 f, 564
- Anlagenaufbau 108
- Auswirkungen auf den Maische-pH-Wert 104 f
- der Aussschlagwürze 629
- Verfahrensweise 106 f
Säureenthärtung 90
Säurehydrolyse 36
Schaumeigenschaften 16, 260 f, 624, 728
Scheibenmühle siehe auch Nass-schrotmühle 225
Scherspaltwirkung 219
Schimmelpilzbefall 35
Schlagmühle 221 f
Schräghopfenseiher 625
Schrot
- Analyse 743 f
- Einfluss auf die Vorderwürzeausbeute 192
- empirische Prüfung 193
- Läuterbottichschrot 194, 209
- Maischefilterschrot 194
- Probenahme 194 f, 743 f
Schrotförderanlage 209
Schrotfraktionen
- Eigenschaften 187
- Optimierung von 188
Schrotkasten 206, 208
Schrotlagerung 206
Schrotmühle 195 f
Schrotmühlenbetrieb
- Aufstellung 210, 230 f
- Drehzahleinstellung 210
- Mahlleistung 210
- Probenahme 212
- Siebspannung 211 f
- spezifischer Kraftbedarf 212
- Vorbruchwalzeneinstellung 211
- Walzenabstand 210 f
- Walzenriffelung 211
Schrotsortierung 193 f
- Befeuchtungsrate 207
- Einfluss auf die Zuckerzusammensetzung der Würze 246
- in Abhängigkeit von der Malzauflösung 227
- in Abhängigkeit von der Malzsortierung 228 f
Schrotung 185 f
- sauerstofffreie 221, 290
Schrotvolumen 189 f
Schrotzusammensetzung 189 f
- beinflussende Faktoren 227 f
- Einfluss auf die Abläutergeschwindigkeit 416 f
Schüttelsieb 198, 200
Schüttgutanalyse
- fließende Schüttgüter 741 f
- statische Schüttgüter 740 f
Schüttung 307, 646
- in Brauprozessen mit hoher Stammwürze 724
- spezifische 400, 409, 451, 474
Schwefeldioxidgehalt 710
Schwefelsäure 90
Schwefelung, von Hopfen 117, 139
Schwefelverbindungen der Würze 596 f
Sechswalzenmühle 199 f, 353
Setzbottich 675 f
Siebanalyse 192 f
Siebfiltration 398
Siebsätze 193
Silberung 96
Silikat 60
Sirup 35 f, 726
- Herstellung von 36
- Zusammensetzung 36 f
Sommerbraugerste, zweizeilige 2
Sorghum siehe auch Hirse 19, 32 f
Sorghumrohfruchtmaische 376 f
Spelzen 6 f, 187, 193 f
Spelzenelastizität 206
Spelzenmehl 295
Spelzentrennung 207, 354 f
Spelzenvolumen 192, 206
Spelzenzerkleinerung 185
Spezialmalze 11 f
Spitzgrünmalz 17
Spitzmalz 16 f, 375
Splitverfahren 65

Spritzmittelrückstand 158
Sprue *siehe* Zöliakie
Stahlbaufeuerung 507
statischer Mischer 713
Stärke
- chemische Zusammensetzung 234
- Korngröße 234
- Verhalten wässriger Stärkesuspensionen 236f
- Verkleisterung 236
Stärkeabbau 234, 243
- abbauende Enzyme 238f
- Einfluss der Maischebedingungen 247f
- Einfluss der Maischekonzentration 251
- in der Brauereipraxis 245f
- kombinierte Enzymwirkung 242f
Stärkesirup 37
Steinausleser 207f
Sternkocher 510
Stickstoffverbindungen 261
- heterocyclische 586, 592, 617
Stiftmühle 218
Strahlmischer 712
Strahlpumpe 613
Strainmaster
- Abwässer 638
- Anlagenaufbau 491f
Strainmasterschrot 493
Strecker-Abbauprodukte 585f, 596, 607f, 667
Stripping-Säule 527, 700
Sudbetrieb 736
Sudhausanordnung 731f
Sudhausausbeute *siehe auch* Heißwürzeausbeute 4, 448f, 472, 495, 645f
- Berechnung 648, 650
- Bestimmung der Würzmenge 646f
- Bestimmung des Extraktgehalts 647f
- Beurteilung anhand der Laboratoriumsausbeute 650f
- Korrektur der Würzemenge 649
- Problematik der Ausbeutebestimmung 653f
- Schüttung 646
- Vergleich mit der Kaltwürzeausbeute 719f
Sudhausaustattung *siehe* Sudwerk
Sudhauskapazität 736
Sudpfanne 676f
Sudwerk
- doppeltes Sudwerk 733f
- einfaches Sudwerk 311, 733
- luftfrei arbeitendes 302, 542

- Reinigung 632f
Sudwerkleistung *siehe* Sudzahl
Sudzahl 447f, 472, 495, 734f
Sulfat-Ion 59f

t
Tannin 543
Tannoide 100, 153, 155, 541, 628
Taschenkühler 670
TBZ *siehe* Thiobarbitursäurezahl
Teilmaische 307
Terpene *siehe* Hopfenöle
Tetra-Extrakt 181, 577
Tetrahydro-Iso–Säure *siehe* Tetra-Extrakt
thiobarbitursäurefärbende Stoffe (TBSF) 592, 668
Thiobarbitursäurezahl (TBZ) 592, 667, 689
Tiefenfiltration 398
Transglutaminase 19
Treber
- Definition 307
- Wassergehalt 445
- Zusammensetzung 630
Treberanalyse 445f, 471, 653f
- Probenahme 744f
Treberauslaugung 422f
Treberbestandteile 629
Treberentfernung 444, 470, 480, 490, 495, 630
Treberhöhe 191, 400, 409
Trebermenge 630
Treberpresswasser 630, 639
Treberquellung 421
- Einfluss der Schrotbeschaffenheit 191
Trebersilierung 631
Trebersilo 631
Trebertrocknung 631
Treberverlust 655
Treberverwertung 631f
Trebervolumen 189f
Treberwiderstand 409, 415f, 428, 434f
Trinkwasserverordnung 62
Triticale, ungemälztes 26
Trockenentkeimung 29
Trockenschrotung 210f
Trubdurchschlag 703
Trubpresse 672f
Trubrückführung 697
Trubtasse 683
Trubtuch 672
Trübungsbildner 532
Trubwürze 410, 460

Trubwürzegewinnung
- durch Filtration 672
- durch Zentrifugation 673, 683
Trübwürzepumpen 414, 431, 467, 486, 494
Trubwürzesterilisator 672

u

Überschusshefe 643
Überschwänzen 410, 412, 425, 478, 486
Überschwänzvorrichtung 424 f
Überschwänzwasser/Sauerstoffgehalt 467
Überweiche 214 f
Überweißen 701
Ultrafiltration 82, 96 f
Umkehrosmose 70, 81 f
- Anlagenaufbau 84 f
- Voraussetzungen 83
- Wirkungsweise 82
- zur Brüdenkondensatreinigung 640

v

4-Vinylguajacol 392
Vakuumbehandlung der
- Ausschlagwürze 520, 698
- Whirlpoolwürze 527, 528, 622, 699
Vakuumentgasung 99
Vakuumtrommelfilter 498
Venturi-Rohr 712 f
Verdampfung von Überschußwasser 529
Verdampfungsziffer 522, 529
vergärbare Zucker 245 f
Verkaufsbiermenge 736
Verkleisterungstemperatur 3, 24, 237, 364
Verkleisterungsverhalten 21, 236 f
Verzuckerungsstörung
- Auswirkungen auf die Würze 383 f
- Ursachen 383
Verzuckerungszeit 3
- Abhängigkeit von der Rasttemperatur 249
- Einfluss des Maische-pH-Werts 250
Vesen 7
Vierwalzenmühle 196 f
Viskosität 3, 282
Viskositätsmessung 283
Vollentsalzung 76
Vollweiche 189
Vorbruchschrot 195, 198, 201
Vorderwürze 101, 103, 307, 420 f, 618 f
- Abläuterung 414 f, 493
- zu kontrollierende Eigenschaften 420
- Zusammensetzung 423
Vorderwürzeausbeute 192, 421

Vorderwürzekonzentration 309 f
Vorkühlung der Ausschlagwürze 526, 620, 698
Vorlaufgefäß 500
Vormaischen 316
Vormaischer 325 f
Vorschießen der Würze 413, 430
Vortrockenstufe 117

w

Wasser-Ionen 48, 58 f
Wasser-Ionen
Einfluss auf den Brauprozess 50 f
Wasseranalyse 738 f
Wasserentsalzung 80 f, 87 f
Wasserhärte 48 f
- Analyse mittels Farbindikatoren 67
- Einfluss auf den pH-Wert der Maische und Würze 101
Wasserklärung 98
Wasserkonditionierung 205 f
Wassersterilisierung
- durch anodische Oxidation 97
- durch Chlorierung 94 f
- durch Entkeimungsfiltration 96 f
- durch Erhitzen 97
- durch Ozonisierung 95 f
- durch Silberung 96
- durch UV-Bestrahlung 93
Weglaufbier 641
Weichbehälter 214
Weichharze 131, 545, 547, 550
Weichkonditionierungsanlage 216
Weichvorgang 215
Weichwasser 212 f
Weizen
Evolution von 6
Weizen, ungemälzter 25 f
Weizenmalz 3, 5 f
- Mälzung von 5
Weizenrohfrucht 25 f
Welke 127
Welketoleranz 121
Whirlpool mit Stripping-Zone 688 f
Whirlpool zur Würzebereitung 520, 526 f
Whirlpool-Verfahren zur Trubabscheidung
- Betriebsvoraussetzungen 680 f
- Störquellen 682 f
- Trennprinzip 677 f
- Whirlpoolbeschickung 685
- Whirlpoolkonstruktion 683 f
Whirlpooleffekt 525, 685

Sachregister | 791

Whirlpoolfähigkeit 516
Whirlpoolpfanne 685
Whirlpoolrast 526, 604, 683
Wöllmer-Analyse 135 f
Würze *siehe auch* Ausschlagwürze, Vorderwürze
- Abhängigkeit von der Schrotqualität 188, 230
- Definition 307
- Einfluss auf den pH-Wert 50
- Einfluss der Rasttemperatur 501
- Fettsäuregehalt 442, 469, 568, 687
- Jodreaktion 443, 469
- Klärung der Maischefilterwürze 467 f
- Oxidation 438, 467, 496
- Oxidationsvorgänge an Würzeinhaltsstoffen 660
- Pfannenwürze 101, 291 f
- pH-Wert 101, 530, 542
- Phosphatgehalt 285
- Probenahme 747 f
- Verhalten von Aromastoffen 581 f
- Viskosität 282 f
- Zuckerzusammensetzung 246, 248
Würzeausbeute
- Abhängigkeit vom Hauptguss 309
- Beurteilung nach DIN 8777 bzw. MEBAK 654 f
- Extraktschwand 720
- Gesamtwürzeausbeute (OBY) 645, 721 f
- Ursachen für Ausbeuteverluste 655 f
- Volumenminderung durch Würzebehandlung 719
Würzebehandlung 523 f
- Abkühlung der gehopften Würze 659 f, 698 f
- Aufheizen der Würze 523 f, 600
- automatische Würzekühlung 715 f
- beim Brauen mit hoher Stammwürze 726
- Heißhalten der gehopften Würze 667
- in geschlossenen Anlagen 674 f
- in zweistufigen Kühlanlagen 669 f
- Nachbehandlung 524 f
- Nachverdampfung bei Kochtemperatur („Strippen") 699 f
- Nachverdampfung im Vakuum 699
- Partikelgrößenverteilung 533
- Vakuumbehandlung 604
- Verluste bei der Trubabscheidung 680
Würzebelüftung
- Heißbelüftung 660
- kombinierte Heiß- und Kaltbelüftung 713 f
- mittels Belüftungskerzen 711
- mittels Schälscheibe des Heizwürzeseparators 711
- mittels statischem Mischer 713
- mittels Strahlmischer 712 f
- mittels Venturi-Rohr 712
- mittels Zentrifugalmischer 711 f
- Sauerstoffbedarf in geschlossenen Kühlsystemen 710 f
- Zweibelüftung 714
Würzefarbe
- Einfluss des Kochverfahrens 592 f
- TBSF-TBZ-Analyse 592
- Zufärbung durch Whirlpool-Behandlung 687
- Zufärbung nach Kochende 668
Würzegewinnung *siehe auch* Abläutern 397 f, 449 f
- Würzebereitung, Zusatz von Extraktresten 638 f
Würzeklärung *siehe auch* Heißtrubabtrennung, Whirlpool-Verfahren 689
- durch Eiweißkoagulation 531 f
- durch Zentrifugation 683 f
Würzekochen
- Abnahme des Gesamtstickstoffgehalts 534
- Abzug der Schwaden 521
- Auswirkung thermischer Belastung durch Pulsieren 523
- Auswirkungen auf die Hopfenfettsäuren 567 f
- Auswirkungen des Kochprozesses 503, 529 f
- Automatisierung 635 f
- bei überbarometrischem Druck 539, 603 f
- Bildung von Aromastoffen 582 f
- Bildung von Dimethylsulfid 597
- dynamische Niederdruckkochung 519 f
- Energieverbrauch 599 f, 605
- getrennte Kochung von Vorderwürze und Nachgüssen 618 f
- Heißhalten der Würze 604
- in Kombination mit Strippen *siehe auch* Dünnfilmverdampfer 615
- mittels Außenkochsystem 538 f
- Niederdruckkochung 518 f, 611
- Oxidation von Hopfenölen 562, 612
- Partikelgrößenverteilung 533
- technische Entwicklung 503 f

- Temperatureinfluss 521
- unter Zusatz von Hefebieren 641f
- unter Zusatz von Prozessbieren 641f
- unter Zusatz von Rückbieren 643
- Verringerung der Verdampfung 600, 607f
- Zufärbung 591f
Würzekochsystem 505
- Hochtemperaturwürzekochung 523, 540, 604, 616f
- Kochtemperatur 522, 616
- kontinuierlich arbeitende Anlage 521f
- mit reduzierter Verdampfung 607f
- Primärenergiebedarf 605f
- Reinigung 632f
- Reinigung von Hochtemperaturwürzekochanlagen 618
- Verfahren mit Nachverdampfung im Vakuum 526f, 622f
Würzekochzeit 538, 543, 621
Würzepfanne
- Dampfbeheizung 507f
- Eichung 546
- Fassungsvermögen 505
- Feuerpfanne 506f
- Flüssigkeitshöhe-Durchmesser-Verhältnis 506
- für Druckkochung 518f
- für kombiniertes Kochen und „Strippen" 518
- Kombi-Würzepfanne mit Außenkocher 517
- Materialausdehnung 649
- Optimierung der Kochbewegung in Innenkochern 511f
- Ölbeheizung 507
- Pfannengrundfläche 506
- Pfannenmaterial 505f
- Rührwerk 521
Würzepfannenersatzstoffe 21
Würzepfannenrohfrucht 22, 25f
Würzeprobenahme 648, 746
Würzesammelgefäßreinigung 633f
Würzeschädlinge 103
Würzesterilisierung 530
Würzestripping 527f
Würzetrübung 439f, 467f, 496, 677, 686, 693f

- Abhängigkeit vom Fettsäuregehalt 441
Würzeverdünnung 726f
Würzeviskosität 384, 415
Würzevorkühlung 524f, 620f
Würzezusammensetzung
- beeinflussende Faktoren 438
- bei Abläuterung im Maischefilter 466f
- bei Abläuterung mit dem Läuterbottich 438f
- Einfluss auf die Eiweißkoagulation 540f
- Einfluss der Hopfenpolyphenole 557f
- Hopfenölgehalt in Abhängigkeit vom Hopfenprodukt 561
- Veränderung beim Ausschlagen 698
- Veränderungen durch Nachverdampfung 699f
- Veränderungen durch Whirlpool-Behandlung 687f
- Veränderungen nach dem Kochende 667

X

Xanthohumol 153, 155, 560
Xanthohumolextrakt 175

Z

Zein 27
Zentrifugalmischer 711f
Zentrifuge
- Funktionsweise 692
- Kaltwürzezentrifuge 702
- selbstaustragende 691f
- Trennprinzip 691
- Vollwand-Schneckenzentrifuge siehe auch Dekanter 714
- Würzeklärung 693f
Zeolithe 70
Zink 59
- Bedeutung für den Brauprozess 299
- Freisetzung beim Maischen 299f
Zinn-Ion 59
Zöliakie 18f
Zuckercouleur 39
Zuckerzusatz 38
Zweiwalzenmühle 195f, 213
Zweizonenheizung 507

www.ingramcontent.com/pod-product-compliance
Ingram Content Group UK Ltd.
Pitfield, Milton Keynes, MK11 3LW, UK
UKHW051307150226
10711UKWH00004B/6